桑德斯兽药手册

Saunders Handbook of Veterinary Drugs: Small and Large Animal, Fourth Edition

上册

主编 ［美］马克·G. 帕皮奇（Mark G. Papich）

主译 袁占奎

山东科学技术出版社

·济南·

版权登记号：图字 15–2019–356 号

图书在版编目（CIP）数据

桑德斯兽药手册：上下册：第 4 版 /（美）马克·G. 帕皮奇（Mark G. Papich）主编；袁占奎主译 . —济南：山东科学技术出版社，2022.12

ISBN 978-7-5723-0370-8

Ⅰ.①桑… Ⅱ.①马… ②袁… Ⅲ.①兽用药 – 手册 Ⅳ.① S859.79-62

中国版本图书馆 CIP 数据核字（2020）第 133151 号

桑德斯兽药手册：第 4 版（上下册）

SANGDESI SHOUYAO SHOUCE: DI 4 BAN (SHANGXIACE)

责任编辑：魏海增

主管单位：山东出版传媒股份有限公司
出 版 者：山东科学技术出版社
　　　　　地址：济南市市中区舜耕路 517 号
　　　　　邮编：250003　电话：（0531）82098088
　　　　　网址：www.lkj.com.cn
　　　　　电子邮件：sdkj@sdcbcm.com
发 行 者：山东科学技术出版社
　　　　　地址：济南市市中区舜耕路 517 号
　　　　　邮编：250003　电话：（0531）82098071
印 刷 者：北京金康利印刷有限公司
　　　　　地址：北京市海淀区阜外亮甲店 1 号甲 12 号楼
　　　　　邮编：100097

规格：32 开（140 mm×210 mm）
印张：34　字数：1045 千
版次：2022 年 12 月第 1 版　2022 年 12 月第 1 次印刷
定价：380.00 元（上下册）

ELSEVIER

Elsevier (Singapore) Pte Ltd.

3 Killiney Road, #08-01 Winsland House I, Singapore 239519

Tel: (65) 6349-0200; Fax: (65) 6733-1817

This translation of Saunders Handbook of Veterinary Drugs: Small and Large Animal, Fourth Edition by Mark G. Papich was undertaken by Shandong Science and Technology Press Co., Ltd and is published by arrangement with Elsevier (Singapore) Pte Ltd.

Saunders Handbook of Veterinary Drugs: Small and Large Animal, Fourth Edition by Mark G. Papich 由山东科学技术出版社有限公司进行翻译,并根据山东科学技术出版社有限公司与爱思唯尔(新加坡)私人有限公司的协议约定出版。

桑德斯兽药手册:第 4 版(上下册)(袁占奎 主译)

ISBN: 978-7-5723-0370-8

《桑德斯兽药手册》

（第4版）

译 委 会

主　　译　袁占奎

副 主 译（按姓氏笔画排序）

何　丹　余　芳　唐　娜

参译人员（按姓氏笔画排序）

马裔寒　中国农业大学

石　磊　北京中农大动物医院有限公司

田　萌　新瑞鹏集团美联众合转诊中心

付雪莲　新瑞鹏集团美联众合转诊中心

刘　玥　北京中农大动物医院有限公司

李　慧　北京中农大动物医院有限公司

何　丹　北京农业职业学院

余　芳　中国农业大学

张　晗　中国农业大学

袁占奎　中国农业大学

唐　娜　中国农业大学

献给这些年我有幸教过的兽医专业学生们，我从他们身上得到了很多启发和灵感，促进了本手册的编写工作。当他们进入这具有挑战性的兽医行业时，我希望本手册可以为他们安全有效地使用药物方面提供帮助和参考，并鼓励他们继续不断学习，再创佳绩。

马克·G.帕皮奇（Mark G. Papich）

免责声明

除非另外列出，否则所列药物剂量具有物种特异性，无法保证在未列出的其他动物物种中药物剂量的安全性和有效性。所列的许多药物剂量都是标签外的，或者是以非标签或标签外方式使用的人用药。如果兽医与客户 / 患病动物之间存在有效关系，则联邦法规允许在非食品生产用动物中使用带标签的兽药和人药。根据 1994 年《动物药物使用澄清法》(Animal Medicinal Drug Use Clarification Act，AMDUCA)，在食品生产用动物中使用这些药物受到限制。该法案的要求可以在美国兽医协会 (American Veterinary Medical Association，AVMA) 的网站上找到 (https : //www.avma.org/KB/Resources/Reference/Pages/AMDUCA.aspx)。除非满足特定要求，包括延长针对食品 (肉类和牛奶) 生产用动物的停药时间，否则，禁止以药物标签外方式用于对食品生产用动物。

列出的药物剂量基于本手册编写时的最佳依据。但是，作者无法确保根据本手册中建议使用药物的有效性。其他患病动物因素或在编写本手册时未知的药物作用可能影响疗效。作者在编写本手册时可能尚不了解所列药物的副作用。

鼓励读者再查看最新文献、产品标签、联邦信息自由规定 (Federal Freedom of Information，FOI)，以及制造商提供的有关信息，包括功效、副作用和禁忌证，这些信息在编写本手册时可能还尚未确定。

马克·G. 帕皮奇 (Mark G. Papich)

前　言

　　第 4 版采用了与第 3 版相似的样式、布局和格式，以方便用户阅读。本手册更新和扩展了药物各论部分，其源于兽医、药物赞助者和学生的建议，或者是已发表文献中的新信息；添加了已经获得美国食品药品监督管理局（Food and Drug Administration，FDA）批准的新药，以及有关药物使用的新信息。本手册所列药物为用于伴侣动物和牲畜的主要药物。一些已停产或过时药物，读者可以参考本手册之前的版本中有关这些药物的信息。另外还包括一些已确认可以动物用的人用药物。本手册更新了临床用途和法规要求方面的信息；扩展了关于药物稳定性、贮藏和配制的信息；改善了"适应证和临床应用"和"使用说明"中有关药效和临床应用的循证医学信息。为了便于读者查找每种药物的重要信息，药物各论部分被分为注意事项、药物相互作用、药理学和临床应用等模块。附录中列出了可快速查阅的表格，这些表格包括可用的抗生素、药物相互作用、管制信息和药品信息的网站等。

　　本手册专为繁忙的从业人员和学生设计，每种药物的格式一致，便于他们可以快速找到每种药物简明而准确的信息。

　　我编写本手册时，注重准确性和可靠性。与之前的版本一样，适应证和药物剂量信息是根据文献综述或临床专家的意见编写的。剂量源自临床试验研究数据。此外，所列药物剂量还参考了药物制造商的建议，如果用法、用量超出了产品标签所列的范围，则可能还会列出其他建议（标签外适应证和用途）。本手册所列药物推荐剂量是依据我 30 年的兽医临床药理经验得出。有时有必要根据人医临床情况推算药物剂量，但仅限于药物治疗指数较高的药物。食品生产用动物的停药时间优先遵循 FDA 批准的停药时间。如果没有 FDA 批准的停药时间，则参考食品动物残留避免数据库（Food Animal Residue Avoidance Databank，FARAD；www.farad.org）的数据。如果上述两种方法均无法使用，我会根据药物的药代动力学及其有害残留的试验数据，列出停药时间。

本手册药名按照美国采用药名（USAN）的字母顺序排列，药名已获得《美国药典》（*United States Pharmacopeia*，USP；www.usp.org）的认可。本手册还列出了每种药物名称的商标或商品名及同义词。提供了创新品牌名称，但未列出所有可用的品牌名称。本手册列出根据功能和治疗分类的药物列表，可能不包括药物的所有已知用途，但涵盖了常见临床用途。

随着药理学知识的扩展，本手册中所列药物可能会更新信息。欢迎读者提供药物的副作用、临床经验等信息，以便我们进行修正和补缺，可以通过 mark_papich@ncsu.edu 与我联系。不良药物事件也应直接通过以下网站报告给药物赞助商或 FDA：www.fda.gov/AnimalVeterinary/SafetyHealth/ReportaProblem/。

马克·G. 帕皮奇（Mark G. Papich）

目　录

马来酸乙酰丙嗪（Aceporomazine Maleate）

商品名及其他名称：ACE、AceproJect、Aceprotabs、Atravet 和 PromAce，有时称为乙酰丙嗪（acetylpromazine）。

功能分类：镇定药、吩噻嗪类镇静药。

药理学和作用机制

乙酰丙嗪抑制中枢多巴胺能受体，产生镇静和安定效果。乙酰丙嗪还具有抗毒蕈碱作用，并在肾上腺素受体（如 α- 受体）处阻滞去甲肾上腺素。由于在血管平滑肌上阻滞 α- 受体，因此它还会引起血管舒张。当以麻醉药辅助药物的形式给药时，它可能会降低血管阻力并降低血压，但通常不会降低心输出量。在马中，IV（处方简写，静脉注射）给药会明显增加通过指动脉和蹄叶的血流。

适应证和临床应用

乙酰丙嗪被用作镇定药、镇静药、麻醉前用药和麻醉药辅助药物。在小动物中，镇定作用可以在 10 min 内发生，持续 4 ~ 6 h，此外，还能产生镇吐药效应。对于某些适应证，该药还会导致血管舒张作用。治疗马蹄叶炎时，0.02 ~ 0.06 mg/kg 剂量会增加指动脉的血流量。

注意事项

不良反应和副作用

镇定和共济失调是常见的副作用。给动物吩噻嗪类药物后，锥体束外作用（不随意肌运动）、颤搐、张力失常或帕金森样效应罕见，但可能发生。吩噻嗪类药物可能在某些动物中产生迷走神经过度兴奋，这在短头品种中尤其突出。可通过给阿托品治疗高迷走神经紧张的症状。由于 α-肾上腺素的拮抗作用，在动物中可能引起低血压。在马中，已报道用药后有持续性阴茎脱垂，这种效果不可预测。一些资料表明，它具有剂量依赖性，随着剂量从 0.01 mg/kg 增至 0.1 mg/kg（IV），可能性增加。高剂量时，马阴茎脱垂的持效时间可长达 4 h。在极少数病例中，阴茎脱垂可导致持久性嵌顿包茎。这种机制未知，但可能是由乙酰丙嗪诱导的 α-肾上腺素阻滞引起。

禁忌证和预防措施

动物医学文献经常指出，乙酰丙嗪可能增加动物抽搐的风险，应在易发抽搐的动物中谨慎使用。但是，乙酰丙嗪引起动物抽搐的风险可能没有那么大。在对抽搐患病动物进行的回顾性研究中，并无临床出现抽搐的报道。在易发抽搐的动物进行麻醉或将乙酰丙嗪作为麻醉辅助药物的研究中，并无抽搐的报道。

禁用于有肌张力障碍的动物，或因使用吩噻嗪类而产生锥体束外作用的动物。

吩噻嗪类可导致低血压（通过α-受体阻滞），因此，谨慎使用其他降压药或在可能加重低血压的情况下谨慎使用。当作为犬的麻醉前用药时（0.05 mg/kg），可导致中度低血压，但不会显著影响心输出量。

当用于怀孕后期的母牛时，胎儿的血流和氧气传输仅有轻微下降。

药物相互作用

乙酰丙嗪可能会增强其他药物的血管舒张作用。如果与其他降低抽搐阈值的药物合用，乙酰丙嗪可能会增加抽搐的风险，但这种风险可能没有那么大。乙酰丙嗪已用于犬的葡萄糖耐受性测试（0.1 mg/kg），而不会对结果产生不利影响。

使用说明

乙酰丙嗪可以 PO（处方简写，口服）、IV 或 IM（处方简写，肌内注射）给药。与全身麻醉药一起使用时，可以使用较低剂量的全身麻醉药，尤其是在使用巴比妥类药物和吸入式麻醉药时。给乙酰丙嗪后 3 ~ 4 h 临床症状最为突出，也可能持续 7 h。

患病动物的监测和实验室检测

监测易患低血压动物的血压。乙酰丙嗪不会影响犬的肾上腺功能检测。

制剂与规格

乙酰丙嗪有 5 mg、10 mg 和 25 mg 片剂，以及 10 mg/mL 注射剂。加拿大有售乙酰丙嗪口服颗粒剂和粉末。

稳定性和贮藏

存放在密闭容器中，并在室温下避光保存。尚未研究复合制剂的稳定性。

小动物剂量

犬

0.025 ~ 0.1 mg/kg，IM、IV 或 SQ（处方简写，皮下注射），单次使用（最常用 0.025 mg/kg）。对犬的总用药量不超过 3 mg。

镇定：0.5 ~ 2.2 mg/kg，q6 ~ 8 h（q 为处方简写，"每"的意思），PO。

猫

0.025 ~ 0.1 mg/kg，IM、IV 或 SQ，单次使用。

镇定：1.1 ~ 2.2 mg/kg，q6 ~ 8 h，PO。

大动物剂量

马

0.04 ~ 0.1 mg/kg，IM，q6 ~ 12 h，但不建议频繁给药，建议 2 次给药间

隔 36 ~ 48 h。对于围手术期，0.01 ~ 0.05 mg/kg，IM、SQ 或 IV。

牛

0.13 ~ 0.26 mg/kg，PO；0.03 ~ 0.1 mg/kg，IM；0.01 ~ 0.02 mg/kg，IV。

猪

成年动物：0.03 ~ 0.2 mg/kg，IV、IM、SQ（单次使用）。

管制信息

停药时间：在美国没有停药时间的规定。据估计，对于标签外使用，肉用动物的停药时间至少为 7 d，产奶用动物至少 48 h。

加拿大：肉用动物停药时间为 7 d，产奶用动物停药时间为 48 h。

国际赛马委员会（Racing Commissioners International，RCI）分类：3。

对乙酰氨基酚（Acetaminophen）

商品名及其他名称： 泰诺和通用品牌。在美国以外称为扑热息痛。
功能分类： 镇痛药。

药理学和作用机制

确切作用机制未知，但对乙酰氨基酚可能会抑制中枢介导的疼痛传递。中枢介导的镇痛可能通过 COX-3 的抑制发生，COX-3 是在中枢神经系统（central nervous system，CNS）中发现的 COX-1 的变体。其他证据表明，在某些花生四烯酸含量低的细胞和组织中，对乙酰氨基酚可能抑制前列腺素类药物。对乙酰氨基酚作用的位点可能是前列腺素 H_2- 合酶的过氧化物酶部分。因此，环氧合酶（cyclo-oxygenase enzyme，COX）抑制可能发生在特定部位的组织中，从而不影响胃肠道黏膜、血小板和肾脏的功能，但会发挥中枢性作用。其对乙酰氨基酚可以通过刺激由血清素（5-HT_3）介导的抑制性疼痛途径，直接激活血清素受体。

在犬中，它没有产生抗炎作用，但作为镇痛药有效。

适应证和临床应用

对乙酰氨基酚用作犬的镇痛药，禁用于猫。它被认为是较弱的镇痛药，通常联合使用阿片类（如可待因）。对乙酰氨基酚已用于实验动物，通过记录血药浓度或药物在血浆中的表现，来测量胃或真胃的排空速率。

注意事项

不良反应和副作用

在所列剂量下，犬对对乙酰氨基酚的耐受性良好，但高剂量已引起肝毒性。由于无法排泄代谢产物，它会导致猫严重中毒。对乙酰氨基酚依赖于与谷胱甘肽的结合排泄，而谷胱甘肽的缺乏可导致产生毒性。中毒的临床症状包括高铁血红蛋白血症、急性肝脏中毒、爪部肿胀和 Heinz 小体贫血。

禁忌证和预防措施

禁用于猫。在人中，与改变肝药酶活性的药物联用时，发生中毒的可能性更大。这种反应在动物中也是可能的。

在猫中，中毒的治疗需要立即用乙酰半胱氨酸（参见乙酰半胱氨酸部分）并监护。

药物相互作用

在人中，其他药物（尤其是酒精）会增加肝中毒的风险。尚不清楚其他药物是否会增加动物的这种风险。

使用说明

可以使用许多 OTC 制剂。含可待因的对乙酰氨基酚在某些动物中可能具有更好的镇痛药功效。请参阅其他包含可待因的"制剂与规格"部分。

患病动物的监测和实验室检测

定期监测肝酶水平，以寻找肝毒性的证据。在已接受对乙酰氨基酚的猫，毒性风险很高，因此需要仔细监测肝酶和血细胞参数。许多医院和实验室都可以测量血浆中对乙酰氨基酚的浓度。对于人，如果摄入 4 h 后血浆 / 血清浓度高于 200 μg/mL，则开始治疗。

制剂与规格

对乙酰氨基酚有 120 mg、160 mg、325 mg 和 500 mg 的片剂。

稳定性和贮藏

对乙酰氨基酚在水溶液中稳定，在 pH 5 ～ 7 下最稳定。

小动物剂量

犬

15 mg/kg，q8 h，PO。

猫

禁用。

大动物剂量

犊牛

50 mg/kg，PO；然后 30 mg/kg，PO，q6 h。

没有关于大动物其他剂量的报道。

管制信息

无可用的管制信息。

RCI 分类：4。

对乙酰氨基酚 + 可待因（Acetaminophen + Codeine）

商品名及其他名称：泰诺与可待因和许多通用品牌。

功能分类：镇痛药、阿片类。

药理学和作用机制

对乙酰氨基酚的确切作用机制尚不清楚。如前所述，可能通过抑制中枢前列腺素合成或影响血清素介导的抑制性疼痛途径产生作用。在该制剂中添加可待因以增强镇痛效果，可待因对动物的影响尚未确定。在犬中，口服可待因的全身吸收量很少，而可待因在镇痛中可能只起次要作用。

适应证和临床应用

对乙酰氨基酚 + 可待因用于犬的镇痛（如术后使用）。可待因或可待因与对乙酰氨基酚联用适用于控制中度疼痛。

可待因制剂也已用作镇咳药。尽管可待因在人中被广泛使用，但尚未确定其镇咳或镇痛作用在动物中的功效。

在犬中，可待因的口服吸收率低。可待因转化为吗啡（剂量的 10%），并且在犬中吗啡的持效时间较短，因此，可待因在犬中的临床有效性令人怀疑。

注意事项

不良反应和副作用

在所列剂量下，犬对对乙酰氨基酚 + 可待因有很好的耐受性，但高剂量可引起肝毒性。

禁忌证和预防措施

禁用于猫，因为已知对乙酰氨基酚对猫有毒。可待因是美国公布的 Schedule Ⅱ类管制药物。

药物相互作用

对于人，其他药物（尤其是酒精）会增加肝毒性的风险。尚不清楚其他药物是否会增加动物的这种风险，但是，在服用可能影响肝代谢的其他药物时要考虑这种可能性。

使用说明

有许多通用制剂可供选择。考虑某些联合片剂中可能存在其他成分（如布洛芬或咖啡因）。

患病动物的监测和实验室检测

定期监测肝酶水平，以寻找由对乙酰氨基酚引起的肝毒性证据。

制剂与规格

对乙酰氨基酚 + 可待因有口服溶液和片剂。可以使用多种制剂与规格（如 300 mg 对乙酰氨基酚 +15 mg、30 mg 或 60 mg 可待因）。

稳定性和贮藏

对乙酰氨基酚在水溶液中稳定。在 pH 5 ~ 7 下最稳定。

小动物剂量

犬

遵循可待因的推荐剂量。给予相当于 0.5 ~ 1.0 mg/kg 的可待因，q4 ~ 6 h，PO。

猫

禁用。

大动物剂量

没有大动物剂量的报道。

管制信息

对乙酰氨基酚 + 可待因是由美国药品执法机构（Drug Enforcement Agency，DEA）公布的 Schedule Ⅲ类管制药物。禁用于拟食用动物。

A

乙酰唑胺（Acetazolamide）

商品名及其他名称：Diamox、Vetamox（动物用制剂）。
功能分类：利尿剂。

药理学和作用机制

乙酰唑胺为碳酸酐酶抑制剂。与其他碳酸酐酶抑制剂一样，乙酰唑胺通过酶抑制来抑制近端肾小管中碳酸氢盐的吸收，从而产生利尿作用。碳酸酐酶抑制剂的作用导致碳酸氢盐从尿液中丢失、碱性尿和水分流失。

适应证和临床应用

乙酰唑胺现已很少被用作利尿剂，因为已经有了更强、更有效的利尿剂，如髓袢利尿剂（呋塞米）。

像其他碳酸酐酶抑制剂一样，乙酰唑胺主要用于降低患青光眼动物的眼压。醋甲唑胺比乙酰唑胺更常用。

乙酰唑胺有时也用于产生更碱性的尿液，以管理某些尿路结石。

注意事项

不良反应和副作用

乙酰唑胺可能在某些患病动物中引起低钾血症。重复给药可导致碳酸氢盐的大量流失。在犬中，可产生呼吸性酸中毒。

禁忌证和预防措施

酸血症患病动物禁用。对磺胺类药物敏感的动物慎用。

药物相互作用

乙酰唑胺可产生碱性尿，这可能会影响某些药物的清除率。碱性尿可能会增强某些抗菌药（如大环内酯类和喹诺酮类）的作用。

使用说明

乙酰唑胺通常与其他药物联用，降低眼压，治疗青光眼。乙酰唑胺已被用于产生碱性尿，以防止形成某些尿路结石。但是，除非补充碳酸氢盐，否则，尿液碱化将无法通过重复的给药维持。

患病动物的监测和实验室检测

用于治疗青光眼时要监测患病动物的眼压。

制剂与规格

乙酰唑胺有 125 mg 和 250 mg 的片剂，以及用于犬的可溶性粉末。

稳定性和贮藏
如果储存在密闭容器中，则稳定。混合溶液稳定至少 60 d。

小动物剂量
犬
注意：批准的动物用制剂用于治疗青光眼和用作利尿剂时，剂量为 10 ～ 30 mg/kg。

用于治疗青光眼：5 ～ 10 mg/kg，q8 ～ 12 h，PO。

用于利尿剂用途：4 ～ 8 mg/kg，q8 ～ 12 h，PO。

猫
7 mg/kg，q8 h，PO。

大动物剂量
马
治疗高钾性周期性瘫痪（Hyperkalemic Periodic Paralysis，HYPP），2 ～ 4 mg/kg，PO，q8 ～ 12 h。

管制信息
无可用的管制信息。

RCI 分类：4。

乙酰半胱氨酸（Acetylcysteine）
商品名及其他名称： Mucomyst、Acetadote，也称为 N- 乙酰半胱氨酸。
功能分类： 黏液溶解剂、解毒剂。

药理学和作用机制
乙酰半胱氨酸降低分泌物的黏度，并在眼和支气管雾化溶液中用作黏液溶解剂。乙酰半胱氨酸是巯基化合物，可增加肝中谷胱甘肽的合成。谷胱甘肽随后充当抗氧化剂，并促进与有毒代谢产物的结合，尤其是对乙酰氨基酚的有毒代谢产物。它因其抗氧化作用也用于治疗与氧化性应激相关的状况。已研究了猫的药代动力学，它的半衰期约为 1.5 h，口服吸收率为 33%，清除速度比在人中快。

适应证和临床应用
作为巯基的给体，它被用作解毒剂（如猫的对乙酰氨基酚中毒）。治疗中毒时，重要的是尽快使用乙酰半胱氨酸，以达到最佳效果。乙酰半胱氨酸还被用于预防造影剂引起肾病。乙酰半胱氨酸已被用作氧化应激的治疗剂，因为它是羟基自由基和次氯酸的清除剂。乙酰半胱氨酸与螯合剂一起给药时，可用于治疗重金属中毒。乙酰半胱氨酸将减轻脑水肿。

注意事项

不良反应和副作用

已经报道了人的过敏反应，类似于静脉注射过敏反应。这些反应表现为皮肤反应、支气管痉挛、心动过速和低血压。在猫中已观察到呕吐，但这也可能是由有毒物质（对乙酰氨基酚）引起。通过气雾剂输送到猫的气道时，它会增加气道阻力，并可能加剧猫的气道疾病。

禁忌证和预防措施

长期局部给药时，乙酰半胱氨酸可能引起敏感。可能与雾化设备中的某些材料产生反应。

药物相互作用

乙酰半胱氨酸的作用是提供巯基，并可能促进药物结合。

使用说明

可用于降低呼吸分泌物黏度，但最常被用作中毒治疗。在猫中，乙酰半胱氨酸被用于治疗对乙酰氨基酚中毒。治疗中毒时，下文列出了剂量，但请咨询中毒控制中心以获取具体指导。在猫中的使用剂量（在剂量部分列出）是从治疗人中毒的剂量推断出来的。但是，猫的药代动力学是不同的（半衰期更短，清除率更快），可能需要更高的剂量。对于氧化性应激的治疗，已采用恒速输注（Constant rate infusion，CRI），用 50 mg/kg 的生理盐水按 1：4 的比例稀释，并超过 1 h 静脉内给药。

患病动物的监测和实验室检测

当用于治疗对乙酰氨基酚中毒时，监测全血细胞计数（complete blood count，CBC）和肝酶浓度。

制剂与规格

乙酰半胱氨酸有 20% 溶液（200 mg/mL）。

稳定性和贮藏

乙酰半胱氨酸在空气中不稳定，容易氧化，应该避光。打开后 96 h 丢弃。

小动物剂量

犬和猫

解毒剂：140 mg/kg（负荷剂量），然后 70 mg/kg，q4 h，IV 或口服5 剂。

眼部：2% 溶液局部使用，q2 h。

为预防造影剂引起肾病：静脉推注 17 mg/kg，q12 h，持续 48 h。

氧化性应激：50 mg/kg，用盐水稀释，超过 1 h 恒速输注（CRI）。

大动物剂量

没有大动物剂量的报道。

管制信息

无可用的管制信息。但是，由于它作用时间短并且主要用于治疗中毒，无停药时间的建议。

阿昔洛韦（Acyclovir）

商品名及其他名称：Zovirax 和通用品牌。

功能分类：抗病毒药。

药理学和作用机制

阿昔洛韦是合成的嘌呤类似物（无环核苷类似物）。它具有抗疱疹病毒活性。该作用与对胸苷激酶（thymidine kinase，TK）的亲和力有关。但是，由于 TK 或 DNA 聚合酶的改变，某些病毒形式之间可能产生抗药性。它用于治疗人各种形式的疱疹病毒感染，也已用于治疗动物的病毒感染。但是，猫疱疹病毒 1 型（feline herpes virus 1，FHV1）对阿昔洛韦和伐昔洛韦有抗药性，尚缺乏对其他疱疹病毒敏感性的研究。它在马中的半衰期为 9.6 h，在犬中的半衰期为 2.3 h，在猫中的半衰期为 2.6 h。相比之下，它在人中的半衰期为 2.5 h。不幸的是，它在马中不能被口服吸收（口服吸收率少于 3%），并且几乎没有数据可以确定能被其他物种口服吸收。在人中，口服吸收率仅为 10%。其他形式（如前药和相关化合物）能被人更好地吸收，但在动物中它们的价格高昂。有关药物（喷昔洛韦、伐昔洛韦和泛昔洛韦）的信息可在相关部分找到。

适应证和临床应用

由于对某些病毒（如 FHV1）的活性差或未知，作为兽药的使用有限。在猫中，阿昔洛韦的吸收较差并产生毒性。在体外，阿昔洛韦能够抑制马疱疹病毒（equine herpes virus，EHV1）的复制。但是，马的阿昔洛韦口服吸收较差且不稳定，因此需要 IV 给药。

注意事项

不良反应和副作用

在人中，最严重的副作用是急性肾功能不全。缓慢的静脉注射和适当的水合可以预防这种情况。静脉给药可发生静脉炎。在马中，有限研究中未确定有副作用，但一项研究显示，静脉注射快速给药（15 min）可导致出汗和肌肉震颤。在猫中，已观察到明显的副作用，包括骨髓抑制、肝毒性和肾毒性。

禁忌证和预防措施

禁用于肾功能受损的动物。禁用于猫。

药物相互作用

请勿与生物溶液（如血液制品）混合。请勿与含有抑菌防腐剂的液体混合。请勿与其他肾毒性药物联用。

使用说明

每个小瓶用 10 mL 或 20 mL 灭菌注射用水稀释到 50 mg/mL，制备注射制剂。不要用含有苯甲醇或对羟基苯甲酸酯的抑菌水。进一步将溶液稀释至至少 100 mL 至 7 mg/mL 或更低的浓度。

患病动物的监测和实验室检测

使用过程中监测血尿素氮（blood urea nitrogen，BUN）和肌酐。在马中，应维持血浆浓度高于 0.3 μg/mL。

制剂与规格

阿昔洛韦有 400 mg 和 800 mg 的片剂、200 mg 的胶囊、1 g 和 500 mg 的注射用小瓶（50 mg/mL）和 40 mg/mL 的口服悬浮液。

稳定性和贮藏

在 50 mg/mL 的溶液中复溶后，室温下稳定 12 h。更稀的溶液可以稳定 24 h。如果冷藏，将形成沉淀，使用前应在室温下将其重新溶解。将片剂和胶囊保存在密闭的容器中，并在室温下避光保存。

小动物剂量

犬

尚未确定全身用药剂量和可能有效的适应证。由人用剂量推断出来：3 mg/kg，PO，每天 5 次，共 10 d，最高 10 mg/kg，或者每 8 h 静脉注射

10 ～ 20 mg/kg（缓慢输注 1 h）。

猫

阿昔洛韦对猫疱疹病毒感染无效，建议用其他药物替代（参见泛昔洛韦）。

大动物剂量

马

10 mg/kg，q12 h，IV 超过 1 h。即使口服 20 mg/kg 阿昔洛韦，在马中的吸收仍不足以进行全身治疗。

管制信息

由于具有致突变性，禁用于拟食用动物。

阿福拉纳（Afoxolaner）

商品名及其他名称： NexGard。

功能分类： 抗寄生虫药（跳蚤和蜱杀虫剂）。

药理学和作用机制

阿福拉纳属于异噁唑啉类杀虫剂。类似的药物是氟尿烷，为另一种异噁唑啉衍生物。阿福拉纳对犬的跳蚤和蜱具有活性。片剂经口服给药后，被迅速吸收和分布，跳蚤和蜱在吸血时暴露并被杀死。

对跳蚤和蜱的作用是因为异噁唑啉（如阿福拉纳）是非竞争性γ-氨基丁酸（gamma aminobutyric acid，GABA）受体拮抗剂，但昆虫或蜱中 GABA 受体的选择性高于动物宿主。作为 GABA 拮抗剂，它会影响跳蚤和蜱的神经肌肉细胞中的氯传递，导致它们瘫痪和死亡。

适应证和临床应用

阿福拉纳适用于杀死成年跳蚤，也适用于防治跳蚤侵染（猫蚤），治疗和控制黑脚蜱（肩突硬蜱）、美国犬蜱（变异革蜱）、孤星蜱（美洲花蜱）和棕色犬蜱（血红扇头蜱），主要用于 8 周及以上、体重 ≥ 1.8 kg（4 lb）的幼犬，用药 1 个月。

注意事项
不良反应和副作用
阿福拉纳已在犬中安全使用。安全性研究表明，犬在治疗剂量下具有良好的耐受性。例如，给比格犬 5 倍治疗剂量，未显示中毒迹象。

药物相互作用
没有关于动物药物相互作用的报道。

使用说明
每月口服 1 次，也可采用其他控制跳蚤和蜱的措施。

患病动物的监测和实验室检测
不需要特定监测。

制剂与规格
阿福拉纳有咀嚼片，有效药物成分含量为 11.3 mg、28.3 mg、68 mg 或 136 mg。

稳定性和贮藏
商品化包装要在室温下避光保存。

小动物剂量
犬
2.5 mg/kg（1.14 mg/lb，PO，在跳蚤和蜱的季节每月 1 次）。
猫
没有确定猫的剂量。

大动物剂量
没有大动物剂量的报道。

管制信息
尽管有害残留物的风险很低，但还是不要用于食品生产用动物。

阿来司酮（Aglepristone）
商品名及其他名称： Alizine、Alzin。
功能分类： 激素、抗孕激素。

药理学和作用机制
阿来司酮（RU 46534）是一种与米非司酮（RU 38486）有关的合成类固醇抗孕激素。它对孕酮受体的亲和力是孕酮的 3 倍，不会产生与孕酮相同的效果。给药时，它与孕酮受体结合产生抗孕激素作用，并中断和终止妊娠。

适应证和临床应用

阿来司酮也被用于终止动物妊娠，在猫中用于治疗乳腺增生，在犬和猫中用于诱导分娩和治疗子宫积脓。

注意事项

不良反应和副作用

在犬终止妊娠后，可以观察到黏液性分泌物。其他副作用包括轻微的沉郁、暂时性厌食和乳腺充血。但是，尚未报道动物明显的副作用。

禁忌证和预防措施

阿来司酮可终止妊娠。女性操作时应谨慎，提醒怀孕的动物主人注意该风险。

药物相互作用

没有关于动物药物相互作用的报道。

使用说明

在第1天、第2天、第7天和第14天SQ注射治疗子宫积脓。

患病动物的监测和实验室检测

不用特殊监测。

制剂与规格

目前阿来司酮未在美国上市。在某些欧洲国家／地区，有30 mg/mL注射剂。

稳定性和贮藏

室温下避光储存。

小动物剂量

犬

终止妊娠：10 mg/kg（0.33 mL/kg），SQ，每天1次，用2 d。

猫

治疗子宫积脓：10 mg/kg，第1天、第2天、第7天和第14天SQ注射。

大动物剂量

没有大动物剂量的报道。

管制信息

禁用于食品生产用动物。

阿苯达唑（Albendazole）

商品名及其他名称： Valbazen。

功能分类： 抗寄生虫药。

药理学和作用机制

阿苯达唑为苯并咪唑类抗寄生虫药。阿苯达唑与寄生虫的细胞内 β- 微管蛋白结合，阻止微管形成以进行细胞分裂。

适应证和临床应用

阿苯达唑用于治疗各种肠道蠕虫；治疗呼吸道的寄生性感染，包括嗜气毛细血管菌、猫肺并殖吸虫、奥妙猫圆线虫、丝状菌和奥氏奥斯勒丝虫；对小动物的贾第鞭毛虫也有效。由于阿苯达唑与犬和猫的骨髓抑制有关，在治疗小动物贾第鞭毛虫时首选其他药物。

注意事项

不良反应和副作用

在犬和猫中可能引起白细胞减少症和血小板减少症。阿苯达唑具有快速分裂细胞的亲和力，并可能对骨髓和肠道上皮细胞产生毒性。高剂量阿苯达唑与骨髓毒性有关（*J Am Vet Med Assoc*, 213: 44-46, 1998），小动物应慎用。在其他物种中，以批准的剂量使用较安全。副作用包括厌食、嗜睡和骨髓毒性。

禁忌证和预防措施

用药超过 5 d，出现副作用的可能性大。避免高剂量用药。注意：在动物怀孕前 45 d 内请勿使用。

药物相互作用

没有关于动物药物相互作用的报道。

使用说明

主要用作抗蠕虫药，但也已显示出对梨形鞭毛虫病的功效。

患病动物的监测和实验室检测

监测出现可疑副作用迹象动物的全血细胞计数（CBC）。如果在小动物中意外使用了高剂量阿苯达唑，则应检查 CBC，看是否有骨髓抑制。

制剂与规格

阿苯达唑有 113.6 mg/mL 和 45.5 mg/mL 的悬浮液，300 mg/mL 的糊剂。

稳定性和贮藏

存放在密闭容器中，并在室温下避光保存。尚未研究复合制剂的稳定性。

小动物剂量

驱虫剂量：25 ～ 50 mg/kg，q12 h，PO，用 3 d。

呼吸道寄生虫：50 mg/kg，q24 h，PO，用 10 ～ 14 d。

贾第鞭毛虫：25 mg/kg，q12 h，PO，用 2 d。

鸟类

50 ～ 100 mg/kg，每天 1 次，用 2 ～ 9 d。

大动物剂量

牛

抗寄生虫：单剂量 10 mg/kg 口服糊剂或 10 mg/kg 悬浮液，PO。

马

安氏网尾线虫：25 mg/kg，q12 h，用 5 d。

寻常圆线虫：50 mg/kg，q12 h，用 2 d。

绵羊和山羊

单剂量 7.5 mg/kg 口服悬浮液。

管制信息

牛停药时间：肉牛为 27 d。禁用于泌乳牛。

绵羊停药时间：肉用绵羊为 7 d。

硫酸沙丁胺醇（Albuterol Sulfate）

商品名及其他名称：Proventil、Ventolin 和 Torpex Equine Inhaler。在美国以外也称为 Salbutamol。

功能分类：支气管扩张剂、β-受体激动剂。

药理学和作用机制

硫酸沙丁胺醇为 β_2-肾上腺素激动剂。沙丁胺醇刺激 β_2-受体，也可能抑制炎性介质释放，尤其是肥大细胞。这种作用机制有助于放松支气管平滑肌，以缓解支气管痉挛和支气管收缩。

适应证和临床应用

沙丁胺醇在多种气道疾病中被用于支气管扩张。除马的用量外，剂量主要从人用剂量推算而来。没有在小动物中功效研究的报道。起效时间为 15 ~ 30 min，持效时间可能长达 8 h。

沙丁胺醇在马中用作吸入剂（Torpex），用于治疗气道疾病。它可以立即缓解马的支气管痉挛和支气管收缩。

注意事项

不良反应和副作用

高剂量的过度β-肾上腺素刺激剂可导致心动过速和肌肉震颤。高剂量沙丁胺醇可能产生心律失常。在怀孕动物中，所有的 $β_2$-受体激动剂在怀孕末期可抑制子宫收缩。高剂量的$β_2$-受体激动剂可以抑制低钾血症，因为它们刺激 Na^+-K^+-ATPase 并增加细胞内 K^+，同时降低血清 K^+ 并产生高血糖。治疗包括 KCl 补充剂，速率为 0.5 mEq/(kg·h)。

禁忌证和预防措施

避免在怀孕的动物中使用。IM 或 SQ 注射可能很痛。

药物相互作用

所有的 β-激动剂都将与作用于 β-肾上腺素受体的其他药物相互作用并增强其作用。

使用说明

在马中给药时需要 1 个适配器，以方便使用定量吸入器。对于马，给药装置的每次瓣膜致动（抽吸）都会输送 120 μg 硫酸沙丁胺醇。一剂是 3 次抽吸，总计 360 μg。在注射之前将溶液稀释至 0.01 mg/mL（10 μg/mL），然后用盐水或 5% 葡萄糖进一步稀释 1 倍。当用于支气管狭窄时，对急性加重的情况有用，应间歇性使用，同时用其他维持性药物（如皮质类固醇）。

患病动物的监测和实验室检测

监测患有心血管疾病动物的心率和心律。如果给予高剂量沙丁胺醇，则应监测钾浓度，观察是否有低钾血症。监测血糖是否有高血糖迹象。

制剂与规格

沙丁胺醇有 2 mg、4 mg 的片剂和 2 mg/5 mL 的糖浆。吸入溶液为 0.83 mg/mL 和 5 mg/mL。马用制剂为含 6.7 g 硫酸沙丁胺醇的加压铝罐。每次输送 120 μg 硫酸沙丁胺醇，一剂是 3 次抽吸，总计 360 μg。

稳定性和贮藏

存放在密闭容器中并避光。如果保持在酸性（pH 2.2 ~ 5）下，水溶液稳定。

小动物剂量
犬和猫
口服: 20 ~ 50 μg/kg, q6 ~ 8 h, 最高 100 μg/kg, q6 h。

大动物剂量
马
每次抽吸 120 μg 硫酸沙丁胺醇。每天 4 次, 每次剂量执行 3 次抽吸, 最多 6 次。

马驹: 0.01 ~ 0.02 mg/kg, q8 ~ 12 h, PO。

管制信息
禁用于拟食用动物。

用于马时, 如果要进行检测, 需要有 48 h 或更长时间的尿液清除期。

RCI 分类: 3。

阿伦磷酸盐（Alendronate）
商品名及其他名称: Fosamax 和通用品牌。
功能分类: 抗高钙血症。

药理学和作用机制
阿伦磷酸盐为双磷酸盐药。此类药物包括帕米磷酸盐、利塞磷酸盐、唑仑磷酸盐和依替磷酸盐。批准用于治疗马的舟状骨综合征的新药是双磷酸盐（Tildren）和氯磷酸盐（OSPhOS）。这一类药物的特征是生发双磷酸盐键。它们减慢羟基磷灰石晶体的形成和溶解。临床用途是抑制骨吸收。这些药物通过抑制破骨细胞活性、延缓骨骼吸收和降低骨质疏松速率来减少骨骼更新。阿伦磷酸盐的效力比依替磷酸盐等旧药强 100 ~ 1000 倍。但是阿伦磷酸盐的口服吸收率很低（3% ~ 7%）, 在动物中使用口服制剂不可能有效。药物在犬血浆的半衰期很短（1 ~ 2 h）, 但进入骨骼的药物更新延长, 半衰期为 300 d。

适应证和临床应用
像其他双磷酸盐药一样, 阿伦磷酸盐在人中被用于治疗骨质疏松症和恶性高钙血症。

在动物中, 阿伦磷酸盐被用于降低引起高钙血症状况的钙, 如甲状旁腺功能亢进、癌症和维生素 D 中毒。这可能有助于管理与病理性骨吸收有关的肿瘤性并发症。它还可以为患病理性骨病的动物进行镇痛。在犬中进行的大多数试验工作都是使用帕米磷酸盐，而不是阿伦磷酸盐。

注意事项

不良反应和副作用

尚未发现严重的副作用，在动物中的使用不常见。在人中，食管损伤和侵蚀是重要的问题。

当给予动物阿伦磷酸盐时，请确保所有药物都被吞咽下去，然后饮水。

禁忌证和预防措施

不要与含钙的食物或药物一起服用。食物会减少吸收。

药物相互作用

不要与含钙的溶液混合（如乳酸林格液）。

使用说明

当口服给药时，请确保该药物没有滞留在动物食管中，以避免药物对食管组织造成伤害。食物会降低口服吸收率，饲喂动物至少等待 30 min。

患病动物的监测和实验室检测
监测血清钙和磷。

制剂与规格
阿伦磷酸盐有 5 mg、10 mg、35 mg、40 mg 和 70 mg 的片剂。

稳定性和贮藏
存放在密闭容器中，并在室温下避光保存。

小动物剂量
犬
0.5 ~ 1 mg/kg，q24 h，PO。
猫
用于治疗离子化高钙血症：每只猫 5 ~ 20 mg，PO，q7 d。

大动物剂量
没有大动物剂量的报道。

管制信息
不确定食品生产用动物的停药时间。

阿法沙龙（Alfaxalone）

商品名及其他名称： Alfaxan（旧称 Alphaxalone）。
功能分类： 麻醉药。

药理学和作用机制

阿法沙龙的化学名称是阿法沙龙-2-羟丙基-β-环糊精（HPCD）。它是一种合成的神经活性类固醇，可与 CNS 中的 GABA 受体相互作用，产生麻醉和肌肉松弛作用。阿法沙龙与一种较老的制剂（Saffan）有关，该药于 1971 年首次推出，其是神经甾体合剂中的阿法沙龙加艾法朵龙。这种较老的制剂是蓖麻油制剂，可诱导肥大细胞脱粒和组胺释放，并造成肢体肿胀、过敏反应和组胺释放引起的其他症状。这种新制剂（Alfaxan）通过使用环糊精增容载体克服了配方问题。动物的半衰期很短（<1 h），但它表现出非线性的药代动力学，并且在高剂量使用时可能会被较缓慢地清除。

适应证和临床应用

阿法沙龙用作全身麻醉药。它可以直接注射到头静脉中，也可以通过 CRI 输送。如果直接注射，请给药 60 s 以上，以穿过血-脑屏障。它可与其他麻醉药（如丙泊酚）一起安全使用，联合使用麻醉前用药［如阿片类、阿托品、吩噻嗪类、苯二氮䓬类和非甾体抗炎药（nonsteroidal anti-inflammatory drug，NSAID）］。

注意事项

不良反应和副作用

作为麻醉药，给药后出现中枢神经系统抑制、呼吸抑制和血压下降。以 > 0.1 mg/(kg·min) 的恒定速率输注，将产生明显的低血压和通气不足。如果 IM，将导致疼痛和不适，且动物将对声音产生反应，苏醒后出现兴奋、不协调和超反应。SQ 可导致长时间的超反应和共济失调，但不会产生麻醉的良好手术平台期。

药物相互作用

没有关于动物药物相互作用的报道。它可与苯二氮䓬类药物一起安全使用。但是，除非有特定的兼容性信息，否则，请勿与其他药物在同一注射器中混合。

使用说明

进行诱导麻醉时，请使用适当的监护设备和通气支持。由于注射部位的疼痛，请避免 SQ 或 IM 给药。IM 或 SQ 不适用于麻醉诱导和维持麻醉。

患病动物的监测和实验室检测
用药过程中应监测麻醉指标和深度。监测麻醉期间动物的血压、心率、体温。初始诱导后可能发生呼吸暂停。监测动物呼吸的特征和速率。

制剂与规格
阿法沙龙有 10 mg/mL 的注射剂。

稳定性和贮藏
室温下避光储存。阿法沙龙小瓶中没有抗菌防腐剂，避免微生物污染。

小动物剂量
犬
诱导麻醉：如果犬未使用麻醉前镇定药，则 1.5 ~ 4.5 mg/kg，IV。使用麻醉前用药的犬剂量为 0.2 ~ 3.5 mg/kg。应始终根据患病动物反应调整剂量。通常，每麻醉 10 min 的剂量为 1 ~ 1.2 mg/kg（最高 2 mg/kg），IV 给药超过 60 s。

CRI：6 ~ 7 mg/(kg·h)。（适合与其他麻醉药一起使用）
猫
如果猫未接受麻醉前镇定药，则静脉注射 2.2 ~ 9.7 mg/kg。接受麻醉前用药的猫剂量为 1 ~ 10.8 mg/kg。始终根据患病动物反应调整剂量。通常，剂量为 1 ~ 1.3 mg/kg，IV（最多 5 mg/kg），注射超过 60 s，然后根据需要依次给药 2 mg/kg。

负荷剂量为 1.7 mg/kg，IV，随后恒速 IV 输注 7 ~ 10 mg/(kg·h)。

大动物剂量
没有大动物剂量的报道。

管制信息
禁用于食品生产用动物。阿法沙龙是一种 Schedule C- Ⅳ类管制药物。

别嘌呤醇（Allopurinol）
商品名及其他名称： Lopurin、Zyloprim 和 Allopur（欧洲）。
功能分类： 抗炎药。

药理学和作用机制
别嘌呤醇为嘌呤类似物。别嘌呤醇通过抑制负责尿酸合成的酶降低尿酸的生成。别嘌呤醇的另一用途是治疗利什曼病。在寄生虫中，别嘌呤醇被代谢为能破坏 RNA 合成并干扰蛋白质合成的产物。别嘌呤醇不能消除利什曼原虫或治愈利什曼病，但可以改善并缓解皮肤病变。

适应证和临床应用

别嘌呤醇可以降低高危动物中尿酸尿石的形成。别嘌呤醇还用于治疗与利什曼病相关的临床症状。当用于治疗利什曼病时，它与五价锑化合物［如葡甲胺锑酸盐（Glutamine）或葡萄糖酸锑钠（Pentosan）］一起给药。在慢性治疗时，别嘌呤醇将进行性缓解和改善与利什曼病相关的临床症状，包括通过降低蛋白尿减少利什曼原虫对动物肾脏的破坏作用并防止肾小球滤过率（glomerular filtration rate，GFR）下降。

注意事项

不良反应和副作用

别嘌呤醇可能引起皮肤反应（超敏性）。在治疗利什曼病数月的犬中，没有副作用的报道。

禁忌证和预防措施

没有关于动物禁忌证的报道。

药物相互作用

别嘌呤醇可抑制某些药物的代谢。不要与硫唑嘌呤联用，因为它会干扰黄嘌呤氧化酶（一种代谢硫唑嘌呤的重要酶），并会增加毒性。

使用说明

在人中，别嘌呤醇主要用于治疗痛风。

在动物中，它可用于降低尿酸尿石的形成，以及治疗与利什曼病相关的症状。没有单一药物或联合用药可以完全有效地治疗利什曼病，但别嘌呤醇可以改善皮肤病变。别嘌呤醇通常与治疗利什曼病的其他药物一起使用，例如，两性霉素 B 或五价锑化合物［如葡甲胺锑酸盐（Glutamine）或葡萄糖酸锑钠（Pentosan）］。

患病动物的监测和实验室检测

用于治疗利什曼病的剂量调整基于对临床症状的监测。别嘌呤醇不能治愈潜在的疾病，但会改善一些临床症状。

制剂与规格

别嘌呤醇有 100 mg 和 300 mg 的片剂。

稳定性和贮藏

在室温下储存在密闭的容器中。别嘌呤醇在复合制剂中至少稳定 60 d。在 pH 为 3 ~ 3.4 的溶液中别嘌呤醇具有最大稳定性。

小动物剂量
犬

预防尿酸尿石：10 mg/kg，q8 h，PO，然后降至 10 mg/kg，q24 h，PO。

利什曼病：10 mg/kg，q12 h，PO，用 6 个月（至少用 4 个月）。对于利什曼病，一些临床医生已使用 15 mg/kg，q12 h，如果有反应，则改为 7 ~ 10 mg/kg，q12 ~ 24 h。

大动物剂量
马

5 mg/kg，PO。

管制信息

无可用的管制信息。

阿普唑仑（Alprazolam）

商品名及其他名称：Xanax、Niravam。
功能分类：镇静药、CNS 抑制剂。

药理学和作用机制

阿普唑仑为苯二氮䓬类药物。中枢作用的 CNS 抑制剂和抗焦虑药（减少焦虑），作用机制是通过增强 CNS 中 GABA 受体介导的作用来实现的。具有类似作用的药物是地西泮。它在马中的半衰期约为 16.4 h。

适应证和临床应用

阿普唑仑用于治疗犬和猫的行为问题，尤其是与焦虑相关的行为问题。阿普唑仑已被用于犬焦虑状态的短期治疗，如雷暴恐惧症。对于雷暴恐惧症，如果长期与氯米帕明相结合治疗可能更有效。在马中是口服给药，主要为了减少焦虑，并促进亲子联结，以及母马接受马驹或孤儿马驹。

注意事项
不良反应和副作用

镇定是阿普唑仑最常见的副作用，但可能还会导致犬的矛盾性兴奋。马安全使用剂量为 0.04 mg/kg，不会产生明显的共济失调或镇定。在猫中，已发生地西泮引起特发性致死性肝坏死的情况，但尚未关于阿普唑仑的报道，这可能是由于代谢的差异。阿普唑仑不如地西泮代谢广泛。如果停药，任何物种中的慢性给药都可能导致依赖性和停药综合征。

禁忌证和预防措施

没有严重的禁忌证。在罕见个体中，苯二氮䓬类可引起矛盾性兴奋。

药物相互作用

其他药物可能会降低肝脏代谢（如酮康唑、氯霉素和伊曲康唑）。

使用说明

在动物中的使用主要来自经验用药。没有控制良好的临床研究或功效试验可证明临床有效性。在许多犬中，持效时间仅为 2 ~ 3 h。因此，可能需要更频繁给药。

在治疗某些犬的噪音恐惧症和雷暴恐惧症时，除阿普唑仑外，在暴风雨前 1 h 还应服用 0.02 mg/kg 氯米帕明。

Niravam 片剂（请参见"制剂与规格"部分）能迅速溶解，更易于难以用药的动物服用。片剂无须用水即可轻松地溶解在舌上，并且可以切割药片，使剂量更准确。

患病动物的监测和实验室检测

监测慢性用药动物的肝酶。尽管通常无法测量动物的血浆药物浓度，但 20 ~ 40 ng/mL 的浓度已对人产生治疗效果。

制剂与规格

阿普唑仑有 0.25 mg、0.5 mg、1 mg 和 2 mg 的片剂，以及 1 mg 和 2 mg 的刻痕片剂。

有 0.25 mg、0.5 mg、1 mg 和 2 mg 的快速溶解片剂（Niravam），可以将其切成小块，精确定量。

稳定性和贮藏

存放在密闭容器中，并在室温下避光保存。药物在某些复合制剂中可稳定 60 d。

小动物剂量

犬

0.025 ~ 0.1 mg/kg, q8 h, PO。在某些患犬中使用频率更高（q4 ~ 6 h）。

猫

每只猫 0.125 mg，q12 h，PO（半片 0.25 mg 片剂）或 0.0125 ~ 0.025 mg/kg，q12 h，PO，最高频率为 q8 h。

大动物剂量

最初的负荷剂量为 0.1 mg/kg，随后 0.04 mg/kg，q12 h，PO。

管制信息

无可用的管制信息。

RCI 分类：2。

烯丙孕素（Altrenogest）

商品名及其他名称： Regu-Mate、Matrix。

功能分类： 激素。

药理学和作用机制

烯丙孕素是一种活性合成孕激素。作为孕酮激动剂，它主要用于抑制动物发情。停药后，可预测发情活动的发生。因此，它被用于诱发正常的发情周期，以促进计划的繁殖。当开始治疗时，95% 的母马在 3 d 后被抑制发情周期。

适应证和临床应用

烯丙孕素适用于抑制动物的发情，以促进正常发情周期活动。它被用于母马，促进有计划的繁殖活动。它还可用于抑制性能马的发情行为。当用药中断时，表现出规律发情周期的母马在 4 ~ 5 d 恢复发情，用药后继续维持正常的发情周期。

在猪中，烯丙孕素被用于至少已经有一个发情周期的性成熟小母猪同期发情。请勿应用于有子宫炎症病史（即急性、亚急性或慢性子宫内膜炎）的后备母猪。

注意事项

禁忌证和预防措施

禁用于怀孕动物。处理烯丙孕素的人，尤其是女性，应戴手套并避免接触，因为烯丙孕素可通过完整无损的皮肤被吸收到人体内。烯丙孕素不应在先前有子宫问题病史（子宫炎）的母马和后备母猪中使用。

使用说明

放在谷物中或直接放在马舌头上口服烯丙孕素，每天 1 剂，持续 15 d。在猪中，与添加剂或饲料一起使用。

患病动物的监测和实验室检测

监测发情活动的迹象，药物过量时监测 CBC。

制剂与规格

有 0.22%（2.2 mg/mL）的烯丙孕素油溶液。

稳定性和贮藏

在室温下，储存于密闭的容器中。

小动物剂量

无小动物剂量的报道。

大动物剂量

马

每天 1 次，口服，0.044 mg/kg（1 mL/110 lb），连续 15 d。

猪

每天在部分小母猪的日粮中加添加剂，每只用 6.8 mL（15 mg 烯丙孕素），连续 14 d。

管制信息

禁用于拟食用马。在猪中，禁药时间为 21 d。禁用于其他食品生产用动物。

氢氧化铝和碳酸铝（Aluminum Hydroxide and Aluminum Carbonate）

商品名及其他名称： 氢氧化铝凝胶（Amphojel）、碳酸铝凝胶（Basalgel）。
功能分类： 抗酸剂。

药理学和作用机制

氢氧化铝和碳酸铝是抗酸剂和肠中磷酸盐黏合剂。

适应证和临床应用

由于氢氧化铝的抗酸特性，可治疗或控制消化道溃疡。另外，它还用作磷酸盐黏合剂，适用于患与慢性肾衰竭有关的高磷酸血症动物，经常与限制磷含量的食物合用。由于含铝的产品减少，其他药物也可用于改善患病动物的高磷酸血症，如碳酸钙和钙柠檬酸盐。在某些国家 / 地区，有猫用的新型口服磷酸盐黏合剂，该产品（Lenziaren）由氧化铁 / 氢氧化物的复合物组成。

注意事项

不良反应和副作用

这些含铝化合物通常是安全的。但是，有人担心这些药物可能增加铝的全身水平，导致铝中毒。在动物医学中，还缺乏这一临床问题的证据。

禁忌证和预防措施

含铝化合物可降低某些药物（如氟喹诺酮类、四环素类）的口服吸收率。如果同时使用氟喹诺酮类抗生素，则应考虑分开口服。

药物相互作用

含铝化合物会结合并螯合某些药物（四环素类、氟喹诺酮类），防止胃肠道吸收。

使用说明

抗酸剂被设计用于中和胃酸，但酸抑制的持效时间较短。尽管经常使用氢氧化铝预防高磷血症，但某些药房可能没有该药。此适应证的替代品是柠檬酸钙或碳酸钙。也有可用于猫的口服产品，以磷酸盐黏合剂（Lenziaren）的形式使用。

患病动物的监测和实验室检测

监测磷酸盐血浆浓度，以确定治疗是否成功。

制剂与规格

氢氧化铝凝胶有 64 mg/mL 的口服悬浮液和 600 mg 的片剂。

胶囊中有碳酸铝凝胶（相当于 500 mg 氢氧化铝）。

注意：含铝产品不再可以从许多来源获得，可以使用其他产品，如 Lenziaren。

稳定性和贮藏

存放在密闭容器中，并在室温下避光保存。

小动物剂量

犬

氢氧化铝凝胶：10 ~ 30 mg/kg，q8 h，PO（随餐）。

碳酸铝凝胶：10 ~ 30 mg/kg，q8 h，PO（随餐）。
猫
氢氧化铝凝胶：10 ~ 30 mg/kg，q8 h，PO（随餐）。
碳酸铝凝胶：10 ~ 30 mg/kg，q8 h，PO（随餐）。

大动物剂量
马
抗酸剂：60 mg/kg，q8 h，PO。

管制信息
无可用的管制信息。不用担心在食品生产用动物中用药产生的残留问题。

金刚烷胺（Amantadine）
商品名及其他名称： Symmetrel 和通用品牌。
功能分类： 抗病毒药。

药理学和作用机制
金刚烷胺是抗病毒药，抗病毒作用尚不完全清楚。它可治疗人的其他状况（如帕金森病），作用归因于 CNS 中多巴胺的增加。它也是 N-甲基-D-天冬氨酸（N-methyl-D-aspartate，NMDA）受体拮抗剂。作为 NMDA 受体拮抗剂，它可降低对其他镇痛药（如阿片类）的耐受性，但单独使用时可能不具备许多镇痛药的性质。在动物中只有有限的药代动力学数据。口服制剂可经人和动物的口服被完全吸收，并穿过血-脑屏障。在猫中，半衰期约为 6 h。在犬中，半衰期约为 5 h。

适应证和临床应用
金刚烷胺是一种抗病毒药，用于治疗人的流感。它也被用于治疗帕金森病和锥体束外反应，尤其是那些药物诱导的疾病。它也已被用于治疗多灶性硬化病人的肌肉无力。在动物医学中，金刚烷胺主要用于控制犬和猫的疼痛，一般在其他药物无效时使用，或在多模式疗法镇痛方案中与其他多种药物联用。

注意事项
不良反应和副作用
直到至少 2 倍超剂量，才发现犬和猫中毒。很少观察到焦虑状态和口干。

据报道，在人用药过程中，有头晕、神志不清和其他 CNS 疾病等副作用。

禁忌证和预防措施

注意：在实验动物中使用高剂量金刚烷胺时具有胚胎毒性和致畸性，因此怀孕动物禁用。

药物相互作用

请勿与其他可增加多巴胺浓度的药物（如司来吉兰）联用。如果与其他 CNS 兴奋剂联用，可能会增强效果。

使用说明

单独使用金刚烷胺控制疼痛可能无效，需与其他镇痛药（如 NSAID）一起给药，以获得最佳效果。术后的动物，使用本药长达 21 d 而无副作用。抗病毒药效果尚未在动物中进行充分研究。在人中，抗病毒剂量为 1.5 ~ 3 mg/kg，每天 1 次或 2 次。

患病动物的监测和实验室检测

不用特殊监测。

制剂与规格

金刚烷胺有 100 mg 的胶囊、100 mg 的片剂和 10 mg/mL 的糖浆。

稳定性和贮藏

存放在密闭容器中，并在室温下避光保存。尚未评估复合制剂的稳定性。

小动物剂量

犬

控制疼痛：3 ~ 5 mg/kg，q12 h，PO。

猫

控制疼痛：3 mg/kg，q24 h，PO，最高剂量为 5 mg/kg。

大动物剂量

没有大动物剂量的报道。

管制信息

没有管制信息，该药物不应用于食品生产用动物。

阿米卡星（Amikacin）

商品名及其他名称：Amiglyde-V（动物用制剂）、Amikin（人用制剂）和通用品牌。

功能分类：抗菌药。

药理学和作用机制

阿米卡星为氨基糖苷类抗菌药，作用是通过与30S核糖体结合，而抑制细菌蛋白质合成。除了对抗链球菌和厌氧菌之外，阿米卡星还具有杀菌作用。阿米卡星具有广泛的活性，尤其是对许多其他药物具有抗性的革兰氏阴性杆菌。对于许多革兰氏阴性菌，尤其是肠道菌种，阿米卡星的活性可能比庆大霉素广。在大多数动物中，阿米卡星的半衰期很短（1～2 h），分布容积反映在细胞外体液（如200～250 mL/kg）。阿米卡星不能口服吸收。

适应证和临床应用

阿米卡星适用于细菌感染，尤其适用于治疗由革兰氏阴性菌引起的严重感染。当预期对庆大霉素具有抗药性时，通常用阿米卡星替代。在马中，阿米卡星还作为子宫内冲洗用于局部给药，以治疗子宫炎和由革兰氏阴性菌引起的生殖道的其他感染。在马中，阿米卡星还用于局部肢体灌注。

> ### 注意事项
> #### 不良反应和副作用
> 具肾毒性，须限制剂量。确保动物在治疗期间具有足够的体液和电解质平衡。耳毒性和前庭毒性也有可能。
> #### 禁忌证和预防措施
> 禁用于患肾功能障碍或肾衰竭，以及脱水的动物。
> #### 药物相互作用
> 请勿在安瓿瓶或注射器中与其他抗生素混合。当在同一安瓿瓶或注射器中与其他药物或化合物混合时，阿米卡星与其不相容。与麻醉药一起使用时，可以用作神经肌肉阻滞剂。

使用说明

每天1次的剂量设计，可使峰值与最低抑菌浓度（minimum inhibitory concentration，MIC）比率最大化。考虑使用治疗性药物监测，降低肾毒性的风险。当与β-内酰胺类抗生素合用时，对某些细菌（如假单胞菌）的活性会增强。持续高谷浓度会增加肾毒性。

患病动物的监测和实验室检测

药敏试验：犬和马的临床和实验室标准协会（Clinical and Laboratory Standards Institute，CLSI）的 MIC 耐药折点为 ≤ 4 μg/mL，马驹为 ≤ 2 μg/mL。犬的耐药折点也能用于分离自猫的细菌。监测 BUN、血清肌酐和尿液，观察是否有肾毒性证据。可以监测血浆或血清药物浓度以测量全身清除问题。在每天 1 次给药期间监测患病动物的谷浓度时，谷浓度应降至检测极限以下。另外，半衰期和清除率可以在给药后 1 h 和 2 ～ 4 h 从样品中测量。大多数动物的清除率应高于 1.0 mL/(kg·min)，半衰期应 < 2 h。

制剂与规格

阿米卡星有 50 mg/mL 或 250 mg/mL 的注射液。

稳定性和贮藏

存放在密闭容器中，并在室温下避光保存。如果与其他药物混合，阿米卡星将不稳定。

小动物剂量

犬

15 ～ 30 mg/kg，q24 h，IV、IM 或 SQ。

猫

10 ～ 14 mg/kg，q24 h，IV、IM 或 SQ。

大动物剂量

马

成年马：4.4 ～ 6.6 mg/kg，q12 h，IM、IV，或者 10 mg/kg，q24 h，IV 或 IM。

马驹：20 ～ 25 mg/kg，q24 h，IV 或 IM，或者 6.6 mg/kg，q8 h，IV 或 IM。

子宫内使用：用 200 mL 无菌盐水溶液稀释为 2 g（8 mL），注入子宫内，连续 3 d。

局部肢体灌注：每肢的剂量范围为 125 ～ 500 mg，用 60 mL 盐水稀释。

牛

成年牛：10 mg/kg，q24 h，IM、IV 或 SQ。

犊牛（< 2 周龄）：20 mg/kg，q24 h，IV 或 IM。

管制信息

尚未确定食品生产用动物标签外使用的停药时间。给药后，预计组织中的药物会长期存在（肾）。像其他氨基糖苷类抗生素一样，由于存在残留风险，不应将阿米卡星应用于食品生产用动物。如果已给予标签外剂量，则肉用动物停药时间可能长达 18 个月。

氨基酸溶液（Amino Acid Solution）

商品名及其他名称: Travasol。
功能分类: 氨基酸溶液。

药理学和作用机制

氨基酸溶液旨在为缺乏氨基酸或患肝脏疾病的动物提供氨基酸。该特定溶液包含亮氨酸、苯丙氨酸、赖氨酸、蛋氨酸、异亮氨酸、缬氨酸、组氨酸、苏氨酸、色氨酸、丙氨酸、甘氨酸、精氨酸、脯氨酸、络氨酸和丝氨酸。

适应证和临床应用

在动物中，注入氨基酸溶液可作为补充剂，特别是用于治疗肝脏疾病时。

注意事项

不良反应和副作用

如果输液过快，可导致高渗状态。如果动物出现神经症状，应停止输注。在患肝脏疾病或肾衰竭的动物中，可能出现肝性脑病或 BUN 升高。

使用说明

对于外周静脉给药，可以将 10% 氨基酸溶液在 5% 葡萄糖溶液中稀释。否则，应通过中央静脉输注。

患病动物的监测和实验室检测

不用特殊监测。

制剂与规格

10%、5.5% 和 8.5% 溶液。

稳定性和贮藏
室温下避光储存。

小动物剂量
犬
通过中央静脉输注 25 mL 的 10% 溶液（适当稀释），输注时间超过 6 ～ 8 h，并在 7 ～ 10 d 后再输注。优选不含电解质的氨基酸溶液，用于治疗肝皮综合征。

大动物剂量
没有大动物剂量的报道。

管制信息
食品生产用动物没有停药时间。

氨基戊酰胺（Aminopentamide）
商品名及其他名称： Centrine。
功能分类： 抗胆碱能药。

药理学和作用机制
氨基戊酰胺为止泻药、抗胆碱能药（在副交感神经突触处阻滞乙酰胆碱）。与该类别中的其他抗胆碱能药一样，氨基戊酰胺会阻滞毒蕈碱受体。乙酰胆碱的作用被阻滞，抑制消化道分泌和平滑肌蠕动。腺体、呼吸和其他生理功能也会受到影响。氨基戊酰胺是一种较老的药物，如今不常用于治疗腹泻或消化道疾病。

适应证和临床应用
氨基戊酰胺用于减少动物的消化道蠕动和减少消化道分泌，或者用于治疗腹泻，但不建议长期服用。

使用说明
根据制造商推荐的剂量使用。

患病动物的监测和实验室检测
监测由抗胆碱作用引起的肠停滞。

制剂与规格
氨基戊酰胺有 0.2 mg 的片剂和 0.5 mg/mL 的注射液。

稳定性和贮藏

存放在密闭容器中，并在室温下避光保存。尚未评估复合制剂的稳定性。

小动物剂量

犬

0.01 ～ 0.03 mg/kg，q8 ～ 12 h，IM、SQ 或 PO。

猫

每只猫 0.1 mg，q8 ～ 12 h，IM、SQ 或 PO。

大动物剂量

没有大动物剂量的报道。

管制信息

无可用的管制信息。

氨茶碱（Aminophylline）

商品名及其他名称：通用品牌。

功能分类：支气管扩张剂。

药理学和作用机制

氨茶碱是一种茶碱盐，可增强口服吸收而无胃副作用。动物摄入之后转换为茶碱。作用机制和其他属性与茶碱相同（有关更多详细信息，请查阅茶碱部分）。茶碱的作用是抑制磷酸二酯酶（phosphodiesterase，PDE）和增加环磷酸腺苷（cyclic adenosine monophosphate，cAMP）。其他抗炎机制也可能在其临床效应中有作用。

适应证和临床应用

氨茶碱适用于控制可逆性气道狭窄，预防支气管狭窄，以及作为治疗其他呼吸系统疾病的辅助药物。它的适应证类似于茶碱，因为它是茶碱的盐形式。它用于猫（猫哮喘）、犬和马的炎性气道疾病。在犬中，用于治疗气管塌陷、支气管炎和其他气道疾病。它对于牛的呼吸系统疾病无效。口服制剂大部分已停产，仅保留注射制剂。对于口服给药，应使用茶碱。

注意事项

不良反应和副作用

高剂量氨茶碱可导致兴奋和可能的心脏副作用。心脏副作用包括心动过速和心律失常。消化道副作用包括恶心、呕吐和腹泻。中枢神经系统副作用包括兴奋、震颤和抽搐。

禁忌证和预防措施

尽管氨茶碱副作用在人中比小动物要常见，但用于心律失常动物时要谨慎。在易发抽搐的动物中谨慎使用。马可能会因 IV 给药变得兴奋。

药物相互作用

谨慎与其他 PDE 抑制剂［如西地那非（Viagra）和匹莫苯丹］联用。许多药物会抑制茶碱的代谢，并可能增加其浓度，如西咪替丁、红霉素、氟喹诺酮类和普萘洛尔。有些药物会通过增加代谢来降低浓度（如苯巴比妥和利福平）。

使用说明

建议在慢性治疗期间进行监测，使用茶碱治疗的精确剂量。与茶碱盐或其他制剂联用时，请根据母体药物的量调整剂量。口服制剂已停产，所列剂量适用于注射制剂。对于口服给药，请使用茶碱。

患病动物的监测和实验室检测

接受氨茶碱治疗的患病动物，应监测茶碱的血浆浓度。目标血浆浓度范围为 10 ～ 20 μg/mL，但临床效应可能低至 5 μg/mL。

制剂与规格

氨茶碱有 25 mg/mL 的注射剂。25 mg/mL 的无水氨茶碱剂量相当于 19.7 mg/mL 的无水茶碱。口服制剂已停产，对于口服给药，请改用茶碱。

稳定性和贮藏

存放在密闭容器中，并在室温下避光保存。复合口服制剂能稳定 60 d。

小动物剂量

犬

10 mg/kg，q8 h，IM 或 IV。

猫

6.6 mg/kg，q12 h，IM 或 IV。

大动物剂量

马

治疗反复性气道梗阻：初始剂量为 12 mg/kg，随后 5 mg/kg，q12 h。马静脉注射氨茶碱可导致短暂的兴奋和躁动，应缓慢给药。

牛

10 mg/kg，q8 h，IV 或 23 mg/kg，PO，一次服用一剂。

管制信息

牛：尚未确定食品生产用动物的停药时间。

无可用的管制信息。

RCI 分类：3。

盐酸胺碘酮（Amiodarone Hydrochloride）

商品名及其他名称： Cordarone。

功能分类： 抗心律失常药。

药理学和作用机制

盐酸胺碘酮为 Ⅲ 类抗心律失常药物，本药具抗心律失常作用，主要是由于阻滞了心脏组织中的向外钾通道。胺碘酮延长动作电位，延迟心肌复极化，并延迟心脏组织中的不应期。它还可能具有某些 α- 肾上腺素受体、β-肾上腺素受体和钙通道阻滞特性。半衰期可持续数天，在某些动物中，慢性治疗的半衰期可能长达 100 d。在马中，终末半衰期为 38 ~ 84 h。胺碘酮的静脉注射剂使用聚山梨酯 80 增加溶解度，这可能是某些不良反应的原因。有一种新的非碘化衍生物决奈达隆（Multaq），它的亲脂性较低，半衰期较短，可能更安全，但尚未在动物中使用。

适应证和临床应用

胺碘酮用于治疗顽固性室性心律失常。它被保留用于治疗已经危及生命且对其他治疗无效的心律失常。它已被当作反复性血流动力学不稳定的室上性心动过速的最后手段。

在马中，IV 胺碘酮用于治疗心房纤颤。

注意事项

不良反应和副作用

在犬中，最常见的副作用是食欲降低、Q-T 间隔延长。其他副作用包括心动过缓、充血性心力衰竭（congestive heart failure, CHF）、低血压、房室（atrioventricular, AV）阻滞、甲状腺功能障碍（T_3 和 T_4 降低）、肺纤维化、中性粒细胞减少和贫血。肝病是一个严重的问题，在犬中已有报道。当接受心律失常治疗时，杜宾犬特别容易受到胺碘酮的影响，副作用的发生率较高，包括厌食、嗜睡、肝毒性和呕吐。在一项研究中，IV 剂量高达 12.5 mg/kg 不会产生急性心血管反应，但如果急性 IV 给药，可能出现严重的心脏反应、低血压、血管舒张、瘙痒和水肿（包括肢体肿胀）。由 IV 治疗引起的副作用可能是由于该药物载体提高了溶解度，即聚山梨酯 80 可引起由组胺释放引起的过敏事件。抗组胺药预处理，可能有助于减少 IV 治疗引起的过敏事件。

单次给药静脉注射后，在马中未观察到不良的临床症状，但是对于治疗心房纤颤，有轻度的重心转移和后肢虚弱的迹象。

禁忌证和预防措施

用于犬有严重的反应，包括肝病和心律失常。仅当其他治疗无效的顽固性心律失常或犬有猝死风险时，才使用本药。

药物相互作用

谨慎将胺碘酮与 β-受体阻滞剂、钙通道阻滞剂和地高辛联用，因为它可能会减慢传导速度。请勿将 IV 溶液与含有碳酸氢盐的混合物混合。

使用说明

通常先给负荷剂量，再给维持剂量。犬的口服剂量为 10 ~ 15 mg/kg，q12 h，用 1 周；然后 5 ~ 7.5 mg/kg，q12 h，用 2 周；随后维持剂量为 7.5 mg/kg，q24 h。如果使用 IV 治疗，应缓慢给药，初始输注速率不应超过 30 mg/min。在进行静脉注射之前，应先使用抗组胺药预防过敏型反应。

患病动物的监测和实验室检测

由于担心在犬中使用胺碘酮可导致副作用，应仔细监测。强烈建议在治疗过程中监测 CBC，观察是否有贫血和中性粒细胞减少，监测肝脏指数。在治疗期间监测心电图（electrocardiogram，ECG），因为可能会延长 Q-T 间隔。治疗期间监测甲状腺功能。某些实验室可进行药物监测。胺碘酮血浆浓度的治疗范围为 1 ~ 2.5 μg/mL。

制剂与规格

胺碘酮有 100 mg、200 mg 的片剂和 50 mg/mL 的注射剂；1.5 mg/mL 和 1.8 mg/mL 的 Nexterone 注射剂。一种新配方（PM101）使用了不同载体来提高溶解度，而不是聚山梨酯 80。这种媒介物 β-环糊精（Captisol）形成亲水性中枢核心，不太可能引发过敏型反应。

稳定性和贮藏

存放在密闭容器中，并在室温下避光保存。

小动物剂量

犬

室性心律失常：10 ~ 15 mg/kg，q12 h，用 1 周，PO；然后 5 ~ 7.5 mg/kg，

q12 h，用2周；维持剂量7.5 mg/kg，q24 h。

顽固性心律失常：25 mg/kg，q12 h，PO，用4 d；然后25 mg/kg，q24 h，PO。

心房纤颤：负荷剂量15 mg/kg，用5 d；随后每天10 mg/kg，PO。

拳师犬或杜宾犬：每只犬200 mg，q12 h，用1周，PO；之后每天1次200 mg。也使用过2倍剂量，但毒性风险更高。

注射：5 mg/kg，超过10 min，缓慢静脉滴注。由于存在副作用风险，请谨慎使用。

猫

没有猫剂量的报道。

大动物剂量

马

治疗心房纤颤：5 mg/(kg·h)，用1 h；然后0.83 mg/(kg·h)，用23 h，IV。口服吸收率低且不一致，因此不建议使用。

管制信息

无可用的管制信息。

阿米曲士（Amitraz）

商品名及其他名称： Mitaban。

功能分类： 抗寄生虫药。

药理学和作用机制

用于体外寄生虫的抗寄生虫药。阿米曲士抑制螨虫中的单胺氧化酶（monoamine oxidase，MAO）。哺乳动物对此抑制具有抵抗力，但是，阿米曲士能与其他MAO抑制剂（MAOI）相互作用。

适应证和临床应用

阿米曲士适用于螨虫的局部治疗，包括蠕形螨。它可以蘸或用海绵涂局部使用，不要全身性使用。批准的剂量对许多动物有效，但在蠕形螨较顽固的病例中，已使用更高剂量。随着剂量的增加，副作用的风险也增加。

注意事项
不良反应和副作用

阿米曲士导致犬镇定，这是由α_2-肾上腺素受体激动剂活性引起，而育亨宾或阿替美唑可以逆转它。使用高剂量阿米曲士时，副作用包括瘙痒、多尿 / 多饮、心动过缓、低血压、心脏阻滞、体温过低、高血糖症和抽搐（罕见）等。

禁忌证和预防措施

高剂量给药时副作用更常见。

药物相互作用

请勿与 MAOI 一起使用，如司来吉兰（Deprenyl, Anipryl）。不要与其他 α$_2$-受体激动剂一起使用。

使用说明

最初应使用制造商推荐的剂量，但对于顽固病例，采用超出推荐剂量以提高疗效。

患病动物的监测和实验室检测

通过定期皮肤刮片，检查是否存在螨虫。

制剂与规格

阿米曲士有 10.6 mL 浓缩浸剂（19.9%）。

稳定性和贮藏

存放在密闭容器中，并在室温下避光保存。尚未评估复合制剂的稳定性。

小动物剂量

犬

10.6 mL/7.5 L 水（0.025% 溶液）。每 14 d 进行 3 ~ 6 次局部治疗。对于顽固性病例，采用超出此剂量以提高疗效。现有的剂量包括 0.025%、0.05% 和 0.1% 的浓度，每周 1 次或 2 次。对于顽固性病例，已使用 0.125% 浓度，第 1 天只用在犬身体的一半，第 2 天再用于身体的另一半。为了达到治愈的目的，每天都要重复这种交替的疗程，持续 4 周，最长 5 个月，但仅在极端病例下才考虑这样做。

大动物剂量

没有大动物剂量的报道。

管制信息

无可用的管制信息。

RCI 分类：3。

盐酸阿米替林（Amitriptyline Hydrochloride）

商品名及其他名称： Elavil 和通用品牌。

功能分类： 行为矫正、三环类抗抑郁药（tricyclic antidepressant, TCA）。

药理学和作用机制

与其他 TCA 一样，阿米替林通过抑制在突触前神经末梢的 5- 羟色胺和其他递质的摄取发挥作用。在治疗猫膀胱炎时的作用尚不清楚，但可能是通过降低焦虑、行为改变或抗胆碱作用。

适应证和临床应用

与其他 TCA 一样，阿米替林用于治疗动物的多种行为异常（如焦虑）。但是，很少有研究证明其在动物中的疗效。用于治疗动物某些疾病，如强迫症（1 ~ 2 mg/kg，q12 h），在动物中不如氯米帕明有效。治疗犬的攻击性行为（2 mg/kg，q12 h），阿米替林与安慰剂之间没有差异。

阿米替林已被用于治疗猫的慢性特发性膀胱炎。但是，当用于特发性膀胱炎的短期治疗（每只猫 10 mg，q24 h）时，它是无效的。在另一项研究中，以每天每只猫 5 mg，连续 7 d（0.55 ~ 1.2 mg/kg），阿米替林和安慰剂之间对于治疗血尿和尿频无差异，得出结论：短期治疗无济于事。

注意事项

不良反应和副作用

阿米替林有苦味，很难口服。多种副作用与 TCA 相关，如抗毒蕈碱作用（口干和心跳加快）和抗组胺药作用（镇定）。高剂量阿米替林会产生危及生命的心脏毒性。在猫中，可能出现梳理减少、体重增加和镇定。

禁忌证和预防措施

患心脏病动物慎用。

药物相互作用

请勿与其他行为矫正药物联用，如血清素再摄取抑制剂。请勿与 MAOI 联用。

使用说明

使用剂量源于经验，没有动物的对照功效试验结果。有证据表明，阿米替林可成功治疗猫的特发性膀胱炎（*J Am Vet Med Assoc*, 213: 1282-1286, 1998）。与仅行为矫正相比，阿米替林对犬攻击性行为的治疗无效（*J Am Anim Hosp*

Assoc, 37: 325-330, 2001）。在猫中，透皮使用的阿米替林不能全身性吸收。

患病动物的监测和实验室检测
监测患病动物在治疗期间的心血管状态，如心率和心律。与其他 TCA 一样，阿米替林可能会降低犬的总 T_4 和游离 T_4 浓度。

制剂与规格
阿米替林有 10 mg、25 mg、50 mg、75 mg、100 mg 和 150 mg 的片剂。注射剂已不在美国销售。

稳定性和贮藏
存放在密闭容器中，并在室温下避光保存。尚未评估复合制剂的稳定性。

小动物剂量
犬
1 ~ 2 mg/kg，q12 ~ 24 h，PO。
猫
每只猫 2 ~ 4 mg/d，PO（每天 0.5 ~ 1.0 mg/kg，PO）。猫的剂量可以分为 12 h 间隔。
特发性膀胱炎：2 mg/(kg·d)，PO 或每只 2.5 ~ 7.5 mg/d。

大动物剂量
没有大动物剂量的报道。

管制信息
无可用的管制信息。
RCI 分类：2。

苯磺酸氨氯地平（Amlodipine Besylate）
商品名及其他名称：Norvasc。
功能分类：钙通道阻滞剂。

药理学和作用机制
氨氯地平是二氢吡啶类钙通道阻滞剂，减少了心脏和血管平滑肌的钙流入。它对血管平滑肌的作用最大，可用作血管扩张药。

适应证和临床应用
它用于治疗犬和猫的全身性高血压。猫的高血压已被定义为收缩压

> 190 mmHg 和舒张压 > 120 mmHg。氨氯地平被许多临床医生认为是治疗猫高血压的首选药。相比之下，血管紧张素转换酶（angiotensin converting enzyme，ACE）抑制剂在猫中的效果较差，并且对氨氯地平的反应优于ACE 抑制剂。氨氯地平可以提高高血压肾病患猫的存活率。在猫中，添加 β-受体阻滞剂以降低心率也可能有益。

注意事项

不良反应和副作用

副作用包括低血压和心动过缓。在犬中，已观察到牙龈增生，这可能是由循环雄激素的调控升高或者转谷氨酰胺酶的抑制引起。通常在停药后消退。

禁忌证和预防措施

在心脏储备较差且易于低血压的动物中慎用。禁用于脱水的动物。

药物相互作用

与其他血管扩张药一起使用时应谨慎。与苯丙醇胺、茶碱和 β- 受体激动剂联用，可能出现药物相互作用。

使用说明

猫有效剂量已确定为每只 0.625 mg，每天 1 次。如果猫体型较大（> 4.5 kg）或病情顽固，则将剂量增加至每只 1.25 mg，q24 h，PO。在猫中，添加β - 受体阻滞剂以降低心率也可能有益。治疗的目的是将收缩压降低至150/90 mmHg（收缩压 / 舒张压）以下。

患病动物的监测和实验室检测

如有可能，监测患病动物的血压。收缩压为 160 ~ 190 mmHg 和舒张压为 100 ~ 120 mmHg 的猫应该被认为有高血压临床影响的风险。

制剂与规格

氨氯地平有 2.5 mg、5 mg 和 10 mg 的片剂（对于小动物来说，片剂很难分开）。

稳定性和贮藏

氨氯地平是一种不稳定的药物，如果原始制剂被破坏或复合，将无法确保其效力和稳定性。避光存放在密闭的容器中。

小动物剂量

犬

每只 2.5 mg 或 0.1 ~ 0.5 mg/kg，q24 h，PO。在顽固性病例中可能需

要更高剂量（0.5 mg/kg）以降低血压。

猫

最初剂量为每只 0.625 mg，q24 h，PO，如果需要，剂量可增加至每只 1.25 mg。大多数猫的平均推荐剂量为 0.18 mg/kg，用于治疗高血压，每天 1 次。

大动物剂量

没有大动物剂量的报道。

管制信息

无可用的管制信息。

RCI 分类：4。

氯化铵（Ammonium Chloride）

商品名及其他名称：通用品牌。

功能分类：酸化剂。

药理学和作用机制

氯化铵为尿液酸化剂，口服给药后，会产生酸性尿液。

适应证和临床应用

将含铵的化合物用于患病动物以酸化尿液，主要用于治疗膀胱结石或慢性尿路感染（urinary tract infection，UTI）。

注意事项

不良反应和副作用

如果大剂量服用，可能会导致某些患病动物发生酸血症。

禁忌证和预防措施

全身性酸血症患病动物请勿使用。肾脏疾病患病动物慎用。氯化铵添加到食物中会产生苦味，因此，不应添加到某些动物的食物中。

药物相互作用

没有关于动物药物相互作用的报道。

使用说明

剂量旨在最大限度地提高尿液酸化效果。

患病动物的监测和实验室检测

监测患病动物的酸／碱状态。

制剂与规格

铵以晶体形式提供。

稳定性和贮藏

存放在密闭容器中，在室温下避光保存。尚未评估复合制剂的稳定性。

小动物剂量

犬

100 mg/kg，q12 h，PO。

猫

每天每只 800 mg 或 20 mg/kg（合 1/4 ～ 1/3 茶匙），与食物混合。

大动物剂量

马

100 ～ 250 mg/kg，q24 h，PO。

管制信息

无可用的管制信息。预计不会造成残留风险，对食品生产用动物无停药时间的建议。

阿莫西林（Amoxicillin）

商品名及其他名称： Amoxi-Tabs、Amoxi-Drops、Amoxi-Inject、Robamox-V、Biomox 和其他品牌。Amoxil、Trimox、Wymox、Polymox（人用制剂）和阿莫西林三水合物。

功能分类： 抗菌药。

药理学和作用机制

阿莫西林为 β-内酰胺类抗生素。阿莫西林抑制细菌的细胞壁合成。阿莫西林通常具有较窄的抗菌谱，包括链球菌、不产 β-内酰胺酶的葡萄球菌及其他革兰氏阳性球菌和杆菌。由于 β-内酰胺酶生成，许多葡萄球菌菌株具有耐药性。肠杆菌科的大多数肠溶性革兰氏阴性菌均具有耐药性。易感的革兰氏阴性菌包括一些种属的变形杆菌、多杀性巴氏杆菌和嗜血杆菌。革兰氏阴性菌常见耐药性。

在犬中，峰值浓度、半衰期、分布体积（volume of distribution，VD/F）和清除率（clearance，CL/F）分别为 11 μg/mL、1.3 h、0.72 L/kg 和 6.5 mL/(kg·min)。在猫中，这些值分别为 12 μg/mL、1.4 h、1.05 L/kg 和 7.8 mL/(kg·min)。

适应证和临床应用

阿莫西林被用于所有物种的各种感染，包括 UTI、软组织感染和肺炎。通常，它对由革兰氏阳性菌引起的感染更有效。由于半衰期短，治疗革兰氏阴性感染需要频繁给药。此外，与革兰氏阳性菌相比，革兰氏阴性菌的敏感性耐药折点更高。成年马的口服吸收率 < 10%，不建议使用。但是，马驹的口服吸收率为 36% ~ 43%。小动物阿莫西林的口服吸收率比氨苄西林高（在一些动物中为 2 倍），为 50% ~ 60%。

注意事项

不良反应和副作用

阿莫西林通常耐受良好。可能有过敏反应，口服常见腹泻和呕吐。口服给药，在马中可能引起腹泻，在牛中可能引起肠炎。

禁忌证和预防措施

对青霉素类药物过敏的动物慎用。

药物相互作用

请勿在复合制剂中与其他药物混合使用。

使用说明

剂量取决于感染的细菌和位置的敏感性。通常，革兰氏阴性感染需要更频繁或更高剂量给药。

患病动物的监测和实验室检测

药敏试验：为了进行药敏试验，CLSI 建议用氨苄西林测试阿莫西林的药敏程度。葡萄球菌、链球菌和革兰氏阴性杆菌等敏感生物的 CLSI 耐药折点 ≤ 0.25 μg/mL。对于犬泌尿道病原体，请使用耐药折点 ≤ 8 μg/mL 的抗生素（该耐药折点的抗生素也可用于猫的非复杂性感染）。对于牛病原体，使用耐药折点 ≤ 0.25 μg/mL 的抗生素。对于马呼吸道病原体（链球菌），使用耐药折点 ≤ 0.25 μg/mL 的抗生素。

制剂与规格

阿莫西林有 50 mg、100 mg、150 mg、200 mg、400 mg、500 mg 和 875 mg

的片剂，以及 250 mg 和 500 mg 的胶囊（人用制剂）。咀嚼型片剂的规格为 125 mg、200 mg、250 mg 和 400 mg。

阿莫西林三水合物有 50 mg、100 mg、200 mg 和 400 mg 的片剂，50 mg/mL 口服悬浮液，以及用于注射的 100 mg/mL 或 250 mg/mL 制剂。

稳定性和贮藏

在室温下存放在密闭容器中。口服悬浮液稳定 14 d。其他制剂防止受潮。最佳稳定 pH 5.8 ~ 6.5，高于此 pH 会发生水解。

小动物剂量
犬和猫

6.6 ~ 20 mg/kg，q8 ~ 12 h，PO。

大动物剂量
犊牛

非反刍动物：10 ~ 22 mg/kg，q8 ~ 12 h，PO。

牛和马

6.6 ~ 22 mg/kg，q8 ~ 12 h，PO（悬浮液）。注意：大动物的口服吸收不好（马驹除外），阿莫西林通常不通过这种途径给药。

管制信息

停药时间：（仅限牛）肉牛为 25 d，产奶用牛为 96 d。阿莫西林乳房内输注：肉牛的停药时间为 12 d，产奶用牛的停药时间为 60 h。

阿莫西林 + 克拉维酸钾（Amoxicillin and Clavulanate Potassium）

商品名及其他名称：Clavamox（动物用制剂）、Augmentin（人用制剂）。
功能分类：抗菌药。

药理学和作用机制

β - 内酰胺类抗生素 + β - 内酰胺酶抑制剂（克拉维酸钾）。阿莫西林活性和抗菌谱如前所述。克拉维酸本身没有抗菌作用，但它是 β - 内酰胺酶的强抑制剂，而 β - 内酰胺酶可引起革兰氏阳性菌和革兰氏阴性菌的耐药性。通过在阿莫西林中添加克拉维酸，可将抗菌谱扩展到包括产 β - 内酰胺酶的葡萄球菌菌株（非耐甲氧西林）和许多革兰氏阴性杆菌菌株。但是，除非治疗无并发症的下尿路感染，许多肠杆菌对典型剂量的阿莫西林 - 克拉维酸有耐药性。

适应证和临床应用

阿莫西林 + 克拉维酸是用于皮肤和软组织感染、UTI、伤口感染和呼吸道感染的广谱抗菌药物，适用于治疗由于细菌 β - 内酰胺酶的生成而可能对阿莫西林有耐药性的细菌感染（革兰氏阳性菌和革兰氏阴性菌）。

注意事项

不良反应和副作用

通常耐受性良好，可能有过敏反应。口服常见腹泻，也可引起某些动物呕吐。由于某些制剂中克拉维酸的比例较高，导致克拉维酸剂量增加，呕吐的可能性更大。

禁忌证和预防措施

对青霉素药物过敏的动物慎用。在马和反刍动物中口服给药可能会引起腹泻。

药物相互作用

没有关于动物药物相互作用的报道。

使用说明

剂量取决于感染的细菌和位置的敏感性。通常，革兰氏阴性菌感染需要更频繁或更高剂量给药。一些皮肤科医生的经验是，应使用制造商推荐剂量 2 倍的口服剂量治疗皮肤感染（即 25 mg/kg，q12 h）。人的口服剂型有时可以代替兽药。请注意，兽药制剂中阿莫西林和克拉维酸的比例为 4 ∶ 1。人用剂型（Augmentin）中阿莫西林和克拉维酸的比例为 2 ∶ 1 ～ 7 ∶ 1。

患病动物的监测和实验室检测

药敏试验：葡萄球菌、链球菌、大肠杆菌和多杀性巴氏杆菌等敏感生物的 CLSI 耐药折点 ≤ 0.25/0.12 μg/mL（"/" 用以将阿莫西林与克拉维酸浓度区分开）。当治疗无并发症的下尿路感染时，敏感生物耐药折点 ≤ 8/4 μg/mL。

制剂与规格

阿莫西林 + 克拉维酸兽药剂型：阿莫西林与克拉维酸比例为 4 ∶ 1 的 62.5 mg、125 mg、250 mg 和 375 mg 片剂和 62.5 mg/mL 的悬浮液。阿莫西林 + 克拉维酸人用剂型：250/125 mg、500/125 mg 和 875/125 mg 的片剂。阿莫西林 + 克拉维酸有 125/31.25 mg、200/28.5 mg、250/62.5 mg 和 400/57 mg

的咀嚼片剂，以及每 5 mL 含 125/31.25 mg、200/28.5 mg、250/62.5 mg 和 400/57 mg 的口服悬浮液。

稳定性和贮藏

避光存放在密闭的容器中，温度低于 24℃。避免接触湿气。泡开的口服产品可稳定 10 d。克拉维酸在复合制剂中尤其不稳定，复合产品效能可能会显著降低，特别是在酸性的水性悬浮液中。

小动物剂量
犬
12.5 ~ 25 mg/kg, q12 h, PO（剂量基于阿莫西林和克拉维酸混合成分）。
猫
每只 62.5 mg, q12 h, PO。革兰氏阴性感染每 8 h 给药 1 次。

大动物剂量
阿莫西林 + 克拉维酸仅有口服制剂，大动物不能口服吸收这些成分，不建议使用。

管制信息
无可用的管制信息。但是，预计停药时间与阿莫西林相似。

两性霉素 B（Amphotericin B）
商品名及其他名称: Amphotec、ABLC、ABCD、Abelcet 和 AmBisome 的 Fungizone（传统配方）和脂质体形式。
功能分类: 抗真菌药。

药理学和作用机制
两性霉素 B 是全身性杀真菌药。两性霉素 B 与真菌细胞膜中的麦角固醇结合，导致细胞膜完整性丧失、泄漏和细胞死亡。两性霉素 B 对多数真菌和某些原虫具有活性。两性霉素 B 脱氧胆酸盐常规制剂在动物医学中最常使用。它最便宜，但最有毒性。现在有两性霉素 B 的脂质制剂，它们在人中被广泛使用，但由于其价格较高而尚未在动物医学中广泛应用。脂质制剂相对于传统制剂的优点是其毒性较小。两性霉素 B 脂质制剂是基于脂质的复合物或胆固醇基复合物，可以使用较高剂量而肾毒性较低。两性霉素 B 脂质复合物（Abelcet）是两性霉素 B 与两种磷脂复合的悬浮液，浓度为 100 mg/20 mL。通过每隔 1 天给药 1 mg/kg，累积剂量 8 ~ 12 mg/kg，治疗

A

犬的芽孢杆菌病，显示该剂型安全有效。两性霉素 B 胆固醇硫酸盐络合物（Amphotericin B cholesteryl sulfate complex，ABCD，Amphotec）是两性霉素 B 的胶体分散体。它在以高于传统两性霉素 B 制剂的剂量给药的研究中非常有效。两性霉素 B 的脂质复合物（AmBisome）是单层脂质制剂。复溶后，它会产生含两性霉素 B 的小囊泡。该制剂可安全有效地治疗某些犬的芽孢杆菌病。

适应证和临床应用

两性霉素 B 适用于各种全身性真菌病的患病动物。它用于治疗芽孢杆菌病、球孢子菌病和组织胞浆菌病，也被用于治疗犬的利什曼病。它可用于治疗曲霉菌病，但这不是动物医学中的常见用途，并且某些种类的曲霉菌具有抗药性。

注意事项

不良反应和副作用

两性霉素 B 产生剂量相关的肾毒性，还会引起发热、静脉炎和震颤。肾毒性是剂量依赖性和累积性的。当累积剂量接近或超过 6 mg/kg 时，肾毒性的可能性更大。反复使用时，由于集合管中钾的丢失，两性霉素 B 可能导致肾的钾浪费。

禁忌证和预防措施

禁用于患肾脏疾病或肾清除率未知的动物。禁用于脱水动物或电解质不平衡的动物。

药物相互作用

制备静脉输液时，请勿将两性霉素 B 与电解质溶液混合，而是用 5% 葡萄糖溶液制备。与氨基糖苷类一起使用时，肾毒性增加。

使用说明

在 5% 葡萄糖溶液中稀释，缓慢 IV 给药，并密切监测肾功能。在治疗之前对患病动物进行静脉注射氯化钠液体负荷治疗，以降低肾毒性的风险。一项研究是通过皮下注射两性霉素 B（*Aust Vet J*, 73: 124, 1996）。两性霉素 B 制剂是两性霉素 B（1 小瓶 50 mg）与 40 mL 灭菌水、10 mL 的 10% 脂肪乳剂（大豆油）混合的溶液。1 ~ 2 mg/kg 这种混合物用于治疗全身性利什曼病。对于其他适应证，该混合物的剂量为 1 ~ 2.5 mg/kg，每周 2 次，给药 8 ~ 10 次。这种两性霉素 B 的脂质体复合物用于研究，以 3 ~ 3.3 mg/kg 剂量治疗幼犬利什曼原虫。尽管临床症状迅速改善，但犬利什曼病仍呈阳性。当使用专有形式的脂质体两性霉素 B 时，请仔细遵循标签上的说明。对于 Abelcet，用 5% 葡萄糖溶液稀释至 1 mg/mL，1 ~ 2 h 后输注。

对于鞘内使用，仅使用常规制剂。开始剂量为 0.05 mg，q48 h，如果动物对其耐受性良好，则增加至 0.1 mg 和 0.2 mg（总剂量）。用灭菌水稀释为 5 mg/mL 溶液制备鞘内溶液，将 1 mL（5 mg）溶液添加到另外 19 mL 的 5% 葡萄糖溶液中进一步稀释至 0.25 mg/mL，然后直接鞘内注射。

患病动物的监测和实验室检测

在治疗过程中密切监测肾功能。治疗后，许多动物的肌酐和 BUN 升高。持续性氮质血症可能是终止治疗并用另一种抗真菌药替代的原因。由于肾小管性酸中毒，在两性霉素 B 使用过程中可能会发生低钾血症和低镁血症。

制剂与规格

两性霉素 B 的常规制剂为 50 mg 注射剂（瓶装）。脂质体形式为 50 mg 和 100 mg 的注射剂（瓶装，Amphotec，脂性复合物）。两性霉素 B 磷脂复合物（Abelcet）为 100 mg 的瓶装。

稳定性和贮藏

如果保存在原始样品瓶中，则稳定。用于静脉输液的两性霉素 B 会与光发生反应，因此输液期间应避光。将重新配制的溶液冷藏存储，未冷藏的溶液可以稳定长达 1 周。最稳定 pH 为 6 ~ 7。

小动物剂量

犬

常规制剂：0.5 mg/kg，q48 h，IV（缓慢输注）至累积剂量为 4 ~ 8 mg/kg。脂质体制剂的剂量为 3 mg/(kg·d)，以超过 60 ~ 120 min 的速度给药，最多 9 ~ 12 次治疗。该剂量给药可以每周 1 次。脂质体制剂总累积剂量的目标是 12 ~ 36 mg/kg。

鞘内使用：请参阅先前的说明。

皮下剂量：在 20 kg 以下的犬中，0.5 ~ 0.8 mg/kg 两性霉素 B 在 500 mL 的 0.45% 盐水和 2.5% 葡萄糖溶液中稀释；在大于 20 kg 的犬中，以 1000 mL 稀释。液体中的药物浓度不应超过 20 mg/L。每周 2 ~ 3 次皮下注射该剂量。这种方法的主要并发症是注射部位的无菌性脓肿。

猫

猫接受与犬相似的治疗方案（如 0.25 mg/kg 常规制剂）。但是，许多临床医生在猫中从较低的剂量开始。对于脂质制剂，用于猫的剂量为 1 mg/kg，IV，每周 3 次，最多 12 次治疗。

A

大动物剂量

马

第1天0.3 mg/kg, IV, 随后连用3 d, 并在无药间隔24 ~ 48 h后重复给药。高昂的价格限制了在马中使用的频率。

管制信息

无可用的管制信息。

氨苄西林、氨苄西林钠（Ampicillin, Ampicillin Sodium）

商品名及其他名称： 人用制剂包括 Omnipen、Principen、Totacillin 和 Polycillin，注射制剂包括 Omnipen-N、Polycillin-N、Totacillin-N，动物用制剂包括 Amp-Equine、氨苄西林三水合物（Polyflex）和 Ampi-Tab。

功能分类：抗菌药。

药理学和作用机制

氨苄西林为 β-内酰胺类抗生素，抑制细菌细胞壁合成。氨苄西林具有类似于阿莫西林的窄谱活性。氨苄西林的抗菌谱一般包括链球菌、不产 β-内酰胺酶的葡萄球菌及其他革兰氏阳性球菌和杆菌。由于 β-内酰胺酶生成，许多葡萄球菌均具有耐药性。肠杆菌科的大多数肠溶性革兰氏阴性菌均具有耐药性。易感的革兰氏阴性菌包括一些种属的变形杆菌、多杀性巴氏杆菌和嗜血杆菌。

氨苄西林的药代动力学表明，在多数动物中，其半衰期为 1 ~ 1.5 h。IV 给药后在马中的半衰期为 0.6 ~ 1.5 h，IM 后半衰期更长。当在牛中 IM 三水合物制剂时，产生较低的峰浓度，但具有 6.7 h 的较长半衰期。在多数物种中分布体积约为 0.2 L/kg。在大多数动物中，全身清除率为 3 ~ 5 mL/(kg·min)。犬和猫的口服吸收率 <50%，马的口服吸收率 <4%。

适应证和临床应用

氨苄西林适用于由易感细菌造成感染的患病动物，如皮肤和软组织感染、UTI 和肺炎。革兰氏阳性菌（产 β-内酰胺酶的葡萄球菌菌株除外）通常敏感。但是，大多数革兰氏阴性菌（巴氏杆菌除外）引起的感染通常耐药。

注意事项

不良反应和副作用

青霉素药物的副作用最常由药物过敏引起。从 IV 给药时的急性过敏反应到其他给药途径引起的过敏反应的其他症状。当用于术中预防给药时，可以静脉注射氨苄西林，用于麻醉患病动物，而不会影响心血管参数。特别是高剂量口服可能引起腹泻。

禁忌证和预防措施

对青霉素类药物过敏的动物慎用。每克氨苄西林包含 3 mEq 钠。快速静脉推注可以产生 CNS 兴奋和惊厥性抽搐。

药物相互作用

请勿在小瓶中与其他药物混合。

使用说明

剂量取决于细菌的敏感性。口服时，与阿莫西林相比，它的吸收量少约 50%。可能需要更频繁地给药，革兰氏阴性杆菌和肠球菌可能需要更高的剂量。

当制备注射液时，稳定性取决于浓度。浓缩溶液（250 mg/mL）应在配制后 1 h 内 IM、SQ 或缓慢 IV（超过 3 min）。在 IV 液体中溶解的浓度较低的溶液（如 30 mg/mL）可以长期稳定。有关更多详细信息，请参见"稳定性和贮藏"部分。

患病动物的监测和实验室检测

药敏试验：为了测试药敏性，葡萄球菌、链球菌和革兰氏阴性杆菌等敏感生物的 CLSI 耐药折点 ≤ 0.25 μg/mL。对于犬泌尿道病原体，使用耐药折点 ≤ 8 μg/mL 的抗生素。对于牛病原体，使用耐药折点 ≤ 0.25 μg/mL 的抗生素。对于马呼吸道病原体（链球菌），使用耐药折点 ≤ 0.25 μg/mL 的抗生素。

制剂与规格

氨苄西林有 125 mg、250 mg 和 500 mg 的胶囊，以及 125 mg、250 mg 和 500 mg 的氨苄西林钠小瓶。Amp-Equine 有可用于注射的 1 g 和 3 g 小瓶装（但是，某些供应商已停止生产该制剂）。氨苄西林三水合物悬浮液（Polyflex）有 10 g 和 25 g 的小瓶注射剂，配制后，每毫升含有相当于 50 mg、100 mg 或 250 mg 氨苄西林的氨苄西林三水合物。

尽管 1 g、2 g 和 10 g 小瓶主要用于 IV，但当没有 250 mg 和 500 mg 的小瓶装时，也可以用其进行 IM。在这种情况下，将这些小瓶分别溶解在

3.5 mL 或 6.8 mL 灭菌水中（最终浓度为 250 mg/mL）。将 1 g 或 2 g 小瓶装用于 IV 给药时，溶解在 7.4 mL 或 14.8 mL 灭菌水中，并超过 15 min 给药。

稳定性和贮藏

在室温下存放在密闭容器中。氨苄西林钠配制后，稳定性取决于浓度。用灭菌水溶解后浓度为 250 mg/mL，在室温下稳定 1 h。如果使用 0.9% 盐水或乳酸林格液（如在 IV 液中）稀释至最高 30 mg/mL 的浓度，则在室温下可保持 8 h 的稳定性。在冷藏温度下，当配制浓度为 30 mg/mL 时，在灭菌水中稳定 48 h，在氯化钠和乳酸林格液中稳定 24 h。配制浓度为 20 mg/mL 时，在灭菌水中稳定 72 h，在氯化钠中稳定 48 h。如果用 5% 葡萄糖稀释至该浓度，则只能维持 1 h 的稳定性。如果冷藏，口服悬浮液可稳定保存 14 d。用于注射的氨苄西林三水合物在冷藏条件下可稳定 12 个月，在室温下稳定 3 个月。应该防止其他制剂受潮。最佳稳定性 pH 为 5.8，高于此 pH 会发生水解。

小动物剂量
犬和猫

10 ~ 20 mg/kg，q6 ~ 8 h，IV、IM、SQ，或者 20 ~ 40 mg/kg，q8 h，PO。在某些抗药性感染中（如肠球菌引起的抗药性）已使用高达 100 mg/kg 的剂量。

氨苄西林三水合物
犬

10 ~ 50 mg/kg，q12 ~ 24 h，IM 或 SQ。

猫

10 ~ 20 mg/kg，q12 ~ 24 h，IM 或 SQ。

大动物剂量
马

6.6 mg/kg，最高 10 ~ 20 mg/kg，q6 ~ 8 h，IM 或 IV。
顽固性感染：高达 25 ~ 40 mg/kg，q6 ~ 8 h。

牛和犊牛
氨苄西林三水合物

4.4 ~ 11 mg/kg，q24 h，IM。

管制信息

牛停药时间：肉牛为 6 d，产奶用牛为 48 h（6 mg/kg）。
猪停药时间：在加拿大为 6 d。

氨苄西林 + 舒巴坦（Ampicillin + Sulbactam）

商品名及其他名称： Unasyn。

功能分类： 抗菌药。

药理学和作用机制

氨苄西林成分具有与前面所述相同的抗菌谱和作用机制。该制剂为氨苄西林加 β- 内酰胺酶抑制剂（舒巴坦）。舒巴坦的活性与克拉维酸（阿莫西林 + 克拉维酸中的成分）类似，但对某些革兰氏阴性 β- 内酰胺酶（如 TEM）的活性不如克拉维酸。由于添加了舒巴坦，它比单独的氨苄西林抗菌谱更广泛。抗菌谱包括产 β- 内酰胺酶的葡萄球菌和革兰氏阴性杆菌。但是，肠杆菌科的许多革兰氏阴性菌可能具有抗药性。

适应证和临床应用

该制剂适用于一般细菌感染，已被用于急性感染，如肺炎、败血症和中性粒细胞减少症患病动物的预防性药物。由于该制剂抗菌谱更广，被用于治疗可能具有氨苄西林耐药性的感染。许多革兰氏阴性杆菌（如肠杆菌科）的 MIC 值在氨苄西林 + 舒巴坦的耐药范围内，因此，在选择注射用青霉素衍生物和 β - 内酰胺酶抑制剂联合制剂时，应考虑哌拉西林 + 他唑巴坦。氨苄西林 + 舒巴坦只能注射给药，口服给药时，可选择阿莫西林 + 克拉维酸（如 Clavamox 和 Augmentin）。

注意事项

不良反应和副作用

青霉素药物的副作用最常由药物过敏引起，包括 IV 引起的急性过敏反应，其他途径给药引起过敏反应的其他症状。

禁忌证和预防措施

对青霉素类药物过敏的动物慎用。

药物相互作用

请勿在小瓶中与其他药物混合。

使用说明

推荐剂量取决于细菌的敏感性和感染部位。通常，革兰氏阴性菌感染需要更频繁给药或更高的剂量。当制备注射液时，稳定性取决于浓度。浓缩溶液（250 mg/mL）应在配制后 1 h 内 IM、SQ 或缓慢 IV（超过 3 min）。

用盐酸利多卡因稀释进行 IM，以降低注射引起的疼痛。用 IV 液体稀释的浓度较低的溶液（如 45 mg/mL）可以长期稳定。有关更多详细信息，请参见"稳定性和贮藏"部分。

患病动物的监测和实验室检测

药敏试验：基于人的耐药折点，对于敏感生物而言，金黄色葡萄球菌和革兰氏阴性杆菌的 CLSI 耐药折点 ≤ 8/4 μg/mL（"/"将氨苄西林与舒巴坦浓度区分开）。但是，在犬和猫中，阿莫西林 / 克拉维酸的 CLSI 耐药折点较低，因此，氨苄西林 / 舒巴坦耐药折点可能会更低。

制剂与规格

氨苄西林 / 舒巴坦以 2：1 联合用于注射，有 1.5 g 和 3 g 瓶装。

稳定性和贮藏

在室温下将小瓶存放在密闭容器中。可以用灭菌水将小瓶重新配制，以 250 mg/mL 的氨苄西林浓度立即使用。小瓶应在溶解后 1 h 内使用。小瓶用灭菌水或 0.9% 氯化钠稀释后（浓度为 45 mg/mL），在室温下可保持 8 h 的稳定性，如果冷藏则可保持 48 h。如果使用乳酸林格液，则在室温下可保持 8 h 的稳定性，冷藏可保持 24 h。最佳稳定性是在 pH 5.8，高于此 pH 会发生水解。

小动物剂量

犬和猫

剂量类似于氨苄西林的剂量（根据氨苄西林成分给药）10 ~ 20 mg/kg，q8 h，IV 或 IM。

大动物剂量

马和反刍动物

所用剂量应与氨苄西林成分相同。

6.6 mg/kg，最高 10 ~ 20 mg/kg，q6 ~ 8 h，IM 或 IV。

管制信息

氨苄西林存在停药时间，但舒巴坦不存在。由于舒巴坦的半衰期相似，毒性风险很小，联合给药时建议采用氨苄西林的停药时间。

牛停药时间：肉牛为 6 d，产奶用牛为 48 h（6 mg/kg）。

猪停药时间：在加拿大为 6 d。

氨丙啉（Amprolium）

商品名及其他名称： Amprol、Corid。

功能分类： 抗寄生虫药。

药理学和作用机制

氨丙啉为抗原虫药。该药物是维生素 B_1 或硫胺素结构类似物。氨丙啉拮抗寄生虫中的硫胺素，用于治疗球虫病。

适应证和临床应用

氨丙啉用于控制和治疗犊牛、绵羊、山羊、幼犬和鸟类的球虫病。口服，通常与食物一起混合服用。

注意事项

不良反应和副作用

仅在高剂量时才观察到毒性。中枢神经系统症状由硫胺素缺乏引起，可以通过在饮食中添加维生素 B_1 来逆转。

禁忌证和预防措施

禁用于虚弱的动物。

药物相互作用

没有关于动物药物相互作用的报道。

使用说明

通常作为饲料添加剂用于牲畜。在犬中，已将 30 mL 的 9.6% 氨丙啉添加到 3.8 L 的饮用水中以控制球虫病。

患病动物的监测和实验室检测

不用特殊监测。

制剂与规格

氨丙啉有 9.6%（9.6 g/100 mL）口服溶液和 22.6 g 袋装的可溶性粉末。

稳定性和贮藏

存放在密闭容器中，并在室温下避光保存。尚未评估复合制剂的稳定性。

小动物剂量

犬和猫

球虫病的治疗：在每天的饲料中添加 1.25 g 的 20% 氨丙啉粉末，或者在 3.8 L 的饮用水中添加 30 mL 的 9.6% 氨丙啉溶液，持续 7 d。

大动物剂量
犊牛
预防球虫病：5 mg/kg，q24 h，用 21 d。

治疗球虫病：10 mg/kg，q24 h，用 5 d。

管制信息
牛（肉牛）的停药时间：宰杀前 24 h。尚未确定该产品在犊牛的停药时间。禁用于小肉牛。

盐酸阿扑吗啡（Apomorphine Hydrochloride）

商品名及其他名称：Apokyn 和通用品牌。

功能分类：催吐剂。

药理学和作用机制
阿扑吗啡是一种有效的亲脂性药物，可穿过血 - 脑屏障并刺激呕吐中心的多巴胺（D_2）或化学感受器触发区（chemoreceptor trigger zone，CTZ）受体。它迅速引起犬呕吐。尽管它很容易被从黏膜表面（如眼结膜）吸收，但由于首过效应，不能口服吸收。

适应证和临床应用
阿扑吗啡适用于催吐摄入有毒物质的动物。皮下给药后，起效时间为 10 min 或更短。它可迅速有效地诱发犬呕吐，但猫中的效果较差。应用于眼结膜后，阿扑吗啡在黏膜给药时被吸收。在猫中，赛拉嗪通常是更可靠的催吐剂。在犬中，3% 的过氧化氢（2.2 mL/kg）有同样的诱导呕吐作用。3% 过氧化氢的剂量通常为 2.2 mL/kg（每磅 1 mL）。

注意事项
不良反应和副作用
在出现严重的副作用之前，阿扑吗啡会引起呕吐，但更高剂量（0.1 mg/kg）会产生镇定，这可以掩盖某些有毒物质的症状。该制剂的盐酸盐 pH 为 3 ~ 4，可能刺激眼结膜。高剂量（1 mg/kg）阿扑吗啡可能通过刺激多巴胺（D_1 和 D_2）受体发生兴奋。

禁忌证和预防措施
阿扑吗啡还可以减少呕吐中心的呕吐刺激，如果初始剂量无效，则在以后尝试引起呕吐的过程中阻滞催吐作用。可能对阿片类药物敏感的猫慎用（对于猫，赛拉嗪是更有效的催吐剂）。

药物相互作用

没有关于动物药物相互作用的报道。但是，某些药物会削弱阿扑吗啡的催吐作用（如乙酰丙嗪、阿托品和其他镇吐药）。

使用说明

请咨询当地的中毒中心或药剂师。在大多数紧急情况下，可使用阿扑吗啡。阿扑吗啡可以 IM、SQ 或黏膜（如眼结膜）给药。在犬中，给药后 3 ~ 10 min 内发生呕吐。给药限制为 1 次。

患病动物的监测和实验室检测

不用特殊监测。如果用于催吐有毒物质，请监测是否有中毒迹象，因为呕吐能够清除一半以下的摄入毒物。

制剂与规格

阿扑吗啡有 6 mg 的片剂，可在使用前水解，或者以 10 mg/mL 的浓度置于 2 mL 安瓿或 3 mL 的预装注射器。还可以将 20 mg 阿扑吗啡在无菌小瓶中与 4.4 mL 灭菌水混合配制为 5 mg/mL 的溶液。该溶液可以滴到眼中以引起呕吐。

稳定性和贮藏

暴露于空气和光线下，溶液会分解。绿色表示分解。在室温下存放在密闭容器中。

小动物剂量

犬和猫

0.03 ~ 0.05 mg/kg，IV 或 IM。

0.1 mg/kg，SQ。

将 6 mg 片剂溶于 1 ~ 2 mL 的 0.9% 盐水中，然后直接滴入眼结膜中。动物呕吐后，可用眼部冲洗液冲洗结膜中残留的药物。

大动物剂量

没有大动物剂量的报道。

管制信息

禁用于拟食用动物。

RCI 分类：1。

阿瑞匹坦（Aprepitant）

商品名及其他名称： Emend。

功能分类： 镇吐药。

药理学和作用机制

阿瑞匹坦是中枢作用的镇吐药。该药物是一种 P 物质 / 神经激肽 1（neurokinin 1，NK_1）受体拮抗剂，类似于马罗匹坦（Cerenia）。它主要与高度催吐的药物（如顺铂）一起使用。该药物之所以有效，是因为化疗药物和其他催吐药会释放高度催吐的 NK_1。它还可以阻止其他刺激因素引起的呕吐。由于费用高和针对动物的制剂有限，在小动物中的使用受到了一定的限制。在犬中，阿瑞匹坦会被广泛代谢。

适应证和临床应用

阿瑞匹坦对人是一种有效的镇吐药，尤其是用于治疗与癌症化疗相关的呕吐。它可以与皮质类固醇（地塞米松）和 5- 羟色胺（$5HT_3$）拮抗剂一起使用。尽管它可有效减轻人的呕吐，但在犬或猫中没有有效使用的报告。在犬和猫中使用了作用相似的药物马罗匹坦，并产生相似的止吐效果。

注意事项

不良反应和副作用

没有关于动物副作用的报道。

禁忌证和预防措施

没有关于动物禁忌证的报道。

药物相互作用

可能有药物相互作用，因为阿瑞匹坦既是细胞色素 P450 酶的诱导剂又是抑制剂。细胞色素 P450 酶的有效抑制剂能潜在地影响阿瑞匹坦的清除率。

使用说明

它用于其他镇吐药无效的病例，可以与其他镇吐药联合使用。

患病动物的监测和实验室检测

不用特殊监测。

制剂与规格

阿瑞匹坦有 80 mg 和 125 mg 的胶囊，以及用于 IV 的每瓶 150 mg 的福沙吡坦二甲葡胺。

稳定性和贮藏

不要压碎或混合胶囊。存放在密闭容器中，并在室温下避光保存。

小动物剂量

犬和猫

开始剂量为从 1 mg/kg，q24 h，在顽固性患病动物中增加到 2 mg/kg。

大动物剂量

没有大动物剂量的报道。

管制信息

无可用的管制信息。

抗坏血酸（Ascorbic Acid）

商品名及其他名称： 维生素 C、维生素 C 钠，有许多品牌名称。
功能分类： 维生素。

药理学和作用机制

抗坏血酸就是维生素 C，是各种代谢功能中的重要辅助因子。

适应证和临床应用

抗坏血酸用于治疗维生素 C 缺乏症，有时用作尿液酸化剂。犬能够合成维生素 C，但维生素 C 也可作为补充剂来改善健康状况和性能。没有足够的数据表明抗坏血酸可有效预防癌症，治疗感染性疾病或预防心血管疾病。

注意事项

不良反应和副作用

尚未报道过动物的副作用。高剂量可能会增加草酸盐尿路结石形成的风险。

禁忌证和预防措施

没有关于动物禁忌证的报道。

药物相互作用

没有关于动物药物相互作用的报道。

使用说明

饮食平衡的动物不用补充。但是，高剂量抗坏血酸已被用作某些疾病的辅助治疗。有证据表明，给予犬 15 mg/kg 和 50 mg/kg 抗坏血酸时，吸收的增加是非线性的。因此，较高的剂量不会与较低的剂量成比例地产生较高的血液水平。晶体抗坏血酸和维生素 C 产品（如 Ester-C）进行比较，在血浆中产生相似水平的维生素 C。

患病动物的监测和实验室检测

不用特殊监测。

制剂与规格

抗坏血酸有各种规格的片剂和注射剂。通常，注射剂规格为 1 mL 中含 250 mg 维生素 C 钠。Ester-C 制剂的吸收似乎与维生素 C 的结晶形式类似。

稳定性和贮藏

对光敏感，暴露在空气和光线下会氧化、变暗和分解。瓶装注射液可能会增加储存的压力，可将其存放在冰箱中。否则，请在室温下避光保存。

小动物剂量

犬和猫

膳食补充：每只 100 ~ 500 mg/d，PO。

尿酸化：每只 100 mg，q8 h，PO。根据动物体型的大小，注射剂量范围为 1 ~ 10 mL（250 mg/mL），IM 或 IV。

对于氧化性应激的治疗：每只犬 500 ~ 1000 mg，q24 h，PO；每只猫 125 mg，q12 h，PO。

豚鼠

每周 2 次，每次 16 mg/kg，治疗维生素 C 缺乏症。

大动物剂量

大动物

维生素 C 补充：1 ~ 10 mL，IM 或 IV。每天根据需要重复。

1 ~ 2 g，q24 h，PO。

管制信息

停药时间：所有拟食用动物均为 0 d。

天冬酰胺酶（L- 天冬酰胺酶）[Asparaginase (L-Asparaginase)]

商品名及其他名称： Elspar。

功能分类： 抗癌药。

药理学和作用机制

天冬酰胺酶为抗癌药。肿瘤性细胞缺乏天冬酰胺合成酶，需要细胞外天冬酰胺才能合成 DNA 和 RNA。L- 天冬酰胺酶破坏了天冬酰胺。正常细胞能够合成自己的天冬酰胺，但某些恶性细胞尤其是恶性淋巴细胞则不能。因此，天冬酰胺是癌细胞存活特别是恶性淋巴细胞必需的氨基酸。由于用 L- 天冬酰胺酶治疗的患病动物的癌细胞中天冬酰胺已耗尽，这种治疗会干扰癌细胞中 DNA、RNA 和蛋白质合成。它特定作用于细胞周期的 G1 期。在犬中，其半衰期为 1 ~ 2 d。

适应证和临床应用

天冬酰胺酶已用于某些淋巴瘤方案中，并对黑色素瘤和肥大细胞瘤有效。它可通过 IV、IM 或 SQ 给药，一项研究结果表明 IM 给药优于 SQ 给药。在猫中，它也已用于联合癌症方案。

注意事项

不良反应和副作用

最常见的副作用是超敏性（过敏）反应。天冬酰胺酶是异源细菌蛋白质，能导致过敏反应。反复注射后动物已出现过敏反应。肝毒性反应、胰腺炎和高血糖症也有报道。在某些犬中，尽管罕见，但氨的增加可能会导致高氨血症性脑病。

禁忌证和预防措施

禁用于已知过敏（过敏反应）的动物。

药物相互作用

没有关于动物药物相互作用的报道。它已与其他抗癌药一起使用。

使用说明

天冬酰胺酶通常在癌症化疗方案中与其他药物（如多柔比星）一起合用。研究表明，在患淋巴瘤的犬中，肌内注射比皮下注射更有效。天冬酰胺酶对骨髓的影响非常小，因此可以与方案中的其他骨髓抑制药物联合使用。尽管已将其用于抗癌方案中,但将其添加到用于治疗淋巴瘤的环磷酰胺、多柔比星、长春新碱和泼尼松(cyclophosphamide、doxorubicin、vincristine and prednisone,CHOP)方案中却没有显示任何益处。肿瘤细胞可通过发展合成天冬酰胺的能力来形成抵抗力。在猫中,方案的第 1 天就与多柔比星联合使用,剂量为 400 U/kg,SQ。

患病动物的监测和实验室检测
建议在化疗期间监测 CBC。

制剂与规格
每瓶含 10 000 U 天冬酰胺酶,用于注射(制造商向兽医提供这种药物可能受到限制)。

稳定性和贮藏
如果存放在原装瓶中,则稳定。

小动物剂量
犬
每周 400 U/kg,SQ 或 IM。
每周 10 000 U/m²,SQ 或 IM,持续 3 周。
猫
每周 400 U/kg,SQ 或 IM。

大动物剂量
没有大动物剂量的报道。

管制信息
不确定食品生产用动物的停药时间。该药物不应用于食品生产用动物,因为它是抗癌药。

阿司匹林(Aspirin)
商品名及其他名称:ASA、乙酰水杨酸、Bufferin、Ascriptin 和许多通用品牌。
功能分类:NSAID。

药理学和作用机制
抗炎作用由前列腺素的抑制引起。阿司匹林与组织中的 COX 不可逆地结合,从而抑制前列腺素的合成。低剂量阿司匹林对 COX-1 的特异性可能比对 COX-2 的特异性高。COX-1 的敏感性比 COX-2 高解释了用低剂量阿司匹林进行抗血小板治疗的原因。但是，在某些动物中，即使是低剂量的阿司匹林也不能抑制血小板聚集，这可能因为 COX-2 是血栓素（thromboxane，TXA2）的另一来源。抗炎作用归因于 COX 的抑制，但是水杨酸盐的其他抗炎机制也可能有助于抗炎作用，如 NFκ-β 的抑制。动物体内的药代动力学各异，其半衰期分别为：马 1 h，猪 6 h，犬 8.5 h，猫 38 h。

适应证和临床应用

阿司匹林被用作镇痛药、抗炎药和抗血小板药物。低剂量阿司匹林是比其他 NSAID 更具特异性的 COX-1 选择性抑制剂和抗血小板药物。因此，低剂量阿司匹林已被专门用于预防动物血栓栓塞形成。低剂量阿司匹林通常用于抗血小板治疗，但阿司匹林无法提供完整的血小板刺激抑制，因此需添加其他抗血小板药物，如氯吡格雷（Plavix）。血小板的抑制已被证明，因为在某些疾病中，血小板可能会变得反应过度，并释放出血清素和其他介质，从而加剧血管疾病。

阿司匹林已被用于预防心丝虫病的并发症（血栓栓塞）。但是，没有令人信服的证据表明这种治疗有临床益处。一些证据表明，心丝虫病可能禁用阿司匹林。

阿司匹林对猫血小板的体外暴露起抑制作用。用阿司匹林（5 mg/kg）处理后，从猫体内收集的血小板的 TXA2 生成降低，但血小板聚集不受影响。尽管阿司匹林已经存在很多年，但它并未被 FDA 批准用于任何物种。没有公开的对照研究来证明其疗效。在动物中使用阿司匹林主要基于经验，而不是基于公开数据。

注意事项

不良反应和副作用

治疗指数窄。高剂量经常引起呕吐。其他消化道作用包括溃疡和出血。阿司匹林可能会抑制血小板，并增加出血风险。

禁忌证和预防措施

由于清除缓慢，猫易发生水杨酸盐中毒。由于血小板抑制作用，请谨慎用于血凝异常患病动物（如 von Willebrand 病）。禁用于易患胃肠道溃疡的动物。

药物相互作用

请勿与皮质类固醇等其他致溃疡药物联用。不要与可能导致凝血病并增加出血风险的其他药物联用。

使用说明

镇痛和抗炎剂量主要来自经验。由于阿司匹林对血小板的效力和长期作用，抗血小板剂量较低。剂量部分列出了犬和猫阿司匹林的抗血小板剂量，但这些剂量尚未通过临床研究证实。来自实验动物的结果存在差异。在某些研究中，5 ~ 10 mg/kg 被认为是犬的抗血小板剂量；在其他研究中，1 mg/kg 的剂量在 1/3 的犬上抑制血小板，而在实验犬中，低至 0.5 mg/kg，q12 h 的剂量削弱血小板聚集。

阿司匹林仅有口服制剂。因为它是一种弱酸，所以通常在上消化道的酸性环境中吸收最好，不过，在肠中也会被大量吸收。在犬中，肠溶性阿司匹林可降低胃刺激性，但这种形式的吸收不稳定且通常不完整。缓释不影响吸收，高剂量时可保护胃免受伤害。低剂量给药时缓释作用的益处较小，并且预期不会保护胃免受消化道溃疡、出血和穿孔的严重影响。

患病动物的监测和实验室检测

监测患病动物的胃部不适、胃十二指肠溃疡和出血症状。有效血浆浓度：疼痛和发热为 20 ~ 50 μg/mL，炎症为 150 ~ 200 μg/mL。服用 2 ~ 4 周后，阿司匹林可降低犬甲状腺素浓度（T_4、T_3 和 fT_4），14 d 后恢复正常。

制剂与规格

阿司匹林有 81 mg（儿童阿司匹林）和 325 mg 的片剂。

对于大动物，阿司匹林有 240 粒（14 400 mg）和 3.9 g、15.6 g 和 31.2 g 的片剂。

稳定性和贮藏

在室温下存放在密闭容器中。暴露于湿气后，它将分解为乙酸和水杨酸。如果在 25℃下于 pH 7 的环境下储存，则其半衰期为 52 h。

小动物剂量

轻度镇痛

犬

10 mg/kg，q12 h，PO。

猫

10 mg/kg，q48 h，PO。

抗炎

犬

20 ~ 25 mg/kg，q12 h，PO。

猫

10 ~ 20 mg/kg，q48 h，PO。

抗血小板

犬

典型的剂量范围为 1 ~ 5 mg/kg，通常是 5 ~ 10 mg/kg，q24 ~ 48 h，PO（缺乏有说服力的证据表明抗血小板临床有益于犬）。

猫

每只 80 mg，q48 h，PO。剂量范围从每只 5 mg，q72 h，到每只 80 mg（一片），q72 h。没有临床研究证明任何一种剂量的疗效。

大动物剂量

反刍动物

100 mg/kg，q12 h，PO。牛的剂量高达 333 mg/kg。

猪

10 mg/kg，q6 ~ 8 h，PO。

马

25 ~ 50 mg/kg，q12 h，PO（每天最高 100 mg/kg，PO）。

管制信息

标签外使用：尽管被认为是拟食用动物的标签外用药，但肉用动物的停药时间至少为 1 d，产奶用动物的停药时间为 24 h。

RCI 分类：4。

阿替洛尔（Atenolol）

商品名及其他名称： Tenormin。

功能分类： β-受体阻滞剂。

药理学和作用机制

阿替洛尔是 β-肾上腺素阻滞剂，对 β_1-受体有相对选择性。阿替洛尔是一种水溶性 β-受体阻滞剂，依靠肾脏清除（相比之下，普萘洛尔和美托洛尔之类的药物更具亲脂性，并且需要通过肝脏清除）。在犬和猫中，口服吸收率为 90%。在猫中，半衰期为 4 ~ 5 h，以 2.5 mg/kg 给药后的峰值浓度为 1.4 ~ 1.9 μg/mL。

适应证和临床应用

阿替洛尔是犬和猫最常用的 β-受体阻滞剂之一。阿替洛尔主要用作抗心律失常药或用于其他需要降低窦性心律的心血管状况。在猫中，该药物通常用于治疗心肌病或甲状腺功能亢进引起的心脏病，但在治疗原发性高血压时不应单一使用。尽管通常将其用于患肥厚型心肌病（hypertrophic cardiomyopathy，HCM）的猫，以改善临床症状，但它并未减慢疾病的进展。在犬中，它已被用于先天性心脏病，如主动脉下狭窄和肺动脉狭窄（0.5 ~ 1 mg/kg，q12 h）。

注意事项

不良反应和副作用

可能出现心动过缓和心脏阻滞。阿替洛尔可能在敏感患病动物中引起支气管痉挛。

禁忌证和预防措施

在患气道疾病、心肌衰竭和心脏传导障碍的动物中慎用。在心脏储备功能较低的动物中慎用。

药物相互作用

与其他可能会降低心脏收缩或心率的药物联用时要慎重。

使用说明

据报道，与其他 β-受体阻滞剂相比，阿替洛尔受肝脏代谢变化的影响较小。尽管 FDA 并未批准将其用于犬和猫，但剂量指南是基于已发布的报告和专家的经验。在猫中，氨氯地平（钙通道阻滞剂）可以与阿替洛尔联用以控制高血压。对于猫，与口服给药相比，透皮凝胶形式产生的血浆浓度不一致且较低。

患病动物的监测和实验室检测

监测患病动物的心率和心律。尽管通常不监测血浆 / 血清浓度，但已提出将高于 0.26 μg/mL 的浓度作为有效肾上腺素 β-受体阻滞剂的目标阈值。

制剂与规格

阿替洛尔有 25 mg、50 mg 和 100 mg 的片剂（对于小动物，片剂能分开）。

稳定性和贮藏

在室温下存放在密闭容器中。研究表明，猫的复合风味的口服糊剂和口服悬浮液制剂产生与市售片剂相似的 β-肾上腺素阻滞作用（2.5 mg/kg）。

稳定性研究表明，临时制备的口服悬浮液可稳定保存 14 d，一些复合的口服制剂可稳定 60 d。如果配制的复合制剂超出使用期限，请咨询配药的药剂师。

小动物剂量
犬

每只 6.25 ~ 12.5 mg，q12 ~ 24 h（或 0.25 ~ 1.0 mg/kg，q12 ~ 24 h）。对于某些状况，犬的剂量已增加至 3 mg/kg，q12 ~ 24 h，PO。

猫

1 ~ 2 mg/kg，q12 h，PO。但是，由于片剂大小的关系，常见的剂量为每只 6.25 ~ 12.5 mg，q12 ~ 24 h，PO（1/4 或 1/2 片剂）。

大动物剂量
没有大动物剂量的报道。

管制信息
无可用的管制信息。

RCI 分类：3。

盐酸阿替美唑（Atipamezole Hydrochloride）
商品名及其他名称： Antisedan。

功能分类： 麻醉药。

药理学和作用机制
盐酸阿替美唑为 α_2-受体拮抗剂，它与 α_2-受体结合以拮抗其他激动剂，如右美托咪定、美托咪定和赛拉嗪。其他 α_2-受体拮抗剂有育亨宾，但阿替美唑对 α_2-受体更具特异性。

适应证和临床应用
阿替美唑用于逆转 α_2-受体激动剂，如右美托咪定（Dexdomitor）、美托咪定（Domitor）、地托咪定和赛拉嗪。在注射 5 ~ 10 min 内发生镇静的苏醒。它也可用于逆转由阿米曲士中毒引起的镇静。在马中，它可提供令人满意但不完全的地托咪定逆转。

注意事项

不良反应和副作用

逆转后不久，阿替美唑可能引起某些动物短暂的兴奋。注射后血压可能会暂时下降。在马中，它会导致剂量依赖性出汗和过度兴奋，这种作用在 10 ~ 15 min 后消失。

禁忌证和预防措施

没有关于动物禁忌证的报道。

药物相互作用

阿替美唑是 α_2-受体拮抗剂。因此，它会拮抗与 α-受体结合的其他药物并阻止其作用。可能被拮抗的药物包括赛拉嗪、美托咪定、右美托咪定、罗米非定、地托咪定和一些 α_1-受体激动剂。

使用说明

当用于逆转右美托咪定或美托咪定时，注入与所用的右美托咪定或美托咪定相同剂量的阿替美唑。马的剂量（见下文）使用范围很广。通常，高剂量阿替美唑对地托咪定更有效，但妥拉唑林可以更完全拮抗马中的地托咪定，并能比阿替美唑更好地加速苏醒。

患病动物的监测和实验室检测

使用 α_2-受体激动剂时监测心血管状态。在苏醒期间提供氧气可能会帮助从 α_2-受体激动剂中苏醒。

制剂与规格

阿替美唑有 5 mg/mL 的注射液。

稳定性和贮藏

存放在密闭容器中，并在室温下避光保存。尚未评估复合制剂的稳定性。

小动物剂量

注入与右美托咪定或美托咪定相同的剂量。剂量范围（IM 或 IV）为小型动物（4 kg 或 8.8 lb）0.32 mg/kg，中型动物（11 kg 或 24 lb）0.23 mg/kg，大型动物（45 kg 或 100 lb）最高为 0.14 mg/kg。

大动物剂量

马

在马中的剂量为 60 ~ 80 μg/kg（0.06 ~ 0.08 mg/kg），IV，最高可达

150 μg/kg（0.15 mg/kg）。通常，使用 100 μg/kg（0.1 mg/kg），IV，逆转地托咪定。

管制信息
禁用于拟食用动物。

阿托伐醌（Atovaquone）
商品名及其他名称: Mepron。
功能分类: 抗菌药、抗原虫药。

药理学和作用机制
阿托伐醌是一种抗菌药，泛醌的类似物，可通过靶向细胞色素 bc_1 复合物抑制原虫中的线粒体转运。它还抑制易感性细胞中的核酸和三磷酸腺苷（adenosine triphosphate，ATP）合成。阿托伐醌具有抗原虫作用，如肺囊炎，在人中广泛使用。在猫中，它用于治疗猫焦虫，可能不会根除焦虫，但会减少寄生虫。在犬中，它已被用于治疗吉氏巴贝斯焦虫。为了治疗犬和猫的焦虫感染，当与阿奇霉素联合使用时，它似乎具有累加或协同作用。阿托伐醌有高度亲脂性。动物的口服吸收率几乎为 50%，但随食物给药吸收率可升高。在人中的半衰期很长（67 ~ 77 h），但在动物中没有报道。

适应证和临床应用
在人中，阿托伐醌是一种抗原虫药物，主要用于不能耐受磺胺类药物的个体。在动物中，通常将其与阿奇霉素联合使用，用于治疗顽固性原虫性疾病和血源性病原体。

注意事项

不良反应和副作用

有一种制剂（Malarone）也含有盐酸酸胍。当与氯胍联合使用时，可能增加犬腹泻的风险。然而，尚未报道过动物的副作用。在人中，不良反应包括皮疹、咳嗽和腹泻。

禁忌证和预防措施

避免在怀孕动物中使用。

药物相互作用

没有关于动物药物相互作用的报道。在人中，与利福平共同给药会降低有效浓度。

使用说明

使用阿托伐醌治疗动物感染的经验很少。一些临床试验显示与阿奇霉素联合使用可治疗原虫感染。

患病动物的监测和实验室检测

不用特殊监测。

制剂与规格

阿托伐醌有 750 mg/5 mL 的口服悬浮液（150 mg/mL）。250 mg 片剂已停产。

稳定性和贮藏

室温下避光储存，不要冷冻。

小动物剂量

猫

15 mg/kg，q8 h，PO，联用阿奇霉素（10 mg/kg，q24 h）。

犬

13.3 mg/kg，q8 h，PO，用 10 d，通常联用阿奇霉素（10 mg/kg，q24 h，PO）。

大动物剂量

没有大动物剂量的报道。

管制信息

未确定食品生产用动物的停药时间。

苯磺酸阿曲库铵（Atracurium Besylate）

商品名及其他名称： Tracrium。
功能分类： 肌肉松弛剂。

药理学和作用机制

阿曲库铵是神经肌肉阻滞剂（非去极化），在神经肌肉终板上与乙酰胆碱竞争，主要用于需要抑制肌肉收缩的麻醉期或其他状况。它的持效时间比潘库溴铵短。

适应证和临床应用

阿曲库铵是一种用于手术和机械通气中麻痹骨骼肌的麻痹剂。

注意事项

不良反应和副作用

阿曲库铵导致呼吸抑制和麻痹。神经肌肉阻滞剂对镇痛无影响。

禁忌证和预防措施

除非可以提供通气支持，否则请勿在患病动物中使用。神经肌肉阻滞剂的作用可能被乙酰胆碱酯酶抑制剂拮抗。

药物相互作用

庆大霉素（可能还有其他氨基糖苷类药物）增强神经肌肉阻滞（庆大霉素在突触前部位起作用，减少乙酰胆碱的释放）。在动物中没有其他药物相互作用的报道。

使用说明

仅在可以控制呼吸的情况下使用。可能需要个性化剂量以获得最佳效果。请勿与碱化溶液或乳酸林格液混合。

患病动物的监测和实验室检测

呼吸和心血管指标的监测在使用过程中至关重要。如果可能，请在使用过程中监测患病动物的氧合。

制剂与规格

阿曲库铵注射液 10 mg/mL。

稳定性和贮藏

存放在密闭容器中，并在室温下避光保存。尚未评估复合制剂的稳定性。

小动物剂量

犬和猫

最初 0.2 mg/kg，IV，然后 0.15 mg/kg，q30 min。

CRI：负荷剂量为 0.3 ～ 0.5 mg/kg，IV，然后 4 ～ 9 μg/(kg·min)。

大动物剂量

马

0.05 ～ 0.07 mg/kg，IV。

管制信息

禁用于拟食用动物。

A

硫酸阿托品（Atropine Sulfate）

商品名及其他名称: 通用品牌。
功能分类: 抗胆碱能药。

药理学和作用机制

硫酸阿托品是抗胆碱能药（在毒蕈碱受体上阻滞乙酰胆碱），副交感神经阻滞药。

作为抗毒蕈碱剂，它可以阻滞胆碱能刺激，并导致消化道蠕动和分泌减少、呼吸道分泌减少、心率增加（抗迷走神经作用）和散瞳。

适应证和临床应用

阿托品主要用作麻醉或其他操作的辅助药物，以提高心率并减少呼吸道和消化道分泌。其是克服与某些临床状况相关的迷走神经过度刺激的首选药物，可还用作有机磷酸盐中毒的解毒剂。

注意事项

不良反应和副作用

副作用包括口干、肠梗阻、便秘、心动过速和尿潴留。

禁忌证和预防措施

请勿用于青光眼、肠梗阻、胃轻瘫或心动过速患病动物。谨慎使用高剂量阿托品（如 0.04 mg/kg），因为这会增加氧需求。

药物相互作用

请勿与碱性溶液混合。阿托品会拮抗任何胆碱能药物（如甲氧氯普胺）的作用。

使用说明

与较低剂量相比，在犬中 0.06 mg/kg 比 0.02 mg/kg 更有效。心肺复苏时可使用阿托品。但是，高剂量可能导致持续的心动过速和心肌氧需求增加。在进行心肺复苏时，可以使用 0.04 mg/kg，IV，但对于窦性心动过缓者，可考虑使用 0.01 mg/kg 这一较低剂量。

患病动物的监测和实验室检测

监测患病动物的心率和心律。

制剂与规格

阿托品有 400 μg/mL、500 μg/mL、540 μg/mL 和 15 mg/mL 的注射液。

稳定性和贮藏
在室温下存放在密闭容器中。

小动物剂量
猫
0.02 ~ 0.04 mg/kg，q6 ~ 8 h，IV、IM 或 SQ。

对于有机磷酸盐和氨基甲酸酯中毒：根据需要 0.2 ~ 0.5 mg/kg，IV、IM 或 SQ。

犬
0.02 ~ 0.04 mg/kg，q6 ~ 8 h，IV、IM 或 SQ（根据适应证，剂量范围为 0.01 ~ 0.06 mg/kg）。

窦性心动过缓：0.005 ~ 0.01 mg/kg，用于心肺复苏时高达 0.04 mg/kg。

对于有机磷酸盐和氨基甲酸酯中毒：根据需要 0.2 ~ 0.5 mg/kg，IV、IM 或 SQ。

大动物剂量
请注意，在大动物中，阿托品对抑制消化道蠕动有强效作用。
马
有机磷酸盐或胆碱酯酶抑制剂的解毒剂：0.02 ~ 0.04 mg/kg，IM 或 SQ，然后根据需要重复。

反复性气道阻塞（Recurrent airway obstruction，RAO）：0.022 mg/kg，IV，每天 1 次。

猪
有机磷酸盐或胆碱酯酶抑制剂的解毒剂：0.1 mg/kg，IV，然后 0.4 mg/kg，IM。

麻醉辅助药物：0.02 mg/kg，IV 或 0.04 mg/kg，IM。

反刍动物
有机磷酸盐或胆碱酯酶抑制剂的解毒剂：0.1 mg/kg，IV，然后 0.4 mg/kg，IM，并根据需要重复。

防止流涎的麻醉辅助药：0.02 mg/kg，IV 或 0.04 mg/kg，IM。

管制信息
停药时间：在美国未确定。大动物产品的制造商将产奶用动物和肉用动物列为 0 d，但在英国，肉用动物需 14 d，产奶用动物需 3 d。

RCI 分类：3。

金诺芬（Auranofin）

商品名及其他名称： Ridaura。

功能分类： 免疫抑制剂。

药理学和作用机制

金诺芬用于金疗法（金相疗法）。作用机制尚不清楚，但可能与对淋巴细胞的免疫抑制作用有关。

适应证和临床应用

金诺芬（金疗法）主要用于免疫介导性疾病。它已被成功用于控制免疫介导性皮肤病，如天疱疮和免疫介导性关节炎，但缺乏小动物治疗疗效的证据。一些临床医生已经观察到，该产品（口服）不如注射剂（如金硫葡糖）有效。

注意事项

不良反应和副作用

副作用包括皮炎、肾毒性和血液异常。

禁忌证和预防措施

禁用于骨髓抑制的动物或已经接受骨髓抑制药物的动物。

药物相互作用

没有关于动物药物相互作用的报道。

使用说明

该药物的使用尚未在动物医学中进行评估。没有对照性临床试验确定在动物中的功效。

患病动物的监测和实验室检测

定期监测患病动物的 CBC，因为金盐会引起血液异常。

制剂与规格

金诺芬有 3 mg 的胶囊。

稳定性和贮藏

存放在密闭容器中，并在室温下避光保存。尚未评估复合制剂的稳定性。

小动物剂量
犬和猫

0.1 ~ 0.2 mg/kg，q12 h，PO。

大动物剂量
没有大动物剂量的报道。

管制信息
禁用于拟食用动物。

金硫葡糖（Aurothioglucose）
商品名及其他名称： Solganal。
功能分类： 免疫抑制剂。

药理学和作用机制
金硫葡糖用于金疗法（金相疗法）。作用机制尚不清楚，但可能与对淋巴细胞的免疫抑制作用有关。

适应证和临床应用
金硫葡糖（金疗法）主要用于免疫介导性疾病。它已成功用于控制免疫介导性皮肤病，如天疱疮和免疫介导性关节炎。但是，由于缺乏对照试验证明其功效和副作用，在动物医学中不常用。

注意事项

不良反应和副作用

副作用包括皮炎、肾毒性和血液异常。

禁忌证和预防措施

禁用于骨髓抑制的动物或已经接受骨髓抑制药物的动物。

药物相互作用

没有关于动物药物相互作用的报道。

使用说明
该药物的使用尚未在动物医学中进行评估。没有对照的临床试验确定其在动物中的功效。该药物通常与其他免疫抑制药物（如皮质类固醇）联合使用。

患病动物的监测和实验室检测
定期监测患病动物的 CBC，因为金盐会引起血液异常。

制剂与规格
金硫葡糖已停产，无法再用。但是，还有 50 mg/mL 的注射液（来自综合药房）。

稳定性和贮藏
存放在密闭容器中，并在室温下避光保存。尚未评估复合制剂的稳定性。

小动物剂量
犬
犬 < 10 kg：第 1 周 1 mg，IM；第 2 周 2 mg，IM，维持每周 1 mg/kg。犬 > 10 kg：第 1 周 5 mg，IM；第 2 周 10 mg，IM，维持每周 1 mg/kg。
猫
每只 0.5 ~ 1 mg，q7 d，IM。

大动物剂量
马
每周 1 mg/kg，IM。

管制信息
禁用于拟食用动物。

硫唑嘌呤（Azathioprine）
商品名及其他名称：Imuran 和通用品牌。
功能分类：免疫抑制剂。

药理学和作用机制
硫唑嘌呤为硫嘌呤免疫抑制剂，抑制 T 淋巴细胞增殖。它对 T- 细胞和 B- 细胞具有活性，因此，产生免疫抑制活性。确切的作用机制未知。硫唑嘌呤最初自发代谢为 6- 巯嘌呤（6-mercaptopurine，6-MP）。代谢物 6-MP 通过硫嘌呤甲基转移酶（thiopurine methyltransferase，TPMT）进一步代谢为 6- 甲基硫基嘌呤（6-methylmercaptopurine，6-MMP），这可能与副作用有关。它也通过 TPMT 被代谢为其他产物，包括 6- 硫鸟嘌呤（6-thioguanine，6-TG），可能产生免疫抑制作用，因为它可以在细胞中积累，并作为嘌呤拮抗剂破坏白细胞中的 DNA。其他细胞可以使用挽救途径进行嘌呤合成，但是受刺激的淋巴细胞不能进行这种合成。

适应证和临床应用

硫唑嘌呤用于治疗动物的各种免疫介导性疾病，包括免疫介导性溶血性贫血（immune-mediated hemolytic anemia，IMHA）、天疱疮和炎性肠病（inflammatory bowel disease，IBD）。除皮质类固醇外，它经常用于治疗犬 IMHA、天疱疮和 IBD。它主要用于犬，在猫中不建议使用。一些病例报道称它被成功用于治疗马的免疫介导性疾病，但经验有限。该药物经常与泼尼松或泼尼松龙联用。在一些人中，起效延迟 4 ~ 6 周。尚未确定动物的起效时间，但观察结果表明，起效要比人快。

注意事项

不良反应和副作用

骨髓抑制是最严重的问题。在犬中的其他副作用包括腹泻、继发性感染风险增加和呕吐。也已报道了硫唑嘌呤给药后的肝中毒。毒性可能与代谢产物有关，尤其是 6-MMP。在对骨髓抑制作用具有较高敏感性的个体中应降低剂量，这种代谢产物的高水平可能与骨髓毒性和肝毒性有关，尽管这在犬中尚未得到证实。代谢物 6-TGN 也能产生骨髓抑制。同皮质类固醇联用时，可能引起胰腺炎的发生与发展。在人中，对副作用的敏感性及对治疗效果的预测可能与代谢酶 TPMT 的水平相关。有些人缺乏 TPMT，副作用的发病率较高。犬的 TPMT 水平各异，并且与肝毒性或骨髓毒性无关。猫缺乏 TPMT，对毒性尤其敏感。

禁忌证和预防措施

用于猫时要格外小心，并注意监测。

药物相互作用

与可能抑制骨髓的其他药物（如环磷酰胺和抗癌药）联用时要谨慎。有证据表明，与皮质类固醇同时使用可能会增加胰腺炎的风险。不要与别嘌呤醇联用，因为黄嘌呤氧化酶的拮抗作用可能干扰代谢。

使用说明

硫唑嘌呤通常与其他免疫抑制药物（如皮质类固醇）联合使用，以治疗免疫介导性疾病。猫对硫唑嘌呤的骨髓抑制作用非常敏感。猫服用 2.2 mg/kg 硫唑嘌呤会产生毒性，但一些专家建议在猫中从 0.3 mg/(kg·d) 开始。或者，当需要免疫抑制作用时，在猫中用苯丁酸氮芥代替硫唑嘌呤。

患病动物的监测和实验室检测

定期监测患病动物的 CBC，因为某些动物对硫唑嘌呤及其代谢物 6-MP 敏感。治疗 2 周后，必须监测 CBC。由于存在肝毒性的风险，请定期监测肝酶和胆红素。

制剂与规格

硫唑嘌呤有 25 mg、50 mg、75 mg 和 100 mg 的片剂；10 mg/mL 的注射液。

稳定性和贮藏

在室温下存放在密闭容器中。复合的口服悬浮液可稳定 60 d。

小动物剂量

犬

最初 2 mg/kg，q24 h，PO，然后 0.5 ~ 1 mg/kg，q48 h。在犬中，已使用剂量高达 1.5 mg/kg，q48 h，PO，与泼尼松龙联用。

猫（慎用）

猫对骨髓抑制作用敏感，许多临床医生完全避免对猫使用硫唑嘌呤。但是，如果用于猫，则应从 0.3 mg/kg，q24 h，PO 开始，仔细监测后，调整至 q48 h。可能需要少至 1/50 ~ 1/30 片，这需要仔细分割药片。

大动物剂量

马

3 mg/kg，PO，q24 h。

管制信息

禁用于拟食用动物。

阿奇霉素（Azithromycin）

商品名及其他名称： Zithromax。
功能分类： 抗菌药。

药理学和作用机制

阿奇霉素为氮杂红霉素类抗生素，与大环内酯类（如红霉素）作用机制类似，通过抑制核糖体来抑制细菌蛋白质合成。抗菌谱主要是革兰氏阳性球菌，包括链球菌和葡萄球菌。它还对支原体、衣原体和某些细胞内病原体具有良好的活性。对弓形虫的活性存疑。药代动力学数据显示，在犬、猫和马中，血浆、组织和白细胞半衰期非常长。它的代谢很少，几乎没有活性药物被排泄在尿液中。在马中，血浆半衰期为 15 ~ 18 h，在猫中为 35 h，在犬中为 30 h。分布体积也高，超过 10 L/kg。在犬中的口服吸收率为 90%，但猫（58%）和马（40% ~ 45%）的口服吸收率较低。与其他长效大环内酯类药物一样，阿奇霉素的特点是血浆药物浓度低，但在白细胞、支气管分泌物和某些组织中的浓度高（100 ~ 200 ×）。

像其他大环内酯类药物一样，阿奇霉素发挥的治疗作用不仅仅是抗菌活性可以解释的。阿奇霉素具有多重免疫调节作用，这可能会对呼吸道感染及其他疾病产生治疗反应。即使在体外被对阿奇霉素不敏感的生物感染，如铜绿假单胞菌感染，阿奇霉素也通过降低生物的毒力特性（如群体感应的抑制和生物膜的抑制）产生临床益处。其他有益作用的产生可能由于中性粒细胞的脱颗粒和凋亡增加，以及炎性细胞因子的产生被抑制。它还可以通过增强巨噬细胞功能以帮助清除感染。

适应证和临床应用

阿奇霉素适用于治疗细菌感染。它也已被用于人的各种呼吸道感染，其部分益处（如果不是主要的话）被认为由免疫调节特性引起。抗菌谱主要是革兰氏阳性菌。对于严重的革兰氏阴性菌感染，不建议使用阿奇霉素。它可用于治疗由支原体和其他非典型生物引起的感染。由于阿奇霉素能够凝集白细胞，已被用于治疗细胞内微生物。用途之一是治疗马驹的马红球菌感染。但在一项比较研究中，克拉霉素 + 利福平在马驹中的临床成功率高于阿奇霉素 + 利福平。在马驹中，阿奇霉素的剂量为出生后前 2 周 10 mg/kg，q48 h，PO，预防性使用，以降低高风险（高流行风险农场）马驹的马红球菌感染。阿奇霉素也已用于治疗马细胞内劳森菌引起的增生性肠炎。阿奇霉素已被用于治疗猫的上呼吸道感染。没有对照临床试验可以证明这种使用是否成功，但这种治疗在动物医学中很常见。用阿奇霉素治疗猫衣原体（原来叫鹦鹉热衣原体）感染，10 ~ 15 mg/kg，每天 1 次，用 3 d，然后每周 2 次。这无法有效清除有机体，但可改善临床症状（可能是通过免疫调节）。但阿奇霉素治疗猫的嗜血支原体（血红细胞增多症）无效。当阿奇霉素被用于治疗犬的脓皮病时，无论是第 1 天 10 mg/kg，然后第 2 ~ 5 天 5 mg/kg，或者 5 mg/kg，每周 2 d，连续 3 周，在统计学上与头孢氨苄 22 mg/kg 每天 2 次的反应相当。在奶牛、犊牛中，阿奇霉素可以显著抑制小隐孢子虫的脱落并改善临床症状。在牛和猪中，批准用于这些物种的其他长效大环内酯类药物优于阿奇霉素。

A

注意事项

不良反应和副作用

阿奇霉素的副作用尚未被报道。但是，高剂量阿奇霉素可能引起呕吐。某些患病动物可能会出现腹泻。已报告给予马阿奇霉素推荐剂量可改变粪便的形状和引起腹泻。在成年马中的长期安全性尚不清楚。经过多年的使用，阿奇霉素在人中具有良好的安全性。阿奇霉素（人用制剂）的标签上会有警告，提示使用阿奇霉素可能会导致严重的心律失常，但在动物中尚未观察到这些现象。

禁忌证和预防措施

慎用于有呕吐病史的动物。在成年马中可能引起腹泻。禁止将 IV 液体进行推注或 IM。

药物相互作用

没有关于动物药物相互作用的报道。这类药物有可能使参与药物代谢的某些细胞色素 P450 酶发生抑制，但与红霉素或克拉霉素相比，阿奇霉素干扰细胞色素 P450 酶的可能性较小。

使用说明

阿奇霉素的耐受性可能优于红霉素。与其他抗生素的主要区别在于，其细胞内浓度高且半衰期长，可间歇性给药。尽管阿奇霉素已被普遍用于犬和猫的感染，但许多用法并没有足够的临床试验证据。剂量部分中列出的剂量主要基于个人经验和临床经验，而非效力研究。要配制 IV 溶液，向每个 500 mg 的小瓶中加入 4.8 mL 灭菌水，并摇匀。进一步用 500 mL 或 250 mL 稀释剂将该溶液稀释至 1 mg/mL 或 2 mg/mL。静脉注射时，1 mg/mL 溶液应超过 3 h 给药，2 mg/mL 溶液超过 1 h 给药。

患病动物的监测和实验室检测

药敏试验：敏感生物的 CLSI 耐药折点 ≤ 2 μg/mL。

制剂与规格

阿奇霉素有 250 mg、500 mg 和 600 mg 的片剂；100 mg/5 mL 和 200 mg/5 mL 的口服悬浮液；500 mg/ 瓶的注射液。此外，也有用于与水混合的 1 g 袋装。

稳定性和贮藏

如果保持制造商的原始配方则很稳定。尚未报道复合制剂的稳定性。IV 溶液配制后，室温下可稳定 48 h。

小动物剂量
犬
10 mg/kg，PO，开始每天 1 次，用 5 ~ 7 d，然后减少到隔天给药。或者，一些兽医每天使用 5 mg/kg，每天 1 次或隔天 1 次。

猫
5 ~ 10 mg/kg，每天 1 次，连续 7 d，PO，然后 q48 h；或者每天 10 ~ 15 mg/kg，连续 3 d，然后相同剂量每周 2 次，PO。

上呼吸道感染：最初 15 mg/kg，用 3 d，然后 q72 h，PO。

大动物剂量
马
对于马红球菌：10 mg/kg，q24 h，PO，先用 5 d，然后观察到反应后改为 q48 h。

马驹：10 mg/kg，q48 h，PO。在马驹中，可以将 1 g 小包用水混合后制成口服悬浮液。

成年马：10 mg/kg，PO，q48 h。

牛
10 mg/kg，IM。

犊牛
对于隐孢子虫病：33 mg/kg，每天 1 次，连续 7 d，PO。

管制信息
尚未确定食品生产用动物的停药时间，但是将其用于牛时，在奶牛中的持久性约为 160 h，并且在乳房炎奶牛中的持久性比正常奶牛更长。

盐酸贝那普利（Benazepril Hydrochloride）

商品名及其他名称： Lotensin（人用制剂）、Fortekor 和 Benazecare（动物用制剂）。

功能分类： 血管扩张药、ACE 抑制剂。

药理学和作用机制
抑制血管紧张素 Ⅰ 向血管紧张素 Ⅱ 的转化。血管紧张素 Ⅱ 是有效的血管收缩剂，还将引起交感神经刺激、肾脏高血压和醛固酮合成。醛固酮的抑制会降低钠和水的滞留。与其他 ACE 抑制剂一样，贝那普利产生血管舒张作用并降低醛固酮诱导的充血。ACE 抑制剂还通过增加某些血管舒张激肽和前列腺素的浓度促进血管舒张。与依那普利不同，贝那普利具有通过肾脏和肝消除的双重模式，并且在患有肾疾病的动物中清除率不受影响。尽管血浆半衰期短，但由于与 ACE 的高亲和力结合，ACE 抑制剂作用的持效时间为 16 ~ 24 h。

适应证和临床应用

与其他 ACE 抑制剂一样，贝那普利也用于治疗高血压和充血性心力衰竭（CHF）。有证据表明，它可能会降低某些犬发生心肌病的可能性，但其他研究未能显示出这种益处。对于犬隐匿性二尖瓣疾病，尚无治疗益处。它可能有益于患心力衰竭或全身性高血压的一些猫，但对某些高血压患猫可能没有疗效，并且使用 ACE 抑制剂不被认为是猫高血压的主要治疗方法。贝那普利在自然发生的肾病患猫中具有有限的降压作用，但可有效减慢肾衰竭的发展。在一些研究中，它已被用于治疗患有肾功能不全的猫。它与全身高血压的轻微降低、肾小球滤过压力的降低、肾小球高血压的降低、尿液蛋白损失的减少，以及 GFR 的增加有关，但是对生存没整体好处。贝那普利对患肾脏疾病（蛋白尿降低、GFR 增加和血压降低）的犬产生相似的益处，但不会增加其存活率。但是，许多肾病专家建议在肾小球疾病引起的蛋白尿患犬的初始治疗中包括 ACE 抑制剂（贝那普利或依那普利）。

注意事项

不良反应和副作用

贝那普利在患慢性肾衰竭的犬和猫中耐受良好。但是，它可能在某些患病动物中引起氮质血症。开始治疗后应仔细监测肾参数，尤其是接受高剂量利尿剂的患病动物。

禁忌证和预防措施

在怀孕的动物中禁用 ACE 抑制剂。ACE 抑制剂可穿过胎盘，引起胎儿畸形和死亡。

药物相互作用

与其他降压药和利尿剂联用时需谨慎。NSAID 可能会降低血管舒张作用。贝那普利与其他 ACE 抑制剂一样，可以与其他心血管药物（如呋塞米）联用。但是，它不能防止用呋塞米治疗的患病动物醛固酮升高［由肾素 - 血管紧张素 - 醛固酮系统（renin-angiotensin-aldosterone system，RAAS）激活引起］。

使用说明

剂量基于欧洲和加拿大批准的在犬中的剂量。开始治疗后定期监测肾功能和电解质 3 ~ 7 d。对猫的研究中，剂量大于 0.5 ~ 1 mg/(kg·d) 没有临床益处。

患病动物的监测和实验室检测

仔细监测患病动物以避免低血压。对于所有 ACE 抑制剂，在开始治疗后 3 ~ 7 d 及之后定期监测电解质和肾功能。

制剂与规格

贝那普利有 5 mg、10 mg、20 mg 和 40 mg 的片剂。

稳定性和贮藏

存放在密闭容器中，并在室温下避光保存。尚未评估复合制剂的稳定性。

小动物剂量

犬

0.25 ~ 0.5 mg/kg，q12 ~ 24 h，PO（大多数患病动物为 0.5 mg/kg，q24 h）。如果需要可以增加至 0.5 mg/kg，最多 2 mg/kg，q24 h。

猫

全身性高血压和肾脏疾病：0.5 ~ 1 mg/(kg·d)，q24 h，PO。猫的替代剂量为每天每只 2.5 mg（体重不超过 5 kg 的猫），PO。

大动物剂量

没有大动物剂量的报道。

管制信息

禁用于拟食用动物。

RCI 分类：3。

倍他米松（Betamethasone）

商品名及其他名称： Celestone、倍他米松乙酸盐和倍他米松苯甲酸盐。

功能分类： 皮质类固醇。

药理学和作用机制

倍他米松是强效、长效皮质类固醇。抗炎和免疫抑制作用大约是皮质醇的 30 倍。抗炎作用很复杂，主要通过炎性细胞的抑制和炎性介质表达的抑制。

B

适应证和临床应用

倍他米松用于治疗炎症和免疫介导性疾病,其适应证与泼尼松龙和地塞米松类似。

注意事项

不良反应和副作用

皮质类固醇的副作用很多,包括多食、多饮/多尿、下丘脑-垂体-肾上腺(hypothalamic-pituitary-adrenal,HPA)轴抑制、胃肠道溃疡、肝病、糖尿病风险增加、高脂血症、甲状腺激素减少、蛋白质合成减少、伤口愈合延迟和免疫抑制。继发性感染可能是免疫抑制的结果,包括蠕形螨、弓形虫病、真菌感染和 UTI。在马中,其他副作用可能包含蹄叶炎。

禁忌证和预防措施

在易发生溃疡或感染的患病动物或需要伤口愈合的动物中慎用。患糖尿病的动物、患肾衰竭的动物或怀孕的动物慎用。

药物相互作用

没有关于动物药物相互作用的报道。但是,与其他药物合用可能会增加副作用的风险。例如,与 NSAID 一起给药可能会增加胃肠道问题的风险。

使用说明

由于效力和作用时间相似,倍他米松的适应证与地塞米松类似。也有倍他米松的局部制剂。

患病动物的监测和实验室检测

监测 CBC 和血浆皮质醇。

制剂与规格

倍他米松有 600 μg(0.6 mg)的片剂和 3 mg/mL 的磷酸钠盐注射剂(某些厂商可能会停止提供片剂)。

稳定性和贮藏

存放在密闭容器中,并在室温下避光保存。尚未评估复合制剂的稳定性。

小动物剂量

犬和猫

抗炎性效果:0.1 ~ 0.2 mg/kg,q12 ~ 24 h,PO。
免疫抑制作用:0.2 ~ 0.5 mg/kg,q12 ~ 24 h,PO。

大动物剂量

0.05 ~ 0.1 mg/kg，q24 h，IM 或 PO。

管制信息

未确定拟食用动物的停药时间（标签外使用）。

RCI 分类：4。

氯化氨甲酰甲胆碱（Bethanechol Chloride）

商品名及其他名称： Urecholine。

功能分类： 胆碱能药。

药理学和作用机制

氯化氨甲酰甲胆碱是毒蕈碱、胆碱能激动剂、拟副交感神经药。氨甲酰甲胆碱刺激胃和肠道运动，还通过毒蕈碱受体激活刺激膀胱收缩。氨甲酰甲胆碱与其他氨基甲酸酯一样，抗乙酰胆碱酯酶水解，产生更持久的反应。通常在注射后 10 min 和口服给药后 30 ~ 60 min 起效，持效时间为 4 ~ 6 h。

适应证和临床应用

在小动物中用氨甲酰甲胆碱增加膀胱的收缩。在大动物中，它可增加消化道的运动能力，但治疗胃肠迟滞问题的功效存疑。

> ## 注意事项
>
> ### 不良反应和副作用
>
> 高剂量的胆碱能激动剂可增加胃肠道的蠕动，并引起腹部不适和腹泻。氨甲酰甲胆碱可引起敏感动物的循环抑制。
>
> ### 禁忌证和预防措施
>
> 禁用于怀疑有消化道或尿路梗阻的动物。
>
> ### 药物相互作用
>
> 抗胆碱能药物（阿托品、莨菪碱等）将拮抗氨甲酰甲胆碱的作用。

使用说明

仅 SQ 给药。剂量通过人用剂量推算或经验得出。尚无针对动物的对照良好的功效研究。

B

氨甲酰甲胆碱已不能从商业渠道获得，但是一些兽医配药师可能能够向兽医提供该药。

患病动物的监测和实验室检测
监测胃肠道功能。

制剂与规格
氨甲酰甲胆碱有 5 mg、10 mg、25 mg 和 50 mg 的片剂和 5 mg/mL 的注射剂（商业制剂不再可用，但可以通过某些复合药房获得）。

稳定性和贮藏
在室温下存放在密闭容器中。由片剂制备的复合口服混悬剂不稳定。

小动物剂量
犬
5 ~ 15 mg，q8 h，PO（对于小型犬，每只 2.5 mg）。
猫
每只 1.25 ~ 5 mg，q8 h，PO。

大动物剂量
马
0.025 mg/kg，SQ，每天 1 次。
牛
0.07 mg/kg，SQ，每天 1 次。

管制信息
未确定拟食用动物的停药时间（标签外使用）。但是，FARAD 建议在屠宰前停药 21 d。
RCI 分类：4。

比沙可啶（Bisacodyl）
商品名及其他名称： Dulcolax。
功能分类： 缓泻剂。

药理学和作用机制
比沙可啶为缓泻剂 / 通便药，通过刺激胃肠道运动来发挥作用，最有可能是刺激肠道。

适应证和临床应用

比沙可啶用作泻药或需要通便的操作。它可以与聚乙二醇电解质溶液（如 GoLYTELY）一起使用，以在内窥镜或手术操作之前清洁肠道。

注意事项

不良反应和副作用

腹部不适，液体和电解质损失。避免长期使用。

禁忌证和预防措施

避免在患肾脏疾病动物中使用，避免过度使用。

药物相互作用

没有关于动物药物相互作用的报道。

使用说明

比沙可啶可作为非处方（OTC）片剂使用。剂量是通过人用剂量推算或经验得出。尚无针对动物的对照良好的功效研究。给药后约 1 h 起效。

患病动物的监测和实验室检测

如果长期使用，需监测动物的电解质。

制剂与规格

比沙可啶有 5 mg 的片剂。

稳定性和贮藏

存放在密闭容器中，并在室温下避光保存。尚未评估复合制剂的稳定性。

小动物剂量

犬和猫

每只 5 mg，q8 ~ 24 h，PO。

大动物剂量

没有大动物剂量的报道。

管制信息

禁用于拟食用动物。

碱式水杨酸铋（Bismuth Subsalicylate）

商品名及其他名称： Pepto-Bismol。

功能分类： 止泻药。

药理学和作用机制

碱式水杨酸铋为止泻药和胃肠道保护剂。确切的作用机制尚不清楚，但水杨酸盐成分的抗前列腺素作用可能对肠炎有益。铋成分可有效治疗由幽门螺杆菌引起的胃炎（幽门螺杆菌性胃炎）。碱式水杨酸铋含有 5 种水杨酸盐，口服给药后会被全身性吸收。在其他抗腹泻制剂中也可以发现碱式水杨酸铋，如高岭土-果胶制剂（如 Kaopectate）。

适应证和临床应用

碱式水杨酸铋用于小动物和大动物腹泻的对症治疗。尚未确定在动物中的功效。然而，在人中，它已被证明可有效治疗或预防由肠产毒性大肠杆菌（enterotoxigenic *Escherichia coli*，ETEC）引起的腹泻。

注意事项

不良反应和副作用

副作用不常见。宠物主人应注意：铋会使粪便变黑。

禁忌证和预防措施

水杨酸盐成分被全身性吸收，在不能耐受水杨酸盐的动物（如猫和对阿司匹林过敏的动物）中应避免过度使用。

药物相互作用

没有关于动物药物相互作用的报道。但是，它可能会加剧其他 NSAID 对动物的作用。铋组分可能会阻止某些药物的口服吸收。

使用说明

碱式水杨酸铋可作为 OTC 产品获得。剂量是通过人用剂量推算或经验得出。尚无针对动物的对照良好的功效研究。

患病动物的监测和实验室检测

不用特殊监测。

制剂与规格

口服悬浮液中的碱式水杨酸铋含量为 262 mg/15 mL 或 525 mg/mL 超强配方和 262 mg 的片剂。两汤匙（30 mL）含 270 mg 水杨酸盐。

稳定性和贮藏

存放在密闭容器中，并在室温下避光保存。尚未评估复合制剂的稳定性。

小动物剂量

犬和猫

1 ~ 3 mL/(kg · d)（分次服用），PO。

大动物剂量

犊牛

30 mL/ 头，q30 min，用 8 剂，PO。

马

1 ~ 2 mL/kg，q6 ~ 8 h，PO。

管制信息

未确定拟食用动物的停药时间（标签外使用）。由于水杨酸盐成分可能会被全身性吸收，应考虑水杨酸盐成分（类似于阿司匹林）的停药时间。

富马酸比索洛尔（Bisoprolol Fumarate）

商品名及其他名称： Zebeta。
功能分类： 抗心律失常、β-受体阻滞剂。

药理学和作用机制

比索洛尔是一种合成的 β_1-选择性 β-肾上腺素受体阻滞剂，对支气管平滑肌、血管和脂肪细胞中的 β_2-受体具有低亲和力，并且没有内在的拟交感神经活性。典型的心脏选择性作用包括降低心率、降低心输出量及抑制肾脏释放肾素。高剂量比索洛尔将失去 β_1-选择性和抑制一些 β_2-受体，从而影响支气管和血管平滑肌。在犬中的清除比较平衡（肝代谢 60%，原型排泄 40%），将比索洛尔与亲脂性 β-受体阻滞剂（如卡维地洛和美托洛尔）和亲水性 β-受体阻滞剂（如阿替洛尔）区分开。在犬中，比索洛尔的口服吸收率较高且一致（91%），半衰期为 4 h。尽管比索洛尔可以延长心力衰竭病人的生存期，但在犬或猫中尚未进行类似的研究。

适应证和临床应用

比索洛尔是一种 β_1-受体阻滞剂，具有一定的心脏选择性，因此适用于需要降低心率、心脏电导率或收缩性的状况。这样的状况包括快速性心律失常和心房纤颤。在人中，它被用于治疗高血压，但尚未在动物中探索这种用途。

注意事项

不良反应和副作用

β-受体阻滞剂的副作用归因于心脏中肾上腺素紧张度降低，可能出现心动过缓和心脏阻滞。高剂量或敏感剂量比索洛尔可能引起支气管痉挛。用阿托品治疗过度心动过缓。

禁忌证和预防措施

在患气道疾病、心肌衰竭和心脏传导障碍的动物中慎用。在心力储备较低的动物中慎用。

药物相互作用

与其他可能会降低心脏收缩或心率的药物联用时要谨慎。同时使用利福平可能会增加比索洛尔的代谢清除率。

使用说明

剂量预防措施类似于其他 β-受体阻滞剂。

患病动物的监测和实验室检测

监测心率和心律。监测易患低血压的患病动物的血压。

制剂与规格

比索洛尔有 5 mg 和 10 mg 的片剂。

稳定性和贮藏

存放在密闭容器中，并在室温下避光保存。尚未评估复合制剂的稳定性。

小动物剂量

犬

0.1 ～ 0.2 mg/kg，q8 ～ 12 h，PO。

猫

没有猫剂量的报道。

大动物剂量

没有大动物剂量的报道。

管制信息

无可用的管制信息。

硫酸博来霉素（Bleomycin Sulfate）

商品名及其他名称： Blenoxane。

功能分类： 抗癌药。

药理学和作用机制

硫酸博来霉素为抗癌抗生素。确切的作用机制尚不清楚，但它可能与DNA结合和阻止合成。

适应证和临床应用

博来霉素用于治疗各种肉瘤和癌。

注意事项

不良反应和副作用

博来霉素在人的注射部位引起局部反应、肺毒性、发热和发冷。动物的副作用没有明确记录。

禁忌证和预防措施

禁用于骨髓抑制的动物。

药物相互作用

没有关于动物药物相互作用的报道。

使用说明

注射剂通常与其他抗癌药联合使用。有关使用的详细信息，请参考抗癌方案。

患病动物的监测和实验室检测

治疗期间监测 CBC。

制剂与规格

博来霉素有 15 U 和 30 U 的瓶装注射剂。

稳定性和贮藏

存放在密闭容器中，并在室温下避光保存。打开后需冷藏。尚未评估复合制剂的稳定性。

小动物剂量

犬

10 U/m^2，IV 或 SQ，用 3 d，然后每周 10 U/m^2（最高累及剂量 200 U/m^2）。

猫

没有可用于猫的剂量。

大动物剂量

没有大动物剂量的报道。

管制信息

因为它是抗癌药，所以禁用于食品生产用动物。

宝丹酮十一烯酸酯（Boldenone Undecylenate）

商品名及其他名称： Equipoise。

功能分类： 激素、合成代谢药。

药理学和作用机制

宝丹酮十一烯酸酯为合成代谢类固醇。宝丹酮是一种类固醇酯，它可以最大限度地发挥合成代谢作用，同时最大限度地减少雄激素作用（请参阅"甲睾酮"）。合成代谢药物已用于逆转分解代谢的状况，增加体重，增加动物的肌肉，刺激红细胞生成。司坦唑醇是在马中使用的类似药物。合成代谢类固醇之间的疗效差异没有相关记录。

适应证和临床应用

宝丹酮是一种合成代谢药，主要用于马，以改善氮平衡，减少与运动有关的过度劳累和提高训练效果。当与平衡良好的饮食一起使用时，它还可改善食欲并使体重增加。宝丹酮是一种长效剂，肌内注射后作用可能持续6周。

注意事项

不良反应和副作用

合成代谢类固醇的副作用可以归因于这些类固醇的雄激素作用。常见雄性效应增加，可以观察到攻击性增强。在人中已经报道了某些肿瘤的发病率升高，并且有17种α-甲基化的口服合成代谢类固醇（羟甲烯龙、司坦唑醇和氧雄龙）与肝毒性有关。

禁忌证和预防措施

该药物被人滥用以增强运动表现，是一种管制药物。禁用于拟食用动物、怀孕的动物。

药物相互作用

没有已知的重要的药物相互作用，但请谨慎使用可能影响肝功能的其他药物。

使用说明

对于许多适应证，在动物中的使用是基于在人中的经验或在动物中的个人经验。

患病动物的监测和实验室检测

监测肝酶治疗期间肝脏损伤（胆汁淤积）的迹象。

制剂与规格

宝丹酮有 25 mg/mL 和 50 mg/mL 的麻油注射剂。

稳定性和贮藏

存放在密闭容器中，并在室温下避光保存。不要冻结。请勿与水溶液混合。

小动物剂量

没有小动物剂量的报道。

大动物剂量

马

1.1 mg/kg，IM，可能每 3 周重复 1 次。

管制信息

禁用于拟食用动物。

Schedule Ⅲ类管制药物。

RCI 分类：4。

溴化物（Bromide）

商品名及其他名称：溴化钾、溴化钠。

功能分类：抗惊厥药。

药理学和作用机制

确切的作用机制尚不确定。抗惊厥作用是稳定神经元细胞膜。溴化物是一种卤化物盐，可能影响神经元氯通道，导致神经元细胞膜超极化并提高抽搐阈值。通过改变神经元细胞膜中的氯电导，可以稳定脑中的癫痫灶。在犬中，口服吸收率为46%。溴化物不会被代谢，大多数会被肾脏消除。半衰期很长，在猫中为 11 d，在犬中为 25 ~ 46 d。溴化物有 2 种形式：溴化钠（78% 溴化物）和溴化钾（67% 溴化物）。

B

溴化钾用于人抽搐的控制可以追溯到19世纪50年代。但是在20世纪，由于副作用和其他药物的可获得性，溴化物的使用减少。

适应证和临床应用

溴化物通常用于苯巴比妥难以治疗的抽搐疾病患病动物。通常，患病动物接受苯巴比妥和溴化物治疗。但是，一些患病动物已接受溴化物作为癫痫的单一疗法。如果将溴化物添加到苯巴比妥治疗中，则可以减少苯巴比妥剂量（每6周减少25%）。溴化物对猫抽搐疾病的治疗效果不如犬。在猫中的副作用较多，控制程度较差，因此极少推荐将溴化物用于猫的治疗。

注意事项

不良反应和副作用

常见的副作用包括多尿/多饮、多食症、共济失调、镇定和消化道不适。更严重的副作用与高剂量的溴化物有关，并且对CNS更具特异性。中毒的迹象是CNS抑制、谵妄、过度兴奋、虚弱和共济失调。后肢僵硬和异常步态也可能是溴化物中毒的迹象。如果出现不良反应，通常在停药几天内消失。激进输注生理盐水利尿，清除可能更快（数小时内）。

已报告了犬恶心和胰腺炎，并且有证据表明在犬中联合使用溴化物和苯巴比妥可能会增加胰腺炎的风险。但是，没有直接证据表明单独的溴化物会产生胰腺毒性。没有证据表明溴化物会影响犬的甲状腺功能。

一些犬表现出与溴化物治疗相反的兴奋。在许多猫中，已观察到类似于过敏气道疾病的支气管炎，其特征可能是咳嗽。

禁忌证和预防措施

在患有肾上腺皮质功能减退的动物或任何钾调节有问题的动物中，考虑使用溴化钠而不是溴化钾。同样，考虑患有充血性心力衰竭或高血压的动物中给药的钠含量。氯含量高的饮食导致半衰期较短，需要更高的剂量。每当改变饮食时，监测血浆浓度并根据需要调整剂量，反之亦然。

药物相互作用

溴化物会干扰某些血液化学分析（如氯的错误升高）。

使用说明

溴化物通常与苯巴比妥联合用药。溴化钠可以代替溴化钾。在考虑溴化钠的剂量时，应考虑略微调整剂量。溴化钾含67%的溴，而溴化钠含78%的溴。溴化钠的剂量应减少约15%（如30 mg/kg溴化钾相当于25 mg/kg溴化钠）。

患病动物的监测和实验室检测

监测血清溴化物浓度以调整剂量。有效血浆浓度应为 1 ~ 2 mg/mL，但如果单独使用（不使用苯巴比妥），则浓度更高，为 2 ~ 2.5 mg/mL，最高可达 4 mg/mL。大多数兽医实验室都可以对血浆或血清中的溴化物进行检测。

制剂与规格

溴化物通常以口服溶液的形式制备。尽管没有 FDA 批准的商品形式，但药剂师可以制备溶液。将 25 g 溴化钾与 60 mL 纯净水混合，然后加入足够量的玉米糖浆以制成 100 mL 口服溶液。该配方的溴化物浓度为 151 ~ 185 mg/mL。该溶液可以稳定 180 d。将 21.6 g 溴化钠与 60 mL 纯净水混合，然后加入足够量的玉米糖浆以制成 100 mL 浓度为 151 ~ 185 mg/mL 的溴化钠口服溶液。该溶液稳定 180 d。

药剂师应在无菌水中制备静脉注射溶液并过滤以除去杂质。添加 3 g 溴化钠和足够量的无菌水以制成 100 mL 注射溶液。溴化物的浓度为 21 ~ 25.6 mg/mL。该溶液可稳定 180 d，应储存在冰箱中以降低微生物生长的风险。

稳定性和贮藏

存放在密闭容器中。水溶液中的复合制剂至少稳定 180 d。可注射溶液冷藏以防止细菌生长。不要与含盐调味剂或溶液混合。

小动物剂量

猫

30 mg/kg，q24 h，PO。

犬

30 ~ 40 mg/kg，q24 h，PO。如果不联合苯巴比妥进行给药，则可能需要 40 ~ 50 mg/kg 的更高剂量。如果动物的饮食中氯含量较高，则可能需要更高的剂量。通过监测血浆浓度调整剂量。

口服负荷剂量：600 mg/kg 分为 3 ~ 5 d（也可以 200 mg/kg，每天 1 次，用 5 d）。或者 60 mg/(kg·d)，用 15 d，血浆浓度可达到 100 mg/dL，用 60 d 可达到 200 mg/dL。

溴化钠的 IV 负荷剂量：800 ~ 1200 mg/kg，超过 8 h（对于此用途，至关重要的是用溴化钠代替溴化钾）。

大动物剂量

马

100 mg/kg 负荷剂量，然后 25 mg/kg，q24 h，PO。

没有其他大动物剂量的报道。

管制信息
禁用于拟食用动物。

甲磺酸溴隐亭（Bromocriptine Mesylate）

商品名及其他名称： Parlodel。
功能分类： 多巴胺激动剂。

药理学和作用机制

溴隐亭是一种泌乳抑制剂。它通过与 CNS 中的多巴胺（D_2）受体结合，从而抑制脑垂体前叶释放以降低血清催乳素浓度。D_2-受体的结合恢复垂体中激素功能。通过对多巴胺垂体受体的作用，溴隐亭可以降低促肾上腺皮质激素（adrenocorticotropic hormone，ACTH）的释放，并已用于治疗动物（尤其是马）的垂体依赖性肾上腺皮质功能亢进（pituitary-dependent hyperadrenocorticism，PDH）。它对犬 PDH（库欣综合征）无效。它还刺激突触后的多巴胺受体，并已被用于治疗多巴胺缺乏的神经退行性疾病。

适应证和临床应用

在人中，使用溴隐亭的抗帕金森作用，并用来抑制与过量催乳素相关的泌乳。它还被用于治疗肢端肥大症。溴隐亭已被用于治疗动物与多巴胺缺乏有关的疾病。在犬中，溴隐亭与前列腺素（地诺前列素或氯前列醇）联用可 100% 终止妊娠。在马中，溴隐亭可能会降低 ACTH 的释放，已被用于治疗马的垂体中间部功能障碍（pituitary pars intermedia dysfunction，PPID，库欣综合征），但培高利特通常是首选治疗方法。

注意事项
不良反应和副作用
用于诱导犬流产后，可能会发生子宫积脓。溴隐亭可能引起乳腺增大。当终止妊娠时，溴隐亭与前列腺素 $F_2\alpha$ 联合使用。前列腺素可导致副作用（呕吐、恶心）。溴隐亭可抑制泌乳。

禁忌证和预防措施
除非用于终止妊娠，否则请勿在怀孕的动物中使用。不要用于哺乳动物。女性在处理溴隐亭时应注意避免暴露。

药物相互作用
没有关于动物药物相互作用的报道，但它将加剧司来吉兰的作用。不要与单胺氧化酶抑制剂（MAOI）一起使用。

使用说明

溴隐亭仅限于某些内分泌失调的治疗，功效的研究有限。在犬中，溴隐亭与前列腺素（地诺前列素或氯前列醇）联合用于终止妊娠。对于此用途，第 1 天服用 15 μg/kg，q12 h，PO，第 2 天和第 3 天服用 20 μg/kg，q12 h，PO，之后 30 μg/kg，q12 h，PO，平均用 4 ~ 5 d。在某些犬中可能需要 10 d。在此方案中，前列腺素（氯前列腺素钠）的剂量应是 1 μg/kg，q48 h，SQ。

患病动物的监测和实验室检测

仔细监测怀孕的动物，尤其是溴隐亭已被用于终止妊娠。

制剂与规格

溴隐亭有 5 mg 的胶囊和 2.5 mg 的片剂。

稳定性和贮藏

存放在密闭容器中，并在室温下避光保存。尚未评估复合制剂的稳定性。

小动物剂量

犬

终止妊娠：第 1 天 15 μg/kg，q12 h，PO，第 2 天和第 3 天为 20 μg/kg，q12 h，PO，之后为 30 μg/kg，q12 h，PO，平均为 4 ~ 5 d。为使治疗成功，应联合使用前列腺素 $F_2\alpha$。

其他状况：0.02 ~ 0.04 mg/kg，q12 h，PO。

猫

0.02 ~ 0.04 mg/kg，q12 h，PO。

大动物剂量

没有大动物剂量的报道。

管制信息

禁用于拟食用动物。

布地奈德（Budesonide）

商品名及其他名称： Entocort。
功能分类： 抗炎、皮质类固醇。

药理学和作用机制

布地奈德是一种局部作用的皮质类固醇，但其皮质类固醇活性是泼尼松龙的 1000 倍。它被批准用于人，但在小动物中的使用有限。布地奈德颗粒剂包含在用甲基丙烯酸聚合物包被的乙基纤维素基质中。直到 pH > 5.5 时，该涂层才释放药物。因此，通常到达远端胃肠道才释放药物。释放后，它会积聚在肠道细胞中，并通过必需脂肪酸酯化进行存储。如果有任何吸收，新陈代谢的首过效应会使 80% ~ 90% 的物质失活。因此，它主要对肠道具有局部作用，并且全身性糖皮质激素作用降至最低。在人中，它与治疗克罗恩病的其他药物一样有效。

适应证和临床应用

在动物中布地奈德已被用于治疗炎性肠病。最常见的应用是治疗犬结肠炎或猫炎性肠病。它已安全有效的治疗犬炎性肠病，但是可能产生一些与泼尼松相似的副作用。其他成功治疗的报道大多是个人经验。

注意事项

不良反应和副作用

有一些全身性吸收，如以 3 mg/m² 治疗犬 30 d 后，该犬 ACTH 的反应降低和皮质醇降低，但未观察到其他副作用，并且未影响其他变量。在犬中可能发生肝酶的轻度升高。

禁忌证和预防措施

没有已知的禁忌证。但是，某些药物可能会被全身吸收，因此，在不应接受皮质类固醇的动物中慎用。

药物相互作用

不要与增加胃 pH 的药物（抗酸药、抗分泌药）一起使用。由于布地奈德由细胞色素 P450 酶代谢，其他可以使这些酶抑制的药物（请参阅附录 H）可能会抑制代谢。

使用说明

在动物中的使用仅限于个人经验和小型临床研究。除非希望在肠的近端部分起作用，否则不得将胶囊压碎或混配用于动物。

患病动物的监测和实验室检测

监测皮质类固醇效果，最好进行 ACTH 刺激试验，以确定慢性使用时肾上腺抑制的程度。

制剂与规格

布地奈德有 3 mg 的胶囊。

稳定性和贮藏

存放在密闭容器中，并在室温下避光保存。不要压碎胶囊。

小动物剂量

犬和猫

0.125 mg/kg,q8 ~ 12 h,PO。当病情好转时,剂量间隔可增加至 q24 h 1 次。

在犬中，每天服用 1 粒胶囊，但在猫中，每只猫每天可通过重新配制胶囊来服用 0.5 ~ 0.75 mg 的剂量。

犬的所有剂量范围为 3 ~ 7 kg : 1 mg, q24 h ; 7 ~ 15 kg : 2 mg, q24 h ; 15 ~ 30 kg : 3 mg, q24 h ; > 30 kg : 5 mg, q24 h。

大动物剂量

没有大动物剂量的报道。

管制信息

无可用的管制信息。由于预期的全身吸收最少，无停药时间的建议。RCI 分类 : 4。

盐酸丁萘脒（Bunamidine Hydrochloride）

商品名及其他名称 : Scolaban。
功能分类 : 抗寄生虫药。

药理学和作用机制

盐酸丁萘脒损害绦虫保护性外层覆盖物的完整性。它对动物体内的各种绦虫物种有效。

适应证和临床应用

丁萘脒被用作驱绦虫药，用于治疗犬和猫的绦虫感染。

注意事项

不良反应和副作用

使用后发生呕吐和腹泻。

禁忌证和预防措施

避免在幼小动物中使用。

药物相互作用

没有关于动物药物相互作用的报道。

使用说明

请勿破坏药片。在空腹情况下服用药片。给药后 3 h 内不要饲喂。

患病动物的监测和实验室检测

监测粪便样本中是否有寄生虫。

制剂与规格

丁萘脒有 400 mg 的片剂。

稳定性和贮藏

存放在密闭容器中，并在室温下避光保存。尚未评估复合制剂的稳定性。

小动物剂量

犬和猫

20 ~ 50 mg/kg，每天 1 次，PO。

大动物剂量

没有大动物剂量的报道。

管制信息

无可用的管制信息。

盐酸丁哌卡因（Bupivacaine Hydrochloride）

商品名及其他名称： Marcaine、Exparel 和通用品牌，又叫盐酸布比卡因。
功能分类： 局部麻醉药。

药理学和作用机制

丁哌卡因通过钠通道阻滞抑制神经传导。该药物起效缓慢（20 min），但作用时间长（6 ~ 8 h），并且比利多卡因或其他局部麻醉药更有效。硬膜外起效时间为 15 ~ 20 min，持效时间为 2 ~ 4 h。

适应证和临床应用

丁哌卡因用于局部麻醉和硬膜外镇痛 / 麻醉。它由局部浸润或硬膜外注射给药。在输送系统（DepoFoam 药物输送系统）中包含一种多囊脂质体（Exparel）的悬浮液注射剂。将 Exparel 注射到软组织后，丁哌卡因会在一段时间内从多囊脂质体释放（96 h）。该制剂用于渗透到手术部位周围以产生局部麻醉作用。

注意事项

不良反应和副作用

副作用在局部浸润中罕见。全身吸收的高剂量可引起神经系统症状（颤动和抽搐）。猫的中毒性剂量为 5 mg/kg。在猫中，中毒症状包括心动过缓、心律失常、颤动、肌肉抽搐和抽搐。硬膜外给药后，高剂量丁哌卡因可能导致呼吸麻痹。

禁忌证和预防措施

用于硬膜外麻醉时，应该有呼吸支持。某些制剂含有肾上腺素（1：200 000），因此，不应将其用于易产生肾上腺素反应的动物。

药物相互作用

没有关于动物药物相互作用的报道。

使用说明

用于局部浸润或注入硬膜外腔。对于硬膜外注射，剂量为 0.2 mL/kg，对于大型犬，其剂量不超过 6 mL。通常，小动物的神经阻滞剂量不超过 1 mg/kg。可以在每 10 mL 溶液中混合 0.1 mEq 碳酸氢钠以增加 pH，降低注射引起的疼痛，并缩短起效时间。与碳酸氢盐混合应立即使用，因为有沉淀的危险。

患病动物的监测和实验室检测

不用特殊监测。

制剂与规格

丁哌卡因注射液浓度为 0.25%、0.5% 和 0.75%（2.5 mg/mL、5 mg/mL 和 7.5 mg/mL）。Exparel 是一种局部用多囊脂质体，丁哌卡因浓度为 13.3 mg/mL，10 mL 或 20 mL 的瓶装。

稳定性和贮藏

在室温下存放在密闭容器中。避免与强酸或强碱溶液混合。如果溶液变为黄色、粉红色或深色，则不应再用。如果通过与碱化溶液（如碳酸氢盐）混合调节 pH，则该药物稳定，但必须在混合后立即使用。

小动物剂量

犬和猫

硬膜外剂量：1 ~ 1.5 mg/kg；对于神经阻滞，通常使用 0.5% 溶液 0.2 mL/kg。

多囊脂质体：浸润手术部位，每个部位 100 ~ 200 mg。效果持效时间通常为 96 h。

大动物剂量

仅限于局部浸润进行小型手术。

管制信息

未确定拟食用动物的停药时间（标签外使用）。当用于局部浸润时，动物中的清除速度很快。

RCI 分类：2。

盐酸丁丙诺啡（Buprenorphine Hydrochloride）

商品名及其他名称：Buprenex、Vetergesic（英国配方）、Simbadol、Butrans（人经皮形式）。

功能分类：镇痛药、阿片类。

药理学和作用机制

丁丙诺啡是部分 μ-受体激动剂和 κ-受体拮抗剂。它是一种蒂巴因衍生物，由于其作为 μ-受体部分激动剂的性质，最初在 20 世纪 70 年代被开发，用于治疗人的阿片类成瘾。它的效力是吗啡的 25 ~ 50 倍。它对阿片类受体具有很高的结合亲和力，可以延长作用。但是，它的活性延迟，并且由于其具有部分阿片类激动剂的特性，因此具有天花板效应的中度镇痛作用。与其他阿片类相比，丁丙诺啡的副作用较少，引起呼吸抑制的可能性也较小。根据研究，犬的药代动力学是可变的。在犬中的半衰期为 4 ~ 9 h，清除率为 5.4 ~ 24 mL/(kg·min)。在猫中的药代动力学已被广泛研究。IV 给药的半衰期为 7 ~ 10 h。据报道，猫经黏膜（舌下）吸收超过 100%。但是，最近的研究表明，该值可能被高估，从该途径获得 23% ~ 32% 吸收的可能性更高。在马中，半衰期为 7 h，清除率为 8 mL/(kg·min)，IM 给药的吸收程度可变（41% ~ 93%）。

适应证和临床应用

丁丙诺啡是一种阿片类镇痛药，用于犬、猫、马、某些异宠和动物园物种的疼痛控制。它具有比纯 μ-受体激动剂（如吗啡）更低的功效（更低的上限）。在动物研究中，丁丙诺啡已被证明可有效控制术后疼痛。基于动物血浆值的镇痛持效时间为 3 ~ 4 h，但由于结合位点的房室分离缓慢和对

μ-受体的高亲和力，或在 CNS 中具有更长的半衰期，在临床上可能更长。在良好对照的研究中，尚未确定所有适应证的作用持效时间，并且是可变的。与其他阿片类相比，丁丙诺啡的起效时间可能更长。

在猫中，已将其以 20 μg/kg（0.02 mg/kg）的剂量用于经黏膜吸收（颊给药），据报道在某些研究中有效。然而，其他研究表明，猫经黏膜给药的吸收较低，为 23% ~ 32%，且疗效较差。因此，在许多猫中，可能需要更高剂量如 0.04 mg/kg（40 μg/kg），q8 h，透黏膜给药。在猫中，低剂量（0.01 ~ 0.02 mg/kg 或 10 ~ 20 μg/kg）给药的 IM 或 IV 途径比 SQ 途径更有效。在犬中，经黏膜（牙龈）给药的吸收较不完全（47%），必须给予更高剂量才能达到镇痛效果。经黏膜（牙龈）给药 120 μg/kg 相当于静脉注射 20 μg/kg。高剂量丁丙诺啡会增加犬经口或吞咽引起药物流失的风险。

丁丙诺啡透皮（Butrans）贴剂的剂量为 70 μg/h，相当于皮下注射 20 μg/kg。该贴剂起效较慢（延迟时间为 17 h），但持效时间较长，为 7 d。在猫中 35 μg/h 的贴剂不会产生抗伤害感受作用，直到贴剂放置 36 h 后才检测到血浆药物浓度。

在猫中，有可 SQ 给药的浓缩溶液（1.8 mg/mL），剂量为 0.24 mg/kg（240 μg/kg），每天 1 次。丁丙诺啡 -SR 是一种可持续释放的生物可降解聚合物，旨在产生 72 h 的有效浓度。在犬中，注射丁丙诺啡 -SR 剂量为 270 μg/kg，SQ 时，产生的浓度超过 1 ng/mL，持效时间超过 72 h。

在马中，镇痛药剂量很可能产生副作用（兴奋和自主活动），除非与镇定药和其他镇痛药一起使用，否则限制在马中的使用。马的副作用比镇痛药效果持续更长的时间。

在人中，通过添加小剂量纳洛酮（0.001 ~ 0.1 μg/kg）可增强丁丙诺啡镇痛效果，但尚未在动物中研究这种作用。

注意事项
不良反应和副作用

副作用与其他阿片类激动剂相似，不同之处在于呼吸抑制可能较少。常见镇定。慢性使用丁丙诺啡的依赖性可能小于纯激动剂。犬的致死剂量（80 mg/kg）远高于治疗剂量。

在马中，烦躁不安、兴奋性反应、头部晃动、踩踏、大腿运动移位、肠道运动性降低和自主活动升高很可能会持续数小时。

禁忌证和预防措施

接受丁丙诺啡的患病动物可能需要更高剂量的纳洛酮才能逆转。马的 IV 剂量可能引起行为反应（兴奋、踱步）。制剂的浓度差异很大，从 0.3 mg/mL 到 1.8 mg/mL（Simbadol）。因此，使用时应密切注意制剂的浓度，以免过量。

药物相互作用

作为部分激动剂，它可能逆转或拮抗其他阿片类（如吗啡或芬太尼）的 μ-受体效应。

使用说明

丁丙诺啡用于镇痛，通常与其他镇痛药或全身麻醉联合使用。它已与乙酰丙嗪和 α_2-激动剂一起安全地用作麻醉药前用药。它的作用时间比吗啡长，并且仅被纳洛酮部分逆转。当打算经颊（透黏膜）给药时，重要的是将全部剂量涂在口腔黏膜上，并且不要吞咽。摄入的药物无效（口服吸收率仅为 3% ~ 6%）。因此，随着剂量增加，容积也增加，并且某些药物更有可能从口丢失或被吞咽（如给猫用 0.03 mg/kg 剂量，给药所需的容积为每只猫 0.45 mL）。

患病动物的监测和实验室检测

监测患病动物的心率和呼吸。尽管由阿片类药物引起的心动过缓很少需要治疗，但如有必要，可以给予阿托品。如果发生严重的呼吸抑制，阿片类药物可被纳洛酮逆转。接受丁丙诺啡的患病动物可能需要更高剂量的纳洛酮才能逆转。尽管通常不测量血浆或血清浓度，但 4 ~ 10 ng/mL 的水平与镇痛药疗效相关。

制剂与规格

丁丙诺啡有 1 mL 的瓶装、0.3 mg/mL 的注射液。Simbadol 是一种动物用制剂，浓度为 1.8 mg/mL，用于猫。人的制剂包括 8 mg 舌下片剂〔（Subutex 和 Suboxone（含纳洛酮）〕，已被用于治疗药物滥用的人群。也有 Suboxone（含纳洛酮）透黏膜 / 舌下贴剂。

Butrans 是一种持效时间为 7 d 的透皮贴剂，向病人提供 5 μg/h、10 μg/h 和 20 μg/h 的药物。

丁丙诺啡 -SR 是可注射的持续释放聚合物，有 10 mg/mL 或 3 mg/mL 的制剂，可 72 h 输送。

稳定性和贮藏

存放在密闭容器中，并在室温下避光保存。使用氯化钠输液。尚未评估复合制剂的稳定性。

小动物剂量
犬
0.006 ~ 0.02 mg/kg，q4 ~ 8 h，IV、IM 或 SQ。对于镇痛，剂量已增加到高达 0.03 ~ 0.04 mg/kg，SQ。

CRI：20 µg/kg，IV，然后输注 5 µg/(kg·h)。

硬膜外 0.003 ~ 0.006 mg/kg（3 ~ 6 µg/kg）。

丁丙诺啡-SR：120 ~ 270 µg/kg（0.12 ~ 0.27 mg/kg），SQ（持效时间 72 h）。

猫
对于镇痛，剂量为 0.01 ~ 0.02 mg/kg（10 ~ 20 µg/kg），IV，或 0.02 mg/kg（20 µg/kg），IM。持效时间通常为 4 ~ 6 h。可以额外给 0.02 mg/kg。

CRI：20 µg/kg，IV，然后输注 12 µg/(kg·h)。

皮下给药：浓缩制剂 Simbadol 可以每天 1 次，SQ，剂量为 0.24 mg/kg（240 µg/kg），最多 3 d。该制剂可以在手术前使用。

颊（经黏膜）给药：0.02 ~ 0.04 mg/kg（20 ~ 40 µg/kg），q8 h。0.02 mg/kg（20 µg/kg）等同于 0.066 mL/kg。

硬膜外：12.5 µg/kg 用盐水稀释至 0.3 mL/kg 的容积。

丁丙诺啡-SR：120 ~ 270 µg/kg（0.12 ~ 0.27 mg/kg），SQ（持效时间 72 h）。

大动物剂量
马
0.005 ~ 0.01 mg/kg（5 ~ 10 µg/kg），IM，在马中作用短暂。
羊
0.01 mg/kg（10 µg/kg），IM，q6 h。

管制信息
该药物由 DEA 控制，禁用于拟食用动物。

Schedule Ⅲ 类管制药物。

RCI 分类：2。

B

盐酸丁螺环酮（Buspirone Hydrochloride）

商品名及其他名称： BuSpar。

功能分类： 行为矫正。

药理学和作用机制

丁螺环酮为氮杂酮类抗焦虑药。丁螺环酮充当直接作用的血清素（5-HT_{1A}）激动剂。通过激活 $5HT_{1A}$-受体，丁螺环酮和相关药物可以改变情绪和焦虑。丁螺环酮用于治疗焦虑和其他行为问题。其他相关药物包括吉哌隆（gepirone）和伊沙匹隆（ipsapirone）。

适应证和临床应用

在动物医学中，丁螺环酮主要用于治疗猫的乱喷尿（尿液标记）。在猫中，已经发表了证明疗效的研究。但是，停药后某些猫复发。丁螺环酮也已用作猫的镇吐药（4 mg/kg，SQ）。在犬中，偶尔会使用丁螺环酮处理行为问题，如焦虑。

注意事项

不良反应和副作用

与其他药物相比，在猫中几乎没有任何副作用。一些猫显示攻击行为增加，一些猫对主人的感情和友善度增加。丁螺环酮可能产生轻度的镇定。

禁忌证和预防措施

禁用于对 5- 羟色胺激动剂敏感的动物。

药物相互作用

请勿与其他血清素拮抗剂、选择性 5- 羟色胺再摄取抑制剂（selective serotonin reuptake inhibitors，SSRI）或 MAOI（如司来吉兰）一起使用。

使用说明

一些功效试验表明可有效治疗猫的乱喷尿。与其他药物相比，复发率可能更低。

患病动物的监测和实验室检测

不用特殊监测。

制剂与规格

丁螺环酮有 5 mg、10 mg、15 mg 和 30 mg 的片剂。

稳定性和贮藏

存放在密闭容器中，并在室温下避光保存。尚未评估复合制剂的稳定性。

小动物剂量

犬

每只 2.5 ~ 10 mg，q24 h 或 q12 h，PO。

1 mg/kg，q12 h，PO。

猫

每只 2.5 ~ 5 mg，q12 h，PO，对于某些猫，可增加到每只 5 ~ 7.5 mg，每天 2 次（0.5 ~ 1 mg/kg，q12 h，PO）。

大动物剂量

马

每匹 100 ~ 250 mg，q24 h，PO（0.5 mg/kg）。

管制信息

禁用于拟食用动物。

RCI 分类：2。

白消安（Busulfan）

商品名及其他名称： Myleran。

功能分类： 抗癌药。

药理学和作用机制

白消安是一种双功能烷基化剂，可破坏肿瘤细胞的 DNA。

适应证和临床应用

白消安主要用于淋巴网状肿瘤。

注意事项

不良反应和副作用

白细胞减少症是最严重的副作用。

禁忌证和预防措施

禁用于骨髓抑制动物。

药物相互作用

没有关于动物药物相互作用的报道。

B

使用说明

白消安通常与其他抗癌药一起联合使用。有关详细信息，请参阅特定方案。

患病动物的监测和实验室检测

在治疗过程中监测动物的 CBC。

制剂与规格

白消安有 2 mg 的片剂和 6 mg/mL 的注射剂，名称为 Busulfex。

稳定性和贮藏

存放在密闭容器中，并在室温下避光保存。尚未评估复合制剂的稳定性。

小动物剂量

犬和猫

$3 \sim 4 \text{ mg/m}^2$，q24 h，PO。

大动物剂量

没有大动物剂量的报道。

管制信息

该药物不应用于食品生产用动物，因为它是抗癌药。

酒石酸布托啡诺（Butorphanol Tartrate）

商品名及其他名称：Torbutrol、Dolorex、Butorphine 和 Torbugesic。

功能分类：镇痛药、阿片类。

药理学和作用机制

充当 κ-受体激动剂和弱 μ-受体拮抗剂的阿片类药物（一些权威人士将拮抗剂作用归类为部分激动剂作用）。作为 κ-受体激动剂，布托啡诺在动物体内产生镇静和镇痛。与纯 μ-受体阿片类药物相比，它被认为是温和的镇痛药。它常与其他麻醉药联合使用。它在动物中的半衰期很短（1 ~ 2 h），镇痛的持效时间很短（1 ~ 2 h）。

适应证和临床应用

布托啡诺用于围手术期镇痛、慢性疼痛和镇咳药。与纯 μ-受体激动剂相比，它被认为是弱镇痛药，观察到的某些作用可能是镇定，而非镇痛。在犬中，0.4 mg/kg 布托啡诺产生镇痛的时间为 1 h 或更短。作为镇咳药，它比吗啡（4×）和可待因（100×）更有效。镇咳作用的持效时间约为 90 min，但该作用可能持续长达 4 h。在马中，可以 IV、IM 和 CRI 的形式给药。在对照研究中已证明 CRI 是有效的。

注意事项

不良反应和副作用

副作用与其他阿片类镇痛药相似。常见镇痛剂量起到镇定作用。高剂量布托啡诺会引起呼吸抑制。犬的致死剂量是 20 mg/kg，该剂量大大超过了临床剂量。尽管由阿片类药物引起的心动过缓很少需要治疗，但如有必要，可以给予阿托品。如果发生严重的呼吸抑制，可使用纳洛酮逆转阿片类药物。已经观察到激动剂/拮抗剂药物在猫中产生烦躁作用。一些动物可能会发生肠道蠕动降低和便秘。在一些马中，肠道运动性降低可能是一个特别令人关注的问题。

禁忌证和预防措施

布托啡诺为 Schedule Ⅳ 类管制药物。鸟类中使用布托啡诺的剂量比哺乳动物所需的剂量高，因为半衰期更短且清除得更快（如 2 ~ 4 mg/kg，q2 ~ 4 h）。

药物相互作用

布托啡诺与许多其他镇痛药兼容，并用于镇痛的联合治疗。因为布托啡诺是激动剂/拮抗剂，所以它可能拮抗纯激动剂药物（如芬太尼、吗啡和羟吗啡酮）的某些作用。但是，这种拮抗的临床意义已经在专家之间进行了辩论。请勿与钠巴比妥类药物混用。

使用说明

布托啡诺通常与麻醉药或与其他镇痛药联合使用。对于大多数适应证，0.4 mg/kg 被认为是最佳剂量，没有理由将剂量增加到 0.8 mg/kg 以上，因为这被认为是最高剂量。布托啡诺的作用时间短于 2 h，通常只有 1 h。在马中，由于布托啡诺可能导致自主活动和兴奋升高，可以在丁丙诺啡之前使用甲苯噻嗪。

患病动物的监测和实验室检测

监测患病动物的心率和呼吸。

制剂与规格

布托啡诺有 1 mg、5 mg 和 10 mg 的片剂及 0.5 mg/mL 和 1 mg/mL 的

注射剂。Torbugesic 为 10 mg/mL 的注射剂，用于猫的布托啡诺为 2 mg/mL 的注射剂。

稳定性和贮藏

存放在密闭容器中，并在室温下避光保存。尚未评估复合制剂的稳定性。

小动物剂量

犬

镇咳药：0.055 mg/kg，q6 ~ 12 h，SQ；0.011 mg/kg，IM 或 0.5 ~ 1 mg/kg，q6 ~ 12 h，PO。

麻醉前：0.2 ~ 0.4 mg/kg（含乙酰丙嗪），IV、IM 或 SQ。

镇痛药：0.2 ~ 0.4 mg/kg，q2 ~ 4 h，IV、IM 或 SQ 或 1 ~ 4 mg/kg，q6 h，PO。

CRI：负荷剂量 0.2 ~ 0.4 mg/kg，IV，随后为 0.1 ~ 0.2 mg/(kg·h)。

猫

镇痛药 0.2 ~ 0.8 mg/kg，q2 ~ 6 h，IV 或 SQ；1.5 mg/kg，q4 ~ 8 h，PO。

CRI：负荷剂量 0.2 ~ 0.4 mg/kg，IV，随后为 0.1 ~ 0.2 mg/(kg·h)。

大动物剂量

马

镇痛：0.2 ~ 0.4 mg/kg，q3 ~ 4 h，IV。在某些情况下，使用较低剂量 0.02 ~ 0.1 mg/kg，IV 或 0.04 ~ 0.2 mg/kg，IM。较低剂量 0.1 mg/kg，IV，可以尽量减少肠动力下降。

镇定：0.01 ~ 0.06 mg/kg，IV。

CRI：13 ~ 24 µg/(kg·h)（0.013 ~ 0.024 mg/kg），IV。

反刍动物

0.05 ~ 0.2 mg/kg，IV。

牛

与甲苯噻嗪合用：0.01 ~ 0.02 mg/kg，IV。

管制信息

由 DEA 控制药物，为 Schedule IV 类管制药物。

禁用于拟食用动物。

RCI 分类：2。

溴化 N- 正丁基东莨菪碱（丁溴东莨菪碱）[N-Butylscopol-ammonium Bromide（Butylscopolamine Bromide）]

商品名及其他名称： Buscopan。

功能分类： 抗痉挛药。

药理学和作用机制

丁基东莨菪碱为抗痉挛药、抗毒蕈碱药、抗胆碱能药，是衍生自颠茄生物碱的季铵化合物。像其他抗毒蕈碱药一样，丁溴东莨菪碱可阻滞胆碱能受体并产生副交感神经作用。它会影响整个身体的受体，但更多的是因对胃肠道的影响而被广泛使用。它通过阻滞副交感神经受体来有效抑制胃肠道的分泌和运动。丁溴东莨菪碱的半衰期短（15 ～ 25 min），持效时间短。作为季铵化合物，它通常不会穿过血 - 脑屏障而产生中枢神经系统反应。

适应证和临床应用

丁溴东莨菪碱可用于治疗马与痉挛性绞痛、肠胃气胀性绞痛和肠嵌塞相关的疼痛。它也可用于使直肠松弛并减少肠张力，以利于诊断性直肠触诊。

该药还可缓解由毒蕈碱受体的迷走神经激活介导的气道平滑肌收缩引起的支气管收缩。

注意事项

不良反应和副作用

抗胆碱能药的不良反应与其阻滞乙酰胆碱受体有关，并产生全身性副交感神经反应。如在此类药物所预期的那样，动物的心率升高，分泌减少，黏膜干燥，胃肠道运动性降低和瞳孔扩张。对肠道运动的影响通常持续少于 2 h。在目标动物安全性研究中，在马中的使用剂量是批准剂量的 1 倍、3 倍和 5 倍，最高为 10 倍，观察到了先前描述的症状。但是，尸检时未发现高剂量造成 CBC 或生化异常或病灶。

禁忌证和预防措施

丁溴东莨菪碱会降低肠道运动能力，在肠道运动能力低的状况下慎用。

药物相互作用

丁溴东莨菪碱是一种抗胆碱能药，会与产生胆碱能反应的任何其他药物（如甲氧氯普胺）产生拮抗作用。

使用说明

经验仅限于治疗马的痉挛性绞痛、肠胃气胀性绞痛和肠嵌塞。没有用于其他动物的经验。

患病动物的监测和实验室检测

监测治疗过程中马肠道的运动（肠道声音和粪便排出量）。监测治疗动物的心率。

制剂与规格

丁溴东莨菪碱有 20 mg/mL 的溶液。

稳定性和贮藏

存放在密闭容器中，并在室温下避光保存。

小动物剂量

没有小动物剂量的报道。

大动物剂量

马

0.3 mg/kg，单剂量缓慢 IV（1.5 mL/100 kg）。通常在 2 min 内起效，持效时间少于 2 h。

减轻支气管狭窄：0.3 mg/kg，IV，单剂量。

管制信息

禁用于拟食用动物。

骨化三醇（Calcitriol）

商品名及其他名称： Rocaltrol、Calcijex。

功能分类： 钙补充剂。

药理学和作用机制

骨化三醇为维生素 D 类似物，也称为 1,25- 二羟胆钙化醇。骨化三醇通常在肾脏中由 25- 羟胆钙化醇合成。骨化三醇的作用是增加肠中的钙吸收，并促进甲状旁腺激素（parathyroid hormone，PTH）对骨骼的作用。动物的骨化三醇水平低会导致肠道的钙吸收降低。患慢性肾病（尤其是猫）和甲状旁腺功能亢进的动物经常具有较低的骨化三醇水平。骨化三醇还可以抑制 PTH 的合成和存储。

适应证和临床应用

骨化三醇被用于治疗钙缺乏症以及与甲状旁腺功能亢进相关的低钙血症，也用于增加已去除甲状旁腺的猫的钙水平。在此用途中，通常将其与饮食中的钙补充剂一起服用。它在犬和猫中被用于管理慢性肾病的钙和磷平衡。尽管被兽医用于降低患有慢性肾病动物的继发性 PTH 浓度，但这种益处具有争议性，没有有力的证据支持。对患慢性肾病的猫进行补充可能有助于减缓某些猫的疾病发展，但这种治疗存在争议，在某些猫中并未显示出任何益处。骨化三醇不应用作维生素 D 补充剂。

注意事项

不良反应和副作用

过量可能导致高钙血症。高剂量骨化三醇可导致软组织矿化。

禁忌证和预防措施

禁用于有高钙血症风险的患病动物。为人制造的胶囊所含剂量对犬和猫可能过量了，应重新配制。

药物相互作用

如果与噻嗪类利尿剂一起使用，骨化三醇可能会引起高钙血症。

使用说明

与维生素 D 相比，1 U 维生素 D 相当于 0.025 μg 维生素 D_3 或维生素 D_2（400 U 维生素 D=10 μg 维生素 D_3）。应根据反应和监测的血浆钙浓度对每个患病动物的剂量进行调整。需要的剂量可能取决于对钙浓度的调整。例如，当用于治疗患有慢性肾病的犬时，剂量为 2.5 ng/(kg·d)，但根据对钙浓度调整的需要，剂量范围为 0.75 ~ 5 ng/(kg·d)。当用于慢性肾衰竭时，通常与肠道磷酸盐黏合剂（如氢氧化铝）和饮食磷限制剂一起使用。推荐的磷酸盐浓度应保持在 < 6 mg/dL。在猫中，请勿随餐服用。最好在晚饭前服用。如果离子钙升高到参考范围以上（4.5 ~ 5.5 mg/dL 以上），请停止治疗，然后重新使用较低剂量。

患病动物的监测和实验室检测

监测血浆离子钙浓度。根据需要调整剂量，以维持正常的钙、磷和 PTH 浓度。监测血清 PTH 浓度（许多诊断实验室均提供检测方法）。当用于治疗慢性肾病时，监测动物的血清肌酐。

制剂与规格

骨化三醇有 1 μg/mL 和 2 μg/mL 的注射液（Calcijex）、0.25 μg 和 0.5 μg

的胶囊及 1 μg/mL 口服液（Rocaltrol）。

稳定性和贮藏
存放在密闭容器中，并在室温下避光保存。尚未评估复合制剂的稳定性。

小动物剂量
犬
慢性肾衰竭犬的肾脏继发性甲状旁腺功能亢进：2.5 ng/kg，PO，每天 1 次。通过监测钙和 PTH 调整剂量。如果 PTH 浓度升高而钙却没有升高，则增加剂量至 3.5 ng/kg，每天 1 次。剂量可以递增至 5 ng/kg，每天 1 次。

猫
低钙血症（去除甲状旁腺后）：每只 0.25 μg，q48 h，PO 或 0.01 ~ 0.04 μg/(kg·d)［10 ~ 40 ng/(kg·d)］，PO。

肾脏继发性甲状旁腺功能亢进：2.5 ng/kg，PO，每天 1 次。通过监测钙和 PTH 调整剂量。如果 PTH 浓度升高而钙却没有升高，则增加剂量至 3.5 ng/kg，每天 1 次，然后逐渐增加至 5 ng/(kg·d)。不要超过 5 ng/(kg·d)。

大动物剂量
没有大动物剂量的报道。

管制信息
无可用的管制信息。

碳酸钙（Calcium Carbonate）
商品名及其他名称： Titralac、Calci-mix、Tums 和通用品牌。
功能分类： 钙补充剂。

药理学和作用机制
钙对于多个机体系统的功能完整性都至关重要。碳酸钙相当于每克含 400 mg 钙离子。碳酸钙中和胃酸，治疗和预防胃溃疡。

适应证和临床应用
碳酸钙被用作低钙血症的口服钙补充剂，有时与维生素 D 补充剂或骨化三醇一起使用。它含 40% 的元素钙，被用作抗酸剂以治疗胃酸过高和胃肠道溃疡，并用作与肾衰竭有关的高磷血症的肠道磷酸盐黏合剂。

Pronefra（碳酸钙和碳酸镁）在犬和猫中作为可口的磷酸盐黏合剂使用，与饮食一起作为口服液体悬浮液给药。

注意事项

不良反应和副作用
副作用少。高钙浓度是可能的。使用任何钙补充剂都会发生便秘和肠道胀气。

禁忌证和预防措施
禁用于易形成含钙的肾脏或膀胱结石的动物。当使用碳酸钙或柠檬酸钙作为磷酸盐结合剂预防高磷血症时，在肾衰竭患病动物中慎用，以免出现高钙血症。

药物相互作用
钙补充剂的口服给药可能干扰其他药物如氟喹诺酮类（如恩诺沙星、奥比沙星、麻保沙星和普多沙星）、二磷酸盐、锌、铁和四环素类的吸收。谨慎与噻嗪类利尿剂联用，因为这可能导致钙浓度大量增加。

使用说明
碳酸钙相当于每克含 400 mg 钙离子。剂量主要从人的剂量推算而来。当用作钙补充剂时，应根据血清钙浓度调整剂量。与食物一起服用以改善口服吸收。有些片剂还含有维生素 D。剂量基于碳酸钙，而不是钙离子的浓度（如 650 mg 片剂含有 260 mg 钙离子）。

患病动物的监测和实验室检测
监测血清钙浓度，特别是患肾衰竭的动物。

制剂与规格
碳酸钙有片剂或口服悬浮液形式，其中大多数都是非处方药（OTC）。1 g 碳酸钙相当于 400 mg 钙离子。Calci-mix 有 1.25 g 胶囊。非处方片剂分别为 500 mg、600 mg、1 g、1.25 g 和 1.5 g。口服悬浮液（Titralac）为 1.25 g/5 mL。Pronefra 制剂也提供碳酸钙和碳酸镁。它是一种口服糖浆，用作猫的磷酸盐黏合剂。Pronefra 是一种具有家禽肝风味的可口液体混悬剂。

稳定性和贮藏
存放在密闭容器中，并在室温下避光保存。尚未评估复合制剂的稳定性。请勿与可能与钙螯合的其他化合物混合。

小动物剂量
犬和猫
钙补充剂：70 ~ 185 mg/(kg·d)，随餐，PO。

磷酸盐黏合剂：60 ~ 100 mg/(kg·d)，分次服用，通常随餐 PO。

Pronefra（碳酸钙和碳酸镁）用作磷酸盐黏合剂，随餐服用。猫：每 4 kg（8.8 lb）体重服用 1 mL，随餐每天 2 次。犬：每 5 kg（11 lb）体重服用 1 mL，随餐每天 2 次。

大动物剂量

没有大动物剂量的报道。通常，其他钙盐用于牛的补充剂。

管制信息

无停药时间。由于这是一种正常的饮食补充剂，几乎没有残留风险，在拟食用动物中没有推荐停药时间。

氯化钙（Calcium Chloride）

商品名及其他名称：通用品牌。
功能分类：钙补充剂。

药理学和作用机制

钙对于多个机体系统的功能完整性都至关重要。注射剂为每毫升 27.2 mg 钙离子（1.36 mEq）。氯化钙比其他钙盐增加血液中离子钙程度更大。

适应证和临床应用

氯化钙在急性情况下可作为电解质替代品或强心剂。它被用于奶牛的低钙血症（产后瘫痪）。

注意事项

不良反应和副作用

钙可能过量。不要使用静脉注射溶液 SQ 或 IM，因为可能导致组织坏死。

禁忌证和预防措施

不要由静脉注射快速给药。在奶牛中快速静脉给药可能导致心律失常甚至死亡。

药物相互作用

氯化钙将与碳酸氢钠一起沉淀。请勿与已知会与钙螯合的化合物混合。

使用说明

注射剂通常用于紧急情况。已经采用过心内给药，注意避免注射到心肌。

患病动物的监测和实验室检测

监测血清钙浓度。在给药期间监测心律。

制剂与规格

氯化钙有 10%（100 mg/mL）溶液。每毫升可提供 1.36 mEq 钙离子。牛制剂通常每 500 mL 含有 8.5 ～ 11.5 g 钙离子。许多制剂也包含镁。

稳定性和贮藏

存放在密闭容器中，并在室温下避光保存。尚未评估复合制剂的稳定性。请勿与可能与钙螯合的其他化合物混合。

小动物剂量

犬和猫

0.1 ～ 0.3 mL/kg，IV（缓慢）。

大动物剂量

奶牛

2 g/100 kg，IV 的速率为 1 g/min。

马

每匹成年马 1 ～ 2 g，缓慢 IV。

管制信息

无停药时间。因为这是一种正常的补充剂，几乎没有残留风险，所以在拟食用动物中无停药时间的建议。

柠檬酸钙（Calcium Citrate）

商品名及其他名称: 柠檬醛（OTC）。

功能分类: 钙补充剂。

药理学和作用机制

钙对于多个机体系统的功能完整性都至关重要。口服补充钙。

适应证和临床应用

柠檬酸钙用于治疗低钙血症，如甲状旁腺功能减退。它含 21% 的元素钙。它也用作与肾衰竭相关的高磷血症的肠道磷酸盐黏合剂。

注意事项

不良反应和副作用

过度补充可能引起高钙血症。使用任何钙补充剂都会发生便秘和肠道胀气。柠檬酸钙比碳酸钙更可能引起便秘和腹胀。

禁忌证和预防措施

当使用碳酸钙或柠檬酸钙作为磷酸盐黏合剂以预防高磷血症时，在肾衰竭患病动物中慎用，以免出现高钙血症。

药物相互作用

钙补充剂的口服给药可能干扰其他药物（如氟喹诺酮类、恩诺沙星、奥比沙星、麻保沙星、二磷酸盐、锌、铁和四环素类）的吸收。柠檬酸钙的吸收不需要酸，可以与抑制胃酸的溃疡药物（如奥美拉唑、H_2-阻滞剂）一起使用。

使用说明

剂量应根据血清钙浓度进行调整。它不需要像碳酸钙一样随餐服用。

患病动物的监测和实验室检测

监测血清钙浓度，特别是患肾衰竭的动物。如果用作磷酸盐黏合剂，请根据血清磷浓度调整剂量。

制剂与规格

柠檬酸钙有 950 mg 的片剂（包含 200 mg 钙离子）和 1000 mg 的片剂。某些形式还含有维生素 D_3。

稳定性和贮藏

存放在密闭容器中，并在室温下避光保存。尚未评估复合制剂的稳定性。请勿与可能与钙螯合的其他化合物混合。

小动物剂量

犬

20 mg/(kg·d)，PO（随餐）。

猫

10 ~ 30 mg/kg，q8 h，PO（随餐）。

犬和猫

磷酸盐黏合剂（预防高磷血症）：10 ~ 20 mg/(kg·d)，分次随餐服用，PO。

大动物剂量

没有大动物剂量的报道。

管制信息

无停药时间。由于这是一种正常的饮食补充剂，几乎没有残留风险，在拟食用动物中没有推荐停药时间。

葡萄糖酸钙和硼葡萄糖酸钙（Calcium Gluconate and Calcium Borogluconate）

商品名及其他名称： Kalcinate、AmVet、Cal-Nate 和通用品牌。
功能分类： 钙补充剂。

药理学和作用机制

钙对于多个机体系统的功能完整性都至关重要。它可以通过口服补充，但在需要快速增加血清钙的急性状况下可进行注射。葡萄糖酸钙包含 9% 元素钙。

适应证和临床应用

葡萄糖酸钙和硼葡萄糖酸钙用于治疗低钙血症，如甲状旁腺功能减退，但比其他形式钙补充剂使用剂量低。它们也可用于电解质缺乏症。

注意事项

不良反应和副作用

过度补充可能引起高钙血症。钙补充剂可能导致便秘。SQ 或 IM 钙盐可能引起注射部位组织损伤和坏死。

禁忌证和预防措施

避免快速 IV 给药。避免用于易产生含钙的肾脏或膀胱结石的患病动物。避免将 IV 溶液进行 IM 或 SQ 给药，因为可导致组织坏死。

药物相互作用

禁止与任何碳酸氢盐（碳酸氢钠）、磷酸盐、硫酸盐和酒石酸盐混合，因为可能会沉淀。可以与葡萄糖酸钙沉淀的特定药物包括土霉素、异丙嗪、磺胺甲嘧啶、四环素、头孢菌素和两性霉素 B。钙补充剂可能会干扰铁、四环素类和氟喹诺酮类的口服吸收。

使用说明

500 mg 片剂含 45 mg 钙离子。10% 注射液每毫升 9.3 mg 钙离子（0.47 mEq）。

患病动物的监测和实验室检测

监测血清钙浓度。在 IV 给药期间监测心率。

制剂与规格

有 10%（100 mg/mL）葡萄糖酸钙注射液。10% 葡萄糖酸钙每毫升含 9.3 mg（0.47 mEq）钙离子。葡萄糖酸钙也有 325 mg、500 mg、650 mg、975 mg 和 1 g 的片剂。每克含 90 mg 钙离子。供人用的咀嚼片有 650 mg 和 1 g 两种。

硼葡萄糖酸钙为 230 mg/mL（AmVet 葡萄糖酸钙 23% 和 Cal Nate）。

稳定性和贮藏

存放在密闭容器中，并在室温下避光保存。溶液应该清澈。如果存在晶体，则将小瓶加热至 30 ~ 40℃以溶解晶体。尚未评估复合制剂的稳定性。请勿与可能与钙螯合的其他化合物混合。

小动物剂量

犬和猫

75 ~ 500 mg，缓慢 IV。

大动物剂量（使用硼葡萄糖酸钙）

牛和马

5 ~ 12 g，用 500 mL 稀释并缓慢 IV。

猪和羊

5 ~ 15 g，缓慢 IV。

奶牛

2 g/100 kg，以 1 g/min 的速度缓慢给药。

马

50 ~ 70 mg/kg，用 5% 葡萄糖稀释，缓慢 IV。

管制信息

无停药时间。由于这是一种正常的饮食补充剂，几乎没有残留风险，在拟食用动物中没有推荐停药时间。

乳酸钙（Calcium Lactate）

商品名及其他名称： 通用品牌。

功能分类： 钙补充剂。

药理学和作用机制

钙对于多个机体系统的功能完整性都至关重要。该口服补充剂用于为动物提供钙，以预防或治疗钙缺乏症。包含 13% 元素钙。

适应证和临床应用

乳酸钙用于治疗低钙血症（如甲状旁腺功能减退）和电解质缺乏症。

注意事项

不良反应和副作用

过度补充可能引起高钙血症。

禁忌证和预防措施

避免用于易形成含钙的肾脏或膀胱结石的患病动物。

药物相互作用

钙补充剂可能会干扰铁、四环素类和氟喹诺酮类的口服吸收。

使用说明

每克乳酸钙包含 130 mg 钙离子。

患病动物的监测和实验室检测

监测血清钙浓度。

制剂与规格

乳酸钙有 325 mg（42.25 mg 钙离子）和 650 mg（84.5 mg 钙离子）的 OTC 片剂。

稳定性和贮藏

存放在密闭容器中，并在室温下避光保存。尚未评估复合制剂的稳定性。请勿与可能与钙螯合的其他化合物混合。

小动物剂量

犬

0.5 g/d（500 mg，分剂量），PO。

猫

0.2 ~ 0.5 g/d（200 ~ 500 mg，分剂量），PO。

大动物剂量
没有大动物剂量的报道。

管制信息
无停药时间。由于这是一种正常的饮食补充剂，几乎没有残留风险，在拟食用动物中没有推荐停药时间。

卡托普利（Captopril）
商品名及其他名称： Capoten。
功能分类： 血管扩张药、ACE 抑制剂。

药理学和作用机制
卡托普利抑制血管紧张素 I 向血管紧张素 II 的转化，从而导致血管舒张。血管紧张素 II 是有效的血管收缩剂，可刺激交感神经刺激、肾脏高血压和醛固酮的合成。ACE 抑制剂限制醛固酮引起钠和水潴留导致充血的能力。与其他 ACE 抑制剂一样，卡托普利可引起血管舒张，但是 ACE 抑制剂也通过增加某些血管舒张激肽和前列腺素的浓度来促进血管舒张。

适应证和临床应用
像其他 ACE 抑制剂一样，卡托普利用于治疗高血压和充血性心力衰竭（CHF）。它主要用于犬，但已减少使用。卡托普利是第一种可用于临床的 ACE 抑制剂，但已被其他 ACE 抑制剂（如依那普利、贝那普利和赖诺普利）取代。与贝那普利和依那普利不同，尚无其在犬和猫中临床应用的研究。

注意事项
不良反应和副作用
剂量过高可能引起低血压。卡托普利可能会在某些患病动物中引起氮质血症，尤其是与强效利尿剂（如呋塞米）一起使用时。在犬中常见胃肠道副作用，主要是厌食。
禁忌证和预防措施
在怀孕的动物中要停用 ACE 抑制剂，它能穿过胎盘，并导致胎儿畸形和胎儿的死亡。
药物相互作用
谨慎与利尿剂和钾补充剂联用。NSAID 可能会减弱降压作用。

使用说明

在小动物临床中，依那普利和贝那普利已取代卡托普利，并且大多数临床专家推荐使用这些药物。

患病动物的监测和实验室检测

仔细监测患病动物以避免低血压。对于所有 ACE 抑制剂，在开始治疗后 3 ~ 7 d 及之后定期监测电解质和肾功能。

制剂与规格

卡托普利有 12.5 mg、25 mg、50 mg 和 100 mg 的片剂。

稳定性和贮藏

在室温下存放在密闭容器中。在酸性 pH 下更稳定。口服复合溶液冷藏稳定 30 d。但是，不应使用自来水，需要用纯净水确保稳定性。

小动物剂量

犬

0.5 ~ 2 mg/kg，q8 ~ 12 h，PO。

猫

每只 3.12 ~ 6.25 mg，q8 h，PO。

大动物剂量

没有大动物剂量的报道。

管制信息

禁用于拟食用动物。

RCI 分类：3。

羧苄西林（Carbenicillin）

商品名及其他名称：先前销售的制剂是 Geopen、Pyopen 和卡苄西林

注意：羧苄西林不再市售。信息包含在适应证和临床应用中，临床上用其他药物代替（如哌拉西林 - 他唑巴坦）。

功能分类：抗菌药。

药理学和作用机制

羧苄西林为 β- 内酰胺类抗生素。羧苄西林具有类似于氨苄西林的作用，可抑制细菌细胞壁的合成。羧苄西林具有广谱活性，包括革兰氏阳性菌和革兰氏阴性菌。但是，可能会产生耐药性，尤其是 β- 内酰胺酶阳性菌株。

C

羧苄西林和氨苄西林的区别在于，它对铜绿假单胞菌和其他对氨苄西林和阿莫西林具有耐药性的革兰氏阴性菌有活性。动物的半衰期短，清除快，需要频繁地给药。

适应证和临床应用

羧苄西林已用于治疗动物革兰氏阴性菌感染，包括铜绿假单胞菌引起的感染。羧苄西林已停产，不再可用。它已被其他广谱药物取代，如哌拉西林 - 他唑巴坦。

注意事项

不良反应和副作用

与其他青霉素药物一样，羧苄西林可能引起过敏。羧苄西林可能通过干扰血小板而在某些动物中引起出血问题。

禁忌证和预防措施

慎用于对青霉素敏感的患病动物（如过敏症）。

药物相互作用

没有关于动物药物相互作用的报道。请勿在小瓶中与其他药物混合，否则可能导致失活。

使用说明

羧苄西林的半衰期很短，应经常服用以获得最佳的杀菌效果。在治疗假单胞菌感染时，羧苄西林注射液经常与氨基糖苷类一起使用。在给药之前不要与氨基糖苷类混合，否则会导致失活。卡茚西林是羧苄西林的口服制剂，但达到的浓度仅足以治疗 UTI。禁用于全身性感染。

患病动物的监测和实验室检测

建议进行细菌培养和药敏试验以指导治疗。测试假单胞菌敏感生物时，CLSI 耐药折点为 ≤ 128 μg/mL，而对于其他革兰氏阴性生物，则为 ≤ 16 μg/mL。

制剂与规格

已经无法获得羧苄西林，因为它已经被其他药物代替。较早的制剂包括用于注射的 1 g、2 g、5 g、10 g 和 30 g 的瓶装。

稳定性和贮藏

存放在密闭容器中，并在室温下避光保存。在 pH 6.5 下稳定，但在较高或较低的 pH 下降解速率更快。剂型重组后，请立即使用。

小动物剂量

犬和猫

羧苄西林：40 ~ 50 mg/kg（最高剂量 100 mg/kg），q6 ~ 8 h，IV、IM 或 SQ。

卡茚西林：10 mg/kg，q8 h，PO。

大动物剂量

没有大动物剂量的报道。

管制信息

无可用的管制信息。

卡比马唑（Carbimazole）

商品名及其他名称： Neomercazole、Vidalta。
功能分类： 抗甲状腺药。

药理学和作用机制

类似于甲巯咪唑的抗甲状腺药。它是一种在给药之后可转换为甲巯咪唑的前药。10 mg 卡比马唑相当于 6 mg 甲巯咪唑。和甲巯咪唑类似，其作用是充当甲状腺过氧化物酶（thyroid peroxidase，TPO）的底物并抑制它，减少碘化物掺入酪氨酸分子中。它还抑制单碘和二碘残基的偶联以形成 T_4 和 T_3。在某些患病动物中，首选卡比马唑，因为与甲巯咪唑相比，卡比马唑的副作用较少，如较少的胃肠道问题。猫口服吸收率（基于甲巯咪唑浓度）为 88%，半衰期约为 5 h。

适应证和临床应用

卡比马唑主要用于治疗猫的甲状腺功能亢进。卡比马唑在欧洲比在美国更容易买到，因此临床经验也更多。由于无法获得，在美国的使用经验有限。欧洲的缓释制剂（Vidalta）用于人的剂量为 15 mg，每天 1 次，然后每天给药 10 ~ 25 mg。

注意事项

不良反应和副作用

在猫中，可能发生狼疮样反应，如血管炎和骨髓改变。在人中，它已引起粒细胞缺乏症和白细胞减少症。据报道，甲巯咪唑的其他全身效应与卡比马唑相似（如骨髓影响）。有关其他信息，请参见"甲巯咪唑"部分。

C

禁忌证和预防措施

禁用于患骨髓抑制或血小板减少症的猫。

药物相互作用

没有关于动物药物相互作用的报道。

使用说明

临床适应证和用法与甲巯咪唑相似。

患病动物的监测和实验室检测

监测甲状腺浓度以调整剂量。定期监测 CBC，以发现骨髓抑制迹象。

制剂与规格

该药物尚未在美国获得批准，但已在欧洲获准使用。

稳定性和贮藏

存放在密闭容器中，并在室温下避光保存。经皮复合制剂不稳定。

小动物剂量

犬

没有确定犬的剂量。

猫

每只 5 mg，q8 h（诱导），然后每只 5 mg，q12 h，PO。在欧洲，Vidalta（一种较新的持续释放品牌）诱导通常为 15 mg，每天 1 次，维持剂量为 10 ~ 25 mg，每天 1 次。

大动物剂量

没有大动物剂量的报道。

管制信息

禁用于拟食用动物。

卡铂（Carboplatin）

商品名及其他名称： Paraplatin 和通用品牌。

功能分类： 抗癌药。

药理学和作用机制

卡铂是第二代铂化合物，与顺铂有关。作用类似于顺铂。它的作用是双功能烷基化剂，会中断肿瘤细胞中 DNA 的复制。卡铂诱导非细胞周期依赖性肿瘤细胞裂解。消除的主要途径是通过肾脏。它在某些抗癌方案中已取代顺铂，因为它可能没有毒性。

适应证和临床应用

卡铂已用于鳞状细胞癌和其他癌、黑色素瘤、骨肉瘤和其他肉瘤。用于患骨肉瘤的犬产生了与其他方案相似的无病间隔和生存期。当用于犬时，骨髓抑制已成为最大的剂量限制因素。与顺铂相比，卡铂在猫中具有更好的耐受性，因此是首选。但是，骨髓抑制在猫中也是一种剂量限制因素。

注意事项

不良反应和副作用

与顺铂相比，卡铂的催吐作用和肾毒性小。在犬中，其他最常见的副作用与胃肠道系统毒性有关（胃肠炎、呕吐、厌食和腹泻）。剂量限制性作用是骨髓抑制、贫血、白细胞减少症或血小板减少症。在犬中，骨髓抑制的最低点出现在 14 d，21 ~ 28 d 恢复。在猫中，最低点是 21 d，28 d 恢复。呕吐并不像顺铂那样严重，但胃肠道中毒仍然是个问题，尤其是较小型的犬。由于肾脏会将其排出体外，肾功能降低的动物可能具有更高的胃肠道中毒率。

禁忌证和预防措施

在一项研究中，小型犬比大型犬更易出现副作用。

药物相互作用

请勿与其他肾毒性药物一起使用。

使用说明

可用于溶解的注射剂。用 5% 葡萄糖复溶可稳定 1 个月。可以将其冷冻在 -4℃下以延长溶解药物的稳定性。由于无法相容，请勿使用含铝的给药套件。通常以特定的抗癌方案给药，请参见肿瘤治疗方案。在犬中，它的剂量为 1 mg/m^2，与较大的犬相比，在较小的犬中副作用发病率更高。但是，较小的犬也更可能有反应。卡铂由肾脏排泄，应根据降低的 GFR 和肌酐清除率降低剂量。

患病动物的监测和实验室检测

建议在治疗期间监测 CBC 和血小板。

制剂与规格

卡铂有 50 mg、150 mg 和 450 mg 的瓶装，10 mg/mL 用于输注。

C

稳定性和贮藏

存放在密闭容器中,并在室温下避光保存。如果用 5% 葡萄糖溶液复溶,则稳定 1 个月。如果在 −4℃冷冻,则稳定。

小动物剂量

犬

$300 \, \text{mg/m}^2$, IV, 每 3 ~ 4 周 1 次。在小于 15 kg 的犬中,剂量为 $300 \, \text{mg/m}^2$;在大于 15 kg 的犬中,剂量为 $350 \, \text{mg/m}^2$。

猫

$200 \sim 227 \, \text{mg/m}^2$, IV,每 4 周进行 4 次治疗;对于 4 kg 的猫,剂量相当于 14.7 mg/kg。

大动物剂量

没有大动物剂量的报道。

管制信息

不确定在食品生产用动物中的停药时间。由于该药物是抗癌药,禁用于拟食用动物。

卡洛芬（Carprofen）

商品名及其他名称: Rimadyl、Vetprofen、Zinecarp（欧洲）和通用品牌。
功能分类: NSAID。

药理学和作用机制

像其他 NSAID 一样,卡洛芬通过抑制前列腺素的合成发挥镇痛和抗炎作用。NSAID 抑制 COX,COX 存在 2 种异构体:COX-1 和 COX-2。COX-1 主要负责前列腺素的合成,对维持健康的胃肠道、肾脏功能、血小板功能和其他正常功能很重要。COX-2 被诱导并负责合成前列腺素,而前列腺素是疼痛、炎症和发热的重要介质(在某些情况下,COX-1 和 COX-2 效果可能会交叉)。与较老的 NSAID 相比,卡洛芬对 COX-1 的作用相对较少,但尚不清楚对 COX-1 或 COX-2 的特异性是否决定疗效或安全性。在马中,卡洛芬对 COX-2 的选择性不如犬。作为镇痛药,作用机制可能涉及抑制前列腺素合成以外的其他机制。

适应证和临床应用

卡洛芬主要用于治疗与手术或创伤有关的肌肉骨骼疼痛和急性疼痛。它主要用于治疗犬,在猫中的长期使用安全性尚未确定。但是,它已在欧洲注册，在猫中给药 1 次，4 mg/kg。尽管在大动物中很少使用，但在牛中，卡洛芬已被证明可以降低奶牛与大肠杆菌乳腺炎相关的炎症，剂量为 0.7 mg/kg，IV。卡洛芬在欧洲注册用于治疗牛与乳腺炎相关的发热，并用于减少与奶牛呼吸系统疾病（Bovine respiratory disease，BRD）相关的炎症。

注意事项

不良反应和副作用

厂商在临床前研究中确定了卡洛芬对犬的安全性。在犬中常见的副作用包括呕吐、厌食和腹泻。胃肠道溃疡、穿孔和出血在犬中并不常见。在极少数病例，卡洛芬引起犬的特异性急性肝毒性。暴露后 2 ~ 3 周通常会出现中毒迹象。在麻醉犬中评估卡洛芬时，对肾脏没有副作用。卡洛芬可降低犬的总 T_4 浓度，但不能降低游离 T_4。它在一些试验模型中有抑制骨愈合的作用 [4.4 mg/(kg·d) × 120 d]，但这尚未确定是临床问题。如果以与犬相同的剂量给药，卡洛芬对猫会产生毒性。

禁忌证和预防措施

不要以用于犬的剂量在猫中使用。禁用于易患胃肠道溃疡的动物。不要与致溃疡药物如皮质类固醇一起使用。如果患病动物以前有过 NSAID 的不良反应，则应慎用卡洛芬。

药物相互作用

NSAID 与其他已知会引起胃肠道损伤的药物（如皮质类固醇）联用时要谨慎。与 NSAID 同时使用时，ACE 抑制剂和利尿剂（如呋塞米）的功效可能会降低。

使用说明

剂量基于对患关节炎犬的临床检查，以及用于治疗与手术相关的疼痛。犬可以每天 1 次或每天 2 次接受卡洛芬，其有效性和安全性相似。猫的唯一批准剂量是 4 mg/kg，用于手术疼痛，每天 1 次。但是，根据药代动力学推断建议长期剂量为 0.5 mg/kg，q24 h，PO。尚未确定此剂量的长期安全性。

患病动物的监测和实验室检测

应在治疗开始后 7 ~ 14 d 监测肝酶，检查是否有药物诱导性肝毒性的证据。如果肝酶升高，请停药并联系药物制造商。

制剂与规格

卡洛芬有 25 mg、75 mg 和 100 mg 的小胶囊；25 mg、75 mg 和 100 mg 的咀嚼片；50 mg/mL 的注射液。

Zinecarp 注射液也已在欧洲上市。

稳定性和贮藏

存放在密闭容器中，并在室温下避光保存。通过将片剂与甲基纤维素凝胶（1%）、简单糖浆，以及悬浮液和调味剂混合，可以制成卡洛芬 1.25 mg/mL、2.5 mg/mL 和 5 mg/mL 悬浮液。如果将其保存在冰箱或室温下 28 d，该制剂是稳定的。

小动物剂量
犬
2.2 mg/kg，q12 h，PO 或 4.4 mg/kg，q24 h，PO。

2.2 mg/kg，q12 h，SQ 或 4.4 mg/kg，q24 h，SQ。

猫
4 mg/kg 注射 1 次或 0.5 mg/kg，q24 h，PO，长期使用（长期使用的安全性尚未确立）。

大动物剂量
马
0.7 mg/kg，q24 h，IV（在欧洲，口服颗粒剂：0.7 mg/kg，PO）。

牛
1.4 mg/kg，SQ、IV。

管制信息

在美国，卡洛芬的停药时间尚未确定。根据欧洲的标签，建议肉用动物的停药时间为 21 d，产奶用动物的停药时间为 0 d。建议在将卡洛芬用于牛时要谨慎，因为与其他动物相比，它在牛中的半衰期更长（30 ~ 40 h）。

RCI 分类：4。

卡维地洛（Carvedilol）

商品名及其他名称： Coreg。

功能分类： 抗心律失常。

药理学和作用机制

卡维地洛为非选择性 β-受体阻滞剂，是第三代肾上腺素阻滞剂。卡维地洛可以阻滞心脏和其他组织中的 β_1-受体和 β_2-受体。卡维地洛之所以独特，是因为它还具有 α-受体阻滞特性，会产生血管舒张作用。据报道它也具有抗氧化性能。已经表明，它可以延长患心力衰竭病人的生存期，但尚未在动物中监测到这种作用。

在犬中，半衰期很短（1.2 h）。由于高的全身清除率和首过效应，口服吸收率低且易变。一项研究中的平均口服吸收率仅为 14%，并且变化很大，但是在另一项研究中，其平均口服吸收率仅为 1.6%（范围为 0.4% ~ 54%），这使得犬口服卡维地洛的效果难以预测。

适应证和临床应用

卡维地洛已被用于治疗动物的心律失常。也可用于治疗全身性高血压和在心率快的动物中阻滞心脏受体。功效是基于个人经验、从人应用的推论和健康犬的有限研究中得出的。在健康犬中，0.2 mg/kg，PO，降低心率；而 0.4 mg/kg，PO，降低心率和血压。0.4 mg/kg 时，在健康犬中的作用持续 36 h。在其他研究中，0.3 mg/kg 的剂量无效。在临床患病动物中，最佳剂量未知，长期获益尚未确定。因为犬口服吸收率不一致（在药理学和作用机制部分讨论），所以反应可能各异。在犬中口服给药后，清除迅速，但临床药效学作用可能持续长达 12 h，这可能归因于代谢产物。

注意事项

不良反应和副作用

β-受体阻滞剂可引起心动过缓。卡维地洛增加了心肌抑制和降低心输出量的风险。非选择性 β-受体阻滞剂的副作用也可能在其他组织中出现。在研究中，从 0.3 ~ 1.0 mg/kg 的剂量给药，犬出现头晕、心动过缓，以及负性肌力和变时性作用剂量依赖性增加。高剂量时，运动不耐受呈剂量依赖性增加。

禁忌证和预防措施

在心脏储备有限的患病动物中小心使用。禁用于脱水或低血压的动物。应慎用于患呼吸系统疾病的动物，因为 β$_2$-阻滞特性会加重支气管收缩。

药物相互作用

与其他 β-受体阻滞剂联用会增强效果。不要与可能导致低血压的其他药物一起使用。

使用说明

通过临床经验和有限的试验确定在犬中的剂量。在犬中进行剂量滴定研究时，有效剂量为 0.2 ~ 0.4 mg/kg，q24 h，PO。

C

患病动物的监测和实验室检测

在治疗期间，请仔细监测患病动物的心率和心律。在给药的初始阶段，监测患病动物的心力衰竭情况。

制剂与规格

卡维地洛有 3.125 mg、6.25 mg、12.5 mg 和 25 mg 的片剂。

稳定性和贮藏

存放在密闭容器中，并在室温下避光保存。卡维地洛不溶于水。制备卡维地洛复合悬浮液：通过将 25 mg 片剂加到水中制成糊剂，然后与简单糖浆混合制成 2 mg/mL 或 10 mg/mL 口服悬浮液。该悬浮液在室温和避光条件下能稳定 90 d。

小动物剂量

犬

最初建议为 0.2 mg/kg，q24 h，PO，随后将频率逐渐增加至 q12 h，然后增加至最大剂量 0.4 mg/kg，q12 h。最近的证据表明 1.5 mg/kg，q12 h，PO 更有效，但即便是该剂量也会在一些犬中无效。

猫

剂量未确定。

大动物剂量

没有大动物剂量的报道。

管制信息

无可用的管制信息。

RCI 分类：3。

鼠李皮（Cascara Sagrada）

商品名及其他名称： Nature's Remedy 和通用品牌。

功能分类： 泻药。

药理学和作用机制

鼠李皮为兴奋性导泻药。这种作用被认为通过局部刺激肠运动实现。

适应证和临床应用

用于治疗便秘或肠排空的泻药。

注意事项

不良反应和副作用

过度使用会导致电解质丢失。

禁忌证和预防措施

请勿在可能有肠梗阻的情况下使用。

药物相互作用

没有关于动物药物相互作用的报道。

使用说明

有各种饮食补充剂。

患病动物的监测和实验室检测

慢性治疗时监测电解质。

制剂与规格

鼠李皮有多种剂型，包括片剂、胶囊和液体。

稳定性和贮藏

存放在密闭容器中，并在室温下避光保存。尚未评估复合制剂的稳定性。

小动物剂量

犬

1 ~ 5 mg/(kg·d)，PO。

猫

每只 1 ~ 2 mg/d，PO。

大动物剂量

没有大动物剂量的报道。

管制信息

禁用于拟食用动物。

蓖麻油（Castor Oil）

商品名及其他名称：通用品牌。

功能分类：泻药。

药理学和作用机制

蓖麻油为兴奋性导泻药。这种作用被认为通过局部刺激肠运动实现。

适应证和临床应用
蓖麻油是用于治疗便秘或排空肠道的泻药。

C

> **注意事项**
> **不良反应和副作用**
> 过度使用会导致电解质丢失。众所周知，蓖麻油会刺激怀孕动物早产。
> **禁忌证和预防措施**
> 禁用于怀孕动物，它可能会导致分娩。已知蓖麻油可诱导组胺释放。监测患病动物的组胺反应症状。
> **药物相互作用**
> 没有关于动物药物相互作用的报道。

使用说明
在动物中的使用严格根据经验。有 OTC 产品。不应让宠物主人重复给药。

患病动物的监测和实验室检测
不用特殊监测。

制剂与规格
蓖麻油有口服液（100%）和 700 mg "Castroclean" 胶囊。

稳定性和贮藏
存放在密闭容器中，并在室温下避光保存。尚未评估复合制剂的稳定性。

小动物剂量
犬
8 ～ 30 mL/d，PO。
猫
4 ～ 10 mL/d，PO。

大动物剂量
没有大动物剂量的报道。

管制信息
无可用的管制信息。

头孢克洛（Cefaclor）

商品名及其他名称： 通用品牌。
功能分类： 抗菌药。

药理学和作用机制

头孢克洛为头孢菌素类抗生素。作用类似于其他 β- 内酰胺类抗生素，通过抑制细菌细胞壁的合成，导致细胞死亡。根据抗菌谱，头孢菌素类可分为第一代、第二代、第三代和第四代药物。与其他第二代头孢菌素类一样，头孢克洛对革兰氏阴性菌更具活性，并已被用于治疗对第一代药物耐受的细菌感染。

适应证和临床应用

头孢克洛在动物医学中并不常用，因为其他头孢菌素类的使用更为广泛。但是，它可能适用于治疗对第一代头孢菌素耐药细菌引起的感染。尽管已将其用作口服治疗，但犬或猫尚无口服吸收和疗效信息。给药方案和适应证主要来自外推法和个人经验信息。

注意事项

不良反应和副作用

所有头孢菌素类通常都是安全的，但在个体中可能会发生过敏。众所周知，某些头孢菌素类会引发罕见的出血性疾病。口服给药可能会在小动物中造成呕吐和腹泻。

禁忌证和预防措施

禁用于对其他 β- 内酰胺类药（尤其是其他头孢菌素类）过敏的动物。但是，青霉素和头孢菌素类之间的交叉敏感性发病率很小（在人中不到 10%）。某些头孢菌素类不应用于患有出血问题或接受华法林抗凝血药的动物。这些头孢菌素类具有 N- 甲硫基四唑（N-methylthiotetrazole，NMTT）侧链，包括头孢替坦、头孢曼多尔和头孢哌酮。未测定大动物的口服吸收性，除非有药代动力学或功效研究方面的信息，否则不建议用头孢克洛。

药物相互作用

没有关于动物药物相互作用的报道。但是，请勿与其他药物混配，因为可能导致失活。

使用说明

头孢克洛主要用于已证明对第一代头孢菌素类具有耐药性且已考虑其

他替代方法的情况。

患病动物的监测和实验室检测

药敏试验：敏感细菌的 CLSI 耐药折点是 ≤ 8 μg/mL。

制剂与规格

头孢克洛有 250 mg 和 500 mg 的胶囊，以及 25 mg/mL、37.5 mg/mL、50 mg/mL 和 75 mg/mL 的口服悬浮液。

稳定性和贮藏

存放在密闭容器中，并在室温下避光保存。尚未评估复合制剂的稳定性。

小动物剂量

犬

15 ~ 20 mg/kg，q8 h，PO。

猫

15 ~ 20 mg/kg，q8 h，PO。

大动物剂量

没有大动物剂量的报道。

管制信息

在美国，将头孢菌素类标签外用于食品生产用动物违反了 FDA 法规。不确定食品生产用动物的停药时间。

头孢羟氨苄（Cefadroxil）

商品名及其他名称： 动物用制剂包括 Cefa-Tabs、Cefa-Drops，人用制剂包括 Duricef 和通用品牌。

功能分类： 抗菌药。

药理学和作用机制

头孢羟氨苄为头孢菌素类抗生素。作用类似于其他 β-内酰胺类抗生素，通过抑制细菌细胞壁的合成，导致细胞死亡。根据抗菌谱，头孢菌素类分为第一代、第二代、第三代和第四代。头孢羟氨苄是第一代头孢菌素，其活性和临床使用与头孢氨苄相似。和其他第一代头孢菌素类类似，它对链球菌属、葡萄球菌属和一些革兰氏阴性杆菌（如巴斯德菌、大肠杆菌和肺炎克雷伯菌）具有活性。但是，在革兰氏阴性菌中，常见耐药性。它对铜绿假单胞菌无效。耐奥沙西林的耐甲氧西林葡萄球菌（Methicillin-resistant *Staphylococcus*，MRS）对第一代头孢菌素有耐药性。

适应证和临床应用

和其他第一代头孢菌素类类似，它适用于治疗动物的常见感染，包括UTI、皮肤和软组织感染、脓皮病、其他皮肤感染及肺炎。对厌氧菌感染的疗效不可预测。已显示马驹有足够的口服吸收率，但成年马没有。

注意事项

不良反应和副作用

所有头孢菌素类通常都是安全的，但在个体中可能会发生过敏。众所周知，某些头孢菌素类会引发罕见的出血性疾病。已知在犬中口服给药后，头孢羟氨苄会引起呕吐。一些估计表明，这种情况最多可发生于 10% 的犬中。如果成年马口服给药，可能出现腹泻。

禁忌证和预防措施

禁用于对其他 β-内酰胺类药（尤其是其他头孢菌素类）过敏的动物。但是，青霉素和头孢菌素类之间的交叉敏感性发病率很低（在人中不到 10%）。某些头孢菌素类不应用于患有出血问题或接受华法林抗凝血药的动物。这些头孢菌素类具有 NMTT 侧链，包括头孢替坦、头孢曼多尔和头孢哌酮。

药物相互作用

没有关于动物药物相互作用的报道。但是，请勿与其他药物混配，因为可能导致失活。

使用说明

头孢羟氨苄的抗菌谱与其他第一代头孢菌素类相似。FDA 批准的标签剂量范围适用。为了进行药敏试验，使用头孢菌素作为试验药物。

患病动物的监测和实验室检测

药敏试验：所有敏感生物的 CLSI 耐药折点为 ≤ 2 μg/mL。头孢噻吩被用作检测对头孢氨苄、头孢羟氨苄和头孢拉定敏感性的标志物。

制剂与规格

头孢羟氨苄有 50 mg/mL 的口服悬浮液及 50 mg、100 mg、200 mg 和 1000 mg 的兽用片剂。但是，兽用片剂的市场供应不稳定。也有人用的 500 mg 的胶囊和 25 mg/mL、50 mg/mL 和 100 mg/mL 的悬浮液。

稳定性和贮藏

存放在密闭容器中，并在室温下避光保存。尚未评估复合制剂的稳定性。避免潮湿以防止水解。

悬浮液冷藏存放稳定 14 d，室温存放稳定 10 d。尚未评估复合制剂的稳定性。

小动物剂量

犬

22 mg/kg，q12 h，PO，最高可达 30 mg/kg，q12 h。

猫

22 mg/kg，q24 h，PO。

大动物剂量

马驹

30 mg/kg，q12 h，PO。注意：口服吸收仅在马驹中是足够的，而在成年马或反刍动物中则不够。

管制信息

在美国，将头孢菌素类标签外用于食品生产用动物违反了 FDA 的法规。不确定食品生产用动物的停药时间。

头孢唑林钠（Cefazolin Sodium）

商品名及其他名称：Ancef、Kefzol 和通用品牌。
功能分类：抗菌药。

药理学和作用机制

头孢唑林钠为头孢菌素类抗生素。作用与其他 β- 内酰胺类抗生素相似，它可抑制细菌细胞壁的合成，从而导致细胞死亡。根据抗菌谱，头孢菌素类可分为第一代、第二代、第三代和第四代。头孢唑林是第一代头孢菌素。和其他第一代头孢菌素类相似，它对链球菌属、葡萄球菌及一些革兰氏阴性杆菌（如巴斯德菌、大肠杆菌和肺炎克雷伯菌）具有活性。头孢唑林与其他第一代头孢菌素类的区别在于，它对革兰氏阴性肠杆菌科的活性稍强，并且其抗菌谱类似于某些第二代药物。然而，革兰氏阴性菌常见耐药性。它对铜绿假单胞菌无效。耐甲氧西林金黄色葡萄球菌（methicillin-resistant *Staphylococcus aureus*，MRSA）和其他对奥沙西林耐药的葡萄球菌对第一代头孢菌素类耐药。在犬中,半衰期、清除率和分布容积分别为1.04 h、2.9 mL/(kg·min) 和 0.27 L/kg。在马中,这些值分别为 0.62 h、5.07 mL/(kg·min) 和 0.27 L/kg。

适应证和临床应用

由于头孢唑林是可注射的,因此它是手术前最常使用的预防性药物。它是用于小型动物的最频繁注射的头孢菌素抗生素之一。和其他第一代头孢菌素类相似,用于治疗动物的常见感染,包括 UTI、软组织感染、脓皮病、其他皮肤感染及肺炎。它对厌氧菌感染的疗效不可预测。

注意事项

不良反应和副作用

所有头孢菌素类通常都是安全的,但在个体中可能会发生过敏。众所周知,某些头孢菌素类会导致罕见的出血疾病。然而,尚未观察到头孢唑林可引起出血问题。一些头孢菌素类可导致抽搐,但这是一个罕见的问题。术中给药时,它不会对犬的心血管功能产生不利影响。

禁忌证和预防措施

禁用于对其他 β- 内酰胺类(尤其是其他头孢菌素类)过敏的动物。但是,青霉素和头孢菌素类之间的交叉敏感性发病率很小(在人中不到10%)。某些头孢菌素类不应用于患有出血问题或接受华法林抗凝血药的动物。这些头孢菌素类具有 NMTT 侧链,包括头孢替坦、头孢曼多尔和头孢哌酮。

药物相互作用

没有关于动物药物相互作用的报道。但是,请勿在小瓶或注射器中混入其他药物,因为可能导致失活。

使用说明

头孢唑林是一种常用的第一代头孢菌素,可作为注射药物用于手术的预防性给药和严重感染的急性治疗。尽管头孢唑林对某些革兰氏阴性菌的活性稍强,但应使用头孢菌素测试药敏性。

患病动物的监测和实验室检测

药敏试验:凝固酶阳性葡萄球菌、多杀性巴氏杆菌、链球菌 β-溶血组和大肠杆菌等敏感生物的 CLSI 耐药折点为 ≤ 2 μg/mL。

制剂与规格

头孢唑林有 50 mg/50 mL 和 100 mg/50 mL 的注射剂, 为 1 g 或 500 mg

的瓶装。溶解为 275 mg/mL 或 330 mg/mL。

稳定性和贮藏

存放在密闭容器中，并在室温下避光保存。如果发生轻微的黄色变色，则溶液仍然稳定。溶解后，它在室温下稳定 14 d，冷藏稳定 24 h。如果冷冻，它将保持稳定 3 个月。

小动物剂量
犬和猫

20 ~ 35 mg/kg，q8 h，IV 或 IM.

CRI：1.3 mg/kg 负荷剂量，然后 1.2 mg/(kg·h)。

围手术期使用：术中每 2 小时使用 22 mg/kg，IV。

大动物剂量
马

25 mg/kg，q6 ~ 8 h，IM 或 IV。

管制信息

在美国，将头孢菌素类标签外用于食品生产用动物违反了 FDA 的法规。不确定食品生产用动物的停药时间。

头孢地尼（Cefdinir）

商品名及其他名称：Omnicef。
功能分类：抗菌药。

药理学和作用机制

头孢地尼为头孢菌素类抗生素。它的作用与其他 β- 内酰胺类抗生素相似，它可抑制细菌细胞壁的合成，从而导致细胞死亡。根据抗菌谱，头孢菌素类分为第一代、第二代、第三代和第四代。头孢地尼是口服的第三代头孢菌素，对葡萄球菌和许多革兰氏阴性杆菌有活性。

适应证和临床应用

头孢地尼是用于人的口服第三代头孢菌素。尽管已将其用作口服治疗，但尚无犬或猫口服吸收和疗效信息。给药方案和适应证主要来自外推法和个人经验。它对皮肤、软组织和尿路的感染具有潜在功效，但在大多数情况下，其他头孢菌素类（如头孢泊肟酯）可以代替。

注意事项

不良反应和副作用

所有头孢菌素类通常都是安全的，但在个体中可能会发生过敏。众所周知，某些头孢菌素类会引发罕见的出血性疾病。口服头孢菌素类可引起小动物呕吐和腹泻。

禁忌证和预防措施

禁用于对其他 β-内酰胺类（尤其是其他头孢菌素类）过敏的动物。但是，青霉素和头孢菌素类之间的交叉敏感性发病率很小（在人中不到 10%）。某些头孢菌素类不应用于患有出血问题或接受华法林抗凝血药的动物。这些头孢菌素类具有 NMTT 侧链，包括头孢替坦、头孢曼多尔和头孢哌酮。未测定大动物口服吸收率，除非有药代动力学或功效研究方面的信息，否则不建议用头孢地尼。

药物相互作用

没有关于动物药物相互作用的报道。但是，请勿与其他药物混配，因为可能导致失活。

使用说明

尚未有在动物医学中使用的报道。使用方法和剂量是从对人的应用中推断出来的。

患病动物的监测和实验室检测

药敏试验：所有敏感生物的 CLSI 耐药折点为 ≤ 2 μg/mL。

制剂与规格

头孢地尼有 300 mg 的胶囊和 25 mg/mL 的口服悬浮液。

稳定性和贮藏

存放在密闭容器中，并在室温下避光保存。尚未评估复合制剂的稳定性。

小动物剂量

犬和猫

剂量未确定。人的剂量为 7 mg/kg，q12 h，PO，动物已使用类似剂量 10 mg/kg，q12 h，PO。

大动物剂量

没有大动物剂量的报道。

管制信息

在美国，将头孢菌素类标签外用于食品生产用动物违反了 FDA 的法规。不确定食品生产用动物的停药时间。

头孢吡肟（Cefepime）

商品名及其他名称： Maxipime。
功能分类： 抗菌药。

药理学和作用机制

头孢吡肟为头孢菌素类抗菌药。针对细菌细胞壁的作用类似于其他头孢菌素类。头孢吡肟是第四代头孢菌素类之一。它的抗菌谱更广，抗菌活性更强，超出了旧的头孢菌素类。头孢吡肟对革兰氏阳性球菌、革兰氏阴性杆菌，以及耐受其他 β-内酰胺类的细菌（如大肠杆菌和克雷伯菌）具有活性，且对大多数铜绿假单胞菌都有效。它对耐甲氧西林的葡萄球菌、脆弱拟杆菌或耐青霉素的肠球菌没有活性。

适应证和临床应用

头孢吡肟是第四代头孢菌素。尽管它具有比其他头孢菌素类更广的抗菌谱，但在动物医学中的使用受到限制。已经在马驹、成年马和犬中进行了实验研究以确定剂量，但是尚无疗效报告。

注意事项

不良反应和副作用

头孢吡肟通常是安全的。但是，临床医生应考虑可能出现的与其他头孢菌素类相同的副作用，包括可能发生出血性疾病、过敏、呕吐和腹泻。

禁忌证和预防措施

禁用于对头孢菌素类敏感或过敏的患病动物。在患肾衰竭的动物中，降低剂量或减少用药频率（如 q12 h 或 q24 h）。

药物相互作用

没有关于动物药物相互作用的报道。但是，请勿在小瓶或注射器中混入其他药物，因为可能导致失活。

使用说明

用灭菌水、氯化钠和 5% 葡萄糖复溶。如果注射引起疼痛，可以用 1% 利多卡因进行溶解。溶解后的溶液在室温下稳定 24 h，在冰箱中稳定 7 d。

请勿与其他注射用抗生素混合。注射用小瓶还包含 L- 精氨酸。

患病动物的监测和实验室检测
药敏试验：所有敏感生物的 CLSI 耐药折点为 ≤ 8 μg/mL。

制剂与规格
头孢吡肟有 500 mg、1 g 和 2 g 的注射用瓶装。

稳定性和贮藏
存放在密闭容器中，并在室温下避光保存。溶解后，请遵守制造商的稳定性建议。

小动物剂量
犬
40 mg/kg，q6 h，IM 或 IV。
CRI：1.4 mg/kg 负荷剂量，然后是 1.1 mg/(kg·h)。

大动物剂量
马驹
11 mg/kg，q8 h，IV。

管制信息
在美国，将头孢菌素类标签外用于食品生产用动物违反了 FDA 的法规。不确定食品生产用动物的停药时间。

头孢克肟（Cefixime）
商品名及其他名称： Suprax。
功能分类： 抗菌药。

药理学和作用机制
头孢克肟为头孢菌素类抗生素。作用类似于其他 β- 内酰胺类抗生素，通过抑制细菌细胞壁的合成，导致细胞死亡。根据抗菌谱，头孢菌素类分为第一代、第二代、第三代和第四代。头孢克肟是口服第三代头孢菌素，但预计对革兰氏阴性杆菌的活性与注射用第三代头孢菌素（如头孢噻肟）不同。在对抗葡萄球菌方面，头孢克肟的活性不如口服药物头孢泊肟强。

适应证和临床应用
头孢克肟是为数不多的口服第三代头孢菌素类之一。它已在犬和猫中口服给药，治疗皮肤、软组织和尿路感染。它的抗葡萄球菌活性不如头孢泊肟，并且由于可获得动物用头孢泊肟，在大多数适应证可用其替代。

注意事项

不良反应和副作用

所有头孢菌素类通常都是安全的，但在个体中可能会发生过敏。众所周知，某些头孢菌素类会引发罕见的出血性疾病。口服头孢菌素类可能会产生呕吐和腹泻。

禁忌证和预防措施

禁用于对其他 β-内酰胺类（尤其是其他头孢菌素类）过敏的动物。但是，青霉素和头孢菌素类之间的交叉敏感性发病率很小（在人中 < 10%）。某些头孢菌素类不应用于患有出血问题或接受华法林抗凝血药的动物。这些头孢菌素类具有 NMTT 侧链，包括头孢替坦、头孢曼多尔和头孢哌酮。尚未测量大动物的口服吸收情况，除非有药代动力学或功效研究方面的信息，否则不推荐在大动物上使用本品。

药物相互作用

没有关于动物药物相互作用的报道。但是，请勿与其他药物混配，因为可能导致失活。

使用说明

尽管未批准动物可用，但在犬中的药代动力学研究已提供推荐剂量。请注意，头孢克肟的敏感性耐药折点低于其他头孢菌素类，表明经测试对其他头孢菌素类敏感的细菌可能对它不敏感。

患病动物的监测和实验室检测

药敏试验：所有敏感生物的 CLSI 耐药折点为 ≤ 1 μg/mL。

制剂与规格

头孢克肟有 20 mg/mL 或 40 mg/mL 的口服悬浮液和 400 mg 的片剂。

稳定性和贮藏

存放在密闭容器中，并在室温下避光保存。尚未评估复合制剂的稳定性。

小动物剂量

犬和猫

10 mg/kg，q12 h，PO。

尿路感染：5 mg/kg，q12 ~ 24 h，PO。

大动物剂量
没有大动物剂量的报道。

管制信息
在美国，将头孢菌素类标签外用于食品生产用动物违反了 FDA 的法规。不确定食品生产用动物的停药时间。

头孢噻肟钠（Cefotaxime Sodium）
商品名及其他名称： Claforan。
功能分类： 抗菌药。

药理学和作用机制
头孢噻肟钠为头孢菌素类抗生素。作用与其他 β- 内酰胺类抗生素相似，可抑制细菌细胞壁的合成，从而导致细胞死亡。根据抗菌谱，头孢菌素类分为第一代、第二代、第三代和第四代。头孢噻肟是第三代头孢菌素，和其他第三代头孢菌素类相似，但它具有更强的抗革兰氏阴性杆菌（尤其是肠杆菌科）活性，这些细菌可能对第一代和第二代头孢菌素、氨苄西林衍生物和其他药物有耐药性。对大肠杆菌、肺炎克雷伯菌、肠杆菌、巴斯德菌和沙门氏菌等有效，一般对铜绿假单胞菌无效。头孢噻肟对链球菌有活性，但对葡萄球菌属较不敏感。所有耐甲氧西林葡萄球菌均具有耐药性。抗厌氧菌的活性不可预测。

适应证和临床应用
当对其他抗生素耐药或存在 CNS 感染时，使用头孢噻肟。因为它可注射，价格高昂，并且必须经常给药，当其他药物有效时，它不能用于动物的常规感染。尽管头孢噻肟未经 FDA 批准可用于动物，但可以作为注射用第三代头孢菌素，合法的标签外用于小动物。在美国，在大动物中的使用并不常见，头孢菌素类的标签外使用是非法的。

注意事项
不良反应和副作用
所有头孢菌素类通常都是安全的，但在个体中可能会发生过敏。众所周知，某些头孢菌素类会引发罕见的出血性疾病。

禁忌证和预防措施

禁用于对其他 β-内酰胺类（尤其是其他头孢菌素类）过敏的动物。但是，青霉素和头孢菌素类之间的交叉敏感性发病率很低（在人中不到 10%）。某些头孢菌素类不应用于患有出血问题或接受华法林抗凝血药的动物。这些头孢菌素类具有 NMTT 侧链，包括头孢替坦、头孢曼多尔和头孢哌酮。

药物相互作用

没有关于动物药物相互作用的报道。但是，请勿在小瓶或注射器中混入其他药物，因为可能导致失活。

使用说明

当遇到对第一代和第二代头孢菌素类耐药时，使用第三代头孢菌素。

患病动物的监测和实验室检测

药敏试验：对于革兰氏阳性菌和革兰氏阴性菌，敏感生物的 CLSI 耐药折点为 ≤ 2 μg/mL。

制剂与规格

头孢噻肟有 500 mg、1 g、2 g 和 10 g 注射用瓶装制剂。

稳定性和贮藏

存放在密闭容器中，并在室温下避光保存。在 pH 5 ~ 7 下最稳定。请勿与碱性溶液混合。黄色或琥珀色并不表示不稳定。溶解后，头孢噻肟在室温下稳定 12 h；当在塑料注射器或小瓶中存放在冰箱里，稳定 5 d。如果冷冻，则可稳定保存 13 周。1000 mL 的 IV 溶液在室温下稳定 24 h，在冰箱中稳定 5 d。解冻后，不要重新冻结。

小动物剂量

犬

50 mg/kg，q12 h，IV、IM 或 SQ。

CRI：3.2 mg/kg 负荷剂量，然后是 5 mg/(kg·h)。

猫

20 ~ 80 mg/kg，q6 h，IV 或 IM.

大动物剂量

马驹

40 mg/kg，q6 h，IV，超过 1 min 推注，或在马驹中进行 CRI：IV 的负荷剂量为 4 mg/kg，随后为 2.5 mg/(kg·h)。

马

25 mg/kg，q6 h，IV。

管制信息

在美国，将头孢菌素类标签外用于食品生产用动物违反了 FDA 的法规。不确定食品生产用动物的停药时间。

头孢替坦二钠（Cefotetan Disodium）

商品名及其他名称：Cefotan。

功能分类：抗菌药。

药理学和作用机制

头孢替坦二钠为头孢菌素类抗生素。作用类似于其他 β-内酰胺类抗生素，通过抑制细菌细胞壁的合成，导致细胞死亡。根据抗菌谱，头孢菌素类分为第一代、第二代、第三代和第四代。头孢替坦已被列为第二代头孢菌素，但更适合与头孢菌素类的头孢菌素一起使用，它对厌氧菌的 β-内酰胺酶（如拟杆菌属细菌）具有更高的稳定性。与头孢西丁相比，它对许多细菌的活性略高（MIC 值较低）。

适应证和临床应用

头孢替坦是第二代头孢菌素，对厌氧菌和革兰氏阴性杆菌的活性比其他头孢菌素类强，并且对需氧和兼性厌氧革兰氏阴性菌也有活性。因此，它已被用于治疗怀疑患有肠胃革兰氏阴性杆菌或厌氧菌感染的犬和猫，包括腹部感染、软组织伤口及手术前。

注意事项

不良反应和副作用

所有头孢菌素类通常都是安全的，但在个体中可能会发生过敏。众所周知，某些头孢菌素类会引发罕见的出血性疾病。

禁忌证和预防措施

禁用于对其他 β-内酰胺类（尤其是其他头孢菌素类）过敏的动物。但是，青霉素和头孢菌素类之间的交叉敏感性发病率很小（在人中 <10%）。某些头孢菌素类不应用于患有出血问题或接受华法林抗凝血药的动物。这些头孢菌素类具有 NMTT 侧链，包括头孢替坦、头孢曼多尔和头孢哌酮。

药物相互作用

没有关于动物药物相互作用的报道。但是，请勿在小瓶或注射器中混入其他药物，因为可能导致失活。

使用说明

第二代头孢菌素类似于头孢西丁，但在犬中可能具有更长的半衰期。

患病动物的监测和实验室检测

药敏试验：对于革兰氏阴性菌和革兰氏阳性菌，敏感生物的 CLSI 耐药折点为 ≤ 8 μg/mL。

制剂与规格

头孢替坦有 1 g、2 g 和 10 g 的瓶装注射剂。制剂可能不再市售。

稳定性和贮藏

存放在密闭容器中，并在室温下避光保存。溶解后，请遵守制造商的稳定性建议。

小动物剂量

犬和猫

30 mg/kg，q8 h，IV 或 SQ。

大动物剂量

没有大动物剂量的报道。

管制信息

在美国，将头孢菌素类标签外用于食品生产用动物违反了 FDA 的法规。不确定食品生产用动物的停药时间。

头孢维星（Cefovecin）

商品名及其他名称：Convenia。
功能分类：抗菌药。

药理学和作用机制

头孢维星为头孢菌素类抗生素。作用类似于其他 β-内酰胺类抗生素，通过抑制细菌细胞壁的合成，导致细胞死亡。根据抗菌谱，头孢菌素类分为第一代、第二代、第三代和第四代。基于结构关系，头孢维星被认为是第三代头孢菌素，但可能不具有与其他注射用第三代头孢菌素类（如头孢噢肟）相同的活性。头孢维星对链球菌、葡萄球菌和某些革兰氏阴性杆菌具有良好的活性。头孢维星对假中间型葡萄球菌的作用比对金黄色葡萄球菌更强。浓度通常不足以治疗由肠杆菌引起的全身性感染，如大肠杆菌，除非是下尿路感染。头孢维星的最小抑制性浓度值低于第一代头孢菌素。一些肠杆菌科细菌可以产生耐药性。它对铜绿假单胞菌无效。MRS 被认为对头孢维星耐药。抗厌氧性细菌的活性不可预测。头孢维星在猫中的蛋白结合率大于 99%，而在犬中的蛋白结合率大于 98%，因此，头孢维星在犬和猫中作用持效时间长。终末半衰期在猫中约为 7 d，在犬中约为 5 d，在这些物种的组织液中有效浓度能保持 14 d。

适应证和临床应用

头孢维星被批准用于犬和猫。它已在美国被批准用于治疗皮肤和软组织感染，但在一些国家也被批准用于治疗 UTI。头孢维星治疗其他部位（如呼吸道、骨骼和 CNS）感染的功效尚未确立。在猫中被批准用于治疗由高敏感性细菌（如多杀性巴氏杆菌）引起的皮肤和软组织感染。经验仅限于头孢维星在犬和猫中的使用，在发布具体的剂量建议之前，不建议在其他物种中使用，如马、大动物、鸟类和爬行动物。在这些物种中的蛋白结合率较低，因此其半衰期比犬或猫的短。

注意事项
不良反应和副作用

动物安全性研究很少产生严重的不良反应。在犬和猫中，已经观察到剂量相关的呕吐和腹泻。使用批准的剂量，可能会观察到 2～3 d 的轻度消化道不适。发生注射部位刺激和短暂的水肿与剂量和多次重复注射有关。半衰期长表明在注射之后，动物体内的药物浓度将持续至少 60 d，且还没有产生归因于药物在组织中长期存在的不良反应。任何头孢菌素都可能发生过敏反应。

禁忌证和预防措施

禁用于对其他 β-内酰胺类（尤其是其他头孢菌素类）过敏的动物。但是，青霉素和头孢菌素类之间的交叉敏感性发病率很低。

药物相互作用

没有关于动物药物相互作用的报道。但是，请勿在小瓶或注射器中混入其他药物，因为可能导致失活。

使用说明

美国批准的标签表明，治疗浓度在犬中维持 7 d。但是，药代动力学研究表明某些适应证的药物浓度持效时间足够长，为 14 d。在加拿大和欧洲，批准的标签剂量为 8 mg/kg，SQ，每 14 天 1 次，并且给药间隔 14 d 有效。对于治疗需要超过 14 d 的感染（如犬脓皮病），可以重复注射。

患病动物的监测和实验室检测

药敏试验：没有 CLSI 批准的药敏试验耐药折点，但建议的革兰氏阳性菌和革兰氏阴性菌的耐药折点为 ≤ 2 μg/mL。

制剂与规格

头孢维星有含 800 mg 的 10 mL 瓶装，复溶后为 80 mg/mL。

稳定性和贮藏

用避光的原始瓶存放在冰箱中，不要冻结。一旦溶解，应在 56 d 内使用（原始标签的限制为 28 d）。重新配制的溶液可能会变成黄色，这不会影响药效。

小动物剂量

犬和猫

8 mg/kg，SQ，q14 d。对于某些适应证，可以 7 d 重复注射。

大动物剂量

尚未确定剂量。由于药代动力学差异，不建议用于大动物。

管制信息

没有食品生产用动物的停药时间，并且不应对食品生产用动物使用头孢维星。在美国，将头孢菌素类标签外用于食品生产用动物违反了 FDA 的法规。

头孢西丁钠（Cefoxitin Sodium）

商品名及其他名称： Mefoxitin、Mefoxin、Cefoxil 和通用品牌。
功能分类： 抗菌药。

药理学和作用机制

头孢西丁钠为头孢菌素类抗生素。作用类似于其他 β-内酰胺类抗生素，通过抑制细菌细胞壁的合成，导致细胞死亡。根据抗菌谱，头孢菌素类分为第一代、第二代、第三代和第四代。在猫中，它的半衰期为 1.6 h，分布容积为 0.3 L/kg，清除率为 2.3 mL/(kg·min)。在马中，这些值分别为 0.82 h、

0.12 L/kg 和 4.3 mL(kg·min)。在犬中，这些值分别为 1.3 h、0.16 L/kg 和 3.2 mL/(kg·min)。

适应证和临床应用

头孢西丁是头孢菌素类的头孢菌素，与其他头孢菌素类相比，对厌氧菌和革兰氏阴性杆菌的活性更高。因此，在手术前，它已被用于治疗怀疑有肠革兰氏阴性杆菌或厌氧菌感染的犬和猫，包括腹部感染和软组织伤口。

注意事项

不良反应和副作用

所有头孢菌素类通常都是安全的，但在个体中可能会发生过敏。众所周知，某些头孢菌素类会引发罕见的出血性疾病。头孢西丁已被用于术中的犬，而不会对其心血管功能产生不利影响。

禁忌证和预防措施

禁用于对其他 β- 内酰胺类（尤其是其他头孢菌素类）过敏的动物。但是，青霉素和头孢菌素类之间的交叉敏感性发病率很小（在人中 < 10%）。某些头孢菌素类不应用于患有出血问题或接受华法林抗凝血药的动物。这些头孢菌素类具有 NMTT 侧链，包括头孢替坦、头孢曼多尔和头孢哌酮。

药物相互作用

没有关于动物药物相互作用的报道。但是，请勿在小瓶或注射器中混入其他药物，因为可能导致失活。

使用说明

当需要抗厌氧菌活性时，通常使用第二代头孢菌素。

患病动物的监测和实验室检测

药敏试验：对于所有生物而言，敏感生物的 CLSI 耐药折点为 ≤ 8 μg/mL。头孢西丁不应用于测试动物的耐甲氧西林葡萄球菌。

制剂与规格

头孢西丁有 1 g 和 2 g 的注射用瓶装（20 mg/mL 或 40 mg/mL）。

稳定性和贮藏

除非制造商另有指示，否则应存放在密闭容器中，置于 –25 ～ –10℃ 冰柜中。给药之前，在室温或冰箱中解冻以溶解晶体。请勿加热或放置在微波炉中。解冻后，溶液在室温下稳定 24 h，在冰箱中稳定 21 d。避光存放。

解冻后，请勿重新冻结。

小动物剂量
犬和猫

30 mg/kg，q6 ~ 8 h，IM 或 IV。术前使用 22 mg/kg，IV。

大动物剂量
马

20 mg/kg，q4 ~ 6 h，IV 或 IM。

管制信息

在美国，将头孢菌素类标签外用于食品生产用动物违反了 FDA 的法规。不确定食品生产用动物的停药时间。

头孢泊肟酯（Cefpodoxime Proxetil）

商品名及其他名称： Simplicef（动物用制剂）、Vantin（人用制剂）和通用品牌。

功能分类： 抗菌药。

药理学和作用机制

头孢泊肟酯为头孢菌素类抗生素。作用类似于其他 β- 内酰胺类抗生素，通过抑制细菌细胞壁的合成，导致细胞死亡。根据抗菌谱，头孢菌素类分为第一代、第二代、第三代和第四代。头孢泊肟是第三代头孢菌素，与第一代头孢菌素类相比，它有更强的抗革兰氏阳性菌活性。但是，头孢泊肟对许多革兰氏阴性杆菌的活性不如注射用第三代头孢菌素强，如头孢噻肟或头孢他啶。与其他口服第三代头孢菌素类相比，头孢泊肟对葡萄球菌具有更好的活性。它对肠球菌、耐甲氧西林葡萄球菌或铜绿假单胞菌没有活性。抗厌氧性细菌的活性不可预测。它是目前可用的三种第三代口服头孢菌素类之一。它与普塞基结合产生一种酯，以改善口服吸收。因此，作为酯，它实际上是一种前药，需要转化为活性头孢泊肟。据报道，在犬中的口服吸收率为 35%。在马中的半衰期为 7.2 h，在犬中的半衰期为 5.7 h。在犬中的蛋白质结合率为 83%。

适应证和临床应用

头孢泊肟适用于治疗易感生物引起的犬的皮肤和其他软组织感染。在犬中已确定了治疗皮肤和软组织感染的功效。与第一代头孢菌素类相比，头孢泊肟对革兰氏阴性杆菌的活性更高，因此对于某些革兰氏阴性菌感染可能有效。尽管目前尚未注册用于治疗 UTI，但约 50% 的给药剂量被排泄在尿液中，并有望有效治疗常见病原体引起的 UTI。尽管未注册用于猫或未在猫中进行测试，但没有关于偶尔使用出现副作用的报告。尚未对猫的口服吸收进行测试。

> ### 注意事项
> #### 不良反应和副作用
> 所有头孢菌素类通常都是安全的，但在个体中可能会发生过敏。众所周知，某些头孢菌素类可引发罕见的出血性疾病。口服头孢菌素能导致呕吐和腹泻，但由于头孢泊肟酯作为非活性前药给药，消化道反应可能少于其他口服头孢菌素类。
>
> #### 禁忌证和预防措施
> 最好与食物一起服用，以改善口服吸收。禁用于对其他 β- 内酰胺类（尤其是其他头孢菌素类）过敏的动物。但是，青霉素和头孢菌素类之间的交叉敏感性发病率很低（在人中 < 10%）。某些头孢菌素类不应用于患有出血问题或正在接受华法林抗凝血药的患病动物。这些头孢菌素类具有 NMTT 侧链，包括头孢替坦、头孢曼多尔和头孢哌酮。
>
> #### 药物相互作用
> 没有关于动物重要药物相互作用的报道，但在人中使用口服头孢泊肟的吸收受 H_2-受体阻滞剂（如西咪替丁和雷尼替丁）和抗酸剂抑制，可使口服吸收率降低 30%。头孢菌素类可以与其他抗生素一起使用，以增加抗菌谱并产生协同作用。但是，请勿与其他药物混配，因为可能导致失活。

使用说明

FDA 批准用于治疗犬的皮肤和软组织感染。它也已用于治疗 UTI，并且基于抗菌谱和组织分布，已将其用于其他感染。在猫中偶尔也有标签外使用。

患病动物的监测和实验室检测

药敏试验：所有敏感生物的 CLSI 耐药折点为 ≤ 2 µg/mL。具有超广谱 β- 内酰胺酶（extended spectrum betal Lactamase，ESBL）的大肠杆菌和克雷伯菌可能具有临床耐药性。

制剂与规格

头孢泊肟酯有 100 mg 和 200 mg 的片剂及 10 mg/mL 和 20 mg/mL 的口服悬浮液（人用制剂）。

稳定性和贮藏

存放在密闭容器中，并在室温下避光保存。尚未评估复合片剂的稳定性。避免暴露在潮湿空气中。

小动物剂量

犬

5 ~ 10 mg/kg，q24 h，PO。

猫

制造商尚未确定头孢泊肟酯的剂量。一些兽医已经从犬剂量推断出。

大动物剂量

马

10 mg/kg，PO，q6 ~ 12 h，12 h 间隔适合克雷伯菌、巴斯德菌和链球菌。对于更具耐药性的生物，可能需要更频繁给药。

管制信息

在美国，将头孢菌素类标签外用于食品生产用动物违反了 FDA 的法规。不确定食品生产用动物的停药时间。

硫酸头孢喹肟（Cefquinome Sulfate）

商品名及其他名称：Cobactan、Cephaguard。
功能分类：抗菌药。

药理学和作用机制

硫酸头孢喹肟为头孢菌素类抗生素。和其他头孢菌素类相似，头孢喹肟抑制细菌细胞壁的合成，从而导致细胞死亡。根据抗菌谱，头孢菌素类分为第一代、第二代、第三代和第四代。头孢喹肟是目前所有国家唯一被批准用于食品生产用动物的第四代头孢菌素。与其他头孢菌素类相反，头孢喹肟不受 AmpC 型染色体介导的头孢菌素酶或某些革兰氏阴性杆菌质粒介导的 β-内酰胺酶的影响。产生 ESBL 的细菌和耐甲氧西林葡萄球菌有耐药性。

它目前在欧洲获得许可，但在美国没有。头孢喹肟对大多数革兰氏阴性杆菌，尤其是肠杆菌科具有良好的活性。它对奶牛呼吸道病原体有效，其中包括溶血性曼海姆菌、多杀性巴氏杆菌和睡眠嗜组织菌。它还对引起牛乳腺炎的病原体具有活性，包括大肠杆菌、金黄色葡萄球菌、停乳链球菌、无乳链球菌和乳房链球菌。头孢喹肟可有效治疗的马病原体包括革兰氏阳性菌和革兰氏阴性菌，如大肠杆菌、马链球菌亚种、兽疫链球菌、肺炎克雷伯菌、肠杆菌属、金黄色葡萄球菌、马链球菌亚种、产气荚膜梭菌和马驹放线杆菌。

在牛中，头孢喹肟的半衰期为 2.5 h，且蛋白结合率少于 5%。口服头孢喹肟后不吸收。在猪或仔猪中，半衰期约为 9 h。由于蛋白结合率低，头孢喹肟可渗透到猪的脑脊液（cerebrospinal fluid，CSF）和滑膜液体中。在成年马中头孢喹肟半衰期为 2 h，而在马驹中的半衰期为 1.4 h，蛋白质结合率小于 5%。在成年马中，IM 吸收率几乎是 100%，在马驹中是 87%。在犬中，IM 和 IV 给药的头孢喹肟半衰期约为 1 h，SQ 给药的半衰期为 0.85 h，而 SQ 和 IM 给药完全吸收。分布容积为 0.3 L/kg。

适应证和临床应用

头孢喹肟可用于牛、猪和马，治疗由易感病原体引起的感染。它已在欧洲许多国家注册，用于治疗呼吸系统疾病、犊牛大肠杆菌败血症及泌乳奶牛的趾间坏死杆菌病（脚腐烂）。头孢喹肟软膏已被用于乳房内给药，治疗奶牛的大肠杆菌性乳腺炎。在欧洲，它还被注册用于治疗由多杀性巴氏杆菌、副猪嗜血杆菌、胸膜肺炎放线杆菌、猪链球菌属、猪葡萄球菌和其他对头孢喹肟敏感的细菌引起的猪呼吸系统疾病（swine respiratory disease，SRD）、关节炎、脑膜炎和皮炎，以及与大肠杆菌、葡萄球菌、链球菌属菌和其他对头孢喹肟敏感的细菌有关的乳腺炎 - 子宫炎 - 无乳（mastitis-metritis-agalactia，MMA）综合征。它已被注册用于马链球菌亚种引起的马呼吸道感染、兽疫和大肠杆菌引起的马全身性细菌性感染（败血症）。没有在小动物中使用头孢喹肟的报道。

注意事项

不良反应和副作用

所有头孢菌素类通常都是安全的，但在个体中可能会发生过敏。头孢喹肟 SQ 注射可能引起某些注射部位反应。

高剂量头孢喹肟可能引起马腹泻，但如果剂量保持在给药部分所列范围内，则在大多数马中都是安全的。

禁忌证和预防措施

禁用于容易对 β-内酰胺类敏感的动物。

药物相互作用

没有关于动物药物相互作用的报道。但是，请勿在小瓶或注射器中混入其他药物，因为可能导致失活。

使用说明

头孢喹肟在欧洲已注册，用于治疗牛、猪和马的感染。在美国，未经 FDA 批准，使用将违反规定。在牛中，可以 SQ 或 IM 给药，具体取决于制剂。在猪中 IM 给药。在马中，溶液可以先进行 IV 给药，然后切换为 IM 注射。

患病动物的监测和实验室检测

如果长时间使用高剂量，则应监测 CBC。药敏试验：没有关于敏感生物的 CLSI 指南。

制剂与规格

在可以使用头孢喹肟的国家 / 地区，有 7.5%（75 mg/mL）的可注射悬浮液、2.5%（25 mg/mL）的可注射悬浮液，一种在马和马驹中可溶解进行 IV 的粉剂（4.5% 或 45 mg/mL 的 30 mL 或 100 mL 瓶装），作为乳房内使用的乳膏（75 mg/8 g 注射器）。

稳定性和贮藏

打开包装后，保质期为 28 d。对于 4.5% 的 IV 溶液，当储存在冰箱（2 ~ 8℃）中时，溶解后可保存 10 d。

小动物剂量
犬和猫

2 mg/kg，IV、IM、SQ，q12 h。

大动物剂量（基于欧洲的标签注册）
牛

BRD：2.5 mg/kg，IM，q48 h（7.5% 悬浮液 1 mL/30 kg）。

呼吸系统疾病和腐蹄病：1 mg/kg（2.5% 悬浮液 2 mL/50 kg），IM，每天 1 次，用 3 ~ 5 d。

乳腺炎（大肠杆菌）全身性受累：1 mg/kg（2.5% 悬浮液 2 mL/50 kg），IM，每天 1 次，用 2 d。

犊牛的败血症（大肠杆菌）：2 mg/kg（2.5% 悬浮液 4 mL/50 kg），IM，每天 1 次，用 3 ~ 5 d。

猪

呼吸道感染：2 mg/kg（2.5% 悬浮液 2 mL）颈部，IM，每天 1 次，用 2 d。

仔猪脑膜炎、关节炎或皮炎：2 mg/kg（2.5% 悬浮液 2 mL），IM，每天 1 次，用 5 d。

马

马链球菌引起的呼吸系统感染：1 mg/kg（1 mL/45 kg），IV 或 IM，q24 h，用 5 ~ 10 d。

大肠杆菌引起的全身感染（尤其是马驹的败血症）：1 mg/kg（1 mL/45 kg），IV 或 IM，q12 h，用 6 ~ 14 d。

管制信息

对于头孢喹肟悬浮液，请勿在产奶用泌乳牛中使用（在哺乳或干乳期间）。在母牛第一次分娩之前的 2 个月内，不要用于产奶用小母牛。在欧洲，肉牛 SQ 2.5 mg/kg 后停药时间为 13 d，1 mg/kg，IM 后停药时间为 5 d，猪停药时间为 3 d。全身使用后产奶用牛的停药时间为 24 h。进行乳房内给药后，肉牛的停药时间为 4 d，弃奶时间为 5 d。头孢喹肟在美国未获批准，对食品生产用动物的标签外使用违反了 FDA 的法规。

头孢他啶（Ceftazidime）

商品名及其他名称：Fortaz、Ceptaz、Tazicef 和 Tazidime。
功能分类：抗菌药。

药理学和作用机制

头孢他啶为头孢菌素类抗生素。作用类似于其他 β-内酰胺类抗生素，通过抑制细菌细胞壁的合成，导致细胞死亡。根据抗菌谱，头孢菌素类分为第一代、第二代、第三代和第四代。头孢他啶是第三代头孢菌素。并非所有第三代头孢菌素类的活性均相同。头孢他啶对许多革兰氏阴性杆菌有活性，对铜绿假单胞菌的活性比其他第三代头孢菌素类更强。但是，它对某些肠杆菌科细菌的活性可能不如头孢噻肟。已经在几个兽医物种中研究了头孢他啶药代动力学，包括犬、猫、牛、马和异宠。在哺乳动物中，半衰期很短（通常为 1 ~ 2 h），分布容积反映了细胞外液体（0.3 ~ 0.4 L/kg）。

适应证和临床应用

头孢他啶是第三代头孢菌素，对许多对其他药物具有耐药性的革兰氏阴性菌具有活性。尽管它不是 FDA 批准的动物用药，但由于它对许多对其他药物具有耐药性的生物体具有活性，经常用于动物园动物、异宠和伴侣动物。它对铜绿假单胞菌的活性使其与其他头孢菌素区别开。因此，它已被用于治疗怀疑肠道革兰氏阴性杆菌或铜绿假单胞菌感染的犬和猫，包括腹部感染、皮肤感染、软组织伤口及手术前。

注意事项

不良反应和副作用

所有头孢菌素类通常都是安全的，然而，过敏也可能会发生在个别病例中。众所周知，某些头孢菌素类会引发罕见的出血性疾病。

禁忌证和预防措施

禁用于对其他 β-内酰胺类（尤其是其他头孢菌素类）过敏的动物。但是，青霉素和头孢菌素类之间的交叉敏感性发病率很低（在人中 < 10%）。某些头孢菌素类不应用于患有出血问题或接受华法林抗凝血药的动物。这些头孢菌素类具有 NMTT 侧链，包括头孢替坦、头孢曼多尔和头孢哌酮。

药物相互作用

请勿在小瓶或注射器中与其他药物混合，否则可能导致失活。特别是与氨基糖苷类混合使用，可能会导致相互失活。如果与万古霉素混合，可能会发生沉淀。

使用说明

可以用 1% 利多卡因将头孢他啶溶解进行 IM 注射，以降低疼痛。头孢他啶包含 L- 精氨酸。溶解含有碳酸钠的瓶装制剂后会生成二氧化碳，需要通风释放这些气体。列出的犬和猫剂量足以治疗铜绿假单胞菌引起的感染。

患病动物的监测和实验室检测

药敏试验：所有敏感生物的 CLSI 耐药折点为 ≤ 8 μg/mL。对头孢他啶的耐药性已用于测试产生 ESBL 的大肠杆菌或克雷伯菌的菌株。

制剂与规格

头孢他啶有 0.5 g、1 g、2 g、6 g 的瓶装制剂，浓度均为 280 mg/mL。

稳定性和贮藏

存放在密闭容器中，并在室温下避光保存。可能会发生轻微的变色，变成黄色或琥珀色不会失去效力。请勿在小瓶中与其他药物混合，但可以将其与 IV 液体混合。溶解后，溶液在室温下至少稳定 18 h，如果冷藏则稳定 7 d。溶液可在 –20℃冷冻保持效力 3 个月。一旦解冻，就不应重新冷冻。解冻后的溶液室温下稳定 8 h 和冷藏稳定 4 h。

小动物剂量

犬和猫

25 ~ 30 mg/kg，q8 h，SQ、IM（SQ 和 IM 注射可能会引起疼痛），或者

IV 给药 q6 h。

持续 IV 输注：负荷剂量 1.2 mg/kg，然后 1.56 mg/(kg·h) 输注 IV 液体。

大动物剂量
马
20 mg/kg，q8 h，IV 或 IM。

管制信息
在美国，将头孢菌素类标签外用于食品生产用动物违反了 FDA 的法规。不确定食品生产用动物的停药时间。

头孢噻呋晶体（Ceftiofur Crystalline-Free Acid）
商品名及其他名称：Excede、Naxcel XT。
功能分类：抗菌药。

药理学和作用机制
头孢噻呋晶体为头孢菌素类抗生素。盐酸头孢噻呋和头孢噻呋钠具有相似的作用和抗菌谱。作用类似于其他 β-内酰胺类抗生素，通过抑制细菌细胞壁的合成，导致细胞死亡。根据抗菌谱，头孢菌素类分为第一代、第二代、第三代和第四代。头孢噻呋最类似于第三代头孢菌素的活性。它对大多数革兰氏阴性杆菌尤其是肠杆菌科细菌具有良好的活性。头孢噻呋对奶牛和猪呼吸道病原体（如曼海姆病、胸膜肺炎放线杆菌、多杀性巴氏杆菌、霍乱沙门氏菌、嗜血杆菌和链球菌属）具有有效活性。头孢噻呋对某些革兰氏阳性球菌（如链球菌）具有活性，但对葡萄球菌的活性低于其他头孢菌素类和头孢噻呋母药。给药后，头孢噻呋迅速代谢为代谢物，如去呋喃基头孢噻呋，其对细菌具有活性。

适应证和临床应用
头孢噻呋晶体可用于治疗由胸膜肺炎链球菌、多杀性疟原虫、霍乱链球菌、副猪嗜血杆菌和猪链球菌属引起的 SRD。在牛中，它被用于治疗溶血性曼海姆菌、多杀性疟原虫和睡眠嗜组织菌（以前称为睡眠嗜血菌）引起的 BRD。它也可以用于存在高风险发展为与溶血支原体、多杀性疟原虫和嗜血链球菌相关的 BRD（代谢异常），控制呼吸系统疾病。该制剂被批准用于治疗由坏死梭杆菌、紫菜卟啉单胞菌和产黑色素拟杆菌（*Bacteroides melaninogenicus*）引起的牛足部腐烂（趾间坏死杆菌病），以及用于通过两剂方案治疗乳牛的急性子宫炎。该制剂也被批准用于马，二

C

次注射给药治疗由易感性马链球菌（兽疫链球菌）引起的呼吸道感染。盐酸头孢噻呋和头孢噻呋结晶也在奶牛中被标签外进行乳房内给药。但是，有些产品是为乳房内使用而设计的，如 Spectramast。

注意事项

不良反应和副作用

所有头孢菌素类通常都是安全的，但在个体中可能发生过敏。众所周知，某些头孢菌素类可引发罕见的出血性疾病。对于头孢噻呋，超过批准的标签推荐剂量已导致犬的骨髓抑制。用于犬时，发生血小板减少症和贫血的剂量分别为 6.6 mg/kg 和 11 mg/kg。高剂量头孢噻呋晶体已导致马的腹泻。向小动物注射晶体制剂会导致某些动物出现注射部位病变，通常不建议这样做。在某些马中，注射头孢噻呋晶体已引起注射部位反应，包括肿胀和疼痛。

禁忌证和预防措施

禁止静脉注射该制剂（悬浮液）。禁用于容易对β-内酰胺类敏感的动物。不要对动物使用高于标签适应证的剂量。在马中，每个注射部位给药不超过 20 mL。不应该在未查阅标签信息上有关剂量和停药时间差异的情况下，将头孢噻呋晶体与头孢噻呋钠或盐酸头孢噻呋互换使用。

药物相互作用

没有关于动物药物相互作用的报道。但是，请勿在小瓶或注射器中混入其他药物，因为可能导致失活。

使用说明

有猪、马和牛的剂量信息，但没有其他动物的。没有关于在犬或猫中使用头孢噻呋晶体的信息。给予牛时，剂量为 6.6 mg/kg。对于 SQ 注射，应注射于肉牛和非泌乳牛耳后部的中间 1/3 处或耳基部后方。对于在泌乳期乳制品用牛中，在头部上的耳后侧（耳的基部）皮下注射。对于马，以 6.6 mg/kg 的剂量进行 2 次 IM 注射，间隔 4 d。对于猪，在颈部的耳后区域使用，5 mg/kg，IM。

患病动物的监测和实验室检测

如果长时间使用高剂量头孢噻呋晶体，则应监测 CBC。药敏试验：针对敏感细菌的 CLSI 指南表明，敏感细菌的 MIC 值为 ≤ 2 µg/mL（请注意，对于在人中使用的某些头孢菌素类，药敏的 MIC 值可能 ≤ 8.0 µg/mL）。

制剂与规格

头孢噻呋晶体有注射用悬浮液，用于牛，200 mg/mL 头孢噻呋当量

(ceftiofur equivalents，CE)。

头孢噻呋晶体有注射用悬浮液，用于猪，100 mg/mL，CE。

稳定性和贮藏

存放在室温下。给药之前要摇匀。防止冻结。应该在第一次给药后 12 周内用完。

小动物剂量

犬和猫

尚未确定本品剂量。有关小动物的剂量信息，请参见"头孢噻呋钠"。

大动物剂量

牛

6.6 mg/kg，单次 SQ，注射于耳后侧中间 1/3 处。

马和马驹

6.6 mg/kg，IM（15 mL/1000 lb），注射于颈部肌肉中。4 d 后第二次给药。单个部位给药不要超过 20 mL。

猪

5.0 mg/kg，IM，注射于颈部耳后区域。

管制信息

猪停药时间：14 d。

牛停药时间（屠宰）：13 d。尚未确定犊牛的停药时间。禁用于肉用小牛。停奶 0 d。在美国，将头孢菌素类标签外用于食品生产用动物违反了 FDA 的法规。

盐酸头孢噻呋（Ceftiofur Hydrochloride）

商品名及其他名称：Excenel。
功能分类：抗菌药。

药理学和作用机制

盐酸头孢噻呋为头孢菌素类抗生素。盐酸头孢噻呋和头孢噻呋钠具有相似的作用和抗菌谱。作用类似于其他 β-内酰胺类抗生素，通过抑制细菌细胞壁的合成，导致细胞死亡。根据抗菌谱，头孢菌素类分为第一代、第二代、第三代和第四代。头孢噻呋最类似于第三代头孢菌素的活性。它对大多数革兰氏阴性杆菌，尤其是肠杆菌科细菌具有良好的活性。它对奶牛呼吸道病原体［如多杀性巴氏杆菌、溶血性曼海姆菌和睡眠嗜组织菌（以前称为睡眠嗜血杆菌）］具有有效的活性。头孢噻呋对某些革兰氏阳性球菌（如链球菌）具有活性，但对葡萄球菌的活性低于其他头孢菌素类和头孢噻呋母药。给药后，头孢噻呋迅速代谢为代谢物，如去呋喃基头孢噻呋，其对细菌具有活性。

适应证和临床应用

盐酸头孢噻呋用于牛和猪，治疗和控制由易感病原体引起的感染。它已被注册用于治疗由曼海姆菌、多杀性疟原虫和睡眠嗜组织菌（以前称为睡眠嗜血杆菌）引起的牛呼吸系统疾病。它用于由坏死梭杆菌或产黑色素拟杆菌（*Bacteroides melaninogenicus*）引起的牛趾间坏死杆菌病（腐蹄病）。事实证明，盐酸头孢噻呋 2.2 mg/kg 的剂量可有效治疗奶牛急性产后子宫炎或通过滴入子宫（1 g）来治疗残留的胎膜。盐酸头孢噻呋用于治疗由放线杆菌、多杀性巴氏杆菌、霍乱沙门氏菌和猪链球菌属引起的 SRD。盐酸头孢噻呋和头孢噻呋晶体也可进行奶牛乳房内给药。对于乳房内使用，建议使用特定制剂（Spectramast DC）。尽管头孢噻呋钠已用于治疗马和犬的感染，但在这些物种中使用盐酸头孢噻呋的经验很少。

注意事项

不良反应和副作用

所有头孢菌素类通常都是安全的，但在个体中可能会发生过敏。众所周知，某些头孢菌素类可引发罕见的出血性疾病。对于头孢噻呋，超过批准的标签推荐剂量可导致犬的骨髓抑制。在犬中出现血小板减少症和贫血的剂量分别为 6.6 mg/kg 和 11 mg/kg。高剂量盐酸头孢噻呋可导致马的腹泻。

禁忌证和预防措施

禁用于容易对 β-内酰胺类敏感的动物。不要给予动物高剂量盐酸头孢噻呋。盐酸头孢噻呋是无菌的悬浮液，不应与头孢噻呋钠溶液互换使用。

药物相互作用

没有关于动物药物相互作用的报道。但是，请勿在小瓶或注射器中混入其他药物，因为可能导致失活。

使用说明

除猪和牛外，没有其他物种的剂量信息。如有必要，可以将在牛中的给药扩展到 3 d 以上。已经以 48 h 的间隔治疗 BRD，2.2 mg/kg。头孢噻呋钠已用于马和犬，但在这些物种中没有关于使用盐酸头孢噻呋的信息。

患病动物的监测和实验室检测

如果长时间使用高剂量盐酸头孢噻呋，则应监测 CBC。药敏试验：针对敏感细菌的 CLSI 指南表明，敏感细菌的 MIC 值为 ≤ 2 μg/mL（请注意，对于某些用于人的头孢菌素类，敏感细菌的 MIC 值可能为 ≤ 8.0 μg/mL）。

制剂与规格
盐酸头孢噻呋有 50 mg/mL 的无菌悬浮液。

稳定性和贮藏
存放在室温下。给药之前要摇匀。防止冻结。

小动物剂量
犬和猫
尚未确定本品剂量。有关小动物剂量，请参见头孢噻呋钠。

大动物剂量
牛
1.1 ~ 2.2 mg/kg，q24 h，用 3 d，IM 或 SQ。

子宫内（胎儿胎膜）：1 g 头孢噻呋用 20 mL 灭菌水稀释，然后在母牛分娩后 14 ~ 20 d 注入子宫。

奶牛
产后子宫炎的治疗：2.2 mg/kg，每天 1 次，用 5 d，SQ 或 IM。

猪
3 ~ 5 mg/kg，q24 h，用 3 d，IM。

管制信息
牛停药时间：产奶用牛为 0 d，肉牛为 3 d。

猪停药时间：4 d。在美国，将头孢菌素类标签外用于食品生产用动物违反了 FDA 的法规。

头孢噻呋钠（Ceftiofur Sodium）
商品名及其他名称：Naxcel。
功能分类：抗菌药。

药理学和作用机制
头孢噻呋钠为头孢菌素类抗生素。头孢噻呋钠和盐酸头孢噻呋具有相似的作用和抗菌谱。作用类似于其他 β-内酰胺类抗生素，通过抑制细菌细胞壁的合成，导致细胞死亡。根据抗菌谱，头孢菌素类分为第一代、第二代、第三代和第四代。头孢噻呋最类似于第三代头孢菌素的活性。它对大多数革兰氏阴性杆菌尤其是肠杆菌科细菌具有良好的活性。它对奶牛和猪呼吸道病原体（如曼海姆病、胸膜肺炎放线杆菌、多杀性巴氏杆菌、霍乱沙门氏菌、嗜血杆菌和链球菌属）具有有效的活性。头孢噻呋对某些革兰氏阳性球菌（如链球菌）具有活性，但对葡萄球菌的活性低于其他头孢菌素类和头孢噻呋母药。给药后，头孢噻呋迅速代谢为代谢物，如去呋喃基头孢噻呋，其对细菌具有活性。

适应证和临床应用

头孢噻呋钠用于牛和猪，治疗和控制由易感病原体引起的感染。它在许多国家/地区已注册用于治疗泌乳母牛的呼吸系统疾病和趾间坏死杆菌病（腐蹄病）。头孢噻呋已用于治疗小牛沙门氏菌。以 5 mg/kg，q24 h，IM 给药时，它可减少腹泻和降温，但不会根除病原菌。头孢噻呋钠已在乳房内给药，用于治疗大肠菌性乳腺炎，但这是标签外使用。它在马中用于治疗链球菌呼吸道感染（注册的治疗），并在标签外用于治疗其他感染，如由革兰氏阴性杆菌引起的感染，包括大肠杆菌、肺炎克雷伯菌和沙门氏菌。对于马的非链球菌细菌，应使用更高剂量头孢噻呋钠。头孢噻呋钠已注册为每日 SQ 注射，用于治疗犬的UTI，但尚未评估其是否可用于治疗其他感染。

注意事项

不良反应和副作用

所有头孢菌素类通常都是安全的，但在个体中可能会发生过敏。众所周知，某些头孢菌素类可引发罕见的出血性疾病。对于头孢噻呋，超过批准的标签推荐剂量可导致犬的骨髓抑制。用于犬时，发生血小板减少症和贫血的剂量分别为 6.6 mg/kg 和 11 mg/kg。高剂量头孢噻呋钠可引起马腹泻，但如果剂量保持在给药部分所列剂量范围内，则对大多数马都是安全的。

禁忌证和预防措施

禁用于容易对 β-内酰胺类敏感的动物。不要给予动物高剂量头孢噻呋钠。

药物相互作用

没有关于动物药物相互作用的报道。但是，请勿在小瓶或注射器中混入其他药物，因为可能导致失活。

使用说明

尽管剂量信息不适用于其他物种，但已在犬、绵羊、猪、马和牛中安全使用，并预期对其他动物也安全。无论采用 SQ 还是 IM，头孢噻呋钠都是生物等效的。在犬和猫中，除犬的 UTI 以外，尚未评估它对其他感染的疗效。犬和猫可能需要更高的全身浓度才能治疗其他感染。

患病动物的监测和实验室检测

如果长时间使用高剂量头孢噻呋钠，则应监测 CBC。药敏试验：CLSI 指南表明，敏感细菌在牛和猪中引起呼吸道感染，MIC 值为 ≤ 2 μg/mL。马中链球菌属的耐药折点为 ≤ 0.25 μg/mL（请注意，对于许多人用头孢菌素类，敏感性的 MIC 值可能是 ≤ 8.0 μg/mL）。

制剂与规格

头孢噻呋钠有 50 mg/mL 的瓶装注射剂。

稳定性和贮藏

存放在密闭容器中，并在室温下避光保存。如果不溶解，则可以在 20 ~ 25℃（室温）下保存。溶解后，如果冷藏，溶液 7 d 有效，在室温下 12 h 有效。如果冷冻，则溶液稳定 8 周。解冻后，不要重新冻结。可能会发生轻微的变色而不会失去效力。

小动物剂量

犬

UTI：2.2 ~ 4.4 mg/kg，q24 h，SQ。

猫

剂量尚未确定，但已从犬剂量推断出来。

大动物剂量

马

4.4 mg/kg，q24 h，IM 或 2.2 mg/kg，q12 h，IM，使用长达 10 d。一些革兰氏阴性菌感染的治疗可能需要更高的剂量，在马中已经采用了高达 11 mg/(kg·d)，IM。

马驹

5 mg/kg，q12 h，IV，或者 1 mg/(kg·h)，IV、CRI。

牛

BRD：1.1 ~ 2.2 mg/kg（0.5 ~ 1.0 mg/lb），q24 h，用 3 d，IM。如有必要，可在第 4 天和第 5 天再次给药。在牛中，这些剂量也可以 SQ 给药，这与其他途径的给药生物等效。

猪

呼吸道感染：3 ~ 5 mg/kg（1.36 ~ 2.27 mg/lb），q24 h，用 3 d，IM。

绵羊和山羊

1.1 ～ 2.2 mg/kg（0.5 ～ 1.0 mg/lb），q24 h，用 3 d，IM、SQ。如有必要，可在第 4 天和第 5 天再次给药。

管制信息

牛停药时间：产奶用牛为 0 d，肉牛为 4 d。

绵羊和山羊停药时间：肉用需要 0 d。

猪停药时间：4 d。

在美国，将头孢菌素类标签外用于食品生产用动物违反了 FDA 的法规。

头孢氨苄（Cephalexin）

商品名及其他名称：Keflex、Rilexine、Vetolexin（加拿大）和通用品牌（在欧洲国家 / 地区，拼写为 cephalexin。）。

功能分类：抗菌药。

药理学和作用机制

头孢氨苄为头孢菌素类抗生素。作用与其他 β-内酰胺类抗生素相似，它可抑制细菌细胞壁的合成，从而导致细胞死亡。根据抗菌谱，头孢菌素类分为第一代、第二代、第三代和第四代。头孢氨苄是第一代头孢菌素。和其他第一代头孢菌素类相似，它对链球菌属、葡萄球菌及一些革兰氏阴性杆菌（如巴斯德菌、大肠杆菌和肺炎克雷伯菌）具有活性。但是，革兰氏阴性菌常见耐药性。它对铜绿假单胞菌无效。对甲氧西林和奥沙西林有耐药性的葡萄球菌也会对第一代头孢菌素耐药。

适应证和临床应用

和其他第一代头孢菌素类相似，头孢氨苄被指定用于治疗动物的常见感染，包括 UTI、软组织感染、脓皮病、其他皮肤感染和肺炎。它已在美国和其他国家 / 地区被批准用于治疗由假中间型葡萄球菌引起的犬皮肤感染。有已发表的功效研究证明了其对该适应证的有效性。对厌氧菌导致感染的疗效不可预测。在马中，半衰期很短，仅为 1.6 h，而口服吸收率仅为 5%。在犬中，根据研究，口服吸收率为 57% ～ 90%，半衰期、口服清除率、分布容积（V/F）和浓度峰值（C_{MAX}）分别为 2.74 h、3.14 mg/(kg·min)、0.92 L/kg 和 19.5 μg/mL。

注意事项

不良反应和副作用

所有头孢菌素类通常都是安全的，但在个体中可能会发生过敏。众所周知，某些头孢菌素类可引发罕见的出血性疾病。口服头孢菌素类能引起呕吐和腹泻。

禁忌证和预防措施

禁用于对其他 β-内酰胺类（尤其是其他头孢菌素类）过敏的动物。但是，青霉素和头孢菌素类之间的交叉敏感性发病率很低（在人中 < 10%）。某些头孢菌素类不应用于患有出血问题或接受华法林抗凝血药的动物。这些头孢菌素类具有 NMTT 侧链，包括头孢替坦、头孢曼多尔和头孢哌酮。

药物相互作用

没有关于动物药物相互作用的报道。但是，请勿与其他药物混配，因为可能导致失活。

使用说明

尽管未批准可用于动物，但在犬中进行的实验显示有治疗脓皮病的功效。对于头孢氨苄，使用头孢噻吩测试药敏性。

患病动物的监测和实验室检测

药敏试验：所有敏感生物的 CLSI 耐药折点为 ≤ 2 μg/mL。不再建议将头孢噻吩用作检测对头孢氨苄敏感性的标志物。药敏测试中可能主要用头孢氨苄。头孢氨苄可能导致尿液葡萄糖的假阳性。对于使用铜还原测试或酶促反应的测试条，测试可能为阳性。

制剂与规格

头孢氨苄有 250 mg 和 500 mg 的胶囊；75 mg、150 mg、300 mg 和 600 mg 的咀嚼片（用于犬）；100 mg/mL 的口服悬浮液及 125 mg 和 250 mg/5mL 的口服悬浮液。在加拿大，有 100 mg/mL 和 250 mg/mL 的口服糊剂。

稳定性和贮藏

存放在密闭容器中，并在室温下避光保存。悬浮液应保存在冰箱中，并在 14 d 后丢弃。如果混合，应立即使用，头孢氨苄与肠溶产品相容。

小动物剂量

犬

脓皮病和其他皮肤感染：22 ~ 25 mg/kg，q12 h，PO。对于其他感染：

10 ～ 30 mg/kg，q6 ～ 12 h，PO。

猫

15 ～ 20 mg/kg，q12 h，PO。

大动物剂量
马

30 mg/kg，q8 h，PO，用于易感革兰氏阳性菌（MIC≤0.5 μg/mL）。

管制信息

在美国，将头孢菌素类标签外用于食品生产用动物违反了 FDA 的法规。不确定食品生产用动物的停药时间。

盐酸西替利嗪（Cetirizine Hydrochloride）

商品名及其他名称：Zyrtec。
功能分类：抗组胺药（H_1-阻滞剂）。

药理学和作用机制

西替利嗪是羟嗪的活性代谢产物。在犬中，几乎所有羟嗪都被转换为西替利嗪。西替利嗪与其他抗组胺药相似——它通过阻滞组胺 1 型（H_1）受体并抑制由组胺引起的炎性反应发挥作用。H_1-阻滞剂已用于控制瘙痒症、皮肤炎症、鼻漏和气道炎症。西替利嗪被认为是第二代抗组胺药，可与其他较老的抗组胺药区别开。西替利嗪与较旧药物之间最重要的区别在于，它不容易通过血-脑屏障，镇静作用更小。在猫中，研究表明西替利嗪口服给药后可被良好吸收，半衰期为 10 h。在犬中，半衰期为 10 ～ 11 h，而在马中则为 5.8 h。一种相关的药物是左西替利嗪（Xyzal），它是西替利嗪的活性对映异构体，其活性是西替利嗪的 2 倍。

适应证和临床应用

西替利嗪用于治疗和预防人的过敏反应。它比旧抗组胺药更好，因为它副作用少。在犬和猫中，已考虑将其用于治疗瘙痒、过敏气道疾病、鼻炎和其他过敏状况。在猫中，1 mg/kg（每只 5 mg）的血浆浓度被认为有效。但是，它对降低有高反应性气道（实验性哮喘）猫的炎性反应无效。在犬中，2 mg/kg 的剂量可抑制组胺反应达 8 h。但是，尚无发表的临床试验证明在这些状况的疗效。

注意事项

不良反应和副作用

镇定作用比其他抗组胺药弱，但使用更高剂量仍会产生镇定。也可能有抗毒蕈碱作用（阿托品样作用），但是西替利嗪可能比其他抗组胺药产生的抗毒蕈碱作用小。

禁忌证和预防措施

由于可能具有抗毒蕈碱作用（阿托品样作用），请勿在禁忌用抗胆碱能药物的状况下使用，如青光眼、肠梗阻或心律失常。

药物相互作用

请勿与其他抗毒蕈碱药物一起使用。

使用说明

西替利嗪的使用主要是经验性的，没有临床研究可以证明疗效。

患病动物的监测和实验室检测

不用特殊监测。

制剂与规格

盐酸西替利嗪有 1 mg/mL 的口服糖浆和 5 mg 和 10 mg 的片剂。

稳定性和贮藏

存放在密闭容器中，并在室温下避光保存。尚未评估复合制剂的稳定性。

小动物剂量

犬

2 mg/kg，q12 h，PO。

猫

每天 1 mg/kg，PO。

大动物剂量

马

0.2 ~ 0.4 mg/kg，q12 h，PO。

管制信息

无可用的管制信息。

RCI 分类：4。

活性炭（Charcoal, Activated）

商品名及其他名称： Acta-Char、Charcodote、Liqui-Char、ToxiBan 和通用品牌。

功能分类： 解毒剂。

药理学和作用机制

活性炭为吸附剂，将与其他药物结合并阻止肠道的吸收，可以将有毒物质的吸收降低 75%。

适应证和临床应用

主要用于吸附肠中的药物和毒素，以防止其被吸收。通常单次给药，但多次给药可能增加经肠肝循环药物的清除率。

注意事项

不良反应和副作用

无全身性吸收。口服给药安全，但可能发生便秘，然而含有山梨糖醇的制剂可能引起腹泻。

禁忌证和预防措施

主要用作中毒的治疗。

药物相互作用

活性炭将吸附大多数口服的其他药物，以防止其被吸收。

使用说明

治疗中毒时，活性炭的给药比例为 10：1（活性炭：毒素）。但是，最近的证据表明，> 40：1 的比例更合适，这可能需要更高的剂量。如果在接触后 4 h 内给药，活性炭可以有效治疗中毒，但是在 4 h 后，疗效会降低。活性炭有多种形式，通常用作中毒的治疗。许多商业制剂均含有山梨糖醇，山梨糖醇可作为调味剂并促进肠道通畅。

患病动物的监测和实验室检测

当用作中毒的治疗时，必须仔细监测毒素的作用，因为活性炭不会吸附所有的有毒物质。

制剂与规格

活性炭有口服悬浮液和颗粒剂。制剂从 15 g/72 mL 到 50 g/240 mL 不等。

许多制剂含有山梨糖醇，山梨糖醇是一种甜味剂，也可以产生肠道的导泻作用。

稳定性和贮藏
在室温下存放在密闭容器中。不要与其他化合物混合，因为它会吸附其他化学物质。

小动物剂量
犬和猫
1 ~ 4 g/kg，PO（颗粒剂）或 6 ~ 12 mL/kg（悬浮液）。中毒后不久服用单剂。

大动物剂量
没有大动物剂量的报道，但可以考虑将其用于中毒的治疗。考虑 1 g/kg，PO（颗粒剂）或 6 ~ 10 mL/kg（悬浮液），PO。

管制信息
无残留问题。停药时间：0 d。

苯丁酸氮芥（Chlorambucil）
商品名及其他名称： Leukeran。
功能分类： 抗癌药。

药理学和作用机制
苯丁酸氮芥为细胞毒性剂。苯丁酸氮芥是氮芥，有时被用作环磷酰胺的替代品。它具有与环磷酰胺类似的作用，但它是氮芥类中作用最慢的一种。当用于癌症的给药方案时，它可能会降低肿瘤中的血管生成。

适应证和临床应用
苯丁酸氮芥用作治疗各种肿瘤和免疫抑制疗法。尽管很少有关于苯丁酸氮芥临床使用的报道，但在犬和猫中对免疫介导性疾病可能有效。然而，尚无与其他免疫抑制药直接比较的报道。最常见的用途之一是用于治疗猫免疫介导性皮肤病，包括天疱疮和嗜酸性肉芽肿综合征（Eosinophilic Granuloma Complex，EGC）。它也被用于治疗猫和犬的炎性肠病（inflammatory bowel disease，IBD），并已有效的治疗以蛋白丢失性肠病为特征的犬慢性肠病。

苯丁酸氮芥在某些规程中已用作抗癌药。它也已用于节拍式给药方案中。以 4 mg/m², PO，q24 h 给药，具有良好的耐受性，并促进移行细胞癌的部分缓解。

注意事项

不良反应和副作用

尽管大多数猫耐受性良好，但可能造成骨髓抑制。苯丁酸氮芥不会像环磷酰胺那样引发膀胱炎。在某些患病动物中可能引起腹泻和厌食。在犬的节拍方案中使用低剂量时，其耐受性良好。

禁忌证和预防措施

细胞毒性，潜在的免疫抑制剂。不要在骨髓抑制的动物中使用。

药物相互作用

苯丁酸氮芥将增强其他免疫抑制剂的作用。

使用说明

苯丁酸氮芥可以与泼尼松龙联合使用以治疗免疫介导性疾病。它也可以在犬中以每天 4 mg/m² 的低剂量连续治疗。

患病动物监测和实验室检测

使用期间监测动物 CBC。

制剂与规格

苯丁酸氮芥有 2 mg 的片剂。

稳定性和贮藏

存放在密闭容器中，并在室温下避光保存。苯丁酸氮芥在水中可快速水解（在 10 min 内），pH > 2 时最容易发生水解。因此，苯丁酸氮芥可以在含水制剂中快速分解，如含有简单糖浆和其他赋形剂的制剂。如果混入含酒精溶液中，水解会变慢。如果与酒精混合并储存在冰箱中，可稳定 31 d。暴露在光线下会降低药物的稳定性。

小动物剂量

犬

4 mg/m²，q24 h，PO，连续治疗（节拍治疗方案）。最初 2 ~ 6 mg/m²，q24 h，然后为 q48 h，PO（等效剂量为 0.1 ~ 0.2 mg/kg）。

肠道病：第一个 7 ~ 21 d，以 4 ~ 6 mg/m²，PO，q24 h 开始，然后降低剂量。难治性病例可与泼尼松龙一起使用。

猫

免疫介导性疾病：最初 0.1 ~ 0.2 mg/kg，q24 h；然后 q48 h，PO。常与糖皮质激素同时给药。

炎性肠病：每只 1 片（2 mg），q48 ~ 72 h，PO。

大动物剂量

没有大动物剂量的报道。

管制信息

不确定食品生产用动物的停药时间。由于该药物是抗癌药，禁用于拟食用动物。

氯霉素（Chloramphenicol）

商品名及其他名称：氯霉素棕榈酸酯、Chloromycetin、氯霉素琥珀酸钠和通用品牌。

功能分类：抗菌药。

药理学和作用机制

作用机制是通过结合 50S 核糖体亚基抑制蛋白质合成。它具有广泛的活性，包括革兰氏阳性球菌、革兰氏阴性杆菌（包括肠杆菌科）和立克次体。氯霉素通常被认为是一种抑菌药物，在给药间隔期间尽可能长时间保持药物浓度高于 MIC 很重要。但是，有证据表明，对某些细菌可能具有杀菌作用。除反刍动物外，氯霉素在大多数动物中都可以口服吸收。在犬中的半衰期约为 2.4 h，分布容积（V/F）为 1.6 L/kg，峰值浓度约为 20 μg/mL。在猫中的半衰期为 5 h，而在马中的半衰期不到 1 h。但是，马驹口服后，半衰期为 2.5 h。在大多数动物中，分布容积为 1 ~ 2 L/kg。氯霉素琥珀酸钠是通过肝脏代谢转化为氯霉素的注射溶液。

适应证和临床应用

氯霉素是用于治疗由多种生物引起感染的抗菌药，包括革兰氏阳性球菌、革兰氏阴性杆菌（包括肠杆菌科）、厌氧菌和立克次体。氯霉素已用于治疗对其他常见药物耐药细菌（如耐甲氧西林葡萄球菌）引起的感染。氟苯尼考通过类似的机制起作用，并已在某些动物上被替代（请参见氟苯尼考）。氯霉素以其穿透脂膜的能力而闻名，并已被用于穿透具有屏障的组织，如血-脑屏障。但是，治疗 CNS 感染的功效很差。

C

注意事项

不良反应和副作用

氯霉素的安全性范围很窄。高剂量氯霉素可在犬和猫中产生毒性。消化道影响相当常见。骨髓中蛋白质合成的减少可能与长期治疗有关。在猫中，对骨髓的影响最为显著，尤其是在治疗 14 d 后，但是当剂量很高时，任何动物都可能发生。动物的骨髓抑制是可逆的。已经报道了氯霉素可引起人特异性再生障碍性贫血。再生障碍性贫血的发病率很低，但后果很严重，因为它不可逆。人的接触风险导致禁止在食品生产用动物中使用氯霉素。在犬中被发现的另一个问题是外周神经病变，这会导致共济失调和无力，尤其在犬的后肢。大型品种犬可能更容易受到此问题的影响。如果停药，外周神经病变是可逆的。

禁忌证和预防措施

避免在怀孕或新生动物中使用。避免在猫中长期使用。由于暴露于人可能会产生严重的后果，兽医应警告宠物主人如何处理药物，并确保在家中不会被人（如儿童）意外服用。低剂量氯霉素已导致人的再生障碍性贫血。

药物相互作用

氯霉素因其糟糕的药物相互作用而臭名昭著。氯霉素是犬的细胞色素 P450-CYP2B11 抑制剂，可能是其他 CYP 酶。因此，氯霉素降低了由同一代谢酶代谢的其他药物的清除率。氯霉素将抑制阿片类、巴比妥类、丙泊酚、苯妥英、水杨酸盐和其他药物的代谢。因此，细胞色素 P450 酶代谢的其他药物（尤其是麻醉药）和氯霉素同时使用时，应谨慎。

使用说明

氯霉素的使用基于药敏数据。尽管氯霉素棕榈酸酯很少市售，但它需要活性酶，并且不应将其用于禁食（或厌食）动物。

患病动物的监测和实验室检测

药敏试验：敏感生物（链球菌）的 CLSI 耐药折点为 $\leq 4\ \mu g/mL$，其他生物 $\leq 8\ \mu g/mL$。

制剂与规格

氯霉素棕榈酸酯有 30 mg/mL 的口服悬浮液。氯霉素有 250 mg 的胶囊和 100 mg、250 mg 和 500 mg 的片剂。氯霉素琥珀酸钠注射剂很少能获得，通常浓度为 100 mg/mL（1 g 小瓶装）。某些形式的氯霉素在美国不再可用。

稳定性和贮藏

存放在密闭容器中，并在室温下避光保存。氯霉素棕榈酸酯不溶于水。氯霉素在 pH 2 ~ 7 稳定。氯霉素琥珀酸钠在室温下稳定 30 d，如果冷冻则稳定 6 个月。

小动物剂量

氯霉素和氯霉素棕榈酸酯

犬

40 ~ 50 mg/kg，q8 h，PO。

猫

12.5 ~ 20 mg/kg，q12 h，PO（或每只猫 50 mg）。

氯霉素琥珀酸钠

犬

40 ~ 50 mg/kg，q6 ~ 8 h，IV 或 IM。

猫

每只 12.5 ~ 20 mg，q12 h，IV 或 IM。

大动物剂量

马

35 ~ 50 mg/kg，q6 ~ 8 h，PO。

管制信息

对食品生产用动物使用氯霉素是违法的。

氯噻嗪（Chlorothiazide）

商品名及其他名称： Diuril。

功能分类： 利尿剂。

药理学和作用机制

氯噻嗪为噻嗪类利尿剂。噻嗪类利尿剂在动物医学中很少使用。它们包括氢氯噻嗪和氯噻嗪。这些药物是磺酰胺类似物，具有相似的化学性质，但在动物体内的药代动力学尚未很好地被描述。噻嗪类药物的作用是抑制远端肾小管腔 Na/Cl 协同转运蛋白。通过抑制协同转运蛋白，Na^+ 和 Cl^- 的重吸收被阻滞，导致钠和水利尿。由于该作用发生在远端小管中，这些药物的利尿作用比袢性利尿剂弱（疗效差）。

适应证和临床应用

在动物中使用氯噻嗪不常见。有批准的犬用制剂（Diuril），但并不经常使用。在人中，它主要用于治疗高血压。在动物中，它已被用于治疗高钙尿症（尿液中的钙升高，可能导致尿路结石）。在奶牛中，它被批准为口服或注射治疗产后乳房水肿。

氯噻嗪抑制远端肾小管中钠的重吸收，以产生更稀释的尿液。

因为它降低了钙的肾脏排泄，所以它也已被用于预防含钙的尿路结石。所用的剂量方案是根据经验得出的，或者是根据人的剂量推断得出的。

注意事项

不良反应和副作用

氯噻嗪可能导致电解质失衡，如低钾血症。

禁忌证和预防措施

这些药物通过降低细胞内钠来增强钙吸收，增强 Na^+/Ca^{2+} 交换，并降低尿中 Ca^{2+} 排泄。绝对不要在高钙血症病例中使用它们。

药物相互作用

避免服用钙和维生素 D 补充剂。

使用说明

在利尿方面不如高效利尿剂（如呋塞米）有效。

患病动物的监测和实验室检测

慢性治疗期间应监测电解质。

制剂与规格

氯噻嗪有 250 mg 和 500 mg 的片剂、50 mg/mL 的口服悬浮液和 500 mg/ 瓶注射剂（含甘露醇）。牛制剂：2 g 的口服制剂或 25 mg/mL 的氢氯噻嗪注射剂。

稳定性和贮藏

存放在密闭容器中，并在室温下避光保存。溶解的溶液稳定 24 h。

小动物剂量

犬和猫

20 ～ 40 mg/kg，q12 h，PO。

大动物剂量

牛

治疗乳房水肿：125 ～ 250 mg，IV 或 IM，每天 1 次或 2 次，或者每天

1 次或 2 次口服 2 g。

管制信息

停药时间：产奶用动物 72 h（6 次挤奶），肉用动物的停药时间尚未确定。

RCI 分类：4。

马来酸氯苯那敏（Chlorpheniramine Maleate）

商品名及其他名称： Chlor-Trimeton、phenetron。

功能分类： 抗组胺药（H_1-阻滞剂）。

药理学和作用机制

与其他抗组胺药相似，它通过阻滞 H_1-受体起作用，并抑制组胺引起的炎性反应。H_1-阻滞剂已用于控制犬和猫的瘙痒和皮肤炎症。其他常用的抗组胺药包括氯马斯汀、氯苯那敏、苯海拉明、西替利嗪和羟嗪。

适应证和临床应用

氯苯那敏用于预防过敏反应，并用于治疗犬和猫瘙痒。但是，治疗瘙痒症的成功率并不高。除了用于治疗过敏症的抗组胺作用外，这些药物还具有在动物的呕吐中枢、前庭中枢和控制呕吐等其他中枢抑制组胺的作用。在动物中的使用主要来自经验用药。缺乏有良好对照的临床研究或功效试验证明其临床有效性。

注意事项

不良反应和副作用

镇定是最常见的副作用，这是组胺 N-甲基转移酶抑制的结果。镇定也可能归因于其他 CNS 受体的阻滞，如 5-羟色胺、乙酰胆碱和 α-受体。也常见抗毒蕈碱作用（阿托品样作用），如口干和胃肠道分泌减少。

禁忌证和预防措施

常见抗毒蕈碱作用（类阿托品作用），不要在抗胆碱能药物是禁忌的状况下使用，如青光眼、肠梗阻或心律失常。

药物相互作用

没有关于动物药物相互作用的报道。

使用说明

氯苯那敏被包含在许多 OTC 的咳嗽、感冒和过敏药中。

患病动物的监测和实验室检测
不用特殊监测。

制剂与规格
马来酸氯苯那敏有 4 mg 和 8 mg 的片剂、2 mg 的咀嚼片和 2 mg/5 mL 的糖浆。

稳定性和贮藏
存放在密闭容器中，并在室温下避光保存。防止冻结。尚未评估复合制剂的稳定性。

小动物剂量
犬
每只 4 ~ 8 mg，q12 h，PO；最大剂量为 0.5 mg/kg，q12 h。
猫
每只 2 mg，q12 h，PO。

大动物剂量
没有大动物剂量的报道。

管制信息
不确定食品生产用动物的停药时间。
RCI 分类：4。

氯丙嗪（Chlorpromazine）

商品名及其他名称：Thorazine、Largactil。
功能分类：镇吐药、吩噻嗪类。

药理学和作用机制
氯丙嗪为吩噻嗪类镇静药/镇吐药。氯丙嗪是中枢作用性多巴胺拮抗剂。它抑制多巴胺作为神经递质的作用，它可能产生类似于乙酰丙嗪的中枢作用和止吐作用。

适应证和临床应用
在动物中的使用主要来自经验用药。没有良好对照的临床研究或功效试验可证明临床的有效性。氯丙嗪最常被用作通过中枢作用机制产生呕吐疾病的中枢作用镇吐药。它也用于镇静和麻醉前用药，尽管乙酰丙嗪已被更广泛的使用。

注意事项

不良反应和副作用

导致镇静。和乙酰丙嗪相似，它也可能导致 α-肾上腺素阻滞和血管舒张，但是这种作用尚未像乙酰丙嗪那样得到充分证明。它可能在某些动物中产生抗胆碱作用。尽管据报道吩噻嗪类可降低某些动物的抽搐阈值，但在动物乙酰丙嗪的回顾性研究中并未显示这一点，也没有专门关于氯丙嗪的报道。和其他吩噻嗪类相似，在一些个体中它可能会产生锥体束外副作用（无意识的肌肉运动）。在马中，它产生的副作用包括剧烈的反应。

禁忌证和预防措施

抽搐性疾病和易患低血压的动物慎用。避免在马中使用。

药物相互作用

它将增强其他镇静药的作用。

使用说明

氯丙嗪用于由毒物、药物或胃肠道疾病引起的呕吐。癌症化疗已使用比剂量部分所列剂量更高的剂量（2 mg/kg，q3 h，SQ）。

患病动物的监测和实验室检测

不用特殊监测。

制剂与规格

氯丙嗪有 25 mg/mL 的注射液；10 mg、25 mg、50 mg、100 mg 和 200 mg 的片剂。

稳定性和贮藏

存放在密闭容器中，并在室温下避光保存。轻微变色不会影响稳定性。如果将其存储在聚乙烯氯（软塑料）容器中，则会发生一些吸附（损失）。

小动物剂量

以下列出的所有剂量均为一次性注射。

犬

0.5 mg/kg，q6 ~ 8 h，IM 或 SQ。

猫

0.2 ~ 0.4 mg/kg，q6 ~ 8 h，最高 0.5 mg/kg，q8 h，IM 或 SQ。

大动物剂量

马

避免使用。

牛
单剂量 0.22 mg/kg，IV 或 1.1 mg/kg，IM。

绵羊和山羊
0.55 mg/kg，IV 或 2.2 mg/kg，IM，单剂。

猪
0.5 mg/kg，IM，单剂。

管制信息
不确定食品生产用动物的停药时间。

RCI 分类：2。

金霉素（Chlortetracycline）

商品名及其他名称：Anaplasmosis block、金黄色素可溶粉、金黄色素片、金黄色素可溶牛犊片、牛犊 Scour Bolus、铁霉素和通用品牌。

功能分类：抗菌药。

药理学和作用机制
金霉素为四环素类抗菌药。通过干扰核糖药体的肽延长抑制细菌蛋白质的合成。金霉素是一种具有广泛活性的抑菌药，包括革兰氏阳性菌和支原体。大多数肠杆菌科的革兰氏阴性杆菌，尤其是肠道菌群（如大肠杆菌）都是耐药的。反刍动物中所有口服四环素类中金霉素吸收最少，而口服给药产生的血浆浓度远低于敏感细菌的 MIC。因此，可能不足以治疗由对四环素类敏感的生物引起的感染。

适应证和临床应用
广谱活性。它用于常规感染和细胞内病原体。但是，金霉素口服吸收差，对于全身性感染治疗，首选其他四环素类。金霉素最常见的用途是作为饲料添加剂控制家畜的呼吸和肠道感染。在小动物和马的临床中应用罕见。

注意事项
不良反应和副作用

金霉素可能与年轻动物的骨骼和发育中的牙齿结合。高剂量引起肾损伤。马口服给药可能会产生腹泻。

禁忌证和预防措施

避免用于年轻动物，除了标签允许的年轻猪或牛。

药物相互作用

与其他四环素类一样，金霉素将与口服的其他阳离子结合，从而阻止其吸收。如果与含钙、锌、铝、镁或铁的产品一起服用，口服吸收会降低。

使用说明

在小动物中，金霉素不能全身性使用，多西环素替代了其他大多数四环素类。大多数使用的金霉素都是粉末状，被添加到牲畜的饲料或饮用水中。

患病动物的监测和实验室检测

药敏试验：敏感生物（链球菌）的 CLSI 耐药折点为 ≤ 2 μg/mL，其他生物为 ≤4 μg/mL。四环素用作检测其他此类药物（如多西环素、米诺环素和土霉素）敏感性的标志物。

制剂与规格

金霉素有粉状饲料添加剂，25 g/450 g（lb）或 64 g/450 g（lb）。它也有用于边虫病的块剂 2.5 g/450 g（lb），以及 25 mg 和 500 mg 的片剂（预混料存在多种浓度）。

稳定性和贮藏

存放在密闭容器中，并在室温下避光保存。不要与可能与四环素类螯合的离子（钙、镁、铁、铝等）混合。

小动物剂量

犬和猫

25 mg/kg，q6 ~ 8 h，PO。

大动物剂量

牛

边虫病的预防：0.36 ~ 0.7 mg/(kg·d)（每 10 只动物大约 1 块）。

片剂：11 mg/kg，q12 h，3 ~ 5 d，PO。

粉状饲料添加剂：添加至水中，22 mg/(kg·d)。实际剂量将受到每只动物饲料和水消耗的影响。

猪

粉状饲料添加剂：添加至水中，22 mg/(kg·d)。实际剂量将受到每只动物饲料和水消耗的影响。

管制信息

肉牛停药时间：停药时间因产品而异，从 1 d、2 d、5 d 或 10 d 开始。

在牛中，大多数产品的停药时间为 1 d。

肉用猪的停药时间：1 ~ 5 d。

请注意，对于金霉素，一种产品到另一种产品的停药时间可能相差很大。应该查阅特定的产品包装，以确定确切的停药时间。

硫酸软骨素（Chondroitin Sulfate）

商品名及其他名称： Cosequin、Glyco-Flex。

功能分类： 营养性补充。

药理学和作用机制

硫酸软骨素为骨关节炎患病动物的营养性补充剂。根据制造商的说法，并得到一些实验证据的支持，硫酸软骨素是刺激关节软骨合成的前体，抑制关节软骨降解和改善愈合。

根据制剂、研究的物种和测定操作方法，药代动力学研究产生了相互矛盾的结果。尽管一些研究表明口服吸收率足够，但完整大分子的口服吸收率可能有限。在犬中，口服吸收率低至 5%，而在马中，据报道吸收含量高达 22% 或 32%。

它通常与葡萄糖胺联合给药。有关更多详细信息，请参见"氨基葡萄糖"部分。

适应证和临床应用

硫酸软骨素主要用于治疗变性性关节病，通常是含葡萄糖胺的复合制剂（有关更多详细信息，请参见"葡萄糖胺"）。对已发表的有关犬临床研究进行的分析得出的结论是，有中等证据表明在骨关节炎上有一定益处，但研究之间的结果可能不一致。也已报道了软骨素 - 葡萄糖胺补充剂的口服给药对跛行马的益处。

注意事项

不良反应和副作用

尽管可能出现超敏反应，但尚未报道副作用。软骨素最常与葡萄糖胺一起服用。潜在副作用参见"葡萄糖胺"。

禁忌证和预防措施

没有禁忌证的报道。

药物相互作用

没有关于动物药物相互作用的报道。

使用说明

剂量主要基于经验和制造商的建议。有限的功效或剂量滴定可用公开实验确定最佳剂量。所列剂量是综述的建议，可用的产品可能有所不同。

患病动物的监测和实验室检测

不用特殊监测。

制剂与规格

由于有几种硫酸软骨素制剂，鼓励兽医仔细检查产品标签以确保适当的强度。动物饮食补充剂的质量差异很大。一种产品（Cosequin）有常规强度（regular-strength，RS）和双重强度（double-strength，DS）胶囊。RS 胶囊包含 250 mg 葡萄糖胺、200 mg 硫酸软骨素和混合葡糖氨基葡聚糖，5 mg 锰和 33 mg 抗坏血酸锰。DS 片剂中的每一种含量均为 RS 中的 2 倍。

稳定性和贮藏

存放在密闭容器中，并在室温下避光保存。尚未评估复合制剂的稳定性。

小动物剂量

将 Cosequin RS 和 DS 作为常规指南。

犬

每天 1 ~ 2 个 RS 胶囊。

大型犬 2 ~ 4 个 DS 胶囊。

猫

每天 1 个 RS 胶囊。

大动物剂量

马

12 mg/kg 葡萄糖胺，3.8 mg/kg 硫酸软骨素，每天 2 次，PO，持续 4 周，然后 4 mg/kg 葡萄糖胺，1.3 mg/kg 硫酸软骨素。

在马中开始时通常用较高剂量，为 22 mg/kg 葡萄糖胺、8.8 mg/kg 硫酸软骨素，每天 1 次，PO。

管制信息

不确定食品生产用动物的停药时间。硫酸软骨素和氨基葡萄糖是天然存在的，如果将这些补充剂用于食品生产用动物，不需要停药时间。

盐酸西咪替丁（Cimetidine Hydrochloride）

商品名及其他名称：Tagamet（OTC 和处方药）。
功能分类：抗溃疡药。

C

药理学和作用机制

盐酸西咪替丁为组胺 2 拮抗剂（H_2-阻滞剂）。刺激胃酸分泌需要激活 2 型组胺受体、胃泌素受体和毒蕈碱受体。西咪替丁和相关的 H_2-阻滞剂抑制组胺对壁细胞的组胺 H_2-受体的作用和抑制壁细胞胃酸分泌。西咪替丁可增加胃 pH，以帮助治愈和预防胃和十二指肠溃疡。在犬中的半衰期很短（1.7 h），因此需要频繁的给药。

适应证和临床应用

西咪替丁用于治疗胃溃疡和胃炎。尽管它常用于患有呕吐的动物，但尚无功效数据表明其有效。也没有功效数据支持其用于预防 NSAID 诱导的出血和溃疡。在犬中，临床功效有限，溃疡治疗优选使用其他药物（如法莫替丁、雷尼替丁和质子泵抑制剂）。在马中，西咪替丁已被用于预防或治疗消化道溃疡。但是，尚未证明功效。例如，在马的研究中表明，18 g/kg，q8 h，PO 给药，不会使溃疡愈合。疗效差可能是由于作用时间短（2 ~ 6 h）。在马中，溃疡的治疗优选其他药物（如雷尼替丁和质子泵抑制剂）。在犊牛中，西咪替丁可增加皱胃 pH。

注意事项

不良反应和副作用

通常仅在肾脏清除率降低的情况下才发生副作用。在人中，高剂量西咪替丁可能引起 CNS 症状。

禁忌证和预防措施

与依赖肝脏代谢进行清除的药物联用时，应谨慎。

药物相互作用

西咪替丁是一种众所周知的细胞色素 P450 酶抑制剂。由于肝脏酶的抑制，它可能同时增加其他使用药物（如茶碱）的浓度。西咪替丁可增加胃的 pH，这能抑制某些药物（如伊曲康唑和酮康唑）的口服吸收。西咪替丁将抑制铁补充剂的口服吸收。

使用说明

尚未确定治疗动物溃疡的功效。为了抑制胃酸，可能需要频繁给药。

剂量来自对实验动物胃分泌的研究。

患病动物的监测和实验室检测
不用特殊监测。

制剂与规格
西咪替丁有 100 mg、150 mg、200 mg、300 mg、400 mg 和 800 mg 的片剂；60 mg/mL 的口服溶液和 150 mg/mL 的注射液。

稳定性和贮藏
存放在密闭容器中，并在室温下避光保存。不要将注射液储存在冰箱中。溶液至少稳定 14 d。与各种肠溶产品混合稳定。

小动物剂量
犬和猫

10 mg/kg，q6 ~ 8 h，IV、IM 或 PO。

肾衰竭：2.5 ~ 5 mg/kg，q12 h，IV 或 PO。

大动物剂量
马

3 mg/kg 溶解于液体中，超过 2 min 进行 IV，q8 h。

40 ~ 60 mg/(kg·d)，PO。但是，马口服剂量产生不一样的结果。

犊牛

吃奶犊牛的皱胃溃疡：100 mg/kg，q8 h，PO。

管制信息
不确定食品生产用动物的停药时间。

RCI 分类：5。

盐酸环丙沙星（Ciprofloxacin Hydrochloride）
商品名及其他名称：Cipro 和通用品牌。
功能分类：抗菌药。

药理学和作用机制
盐酸环丙沙星为氟喹诺酮类抗菌药。环丙沙星通过对 DNA 促旋酶的抑制作用抑制 DNA 和 RNA 合成。其他为杀菌剂。抗菌活性广泛，包括革兰氏阴性杆菌（包括肠杆菌科）和某些革兰氏阳性球菌（包括葡萄球菌）。环丙沙星对铜绿假单胞菌的活性比其他氟喹诺酮类高，但可能有耐药性。多重耐药的细菌，包括肠杆菌科的革兰氏阴性杆菌，以及耐甲氧西林葡萄球菌，都可能对环丙沙星和其他氟喹诺酮类产生耐药性。犬口服吸收率各异。口服吸收率可能接近 74% ~ 97%，但也可低至 42%。在研究犬中，口服吸收率为 58.4%，但差异性较高。以大约 25 mg/kg，PO，血浆浓度峰值为 4.4 μg/mL，终末半衰期为 2.6 h，AUC 为 22.5 μg/(mL·h)。在人药代动力学研究中（患者人群）口服剂量为 23 mg/kg 时，半衰期为 4.3 h，峰值浓度为 1.2 μg/mL，AUC 为 13.8 μg/(mL·h)。马的口服吸收率小于 10%，不应在马中口服使用。在猫中，口服吸收率较低（22% ~ 33%），即使 10 mg/kg，对革兰氏阳性菌也无效；但是 10 mg/kg，q12 h 时，它能够达到针对易感革兰氏阴性菌的治疗目标。注册用于动物的其他氟喹诺酮类具有接近完全的生物利用度。

适应证和临床应用

环丙沙星尽管是一种人用药，但已用于小动物，治疗多种感染，包括皮肤感染、肺炎和软组织感染。环丙沙星未被批准用于动物。但是，只要不将其用于食品生产用动物或拟食用动物，则可由兽医开具。给予动物环丙沙被认为是标签外的，并受到其他的标签外限制。犬和猫口服环丙沙星的利用率可变且可能较低，表明用药剂量应高于目前所用药物的剂量，如恩诺沙星、麻保沙星或奥比沙星。如果在犬中以每天 1 次 25 mg/kg 口服给药，不会达到人药敏试验的耐药折点，并且仅当 MIC 小于 0.12 μg/mL 时，才应认为敏感。

注意事项
不良反应和副作用
高剂量可能会引起 CNS 毒性，尤其是患有肾衰竭的动物。环丙沙星偶尔导致呕吐。静脉注射应缓慢（超过 30 min）。高剂量时，可能会引起恶心、呕吐和腹泻。尚未报告环丙沙星可引起猫失明。所有的氟喹诺酮类都可能在年轻动物中引起关节病。在 4 ~ 28 周龄的年龄组中，犬最容易发生喹诺酮类诱导的关节病。快速成长的大型犬最容易受影响。在马中给药可能会导致严重的肠炎和绞痛。

静脉注射输注环丙沙星引起某些犬的类过敏反应。对这种反应敏感的犬已表现出低血压和心脏异常，包括心律不齐。静脉输注期间要观察犬的反应。
禁忌证和预防措施
由于其存在使软骨受损的风险，避免用于年轻动物。在易患抽搐的动物（如癫痫）中慎用。不建议将环丙沙星用于马。

药物相互作用

如果同时使用氟喹诺酮类，可能会增加茶碱的浓度。同时使用二价和三价阳离子，如含有铝（如硫糖铝）、铁和钙的产品，可能会降低吸收。请勿在溶液或小瓶中与铝、钙、铁或锌混合，因为可能会发生螯合。

使用说明

剂量根据达到高于 MIC 的足够血浆浓度所需的血浆浓度。尚未在犬或猫中进行功效研究，而临床的使用主要基于个人经验。注射用环丙沙星有人用制剂，通常为 10 mg/mL（在灭菌水中）或 2 mg/mL（用 5% 葡萄糖溶液预混）。在 IV 前，用 IV 溶液先将浓缩形式稀释至 1 ~ 2 mg/mL，然后缓慢输入。请勿与其他药物同时注入（如在肩背部），因为可能会导致失活。

患病动物的监测和实验室检测

药敏试验：尚未确定动物敏感生物的 CLSI 耐药折点，但人的 CLSI 耐药折点为 ≤1.0 μg/mL。人的敏感生物耐药折点不应用于犬和猫。在犬中，每天以 25 mg/kg，PO，敏感细菌的临界值为 ≤0.06 μg/mL。肠杆菌科的大多数敏感革兰氏阴性菌的 MIC 值均小于 0.12 μg/mL，但铜绿假单胞菌的 MIC 通常更高（< 0.5 μg/mL）。葡萄球菌的 MIC 值通常 < 1.0 μg/mL。

制剂与规格

环丙沙星有 100 mg、250 mg、500 mg 和 750 mg 的片剂；5 mg、10 mg 和 20 mg/mL 的注射剂和 2 mg/mL 输注（在葡萄糖中）。

稳定性和贮藏

存放在密闭容器中，并在室温下避光保存。储存时，0.5 ~ 2 mg/mL 的水溶液保留效力可达 14 d。请勿与含有离子的产品（如铁、铝、镁和钙）混合。

小动物剂量

犬

25 mg/kg，q24 h，PO。

15 mg/kg，q24 h，IV。

猫

20 mg/kg，q24 h，PO。

10 mg/kg，q24 h，IV。

大动物剂量

没有可用的剂量数据。马口服吸收率较差（＜10%），因此不推荐使用。

管制信息

没有停药时间，因为该药物不应用于食品生产用动物。美国食品生产用动物的氟喹诺酮类标签外给药违反了 FDA 的法规。

西沙必利（Cisapride）

商品名及其他名称: Propulsid（加拿大的 Prepulsid），目前尚无商业销售。
功能分类: 促动力药。

药理学和作用机制

其作用机制被认为是肠肌神经元上 5-羟色胺（5-HT$_4$）受体的激动剂（5-HT$_4$ 通常会刺激肠肌神经元中的胆碱能传递）。它也可以作为 5-HT$_3$ 受体的拮抗剂。通过或者不通过这种机制，西沙必利均可以增强肠肌神经丛中乙酰胆碱的释放。西沙必利可提高胃、小肠和结肠的活力。它加快了大肠和小肠中内容物的传输。

适应证和临床应用

西沙必利用于刺激运动以治疗胃反流、胃轻瘫、肠梗阻和便秘。在动物中最常见的用途是预防胃反流，减少术后肠梗阻，并治疗猫的便秘和巨结肠。在麻醉犬中，它被证明比其他预防胃食管反流的方法更有效。在患巨食道的犬中，刺激食道的运动无效。西沙必利已从人用药物市场中去除了，再也买不到商品化的产品。配制药店已将西沙必利以复合形式提供给兽医（请参阅"制剂与规格"部分）。但是，这些制剂未经许可，且不受监管。

注意事项

不良反应和副作用

已经报道了西沙必利可引起人不良的心脏作用，这也是它不再用作人用药物的原因。尚未报道动物的这些心脏作用。在犬中严重的过量用药（18 mg/kg）可产生腹部疼痛、攻击行为、共济失调、发热和呕吐。若过量，可观察到腹泻、共济失调和 CNS 反应。

禁忌证和预防措施

禁用于消化道梗阻患病动物。

药物相互作用

抗胆碱能药物（如阿托品）将消除其作用。西沙必利不应与抑制代谢的药物（细胞色素 P450 抑制剂）或抑制 P- 糖蛋白的药物一起使用。可能会导致毒性（请参阅附录中的药物清单）。

使用说明

目前无商业销售。西沙必利在 2000 年 7 月停产。但是，在某些兽医药房可以购买到或能为动物准备复合制剂。有关可获得性，请咨询当地的配药药剂师。剂量是根据人的剂量、实验研究和个人经验推断得出的。尚未在犬或猫中进行功效研究。

患病动物的监测和实验室检测

在人中，有心脏作用的报道（心律失常）。监测易感患病动物的 ECG。

制剂与规格

西沙必利曾经有 10 mg 的片剂，但已停产。所用的制剂是从纯原料中混合制备的。要制备 1 mg/mL 的注射溶液［遵循《美国药典》（*United States Pharmacopeia*，USP）"797# 无菌配制标准"］，请将 0.104 g 西沙必利一水合物与 20 mL 的 6% 酒石酸溶液混合。加入灭菌水至 100 mL 的总体积。将溶液保存在冰箱中的无菌小瓶中，避光，并在标签上注明配制日期，溶液应在配制后 14 d 内使用。通过将 300 mg（0.3 g）西沙必利一水合物与 15 mL Ora Plus 混合，并加入足够的 Ora Sweet 使总体积为 30 mL，制备 10 mg/mL 口服悬浮液（遵循 USP "795# 配制标准"）（Oral Plus 和 Ora Sweet 为口服悬浮液，是药房常用的载体）。

稳定性和贮藏

存放在密闭容器中，并在室温下避光保存。如果保持 pH 中性，则某些复合制剂可稳定 60 d。注射溶液应在 14 d 内使用。在水性媒介物中的口服悬浮液为 10 mg/mL，在冰箱中稳定 30 d。

小动物剂量
犬

0.1 ~ 0.5 mg/kg，q8 ~ 12 h，PO（最高 0.5 ~ 1.0 mg/kg）。如果用于防止麻醉期间胃食管反流，1 mg/kg，IV。

猫

每只 2.5 ~ 5 mg，q8 ~ 12 h，PO（高达 1 mg/kg，q8 h）。

C

大动物剂量
马

0.1 mg/kg，IV（该制剂不可商购，但已通过将 40 mg 与 1.0 mL 的酒石酸混合制成 IV 形式，并进行稀释以获得 10 mL 的总体积）。

管制信息
不确定食品生产用动物的停药时间。该药物不应用于拟食用动物，因为它会对人造成危险。

顺铂（Cisplatin）
商品名及其他名称： Platinol。
功能分类： 抗癌药。

药理学和作用机制
顺铂的作用类似于 DNA 的双功能烷基化剂，但形成一个反应性的碳离子，交联发生在铂离子周围，而不是烷基周围。它优先结合鸟嘌呤和腺嘌呤碱基的 N-7。由于这个反应，发生 DNA 的链间和链内交联，结果抑制 DNA 合成。相关药物是卡铂，它是第二代铂化合物，用于可能无法耐受顺铂的患病动物。

适应证和临床应用
顺铂用于治疗各种实体瘤，包括支气管癌、骨肉瘤、移行细胞癌和肥大细胞瘤。已经证明可延长患骨肉瘤的犬截肢后的存活时间。

注意事项
不良反应和副作用

肾毒性是顺铂治疗的最大限制因素。在猫中，它可引起剂量相关的物种特异性原发性肺中毒。在犬中给药后常见呕吐。在犬中也可能出现短暂性血小板减少症。顺铂导致钾消耗和镁消耗。

禁忌证和预防措施

禁用于猫。

药物相互作用

顺铂可与其他癌症化疗药物一起使用。请勿与其他肾毒性药物一起使用。

使用说明

为避免毒性，应在给药之前用氯化钠负荷补液。在治疗前经常使用镇吐药，控制呕吐。对于移行细胞癌和鳞状细胞癌，每 21 ~ 28 d 使用的剂量为 40 ~ 50 mg/m^2。对于骨肉瘤，70 mg/m^2，每 21 d 用药 1 次，治疗 4 次。

患病动物的监测和实验室检测

监测患病动物的肾脏功能。2 次治疗之间应监测患病动物的 CBC。

制剂与规格

顺铂有 1 mg/mL 的注射剂。

稳定性和贮藏

存放在密闭容器中，并在室温下避光保存。

小动物剂量

犬

60 ~ 70 mg/m^2，每 3 ~ 4 周 1 次，IV（补液进行利尿）。

猫

禁用于猫。

大动物剂量

没有大动物剂量的报道。

管制信息

不确定食品生产用动物的停药时间。由于该药物是抗癌药，禁用于拟食用动物。

克拉霉素（Clarithromycin）

商品名及其他名称: Biaxin 和通用品牌。
功能分类: 抗生素。

药理学和作用机制

大环内酯类抗生素具有抑菌活性。它是取代的 14 碳大环内酯类。克拉霉素于 1990 年引入，以替代红霉素。与红霉素相比，它具有更高的吸收率、更长的半衰期和更高的细胞内摄取。作用部位与其他大环内酯类抗生素相似，是敏感细菌的 50S 核糖体亚基。抗菌谱主要包括革兰氏阳性菌。大多数革兰氏阴性菌都有望产生耐药性。与红霉素或阿奇霉素相比，克拉霉素对许多细菌具有较高的活性（较低的 MIC 值）。和其他大环内酯类药物相似，克拉霉素可能具有与微生物效应无关的抗炎特性（如抑制中性粒细胞和嗜酸性粒细胞炎性反应）。克拉霉素代谢物可能有助于该活性，但这些代谢物在动物中并未得到很好的表征。它广泛分布于细胞内和组织部位，在大多数组织（包括呼吸道）中的浓度超过血浆浓度。在马驹中，半衰期为 4.8 ~ 5.4 h，分布容积为 10.5 L/kg，清除率为 1.27 L/(kg·h)。在马驹中的口服吸收率为 57%，最大浓度为 0.5 ~ 0.9 μg/mL。

适应证和临床应用

在人中，最常用于治疗幽门螺杆菌性胃炎和呼吸道感染，它对多数呼吸道病原体（如链球菌属、支原体、衣原体）具有活性。在小动物中，克拉霉素已用于皮肤感染和呼吸感染。在马驹中，克拉霉素已被用于治疗由马红球菌引起的感染（联合利福平），并且比阿奇霉素的临床作用更好。

注意事项

不良反应和副作用

克拉霉素和相关药物中最常见的副作用是腹泻和恶心。许多动物可能会出现软便或轻度腹泻。在健康马驹的研究中，腹泻在口服剂量中并不常见，并且具有自限性。但是，如果腹泻严重，应停止治疗。

禁忌证和预防措施

慎用于成年马、反刍动物、啮齿动物和兔子，因为可能造成腹泻和肠炎。在怀孕的动物中慎用。

药物相互作用

许多大环内酯类抗生素是细胞色素 P450 酶抑制剂，可以减少其他药物的代谢。例如，在人中，它会增加地高辛浓度。在动物中用克拉霉素可能会降低同时使用的药物的清除率。例如，在猫中克拉霉素降低环孢素的清除率，并增加环孢素的口服吸收率。

使用说明

由于其半衰期短，并且需要超过 MIC 的时间较长，应每天 2 次给予动物克拉霉素。

患病动物的监测和实验室检测

在没有克拉霉素特定值的情况下，请使用红霉素的敏感性指导克拉霉素的使用。尽管 CLSI 衍生的敏感细菌的耐药折点为 1 μg/mL，但是当治疗呼吸道病原体的 MIC 值高达 8 μg/mL 时，已观察到治愈的情况，这归因于所达到的高呼吸浓度。马红球菌的 MIC 值为 0.12 μg/mL。对红霉素和阿奇霉素耐药的生物很可能对克拉霉素产生耐药性。

制剂与规格

克拉霉素有 250 mg 和 500 mg 的片剂及 25 mg/mL 和 50 mg/mL 的口服悬浮液。

稳定性和贮藏

存放在密闭容器中，并在室温下避光保存。250 mg 片剂溶于水（50 mL），立即给马驹口服。但是，尚未评估复合制剂的长期稳定性。

小动物剂量

犬和猫

7.5 mg/kg，q12 h，PO。

大动物剂量

马驹

7.5 mg/kg，q12 h，PO（通常与利福平合用，剂量为 10 mg/kg，q12 h）。

猪

7.5 mg/kg，PO，q12 h。

管制信息

无可用的管制信息。

富马酸氯马斯汀（Clemastine Fumarate）

商品名及其他名称：Tavist 和通用品牌。

功能分类：抗组胺药（H_1- 阻滞剂）。

药理学和作用机制

与其他抗组胺药相似，它通过阻滞 H_1-受体起作用，并抑制组胺引起的炎性反应。在犬和猫中，H_1-阻滞剂已被用于控制瘙痒和皮肤炎症，但是，在犬中的成功率并不高。常用的抗组胺药包括氯马斯汀、氯苯那敏、苯海拉明和羟嗪。

适应证和临床应用

主要用于治疗过敏。一些报告表明氯马斯汀对犬的瘙痒有效。但是，犬的半衰期很短（3.8 h），并且清除速度很快。口服吸收率仅为 3%（人为 20% ~ 70%）。在 0.5 mg/kg，PO 的高剂量下，它不能抑制皮内皮肤反应。该证据表明口服给药在犬中的疗效可能不如先前所想。在马中的口服吸收率研究表明，口服后它不会被吸收（生物利用度仅为 3%）。

C

注意事项

不良反应和副作用

镇定是最常见的副作用。镇定是组胺 N-甲基转移酶抑制的结果，也可能归因于其他 CNS 受体的阻滞，如 5-羟色胺、乙酰胆碱和 α-受体。也可能有抗毒蕈碱作用（阿托品样作用），如口干和消化道分泌减少。

禁忌证和预防措施

没有关于动物禁忌证的报道。

药物相互作用

没有关于动物药物相互作用的报道。

使用说明

富马酸氯马斯汀用于犬瘙痒的短期治疗。与其他抗炎药联合使用时可能更有效。塔维斯糖浆含 5.5% 酒精。

患病动物的监测和实验室检测

不用特殊监测。

制剂与规格

富马酸氯马斯汀有 1.34 mg 的片剂（OTC）、2.64 mg 的片剂（处方）和 0.1 mg/mL 的糖浆。

稳定性和贮藏

存放在密闭容器中，并在室温下避光保存。尚未评估复合制剂的稳定性。

小动物剂量

犬

0.05 ~ 0.1 mg/kg，q12 h，PO，最高 0.5 ~ 1.5 mg/kg，q12 h，PO。

犬 < 10 kg：半片（剂量基于 q12 h 治疗和 1.34 mg 片剂）。

犬 10 ~ 25 kg：1 片（剂量基于 q12 h 治疗和 1.34 mg 片剂）。

犬 > 25 kg：1.5 片（剂量基于 q12 h 治疗和 1.34 mg 片剂）。

大动物剂量
马

50 μg/kg（0.05 mg/kg），q8 h，IV。马口服不吸收。

管制信息
禁用于食品生产用动物。

RCI 分类：3。

克仑特罗（Clenbuterol）

商品名及其他名称： Ventipulmin。

功能分类： 支气管扩张剂、β-激动剂。

药理学和作用机制

克仑特罗为 β_2-肾上腺素激动剂（$\beta_2 : \beta_1 = 4 : 1$）、支气管扩张剂，刺激 β_2- 受体以放松支气管平滑肌。它还可能抑制炎性介质释放，特别是从肥大细胞中减少杯状细胞产生的黏液，并可能增加气道黏膜纤毛的转运速率。与特布他林相比，它的内在活性较低，因此功效较低，而且只是部分激动剂。克仑特罗与其他 β-激动剂不同，因为它能抵抗 O- 硫酸酯结合，产生更长的半衰期。在马中，与其他 β-激动剂相比，它的口服吸收率也更好（83%）。在马中，血浆半衰期为 13 h，而在尿液中的半衰期为 12 d。除了对呼吸道平滑肌的作用外，克仑特罗还可以产生再分配效应，表明它会刺激更多肌肉（合成作用）和更少脂肪（脂解作用）的发育。再分配效应由瘦素和脂联素介导的重新分配作用引起，这导致肌肉量的增加。在马中，它可降低体脂百分比，并增加肌肉量。肌肉量的增加不会增强运动表现，实际上可能会对运动功能产生负面影响。然而，由于对肌肉的影响，它已被人（如健身爱好者）滥用，并非法用于食品生产用动物的增重。

适应证和临床应用

克仑特罗适用于治疗可逆性支气管狭窄的动物，如患反复性气道阻塞 [recurrent airway obstruction，RAO，以前称为慢性阻塞性肺病（chronic obstructive pulmonary disease，COPD）] 的马。治疗 RAO 的反应各异。一些对低剂量无反应的马给予起始剂量的 4 倍有更好的反应，反应率更高。反复高剂量给药可能会发生快速减敏反应。研究已经证明了在马中的作用，但是没有关于在其他物种中使用的报道。在马中，它可能具有重新分配作用（产生较少的脂肪），但它也降低了运动能力并提高了疲劳率。不应将其用于食品生产用动物。

注意事项

不良反应和副作用

高剂量克仑特罗可能产生过度 β-肾上腺素刺激（心动过速和颤动）和心律失常。在健康马中，长期使用可能对心脏功能产生副作用。关于克仑特罗对马运动表现的影响，存在相互矛盾的研究。在一项批准剂量的研究中，它对马的心脏或骨骼肌肉没有任何副作用。在其他研究中，它对有氧运动功能有不良影响，加快疲劳，心脏功能下降和氧消耗下降。之所以会产生负面影响，是因为在重复给药后，它可下调肾上腺素 β$_2$-受体，导致骨骼肌肉和肺中受体的表达下降。

禁忌证和预防措施

禁用于拟食用动物。应当警告兽医，克仑特罗在人中的滥用是为了增强肌肉和减重。而且，高剂量克仑特罗可能会引起人心脏毒性，如心律失常。

药物相互作用

由于克仑特罗是 β-激动剂，因此其他肾上腺素药物会增强这种作用。此外，β-受体阻滞剂会降低作用。与可能刺激心脏的任何其他药物联用时应慎重。

使用说明

在马中口服给药。克仑特罗尚未用于小动物。禁止将其用于拟食用动物。

患病动物的监测和实验室检测

监测治疗过程中动物的心率。尿液中可以检测到克仑特罗的时间长达 12 d。有效血浆浓度为 500 pg/mL。

制剂与规格

克仑特罗有 100 mL 和 33 mL 瓶装的 72.5 μg/mL 糖浆。

稳定性和贮藏

存放在密闭容器中，并在室温下避光保存。尚未评估复合制剂的稳定性。

小动物剂量

犬和猫

没有关于小动物剂量的报道。

大动物剂量

马

RAO：0.8 μg/kg（0.008 mg/kg），每天 2 次，PO。如果初始剂量无效，则将剂量增加至初始剂量的 2 倍、3 倍和 4 倍，最高至 3.2 μg/kg。持效时间为 6 ~ 8 h。

管制信息

没有停药时间，因为不应在食品生产用动物中使用克仑特罗。在马中，12 d 内可以在尿液中检测到克仑特罗。尽管它不是批准的人用药，但由于减重和增肌被人滥用。

RCI 分类：3。

盐酸克林霉素（Clindamycin Hydrochloride）

商品名及其他名称：Antirobe、ClinDrops、ClindaTobe、Clintabs、Clinsol、通用品牌（动物用制剂）和 Cleocin（人用制剂）。

功能分类：抗菌药。

药理学和作用机制

盐酸克林霉素为林可酰胺类抗菌药（作用与大环内酯类相似）。它与林可霉素具有相同的结构、微生物活性和其他特性。它通过抑制核糖体来抑制细菌蛋白质的合成。克林霉素具有抑菌作用，主要针对革兰氏阳性菌和厌氧菌。和大环内酯类抗生素相似，克林霉素可以集中在白细胞和许多组织中。克林霉素的作用主要针对革兰氏阳性菌（如葡萄球菌、链球菌属）和革兰氏阴性杆菌（如棒状杆菌）。克林霉素对支原体和厌氧生物也有活性，但并非所有的拟杆菌种类都易感。针对弓形虫（属）的活性存在争议。在动物中的功效尚不确定，在人中是需要高剂量的第二选择。在犬中，分布容积为 2.5 L/kg，口服吸收率为 73%。剂量为 5.5 mg/kg 时半衰期为 4 ~ 4.5 h，剂量 11 mg/kg 时半衰期为 7 ~ 10 h。

适应证和临床应用

克林霉素主要用于涉及皮肤、呼吸道或口腔的革兰氏阳性菌或厌氧菌感染。葡萄球菌可能会产生耐药性。克林霉素也可用于支原体感染。克林霉素治疗弓形虫病的功效尚存争议。一些研究表明，克林霉素可以改善临床症状，但不能解决感染问题。另一些研究表明，克林霉素抑制白细胞杀灭弓形虫。

注意事项
不良反应和副作用

口服盐酸克林霉素与猫的食管病变有关。口服液体产品对猫的适口性差，可能是因为酒精含量高（8.6%）。高剂量克林霉素可导致猫呕吐和腹泻。克林霉素可能改变肠道菌群，引起腹泻。

禁忌证和预防措施

禁用于啮齿动物和兔子，因为它可能导致腹泻。在马或反刍动物中禁止口服，因为可导致腹泻、肠炎甚至死亡。

药物相互作用

克林霉素注射剂不应与其他药物混合在同一小瓶、注射器或 IV 管线中。

使用说明

大多数剂量基于制造商的药品批准数据和功效试验。尽管建议在犬中每 12 h 用药，但是有研究表明，每 24 h 以 11 mg/kg 的剂量给药可以有效治疗脓皮病。也有注射用制剂（Cleocin），为磷酸克林霉素，可以 IV 或 IM。如果 IV 克林霉素，应将其稀释并缓慢输注（30 ~ 60 min）。通常在 0.9% 生理盐水中以 10 : 1 的比例稀释。生理盐水含有苯甲醇，并且这种媒介物对幼儿（可能对小动物）产生毒性反应。

患病动物的监测和实验室检测

药敏试验：敏感生物（链球菌）的 CLSI 耐药折点为 ≤ 0.25 μg/mL，其他生物为 ≤ 0.5 μg/mL。

制剂与规格

克林霉素有口服溶液（Aquadrops）25 mg/mL，25 mg、75 mg、150 mg 和 300 mg 的胶囊，25 mg、75 mg 和 150 mg 的片剂和 150 mg/mL 的注射剂（Cleocin）。

稳定性和贮藏

存放在密闭容器中，并在室温下避光保存。防止冻结。溶解后稳定 2 周。复合制剂的稳定性至少为 60 d。

小动物剂量

犬

葡萄球菌感染：11 mg/kg，q12 h，PO 或 22 mg/kg，q24 h，PO（犬的标签剂量为 5.5 ~ 33 mg/kg，q12 h，PO）。

难治的感染：剂量可达 33 mg/kg，q12 h，PO。

厌氧菌感染和牙周感染：11 ~ 33 mg/kg，q12 h，PO。

10 mg/kg，q12 h，IV 或 IM（对于 IV 使用，应将其稀释并缓慢输注给药）。

猫

5.5 mg/kg, q12 h 或 11 mg/kg, q24 h, PO（猫的标签剂量为 11 ~ 33 mg/kg, q24 h, PO）。

难治的感染：剂量高达 33 mg/kg, q24 h, PO。

厌氧菌感染和牙周感染：11 ~ 33 mg/kg, q24 h, PO。

弓形虫病：12.5 mg/kg，最高 25 mg/kg, q12 h, PO，用 4 周（请参阅"适应证和临床应用"部分）。

10 mg/kg, q12 h, IV 或 IM（对于 IV 使用，应将其稀释并缓慢输注给药）。

大动物剂量

在大动物中禁止口服克林霉素。

管制信息

无可用的管制信息。

氯磷酸盐（Clodronate）

商品名及其他名称： OSPHOS。

功能分类： 抗高钙血症。

药理学和作用机制

氯磷酸盐为双磷酸盐药。此类药物还包括帕米磷酸盐、依替磷酸盐、替洛磷酸盐、齐鲁磷酸盐和焦磷酸盐。此类药物的临床使用在于其抑制骨吸收的能力。这些药物通过抑制破骨细胞活性，诱导破骨细胞凋亡，延迟骨吸收和降低骨质疏松速度来减少骨转换。通过甲羟戊酸途径抑制骨吸收。根据结构，双磷酸盐药被分为含氮类和非氮类，其中含氮药物的效力更高。氯磷酸盐二钠是一种非氮类含氯双磷酸盐。在以标签剂量进行 IM 注射给马后，半衰期为（1.65 ± 0.52）h，20 min 后达到峰值。

适应证和临床应用

氯磷酸盐已在美国获得批准，用于治疗马与舟状综合征相关的骨疼痛。其他双磷酸盐药也用于治疗骨质疏松和恶性高钙血症的人。该类别的其他药物有助于管理与病理性骨吸收有关的并发症。它们还可以缓解病理性骨病患病动物的疼痛。另一种双磷酸盐是替丁磷酸盐（Tildren），也被批准用于治疗马的舟状骨病。

注意事项

不良反应和副作用

仅报道了马对氯磷酸盐的反应。根据现场试验，最常报告的副作用是绞痛、躁动和轻度神经症状，如卷舌和头部摇动。马急腹痛的征象通常在给药后不久（2 h）出现，因此在注射之后要监测至少 2 h。在大多数病例中，这些症状在给药后 5.5 h 内得到解决。与氯磷酸盐相关的临床病理学异常包括血清 BUN、肌酐、葡萄糖和钾浓度升高，血清氯浓度降低。在安全性研究中，大多数常见的副作用是与腹部不适（绞痛）相关的临床症状，而腹部不适与剂量有关（超标签剂量常见）。

禁忌证和预防措施

禁用于患肾病的马。在与低钙血症相关的状况中谨慎使用。不建议对生长期幼年动物使用双磷酸盐。请勿在怀孕的母马中使用，因为尚未评估怀孕的安全性，并且给予实验动物双磷酸盐时可导致胎儿异常。

药物相互作用

请勿与含钙的溶液（如乳酸林格液）混合。

使用说明

使用前，请确保马水合良好，以避免肾损伤。给药后 2 h 观察马是否有绞痛症状。

患病动物的监测和实验室检测

监测血清钙和磷。监测治疗动物的尿素氮、肌酐、尿液比重和急腹痛征象。

制剂与规格

氯磷酸盐的制剂为 20 mL 小瓶中含 60 mg 氯磷酸盐二钠。

稳定性和贮藏

存放在室温 25℃（77℉）下，允许的偏差为 15 ~ 30℃（59 ~ 86℉）。

小动物剂量

尚未确定犬或猫的剂量。

大动物剂量

马

1.8 mg/kg，IM，每匹马的最大剂量为 900 mg。将总剂量平均分为 3 个注射点。

管制信息

不确定食品生产用动物的停药时间。

氯法齐明（Clofazimine）

商品名及其他名称: Lamprene。
功能分类: 抗菌药。

药理学和作用机制

用于治疗猫麻风病的抗菌药，它对麻风分枝杆菌产生缓慢的杀菌作用。

适应证和临床应用

氯法齐明在动物医学中的用途有限。它的用途仅限于治疗由分枝杆菌引起的感染，如猫麻风。

注意事项
不良反应和副作用

尚未报告猫的副作用。在人中，最严重的副作用与胃肠道有关。

禁忌证和预防措施

没有关于动物禁忌证的报道。

药物相互作用

没有关于动物药物相互作用的报道。

使用说明

剂量基于经验或从人的研究中推断出。

患病动物的监测和实验室检测

不用特殊监测。

制剂与规格

氯法齐明有 50 mg 的胶囊。

稳定性和贮藏

存放在密闭容器中，并在室温下避光保存。尚未评估复合制剂的稳定性。

小动物剂量

猫

1 mg/kg，最高每天 4 mg/kg，PO。

大动物剂量

没有大动物剂量的报道。

管制信息

无可用的管制信息。

C

盐酸氯米帕明（Clomipramine Hydrochloride）

商品名及其他名称： Clomicalm（动物用制剂）、氯丙咪嗪（人用制剂）。

功能分类： 行为矫正。

药理学和作用机制

盐酸氯米帕明为三环类抗抑郁药（TCA）。在人中用于治疗焦虑和精神沉郁。作用是抑制突触前神经末梢血清素的摄取，主要由阻止脑区域中影响焦虑和行为的 5-羟色胺的再摄取和 5-羟色胺的调节引起。氯米帕明比其他 TCA 药物具有更强的 5-羟色胺再吸收阻滞作用。副作用由活性代谢物去甲基氯米帕明的抗毒蕈碱作用引起。但是，动物产生的这种代谢产物少于人。在犬中，口服给药后的半衰期为 5 h，峰值为 1.2 h，但是如果反复给药，则半衰期可能会较短（2 ~ 4 h），口服吸收率为 20%。

适应证和临床应用

与其他 TCA 一样，氯米帕明用于治疗动物的各种行为障碍，包括强迫症（也称为犬强迫症障碍）和分离焦虑。治疗犬强迫症氯米帕明优于阿米替林。但是，将其用于与支配地位相关的攻击行为时似乎没有好处。通过长期治疗，它可有效减少猫的喷尿行为（*J Am Vet Med Assoc*, 226: 378-382, 2005）。其效果与氟西汀一样，但停药后治疗的动物会突然恢复喷尿。它对猫的心理性脱毛无效。

注意事项

不良反应和副作用

报告的副作用包括镇定和食欲降低。氯米帕明有苦味。与 TCA 相关的其他副作用包括抗毒蕈碱作用（口干、心跳加快和尿潴留）和抗组胺药作用（镇定）。在猫中已观察到镇定和体重增加。对于氯米帕明，抗毒蕈碱作用可能由活性代谢物引起。氯米帕明可以降低犬的总 T_4 和游离 T_4 浓度，但仍可能在正常参考范围内。过量使用会产生致命的心脏毒性。如果发生过量，请立即联系毒物控制中心。在猫中进行的试验表明，未观察到明显的副作用。

禁忌证和预防措施

心脏病患病动物慎用。

药物相互作用

请勿与其他行为矫正药（如 5- 羟色胺再摄取抑制剂）联用。请勿与司来吉兰或阿米曲士等 MAOI 联用。

使用说明

调整剂量时，可以从低剂量开始，并逐渐增加剂量。开始治疗后可能需要 2 ~ 4 周的延迟才能观察到有益的作用。在达到良好的反应后，可以在某些动物中逐渐降低剂量。在猫中，对于精神病性脱毛，剂量为每只猫 1.25 ~ 2.5 mg，每天 1 次；对于喷尿行为，最多 5 mg，每天 1 次。

患病动物的监测和实验室检测

在治疗过程中定期监测动物的心率和心律。

制剂与规格

氯米帕明有 20 mg、40 mg 和 80 mg 的片剂（动物用制剂）和 25 mg、50 mg 和 75 mg 的胶囊（人用制剂）。

稳定性和贮藏

存放在室温下。注意防潮。已将其掺入金枪鱼味的猫液体中，功效并未降低。

小动物剂量

犬

1 ~ 3 mg/(kg·d)，q12 h，PO。从较低剂量开始，逐渐增加剂量。大约每 14 d 应增加剂量，直到观察到所需的效果为止。

猫

每只猫 1 ~ 5 mg，q12 ~ 24 h，PO［0.5 mg/(kg·d)］，并逐渐增加剂量。

大动物剂量

没有大动物剂量的报道。

管制信息

无可用的管制信息。

RCI 分类：2。

氯硝西泮（Clonazepam）

商品名及其他名称： Klonopin 和通用品牌。
功能分类： 抗惊厥药。

药理学和作用机制

氯硝西泮为苯二氮䓬类。作用是增强中枢神经系统中γ-氨基丁酸（GABA）的抑制作用。通过 GABA 的作用，它具有抗惊厥作用、镇定作用及矫正某些行为障碍的作用。

适应证和临床应用

氯硝西泮已在犬和猫中用作抗惊厥药。作为苯二氮䓬类，它也用于治疗犬和猫的行为问题，尤其是与焦虑相关的行为问题。长期使用可能会产生对抗惊厥作用的耐受。

注意事项

不良反应和副作用

副作用包括镇定和多食症。有些动物可能会出现反常的兴奋。

禁忌证和预防措施

没有关于动物禁忌证的报道。

药物相互作用

没有关于动物药物相互作用的报道。但是，它会增强其他镇定药和 CNS 抑制剂的作用。

使用说明

剂量主要基于人医、经验主义或实验研究的报告。在犬或猫中尚未进行临床功效研究。对高剂量敏感的动物，已使用低至 0.1 ~ 0.2 mg/kg 的剂量。

患病动物的监测和实验室检测

可以分析血浆或血清样品中苯二氮䓬类的浓度。但是，许多兽医实验室可能不具备此能力，并且分析人样品的实验室可能对苯二氮䓬类没有特异性。

制剂与规格

氯硝西泮有 0.5 mg、1 mg、2 mg 的片剂。有 0.125 mg、0.25 mg、0.5 mg、1 mg 和 2 mg 的口服崩解片。

稳定性和贮藏

存放在密闭容器中，并在室温下避光保存。与其他苯二氮䓬类一样，氯硝西泮对塑料尤其是软塑料（聚乙烯氯）具有吸附作用。复合的口服产品稳定 60 d。

小动物剂量

犬

0.5 mg/kg，q8 ~ 12 h，PO。

猫

0.1 ~ 0.2 mg/kg，q12 ~ 24 h，PO。

大动物剂量

没有大动物剂量的报道。

管制信息

禁用于拟食用动物。

Schedule Ⅳ类管制药物。

RCI 分类：2。

氯吡格雷（Clopidogrel）

商品名及其他名称： Plavix。

功能分类： 抗血小板药。

药理学和作用机制

氯吡格雷是血小板抑制剂。它是噻吩并吡啶，抑制二磷酸腺苷（adenosinediphosphate，ADP）受体介导的血小板活性。相关药物是噻氯匹定。因为这种机制不同于阿司匹林对血小板的抑制作用，所以氯吡格雷比阿司匹林更有效，并且已与阿司匹林联用。在犬、猫和马中，口服给药对血小板产生明显的抑制作用，优于阿司匹林。氯吡格雷被代谢为具有抗血小板作用的活性代谢物。在猫中，氯吡格雷产生的抗血小板作用在停药后持续 3 d。氯吡格雷还可以减少猫血小板从血清素释放的过程，这很重要，因为 5- 羟色胺的释放可能引起猫血栓栓塞。

适应证和临床应用

氯吡格雷用于容易形成凝血块的患病动物抑制血小板。对于有血栓和栓塞高风险的患病动物，氯吡格雷将抑制仅靠阿司匹林无法作用的机制。在猫中，建议使用氯吡格雷预防与心脏病相关的心源性动脉血栓栓塞。在犬中，它已被用来防止由心丝虫疾病和其他状况引起的栓塞。剂量为 0.5 mg/kg 或 1.0 mg/kg 时，某些犬中止给药后会发生 3 d ADP 诱导的血小板凝集减少，而其他犬超过 7 d。在马中，剂量为 2 mg/kg，q24 h，PO 时，氯吡格雷会明显抑制血小板活性，这在最后一次给药后持续 6 d。类似的药物是噻氯匹定（Ticlid），由于它可产生不良反应，不应在猫中使用。

注意事项
不良反应和副作用
易感患病动物出血。尚未确认猫的副作用，但已经报道了人的瘙痒症和皮肤红疹。

禁忌证和预防措施
禁用于有高出血风险的患病动物。在计划手术前停药几天。

药物相互作用
与其他可能抑制血液凝结的药物联用时，要谨慎。在人中，奥美拉唑（口服抗溃疡药）抑制氯吡格雷转化为活性代谢物。尚未明确相互作用是否出现在犬、猫或马中。

使用说明
在易形成血栓和栓塞的患病动物中可使用或不使用阿司匹林。在猫中，19 mg 的剂量约为人用片剂的 1/4。较小剂量可能有效，但尚未进行评估，因为将人 75 mg 片剂分成小于 1/4 不切实际。犬的剂量通常为 1 mg/kg，q24 h，PO。此剂量 2 d 起效，5 ~ 7 d 达到稳态。

患病动物的监测和实验室检测
监测出血。

制剂与规格
氯吡格雷有 75 mg 的片剂。

稳定性和贮藏
存放在密闭容器中，并在室温下避光保存。尚未评估复合制剂的稳定性。

小动物剂量
猫
每只猫 18.75 mg（片剂的 1/4），q24 h，PO。
较小剂量可能有效，但尚未在猫中进行评估。

犬

2 mg/kg，q24 h，PO。

口服负荷剂量为 2 ~ 4 mg/kg，然后 1 ~ 2 mg/kg，q24 h，PO（在一些病例中，使用了更高的口服负荷剂量 10 mg/kg）。

大动物剂量
马

负荷剂量为 4 mg/kg，随后 2 mg/kg，q24 h，PO。

管制信息

禁用于食品生产用动物。

氯前列醇钠（Cloprostenol Sodium）

商品名及其他名称：Estrumate、estroPLAN。

功能分类：前列腺素。

药理学和作用机制

氯前列醇是一种合成的前列腺素，在结构上与 PGF_2-α 相关，可产生 PGF_2-α 效应。合成的前列腺素比天然的前列腺素有效，因此不应与天然前列腺素相同的剂量使用。前列腺素 F_2 类似物对黄体具有直接溶解作用。注射后，氯前列醇可导致黄体功能性退化（黄体溶解）。在非怀孕周期的牛中，此效果将导致在注射后 2 ~ 5 d 启动发情期。在怀孕的动物中，它可通过诱导黄体溶解和减少孕酮终止妊娠，然后增加子宫肌层收缩和子宫排空。在具有子宫积脓、木乃伊胎或黄体囊肿的黄体活动时间延长的动物中，黄体溶解通常可解决问题并恢复正常的循环。

适应证和临床应用

氯前列醇已用于牛，诱导黄体溶解（肉牛和乳品牛），以控制发情周期的时间，从而有益于繁殖管理。它也可以用于终止妊娠，并用于治疗与黄体活动时间延长有关的状况（如子宫积脓、黄体囊肿）。氯前列醇已被用来终止任何形成黄体动物的妊娠。关于成功终止妊娠的大多数报道都在牛、马和犬中。在犬中也采取了氯前列醇与其他药物合用［如卡麦角林（Dostinex）和溴隐亭（Parlodel）］，终止妊娠。当用于终止妊娠时，它几乎是 100% 有效。在猫中，可用于治疗子宫颈开放的子宫积脓。在马中，已将其用于在怀孕的最后 2 ~ 4 周诱导早产。

注意事项
不良反应和副作用
在怀孕的动物中诱导流产。在牛中，高剂量（50× 和 100× 剂量）氯前列醇可引起不适、乳汁分泌和一些起泡。对繁殖能力没有长期影响。治疗子宫积脓后，某些动物会发生子宫内膜炎。当用于治疗犬子宫积脓时，注射后 15 ~ 45 min 出现气喘、呕吐、恶心和腹泻。在犬中，终止妊娠的副作用很小，但可能包括呕吐、恶心和气喘，发生在注射后不久，持续 15 ~ 20 min。为避免发生呕吐，建议在饲喂之后等待 8 h 再给药。流产之后可能有大约 1 周的黏液样外阴分泌物。在某些犬中可能发生乳腺增大和轻度产奶。在猫中注射后的副作用包括呕吐、嘶叫（最多 30 min）、外阴分泌物增加和腹泻。

禁忌证和预防措施
合成的前列腺素比天然的前列腺素有效，要仔细观察剂量，以免合成形式的药物过量。育龄女性、哮喘患者及患支气管和其他呼吸系统疾病的人在处理本品时应格外小心。氯前列醇很容易通过皮肤吸收，并可能引起流产 / 支气管痉挛。意外接触到皮肤应立即用肥皂和水冲洗。禁用于犊牛和不计划流产的怀孕动物。

使用说明
给牛 IM 注射。当将氯前列醇注射给牛后，通常在 3 ~ 5 d 后发生发情期活性恢复，此时可以对动物进行授精。在一些病例中，可以在第一次注射之后 11 d 进行第二次注射（双重注射计划），在第二次注射后 2 ~ 5 d 发情。当用于终止牛妊娠时，它可以在繁殖后 7 d 到 5 个月的任何时间内使用，并且通常在 4 ~ 5 d 后将胎儿排出。在犬中，已将其用于在交配之后 30 ~ 40 d 终止妊娠。在犬中，当用于终止妊娠时，与其他药物（溴隐亭或卡麦角林）联合使用，可给予较低剂量（1 μg/kg），副作用更小。进食至少 8 h 后再给氯前列醇，以避免呕吐。

患病动物的监测和实验室检测
治疗后监测外阴是否持续有分泌物。血清孕酮的测量可用于监测治疗，特别是流产终止时间延长。

制剂与规格
氯前列醇有注射用水溶液，250 μg/mL。建议在盐水中稀释以给犬精确用药。

稳定性和贮藏
存放在密闭容器中，并在室温下避光保存。尚未评估复合制剂的稳定性，但是在小型动物中进行注射之前，可以用盐水溶液稀释。

小动物剂量

犬

终止妊娠：从交配后第 25 天开始，1 ~ 2.5 μg/kg，每天 1 次，SQ，持续 4 ~ 5 d（副作用在 1 μg/kg 时较小）。

交配后 35 ~ 45 d 开始，治疗的第 1 天和第 3 天给予 1 μg/kg，SQ（在盐水中稀释 10 倍）。可以在治疗第 1 ~ 7 天口服卡麦角林（Galastop），5 μg/kg。

1 μg/kg，q48 h，SQ，与溴隐亭一起给药（有关其他信息，请参阅"溴隐亭"）。

猫

终止妊娠：5 μg/kg，SQ，每天 1 次，用 3 d。

大动物剂量

牛

2 mL（500 μg），IM，或者在第一次注射之后 11 d 再次重复。

马

终止妊娠：每匹 2 mL（500 μg），IM。在某些状况下，要重复给药（如 q2 h）。为了在怀孕的最后 2 ~ 4 周引起早产，需分 2 次给药，间隔 30 min（催产素也用于此适应证）。对于子宫内膜炎，250 μg（1 L），IM 2 次，相隔 12 h，通常与催产素联合使用。

管制信息

仅由持牌兽医使用。在批准的食品生产用动物的标签上没有列出停药时间。

二钾氯氮䓬（Clorazepate Dipotassium）

商品名及其他名称： Tranxene 和通用品牌。

功能分类： 抗惊厥药。

药理学和作用机制

二钾氯氮䓬为苯二氮䓬类。氯氮䓬是地西泮的活性代谢产物之一，其作用与地西泮相似，但作用时间更长。口服吸收后，它会迅速转化为活性药物，称为去甲西泮。二钾氯氮䓬与地西泮和其他苯二氮䓬类相似，作用是增强 CNS 中 GABA 的抑制作用。

适应证和临床应用

氯氮䓬用于抗抽搐作用、镇定和某些行为异常的治疗。当其他药物在犬和猫无效时，使用本品。它已被用于难治的癫痫病患病动物，但长期使用可能会对抗惊厥作用产生耐受性。在犬和猫中不建议单独用其治疗抽搐性疾病。

C

注意事项

不良反应和副作用

副作用包括镇定和多食症。有些动物可能会经历矛盾的兴奋。慢性给药时如果停药，可能会产生依赖和停药综合征。

禁忌证和预防措施

没有严重的禁忌证。氯氮䓬可能在怀孕早期导致胎儿异常，但尚未报道。

药物相互作用

没有关于动物药物相互作用的报道。但是，它会增强其他镇定药和 CNS 抑制剂的作用。

使用说明

剂量主要基于人医、经验主义或实验研究的报告。较高剂量可用于短期治疗噪音恐惧症。但是，对于大多数适应证，尚未在犬或猫中进行临床功效研究。氯氮䓬片剂在光、热或潮湿环境下会迅速降解。

患病动物的监测和实验室检测

可以分析血浆或血清样品中苯二氮䓬类的浓度。如果要测量对氯氮䓬的反应，则应测量活性代谢物去甲西泮。血浆浓度在 $100 \sim 250$ ng/mL 内被认为是人的治疗范围。采用的其他参考范围为 $150 \sim 300$ ng/mL。但是，在许多兽医实验室中，无法进行该检测。分析人的样品的实验室可能会对苯二氮䓬类进行非特异性测试。通过这些测定，苯二氮䓬类代谢物之间可能存在交叉反应性。

制剂与规格

氯氮䓬有 3.75 mg、7.5 mg 和 15 mg 的片剂。

稳定性和贮藏

请保存在原始包装中或将其保存在密闭的容器中，避免光线直射，并放在室温下。尚未评估复合制剂的稳定性。

小动物剂量

犬

0.5 ~ 2 mg/kg，q8 ~ 12 h，PO，频率高达 4 h（总剂量通常为 3.75 mg 或 7.5 mg）。

猫

0.2 ~ 0.4 mg/kg，q12 ~ 24 h，可高达 0.5 ~ 2.2 mg/kg，q12 h，PO。

大动物剂量

没有大动物剂量的报道。

管制信息

禁用于拟食用动物。

RCI 分类：2。

氯唑西林钠（Cloxacillin Sodium）

商品名及其他名称： Cloxapen、Orbenin 和 Tegopen。

功能分类： 抗菌药。

药理学和作用机制

氯唑西林钠为 β-内酰胺类抗生素。通过与青霉素结合蛋白（penicillin-binding proteins，PBP）结合抑制细菌细胞壁的合成。氯唑西林的抗菌谱和活性与阿莫西林相似，不同之处在于它对产 β-内酰胺酶的葡萄球菌有抵抗力。抗菌谱仅限于革兰氏阳性菌，尤其是葡萄球菌。耐甲氧西林葡萄球菌对氯唑西林耐药。

适应证和临床应用

氯唑西林的抗菌谱包括革兰氏阳性杆菌，这包括产 β-内酰胺酶的葡萄球菌菌株。因此，它已被用于治疗包括脓皮病在内的动物的葡萄球菌感染。由于其他 β-内酰胺类药也可用于治疗革兰氏阳性感染，如葡萄球菌引起的感染，在小动物中很少使用氯唑西林。

注意事项

不良反应和副作用

青霉素药物的副作用最常由药物过敏引起。包括 IV 引起的急性过敏反应，以及其他途径给药引起的过敏反应的其他症状。口服（尤其是高剂量）时，可能引起腹泻。

C

禁忌证和预防措施
对青霉素类药物过敏的动物慎用。
药物相互作用
没有关于动物药物相互作用的报道。但是，请勿与其他药物混合使用，因为可能导致失活。

使用说明
基于经验主义或人研究推断的剂量。没有可用于犬或猫的临床功效研究。口服吸收较差，如果可能，空腹给药。

患病动物的监测和实验室检测
细菌培养和灵敏度测试：使用奥沙西林作为药敏试验的标志物。

制剂与规格
氯唑西林有 250 mg 和 500 mg 的胶囊及 25 mg/mL 的口服溶液。

稳定性和贮藏
存放在密闭容器中，并在室温下避光保存。尚未评估复合制剂的稳定性。

小动物剂量
犬和猫
20 ~ 40 mg/kg，q8 h，PO。

大动物剂量
没有大动物剂量的报道。批准用于食品生产用动物的唯一制剂是 Dariclox，这是一种 20 mg/mL 的乳房内输注药物。每个乳区 10 mL（200 mg），q12 h，用 3 次。

管制信息
奶牛（非乳房内使用）停奶时间：干奶牛为 30 d；肉牛停药时间为 10 d，泌乳牛为 48 h。

可待因（Codeine）
商品名及其他名称： 通用品牌、磷酸可待因和硫酸可待因。
功能分类： 镇痛药、阿片类药物、镇咳药。

药理学和作用机制
可待因作用机制与吗啡相似，只是效力约为吗啡的 1/10。可待因被广泛代谢。在犬中，口服吸收率低（<5%），但会迅速转化为可能具有镇痛药活性的其他代谢物，如葡萄糖醛酸化形式的可待因。可待因和一些活性代谢物的活性，与神经上的μ-受体和κ-阿片类受体结合，抑制与疼痛刺激（如P物质）传递有关的神经递质的释放。它还可能抑制一些炎性介质的释放。中枢镇定和欣快效应与对脑中μ-受体的作用有关。

适应证和临床应用

可待因或带有对乙酰氨基酚的可待因适用于治疗中度疼痛。它也被用作镇咳药。尽管可待因在人中广泛使用，但尚未确定其在动物中的止咳或镇痛作用。一小部分可待因转换为吗啡（在人中仅10%），且在犬中吗啡的持效时间很短，因此可待因在犬中临床有效性令人怀疑。

注意事项

不良反应和副作用

和所有阿片类相似，可待因的副作用是可预见的和不可避免的。副作用包括镇定、便秘和心动过缓。高剂量可待因可引起呼吸抑制。

禁忌证和预防措施

Schedule Ⅱ类管制药物。慢性给药产生耐受性和依赖性。高剂量可待因（含对乙酰氨基酚的60 mg片剂）可导致犬镇定。猫比其他物种更易出现兴奋。某些可待因制剂可能包含其他成分（如对乙酰氨基酚），不应将其用于猫。

药物相互作用

没有关于动物药物相互作用的报道。但是，它可增强其他镇定药和CNS抑制剂的作用。

使用说明

有磷酸可待因和硫酸可待因口服片剂。列出的镇痛剂量被视为初始剂量，个体患病动物可能需要更高的剂量，具体取决于耐受程度或疼痛阈值。当使用对乙酰氨基酚–可待因合剂时，高剂量片剂（含60 mg可待因）容易引起犬（体重20~30 kg）镇定，建议使用较低剂量（含30 mg可待因）。

患病动物的监测和实验室检测

监控患病动物的心率和呼吸。尽管由阿片类药物引起的心动过缓很少需要治疗，但如有必要，可以给阿托品。如果发生严重的呼吸抑制，可使用纳洛酮逆转阿片类药物。

C

制剂与规格

可待因有 15 mg、30 mg 和 60 mg 的片剂；5 mg/mL 的糖浆和 3 mg/mL 的口服溶液。也有含对乙酰氨基酚的制剂。请注意，许多糖浆还含有其他成分，可能不适合宠物使用。

稳定性和贮藏

存放在密闭容器中，并在室温下避光保存。尚未评估复合制剂的稳定性。

小动物剂量
犬
镇痛：0.5 ~ 1 mg/kg，q4 ~ 6 h，PO。

镇咳药：0.1 ~ 0.3 mg/kg，q4 ~ 6 h，PO。
猫
镇痛：0.5 mg/kg，q6 h，PO。根据需要增加控制疼痛的剂量。

镇咳药：0.1 mg/kg，q6 h，PO。

大动物剂量

没有大动物剂量的报道。

管制信息

DEA 控制的药物。Schedule II 类管制药物，某些镇咳药是 Schedule V 类管制药物。

RCI 分类：1。

秋水仙碱（Colchicine）

商品名及其他名称： Colcrys、通用品牌。
功能分类： 抗炎药。

药理学和作用机制

秋水仙碱抑制纤维化和胶原蛋白的形成。

适应证和临床应用

在人中，秋水仙碱用于治疗痛风。在动物中，它已被用作抗纤维化药物，以降低纤维化和肝衰竭的发展（可能是通过抑制胶原蛋白的形成实现）。但是，在慢性肝脏疾病中控制肝纤维化的功效尚有疑问，且未经证实。抑制中性粒细胞和单核细胞的迁移产生抗炎作用。抗纤维化作用是由于微管介导的蛋白质跨细胞运动受阻，抑制前胶原分子分泌进入细胞外基质。它也已在动物中用于控制淀粉样变。在沙皮犬中，秋水仙碱已被用于治疗发热综合征，这可能是因为其在人中被用于治疗地中海热。

注意事项

不良反应和副作用

最常见的副作用是恶心、呕吐、腹部疼痛和腹泻。由于犬存在呕吐、腹泻和食欲降低的风险，并且几乎没有证据表明对犬的慢性肝脏疾病具有抗纤维化作用，不建议用于患肝脏疾病的犬。秋水仙碱可能导致人发生皮炎，但在犬或猫中尚未报道。

禁忌证和预防措施

禁用于怀孕的动物。

药物相互作用

没有关于动物药物相互作用的报道。

使用说明

剂量基于经验。在动物中尚无良好对照的功效研究。

患病动物的监测和实验室检测

不用特殊监测。

制剂与规格

秋水仙碱有 600 μg 的片剂。

稳定性和贮藏

存放在密闭容器中，并在室温下避光保存。尚未评估复合制剂的稳定性。

小动物剂量

犬和猫

0.01 ~ 0.03 mg/kg，q24 h，PO。

大动物剂量

没有大动物剂量的报道。

管制信息

无可用的管制信息。

集落刺激因子：沙莫司亭和非格司亭（Colony-Stimulating Factors: Sargramostim and Filgrastim）

商品名及其他名称： Leukine、Neupogen。

功能分类： 激素。

C

药理学和作用机制

集落刺激因子刺激骨髓中的粒细胞发育。此类药物包括非格司亭（rG-CSG）和沙莫司亭（rGM-CSF）。

适应证和临床应用

集落刺激因子主要用于再生血细胞，以从癌症化疗或其他抑制骨髓的治疗中恢复。在动物中不常用。

注意事项

不良反应和副作用

注射部位的疼痛。已经报道了人发生水肿。

禁忌证和预防措施

没有关于动物禁忌证的报道。

药物相互作用

没有关于动物药物相互作用的报道。

使用说明

剂量基于有限的实验性信息和在人中使用的经验推算得出。制备沙莫司亭，添加 1 mL 组成 250 μg/mL 或 500 μg/mL 小瓶。用 0.9% 生理盐水进一步稀释至小于 10 μg/mL 进行输注。不要摇动小瓶以防止起泡，轻轻旋转小瓶以混合内容物。

患病动物的监测和实验室检测

监测 CBC 以评估治疗。中性粒细胞恢复时可以中止治疗。

制剂与规格

集落刺激因子的浓度为 300 μg/mL（Neupogen）、250 μg/mL 和 500 μg/mL（白蛋白）。

稳定性和贮藏

存放在密闭容器中，避光。

小动物剂量

犬和猫

沙莫司亭：250 μg/ m² (0.25 mg/m²)，IV 超过 2 h，或 SQ。

非格司亭：5 μg/kg (0.005 mg/kg)，每天 1 次，SQ，用 2 周，或者每天 10 μg/(kg·d)。

大动物剂量

没有大动物剂量的报道。

管制信息

禁用于拟食用动物。

促肾上腺皮质激素（Corticotropin）

商品名及其他名称：Acthar。

功能分类：激素。

药理学和作用机制

促肾上腺皮质激素（ACTH）是一种天然的肽激素，由 39 种氨基酸组成。将该制剂制成用于注射的凝胶，刺激肾上腺皮质正常合成皮质醇和其他激素。

适应证和临床应用

ACTH 用于诊断目的，以评估肾上腺功能。另一密切相关的合成产品替可沙肽也用于相同目的。Acthar 凝胶的可用性受到限制，替可沙肽经常被用作替代品（见"替可沙肽"）。复合制剂可能不是等效的。

> **注意事项**
>
> **不良反应和副作用**
>
> 当用作诊断单次注射时，不太可能出现副作用。
>
> **禁忌证和预防措施**
>
> 禁止 IV。
>
> **药物相互作用**
>
> 没有关于动物药物相互作用的报道。

使用说明

通过测量动物的正常肾上腺反应确定剂量。另请参见"替可沙肽"，有时其是临床应用的首选。实际上，小动物中的使用取决于替可沙肽和 ACTH 的可获得性和成本因素。

患病动物的监测和实验室检测

监测皮质醇浓度。注射 ACTH 后的皮质醇反应如下：

犬 5.5 ~ 20.0 μg/dL， > 20 μg/dL 为肾上腺皮质功能亢进。

猫 4.5 ~ 15 μg/dL， > 15 μg/dL 为肾上腺皮质功能亢进。

在接受肾上腺皮质功能亢进治疗后（如用米托坦治疗），浓度应为 1 ~ 5 μg/dL。

制剂与规格

ACTH 凝胶为 80 U/mL。

稳定性和贮藏

存放在密闭容器中，避光。

小动物剂量

犬

ACTH 反应测试：ACTH 前采样，并注入 2.2 U/kg，IM。在 2 h 采集注入 ACTH 后样品。

猫

ACTH 反应测试：ACTH 前采样，并注入 2.2 U/kg，IM。在 1.5 h 和 2 h 采集注入 ACTH 后样品。

大动物剂量

没有大动物剂量的报道。

管制信息

无停药时间。由于本品清除很快，残留的风险很小，无食品生产用动物停药时间的建议。

替可沙肽（Cosyntropin）

商品名及其他名称：Cortrosyn、合成 ACTH、Tetracosactrin、Tetracosactide。

功能分类：激素。

药理学和作用机制

替可沙肽（β-促肾上腺皮质激素）是肽激素促肾上腺皮质激素的合成形式，与天然促肾上腺皮质激素的 N 端 24 个残基相同。在国际配方中，它也被称为二十四肽促肾上腺皮质激素（Tetracosactrin）或替可克肽（Tetracosactide）。替可沙肽是水溶液，而 ACTH 是凝胶。因此，替可沙肽可以 IV 给药，但 ACTH 不能。替可沙肽比 ACTH 更有效。替可沙肽可刺激肾上腺分泌皮质醇，也可刺激肾上腺来源的性激素的分泌。

适应证和临床应用

替可沙肽用于诊断目的，以评估犬、猫和马的肾上腺功能。皮质醇分泌的最大峰值出现在 60 ~ 90 min（在马中为 30 min）。它的用途与促肾上腺皮质激素相同，但在人中，它比促肾上腺皮质激素更受青睐，因为它的致敏性较低。

注意事项

不良反应和副作用

当因诊断目的而单次注射时，不太可能出现副作用。在人中，替可沙肽优于 ACTH 凝胶，因为前者为低过敏性。

禁忌证和预防措施

犬的最大剂量应为 250 μg。

药物相互作用

没有关于动物药物相互作用的报道。

使用说明

仅用于诊断目的，它不适用于治疗肾上腺皮质功能减退。替可沙肽优于 ACTH 凝胶，因为它更容易用于犬和猫。在犬中，替可沙肽的剂量为 5 μg/kg，IV 或 IM；或者每只 250 μg，IM。所有这 3 个疗程的结果类似。在猫中也观察到类似的反应，剂量为每只猫 125 μg（5 μg/kg）。在马中，0.1 μg/kg，IV，在 30 ~ 90 min 内产生最大反应。ACTH 复合制剂注射后 60 min 可能产生相似的结果，但与专有配方相比，90 min 和 120 min 时皮质醇浓度可能较低。可以将溶解的 Cortrosyn 分为 50 μg（250 μg 小瓶分为 5 等分试样）或 25 μg（250 μg 小瓶分为 10 等分试样）多份，装在塑料注射器中，并冷冻储存。

患病动物的监测和实验室检测

监测皮质醇浓度。注射 ACTH 后的皮质醇反应如下：

犬：5.5 ~ 20.0 μg/dL，> 20 μg/dL 为肾上腺皮质功能亢进。更具体地说，5.5 ~ 17 μg/dL 正常；17 ~ 25 μg/dL 临界值；25 ~ 30 μg/dL 有暗示性；> 30 μg/dL 极有可能是肾上腺皮质功能亢进。

如果监测源自肾上腺的性激素，则应在注射后 60 min 取样进行分析。

猫：4.5 ～ 15 μg/dL，＞ 15 μg/dL 为肾上腺皮质功能亢进。

在接受肾上腺皮质功能亢进治疗后（如用米托坦治疗），浓度应为 1 ～ 5 μg/dL。

制剂与规格

替可沙肽每瓶 250 μg。冻干粉可溶解在 2 mL 小瓶中。

稳定性和贮藏

一旦制备，该制剂可以在冰箱中保存 4 个月。冷冻的替可沙肽可以等分保存。例如，可以将其存储在小的塑料注射器中，在 –20℃ 下可冷冻保存 6 个月，或在冰箱中冷藏保存 4 个月。某些复合制剂稳定，60 min 时的样本结果可靠，但与专有制剂相比，120 min 时的样本结果较低。

小动物剂量

犬

反应测试：采集替可沙肽刺激前样本，注射 5 μg/kg，IV 或 IM，在 30 min 和 60 min 时采集样本，或只在 60 min 采集样本。犬的最大剂量应为 250 μg。剂量遵循以下准则：<5 kg，25 μg；5 ～ 10 kg，50 μg；10 ～ 15 kg，75 μg；15 ～ 20 kg，100 μg；20 ～ 25 kg，125 μg；25 ～ 30 kg，150 μg；30 ～ 40 kg，200 μg；40 ～ 50 kg，225 μg；>50 kg，250 μg（1 瓶）。

猫

反应测试：采集替可沙肽刺激前样本，每只猫 IV 或 IM 注射 125 μg（0.125 mg），IV 给药后 60 min 和 90 min 或 IM 给药后 30 min 和 60 min 采集样本。另外一种方法也可以获得类似的结果。注射量为 5 μg/kg，然后在 60 min 和 75 min 时采集样本。

大动物剂量

马

0.1 μg/kg，IV 产生最大的肾上腺刺激，在 30 ～ 90 min 后皮质醇浓度达到峰值。不建议将其作为马的可靠测试。

马驹

ACTH 刺激试验：0.25 μg/kg，IV。皮质醇浓度峰值出现在 20 ～ 30 min。

管制信息

无停药时间。由于本品清除很快，残留的风险很小，无拟食用动物停药时间的建议。

维生素 B$_{12}$（Cyanocobalamin）

商品名及其他名称： 钴胺素、维生素 B$_{12}$。
功能分类： 维生素。

药理学和作用机制

维生素 B$_{12}$ 补充剂。

适应证和临床应用

维生素 B$_{12}$ 已用于治疗一些贫血的状况，也用于治疗与钴缺乏，摄入不足或肠道吸收不良有关的维生素 B 缺乏症。患胰腺外分泌功能不全（exocrine pancreatic insufficiency，EPI）或 IBD 的病例，特别是猫，常见钴胺素缺乏，建议补充。维生素 B$_{12}$ 是水溶性维生素，在肠中的吸收是受体介导性过程。它依赖胰腺产生的内在因素，患肠道疾病的动物可能吸收困难。猫特别易感，因为它们无法像人一样储存钴胺素，并且它们缺乏结合蛋白钴胺传递蛋白-1。因此，猫的代谢比人快。人的半衰期为 1 年，健康猫为 11 ~ 14 d，患肠道疾病的猫为 4.5 ~ 5.5 d。

注意事项

不良反应和副作用

除了给予高剂量外，副作用很少见，因为水溶性维生素很容易在尿液中排出。

禁忌证和预防措施

没有关于动物禁忌证的报道。

药物相互作用

没有关于动物药物相互作用的报道。

使用说明

饮食平衡的动物无须补充。但在猫尤其是患肠道疾病的猫中，建议补充维生素 B$_{12}$（上文描述了原因）。这些猫建议每周补充 1 次。

患病动物的监测和实验室检测

钴胺素的浓度可以在大多数实验室中测定。推荐的血浆 / 血清浓度如下：犬 252 ~ 908 ng/L，猫 290 ~ 1500 ng/L。猫钴胺素的浓度小于 160 ng/mL 时代表明显不足。当用于治疗贫血时应监测 CBC。

制剂与规格

维生素 B$_{12}$ 片剂含量从 25 ~ 1000 μg 不等。注射剂为 1000 ~ 5000 μg/mL

（1～5 mg/mL）。维生素 B 复合物溶液可能含有 10～100 μg/mL 维生素 B_{12}。

稳定性和贮藏

存放在密闭容器中,并在室温下避光保存。尚未评估复合制剂的稳定性。

小动物剂量

犬
100～200 μg/d,PO 或 250～500 μg/d,IM 或 SQ。

猫
50～100 μg/d,PO 或每周 250 μg,IM 或 SQ。如果每周 1 次,则注射 6 周,可以尝试将间隔延长至 2 周、4 周和 6 周（递增）。

大动物剂量

小牛和马驹
500 μg,IM 或 SQ,每匹马驹每天 1 次或每头犊牛每周 2 次。

羔羊和猪
500 μg,IM 或 SQ,每只羊每天 1 次或每只猪每周 2 次。

牛和马
1000～2000 μg,IM 或 SQ,每匹马或每头牛每周 1 次或 2 次。

管制信息

无停药时间。由于清除得很快,残留的风险很小,无拟食用动物停药时间的建议。

环磷酰胺（Cyclophosphamide）

商品名及其他名称: Cytoxan、Neosar 和 CTX。
功能分类: 抗癌药。

药理学和作用机制

环磷酰胺为细胞毒性和抗癌药。环磷酰胺属于氮芥类,它们是烷化剂（双功能烷化剂）,可将各种大分子烷基化,但优先将 DNA 鸟嘌呤基部的 N-7 烷基化。它对癌细胞具有细胞毒性,并对骨髓迅速分裂的细胞具有毒性。环磷酰胺必须代谢为活性代谢物才能达到药理作用,这需要激活 P450 酶。代谢产物羟磷酰胺和醛磷酰胺具有细胞毒性。醛磷酰胺在组织部位被转化为磷酰胺芥末和丙烯醛。磷酰胺芥末有抗肿瘤作用,丙烯醛引起的细胞毒性作用造成中毒（如出血性膀胱炎）。在犬中,母体药物的半衰期为 4～6.5 h。

适应证和临床应用

环磷酰胺主要用作癌症化疗的辅助药物和免疫抑制疗法。环磷酰胺可能是最强效的氮芥类。它在化疗方案中用于各种肿瘤、癌、肉瘤、猫淋巴增生性疾病、肥大细胞瘤、乳腺癌，尤其是淋巴增生性肿瘤（淋巴瘤）。诸如环磷酰胺、长春新碱和泼尼松（COP）和环磷酰胺、羟基柔红霉素、长春新碱和泼尼松（CHOP）等癌症规程都含有环磷酰胺。环磷酰胺也可用作一些癌症的连续治疗，也称为节拍性给药。节拍性给药的优势是减少副作用（降低剂量），降低肿瘤中的血管生成（降低增殖），降低血管内皮生长因子（vascular endothelial growth factor，VEGF），以及降低循环 T 调节细胞（T-reg）。请参见剂量部分的节拍性规程。环磷酰胺的另一个主要用途是免疫抑制。尽管已将其用于动物的各种免疫介导的疾病［免疫介导性溶血性贫血（immune-mediated hemolytic anemia，IMHA）、天疱疮、系统性红斑狼疮（systemiclupus erythematosus，SLE）］，但尚未在这些疾病的对照研究中报道功效。一项试验表明，发现环磷酰胺（50 mg/m^2）与单独使用泼尼松龙治疗 IMHA 相比没有任何益处（*J Vet Intern Med*，17：206 ~ 212，2003）。

注意事项

不良反应和副作用

环磷酰胺对骨髓有剂量依赖性毒性。单次大剂量给药后，7 ~ 10 d 后毒性最严重，但这种作用是可逆的，因为干细胞通常不受影响。21 ~ 28 d 后恢复。某些患病动物可能会发生呕吐和腹泻。在犬中，无菌性出血性膀胱炎是给药后严重的限制性并发症。其由代谢产物（尤其是丙烯醛）对膀胱上皮细胞的毒性作用引起，这些代谢产物被浓缩并排泄到尿液中。已经进行了各种尝试以减少对膀胱上皮细胞的伤害。皮质类固醇通常与环磷酰胺联用，以诱导多尿并降低膀胱的炎症。药物美司钠（Mesnex，巯基乙烷磺酸盐）提供游离的活性硫醇基，以结合尿液中环磷酰胺的代谢物。与环磷酰胺同时使用呋塞米（2.2 mg/kg）可能会降低无菌性出血性膀胱炎的风险。与犬相比，猫不易出现膀胱炎。在某些化疗方案中使用时，环磷酰胺可能导致脱毛，易感的是毛发持续增长的犬（如贵宾犬和古代牧羊犬）。猫不会因环磷酰胺脱毛。

禁忌证和预防措施

骨髓抑制和免疫抑制。在有感染风险的动物中慎用。具有致畸性和胚胎毒性。禁用于怀孕动物。

药物相互作用

与其他可能导致骨髓抑制的药物联用时要谨慎。尽管该药物被高度代谢为活性代谢物，但尚不知道其他药物对酶活性有何影响。

使用说明

环磷酰胺通常与其他药物联用（其他癌症药物或用于免疫抑制治疗的皮质类固醇）。有关特定方案，请查阅特定的抗癌方案。如 COAP 规程（COAP 是环磷酰胺、长春新碱、泼尼松龙和阿糖胞苷的联合）中环磷酰胺口服 50 mg/m²，q48 h，持续 8 周，但在 CHOP 规程中第 1 天使用 100 ~ 150 mg/m²，IV，随后使用其他药物，如多柔比星、长春新碱和泼尼松。在犬中，最大耐受剂量为 500 mg/m²，IV（通过自体骨髓支持）。

患病动物的监测和实验室检测

在治疗过程中监测动物的 CBC、犬的尿液。

制剂与规格

环磷酰胺有 25 mg/mL 的注射剂和 25 mg 和 50 mg 的片剂。

稳定性和贮藏

存放在密闭容器中，并在室温下避光保存。片剂是包衣的，为了保持稳定性不应分开使用。温度不要超过 30℃。在水溶液中会水解。在室温下溶解后 24 h 内使用，如果冷藏可以保持稳定 6 d，但有些冷藏的溶液可以稳定 60 d。

小动物剂量
犬

抗癌药量：50 mg/m²（约 2.2 mg/kg），q48 h，或每天 1 次，每周 4 d，PO。某些规程使用 150 ~ 300 mg/m²，IV，并在 21 d 后重复。

节拍性给药剂量（连续给药抑制 T 细胞）：10 ~ 15 mg/m²，q24 h，PO（约 0.3 mg/kg）。

免疫抑制疗法：犬为 50 mg/m²，q48 h，PO 或 2.2 mg/kg，每天 1 次，每周 4 d。

脉冲疗法：200 ~ 250 mg/m²（10 mg/kg），每 3 周 1 次。将 250 mg/m² 剂量分为 3 天 3 次治疗，可降低无菌性出血性膀胱炎的风险。

猫

每只 6.25 ~ 12.5 mg，每天 1 次，每周 4 d。

大动物剂量

没有大动物剂量的报道。

管制信息

不确定食品生产用动物的停药时间。由于该药物是抗癌药，因此，禁用于拟食用动物。

环孢素、环孢素 A（Cyclosporine, Cyclosporin A）

商品名及其他名称：Atopica（动物用制剂）、Neoral（人用制剂）、Sandimmune、Optimmune（眼科）、Gengraf 和通用品牌。在美国，它称为环孢素（cyclosporine）。国际名称是环孢素（ciclosporin）。

功能分类：免疫抑制剂。

药理学和作用机制

环孢素与钙调神经磷酸酶上的特定细胞管型受体结合，并抑制 T 细胞受体激活的信号转导途径。特别重要的是其抑制活化的 T 淋巴细胞的白细胞介素 -2（interleukin-2，IL-2）和其他细胞因子，并阻滞增殖作用。与 B 细胞相比，环孢素的作用对 T 细胞更具特异性。但是，由 B 细胞生产抗体需要活化 T 细胞的帮助。钙调神经磷酸酶抑制剂（如环孢素）可能通过干扰 T 辅助性细胞降低体液免疫反应，而不是直接干涉。环孢素还抑制线粒体通透性转换孔，这可能减轻再灌注期间的心肌损伤。环孢素在犬中的半衰期为 8 ~ 9 h（平均值），在猫中为 8 ~ 10 h（平均值）。但是，两个物种都有很高的可变性。口服吸收率偏低（20% ~ 30%），可能会受到食物和药物相互作用的影响。口服给药后的浓度峰值出现在 1 ~ 2 h。给予环孢素 5 mg/kg 时，在犬中的平均浓度峰值（具有高可变性）约为 900 ng/mL（600 ~ 1200 ng/mL）。

适应证和临床应用

环孢素的全身使用（通常是口服）包括 IMHA、犬异位性皮炎和肛周瘘。其他疾病已用环孢素治疗，如皮脂腺炎、特发性无菌结节性脂膜炎、IMHA、免疫介导性血小板减少症（immune-mediated thrombocytopenia，ITP）、IBD、免疫介导性多发性关节炎、重症肌无力和再生障碍性贫血。它也已用于治疗肉芽肿性脑膜脑炎（3 ~ 6 mg/kg，q12 h）。对于犬异位性皮炎的治疗已有充分的证据，其疗效与泼尼松龙相似。在某些犬中，治疗反应可能会延迟 2 周，最长延迟 4 周。在这个诱导时间内，可以与其他药物（如皮质类固醇或奥卡替尼）一起用于控制患异位性皮炎犬的瘙痒。但是，对犬的免疫介导性落叶型天疱疮（pemphigus foliaceus，PF）疗效甚微，但对猫的 PF 有益。在犬中，一些皮肤科医生报告说，与硫唑嘌呤联合使用可改善在免疫介导性疾病（如 PF）中的功效。治疗干燥性角膜结膜炎（keratoconjunctivitis sicca，KCS）仅限于局部给药。在猫中，环孢素对嗜酸性肉芽肿复合物、IBD、异位性皮炎（60% 有效）、口炎和气道疾病（猫哮喘）的治疗显示出有益的作用。环孢素（在猫中用 Atopica）已获批准用于猫过敏性皮炎的控制。与犬相比，猫需要更高的剂量，因为口服吸收率的变化更大。在马中，它用于有效局部治疗前葡萄膜炎。

注意事项

不良反应和副作用

在犬和猫中最常见的副作用是消化道问题（呕吐、腹泻、厌食和体重减轻）。环孢素可能导致犬新的毛发增长。高剂量的神经毒性已在犬中发现，可出现颤动。这在推荐剂量下并不常见。尽管较老的制剂有肾损伤的报道，但使用目前的环孢素制剂尚无报道。不太常见的是，环孢素可以在动物体内引起牙龈增生，有时可能发生牙龈炎和牙周炎，停药后可以逆转。环孢素可以抑制胰腺 β 细胞，可能增加组织的胰岛素抵抗，并损害胰岛素的产生或分泌，从而增加血糖。但是，尚未发现临床使用环孢素造成宠物糖尿病。在长期用药的犬中已观察到乳头状瘤。与其他免疫抑制剂不同，它不会引起骨髓抑制。

对疫苗接种的影响：用临床剂量的 3 倍时，它不会影响对犬灭活狂犬病疫苗的免疫反应，但无法提高细小病毒活疫苗的抗体滴度。经过环孢素治疗的猫，即使在高剂量下，也能够对加强型疫苗接种 [FCV、PV、猫白血病病毒（feline leukemia virus，FeLV）、FHV-1 和狂犬病] 产生足以保护的记忆体液免疫反应。但是，在高剂量下，接触新型抗原（FIV）4 周内未观察到主要体液免疫反应。因此，在环孢素治疗之前接种过的初次猫应该能够产生足够的初次免疫反应，而随后的环孢素治疗也不应影响加强接种的免疫反应。

对猫感染的影响：给药浓度为 7.5 mg/kg 不会增加刚地弓形虫在先前暴露（血清阳性）猫感染的严重程度。但是，在未暴露猫中（血清阴性）给予环孢素可能会增加刚地弓形虫感染的严重性。如果未暴露猫在接受环孢素治疗时被感染，则患临床弓形虫病的风险可能更大。禁用于感染 FeLV 或猫免疫缺陷病毒（feline immunodeficiency virus，FIV）的猫。在感染 FHV-1 的猫中，给予环孢素可激活感染，但在大多数猫中该病为轻度且为自限性。

禁忌证和预防措施

高剂量时，环孢素对实验动物产生胚胎毒性和胎儿毒性作用。不建议给怀孕的动物服用。它通过泌乳动物的乳汁排出。警告动物主人不要让儿童接触。如果与其他药物联用，请参阅"药物相互作用"部分以了解可能的干扰。

药物相互作用

同时使用西咪替丁、红霉素、伊曲康唑、氟康唑、克拉霉素或酮康唑时可能会增加环孢素浓度。已显示在犬中酮康唑的剂量为 2.5 ~ 10 mg/(kg·d) 可显著降低环孢素的清除率，并且所需剂量可减少一半或更多。葡萄柚汁也可抑制清除，并减少所需剂量，尽管需要高剂量。例如，在犬中需要 10 g 全葡萄柚粉以充分影响暴露（如此高达 42 粒胶囊的剂量是不切实际的）。食物会使口服吸收率降低 15% ~ 22%。甲氧氯普胺和利福平（以及可能诱导酶的其他药物）将降低环孢素血液浓度。没有证据表明环孢素可增强或抑制过敏原特异性免疫疗法（allergen-specific immunotherapy treatment，ASIT）。

使用说明

除胶囊的型号有所不同外，还有 Atopica（动物用制剂）和 Neoral（人用制剂）之分。最初以每天 5 mg/kg 治疗，动物稳定后，可以将间隔增加到每天 1 次或每 3 天 1 次，不降低每日剂量。可以通过监测血药浓度调整个体剂量，但常规使用不需要监测。Atopica 和 Neoral 口服产品的吸收比 Sandimmune 更好预测。Atopica 和 Neoral 可能会使某些患病动物的血药浓度增加 50%，或采用 Sandimmune 制剂减小吸收的可变性。人用制剂超过 20 种，但没有一种经过犬或猫生物等效性测试。饲喂可降低犬的口服吸收率，但不会降低疗效。对于猫，建议与食物一起服用。口服溶液可以稀释使其更可口。为了减少剂量，一些兽医同时使用酮康唑或其他抑制酶的化合物。当用于治疗动物进行器官移植时，剂量通常较高，血液浓度保持较高的水平。

患病动物的监测和实验室检测

尽管不需要常规的血液浓度监测，但这对确定药物相互作用、吸收不良、不良反应或依从性较差可能会有帮助。在犬和猫中，不确定血药浓度与临床反应之间的相关性。监测时，将全血收集在乙二胺四乙酸（ethylenediaminetetraacetic acid，EDTA，紫色帽盖）试管中。建议的低血浓度范围（全血测定）为 300 ~ 400 ng/mL，尽管在某些研究中低至 200 ng/mL 的水平也有效。峰值浓度（口服给药 5 mg/kg 后约 2 h 测定）应为 600 ~ 1200 ng/mL。请与实验室联系，以确定实验室结果是否特定，或者是否还测量了非活性代谢物并需要进行转化。环孢素不会干扰皮内皮肤测试。

制剂与规格

环孢素有 10 mg、25 mg、50 mg 和 100 mg 的胶囊（Atopica），以及 25 粒和 100 粒微乳胶囊。猫的 Atopica 有 100 mg/mL 的口服溶液。人用制剂也有 100 mg/mL 的口服溶液（Neoral，微乳液）、25 mg 和 100 mg 的胶囊（Sandimmune）、0.2% 眼药膏（Optimmune）、胶囊（如 Gengraf）。尚未比较人用制剂与犬或猫的 Atopica 的生物等效性。

C

稳定性和贮藏

存放在密闭容器中，并在室温下避光保存。不要冷藏，但要在低于 30℃ 的温度下存放。复合眼科产品在室温下稳定 60 d，不要冷藏。

小动物剂量

犬

3 ~ 7 mg/(kg·d)，PO。典型的起始剂量为 5 mg/(kg·d)，PO。诱导期后，每 2 d 至每 3 d 1 次，剂量低至 5 mg/kg，可以控制一些犬的特异性皮炎。

对于肛周瘘管和免疫介导性疾病（如 IMHA），已使用更高剂量和更频繁的给药（5 ~ 8 mg/kg，q12 h）。当观察到反应时，可以减少剂量和频率。

对于与器官移植相关的免疫抑制，剂量应更高（如 7 ~ 10 mg/kg，q12 h，PO）。

IBD：5 mg/kg，PO，q12 h，在观察到反应后将频率降低至 q24 h。

猫

7.5 mg/kg，每天 1 次，PO。每隔 1 d 或每周 2 次用该剂量给药可以控制某些猫的疾病。给药时给少量食物或随餐服用。

对于与器官移植相关的免疫抑制，剂量应更高（如 3 ~ 5 mg/kg，q12 h，PO）。

大动物剂量

马（眼用）中仅使用局部给药。没有关于其他大动物剂量的报道。

管制信息

不确定食品生产用动物的停药时间。该药物不应用于拟食用动物，因为它可能具有诱变潜力。

盐酸赛庚啶（Cyproheptadine Hydrochloride）

商品名及其他名称： Periactin。
功能分类： 抗组胺药。

药理学和作用机制

吩噻嗪类具有抗组胺和抗血清素的特性。用作食欲刺激剂（可能是通过改变食欲中心的血清素活性）。

适应证和临床应用

尽管尚无基于对照研究证明疗效的证据，但赛庚啶常用于刺激患病动物（尤其是猫）的食欲。如果血清素被认为是气道炎部分原因，则可将赛庚啶用于治疗一些猫的哮喘。但是，在气道反应过度的猫中，赛庚啶无法降低嗜酸性炎症（每只猫 8 mg，q12 h）。在某些情况下，它已用于治疗猫的不适当排尿（喷尿）。赛庚啶已被用于治疗马的重体中间部功能障碍（pituitary pars intermedia dysfunction，PPID，有时也称为马库欣综合征），0.6 ～ 1.2 mg/kg，但结果一直存在争议。它对犬垂体依赖性肾上腺皮质功能亢进（库欣综合征）无效。尽管尚未证明这种用途的功效，但已被认为可治疗抗抑郁药 "5- 羟色胺综合征" 的动物。

注意事项

不良反应和副作用

刺激饥饿感，可能导致多食症和体重增加。赛庚啶还具有抗组胺作用、抗血清素作用和抗毒蕈碱作用。在某些猫中，它会刺激多动症。在马中，高剂量赛庚啶没有副作用。

禁忌证和预防措施

没有关于动物禁忌证的报道。

药物相互作用

没有关于动物药物相互作用的报道。

使用说明

尚未在动物医学中进行临床研究。使用主要基于经验和人用结果的推断。糖浆含 5% 酒精。

患病动物的监测和实验室检测

监测动物的体重增加。

制剂与规格

赛庚啶有 4 mg 的片剂和 2 mg/5 mL 的糖浆。

稳定性和贮藏

存放在密闭容器中，并在室温下避光保存。糖浆不要冷冻。尚未评估复合制剂的稳定性。

小动物剂量

犬和猫

抗组胺药：0.5 ～ 1.1 mg/kg，q8 ～ 12 h，PO 或每只 2 ～ 4 mg，PO，q12 ～ 24 h。

食欲刺激剂：每只 2 mg，PO。

猫的哮喘：每只 1 ~ 2 mg，PO，q12 h。

用于排尿不当：每只 2 mg，q12 h，PO，然后将剂量降低至每只 1 mg，q12 h，PO。

大动物剂量
马
0.5 mg/kg，q12 h，PO。

管制信息
无可用的管制信息。

RCI 分类：4。

阿糖胞苷（Cytarabine）

商品名及其他名称：Cytosar、Ara-C 和 cytosine arabinoside。

功能分类：抗癌药。

药理学和作用机制

阿糖胞苷（Cytosar）是从海绵中分离出来的化合物。它也被称为阿糖胞苷和 Ara-C。阿糖胞苷被代谢为抑制 DNA 合成的活性药物，可抗代谢物合成核苷类似物。阿糖胞苷 A 抑制有丝分裂活性细胞中的 DNA 聚合酶，并导致拓扑异构酶功能障碍，阻止 DNA 修复。犬的半衰期约为 70 min。当 SQ 和 CRI 给予犬后，阿糖胞苷的终末半衰期分别为 1.35 h 和 1.15 h。SQ 和 CRI 给药后的峰值浓度分别为 2.9 μg/mL 和 2.8 μg/mL。

适应证和临床应用

阿糖胞苷已用于淋巴瘤和白血病治疗规程。它用于小动物，以治疗淋巴瘤和骨髓白血病。它通常以 IM 或 SQ 给药，因为在 IV 给药时半衰期很短（约 20 min）。它也已作为替代皮质类固醇的药物用于治疗犬肉芽肿性脑膜脑脊髓炎。阿糖胞苷穿透犬的血液 CSF 屏障，据报道可改善脑膜脑炎患犬的暂时和长期缓解及预后。有两种规程可用于该适应证（请参阅剂量部分）。在犬中通过 CRI 给药，其稳态浓度要优于 SQ 注射。

注意事项
不良反应和副作用

阿糖胞苷具有骨髓抑制的作用，可引起粒细胞减少症，特别是通过 CRI 给药时。此外，它还可能引起恶心和呕吐。

禁忌证和预防措施

在同时使用其他骨髓抑制药物的动物中慎用。

药物相互作用

没有关于小动物药物相互作用的报道。

使用说明

根据已发表的研究结果及临床医生的喜好，已使用多种方案将阿糖胞苷应用于犬（请参阅"剂量"部分）。没有强有力的证据表明一种方案优于另一种。当治疗肉芽肿性脑膜脑脊髓炎时，方案（IV 或 SQ）使用的总剂量为 200 ~ 400 mg/m^2，分为 2 d，或者 IV 输注超过 8 h。

在脑膜脑炎治疗中，阿糖胞苷剂量通常为 200 mg/m^2，低于在肿瘤治疗中使用的剂量（总剂量为 400 ~ 600 mg/m^2）。对于脑膜脑炎，兽医神经病学家推荐 200 mg/m^2 给药，以 50 mg/m^2 在 2 d 内 4 次 SQ，或者以每小时 25 mg/m^2 进行 CRI，用 8 h。

患病动物的监测和实验室检测

监测 CBC 以评估毒性。

制剂与规格

阿糖胞苷有 100 mg/ 瓶注射剂。

稳定性和贮藏

存放在密闭容器中，并在室温下避光保存。尚未评估复合制剂的稳定性。

小动物剂量

犬（癌症方案，每周给药）

100 ~ 150 mg/m^2，每天 1 次或 50 mg/m^2，每天 2 次，IV 或 SQ，用 4 d。

600 mg/m^2，单剂量 IV 或 SQ。

每天 300 mg/m^2，连续 IV，超过 48 h（总计 600 mg/m^2）。

犬（肉芽肿性脑膜脑脊髓炎）

50 mg/m^2，每天 2 次，用 2 d，每 3 周 SQ 重复 1 次。

总剂量为 200 mg/m^2，以 50 mg/m^2 的剂量每天 2 次，SQ 或以每小时 25 mg/m^2 进行 CRI，用 8 h。

猫

每天 100 mg/m^2，用 2 d。

大动物剂量

没有大动物剂量的报道。

管制信息

不确定食品生产用动物的停药时间。由于该药物是抗癌药，禁用于拟食用动物。

D

达卡巴嗪（Dacarbazine）

商品名及其他名称: DTIC。

功能分类: 抗癌药。

药理学和作用机制

达卡巴嗪（DTIC）是一种单功能烷基化剂，可有效地阻止 RNA 的合成，其作用有细胞周期非特异性。

适应证和临床应用

达卡巴嗪主要用于恶性黑色素瘤和淋巴网状内皮细胞性肿瘤。

注意事项

不良反应和副作用

最常见的副作用是白细胞减少症、恶心、呕吐和腹泻。

禁忌证和预防措施

禁用于猫。

药物相互作用

没有关于小动物药物相互作用的报道。

使用说明

有关具体方案，请查阅抗癌规程。

患病动物的监测和实验室检测

治疗期间监测 CBC。

制剂与规格

达卡巴嗪有每瓶 200 mg 的注射剂。

稳定性和贮藏

存放在密闭容器中，并在室温下避光保存。尚未评估复合制剂的稳定性。

小动物剂量

犬

200 mg/ m², 每 3 周一次, 用 5 d, IV 或 800～1000 mg/m², 每 3 周一次, IV。

大动物剂量

没有大动物剂量的报道。

管制信息

不确定食品生产用动物的停药时间。由于该药物是抗癌药, 禁用于拟食用动物。

达肝素 (Dalteparin)

商品名及其他名称: Fragmin、LMWH。
功能分类: 抗凝剂。

药理学和作用机制

低分子量肝素 (Low-molecular-weight heparin, LMWH), 也称为碎片肝素。与分子量约为 15 000 的常规肝素 (普通肝素或 UFH) 相比, LMWH 的特征在于其分子量约为 5000。因此, LMWH 的吸收、清除率和活性与 UFH 不同。LMWH 通过与抗凝血酶 (antithrombin, AT) 结合并增加 AT Ⅲ 介导的凝血因子 Xa 合成和活性的抑制来发挥作用。但是, 与常规肝素不同, LMWH 产生的凝血酶抑制更少 (因子 Ⅱa)。LMWH 的活性通过抗 Xa/ 抗 Ⅱa 比例描述。对于达肝素,比率为 2.7∶1(常规 UFH 比率为 1∶1)。在人中, LMWH 与 UFH 相比具有多种优势, 包括更高的抗 Xa/Ⅱa 活性, 注射给药吸收更完全, 持效时间更长, 给药频率更低, 出血风险降低, 以及更可预测的抗凝反应。但是, 在犬和猫中, LMWH 的半衰期比在人中的半衰期短, 从而减小了一些优势。在犬中, 达肝素的半衰期约为 2 h。在猫中, 据估计为 1.5 h, 与人相比, 在任一物种中需要更频繁地给药以维持抗 Xa 活性。动物医学中使用的 LMWH 包括替扎肝素 (Innohep)、依诺肝素 (Lovenox) 和达肝素 (Fragmin)。

适应证和临床应用

与其他 LMWH 一样, 达肝素可用于治疗高凝性疾病并预防凝血疾病, 如血栓栓塞、静脉血栓形成、弥散性血管内凝血病 (disseminated intravascular coagulopathy, DIC) 和肺部血栓栓塞。临床适应证源自常规肝素的使用或从人医的推断, 很少有临床研究 LMWH 在动物中的功效。先前从人的使用推断的剂量（100 U/kg，q12 h，SQ）已显示在犬和猫中不能产生足够且一致的抗 Xa 活性，因此该条目中列出的剂量是治疗所需剂量。在人中，依诺肝素已在很大程度上代替了达肝素的常规使用。

> **注意事项**
> **不良反应和副作用**
> 尽管比普通肝素耐受性更好，但有出血风险。LMWH 与肝素诱导的人血小板减少症的发病率降低有关，但是任何形式的肝素引起肝素诱导的血小板减少症在动物中都不是临床问题。如果由于过量而发生过度抗凝和出血，应给予硫酸鱼精蛋白逆转肝素治疗。每 100 U 达肝素中鱼精蛋白的含量为 1.0 mg，缓慢 IV。鱼精蛋白与肝素复合形成稳定的非活性化合物。
>
> **禁忌证和预防措施**
> 禁止 IM 给药，以防血肿，仅 SQ 给药。LMWH 通过肾脏清除在动物体内排泄，因此，如果存在肾脏疾病，清除时间将延长。停用肝素治疗后可能会出现反弹性高凝，因此，建议停止治疗时缓慢的逐渐减少剂量。
>
> **药物相互作用**
> 请勿与其他注射药物混合使用。在已经接受其他能干扰凝血的药物（如阿司匹林和华法林）的动物中慎用。尽管尚未确定特定的相互作用，但在接受特定软骨保护性化合物（如葡糖氨基葡聚糖）治疗关节炎的动物中慎用。某些抗生素（如头孢菌素类）可以抑制凝血。

使用说明

从人医推断出的剂量建议不适用于动物。应告知动物主人，与常规肝素相比，低分子量肝素价格昂贵。给药时，请勿与其他肝素以单位交换剂量。

患病动物的监测和实验室检测

监测患病动物是否有出血问题的临床症状。当长期服用 LMWH 时，活化部分凝血活酶时间（activated partial thromboplastin time，aPTT）和凝血酶原时间（prothrombin time，PT）不是可靠的治疗指标，但 aPTT 延长是剂量过量的迹象。在人中，α-Xa 活性被认为是 LMWH 活性的首选实验室指标。但是，检测犬抗 Xa 活性的研究中，结果是并非总能达到目标范围。给药后 2 h 出现抗 Xa 活性峰值，猫抗 Xa 活性的目标范围为 0.5 ~ 1.0 U/mL，犬为 0.4 ~ 0.8 U/mL。

制剂与规格

达肝素有每 0.2 mL 含 2500 U 抗 Xa 因子（16 mg 达肝素钠）单剂量注

射器装、每 0.2 mL 含 5000 U 抗 Xa 因子（32 mg 达肝素钠）单剂量注射器装和每毫升含 10 000 U 抗 Xa 因子（64 mg 达肝素钠）多剂量 9.5 mL 小瓶装。

稳定性和贮藏
多剂量小瓶开始使用后 2 周内可用。存放在密闭的容器中，避光。

小动物剂量
犬
150 U/kg，q8 h，SQ（剂量调整参见"患病动物的监测和实验室检测"部分）。
猫
150 ~ 175 U/kg，q4 h，SQ，至 180 U/kg，q6 h，SQ（剂量调整参见"患病动物的监测和实验室检测"部分）。

大动物剂量
马
50 U/(kg·d)，SQ。高危患马应每天接受 100 U/kg。

管制信息
未确定标签外停药时间。建议停药 24 h，因为这种药物的残留风险很小。

达那唑（Danazol）
商品名及其他名称：Danocrine。
功能分类：激素。

药理学和作用机制
达那唑为促性腺激素抑制剂。达那唑抑制黄体生成素（luteinizing hormone，LH）、促卵泡激素（follicle-stimulating hormone，FSH）和雌激素合成。达那唑已被用作免疫介导性血液疾病的辅助治疗。目前尚不清楚其用于治疗免疫介导性疾病的作用机制，但它可能会干扰抗体的产生、或补体或抗体与血小板或红细胞的结合。它还可能减少单核细胞上与血小板或红色血细胞结合的抗体的受体。

适应证和临床应用
达那唑具有激素作用（抗雌激素），可用于女性子宫内膜异位症。达那唑（Danocrine）也已用于难治的免疫介导性血小板减少症和免疫介导性溶血性贫血患者。现有证据表明，当用于治疗犬免疫介导性溶血性贫血时它没有益处。

注意事项

不良反应和副作用

在治疗的动物中应考虑达那唑的雄激素作用。但是，尚未报道过动物的副作用。

禁忌证和预防措施

禁用于怀孕动物。

药物相互作用

它已与其他药物一起用于免疫介导性疾病的治疗，但尚无相互作用的报道。

使用说明

当用于治疗自身免疫性疾病时，它通常与其他药物（如皮质类固醇）联合使用。

患病动物的监测和实验室检测

如果用于治疗免疫介导性疾病，请监测 CBC。

制剂与规格

达那唑有 50 mg、100 mg 和 200 mg 的胶囊。

稳定性和贮藏

存放在密闭容器中，并在室温下避光保存。尚未评估复合制剂的稳定性。

小动物剂量

犬和猫

5 ～ 10 mg/kg，q12 h，PO。

大动物剂量

没有大动物剂量的报道。

管制信息

达那唑是一种合成代谢药物，不应用于拟食用动物。

RCI 分类: 4。

甲磺酸达氟沙星（Danofloxacin Mesylate）

商品名及其他名称： A180。

功能分类： 抗菌药。

药理学和作用机制

达氟沙星与其他氟喹诺酮类一样，对多种细菌具有活性，包括革兰氏阴性杆菌，尤其是肠杆菌科细菌（大肠杆菌、克雷伯菌、沙门氏菌）和一些革兰氏阳性球菌，如葡萄球菌。特别是它对牛的病原体具有良好的活性，如多杀性巴氏杆菌、溶血性曼海姆菌和睡眠嗜组织菌（以前称为睡眠嗜血杆菌）。在牛中，皮下吸收率较高。半衰期为 3 ~ 6 h。

当以 6 mg/kg 的剂量用于治疗奶牛呼吸系统疾病（BRD）时，达氟沙星的半衰期为 4.2 h，峰值浓度为 1.7 μg/mL，并且曲线下面积（AUC）和 MIC 比 > 125。

适应证和临床应用

达氟沙星适用于治疗由多杀性疟原虫、溶血性支原体和睡眠嗜组织菌（以前称为睡眠嗜血杆菌）引起的 BRD。作为具有广泛活性的氟喹诺酮类，其他生物也易感。但是，禁止用于拟食用动物。目前尚无其他动物使用达氟沙星的公开报道。

注意事项

不良反应和副作用

所有高剂量的氟喹诺酮类都可能引起 CNS 毒性。在牛的安全性研究中，高剂量给药可引起跛行、关节软骨病变和 CNS 问题（颤动、眼球震颤等）。皮下注射可能引起组织刺激。所有氟喹诺酮类都有在年轻动物中产生关节病的潜力。在现场试验中，某些犊牛的跛行与达氟沙星有关。氟喹诺酮类已引起猫的失明，但尚无达氟沙星引起该问题的报道。

禁忌证和预防措施

单个注射点不能超过 15 mL。禁止标签外用药。禁用于没有安全信息的其他物种。禁用于易发生抽搐的动物。

药物相互作用

如果同时使用其他氟喹诺酮类，可能会增加茶碱的浓度。请勿在溶液或小瓶中与铝、钙、铁或锌混合，因为可能会发生螯合。

使用说明

在牛的颈部 SQ。

患病动物的监测和实验室检测

不用特殊监测。对于牛呼吸道病原体，敏感生物的 CLSI 耐药折点为 ≤ 0.25 μg/mL。大多数生物的 MIC 值为 ≤ 0.06 μg/mL。

制剂与规格

达氟沙星有 180 mg/mL 的注射液（含 2- 吡咯烷酮和聚乙烯醇）。

稳定性和贮藏

储存在低于 30℃的环境中，避光并防冻。浅黄色或琥珀色是可以接受的。

小动物剂量

犬和猫

没有小动物剂量的报道。

大动物剂量

牛

6 mg/kg（每 100 lb 为 1.5 mL），每 48 h 1 次，SQ。

马和猪

没有剂量的报道。

管制信息

禁用于生产小牛肉的犊牛。

牛停药时间（对于肉牛）: 4 d。由于不能用于泌乳牛，未确定产奶用牛的停药时间。禁止标签外使用。

丹曲林钠（Dantrolene Sodium）

商品名及其他名称: Dantrium、Revonto 和 Ryanodex。

功能分类: 肌肉松弛剂。

药理学和作用机制

丹曲林抑制肌质网中的钙泄漏。它特定作用于骨骼肌肉中的 RyR1 亚型（肌质网通道）和平滑肌中的 RyR3，对心肌中的 RyR2 影响最小。通过抑制钙引发肌肉收缩。它可以放松肌肉。在马中, 口服给药的半衰期为 3.4 h，峰值为 30 min。在犬中，半衰期为 1.25 h，药代动力学与人相比明显不同。

适应证和临床应用

丹曲林用作肌肉松弛剂。但是，除了肌肉松弛之外，它还被用于治疗与恶性体温过高相关的肌肉兴奋性，并且还被用来松弛猫的尿道肌肉。尽管已将其用于犬，但尚未显示功效，并且药代动力学研究表明，以 2.8 mg/kg 的剂量产生的浓度不足以在犬肌肉中发挥作用。尽管用作免疫抑制剂（通过 NFAT 调节的细胞因子抑制），但这种用途不太可能有效。

在马中，它可改善劳累性横纹肌溶解（"马厩病"）相关的临床症状，可以预防健康马的肌肉损伤。它已被用作马的麻醉前用药，以预防麻醉性肌病，但尚未确定确切剂量。

注意事项

不良反应和副作用

肌肉松弛剂可引起某些动物的无力。在某些情况下，丹曲林会导致人的肝炎。在马中，当在麻醉前以 6 mg/kg 的剂量口服（麻醉前用药）时，它会增加血浆钾浓度，并增加某些马心动过缓和心律失常的风险。在犬和猪中也观察到丹曲林可引起高钾血症。在人中，已知可引起肌肉无力、呼吸困难、吞咽困难和头晕。

禁忌证和预防措施

禁用于患肝脏疾病的动物。在无力或虚弱的动物中慎用。

药物相互作用

禁止用酸性 IV 溶液混合或重新配制，因为它们不相容。

使用说明

通常建议空腹口服。剂量主要是从实验研究或人的研究中推断出来的。在动物医学中很少有相关研究。为了使猫的尿道松弛，最有效的剂量是 1 mg/kg，IV。当使用丹曲林治疗大动物的恶性体温过高时，由于要在小瓶中稀释，可能需要多个小瓶。

患病动物的监测和实验室检测

当用于治疗恶性体温过高时，应监测体温、酸碱平衡和电解质。在人中，丹曲林可能会导致肝炎，要监测肝损伤（如肝酶）/功能。丹曲林可能导致麻醉期间血浆钾浓度的持续增加。钾的增加可能导致心律失常，应加以监测。

D

制剂与规格

丹曲林有 100 mg 的胶囊。溶解后，20 mg 的小瓶等于 0.33 mg/mL 的注射液。也有更浓缩的单剂量小瓶，包含 250 mg 丹曲林，溶解为 50 mg/mL。

稳定性和贮藏

IV 溶液后可在短时间内稳定（6 h）。可以将其与 5% 葡萄糖和 0.9% 氯化钠等溶液混合。如果小瓶中有浑浊或沉淀，请勿使用 IV 溶液。如果与酸性溶液（如柠檬酸）混合，混合的口服悬浮液稳定 150 d。存放在密闭容器中，并在室温下避光保存。

小动物剂量
犬
注意：以下为犬引用的剂量来自个人经验和人用剂量的推断。药代动力学研究表明，这些剂量不太可能产生足以在犬肌肉中有效的浓度。

预防恶性体温过高：2 ~ 3 mg/kg，IV（最高 5 ~ 10 mg/kg）。

恶性体温过高危象：2.5 ~ 3 mg/kg，IV，快速推注（最高 5 ~ 10 mg/kg）。

肌肉松弛：1 ~ 5 mg/kg，q8 h，PO（最高 5 ~ 10 mg/kg）。

尿道松弛：1 ~ 5 mg/kg，q8 h，PO 或 0.5 ~ 1.0 mg/kg，IV（最高 5 ~ 10 mg/kg）。

猫
肌肉松弛：0.5 ~ 2 mg/kg，q12 h，PO。

尿道松弛：1 ~ 2 mg/kg，q8 h，PO。

大动物剂量
马
4 mg/kg，PO。

猪
恶性体温过高：1 ~ 3 mg/kg，IV，每天 1 次。

预防恶性体温过高：5 mg/kg，PO。

管制信息

对于马，建议在比赛前分别需要 48 h 和 168 h 的停药时间，才能检测血浆和尿液。对于食品生产用动物，没有停药信息。

RCI 分类：4。

氨苯砜（Dapsone）

商品名及其他名称： 通用品牌。
功能分类： 抗菌药。

药理学和作用机制

用于治疗分枝杆菌的抗菌药。它也可能具有一定的免疫抑制特性或炎性细胞的抑制功能。

适应证和临床应用

尽管最初用作抗菌药，但在动物医学中，它主要用于犬的皮肤病，尤其是角层下脓疱性皮肤病和疱疹样皮炎。它也已用于犬天疱疮。

注意事项

不良反应和副作用

可能会发生肝炎和血液异常。因为它与磺酰胺具有相似的特性，所以可以看到与磺胺类药物相同的反应，包括贫血、中性粒细胞减少、血小板减少、肝中毒和皮肤药疹。它对猫有毒性，会引起神经中毒和贫血。

禁忌证和预防措施

禁用于猫。禁用于对磺胺类药物敏感的动物。

药物相互作用

将氨苯砜与甲氧苄啶/磺胺类药物联合使用时要小心。甲氧苄啶可能会增加氨苯砜的血液浓度，因为它抑制排泄并增强氨苯砜的副作用。

使用说明

剂量是从人的剂量或经验推论得出的。尚未在动物医学中进行良好对照的临床研究。

患病动物的监测和实验室检测

监测肝脏反应的迹象。偶尔监测 CBC，因为某些动物已经发生了骨髓毒性。

制剂与规格

氨苯砜有 25 mg 和 100 mg 的片剂。

稳定性和贮藏

存放在密闭容器中，并在室温下避光保存。氨苯砜可能会变色而不改变效力。当与柠檬酸混合时，复合的悬浮液配方可稳定 21 d。

小动物剂量
犬
1.1 mg/kg，q8 ～ 12 h，PO。
猫
禁用。

大动物剂量
没有大动物剂量的报道。

管制信息
无可用的管制信息。

D

阿法达贝泊汀（Darbepoietin Alfa）
商品名及其他名称： Aranesp。
功能分类： 激素。

药理学和作用机制
阿法达贝泊汀为人重组红细胞生成素，刺激红细胞生成的造血生长因子。达贝泊汀是人促红细胞生成素的高糖基化重组形式。它与依泊汀不同，它具有 5 条 N-碳水化合物链，因此作用时间更长。半衰期越长，需要给药的频率就越低。在犬中，其半衰期是红细胞生成素的 3 倍。它已被用于治疗与慢性肾病相关的贫血。

适应证和临床应用
阿法达贝泊汀用于治疗非再生性贫血。它已被用于治疗疾病或化疗引起的骨髓抑制，也已用于治疗与慢性肾病相关的慢性贫血，尤其在猫中，基于个人经验表明疗效显著。在猫中所列剂量基于个人经验。人的典型剂量为每 3 周 1 次，2.25 μg/kg。动物中使用的类似药物是促红细胞生成素（红细胞生成素 α）。治疗的转换为：每周 400 U 的红细胞生成素 = 1 μg/kg 达贝泊汀。

注意事项
不良反应和副作用
由于该产品是人重组产品，可能会引起动物局部和全身性过敏反应。在人身上发生了注射部位疼痛和头痛，副作用包括铁缺乏症、高血压、关节疼痛（关节痛）、胃肠道紊乱和红细胞增多症。人促红细胞生成素产品可能会中和与其他形式促红细胞生成素交叉反应的抗促红细胞生成素抗体，从而导致红细胞不发育（发育不全）。猫促红细胞生成素与人促红细胞生成素有 83% 的同源性。由于同源性低于 100% 和更多的抗体产生，动物中红细胞不发育（发育不全）可能增加。

禁忌证和预防措施

请勿剧烈摇动小瓶。请勿用其他液体或溶液稀释。混浊时请勿使用。如果观察到联合疼痛、发热、厌食或皮肤反应，则停止治疗。轮换注射部位以避免反应。

药物相互作用

没有药物相互作用的报道。

使用说明

阿法达贝泊汀主要用于由慢性肾病引起贫血的猫。当用于猫时，建议补充铁。通过改善猫的贫血，可以增加慢性肾病患猫的存活率并改善生活质量。

患病动物的监测和实验室检测

监测血细胞比容。应调整剂量以将血细胞比容维持在 25% ~ 35%。

制剂与规格

阿法达贝泊汀有多种浓度的注射液，包括 25 μg/mL、40 μg/mL、60 μg/mL、100 μg/mL、200 μg/mL、300 μg/mL 和 500 μg/mL。

稳定性和贮藏

存放在密闭容器中，并在室温下避光保存。不要冻结。请勿与其他溶液或液体混用。

小动物剂量

犬

未确定犬的剂量。已使用与猫中相似的剂量。

猫

每周 1 次，从 1 μg/kg 开始，直到达到目标血细胞比容。然后，可以将频率减少到每 2 ~ 3 周 1 次。通常，预期反应为血细胞比容达到 25% ~ 35%。

大动物剂量

没有大动物剂量的报道。

管制信息

没有食品生产用动物的停药时间。禁止将促红细胞生成素或任何形式的衍生物用于要参赛的赛马。

RCI 分类：2。

甲磺酸去铁胺（Deferoxamine Mesylate）

商品名及其他名称： Desferal。

功能分类： 解毒剂。

药理学和作用机制

对三价阳离子具有强亲和力的螯合剂。由于它具有结合螯合阳离子的能力，可用于治疗急性铁中毒。

适应证和临床应用

去铁胺适用于严重中毒病例，特别是铁中毒。它也已经被用来螯合铝并促进去除。

注意事项

不良反应和副作用

尚未报道过动物的副作用。在人中发生了过敏反应和听觉问题。

禁忌证和预防措施

IV 给药需缓慢，以免发生心律失常。去铁胺具有致畸性。除非收益大于风险，否则请勿在怀孕的动物中使用。

药物相互作用

去铁胺可与阳离子螯合，避免给药之前与阳离子混合。

使用说明

100 mg 的去铁胺与 8.5 mg 的三价铁结合。用药过量后，请联系当地的毒物控制中心以获取指导。

患病动物的监测和实验室检测

监测血清铁浓度，以确定中毒的严重程度和治疗是否成功。监测尿液颜色可指示治疗是否成功（尿液呈橙色玫瑰色变化，表示螯合的铁正在被消除）。

制剂与规格

去铁胺有 500 mg 和 2 g 的瓶装注射剂。

稳定性和贮藏

去铁胺溶于水，溶液可稳定 14 d。存放在密闭容器中，并在室温下避光保存。请勿冷藏，也不要将溶液与其他药物混合。

小动物剂量

犬和猫

对于铁的螯合，15 mg/(kg·h)，IV；40 mg/kg，IM，q4 ~ 6 h，或者 40 mg/kg，缓慢 IV，q4 ~ 6 h。治疗一般持续 24 h。

大动物剂量

没有大动物剂量的报道。

管制信息

无可用的管制信息。没有动物残留水平的预期问题。

地拉考昔（Deracoxib）

商品名及其他名称： Deramaxx。
功能分类： 抗炎药。

药理学和作用机制

地拉考昔是一种 NSAID。和此类其他药物相似，地拉考昔通过抑制前列腺素的合成而产生镇痛和抗炎作用。被 NSAID 抑制的酶是环氧合酶（COX）。COX 以两种异构体存在，分别为 COX-1 和 COX-2。COX-1 主要负责前列腺素的合成，对维持健康的胃肠道、肾脏功能、血小板功能和其他正常功能很重要。COX-2 被诱导产生并负责合成前列腺素，而前列腺素是疼痛、炎症和发热的重要介质。但是，已知在某些情况下，COX-1 和 COX-2 的作用会有些交叉，并且 COX-2 的活性对于某些生物学作用很重要。在体外试验中，与旧 NSAID 相比，地拉考昔对 COX-1 作用更少，是 COX-2 选择性抑制剂。与其他已注册的用于犬的药物相比，COX-1 与 COX-2 的比率较高。它也是猫的选择性 COX-2 抑制剂。对于 COX-1 或 COX-2 的特异性是否与功效或安全性相关，尚无定论。在犬中，2 ~ 3 mg 地拉考昔半衰期为 3 h，20 mg/kg 半衰期为 19 h。它与蛋白质高度结合。犬的口服吸收率为 90%。饲喂会延迟吸收，但不会降低总体吸收。在猫中，半衰期约为 8 h。

适应证和临床应用

地拉考昔用于减少疼痛、炎症和发热，它已用于犬疼痛和炎症的急性和慢性治疗。最常见的用途之一是骨关节炎，但它也用于与手术相关的疼痛。在马中仅有限地使用地拉考昔，尚未报道在其他大动物中的应用。与其他COX-2 抑制剂一样，地拉考昔可能具有某些抗肿瘤特性。它在移行细胞癌患犬中产生了有益的作用。

注意事项

不良反应和副作用

消化道问题是与 NSAID 相关的最常见的副作用，包括呕吐、腹泻、恶心、溃疡和胃肠道糜烂。据报道，在犬中使用地拉考昔可导致胃和十二指肠溃疡。在地拉考昔的现场试验中，呕吐是最常见的副作用。某些 NSAID 已显示出肾毒性，尤其是脱水动物或患肾脏疾病的动物。在犬中进行的研究显示，较高剂量（正常剂量的 5 倍）可引起正常犬的氮质血症。

禁忌证和预防措施

先前存在胃肠道或肾脏问题的犬和猫可能患 NSAID 副作用的风险更大。目前尚不了解怀孕的安全性，但尚未报道副作用。对于 4 月龄、怀孕或泌乳犬，尚无安全性研究。在猫中，仅可单次使用。

药物相互作用

禁止与其他 NSAID 或皮质类固醇一起使用。皮质类固醇已被证明可加剧胃肠道副作用。某些 NSAID 可能会干扰利尿剂和 ACE 抑制剂的作用。

使用说明

咀嚼片可以与食物一起或不与食物一起使用。尚未完成猫长期用药的研究，仅有单次用药的研究报告。

患病动物的监测和实验室检测

监测胃肠道症状以获取腹泻、胃肠道出血或溃疡的证据。由于存在肾损伤的风险，在治疗期间应定期监测肾参数［水消耗量、血尿素氮（BUN）、肌酐和尿比重］。地拉考昔似乎不影响犬的甲状腺激素测定。

制剂与规格

地拉考昔有 25 mg、75 mg 和 100 mg 的咀嚼片。

稳定性和贮藏

存放在密闭容器中，并在室温下避光保存。地拉考昔已在水中与液态悬浮液混合。但是，尚未评估复合制剂的稳定性。

小动物剂量
犬

术后疼痛：3 ~ 4 mg/kg，每天 1 次，最多 7 d。慢性使用：1 ~ 2 mg/kg，每天 1 次，PO。

猫

1 mg/kg，单次，PO。

大动物剂量

没有大动物剂量的报道。

管制信息

禁用于食品生产用动物。

RCI 分类：4。

醋酸去氨升压素（Desmopressin Acetate）

商品名及其他名称：DDAVP。

功能分类：激素。

药理学和作用机制

类似于抗利尿激素（antidiuretic hormone，ADH）的合成肽。它产生与天然 ADH 相似的作用，用于治疗动物的尿崩症（diabetes insipidus，DI）。该作用与刺激水的渗透性以增加远端肾小管中水的重吸收有关。DDAVP 与天然 ADH 的区别在于 DDAVP 作用时间更长，产生的血管收缩作用更少。除激素作用外，在人中，使用 DDAVP 可使血浆 von Willebrand 因子增加 2 ~ 5 倍。在某些动物中，它可能会导致 von Willebrand 因子增加 50%，但不如人中那样一致。

适应证和临床应用

去氨升压素被用作 DI 患者的替代疗法，也被用于轻度至中度 von Willebrand 病患病动物在手术或其他可能引起出血的操作之前的治疗。但是，缺乏 von Willebrand 因子的犬的反应并不像在人中那样一致或良好。

D

注意事项

不良反应和副作用

没有副作用的报道。在人中，它很少引起血栓形成问题。

禁忌证和预防措施

没有特定的禁忌证。

药物相互作用

尿素和氟氢可的松的给药会增加抗利尿作用。

使用说明

去氨升压素仅用于 DI 的中枢形式。效果的持效时间可变（8 ~ 20 h），通常为 8 ~ 12 h。对于其他原因引起的肾源性尿崩症或多尿的治疗无效。鼻内产品已在犬中以眼滴剂的形式给药，1 h 内起效。口服片剂可用于人，但尚未报道在犬中的作用。

患病动物的监测和实验室检测

监测饮水量和尿液分析以评估治疗。去氨升压素可用作动物 DI 的测试。要执行此测试，请在鼻内或眼内用药 2 μg/kg，SQ 或 IV 或 20 μg。随后应监测尿液浓度和动物的体重。尿液浓缩能力的提高可能表明诊断为 DI。

制剂与规格

去氨升压素有 4 μg/mL 的注射剂、100 μg/mL（0.01%）乙酸盐鼻溶液计量喷雾剂及 0.1 mg 和 0.2 mg 的片剂（有刻痕）。

稳定性和贮藏

存放在密闭容器中，并在室温下避光保存。尚未评估复合制剂的稳定性。

小动物剂量

尿崩症：鼻内或眼中 2 ~ 4 滴（2 μg），q12 ~ 24 h。或者，每只 0.5 ~ 2 μg，q12 ~ 24 h，IV 或 SQ。

口服剂量：0.05 ~ 0.1 μg/kg，q12 h，或者根据需要。口服剂量可以根据需要增加到 0.1 ~ 0.2 μg/kg。其他的用法是，每只 0.1 mg，PO，每天 3 次，通过调整剂量控制临床症状（多尿和多饮）。如果该剂量成功，则将频率减至每天 2 次。

von Willebrand 病的治疗：1 μg/kg（0.01 mL/kg），SQ 或用 20 mL 盐水稀释 IV 给药 10 min 以上。

大动物剂量

没有大动物剂量的报道。

管制信息

停药时间尚未确定。但是，这种药物清除迅速，残留风险很小。因此，在食品生产用动物中建议的停药时间短。

去氧皮质酮新戊酸酯（Desoxycorticosterone Pivalate）

商品名及其他名称： Percorten-V、DOCP 和 DOCA pivalate。
功能分类： 皮质类固醇。

药理学和作用机制

去氧皮质酮新戊酸酯是没有糖皮质激素活性的盐皮质激素。去氧皮质酮通过保钠来模仿醛固酮的作用。新戊酸酯制剂吸收缓慢，单次给药会产生长效作用。

适应证和临床应用

去氧皮质酮用于肾上腺皮质功能障碍（肾上腺皮质功能减退）。当用于治疗某些犬的功能障碍时，可能还需要同时进行糖皮质激素治疗。

注意事项

不良反应和副作用

高剂量可能导致过度盐皮质激素作用。预计这种药物不会产生医源性肾上腺皮质功能亢进症状。

禁忌证和预防措施

禁用于怀孕的动物。在患充血性心力衰竭或肾脏疾病的病例中，必须慎用。患充血性心力衰竭的犬可能会因 DOCP 治疗而加重临床症状。在这些情况下，减少剂量（如减少一半）。

药物相互作用

醛固酮拮抗剂（螺内酯）会减弱这种作用。

使用说明

初始剂量基于临床患病动物的总体反应，但个体剂量可能基于患病动物的电解质监测。剂量之间的实际间隔可能在 14 ~ 35 d。

患病动物的监测和实验室检测
监测血清钠和钾。

制剂与规格
去氧皮质酮 25 mg/mL 注射用悬浮液。

稳定性和贮藏
存放在密闭容器中，并在室温下避光保存。尚未评估复合制剂的稳定性。

小动物剂量
犬
1.5 ~ 2.2 mg/kg，q25 d，IM。通过监测电解质调整剂量。当 2.2 mg/kg，SQ，每 25 d 给药一次时，DOCP 也对犬有效。

大动物剂量
没有大动物剂量的报道。

管制信息
停药时间尚未确定。但是，由于残留风险低，无停药时间的建议。
RCI 分类：4。

盐酸地托咪定（Detomidine Hydrochloride）
商品名及其他名称： Dormosedan、Dormosedan 凝胶。
功能分类： α_2 镇痛药。

药理学和作用机制
盐酸地托咪定是 α_2 肾上腺素激动剂。α_2- 激动剂可减少神经元中神经递质的释放。所提出的减少传递的机制是通过与突触前 α_2-受体（负反馈受体）结合。结果减少了交感神经流出、镇痛、镇定和麻醉。地托咪定凝胶经口腔黏膜吸收，马的生物利用度为 22%。其他此类药物包括赛拉嗪、右美托咪定、美托咪定、罗米非定和可乐定。在犬中，IV 给药的半衰期约为 30 min，分布量为 0.6 L/kg。在犬使用黏膜凝胶后，峰值出现在 1 h，半衰期为 40 min，吸收率为 34%。在马中，口腔黏膜凝胶的半衰期为 1.5 h，低于血浆中 24 h 的检测极限。

适应证和临床应用
地托咪定主要用作镇定药、麻醉辅助药物和镇痛药。与其他物种相比，马的使用频率更高。当用于治疗马绞痛时，作用时间约为 3 h（20 μg/kg 或 40 μg/kg）。地托咪定也用于硬膜外镇痛。对于疼痛而言，地托咪定似乎比赛拉嗪更有效且作用时间更长。用于马的地托咪定凝胶（Dormosedan 凝胶）口服给药，可经黏膜吸收。它适用于产生轻微地站立镇定，有利于较小的操作（钉掌、修剪、修蹄）或使暴躁的马平静下来。40 min 起效，持效时间为 90 ~ 180 min。

注意事项

不良反应和副作用

在典型剂量下，常见镇定、共济失调、摇摆、出汗和心动过缓。高剂量可能会导致心脏抑制、AV 阻滞和低血压。在某些马中，会出现对刺激的反应过度。利尿是由 α$_2$-激动剂产生的高血糖导致的，如地托咪定。育亨宾（0.11 mg/kg）可用于逆转 α$_2$-激动剂（如地托咪定）的作用。在小动物中，阿替美唑也可用于逆转地托咪定的作用。

禁忌证和预防措施

地托咪定与磺胺类药物同时 IV 使用可导致心律失常。赛拉嗪在怀孕的动物中使用会引起问题，其他 α$_2$-激动剂也应考虑这些问题。在怀孕的动物中慎用，因为它可能会使怀孕的动物分娩。此外，它还可能会减少孕后期向胎儿的氧输送。在人，地托咪定凝胶可通过皮肤吸收，也可通过眼和口接触吸收。如果有意外暴露，请立即用肥皂和水冲洗。如果还有其他问题，请联系医生。

药物相互作用

其他抑制心脏的药物可能会增加心律失常的风险。

使用说明

它主要用于马，但未获批准用于小动物，剂量稍后列出。阿托品（0.01 ~ 0.02 mg/kg）已用于预防心动过缓，但对于常规使用而言并非必需。可以与其他麻醉药、镇痛药和镇定药（包括布托啡诺）和苯二氮䓬类一起使用。

患病动物的监测和实验室检测

在用此类药物治疗期间，如果可能，监测心率及 ECG。如果可以，某些患病动物可能需要监测血压。

制剂与规格

地托咪定有 10 mg/mL 的注射剂。口服凝胶为 7.6 mg/mL，3 mL 注射器装。

稳定性和贮藏

存放在密闭容器中，并在室温下避光保存。尚未评估复合制剂的稳定性。

小动物剂量

犬

5 µg/kg，IV 或 10 ~ 20 µg/kg，IM。

口腔黏膜应用：轻度镇静 0.5 mg/m²；高度镇静和侧卧：1.0 mg/m²（平均剂量为 35 µg/kg）。2 ~ 4 mg/m² 的高剂量将产生更深的镇静。将凝胶涂在犬的上牙龈（约 0.1 mL）。用 0.1 mg/kg 阿替美唑，IM 逆转。

猫

口服（经黏膜）：0.5 mg/kg。喷入猫的口中，与氯胺酮（10 mg/kg）一起使用。

口服（经黏膜）：对于较深的镇静，使用 2 ~ 4 mg/m²（预计该剂量下会产生呕吐）。用 0.1 mg/kg 阿替美唑，IM 逆转。

大动物剂量

马

（10 ~ 20 µg/kg 剂量相当于每匹马 5 ~ 10 mg）

镇定：20 ~ 40 µg/kg（0.02 ~ 0.04 mg/kg），IV 或 IM。最初在临床上有时会使用 10 ~ 20 µg/kg 的较低剂量，然后根据需要重复使用。例如，剂量为 10 µg/kg（0.01 mg/kg）将产生很轻微的共济失调和镇定。在驮马中使用低剂量 5 µg/kg。

镇痛：20 µg/kg（0.02 mg/kg），IV 或 IM。如果使用 40 µg/kg，镇痛的持效时间可能会更长。

CRI：10 µg/kg 推注，IV，然后 0.5 µg/(kg·min) 用 15 min，之后根据需要将速率逐渐降低至 0.1 µg/(kg·min)。

口腔黏膜：舌下给药 40 µg/kg（约等于 1000 lb 的马 2.5 mL）。

牛

2 ~ 10 µg/kg（0.002 ~ 0.1 mg/kg），IV 或 5 ~ 40 µg/kg（0.005 ~ 0.04 mg/kg），IM。

犊牛

30 µg/kg，IV 或地托咪定口腔黏膜凝胶（马制剂）：80 µg/kg。

管制信息

牛停药时间（标签外）：肉牛为 3 d，产奶用牛为 72 h。

RCI 分类：3。

地塞米松（Dexamethasone）

商品名及其他名称： 聚乙二醇中的 Azium 溶液、DexaJect、Dexavet、Decadron、Dexasone、Voren 悬浮液和通用品牌。

功能分类： 皮质类固醇。

药理学和作用机制

地塞米松是皮质类固醇类药物。地塞米松的抗炎和免疫抑制作用大约是皮质醇的 30 倍。抗炎作用很复杂，但主要是通过炎性细胞的抑制和抑制炎性介质的表达来实现的。用途是治疗炎症和免疫介导性疾病。这种地塞米松溶液与地塞米松磷酸钠的不同之处在于磷酸钠的形式是水溶性，适用于 IV 给药。地塞米松溶液在聚乙二醇载体中，不应快速 IV。地塞米松 -21- 异烟酸酯是注册用于 IM 的悬浮液。在马中注射 10 mg（总剂量）后，半衰期为 2.5 ~ 5 h，分布体积（VD）为 1.7 L/kg。相同剂量的口服给药半衰期为 4.3 h，生物利用度（F）为 61%，浓度峰值为 1.3 h。悬浮液（地塞米松 -21- 异烟酸酯）具有缓慢释放的特性，在马中的半衰期为 39 h，抑制皮质醇 140 h。

适应证和临床应用

地塞米松用于治疗炎症和免疫介导性疾病。使用高剂量地塞米松治疗休克存在争议，最近的证据不支持地塞米松的这种用法。地塞米松还用作肾上腺功能的诊断测试。大动物的用途包括诱导分娩（牛）和治疗炎症。在牛中，皮质类固醇也用于治疗酮病。在马中，地塞米松已用于治疗反复性气道阻塞（recurrent airway obstruction，RAO）。

注意事项

不良反应和副作用

皮质类固醇的副作用很多，包括多食症、多饮 / 多尿和 HPA 轴抑制、胃肠道溃疡、肝病、糖尿病、高脂血症、甲状腺激素降低、蛋白质合成减少、伤口愈合延迟和免疫抑制。继发性感染可能是免疫抑制的结果，包括蠕形螨感染、弓形虫感染、真菌感染和尿路感染（UTI）。在神经系统疾病动物中，大剂量糖皮质激素可通过增加兴奋性氨基酸而导致兴奋性毒性细胞死亡和氧化损伤。在马中，地塞米松的副作用包括发生蹄叶炎的风险，但这种影响是有争议的，且缺乏有力的证据支持。

禁忌证和预防措施

在易发生溃疡或感染的患病动物或需要伤口愈合的动物中谨慎使用。在患有糖尿病或肾衰竭的动物和怀孕的动物中慎用。静脉注射应该缓慢进行，因为制剂包含聚乙二醇，这可能导致快速 IV 注射引起反应（溶血、低血压和衰竭）。地塞米松 -21- 异烟酸酯禁止 IV 给药（仅 IM 使用）。

药物相互作用

皮质类固醇与 NSAID 同时给药会增加胃肠道损伤的风险。pH 为 7 ~ 8.5。不要与酸性溶液混合。否则，它与大多数 IV 液体兼容。

使用说明

给药剂量取决于所治疗的状况。抗炎效应的剂量为 0.1 ~ 0.2 mg/kg，免疫抑制效应的剂量为 0.2 ~ 0.5 mg/kg。地塞米松用于测试肾上腺皮质功能亢进。对于低剂量地塞米松抑制试验：犬 0.01 mg/kg（某些参考文献中为 0.015 mg/kg），IV；猫 0.1 mg/kg，IV；在 0 h、4 h 和 8 h 收集样品。对于高剂量地塞米松抑制试验：犬 0.1 mg/kg（某些参考文献中为 1.0 mg/kg）；猫 1.0 mg/kg。在马中，未进食的马口服吸收较高。粉末的口服吸收高于溶液的吸收。

患病动物的监测和实验室检测

对于低剂量和高剂量的地塞米松抑制试验，以 0.01 mg/kg 或 0.1 mg/kg 的剂量给药，并分别在给药后 0 h、4 h 和 8 h 收集皮质醇样本。抑制试验后，正常的皮质醇浓度应 < 30 ~ 40 nmol/L（1.1 ~ 1.3 µg/dL）。对于马的地塞米松抑制试验，应使用 0.04 mg/kg，IM，并在 24 h 之后收集皮质醇样本。马中的正常抑制剂量 < 1 µg/dL。

制剂与规格

地塞米松有 2 mg/mL 的溶液，其中包含 500 mg 聚乙二醇。0.25 mg、0.5 mg、0.75 mg、1 mg、1.5 mg、2 mg、4 mg 和 6 mg 的片剂；0.1 mg/mL 和 1 mg/mL 的口服溶液，以及每 15 g 粉末 10 mg。水性赋形剂中的地塞米松 -21- 异烟酸酯缓释悬浮液为 1 mg/mL。

稳定性和贮藏

存放在密闭容器中，并在室温下避光保存。配制在各种口服混合物中以增强适口性的地塞米松在室温或冷藏下可稳定 26 周。地塞米松磷酸钠易溶于水，但地塞米松溶液（在聚乙二醇中）实际上不溶于水。

小动物剂量

犬和猫

抗炎：0.07 ~ 0.15 mg/kg，q12 ~ 24 h，IV、IM 或 PO（在猫中通常用较高剂量 0.15 mg/kg）。

免疫抑制剂：初次治疗，0.125 ~ 0.25 mg/kg，q24 h，IV、IM 或 PO。

脉冲剂量：0.5 mg/kg，PO，连续 4 d，然后每 28 d 重复一次。

口服剂量（猫）：0.1 ~ 0.2 mg/kg，q24 h，PO，添加到食物中。给予初始剂量后，维持的较低剂量为 0.05 mg/kg，q48 ~ 72 h，PO。

低剂量地塞米松抑制试验：0.01 mg/kg，IV（犬）和 0.1 mg/kg，IV（猫）。

高剂量地塞米松抑制试验：0.1 mg/kg，IV（犬）和 1.0 mg/kg，IV（猫）。

地塞米松 -21- 异烟酸酯：0.03 ~ 0.05 mg/kg，IM。

大动物剂量

牛和马

每天 0.04 ~ 0.15 mg/kg，IV 或 IM。一些产品标签列出了每头（匹）5 ~ 20 mg 的总剂量，相当于 0.01 ~ 0.04 mg/(kg·d)。但是，对于某些状况，可能需要更高的剂量。

马 RAO 的治疗方法：0.05 ~ 0.1 mg/kg，IV 或 IM，q24 h，或者 0.165 mg/kg，PO，q24 h，通常用 2 ~ 3 d，但口服治疗应持续 7 d，然后在接下来的 7 d 内逐渐减至一半剂量。

分娩诱导（牛）：在怀孕的最后 1 周或 2 周内，单剂量为 0.05 mg/kg（25 mg/ 头）。可以同时给一次前列腺素 PG-F$_2$α（每头 0.5 mg）。

地塞米松 -21- 异烟酸酯：0.01 ~ 0.04 mg/kg，IM。

羊

分娩诱导：在孕期最后 1 周内 1 ~ 5 d，0.15 mg/(kg·d)，IM。

管制信息

地塞米松已获准在牛中使用，但未确定停药时间。尽管标签中未列出停药时间，但产奶用牛至少需要 96 h，肉牛至少需要 4 ~ 8 d。至少需要 3 周才能清除肾和肝中的残留物，6 周才能清除 IM 注射部位的药物。

RCI 分类：4。

地塞米松磷酸钠（Dexamethasone Sodium Phosphate）

商品名及其他名称： 钠磷酸盐：Dexaject SP、Dexavet、Dexasone。Decadron 和通用品牌片剂。

功能分类： 皮质类固醇。

药理学和作用机制

地塞米松磷酸钠是皮质类固醇类药物。抗炎和免疫抑制作用的效力约为皮质醇的 30 倍。抗炎作用很复杂，但主要通过抑制炎性细胞和抑制炎性介质的表达来实现。制剂之间的区别在于地塞米松磷酸钠是一种可静脉注射的水溶性制剂。地塞米松溶液在聚乙二醇载体中，不应快速静脉给药。地塞米松在血浆中的半衰期为 3 ~ 6 h，但持效时间为 36 ~ 48 h。

D

适应证和临床应用

地塞米松用于治疗炎性和免疫介导性疾病。使用高剂量地塞米松治疗休克存在争议。最近的证据不支持地塞米松的这种用法。大动物的用途包括诱导分娩（牛）和治疗炎症。在牛中，皮质类固醇也用于治疗酮病。

注意事项

不良反应和副作用

皮质类固醇的副作用很多，包括多食症、多饮 / 多尿和 HPA 轴抑制、胃肠道溃疡、肝病、糖尿病、高脂血症、甲状腺激素减少、蛋白质合成减少、伤口愈合延迟和免疫抑制。继发性感染可能是免疫抑制的结果，包括蠕形螨感染、弓形虫感染、真菌感染和 UTI。在马中，其他副作用包括蹄叶炎风险。

禁忌证和预防措施

在易发生溃疡或感染的患病动物或需要伤口愈合的动物中谨慎使用。在接受 NSAID 的动物中慎用或根本不使用，因为同时使用这些药物会增加胃肠道溃疡的风险。在患有糖尿病或肾衰竭的动物和怀孕的动物中慎用。

药物相互作用

同时使用 NSAID 和皮质类固醇会增加胃肠道损伤的风险。

使用说明

给药剂量基于所期望的效果。在 0.1 ~ 0.2 mg/kg 剂量下可以看到抗炎效应，在 0.2 ~ 0.5 mg/kg 剂量下可以看到免疫抑制效应。地塞米松用于测试肾上腺皮质功能亢进。对于低剂量地塞米松抑制试验（在犬中），使用 0.01 mg/kg（某些参考文献中为 0.015 mg/kg），IV 和 0.1 mg/kg，IV（在猫中）。对于犬的大剂量地塞米松抑制试验，使用 0.1 mg/kg（某些参考文献中为 1.0 mg/kg），在猫中为 1.0 mg/kg。在马中的地塞米松抑制试验，剂量为 40 μg/kg。

患病动物的监测和实验室检测

在治疗期间定期监测 CBC 以评估效果。为了进行低剂量的地塞米松抑制试验，在给地塞米松后 4 h 和 8 h 收集样本。正常的抑制试验应为皮质

醇 < 30 ~ 40 nmol/L（1.1 ~ 1.4 μg /dL）。马的地塞米松抑制试验，应收集 17 h 和 19 h 的样本。普通马的皮质醇应 < 1.0 μg/dL。

制剂与规格
磷酸钠溶液的浓度为 4 mg/mL，相当于地塞米松 3 mg/mL。

稳定性和贮藏
存放在密闭容器中，并在室温下避光保存。其他水溶液中地塞米松磷酸钠可稳定 28 d。地塞米松磷酸钠易溶于水，但地塞米松溶液（在聚乙二醇中）实际上不溶于水。如果将地塞米松磷酸钠与 5% 葡萄糖溶液或生理盐水混合，可稳定 24 h。

小动物剂量
犬和猫
抗炎：0.07 ~ 0.15 mg/kg，q12 ~ 24 h，IV 或 IM。

休克、脊髓损伤（功效有疑问）：2.2 ~ 4.4 mg/kg，IV。

低剂量地塞米松抑制试验：0.01 mg/kg 或 0.015 mg/kg，IV（在犬中）和 0.1 mg/kg，IV（在猫中），并在 0 h、4 h 和 8 h 采样。

高剂量地塞米松抑制试验：0.1 mg/kg 或 1.0 mg/kg，IV（在犬中）和 1.0 mg/kg，IV（在猫中）。

大动物剂量
牛和马
治疗炎症：0.04 ~ 0.15 mg/(kg·d)，IV 或 IM。

酮病（牛）：0.01 ~ 0.04 mg/kg，IV 或 IM。

分娩诱导（牛）：在怀孕的最后 1 周或 2 周内，单剂量为 0.05 mg/kg（每头 25 mg）。可以同时服用一次前列腺素 PG-F$_2$α（每头 0.5 mg）。

马的地塞米松抑制试验：40 μg/kg，在 17 h 和 19 h 采样。
羊
分娩诱导：在孕期最后 1 周内 1 ~ 5 d，0.15 mg/(kg·d)，IM。

管制信息
尽管尚未确定停药时间，但产奶用动物至少需要 96 h，肉用动物至少需要 4 ~ 8 d。但是，至少需要 3 周才能清除肾和肝中的残留物，而在 IM 注射部位则需要 6 周。

盐酸右美托咪定（Dexmedetomidine Hydrochloride）

商品名及其他名称： Dexdomitor。

功能分类： 镇痛药、α_2-激动剂。

药理学和作用机制

盐酸右美托咪定是 α_2-肾上腺素激动剂。α_2-激动剂可减少神经元中神经递质的释放。右美托咪定和美托咪定（Domitor）的活性非常相似。美托咪定是含有 50% 右美托咪定和 50% 左美托咪定的外消旋混合物。右美托咪定是混合物的活性对映异构体（D-异构体），因此其（单位以 mg/mg 计）效力是美托咪定的 2 倍，但具有相同的药理活性和同等的镇痛和镇定作用。所提出的减少传递的机制是通过与突触前 α_2-受体（负反馈受体）结合，结果减少了交感神经流出、镇痛、镇定和麻醉。此类中的其他药物包括美托咪定、甲苯噻嗪、地托咪定、罗米非定和可乐定。受体结合研究表明，α_2/α_1-肾上腺素受体的选择性是赛拉嗪的 10 倍以上。已经在几个物种中研究了药代动力学。在马中，半衰期仅为 8 min，清除快，分布体积超过 1 L/kg。

适应证和临床应用

和其他 α_2-激动剂相似，右美托咪定被用作镇定药、麻醉辅助药物和镇痛药。它被批准用于犬和猫。可以用它来帮助检查、实施诊断性操作、治疗、清洁耳和牙齿以及小型手术。它已用于使动物镇定以进行皮内测试，不会影响测试结果。在猫中，在 15 ~ 60 min 内观察到了峰值效应，并且在 180 min 内苏醒。它具有与美托咪定相似的临床效果，可用于相似的适应证。可将其与氯胺酮、布托啡诺或阿片类激动剂联合应用，进行镇定和短期手术操作（请参阅"使用说明"）。在猫中，与 IM 注射相比，口服透黏膜（颊）给药后右美托咪定穿过黏膜吸收良好，并且产生了相似的作用。在剂量部分，请注意，所列的许多剂量均低于制造商提供的标签剂量。

注意事项

不良反应和副作用

在小动物中，呕吐是最常见的急性副作用。呕吐在猫中比犬中常见。α_2-激动剂可减少交感神经输出。可能会发生心血管抑制。像美托咪定一样，右美托咪定产生初始心动过缓和高血压。最初的血压增加可能是由于交感神经张力降低引起的血压下降。在右美托咪定镇定期间，动物出现较低的呼吸频率和体温。

某些动物可能会发生短暂性心律失常。某些动物可能会发生矛盾的兴奋，非常焦虑的动物可能无法预期地对 α_2- 激动剂做出反应。如果观察到不良反应，则用阿替美唑（Antisedan）逆转。育亨宾也能逆转美托咪定。不建议对动物使用阿托品来改善心血管作用。对正在使用右美托咪定的犬给予阿托品会导致血压和心率增加，以及有害的心律失常。在马中，有明显的镇定作用，尤其是在开始的 $20 \sim 30$ min，有持续 60 min 的肠道运动降低。

禁忌证和预防措施

在患有心脏病的动物中慎用。在先前患有心脏病的年纪较大的动物中可能是禁忌。在患有呼吸系统疾病、肝病或肾病的动物中慎用。禁用于有休克症状的动物。赛拉嗪在怀孕的动物中会引起问题，使用其他 α_2- 激动剂也应考虑这些问题。在怀孕的动物中慎用，因为它可能会诱发分娩。此外，它可能会降低怀孕后期向胎儿的氧输送。右美托咪定可通过完整的人体皮肤吸收，因此应避免人体的暴露。

药物相互作用

请勿与可能导致心脏抑制的其他药物一起使用。请勿在小瓶或注射器中混入其他麻醉药。阿替美唑逆转剂量为 $25 \sim 300$ μg/kg，IM。阿片类镇痛药的使用将大大增强 CNS 的抑制。如果与阿片类药物一起使用，可以考虑降低剂量。可以在给药之前以中等剂量给予抗胆碱能药物（如阿托品），以预防 α_2- 激动剂诱导的心动过缓，但这并非常规需要，并且可能会延长初始的高血压。不建议与 α_2- 激动剂同时给药。对正在使用右美托咪定的犬给予阿托品会导致心血管副作用。

使用说明

右美托咪定、美托咪定和托咪定比甲苯噻嗪对 α_2-受体更具特异性。它们可用于镇定、镇痛和小手术操作。建议在给 α_2-受体激动剂前空腹几个小时，以尽量减少呕吐。当需要较轻的镇定或与其他药物联用时，通常会使用较低的剂量。右美托咪定可与其他麻醉药一起使用，如丙泊酚、氯胺酮、硫喷妥钠、阿片类药物、苯二氮草类和吸入性气体麻醉药。但是，与右美托咪定一起使用时，预计其他药物的剂量也会降低（多达 40% ~ 60%）。与布托啡诺或氯胺酮一起以 10 μg/kg 的剂量对猫联合用药时，有足够的镇定效果，没有明显的心血管影响。作为麻醉前用药以 40 μg/kg 的剂量与 5 mg/kg 的氯胺酮联合用于猫，安全有效。在犬和猫中，用阿替美唑逆转，25 ~ 300 μg/kg（相当于所使用的右美托咪定的体积），IM。

患病动物的监测和实验室检测

在麻醉期间监测生命体征，包括心率、血压和 ECG。由于对胰岛素分泌有影响，α_2-激动剂会增加血糖。

制剂与规格

右美托咪定有 0.5 mg/mL 的瓶装注射剂，还有较低的浓度 0.1 mg/mL。人的制剂是 Precedex。

稳定性和贮藏

存放在密闭容器中，并在室温下避光保存。尚未评估复合制剂的稳定性。

小动物剂量

犬

125 μg/m^2，IM，用于麻醉前、轻度镇定、短期操作和镇痛（小型犬为 9 μg/kg，大型犬为 3 μg/kg）。

375 μg/m^2，IV 或 500 μg/m^2，IM，用于更深的镇定、镇痛和小手术。在 10 kg 的犬中，剂量是 17.6 μg/kg，IV 和 23.5 μg/kg，IM；在 46 kg 的犬中，则分别为 10.6 μg/kg，IV 和 14 μg/kg，IM。

短期镇定和镇痛或与其他镇痛药或麻醉药联合，则使用较低剂量。

联合用药：氯胺酮（3 mg/kg）、右美托咪定（15 μg/kg）和丁丙诺啡（40 μg/kg）可以合用于犬，单次 IM，用于短期手术或手术插管。

猫

40 μg/kg（0.04 mg/kg），IM（4 kg 猫为 0.35 mL）。该剂量的口服透黏膜给药产生的效果与 IM 注射相当。IV 剂量为 5 ~ 20 μg/kg。可用阿替美唑逆转，0.2 mg/kg，IM（可以与氯胺酮 5 mg/kg 一起使用）。

短期镇定和镇痛或与其他药物联合，则采用较低剂量（如 10 ~ 25 μg/kg）。

这些组合（如 3 mg/kg 氯胺酮 + 25 μg/kg 右美托咪定）可以混合在同一个注射器内，在小手术前 10 min 进行 IM。

大动物剂量

马

5 μg/kg，IV 推注。

CRI：8 μg/(kg·h)，IV。

管制信息

不确定食品生产用动物的停药时间。食品动物中甲苯噻嗪的停药时间为肉用动物 4 d，产奶用动物 24 h。右美托咪定应采用的停药时间很短。

RCI 分类：3。

右旋糖酐（Dextran）

商品名及其他名称： Dextran 70、Gentran-70。

功能分类： 体液补充。

药理学和作用机制

右旋糖酐是用于扩充血容量的合成胶体液。右旋糖酐是葡萄糖聚合物，有低分子量（右旋糖酐40）和高分子量（右旋糖酐70）两种。右旋糖酐70最常用。胶体（如右旋糖酐）是大分子，可以保留在脉管系统中。因此，它们增加了脉管系统内的胶体渗透压，防止血管内液体丢失和抑制组织水肿。其他使用的胶体是羟乙基淀粉（hetastarch）和五聚淀粉（pentastarch）。

适应证和临床应用

右旋糖酐是 IV 给药的高分子量化合物，可维持血管内容积。它用于血容量不足和休克的紧急治疗。效果持效时间约为 24 h。

注意事项

不良反应和副作用

在兽医学中的使用有限，尚未报道副作用。在人中，由于血小板功能降低和抗血栓形成作用，可能导致凝血异常。在人中已经发生了急性肾衰竭，并且也发生了过敏性休克。

禁忌证和预防措施

禁用于易有出血问题的动物。右旋糖酐可干扰输血要进行的交叉配血。猫比犬更容易受到液体过负荷的影响，因此，在猫中必须使用较低的剂量。

药物相互作用

与大多数 IV 液体兼容，包括 0.9% 生理盐水和 5% 葡萄糖溶液。

使用说明

主要用于危重病例。通过 CRI（60 ～ 90 min）缓慢给药。在紧急情况下，能以 20 mL/kg 推注以快速给药。

患病动物的监测和实验室检测

在给药期间，请仔细监测患病动物的心肺状态。右旋糖酐可干扰交叉配血。

制剂与规格

右旋糖酐有 250 mL、500 mL 和 1000 mL 的注射液。

稳定性和贮藏

存放在密闭容器中，并在室温下避光保存。尚未评估复合制剂的稳定性。

小动物剂量

犬

10 ~ 20 mL/(kg·d)，IV 至起效，给药通常超过 30 ~ 60 min。

猫

5 ~ 10 mL/(kg·d)，IV，超过 30 ~ 60 min。

大动物剂量

马和牛

10 mL/(kg·d)，IV。

管制信息

停药时间尚未确定。这种药物几乎没有残留风险，在拟食用动物中无停药时间的建议。

右美沙芬（Dextromethorphan）

商品名及其他名称： Benylin 和其他。

功能分类： 镇咳药。

药理学和作用机制

右美沙芬是中枢性镇咳药。右美沙芬与阿片类具有相似的化学结构，但不作用于阿片类受体，似乎直接作用于咳嗽受体。右美沙芬是左吗喃的 D- 异构体（左吗喃的 L- 异构体是具有成瘾性的鸦片，但 D- 异构体不是）。右美沙芬产生轻微的镇痛，并通过其作为 N- 甲基 -D- 天冬氨酸（N-methyl-D-aspartate，NMDA）拮抗剂的能力来调节疼痛，但这与镇咳作用无关。

适应证和临床应用

右美沙芬已被用于抑制无痰性咳嗽。然而，由于缺乏证据，其减轻咳嗽的功效受到质疑。由于有 NMDA 拮抗作用，右美沙芬还被用作治疗疼痛的辅助药物。在犬的药代动力学研究中表明，口服给药后右美沙芬无法达到有效浓度。即使 IV 给药之后，母体药物和活性代谢产物的浓度在给药后也仅持续了很短的时间。因此，除非有更多数据可用于确定安全有效剂量，否则不建议在犬中常规使用。尚未报道猫或任何其他物种中的药代动力学数据。

注意事项

不良反应和副作用

在兽医学中未报道副作用。高剂量可能会导致镇定。在犬中给药后，口服右美沙芬产生的副作用为呕吐，而 IV 给药后则产生 CNS 反应。有些制剂中含有酒精，在小动物中（尤其是猫），适口性差。

禁忌证和预防措施

没有针对动物的禁忌证。但是，应警告宠物主人，许多 OTC 制剂还含有其他可能产生明显副作用的药物。例如，某些组合含有对猫有毒的对乙酰氨基酚。一些制剂还含有减充血剂，如伪麻黄碱，可能引起兴奋和其他副作用。

药物相互作用

在犬中未确定直接的药物相互作用。但是，与其他可能干扰细胞色素 P450 代谢的药物一起使用时，可能会发生相互作用。

使用说明

许多 OTC 制剂可能包含其他成分（如抗组胺药、减充血剂、布洛芬和对乙酰氨基酚）。这些成分中的每一种都会产生副作用，如对乙酰氨基酚引起的毒性反应，减充血剂引起的 CNS 兴奋以及布洛芬引起的胃肠道毒性。

患病动物的监测和实验室检测

不用特殊监测。

制剂与规格

右美沙芬有多种 OTC 产品，包括糖浆、胶囊和片剂。无须处方即可买到液体和片剂制剂。OTC 制剂有多种浓度，但通常为 2 mg/mL、5 mg/mL、10 mg/mL 或 15 mg/mL 和 15 ~ 20 mg 的片剂。

稳定性和贮藏

存放在密闭容器中，并在室温下避光保存。尚未评估复合制剂的稳定性。

小动物剂量

犬和猫

0.5 ~ 2 mg/kg，q6 ~ 8 h，PO（但是，不建议使用，因为没有证据支持这些剂量下的功效）。

大动物剂量

无剂量信息。它对治疗大动物几乎没有价值。

管制信息

无可用的管制信息。

RCI 分类: 4。

葡萄糖溶液 (Dextrose Solution)

商品名及其他名称: D5W。

功能分类: 体液补充。

药理学和作用机制

葡萄糖是添加到液体中的糖。它是等渗的。5% 葡萄糖溶液每升含 50 g 葡萄糖。该溶液的 pH 为 3.5 ~ 6.5。或者,可以将 50% 葡萄糖溶液添加到 IV 液体中以补充葡萄糖。例如,将 100 mL 的 50% 葡萄糖溶液添加到 1000 mL 液体中可提供 5% 葡萄糖溶液。

适应证和临床应用

5% 葡萄糖溶液是用于 IV 给药的等渗溶液。葡萄糖仅供短期使用,因为它缺乏电解质。葡萄糖被代谢后,水迅速分布到血管腔之外。为了紧急治疗低血糖或补充液体,使用 50% 葡萄糖溶液 (500 mg/mL)。可使用 50% 葡萄糖溶液治疗患酮病和脂肪肝的围产期奶牛,或者用于厌食或躺卧的奶牛。但是,没有确定单次 IV,0.5 L 或 1.0 L 的 50% 葡萄糖溶液在预防奶牛酮病方面的益处。

注意事项

不良反应和副作用

高剂量会产生肺部水肿。

禁忌证和预防措施

在低电解质浓度的动物中慎用。5% 葡萄糖溶液不是合适的维持液,因为它不提供电解质。不应将其视为补充液或能量需求的来源,它仅提供 170 kcal/L。当用 50% 葡萄糖溶液进行激进治疗时,可能会导致血浆磷和钾的迅速降低 (细胞内移位)。

药物相互作用

没有药物相互作用。5% 葡萄糖溶液与液体和大多数 IV 药物兼容。

使用说明

葡萄糖是通过 CRI 给药的常用液体。但是，它不是维持液。也可以将 50% 葡萄糖溶液添加到液体中以提供葡萄糖。例如，将 50 mL 的 50% 葡萄糖溶液加到 1000 mL 液体中以得到 2.5% 溶液。

患病动物的监测和实验室检测

在输注过程中监测患病动物的水合状态和肺水肿迹象。监测酸碱状态。

制剂与规格

用于 IV 给药的液体溶液为 5% 葡萄糖，每 100 mL（50 g/L）含有 5 g 葡萄糖。50% 葡萄糖溶液含有 500 mg/mL（50 g/100 mL）。

稳定性和贮藏

在室温下存放在密闭容器中。

小动物剂量

犬和猫

5% 葡萄糖溶液：40 ~ 50 mL/kg，q24 h，IV。

急性低血糖危象：1 mL 50% 葡萄糖溶液，IV，用盐水稀释。

大动物剂量

犊牛、牛和马

5% 葡萄糖溶液：45 mL/kg，q24 h，IV。

奶牛：50% 葡萄糖溶液，0.1 ~ 0.2 gm/(kg·h)，IV，用于治疗脂肪肝和酮病。

管制信息

停药时间尚未确定。但是，这种药物几乎没有残留风险。因此，在拟食用动物中无停药时间的建议。

地西泮（Diazepam）

商品名及其他名称： Valium、通用品牌。

功能分类： 抗惊厥药。

药理学和作用机制

地西泮是苯二氮䓬类药物和中枢作用性 CNS 抑制剂。作用机制似乎是通过增强 CNS 中 γ-氨基丁酸（GABA）受体介导的作用，因为它与 GABA 结合位点结合。地西泮被代谢为去甲基地西泮（nordiazepam）和奥沙西泮。这些代谢物也具有一些中枢性苯二氮䓬类药物作用。在犬中，地西泮的 IV 半衰期很短（<1 h），但会产生活性代谢产物。猫在地西泮葡萄糖醛酸化及其代谢物的清除和排泄方面的能力可能较低。在猫中，IV 半衰期为 3.5 ~ 5 h。

适应证和临床应用

地西泮可用于镇定、麻醉辅助药物、抗惊厥药和行为障碍的治疗。尽管其被用作肌肉松弛剂，但尚未确定此用途的功效。在猫中，地西泮 IV 用于短期食欲刺激。在猫中，口服给药对减少喷尿行为有效，但停药后常见复发。地西泮通常口服或静脉给药。但是，已显示在犬直肠给药和鼻内给药会被充分吸收（犬对鼻喷雾剂的吸收率为 41%）。

注意事项

不良反应和副作用

镇定是最常见的副作用。在犬中，可以观察到共济失调和食欲增加。地西泮可能引起犬产生矛盾的兴奋和激动。在猫中，已经报道了特发性的致命性肝脏坏死。慢性给药时如果停药，可能会产生依赖和停药综合征。IM 或 SQ 给药可能会引起疼痛和刺激。静脉注射能引起静脉炎。

禁忌证和预防措施

地西泮高度依赖于肝血流进行代谢。禁用于肝功能受损的患病动物。由于具有肝毒性的风险，应避免在猫中长期使用。它在伊维菌素诱导的 CNS 中毒中的使用存在争议。

药物相互作用

地西泮具有很高的亲脂性，可以吸附到软塑料容器、输液器、套件和液体袋上。不建议将地西泮存放在此类容器中。地西泮不溶于水溶液。与水溶液或液体混合会导致沉淀。

使用说明

犬的清除速度比人快（犬的半衰期小于 1 h），需要频繁地给药。为了治疗癫痫持续状态，地西泮溶液可以静脉内、鼻内或直肠内给药。由于注射的疼痛和不可预测的吸收率，请避免 IM 给药。

患病动物的监测和实验室检测

血浆浓度在 100 ~ 250 ng/mL 范围内被认为是人的治疗范围。采用的其他参考范围为 150 ~ 300 ng/mL。尽管可以分析血浆或血清中苯二氮䓬类的浓度，但是在许多兽医实验室中，无法轻易进行该检测。分析人样品的实验室可能会对苯二氮䓬类进行非特异性测试。通过这些测定，地西泮与去甲基地西泮和奥沙西泮的代谢物之间可能存在交叉反应。

制剂与规格
地西泮有 2 mg、5 mg 和 10 mg 的片剂，以及 5 mg/mL 的注射液。

稳定性和贮藏
不要将其存储在软塑料［聚乙烯氯（PVC）］容器或液体袋中。会被软塑料大量吸附。但是，它与硬塑料（如注射器）可兼容。不要暴露在阳光下。复合制剂，尤其是经皮制剂，可能不稳定。地西泮实际上不溶于水，但溶于乙醇和丙二醇。地西泮在水中会水解。在各种媒介物中（pH 4.2）制成口服悬浮液（1 mg/mL）的地西泮可稳定 60 d。

小动物剂量
犬和猫
麻醉前：0.5 mg/kg，IV。

癫痫持续状态：0.5 mg/kg，IV，0.5 ~ 1 mg/kg 鼻内喷雾或 1 mg/kg 直肠给药；如有必要，可重复使用。

CRI：15 μg/(kg·min)［0.9 mg/(kg·h)］，如果观察到明显的副作用，则在某些动物中可以降低 50%。

食欲刺激剂（猫）：0.2 mg/kg，IV。

行为治疗（猫）：每只 1 ~ 4 mg，q12 ~ 24 h，PO。

行为治疗（犬）：0.5 ~ 2 mg/kg，q4 ~ 6 h，PO。

大动物剂量
牛、绵羊和山羊
0.02 ~ 0.08 mg/kg，IV，最多 0.5 mg/kg 缓慢 IV。剂量取决于所需的效果。使用 0.5 mg/kg 后，母牛可能会躺卧。禁止 IM。

马
抽搐：0.1 ~ 0.4 mg/kg，IV（每匹马以 50 ~ 100 mg 开始）。马驹的 CRI：每小时 1 ~ 3 mg。

管制信息
无可用的管制信息。

Schedule IV类管制药物。

RCI 分类：2。

D

双氯非那胺 (Dichlorphenamide)

商品名及其他名称: Daranide。

功能分类: 利尿剂。

药理学和作用机制

双氯非那胺是一种碳酸酐酶抑制剂、利尿剂。与其他碳酸酐酶抑制剂一样,双氯非那胺通过酶抑制来抑制近端肾小管对碳酸氢盐的重吸收而产生利尿作用。该作用导致尿液中碳酸氢盐的损失和利尿。碳酸酐酶抑制剂的作用导致碳酸氢盐、碱性尿液和水从尿液中大量丢失。

适应证和临床应用

双氯非那胺几乎不再用作利尿剂。有更有效的利尿剂,如袢性利尿剂(呋塞米)。与其他碳酸酐酶抑制剂一样,双氯非那胺主要用于降低青光眼动物的眼压。为此,与双氯非那胺或乙酰唑胺相比,更常使用醋甲唑胺,而与碳酸酐酶抑制剂相比,更常使用其他治疗方案。和其他碳酸酐酶抑制剂相似,双氯非那胺有时用于为某些尿路结石的管理产生更具碱性的尿液。

注意事项

不良反应和副作用

如果不补充,长时间使用会导致碳酸氢盐缺乏。双氯非那胺是一种磺酰胺衍生物。一些对磺酰胺类药物敏感的动物可能对双氯非那胺敏感。某些患病动物可能会发生低钾血症。严重的代谢性酸中毒罕见。

禁忌证和预防措施

在对磺酰胺类药物敏感的动物中慎用。

药物相互作用

双氯非那胺会产生碱性尿液,这可能会影响某些药物的清除率。碱性尿液可能会增强某些抗菌药物(如大环内酯类和喹诺酮)的作用。

使用说明

双氯非那胺不用作利尿剂,但最常用于治疗青光眼或产生碱性尿液。它已与其他抗青光眼药物联合使用。

患病动物的监测和实验室检测

监测眼压以进行青光眼治疗。在治疗期间监测血清钾和酸碱状态。

制剂与规格

双氯非那胺不再市售。但是，较老的形式有 50 mg 的片剂。

稳定性和贮藏

存放在密闭容器中，并在室温下避光保存。尚未评估复合制剂的稳定性。

小动物剂量

犬和猫

3 ～ 5 mg/kg，q8 ～ 12 h，PO。

大动物剂量

没有大动物剂量的报道。

管制信息

无可用的管制信息。

RCI 分类：4。

敌敌畏（Dichlorvos）

商品名及其他名称： Task、Atgard、DDVP、Verdisol 和 Equigard。
功能分类： 抗寄生虫药。

药理学和作用机制

敌敌畏是抗寄生虫药。通过抗胆碱酯酶作用杀死寄生虫。

适应证和临床应用

敌敌畏主要用于治疗肠道寄生虫。可以治疗的寄生虫包括犬弓首蛔虫和狮蛔线虫（圆虫）、犬钩虫、狭头刺口钩虫。但是，针对狐毛首线虫的功效可能不稳定。在马中，它可以用于去除和控制胃蝇（肠胃蝇、鼻胃蝇）、大圆虫（普通圆线虫、马圆线虫、无齿圆线虫）和小圆虫（盅口属、杯尾属、杯齿属、三齿属、盂口属）、蛲虫（马尖尾线虫）和大型圆虫（马蛔虫）。在猪中，它用于治疗和控制鞭毛虫（猪鞭虫）、结节虫（结节线虫属）、大型圆虫（猪蛔虫）和厚胃虫（胃斜环咽线虫）的成虫、幼虫和/或第四阶段幼虫。

注意事项

不良反应和副作用

过量可能导致有机磷酸酯中毒（用氯解磷定和阿托品治疗）。中毒症状包括流涎、腹泻、呼吸困难和肌肉抽搐。

禁忌证和预防措施

禁用于心丝虫患病动物。不要在给药后 2 d 内给抑制胆碱酯酶的药物。对年老、严重寄生虫感染、贫血或虚弱的动物采取分剂量给药。禁用于年轻马驹、幼猫或体重小于 0.9 kg（2 lb）的幼犬。它的使用可能会加重患呼吸系统疾病（如支气管炎和阻塞性肺部疾病）的动物的临床症状。禁止鸟类接触含有该制剂的饲料或用药动物的粪便排泄物。

药物相互作用

请勿与其他抗胆碱酯酶药物一起使用。请勿与其他抗丝虫药、肌肉松弛剂、CNS 抑制剂或镇静药一起使用。

使用说明

随约 1/3 的常规犬罐头食品或碎肉一起服用。可以用联合胶囊 / 药丸的方法对犬进行治疗，以便动物接受单剂。可以给单次推荐剂量的一半，而另一半可以在 8 ~ 24 h 之后给药。对于马，请随口粮的谷物部分给药。在老年、瘦弱或虚弱的动物中或不愿采食含药饲料的动物中，可以按推荐单剂量的一半给药，8 ~ 12 h 后再给另一半。如果有严重的寄生虫感染可能会引起机械性肠梗阻，应分开用药。

患病动物的监测和实验室检测

监测寄生虫是常规寄生虫控制计划的一部分。

制剂与规格

敌敌畏有 10 mg 和 25 mg 的片剂。马的制剂已停止生产。

稳定性和贮藏

存放在密闭容器中，并在室温下避光保存。尚未评估复合制剂的稳定性。

小动物剂量

犬

26.4 ~ 33 mg/kg，一次，PO。

猫

11 mg/kg，一次，PO。

大动物剂量

猪

11.2 ~ 21.6 mg/kg，一次，PO。对于怀孕的母猪，在孕期后 30 d，混入孕期饲料中，每天每头猪 1000 mg，以 334 ~ 500 g/1000 kg 饲料混入。对于其他猪，以 334 g/1000 kg 饲料混入，连续饲喂 2 d［每头猪给 3.81 kg（8.4 lb）的饲料，直到加药的饲料被吃完］。

马

31 ~ 41 mg/kg，一次，PO。

管制信息

禁用于拟食用的马。

对于其他动物，没有管制信息。

地克珠利（Diclazuril）

商品名及其他名称：Clincox、用于马的 Protazil 药丸。

功能分类：抗原虫药。

药理学和作用机制

地克珠利是抗球虫药。地克珠利是一种三嗪酮抗原虫药，可有效治疗由等孢球虫属、刚地弓形虫和艾美球虫引起的感染，并已用于治疗球虫病。它已用于马，治疗由神经肉孢子虫引起的马原虫性脑脊髓炎（equine protozoal myeloencephalitis，EPM）。妥曲珠利砜（ponazuril）是一种活性代谢产物，存在于用药马的血清和脑脊液（CSF）中。尽管确切的作用机制目前仍在研究中，但地克珠利通过抑制裂殖子的产生发挥其抗神经肉孢子虫作用。已经在马中研究了药代动力学。口服吸收率为 1.56%，半衰期为 43 ~ 65 h。在马的其他研究中表明，在 1 mg/kg 和 0.5 mg/kg 的剂量下，半衰期分别为 55 h 和 87 h，浓度峰值分别为 0.185 μg /mL 和 0.1 μg /mL。重复给药至稳态后，0.5 mg/kg 和 1.0 mg/kg 的半衰期分别为 71 h 和 54 h，峰值浓度分别为 0.97 μg/mL 和 0.9 μg/mL。因此，使用慢性给药时药代动力学特征相似，在马中为 1.0 mg/kg 和 0.5 mg/kg。

适应证和临床应用

地克珠利的剂量信息基于已批准的适应证、实验研究、药代动力学数据和有限的临床经验。地克珠利已被帕托珠利取代，用于治疗马多数 EPM 病例。

注意事项

不良反应和副作用

没有特定的副作用报道。

禁忌证和预防措施

没有禁忌证的报道。

药物相互作用

没有药物相互作用的报道。

使用说明

马口服给药。

患病动物的监测和实验室检测

不用特殊监测。在奶牛鼻甲细胞培养中，地克珠利对神经肉孢子虫和镰状肉孢子虫裂殖子生成的目标浓度为 0.1 ng/mL，可达到 >80% 抑制，1.0 ng/mL 可达到 >95% 抑制。

制剂与规格

用于马的 Diclaruzil 颗粒为 1.56% 地克珠利，用于治疗 EPM 时撒在饲料上进行混合。每匹马一个 0.9 kg（2 lb）重的桶，饲喂 28 d。它也可用作家禽的药用饲料添加剂。

稳定性和贮藏

存放在密闭容器中，并在室温下避光保存。尚未评估复合制剂的稳定性。

小动物剂量

尚无小动物给药信息的报道。

大动物剂量

马

EPM 的治疗：每日定量添加 1 mg/kg 撒在饲料上，口服 28 d。研究还表明，反复给药达到稳态后，0.5 mg/kg 达到了与 FDA 标记的 1 mg/kg 剂量相似的药代动力学特征。

对于 EPM 的预防：顶装颗粒饲料，0.5 mg/kg，每 3 ~ 4 d 一次。

管制信息

禁用于拟食用的马。家禽的停药时间为 5 d。对于其他动物，没有管制信息。

双氯西林钠（Dicloxacillin Sodium）

商品名及其他名称： Dynapen 和通用品牌。
功能分类： 抗菌药。

药理学和作用机制

双氯西林是一种 β-内酰胺抗生素，一种青霉素的半合成衍生物。它的活性类似于氨苄西林，但对葡萄球菌的 β-内酰胺酶具有更高的稳定性。和该类别中的其他抗生素相似，它通过结合青霉素结合蛋白和削弱细胞壁来抑制细菌细胞壁的合成。抗菌谱仅限于革兰氏阳性菌，尤其是葡萄球菌。

适应证和临床应用

双氯西林的抗菌谱窄。和氯唑西林及奥沙西林相似，双氯西林的抗菌谱包括产生 β-内酰胺酶的葡萄球菌菌株在内的革兰氏阳性杆菌。因此，它已被用于治疗包括脓皮病在内的动物的葡萄球菌感染。它对耐甲氧西林葡萄球菌没有活性。由于可供小动物使用的其他药物可以治疗这种细菌，双氯西林并不常用。由于它是大动物中吸收受限的口服药物，其使用仅限于小动物口服给药。

注意事项

不良反应和副作用

青霉素药物的副作用最常由药物过敏引起。不良反应包括从 IV 给药的急性过敏反应到使用其他途径产生的其他过敏症状。口服（尤其是高剂量）时，可能会腹泻。

禁忌证和预防措施

在对青霉素类药物过敏的动物中慎用。

药物相互作用

没有特定的药物相互作用。双氯西林在犬空腹时吸收更好。

使用说明

没有针对犬或猫的临床功效研究。在犬中，口服吸收率较低，可能不适合治疗。如果可能，空腹给药。

患病动物的监测和实验室检测

使用奥沙西林作为药敏试验的指南。奥沙西林的耐药折点适用于双氯西林。

制剂与规格

一些制剂已停产。双氯西林已有 125 mg、250 mg 和 500 mg 的胶囊和 12.5 mg/mL 的口服悬浮液。

稳定性和贮藏

存放在密闭容器中，并在室温下避光保存。不要与其他药物混合。溶解后的口服悬浮液冷藏保存可稳定 14 d。复合制剂，尤其是水性制剂可能不稳定。

小动物剂量

犬和猫

11 ～ 55 mg/kg，q8 h，PO。

大动物剂量

没有大动物剂量的报道。口服吸收率偏低。

管制信息

无可用的管制信息。口服吸收率预计将降至最低，因此，在食品生产用动物中全身使用时，应采用与氨苄西林相似的停药时间。

枸橼酸乙胺嗪（Diethylcarbamazine Citrate）

商品名及其他名称：乙胺嗪、Filaribits 和杀线虫剂。

功能分类：抗寄生虫药。

药理学和作用机制

枸橼酸乙胺嗪是心丝虫预防药和驱虫药。通过抑制神经递质造成寄生虫的神经肌肉阻滞，从而导致蠕虫麻痹。

适应证和临床应用

制造商已自愿撤销了用于心丝虫预防的乙胺嗪片剂和其他一些品牌。由于有其他心丝虫预防剂，乙胺嗪的使用已大大减少。乙胺嗪已被用于预防犬的心丝虫感染。在流行地区的心丝虫季节定期服用。一旦感染，治疗心丝虫无效。乙胺嗪的其他用途包括控制蛔虫感染（犬弓首蛔虫和狮弓首蛔虫），在高剂量（55 ～ 110 mg/kg）时辅助治疗蛔虫感染。在猫中，乙胺嗪已用于治疗蛔虫感染（55 ~ 110 mg/kg）。

注意事项

不良反应和副作用

过量会导致呕吐。如果对微丝蚴阳性的动物给药，可能会发生反应，包括肺部反应。该药物是哌嗪衍生物，是一类通常被认为对动物安全的抗寄生虫药物。

禁忌证和预防措施

已确定由犬恶丝虫引起的心丝虫感染的犬在接受杀虫剂杀死成年心丝虫并随后进行适当的杀微丝蚴治疗之前，不应接受乙胺嗪。微丝蚴阳性的动物可能发生反应。但是，没有品种敏感性或其他特定的禁忌证。

药物相互作用

没有报告具体的药物相互作用。

使用说明

心丝虫给药的特定规程因不同地区而异，因为需要进行心丝虫预防的时间（季节）取决于一年中蚊子的活动期。尽管乙胺嗪可有效预防心丝虫，但几乎每天都需要连续治疗以提高疗效。不应漏服。有时，有些动物在服药后会立即呕吐。随食物给药有时会减少这种反应。如果乙胺嗪的治疗已中断，美国心丝虫协会建议将化学预防改为大环内酯（伊维菌素和相关药物）。

患病动物的监测和实验室检测

监测患病动物的心丝虫状态。开处方前，对动物的微丝蚴进行检测很重要。厂商建议每 6 个月检查一次正在接受乙胺嗪的动物的微丝蚴。微丝蚴阳性的动物可能发生反应。

制剂与规格

尽管制造商撤销了某些品牌，但其他乙胺嗪片剂的某些可用性可能会因制造商和品牌名称而异。列出的型号中并非每个品牌都有。普通片剂和咀嚼片均已上市。片剂型号包括 30 mg、45 mg、50 mg、60 mg、100 mg、120 mg、150 mg、180 mg、200 mg、300 mg 和 400 mg。糖浆的含量为 60 mg/mL。

稳定性和贮藏

存放在密闭容器中，并在室温下避光保存。尚未评估复合制剂的稳定性。

小动物剂量

犬

预防心丝虫：6.6 mg/kg，q24 h，PO。

蛔虫的治疗：55 ~ 110 mg/kg，PO，作为单次治疗（110 mg/kg 剂量每天可分为两次）。

猫

蛔虫的治疗：55 ~ 110 mg/kg，PO。在治疗蛔虫时，考虑在 10 ~ 20 d 后重复治疗，以去除未成熟的蛲虫。

大动物剂量

没有大动物剂量的报道。

管制信息

无可用的管制信息。

己烯雌酚（Diethylstilbestrol）

商品名及其他名称：DES 和通用品牌。
功能分类：激素。

药理学和作用机制

己烯雌酚（DES）是具有雌激素作用的合成药物。它与类固醇化合物不同，因为它没有类固醇环。用于动物的雌激素替代。当用于治疗尿失禁时，DES 的作用被认为可增加尿道括约肌中 α- 受体的敏感性，恢复对排尿的控制。

适应证和临床应用

DES 最常用于治疗犬中雌激素反应性尿失禁。当 DES 治疗不再有效时，苯丙醇胺（Phenylpropanolamine，PPA）可用于犬。DES 也已用于诱导犬的流产。不再有商品化的 DES，但可以通过一些配制药店买到。当无法使用 DES 或其他雌激素时，在某些犬中使用了共轭雌激素（如 Premarin 20 μg/kg，每周 2 次）。现在有一种经批准的犬雌三醇形式（Incurin），可以代替 DES 用于治疗雌性犬的失禁（有关更多详细信息，请参见"雌三醇"部分）。

注意事项

不良反应和副作用

过量的雌激素可能会引起副作用。雌激素治疗可能会增加子宫积脓和雌激素敏感性肿瘤的风险。尽管犬中其他雌激素的给药报道了骨髓抑制（尤其是贫血），并被认为是潜在的风险，但这是 DES 治疗中的罕见并发症。

禁忌证和预防措施

DES 与癌症的发展有关，应尽可能减少人体暴露（食品动物禁用）。尽管没有报道称 DES 有严重的临床问题，但给高剂量雌激素却引起了动物的贫血问题。

药物相互作用

没有关于动物的重要药物相互作用的报道。然而，在人中，用雌激素会增加接受甲状腺补充剂的患者的甲状腺结合球蛋白，并可能降低甲状腺素（T_4）的活性形式。

使用说明

所列剂量用于治疗尿失禁，并根据治疗反应调整。根据个体患病动物的反应来判断滴定剂量。尽管用于诱导流产，但在一项剂量为 75 μg/kg 的研究中，这种方法无效。

患病动物的监测和实验室检测

监测 CBC 以检测骨髓毒性迹象。如果患病动物甲状腺功能减退并接受补充治疗，则监测 T_4 水平。

制剂与规格

DES 可制成 1 mg 和 5 mg 的片剂，以及 50 mg/mL 的注射剂。DES 不再在美国进行商业销售，但可以从配制药店买到。

稳定性和贮藏

存放在密闭容器中，并在室温下避光保存。尚未报道复合制剂的稳定性。但是，复合片剂可在配制药店买到，个人经验表示它们有效。

小动物剂量

犬

剂量范围为每只 0.1 ~ 1 mg，q24 h，PO。剂量的大小与犬的大小成正比。继续每天 1 次，用 5 d，然后将给药的频率降低到每周 2 次或 3 次。

猫

每只 0.05 ~ 0.1 mg，q24 h，PO。

大动物剂量

没有可用于大动物的剂量。禁用于拟食用动物。

管制信息

禁止在食品生产用动物中使用 DES。

盐酸二氟沙星（Difloxacin Hydrochloride）

商品名及其他名称： Dicural。

功能分类： 抗菌药。

D

药理学和作用机制

盐酸二氟沙星是氟喹诺酮类抗菌药。通过对细菌中 DNA 促旋酶的抑制作用来抑制 DNA 和 RNA 合成。具有广泛的杀菌作用。抗菌活性包括大肠杆菌、克雷伯菌属、巴斯德菌属和其他革兰氏阴性杆菌。对铜绿假单胞菌的活性低于对其他革兰氏阴性杆菌的活性。针对革兰氏阳性球菌的活性，包括葡萄球菌。链球菌和肠球菌更具耐药性。在马中，它的口服半衰期为10.8 h，生物利用度为 68%。

适应证和临床应用

与其他氟喹诺酮类一样，二氟沙星用于多种感染，包括皮肤感染、伤口感染和肺炎。与其他氟喹诺酮类不同，二氟沙星没有很高的肾脏清除率。尿液浓度可能不足以治疗某些 UTI。

注意事项

不良反应和副作用

高浓度可能会引起 CNS 毒性，尤其是在患有肾衰竭的动物中。高剂量二氟沙星可能引起一些恶心、呕吐和腹泻。所有的氟喹诺酮类都可能在年轻动物中引起关节病。4～28 周龄的犬最敏感。大型快速生长的犬最容易受到影响。尚未报道在猫中的安全性。尚无报道在猫中是否可能引起视网膜性眼损伤。

禁忌证和预防措施

由于有软骨受损的风险，应避免用于年轻动物。在易患抽搐的动物（如癫痫病患病动物）中慎用。除非已确定安全性，否则避免在猫中使用。

药物相互作用

如果同时使用氟喹诺酮类，可能会增加茶碱的浓度。与二价和三价阳离子，如含有铝（如硫糖铝）、铁或钙的产品，共同使用可能会降低吸收率。请勿在溶液或小瓶中与铝、钙、铁或锌混合，因为可能会发生螯合。

使用说明

剂量范围可根据感染的严重程度和细菌的敏感性调整。MIC 值低的细菌可以低剂量治疗，具有较高 MIC 值的易感性细菌应以更高剂量进行治疗。二氟沙星主要在粪便中消除，而不是在尿液中消除（尿液清除率小于 5%）。

沙拉沙星是一种活性去甲基代谢产物，但生成量低。马的口服吸收率低，仅应用于 MIC 小于 0.12 μg/mL 的细菌。

患病动物的监测和实验室检测

药敏试验：对于犬病原体，敏感生物的 CLSI 耐药折点 ≤ 0.5 μg/mL。在某些情况下，可以使用其他氟喹诺酮类来评估对此氟喹诺酮的敏感性。但是，如果使用环丙沙星检测铜绿假单胞菌的敏感性，则环丙沙星的活性可能是其他氟喹诺酮类的几倍。

制剂与规格

二氟沙星有 11.4 mg、45.4 mg 和 136 mg 的片剂（在某些国家 / 地区，有 5% 注射剂）。

稳定性和贮藏

存放在密闭容器中，并在室温下避光保存。尚未评估复合制剂的稳定性，但已将其与简单糖浆（100 mg/mL）混合用于马。

小动物剂量
犬
5 ～ 10 mg/kg，q24 h，PO。
猫
没有用于猫的剂量信息。没有可用的安全性信息。

大动物剂量
马
5 mg/kg，PO，q24 h。

管制信息
禁用于拟食用动物。

洋地黄毒苷（Digitoxin）
商品名及其他名称： Digimerck（欧洲）。
功能分类： 心脏收缩剂。

药理学和作用机制

洋地黄毒苷是心脏收缩剂。洋地黄毒苷增加心脏收缩力并降低心率。其机制是通过使心肌钠 - 钾 ATP 酶失活和钙的细胞内积蓄升高，触发钙从肌质网释放。另外，神经内分泌作用包括压力感受器的致敏作用，从而降低心率。对心衰的有益作用可能是通过这些神经内分泌作用实现的。

适应证和临床应用

洋地黄毒苷适用于心肌衰竭的患病动物，控制室上性心动过速的发生率。治疗患病动物的洋地黄毒苷制剂可用性有限。在美国不再能获得洋地黄毒苷。随后，大多数洋地黄毒苷已被地高辛取代。地高辛是洋地黄毒苷的活性代谢产物，可以代替洋地黄毒苷。

D

注意事项

不良反应和副作用

洋地黄苷类药物的治疗指数较小。洋地黄毒苷可能导致患病动物发生多种心律失常（如 AV 阻滞和室性心动过速）。它经常导致呕吐、厌食和腹泻。洋地黄毒苷的副作用因低钾血症而加重，因高钾血症而减轻。

禁忌证和预防措施

不要给患有 AV 阻滞或有其他严重心律失常危险的动物服用。禁用于钾离子异常的动物。

药物相互作用

高钾会降低临床作用,低钾会增强作用和毒性。奎尼丁可能会增加血浆浓度。钙通道阻滞剂和 β– 受体阻滞剂可能增强 AV 结传导作用。

使用说明

近年来，洋地黄毒苷的使用有所减少，转而使用地高辛。如果可获得，它可以与其他心脏药物一起使用。

患病动物的监测和实验室检测

监测患病动物的血清地高辛浓度，以确定最佳治疗。监测时，在给药后收集 2 ~ 6 h 的血样。治疗范围是 10 ~ 30 ng/mL。

制剂与规格

洋地黄毒苷曾有 0.05 mg 和 0.1 mg 的片剂（不再可用，必须从欧洲获得）。

稳定性和贮藏

存放在密闭容器中，并在室温下避光保存。尚未评估复合制剂的稳定性。

小动物剂量

犬

0.02 ~ 0.03 mg/kg，q8 h，PO。

大动物剂量

牛

50 ~ 60 μg/kg，q6 h，IV。

管制信息

请勿用于拟食用的牛。

RCI 分类：4。

地高辛（Digoxin）

商品名及其他名称： Lanoxin、Cardoxin。

功能分类： 心脏收缩剂。

药理学和作用机制

地高辛是心脏收缩剂。地高辛增加心脏收缩力并降低心率。其机制是通过使心肌钠-钾 ATP 酶失活和增加钙的细胞内利用率，触发钙从肌质网释放。另外，神经内分泌作用包括压力感受器的敏化作用，其通过增加迷走神经张力降低心率。有益的心脏作用可能是由于心率降低，以及通过这些神经内分泌作用抑制 AV 结以抑制可逆转性心律失常而引起的。

适应证和临床应用

地高辛用于心力衰竭以产生正性肌力作用，并降低犬、猫和其他动物的心率。它用于室上性心律失常，通过抑制 AV 结来降低心室对心房刺激的反应。地高辛可以与其他心力衰竭药物一起使用，如 ACE 抑制剂（依那普利）、利尿剂（呋塞米）和血管扩张药。

注意事项

不良反应和副作用

地高辛具有较小的治疗指数。它可能在患病动物中引起多种心律失常（如 AV 阻滞和室性心动过速），并且在去极化诱导的心律失常后可能产生延迟。地高辛经常导致呕吐、厌食和腹泻。地高辛的副作用会因低钾血症而加重，因高钾血症而减轻。

禁忌证和预防措施

一些品种的犬（杜宾犬）和猫对副作用更敏感。

药物相互作用

高钾会降低临床作用，低钾会增强作用和毒性。地高辛是细胞色素 P450 酶和 P- 糖蛋白的底物，许多药物能够增加地高辛的浓度，包括奎尼丁、阿司匹林、克拉霉素（和其他大环内酯类）和氯霉素（抑制剂列表请参见附录 H 和 I）。苯巴比妥长期给药可能通过增加清除率而降低地高辛浓度。钙通道阻滞剂和 β- 受体阻滞剂会增强 AV 结传导作用，增加 AV 阻滞的风险。地高辛在酸性胃中的吸收更好，质子泵抑制剂或 H_2- 阻滞剂可能会降低口服吸收率。

D

使用说明

给药时，按去脂体重计算剂量。由于吸收增加，酏剂的剂量应减少10%。当用于治疗犬的心房纤颤时，与地尔硫䓬合用，与单独使用任何一种药物相比，它可能对室性心率有更大的降低。

患病动物的监测和实验室检测

仔细监测患病动物。监测患病动物的血清地高辛浓度，以确定最佳疗法。治疗范围为给药后 8 ~ 10 h 浓度 0.8 ~ 1.5 ng/mL。一些心脏病专家建议使用 0.9 ~ 1.0 ng/mL 及以下的浓度来治疗心力衰竭，并将心率降低至140 ~ 160 bpm。副作用在浓度高于 3.5 ng/mL 时常见，但在某些敏感的患病动物中，浓度低至 2.5 ng/mL 也可能引起副作用。可对患病动物进行 ECG监测，以检测地高辛诱导的心律失常。

制剂与规格

地高辛有 0.0625 mg、0.125 mg 和 0.25 mg 的片剂，以及 0.05 mg/mL 和0.15 mg/mL 的酏剂。

稳定性和贮藏

存放在密闭容器中，并在室温下避光保存。如果与低 pH 溶液（pH<3）混合，则不稳定。不要将口服片剂与其他药物混合使用。

小动物剂量
犬

0.005 ~ 0.011 mg/kg，q12 h，PO（大多数心脏病专家使用的剂量）。

另外，剂量也因犬的体重而异：犬 <20 kg，0.005 ~ 0.01 mg/kg，q12 h；如果 >20 kg，0.22 mg/m^2，q12 h，PO（酏剂减去 10%）。

快速洋地黄化：0.0055 ~ 0.011 mg/kg，q1 h，IV 至起效。

心房纤颤：0.005 mg/kg，q12 h，PO（可与地尔硫䓬 3 mg/kg，q12 h，PO 合并使用）。

猫

0.008 ~ 0.01 mg/kg，q48 h，PO（每只猫为 0.125 mg 片剂的 1/4）。

大动物剂量

牛

22 μg/kg（0.022 mg/kg），IV 负荷剂量，然后 0.86 μg/(kg·h)，IV 或多剂量 3.4 μg/kg，q4 h。血浆浓度监测与其他动物相似。

马

2 μg/kg（0.002 mg/kg），q12 h，IV。

15 μg/kg（0.015 mg/kg），q12 h，PO。

管制信息

禁用于拟食用动物。

RCI 分类：4。

二氢速甾醇（Dihydrotachysterol）

商品名及其他名称： Hytakerol、DHT。

功能分类： 维生素。

药理学和作用机制

二氢速甾醇是维生素 D 类似物。维生素 D 促进钙的吸收和利用。

适应证和临床应用

二氢速甾醇用于治疗低钙血症，尤其是与甲状腺切除术相关的甲状旁腺功能减退。最常见的用途是在甲状腺切除术治疗甲状腺功能亢进的猫中作为补充。骨化三醇是另一种用于调节动物钙浓度的药物（请参阅"骨化三醇"）。

注意事项

不良反应和副作用

过量可能导致高钙血症。

禁忌证和预防措施

避免在怀孕的动物中使用，因为它可能导致胎儿异常。

药物相互作用

没有针对动物的特定药物相互作用的报道。但是，慎用含钙的高剂量制剂。慎用噻嗪类利尿剂。

使用说明

应通过监测血清钙浓度来调整个别患病动物的剂量。

患病动物的监测和实验室检测
监测血清钙浓度。

制剂与规格
美国目前没有该制剂。它只能从一些配制药店买到。较早的制剂有 0.125 mg 的胶囊、0.5 mg/mL 的口服液（20% 酒精）和 125 mg、200 mg 和 400 mg 的片剂。

稳定性和贮藏
存放在密闭容器中，并在室温下避光保存。尚未评估复合制剂的稳定性。

小动物剂量
犬和猫
0.01 mg/(kg·d)，PO。
急性治疗：最初为 0.02 mg/kg，然后 0.01 ~ 0.02 mg/kg，q24 ~ 48 h，PO。剂量应在测量钙浓度的基础上进行调整。有效剂量可高达 0.1 ~ 0.3 mg/kg。

大动物剂量
没有大动物剂量的报道。

管制信息
无可用的管制信息。

盐酸地尔硫草（Diltiazem Hydrochloride）

商品名及其他名称： Cardizem、Dilacor。
功能分类： 钙通道阻滞剂。

药理学和作用机制
盐酸地尔硫草是钙通道阻滞剂。地尔硫草通过阻断电压依赖性慢钙通道阻滞钙进入细胞。通过这种作用，它产生血管舒张、负性变时作用和负性变力作用。但是，对心脏组织（SA 结和 AV 结）的作用高于其他作用。犬的半衰期约为 3 h（范围 2.5 ~ 4 h），而马的半衰期较短（1.5 h）。

适应证和临床应用
地尔硫草主要用于室上性心律失常、全身性高血压和肥厚型心肌病（hypertrophic cardiomyopathy，HCM）的控制。它也用于心房扑动、AV 结折返性心律失常和其他形式的心动过速。地尔硫草在心脏组织（AV 结和 SA 结）比血管更有效。不应将其用作高血压的主要治疗方法以及产生血管舒张作用，优选二氢吡啶类钙通道阻滞剂（如氨氯地平）。在猫中，它被认为是治疗猫 HCM 的可选药物之一。在犬中，地尔硫䓬已用于治疗急性肾衰竭。它可以通过减少肾脏血管收缩来改善肾脏灌注。在马中，地尔硫䓬对心房纤颤可能有效。但是，治疗过的马的结果不尽相同，并且一些低血压和窦性停搏有所发展。尚未显示地尔硫䓬经皮给药在猫中有效。

注意事项

不良反应和副作用

低血压、心肌抑制、心动过缓和 AV 阻滞是最严重的副作用。如果发生急性低血压，则采用积极的液体治疗和给葡萄糖酸钙或氯化钙。它可能在某些患病动物中引起厌食。在猫中，高剂量引起呕吐。当给猫服用 60 mg 的 Dilacor XR 时，它会在 36% 的猫中产生嗜睡、胃肠道紊乱和减重。

禁忌证和预防措施

IV 给药时请勿快速注射。禁用于患低血压的动物。

药物相互作用

在人中，钙通道阻滞剂已通过干扰药物代谢而产生药物相互作用。这些相互作用尚未在兽医患病动物中得到证实，但由于相似的机制，这是有可能的。因此，在给可能是 P- 糖蛋白［由多药耐药性（multi drug resistance，MDR）基因产生的外排蛋白］底物的其他药物时，请慎用（请参阅附录 I 和 J）。请勿在 IV 溶液中与呋塞米混合。

使用说明

对于心力衰竭的患病动物，地尔硫䓬优于维拉帕米，因为其心肌抑制较少。当用于治疗犬的心房纤颤时，联合使用地高辛，与单独使用任何一种药物相比，它可能导致室性心率的降低幅度更大。请参阅"小动物剂量"部分中有关猫的详细说明。

患病动物的监测和实验室检测

在治疗过程中监测心率和心律。急性治疗心房纤颤时监测血压。如果要监测血液浓度，应降低心率，人需要的浓度为 80 ~ 290 ng/mL，在犬中为 60 ~ 120 ng/mL。

制剂与规格

地尔硫䓬有 30 mg、60 mg、90 mg 和 120 mg 的片剂；60 mg、90 mg、120 mg、180 mg、240 mg 和 300 mg 的缓释胶囊；5 mg/mL 的注射剂。

Dilacor XR 在一个单元中有 3 片或 4 片。可以打开胶囊,取出单独的片剂,给犬和猫口服。

稳定性和贮藏

存放在密闭容器中,并在室温下避光保存。对于宠物主人来说,缓释片剂很难操作。复合的经皮制剂可能不稳定。用各种糖和调味剂制备的复合口服制剂可稳定 50 ~ 60 d。可以将注射液与 IV 液体混合,但应在 24 h 之后丢弃。不要冻结。

小动物剂量

犬

大多数用途 : 0.5 ~ 1.5 mg/kg, q8 h, PO。对于心房纤颤,已使用高达 5 mg/kg, q12 h, PO 的剂量作为单一疗法,或联合使用地尔硫䓬(3 mg/kg, q12 h, PO)和地高辛(0.005 mg/kg, q12 h, PO)。

心房纤颤 : 0.05 ~ 0.25 mg/kg, IV, q5 min, 至起效。

室上性心动过速 : 0.25 mg/kg, IV, 超过 2 min(必要时重复)。首先注射 0.25 mg/kg, 在重复给药前等待 20 min 看是否有反应。CRI : 0.15 ~ 0.25 mg/kg, IV 超过 2 min, 然后是 1 ~ 8 μg/(kg·min)。

急性肾衰竭 : 0.2 mg/kg, IV(缓慢), 然后 3 ~ 5 μg/(kg·min)(CRI)。

猫

1.75 ~ 2.4 mg/kg, q8 h, PO。在猫中使用的快速释放制剂最常见的剂量是每只猫 7.5 ~ 10 mg, q8 h, PO, 而在某些猫中的频率降低到 q12 h。

Dilacor XR 或 Cardizem CD : 10 mg/kg, 每天 1 次, PO。与其他片剂相比,缓释片剂在猫的使用可能更困难,每只猫的使用剂量为 30 mg 或 60 mg(请参阅下文)。

片剂很难分开用于猫。请注意, "XR" "SR" 和 "CD" 均指缓释制剂。Dilacor XR-240 mg 包含 4 个 60 mg 的片剂。XR-180 包含 3 个 60 mg 的片剂。不推荐在猫中使用缓释片剂,因为它们会产生不一致的血浆浓度,这可能会导致在某些患猫中的治疗无效,而在另一些患猫中出现副作用。根据适用于猫的信息,使用 Dilacor XR 30 或 Dilacor XR 60。每只猫使用 Dilacor XR(缓释片剂)30 mg 的剂量产生的副作用少于每只猫使用 60 mg 的剂量。

大动物剂量

马

0.125 mg/kg, IV, 至少 2 min。根据需要每 10 min 重复一次,直至总剂量为 1.1 mg/kg。在实验动物中使用的剂量高达 1 ~ 2 mg/kg。

管制信息

无可用的管制信息。

RCI 分类: 4。

茶苯海明（Dimenhydrinate）

商品名及其他名称: Dramamine（在加拿大为 Gravol）。
功能分类: 抗组胺药。

药理学和作用机制

茶苯海明是抗组胺药（H_1- 阻滞剂）。苯海拉明是茶苯海明的活性部分。

与其他抗组胺药相似，它通过阻滞 H_1-受体起作用，并抑制组胺引起的炎性反应。H_1-阻滞剂已用于控制犬和猫的瘙痒和皮肤炎症，但是，在犬中的成功率并不高。常用的抗组胺药包括氯马斯汀、氯苯那敏、苯海拉明和羟嗪。茶苯海明转换为有活性的苯海拉明。茶苯海明还具有中枢作用性镇吐药特性，可能是通过作用于呕吐中枢或通过化学感受器触发区（chemoreceptor trigger zone，CRTZ）起作用。

适应证和临床应用

茶苯海明用于预防过敏反应，并用于犬和猫的瘙痒症治疗。但是，治疗瘙痒症的成功率并不高。除了具有治疗过敏的抗组胺药作用外，茶苯海明与其他抗组胺药一样，通过作用于动物的呕吐中枢，起到镇吐药的作用。用作镇吐药的抗组胺药可用于晕动病、化疗诱导的呕吐和刺激呕吐的胃肠道疾病。

注意事项

不良反应和副作用

镇定是最常见的副作用。镇定是组胺 N- 甲基转移酶抑制的结果，也可能归因于其他 CNS 受体的阻滞，如血清素、乙酰胆碱和 α-受体。也常见抗毒蕈碱作用（类阿托品作用），包括口干和胃肠道分泌减少。

禁忌证和预防措施

常见抗毒蕈碱作用（类阿托品作用）。不要在抗胆碱能药物是禁忌的状况下使用，如青光眼、肠梗阻或心律失常。

药物相互作用

没有药物相互作用的报道。但是，与其他镇定药和镇静药一起使用可能会增加镇定作用。

使用说明

和其他抗组胺药相似，没有关于茶苯海明使用的临床研究。它主要根据经验用于治疗呕吐和预防过敏反应。

患病动物的监测和实验室检测

不用特殊监测。

制剂与规格

茶苯海明有 50 mg 的片剂和 50 mg/mL 的注射剂。

稳定性和贮藏

存放在密闭容器中，并在室温下避光保存。尚未评估复合制剂的稳定性。

小动物剂量

犬

4 ~ 8 mg/kg，q8 h，PO、IM 或 IV。

猫

每只 12.5 mg，q8 h，IV、IM 或 PO。

大动物剂量

没有大动物剂量的报道。

管制信息

无可用的管制信息。

RCI 分类：3。

二巯丙醇（Dimercaprol）

商品名及其他名称： British anti-lewisite (BAL) in oil。

功能分类： 解毒剂。

药理学和作用机制

二巯丙醇是一种螯合剂。二巯丙醇也称为 BAL。它是与重金属螯合的二硫醇螯合剂。可与砷、铅和汞结合以治疗中毒。

适应证和临床应用

用于治疗铅、金、汞和砷中毒。制剂有两种：二巯基丙烷 -1- 磺酸（dimercaptopropane-1-sulfonic acid，DMPS）和内消旋 -2,3- 二巯基琥珀酸。由于这些制剂不容易获得，可利用原材料进行合成。

注意事项

不良反应和副作用

兽医学中未报道副作用。在人中，注射部位发生无菌性脓肿。高剂量会引起抽搐、嗜睡和呕吐。

禁忌证和预防措施

二巯丙醇仅用于治疗中毒。

药物相互作用

没有药物相互作用的报道。

使用说明

接触毒物后应尽快使用。尿液碱化会加快毒素去除。对于铅中毒，二巯丙醇可与乙二胺四乙酸钙一起使用。

患病动物的监测和实验室检测

可以测量重金属浓度以评估治疗效果。

制剂与规格

二巯丙醇有可用的注射剂，必须通过混合制备。

稳定性和贮藏

存放在密闭容器中，并在室温下避光保存。

小动物剂量

4 mg/kg，q4 h，IM。

大动物剂量

4 mg/kg，q4 h，IM。

管制信息

停药时间：产奶用动物和肉用动物为 5 d（标签外使用）。

二甲基亚砜（DMSO）[Dimethyl Sulfoxide（DMSO）]

商品名及其他名称： DMSO、Domoso。

功能分类： 抗炎。

药理学和作用机制

DMSO 是造纸过程的副产品。它具有高度吸湿性（吸水）。它可以轻松地置换水，并很容易穿透细胞膜、皮肤和黏膜。它产生抗炎、抗真菌和抗菌性能。DMSO 的临床抗炎作用尚不确定。它可以清除氧自由基，从而对细胞膜产生抗炎或保护作用。在马中，剂量为 1 g/kg 时，半衰期为 8.6 h。尿液排泄了 26% 的给药剂量。在犬中，半衰期为 36 h。

适应证和临床应用

DMSO 局部和全身给药（IV），可用于治疗各种炎症情况。它在马中的使用很流行，可用于治疗蹄叶炎、关节炎、肺炎、肠道局部缺血、滑膜炎和神经系统损伤。尽管已广泛使用，但尚无关于临床使用功效的公开报道，并且支持将其用作抗炎药物治疗临床疾病的证据主要是个人经验。没有证据支持用于保护马肠道的缺血性再灌注损伤，治疗蹄叶炎或改善神经系统疾病。它不会促进药物渗透穿过血 – 脑屏障。

注意事项

不良反应和副作用

DMSO 刺激皮肤和黏膜。它具有吸湿性，可诱导皮肤中的组胺释放。长期使用已在实验动物中产生了眼晶状体改变。当 IV 给药时，浓缩的 DMSO 将引起严重溶血。使用静脉注射还与血红蛋白血症、急性绞痛、腹泻、肌炎、肌肉颤动和衰竭相关。在 2 g/kg 或更大的剂量下，这些反应更有可能发生。DMSO 给药时会产生很强的气味。

禁忌证和预防措施

尽管许多兽医都采取全身性用药，但 DMSO 未被批准用于此用途。它可以增强皮肤上的毒物和污染物的经皮吸收。IV 不要采用 >10% 的浓度或 >1 g/kg 的剂量。请勿全身使用浓缩液。

药物相互作用

DMSO 是强溶剂。它将溶解其他化合物。它可以充当渗透促进剂，并增加其他化合物的跨膜渗透。

使用说明

使用前将其稀释至 10% 进行 IV 输注。兽医之间的剂量差异很大。列出的 1 g/kg 是常用剂量，但在文献中马的剂量范围为 0.2 ~ 4 g/kg。

患病动物的监测和实验室检测

使用过程中监测 CBC。

制剂与规格

DMSO 有溶液剂型。

稳定性和贮藏

存放在密闭容器中，并在室温下避光保存。请勿与其他化合物混合，除非在给药之前立即进行混合。

小动物剂量

犬和猫

1 g/kg，缓慢 IV。采用的溶液浓度不要超过 10%。

大动物剂量

马和牛

1 g/kg，缓慢 IV。使用前先稀释。不要使用 >10% 的浓度。对于大多数情况，每 12 h 一次。

管制信息

未获批准用于拟食用动物。无停药时间。

RCI 分类：5。

地诺前列素氨丁三醇（Dinoprost Tromethamine）

商品名及其他名称： Lutalyse、Prostin F_2-α、ProstaMate、Prostaglandin F_2-α 和 PGF_2-α。

功能分类： 前列腺素。

药理学和作用机制

地诺前列素是一种前列腺素（PGF_2-α），可引起黄体溶解。前列腺素 F_2 及其类似物对黄体具有直接溶解作用。注射之后，它将使黄体的功能退化（黄体溶解）。在非怀孕周期的牛中，此效果将导致在注射后 2～5 d 启动发情期。在怀孕的动物中，它将终止妊娠。在具有子宫积脓、木乃伊胎或黄体囊肿的黄体活动时间延长的动物中，黄体溶解通常可解决问题并恢复正常的周期。

适应证和临床应用

地诺前列素通过引起黄体溶解用于牛和马的同期发情。在马和牛中，它用于在发情周期的雌性和控制具有黄体的临床休情期雌性的发情时间。在猪中，当在母猪分娩前 3 d 内给地诺前列素时，地诺前列素可用于诱导分娩。在犬中，地诺前列素已用于治疗开放性子宫积脓。在牛中，地诺前列素已用于治疗慢性子宫内膜炎。

在大动物中，地诺前列素用于在怀孕的前100 d内诱导流产，但是在小动物中诱导流产的用途受到质疑。

注意事项

不良反应和副作用

前列腺素 F_2-α 导致平滑肌张力增加，从而引起腹泻、腹部不适、支气管收缩和血压升高。在小动物中，其他副作用包括呕吐。诱导流产可能会导致胎盘滞留。

禁忌证和预防措施

禁止静脉内给药。地诺前列素在怀孕的动物中会诱导流产。兽医、动物主人和技术员在处理该药物时要谨慎。孕妇不要处理它。可能会通过人体的完整皮肤被吸收。患有呼吸系统疾病的人也不应处理地诺前列素。

药物相互作用

根据标签，地诺前列素不应与 NSAID 一起使用，因为这些药物可以抑制合成前列腺素。但是，NSAID 应该不影响该产品用药后的 PGF_2-α 浓度。同时使用催产素时，应慎用，因为存在子宫破裂的风险。

使用说明

治疗子宫积脓时应仔细监测。如果子宫积脓为非开放性，则可能导致严重的后果。当在牛中使用时，一次注射后，牛应该在惯常的发情时间进行繁殖。当进行两次注射时，牛可以在第二次注射后，或者是在惯常的发情时间，或者是在第二次注射后大约 80 h 进行繁殖。如果存在黄体，则发情期预计会在注射后 1 ~ 5 d 发生。未怀孕的牛有望在 18 ~ 24 d 后回到发情期。当在牛中用于诱导流产时，应仅在孕期的前 100 d 中使用它。在注射之后 35 d 内，会发生流产。

在猪中，在预计母猪分娩的 3 d 以内进行分娩诱导。母猪分娩应该在大约 30 h 后开始。

患病动物的监测和实验室检测

当用于同期发情时，监测发情期的症状。应在惯常的发情时间给动物繁殖。

制剂与规格

地诺前列素有 5 mg/mL 的注射剂，用于 IM。

稳定性和贮藏

存放在密闭容器中，并在室温下避光保存。尚未评估复合制剂的稳定性。

小动物剂量

犬

子宫积脓：0.1 ~ 0.2 mg/kg，每天一次，用 5 d，SQ。

终止妊娠：0.025 ~ 0.05 mg（25 ~ 50 μg）/kg，q12 h，IM。

猫

子宫积脓：0.1 ~ 0.25 mg/kg，每天一次，用 5 d，SQ。

终止妊娠：0.5 ~ 1 mg/kg，IM，注射 2 次。

大动物剂量

牛

终止妊娠：25 mg 总剂量，IM 给药一次。

同期发情：25 mg（5 mL），IM 注射一次，或间隔 10 ~ 12 d 再注射一次。

子宫积脓：25 mg，IM 给药一次。

马

同期发情：1 mg/45 kg（1 mg/100 lb）或 1 ~ 2 mL，IM 给药一次。治疗后，母马应在 2 ~ 4 d 内返回发情期，并排卵 8 ~ 12 d。

猪

分娩诱导：10 mg（2 mL），IM 给药一次。分娩发生在 30 h 内。

管制信息

禁用于拟食用的马。

仅用于肉牛和非泌乳奶牛。

盐酸苯海拉明（Diphenhydramine Hydrochloride）

商品名及其他名称： Benadryl。

功能分类： 抗组胺药。

药理学和作用机制

盐酸苯海拉明是抗组胺药（H_1-阻滞剂）。苯海拉明是茶苯海明（Dramamine）的活性成分。与其他抗组胺药相似，它通过阻滞 H_1-受体起作用，并抑制组胺引起的炎性反应。常用的抗组胺药包括氯马斯汀、氯苯那敏、苯海拉明和羟嗪。

适应证和临床应用

和其他抗组胺药相似，苯海拉明用于预防过敏反应，并用于犬和猫瘙痒症的治疗。但是，治疗瘙痒症的成功率并不高。除了用于治疗过敏症的抗组胺作用外，这些药物还可以在动物的呕吐中心、前庭中心和控制呕吐的其他中心抑制组胺的作用。

注意事项

不良反应和副作用

镇定是最常见的副作用。镇定是组胺 N-甲基转移酶抑制的结果。镇定也可能归因于其他 CNS 受体的阻滞，如血清素、乙酰胆碱和 α-受体。也常见抗毒蕈碱作用（类阿托品作用），包括口干和胃肠道分泌减少。高剂量时在猫和其他动物中观察到兴奋。

禁忌证和预防措施

常见抗毒蕈碱作用（类阿托品作用），不要在抗胆碱能药物是禁忌的状况下使用，如青光眼、肠梗阻或心律失常。

药物相互作用

没有特定的药物相互作用。但是由于抗胆碱能（类阿托品）作用，它可能会抵消拟副交感神经药物的作用（如用于刺激肠道运动的作用）。

使用说明

抗组胺药主要用于动物的过敏性疾病。这些药物也可用于治疗或预防动物的呕吐。临床研究证明疗效有限。大多数用途是经验性的，是从在人的使用中推断出的剂量。

患病动物的监测和实验室检测

不用特殊监测。

制剂与规格

苯海拉明有 2.5 mg/mL 的酏剂、25 mg 和 50 mg 的胶囊和片剂，以及 50 mg/mL 的注射剂，作为 OTC 出售。

稳定性和贮藏

存放在密闭容器中，并在室温下避光保存。尚未评估复合制剂的稳定性。防止冻结。

小动物剂量

犬

2.2 mg/kg，q8 ~ 12 h，PO、IM 或 SQ。对于大型犬，这相当于每只犬的口服剂量为 25 mg 或 50 mg。

猫

2 ~ 4 mg/kg，q6 ~ 8 h，PO。

1 mg/kg，q8 h，IV 或 IM。

大动物剂量

根据需要，单剂量为 0.5 ~ 1 mg/kg，IM。

管制信息

无可用的管制信息。

地芬诺酯（Diphenoxylate）

商品名及其他名称：Lomotil。

功能分类：止泻药。

药理学和作用机制

地芬诺酯是阿片类激动剂。与肠中的 μ- 阿片受体结合，并刺激肠平滑肌分段，减少蠕动，增强液体和电解质吸收。

适应证和临床应用

地芬诺酯用于非特异性腹泻的急性治疗。它主要具有局部作用。洛哌丁胺（Imodium）具有类似的作用，并且在此适应证中变得越来越流行。镇咳药是兽医学中不常使用的另一种用途。

注意事项

不良反应和副作用

在兽医学中尚未报道副作用。地芬诺酯全身吸收差，几乎不会产生全身副作用。过度使用可能会导致便秘。

禁忌证和预防措施

禁用于感染引起腹泻的患病动物。阿片类药物不应用于腹泻的慢性治疗。

药物相互作用

没有特定的药物相互作用的报道。但是，与其他阿片类药物或可能引起便秘的药物（如抗毒蕈碱药物）一起使用时要谨慎。

使用说明

剂量主要基于经验或从人用剂量推算而来。尚未在动物中进行临床研究。地芬诺酯含有阿托品，但剂量不足以产生明显的全身作用。

患病动物的监测和实验室检测

不用特殊监测。

制剂与规格

地芬诺酯有 2.5 mg 的片剂。

D

稳定性和贮藏

存放在密闭容器中，并在室温下避光保存。尚未评估复合制剂的稳定性。

小动物剂量

犬

0.1 ～ 0.2 mg/kg，q8 ～ 12 h，PO。镇咳剂量高达 0.5 mg/kg，q12 h，PO。

猫

0.05 ～ 0.1 mg/kg，q12 h，PO。

大动物剂量

没有大动物剂量的报道。

管制信息

无可用的管制信息。

RCI 分类：4。

双嘧达莫（Dipyridamole）

商品名及其他名称：Persantine。

功能分类：抗凝剂。

药理学和作用机制

双嘧达莫是血小板抑制剂。作用机制归因于血小板中环磷酸腺苷（cAMP）含量的增加，从而降低了血小板的活性。

适应证和临床应用

在人中，双嘧达莫已被用来预防血栓栓塞和高凝状态。但是，在动物中很少使用双嘧达莫。它可能适用于需要血小板抑制的临床状况。主要用于预防血栓栓塞。更常使用其他血小板抑制剂（如氯吡格雷），同时用或不用阿司匹林。

注意事项

不良反应和副作用

尚未在动物中报道过副作用。但是，在容易发生凝血异常或接受其他抗凝血药的动物中，预计会有出血问题。

禁忌证和预防措施

禁用于有出血问题的动物。

药物相互作用

阿司匹林可能会增强效果。

使用说明

双嘧达莫在人中主要用于预防血栓栓塞。尚未有用于动物的报道。当用于人时，与其他抗血栓形成的药物（如华法林）联合使用。

患病动物的监测和实验室检测

可能有必要监测某些动物的出血时间。

制剂与规格

双嘧达莫有 25 mg、50 mg 和 75 mg 的片剂和 5 mg/mL 的注射剂。它也有含阿司匹林的合剂：200 mg 双嘧达莫加 25 mg 阿司匹林（Aggrenox）。

稳定性和贮藏

存放在密闭容器中，并在室温下避光保存。复合口服制剂可稳定 60 d。

小动物剂量

犬和猫

4 ~ 10 mg/kg，q24 h，PO。

大动物剂量

没有大动物剂量的报道。

管制信息

无可用的管制信息。

RCI 分类：3。

地洛他派（Dirlotapide）

商品名及其他名称： Slentrol。

功能分类： 肥胖药物。

D

药理学和作用机制

地洛他派用于犬的减重。它与另一种用于治疗犬肥胖的药物——米塔拉肽（Yarvitan）有关，该药物已在欧洲获得批准。地洛他派是微粒体甘油三酸酯转运蛋白（microsomal triglyceride transfer protein，MTP）抑制剂。抑制是选择性的，MTP 的肝脏形态在犬中不受影响。该酶的抑制通过阻止脂类进入胆微粒而降低肠道细胞加工甘油三酸酯的能力。结果，脂肪吸收降低，粪便脂肪升高。肠道细胞中这些甘油三酸酯的积蓄向 CNS 发送信号（饱腹信使）以抑制食欲。在犬中，对肠道细胞的影响降低了饮食中脂类的摄取，与餐后血清甘油三酸酯、磷脂和胆固醇的降低有关。减重归因于食欲下降，而不是饮食中脂类加工的破坏。它不会产生直接中枢性作用。口服地洛他派的生物利用度是可变的，但在 20% ~ 40% 的范围内，分布体积（VD）为 1.3 L/kg。它与蛋白质高度结合。随食物服药会增加吸收。血浆半衰期是可变的（1.2 ~ 11 h）。对肠道细胞和食欲的作用似乎是局部的（肠道），而不是归因于血浆水平，因为当注射用地洛他派时未观察到类似的减肥效果。

适应证和临床应用

地洛他派用于犬的肥胖管理。在实施治疗方案期间，体重持续下降（每月约 3%），主要是脂肪组织，而不是瘦肉组织。总体而言，整个治疗期间可能会减轻 18% ~ 22% 的体重，但不同犬的反应可能有所不同。如果未遵循厂家提供的合理规程，则不应该使用地洛他派。应该在整体体重管理程序中使用它，其中还包括适当的饮食改变。在用于治疗超重或肥胖之前，请排除其他疾病，如甲状腺功能减退或肾上腺皮质功能亢进。

注意事项

不良反应和副作用

副作用与剂量成正比。食欲降低是药物的一种作用方式。呕吐也可能作为与药物作用机制有关的常见影响而出现。也可能发生恶心和腹泻。出现这些症状均无须停药，症状可能随着时间的流逝而消失。但是，如果呕吐和恶心持续存在，则可能需要评估和调整剂量。也可能会出现肝酶的变化。可能出现与治疗相关的丙氨酸转氨酶（alanine aminotransferase，ALT）和天冬氨酸转氨酶

（aspartate aminotransferase，AST）升高。但是，如果 ALT 明显增高或其他值 [AST、γ- 谷氨酰转肽酶（gamma-glutamyl transpeptidase，GGT）、碱性磷酸酶（alkaline phosphatase，ALP）或总胆红素] 明显升高，则应停止治疗并重新评估患病动物。脂溶性维生素 A 和维生素 E 的吸收可能降低。这些维生素的吸收降低在临床上没有显著意义。

禁忌证和预防措施

禁用于猫。请勿用于同时患肝脏疾病或长期进行皮质类固醇治疗的犬。人不应该服用这种药物。对怀孕的安全性尚未确定。

药物相互作用

没有药物相互作用的报道。与 NSAID 和 ACE 抑制剂同时使用是安全的。

使用说明

使用这种药物时，要饲喂全价饮食。为了正确使用该药物，必须遵循特定的方案（请参阅剂量部分）。方案在初始减重阶段，通常为 4 周；调整阶段的时间可变；体重管理阶段为 12 周。整个方案可能需要 26 周。如果不能维持饮食的减少并且不限制饮食，则动物在停止治疗后可能会体重增加。为避免反弹性体重增加，请在停药后继续饲喂维持量的饮食。地洛他派可以直接口服或与食物一起使用。对食欲抑制轻微的犬饲喂低脂饮食。

患病动物的监测和实验室检测

监控患病动物的体重。监测血液生化指标，看是否有肝酶的变化及白蛋白和电解质的降低。

制剂与规格

地洛他派有 5 mg/mL 的中链甘油三酯（Medium-chain triglycerides，MCT）油剂。

稳定性和贮藏

存放在密闭容器中，并在室温下避光保存。打开后，保质期为 3 个月。请勿冷藏。

小动物剂量

犬

初始剂量为 0.05 mg/kg（0.01 mL/kg），然后在 14 d 时增加至 0.1 mg/kg（0.02 mL/kg）。此后，根据每只犬减重的情况每月调整剂量。最大剂量为 1.0 mg/kg（0.2 mL/kg）。

猫

禁用于猫。

大动物剂量

没有大动物剂量的报道。

管制信息

D

不确定食品生产用动物的停药时间。该药不应用于拟食用动物。

丙吡胺（Disopyramide）

商品名及其他名称： Norpace（在加拿大为 Rythmodan）。

功能分类： 抗心律失常药。

药理学和作用机制

丙吡胺是 I 类抗心律失常药。丙吡胺阻滞内向钠通道并降低心肌电生理传导率。

适应证和临床应用

丙吡胺用于室性心律失常的控制。它在兽药中不像其他药物那样常用。关于动物功效的研究尚未报道。

> **注意事项**
>
> **不良反应和副作用**
>
> 尚未在动物中报道过副作用。高剂量可能导致心律失常。
>
> **禁忌证和预防措施**
>
> 高剂量时，它可能在某些患病动物中诱发心律失常。
>
> **药物相互作用**
>
> 没有关于动物药物相互作用的报道。与其他可能影响心律的药物一起使用时要谨慎。

使用说明

丙吡胺由于在犬的半衰期短，因此在兽医学中不常用。优选其他抗心律失常药。

患病动物的监测和实验室检测

监测治疗动物的 ECG。该药可致心律失常。

制剂与规格

丙吡胺有 100 mg 和 150 mg 的胶囊,以及 10 mg/mL 的注射剂(仅限加拿大)。

稳定性和贮藏

存放在密闭容器中,并在室温下避光保存。复合口服制剂可稳定30 d。

小动物剂量
犬

6 ~ 15 mg/kg, q8 h, PO。

猫

未确定剂量。

大动物剂量

没有大动物剂量的报道。

管制信息

无可用的管制信息。

RCI 分类: 4。

碘二噻宁(Dithiazanine Lodide)

商品名及其他名称: Dizan。
功能分类: 抗寄生虫药。

药理学和作用机制

碘二噻宁是犬的杀微丝蚴药。它还对钩虫、蛔虫和鞭虫具有活性。

适应证和临床应用

二噻宁用于消除犬的心丝虫微丝蚴。它还已用于治疗某些肠道寄生虫。大环内酯(伊维菌素和相关药物)的杀菌活性已取代了二噻宁等药物。美国心丝虫协会建议使用大环内酯进行杀微丝蚴治疗,代替碘二噻宁。

注意事项
不良反应和副作用

副作用非常罕见。在某些犬中报道了呕吐。二噻宁可导致粪便变色。

禁忌证和预防措施

禁用于肾脏功能减弱的动物。禁用于杀成虫治疗 6 周内的心丝虫阳性犬。

药物相互作用

没有具体的药物相互作用报道。

使用说明

随餐服用。如果使用粉末，撒在食物表面进行混合。在其他药物可用之前，这是犬唯一的杀微丝蚴药。但是，随着其他药物（如大环内酯）的可用性和功效的改善，该药的使用已大大减少。

患病动物的监测和实验室检测

疗程结束后通过检查微丝蚴监测心丝虫状态。

制剂与规格

在商品化片剂中很少再有碘二噻宁。较早的制剂包括 10 mg、50 mg、100 mg 和 200 mg 的片剂，每汤匙粉末 200 mg。

稳定性和贮藏

存放在密闭容器中，并在室温下避光保存。尚未评估复合制剂的稳定性。

小动物剂量

犬

心丝虫：6.6 ~ 11 mg/kg，q24 h，用 7 ~ 10 d，PO。

蛔虫：22 mg/kg，每天一次，用 3 ~ 5 d，PO。

钩虫：22 mg/kg，每天一次，用 7 d，PO。

鞭虫：22 mg/kg，每天一次，用 10 ~ 12 d，PO。

猫

没有剂量的报道。

大动物剂量

没有大动物剂量的报道。

管制信息

无可用的管制信息。

盐酸多巴酚丁胺（Dobutamine Hydrochloride）

商品名及其他名称： Dobutrex。

功能分类： 心脏收缩剂。

药理学和作用机制

盐酸多巴酚丁胺是肾上腺素激动剂。多巴酚丁胺是具有 β_1- 和 β_2- 肾上腺素活性的外消旋混合物（R 和 S 异构体）。但是，其临床效应是由对 β_1-受体的相对心脏选择性激动剂活性引起的。激动剂和拮抗剂对 α- 受体都有影响，而临床影响尚不确定。多巴酚丁胺的主要优点是，它在没有过于心动过速的情况下产生正性肌力作用。缺乏心动过速使其与其他拟交感神经药物区别开来。在适当的输注速度下，多巴酚丁胺可以改善收缩力而不增加心率。多巴酚丁胺在动物的半衰期很短（2 ~ 3 min），必须通过持续 IV 输注给药，并且起效时间短。

适应证和临床应用

多巴酚丁胺主要用于心力衰竭的急性治疗。它会产生正性肌力作用而不会增加心率。短时间的治疗方案（如 48 h）在某些动物中能产生残留的正性影响。

注意事项

不良反应和副作用

多巴酚丁胺可能在高剂量或敏感个体中引起心动过速和室性心律失常。如果检测到心动过速或心律失常，请停止输液并以较低的速度恢复输注。

禁忌证和预防措施

禁用于患室性心律失常的动物。

药物相互作用

不要与碱性溶液混合，如含有碳酸氢盐的溶液。请勿在 IV 管线中注入肝素、头孢菌素类或青霉素。但是，它与大多数液体兼容。不要用于接受单胺氧化酶抑制剂（MAOI，如司来吉兰）治疗的动物。

使用说明

多巴酚丁胺具有快速消除半衰期（数分钟），必须通过仔细监控的 CRI 进行给药。剂量率（输注率）可通过监测患病动物反应来调整。在犬中，低至 2 μg/(kg·min) 的剂量可改善心输出量。

患病动物的监测和实验室检测

在治疗期间监测心率和 ECG。输注期间可能会产生心律失常，尤其是在高剂量时。

制剂与规格

多巴酚丁胺有 250 mg/20 mL（12.5 mg/mL）的瓶装注射剂。

D

稳定性和贮藏

通常在 5% 葡萄糖溶液中稀释（如在 1 L 的 5% 葡萄糖溶液中加 250 mg）。溶液中可能会出现一点粉红色，这不会降低效力。但是，如果颜色变成棕色，请勿使用。

小动物剂量

犬

5 ~ 20 μg/(kg·min)，IV 输注。通常从低剂量开始并逐渐提高剂量。

猫

2 μg/(kg·min)，IV。

大动物剂量

马

5 ~ 10 μg/(kg·min)，IV 输注。观察心率增加和室性心律失常。根据患病动物反应和心率调整剂量。

管制信息

无可用的管制信息。由于半衰期短，在拟食用动物中不会有残留风险。RCI 分类：3。

多库酯（Docusate）

商品名及其他名称：多库酯钙：Surfak 和 Doxidan；多库酯钠：DSS、Colace、Doxan 以及通用品牌。

功能分类：缓泻剂。

药理学和作用机制

多库酯钠和多库酯钙是粪便软化剂。它们充当表面活性剂，有助于增加水渗透到粪便中的能力。它们可降低表面张力，使更多的水积聚在粪便中。

适应证和临床应用

多库酯用于需要软化粪便的情况下，如在肠道或肛门手术后，帮助硬的粪便排出，以及在给减慢肠道转运的药物（如阿片类）时使用。多库酯适用于治疗便秘。

注意事项

不良反应和副作用

没有在动物中报道副作用。在人中，高剂量会引起腹部不适。

禁忌证和预防措施

多库酯钙和多库酯钠产品的某些制剂含有刺激性的导泻性酚酞，在猫中应慎用。检查产品的标签，以确保不含酚酞。

药物相互作用

没有针对动物的特定药物相互作用的报道。

使用说明

剂量基于人的剂量或经验主义的推论。没有关于动物的临床研究报告。

患病动物的监测和实验室检测

不用特殊监测。

制剂与规格

多库酯钙有 60 mg 的片剂和 240 mg 的胶囊。

多库酯钠有 50 mg 和 100 mg 的胶囊，以及 10 mg/mL 的液体。

稳定性和贮藏

存放在密闭容器中，并在室温下避光保存。尚未评估复合制剂的稳定性。

小动物剂量

犬

多库酯钙：每只 50 ~ 100 mg，q12 ~ 24 h，PO。

多库酯钠：每只 50 ~ 200 mg，q8 ~ 12 h，PO。

猫

多库酯钙：每只 50 mg，q12 ~ 24 h，PO。

多库酯钠：每只 50 mg，q12 ~ 24 h，PO。

大动物剂量

多库酯钠：10 mg/(kg·d)，PO。

管制信息

在拟食用动物中无可用的管制信息。由于多库酯主要在肠中具有局部作用，因此，在拟食用动物中残留风险最小。

甲磺酸多拉司琼（Dolasetron Mesylate）

商品名及其他名称： Anzemet。

功能分类： 镇吐药。

药理学和作用机制

此类镇吐药被称为5-羟色胺拮抗剂。这些药物通过抑制5-羟色胺（5-HT，3型）受体发挥作用。在化疗期间，胃肠道损伤可能会释放出5-HT，从而刺激中枢性呕吐。由5-羟色胺诱导的催吐反应被这类药物抑制。在人中，多拉司琼完全代谢为氢多拉西酮（活性物质），而氢多拉西酮可能与犬和猫的活性代谢物相同。用于镇吐药的5-羟色胺拮抗剂包括格拉司琼、昂丹司琼、多拉司琼和托烷司琼。

适应证和临床应用

和其他5-羟色胺拮抗剂相似，多拉司琼主要用于在化疗期间发挥止吐作用，其功效一般优于其他药物。这些药物也可用于控制手术引起的呕吐（术后恶心和呕吐）。

注意事项

不良反应和副作用

尚未在动物中报道过多拉司琼的副作用。这些药物对其他5-HT受体几乎没有亲和力。某些作用可能与同时使用的抗癌药没有区别。

禁忌证和预防措施

在动物中没有发现重要的禁忌证。

药物相互作用

没有药物相互作用的报道。但是，多拉司琼容易受到细胞色素P450诱导剂和抑制剂的影响（请参阅附录G和H）。

使用说明

由于其成本高，多拉司琼已很少在兽医学中使用。剂量是依据个人经验或在人的研究推算得出的，而动物方面尚无临床研究的报道。如果用于预防呕吐（在化疗药物之前使用）而不是治疗进行中的呕吐，这些药物会更有效。这类药物可与皮质类固醇（如地塞米松）联合使用，以增强止吐效果。

患病动物的监测和实验室检测
在呕吐患病动物中监测胃肠道症状。

制剂与规格
多拉司琼有 50 mg 和 100 mg 的片剂，以及 20 mg/mL 的注射剂。

稳定性和贮藏
存放在密闭容器中，并在室温下避光保存。可以将其添加到液体中（与大多数 IV 液体兼容），但不能与其他 IV 药物混合使用。添加到液体中 24 h 后禁用。在室温下，口服制剂添加到果汁中，最长可保持 2 h 稳定。

小动物剂量
犬和猫
恶心和呕吐的预防：0.6 mg/kg，q12 ~ 24 h，IV、SQ、PO，或者 1.2 mg/kg 一次。

治疗呕吐和恶心：1 mg/kg，每天一次，IV 或 PO。

大动物剂量
没有大动物剂量的报道。

管制信息
用于拟食用动物中的剂量可以忽略不计。无可用的管制信息。

多潘立酮（Domperidone）

商品名及其他名称：Motilium、Equidone 凝胶。
功能分类：促动力药。

药理学和作用机制
多潘立酮是一种动力调节剂，曾经用于人，但由于引起心律失常而不再使用。它的作用类似于甲氧氯普胺，尽管它们的化学结构无关。甲氧氯普胺和多潘立酮之间的区别在于后者不会穿过血 - 脑屏障。因此，CNS 的不良影响并不是多潘立酮的问题。多潘立酮可能通过多巴胺能效应或通过增加乙酰胆碱效应来刺激上消化道的运动。多潘立酮的作用是抑制多巴胺受体，并增强乙酰胆碱在胃肠道中的作用。多潘立酮还可以通过刺激催乳素分泌而具有内分泌作用。初步证据表明，多潘立酮通过 α- 肾上腺素能和 5- 羟色胺能的阻滞特性，可预防马蹄叶炎时的血管收缩和层状血流减少。马中的药代动力学表明吸收率较低（1.2% ~ 1.5%），这可能会限制某些适应证的使用。

适应证和临床应用

在马中，它被批准用于围产期母马羊茅中毒的预防。在马中，多潘立酮已被用于治疗羊茅中毒和围产期无乳。羊茅中毒是由产生毒素的真菌引起的，该毒素引起马的生殖问题。多潘立酮增加泌乳的作用是通过刺激催乳素实现的。它可以促进季节性休情期母马的卵泡生长，并已（与烯丙孕素和雌二醇一起）用于诱导母马泌乳。多潘立酮作为多巴胺拮抗剂也已用于测试马的垂体中间部功能障碍（PPID）。

多潘立酮已用于治疗胃轻瘫和呕吐。但是，在马口服 1.1 mg/kg 时，它不会产生明显的肠道运动刺激作用；当剂量为 0.2 mg/kg，IV 时，它可以有效恢复试验性马的活力（无 IV 形式）。

注意事项
不良反应和副作用
用甲氧氯普胺时观察到的副作用不如用多潘立酮常见，因为多潘立酮不像甲氧氯普胺那样容易穿过血-脑屏障。它会导致醛固酮和催乳素分泌的短暂增加。它还引起血浆促肾上腺皮质激素（ACTH）的短暂增加，这可能加剧马的库欣综合征。

禁忌证和预防措施
禁用于消化道梗阻的患病动物。

药物相互作用
口服给药需要一定的酸度。请勿与胃抗酸剂（奥美拉唑、西咪替丁）或抑酸药（奥美拉唑或 H_2-受体阻滞剂，如法莫替丁）一起使用。

使用说明

多潘立酮作为治疗动物肠梗阻的促动力药的功效令人怀疑。马凝胶可用于马，以治疗无乳症和羊茅中毒。

患病动物的监测和实验室检测
不需要特定的监测，但是对胃肠道运动的临床监测很重要。

制剂与规格
马中使用的制剂是 11%（110 mg/mL）的口服凝胶。在加拿大，有人用的 10 mg 的片剂。

稳定性和贮藏

存放在密闭容器中，并在室温下避光保存。尚未评估复合制剂的稳定性。

小动物剂量

小动物的剂量尚未确定，但已使用每只 2 ~ 5 mg，q8 ~ 12 h，PO（0.05 ~ 0.1 mg/kg）。

大动物剂量
马

治疗羊茅中毒和无乳症：在产驹前 10 d 开始使用 Equidone 口服凝胶（11%），1.1 mg/kg，PO，每天一次（此剂量相当于 11% 口服凝胶剂每 500 kg 用 5 mL 或成年马每日 PO，5 mL）。继续使用，直到产驹。如果产驹后奶量不足，请继续再用 5 d。

对怀疑 PPID 的马的检测：给予 5 mg/kg 口服多潘立酮，并在 0 h、2 h、4 h 采集血样进行内源性 ACTH 测量。ACTH 的参考范围是 9 ~ 35 pg/mL。

管制信息

无可用的管制信息。

盐酸多巴胺（Dopamine Hydrochloride）

商品名及其他名称： Intropin（已停产）和通用品牌。
功能分类： 心脏收缩剂。

药理学和作用机制

盐酸多巴胺是肾上腺素和多巴胺激动剂。多巴胺是一种神经递质，是去甲肾上腺素的直接前体。在低剂量时，它会刺激多巴胺（DA_1）受体；在中等剂量时，它会刺激肾上腺素受体；在高剂量时，它会充当 α_1-受体激动剂（产生血管收缩）。在刺激 DA_1 受体的剂量下，它会增加平滑肌细胞中的 cAMP，并导致松弛和血管舒张。它已用于刺激心脏并增加尿液量（参见下文关于肾脏作用的解释）。

适应证和临床应用

多巴胺在治疗上可通过对心脏 β_1-受体的作用来刺激心肌。多巴胺输注会增加血压和心输出量。这些作用是通过充当 β_1-肾上腺素受体的激动剂、刺激心脏收缩力和心率而引起的。另外，多巴胺增加了去甲肾上腺素从神经末梢的释放（多巴胺是去甲肾上腺素的前体）。它比多巴酚丁胺产生更大的变时性作用。有人提出，多巴胺可扩张肾小动脉，增加肾血流，并增加肾小球滤过率。这种作用可能是通过激活肾多巴胺 -1（DA_1）受体来实现的。由于这种提议的效果，过去已将其用于急性肾衰竭。但是，最近的评估引起了人们对多巴胺治疗急性肾衰竭的临床有效性的怀疑。猫没有其他动物那么多的 DA_1 受体。因此，它在猫中不能产生利尿作用。另外，在人和其他动物中的评估尚未产生理想的效果。因此，几乎不支持使用多巴胺治疗动物的急性肾病。

D

> **注意事项**
> **不良反应和副作用**
> 多巴胺可能在高剂量或敏感个体中引起心动过速和室性心律失常。
> **禁忌证和预防措施**
> 多巴胺在碱性液体中不稳定。
> **药物相互作用**
> 请勿与碱性溶液混合。但是，它与大多数液体兼容。

使用说明

多巴胺具有快速消除半衰期（数分钟），因此，必须通过仔细监控的 CRI 进行给药。因为多巴胺的作用是剂量依赖性的，所以调整给药速率可达到所需的临床效果。对于心力衰竭和心源性休克的急性管理，多巴胺的给药剂量为 2 ~ 10 μg/(kg·min)。制备 IV 溶液时，可以将 200 ~ 400 mg 的多巴胺与 250 ~ 500 mL 的液体混合。多巴胺在碱性溶液（如含碳酸氢盐的溶液）中不稳定。

低剂量（血管舒张，D_1 受体）：0.5 ~ 2 μg/(kg·min)，中等剂量（刺激心脏，$β_1$-受体）：2 ~ 10 μg/(kg·min)，高剂量（血管收缩，α-受体）：> 10 μg/(kg·min)。

患病动物的监测和实验室检测
输注多巴胺时监测心率和心律。

制剂与规格
多巴胺有 40 mg/mL、80 mg/mL 和 160 mg/mL 的 IV 注射剂。

稳定性和贮藏
存放在密闭容器中，并在室温下避光保存。可以将其添加到液体中，如 5% 葡萄糖溶液、生理盐水和乳酸林格液。稀释后稳定 24 h。如果溶液变成棕色或紫色，请勿使用。

小动物剂量
犬和猫

2 ～ 10 μg/(kg·min)，IV 输注。剂量率取决于所需的效果。

大动物剂量
马和牛

1 ～ 5 μg/(kg·min)，IV 输注。

管制信息

无可用的管制信息。由于半衰期短，对拟食用动物不会有残留风险。

RCI 分类：2。

多拉克丁（Doramectin）

商品名及其他名称： Dectomax。

功能分类： 抗寄生虫药。

药理学和作用机制

多拉克丁是抗寄生虫药。阿维菌素（伊维菌素类药物）和米尔贝霉素（米尔贝霉素、多拉克丁和莫昔克丁）是大环内酯类，具有相似之处，包括作用机制。这些药物通过增强寄生虫中谷氨酸门控的氯离子通道，对寄生虫具有神经毒性。寄生虫的瘫痪和死亡是由对氯离子的渗透性增加和神经细胞的超极化引起的。这些药物还可以增强其他氯通道的功能，包括由 GABA 控制的通道。哺乳动物通常不受影响，因为它们缺乏谷氨酸门控的氯通道，并且与其他哺乳动物氯通道的亲和力较低。由于这些药物通常不渗透血-脑屏障，因此哺乳动物 CNS 中的 GABA 门控通道不受影响。因此，它会产生更长和更持久的血浆浓度。它对线虫和节肢动物有效，但对吸虫或绦虫无效。

适应证和临床应用

多拉克丁用于牲畜胃肠道寄生虫（线虫）感染的治疗或预防、虱子感染、肺虫感染和疥螨的治疗。有报道称在猫中使用单次注射（200 ～ 300 μg/kg）来治疗猫疥螨。

注意事项

不良反应和副作用

在高剂量和一些品种中可能会产生毒性，在这些品种中伊维菌素类药物会穿过血-脑屏障。敏感品种包括柯利犬、澳大利亚牧羊犬、喜乐蒂牧羊犬和英国古代牧羊犬。产生的毒性是神经毒性，体征包括精神沉郁、共济失调、视力障碍、昏迷和死亡。对伊维菌素类药物的敏感性可能是由于血-脑屏障的突变（P-糖蛋白缺乏）引起的。牛皮下幼虫的治疗可能引起死亡幼虫在组织中产生反应。这些药物对怀孕的动物是安全的。在猫中剂量高达 345 μg/kg 时未观察到副作用。

禁忌证和预防措施

多拉克丁仅在牛中获得批准。犬的某些品种（喜乐蒂牧羊犬和柯利犬型品种）比其他品种对副作用更敏感。

药物相互作用

慎用可能使抑制 P-糖蛋白进入血-脑屏障的药物（请参阅附录 I）。

使用说明

剂量因用途而异。在牛中，皮下幼虫的治疗应在果蝇季节结束时开始。在牛中应该使用 16 G 或 18 G 针头 SQ 给药。对于 IM 注射，请使用 3.81 cm（1.5 in）针头，颈部肌内注射。使用局部用药时，清除隐藏的泥土和粪便。如果在给药后 2 h 之内下雨，功效可能会降低。

患病动物的监测和实验室检测

在小动物中，给药之前要监测微丝虫病。

制剂与规格

多拉克丁有 1%（10 mg/mL）注射剂和 5 mg/mL（0.5%）的局部经皮溶液。

稳定性和贮藏

存放在密闭容器中，并在室温下避光保存。尚未评估复合制剂的稳定性。

小动物剂量

犬

蠕形螨治疗：每周 600 μg/kg，用 5 ~ 23 周，SQ。

猫

螨虫感染：200 ~ 270 μg/kg，一次 SQ。

0.1 mL 的 1% 溶液，一次 SQ。

大动物剂量

牛

200 μg/kg（0.2 mg/kg）或每 50 kg（110 lb）用 1 mL，单次注射，IM 或 SQ。

透皮溶液：沿动物的背部正中给单剂量 500 μg（0.5 mg）或每 10 kg（4.5 lb）用 1 mL。

猪

300 μg/kg（0.3 mg/kg）或每 34 kg（75 lb）用 1 mL，单次注射，IM。

管制信息

牛停药时间（肉）：35 d。

猪停药时间（肉）：24 d。

禁用于泌乳牛。

禁用于年龄超过 20 月龄的雌性奶牛。

牛透皮溶液停药时间（肉）：45 d。禁用于泌乳奶牛，产犊后 2 个月内禁用。

多立培南（Doripenem）

商品名及其他名称： Doribax。

功能分类： 抗菌药。

药理学和作用机制

碳青霉烯类的 β- 内酰胺抗生素具有广泛的活性。对细胞壁的作用类似于其他 β- 内酰胺类，与青霉素结合蛋白（PBP）结合，弱化或干扰细胞壁的形成。在大肠杆菌和铜绿假单胞菌中，多立培南与 PBP 2（与细胞形状的保持有关），以及 PBP 3 和 PBP 4 结合。碳青霉烯类具有广泛的活性，并且是所有抗生素中最活跃的。多立培南与亚胺培南和美罗培南具有相似的活性，包括革兰氏阴性杆菌，也包括肠杆菌科和铜绿假单胞菌。它对铜绿假单胞菌活性更高。除耐甲氧西林葡萄球菌外，它还对大多数革兰氏阳性细菌有活性。它对肠球菌无效。

适应证和临床应用

多立培南主要用于对其他药物有耐药性的细菌引起的感染。对于治疗由铜绿假单胞菌、大肠杆菌和肺炎克雷伯菌引起的耐药感染尤其有价值。在兽医中，多立培南不像美罗培南或亚胺培南那样常用。

D

注意事项

不良反应和副作用

碳青霉烯类与其他 β-内酰胺类抗生素具有类似的风险，但副作用很少。多立培南导致抽搐的频率不及亚胺培南。

禁忌证和预防措施

溶解后可能会出现一些淡黄色。轻微变色不会影响效力。但是，较深的琥珀色或棕色可能表示氧化及效力下降。

药物相互作用

请勿在小瓶或注射器中与其他抗生素或含有其他药物的溶液混合。

使用说明

动物剂量基于药代动力学研究而非功效试验。要制备 IV 注射剂，请将 500 mg 药物与 10 mL 灭菌用水或 0.9% 氯化钠混合，轻轻摇动小瓶以形成悬浮液（浓度 50 mg/mL）。抽出悬浮液并添加到装有 100 mL 生理盐水或 5% 葡萄糖的输液袋中，轻轻摇晃直至澄清（浓度 4.5 mg/mL）。要制备 250 mg 剂量，请与 10 mL 的灭菌用水或 0.9% 氯化钠混合，轻轻摇动小瓶以形成悬浮液（浓度 50 mg/mL）。抽出悬浮液并添加到装有 100 mL 生理盐水或 5% 葡萄糖的输液袋中，轻轻摇晃直至澄清（浓度 4.5 mg/mL）。从袋子中抽出 55 mL 该溶液并丢弃。输注剩余溶液（浓度 4.5 mg/mL）。

患病动物的监测和实验室检测

药敏试验：根据对亚胺培南的敏感性来指导多立培南的测试。肠溶性革兰氏阴性细菌的 MIC 值通常小于 0.5 μg/mL。铜绿假单胞菌的 MIC 值通常小于 2.0 μg/mL。

制剂与规格

多立培南有 500 mg 的瓶装注射剂。

稳定性和贮藏

将小瓶储存在 15 ~ 30℃（59 ~ 86℉）的温度下。在小瓶中稀释悬浮液之前，可将其储存 1 h。在生理盐水中配制的输注溶液可以在室温下保存 8 h（包括输注时间），或者在冰箱中保存 24 h（包括输注时间）。用 5% 葡萄糖配制的溶液可以在室温下保存 4 h（包括输注时间），也可以在冰箱中保存 24 h。

小动物剂量

犬和猫

8 mg/kg，q8 h，IV。输注超过 30 min 至 1 h。

大动物剂量

没有大动物剂量的报道。但是，对于马驹，建议使用与小动物相似的剂量。

管制信息

不确定食品生产用动物的停药时间。

盐酸多沙普仑（Doxapram Hydrochloride）

商品名及其他名称： Dopram、Respiram。
功能分类： 呼吸兴奋剂。

药理学和作用机制

多沙普仑的呼吸刺激是通过直接刺激延髓呼吸中枢以及激活主动脉和颈动脉体化学感受器来提高了对二氧化碳的敏感性。这些受体对二氧化碳的改变很敏感，进而刺激呼吸中枢。多沙普仑主要用于麻醉期间的紧急情况，或用于降低某些药物（如阿片类、巴比妥类药物）的呼吸抑制作用。半衰期很短（2 h），但在 IV 给药之后持效时间仅为 5 ~ 10 min。

适应证和临床应用

多沙普仑可能会在全身麻醉期间和之后刺激犬、猫和马的呼吸。它已被用来刺激难产或剖宫产手术后新生动物的呼吸。多沙普仑可增加通气（潮气量、呼吸频率）并减少酸中毒。在马中，它将引起心脏刺激和呼吸刺激。有报道称，在新生儿中给药可能增加在出生后不久的哺乳行为，继而降低免疫球蛋白被动转移失败的发病率。多沙普仑在马中的主要用途是治疗由缺氧缺血性脑病（围产期窒息或新生儿适应不良）引起的新生马驹呼吸性酸中毒。在马驹中给药会恢复正常通气并改善血液 pH、PaO_2 和呼吸频率，这具有剂量依赖性。多沙普仑也已用于犬，以协助诊断喉麻痹。

注意事项

不良反应和副作用

尚未在动物中报道过副作用。高剂量或快速输注可能会产生 CNS 刺激和兴奋。

禁忌证和预防措施

禁用于有心脏或呼吸骤停的动物。正压通气时禁用。

药物相互作用
与茶碱或氨茶碱一起使用可能会增加 CNS 兴奋。

使用说明
多沙普仑起效迅速（通常在 20 ~ 40 s 后起效，在 1 ~ 2 min 时达到峰值），持效时间短。效果持效时间为 5 ~ 12 min。主要针对马驹制订了治疗指南。可以进行单剂量注射，然后进行 CRI。

患病动物的监测和实验室检测
监控患病动物的心脏和呼吸频率。

制剂与规格
多沙普仑有 20 mg/mL 的溶液。

稳定性和贮藏
存放在密闭容器中，并在室温下避光保存。IV 给药的 pH 为 3.5 ~ 5，这可能会影响与其他药物的相容性。尚未评估复合制剂的稳定性。

小动物剂量
5 ~ 10 mg/kg，IV。
新生儿：1 ~ 5 mg，SQ、舌下或通过脐静脉。

大动物剂量。
马驹：初始 IV 剂量为 0.5 mg/kg，随后 20 min 以 0.03 ~ 0.08 mg/(kg·min) 进行 CRI，或最初以 0.05 ~ 0.08 mg/(kg·min)（CRI）进行治疗，并继续给药 8 ~ 12 h。

管制信息
无可用的管制信息。
RCI 分类：2。

多塞平（Doxepin）
商品名及其他名称： Sinequan。
功能分类： 行为矫正药、三环类抗抑郁药（TCA）。

药理学和作用机制
多塞平是三环类抗抑郁药。对于抑郁症的治疗，这类药物被认为通过增加 CNS 中去甲肾上腺素和 5- 羟色胺（5-HT）的突触浓度起作用。多塞平只是这些神经递质再摄取的中度至弱抑制剂。它还具有抗组胺（H_1）特性。

适应证和临床应用

多塞平已被用于治疗犬和猫的焦虑疾病和皮肤病。在皮炎的某些用途中与该药的抗组胺特性有关。尽管已将其用于治疗小动物的瘙痒症和皮炎，但尚未有效治疗犬的异位性皮炎。多塞平已用于治疗犬的舔舐性肉芽肿。有轶事性报道称多塞平可用于治疗犬的喉麻痹，但尚无对照研究来支持这种使用。

注意事项

不良反应和副作用

TCA 具有某些抗毒蕈碱作用，可能会增加心率，引起口干症并影响胃肠道。多塞平可能有一些镇定作用。

禁忌证和预防措施

与其他 TCA 一样，请勿与其他抗抑郁药同时使用。青光眼或抽搐疾病的患病动物请慎用。

药物相互作用

多塞平可能会增加抗组胺药的镇定作用。不要与 MAOI 一起给药。

使用说明

多塞平主要用于治疗犬的瘙痒症。但此用途的功效始终令人失望。

患病动物的监测和实验室检测

不用特殊监测。

制剂与规格

多塞平有 10 mg、25 mg、50 mg、75 mg、100 mg 和 150 mg 的胶囊，以及 3 mg 和 6 mg 的片剂（Silenor）。通用品牌和 Sinequan 有 10 mg/mL 的口服溶液。

稳定性和贮藏

存放在密闭容器中，并在室温下避光保存。口服制剂可与各种调味剂、果汁和食品混合，不会失去稳定性。

小动物剂量

犬

1 ~ 5 mg/kg，q12 h，PO。从低剂量开始（如 0.5 ~ 1 mg/kg），然后逐

渐增加。

舔舐性肉芽肿: 0.5 ~ 1 mg/kg, q12 h, PO (人的止痒剂量为每次 10 ~ 25 mg, 每天 1 ~ 3 次, 并根据需要增加)。

猫

0.5 ~ 1 mg/kg, q12 ~ 24 h。最初从低剂量开始。

大动物剂量

没有大动物剂量的报道。

管制信息

无可用的管制信息。

RCI 分类: 2。

盐酸多柔比星 (Doxorubicin Hydrochloride)

商品名及其他名称: Adriamycin。

功能分类: 抗癌药。

药理学和作用机制

盐酸多柔比星是抗癌药。多柔比星来源于波赛链霉菌。多柔比星通过拓扑异构酶 II 的抑制破坏 DNA。该酶负责 DNA 功能。当拓扑异构酶被抑制时, DNA 片段无法执行转录, 导致 DNA 链和细胞死亡断裂。其次, 该机制通过阻止 RNA 和蛋白质的合成而导致细胞死亡。多柔比星还形成自由基 (OH), 这可以攻击 DNA, 使其氧化。在犬中, 半衰期为 8.7 ~ 11 h, VD 为 0.6 ~ 0.7 L/kg, 清除率为 52 ~ 83 L/(kg·h)。在猫中, 药代动力学变化很大, 半衰期在 11 min 至 9.5 h 之间。其他抗肿瘤抗生素包括米托蒽醌、放线菌素 D 和博来霉素。

适应证和临床应用

多柔比星用于治疗各种肿瘤, 包括血管肉瘤和淋巴瘤。多柔比星通常在人中用于治疗乳腺肿瘤、各种肉瘤和骨肉瘤。在兽医学中, 它已被用于淋巴瘤、骨肉瘤以及其他癌和肉瘤。在犬中, 对 T-细胞淋巴瘤的响应明显小于对 B-细胞淋巴瘤的响应。它被认为是治疗淋巴瘤最有效的单一药物之一。它通常与其他药物一起用于癌症治疗方案中。在马的有限研究中, 它作为单一药物对某些肿瘤 (淋巴瘤、癌和肉瘤) 的治疗非常有效。

注意事项

不良反应和副作用

副作用限制了给药频率和可累积的剂量。骨髓毒性是主要的副作用，这限制了急性给药的频率，而心脏毒性是限制慢性给药的主要副作用。骨髓抑制（白细胞减少症）的最低点是 7 ~ 10 d。干细胞通常可幸免，每次用药后 21 d 内恢复。心脏毒性是由给药期间的急性作用（表现为心律失常和收缩功能降低）以及慢性作用（表现为心肌病和充血性心衰）引起的。心脏毒性是由损伤心肌细胞的活性氧簇的产生或 2β 型拓扑异构酶的阻滞引起的，会导致线粒体功能障碍。心脏毒性与剂量有关。当总累积剂量超过 200 ~ 240 mg/m² 时，慢性影响的风险增加。在某些犬中，累积剂量达 120 mg/m² 后可立即观察到心脏变化。右雷佐生（Zinecard）是铁的有效螯合剂，已被用于减轻某些患者的心脏不良反应。脱发在人中常见，但主要见于被毛持续增长的犬（如贵宾犬）。猫可能会掉胡须。消化道急性副作用是最常见的急性副作用，如厌食、呕吐和腹泻。超敏（过敏）反应不会危及生命，但常发生。它们可能不是真正的过敏反应，而仅仅是肥大细胞脱颗粒的结果，其独立于免疫球蛋白 G（immunoglobulin G，IgG）结合而发生。此反应的症状是头部摇动（耳瘙痒）、全身性荨麻疹和红疹。猫比犬对副作用更敏感，因此猫使用的剂量更低。猫的副作用包括厌食、呕吐和肾损伤。在马中，副作用包括骨髓抑制、脱毛、皮炎和其他皮肤反应。

如果观察到注射液外溢，可能会发生局部反应。如果发生这种情况，请冲洗该部位以稀释药物。右雷佐生可通过在外渗 6 h 内给药 500 mg/m² 来减少外渗引起的局部反应。也可能需要局部治疗。

禁忌证和预防措施

禁用于患心肌病的动物。治疗前后监测患病动物的 CBC。如果存在明显的白细胞减少症（尤其是少于 1000 个细胞的中性粒细胞减少症），请停药或使用较低剂量。在 MDR 膜转运蛋白（P-糖蛋白）中已知在有突变缺陷的犬中慎用（如柯利犬和相关品种）。这些犬更容易产生毒性。

药物相互作用

多柔比星通常与其他抗癌药、镇吐药和抗组胺药一起使用，且无副作用。但是，多柔比星是 P-糖蛋白的底物，不应与作为 P-糖蛋白抑制剂的药物（如环孢素或酮康唑）一起使用（有关抑制剂的列表，请参见附录 I）。

使用说明

对于不同肿瘤，列出的方案可能有所不同。为了制备溶液，将总剂量稀释在 25 mL 或 50 mL 的盐水溶液中，并缓慢输注 20 ~ 30 min 以上，但最好在 60 min 以上。将输注时间延长至 2 ～ 3 h 可能会减少某些副作用。对于猫，在生理盐水溶液中混合为 1 mg/mL，超过 5 ～ 10 min 进行 IV。这种药物非常有刺激性，必须特别注意，确保不会从静脉渗出。对于犬淋巴瘤，一些肿瘤学家认为，如果进行 5 次治疗（目标累积剂量 150 ～ 180 mg/m²），则癌症的缓解效果最佳。在化疗规程中，它有时与环磷酰胺一起用。动物在治疗之前可能需要使用镇吐药和抗组胺药（苯海拉明）。通常，它采取体表面积剂量（mg/m²），但对于小型犬，根据体重剂量（mg/kg）可能更安全（请参阅"小动物剂量"部分）。在猫中，要另外给 SQ 液体以防止肾毒性。

患病动物的监测和实验室检测

在治疗期间监测 ECG。应定期对犬进行 ECG 检查，以寻找心肌毒性的证据。由于骨髓毒性的风险，应定期且在每次治疗之前监测全血细胞计数。

制剂与规格

多柔比星有 2 mg/mL 的注射剂。

稳定性和贮藏

存放在密闭容器中，并在室温下避光保存。

小动物剂量

犬

30 mg/m²，q21 d，IV。

犬（>15 kg 体重）：30 mg/m²。

犬（<15 kg 体重）：1 mg/kg。

猫

20 mg/m²（约 1.25 mg/kg），每 3 周一次，IV。在某些猫中，25 mg/m² 的较高剂量似乎也能耐受。

大动物剂量

马

70 mg/m²（0.84 ～ 0.96 mg/kg），IV，每 3 周一次，持续 6 个循环。

管制信息

不确定食品生产用动物的停药时间。由于该药物是抗癌药，禁用于拟食用动物。

盐酸多西环素（Doxycycline Hyclate）、多西环素一水合物（Doxycycline Monohydrate）

商品名及其他名称：Vibramycin、Monodox、Doxy Caps 和通用品牌。
功能分类：抗菌药。

药理学和作用机制

盐酸多西环素是四环素类抗生素。四环素类的作用机制是结合 30S 核糖体亚基和抑制蛋白质合成。四环素类的作用通常是抑菌。它具有广泛的活性，可抑制细菌、某些原生动物、立克次体和埃立克体。在犬中，口服后半衰期为 12.6 h，分布体积为 1.7 L/kg，口服吸收率为 66%，峰值浓度为 4.5 μg/mL。在马中，10 mg/kg 胃内给药，半衰期为 13.8 h，口服吸收率为 17%，浓度峰值为 0.48 μg/mL。

适应证和临床应用

多西环素通常是治疗动物蜱媒介疾病的首选药物。在试验性研究和一些临床研究中已经证明了疗效。它用于治疗由细菌、某些原生动物、立克次体和埃立克体引起的感染。以 10 ~ 15 mg/kg，每天一次，PO 或 5 mg/kg，q12 h，PO 用多西环素治疗支原体或猫衣原体（以前为鹦鹉热衣原体）引起的猫感染，可有效消除该病菌并改善临床症状。在犬中，以 5 mg/kg，q12 h，PO 给药 3 ~ 4 周，可以清除血液和组织中的犬埃立克体。美国心丝虫协会推荐将多西环素加入犬心丝虫疾病的治疗中。由于对有机体沃尔巴克菌具有活性，因此可用于心丝虫疾病。当与伊维菌素联合使用时，可能会改善杀微丝蚴效果，提高对美拉索明的杀成虫剂治疗的反应，并减少对肺血管的伤害。在马中，当需要口服治疗时，它已被用于治疗埃立克体病，但也被用于治疗其他疾病（如呼吸道感染）。近年来，多西环素变得不可获得或更昂贵。如果需要其他口服替代品，可以使用盐酸米诺环素（更多信息，请参见"米诺环素"部分）。

注意事项

不良反应和副作用

高剂量四环素类可能导致肾小管坏死，并可能影响年轻动物的骨骼和牙齿形成。然而，尚未报道多西环素引起钙螯合和牙齿变色的问题。在猫中口服多西环素可引起食管刺激、组织损伤和食管狭窄。这可能是由固体制剂（主要是盐酸多西环素而不是多西环素一水合物）滞留在食道中引起的。建议在给药后给猫喝水或进食，使药物进入胃，以防止这种影响。在马中 IV 多西环素致命，但给马 PO 安全，尽管可能导致腹泻。在两项马的研究中，口服给药没有报告副作用。在另一项研究中，药代动力学试验中的一匹马出现了肠炎和绞痛的症状。

禁忌证和预防措施

通常不应该在年轻动物中使用四环素类，因为它会影响骨骼和牙齿形成。但是，儿童对它的耐受性优于其他四环素类。如果将固体剂型用于猫，请润滑片剂/胶囊剂，或跟随食物或水以确保进入胃。禁止快速 IV 给药。禁止 IM 或 SQ 液体。在任何情况下都禁止在马中 IV 给药，已经报道了这种用途的急性死亡。四环素类与含有钙的化合物结合，会降低口服吸收率。但是，与其他四环素类相比，多西环素的问题较少。在对儿童口服给药之前，先将多西环素与牛奶混合，不会降低疗效。

使用说明

在小动物中进行了许多药代动力学和实验研究。对于埃立克体，多西环素比恩诺沙星更有效。当与伊维菌素（每周 6 μg/kg）一起用于心丝虫治疗时，多西环素每天以 10 mg/kg 的剂量间歇给药数月（如 36 个月中的 20 个月）。要制备多西环素 IV 输注溶液，请将 10 mL 加入 100 mg 的小瓶中或将 20 mL 加入 200 mg 小瓶中，然后在 100 ~ 1000 mL 的乳酸林格液或 5% 葡萄糖中进一步稀释以用于 IV。输注超过 1 ~ 2 h（请参阅"稳定性和贮藏"部分）。

患病动物的监测和实验室检测

药敏试验：用于检测从犬中分离出的敏感生物的 CLSI 耐药折点为 ≤ 0.25 μg/mL。没有建立猫的耐药折点，但建议使用类似的值。四环素可作为多西环素易感性的类别代表。对四环素敏感的生物也被认为对多西环素敏感。但是，对四环素具有中等敏感度或耐药的某些生物可能对多西环素或米诺环素或两者均敏感。

制剂与规格

多西环素有 10 mg/mL 的口服悬浮液；50 mg、75 mg、100 mg 和 150 mg 的片剂；50 mg 和 100 mg 的胶囊（盐酸多西环素）。多西环素一水合物有 50 mg 或 100 mg 的片剂或胶囊。一种控释制剂（Oracea）在一个胶囊中包含 10 mg 延迟释放药物和 30 mg 立即释放药物。盐酸多西环素注射剂有 100 mg 和 200 mg 的瓶装。

稳定性和贮藏

存放在密闭容器中，并在室温下避光保存。避免与铁、钙、铝和锌等阳离子混合。但是，多西环素片剂已与牛奶混合并立即用于儿童且效力并未下降。用于注射的盐酸多西环素将在室温下保持 12 h 的效力，或在浓度高达 1 mg/mL 的情况下溶解后冷藏保持 72 h 的效力。IV 溶液在乳酸林格液或 5% 葡萄糖中室温下可稳定 6 h。IV 溶液避光保存。如果用无菌水复溶后冷冻，10 mg/mL 的溶液有效期为 8 周。如果溶解在水中后放置在避光容器中的话，人用多西环素或多西环素—水合物商品化悬浮液在室温下可稳定 2 周。多西环素片剂可能会被压碎并与食物、饮料（牛奶或布丁）混合，在室温下稳定 24 h。如果将多西环素配制成复合制剂，则可能不稳定。在 Ora-Plus 和 Ora-Sweet 中配制为悬浮液的盐酸多西环素仅稳定 14 d。动物用的其他悬浮液也可能不稳定。观察有无深色变化（深棕色），这是失效的表现。当将盐酸多西环素和多西环素一水合物混合在油基悬浮液中时，可稳定 180 d。但是，悬浮液会在容器中沉淀，建议在给药之前进行充分混合。

小动物剂量

犬和猫

5 mg/kg，q12 h，PO 或 IV。10 mg/kg，q24 h，PO。

立克次体（犬）：5 mg/kg，q12 h。

埃立克体（犬）：5 mg/kg，q12 h，至少用 14 d。

血友病（猫）：10 mg/kg，PO，每天一次，用 7 d。

心丝虫治疗（犬）：10 mg/kg，q12 h，PO，在杀成虫治疗之前用药 28 d。它可以与伊维菌素联合用药。

鸟类

将 4 个 100 mg 盐酸多西环素胶囊与 1 L 水（400 mg/L）混合。摇匀溶液作为鸟类的唯一水源，用于消除细菌。或者，25 mg/kg，q12 h，PO，用 3 周。

大动物剂量

马：10 ~ 20 mg/kg，q12 h，PO。对于大多数细菌感染，建议使用更高的剂量 20 mg/kg。对于胞内劳森菌：20 mg/kg，PO，q24 h，用 3 周。禁止 IV。

管制信息

无可用的管制信息。

D

屈大麻酚（Dronabinol）

商品名及其他名称： Marinol。

功能分类： 镇吐药。

药理学和作用机制

屈大麻酚是大麻类镇吐药。作用部位未知，但是有证据表明该活性成分可能影响阿片类受体，或者可能影响呕吐中心的其他受体。对于屈大麻酚，口服吸收很好，但是由于高首过效应，生物利用度低。分布体积高。

适应证和临床应用

大麻素已用于对其他镇吐药无反应的人（如正在接受抗癌药的患者）。它们最近也越来越多地被用来增加绝症、癌症和艾滋病患者的食欲。尚未在兽医患病动物中报道过使用它们的情况，但一些兽医已使用它们来增加猫的食欲。

注意事项

不良反应和副作用

人对大麻素的耐受性较好，但副作用包括嗜睡、头晕、共济失调和定向障碍。重复给药突然中断后可能出现戒断症状。

禁忌证和预防措施

没有已知的禁忌证。

药物相互作用

没有关于动物药物相互作用的报道。

使用说明

屈大麻酚是一种合成大麻 [四氢大麻酚（tetrahydrocannabinol，THC）]，可用作止吐处方药。多数在动物中的临床使用都是个人经验。用来减少呕吐并改善与化疗相关的食欲不振。

患病动物的监测和实验室检测

不用特殊监测。

制剂与规格

屈大麻酚有 2.5 mg、5 mg 和 10 mg 的胶囊。

稳定性和贮藏
存放在密闭容器中，并在室温下避光保存。

小动物剂量
犬和猫

$5\ mg/m^2$，PO，高达 $15\ mg/m^2$，用于化疗前使用的镇痛药。

食欲刺激：饭前以 2.5 mg 开始。

大动物剂量
没有大动物剂量的报道。

管制信息
禁用于拟食用动物。

依地酸钙二钠（Edetate Calcium Disodium）

商品名及其他名称： 钙丙二酸二钠、乙二胺四乙酸钙二钠。

功能分类： 解毒剂。

药理学和作用机制
依地酸钙二钠是一种螯合剂。容易与铅、锌、镉、铜、铁和锰螯合。

适应证和临床应用
依地酸钙二钠可用于治疗急性和慢性铅中毒。有时与二巯丙醇联合使用。

注意事项
不良反应和副作用

没有在动物中报告副作用。在人中，IV 给药之后发生了过敏反应（组胺释放）。

禁忌证和预防措施

不要用依地酸二钠代替依地酸钙二钠，因为它会在患病动物中螯合钙。

药物相互作用

没有报告具体的药物相互作用。但是，如果混合在一起，它有可能螯合其他药物。

使用说明
依地酸钙二钠可与二巯丙醇一起使用。静脉内或肌肉内给药同样有效，但 IM 注射可能引起疼痛。首次给药之前，请确保充足的尿量。

患病动物的监测和实验室检测
监测铅浓度以评估治疗。

制剂与规格
依地酸钙二钠有 200 mg/mL 的注射剂。

稳定性和贮藏
存放在密闭容器中，并在室温下避光保存。尚未评估复合制剂的稳定性。

小动物剂量
25 mg/kg，q6 h 用 2 ~ 5 d，SQ、IM 或 IV。

大动物剂量
25 mg/kg，q6 h 用 2 ~ 5 d，SQ、IM 或 IV。

管制信息
停药时间：肉用动物为 2 d，产奶用动物为 2 d（标签外）。

依酚氯铵（Edrophoniun Chloride）
商品名及其他名称： Tensilon 和通用品牌。
功能分类： 抗肌无力、抗胆碱酯酶。

药理学和作用机制
依酚氯铵是胆碱酯酶抑制剂。依酚氯铵通过抑制乙酰胆碱的代谢而引起胆碱能作用。它的效果不会持续很长时间，仅用于短期使用。

适应证和临床应用
由于依酚氯铵短效，通常仅用于诊断目的（如重症肌无力）。它也已被用于逆转非去极化药物（潘库溴铵）的神经肌肉阻滞。

注意事项
不良反应和副作用
依酚氯铵短效，副作用很小。非重症肌无力动物的过量用药可能会引起流涎、干呕、呕吐和腹泻。如果观察到这种情况，则以 0.02 ~ 0.04 mg/kg 的剂量给阿托品。高剂量可能会产生过度的毒蕈碱/胆碱作用。这些副作用也可以用阿托品抵消。
禁忌证和预防措施
依酚氯铵将增强其他胆碱能药物的作用。猫对依酚氯铵尤其敏感（请参阅"小动物剂量"部分中的剂量差异）。

药物相互作用
与其他胆碱能药物一起使用时应谨慎。

使用说明
依酚氯铵仅用于确定重症肌无力的诊断。为此目的的替代药物是新麦角胺甲基硫酸盐（Prostigmin），剂量为 40 μg/kg，IM 或 20 μg/kg，IV。

患病动物的监测和实验室检测
不用特殊监测。

制剂与规格
依酚氯铵有 10 mg/mL 的注射剂。

稳定性和贮藏
存放在密闭容器中，并在室温下避光保存。尚未评估复合制剂的稳定性。

小动物剂量
犬
0.11 ~ 0.22 mg/kg，IV（每只犬的最大剂量为 5 mg）。
猫
每只 0.25 ~ 0.5 mg，IV。

大动物剂量
没有大动物剂量的报道。

管制信息
无可用的管制信息。由于半衰期短，对拟食用动物不会有残留风险。
RCI 分类：3。

马来酸依那普利（Enalapril Maleate）

商品名及其他名称：Enacard（动物用制剂）、Vasotec（人用制剂）。

功能分类：血管扩张药、血管紧张素转换酶（ACE）抑制剂。

药理学和作用机制
马来酸依那普利是 ACE 抑制剂。和其他 ACE 抑制剂相似，它抑制血管紧张素 I 向血管紧张素 II 的转化。血管紧张素 II 是一种有效的血管收缩剂，还将刺激交感神经兴奋、肾性高血压和醛固酮的合成。醛固酮引起水和钠潴留的能力会导致充血。

和其他 ACE 抑制剂相似，依那普利会引起血管舒张并减轻醛固酮诱导性充血，但 ACE 抑制剂也会通过增加某些血管舒张激肽和前列腺素的浓度来引起血管舒张。

适应证和临床应用

和其他 ACE 抑制剂相似，依那普利被用于治疗高血压和充血性心力衰竭（CHF）。临床试验已经确定了治疗 CHF 的功效，可与匹莫苯丹、呋塞米、地高辛和螺内酯等其他药物一起使用。它主要用于犬。除了将其用于治疗 CHF 外，依那普利还被用于延迟患二尖瓣反流犬的 CHF 发作。依那普利和其他 ACE 抑制剂对隐匿性心脏病的益处存在争议。一些研究显示了益处，而另一些则没有。依那普利已被用于治疗某些猫的心力衰竭或系统性高血压。不幸的是，约 50% 的高血压患猫对依那普利无反应，并且不认为 ACE 抑制剂是猫高血压的主要治疗方法。

已证明 ACE 抑制剂对某些类型的肾脏异常（肾病）的管理和肾性高血压有益。对肾脏的益处来自限制全身性高血压和肾小球毛细管高血压的产生，降低尿液蛋白与肌酐比率的抗蛋白尿作用，以及延缓肾小球硬化和肾小管间质病灶的发展。ACE 抑制剂可降低患病动物的蛋白尿水平，但尚未确定对于长期生存的益处。ACE 抑制剂在患慢性肾脏疾病的猫中治疗效果有限，对生存期或长期预后几乎没有影响。

尚未确定在大动物中的用途，但在马中，0.5 mg/kg，IV 的依那普利代谢产物完全抑制了 ACE 活性，但并未因运动而改变血压或其他血流动力学变量。

注意事项
不良反应和副作用
依那普利可能在某些患病动物中引起氮质血症，仔细监测接受高剂量利尿剂的患病动物。
禁忌证和预防措施
在怀孕的动物中要停用 ACE 抑制剂，它们穿透了胎盘，并导致胎儿畸形和胎儿的死亡。
药物相互作用
与其他降压药和利尿剂同时使用时应谨慎。NSAID 可能会降低血管舒张作用。

使用说明
剂量基于在犬中进行的临床试验。对于犬，通常从每天一次给药开始，并在需要时增加到 q12 h（请参阅"剂量"部分）。在某些患有轻度疾病的犬中，应从 0.25 mg/kg，q12 h 开始，然后在第一次复查时增加至 0.5 mg/kg，q12 h。可以同时使用其他药物来治疗心衰，如匹莫苯丹。

患病动物的监测和实验室检测

仔细监测患病动物以避免低血压。对于所有 ACE 抑制剂，在开始治疗后 3 ~ 7 d 及之后定期监测电解质和肾功能。

制剂与规格

依那普利有 2.5 mg、5 mg、10 mg 和 20 mg 片剂的 Vasotec（人用制剂），以及 1mg、2.5 mg、5 mg、10 mg 和 20 mg 片剂的 Enacard（动物用制剂）。

稳定性和贮藏

存放在密闭容器中，并在室温下避光保存。复合在多种口服混悬剂和调味剂中的依那普利可稳定 60 d。pH 高于 5 时，降解速度更快。

小动物剂量
犬

0.5 mg/kg，q12 ~ 24 h，PO。在某些动物中，可能需要将剂量增加到每天 1 mg/kg，以 0.5 mg/kg，q12 h 给药。

猫

0.25 ~ 0.5 mg/kg，q12 ~ 24 h，PO。

每只 1 ~ 1.25 mg/d，PO。

大动物剂量
没有临床研究确定马的剂量。

管制信息
无可用的管制信息。

RCI 分类：3。

恩氟烷（Enflurane）
商品名及其他名称： Ethrane。
功能分类： 吸入式麻醉药。

药理学和作用机制
恩氟烷是吸入式麻醉药。和其他吸入式麻醉药相似，作用机制尚不确定。恩氟烷对 CNS 产生广泛的、可逆的抑制作用。吸入式麻醉药在血液中的溶解度、效力以及诱导和苏醒的速率各不相同。血液 / 气体分配系数低的患病动物诱导和苏醒的速率快。恩氟烷的蒸气压为 175 mmHg（在 20℃时），血液 / 气体分配系数为 1.8，脂肪 / 血液系数为 36。

适应证和临床应用

和其他吸入式麻醉药相似，恩氟烷用于动物的全身麻醉。在猫、犬和马中，最低肺泡有效浓度（minimum alveolar concentration，MAC）值分别为 2.37%、2.06% 和 2.12%。

E

注意事项

不良反应和副作用

和其他吸入式麻醉药相似，恩氟烷会产生血管舒张作用，并增加脑血管的血流。这可能会增加颅内压。它也会产生剂量依赖性心肌抑制，并伴随心输出量降低，还会降低呼吸频率和肺泡通气。和其他吸入式麻醉药相似，它会增加室性心律失常的风险，尤其是对儿茶酚胺类的反应。

禁忌证和预防措施

没有针对动物的特定禁忌证的报道。

药物相互作用

其他镇定药和麻醉药（如阿片类、苯二氮䓬类、吩噻嗪和 α_2 激动剂）将降低吸入性气体麻醉药的需要量。

使用说明

每个个体的麻醉监护均采用滴定剂量。

患病动物的监测和实验室检测

监测麻醉参数。在进行麻醉期间，监测心率、心律和呼吸频率。

制剂与规格

恩氟烷有用于吸入的液体。

稳定性和贮藏

存放在密闭容器中，并在室温下避光保存。

小动物剂量

诱导麻醉：2% ~ 3%。

维持麻醉：1.5% ~ 3%。

大动物剂量

MAC 值：1.66%。

管制信息

没有用于拟食用动物的停药时间。清除很快，建议停药时间短。

恩康唑（Enilconazole）

商品名及其他名称： Imaverol、Clinafarm-EC。

功能分类： 抗真菌药。

药理学和作用机制

恩康唑是氮杂茂类抗真菌药，仅用于局部使用。和其他氮杂茂类相似，恩康唑抑制真菌的细胞膜合成（麦角固醇）并削弱细胞壁。它对皮肤癣菌具有很高的活性。

适应证和临床应用

恩康唑仅在局部使用。用作治疗皮肤癣菌的局部用药。作为喷雾剂，可用于处理环境。它可以应用于动物的垫窝、栅栏和笼子。除皮肤病用途外，已将恩康唑滴入犬的鼻窦中以治疗鼻腔曲霉菌病。

注意事项

不良反应和副作用

尚未报道副作用。但是，据报道，如果将其用于猫，则应防止它们在应用后舔毛，直至药物干燥。

禁忌证和预防措施

没有报告特定的禁忌证。

药物相互作用

没有报告特定的相互作用。但是，和其他氮杂茂类相似，全身治疗可能会导致细胞色素 P450 酶抑制。

使用说明

仅局部使用。在加拿大 Imaverol 为 10% 的乳剂。在美国，Clinafarm-EC 为 13.8% 的溶液，用于禽舍。将溶液稀释至至少 50 ∶ 1，每 3 ~ 4 d 局部涂抹，用 2 ~ 3 周。恩康唑也已以 1 ∶ 1 稀释液滴入鼻窦中，治疗鼻腔曲霉菌病。此外，恩康唑已以稀释形式用作喷雾剂，用于杀死垫窝、马具和笼子上的真菌。

患病动物的监测和实验室检测
不用特殊监测。

制剂与规格
恩康唑有 10% 或 13.8% 的乳剂。

稳定性和贮藏
存放在密闭容器中，并在室温下避光保存。尚未评估复合制剂的稳定性。混合乳液时，应立即使用而不要存放。

小动物剂量
鼻曲霉菌病：10 mg/kg，q12 h，鼻窦滴注，用 14 d（10% 的溶液用水稀释 50/50）。

皮肤癣菌：将 10% 的溶液稀释至 0.2%，并以 3 ~ 4 d 的间隔用溶液洗涤病灶 4 次。可以直接在动物身上擦拭溶液。让溶液风干。

大动物剂量
马

将 10% 的溶液稀释至 0.2%，并以 3 ~ 4 d 的间隔用溶液洗涤病灶 4 次。

曲霉菌性鼻炎的治疗：每 12 h（25 ~ 100 mL）在鼻留置针中注入 2% 的溶液。

管制信息
无可用的管制信息。

依诺肝素（Enoxaparin Sodium）

商品名及其他名称： Lovenox、低分子量肝素（low molecular weight heparin，LMWH）。

功能分类： 抗凝剂。

药理学和作用机制
LMWH 也称为碎片肝素。LMWH 的特征在于其分子量约为 5000，而常规肝素（未分离）的分子量约为 15 000。因而，LMWH 的吸收率、清除率和活性与未分离肝素（unfractionated heparin，UFH）不同。LMWH 通过与抗凝血酶（antithrombin，AT）结合并增加 AT Ⅲ 介导的对凝血因子 Ⅹa 的合成和活性的抑制而发挥作用。但是，与常规肝素不同，LMWH 产生的凝血酶抑制更少（因子 Ⅱa）。LMWH 的活性由抗 Ⅹa 因子 / 抗 Ⅱa 因子的比例来描述。依诺肝素的比例为 3.8 ： 1（常规 UFH 比例为 1 ： 1）。在人中，LMWH 与 UFH 相比具有多个优势，包括更高的抗 X a/ II a 活性，注射给药吸收更完整且吸收率可预测，持效时间更长，给药频率更低，出血风险降低，以及更可预测的抗凝反应。但是，在犬和猫中，LMWH 的半衰期比人的半衰期短得多，从而减少了其中一些优势。在犬中，依诺肝素的半衰期约为 5 h。在猫中，估计为 1.9 h，与人相比，在这两种物种中需要更频繁地给药来维持抗 X a 活性。兽医学中使用的 LMWH 包括替扎肝素（Innohep）、依诺肝素（Lovenox）和达肝素（Fragmin）。在人中，依诺肝素已取代达肝素成为临床首选的 LMWH。

适应证和临床应用

依诺肝素与其他 LMWH 一样，用于治疗高凝性疾病并预防凝血疾病，如血栓栓塞、静脉血栓形成、弥散性血管内凝血病（disseminated intravascular coagulopathy，DIC）和肺部血栓栓塞。临床适应证源自常规肝素的使用或从人医的推断。很少有临床研究来检验 LMWH 在动物中的功效。先前从人医推断的剂量已显示在犬和猫中不会产生足够且一致的抗 X a 活性。因此，应使用犬和猫的特定剂量，而不是从人医中推断的剂量。

注意事项

不良反应和副作用

尽管比普通肝素耐受性更好，但有出血风险。然而，与常规肝素相比，LMWH 产生的出血问题更少。LMWH 与人肝素诱导的血小板减少症的发病率降低有关，但是任何形式的肝素引起的肝素诱导性血小板减少症在动物中都不是临床问题。如果由于过量而发生过度抗凝和出血，应给予硫酸鱼精蛋白逆转肝素治疗。每 1.0 mg 依诺肝素需要的鱼精蛋白剂量为 1.0 mg，缓慢 IV 输注。鱼精蛋白与肝素复合形成稳定的非活性化合物。

禁忌证和预防措施

禁止 IM 给药，以防血肿，仅 SQ 给药。在动物中，LMWH 通过肾脏清除排泄，因此，如果存在肾脏疾病，消除的时间将延长。停止肝素治疗后可能会出现反弹性高凝，因此，建议停止治疗时缓慢减少剂量。

药物相互作用

请勿与其他注射药物混合使用。在已经接受其他干扰凝血的药物（如阿司匹林和华法林）的动物中慎用。尽管尚未确定特定的相互作用，但在接受特定软骨保护性化合物（如葡糖氨基葡聚糖）治疗关节炎的动物中慎用。某些抗生素（如头孢菌素类）可以抑制凝血。

使用说明

从人医推断出的剂量建议不适用于动物。应告知动物主人，与常规肝素相比，LMWH 价格高昂。给药时，请勿与肝素或其他 LMWH 以单位换算剂量，因为它们在制造流程、分子量分布、抗 Xa 和抗 Ⅱa 活性、单位和剂量方面有所不同。

患病动物的监测和实验室检测

监测患病动物是否有出血问题的临床症状。当长期服用 LMWH 时，活化部分凝血活酶时间（activated partial thromboplastin time，aPTT）和凝血酶原时间（PT）不是可靠的治疗指标，尽管 aPTT 延长是过量的迹象。在人中，抗 Xa 活性被认为是 LMWH 活性的首选实验室测量方法，但在动物中此参数的使用引起争议。给药后 3 ~ 4 h 出现最高的抗 Xa 活性，抗 Xa 活性的目标范围在猫中应为 0.5 ~ 1.0 U/mL，在犬中应为 0.5 ~ 2.0 U/mL。

制剂与规格

依诺肝素的含量为 100 mg/mL，包括以下规格：30 mg/0.3 mL；40 mg/0.4 mL；0.6 mg/0.6 mL；80 mg/0.8 mL；100 mg/1 mL 和 300 mg/3 mL，以及 120 mg/0.8 mL 和 150 mg/mL 的注射剂。

稳定性和贮藏

存放在密闭的容器中，避光。注射剂的 pH 为 5.5 ~ 7.5。

小动物剂量
犬
0.8 mg/kg，SQ，q6 h（剂量调整见监测部分）。
猫
1 mg/kg，SQ，q12 h，最高 1.25 mg/kg，SQ，q6 h（剂量调整见监测部分）。

大动物剂量
马
预防：高危患病动物 0.5 mg/kg，q24 h，SQ 和 1 mg/kg，q24 h，SQ。

管制信息

未确定标签外停药时间。但是，建议停药 24 h，因为这种药物的残留风险很小。

恩诺沙星（Enrofloxacin）

商品名及其他名称： Baytril 和通用品牌。
功能分类： 抗菌药。

药理学和作用机制

恩诺沙星是氟喹诺酮类抗菌药。恩诺沙星通过对细菌中 DNA 促旋酶的抑制作用来抑制 DNA 和 RNA 合成。它是具有广泛活性的杀菌剂。在大多数动物中，恩诺沙星至少部分代谢为环丙沙星。环丙沙星是恩诺沙星的活性去甲基代谢产物，可能以累加方式参与抗菌作用。在犬和猫中，浓度峰值下，环丙沙星可能分别占总浓度的 10% 和 20%。敏感细菌包括葡萄球菌、大肠杆菌、变形杆菌、克雷伯菌和巴斯德菌。铜绿假单胞菌中等敏感，但需要更高的浓度。恩诺沙星对链球菌属和厌氧细菌的活性较弱。

适应证和临床应用

和其他氟喹诺酮类相似，恩诺沙星用于治疗各种物种的易感细菌。治疗包括皮肤和软组织感染、犬和猫的尿路感染、猫的猫嗜衣藻感染以及犬大肠杆菌引起的溃疡性结肠炎。已显示恩诺沙星可有效治疗犬的立克次体感染。但是，它对治疗埃立克体无效（请参阅多西环素）。在马中，它已用于多种软组织感染和呼吸感染，尽管这种用法主要基于个人经验。恩诺沙星被批准用于治疗和控制与胸膜肺炎放线杆菌、多杀性巴氏杆菌、副猪嗜血杆菌和猪链球菌相关的猪呼吸系统疾病（SRD）。它也被批准用于治疗与溶血性曼海姆菌、多杀性疟原虫和睡眠嗜组织菌（以前称为睡眠嗜血杆菌）相关的奶牛呼吸系统疾病（BRD）。由于恩诺沙星的安全性和对多种病原体的活性，它还被用于大多数异宠。

注意事项

不良反应和副作用

高浓度可能会导致 CNS 毒性，尤其是在患有肾功能衰竭的动物中。它可能偶尔引起呕吐，高剂量时可能引起恶心和腹泻。所有的氟喹诺酮类都可能在年轻动物中引起关节病。4 ~ 28 周龄的犬最敏感。大型快速增长的犬最容易受到影响。猫相对来说对软骨伤害比较有抵抗力，但马驹易感。已经报道了视网膜变性引起的猫失明。受影响的猫永久性失明。这可能是剂量相关性影响。在猫中，20 mg/kg 的剂量可导致视网膜变性，但在 5 mg/kg 时未出现。因此，已经在猫中采取了剂量限制。给马口服浓缩溶液（100 mg/mL）造成了口腔黏膜病灶。注射时，该溶液（pH 10.5）可能会刺激某些组织。

禁忌证和预防措施

避免用于年轻犬，有引起软骨损伤的风险。禁用于年轻的马驹，已经报道了关节软骨损伤。在易患抽搐的动物（如患癫痫的动物）慎用。在猫中不要使用大于 5 mg/(kg·d) 的剂量。

药物相互作用

如果同时使用氟喹诺酮类，可能会增加茶碱的浓度。与二价和三价阳离子共同使用可能会降低吸收率，如含有铝、镁（如抗酸剂）、铁和钙的产品。硫糖铝悬浮液，而不是完整的药片，可抑制口服吸收，因为铝与恩诺沙星螯合。

请勿在溶液或小瓶中与铝、钙、铁或锌混合，因为可能会发生螯合。如果直接注入 IV 液体中，恩诺沙星可能会沉淀在 IV 管线中。

使用说明

对于敏感生物，最低抑菌浓度（MIC）值等于或小于 0.12 µg/mL 或 UTI，应使用 5 mg/(kg·d) 的低剂量。对于 MIC 为 0.12 ~ 0.5 µg/mL（如革兰氏阳性菌）的生物，剂量为 5 ~ 10 mg/(kg·d)。MIC 为 0.5 ~ 1.0 µg/mL 的生物（如铜绿假单胞菌）的剂量为 10 ~ 20 mg/(kg·d)。该溶液未批准经 IV 给药，但如果缓慢使用，可通过此途径安全给药。在普卢尼克凝胶载体中经皮应用后，恩诺沙星没有被猫吸收。浓缩的恩诺沙星溶液（牛制剂为 100 mg/mL）为碱性（pH 10.5），因此，当肌内注射时，可能会刺激某些动物。每个部位注入不得超过 20 mL。同样，如果其他溶液降低了 pH，则该制剂可能从溶液中沉淀出来。

患病动物的监测和实验室检测

药敏试验：对于小动物，敏感生物的 CLSI 耐药折点为 ≤ 0.5 µg/mL。最低抑制性浓度值 ≥ 4 被认为具有抗药性。如果 MIC 值为 1 µg/mL 或 2 µg/mL，较高剂量可能是合理的，对于牛来说，敏感生物的耐药折点为 ≤ 0.25 µg/mL。在某些情况下，可以使用其他氟喹诺酮类来评估对该氟喹诺酮的敏感性，但建议使用特定药物进行测试。用于药敏试验的环丙沙星耐药折点并不等效，因为它们来自人。使用平板（如 ClinTest）铜还原测试时，恩诺沙星可能会在尿液葡萄糖测试中导致假阳性结果。

制剂与规格

恩诺沙星有 22.7 mg 和 68 mg 的片剂，风味片剂为 22.7 mg、68 mg 和 136 mg。也有 22.7 mg/mL 的注射剂和 100 mg/mL 的大动物制剂（Baytril-100）。

稳定性和贮藏

存放在密闭容器中，并在室温下避光保存。已经评估了复合制剂的稳定性，发现它对许多混合物都是稳定的。在其他媒介物中稀释的 1% 溶液（氯己定、水杨酸、EDTA 和水）可稳定 28 d。但是，请勿与含有可能与恩诺沙星螯合的离子（铁、镁、铝和钙）的溶液混合。如果是静脉内给药，建议先将溶液用液体稀释（如 1 : 10 稀释）并缓慢注入。100 mg/mL 溶液为碱性，并包含苯甲醇和 L- 精氨酸作为基底（pH 10）。该溶液的 pH 为碱性，如果降低，则可能沉淀。22.7 mg/mL 制剂的 pH 为 11.5，可能与某些溶液不相容。

小动物剂量

犬

5 ~ 20 mg/(kg·d)，IM、PO 或 IV。对于简单的下泌尿道感染，18 ~ 20 mg/kg，每天 1 次，PO。

猫

5 mg/(kg·d)，PO 或 IM（避免在猫 IV）。

异宠

通常每天 5 mg/(kg·d)，IM 或每隔 1 d 口服 1 次。

鸟类

15 mg/kg，q12 h，IM 或 PO。

大动物剂量

马

5 mg/kg，q24 h，IV。

7.5 ~ 10 mg/kg，q24 h，PO。

5 mg/kg 的 100 mg/mL 溶液（Baytril-100），IM，每天一次（轮换注射部位）。

牛（BRD）

单剂量：7.5 ~ 12.5 mg/kg，每天一次，SQ（每 100 lb 为 3.4 ~ 5.7 mL）。

多剂量：2.5 ~ 5 mg/kg，SQ（每 100 lb 为 1.1 ~ 2.3 mL），每天一次，用 3 ~ 5 d。

猪（SRD）

7.5 mg/kg，SQ，耳后，用一次。

管制信息

牛停药时间：肉牛需要 28 d。不得用于泌乳牛或计划用作小牛肉的犊牛。

请勿在 20 月龄或更大的雌性奶牛中使用。猪停药时间：5 d。

在食品生产用动物中超标使用氟喹诺酮类是非法的。

盐酸麻黄碱（Ephedrine Hydrochloride）
商品名及其他名称： 通用品牌。
功能分类： 肾上腺素激动剂。

药理学和作用机制
盐酸麻黄碱是肾上腺素激动剂。减充血剂。麻黄碱是 α-肾上腺素受体和 β_1-肾上腺素受体激动剂，但对 β_2-受体的作用较小。

适应证和临床应用
麻黄碱用作升压药（如在麻醉期间给药）。它也被用作 CNS 兴奋剂。由于对膀胱括约肌有作用，其口服制剂已被用于治疗尿失禁。但不再推荐使用，并且多数口服剂型已经不存在。

> **注意事项**
> **不良反应和副作用**
> 副作用与过度肾上腺素活性有关（如外周血管收缩和心动过速）。
> **禁忌证和预防措施**
> 不建议在患有心血管疾病的动物中使用。
> **药物相互作用**
> 没有报告具体的药物相互作用。但是，麻黄碱可增强其他肾上腺素激动剂的作用。

使用说明
最新用途主要是在急性情况下增加血压。由于缺乏可用的配方，口服治疗犬尿失禁的药物已经减少。

患病动物的监测和实验室检测
监测患病动物的心率和心律。

制剂与规格
麻黄碱的大多数制剂已从市场上消失了。以前有 25 mg/mL 和 50 mg/mL 的注射剂。

稳定性和贮藏
存放在密闭容器中，并在室温下避光保存。

小动物剂量
犬
尿失禁：4 mg/kg 或每只 12.5 ~ 50 mg，q8 ~ 12 h，PO。
升压药：0.75 mg/kg，IM 或 SQ，根据需要重复。
猫
尿失禁：2 ~ 4 mg/kg，q12 h，PO。
升压药：0.75 mg/kg，IM 或 SQ，根据需要重复。

大动物剂量
没有大动物剂量的报道。

管制信息
停药时间：没有确定停药时间。麻黄碱在给药之后被代谢，建议短暂停用。

RCI 分类：2。

肾上腺素（Epinephrine）
商品名及其他名称： Adrenaline、通用品牌。
功能分类： 肾上腺素激动剂。

药理学和作用机制
肾上腺素激动剂。肾上腺素非选择性地刺激 α-肾上腺素能和 β-肾上腺素能受体。α-肾上腺素能的作用将增加血管阻力，并作为有效的血管升压药。β₂-肾上腺素能的作用将增加支气管扩张，减少呼吸道中的炎性介质。肾上腺素是一种有效的肾上腺素激动剂，起效迅速，持效时间短。与去甲肾上腺素相比，肾上腺素具有更强的 β- 受体活性。因此，与去甲肾上腺素相比，肾上腺素比去甲肾上腺素更可能引起心率增加和快速性心律失常。

适应证和临床应用
肾上腺素主要用于紧急情况，以治疗心肺骤停和过敏性休克。急性使用可 IV、IM 或气管内注射。在某些心肺复苏（cardiopulmonary resuscitation，CPR）方案中，升压素（精氨酸升压素）已取代肾上腺素。肾上腺素已用于检测马无汗症，但在该检测中更常用硫酸特布他林。

注意事项

不良反应和副作用

过量会导致过度血管收缩和高血压。高剂量会导致室性心律失常。在心肺骤停中使用高剂量时，应使用电除颤仪。

禁忌证和预防措施

避免患病动物反复给药。

药物相互作用

肾上腺素将与其他用于增强或拮抗 α-肾上腺素能或 β-肾上腺素能受体的药物相互作用。它与碱性溶液（如碳酸氢盐）、氯、溴以及金属盐或氧化溶液不相容。不要与碳酸氢盐、硝酸盐、柠檬酸盐和其他盐混合。

E

使用说明

剂量基于实验研究，主要是在犬中的实验研究。无临床研究。通常使用静脉注射剂量，但在无法使用静脉注射时，可以接受气管内给药。当采用气管内给药时，剂量更高（高达 CPR 时 IV 剂量的 10 倍），作用时间比 IV 给药更长。气管内给药时，可以将剂量稀释到 2 ～ 10 mL 盐水中。还使用了骨内途径，其剂量等于 IV 剂量。与 IV 给药相比，心内注射似乎没有优势。溶液的比例为 1 ∶ 1000 和 1 ∶ 10 000（1 mg/mL 或 0.1 mg/mL）。通常，仅有 1 ∶ 10 000 溶液可 IV。1 ∶ 1000 溶液适用于 IM。避免 SQ 给药，因为产生的血管收缩会使该部位的吸收降低。

对于 CPR，剂量一直存在争议（请参阅"剂量"部分）。可使用低剂量（10 μg/kg 或 0.01 mg/kg）和高剂量（100 μg/kg 或 0.1 mg/kg）。通常，在 CPR 时，每 3 ～ 5 min 低剂量 IV 一次，然后随着 CPR 延长使用高剂量。

患病动物的监测和实验室检测

在治疗过程中监测心率和心律。

制剂与规格

肾上腺素有 1 mg/mL（1 ∶ 1000）的注射剂和 0.1 mg/mL（1 ∶ 10 000）的注射剂。1 ∶ 10 000 溶液最常用作 IV，而 1 ∶ 1000 溶液使用 IM 或 SQ。用于人的安瓿的设计剂量为每人 1 mg（约 14 μg/kg）。

稳定性和贮藏

它与注射器的塑料兼容。当溶液被氧化时，它变成棕色。如果观察到这种颜色变化，请勿使用。在 pH 3 ～ 4 时最稳定。如果溶液的 pH > 5.5，则会变得不稳定。

小动物剂量

心脏停搏：10 ~ 20 μg/kg，IV 或 100 ~ 200 μg/kg（0.1 ~ 0.2 mg/kg），气管内（可在给药之前用盐水稀释）。

过敏性休克：5 ~ 10 μg/kg，IV 或 IM，或者 50 μg/kg，气管内（可用盐水稀释）。

血管加压疗法：100 ~ 200 μg/kg（0.1 ~ 0.2 mg/kg），IV（高剂量）或 10 ~ 20 μg/kg（0.01 ~ 0.02 mg/kg），IV（低剂量）。首先给小剂量，如果无反应，则使用大剂量。

CRI：0.05 μg/(kg · min)，IV。

在紧急使用期间，剂量可以每 5 ~ 15 min 重复一次，但是对于体重小于 40 kg 的犬，最大剂量总计为 0.3 mg，对于体重大于 40 kg 的犬，最大剂量为 0.5 mg。

大动物剂量

最常用 1 mg/mL（1 ∶ 1000）溶液。

过敏性休克（牛、猪、马和绵羊）：20 μg/kg（0.02 mg/kg），IM 或每 45 kg 用 1 mL（每 100 lb 为 1 mL）。5 ~ 10 μg/kg（0.005 ~ 0.01 mg/kg），IV 或每 45 kg（100 lb）给 0.25 ~ 0.5 mL。

管制信息

没有确定停药时间。给药后肾上腺素迅速代谢，不需要停药。

RCI 分类：2。

阿法依泊汀（红细胞生成素）[Epoetin Alfa(Erythropoietin)]

商品名及其他名称：Procrit、Eprex 和红细胞生成素。

功能分类：激素。

药理学和作用机制

阿法依泊汀是人重组红细胞生成素。刺激红细胞生成的造血生长因子。

适应证和临床应用

阿法依泊汀用于治疗非再生性贫血。它已被用于治疗疾病或化疗引起的骨髓抑制。它还被用于治疗与慢性肾功能衰竭相关的慢性贫血。在几项研究中已经确定了阿法依泊汀在慢性肾功能衰竭中改善猫贫血的价值。在某些动物中，贫血也是由铁缺乏引起的，可以与硫酸亚铁结合，每只猫每天 50 ~ 100 mg。阿法达贝泊汀（Aranesp）是一种类似药物，也已用于小动物（请参阅"阿法达贝泊汀"部分）。

注意事项

不良反应和副作用

由于该产品是人重组产品，可能会引起动物局部和全身性过敏反应。注射部位疼痛和头痛已经在人身上发生了。抽搐也有发生。延迟的贫血可能是抗体与动物促红细胞生成素的交叉反应所致（停药时可逆）。抗红细胞生成素抗体可能会随着长期使用而增加，可能会在高达 30% 的猫中发生，从而导致治疗失败。

禁忌证和预防措施

当观察到关节疼痛、发热、厌食或皮肤反应时，停止用阿法依泊汀治疗。

药物相互作用

没有药物相互作用的报道。

使用说明

阿法依泊汀的使用主要限于犬和猫。当前唯一可用的形式是人重组产品。当血细胞比容降至低于 25% 时，可用于动物。在猫中，100 U/kg，SQ，每周 3 次，直到达到 30% ~ 40% 的目标血细胞比容。此后，每周注射 2 次。维持剂量通常为 75 ~ 100 U/kg，SQ，每周 1 次或 2 次。

患病动物的监测和实验室检测

监测红血细胞比容。应调整剂量以将血细胞比容维持在 30% ~ 34% 的范围内。

制剂与规格

阿法依泊汀具有各种规格，包括 2000 U/mL、3000 U/mL、4000 U/mL、10 000 U/mL、20 000 U/mL 和 40 000 U/mL 的注射剂。

稳定性和贮藏

存放在密闭容器中，并在室温下避光保存。尚未评估复合制剂的稳定性。

小动物剂量

犬

35 U/kg 或 50 U/kg，每周 3 次，最高每周 400 U/kg，SQ（调整剂量以使血细胞比容维持在 30% ~ 34%）。

猫

以 100 U/kg，SQ，每周 3 次开始，当目标血细胞比容达到 30% ~ 40% 时，应减少至每周 2 次和每周 1 次。在大多数猫中，维持剂量为 75 ~ 100 U/kg，

SQ，每周 2 次。

大动物剂量
没有大动物剂量的报道。

管制信息
没有食品生产用动物的停药时间。在竞赛马中禁止以任何方式使用促红细胞生成素。

RCI 分类：2。

依西太尔（Epsiprantel）
商品名及其他名称： Cestex。
功能分类： 抗寄生虫药。

药理学和作用机制
依西太尔是与吡喹酮相似的杀虫剂。依西太尔对寄生虫的作用与神经肌肉毒性和麻痹有关，这是通过改变对钙的渗透性产生的。易感寄生虫包括犬复孔绦虫和豆状绦虫以及猫复孔绦虫和巨颈绦虫。

适应证和临床应用
与吡喹酮一样，依西太尔主要用于治疗由绦虫引起的感染。

注意事项
不良反应和副作用
高剂量引发呕吐。已经有厌食和短暂腹泻的报道。依西太尔在怀孕的动物中是安全的。
禁忌证和预防措施
禁用于 7 周龄以下的动物。所有剂量均为单剂量。
药物相互作用
没有药物相互作用的报道。

使用说明
按指示治疗绦虫感染。

患病动物的监测和实验室检测
不用特殊监测。

制剂与规格
依西太尔有 12.5 mg、25 mg、50 mg 和 100 mg 的包衣片剂。

稳定性和贮藏
存放在密闭容器中，并在室温下避光保存。尚未评估复合制剂的稳定性。

小动物剂量
犬
5.5 mg/kg，PO。
猫
2.75 mg/kg，PO。

大动物剂量
没有大动物剂量的报道。

管制信息
无可用的管制信息。

麦角钙化醇（Ergocalciferol）
商品名及其他名称：Calciferol、Drisdol。
功能分类：维生素。

药理学和作用机制
麦角钙化醇是维生素 D 类似物。维生素 D 促进钙的吸收和利用。

适应证和临床应用
麦角钙化醇用于维生素 D 缺乏症和与甲状旁腺功能减退有关的低钙血症的治疗。在犬和猫中，经常用骨化三醇代替维生素 D_2。有关更多信息，请参见"骨化三醇"部分。

注意事项
不良反应和副作用
过量可能导致高钙血症。
禁忌证和预防措施
避免在怀孕的动物中使用，因为它可能导致胎儿异常。谨慎使用高剂量含钙制剂。

药物相互作用

没有药物相互作用的报道。

使用说明

麦角钙化醇不能用于肾脏继发性甲状旁腺功能减退，因为它不能转化为活性化合物。应通过监测血清钙浓度来调整个别患病动物的剂量。

患病动物的监测和实验室检测

监测血清钙浓度。

制剂与规格

麦角钙化醇有 50 000 U / 胶囊。

单位换算

转换：1 U 麦角钙化醇相当于 0.025 μg 麦角钙化醇或胆钙化固醇（维生素 D_3）。

稳定性和贮藏

存放在密闭容器中，并在室温下避光保存。尚未评估复合制剂的稳定性。

小动物剂量

500 ~ 2000 U/(kg·d)，PO。

大动物剂量

没有大动物剂量的报道。

管制信息

无可用的管制信息。

厄他培南（Ertapenem）

商品名及其他名称： Invanz。

功能分类： 抗菌药。

药理学和作用机制

厄他培南是碳青霉烯（表霉烯）类 β-内酰胺抗生素，具有广泛的活性。它对细胞壁的作用类似于其他 β-内酰胺类，与青霉素结合蛋白（PBP）结合，弱化或干扰细胞壁形成。在大肠杆菌中，它对 PBP 1a、PBP 1b、PBP 2、PBP 3、

PBP 4 和 PBP 5 有很强的亲和力，尤其是 PBP 2 和 PBP 3。厄他培南对多种 β-内酰胺酶（包括青霉菌酶、头孢菌素酶和超广谱 β-内酰胺酶）的水解作用稳定。抗菌谱包括革兰氏阴性杆菌，如肠杆菌科。和培南对铜绿假单胞菌的作用不如其他碳青霉烯类好。除耐甲氧西林葡萄球菌和肠球菌外，它还对大多数革兰氏阳性菌有活性。在人中，半衰期比其他碳青霉烯类（4 h）长，这是因为蛋白质结合率高（95%），使得给药频率降低。但是，在犬中不存在这些优点。犬的蛋白质结合率为 46%，分布体积为 0.28 L/kg，半衰期仅为 1.3 h。

适应证和临床应用

厄他培南主要用于对其他药物有耐药性的细菌引起的感染。对于治疗由大肠杆菌和肺炎克雷伯菌引起的耐药性感染可能很有价值。厄他培南不如美罗培南或亚胺培南那样常用。在人中，与其他碳青霉烯类相比，高蛋白结合力和较长的半衰期使给药频率降低。但是，剂量方案尚未在犬和猫中进行测试。

注意事项

不良反应和副作用

碳青霉烯类与其他 β-内酰胺类抗生素具有类似的风险，但副作用很少。高剂量存在 CNS 毒性风险（抽搐和震颤）。

禁忌证和预防措施

溶解后可能会出现一些淡黄色。轻微变色不会影响效力。但是，较深的琥珀色或棕色可能表示氧化和效力下降。

药物相互作用

请勿在安瓿瓶或注射器中与其他抗生素混合。

使用说明

动物剂量基于人的研究而非功效试验的推断。

患病动物的监测和实验室检测

药敏试验：对于所有生物而言，敏感生物的 CLSI 耐药折点为 ≤ 4 μg/mL。大多数细菌的 MIC 均低于 2 μg/mL。对亚胺培南的敏感性可以用作厄他培南的标记。

制剂与规格

厄他培南有每瓶 1 g 的注射剂。

稳定性和贮藏

存放在密闭容器中，并在室温下避光保存。

小动物剂量

犬和猫

30 mg/kg，q8 h，IV 或 SQ。

大动物剂量

没有大动物剂量的报道。

管制信息

不确定食品生产用动物的停药时间。

红霉素（Erythromycin）

商品名及其他名称： Gallimycin-100、Gallimycin-200、Erythro-100 和通用品牌。

功能分类： 抗菌药。

药理学和作用机制

红霉素是大环内酯类抗生素。和其他大环内酯类药物相似，它通过结合 50S 核糖体抑制细菌，并抑制细菌蛋白合成。红霉素的抗菌谱主要限于革兰氏阳性需氧细菌，它对革兰氏阴性细菌几乎没有影响。抗菌谱还包括支原体。在牛中，它还对呼吸道病原体具有活性，如多杀性巴氏杆菌、溶血性曼海姆菌和睡眠嗜组织菌（以前称为睡眠嗜血杆菌）。红霉素对胃肠道运动的影响是通过刺激胃动素受体来增加平滑肌的活动。在犬中，半衰期小于 1.3 h（IV）和 2.9 h（口服），生物利用度仅为 11%。在猫中，半衰期小于 1 h。在马中，口服吸收率仅率为 8% ~ 26%，这会引起腹泻，并且半衰期很短，因此需要频繁的剂量间隔。

适应证和临床应用

红霉素可用于多种物种中，以治疗易感细菌引起的感染。治疗的感染包括呼吸道感染（肺炎）、由革兰氏阳性细菌引起的软组织感染、皮肤和呼吸感染。在马驹中，通常联合利福平来治疗马红球菌肺炎。在包括马在内的某些物种中，低剂量已被用来刺激肠道运动，但在临床患病动物中这种活性很有限。在马中，红霉素刺激胃肠道运动的剂量低于抗菌剂量（1 mg/kg），但尚未显示出此用途的临床功效。在实验犊牛中，8.8 mg/kg，IM 显著增加了瘤胃运动性。在接受皱胃左移位（left displaced abomasum，LDA）手术的母牛中，当剂量为 10 mg/kg，IM 时，它会增加瘤胃收缩。

红霉素的使用已经减少，因为某些剂型（依托酸红霉素）的可用性降低，对小动物有副作用（呕吐），半衰期短而需要频繁给药，马有腹泻的副作用。其他大环内酯类化合物在每种物种中的使用也越来越频繁。如阿奇霉素和克拉霉素用于小动物和马，而在牛中经常用替米考星、加米霉素、泰地罗新和图拉霉素来替代红霉素。

E

注意事项

不良反应和副作用

大动物中腹泻是最常见的副作用。这被认为是由于正常肠道菌群破坏引起的，通常由口服给药引起。哺乳母马通过接触经治疗的马驹发生腹泻。在马驹中已观察到与红霉素治疗相关的体温过高（高热综合征）。

在小动物中，常见的最大副作用是呕吐（可能由胆碱能样作用或胃动素诱导的运动引起）。在小动物中，它也可能引起腹泻。在啮齿动物和兔子中，由红霉素引起的腹泻可能很严重，甚至是致命的。

禁忌证和预防措施

不要给啮齿动物或兔子口服。不要 IV 注射用于 IM 给药的红霉素溶液。只能静脉内使用葡萄糖酸盐和乳糖酸盐（很少有葡萄糖酸盐）。

药物相互作用

和其他大环内酯类药物相似，红霉素可抑制细胞色素 P450 酶，并且可能会降低其他联用药物的代谢。请参阅附录 H。

使用说明

红霉素有几种形式，包括琥珀酸乙酯和依托酸酯，以及用于口服给药的硬脂酸盐。但是，依托酸盐仅可作为悬浮液使用。没有令人信服的数据表明一种形式比另一种形式吸收更好，并且所有物质都包含相同的剂量。仅将红霉素葡庚糖酸盐和乳酸盐 IV 给药（很少有葡庚糖酸盐）。刺激胃肠动力的胃动素样效应在低剂量时发生，并且主要要在实验马中进行了研究。可以结合手术操作将红霉素应用于牛，以刺激术后瘤胃蠕动。

患病动物的监测和实验室检测

药敏试验：敏感生物的 CLSI 耐药折点是链球菌 ≤ 0.25 µg/mL，其他生物 ≤ 0.5 µg/mL。对红霉素的易感性可用于预测对其他大环内酯类抗生素的易感性。

制剂与规格

红霉素有多种形式，包含 250 mg 或 500 mg 红霉素。口服制剂包括 25 mg/mL 和 50 mg/mL 依托红霉素悬浮液、40 mg/mL 红霉素琥珀酸乙酯悬浮液、400 mg 琥珀酸乙基酯片，以及 250 mg 和 500 mg 红霉素硬脂酸酯片。静脉注射剂包括乳糖酸红霉素，但很少有红霉素葡庚糖酸盐。磷酸红霉素（一种粉末状的饲料添加剂）已在马中使用，并显示可产生足够的吸收。磷酸红霉素为 260 mg/g，相当于每克含 231 mg 红霉素。它可用作家禽的 OTC 饲料添加剂。

稳定性和贮藏

存放在密闭容器中，并在室温下避光保存。防止冻结。红霉素在 pH 7 ~ 7.5 时最稳定。在酸性溶液中，它可能分解。琥珀酸乙酯制剂可稳定 14 d。

小动物剂量
犬和猫
10 ~ 20 mg/kg，q8 ~ 12 h，PO。

促动力作用（胃肠道）：0.5 ~ 1 mg/kg，q8 ~ 12 h，PO 或 IV。

大动物剂量
马
马红球菌：磷酸红霉素或依托红霉素 37.5 mg/kg，q12 h，PO 或 25 mg/kg，q8 h，PO。请注意，在马中，红霉素（普通片剂）吸收不良，应使用其他形式（请参阅有关剂量表格的剂量说明）。

乳糖酸红霉素注射：5 mg/kg，q4 ~ 6 h，IV。刺激胃肠动力：1 mg/kg。
牛
脓肿、蹄皮炎：2.2 ~ 8.8 mg/kg，q24 h，IM。

肺炎：2.2 ~ 8.8 mg/kg，q24 h，IM 或 15 mg/kg，q12 h，IM。

刺激瘤胃动力：犊牛 8.8 mg/kg，IM；牛 10 mg/kg，IM。

管制信息

牛停药时间：肉牛为 6 d（8.8 mg/kg）。禁用于 20 月龄以上的雌性奶牛。在最后一次治疗后 6 d 内不要屠宰处理过的动物。为避免过度切除，请勿在最后一次注射后 21 d 内宰杀。在加拿大，肉牛的停药时间为 14 d，产奶用牛为 72 h。

盐酸艾司洛尔（Esmolol Hydrochloride）

商品名及其他名称： Brevibloc。
功能分类： β - 受体阻滞剂、抗心律失常。

药理学和作用机制

盐酸艾司洛尔对 β_1-受体具有选择性。艾司洛尔与其他 β- 阻滞剂的区别在于持效时间短，是红细胞酯酶的代谢所致，它的半衰期仅为 9 ~ 10 min。

适应证和临床应用

艾司洛尔适用于全身性高血压和快速性心律失常的短期控制。它已用于紧急治疗或短期治疗。由于半衰期短，不可能长期治疗。通常，如果动物对艾司洛尔表现出阳性反应，则可以将其转换为作用较长的β-阻滞剂（如普萘洛尔或阿替洛尔）。

注意事项

不良反应和副作用

与心脏的 β_1- 阻滞作用有关的副作用包括心肌抑制、心输出量减少和心动过缓。

禁忌证和预防措施

对扩张型心肌病患病动物给药时，应考虑心脏不良反应的风险。支气管痉挛患病动物慎用。心动过缓或 AV 阻滞的患病动物禁用艾司洛尔。

药物相互作用

与地高辛、吗啡或华法林一起使用时要谨慎。

使用说明

艾司洛尔仅适用于短期 IV 治疗。剂量主要基于经验或从人用剂量推算而来。没有关于动物临床研究的报道。

患病动物的监测和实验室检测

在治疗过程中监测心率和心律。

制剂与规格

艾司洛尔有 10 mg/mL 的注射剂。

稳定性和贮藏

存放在密闭容器中，并在室温下避光保存。尚未评估复合制剂的稳定性。

小动物剂量

犬和猫

0.5 mg/kg（500 μg/kg），IV，每 5 min 缓慢给药 0.05 ~ 0.1 mg/kg。

CRI：0.5 mg/kg 超过 30 ~ 60 s 缓慢给药，然后输注 50 ~ 200 μg/(kg·min)。

大动物剂量

马

0.2 mg/kg，IV，1 min 以上。10 min 后，采用 0.5 mg/kg，IV，1 min 以上。

CRI：0.5 mg/kg，IV，然后 25 μg/(kg·min)，IV。

管制信息

没有报告停药时间。但是，由于持效时间短和新陈代谢快，建议缩短停药时间。

RCI 分类：3。

埃索美拉唑（Esomeprazole）

商品名及其他名称： Nexium。

功能分类： 抗溃疡药。

药理学和作用机制

埃索美拉唑是质子泵抑制剂（Proton pump inhibitor，PPI）。埃索美拉唑通过抑制位于胃壁细胞的顶膜上的 K^+/H^+ 泵（钾泵）来抑制胃酸分泌，从而抑制 H^+ 分泌进入胃。与其他 PPI 一样，它比其他抗溃疡药（H_2- 阻滞剂）在 24 h 内产生更长时间的胃酸抑制。其他 PPI 包括泮托拉唑（Protonix）、兰索拉唑（Prevacid）、奥美拉唑和雷贝拉唑（Aciphex）。它们都通过类似的机制起作用，并且效力类似。与抗生素一起使用时，PPI 还具有一定的抑制胃中螺杆菌的作用。

奥美拉唑存在两种手性异构体：S-异构体和 R-异构体。S-异构体具有生物活性，因此埃索美拉唑代表活性形式（S-异构体）。在人中，埃索美拉唑代谢较慢，产生更多地接触，并且变异性较小。另外，埃索美拉唑在临床效果上几乎与奥美拉唑相同。

适应证和临床应用

与其他 PPI 一样，埃索美拉唑用于胃肠道溃疡的治疗和预防。它没有像奥美拉唑那样频繁地用于犬、猫或马，但是如果给予等剂量，它有望同样有效。有关更详细的信息，请参见"奥美拉唑"部分。

由于作用时间长，PPI 在治疗和抑制胃溃疡方面可能比其他药物（如组胺 H_2- 阻滞剂）更有效。

与其他 PPI 一样，埃索美拉唑可能比其他抗溃疡药物更能有效预防 NSAID 诱导的溃疡。

注意事项

不良反应和副作用

埃索美拉唑的使用不像奥美拉唑那样常见。因此，尚无关于埃索美拉唑在动物中副作用的报道。有关其他信息，请参阅"奥美拉唑"部分。

禁忌证和预防措施

没有关于动物禁忌证的报道。人们担心，在人的 PPI 长期给药会导致梭菌相关性腹泻、骨折风险和低镁血症。在动物中尚未有报道。尚不清楚在动物中 PPI 长期给药是否会导致胃和肠中细菌过度生长。

药物相互作用

在动物中，尽管埃索美拉唑没有药物相互作用，但 PPI 可能抑制某些药物代谢酶（CYP450 酶）。由于胃酸的抑制作用，请勿与依赖胃酸吸收的药物（如酮康唑和伊曲康唑）一起使用。

使用说明

奥美拉唑是此类动物中最常用的药物，但是如果给予等剂量的埃索美拉唑有望同样有效。其他 PPI 包括泮托拉唑（Protonix）、兰索拉唑（Prevacid）和雷贝拉唑（Aciphex）。没有其他产品在兽医学中应用的经验报道。

患病动物的监测和实验室检测

通常认为埃索美拉唑和 PPI 是安全的。不推荐对副作用进行常规测试。如果测量了胃泌素浓度，埃索美拉唑治疗应使用 7 d 的停药时间，否则，埃索美拉唑治疗会使血清胃泌素浓度显著增加。

制剂与规格

埃索美拉唑有 20 mg 和 40 mg 的缓释胶囊，制作缓释悬浮液的 2.5 mg、5 mg、10 mg、20 mg 和 40 mg 的粉末，用于注射的 20 mg 和 40 mg 的埃索美拉唑钠小瓶和 49.3 mg 的缓释胶囊。

稳定性和贮藏

应保持埃索美拉唑为制造商的原始制剂（胶囊或悬浮液），以实现最佳的稳定性和有效性。没有关于复合制剂稳定性的信息。

小动物剂量

犬

每只 20 mg，q24 h，PO；或 1 ~ 2 mg/kg，q24 h，PO；1 mg/kg，IV。

猫

1 mg/kg，q24 h，PO。

大动物剂量

马

治疗溃疡：4 mg/kg，PO，每天一次，用 4 周。

预防溃疡：1 ~ 2 mg/kg，q24 h，PO。

溃疡的治疗：负荷剂量 1 mg/kg，PO，随后每天 0.5 mg/kg，用 14 ~ 28 d。

管制信息

不适用于对食品生产用动物给药。反刍动物的口服吸收性尚未确定。不确定食品生产用动物的停药时间。

RCI 分类：5。

雌二醇环戊丙酸酯（Estradiol Cypionate）

商品名及其他名称： ECP、Depo-Estradiol 和通用品牌。

功能分类： 激素。

药理学和作用机制

雌二醇用于动物的雌激素替代。它也已被用于诱导动物的流产。

适应证和临床应用

雌二醇是一种半合成雌激素化合物。它的作用将模仿动物的雌激素。在小动物中，最常用于终止妊娠。

雌二醇苯甲酸酯也已用于终止妊娠（5 ~ 10 mg/kg，分为 2 次或 3 次 SQ）。雌二醇环戊丙酸酯制剂具有很高的疗效（95%），但其副作用严重，因此不推荐使用。雌二醇环戊丙酸酯比其他雌激素制剂具有更长的作用时间和更强的作用。对于人医，也有戊酸雌二醇注射剂（20 mg/mL）用于治疗雌激素过多症。

注意事项

不良反应和副作用

雌二醇具有引起子宫内膜增生和子宫积脓的高风险。在动物中，特别是犬，具有剂量依赖性骨髓毒性风险。已发现雌二醇环戊丙酸酯注射剂导致白细胞减少症、血小板减少症和致命的再生障碍性贫血。由于干细胞可能受到影响，骨髓毒性可能无法逆转。

禁忌证和预防措施

除非用于终止妊娠，否则禁用雌二醇。禁用于雪貂。

药物相互作用

没有关于动物药物相互作用的报道。不应与可能抑制骨髓的其他药物一起使用。在人中，建议不要将这些雌激素化合物与其他可能导致肝毒性的药物一起使用。雌二醇可能会增加环孢素浓度。

E

使用说明

要终止妊娠，在发情期的 3 ~ 5 d 或交配的 3 d 内一次 IM 给药 22 μg/kg。

但是，在一项研究中，在发情期或间情期给 44 μg/kg 的剂量比给 22 μg/kg 的剂量更有效。

患病动物的监测和实验室检测

监测全血细胞计数（CBC），注意是否出现骨髓抑制。

制剂与规格

雌二醇有 2 mg/mL 的注射剂。戊酸雌二醇有 20 mg/mL 的注射剂和 5 mL 的小瓶。

稳定性和贮藏

存放在密闭容器中，并在室温下避光保存。尚未评估复合制剂的稳定性。

小动物剂量

犬

22 ~ 44 μg/kg，IM（总剂量不超过 1 mg）。

猫

每只 250 μg，IM，在交配的 40 h 到 5 d 之间。

大动物剂量

没有大动物剂量的报道。

管制信息

禁用于食品生产用动物。

雌三醇（Estriol）

商品名及其他名称：Incurin、Theelol（以前称为 Oestriol）。
功能分类：激素。

药理学和作用机制

雌三醇是天然的雌激素。它与 DES 或其他雌激素不同,因为它是天然的,并且与合成化合物（雌二醇和 DES）相比,占据受体的时间较短。当用于治疗尿失禁时, 其作用被认为是由于尿液平滑肌中 α-肾上腺素受体的敏感性增加。

适应证和临床应用

雌三醇是雌激素的替代品。在小动物中, 它最常用于治疗与雌激素缺乏相关的尿失禁, 最常见于进行了子宫卵巢切除术的犬中。

> **注意事项**
>
> **不良反应和副作用**
>
> 在实地研究中, 最常见的副作用是食欲丧失、呕吐、过度饮水和阴门肿胀。与雌二醇相比, 雌三醇与子宫积脓或骨髓抑制无关。
>
> **禁忌证和预防措施**
>
> 雌三醇禁用于怀孕动物。禁用于雪貂。
>
> **药物相互作用**
>
> 没有关于动物药物相互作用的报道。不应与可能抑制骨髓的其他药物一起使用。在人中, 建议不要将这些雌激素化合物与其他可能引起肝毒性的药物一起使用, 但是在犬中未显示这种相互作用。

使用说明

为了治疗尿失禁, 已将其与苯丙醇胺（PPA）联合使用, 但是, 与单独使用雌激素药物相比, 添加 PPA 可能无法改善疗效。

患病动物的监测和实验室检测
监测 CBC 以获得抑制骨髓的证据。

制剂与规格
雌三醇有 1 mg 的片剂。

稳定性和贮藏
存放在密闭容器中，并在室温下避光保存。尚未评估复合制剂的稳定性。

小动物剂量
犬
每只犬 2 mg, PO, q24 h（可与 PPA 联合使用）。从每周每犬 2 mg 开始，在 1 周后，将剂量降低至每天每犬 1.5 mg，持续 1 周，然后每天每犬 1 mg 用 1 周，并逐渐减少剂量和延长间隔（每隔 1 d、每隔 3 d 等），直到达到每周一次每犬 0.5 mg 的目标。

猫
未确定剂量。

大动物剂量
没有大动物剂量的报道。

管制信息
禁用于食品生产用动物。

羟乙磷酸钠（Etidronate Disodium）
商品名及其他名称： Didronel。
功能分类： 抗高钙血症药。

药理学和作用机制
羟乙磷酸钠是双磷酸盐药。这类药物的特征是生发双磷酸盐键。它们减慢了羟基磷灰石晶体的形成和溶解。它们的临床使用在于其抑制骨吸收的能力。这些药物通过抑制破骨细胞活性，延迟骨吸收和降低骨质疏松率来减少骨转换。用于动物的此类药物还包括阿伦磷酸盐、唑来磷酸盐（Zometa）、帕米磷酸盐、氯磷酸盐（Osphos）和替鲁磷酸盐（Tildren）。

适应证和临床应用
在人中，双磷酸盐类药物（包括依替磷酸盐）主要用于治疗恶性肿瘤引起的骨质疏松和高钙血症。在动物中，它们可用于减少引起高钙血症的钙，如癌症和维生素 D 中毒。在人的研究中表明，双磷酸盐对癌症引起的骨病的作用比对骨质溶解和骨吸收的作用更重要，还可以减轻肿瘤负担。在犬中，有关帕米磷酸盐的研究工作比该组其他药物更多。一些双磷酸盐已被用于治疗马的舟状骨病和飞节内肿。有两种批准用于治疗马的双磷酸盐，即氯磷酸盐（Osphos）和替鲁磷酸盐（Tildren）。

注意事项

不良反应和副作用

没有关于动物副作用的报道，但还不常用。在人中，常见胃肠道问题。由于与黏膜接触而发生反应，导致食管病变。如果用于动物，请确保完全吞下片剂。

禁忌证和预防措施

在动物中没有发现禁忌证。

药物相互作用

没有关于动物药物相互作用的报道。如果与其他溶液或药物混合，请避免含有钙的混合物。

使用说明

在大剂量下，依替磷酸盐可能抑制骨骼矿化。在人中，由于副作用，阿伦磷酸盐替代了依替磷酸盐。没有临床研究证明依替磷酸盐在动物中的功效，其用途是从人医以及个人经验中推断得出的。

患病动物的监测和实验室检测

监测血清钙和磷。监测治疗动物的尿素氮、肌酐、尿比重和食物摄入量。

制剂与规格

羟乙磷酸钠有 200 mg 和 400 mg 的片剂。

稳定性和贮藏

存放在密闭容器中，并在室温下避光保存。尚未评估复合制剂的稳定性。

小动物剂量

犬

5 mg/(kg·d)，PO。

猫

10 mg/(kg·d)，PO。

大动物剂量
没有大动物剂量的报道。

管制信息
停药时间尚未确定，建议停药 24 h，因为这种药物残留的风险很小。

依托度酸（Etodolac）

商品名及其他名称：EtoGesic（动物用制剂）、Lodine（人用制剂）。
功能分类：NSAID。

药理学和作用机制
与其他 NSAID 一样，依托度酸通过抑制前列腺素的合成而具有镇痛和抗炎作用。NSAID 抑制的是环氧合酶（cyclo-oxygenase enzyme，COX）。COX 存在两种异构体：COX-1 和 COX-2。COX-2 被诱导并负责合成前列腺素，而前列腺素是疼痛、炎症和发热的重要介质。但是，可以理解的是，在某些情况下，COX-1 和 COX-2 的作用会有些交叉，并且 COX-2 的活性对于某些生物学作用很重要。在犬中，根据研究和饲喂状况，依托度酸的半衰期为 7.6 ~ 14 h。在犬中，它对 COX-2 或 COX-1（非选择性）的选择性很小，或者在体外具有轻微的 COX-2 选择性。目前尚不清楚对 COX-2 的选择性是否会影响副作用的程度或风险。在马中，依托度酸具有相对 COX-2 选择性，并且比在犬中更有效。在马中的半衰期仅为 3 h，在跛行马中观察到的作用持效时间约为 24 h。

适应证和临床应用
依托度酸适用于犬骨关节炎的治疗。它可以用作镇痛药，也可以用于其他疼痛。与其他 NSAID 一样，依托度酸有望降低发热。在猫中的用途尚未确定。依托度酸已用于某些马中，以减轻与腹部手术有关的疼痛并治疗跛行（如由舟状骨病引起的）。与其他动物相比，马的剂量方案有所不同。

注意事项
不良反应和副作用
NSAID 可能会导致胃肠道溃疡。NSAID 引起的其他副作用包括血小板功能降低和肾损伤。在推荐剂量的依托度酸的临床试验中，一些犬出现减重、大便稀疏或腹泻。在高剂量（高于标签剂量）下，依托度酸在犬中引起胃肠道溃疡。

依托度酸与犬的干燥性角膜结膜炎（keratoconjunctivitis sicca，KCS）有关，在一些病例中非常严重。停药后仅 10% ~ 15% 的病例发生了 KCS 消退。如果治疗持效时间短，则 KCS 改善更大。在马中，已观察到高剂量的胃肠道毒性。

禁忌证和预防措施

禁用于易出现胃肠道溃疡的动物。不要与其他促溃疡药一起使用，如皮质类固醇。禁用于可能易于出现 KCS 的犬。禁用于患肾功能损伤的动物。

药物相互作用

与其他已知会导致胃肠道损伤的药物（如皮质类固醇）一起用 NSAID 时要谨慎。与 NSAID 同时使用时，ACE 抑制剂和利尿剂（呋塞米）的功效可能会降低。在敏感动物中，依托度酸可能与磺胺类药物发生交叉反应。

使用说明

按指示给药，避免同时使用可能会增加胃肠道毒性的其他药物。在犬中多数用于骨关节炎的治疗。在马中，实验证明它可以改善与舟状骨病有关的跛行。当为此目的在马中使用时，剂量为 23 mg/kg，口服，每天一次或两次，用 3 d。采用任一种方案治疗的马均改善，且无副作用征象。用 20 mg/kg 或 23 mg/kg 治疗的试验马并未显示出副作用，但尚未报道长期安全性。

患病动物的监测和实验室检测

监测胃肠道溃疡和出血的症状。定期监测采用依托度酸治疗的犬的泪液产生，并观察 KCS 的眼部症状。定期监测采用 NSAID 治疗的犬的肝酶是否有肝中毒迹象。监测治疗动物的尿素氮和肌酐，是否存在肾损伤的迹象。依托度酸对犬的 T_4、游离 T_4 和促甲状腺激素（thyroid-stimulating hormone，TSH）浓度具有不同的影响。一项研究显示无影响，另一项研究显示治疗后的犬 2 周后 T_4 和游离 T_4 降低。

制剂与规格

依托度酸有 150 mg 和 300 mg 的片剂。100 mg/mL 的注射剂。人用制剂包括 400 mg 的片剂，200 mg 和 300 mg 的胶囊。一些制剂不再在兽药市场中销售。

稳定性和贮藏

存放在密闭容器中，并在室温下避光保存。依托度酸不溶于水，但可溶于乙醇或丙二醇。

小动物剂量
犬
10 ~ 15 mg/kg，每天一次 PO 或 10 ~ 15 mg/kg，在肩胛骨背侧单次 SQ。
猫
剂量未确定。

大动物剂量
马
23 mg/kg，q24 h，PO。尚未确定该方案的长期安全性（请参阅"使用说明"）。

管制信息
尚未确定停药时间。

RCI 分类：4。

泛昔洛韦（Famciclovir）
商品名及其他名称：Famvir。
功能分类：抗病毒药。

药理学和作用机制
泛昔洛韦是合成嘌呤类似物（无环核苷类似物）。通过二脱乙酰基作用和氧化作用转化为抗病毒药物喷昔洛韦。在猫中，泛昔洛韦向喷昔洛韦的转化可能无效，且口服吸收转化为活性药物的比例约为 10%，并且存在差异。喷昔洛韦对 1 型疱疹病毒（herpes virus type 1，HSV1）和 2 型疱疹病毒（herpes virus type 2，HSV2）具有抗病毒活性。该作用与胸苷激酶（thymidine kinase，TK）的亲和力有关，该酶将喷昔洛韦转化为喷昔洛韦三磷酸，从而抑制病毒 DNA 聚合酶，以防止 DNA 链延长，从而抑制病毒 DNA 链延长。该药物被认为可抑制病毒生长。该药物被用于治疗人的各种形式的疱疹病毒感染，也用于治疗动物的病毒感染，尤其是猫疱疹病毒 1 型（feline herpes virus 1，FHV1）。FHV1 对阿昔洛韦和伐昔洛韦有抗药性，因此，泛昔洛韦（喷昔洛韦）是治疗 FHV1 感染的猫的最有前景的口服药物。

适应证和临床应用
泛昔洛韦在兽医学中最常见的用途是治疗 FHV1 引起的结膜炎、鼻窦炎、角膜炎和皮炎。早期研究显示，给每只猫口服 62.5 mg 泛昔洛韦，未能产生持续有效的血药浓度足够高的喷昔洛韦，根据临床观察结果，现在建议每 8 ~ 12 h 给 125 mg 或更高剂量。在接受治疗的猫中，结膜炎得到改善，结膜炎症减轻，眼部不适降低，流泪减少。当治疗猫的结膜炎或上呼吸系统疾病时，可以同时使用四环素（米诺环素或多西环素）。

注意事项

不良反应和副作用

在猫中使用泛昔洛韦的副作用包括轻度贫血。可能出现白细胞轻度升高。在对猫进行的有限研究中，未发现副作用。

禁忌证和预防措施

对肾功能不全的动物应降低药物剂量。在怀孕猫中的安全性尚未进行研究。

药物相互作用

未确认药物相互作用。

使用说明

在猫中使用的剂量是基于有限的研究，最初每只猫使用 62.5 mg，但后来的证据表明，每只猫每 8 ~ 12 h 口服 125 mg 更有效。治疗的持效时间不确定，但是通常可能需要 2 周。

患病动物的监测和实验室检测

使用过程中监测血尿素氮（BUN）和肌酐。

制剂与规格

泛昔洛韦有 125 mg、250 mg 和 500 mg 的片剂。

稳定性和贮藏

将片剂和胶囊存放在密闭容器中，并在室温下避光保存。

小动物剂量

猫

FHV 的治疗：每只猫 62.5 mg，PO，q8 h，持续 3 周。但是，每只猫使用 125 mg，q8 h 可能更有效。幼猫应使用较低的剂量（口服 30 ~ 50 mg/kg，q12 h）。

大动物剂量

马

没有确定剂量。

管制信息

由于具有致突变性，不应将其用于拟食用动物。

法莫替丁（Famotidine）

商品名及其他名称： Pepcid 和通用品牌。
功能分类： 抗溃疡药。

F

药理学和作用机制

法莫替丁是组胺 2 拮抗剂（H_2-阻滞剂）。刺激胃中的酸分泌需要激活组胺 2 型受体（H_2-受体）、胃泌素受体和毒蕈碱受体。法莫替丁和相关的 H_2-阻滞剂抑制组胺对壁细胞的组胺 H_2-受体的作用，并抑制胃壁细胞分泌胃酸。法莫替丁可升高胃 pH，帮助治愈和预防胃和十二指肠溃疡。

适应证和临床应用

与其他 H_2-受体阻滞剂一样，法莫替丁被用于治疗多种动物的溃疡和胃炎。尽管它常用于患有呕吐的动物，但尚无功效数据表明其有效。没有有效数据支持其用于预防 NSAID 诱导的出血和溃疡。兽医已将法莫替丁用作首选的 H_2-阻滞剂，但尚无证据显示该药优于此类其他药物。一些研究表明，在犬中使用 1 mg/kg 的剂量有疗效，而其他研究没有证明法莫替丁和安慰剂在升高犬胃内 pH 方面有差异。

注意事项

不良反应和副作用

通常仅在肾脏清除率降低的情况下才有副作用。在人中，使用高剂量可能会引起 CNS 症状。IV 溶液中含有苯甲醇、天冬氨酸和甘露醇。应将 IV 注射液缓慢注入猫中（超过 5 min），因为快速 IV 注射可能会导致溶血。

禁忌证和预防措施

静脉注射液含有苯甲醇。对小动物，特别是猫，静脉注射应缓慢进行。

药物相互作用

法莫替丁和其他 H_2-受体阻滞剂阻滞胃酸分泌。因此，它们会干扰依赖酸度的药物（如酮康唑、伊曲康唑和铁补充剂）的口服吸收。与西咪替丁不同，法莫替丁与微粒体 P450 酶的抑制不相关。

使用说明

与食物一同服用以获得最佳吸收。法莫替丁的临床研究尚未进行,因此,溃疡预防和治愈的最佳剂量尚不清楚。推荐剂量是根据在人的使用或经验推断出来的。对犬的实验研究表明,0.1 ~ 0.2 mg/kg 的剂量可抑制胃酸分泌,但其他临床研究表明 1.0 mg/kg 的剂量可持续抑制胃酸 24 h。对于 IV 使用,用 IV 溶液(如 0.9% 生理盐水)将总容量稀释至 5 ~ 10 mL。

患病动物的监测和实验室检测

不用特殊监测。

制剂与规格

法莫替丁有 20 mg 和 40 mg 的片剂、8 mg/mL 的口服悬浮液和 10 mg/mL 的注射剂。

稳定性和贮藏

存放在密闭容器中,并在室温下避光保存。法莫替丁可溶于水。樱桃糖浆中的复合制剂可保持稳定达 14 d。生理盐水稀释的 IV 溶液在室温下可稳定 48 h。

小动物剂量

犬

0.1 ~ 0.2 mg/kg, q12 h, PO、IV、SQ 或 IM。经验性用药剂量为每只 40 mg, q12 h。采用了高达 0.5 ~ 1 mg/kg 的剂量,但是没有证据表明更高的剂量会改善疗效。

猫

0.2 mg/kg, q24 h, 最高 0.25 mg/kg, q12 h, IM、SQ、PO 或 IV(缓慢注射,超过 5 min)。

大动物剂量

马

1 ~ 2 mg/kg, q6 ~ 8 h, PO。

管制信息

在拟食用动物中无使用限制。

RCI 分类: 5。

非班太尔（Febantel）

商品名及其他名称：Rintal 和 Vercom。Drontal Plus 还包含其他两种药物。
功能分类：抗寄生虫药。

药理学和作用机制

非班太尔是一种干扰寄生虫碳水化合物代谢的抗寄生虫药。它通过抑制富马酸还原酶从而抑制线粒体反应，并干扰葡萄糖转运。它被代谢成苯并咪唑化合物，该化合物与结构蛋白微管蛋白结合，并阻止聚合成微管，从而导致寄生虫对养分的消化和吸收不完全。

非班太尔、噻嘧啶和吡喹酮的复合制剂（Drontal Plus）已用于治疗猫的贾第鞭毛虫、蛔虫、钩虫和鞭虫。

适应证和临床应用

非班太尔适用于控制和治疗肠道线虫的幼虫和成虫阶段。在马中，该药可用于驱除大型圆线虫（普通圆线虫、无齿圆线虫、马圆线虫）、蛔虫（性成熟和不成熟的马副蛔虫）、蛲虫（马蛲虫的成虫和第四阶段幼虫）和各种小型圆线虫。

在犬和猫中，该药被用于治疗钩虫（犬钩虫和狭头钩刺线虫）、蛔虫（犬弓蛔虫和狮弓蛔虫）和鞭虫（狐毛首线虫）。在犬中，该药与吡喹酮联合用于治疗钩虫（犬钩虫和狭头钩刺线虫）、鞭虫（狐毛首线虫）、蛔虫（犬弓蛔虫和狮弓蛔虫）和绦虫（犬复孔绦虫和豆状带绦虫）。

在猫中，该药与吡喹酮联合用于驱除钩虫（管型钩虫）、蛔虫（猫弓首蛔虫）和绦虫（犬复孔绦虫和豆状带绦虫）。

非班太尔、噻嘧啶和吡喹酮的复合制剂（Drontal Plus）一起用于治疗贾第鞭毛虫。

注意事项

不良反应和副作用

给药后可能会发生呕吐和腹泻。

禁忌证和预防措施

禁用于怀孕的动物。请勿用于有肝或肾功能障碍的动物。

药物相互作用

没有药物相互作用的报道。

使用说明

对于马，可将膏剂涂在舌的基部，或添加到一部分正常日粮中。为了获得最有效的结果，请在 6 ~ 8 周后再次给药。非班太尔悬浮液可与敌百虫口服液联合使用，将 1 份非班太尔悬浮液与 5 份敌百虫口服液混合。

患病动物的监测和实验室检测

不用特殊监测。

制剂与规格

非班太尔有马用的膏剂：45.5% 的非班太尔（455 mg/mL）。悬浮液：9.3% 非班太尔（2.75 g/oz）及 27.2 mg 和 163.3 mg 的片剂。

非班太尔也可以组合使用，每克膏剂含 34 mg 的非班太尔和 3.4 mg 的吡喹酮。

非班太尔、噻嘧啶和吡喹酮可用于小动物。

稳定性和贮藏

存放在密闭容器中，并在室温下避光保存。

小动物剂量
犬

单独使用 10 mg/kg 非班太尔，或者与 1 mg/kg 吡喹酮联合使用，随食物口服，每天一次，使用 3 d。

幼犬：单独使用 15 mg/kg 非班太尔，或者与 1.5 mg/kg 吡喹酮联合使用，随食物口服，每天一次，用 3 d。

对于贾第鞭毛虫的治疗，可与吡咯烷联合使用（27 ~ 35 mg/kg 非班太尔 + 27 ~ 35 mg/kg 吡咯烷），q24 h，PO，用 3 d。

猫

单独使用 10 mg/kg 非班太尔，或者与 1 mg/kg 吡喹酮联合使用，随食物口服，每天一次，用 3 d。

幼猫：单独使用 15 mg/kg 非班太尔，或者与 1.5 mg/kg 吡喹酮联合使用。

大动物剂量
牛

7.5 mL/100 kg 体重，PO。

绵羊和山羊

1 mL/20 kg 体重，或者 5 mL/25 kg，PO。

马

6 mg/kg，PO。

管制信息

不适用于拟食用的马。没有列出其他监管限制。

非氨酯（Felbamate）

商品名及其他名称: Felbatol 和通用品牌。
功能分类: 抗惊厥药。

F

药理学和作用机制

非氨酯在动物中治疗抽搐的作用可能是通过 N-甲基-D-天冬氨酸（N-methyl-D-aspartate，NMDA）受体的拮抗作用和兴奋性氨基酸的阻滞作用实现的。药物在犬中的半衰期为 5 ~ 6 h，可能需要频繁地给药。

适应证和临床应用

当使用其他抗惊厥药无效时，可使用非氨酯治疗犬的癫痫。通常在尝试使用非氨酯之前先使用其他药物。该药可与其他抗惊厥药一起使用。但是，由于可获得其他药物治疗难治性抽搐，如左乙拉西坦、唑尼沙胺、加巴喷丁和普瑞巴林，非氨酯在动物中的使用有所减少。

注意事项
不良反应和副作用

在犬中，该药增加了肝损伤的风险。它还可能引起震颤、流涎、坐立不安和躁动（通常是高剂量使用时）。也有犬发生干燥性角膜结膜炎（Keratoconjunctivitis sicca，KCS）的报道。还有一些血液学异常的报道，如中性白细胞减少症、淋巴细胞减少症和血小板减少症。在人中,最严重的反应是肝毒性和再生障碍性贫血。

禁忌证和预防措施

该药可能会增加苯巴比妥的浓度。与苯巴比妥一起使用时，更有可能引起肝损伤。

药物相互作用

与改变肝脏细胞色素 P450 酶或作为其底物的药物可能存在相互作用（见附录 G 和 H）。如果同时使用，可能会增加苯巴比妥浓度。

使用说明

犬的使用剂量根据经验推断。没有可证明其功效的对照研究，但通常是在动物对其他药物（如苯巴比妥或溴化物）具有耐药性时才使用。

患病动物的监测和实验室检测
监测血浆浓度有助于评估治疗。在某些商业实验室中可以进行测定。尚未在动物中确定理想的血浆浓度。但是，人血浆中 24 ~ 137 μg/mL 的浓度是有效的（平均 78 μg/mL）。定期（如每 6 个月）监测全血细胞计数（CBC）和生化检测结果。

制剂与规格
非氨酯有 120 mg/mL 的口服悬浮液，以及 400 mg 和 600 mg 的片剂。

稳定性和贮藏
存放在密闭容器中，并在室温下避光保存。尚未评估复合制剂的稳定性。

小动物剂量
犬
开始剂量为 15 ~ 20 mg/kg，q8 h，PO，然后根据需要增加以控制抽搐。最大剂量约为 70 mg/kg，q8 h，PO。

小型犬：每只 200 mg，q8 h，PO，并增加到最大剂量每只 600 mg，q8 h。

大型犬：每只 400 mg，q8 h。逐渐以 200 mg（15 mg/kg）的增量增加剂量，直到能控制抽搐。大型犬的最大剂量为每只 1200 mg，q8 h。

大动物剂量
没有大动物剂量的报道。

管制信息
尚未确定停药时间。
RCI 分类：3。

芬苯达唑（Fenbendazole）
商品名及其他名称： Panacur 和 Safe-Guard。
功能分类： 抗寄生虫药。

药理学和作用机制
芬苯达唑是苯并咪唑类抗寄生虫药。与其他苯并咪唑一样，芬苯达唑引起寄生虫的微管发生变性，并且不可逆地阻止寄生虫吸收葡萄糖。抑制葡萄糖的吸收会导致寄生虫的能量存储耗尽，最终导致死亡。但是，对哺乳动物的葡萄糖代谢没有影响。

适应证和临床应用

芬苯达唑可有效治疗动物的多种肠道蠕虫，包括弓首蛔虫属、钩虫属、钩口属和毛首属。在犬中，该药对大多数肠道蠕虫有效，对线虫也有效。在犬中，该药也已用于治疗肺部蠕虫（肺线虫），但需要更长的治疗时间。芬苯达唑可有效治疗贾第鞭毛虫，但需要更高的剂量，失败率可能高达50%。在猫中，该药可有效治疗肺线虫、吸虫和各种蠕虫。

F

> ### 注意事项
> **不良反应和副作用**
> 芬苯达唑具有良好的安全剂量范围，但有引起呕吐和腹泻的报道。当以推荐剂量的3倍和5倍，以及推荐持效时间的3倍给药评估时，芬苯达唑的耐受性良好，并且在目标物种中没有副作用的报道。在怀孕期间可以安全使用。很少有与芬苯达唑给药相关的全血细胞减少症的报道。
>
> **禁忌证和预防措施**
> 没有已知的禁忌证。它可用于所有年龄段的动物。
>
> **药物相互作用**
> 没有已知的药物相互作用。

使用说明

推荐剂量基于制造商的临床研究。可将颗粒剂与食物混合。可以在马和牛中使用膏剂。食物的存在不影响口服吸收。在治疗贾第鞭毛虫的研究中，该药比其他治疗更安全。

患病动物的监测和实验室检测

可以进行粪便监测以确定治疗肠道寄生虫的功效。

制剂与规格

芬苯达唑有22.2%（222 mg/g）的 Panacur 颗粒剂、10%的口服膏剂（92 g/32 oz）和100 mg/mL的口服悬浮液。

稳定性和贮藏

存放在密闭容器中，并在室温下避光保存。尚未评估复合制剂的稳定性。

小动物剂量
犬

50 mg/(kg·d)，用3 d，PO。对于严重的寄生虫感染，用药可能会延长至5 d。治疗犬的肺蠕虫（肺线虫）感染时，按此剂量给药，给药时间增加到 10 ~ 14 d。

猫

50 mg/(kg·d)，用 3 d，PO。

对于严重的寄生虫感染，用药可能会延长至 5 d。

大动物剂量
马

用于肠道寄生虫，如圆线虫、蛲虫和蛔虫：Panacur 颗粒剂或膏剂，剂量为 5.1 mg/kg（2.3 mg/lb），PO。两包各 1.15 g 的药物可治疗一匹 450 kg（1000 lb）的马。Panacur 膏剂可以 5 mg/kg 的剂量用于马，PO。可能需要在第 6 ~ 8 周进行重复治疗。治疗马的蛔虫（马副蛔虫）感染时，建议使用 10 mg/kg 的较高剂量。

绵羊和山羊

5 mg/kg，PO。

牛

5 mg/kg，PO。

管制信息

牛停药时间（肉）：8 d。没有针对产奶用牛的停药时间。

山羊的停药时间：肉用山羊为 6 d，产奶用山羊为 0 d。

甲磺酸非诺多泮（Fenoldopam Mesylate）

商品名及其他名称： Corlopam。

功能分类： 血管扩张药。

药理学和作用机制

非诺多泮是一种多巴胺激动剂。它对多巴胺 D_1 受体具有特异性，对 α-肾上腺素受体或 β-肾上腺素受体无影响，因此已被用于在具有 D_1 受体（外周动脉和肾脏）的血管床中引起平滑肌松弛和血管舒张。该药对 D_2 受体没有活性，对 α-肾上腺素受体只有很小的作用。由于这种活性，非诺多泮比多巴胺具有更高的特异性，而多巴胺已被用于类似的适应证。使用非诺多泮通常仅限于增加肾脏灌注以治疗急性肾衰竭。该药在动物中的半衰期非常短（在犬中为 1 ~ 7 min），清除率非常高［60 mL/(kg·min)］，因此通常 CRI 给药。

适应证和临床应用

在兽医学中使用非诺多泮仅限于一些研究（主要是在猫和犬中）、临床病例报告以及一些个人经验，表明其治疗急性肾损伤的有效性。该药可能起到肾血管扩张的作用，但由于尚无与治疗相关的生存率差异，因此尚无足够证据推荐将其用于常规治疗。在人中，该药已取代多巴胺用于治疗急性肾损伤。该药也被用于治疗人的严重高血压，预防肾缺血，增加胃肠道灌注，以及治疗急性肾损伤。该药仅限于短期住院使用，用于快速治疗高血压。

F

注意事项

不良反应和副作用

在犬和猫中，它通常是安全的，并且具有良好的耐受性。常见的副作用是低血压。非诺多泮的半衰期很短，因此，如果观察到低血压，请降低输注速度。在小动物中的其他副作用包括反射性心动过速和轻度低钾血症。很少引起猫的面部抽搐和唾液分泌过多。在人中，副作用可能包括眼压升高（青光眼的风险）、低钾和心动过速。

禁忌证和预防措施

没有已知的禁忌证。

药物相互作用

与其他血管扩张药同时使用时应谨慎，可能会发生极度低血压。请勿与 β-受体阻滞剂一起使用。

使用说明

CRI 给药。禁止推注。应在开始 CRI 的 15 min 内起效。推荐剂量基于一些有限的研究和兽医的个人临床经验。在动物中尚无良好对照的功效研究，其用途很大程度上是根据在人的推荐剂量推算出来的。建议将该溶液添加到液体中，以制成 40 μg/mL 的输注溶液。如将 1 mL（10 mg）溶液添加至 250 mL 液体中。

患病动物的监测和实验室检测

在治疗过程中监测患病动物的心率和血压。

制剂与规格

非诺多泮有 10 mg/mL 的注射剂，pH 范围是 2.8 ~ 3.8。

稳定性和贮藏

非诺多泮溶液可与氯化钠溶液（0.9%）或 5% 葡萄糖溶液混合进行输

注。一旦混入液体，在正常的环境光照和温度下至少可稳定24 h。24 h之后，丢弃溶液。

小动物剂量
犬

0.8 µg/(kg·min)，CRI。

猫

0.5 ～ 0.8 µg/(kg·min)，CRI。

大动物剂量
马驹

0.04 µg/(kg·min)。

管制信息

没有为食品生产用动物确定停药时间。由于非诺多泮的半衰期非常短，因此，预计在食品生产用动物的药物残留不会成为问题。

枸橼酸芬太尼（Fentanyl Citrate）（注：芬太尼透皮剂在下一节中列出）

商品名及其他名称： Sublimaze 和通用品牌；Fentora 颊片剂。

功能分类： 镇痛药、阿片类。

药理学和作用机制

枸橼酸芬太尼是合成阿片类镇痛药。芬太尼的效力是吗啡的80 ～ 100倍。芬太尼是神经 µ 阿片受体激动剂，可抑制与疼痛刺激（如 P 物质）传递有关的神经递质的释放。中枢的镇定和欣快效应与脑中的 µ-受体效应有关。芬太尼的安全范围广，在自主呼吸的犬中，使用高达推荐剂量的300倍也不会致命。该药具有高度亲脂性，比吗啡亲脂性高约1000倍，并且在犬中的蛋白结合率低（15.6%），可迅速扩散入CNS。在犬中，半衰期为2 ～ 6 h（取决于不同的研究），而在猫中，半衰期约为2.5 h。清除率很高，与肝脏血流量相当，口服吸收率非常低。芬太尼可经皮肤或口腔黏膜吸收，但是如果吞咽，口服生物利用度不高。

适应证和临床应用

在动物中，枸橼酸芬太尼通过 IV 推注或 CRI 以缓解疼痛，辅助麻醉，或与其他 CNS 镇定药联用。芬太尼 IV 给药产生的镇痛作用可维持约 2 h。大多数剂量基于经验和实验研究。口服颊片剂已被用于治疗人的暴发性疼痛，但在动物中使用该药仅有个人经验。有关透皮剂的信息，请参见"芬太尼透皮剂"。临床主要用于犬和猫。在马中使用镇痛剂量时，可能引起严重的坐立不安、心动过速、自主活动增强和兴奋（请参阅"不良反应和副作用"部分）。在马中，使用低剂量疗效较差。

注意事项

不良反应和副作用

芬太尼的副作用与吗啡类似。与所有阿片类药物一样，副作用是可预见的且不可避免的。副作用包括镇定、便秘和心动过缓。高剂量会发生呼吸抑制。与其他阿片类药物一样，预期心率会略有下降。在大多数病例中，不必使用抗胆碱能药物（如阿托品）来应对这种下降，但是应该对其进行监控。在马中，阿片类药物的快速 IV 给药可能导致不良行为甚至危险的行为。在马中应该采用乙酰丙嗪或 α_2-激动剂作为麻醉前用药。

禁忌证和预防措施

枸橼酸芬太尼是 Schedule Ⅱ 类管制药物。重复给药会产生耐受性和依赖性。猫和马在给药之后容易发生兴奋，尤其是 IV 给药时。

药物相互作用

没有特定的药物相互作用，但是芬太尼将降低其他麻醉药用量。芬太尼会增强其他阿片类药物和 CNS 抑制剂的作用。

使用说明

芬太尼注射剂广泛用于犬和猫，以及一些特殊的物种，用于疼痛管理和麻醉辅助药物。通过 CRI 静脉输注、IM 和 SQ 给药（透皮剂见后述）。对于 SQ 给药，溶液的 pH 为 5.2 时可引起疼痛。可以通过添加碳酸氢盐溶液，以 1 : 10 和 1 : 20 进行稀释，将 pH 升高至 8.0，从而减轻疼痛。除芬太尼注射剂外，还可以使用芬太尼透皮剂。口服经黏膜剂型（颊片剂）可用于人，但尚未在动物中进行充分测试。

患病动物的监测和实验室检测

监测镇痛效果的反应。监控患病动物的心率和呼吸。尽管由阿片类药物引起的心动过缓很少需要治疗，但必要时可以给阿托品。如果发生严重的呼吸抑制，可使用纳洛酮逆转阿片类药物。

制剂与规格

枸橼酸芬太尼有 250 μg/5 mL 的注射剂（50 μg/mL）。Fentora 颊片剂为 100 μg、200 μg、400 μg、600 μg 和 800 μg。

稳定性和贮藏

存放在密闭容器中，并在室温下避光保存。该药溶于水，微溶于乙醇。该药是 Schedule Ⅱ 类管制药物，因此请存放在带锁的柜子中。当混入经黏膜凝胶中时，该药是无效的。枸橼芬太尼的 pH 为 5.2。如果添加碳酸氢盐溶液（1∶10 或 1∶20 稀释），则 pH 升至 8.0，如果混合后立即注入，则注射的疼痛可能减轻。

小动物剂量
犬和猫

麻醉药用途：0.02 ~ 0.04 mg/kg，q2 h，IV、SQ 或 IM，如果与乙酰丙嗪或地西泮一起使用，则使用 0.01 mg/kg，IV、IM 或 SQ。

镇痛药：0.005 ~ 0.01 mg/kg，q2 h，IV、IM 或 SQ。

猫的疼痛控制，CRI：从 3 ~ 5 μg/kg（0.003 ~ 0.005 mg/kg），IV 负荷剂量开始，然后是 2 ~ 5 μg/(kg·h)。

犬的疼痛控制，CRI：从 0.003 mg/kg，IV（3 μg/kg）负荷剂量开始，然后是 0.005 mg/(kg·h)［5 μg/(kg·h)］，并根据需要将其增加到 10 μg/(kg·h)，以控制疼痛。

大动物剂量
小反刍动物

5 ~ 10 μg/kg（0.005 ~ 0.010 mg/kg），IV。

管制信息

由 DEA 控制的 Schedule Ⅱ 类管制药物。没有食品生产用动物的停药信息。

RCI 分类：1。

芬太尼透皮剂（Fentanyl, Transdermal）

商品名及其他名称： 多瑞吉（贴剂）和透皮溶液（Recuvyra）。
功能分类： 镇痛药、阿片类。

药理学和作用机制

芬太尼透皮剂是合成阿片类镇痛药。芬太尼的效力是吗啡的 80 ~ 100 倍。芬太尼是神经 μ- 阿片受体激动剂，可抑制与疼痛刺激（如 P 物质）传递有关的神经递质的释放。中枢的镇定和欣快效应与脑中的 μ- 受体效应有关。芬太尼透皮具有与 IV 施用的枸橼酸芬太尼相同的特性，不同之处在于，在本制剂中，芬太尼透皮产生镇痛作用，并作为围手术期患病动物和慢性疼痛患病动物其他药物的辅助药物。芬太尼透皮贴剂以恒定的速率通过皮肤输送芬太尼，以产生全身作用。芬太尼透皮溶液在犬中迅速吸收，产生峰值浓度，并维持有效浓度以治疗疼痛达 4 d。

将芬太尼透皮溶液（50 mg/mL）应用于犬的背侧区域，可全身吸收以产生持续（4 d）的镇痛作用。透皮溶液被批准用于犬，用于与手术操作相关的术后疼痛的控制。该产品被置于酒精载体中，在皮肤上能快速干燥，而芬太尼渗入皮肤形成缓慢释放的储库。将单剂量（2.6 mg/kg，每千克约 1 滴）应用于犬的皮肤会产生持续的血液浓度。如果在手术前应用，本产品可控制疼痛至少 4 d。

有 25 μg/h、50 μg/h、75 μg/h 和 100 μg/h 的贴片。吸收程度在动物中可能是有差异的［例如，芬太尼的释放率在理论值的 27% ~ 98%（平均 71%）变化］。猫吸收芬太尼的平均速率约为理论输送速率的 1/3，但 1 个贴片能使芬太尼在血浆中的浓度至少保持 118 h。芬太尼透皮贴剂（2 个或 3 个 100 μg/h 贴片）已应用于马的皮肤，以缓解疼痛。在马中，持效时间比犬或猫的短，可能需要每 48 h 重新应用一次。

适应证和临床应用

犬的芬太尼透皮溶液（Recuvyra）已在实地研究中应用于犬，与其他阿片类镇痛药的围手术期镇痛相比，其疗效已得到证实。已证明该药对术后疼痛的有效性，给药后长达 4 d 有效。除犬以外，尚未在其他动物中评估透皮溶液的使用。

来自芬太尼贴剂的透皮吸收已被证明可用于猫、犬、马和山羊。在犬中，芬太尼透皮贴剂（50 μg/h）适用于大多数平均大小的犬。芬太尼透皮剂已被证明可有效缓解犬的术后疼痛。猫对该药的耐受性很好。芬太尼贴片（25 μg/h）可有效且安全地缓解猫的甲切除术的疼痛。接受芬太尼贴片治疗的猫在脾气、态度和食欲方面都有改善。芬太尼透皮剂可单独使用，或与 NSAID 联合使用，用于治疗马的严重疼痛，比单独使用 NSAID 的镇痛效果更好。

注意事项
不良反应和副作用

尚未报告严重的副作用。已有透皮溶液出现典型的阿片样作用的报道。该贴剂可能会在应用部位引起轻微的皮肤刺激。如果芬太尼贴片的给药量很高，则可能会出现阿片过量的一些迹象（如猫的兴奋或犬的镇定），但是，这些反应很少见。在马身上使用的副作用尚未报道。如果在动物中观察到副作用（如呼吸抑制、过度镇定或猫的兴奋），请去掉贴片，并在必要时使用盐酸纳洛酮（0.4 mg/mL 溶液，剂量为 0.04 mg/kg）。如果在使用芬太尼透皮溶液的犬中观察到副作用，请以 0.4 mg/kg 的剂量给纳洛酮，并在必要时重复用药。

禁忌证和预防措施

芬太尼透皮剂是 Schedule II 类管制药物。在体重较轻的动物中（如小型玩具犬、年幼或虚弱的猫）应慎用。在对犬采用芬太尼透皮溶液之前，请先参考说明书和培训指南。在人中，芬太尼有很高的效力和被滥用的可能性。应告知动物主人，将透皮贴剂或透皮溶液用于人具有很高的风险。芬太尼可通过完整的人体皮肤被吸收。

药物相互作用

没有特定的药物相互作用，但芬太尼透皮剂会减少其他麻醉药的使用。芬太尼透皮剂会增强其他阿片类药物和 CNS 抑制剂的作用。

使用说明

手术前 2 ~ 4 h，应将芬太尼透皮溶液局部施用于肩胛背侧区域。使用配套的注射器和涂药器。不要让儿童、宠物主人或其他宠物接触用药区域。在临床应用之前，请与制造商（赞助商）联系，以获得培训和药物使用说明。最初将 0.5 mL 涂抹到皮肤上，不用移动涂药器。如果计算的体积大于 0.5 mL，重新定位涂药器，使其距初始位置至少 25.4 mm（1 in），并涂抹至 0.5 mL。重新定位和重复给药步骤，直到将所有计算出的药物体积均应用于犬。限制犬整整 2 min，并避免接触给药部位 5 min，以使溶液完全干燥。

芬太尼透皮剂是将芬太尼掺入粘贴在犬和猫皮肤上的贴片中。研究已经确定，在犬和猫中，贴片稳定释放芬太尼达 72 ~ 108 h。一个 100 μg/h 的贴片相当于 10 mg/kg 的吗啡，每 4 h，IM。研究已经确定，25 μg/h 的贴片适用于猫。如果给药速率对猫来说过高，并且怀疑有不良反应，则将贴合面遮挡一半以降低给药速率。对于 10 ~ 20 kg 的犬，单个 50 μg/h 的贴片是合适的。在成年马中，2 个或 3 个 100 μg/h 的贴片可快速达到有效范围内的血浆浓度，但差异性很大。该药在马中的作用时间只有 48 h，比在犬或猫的短。应用贴片时，请仔细遵循厂商的建议。

患病动物的监测和实验室检测

监控患病动物的心率和呼吸。尽管由阿片类药物引起的心动过缓很少需要治疗，但必要时可以给阿托品。如果发生严重的呼吸抑制，可使用纳洛酮逆转阿片类药物。监测猫是否有兴奋症状。

制剂与规格

芬太尼透皮溶液装在 10 mL 琥珀色玻璃小瓶中（50 mg/mL）。每个药瓶都配有专门设计的无针头适配器、注射器和涂药器。

芬太尼贴剂有 25 μg/h、50 μg/h、75 μg/h 和 100 μg/h 的贴片。在 2009 年 5 月，该配方改用基质载体代替储存系统。这些与以前的人用制剂具有生物等效性。

稳定性和贮藏

存放在密闭容器中，并在室温下避光保存。不要打开芬太尼贴片的膜。

小动物剂量

犬

贴片：10 ~ 20 kg，50 μg/h 贴片，q72 h。

透皮溶液：在手术前 2 ~ 4 h，将 2.7 mg/kg（1.2 mg/lb）药物涂布在肩胛背侧区域。

猫

每只猫 25 μg 贴片，q120 h。

尚未评估透皮溶液在猫上的应用。

大动物剂量

马

贴片：在成年马中，使用 2 个或 3 个透皮贴片，每片 100 μg/h（10 mg 芬太尼，相当于经皮给药 35 ~ 110 μg/kg）。

贴片：在马驹中，使用 1 个 100 μg/h 的透皮贴片。

绵羊和山羊

100 μg/h 的贴片（吸收速率不稳定）。

管制信息

DEA 控制的 Schedule II 类管制药物。

芬太尼不应用于食品生产用动物。停药时间尚未确定。

硫酸亚铁（Ferrous Sulfate）

商品名及其他名称： Ferospace 和通用品牌（OTC）。

功能分类： 矿物质补充剂、铁补充剂。

药理学和作用机制

硫酸亚铁是铁补充剂。在缺铁或患缺铁性贫血的动物中替代铁。

适应证和临床应用

铁补充剂适用于因铁缺乏引起疾病的患病动物。

注意事项

不良反应和副作用

高剂量会导致胃溃疡。口服给药会使粪便变黑。

禁忌证和预防措施

请勿在有胃溃疡倾向的动物中使用。高剂量或意外的摄入可能导致严重的溃疡和穿孔,应将其视为紧急情况。

药物相互作用

铁补充剂会干扰其他药物(如氟喹诺酮类、四环素类和其他可能与铁螯合的药物)的口服吸收。西咪替丁和其他抗酸药会降低口服吸收率,因为酸性环境有利于铁的吸收。

使用说明

推荐剂量取决于需要升高血细胞比容的程度。在某些动物中,使用可注射的右旋糖酐铁代替口服疗法。

患病动物的监测和实验室检测

监测血细胞比容、血清铁浓度和总铁结合能力。

制剂与规格

有非处方口服制剂,250 mg 硫酸亚铁含有 50 mg 铁元素。注射剂通常是右旋糖酐铁("右旋糖酐铁"在本书中单独列出)。

稳定性和贮藏

存放在密闭容器中,并在室温下避光保存。请勿与其他药物混合使用,因为可能会发生螯合。硫酸亚铁溶于水。

小动物剂量

犬

每只 100 ~ 300 mg,q24 h,PO。

猫

每只 50 ~ 100 mg,q24 h,PO。

大动物剂量

没有大动物剂量的报道。

管制信息

未确定标签外停药时间。但是，建议停药 24 h，因为这种药物的残留风险很小。

非那雄胺（Finasteride）

商品名及其他名称： Proscar。

功能分类： 激素拮抗剂。

F

药理学和作用机制

非那雄胺是合成的类固醇 Ⅱ 型 5α 还原酶抑制剂。它抑制了睾酮向双氢睾酮（dihydrotestosterone，DHT）的转化。这类药物中的一种类似药物（但未在兽医学中进行评估）是度他雄胺（安福达）。

适应证和临床应用

由于 DHT 刺激前列腺的生长，非那雄胺可用于治疗良性前列腺肥大（benign prostatic hypertrophy，BPH）。在患有 BPH 的犬中，已证明非那雄胺可减少前列腺的大小，而不会影响睾酮的产生或精液质量。

注意事项

不良反应和副作用

在犬中未报道过副作用。

禁忌证和预防措施

怀孕动物禁用非那雄胺。

药物相互作用

没有关于动物药物相互作用的报道。

使用说明

剂量基于犬的临床研究，尚未报道其他动物的信息。一项关于犬的研究发现，使用 0.1 mg/kg，q24 h，会产生明显的效果。另一项研究使用的剂量范围为 0.1 ～ 0.5 mg/kg，q24 h，并报道前列腺减小。

患病动物的监测和实验室检测

不用特殊监测。

制剂与规格

非那雄胺有 1 mg 和 5 mg 的片剂。

稳定性和贮藏

存放在密闭容器中，并在室温下避光保存。尚未评估复合制剂的稳定性。

小动物剂量

0.1 mg/kg，q24 h，PO。

犬 10 ~ 50 kg：每只 5 mg，q24 h，PO。

大动物剂量

没有大动物剂量的报道。

管制信息

没有确定停药时间。禁用于拟食用动物。

非罗考昔（Firocoxib）

商品名及其他名称：Previcox 和 Equioxx。
功能分类：抗炎。

药理学和作用机制

非罗考昔属于 NSAID。和此类其他药物相似，非罗考昔通过抑制前列腺素的合成而产生镇痛和抗炎作用。被 NSAID 抑制的酶是环氧合酶（cyclo-oxygenase enzyme，COX）。COX 存在两种异构体：COX-1 和 COX-2。COX-1 主要负责前列腺素的合成，对维持健康的胃肠道、肾脏功能、血小板功能和其他正常功能很重要。COX-2 被诱导并负责合成前列腺素，而前列腺素是疼痛、炎症和发热的重要介质。但是，可以理解的是，在某些情况下，COX-1 和 COX-2 的作用会有些交叉，并且 COX-2 活性在某些生物学效应中起重要作用。与较传统的 NSAID 相比，在体外测定中，非罗考昔对 COX-1 的作用更少，并且是 COX-2 的选择性抑制剂。COX-1/COX-2 比值大于其他药物，表明非罗考昔是犬、马和猫的选择性 COX-2 抑制剂。与其他选择性较低的 NSAID 相比，COX-1 或 COX-2 的特异性是否可产生更好的功效或安全性尚无定论。非罗考昔的半衰期在犬中为 7.8 h，在猫中为 9 ~ 12 h，在马驹中为 11 h，在成年马中为 30 ~ 40 h，在犊牛中为 6.7 h。由于半衰期较短，与成年马相比，马驹的药物浓度较低。该药与蛋白质高度结合（96% ~ 98%）。口服吸收率在犬中为 38%，在马中为 79% ~ 100%，在犊牛中大约为 100%，在猫中为 54% ~ 70%。饲喂会延迟吸收，但不会降低总体吸收。在马中，口服膏剂的剂量为 0.1 mg/kg 时，口服吸收率为

79% ~ 100%，而对犬使用片剂时，口服吸收率为88%（口服膏剂和片剂之间的吸收率无显著差异）。禁食马的吸收率高于进食马。

适应证和临床应用

非罗考昔用于减轻疼痛、炎症和发热。它已用于犬疼痛和炎症的急性和慢性治疗。最常见的用途之一是骨关节炎，但它也用于与手术相关的疼痛。在马中，用于骨关节炎。在猫中，已证明非罗考昔可有效减轻急性发热反应。在猫中的使用仅限于短期使用或低剂量长期使用。

F

注意事项

不良反应和副作用

消化道问题是与NSAID相关的最常见的不良事件，可能包括呕吐、腹泻、恶心、溃疡和胃肠道糜烂。在批准之前，已经建立了在犬中使用的急性和长期安全性与有效性数据。在现场试验中，呕吐是最常报道的副作用。在犬进行的研究中，较高的剂量（正常剂量的5倍）引起了胃肠道问题。在马中，副作用包括给药42 d后口腔溃疡、肾乳头坏死和消化道作用，但肠道局部缺血后的黏膜恢复比其他非选择性NSAID少。在年轻犬的研究中，非罗考昔与某些动物的肝脏门静脉周围脂肪变性有关。对于某些NSAID，已观察到肾毒性，特别是在脱水动物中或患有肾脏疾病的动物中。犬和马可发生行为改变，但很少见。

在马的现场试验中已报道了胃肠道问题（腹泻、大便稀松），但在批准的剂量下很少发生。在马中，当使用超标签剂量或过长时间时，可观察到溃疡、氮质血症、肾损伤、皮肤和口腔黏膜糜烂，以及出血时间延长。

禁忌证和预防措施

先前存在胃肠道问题或肾脏问题的犬和猫，NSAID引起副作用的风险可能更高。在繁殖、怀孕或泌乳动物中，没有关于非罗考昔安全性的信息，但尚未在繁殖动物中有副作用的报道。

在马中，不要超过建议的治疗时间。在马的安全性研究中，如果以推荐剂量给药超过30 d，会发生毒性反应。

药物相互作用

禁止与其他NSAID或皮质类固醇一起使用。皮质类固醇已被证明会加剧胃肠道副作用。某些NSAID可能会干扰利尿剂和血管紧张素转换酶（ACE）抑制剂的作用。

使用说明

根据厂商的剂量指南使用。咀嚼片可以与食物一起或不与食物一起使用。猫的长期研究尚未完成，仅有单剂量研究的报道。在马中，有使用犬用片剂的报道，与口服膏剂相比吸收无显著差异。尽管根据 FDA 的规定，不允许这种用法，但口服片剂在马中具有生物利用度。

患病动物的监测和实验室检测

监测胃肠道症状以获取腹泻、胃肠道出血或溃疡的证据。由于存在肾损伤的风险，在治疗期间应定期监测肾脏指标（水消耗、BUN、肌酐和尿比重）。

制剂与规格

非罗考昔有 57 mg 和 227 mg 的片剂。

马口服膏剂为 8.2 mg/g 膏剂（0.82% w/w）。

马注射剂，以 20 mg/mL 的溶液用于 IV（与聚乙二醇和甘油载体一起使用）。

稳定性和贮藏

存放在密闭容器中，并在室温下避光保存。尚未评估复合制剂的稳定性。该药不会被离子化，并且溶解度不受 pH 的影响。

小动物剂量

犬

5 mg/(kg·d)，PO。

猫

1.5 mg/kg，一次，PO，猫的长期安全性尚未确定。

大动物剂量

马

0.1 mg/kg，q24 h，PO，最多 14 d。

静脉注射：0.09 mg/kg，IV，每天一次（2 mL/1000 lb、2.6 mL/1250 lb 或 1.5 mL/750 lb）。

犊牛

剂量尚未确定，0.5 mg/kg，q24 h，PO 或 IV。

管制信息

在食品生产用动物的停药时间尚未确定，但其他国家在屠宰前 26 d 停药。请勿用于肉用马中。

在赛马中，不允许在比赛前 12 h 使用。

氟苯尼考（Florfenicol）

商品名及其他名称：Nuflor、Nuflor Gold、Resflor（氟尼辛和氟苯尼考）、Aquaflor（鱼配方）。

功能分类：抗菌药。

药理学和作用机制

氟苯尼考是一种甲砜霉素衍生物，其作用机制与氯霉素相同（抑制蛋白质合成）。但是，它比氯霉素或甲砜霉素更具活性，并且可能对某些病原体［如奶牛呼吸系统疾病（BRD）病原体］更具杀菌作用。氟苯尼考具有广泛的抗菌活性，包括对氯霉素敏感的革兰氏阴性杆菌、革兰氏阳性球菌和其他非典型细菌（如支原体）。氟苯尼考具有高度亲脂性，可达到足够高的浓度以治疗细胞内病原体，并穿越某些解剖学屏障（在牛的血-脑屏障渗透率为46%）。IV给药后，牛体内氟苯尼考的半衰期为2～3 h，但IM注射后氟苯尼考的半衰期延长了（18 h），皮下注射40 mg/kg时，氟苯尼考的半衰期为27 h。在犬中，半衰期较短，IV和口服给药后的半衰期分别为1.1 h和1.2 h。IV和口服给药后，在猫体内的半衰期分别为4 h和7.8 h。

适应证和临床应用

由于氟苯尼考是氯霉素的衍生物，可在氯霉素不可用的情况下使用（在美国，氯霉素用于食品动物是违法的）。氟苯尼考已被证明可有效治疗与溶血性曼海姆菌、多杀性巴氏杆菌和睡眠嗜组织菌（曾被称为睡眠嗜血杆菌）相关的BRD。在动物到达饲养场时注射氟苯尼考（40 mg/kg一次SQ），可降低BRD的发病率。该药还可用于治疗与坏死梭杆菌和产黑色素拟杆菌相关的奶牛趾间蜂窝织炎（腐蹄病、急性趾间坏死杆菌病和传染性蹄皮炎），并用于治疗由牛莫拉氏菌引起的牛角膜结膜炎。Resflor Gold包含氟苯尼考和氟尼辛。该药用于相同的BRD病原体，并通过添加氟尼辛葡甲胺而具有抗炎活性，包括肉牛和非泌乳期奶牛的BRD相关性发热。

在猪中，它用于治疗胸膜肺炎放线杆菌、多杀性巴氏杆菌、霍乱沙门氏菌和猪链球菌引起的猪呼吸系统疾病（SRD）。在猫中，每天2次给药可达到有效浓度。在犬中，半衰期很短，需要频繁地给药才能产生有效浓度。氟苯尼考还可以用于鱼类，有一种饲料添加剂配方已批准用于鲶鱼（10 mg/kg）。

注意事项

不良反应和副作用

在犬和猫中的使用受到限制，因此尚未有副作用的报道。氯霉素与剂量依赖性骨髓抑制有关，使用氟苯尼考可能会发生类似反应。但是，似乎没有氯霉素引发再生障碍性贫血的风险。高剂量时，氟苯尼考可能引起睾丸变性。在马中，20 mg/kg，q48 h，IM 会改变细菌菌群并增加腹泻风险。

禁忌证和预防措施

在动物中长期使用可能会导致骨髓抑制。有引起马腹泻、结肠炎和胆红素升高的报道。不建议将该药用于马。单个部位给药不超过 10 mL。

药物相互作用

没有关于动物药物相互作用的报道。但是，众所周知，氯霉素抑制细胞色素 P450 酶，并降低其他药物的代谢（见附录 H）。因此，氟苯尼考也可能会导致药物相互作用，但没有记录在案。

使用说明

剂型仅被批准用于牛和猪，并且所列剂量尚未在小动物中进行全面评估。列出的剂量来自药代动力学研究。IM 和 SQ 给药，在牛中可持续起效，但在犬中药效不持久。如果需要的话，可将牛的注射制剂给小动物口服，但味苦。

患病动物的监测和实验室检测

监测 CBC 以判断是否有骨髓抑制。药敏试验：实验室使用氯霉素来检测对氟苯尼考的药敏性。敏感生物（链球菌）的 CLSI 耐药折点为 ≤ 4 μg/mL，其他微生物 ≤ 8 μg/mL。

制剂与规格

氟苯尼考有 300 mg/mL 的注射剂（牛）或可添加到猪饮用水中的 23 mg/mL 溶液（400 mg/gal）。药用饲料配方含有 500 g/kg，添加到鱼饲料中。Resflor Gold 中含氟尼辛与氟苯尼考，每毫升含 300 mg 氟苯尼考和 16.5 mg 氟尼辛，并含有 2-吡咯烷酮、35 mg 苹果酸和三醋精。

稳定性和贮藏

存放在密闭容器中，并在室温下避光保存。浅黄色或稻草色不会影响药效。尚未评估复合制剂的稳定性。

小动物剂量

犬

20 mg/kg，q6 h，IM 或 PO。

猫

22 mg/kg，q8 h，IM 或 PO。

大动物剂量

牛（BRD）

20 mg/kg，q48 h，SQ 或 IM（在颈部）。

40 mg/kg，在颈部区域单次 SQ，或者 q72 h，SQ（还与 2.2 mg/kg 的氟尼辛和 40 mg/kg 的 Nuflor Gold 联合进行单次注射）。

马

尽管有使用氟苯尼考的报道，但一些报道显示给药之后出现了副作用。在获得更多安全数据之前，建议避免在马中使用氟苯尼考。

猪

15 mg/kg，在颈部区域 IM，q48 h。

连续 5 d 加入饮用水中，剂量为 400 mg/3.79 L（100 ppm）。

管制信息

牛停药时间（肉）：如果 IM 给药，则为 28 d；如果 SQ，则为 38 d。Nuflor Gold（40 mg/kg，SQ）停药时间为 44 d。

尚未确定在犊牛中的停药时间。不要在肉用犊牛中使用该药，禁用于 20 月龄或以上的奶牛或小于 1 月龄的肉用犊牛。

猪停药时间：在饮水中最后一次给药后的 16 d、最后一次与饲料一起给药后的 13 d。

氟康唑（Fluconazole）

商品名及其他名称： Diflucan 和通用品牌。
功能分类： 抗真菌药。

药理学和作用机制

氟康唑是氮杂茂类抗真菌药。抑真菌药。氟康唑抑制真菌细胞膜中的麦角固醇合成，并且对皮肤癣菌、全身性真菌和酵母具有活性，包括念珠菌、球孢子菌和隐球菌。但是，它对霉菌（如曲霉菌）或接合菌的活性较弱。氟康唑上的两个三唑环使其比其他氮杂茂类抗真菌药物的亲脂性更低，而水溶性更高。它比其他氮杂茂类抗真菌药的蛋白结合率低。与其他口服的氮杂茂类抗真菌药相比，即使胃内空虚，氟康唑的吸收也更加可预测且更完全。在犬、猫和马中的半衰期分别为 14 ~ 15 h、13 ~ 25 h 和 38 h。

适应证和临床应用

氟康唑对皮肤癣菌、酵母和多种系统性真菌有效。在犬、猫、马和异宠中，该药被用于治疗系统性真菌感染、酵母菌感染和皮肤癣菌，包括马拉色菌皮炎。在猫中，可用于治疗隐球菌属和组织胞浆菌病。在犬中，它对球孢子菌病的活性不如其他氮杂茂类抗真菌药强，但对某些患病动物有效。对于球孢子菌病，可能需要更高的剂量（如 10 mg/kg，q12 h）。该药治疗犬的芽生菌病有效，功效与伊曲康唑相似。由于它是水溶性的，可用于治疗真菌性膀胱炎。

注意事项

不良反应和副作用

使用氟康唑尚未有副作用的报道。与酮康唑相比，该药对内分泌功能的影响较小。但是，可能会增加肝酶浓度和引起肝病。

禁忌证和预防措施

在怀孕的动物中慎用。在实验动物中使用高剂量时，会引起胎儿异常。

药物相互作用

氟康唑是细胞色素 P450 酶的抑制剂，可增加其他药物的浓度。这将导致犬体内环孢素浓度增加。它可能会降低其他药物的代谢，如麻醉药和镇定药（如咪达唑仑）。在马中使用氟康唑可使其从麻醉中苏醒的时间延长，这可能是麻醉药代谢降低所致。

使用说明

氟康唑的剂量主要基于在猫中用于治疗隐球菌病的研究。尚未报道治疗其他感染的疗效。氟康唑和其他氮杂茂类药物之间的主要区别在于氟康唑在 CNS 中的浓度更高。氟康唑的口服吸收率比伊曲康唑和酮康唑更可预测，并且受禁食影响较小。

患病动物的监测和实验室检测

定期监测治疗动物的肝酶。药敏试验是可行的，但仅对念珠菌建立了范围。氟康唑可能会引起某些犬出现肝酶轻度升高。

制剂与规格

氟康唑有 50 mg、100 mg、150 mg 和 200 mg 的片剂；10 mg/mL 和 40 mg/mL 的口服悬浮液及 2 mg/mL 的 IV 注射剂。

稳定性和贮藏

配制口服悬浮液后，氟康唑可保持稳定 14 d。因为它是浓度为 8 ~ 10 mg/mL 的水溶液，也可以配制为用于小动物的制剂。将片剂压碎，并与液体载体混合，用于口服给药。但是，尚未确定复合制剂超过 15 d 的长期稳定性。

小动物剂量

犬

5 mg/kg，q12 h，PO。在难治的病例中，将剂量增加至 10 mg/kg，q12 h，PO。

芽生菌病：10 mg/(kg·d)。

马拉色菌的治疗：5 mg/kg，q12 h，PO。

猫

每只 50 mg，每天一次，PO；在难治性病例中，每只猫增加至 50 mg，q12 h，PO（10 mg/kg，q12 h）。在多数病例中，每天给药一次。

大动物剂量

马

5 mg/kg，q24 h，PO。

管制信息

没有规定食品生产用动物的停药时间（标签外使用）。

氟胞嘧啶（Flucytosine）

商品名及其他名称： Ancobon。

功能分类： 抗真菌药。

药理学和作用机制

氟胞嘧啶通过渗入真菌细胞内转化为氟尿嘧啶而起效，氟胞嘧啶起抗代谢作用。

适应证和临床应用

氟胞嘧啶是一种抗真菌药物，在兽医学中仅限于治疗隐球菌性脑膜炎。

应将其与两性霉素 B 联合使用（但不能与氮杂茂类抗真菌药联用）以治疗隐球菌病，以提高疗效并降低耐药性。该用途主要限于治疗猫的隐球菌病，因为它会引起犬的毒性反应。

注意事项

不良反应和副作用

贫血和血小板减少症是最常见的副作用。在犬中使用氟胞嘧啶，已观察到皮肤和黏膜皮肤药疹。

禁忌证和预防措施

尚未发现动物有特定的禁忌证。不建议在犬中使用，因为会引发皮肤出现药疹反应。

药物相互作用

没有关于动物药物相互作用的报道。

使用说明

氟胞嘧啶主要用于治疗动物的隐球菌病。功效基于其在脑脊液（CSF）中达到高浓度的能力。氟胞嘧啶可能与两性霉素 B 有协同作用。

患病动物的监测和实验室检测

治疗期间监测 CBC。

制剂与规格

氟胞嘧啶有 250 mg 和 500 mg 的胶囊。

稳定性和贮藏

存放在密闭容器中，并在室温下避光保存。复合的口服悬浮液可保持稳定达 60 d。

小动物剂量

猫（不建议用于犬）

25 ~ 50 mg/kg，q6 ~ 8 h，PO，最大剂量为 100 mg/kg，q12 h，PO。
隐球菌性脑膜炎：20 ~ 40 mg/kg，q6 h，PO。

大动物剂量

没有大动物剂量的报道。

管制信息

没有规定在拟食用动物中的停药时间（标签外使用）。

氟氢可的松醋酸盐（Fludrocortisone Acetate）

商品名及其他名称： Florinef。

功能分类： 皮质类固醇。

F

药理学和作用机制

盐皮质激素替代疗法。与糖皮质激素活性相比，氟氢可的松具有较高的盐皮质激素活性。氟氢可的松的作用是模仿体内醛固酮的作用，特别是增加肾小管中钠的重吸收。

适应证和临床应用

氟氢可的松在患有肾上腺皮质功能减退（Addison 病）的动物中用作替代疗法。与糖皮质激素的功效相比，它具有较高的盐皮质激素功效。当需要间歇注射而不是每日口服氟氢可的松时，去氧皮质酮新戊酸酯（DOCP）可以用作犬的替代药物。在猫中，氟氢可的松已用于治疗原发性醛固酮增多症。

> **注意事项**
>
> **不良反应和副作用**
>
> 副作用主要与糖皮质激素的高剂量使用有关。多尿 / 多饮可能发生于某些动物中。肾上腺皮质功能减退的长期治疗可能会导致糖皮质激素的副作用。氟氢可的松可导致尿液醛固酮显著降低。
>
> **禁忌证和预防措施**
>
> 尽管用作盐皮质激素，但它可能会产生糖皮质激素的副作用。在可能有皮质类固醇副作用风险的动物中慎用。
>
> **药物相互作用**
>
> 没有关于动物药物相互作用的报道。

使用说明

应当通过监测患病动物反应（即监测电解质浓度）来调整剂量。在某些患病动物中，使用糖皮质激素和钠补充剂［如泼尼松龙 / 泼尼松的剂量为 $0.2 \sim 0.3$ mg/(kg·d)］。但是，由于它保留了一些糖皮质激素的活性，因此某些动物在接受氟氢可的松时可能不需要额外补充糖皮质激素。

患病动物的监测和实验室检测

监测患病动物的电解质（尤其是钠和钾）。调整剂量应基于电解质监测数据，以将其维持在理想范围内。氟氢可的松可用于猫原发性醛固酮增多症的诊断测试。该抑制试验可作为验证试验用于基础尿液醛固酮与肌酐比值 >7.5 × 10^9 的猫，抑制 < 50% 表示醛固酮分泌不当。方案参见"剂量"部分。

制剂与规格
氟氢可的松有 100 µg（0.1 mg）的片剂。

稳定性和贮藏
存放在密闭容器中，并在室温下避光保存。不溶于水。用压碎片剂制备各种悬浮液时，可保持稳定 14 d。

小动物剂量
犬

15 ～ 30 µg/(kg·d)（0.015 ～ 0.03 mg/kg），PO。

猫

每只 0.1 ～ 0.2 mg，q24 h，PO。要测试原发性醛固酮增多症，0.05 mg/kg，q12 h，连用 4 d，测定尿液醛固酮与肌酐的比值来判断效果（患醛固酮增多症的猫的检测范围 >7.5 × 10^9）。

大动物剂量
没有大动物剂量的报道。

管制信息
未确定标签外停药时间。但是，建议停药 24 h，因为这种药物的残留风险很小。

RCI 分类：4。

氟马西尼（Flumazenil）
商品名及其他名称： Romazicon。
功能分类： 解毒剂。

药理学和作用机制
氟马西尼是苯二氮䓬受体拮抗剂。氟马西尼阻止了苯二氮䓬类（如地西泮）对 γ-氨基丁酸（GABA）受体的作用。

适应证和临床应用
氟马西尼本身没有治疗益处，但可在人医中作为苯二氮䓬类药物的逆转剂（兽医学中不常用）。由于较高的首过效应，因此不能口服，必须注射给药。

注意事项

不良反应和副作用

没有在动物中报道过副作用。

禁忌证和预防措施

如果将氟马西尼与三环类抗抑郁药（TCA）或其他可降低抽搐阈值的药物一起使用，可能会引起抽搐。

药物相互作用

当与其他对抑制性神经递质 GABA 有抑制作用的药物一起使用时，氟马西尼可能会增加抽搐的风险。

使用说明

氟马西尼主要用来阻滞苯二氮䓬类药物的作用。它被用来逆转过量的苯二氮䓬类（如地西泮）。尽管已将其实验性地用于治疗肝性脑病，但尚未确定其对这种疾病的功效。

患病动物的监测和实验室检测

不用特殊监测。

制剂与规格

氟马西尼有 100 μg/mL（0.1 mg/mL）的注射剂。

稳定性和贮藏

存放在密闭容器中，并在室温下避光保存。尚未评估复合制剂的稳定性。

小动物剂量
犬和猫

0.02 mg/kg，IV。

逆转苯二氮䓬类的作用：0.2 mg（总剂量），视需要而定，IV。

大动物剂量
马、牛、猪和羊

逆转苯二氮䓬类的作用：20 μg/kg（0.02 mg/kg），IV。

管制信息

禁用于拟食用动物。

氟美松（Flumethasone）

商品名及其他名称： Flucort、Fluosmin 悬浮液和 Anaprime 悬浮液。
功能分类： 皮质类固醇。

药理学和作用机制

氟美松是强效糖皮质激素类抗炎药。一篇参考文献列出该药的效力约为皮质醇的 15 倍，在兽医参考文献中列出该药的效力为皮质醇的 30 倍、泼尼松龙的 6 ~ 7 倍。抗炎作用很复杂，但主要是通过抑制炎性细胞和抑制炎性介质的表达来实现的。用于治疗炎性疾病和免疫介导性疾病。

适应证和临床应用

和其他皮质类固醇相似，氟美松可用于治疗各种炎性疾病和免疫介导性疾病。剂量部分包含替代疗法、抗炎治疗和免疫抑制疗法的剂量范围。与小动物相比，氟美松在大动物中使用更多。在大动物中的用途包括治疗炎性疾病，尤其是肌肉骨骼疾病，并在关节内使用。在马中，氟美松已用于治疗反复性气道阻塞（recurrent airway obstruction，RAO）。在牛中，皮质类固醇已用于治疗酮病。

注意事项

不良反应和副作用

皮质类固醇的副作用很多，包括多食症、多饮 / 多尿和 HPA 轴抑制、胃肠道溃疡、肝病、糖尿病、高脂血症、甲状腺激素减少、蛋白质合成减少，以及伤口愈合延迟和免疫抑制。继发性感染可能是免疫抑制的结果，包括蠕形螨病、弓形虫病、真菌感染和尿路感染（UTI）。在马中，其他副作用包括蹄叶炎风险。

禁忌证和预防措施

在易发生溃疡或感染的患病动物，以及伤口待愈合的动物中慎用。在患肾功能衰竭或糖尿病的动物以及怀孕的动物中请谨慎使用。据制造商警告，在怀孕第三期，口服或胃肠外给予动物的皮质类固醇可能会诱发第一阶段的分娩，并可能导致过早分娩，随后出现难产、胎儿死亡、胎盘滞留和子宫炎。

药物相互作用

NSAID 和皮质类固醇一起给药会增加胃肠道损伤的风险。

使用说明

剂量基于潜在疾病的严重程度。例如，抗炎性疾病所需的剂量比治疗免疫介导性疾病低。对于所有疾病，猫的剂量通常比犬的高。请注意，牛和马的批准标签剂量为每只动物 1.25 ~ 5 mg，成年动物为 0.003 ~ 0.006 mg/kg（3 ~ 6 μg/kg）。考虑到氟美松的效力可能与地塞米松相似，许多专家认为剂量应更高，在 0.04 ~ 0.15 mg/kg 的范围内。制造商对犬和猫的标签剂量为每天 0.01 ~ 0.02 mg/kg，PO、IV、IM 或 SQ。但基于相对效力，在治疗某些疾病时，制造商推荐的剂量可能较低。

患病动物的监测和实验室检测

在治疗期间监测肝酶、血糖和肾功能。监测患病动物是否有继发性感染的体征。进行促肾上腺皮质激素（ACTH）刺激试验以监测肾上腺功能。

制剂与规格

氟美松有 0.5 mg/mL 的注射剂和用于小动物的 0.0625 mg 的片剂、2 mg/mL 的醋酸氟美松悬浮液及用于马关节内注射的 2 mg/mL 的悬浮液。

稳定性和贮藏

存放在密闭容器中，并在室温下避光保存。尚未评估复合制剂的稳定性。

小动物剂量
犬和猫

抗炎用途：0.15 ~ 0.3 mg/kg，q12 ~ 24 h，PO、IV、IM 或 SQ。请注意，制造商的标签剂量为每犬每天 0.06 ~ 0.25 mg，每猫每天 0.03 ~ 0.125 mg（0.01 ~ 0.02 mg/kg），但是根据相对效力，该剂量可能较低。

大动物剂量
马

每只动物单剂量 1.25 ~ 2.5 mg，IM 或 IV（0.003 ~ 0.006 mg/kg）。这是产品标签上经常列出的剂量。但是，许多专家更喜欢以 0.04 ~ 0.15 mg/kg 作为单剂量 IV 或 IM。

马的关节内使用：使用 2 mg/mL 悬浮液，每个关节 6 ~ 10 mg。
牛

每头牛 1.25 ~ 5 mg，单剂量 IV 或 IM。这是产品标签上经常列出的剂量。但是，许多专家更喜欢以 0.04 ~ 0.15 mg/kg 作为单剂量 IV 或 IM。

管制信息

在美国没有确定停药时间。

在加拿大，牛的停药时间（肉）：4 d。

RCI 分类：4。

氟尼辛葡甲胺（Flunixin Meglumine）

商品名及其他名称： Banamine 和通用品牌。

功能分类： NSAID。

药理学和作用机制

氟尼辛属于 NSAID。它和其他 NSAID 通过抑制前列腺素的合成而产生镇痛和抗炎作用。被 NSAID 抑制的酶是 COX。COX 存在两种异构体：COX-1 和 COX-2。COX-1 主要负责前列腺素的合成，对维持健康的胃肠道、肾脏功能、血小板功能和其他正常功能很重要。COX-2 被诱导并负责合成前列腺素，而前列腺素是疼痛、炎症和发热的重要介质。但是，可以理解的是，在某些情况下，COX-1 和 COX-2 的作用会有些交叉，并且 COX-2 活性在某些生物学效应中起重要作用。氟尼辛对 COX-1 或 COX-2 都不具有选择性。可能会发生其他抗炎作用（如对白细胞的作用），但尚未得到很好的描述。在马中，该药的半衰期为 2 h，膏剂的口服吸收率为 77%，颗粒剂的吸收率为 85%。但是，食物中的干草将延迟峰值浓度，将颗粒剂和膏剂与饲料相混合，则口服吸收率不稳定。在牛中，药物半衰期为 3 ~ 4 h，IV，在犊牛中为 6 h，但 IM 则半衰期更长。牛的口服吸收率为 60%。

适应证和临床应用

氟尼辛主要用于中度疼痛和炎症的短期治疗。该药已被用于治疗马的腹部疼痛，减轻马的败血症症状，以及减少牛与大肠菌群乳腺炎相关的临床症状。在马中，作为败血症的辅助治疗方法，以 0.25 mg/kg 的低剂量使用。0.25 mg/kg 的剂量不是"抗内毒素"剂量，因为它不直接抑制内毒素。但是在这种低剂量下，它可能会抑制前列腺素，后者在马败血症时影响血流动力学。氟尼辛已作为单一剂量用于奶牛犊牛腹泻的治疗。用氟尼辛以 2.2 mg/kg，IV 治疗有内毒素乳腺炎的奶牛，不会影响产奶量，还能减轻发热并改善瘤胃活力。氟尼辛与抗生素一起用作 BRD 的辅助治疗，可降低炎性肺脏反应，并减轻与 BRD 相关的发热。Resflor Gold 的配方中同时包含氟苯尼考和氟尼辛。

在猪中，氟尼辛用于与 SRD 相关的发热。

在犬和猫中，偶尔使用氟尼辛，但由于消化道毒性（溃疡和穿孔）的风险，通常仅限于一次或两次治疗。通常，在犬和猫中使用其他更有安全性的 NSAID。

注意事项

不良反应和副作用

最严重的副作用与胃肠道系统有关。高剂量或长时间使用氟尼辛会导致胃炎和胃肠道溃疡。在马中，肠道缺血性损伤后，使用氟尼辛可能会影响恢复。也有降低肾脏灌注的记录。犬的治疗应限于连续 4 d。在马中，如果通过 IM 给药，则可能在注射部位发生肌炎和脓肿。

禁忌证和预防措施

避免在临产的怀孕动物中使用。禁用于肉用犊牛。禁用于用作繁殖的公牛，因为尚未研究对此类牛的生殖功能的影响。氟尼辛已被批准用于某些食品动物的 IV 治疗，但是如果以 IM 或 SQ 剂量使用氟尼辛，则会增加残留的风险。若对患有乳腺炎的奶牛给药，药物排泄的时间可能比健康的奶牛更长，因此，即使遵循停药时间，也可能增加残留违规药物的风险。请勿用于治疗动物中暑。

药物相互作用

与皮质类固醇联用时，会增强致溃疡作用。与苯丁氮酮联用会增加马低蛋白血症和胃溃疡的风险。与其他 NSAID 一样，氟尼辛可能会干扰呋塞米和 ACE 抑制剂等利尿剂的作用。

在犬中，由于清除率降低，与恩诺沙星联用会增加氟尼辛的血浆浓度。

使用说明

大动物中氟尼辛的使用取决于所治疗的疾病。该药可以口服、IM 或 IV 给药，但通常将治疗限制在每天一次，以避免胃肠道和肾脏的副作用。它在美国未获准用于小动物，但在欧洲已获批准用于小动物。在实验研究中已显示，该药是有效的前列腺素合成抑制剂。

患病动物的监测和实验室检测

在治疗期间监测胃肠道出血和溃疡。监测马的血清白蛋白，因为 NSAID 的重复给药可导致某些马出现低蛋白血症。

制剂与规格

氟尼辛有 250 mg 的袋装颗粒剂而 10 g 的大袋装颗粒剂。有 10 mg/mL 和 50 mg/mL 的注射剂。该药也有膏剂，每个 30 g 的注射器中含有相当于 1500 mg 氟尼辛的氟尼辛葡甲胺。Resflor Gold 中含氟尼辛与氟苯尼考，每毫升含 300 mg 氟苯尼考和 16.5 mg 氟尼辛，并含有 2-吡咯烷酮、35 mg 苹果酸和三醋精。

稳定性和贮藏

存放在密闭容器中，并在室温下避光保存。尚未评估复合制剂的稳定性。

小动物剂量

犬和猫

1.1 mg/kg，用药一次，IV、IM 或 SQ。

1.1 mg/(kg·d)，每周 3 d，PO。

眼科使用（与眼科手术有关）: 0.5 mg/kg，一次，IV。

大动物剂量

马

1.1 mg/kg，q24 h，最多 5 d，IV 或 IM。注意：研究表明，在马驹中低至 0.25 mg/kg 的剂量可抑制败血症期间前列腺素的合成。有急腹症的马也经常以 0.25 mg/kg，IV，q8 h 的低剂量进行治疗。

膏剂：1.1 mg/kg，q24 h，PO。

颗粒剂：1.1 mg/(kg·d)，PO（每包 500 lb）。

牛

1.1 ~ 2.2 mg/kg，每天一次，最多 3 d，IV（缓慢）。

在含有氟苯尼考（Resflor Gold）的制剂中：40 mg/kg 氟苯尼考和 2.2 mg/kg 氟尼辛，SQ。

猪

2.2 mg/kg，一次，IM。

管制信息

牛停药时间：肉牛为 4 d，产奶用牛为 36 d。如果采用 IM 或 SQ 给药，残留风险更高，如果采用这种方法，则停药时间应延长为肉类至少为 30 d，乳类至少为 72 h。如果口服给药，则肉牛的停药时间应至少为 8 d，产奶用牛的停药时间应为 48 h。

猪停药时间：12 d。

RCI 分类：4。

氟尿嘧啶（Fluorouracil）

商品名及其他名称: 5- 氟尿嘧啶和 Adrucil。
功能分类: 抗癌药。

药理学和作用机制

氟尿嘧啶属于抗癌药、抗代谢药。5- 氟尿嘧啶（5-FU）是胸苷和尿嘧啶的类似物，它们分别是 DNA 和 RNA 的碱基。当用作抗癌药时，它会破坏 DNA 和 RNA,从而抑制癌细胞的生长。氟尿嘧啶用于兽医抗癌方案,如癌、骨肉瘤、血管肉瘤、传染性性肿瘤和肥大细胞瘤。

适应证和临床应用

氟尿嘧啶用于犬的癌症治疗方案。该药已被用作其他一些癌症联合治疗方案的一部分。

注意事项

不良反应和副作用

氟尿嘧啶的毒性在快速生长的细胞(骨髓、肠道上皮和上皮细胞)中最明显。氟尿嘧啶会引起轻度白细胞减少、血小板减少和 CNS 毒性。在犬中,它会导致胃肠道不适、呕吐、呼吸窘迫、骨髓抑制、行为改变、抽搐、其他神经症状和心脏异常。

有犬意外摄入人的外用制剂的报道。40 mg/kg 的剂量可导致犬死亡,而 20 mg/kg、10 mg/kg 和 5 mg/kg 的剂量分别导致犬的高、中和低毒性作用。

禁忌证和预防措施

禁用于猫。

药物相互作用

没有关于动物药物相互作用的报道。

使用说明

请参考抗癌治疗方案以获取准确的剂量和治疗方案。

患病动物的监测和实验室检测

监测 CBC 以判断是否有骨髓毒性。

制剂与规格

氟尿嘧啶有 50 mg/mL 的小瓶装。该药也有外用制剂,包括 0.5%、1%、2% 和 5% 溶液,以及 1% 和 5% 乳膏。外用制剂用于人的皮肤肿瘤和角化病。

稳定性和贮藏

存放在密闭容器中,并在室温下避光保存。尚未评估复合制剂的稳定性。

小动物剂量

犬

150 mg/m^2,每周一次,IV。

猫

禁用。

大动物剂量

没有大动物剂量的报道。

管制信息

不确定食品生产用动物的停药时间。该药物不应用于食品生产用动物，因为它是抗癌药。

盐酸氟西汀（Fluoxetine Hydrochloride）

商品名及其他名称: Prozac（人用制剂），Reconcile（动物用制剂）。
功能分类: 行为矫正、选择性 5- 羟色胺再摄取抑制剂。

药理学和作用机制

盐酸氟西汀属于抗抑郁药。与此类其他药物一样，氟西汀被归类为选择性 5- 羟色胺再摄取抑制剂（SSRI）。其作用机制似乎是通过血清素再摄取的选择性抑制和 5-HT1 受体的负调控而实现的。SSRI 比 TCA 药物对抑制 5- 羟色胺再摄取更具选择性。氟西汀被代谢为去甲氟西汀，去甲氟西汀是一种活性代谢物。在犬中的口服吸收率为 72%，体内半衰期为 6 ~ 10 h。代谢物去甲氟西汀的半衰期较长，为 48 ~ 57 h。在猫中，口服吸收率为 100%，体内半衰期为 34 ~ 47 h，代谢物去甲氟西汀的半衰期为 51 ~ 55 h。透皮给药时，猫的吸收率仅为 10%。在动物中使用的另一种 SSRI 是帕罗西汀（Paxil）。

适应证和临床应用

与其他 SSRI 一样，氟西汀也用于治疗行为障碍，如分离焦虑、犬强迫症行为和支配地位攻击行为。在猫中，它对减少喷尿行为 [1 mg/(kg · d)] 有效。在比较氟西汀和氯米帕明治疗猫的尿液标记的试验中，两种药物长期使用均有效。但是，停药后尿液标记行为又恢复了。在犬和猫中，SSRI 已用于疼痛综合征，但尚无关于该适应证疗效的研究报告。在马中，氟西汀已用于"啃咬癖"和其他行为疾病。

注意事项
不良反应和副作用

与其他抗抑郁药相比，氟西汀的副作用更少（尤其是抗组胺和抗毒蕈碱作用）。在犬中进行临床试验期间，不良反应包括呕吐、食欲减退、嗜睡、精神沉郁、颤抖，以及某些犬出现摇晃；最常见的是嗜睡和食欲减退。在极少数病例中，它可能会导致抽搐。在犬中，10 ~ 20 mg/kg 的高剂量会引起颤抖、厌食、攻击行为、眼球震颤、呕吐和共济失调。有时在较低剂量下可能会出现其中一些症状。在猫中，已观察到紧张或焦虑加剧。但是，在用于治疗喷尿行为的试验中，几乎没有副作用的报道。在猫中，使用 5 mg/kg 的剂量会引起颤抖，使用 3 mg/kg 的剂量会引起厌食和呕吐。但是，猫的耐受剂量最高为 50 mg/kg。

禁忌证和预防措施

在有攻击倾向的动物中谨慎使用，因为它可能会降低攻击抑制。在怀孕早期，它似乎是安全的，但在怀孕晚期可引起实验动物的肺动脉高压。

药物相互作用

请勿与其他行为矫正药物（如其他 SSRI 或 TCA）一起使用。请勿与单胺氧化酶抑制剂（MAOI）一起使用。与司来吉兰合用可能引起反应。由于该药高度依赖肝脏代谢，因此可能会受到细胞色素 P450 抑制剂作用的影响（请参阅附录 H）。

使用说明

始终与全面的行为矫正方案联合使用。临床研究已经确定了氟西汀治疗犬分离焦虑的临床功效。由于半衰期长，血浆中的蓄积可能持续数天或数周。起效时间可能会延迟 2 周。

在某些动物中，首选帕罗西汀（Paxil），该药有片剂，并已用于体型较小的动物。不要透皮使用，因吸收率低。

患病动物的监测和实验室检测

在动物中使用已相对安全，因此只需监测行为改变。

制剂与规格

人用的氟西汀有 10 mg、20 mg 和 40 mg 的胶囊；10 mg 的片剂和 4 mg/mL 的口服溶液。动物用制剂有 8 mg、16 mg、32 mg 和 64 mg 的片剂，可能不再可用。

稳定性和贮藏

存放在密闭容器中，并在室温下避光保存。该药在水中的溶解度为 14 mg/mL，在酒精中的溶解度为 100 mg/mL。盐酸氟西汀溶液可与各种果汁和调味剂混合，可维持稳定达 8 周。在一项试验中，将其与金枪鱼味的水混合喂给猫，能保持有效性。

小动物剂量

犬

1 ~ 2 mg/kg，每天一次，PO。

猫

每只 0.5 ~ 4 mg，q24 h，PO（每天 0.5 ~ 1 mg/kg）。每只猫以 1/4 片（2.5 mg）开始，并根据需要增加。

尿液标记：1 mg/kg，q24 h，PO，如果反应不足，则增加至 1.5 mg/kg。

大动物剂量
马

0.25 ~ 0.5 mg/kg，PO，每天一次，与谷物混合。

管制信息

禁用于拟食用动物。

RCI 分类：2。

氟地松丙酸（Fluticasone Propionate）

商品名及其他名称： Flovent。

功能分类： 皮质类固醇。

药理学和作用机制

氟地松丙酸是强效糖皮质激素抗炎药，效力是地塞米松的 18 倍。在炎性气道疾病的患病动物中，糖皮质激素对支气管黏膜具有强效抗炎作用。糖皮质激素与细胞上的受体结合，抑制产生气道炎性介质（细胞因子、趋化因子、黏附分子）的基因转录。糖皮质激素可引起炎性介质（如前列腺素、白三烯和血小板活化因子）的合成减少。糖皮质激素还可增强肾上腺素激动剂对支气管平滑肌上 β_2-受体的作用，通过修饰受体或增强受体结合后的肌肉松弛来实现。皮质类固醇也可能阻止 β_2-受体的负调控。局部（吸入性）皮质类固醇（如氟地松或布地缩松）可用于避免全身作用。如果吞咽，该药通常具有较高的首过效应和较低的全身性暴露。由于全身作用低，氟地松产生的全身类固醇作用比泼尼松龙少，如对饮水量、食欲和全身免疫力的影响。

适应证和临床应用

氟地松是用作治疗呼吸系统疾病的吸入性（局部）皮质类固醇。大部分用途适用于猫，但也可以用于犬、马或其他动物，在这些动物中，可以使用特殊的适配器，通过定量吸入器来输送药物。在犬和猫中，最常见的是用于炎性呼吸系统疾病，如哮喘、支气管炎或支气管痉挛。例如，对于猫哮喘的治疗，如果给猫每天吸入两剂强效的吸入性皮质类固醇（如布地缩松、氟地松），并允许从腔室（隔室）进行 5 ~ 7 次呼吸（10 s），则可以减少对口服泼尼松龙的需求。与实验猫相比，以 44 μg 的低剂量每天给药两次，与以 110 μg 的剂量每天给药两次一样有效。

在马中，最常用于反复性气道阻塞［RAO，曾被称为慢性阻塞性肺病（COPD）］。

注意事项

不良反应和副作用

尽管氟地松的全身吸收较低，但在动物中仍会发生一些全身性暴露。可能会发生副作用，但预计不会像全身性皮质类固醇那样严重。接受治疗的动物预期会出现肾上腺抑制（ACTH 反应抑制），但一旦停止治疗，可能恢复。

禁忌证和预防措施

有口腔或呼吸道感染的患病动物慎用，因为可能会产生免疫抑制作用。

药物相互作用

可能有一些系统性影响，但影响很小。NSAID 和皮质类固醇同时给药会增加胃肠道损伤的风险。

使用说明

该用途基于使用氟地松治疗呼吸系统疾病。该药通过定量吸入器输送。如果使用可用于儿科或用于猫、犬和马的特殊适配器（如隔离装置），则这些吸入器可用于动物。在治疗犬和猫时，可以先使用列出的剂量，然后根据反应情况进行调整。

患病动物的监测和实验室检测

在治疗期间监测肝酶、血糖和肾功能。监测患病动物是否有继发性感染的体征。进行 ACTH 刺激试验以监测肾上腺功能。氟地松虽然极少量被全身吸收，但仍然会抑制 ACTH 反应。

制剂与规格

每次吸入剂量为 44 μg、110 μg 或 220 μg 的定量吸入器。

稳定性和贮藏

存放在原容器（定量吸入器）中。请勿刺穿容器或尝试从加压容器中取出药物。尚未评估复合制剂的稳定性。

小动物剂量

犬

用定量吸入器，初始剂量从每剂 220 μg，q12 h 开始。随着患病动物病情稳定，将剂量逐渐降低至每剂 110 μg，并尽可能降低剂量。

猫

初始剂量为每剂 44 μg（44 μg 吸入器吸一次），每天两次。根据需要将剂量增加到 110 μg，然后增加到 220 μg。

大动物剂量
马

每匹马 1 ~ 2 mg（从 220 μg 吸入器中吸 6 ~ 12 次），每天两次，用于治疗呼吸系统疾病。

管制信息
在美国没有确定停药时间。

RCI 分类：未确定。

甲吡唑（Fomepizole）

商品名及其他名称：4- 甲基吡唑、Antizol-Vet 和 Antizol（人用制剂）。

功能分类：解毒剂。

药理学和作用机制
甲吡唑是乙二醇（防冻剂）和甲醇中毒的解毒剂。该药抑制将乙二醇转化为有毒代谢产物的脱氢酶。

适应证和临床应用
甲吡唑用于治疗犬和猫的急性乙二醇中毒。在人中，它被用于此目的，但也被注册用于甲醇中毒。应尽早使用以获得最大的成功。在临床试验中，如果在中毒 8 h 内使用甲吡唑，对犬是安全有效的。在猫中，如果在乙二醇摄入的 3 h 内以高剂量给药，则是有效的。当无法使用甲吡唑时，可以用乙醇替代。

注意事项
不良反应和副作用

没有副作用的报道。

禁忌证和预防措施

应尽早开始治疗以获得最佳效果。在猫中，应在 3 h 内开始治疗，并使用高于犬的剂量。

F

药物相互作用

甲吡唑将抑制与酒精具有相似途径的其他药物和化合物的代谢。与其他药物联用时应谨慎。

使用说明

记录的唯一用途是用于乙二醇中毒的紧急管理。实验研究已证明对犬和猫（对猫应用高剂量）有效。在猫中，输注乙醇也有效。在甲吡唑的给药前先输注 0.9% 氯化钠。如果用于治疗甲醇中毒，则应以 1 mg/kg 的剂量给亚叶酸（Leucovorin）。

患病动物的监测和实验室检测

治疗期间监测肾脏功能。监测尿液量。

制剂与规格

注意：兽医批准的产品最近已被制造商撤回。人用制剂或乙醇可用作替代品。甲吡唑有 1 g/mL 溶液（Antizol）的人用制剂。可以将 1.5 g 加入 30 mL 盐溶液中用于注射（50 mg/mL）。

稳定性和贮藏

存放在密闭容器中，并在室温下避光保存。尚未评估复合制剂的稳定性。

小动物剂量

犬

初始剂量为 20 mg/kg，IV，然后在 12 h 和 24 h 时给药 15 mg/kg，在 36 h 时给药 5 mg。

猫

初始剂量为 125 mg/kg，之后在 12 h、24 h 和 36 h 给药 31.3 mg/kg。继续每 12 h 给药一次，直至检测不到乙二醇。如果无法进行乙二醇分析，则每 12 h 给药 31 mg/kg，直至 60 h。

大动物剂量

没有大动物剂量的报道。

管制信息

没有确定拟食用动物的停药时间。食品生产用动物中残留风险很小。

磷霉素氨丁三醇（Fosfomycin Tromethamine）

商品名及其他名称： Monurol。

功能分类： 泌尿抗菌剂。

药理学和作用机制

磷霉素是一种泌尿抗菌剂。该药抑制敏感菌的细胞壁，并可能通过抑制细菌与膀胱黏膜的黏附而降低毒力。它会在尿液中达到足够的浓度以治疗 UTI。其他组织中的浓度可能不足以治疗非 UTI。在人中，该药使用一次，用于治疗急性 UTI。在犬中，该药半衰期短（IV 为 1.1 h，口服为 2 ~ 3 h），且口服吸收良好。对于革兰氏阴性泌尿道病原体，耐药性突变频率高。这引起了关于治疗过程中可能产生对磷霉素耐药性的担忧。

适应证和临床应用

磷霉素被用作 UTI 的治疗或辅助治疗。在动物中的使用主要来自经验用药。没有对照良好的临床研究或功效试验可证明临床有效性。在女性中，单次给药用于治疗急性 UTI。

> **注意事项**
>
> **不良反应和副作用**
>
> 没有副作用的报道。在犬中，它的安全性和耐受剂量高达 120 ~ 200 mg/kg。
>
> **禁忌证和预防措施**
>
> 不要以干燥形式服用，与水混合。没有其他已知的禁忌证。磷霉素不能替代已建立疗效的抗生素。
>
> **药物相互作用**
>
> 没有已知的药物相互作用。

使用说明

磷霉素已被用于治疗动物的 UTI，主要是在其他药物因耐药而失效时使用。另一种方法是将磷霉素间歇使用（脉冲疗法），以防止 UTI 复发。这些适应证中的任何一种功效都没有在动物中得到证实。

患病动物的监测和实验室检测

使用细菌培养和尿液分析监测 UTI。

制剂与规格

磷霉素有 3 g 的袋装。包装中还含有糖精和蔗糖以调味。将袋装药物与水混合，并立即口服。

稳定性和贮藏

原包装储存，避光，并在室温下保存。尚未评估复合制剂的稳定性。

小动物剂量

犬

没有为犬确定精确的剂量。根据药代动力学研究，推荐剂量为 75 ~ 150 mg/kg，q12 h，PO。其他引用的剂量是经验性的，包括建议将每袋 3 g 平均分为 3 份，每天给药（1 g 溶于 30 mL 水中）。

猫

没有确定猫的剂量。

大动物剂量

没有人动物剂量的报道。

管制信息

没有确定拟食用动物的停药时间。

呋喃唑酮（Furazolidone）

商品名及其他名称： Furoxone。
功能分类： 抗寄生虫药。

药理学和作用机制

呋喃唑酮是一种具有抗贾第鞭毛虫活性的口服抗原虫药，在肠中可能具有一定的抗细菌活性。它仅用于肠道寄生虫的局部治疗，不用于全身治疗。

适应证和临床应用

呋喃唑酮已用于治疗原虫性肠道寄生虫。但是，由于其他口服抗原虫药物的疗效和安全性得到了更好的确立，它们的使用频率更高。

注意事项

不良反应和副作用

没有在动物中报道过副作用。在人中，有轻度的贫血、超敏反应和肠道菌群紊乱的报道。

禁忌证和预防措施

没有关于动物禁忌证的报道。

药物相互作用

请勿与 MAOI 一起使用。

使用说明

尚无关于动物的临床研究的报道。剂量和建议基于在人的使用。其他药物，如芬苯达唑，可能更适合治疗贾第鞭毛虫。

患病动物的监测和实验室检测

不用特殊监测。

制剂与规格

呋喃唑酮在美国已停产。它可以通过某些复合药物获得。先前可用的片剂为 100 mg。

稳定性和贮藏

存放在密闭容器中，并在室温下避光保存。尚未评估复合制剂的稳定性。

小动物剂量

4 mg/kg，q12 h，持续 7 ~ 10 d，PO。

大动物剂量

没有大动物剂量的报道。

管制信息

无可用的管制信息。

呋塞米（Furosemide）

商品名及其他名称: Lasix 和通用品牌。

功能分类: 利尿剂。

药理学和作用机制

呋塞米是袢利尿剂，可抑制 Henle 上升厚髓袢中的 $Na^+/K^+/2Cl^-$ 共转运蛋白。它通常被称为高效利尿剂，因为它比其他利尿剂更有效。呋塞米可减少肾小管对钠、氯和钾的重吸收。随后，这些离子保留在肾小管中并传递给远端肾单位。当尿液到达远端肾小管时，水留在肾小管中，形成稀释的尿液。此外，Mg^{2+} 和 Ca^{2+} 也伴有尿液丢失。另一种作用机制是通过前列腺素合成起效。呋塞米会增加肾内前列腺素的产生（如 PGI_2），从而增加肾血流。前列腺素的合成也可能引起其他组织的血管舒张。动物的血浆半衰期很短（1.5 ~ 3 h），因此，这是一种短效药物，最大起效时间为 1 ~ 2 h，持效时间为 2 ~ 4 h。口服吸收率的差异很大，但在犬中高达 77%。皮下吸收率与其他注射途径一样高。在马中，口服吸收率太低，因此，这不是给药的可行方法。

适应证和临床应用

在小动物中，呋塞米是治疗肺水肿、肝脏疾病、心脏病和血管疾病等引起水肿疾病的首选药物。呋塞米将增加 K^+ 和 Ca^{2+} 排泄，用于治疗高钾血症和高钙血症。根据现有证据，将呋塞米用于急性肾损伤治疗无益。当用于急性肾脏疾病时，呋塞米对患病动物的结局无明显影响。在马中，已将该药用于治疗水肿和与充血相关的综合征。在马中的最常见用法是作为比赛前的预处理。尽管该药看起来可以使赛马更快，但作用机制尚不清楚。它可能会使动物因失水而减轻体重，并可能减少运动性肺出血（exercise-induced pulmonary hemorrhage，EIPH）。但是，减少 EIPH 的功效在马中一直存在争议。在牛中，呋塞米还用于治疗水肿性疾病（如乳房水肿），以及治疗心力衰竭和肺动脉高压。

在所有动物中，该药的作用持效时间都很短，为 2 ~ 4 h。由于持效时间短，CRI 在某些动物中可产生更大的功效。

注意事项

不良反应和副作用

副作用主要与利尿作用（液体和电解质的损失）有关。在犬中，低钠血症比低钾血症更多。反复给药引起 RAAS 的耐受和活化作用，利尿作用减弱。当以 2 mg/kg，q12 h 的剂量用于犬时，到治疗的第 5 天，它会显著增加 RAAS 活性。当 RAAS 激活时，醛固酮浓度升高可能会对脉管系统和心脏重塑产生持续而有害的影响。皮下注射可能会在注射部位引起刺激（刺痛）。

禁忌证和预防措施

在接受 ACE 抑制剂的动物中进行保守治疗，以降低氮血症的风险。重复给药可能通过激活 RAAS 增加醛固酮水平。

药物相互作用

与氨基糖苷类抗生素或两性霉素 B 同时使用可能会增加肾毒性和耳毒性的风险。NSAID 与呋塞米一起给药可能会降低效果。溶液的 pH 为 8 ~ 9.8。呋塞米与碱性药物一起时稳定，但不能与 pH < 5.5 的酸化药物溶液混合。

使用说明

使用建议是基于呋塞米在动物中的广泛临床应用。注射后通常 5 min 起效，30 min 至 2 h 达到峰值，持效时间为 2 ~ 4 h。在犬和马中，CRI 比间歇推注更有效。由于 RAAS 的耐受性和激活，长期重复给药可能会减弱效果。

患病动物的监测和实验室检测

在治疗过程中监测患病动物的电解质浓度（尤其是钾）和水合状况。

制剂与规格

呋塞米有 12.5 mg、20 mg、40 mg、50 mg 和 80 mg 的片剂；20 mg、40 mg 和 80 mg 的片剂（人用制剂）；10 mg/mL 的口服溶液（糖浆）和 50 mg/mL 的注射剂。片剂通常很容易被掰开。大动物可使用 2 g 推注，但口服吸收率不确定。

稳定性和贮藏

存放在密闭容器中，并在室温下避光保存。不要与酸性溶液混合。呋塞米与塑料注射器和输液器兼容。呋塞米在水中的溶解度很差，但可以与 5% 葡萄糖、0.9% 盐水或乳酸林格液混合，配成 10 mg/mL 的溶液。该溶液可维持稳定 8 h。如果 pH > 8，则更易溶解，但当 pH < 5.5 时，则容易出现沉淀。如果保持在碱性溶液或酒精中，则糖浆和其他调味剂中的复合口服制剂稳定。但是，较低的 pH 将导致制剂不稳定。如果发生变色，请丢弃。

小动物剂量

犬

2 ~ 6 mg/kg，q8 ~ 12 h（或根据需要），IV、IM、SQ 或 PO。治疗心力衰竭患犬时，常见的初始剂量为 2 mg/kg，q12 h，PO，然后降至 1 ~ 2 mg/kg，q12 h，PO。

在需要加强治疗的急性病例中，给 2 mg/kg，IV，然后每 30 min 给 2 mg/kg，直到好转。

CRI：0.66 mg/kg 剂量 IV 推注，随后 8 h 剂量为 0.66 mg/(kg·h)。或者，可以将 2 mg/kg 的剂量加入 5% 葡萄糖溶液中进行 IV，超过 8 h。

猫

从 1 mg/kg 开始，然后根据需要使用 1 ~ 4 mg/kg，q8 ~ 24 h，IV、IM、SQ 或 PO。

大动物剂量

马

1 mg/kg，q8 h 或每匹马 250 ~ 500 mg，间隔 6 ~ 8 h，IM 或 IV。

CRI：0.12 mg/kg，IV，然后是 0.12 mg/(kg·h)，IV。

牛

每头牛 500 mg，每天一次；每头牛 250 mg，每天 2 次，IM 或 IV。

管制信息

牛停药时间：肉 2 d，奶 48 h。

马：大多数赛马规则都规定，可以使用每匹马 250 mg 的剂量进行单次 IV，但必须在距比赛开始 4 h 前使用。在大多数马中，4 h 内不会产生超过 100 ng/mL 的尿液阈值，不会违规。

加巴喷丁（Gabapentin）

商品名及其他名称：Neurontin 和通用品牌。
功能分类：抗惊厥药、镇痛药。

药理学和作用机制

加巴喷丁属于抗惊厥药和镇痛药。加巴喷丁是抑制性神经递质 γ-氨基丁酸（GABA）类似物，但它不是 GABA 受体的激动剂或拮抗剂。抗惊厥作用和镇痛作用的机制尚不清楚，但是有证据表明作用机制似乎是通过阻滞钙依赖性通道而实现的。加巴喷丁抑制神经元 N 型电压依赖性钙通道的 α-2-δ（$\alpha_2\delta$）亚基。通过抑制这些通道，可以减少从突触前神经元释放神经递质（特别是兴奋性氨基酸）所需的钙流入。阻滞通道对正常的神经元影响不大，但可以抑制参与抽搐活动和疼痛的受刺激的神经元。在犬和猫中的半衰期仅为 3 ~ 4 h（猫中为 2.8 h），可能需要频繁给药。在马中，半衰期为 8 h（范围为 6.7 ~ 12 h）或 3 ~ 4 h，取决于不同研究，但口服吸收率仅为 16%，导致在马中的血浆浓度低于其他动物。另一种相关药物是普瑞巴林（Lyrica），它用于人的神经性疼痛，也已在犬中使用。加巴喷丁在人体内完全被肾脏清除，但在犬中的肝脏代谢率为 30% ~ 40%。因此，影响肝脏代谢的药物或严重肝脏疾病会降低犬体内加巴喷丁的清除。

适应证和临床应用

加巴喷丁用作抗惊厥药、镇定药、抗焦虑药，并用于治疗慢性疼痛综合征，包括神经性疼痛。它用于治疗对 NSAID 或阿片类无反应的神经性疼痛。但是，目前尚缺乏在犬和猫中进行疼痛治疗的功效的研究。它对犬的术后疼痛无效，并且在试验猫的热伤害感受研究中高达 30 mg/kg 的剂量下无效。在马中，它已被用于治疗蹄叶炎和其他疼痛综合征，但是在良好对照的研究中尚未显示出疗效。在犊牛中，它的半衰期很长，但对去角操作的镇痛无效。

当用于治疗癫痫时，通常在其他药物难以控制抽搐的情况下考虑使用该药（或普瑞巴林）。神经学家认为加巴喷丁是治疗动物抽搐的"附加剂"，单独使用时效果不佳。当在治疗方案中作为附加剂时，它不如唑尼沙胺或左乙拉西坦有效。

注意事项

不良反应和副作用

报道的副作用有镇定和共济失调。随着犬给药剂量的增加（请参阅"剂量"部分），发生镇定的可能性越高。在人中，已经描述了突然停药引起的停药综合征，但尚未在动物中报道。口服溶液含有木糖醇，木糖醇是一种人造甜味剂，对犬有毒，高剂量超过 0.1 g/kg 会产生低血糖和肝损伤。使用标准剂量的加巴喷丁口服液，不太可能超过木糖醇的中毒浓度，但是在添加其他也含有木糖醇的药物时应谨慎。

禁忌证和预防措施

没有已知的禁忌证。

药物相互作用

抗酸药降低口服吸收率。

使用说明

当其他药物对动物无效时，采用加巴喷丁作为抗惊厥药。它可以与其他药物一起使用，如苯巴比妥和溴化物。它还被用于治疗神经性疼痛综合征，可与 NSAID 和阿片类药物一起使用。每个适应证的功效都是个人经验性的，目前尚无对照研究显示其治疗动物疼痛综合征的功效。

患病动物的监测和实验室检测

不用特殊监测。如果监测血浆 / 血清药物浓度，则在犬中，目标低谷浓度为 2 μg/mL。

制剂与规格

加巴喷丁有 100 mg、300 mg 和 400 mg 的胶囊；100 mg、300 mg、400 mg、600 mg 和 800 mg 的刻痕片剂；50 mg/mL 的口服溶液。可以使用胃滞留片（Gralise），在人体内释放 10 h，每天使用一次，但该药尚未在犬或猫中进行评估。

稳定性和贮藏

如果在高温和高湿度下储存，则 9 周内可能会降解。裂片和完整的药片在室温下存放 9 周后保持稳定。尚未评估复合制剂的稳定性。

小动物剂量

犬

抗惊厥剂量：10 ~ 20 mg/kg，q8 h，PO。在某些犬中为了控制抽搐，可能需要更高的剂量。

神经性疼痛：从 5 ~ 15 mg/kg，q12 h，PO 开始，并根据需要逐渐增加剂量至 40 mg/kg，q8 ~ 12 h，PO。

猫

抗惊厥剂量：5 ~ 10 mg/kg，q12 h，PO。在某些猫中为了控制抽搐，剂量增加到 20 mg/kg，q8 ~ 12 h。

神经性疼痛：5 ~ 10 mg/kg，q12 h，PO。

大动物剂量

马

神经性疼痛：2.5 mg/kg，q12 h，PO。

蹄叶炎：2.5 mg/kg，q8 h、q12 h 或 q24 h，并根据需要增加剂量。

管制信息

无可用的管制信息。

RCI 分类：3。

加米霉素（Gamithromycin）

商品名及其他名称：Zactran。

功能分类：抗菌药。

药理学和作用机制

加米霉素是与大环内酯类药物有关的抗菌药。它是一个 15 元环化合物（和阿奇霉素和图拉霉素相似）。和其他大环内酯类药物相似，它通过与核糖体 50S 亚基结合来抑制细菌蛋白的合成。它被认为具有抑菌作用，但在体外可能具有杀菌特性。由于带正电荷，它可能比其他大环内酯类抗生素更容易穿透革兰氏阴性细菌。加米霉素的抗菌谱仅限于导致牛呼吸系统疾病的革兰氏阳性菌和某些革兰氏阴性菌（如溶血性曼海姆菌、支原体和多杀性巴氏杆菌）。它也对马的马红球菌和马链球菌具有活性。该药的半衰期很长〔血浆半衰期为 51 h，肺中的半衰期为 90 h（4 d）]，这会延长药物在感染部位的有效浓度时间。在马驹中的半衰期较短，血浆和呼吸道液体中的半衰期分别为 39 h 和 64 h。大环内酯类抗生素的其他抗炎效应可以解释对呼吸道感染的临床效应，如白细胞中炎性效应降低和细胞因子表达降低。

适应证和临床应用

在牛中，加米霉素可用于治疗溶血性曼海姆菌、多杀性巴氏杆菌和睡眠嗜组织菌（曾被称为睡眠嗜血杆菌）引起的牛呼吸系统疾病（BRD）。它对治疗支原体引起的感染也有效。对于有发生与溶血性曼海姆菌和多杀性巴氏杆菌相关的 BRD 高风险的肉牛和非泌乳期奶牛，可使用该药控制呼吸系统疾病（预防性）。在马中，尚无临床研究，但实验研究表明，它可能对治疗马链球菌和马红球菌引起的感染有效。

注意事项

不良反应和副作用

尚未观察到严重的不良反应。在某些动物中，可能发生注射部位反应，在注射部位出现肿胀或刺激。

禁忌证和预防措施

没有具体的禁忌证报道。

药物相互作用

没有药物相互作用的报道。

使用说明

在牛中，在颈部单剂量皮下注射。在马中，可以每 6 ~ 7 d 进行 IM 注射，以维持呼吸道液体中的有效浓度。

患病动物的监测和实验室检测

CLSI 耐药折点为 ≤ 4.0 μg/mL。

制剂与规格

加米霉素有 150 mg/mL 的注射剂。

稳定性和贮藏

存放在密闭容器中，并在室温下避光保存。

小动物剂量

没有确定小动物剂量。

大动物剂量
牛
6 mg/kg，SQ（颈部）作为单次注射（每 110 lb 为 2 mL）。
猪
不建议。
马
6 mg/kg，IM，必要时每 7 d 给药一次。

管制信息
对产奶用动物未确定停药时间，请勿用于泌乳期奶牛及 20 月龄及以上的雌性奶牛。

不要在屠宰前 35 d 内给药。尚未确定在年轻哺乳期犊牛的停药时间，禁用于肉用犊牛。

G

吉非罗齐（Gemfibrozil）
商品名及其他名称：Lopid。
功能分类：抗高血脂药。

药理学和作用机制
吉非罗齐是降低胆固醇，降低血浆甘油三酸酯和极低密度脂蛋白（very low density lipoprotein，VLDL），并增加高密度脂蛋白（high density lipoproteins，HDL）的药物。其作用机制是抑制外周脂解作用和降低肝脏摄取游离脂肪酸。

适应证和临床应用
该药用于治疗高脂血症。该药已在犬中被用于治疗某些高脂血综合征，但尚未报道疗效。

注意事项
不良反应和副作用
尚未在动物中报道过副作用。
禁忌证和预防措施
没有动物中的禁忌证报道。
药物相互作用
没有关于动物药物相互作用的报道。

使用说明

主要用于治疗高脂血症的病人，但偶尔在犬中使用。尚未在动物中进行临床研究。

患病动物的监测和实验室检测

监测胆固醇浓度。

制剂与规格

吉非罗齐有 600 mg 的片剂（在美国）和 300 mg 的胶囊（仅限加拿大）。

稳定性和贮藏

存放在密闭容器中，并在室温下避光保存。尚未评估复合制剂的稳定性。

小动物剂量

犬和猫

7.5 mg/kg，q12 h，PO。

大动物剂量

没有大动物剂量的报道。

管制信息

无可用的管制信息。

硫酸庆大霉素（Gentamicin Sulfate）

商品名及其他名称： Gentocin、Garasol、Garacin 和通用品牌。
功能分类： 抗菌药。

药理学和作用机制

硫酸庆大霉素是氨基糖苷类抗生素。作用是通过与 30S 核糖体结合而对抑制细菌蛋白质合成起作用。庆大霉素具有浓度依赖性杀菌作用。它对从动物中分离出的大多数细菌具有广谱活性，包括肠杆菌科的葡萄球菌和革兰氏阴性杆菌。它对链球菌和厌氧菌的活性不是很高。已经在许多家养动物和异宠中研究了药代动力学。在哺乳动物中的半衰期通常为 1 ~ 2 h，分布体积为 0.2 ~ 0.3 L/kg。通过肾小球过滤清除。

适应证和临床应用

庆大霉素具有快速的杀菌作用，适用于急性严重感染，如由革兰氏阴性杆菌引起的感染。庆大霉素已通过 IM、SQ 和 IV 给药。口服给药后不会被吸收，这种用途仅限于猪。与其他氨基糖苷类一样，庆大霉素可以与β-内酰胺类抗生素一起使用，因为当与青霉素、氨苄西林或头孢菌素类等药物一起使用时，可以拓宽抗菌谱。尽管庆大霉素通常对大多数革兰氏阴性杆菌具有活性，但阿米卡星对耐药菌株具有更一致的活性。食品动物中唯一获准使用的方法是猪的口服给药，用于治疗猪痢疾。

注意事项

不良反应和副作用

肾毒性是最具剂量限制的毒性。确保患病动物在治疗期间具有足够的体液和电解质平衡。电解质消耗将增加肾毒性的风险。饮食中高水平的钙和蛋白质将降低肾毒性的风险。耳毒性和前庭毒性也有可能发生，但尚未在动物中报道。高剂量时，可能出现神经肌肉毒性，尽管很少见。

禁忌证和预防措施

禁用于肾功能不全、肾功能障碍、肾病或肾功能衰竭的动物。应该有足够的肾脏清除率来清除庆大霉素。可接受在幼年动物中使用，但可能需要更高的剂量。

药物相互作用

与麻醉药物一起使用时，可以使神经肌肉阻滞。请勿在安瓿瓶或注射器内与其他抗生素混合。袢性利尿剂（如呋塞米）会增强耳毒性和肾毒性。

使用说明

给药方案基于病原的敏感性。一些研究表明，每天给药一次的疗法（将每日多剂量合并为单剂量）与每天多次给药相比，同等有效，而且可能更有效。每天一次的治疗也更安全，因为与多次治疗相比，肾的暴露较少。当与β-内酰胺类抗生素（如头孢他啶）联合使用时，对某些细菌（如铜绿假单胞菌）的活性会增强。持续高谷浓度会增加肾毒性。

患病动物的监测和实验室检测

药敏试验：敏感菌的 CLSI 最低抑菌浓度（minimum inhibitory concentration，MIC）耐药折点 ≤ 2 μg/mL，监测血尿素氮（BUN）、肌酐浓度和尿液以发现肾毒性的证据。可以监测血液水平以检测全身清除问题。当监测每日给药一次的患病动物的谷水平时，谷水平应接近或低于检测极限。或者，在给药后 1 h 和 2 ~ 4 h 采样检测半衰期。清除率应约等于肾小球滤过率（GFR）[>1.0 mL/(kg·min)]，半衰期应小于 2 h。

制剂与规格

庆大霉素有 50 mg/mL 和 100 mg/mL 的注射剂，用于猪的 50 mg/mL 的口服液，以及用于火鸡的 5 mg/mL 的注射剂。

稳定性和贮藏

存放在密闭容器中，并在室温下避光保存。庆大霉素可溶于水。不要与其他药物混合，尤其是在小瓶、注射器或输液套件中。可能会失活。避免长期存放在塑料容器中。

小动物剂量

犬

2 ~ 4 mg/kg，q8 h 或 9 ~ 14 mg/kg，q24 h，SQ、IM 或 IV。

每天给药一次通常是首选的给药间隔。

猫

5 ~ 8 mg/kg，q24 h，SQ、IM 或 IV。

每天给药一次通常是首选的给药间隔。

大动物剂量

马

成年马：4 ~ 6.6 mg/kg，q24 h，IM 或 IV。

小于 2 周的马驹：12 ~ 14 mg/kg，q24 h，IM 或 IV。

猪

幼猪 15 mg/kg，年纪较大的猪为 10 mg/kg，每天一次，SQ 或 IM。

大肠杆菌病、猪痢疾：饮用水中含量为 1.1 ~ 2.2 mg/kg，使用 3 d。

犊牛

小于 2 周：12 ~ 15 mg/kg，q24 h，IV 或 IM。

成年牛：5 ~ 6 mg/kg，q24 h，IM 或 IV。

管制信息

除了用于猪的许可产品外，由于残留问题，不应在食品动物中使用氨基糖苷类。

猪的停药时间：在 1.1 mg/kg，PO 剂量下肉用猪为 3 d；在 5 mg/kg，IM 剂量下肉用猪为 40 d；在 5 mg/kg，PO 剂量下肉用猪为 14 d。

如果在牛中将庆大霉素全身性用药，则由于持续存在肾中残留，需要延长停药时间。FARAD 建议停药 18 个月。以 5 mg/kg 的剂量全身给药后，产奶用牛的停药时间应为 5 d。如果在乳房内（每个乳房 500 mg）用庆大霉素，产奶用牛的停药时间至少为 10 d，肉牛的停药时间应为 180 d。

格列吡嗪（Glipizide）

商品名及其他名称： Glucotrol。
功能分类： 抗糖尿病药、降糖药。

药理学和作用机制

格列吡嗪是磺酰脲类口服降糖药。该药物的作用是增加胰腺 β 细胞的胰岛素分泌，可能是通过与 β 细胞上的磺酰脲受体相互作用或抑制胰腺 β 细胞上对三磷酸腺苷（adenosine triphosphate，ATP）敏感的钾通道，从而增加胰岛素的分泌。这些药物也可能增加现有胰岛素受体的敏感性。对猫的研究表明，格列吡嗪的半衰期为 17 h，有效血浆浓度的 50% 功效（EC50）为 70 μg/mL。

适应证和临床应用

格列吡嗪在糖尿病的管理中用作口服治疗，尤其是在猫中。在猫中的反应率为 44% ~ 65%（某些报告为 30% 或更低）。在犬中的反应率很差。与其他口服降糖药相比，在动物中使用磺酰脲类药物更常见，因为它们具有更好的疗效。在动物中，格列吡嗪是所在类别中最常用的药物。其他口服降糖药包括乙己酰胺、氯丙酰胺、优降糖（DiaBeta，Micronase）、格列齐特和托拉酰胺。二甲双胍是用于治疗糖尿病的双胍类口服药物，在猫中的疗效不及格列吡嗪。

来自普鲁尼克透皮凝胶（Pluronic Organicgel，PLO）媒介物的格列吡嗪透皮剂在猫中的吸收性较差（< 20%），且不一致。不推荐该途径。

注意事项

不良反应和副作用

它可能导致某些猫（15%）出现剂量相关性呕吐、厌食、胆红素增加和肝酶升高。它可能会加剧淀粉样蛋白在猫胰腺中的沉积，并增加胰腺 β 细胞的损失。格列吡嗪可能导致低血糖，但比胰岛素造成的少。在人中，可能会增加心脏病死亡率，但这在猫中尚无报道。

禁忌证和预防措施

许多猫无反应，需要胰岛素治疗。如果患猫不稳定，或者脱水、衰弱，请不要依赖格列吡嗪治疗。

药物相互作用

在人中，已经有许多药物相互作用的报道。尚不清楚是否在动物中发生。

谨慎使用 β-受体阻滞剂、抗真菌药、抗凝血药、氟喹诺酮类药物、磺胺类药物和其他药物。

使用说明

口服降糖药物仅对非胰岛素依赖型糖尿病患病动物有效。在动物中只有有限的应用。由于猫对口服降糖药物的反应无法预测，因此，建议先进行至少 4 周的试验。如果猫有反应，可以继续服用药物，否则，可能需要使用胰岛素。当使用口服降糖药物时，给猫喂高纤维饮食。在猫中评估了 PLO 凝胶中的经皮格列吡嗪（5 mg 剂量）。但是透皮制剂引起的葡萄糖浓度变化不大，全身吸收率仅为 20%。

患病动物的监测和实验室检测

监测血糖水平以确定药物是否有效。应监测肝酶，它可能会造成丙氨酸转氨酶（ALT）和碱性磷酸酶（ALP）升高。

制剂与规格

格列吡嗪有 5 mg 和 10 mg 的片剂。

稳定性和贮藏

将格列吡嗪存放在密闭的容器中，避光在室温下保存。尚未评估复合制剂的稳定性。

小动物剂量

犬

没有有效剂量。

猫

每只 2.5 ~ 7.5 mg，q12 h，PO。通常初始剂量为每只 2.5 mg，然后增加至每只 5 mg，q12 h。

大动物剂量

没有大动物剂量的报道。

管制信息

无可用的管制信息。

葡糖胺硫酸软骨素（Glucosamine Chondroitin Sulfate）

商品名及其他名称： Cosequin、Glyco-Flex 和通用品牌。

功能分类： 营养补充剂。

药理学和作用机制

葡糖胺是由葡萄糖和谷氨酰胺合成的氨基糖。它是 6- 磷酸氨基葡萄糖和 N- 乙酰氨基葡萄糖的来源。它是一种中间体化合物，可转化为酯，并结合到关节软骨中。因此，它是形成软骨中糖氨聚糖的直接式前体。葡糖胺通常以盐酸葡糖胺和硫酸软骨素的联合形式给药。其他形式包括硫酸钠葡糖胺和硫酸钾葡糖胺。葡糖胺刺激滑膜液的合成，抑制降解，并改善关节软骨的愈合。其他信息参考"硫酸软骨素"部分。生物利用度研究有不同的结果，具体取决于制剂、测定的操作方法和物种。口服葡糖胺的吸收有差异，范围从犬的 12% 到马的 2.5%（125 mg/kg）或 6%（20 mg/kg）不等。尽管体外研究已证明对关节软骨有好处，但一些研究质疑口服葡糖胺是否能被全身完全吸收，以达到产生这些益处的足够浓度。口服吸收可能会受到药物形式的影响，因为硫酸葡糖胺可能比盐酸葡糖胺能被更好地吸收。

适应证和临床应用

葡糖胺主要用于治疗退行性关节疾病，通常是与硫酸软骨素的复合制剂（有关更多详细信息，请参见"硫酸软骨素"）。对已发表的有关犬临床研究进行的分析得出的结论是，有中等证据表明对骨关节炎有一定益处，但研究之间的结果可能不一致。也已报道了软骨素 - 葡糖胺补充剂的口服给药对跛行马治疗的益处。缺乏支持性证据表明全身性给药可有效减少动物的尿路感染复发（通过对膀胱黏膜的有益作用）。这些化合物被视为改善疾病的膳食补充剂，而非药物。

注意事项

不良反应和副作用

在一些动物中，有发生软便和肠道气体的报道。在实验性啮齿动物中，注射葡糖胺可通过己糖胺途径引起高血糖、胰岛素抵抗和胰岛素代谢作用的降低。但是，尚未显示这些发现与临床的相关性。在犬的临床研究中表明，短期（21 d）的葡糖胺给药不会影响犬的血糖控制或引起糖尿病。此外，虽然可能会出现超敏反应，但尚未报道副作用。

禁忌证和预防措施

尚未在糖尿病动物或易发糖尿病的肥胖动物中确认葡糖胺的安全性。此外，没有已知的预防措施。

药物相互作用

没有药物相互作用的报道。含葡糖胺和软骨素的产品可与 NSAID 安全联用。

使用说明

剂量主要基于经验和制造商的建议。很少有公开的功效或剂量试验可用于确定最佳剂量。所列剂量是一般推荐的剂量，可能因产品而异。盐酸葡糖胺比硫酸葡糖胺具有更高的生物利用度。不同产品的稳定性、纯度和效力可能有差异。应使用信誉良好的供应商的产品。

患病动物的监测和实验室检测

不需要常规的患病动物监测。没有证据表明葡糖胺给药会升高血清葡萄糖。在体内葡糖胺由葡萄糖生成，但这是不可逆的反应。

制剂与规格

有几种制剂与规格。鼓励兽医仔细检查产品标签，以确保适当的强度。一种产品（Cosequin）有 RS 和 DS 胶囊。RS 包含 250 mg 葡糖胺、200 mg 硫酸软骨素、混合糖胺聚糖、5 mg 锰和 33 mg 抗坏血酸锰。DS 片剂中的每一种含量均为 RS 的 2 倍。用于马的产品每勺含 3.3 g，相当于 1800 mg 葡糖胺和 570 mg 软骨素。

稳定性和贮藏

存放在密闭容器中，并在室温下避光保存。产品的稳定性和效力可能会有所不同。

小动物剂量

葡糖胺的一般剂量要求：22 mg/(kg·h)，PO，对于最初没有反应的患病动物，增加到 44 mg/(kg·h)，PO。或者，可以从较高剂量开始，以获得更好的预期反应。

许多制剂将葡糖胺与软骨素一起联合给药。对于一般剂量，请使用 Cosequin RS 和 DS 强度作为一般指南。

犬

每天 1 ~ 2 粒，大型犬则为 2 ~ 4 粒。

猫

每天 1 粒。

大动物剂量
马

12 mg/kg 葡糖胺 +3.8 mg/kg 硫酸软骨素，每天两次，连续 4 周 PO，然后 4 mg/kg 葡糖胺 +1.3 mg/kg 硫酸软骨素。在马中常开始以较高剂量进行治疗，每天 22 mg/kg 葡糖胺 + 8.8 mg/kg 硫酸软骨素，PO。

管制信息
无可用的管制信息。由于残留风险低，没有建议的停药时间。

优降糖（Glyburide）
商品名及其他名称：DiaBeta、Micronase、Glynase 和 Glibenclamide（英国名称）。

功能分类：抗糖尿病药、降糖药。

药理学和作用机制
优降糖是磺酰脲类口服降糖药，它也被称为格列本脲。该药物可能通过与 β 细胞上的磺酰脲受体相互作用，或干扰胰腺 β 细胞上的 ATP 敏感性钾通道来增加胰腺中胰岛素的分泌。这些药物也可能增加现有胰岛素受体的敏感性。它在糖尿病管理中用作口服治疗，特别是在猫中。响应率约为 40%。磺酰脲类药物包括格列吡嗪（Glocotrol）和优降糖（DiaBeta，Micronase）。二甲双胍是治疗糖尿病的口服双胍类药物。

适应证和临床应用
口服降糖药物仅对非胰岛素依赖型糖尿病患者有效。在动物中只有有限的应用。优降糖在犬中无效，但已在某些猫中使用。某些猫最初可能对口服降糖药物有反应，但最终需要胰岛素治疗。类似的药物包括乙己酰胺、氯丙酰胺、格列吡嗪、格列齐特和托拉酰胺。与其他药物相比，格列吡嗪的应用有更多的经验参考，应将其作为首选药物（有关更多详细信息，请参见"格列吡嗪"部分）。

注意事项
不良反应和副作用

在某些猫中，它可能导致与剂量相关的呕吐、厌食、胆红素升高和肝酶升高。优降糖可导致低血糖，但比胰岛素要弱。在人中，可能会增加心脏病的死亡率。

禁忌证和预防措施

动物中没有已知的禁忌证。

药物相互作用

没有关于动物药物相互作用的报道。在人中，已经有许多药物相互作用的报道。目前尚不清楚这些作用是否会发生于动物，因为临床应用很少。谨慎同 β-受体阻滞剂、抗真菌药、抗凝血药、氟喹诺酮类和磺胺类药物一起使用。

使用说明

由于猫对口服降糖药物的反应无法预测，建议先进行至少 4 周的试验。如果猫有反应，可以继续服药。否则，可能需要使用胰岛素。当使用口服降糖药物时，给猫喂高纤维饮食。

患病动物的监测和实验室检测

监测血糖水平以确定药物是否有效。监测肝酶。

制剂与规格

优降糖有 1.25 mg、2.5 mg 和 5 mg 的片剂（DiaBeta 和 Micronase）。糖酵素有 1.5 mg、3 mg 和 6 mg 的微粉化片剂。

稳定性和贮藏

存放在密闭容器中，并在室温下避光保存。尚未评估复合制剂的稳定性。

小动物剂量

犬

没有有效剂量的报道。

猫

0.2 mg/kg 每天一次，PO。或者，从每只猫 0.625 mg（半片 1.25 mg 片剂）开始，每天一次。

大动物剂量

没有大动物剂量的报道。

管制信息

无可用的管制信息。没有停药信息。

甘油（Glycerin）

商品名及其他名称： 通用品牌。

功能分类： 利尿、通便。

药理学和作用机制

甘油已被用于降低眼压以治疗急性青光眼。但是，以上情况更常用甘露醇 IV 进行治疗。甘油已被用作泻药，它可以润滑粪便，并为肠道内容物增加水分。

适应证和临床应用

甘油是一种渗透剂，可将水吸入肠或肾小管。全身给药时，它作为一种渗透性利尿剂，防止水从肾小管中重新吸收。口服给药时，它不被吸收，但起渗透性泻药的作用，将水吸入肠道。

注意事项

不良反应和副作用

频繁使用或高剂量使用甘油可能导致脱水。

禁忌证和预防措施

禁用于脱水的动物。

药物相互作用

没有关于动物药物相互作用的报道。

使用说明

尽管甘油可以降低眼压，但其他药物也可用于治疗急性青光眼。

患病动物的监测和实验室检测

监测眼压。监测治疗动物的电解质。

制剂与规格

甘油有口服溶液或 40 mg/mL 的乳剂。

稳定性和贮藏

存放在密闭容器中，并在室温下避光保存。尚未评估复合制剂的稳定性。

小动物剂量

犬和猫

1 ~ 2 mL/kg，q8 h，PO。

大动物剂量

没有大动物剂量的报道。

管制信息

无可用的管制信息。由于残留风险低，没有建议的停药时间。

格隆溴铵（Glycopyrrolate）

商品名及其他名称： Robinul-V。
功能分类： 抗胆碱能药。

药理学和作用机制

格隆溴铵属于抗胆碱能药（阻滞乙酰胆碱对毒蕈碱受体的作用）、副交感神经阻滞剂。格隆溴铵在全身产生阿托品样作用。但是，与阿托品相比，格隆溴铵对 CNS 的影响可能较小，因为它对 CNS 的渗透性较低。它可能产生比阿托品更长的持效时间。

适应证和临床应用

格隆溴铵用于抑制迷走神经作用并提高动物的心率。它还会减少呼吸系统、唾液和胃肠道的分泌。当有必要控制迷走神经刺激时，它可以用作麻醉的辅助药物。在马中，格隆溴铵的半衰期为 7 ~ 19 h，但因马的品种不同而存在差异。

> **注意事项**
>
> **不良反应和副作用**
>
> 副作用归因于抗毒蕈碱（抗胆碱能）作用。治疗的副作用包括口干、肠梗阻、便秘、心动过速和尿潴留。
>
> **禁忌证和预防措施**
>
> 请勿用于青光眼、肠梗阻、胃轻瘫或心动过速的患病动物。
>
> **药物相互作用**
>
> 没有针对动物的特定药物相互作用的报道。但是，预计格隆溴铵与其他抗胆碱能药物一样，会拮抗刺激呼吸道和胃肠道分泌，以及胃肠道运动的药物。

使用说明

格隆溴铵通常与其他药物（特别是麻醉药）联合使用。尽管一些麻醉药（如 α_2-激动剂和阿片类药物）与心动过缓有关，但很少需要服用抗胆碱能药物（如格隆溴铵）来减轻心动过缓。

患病动物的监测和实验室检测
监测治疗期间的心率。

制剂与规格
格隆溴铵有 0.2 mg/mL 的注射剂。

稳定性和贮藏
存放在密闭容器中，并在室温下避光保存。尚未评估复合制剂的稳定性。

小动物剂量
犬和猫

0.005 ～ 0.01 mg/kg，IV、IM 或 SQ。

大动物剂量
牛和马

在麻醉期间使用：0.005 ～ 0.01 mg/kg，IM 或 SQ，或者 0.0025 ～ 0.005 mg/kg，IV。常用剂量为每匹马 1 mg。

管制信息
无可用的管制信息。

RCI 分类：3。

硫代苹果酸金钠（Gold Sodium Thiomalate）

商品名及其他名称： Myochrysine。
功能分类： 免疫抑制剂。

药理学和作用机制
硫代苹果酸金钠用于金疗法（金相疗法）。作用机制尚不清楚，但可能与对淋巴细胞的免疫抑制作用或巯基系统的抑制有关。

适应证和临床应用
金疗法主要用于动物免疫介导性疾病（如皮肤病）。在人中，它已用于类风湿性关节炎。在动物中，缺乏用于证明疗效的临床对照试验。其他免疫抑制药物更常用。

注意事项

不良反应和副作用

副作用包括皮炎、肾毒性和血液异常。

禁忌证和预防措施

在患有骨髓抑制或肾脏疾病的动物中谨慎使用。

药物相互作用

与青霉胺一起使用会增加血液学副作用的风险。

使用说明

尚未在动物中进行临床研究。硫代葡萄糖通常比硫代苹果酸金钠使用得更多。

患病动物的监测和实验室检测

治疗期间应定期监测全血细胞计数（CBC）。

制剂与规格

注意：这种药物的大多数形式已不再获批，可能无法商业购买。硫代苹果酸金钠有 10 mg/mL、25 mg/mL 和 50 mg/mL 的注射剂。

稳定性和贮藏

存放在密闭容器中，并在室温下避光保存。尚未评估复合制剂的稳定性。

小动物剂量

犬和猫

第 1 周，每只 1 ~ 5 mg，IM，第 2 周 2 ~ 10 mg，IM，然后每周一次 1 mg/kg，IM，用于维持治疗。

大动物剂量

没有大动物剂量的报道。

管制信息

无可用的管制信息。

盐 酸 戈 那 瑞 林、四 水 二 乙 酸 戈 那 瑞 林（Gonadorelin Hydrochloride, Gonadorelin Diacetate Tetrahydrate）

商品名及其他名称：Factrel、Fertagyl、Cystorelin、Fertilin、OvaCyst、GnRh 和 LHRH。

功能分类：激素。

药理学和作用机制

戈那瑞林刺激黄体生成素（luteinizing hormone，LH）的合成和释放，对促卵泡激素（follicle stimulating hormone，FSH）的影响较小。

适应证和临床应用

戈那瑞林在动物中用于诱导黄体化和排卵。戈那瑞林已被用于处理各种需要排卵刺激的生殖障碍。在奶牛中，它被用于治疗卵泡囊肿。

注意事项

不良反应和副作用

尚未在动物中报道过副作用。

禁忌证和预防措施

禁用于怀孕的动物。处理药物时需要非常小心，尤其是女性。人体暴露可能对孕妇构成风险。

药物相互作用

没有关于动物药物相互作用的报道。

使用说明

对于提供乳制品的牛，使用四水二乙酸酯治疗卵巢囊肿时，每头母牛以 100 µg 的剂量进行一次 IM 或 IV 注射。对于盐酸盐制剂，给予 100 µg，IM 来治疗牛的卵巢囊肿（卵泡囊肿），以减少到下一次发情期的时间。在奶牛中，可以将其与地诺前列素氨丁三醇或氯前列腺素注射剂配合使用，以同步发情周期，允许泌乳奶牛进行固定时间的人工授精（fixed-time artificial insemination，FTAI）。

患病动物的监测和实验室检测

监测给药牛的排卵。

制剂与规格

戈那瑞林有每毫升含 50 µg 的四水二乙酸戈那瑞林（相当于 43 µg/mL

的戈那瑞林），或者含 50 μg 戈那瑞林的（作为盐酸盐）的水溶液制剂。

稳定性和贮藏
存放在密闭容器中，并在室温下避光保存。尚未评估复合制剂的稳定性。

小动物剂量
犬
每只犬 50 ~ 100 μg/d，q24 ~ 48 h，IM。
猫
每只猫 25 μg，一次，IM。

大动物剂量
牛
每头牛 100 μg，IM 或 IV，一次（相当于每头牛使用四水二乙酸戈那瑞林约 2 mL）。在泌乳奶牛中，可以每头牛使用 100 ~ 200 μg（2 ~ 4 mL），IM。

管制信息
不需要停药时间（0 d）。

绒毛膜促性腺激素（Gonadotropin, Chorionic）
商品名及其他名称：Profasi、Pregnyl、A.P.L.、Follutein、Ferti-Cept、Chortropin、Chorulon 和 Improvest。
功能分类：激素。

药理学和作用机制
促性腺激素也被称为人绒毛膜促性腺激素（human chorionic gonadotropin，hCG）。hCG 的作用与 LH 相同。

适应证和临床应用
促性腺激素用于诱导动物的黄体化过程。它已用于处理需要刺激排卵的各种生殖障碍。在奶牛中，它被用于治疗因卵巢囊肿引起的慕雄狂（频繁或持续发情）。

在猪中，它被用于诱导初情期前（非生殖周期）小母猪的可育发情期，或用于健康的断奶母猪，其发情期延迟恢复后可诱导发情。它也可用于猪的临时免疫性去势（抑制睾丸功能）和减少未绝育雄性猪的膻味。

> **注意事项**
>
> **不良反应和副作用**
> 尚未在动物中报道过副作用。
>
> **禁忌证和预防措施**
> 禁用于怀孕的动物。处理药物时需要非常小心，尤其是女性。人体暴露可能对孕妇构成风险。
>
> **药物相互作用**
> 没有报道具体的药物相互作用。

G

使用说明

当用于马时，给药后 32 ～ 40 h 大多数马会排卵。在奶牛中，如果动物的行为或卵巢的直肠检查结果提示需要重新给药，则 14 d 内可以重复用药。在猪中，只可用于 5.5 月龄以上，且体重至少 85 kg 的小母猪。在生第一窝之后，延迟恢复发情期最普遍。在后期产仔后尚未确定有效性。延迟恢复发情期通常发生在不利的环境状况后，并且在这种状况之后交配的母猪产仔可能比正常的少。

患病动物的监测和实验室检测

监测治疗动物的黄体化和发情的迹象。

制剂与规格

hCG 和牛的制剂有 5000 U、10 000 U 和 20 000 U 的小瓶装注射剂，在 10 mL 稀释剂中稀释。猪的制剂由 400 U 血清促性腺激素和 200 U 绒毛膜促性腺激素冻干粉组成，可用 5 mL 无菌水稀释剂复溶。

稳定性和贮藏

存放在密闭容器中，并在室温下避光保存。尚未评估复合制剂的稳定性。

小动物剂量

犬

22 U/kg，q24 ～ 48 h，IM 或 44 U，一次，IM。

猫

每只 250 U，一次，IM。

大动物剂量

马

诱导排卵：每匹母马 2500 ～ 5000 U，IM 或 IV。

牛（奶）

单次深部肌内注射 10 000 U。卵泡内注射 500 ~ 2500 U。静脉注射 2500 ~ 5000 U。

猪（母猪）

使用的状况：每只动物皮下注射 400 U 血清促性腺激素，每 5 mL 剂量含 200 U 促性腺激素。

管制信息

没有适用于食品生产用动物的法规信息。不要求对未煮熟的牛或鱼的可食用组织中残留的促性腺激素具有耐受性。由于残留风险低，没有建议的停药时间。

盐酸格拉司琼（Granisetron Hydrochloride）

商品名及其他名称： Kytril。
功能分类： 镇吐药。

药理学和作用机制

此类镇吐药称为 5- 羟色胺拮抗剂。这些药物通过抑制 5- 羟色胺（5-HT，3 型）受体发挥作用。在化疗期间，5- HT 可能会从对胃肠道的损伤中释放出来，从而对呕吐产生中枢性刺激，此类药物会阻滞这一反应。这些药物也已用于治疗其他形式的胃肠炎引起的呕吐。用于止吐治疗的其他血清素拮抗剂包括格拉司琼、昂丹司琼、多拉司琼、阿扎司琼和托烷司琼。

适应证和临床应用

与其他血清素拮抗剂一样，格拉司琼在化疗期间主要用作镇吐药，该药比其他药物在功效上更优。可以在化疗之前服用，以防止恶心和呕吐。在动物中的使用主要来自经验用药。没有设对照组的临床研究或功效试验可证明其临床有效性。

注意事项

不良反应和副作用

没有在犬或猫中报道过副作用。这些药物对其他血清素受体几乎没有亲和力。

禁忌证和预防措施

在动物尚无禁忌证的报道。

药物相互作用

没有药物相互作用的报道。它可以与癌症化疗药物一起使用。

使用说明

这类镇吐药仅限于在兽医患病动物中使用。大多数剂量是从人用剂量中推算出来的。

患病动物的监测和实验室检测

不用特殊监测。

制剂与规格

格拉司琼有 1 mg 的片剂、1 mg/mL 的注射剂和 0.5 mg/mL 的口服溶液。

稳定性和贮藏

存放在密闭容器中，并在室温下避光保存。30 d 后丢弃打开的小瓶。复合溶液在各种液体中可保持稳定 24 h。口服复合制剂可制成果汁、糖浆和调味剂，保持稳定 14 d。

小动物剂量

犬和猫

0.01 mg/kg, IV 或 0.02 mg/kg, PO。从人的剂量［每次 2 mg, PO（单剂）］推算出犬和猫的口服剂量。

大动物剂量

没有大动物剂量的报道。

管制信息

没有食品生产用动物的管制信息。由于残留风险低，没有建议的停药时间。

灰黄霉素（Griseofulvin）

商品名及其他名称： 微型：Fulvicin U/F、Grisactin 和 Grifulvin ；超微型：Fulvicin P/G 和 Gris-PEG。

功能分类： 抗真菌药。

药理学和作用机制

灰黄霉素是抗真菌药。全身性给药后，灰黄霉素沉积在皮肤和毛发的角蛋白前体细胞中。给药后，它会在 4 ~ 8 h 或 48 ~ 72 h（取决于研究）内迅速被吸收到这些组织中。一旦将药物整合入这些细胞中，其对有丝分裂纺锤体的作用就会抑制真菌细胞有丝分裂，最终杀死真菌细胞。

适应证和临床应用

当需要对由小孢子菌、毛癣菌引起的犬和猫皮肤癣菌感染进行全身治疗时，可选用灰黄霉素。有时与局部治疗联合使用。灰黄霉素对酵母或细菌的治疗无效。成功治疗至少需要 4 周，有时需要 3 个月或更长时间。在许多情况下被氮杂茂类抗真菌药（伊曲康唑、氟康唑等）取代。它也很容易在皮肤的炎性部位中积聚，可有效治疗除皮肤真菌病以外的某些非感染性炎性皮肤病。由于经常使用氮杂茂类抗真菌药（如氟康唑、伊曲康唑），灰黄霉素的使用量有所下降。

注意事项

不良反应和副作用

动物中的副作用包括对猫的致畸作用、猫的贫血和白细胞减少、厌食、精神沉郁、呕吐和腹泻。在猫中，猫免疫缺陷病毒（FIV）感染可能会增加骨髓中毒的风险。骨髓问题是由高剂量引起的还是特异性反应（与剂量无关）还未知。停止治疗后，这些影响会在猫中消除，但已经报道了不可逆的特异性全血细胞减少症。

禁忌证和预防措施

禁用于怀孕的猫。将灰黄霉素用于病毒感染（FIV）的猫时应谨慎，因为这可能会加剧对骨髓的作用。

药物相互作用

灰黄霉素是细胞色素 P450 药物酶的增强剂。因此，如果与灰黄霉素一起使用，其他同时使用的药物可能会更快地被代谢和清除。

使用说明

已经报道了多种剂量。此处列出的剂量代表当前的共识。脂肪的存在有利于口服吸收，与高脂肪餐一起给药可以极大地提高吸收的程度。有两种制剂：微型和超微型。使用由细颗粒组成的制剂也会增加吸收。动物用制剂通常由微型制剂组成，这反映在剂量方案中。如果使用超微型制剂，则剂量可减少一半。使用前请先摇匀口服悬浮液。最初考虑 25 mg/kg，q12 h，在难治性病例中可增加到 50 ~ 60 mg/kg，q12 h。

患病动物的监测和实验室检测

监测 CBC 以判断是否有骨髓毒性。

制剂与规格

灰黄霉素有 125 mg、250 mg 和 500 mg 的微型片剂；25 mg/mL 的口服

悬浮液；125 mg/mL 的口服糖浆，以及 125 mg 和 250 mg 的超微片剂。也有 15 g 袋装的微型灰黄霉素粉末，其中包含 2.5 g 的活性成分。

稳定性和贮藏
存放在密闭容器中，并在室温下避光保存。灰黄霉素不溶于水，但可溶于乙醇。

小动物剂量
犬
微型：25 mg/kg，q12 h，PO，最大剂量为 50 ~ 60 mg/kg，q12 h。对于难治性病例，开始于 25 mg/kg，q12 h，PO，然后增加至 50 ~ 60 mg/kg，q12 h，PO。

超微型：30 mg/(kg·d)，分次给药，PO。

猫
超微制剂：25 mg/kg，q12 h，PO。

大动物剂量
马
皮肤真菌病：5.6 mg/kg，q24 h 口服微型粉末，可与饲料混合。应持续治疗至少 10 d。

管制信息
没有食品生产用动物的管制信息。由于具有潜在的致畸作用，请勿用于食品生产用动物。

生长激素（Growth Hormone）
商品名及其他名称： Somatrem、Somatropin、Protropin、Humatrope 和 Nutropin。
功能分类： 激素。

药理学和作用机制
生长激素也称 hCG，可以纠正动物体内的生长激素缺乏症。人蛋氨生长素是一种生物合成的生长激素。

适应证和临床应用
生长激素用于治疗生长激素缺乏症。在兽医学中很少使用。

> **注意事项**
>
> **不良反应和副作用**
>
> 生长激素在所有动物中都可导致糖尿病。过多的生长激素可导致肢端肥大。
>
> **禁忌证和预防措施**
>
> 在动物中尚无禁忌证的报道。
>
> **药物相互作用**
>
> 没有关于动物药物相互作用的报道。

使用说明

在动物中的临床经验有限。使用前必须用无菌稀释剂重新配制。

患病动物的监测和实验室检测

治疗期间要定期监测葡萄糖。

制剂与规格

生长激素有每瓶 5 mg 和 10 mg 的规格（1 mg 等于 3 U）。

稳定性和贮藏

配制好的溶液冷藏可保持稳定 14 d。否则，仅能保持稳定 24 h。

小动物剂量

犬和猫

0.1 U/kg，一周 3 次，用 4 ~ 6 周，SQ 或 IM（人类幼儿的常规剂量为每周 0.18 ~ 0.3 mg/kg，SQ 或 IM）。

大动物剂量

没有大动物剂量的报道。

管制信息

禁用于食品生产用动物。

愈创甘油醚（Guaifenesin）

商品名及其他名称：甘油愈创木脂、Guaiphenesin、Gecolate、Guailaxin、Glycotuss、Hytuss、Glytuss、Fenesin、Humibid LA 和 Mucinex。

功能分类：祛痰药、肌肉松弛剂。

药理学和作用机制

愈创甘油醚，也被称为甘油愈创木脂，是一种治疗人咳嗽的传统药物，但有效性存在质疑。对于呼吸系统疾病，可口服产生祛痰作用。推测该药是通过刺激迷走神经传播，以产生更多黏性支气管分泌物来实现的。

作为麻醉辅助药物，它与巴比妥类药物和其他可注射的麻醉药一起作为麻醉前用药。它是具有中枢作用的骨骼肌肉松弛剂，通过抑制神经传导引起镇定和松弛。一个明显的优点是，它可提供深层的肌肉松弛，而不会像其他麻醉药一样引起不良的心血管和呼吸抑制。药代动力学信息有限，但在马驹中的半衰期为 60 ~ 84 min，在马中为 60 ~ 108 min。在马中的持效时间约为 30 min。

适应证和临床应用

愈创甘油醚作为麻醉辅助药物时，经 IV 给药（特别是在大动物中）。通常，在马中的全身麻醉诱导之前使用。在马中使用的一个例子是"GKX"，它是由 1000 ~ 2000 mg 氯胺酮、500 mg 甲苯噻嗪和 5% 愈创甘油醚混合后添加到 1 L 溶液中，以 2 mL/(kg·h)，IV 或麻醉。当与丙泊酚一起用于马时，它有助于防止丙泊酚单独给药时发生的不良麻醉事件。

愈创甘油醚还可以作为动物的口服祛痰药，但缺乏支持祛痰的数据。它可能会增加气管和支气管中分泌物的量，以及降低其黏度。它还可以促进分泌物的排出。

注意事项

不良反应和副作用

IV 注射时，静脉外的少量泄漏不会引起组织损伤。但是，可能会发生 IV 注射引起的血栓性静脉炎。高剂量可能会引发低血压。从 IV 输注中观察到一些溶血，但是当浓度小于 15% 时，这并不明显。当该药物用作祛痰药时，可能会出现迷走神经作用（如刺激分泌）。

禁忌证和预防措施

如果观察到明显的沉淀，请勿使用 IV。

用于人的口服制剂（咳嗽和感冒药）可能含有其他成分，如右美沙芬或减充血剂（如去氧肾上腺素或伪麻黄碱）。不要在对这些药物敏感的动物中使用这些复合制剂，如果可能，请仅使用含有愈创甘油醚的制剂。

药物相互作用

没有报道重要的药物相互作用。该药已经安全地与乙酰丙嗪、甲苯噻嗪、地托咪定、氯胺酮、硫喷妥钠和戊巴比妥一起使用。

使用说明

用于麻醉时,将愈创甘油醚粉末溶于无菌水中(50 g/L)制备 5% 溶液。如果是温水,则更容易溶解。输注 110 mg/kg 可以产生短暂的卧倒,但通常与其他药物一起使用。可以与多种其他麻醉药一起使用,以在马中产生更平缓的诱导。在剂量部分列出了一种复合制剂,即用于马的"三滴法"。

患病动物的监测和实验室检测

建议在麻醉期间监测动物(心率、心律和呼吸频率)。可能出现低血压,因此,应该监测血压。

制剂与规格

愈创甘油醚粉末可配制成 5% 溶液,用于 IV。它也有 100 mg 和 200 mg 的片剂、600 mg 的缓释片剂,以及 20 mg/mL 和 40 mg/mL 的口服溶液。人非处方制剂可能包含其他成分,如右美沙芬和减充血剂。

稳定性和贮藏

愈创甘油醚可溶于水和乙醇。它更溶于温水。如果温度为 22℃或更低,它将沉淀。由于稳定性差,应在制备后立即口服。但是,10% 的溶液可以稳定 7 d。对于 IV 使用,已将其与甲苯噻嗪和氯胺酮混合使用,而不会明显失去稳定性。

小动物剂量
犬

祛痰药:3 ~ 5 mg/kg, q8 h, PO。

麻醉辅助药物:2.2 mL/(kg·h),5% 溶液静脉输注。与 α$_2$-激动剂和氯胺酮一起使用。

猫

祛痰药:3 ~ 5 mg/kg, q8 h, PO。

大动物剂量
马

在使用其他麻醉药(如氯胺酮)之前,将 2.2 mL/kg 的 5% 溶液(110 mg/kg)经静脉输注于马。愈创甘油醚溶液可快速输注。

CRI:2.2 mL/(kg·h)的 5% 溶液(50 mg/mL)。

诱导剂量(与丙泊酚一起使用):90 mg/kg,IV,给药超过 3 min,然后以 3 mg/kg,IV 推注丙泊酚。

马"三滴法":将 1 L 的 5% 愈创甘油醚溶于葡萄糖中,与 500 mg 甲苯噻嗪和 2 g 氯胺酮混合。诱导剂量为 1.1 mL/kg,然后输注 2 ~ 4 mL/(kg·h),

IV。如有必要，可使用育亨宾来加速苏醒。

管制信息

停药时间（标签外使用）：肉用动物为 3 d，产奶用动物为 48 d。

RCI 分类：4。

氟烷（Halothane）

商品名及其他名称： Fluothane。

功能分类： 吸入式麻醉药。

药理学和作用机制

氟烷是一种多卤代乙烷。它的特点是诱导和苏醒快，效力高，副作用少。和其他吸入式麻醉药相似，作用机制尚不确定。该药物对 CNS 有广泛的、可逆的抑制作用。吸入式麻醉药在血液中的溶解度、效力以及诱导和苏醒的速率各不相同。血液 / 气体分配系数低的患病动物诱导和苏醒快。氟烷的蒸气压为 243 mmHg（在 20℃下），血液 / 气体分配系数为 2.3，脂肪 / 血液系数为 51。由于在脂肪中的溶解度高，它从机体清除的速度比其他药物慢。

适应证和临床应用

和其他吸入式麻醉药相似，氟烷用于动物的全身麻醉。在猫、犬和马中，最低肺泡有效浓度（MAC）值分别为 1.04%、0.87% 和 0.88%。然而氟烷如今很少使用，且在许多兽医临床中已被更新的吸入式麻醉药（如异氟烷）代替。

注意事项

不良反应和副作用

和其他吸入式麻醉药相似，氟烷有血管舒张作用，会增加脑血管的血流。这可能会增加颅内压。同样与其他吸入式麻醉药一样，它会产生剂量依赖性心肌抑制，并伴有心输出量减少。它还会降低呼吸频率和肺泡通气。此外，和其他吸入式麻醉药类似，它增加了室性心律失常的风险，尤其是在对儿茶酚胺类的反应中。肝毒性在人医使用中已有报道。

禁忌证和预防措施

谨慎用于有心血管问题的患病动物。

药物相互作用

没有特定的药物相互作用。将其他麻醉药与氟烷联合使用会降低氟烷的需要剂量。

使用说明
使用吸入式麻醉药需要认真监测。剂量取决于麻醉的深度。

患病动物的监测和实验室检测
在麻醉期间监控患病动物的心率、心律和呼吸。

制剂与规格
氟烷为 250 mL 的瓶装。

稳定性和贮藏
氟烷易挥发，应储存在密闭容器中。

小动物剂量
诱导麻醉: 3%。
维持麻醉: 0.5% ~ 1.5%。

大动物剂量
MAC 值: 1%。

管制信息
没有拟食用动物的停药时间。清除速度很快，建议停药时间短。

聚戊二醛血红蛋白（氧合蛋白）[Hemoglobin Glutamer (Oxyglobin)]
商品名及其他名称: Oxyglobin。
功能分类: 铁补充剂、血红蛋白替代品。

药理学和作用机制
聚戊二醛血红蛋白（牛）在各种原因贫血的犬上用作携氧液。氧合蛋白是一种超纯化的聚合牛血红蛋白。分子量为 64 000 ~ 500 000（平均 200 000）。渗透压为 300 mOsm/mL。胶体渗透压为 43.3，高于其他胶体液。在犬中的半衰期约为 24 h（范围为 18 ~ 43 h）。它由巨噬细胞代谢，95% 的剂量在 5 ~ 9 d 后清除。

适应证和临床应用
聚戊二醛血红蛋白已用于治疗失血、溶血或血细胞生成减少导致的贫血。尽管已批准用于犬，但它也已用于猫。然而，由于制造商减少，很少使用。

注意事项

不良反应和副作用

可能出现循环过载，尤其是大剂量和快速给药时。在心脏疾病、呼吸系统疾病、高血压风险、脑水肿、肾功能衰竭引起的少尿/无尿患病动物中以及在猫中，循环过载风险最高。由于一氧化氮耗尽和容量过载，已监测到肺动脉高压。由于猫比犬对副作用更敏感，所以在猫中应使用较低剂量。其他副作用包括皮肤和黏膜颜色变化、呕吐、腹泻和厌食。皮肤和黏膜颜色变化可持续 3 ~ 5 d。

禁忌证和预防措施

聚戊二醛血红蛋白不应用于患严重心脏病的犬。由于肺动脉高压的风险增加，所以慎用于猫。

药物相互作用

不要通过同一个输液器与其他药物一起给药。不要与其他药物混合。

H

使用说明

使用无菌操作方法进行给药。5 ~ 7 d 后，可清除 90% 的剂量。

患病动物的监测和实验室检测

氧合蛋白的使用不需要交叉配血，但是由于这些患病动物通常病情很重，故需认真监护。监测红细胞压积（packed cell volume，PCV）或血细胞比容对评估氧合蛋白的治疗反应没有帮助。血红蛋白会干扰其他监测指标，如血液化学分析（比色测定）。制造商列出的剂量为 30 mL/kg，但是许多兽医使用 10 ~ 15 mL/kg。

制剂与规格

聚戊二醛血红蛋白有 60 mL 和 125 mL 两种单袋包装，其中聚合牛源血红蛋白为 13 g/dL。能生产本产品的制造商可能有限。

稳定性和贮藏

在室温下聚戊二醛血红蛋白的保质期为 3 年。一经开启，125 mL 袋装产品应在 24 h 内使用，因为血红蛋白会氧化成高铁血红蛋白。不要冻结。

小动物剂量

犬

一次性剂量为 10 ~ 30 mL/kg，IV 或最大输注速率为 5 ~ 10 mL/(kg·h)。

猫

一次性剂量为 3 ~ 5 mL/kg，IV，缓慢输注。在 24 h 内最大速率为 5 mL/(kg·h)，且不超过 13 ~ 20 mL/kg。

大动物剂量

没有剂量报道。请勿在赛马中使用。

管制信息

无可用的管制信息。由于残留风险低，没有建议的停药时间。然而，禁止在赛马中使用聚戊二醛血红蛋白（氧合蛋白）。

RCI 分类：2。

肝素钠（Heparin Sodium）

商品名及其他名称： Liquaemin（利奎明）和 Hepalean（加拿大）。
功能分类： 抗凝剂。

药理学和作用机制

肝素通过增加 AT Ⅲ 介导的对因子 X a 的合成和活性的抑制来发挥作用。肝素的抗因子 X a/ 抗因子 Ⅱ a 的比率与低分子量肝素（Low-molecular-weight heparin，LMWH）的不同。肝素的比率为 1 ：1，但是 LMWH 的比率为 2 ：1 或更高。在人中，LMWH 比常规肝素有优势，因为 LMWH 的半衰期更长，并且不需要频繁给药。然而，这对于犬和猫可能并不是优势。更多信息请参考 LMWH 的描述，如有关"依诺肝素（Lovenox）"和"达肝素（Fragmin）"的部分。

适应证和临床应用

肝素用于预防和治疗高凝性疾病，并防止一些疾病出现的凝血异常，如血栓栓塞、静脉血栓形成、弥散性血管内凝血病（disseminated intravascular coagulopathy，DIC）和肺部血栓栓塞。动物中的特定使用情况主要是个人经验或源自在人的临床经验。尚无评估疗效的结果导向性研究发表，以支持特定的治疗指南。用于防止免疫介导性溶血性贫血患犬的血栓形成效果不佳（50 ~ 300 U/kg，SQ，q6 h），但根据抗 X a 因子活性调整剂量后效果更好，在单只犬中的剂量可高达 560 mg/kg，q6 h。在马中，本品还用于预防血栓形成风险，但尚未在推荐剂量下测定疗效。

> **注意事项**
> **不良反应和副作用**
> 过度抑制凝血引起的副作用会导致出血。肝素诱导的血小板减少症是人的一项副作用，但在动物中却未被提及。如果由于过量而发生过度抗凝和出血，应

给予硫酸鱼精蛋白逆转肝素治疗。鱼精蛋白应缓慢 IV 输注给药。它与肝素复合形成稳定的无活性化合物。

禁忌证和预防措施

除非能够监测出血，否则请勿在动物中使用，因为出血可能会危及生命。禁止肌内注射，因为它可能会产生血肿。

药物相互作用

在已经接受其他能干扰凝血的药物（如阿司匹林和华法林）的动物中慎用。尽管尚未确定特定的相互作用，但谨慎用于可能接受某些软骨保护性化合物（如糖胺聚糖）治疗关节炎的动物。

H

使用说明

通过监测凝血时间来调整剂量。例如，调整剂量使活化部分凝血活酶时间（activated partial thromboplastin time，aPTT）维持在正常水平的 1.5 ~ 2 倍。关于其他形式肝素（如 LMWH）的信息，请参见"达肝素"或"依诺肝素"的部分。抗凝作用的持效时间在每个患病动物间各不相同，总的来说，200 U/kg 的剂量对犬的作用持效时间约为 6 h。

在高危患病动物中，采用的剂量包括 500 U/kg，SQ 或 IM，然后降低剂量，如"剂量"部分所述，q8 ~ 12 h。

本品也可用于制备冲洗导管的肝素盐水。在临床研究中尚未显示出使用肝素盐水代替常规盐水作为冲洗盐水的优势。但是，在剂量部分列出了此溶液需要的剂量。

患病动物的监测和实验室检测

使用 aPTT 或抗 X a 活性监测效果。调整剂量维持 aPTT 在正常水平的 1.5 ~ 2 倍。抗 X a 活性的目标范围是 0.35 ~ 0.70 U/mL。如果抗 X a 活性大于 70 U/mL，请将剂量降低 25%。

制剂与规格

肝素钠有 1000 U/mL 和 10 000 U/mL 两种规格的注射剂。

稳定性和贮藏

存放在密闭容器中，并在室温下避光保存。

小动物剂量

犬和猫（低剂量预防）

70 U/kg，q8 ~ 12 h，SQ。

制备 IV 用肝素盐水：推荐溶液中肝素浓度范围为每毫升液体 0.25 ~

10 U。这相当于每 1000 mL 液体添加 0.25 mL 肝素（1000 U/mL 浓度），或每 1000 mL 液体添加 1 mL 肝素（10 000 U/mL 浓度）（注意：在冲洗 IV 管的溶液中添加肝素的优势尚未在临床研究中得以证明）。

犬

100 ~ 200 U/kg，IV 负荷剂量，然后 100 ~ 300 U/kg，q6 ~ 8 h，SQ。通过监测调整剂量，并在必要时增加至 500 ~ 600 U/kg。在更严重的情况下，开始以 500 U/kg，SQ 作为初始剂量，然后 500 U/kg，q12 h。

CRI：负荷剂量为 100 U/kg，IV，然后 CRI，18 U/(kg·h)。

猫

300 U/kg，SQ，q8 h，如有必要，可增加至 500 U/kg。

大动物剂量

125 U/kg，SQ 或 IM，q8 ~ 12 h（较低剂量 80 U/kg，SQ，q12 h 也可用于马）。

管制信息

没有食品生产用动物的管制信息。由于残留风险低，没有建议的停药时间。

盐酸肼屈嗪（Hydralazine Hydrochloride）

商品名及其他名称：Apresoline。

功能分类：血管扩张药。

药理学和作用机制

盐酸肼屈嗪属于血管扩张药、降压药。肼屈嗪可使血管平滑肌松弛并降低血压。在小动脉血管床中可使血管平滑肌松弛而降低血管阻力，并改善心输出量。作用机制尚不确定。它可能生成一氧化氮或通过其他平滑肌松弛特性发挥作用。药物峰值效应发生在给药后 3 ~ 5 h，对血管的作用持效时间大约为 12 h。

适应证和临床应用

肼屈嗪用于扩张小动脉并减少心脏后负荷。它主要用于治疗充血性心力衰竭（CHF）、心脏瓣膜疾病以及其他以外周血管阻力高为特征的心血管疾病。它可以与其他心脏药物一起使用。在动物中的使用主要来自经验用药。没有严格控制的临床研究或功效试验记载临床效果。不过肼屈嗪不如其他血管扩张药［如血管紧张素转换酶（ACE）抑制剂］那样常用。

注意事项

不良反应和副作用

　　副作用是由于过度的血管扩张和继而发生的低血压产生的，这导致心动过速。肼屈嗪可能会不安全地降低心输出量。在人的应用已有过敏反应（类狼疮样综合征）的报道，与乙酰化状态有关，但在动物中还没有过敏反应的报道。重复使用将激活肾素-血管紧张素-醛固酮系统（RAAS）。

禁忌证和预防措施

　　请勿用于低血压动物。

药物相互作用

　　没有针对动物的特定药物相互作用的报道。但是，与其他药物合用时需谨慎，可能会使血压更低。

使用说明

　　肼屈嗪在心力衰竭患病动物中可能伴随其他药物使用，如地高辛、匹莫苯丹及利尿剂。通过监测动物的血压进行剂量的调整。

患病动物的监测和实验室检测

　　监测患病动物是否有低血压。监测血压以调整剂量。

制剂与规格

　　肼屈嗪有 10 mg、25 mg、50 mg 和 100 mg 的片剂及 20 mg/mL 的注射剂。

稳定性和贮藏

　　存放在密闭容器中，并在室温下避光保存。暴露在光线下可能会改变药物颜色并导致药物分解。肼屈嗪不稳定。与果汁、糖浆和调味剂混合可能会在 24 h 后分解。

小动物剂量

犬

0.5 mg/kg（初始剂量）；滴定调整至 0.5 ~ 2 mg/kg，q12 h，PO。

猫

每只 2.5 mg，q12 ~ 24 h，PO。

大动物剂量

马

1 mg/kg，q12 h，PO 或 0.5 mg/kg，IV 以降低血压。

管制信息

无可用的管制信息。

RCI 分类：3。

氢氯噻嗪（Hydrochlorothiazide）

商品名及其他名称： HydroDiuril，Hydrozide（牛用）和通用品牌。

功能分类： 利尿剂。

药理学和作用机制

氢氯噻嗪属于噻嗪类利尿剂。和其他噻嗪类利尿剂相似，它抑制肾远曲小管中钠的重吸收并导致利尿作用。由于噻嗪类利尿剂作用于远曲小管（此处对水的重吸收最多），它们的利尿作用不如袢性利尿剂（如呋塞米）好。

适应证和临床应用

氢氯噻嗪与其他噻嗪类利尿剂一样用于增加钠、钾和水的排泄。它也用作抗高血压药。因为噻嗪类利尿剂减弱了钙的肾脏排泄，所以也已用于含钙结石（草酸钙结石）的治疗。在小动物中的使用主要来自个人经验。没有设对照组的临床研究或功效试验可证明其临床有效性。在牛中氢氯噻嗪被批准作为治疗奶牛产后乳房水肿的辅助药物。

注意事项

不良反应和副作用

氢氯噻嗪可能会导致电解质失衡，如低钾血症。

禁忌证和预防措施

禁用于血清钙高的患病动物。噻嗪类利尿剂将阻碍钙的排泄。奶牛用药时，治疗过程中以及最后给药 72 h 内（6 次挤奶）的奶不作为食品用。

药物相互作用

与其他利尿剂一起使用需小心。它可能会增强其他利尿剂和降压药物的作用。

使用说明

氢氯噻嗪不如袢性利尿剂（如呋塞米）效力大。在兽医临床病例中尚未确定临床疗效。

患病动物的监测和实验室检测

监测水合状态、电解质及肾脏功能。用于牛时应定期仔细观察动物体液和电解质失衡的早期征象。

制剂与规格

氢氯噻嗪有 10 mg/mL 和 100 mg/mL 的口服溶液，以及 25 mg、50 mg 和 100 mg 的片剂。氢氯噻嗪和螺内酯的复合制剂为螺内酯和氢氯噻嗪复合片（Aldactazide）。牛用注射剂为 25 mg/mL。

稳定性和贮藏

存放在密闭容器中，并在室温下避光保存。尚未评估复合制剂的稳定性。

小动物剂量

犬和猫

2 ～ 4 mg/kg，q12 h，PO。

猫

降低尿液中钙的排泄：1 mg/kg，q12 h，PO。

CHF：1 ～ 2 mg/kg，q12 ～ 24 h，PO。

大动物剂量

牛

5 ～ 10 mL（125 ～ 250 mg），IV 或 IM，每天一次或两次。利尿剂治疗起效后，可以继续口服维持剂量治疗。对于口服治疗，使用氯噻嗪丸。

管制信息

牛的停药时间：产奶用牛停药 72 h（6 次挤奶）；没有规定的屠宰停药时间。

RCI 分类：4。

重酒石酸氢可酮（Hydrocodone Bitartrate）

商品名及其他名称： Hycodan、Vicodin、Lortab 和通用品牌。

功能分类： 镇咳药、镇痛药。

药理学和作用机制

重酒石酸氢可酮属于阿片类激动剂、镇痛药。和其他阿片类药物相似，氢可酮是神经 μ 阿片和 κ 阿片受体激动剂，可抑制与疼痛刺激传递有关的神经递质的释放（如 P 物质）。氢可酮可代谢为其他代谢物（包括氢吗啡酮），其功效约为吗啡的 6 倍。中枢镇定和兴奋效应与大脑中的 μ-受体效应有关。在动物中使用的其他阿片类制剂包括氢吗啡酮、可待因、羟吗啡酮、哌替啶和芬太尼。海可待（Hycodan）包含后马托品（homatropine），添加它是为了减少被人滥用。用于镇咳作用的氢可酮制剂也可能包含愈创甘油醚或对乙酰氨基酚。动物（如犬）将氢可酮代谢为氢吗啡酮，其药理作用可能是氢吗啡酮的作用。犬口服氢可酮 0.5 mg/kg 后，血浆中氢吗啡酮的浓度在镇痛药范围内可保持 8 h。在人中，氢可酮和对乙酰氨基酚的复合制剂（如 Vicodin）以及氢可酮与阿司匹林的复合制剂可作为口服药物治疗疼痛。

适应证和临床应用

氢可酮是阿片类激动剂，具有镇咳、镇痛和镇定作用。动物研究（特别是犬）表明氢可酮经口服吸收，部分代谢为氢吗啡酮，部分代谢为其他具有镇痛性质的代谢物。口服氢可酮的镇痛特性尚未在动物中进行测试。在动物中氢可酮最常用作气道疾病对症治疗的镇咳药，许多临床医生认为（个人经验）它是一种有效的镇咳药。在美国市售的氢可酮镇咳制剂没有不含阿托品的（加拿大的制剂可能仅包含氢可酮）。它还可能包含其他治疗咳嗽的成分。

注意事项

不良反应和副作用

和所有阿片类药物相似，副作用是可预见和不可避免的。副作用包括镇定、便秘和心动过缓。高剂量会发生呼吸抑制。在某些动物中可能出现反常的兴奋。

禁忌证和预防措施

请勿用于对阿片类作用敏感或经历焦虑的患病动物。由于口服制剂中含有阿托品，因此请勿用于阿托品是禁忌的动物。在人中，许多用于治疗疼痛的制剂含有氢可酮和对乙酰氨基酚或氢可酮和阿司匹林。切勿给猫使用含对乙酰氨基酚的产品。

药物相互作用

没有针对动物的特定药物相互作用的报道。

使用说明

海可待（Hycodan）中含有氢可酮与阿托品。阿托品可以减少呼吸道分泌物，但此制剂中的剂量（每 5 mg 片剂含 1.5 mg 后马托品）可能不会发挥明显的临床作用。许多人的镇痛制剂中含有氢可酮。

患病动物的监测和实验室检测

不用特殊监测。

制剂与规格

许多用于人类治疗疼痛的口服制剂中含有氢可酮和其他镇痛药，如对乙酰氨基酚（如维可丁）。这些制剂通常含有 5 mg 氢可酮和 500 mg 对乙酰氨基酚。氢可酮还可以作为镇咳药（Hydodan）用于 5 mg 的片剂和 1 mg/mL 的糖浆中，配合使用的后马托品浓度分别为片剂 1.5 mg 和糖浆 0.3 mg/mL。加拿大的制剂中不含后马托品。Zohydro-ER 制剂是一种缓释制剂（10 mg、15 mg、20 mg、30 mg、40 mg 和 50 mg 的片剂），已获批准用于人的疼痛治疗。Hysingla 是一种缓释制剂，有 20 mg、30 mg、40 mg、60 mg、80 mg、100 mg 或 120 mg 的制剂，用于人的疼痛治疗。这些缓释制剂可延长持效时间，可每天给药一次或两次，但尚未在动物中进行评估。

稳定性和贮藏

存放在密闭容器中，并在室温下避光保存。

小动物剂量

犬

镇咳剂量：0.5 mg/kg，q8 h，PO。气管塌陷患犬需要增加剂量，但不要超过 1.5 mg/kg。

镇痛剂量：0.5 mg/kg，q8 ~ 12 h，PO。

猫

尚未确定剂量。口服剂量可能对猫有效，但应慎用，因为许多制剂都含有对乙酰氨基酚。

大动物剂量

没有大动物剂量的报道。

管制信息

氢可酮是 DEA 控制的 Schedule Ⅱ 类管制药物。

无可用的管制信息。

RCI 分类：1。

氢化可的松（Hydrocortisone）

商品名及其他名称：氢化可的松：Cortef 和通用品牌，氢化可的松琥珀酸钠：Solu-Cortef。
功能分类：皮质类固醇。

药理学和作用机制

氢化可的松属于糖皮质激素类抗炎药。与泼尼松龙或地塞米松相比，氢化可的松的抗炎作用更弱，而盐皮质激素作用更强。氢化可的松的特性与体内的自然皮质醇最相似。它的功效约为泼尼松龙的 1/5，抑或是地塞米松的 1/25。抗炎作用很复杂，但主要是通过抑制炎性细胞和抑制炎性介质的表达。

适应证和临床应用

氢化可的松用于抗炎作用和糖皮质激素替代疗法。它不像其他皮质类固醇类药物（如泼尼松龙或地塞米松）常用，除非需要激素替代以模拟皮质醇的作用。氢化可的松琥珀酸钠是一种速效注射产品，用于需要快速反应的情况。

注意事项
不良反应和副作用

皮质类固醇的副作用很多，包括多食症、多饮/多尿和 HPA 轴抑制。副作用包括胃肠道溃疡、肝病、糖尿病、高脂血症、甲状腺激素减少、蛋白质合成减少、伤口愈合延迟以及免疫抑制。继发性感染可能是免疫抑制的结果，包括蠕形螨病、弓形虫病、真菌感染和尿路感染（UTI）。在马中，其他副作用包括蹄叶炎风险。

禁忌证和预防措施

在容易发生溃疡或感染的患病动物或需要伤口愈合的动物中谨慎使用。在糖尿病动物、患有肾功能衰竭的动物或怀孕的动物中请谨慎使用。

药物相互作用

糖皮质激素类药物通常与其他抗炎和免疫抑制药物具有协同作用。皮质类固醇类药物与 NSAID 联用会增加胃肠道损伤的风险。

使用说明

剂量需求与疾病的严重程度有关。通常用于替代疗法（如肾上腺皮质功能减退的患病动物）的剂量从 1 mg/(kg·d) 开始。

患病动物的监测和实验室检测

正在接受肾上腺皮质功能减退治疗的动物需监测电解质（钠和钾）。在治疗期间监测肝酶、血糖和肾功能。监测患病动物是否有继发性感染的症状。用促肾上腺皮质激素（ACTH）刺激试验以监测肾上腺功能。

制剂与规格

氢化可的松有 5 mg、10 mg 和 20 mg 的片剂，氢化可的松琥珀酸钠有不同大小的瓶装注射剂。

稳定性和贮藏

存放在密闭容器中，并在室温下避光保存。氢化可的松微溶于水，可溶于乙醇。在高于 7 ~ 9 的高 pH 环境中会发生降解。复合悬浮液可稳定 30 d。大多数复合局部用药膏和乳液可稳定 30 d。

小动物剂量
犬和猫
氢化可的松

替代疗法：1 ~ 2 mg/kg，q12 h，PO。

抗炎：2.5 ~ 5 mg/kg，q12 h，PO。

氢化可的松琥珀酸钠

休克：（不建议使用）50 ~ 150 mg/kg，IV，用 2 剂，间隔 8 h。

抗炎：5 mg/kg，q12 h，IV。

大动物剂量
马
氢化可的松琥珀酸钠：5 mg/kg，q12 h，IV。

马驹
严重疾病的替代疗法：1 ~ 3 mg/(kg·d)，IV。

管制信息
无可用的管制信息。

RCI 分类：4。

氢吗啡酮（Hydromorphone）

商品名及其他名称： Dilaudid、Hydrostat 和通用品牌。
功能分类： 镇痛药、阿片类。

药理学和作用机制

氢吗啡酮属于阿片类激动剂、镇痛药。和其他阿片类药物相似，氢吗啡酮是神经 μ 阿片和 κ 阿片受体激动剂，可抑制与疼痛刺激传递有关的神经递质的释放（如 P 物质）。阿片类药物也可能会抑制某些炎性介质的释放。中枢镇定和兴奋效应与大脑中的 μ- 受体效应有关。氢吗啡酮的性质与吗啡相似，但效力比吗啡高 6 ~ 7 倍。在犬中，IV 给药后的半衰期为 70 ~ 80 min。动物用的其他阿片类制剂包括吗啡、可待因、羟吗啡酮、哌替啶和芬太尼。当动物口服氢可酮时，部分会代谢为氢吗啡酮（见"重酒石酸氢可酮"）。

适应证和临床应用

氢吗啡酮用于动物的镇痛和镇定，并用作麻醉的辅助药物。在犬和猫中，它可单一使用或与其他药物联合使用。氢吗啡酮是阿片类激动剂，其作用类似于吗啡。

但是，它比吗啡（6 ~ 7 倍）更有效，应以较低剂量使用。由于氢吗啡酮比其他阿片类药物（如羟吗啡酮）的价格便宜，因此，有时被用来代替其他尚未证明更有效的药物。氢吗啡酮的效力约为羟吗啡酮的一半，却是吗啡的 5 ~ 7 倍。这些药物的疗效相同时应调整相应的剂量。在犬的研究中表明，等效剂量的氢吗啡酮与羟吗啡酮在犬中产生的镇定作用相当。尽管氢吗啡酮在猫中的血浆半衰期相对较短，为 1 ~ 1.5 h，但其作用（0.1 mg/kg）持效时间为 6 ~ 7.5 h。

注意事项
不良反应和副作用

和所有阿片类药物相似，氢吗啡酮的副作用是可预见且不可避免的。用药的副作用包括镇定、气喘、便秘、尿潴留和心动过缓。在猫中，最常见的副作用是焦虑、流涎过多和呕吐。在猫中也观察到了体温过高，但机理尚不清楚。在犬中，给氢吗啡酮比给吗啡产生的组胺释放量少，因此可能产生更少的组胺相关性副作用。

高剂量会发生呼吸抑制。与其他阿片类药物一样，预期心率会略有下降。

在多数情况下，这种下降的情况不必使用抗胆碱能药物（如阿托品）处理，但应进行监测。慢性给药产生耐受性和依赖性。马在快速 IV 给阿片类药物时可发生不良甚至危险的行为反应。马应在麻醉前使用乙酰丙嗪或 α_2- 激动剂。

禁忌证和预防措施

猫和马比其他物种对兴奋更敏感。用于猫时需监测体温，因为可能会发生体温过高。在一些患病动物中使用氢吗啡酮可能导致心动过缓和 AV 阻滞。

药物相互作用

没有重要的相互作用。氢吗啡酮可与其他麻醉药联合使用。如果同时使用布托啡诺，它可能通过拮抗 μ- 受体而减弱氢吗啡酮的作用。

H

使用说明

氢吗啡酮可与吗啡或羟吗啡酮互换使用，只要针对药效差异调整剂量即可。猫静脉注射给药更有效，而非肌内注射或皮下注射，并且静脉给药起效更快、副作用更少。人有可以口服的片剂和溶液，但在动物中尚无应用这些制剂的报道。需要口服药物治疗时，氢可酮口服片剂更常用，因其可部分代谢为氢吗啡酮。

患病动物的监测和实验室检测

监控患病动物的心率和呼吸。尽管由阿片类药物引起的心动过缓很少需要治疗，但如有必要，可以给阿托品或格隆溴铵。如果发生严重的呼吸抑制，可使用纳洛酮逆转阿片类药物。监测猫的体温。在麻醉后的患病动物中已观察到体温过高。

制剂与规格

氢吗啡酮有 1 mg/mL 的口服溶液；2 mg、4 mg 和 8 mg 的片剂；1 mg/mL、2 mg/mL、4 mg/mL 和 10 mg/mL 的注射剂。

Exalgo 是人的缓释制剂，有 8 mg、12 mg 和 16 mg 的片剂，允许每天使用一次。该制剂尚未在动物中进行评估。

稳定性和贮藏

存放在密闭容器中，并在室温下避光保存。氢吗啡酮溶于水。复合溶液可稳定 30 d。它是 Schedule Ⅱ 类管制药物，应存放在带锁的柜子中。

小动物剂量

犬

0.22 mg/kg，IM 或 SQ。疼痛治疗时每 4 ~ 6 h 重复用药或根据需要给药。0.1 ~ 0.2 mg/kg，IV，每 2 h 重复一次或根据需要用药。0.1 mg/kg 的剂量可与乙酰丙嗪联合用作术前镇定药。

猫

0.1 ~ 0.2 mg/kg，SQ 或 IM，或 0.05 ~ 0.1 mg/kg，IV，q2 ~ 6 h（根据需要）。

硬膜外剂量：0.05 mg/kg，用盐水稀释至 0.2 mL/kg（每只猫 1 mL）。

大动物剂量

马

硬膜外：0.04 mg/kg 在 0.9% 生理盐水中稀释至 20 mL。

没有全身用药剂量的报道。

管制信息

氢吗啡酮是 DEA 控制的 Schedule Ⅱ 类管制药物。食品动物的停药时间尚未确定，但药物清除很快，建议较短的停药时间。

RCI 分类：1。

羟乙基淀粉（Hydroxyethyl Starch）

商品名及其他名称：HES、hetastarch、Hespan、tetrastarch 和 VetStarch（兽药）。

功能分类：体液补充。

药理学和作用机制

羟乙基淀粉是合成的胶体性容积扩充剂，用于维持循环性休克动物的血容量。它是一种支链淀粉（如土豆、高粱或玉米）来源的改良性支链葡萄糖聚合物。羟乙基淀粉制剂包括四淀粉（tetrastarch）、七淀粉（hetastarch）和五淀粉（pentastarch）。七淀粉（6%）的平均分子量为 200 kDa（千道尔顿），胶体液渗透压约为 30。五淀粉（10%）的平均分子量为 200 kDa，胶体渗透压为 30 ~ 60。四淀粉（VetStarch）6% 的分子量为 130 kDa，胶体渗透压为 36。分子取代的数目决定了它是七淀粉、五淀粉还是六淀粉（hexastarch）。七淀粉分子取代数目最多，并且在脉管系统中保持的时间最长。七淀粉的清除速度比四淀粉慢得多。尽管七淀粉被阻碍了在血液中的水解，从而延长了血管内扩容的时间，但该特性还与网状内皮系统、皮肤、肝及肾中的蓄积有关。

适应证和临床应用

羟乙基淀粉主要用于治疗急性血容量不足和休克。急性情况下需要快速恢复循环容量时静脉注射给药。羟乙基淀粉溶液有效扩充容量的持效时间为 12 ~ 48 h。

注意事项

不良反应和副作用

多数已报道的严重的副作用在人的研究中已出现，如肾损伤和凝血异常，但在兽医学的临床使用中并无记录。在人的使用已引起争议，并建议这些产品在动物中慎用，要注意那些在人中报道的最常见的问题。七淀粉可能引起过敏反应和高渗性肾损伤。羟乙基淀粉溶液以临床相关剂量使用达 24 h 可能会影响血小板功能，并发生凝血异常。高分子量的七淀粉可能导致凝血、黏弹性测量和纤维蛋白溶解作用的改变。请勿用于有出血性疾病或已有凝血疾病的患病动物。高分子量产品（10% 溶液）的分子量大于 200 kDa，并且与高肾损伤风险相关。四淀粉溶液引起血凝异常的可能性比七淀粉小。因此，当前推荐使用 6% 的四淀粉溶液，且分子量（130 kDa）小。

禁忌证和预防措施

请勿用于有出血病（凝血疾病）或活动性出血的患病动物。请勿用于已知患有肾病的动物。

药物相互作用

羟乙基淀粉与大多数液体制剂兼容。

使用说明

与生理盐水（0.9%）或 5% 葡萄糖溶液混匀使用。小动物以 5 mL/kg 的增量缓慢输注，然后重新评估并增加至剂量部分列出的速率剂量。羟乙基淀粉溶液用于重症情况，并通过 CRI 注入。

患病动物的监测和实验室检测

在给药期间监测患病动物的水合状态和血压。监测心率和心律，并观察患病动物的出血征象。监测肾指标并在发现肾损伤迹象时停止使用。监测凝血病或血小板功能障碍的症状，如果出现出血问题请停止用药。给予羟乙基淀粉溶液的患病动物在 2 ~ 3 d 可能会出现淀粉酶升高。

制剂与规格

羟乙基淀粉有 6% 的注射剂，已批准为动物用制剂（四淀粉，VetStarch）。其他几种羟乙基淀粉溶液（七淀粉、五淀粉、六淀粉）有浓度为 6% 和 10% 的制剂。

稳定性和贮藏

羟乙基淀粉在原始包装中是稳定的，并与大多数输液装置兼容。

小动物剂量
犬

小容量复苏：5 mL/kg，IV。

大容量复苏：5 ~ 15 mL/kg，IV。

CRI：10 ~ 20 mL/(kg · d) [0.4 ~ 0.8 mL/(kg · h)]，IV。最大剂量为33 ~ 50 mL/(kg · d)。

猫

大容量复苏：2 ~ 5 mL/kg，IV。

CRI：5 ~ 10 mL/(kg · d) [0.2 ~ 0.4 mL/(kg · h)]，IV。

大动物剂量
马

8 ~ 10 mL/kg 推注或 0.5 ~ 1 mL/(kg · h) CRI。

管制信息

没有食品生产用动物的管制信息。由于残留风险低，没有建议的停药时间。

羟基脲（Hydroxyurea）

商品名及其他名称：Droxia 和 Hydrea（加拿大）。

功能分类：抗癌药。

药理学和作用机制

羟基脲属于抗肿瘤药。羟基脲是一种细胞周期依赖性药物，主要作用于有丝分裂的 S 期。作用的确切机制尚不确定，但可能会干扰癌症细胞中的 DNA 合成。由于药物对血红蛋白的活性，因此对红细胞有特定作用。

适应证和临床应用

羟基脲用于治疗人的镰状细胞贫血，偶尔用于治疗其他癌症。在动物中，它已与其他抗癌手段联合用于治疗特定肿瘤。其中一种用途是治疗动物的真性红细胞增多症。

注意事项
不良反应和副作用
　　由于在兽医中使用有限，还没有副作用的报道。在人中，羟基脲会导致白细胞减少症、贫血和血小板减少症。
禁忌证和预防措施
　　避免在怀孕的动物中使用。
药物相互作用
　　没有针对动物的特定药物相互作用的报道。

使用说明
　　羟基脲在兽医学中使用的基础有限。大多数用途是经验性的或从人医推断出来的。

患病动物的监测和实验室检测
　　监测治疗动物的全血细胞计数（CBC）。

制剂与规格
　　羟基脲有 200 mg、300 mg、400 mg 和 500 mg 的胶囊。

稳定性和贮藏
　　存放在密闭容器中，并在室温下避光保存。

小动物剂量
犬
50 mg/kg，每天一次，PO，每周用 3 d。
猫
25 mg/kg，每天一次，PO，每周用 3 d。

大动物剂量
　　没有大动物剂量的报道。

管制信息
　　不确定食品生产用动物的停药时间。由于该药是抗癌药，禁用于拟食用动物。

盐酸羟嗪（Hydroxyzine Hydrochloride）

商品名及其他名称：安太乐（Atarax）、羟嗪（Vistaril）。
功能分类：抗组胺药。

药理学和作用机制

盐酸羟嗪是哌嗪类抗组胺药（H_1-阻滞剂）。和其他抗组胺药相似，羟嗪通过阻滞 H_1-受体发挥作用，并抑制组胺引起的炎性反应。H_1-阻滞剂已用于控制瘙痒症和皮肤炎症、鼻漏和气道炎症。羟嗪还具有镇定特性，对 CNS 有与抗组胺作用无关的其他镇静作用。

另一种抗组胺药西替利嗪是羟嗪的活性代谢产物。在犬中，给予羟嗪后，大部分抗组胺作用来自代谢形成的西替利嗪，这一过程在 IV 和口服给药时迅速发生。

适应证和临床应用

本药物已被用于治疗动物的瘙痒症。治疗动物瘙痒症的功效很低。尽管在实验动物中表现出抑制组胺反应，但不能持续有效缓解犬异位性皮炎引起的瘙痒症。其他用途包括过敏性气道疾病和鼻炎。但是，尚未确定这些用途的功效。在人中，其他用途还包括治疗焦虑和精神障碍，以及作为全身麻醉之前和之后的镇定药。

注意事项

不良反应和副作用

镇定是最常见的副作用。这是组胺 N-甲基转移酶抑制的结果。镇定也可能是其他 CNS 受体阻滞导致的，如 5-羟色胺受体、乙酰胆碱受体和 α-受体。抗毒蕈碱作用（阿托品样作用）也常见，如口干和胃肠道分泌减少。

禁忌证和预防措施

在动物中尚无禁忌证的报道。

药物相互作用

没有针对动物的特定药物相互作用的报道。

使用说明

临床研究显示羟嗪治疗犬的瘙痒症有一些效果，但疗效较低。

患病动物的监测和实验室检测

不用特殊监测。

制剂与规格

盐酸羟嗪有 10 mg、25 mg、50 mg 的片剂；2 mg/mL 的口服糖浆和 25 mg/mL 的注射剂。羟嗪的双羟萘酸盐形式（Vistaril）有 25 mg 和 50 mg 的胶囊剂型。

稳定性和贮藏

存放在密闭容器中，并在室温下避光保存。羟嗪溶于水。含糖浆的复合制剂可稳定 14 d。

小动物剂量

犬

2 mg/kg，q8 ~ 12 h，IM 或者 PO。

猫

有效剂量尚未确定（见西替利嗪用于猫的剂量信息）

大动物剂量

马

双羟萘酸羟嗪每匹马 500 mg，口服，每天两次（效果不确定）。

管制信息

没有食品生产用动物的管制信息。由于残留风险低，没有建议的停药时间。

RCI 分类：2。

莨菪碱（Hyoscyamine）

商品名及其他名称： Levsin。

功能分类： 抗胆碱能药。

药理学和作用机制

莨菪碱属于抗胆碱能药（阻滞乙酰胆碱对毒蕈碱受体的作用）、副交感神经阻滞剂。

适应证和临床应用

莨菪碱是一种抗胆碱能药物，其作用类似于阿托品及其相关药物。它有止吐作用，可以减轻晕动症和某些胃肠道疾病相关的呕吐。它适用于一些动物需要对副交感神经反应阻滞的情况。它也用来减弱胃肠动力和分泌，减少流涎，并增加心率（治疗心动过缓）。

注意事项

不良反应和副作用

副作用包括口干、肠梗阻、便秘、心动过速和尿潴留。

禁忌证和预防措施

请勿用于青光眼、肠梗阻、胃轻瘫或心动过速的患病动物。

药物相互作用

请勿与碱性溶液混合。莨菪碱可拮抗任何胆碱能药物（如甲氧氯普胺）的作用。

使用说明

莨菪碱主要用于犬的心血管和胃肠道疾病。

患病动物的监测和实验室检测

治疗期间监测动物的心率和肠道动力。

制剂与规格

莨菪碱有 0.125 mg 的片剂、0.375 mg 的缓释片剂和 0.025 mg/mL 的溶液。

稳定性和贮藏

在室温下存放在密闭容器中。

小动物剂量

犬

0.003 ～ 0.006 mg/kg，q8 h，PO。

猫

没有确定猫的剂量。

大动物剂量

没有大动物剂量的报道。

管制信息

禁用于食品生产用动物。

停药时间：美国未确定停药时间（大动物产品生产商给出奶和肉类的停药时间为 0 d），但在英国肉用动物的停药时间为 14 d，产奶用动物的停药时间为 3 d。

布洛芬（Ibuprofen）

商品名及其他名称： Motrin、Advil、Nuprin 和通用品牌。
功能分类： NSAID。

药理学和作用机制

与其他 NSAID 一样，布洛芬通过抑制前列腺素的合成而产生镇痛和抗炎作用。NSAID 抑制的酶是环氧合酶（cyclo-oxygenase enzyme，COX）。COX 存在两种异构体：COX-1 和 COX-2。COX-1 主要负责前列腺素的合成，对维持健康的胃肠道、肾脏功能、血小板功能和其他正常生理功能起重要作用。COX-2 被诱导并负责合成前列腺素，而前列腺素是疼痛、炎症和发热的重要介质。但是，已知在某些情况下，COX-1 和 COX-2 的作用会有些交叉，并且 COX-2 的活性对于某些生物学作用很重要。布洛芬对 COX-1 或 COX-2 不具有选择性。它已被批准用于人，而在兽医学中使用该药物的经验有限。

已经在多种动物中进行了药代动力学研究。布洛芬在马中的半衰期为 60 ~ 90 min。马的口服吸收率较高（80% ~ 90%），不论使用哪种剂型，包括复合糊剂在内。乳用山羊口服给药时，90% ~ 100% 的布洛芬被吸收。

适应证和临床应用

布洛芬尚未被批准用于兽医学中。一些药物对小动物的胃肠道更安全，因此成为首选。不鼓励在犬使用布洛芬，因为胃肠道溃疡的风险很高。布洛芬也被用于治疗马和反刍动物的肌肉骨骼炎症。25 mg/kg，IV 给药可减少奶牛内毒素介导的乳房炎导致的一些全身性变化。

在马中，使用剂量为 10 ~ 25 mg/kg，但临床试验效果尚无报道。

注意事项

不良反应和副作用

已报道犬出现呕吐、严重胃肠道溃疡和出血。与其他 NSAID 一样，布洛芬减少了肾脏灌注而导致肾损伤。布洛芬可能会抑制动物血小板的功能。

禁忌证和预防措施

尚未确定犬和猫的安全剂量。禁用于易出现胃肠道溃疡的动物。请勿与皮质类固醇等其他致溃疡药物一起使用。

药物相互作用

没有报道具体的药物相互作用。但是，与其他 NSAID 一样，与皮质类固醇同时用药会有潜在的致溃疡作用。与其他 NSAID 一样，布洛芬可能会干扰利尿剂的作用，如呋塞米和血管紧张素转换酶（ACE）抑制剂。

使用说明

避免用于犬。尽管在反刍动物和马中已进行了标签外使用，但尚未建立用于其他物种的安全剂量。

患病动物的监测和实验室检测

监测胃肠道溃疡的症状。在治疗期间监测肾功能。

制剂与规格

布洛芬有 200 mg、400 mg、600 mg 和 800 mg 的片剂。

稳定性和贮藏

存放在密闭容器中，并在室温下避光保存。布洛芬与酒精（乙醇）和丙二醇溶液混合不会失去稳定性。它难溶于水。马口服混有布洛芬的糊剂不会影响药物吸收。

小动物剂量

犬和猫

未确定安全剂量。

大动物剂量

马

25 mg/kg，q8 h，PO，最多使用 6 d。

反刍动物

14 ~ 25 mg/(kg·d)，PO。

管制信息

没有确定拟食用动物的停药时间。

RCI 分类：4。

盐酸双咪苯脲、二丙酸咪唑苯脲（Imidocarb Hydrochloride, Imidocarb Dipropionate）

商品名及其他名称： Imizol。

功能分类： 抗原虫药。

药理学和作用机制

双咪苯脲是一种芳香双咪剂。它抑制易感生物体中的核酸代谢并产生抗胆碱能作用。对原虫性生物体的活性是其临床使用的原因。该药物通过抑制肌醇进入已感染的红细胞而特别作用于寄生虫的红细胞寄生阶段。

适应证和临床应用

双咪苯脲已用于治疗动物细胞内的蜱媒性病原体、巴贝斯虫感染，并用于治疗由血蛭属支原体引起的猫的血巴尔通体病。双咪苯脲也已用于治疗猫的猫胞裂虫感染，以及犬和猫的立克次体感染。它也用于治疗由马泰勒虫（*Theileria equi*）和驽巴贝斯虫（*Babesia caballi*）引起的马梨形虫病。

注意事项

不良反应和副作用

在实验猫的试验中未观察到毒性反应。大多数动物在注射部位会出现短暂的疼痛或不适感。10% ~ 40% 的动物会发生治疗后呕吐。可能会发生肝酶［丙氨酸转氨酶（alanine aminotransferase，ALT）、天冬氨酸转氨酶（aspartate aminotransferase，AST）］的短暂升高。注射双咪苯脲后会长时间保留在组织内。大剂量使用的副作用包括肾损伤（肾小管坏死）和急性肝脏坏死。

有两种形式：二丙酸盐和盐酸盐。肌内注射盐酸盐更具刺激性。

马常见抗胆碱酯酶效应，由于内源性乙酰胆碱增多而引起出汗、躁动、支气管缩窄、流涎、绞痛、肠道痉挛反应和腹泻。这些效应是短暂的且不会威胁生命，如果症状严重，可以用阿托品治疗。为预防这些症状出现，可以使用阿托品（0.02 mg/kg，IV）、格隆溴铵（0.0025 mg/kg，IV）或丁溴东莨菪碱进行预处理。

禁忌证和预防措施

只能肌内给药。禁止静脉内给药。驴和骡子比马更易发生副作用，应避免使用。

药物相互作用

没有药物相互作用的报道。

使用说明

双咪苯脲在动物中的使用有限。大多数用药方案是通过小型临床试验或人的使用推断得出的。

患病动物的监测和实验室检测

不用特殊监测。

制剂与规格

一些药房有售双咪苯脲的复合制剂。二丙酸双脒苯脲有 12% 的溶液（120 mg/mL）。

稳定性和贮藏

存放在密闭容器中，并在室温下避光保存。

小动物剂量

犬

犬埃立克体：6.6 mg/kg（0.25 mL/lb），IM 两次给药间隔 14 d。

猫

5 mg/kg，IM 两次给药间隔 14 d。

大动物剂量

马

4.4 mg/kg，IM，一剂给药，或者 2.2 mg/kg，IM，两剂给药，间隔 24 ~ 48 h。不同部位注射。要根除驽巴贝斯虫需要 4 次治疗，4 mg/kg，IM，每次间隔 72 h。考虑使用抗胆碱能药物进行预处理（请参阅"不良反应和副作用"部分）。

管制信息

无可用的管制信息。

亚胺培南 - 西拉他丁（Imipenem-Cilastatin）

商品名及其他名称： Primaxin。

功能分类： 抗菌药。

药理学和作用机制

亚胺培南 - 西拉他丁是碳青霉烯类的 β- 内酰胺抗生素，具有广泛的抗菌活性。该药物的作用机制与其他 β- 内酰胺类抗生素相似，可使青霉素结合蛋白（PBP）失活并引起细胞壁溶解或干扰细胞壁形成。碳青霉烯类能够与特定的 PBP（PBP-1）结合，比其他 β- 内酰胺类药物裂解细胞壁的速度更快。因此，该药有更大的杀菌活性和更长时间的抗生素后效应。碳青霉烯类具有广泛的活性，并且是所有抗生素中最活跃的。本药物的抗菌谱包括革兰氏阴性杆菌，包含肠杆菌科和铜绿假单胞菌。它对大多数革兰氏阳性菌也有抗菌活性，除了耐甲氧西林葡萄球菌和肠球菌。与亚胺培南相比，美罗培南和多立培南活性更高。西司他丁没有抗菌活性，但它是肾脏二肽酶（脱氢肽酶，DHP-1）的特异性抑制剂。因此，西司他丁阻滞亚胺培南在肾小管代谢，并改善亚胺培南导致的肾损伤的修复。

剂量方案是根据犬、猫和马的药代动力学研究建立的。猫在 IM 和 SQ 注射时可吸收 90% ~ 100%。IV、IM 和 SQ 注射的半衰期分别为 1.2 h、1.4 h 和 1.5 h，IM 和 SQ 注射的浓度峰值分别为 6.5 μg/mL 和 4 μg/mL。在犬中，IV、IM 和 SQ 注射的半衰期分别为 0.8 h、0.9 h 和 1.54 h。IM 和 SQ 注射的吸收率分别为 145% 和 159%，产生的浓度峰值分别为 13.2 μg/mL 和 8.8 μg/mL。因此，犬和猫 SQ 给药均可延长半衰期，这对于时间依赖性药物（如亚胺培南）很有帮助。在马中，IV 给药的消除半衰期为 70 min，分布容积为 0.4 ~ 0.5 L/kg。

适应证和临床应用

亚胺培南主要用于由对其他药物产生抗药性的细菌感染。特别是对治疗由铜绿假单胞菌、大肠杆菌和肺炎克雷伯菌引起的抗药性感染很有价值。尽管对革兰氏阳性菌有活性，如葡萄球菌（非甲氧西林耐药菌株），但革兰氏阳性菌感染应使用其他药物。美罗培南和多立培南是碳青霉烯类中的新药，在作用和给药便利性方面有一些优势。美罗培南通常推荐用于犬和猫，因为它给药更容易且更稳定。

注意事项

不良反应和副作用

β-内酰胺类抗生素可能发生过敏反应。快速输注或肾功能障碍的患病动物可能会出现神经毒性。动物的神经毒性包括震颤、眼球震颤和抽搐。可能发生肾毒性，但将亚胺培南与西司他丁结合可减少肾脏的药物代谢。可能发生呕吐和恶心。肌内注射会引起疼痛反应。

禁忌证和预防措施

慎用于易发生抽搐的患病动物。肾功能衰竭的患病动物更可能发生抽搐。

药物相互作用

禁止在小瓶中与其他药物混合。

使用说明

尚未在动物中进行效果研究。推荐用量是根据在人的研究推断的。在耐药性、顽固性感染时使用。仔细阅读制造商的说明书，以正确给药。若最初小瓶内已复溶，则不应静脉内给药。必须将其稀释在合适的 IV 液体溶液（至少 100 mL）中。IV 给药需添加到 IV 液体中。在小瓶中复溶，250 mg 或 500 mg 溶于不少于 100 mL 的液体中，超过 30 ~ 60 min 静脉注射。如果冷藏，静脉注射溶液在 48 h 内保持稳定，而在室温下可保持稳定 8 h。对于 IM 给药，可添加 2 mL 利多卡因（1%）以减轻注射的疼痛。悬浮液仅可稳定 1 h。在一些医院中，IV 制剂稀释于溶液中并进行 SQ 给药，没有任何注射部位反应的症状（一般犬每次注射 8 ~ 14 mL）。

患病动物的监测和实验室检测

药敏试验：敏感菌的 CLSI 耐药折点≤1 μg/mL。大多数兽医病原体的最低抑菌浓度（MIC）值均小于 1 μg/mL。

制剂与规格

亚胺培南 - 西拉他丁有 250 mg 和 500 mg 的小瓶注射剂。肌内注射悬浮液有 500 mg 和 750 mg 的瓶装制剂。

稳定性和贮藏

存放在密闭容器中，并在室温下避光保存。复溶后，室温下保持稳定 4 h，冷藏保持稳定 24 h。IV 液体制剂禁止冷冻。轻微变黄是可以接受的，但是如果变成棕色应将其丢弃。

小动物剂量
犬

5 mg/kg，q6 ~ 8 h，IV、IM 或 SQ。

猫

5 mg/kg，q6 ~ 8 h，IV 或 IM，或者 q8 h，SQ。

大动物剂量
马

10 ~ 20 mg/kg，q6 h，缓慢 IV（10 min）输注。

管制信息

不确定食品生产用动物的停药时间。

盐酸丙咪嗪（Imipramine Hydrochloride）

商品名及其他名称： Tofranil 和通用品牌。

功能分类： 行为矫正。

药理学和作用机制

盐酸丙咪嗪是三环类抗抑郁药（TCA）。丙咪嗪与该类其他药物一样，用于治疗人的行为问题、焦虑和精神沉郁。它是通过抑制突触前神经末梢摄取 5- 羟色胺和去甲肾上腺素而发挥作用的。其他用于动物的 TCA 包括氯米帕明和阿米替林。

适应证和临床应用

与其他 TCA 一样，丙咪嗪用于治疗动物的多种行为障碍，包括强迫症、分离焦虑和排尿不当。丙咪嗪的疗效研究比氯米帕明或阿米替林的少。通常，行为学专家建议使用其他行为矫正的药物治疗小动物，如选择性 5- 羟色胺再摄取抑制剂（SSRI，如氟西汀）或其他 TCA（如氯米帕明）。

注意事项
不良反应和副作用
TCA 有多种副作用，如抗毒蕈碱作用（口干和心率加快）和抗组胺药作用（镇定）。过量使用会产生致命的心脏毒性。

禁忌证和预防措施
心脏病患病动物慎用。

药物相互作用
请勿与其他行为矫正药物一起使用，如 5- 羟色胺再摄取抑制剂。请勿与司来吉兰等单胺氧化酶抑制剂（MAOI）一起使用。

使用说明
剂量主要基于经验。与动物可用的该类其他药物相比，丙咪嗪的对照疗效试验较少。开始治疗后可能会有 2 ~ 4 周的延迟，方能看到有益的作用。

患病动物的监测和实验室检测
监测治疗动物的心率和心律。与其他 TCA 一样，丙咪嗪可能会降低犬总 T_4 和游离 T_4 的浓度。

制剂与规格
丙咪嗪有 10 mg、25 mg 和 50 mg 的片剂。

稳定性和贮藏
存放在密闭容器中，并在室温下避光保存。尽管内咪嗪已有兽用复合制剂，但尚未评估复合产品的疗效和稳定性。

小动物剂量
犬
2 ~ 4 mg/kg，q12 ~ 24 h，PO。
猫
0.5 ~ 1 mg/kg，q12 ~ 24 h，PO。

大动物剂量
没有大动物剂量的报道。

管制信息

禁用于拟食用动物。

RCI 分类: 2。

吲哚美辛（Indomethacin）

商品名及其他名称: Indocin。

功能分类: NSAID。

药理学和作用机制

吲哚美辛属于 NSAID 和镇痛药。和其他 NSAID 相似，吲哚美辛通过抑制前列腺素的合成而产生强效的镇痛和抗炎作用。被 NSAID 抑制的酶是 COX。COX 存在两种异构体: COX-1 和 COX-2。COX-1 主要负责前列腺素的合成，对维持健康的胃肠道、肾脏功能、血小板功能和其他正常生理功能起重要作用。COX-2 被诱导并负责合成前列腺素，而前列腺素是疼痛、炎症和发热的重要介质。但是，已知在某些情况下，COX-1 和 COX-2 的作用会有些交叉，并且 COX-2 的活性对于某些生物学作用很重要。吲哚美辛被认为是非选择性药物的原型，因为它同等抑制 COX-1 和 COX-2。已批准吲哚美辛用于人，而在兽医学中该药物的使用经验有限。吲哚美辛的作用是抑制合成前列腺素的 COX，且可能有其他抗炎作用（如对白细胞的作用）。在人中，主要用于中度疼痛和炎症的短期治疗。

适应证和临床应用

和其他 NSAID 相似，吲哚美辛用于治疗人的疼痛和炎症。但是，它在临床兽医学中不常用，因为有其他更安全的、经过批准的药物可供使用。吲哚美辛在研究中用作非选择性 COX-1 和 COX-2 阻滞剂的原型。胃肠道溃疡的高风险限制其在犬的常规使用。

注意事项

不良反应和副作用

吲哚美辛用于犬会产生严重的胃肠道溃疡和出血。和其他 NSAID 相似，它可能通过抑制肾的前列腺素而造成肾损伤。

禁忌证和预防措施

请勿用于犬或猫。

药物相互作用

和其他 NSAID 相似，可能与多种药物相互作用。NSAID 可能干扰利尿剂（如呋塞米）和 ACE 抑制剂（如依那普利）的作用。皮质类固醇与 NSAID 一起使用会增加溃疡的风险。

使用说明
慎用（如果可以的话），因为尚未确定在动物临床应用的安全剂量。

患病动物的监测和实验室检测
监测胃肠道毒性的症状（出血、溃疡和穿孔）。

制剂与规格
吲哚美辛有 20 mg、25 mg、40 mg 和 50 mg 的胶囊和 5 mg/mL 的口服悬浮液两种剂型。

稳定性和贮藏
存放在密闭容器中，并在室温下避光保存。吲哚美辛几乎不溶于水，但可溶于乙醇。它在碱性环境中分解，在 pH 为 3.75 时最稳定。

小动物剂量
犬和猫
安全剂量尚未确定。

大动物剂量
没有大动物剂量的报道。

管制信息
不确定食品生产用动物的停药时间。
RCI 分类：4。

胰岛素（Insulin）
商品名及其他名称： ProZinc、中效（Lente）胰岛素、长效（Ultralente）胰岛素、短效（Regular）胰岛素、甘精（Glargine）胰岛素、NPH 胰岛素、Caninsulin（健宜宁，猪胰岛素锌悬浮液）、鱼精蛋白锌胰岛素（Protamine-zinc insulin，PZI）、优泌灵［Humulin（人胰岛素）］、Vetsulin［猪胰岛素锌悬浮液（兽用）］和 PZI Vet（兽用 PZI）。
功能分类： 激素。

药理学和作用机制
胰岛素有与葡萄糖利用相关的多种作用。对于犬和猫的糖尿病管理至关重要。有用于人的口服降糖药，然而，没有充分的证据支持它们在猫中优于胰岛素治疗，且口服降糖药在犬中无效。如果动物主人不能给猫注射药物，格列吡嗪是唯一的口服降糖药，且有证据支持它作为猫的单一药物治疗（更多的信息见"格列吡嗪"部分）。

犬胰岛素与猪胰岛素相同，犬胰岛素与牛胰岛素的结构有 3 个氨基酸不同。猫胰岛素与牛胰岛素相似，只有 1 个氨基酸不同。尽管与猫存在 1 个氨基酸差异，但在治疗过的猫中尚未出现抗胰岛素抗体的问题。大多数用于人的牛 - 猪复合胰岛素已经停产，且通常兽医学中不可用。人重组胰岛素可用于犬和猫，其作用与天然胰岛素相同。

胰岛素有几种制剂。

（1）短效胰岛素：作用短。峰值为 1 ~ 5 h，持效时间为 4 ~ 10 h。通常用于短期管理，如糖尿病性酮症酸中毒。

（2）中性鱼精蛋白锌胰岛素（低精蛋白锌胰岛素，也称为 NPH）：100 U/mL。一种晶体悬浮液含鱼精蛋白锌的人重组胰岛素，具有中等作用。在犬中的峰值为 2 ~ 10 h，在猫中的峰值为 2 ~ 8 h，犬的药效持效时间为 4 ~ 24 h，猫的药效持效时间为 4 ~ 12 h（但猫通常为 2 ~ 3 h）。由于药效持效时间短，通常不建议用于猫。

（3）慢胰岛素锌悬液：在犬中的峰值为 2 ~ 10 h，在猫中的峰值为 2 ~ 8 h，犬的药效持效时间为 4 ~ 24 h，猫的药效持效时间为 4 ~ 12 h。在胰岛素中添加鱼精蛋白或锌会在悬浮液中产生结晶胰岛素，其吸收速率比溶解的胰岛素长。慢胰岛素通过结晶大小控制药效的持效时间。例如，半慢胰岛素晶体实际上是不规则的，因此，特慢胰岛素结晶很大，慢胰岛素是特慢和半慢胰岛素晶体的组合。

（4）特慢胰岛素锌悬液：在犬中的峰值为 4 ~ 16 h，在猫中的峰值为 2 ~ 14 h，犬的药效持效时间为 8 ~ 28 h，猫的药效持效时间为 12 ~ 24 h。猫的吸收差，通常不建议使用。人产品已经停产。

（5）Vetsulin：也称为犬胰岛素（Caninsulin）。Vetsulin 是一种 U-40 猪胰岛素，氨基酸含量与犬胰岛素相同，并且是结晶和非结晶胰岛素与水性锌混悬的慢胰岛素。它产生的活性峰值（4 h）和持效时间比 PZI 胰岛素短。该产品曾因某些原因暂时停用，但已重返市场。

（6）PZI：由重组人胰岛素开发而成，作用时间更长。兽用形式称为 ProZinc，有一种用于猫的 40 U/mL 制剂。动物用的类型与市售人用的类型相同。犬和猫之间的药效反应和药代动力学差异很大。在犬中的峰值为 4 ~ 14 h，在猫中的峰值为 5 ~ 7 h，犬的药效持效时间为 6 ~ 28 h，猫的药效持效时间为 13 ~ 24 h。尚无动物源性 PZI 胰岛素（90% 牛胰岛素和

10% 猪胰岛素）产品，但在犬的研究显示人重组 PZI 型胰岛素是有效的替代品。

（7）甘精胰岛素（Lantus）：由重组技术制备的人胰岛素的类似物。它与猫胰岛素有 4 个氨基酸不同。它在 4 ～ 18 h 缓慢起效，药效持效时间为 24 h 或更长。该类似物是通过用甘氨酸替代天冬酰胺并添加 2 个精氨酸分子而产生的。这些改变使等电点移向中性。它在小瓶的 pH 环境中是可溶的，但在 SQ 组织的 pH 环境中溶解度降低（微沉淀物），这导致它在注射部位缓慢释放，没有药物作用峰。与其他胰岛素制剂相比，它释放的胰岛素浓度一致，没有大波动的峰。在猫中降低葡萄糖的特性持效时间比在人的要短，峰值为 5 ～ 16 h，药效持效时间为 11 ～ 24 h。然而，与其他胰岛素相比，它可以更好地控制猫的血糖。猫使用甘精胰岛素的缓解率最高。尽管持效时间长，但猫使用甘精胰岛素的最佳控制方案是每天两次。通常，它的浓度是 100 U/mL（Lantus），但人用的更浓缩的剂型（Toujeo）是 300 U/mL。浓缩类型在宠物中的应用尚未进行评估。

（8）地特胰岛素（Levemir）：100 U/mL。长效胰岛素。地特胰岛素是一个有 14 个碳原子的脂肪酸链，通过赖氨酸而降低机体吸收，且与白蛋白高度结合。在皮下空间对白蛋白的高亲和力延长了吸收时间。猫用药起效时间约为 2 h，达到峰值的时间为 7 h，持效时间为 13 ～ 14 h。用于猫的剂量和间隔与甘精胰岛素相似。在犬中，它比其他类型的胰岛素更有效，所需剂量更低。犬每 12 h 一次的剂量便可达到良好的调节效果。

（9）赖谷胰岛素（Apidra）、赖脯胰岛素［优泌乐（Humalog）］和门冬胰岛素［诺和锐（NovoLog）］：人用速效胰岛素。使用它们是因为起效迅速且持效时间短。在人中，通常随餐使用，并与更长效类型的胰岛素联用。这些速效胰岛素类似物在动物中的使用尚未进行评估。

适应证和临床应用

有各种形式的胰岛素用于治疗犬和猫的糖尿病。它们用于替代缺乏的胰岛素。在部分猫中（约 50%），一些口服降糖药的使用减少了胰岛素的使用。但是，犬糖尿病更有胰岛素依赖性。速效胰岛素作用短，对急诊更有用，如糖尿病酮症酸中毒或急性非酮症综合征。

中效或长效胰岛素制剂用于维持，并且有多种类型可以使用（请参见前文）。大部分动物源性胰岛素（牛和猪）已经停产，被没有疗效差异的人重组胰岛素制剂替代。在猫中，甘精胰岛素的疗效优于其他类型的胰岛素，并且缓解率更高。甘精胰岛素也可用于治疗猫的糖尿病酮症酸中毒，并在 IM 给药时有效。除糖尿病外，胰岛素有时还用于治疗严重的高钾血症病例。

注意事项

不良反应和副作用

副作用主要是与药物过量有关的低血糖。

甘精胰岛素的 pH 低于 4，注射时可能会有刺痛。其他胰岛素为更中性。

禁忌证和预防措施

由于存在低血糖的风险，请勿在没有监测动物血糖的情况下使用。在同一注射器中混合速效胰岛素和含锌的胰岛素会延长速效胰岛素的吸收时间。请勿将低精蛋白胰岛素或磷酸盐缓冲的胰岛素与锌胰岛素（中效、长效、半慢）混合使用。请勿使用复合的胰岛素产品。宠物使用复合胰岛素产品的研究表明它们可靠性差。

药物相互作用

给予皮质类固醇类药物（泼尼松龙、地塞米松等）会干扰胰岛素的作用。

使用说明

膳食管理对于控制好血糖必不可少。猫饲喂高蛋白、低碳水化合物的日粮，犬饲喂高纤维、低脂的日粮。应根据药效反应情况认真调整每个患病动物的使用剂量。

猫酮症酸中毒的另一种给药方案是开始使用 0.2 U/kg 的短效胰岛素 IM，然后每小时 0.1 U/kg，IM，直到葡萄糖水平小于 300 mg/dL，然后 0.25 ~ 0.4 U/kg，q6 h，SQ。大多数类型的胰岛素（包括 PZI 和甘精胰岛素）通常需要每天给药两次。但是，如果猫的血糖最低点出现在给药之后 10 h 或更长时间，则考虑每天给药一次。宠物主人按说明使用合适的注射器（如 U-40 与 U-100）。如果管理得当，许多猫可能会减少使用剂量，且不需要终生胰岛素治疗。

患病动物的监测和实验室检测

监测血糖、糖基化血红蛋白 / 果糖胺的浓度。当治疗糖尿病时，期望将血糖浓度保持在 100 ~ 300 mg/dL，血糖最低点为 80 ~ 150 mg/dL。

血清果糖胺浓度也可以通过以下指导进行监测：< 350 μmol/L 控制很好或缓解，≤ 450 μmol/L 控制良好，450 ~ 500 μmol/L 中度控制，> 500 μmol/L 控制差。

制剂与规格

参见"药理学和作用机制"部分中的描述。人胰岛素产品通常为 100 U/mL 的注射剂（U-100），有些兽用产品为较小浓度的 40 U/mL 的注射剂（U-40，如 ProZinc 或 Vetsulin）。鱼精蛋白锌牛 - 猪（PZI VET）胰岛素也是 40 U/mL 的注射剂（U-40）。一些先前可用的胰岛素产品已经停产，如 Iletin Ⅱ Pork 胰岛素（短效和 NPH 制剂）、Humulin U Ultralente 和 Humulin L Lente（Humulin U 和 Humulin L）。

稳定性和贮藏

正确存储对于确保胰岛素的药效至关重要：保持冷藏。注射前缓慢加温并滚动小瓶，以确保小瓶中的内容物适当混匀。请勿冷冻小瓶的胰岛素，请勿使胰岛素小瓶受热，请勿在同一小瓶或注射器中混合不同类型的胰岛素。兽医在不确定的情况下请勿使用复合的胰岛素制剂。必须使用特定的稀释剂稀释胰岛素，因此只能由药剂师来进行。

小动物剂量
犬

短效胰岛素。3 kg 犬酮症酸中毒的治疗：最初每只 1 U，然后每只 1 U，q1 h；3 ~ 10 kg 的犬：最初每只 2 U，然后每只 1 U，q1 h；> 10 kg 的犬：最初为 0.25 U/kg，然后 0.1 U/kg，q1 h，IM。

NPH 用于 < 15 kg 的犬：1 U/kg，q12 ~ 24 h，SQ（通过监测调整剂量）；NPH 用于 > 25 kg 的犬：0.5 U/kg，q12 ~ 24 h，SQ（通过监测调整剂量）。

Vetsulin：初始剂量 0.5 U/kg，每天一次或两次，SQ。通过监测调整剂量（增加或减少 25% 的剂量）。

PZI 人重组胰岛素：可用作牛 / 猪 PZI 胰岛素的替代品。从 0.5 U/kg 开始，SQ，q12 h。控制良好的犬的中位剂量为 0.9 U/kg（范围 0.4 ~ 1.5 U/kg），SQ，q12 h。

甘精胰岛素：从 0.3 U/kg，SC，q12 h 开始。然后监测血糖调整剂量。犬血糖调节良好的胰岛素剂量范围是 0.32 ~ 0.67 U/kg，q12 h，SQ。

地特胰岛素：0.12 U/kg，SQ，q12 h（根据需要调整剂量）。由于犬用的剂量较小，小型犬使用时需要特定的稀释剂才能得到准确的剂量。

猫

短效胰岛素。酮症酸中毒的治疗：最初为 0.2 U/kg，IM，然后 0.1 U/kg，IM，q1 h，直到血糖水平低于 300 mg/dL，然后继续用 0.25 ~ 0.4 U/kg，SQ，q6 h。

NPH 不建议用于猫，但已有的使用剂量有 0.25 U/kg，SQ，q12 h，或者每只猫 1 ~ 3 U，SQ，q12 h。

鱼精蛋白锌重组人胰岛素（ProZinc）：从 0.2 ~ 0.7 U/kg，q12 h，SQ 开始。调整剂量以使血糖最低点在 80 ~ 150 mg/dL。

PZI 胰岛素：初始剂量为 0.5 U/kg，SQ，然后每天一次或两次（通常需要两次），并调整后续剂量达到理想的血糖水平，通常每只猫不超过 3 U。大多数猫最终调整的剂量为 0.9（±0.4）U/kg。

甘精胰岛素：从 0.5 U/kg，q12 h，SQ 开始。某些猫可以每天给药一次，但最好每天两次。通过监测血糖浓度调整使用剂量。如果要治疗糖尿病酮症酸中毒，可以先肌内注射甘精胰岛素，然后再转换为 SQ 给药维持。

地特胰岛素：使用与甘精胰岛素相同的剂量方案。

管制信息

在拟食用动物中无可用的管制信息。由于残留风险低，没有建议的停药时间。

干扰素（Interferon）

商品名及其他名称：Virbagen Omega。
功能分类：免疫刺激剂。

药理学和作用机制

Virbagen Omega 中包含的重组 ω 干扰素是由先前接种过干扰素重组杆状病毒的家蚕产生的。这样可以产生纯干扰素。基因工程产生的猫源性 ω 干扰素是一种 1 型干扰素，与 α 干扰素密切相关。干扰素的确切作用机制尚不清楚，但它可以增强犬和猫的非特异性免疫防御。干扰素不能直接并特异性地作用于病原性病毒，而是通过抑制被感染细胞的内部合成机制发挥作用。注射后，它与被病毒感染的细胞中的受体结合，在犬的半衰期为 1.4 h，在猫的半衰期为 1.7 h。

有多种类型的干扰素可供人使用（如治疗与艾滋病有关的疾病和与癌症有关的疾病）。这些干扰素可以是 α-2a、α-2b、n-1 和 n-3。这些类型的干扰素不可互换。

适应证和临床应用

干扰素用于刺激患病动物的免疫系统。它已被用于在犬细小病毒和猫逆转录病毒［猫白血病病毒（FeLV）和猫免疫缺陷病毒（FIV）］的感染中刺激免疫细胞。它对猫传染性腹膜炎（FIP）无效。它对自然感染 FeLV 的猫无效，但对实验感染的动物有效。口服人干扰素 α 改善了 FIV 患猫的临床症状。

注意事项

不良反应和副作用

干扰素可能诱发呕吐和恶心。在某些动物中，注射后可能诱导出现 3 ~ 6 h 的高体温。猫可能出现粪便变软甚至中度腹泻。可能出现白细胞、血小板和红细胞数量轻微下降及 ALT 的浓度升高。这些参数通常在最后一次注射之后的一周内恢复正常。在猫中，可能在治疗过程中诱发短暂的疲劳。

在人中，注射干扰素 α 后会有流感样症状。在人中还报道有其他副作用，如骨髓抑制。

禁忌证和预防措施

接受干扰素治疗的犬或猫请勿接种疫苗。

药物相互作用

除了与产品一起使用的溶剂外，请勿与其他任何疫苗 / 免疫产品混合。

使用说明

动物的使用剂量和适应证主要根据人类建议的推断、实验研究或对病毒感染猫的特定研究获得。

患病动物的监测和实验室检测

治疗期间监测 CBC。

可用制剂与规格

干扰素有每瓶 500 万 U 和 1000 万 U 的制剂。根据包装说明务必将冷冻干燥的分装制剂用 1 mL 特定的稀释剂复溶，以获得 500 万 U 或 1000 万 U 的重组干扰素溶液。

稳定性和贮藏

干扰素的保质期为 2 年。产品须复溶后立即使用，并将其保存在原有包装盒中。在 4℃ ±2℃下储存和运输。请勿冻结。

小动物剂量

犬

250 万 U/kg，IV，每天一次，连续使用 3 d。

猫

100 万 U/kg，IV 或 SQ，每天一次，连续使用 5 d。必须在第 0 天、第 14 天和第 60 天进行三次单独的 5 d 治疗。

每隔 1 周需口服 10 U/kg 人干扰素 α（虽然口服产品可能不会被吸收，但是已经证明这种途径有些功效）。

大动物剂量
没有大动物剂量的报道。

管制信息
禁用于拟食用动物。

碘化物（碘化钾）[Iodide（Potassium Iodide）]
商品名及其他名称： 碘化钾、EDDI、乙二胺二氢碘化物。
功能分类： 碘补充剂。

药理学和作用机制
　　碘化物作为补充剂给药。尽管尚不能确定其治疗疾病的作用，但它可作为接合菌病、耳霉病和真菌性肉芽肿的辅助治疗药物。抗真菌性生物的作用机制尚不清楚。碘化物对甲状腺的功能也很重要，且已用于治疗一些甲状腺疾病。

适应证和临床应用
　　乙二胺二氢碘化物用作牛的营养性碘来源。用碘化物治疗甲状腺功能亢进，但在猫中的有效性尚不确定。碘化钾还用于放射紧急情况（放射线意外暴露）或放射性碘用药后保护甲状腺免受放射伤害。由于它可能会增加呼吸道分泌物，故被用作祛痰药，但效果尚不确定。尽管如此，碘化物不仅用作牛的饲料补充剂，还被用作祛痰药且作为奶牛不孕症的辅助治疗药物。有时将碘化物添加到牛饲料中，目的是减少腐蹄病的感染、粗颌病（牛放线菌）、木舌病（利尼耶尔氏放线杆菌）和支气管炎。对于有益效果还缺乏公开的科学证据。碘化物已用于治疗真菌性肉芽肿病和与接合菌相关的感染。对于动物来说，抗真菌治疗受到质疑，因为用于马的疗效尚不确定，如用碘化物治疗孢子丝菌病，有时还用于治疗其他真菌感染，如蛙粪霉病和分生孢子菌病（接合菌病）。马以"剂量"部分列出的剂量开始治疗，为防止复发，治疗需在临床症状消失后仍持续 4 周。
　　在猫中，用碘化钾（胶囊剂口服给药）治疗由申克孢子丝菌（*Sporothrix schenkii*）引起的感染。

注意事项
不良反应和副作用
碘化物相关的不良反应（碘中毒）包括流泪过多、眼睑肿胀、无痰性咳嗽、呼吸道分泌物增多和皮炎。它的使用可能导致马的流产或马驹的四肢骨畸形。副作用常见于长时间使用的小动物。这些副作用包括肝毒性、嗜睡、厌食（最常见）、呕吐、腹泻、体温过低和心肌病。

禁忌证和预防措施

禁用于怀孕的动物。

药物相互作用

针对小动物尚无药物相互作用的报道。

使用说明

碘化物以 1 g/mL 碘化钾溶液（SSKI）或 65 mg/mL 的溶液给药。也可用 10% 碘化钾 /5% 碘溶液与食物一起口服给药。

碘化物添加在牛的饲料中给药或与饲料、盐或矿物质预混料混合给药或添加在饮水中给药。

患病动物的监测和实验室检测

长时间使用需监测血清甲状腺素浓度。

制剂与规格

可用于食品生产用动物的碘化物：相当于 4.6% 碘化物或 46 mg/g 碘化物。也可用碘化钾，1 g/mL 碘化钾溶液（SSKI）或 65 mg/mL 口服溶液，或者 10% 碘化钾 /5% 碘溶液制剂。无机碘化钾用于马口服，但必须为化学级专为马合成的制剂。

稳定性和贮藏

存放在密闭容器中，并在室温下避光保存。请勿冷冻溶液。无机碘化钾在光、热和过湿环境中不稳定。

小动物剂量
犬和猫

真菌感染：从 5 mg/kg，q8 h，PO 开始，逐渐增加至 25 mg/kg，q8 h，PO。

猫孢子丝菌的治疗：每天口服 15 mg/kg，持续 20 周。

放射线暴露后的紧急治疗：每天 2 mg/kg，PO。

祛痰药：5 mg/kg，q8 h，PO。

大动物剂量
牛

饲料添加剂：每头牛每天 50 ~ 217 mg 碘化物（与饲料混合）。

祛痰药和其他适应证：每头牛 650 ~ 1300 mg 碘化物，每天两次，PO，用 7 d。

马（真菌性肉芽肿的治疗）

20 ~ 40 mg/(kg·d)，IV（使用 20% 碘化钠），用 7 ~ 10 d。

10 ~ 40 mg/(kg·d)（使用无机碘化钾），PO。

0.86 ~ 1.72 mg/kg 碘化物，PO，或者 4.6% 的有机碘（葡萄糖基碘化物），20 ~ 40 mg/(kg·d)，PO。

管制信息

尚未确定食品生产用动物的停药时间。

吐根（Ipecac）

商品名及其他名称: 吐根和吐根糖浆。

功能分类: 催吐剂。

药理学和作用机制

吐根包含两种生物碱：脑磷脂和依米丁（吐根碱）。这些生物碱刺激与化学感受器触发区（CRTZ）连接的胃受体，从而激发呕吐。

适应证和临床应用

吐根适用于中毒的紧急治疗。当用于动物时，中毒后应立即服用。中毒超过 30 ~ 60 min 用吐根诱导呕吐无效。给药成功后预计呕吐仅能清除摄入毒物的 10% ~ 60%。因此，还应考虑使用其他全身性解毒剂和 / 或活性炭。

注意事项

不良反应和副作用

中毒的急性治疗没有副作用。长期给药会对心肌产生毒性。

禁忌证和预防措施

如果患病动物摄入了腐蚀性化学物质或存在吸入性肺炎的风险，请勿诱导呕吐。

药物相互作用

如果已服用镇吐药，则吐根疗效不佳。止吐类药物包括镇静药（如乙酰丙嗪）、抗胆碱能药（如阿托品）、抗组胺药和促胃动力药（如甲氧氯普胺）。

使用说明

吐根是可用的非处方药。呕吐发作可能需要 20 ～ 30 min。

患病动物的监测和实验室检测

中毒的动物应密切监测，因为吐根不能完全清除摄入的有毒物质。

制剂与规格

吐根有 30 mL/ 瓶的口服液制剂。

稳定性和贮藏

存放在密闭容器中，并在室温下避光保存。

小动物剂量

犬

每只 3 ～ 6 mL，PO。对于大型犬剂量可以增加到每只犬 15 mL。

猫

每只 2 ～ 6 mL，PO。

大动物剂量

不建议用于大动物。

管制信息

没有拟食用动物的管制信息。由于残留风险低，没有建议的停药时间。

碘苯丙酸、碘番酸（Ipodate, Iopanoic Acid）

商品名及其他名称： Calcium ipodate、Iodopanoic acid。
功能分类： 抗甲状腺药。

药理学和作用机制

碘苯丙酸和碘番酸属于胆囊造影剂。该药物是碘化的胆道放射性显影剂染料。碘苯丙酸抑制将甲状腺激素 T_4 转化为 T_3 的脱碘酶。它还可以阻滞 T_3 受体。它降低了 T_3 水平，但没有降低 T_4 水平。

适应证和临床应用

碘苯丙酸用于治疗猫的甲状腺功能亢进。在 1 周内降低 T_3 的水平。该用途不像其他疗法那样常见，使用本药物可替代甲巯咪唑、放射疗法或手术。反应率可能高达 66%。碘苯丙酸可能无动物用制剂，而碘番酸已作为替代品应用。如果使用碘番酸（Telepaque）替代，效果可能会较差。

注意事项

不良反应和副作用

碘苯丙酸可导致甲状腺功能减退。猫中尚无明显副作用的报道，但含有碘苯丙酸的复合物可引起人的超敏反应。在人中，长期给予高剂量的含碘苯丙酸复合物可能导致口疮、组织肿胀、皮肤反应或胃肠道不适。

禁忌证和预防措施

监测动物甲状腺素水平的降低或相关的临床症状。治疗后 10 周至 6 个月，猫会复发。

药物相互作用

针对小动物尚无药物相互作用的报道。

使用说明

在临床研究中，已对少量猫使用碘番酸治疗甲状腺功能亢进做了评估。在一项研究中，大多数接受治疗的猫均有效，但不能作为长期治疗使用。需要更多经验确定治疗的反应是否是短暂的。

患病动物的监测和实验室检测

监测血清甲状腺素 T_3 的浓度。碘苯丙酸可降低 T_3 水平，而 T_4 水平可能不变，也可能由于向 T_3 转化的减少而升高。

制剂与规格

碘酸盐有钙盐或钠盐，但某些制剂已停产。药剂师已将 Oragrafin 500 mg 的胶囊配制成 50 mg 胶囊（这些可能必须针对猫专门制定）。

稳定性和贮藏

存放在密闭容器中，并在室温下避光保存。

小动物剂量

猫

碘苯丙酸：15 mg/kg，q12 h，PO。大多数常用剂量为每只猫 50 mg，每天两次。无论使用的是钠盐还是钙盐，剂量是相同的。

碘番酸：每只猫 50 mg，q12 h，PO。如果未观察到所需的反应，则将剂量增加至每只猫 100 mg，q12 h，PO。

大动物剂量

没有大动物剂量的报道。

管制信息

禁用于拟食用动物。

厄贝沙坦（Irbesartan）

商品名及其他名称： Avapro。

功能分类： 血管扩张药。

药理学和作用机制

厄贝沙坦属于血管扩张药和血管紧张素受体阻滞剂（Angiotensin receptor blocker，ARB）。厄贝沙坦已被证明可阻滞血管紧张素Ⅱ受体，并阻断与血管紧张素Ⅱ相关的作用。它已用于不能耐受血管紧张素转换酶（ACE）抑制剂的人。该药物在犬和猫中的代谢尚不确定，而且尚不清楚根据人中使用推断出的剂量用于犬和猫是否具有同等的活性。氯沙坦是另一种ARB，在人中用作替代药物，但据报道用于犬的效果不佳，因为它在犬中不产生活性代谢物。

适应证和临床应用

在人中，将血管紧张素Ⅱ阻滞剂（如厄贝沙坦）用作ACE抑制剂的替代品。但是，血管紧张素Ⅱ阻滞剂很少用于动物，因为大多数动物对ACE抑制剂的耐受性都很好。ARB在动物中使用主要来自经验应用和研究，研究中实验诱发肾脏高血压的动物给药30 mg/kg。没有设对照组的临床研究或功效试验可证明其临床有效性。

注意事项

不良反应和副作用

在动物中没有副作用的报道。低血压是用药过量的潜在问题。

禁忌证和预防措施

请勿用于低血压或脱水的动物。没有其他关于动物的禁忌证的报道。

药物相互作用

针对小动物尚无药物相互作用的报道。与其他血管扩张药一起使用时要谨慎。

使用说明

在犬中使用厄贝沙坦优于氯沙坦，因为氯沙坦在犬中不能转换为有活性的产物。

患病动物的监测和实验室检测

监测治疗动物的血压和心率。长期服用需监测电解质水平。

制剂与规格

厄贝沙坦有 75 mg、150 mg 和 300 mg 的片剂。有一种包含厄贝沙坦和氢氯噻嗪的复合产品（Avalide）。

稳定性和贮藏

存放在密闭容器中，并在室温下避光保存。

小动物剂量

犬

30 ~ 60 mg/kg，q12 h，PO。为避免肾前氮质血症和低血压，从 30 mg/kg 开始。

大动物剂量

没有大动物剂量的报道。

管制信息

不确定食品生产用动物的停药时间。

RCI 分类：3。

右旋糖酐铁、蔗糖铁（Iron Dextran, Iron Sucrose）

（注意：口服铁补充剂列为硫酸亚铁和葡萄糖酸亚铁）。

商品名及其他名称：AmTech Iron dextran、Ferrodex、HemaJect 和 Venofer。

功能分类：矿物质补充剂。

药理学和作用机制

右旋糖酐铁和蔗糖铁属于铁补充剂。给动物（最常见的是猪）注射右旋糖酐铁用来预防缺铁性贫血。右旋糖酐铁注射剂每毫升含有 100 mg 或 200 mg 铁元素。该制剂是氢氧化铁与低分子量右旋糖酐的复合物。右旋糖酐铁是由氧化铁和水解的右旋糖酐构成的深棕色略带黏性的液体复合物。它在 IM 给药之后被缓慢吸收到淋巴系统中。完全吸收可能需要 3 周的时间。注射蔗糖铁用来治疗缺铁性贫血。

适应证和临床应用

用于治疗和预防动物（主要是小猪）的缺铁性贫血。通常在 1 ~ 4 日龄进行肌内注射。右旋糖酐铁也可以肌内注射治疗犬和猫的铁缺乏症。

另一种制剂是蔗糖铁（Venofer）注射剂 20 mg/mL，可用于治疗缺铁性贫血。

注意事项
不良反应和副作用
注射可能会产生短暂的肌炎和肌无力。右旋糖酐部分可引起类过敏反应。如果右旋糖酐发生过敏反应，请使用蔗糖铁或葡萄糖酸铁。
禁忌证和预防措施
治疗缺铁性贫血患病动物时，14 d 内的总累积剂量不应超过 15 mg/kg。禁止 SQ 或 IM 途径给药的溶液用作 IV 溶液。
药物相互作用
没有药物相互作用的报道。

使用说明
在猪后肢大腿肌肉的中部注射右旋糖酐铁。用蔗糖铁治疗缺铁性贫血，未稀释制剂需缓慢静脉内注射，输注 2 ~ 5 min 以上，或者稀释于 100 mL 的 0.9% 氯化钠溶液中输注 15 min 以上。

患病动物的监测和实验室检测
监测治疗动物的铁浓度和 CBC 以监测有效性。右旋糖酐铁可使血清变成棕色，并伴有胆红素假性升高和血清钙假性降低。

制剂与规格
每毫升右旋糖酐铁含有 100 mg 或 200 mg 铁元素。蔗糖铁为 20 mg/mL 的注射剂。

稳定性和贮藏
存放在密闭容器中，并在室温下避光保存。请勿与其他溶液混合使用。不要冻结。使用蔗糖铁时，用生理盐水稀释后立即使用。

小动物剂量
静脉注射治疗缺铁性贫血：2 ~ 3 mg/kg，IV，超过 2 ~ 5 min 缓慢注射。在 14 d 内可以重复 5 次。该剂量可以在 0.9% 盐水溶液中稀释并 IV 输注。
犬
一次性使用右旋糖酐铁 10 ~ 20 mg/kg，IM，然后用硫酸亚铁口服治疗。
猫
每隔 3 ~ 4 周 IM 右旋糖酐铁 50 mg。

大动物剂量

猪

2～4 日龄的猪 100 mg（1 mL），IM，10 d 后重复给药。

1～3 日龄的猪 200 mg（1 mL 较高浓度），IM。

管制信息

不需要停药时间。

醋酸异氟泼尼松（Isoflupredone Acetate）

商品名及其他名称： Predef 2X。

功能分类： 皮质类固醇。

药理学和作用机制

醋酸异氟泼尼松的抗炎和免疫抑制作用的效力大约比氢化可的松强 17 倍，比泼尼松龙强 4 倍。抗炎作用很复杂，但主要是通过抑制炎性细胞和抑制炎性介质的表达来实现的。用途是治疗炎症和免疫介导性疾病。

适应证和临床应用

醋酸异氟泼尼松用于治疗各种肌肉骨骼炎症、过敏和全身性炎性疾病。大动物的应用包括炎性疾病，尤其是肌肉骨骼炎症，以及马的反复性气道阻塞 [RAO，以前称为慢性阻塞性肺病（COPD）]。和其他皮质类固醇相似，醋酸异氟泼尼松已用于治疗牛的酮病。在大动物中，它也用于治疗败血性休克。然而，尚无证据支持皮质类固醇治疗败血性休克的疗效。

注意事项

不良反应和副作用

皮质类固醇的副作用很多，包括多食症、多饮/多尿和 HPA 轴抑制、胃肠道溃疡、肝病、糖尿病、高脂血症、甲状腺激素减少、蛋白质合成减少、伤口愈合延迟和免疫抑制。继发性感染可能是免疫抑制的结果，包括蠕形螨病、弓形虫病、真菌感染和尿路感染（UTI）。在马中的另外一个副作用是有蹄叶炎的风险，尽管蹄叶炎与皮质类固醇之间的关系尚不明确。

禁忌证和预防措施

易受感染或胃肠道溃疡的患病动物慎用。给予异氟泼尼松可能诱发肝病、糖尿病或高脂血症。在怀孕的动物或迅速生长的幼小动物中慎用。使用皮质类固醇可能会影响愈合。

药物相互作用

同时用 NSAID、皮质类固醇会增加胃肠道溃疡的风险。

使用说明

当用于治疗牛的原发性酮病时，建议同时 IV 葡萄糖。

患病动物的监测和实验室检测

在治疗期间监测肝酶、血糖和肾功能。监测患病动物是否有继发性感染的迹象。进行促肾上腺皮质激素（ACTH）刺激试验以监测肾上腺功能。

制剂与规格

异氟泼尼松有 2 mg 的注射剂，置于 10 mL 和 100 mL 的小瓶中。

稳定性和贮藏

存放在密闭容器中，并在室温下避光保存。

小动物剂量

因为通常不用于小动物，故没有列出异氟泼尼松的剂量。然而，根据抗炎效力，可以考虑 0.125 ~ 0.25 mg/(kg·d)，IM。

大动物剂量

牛

每头牛总剂量为 10 ~ 20 mg，q12 ~ 24 h，IM。

酮病：每头牛单次总剂量为 10 ~ 20 mg，q12 ~ 24 h，IM。

马

每匹马总剂量为 5 ~ 20 mg，q12 ~ 24 h，IM。

肺病：0.02 ~ 0.03 mg/kg，q24 h。

关节内：每个关节 5 ~ 20 mg。

猪

0.036 mg/(kg·d)，IM。

管制信息

牛和猪的停药时间（肉）：7 d。

美国标签没有列出停奶时间。在加拿大，肉用动物的停药时间为 5 d，产奶用动物为 72 h。

异氟烷（Isoflurane）

商品名及其他名称： Aerrane。

功能分类： 麻醉药。

药理学和作用机制

异氟烷是吸入式麻醉药。和其他吸入式麻醉药相似，作用机制尚不确定。异氟烷对 CNS 产生广泛的、可逆的抑制作用。吸入式麻醉药在血液中的溶解度、效力以及诱导和苏醒的速率各不相同。血液/气体分配系数低的患病动物诱导和苏醒快。异氟烷的蒸气压为 250 mmHg（20℃），血液/气体分配系数为 1.4，脂肪/血液系数为 45。

适应证和临床应用

和其他吸入式麻醉药相似，异氟烷用于动物的全身麻醉。这种用途与它的快速诱导麻醉和快速苏醒速率有关。机体对该药物的代谢很少（< 1%），且对其他器官的影响很小。在猫、犬和马中，最低肺泡有效浓度（MAC）值分别为 1.63%、1.3% 和 1.31%。

注意事项

不良反应和副作用

副作用与麻醉作用（如心血管和呼吸的抑制）有关。

禁忌证和预防措施

在不能控制通气并监测心率和心律的情况下请勿用药。

药物相互作用

没有药物相互作用的报道。然而，与其他吸入式麻醉药一样，其他麻醉药物的协同作用将降低剂量需求。

使用说明

使用吸入式麻醉药需要认真监测。剂量取决于麻醉的深度。

患病动物的监测和实验室检测

监测给药期间的呼吸频率、心率和心律。

制剂与规格

异氟烷为 100 mL 的瓶装制剂。

稳定性和贮藏

存放在密闭容器中，并在室温下避光保存。

小动物剂量

诱导麻醉：5%；维持麻醉：1.5% ～ 2.5%。

大动物剂量

MAC 值：1.5% ～ 2%。

管制信息

不确定食品生产用动物的停药时间。清除速度很快，建议停药时间短。

异烟肼（Isoniazid）

商品名及其他名称： INH、异烟酸酰肼。
功能分类： 抗菌药。

药理学和作用机制

异烟肼的作用机制是干扰结核杆菌活跃生长时脂质和核酸的生物合成。

适应证和临床应用

异烟肼用于治疗人的结核病。在动物中用于治疗非典型细菌感染，如由分枝杆菌引起的非典型细菌感染。

注意事项

不良反应和副作用

在动物中的应用并不常见，且副作用尚无详细记载。肝毒性是人应用中最关注的问题，这显然是由药物的代谢产物引起的，并且可能会延迟发作。报道的其他副作用包括红疹和周围神经病变。

禁忌证和预防措施

在动物中尚无特定禁忌证报道。但是，请勿在证实有肝脏疾病的动物中使用。

药物相互作用

伊曲康唑可降低异烟肼的代谢，而利福平可提高异烟肼代谢。

使用说明

动物使用异烟肼仅限于其他药物无效的适应证。

患病动物的监测和实验室检测

监测肝酶。监测患病动物出现神经毒性的症状。

制剂与规格

异烟肼有 100 mg 和 300 mg 的片剂、10 mg/mL 的糖浆和 100 mg/mL 的注射剂。

稳定性和贮藏

存放在密闭容器中，并在室温下避光保存。

小动物剂量

5 mg/(kg·d)［最高 10 ~ 15 mg/(kg·d)］，PO、IM 或 IV。每周 2 ~ 3 次以 15 mg/kg 的剂量给药。

大动物剂量

没有大动物剂量的报道。

管制信息

尚无针对大动物的停药时间。

盐酸异丙肾上腺素（Isoproterenol Hydrochloride）

商品名及其他名称：Isuprel 和 Isoprenaline hydrochloride。
功能分类：β-受体激动剂。

药理学和作用机制

盐酸异丙肾上腺素属于肾上腺素激动剂。异丙肾上腺素刺激 β_1-肾上腺素能受体和 β_2-肾上腺素能受体，对 α-受体几乎没有作用。和其他 β-激动剂相似，它激活腺苷酸环化酶的活性。在心脏组织中异丙肾上腺素是最有效的激动剂之一，会增快心率，增强传导和收缩力。β-激动剂还可使支气管平滑肌和动脉平滑肌松弛。它的起效迅速，全身清除快，药效持效时间短。

适应证和临床应用

异丙肾上腺素用于心脏需要强力刺激（正性肌力和变时性）或缓解急性支气管狭窄。它的药效短，必须由 IV 或吸入给药。

> **注意事项**
> **不良反应和副作用**
> 异丙肾上腺素的副作用与过度肾上腺素能刺激有关，主要表现为心动过速

和快速性心律失常。高剂量可导致心肌内钙蓄积和组织损伤。肾上腺素能激动剂可导致动物钾失衡。

禁忌证和预防措施

如果制剂变成粉红色或深色，请勿使用。

药物相互作用

异丙肾上腺素将增强其他肾上腺素能激动剂的作用。异丙肾上腺素治疗会增强心律失常，应谨慎与其他致心律失常药物一起使用。

使用说明

由于异丙肾上腺素的半衰期短，必须通过 CRI，IM、SQ 时需重复给药。只建议短期使用，因为重复治疗会导致心脏损伤。

患病动物的监测和实验室检测

在治疗过程中监测心率和心律。重复使用时监测血钾。

制剂与规格

异丙肾上腺素为 0.2 mg/mL 的安瓿瓶注射剂。

稳定性和贮藏

存放在密闭容器中，并在室温下避光保存。易溶于水，具有良好的水稳定性。它易受光的影响，如果观察到变为深色，应将其丢弃（粉红色至棕褐色）。在 pH>6 的溶液中会更快分解。在 5% 葡萄糖溶液中可稳定24 h。它已被添加到超声雾化器的蒸馏水中用于呼吸道治疗，并且溶液可稳定 24 h。与色甘酸钠混合也很稳定。

小动物剂量

犬和猫

10 μg/kg，q6 h，IM 或 SQ。

将 1 mg 异丙肾上腺素在 500 mL 的 5% 葡萄糖溶液或乳酸林格液中稀释，然后以 0.5 ~ 1 mL/min（1 ~ 2 μg/min）的速度 IV 输注或直至起效。

RI：以 0.01 ~ 0.1 μg/(kg·min) 的速度给药直至起效。

大动物剂量

1 μg/kg，q15 min，IV 给药至达到期望的反应。

管制信息

在拟食用动物中没有管制信息。由于残留风险低，没有建议的停药时间。RCI 分类：2。

硝酸异山梨酯、单硝酸异山梨酯（Isosorbide Dinitrate, Isosorbide Mononitrate）

商品名及其他名称： Isordil（硝酸异山梨酯）、Monoket（单硝酸异山梨酯）。
功能分类： 血管扩张药。

药理学和作用机制

硝酸异山梨酯和单硝酸异山梨酯属于硝酸盐血管扩张药。和其他硝基血管扩张药相似，它通过生成一氧化氮产生血管扩张作用。它可以松弛血管平滑肌，尤其是静脉血管。因此，它降低了心房压，也减小了后负荷和前负荷。单硝酸异山梨酯是硝酸异山梨酯的一种生物活性形式。与硝酸异山梨酯相比，它不经过首过代谢，并且口服可以完全吸收。

适应证和临床应用

硝酸异山梨酯用于减小患充血性心力衰竭（CHF）动物的前负荷。在人中主要用于治疗心绞痛。尚未确定在动物中的用途，在重症监护情况下常用硝酸甘油（局部）或 IV 输注硝普钠。在动物中的使用主要来自经验用药。没有设对照组的临床研究或功效试验可证明其临床有效性。

注意事项

不良反应和副作用

副作用主要与过量使用相关，会发生血管过度扩张和低血压。重复剂量可能会产生耐受性。

禁忌证和预防措施

请勿给血容量不足的患病动物用药。在心脏储备较低的动物中要慎用。

药物相互作用

没有药物相互作用的报道。

使用说明

一般根据药物反应确定每个个体的剂量。单硝酸异山梨酯比硝酸异山梨酯吸收更好，在临床情况下可能作为首选。

患病动物的监测和实验室检测

在治疗过程中监测患病动物的心血管状态。

制剂与规格

硝酸异山梨酯有 5 mg、10 mg、20 mg 和 40 mg 的片剂和 40 mg 的胶囊。

单硝酸异山梨酯有 10 mg 和 20 mg 的片剂。

稳定性和贮藏
存放在密闭容器中，并在室温下避光保存。

小动物剂量
犬和猫
硝酸异山梨酯：每只 2.5 ~ 5 mg，q12 h，PO 或 0.22 ~ 1.1 mg/kg，q12 h，PO。

单硝酸异山梨酯：每只 5 mg，每天两次，间隔 7 h，PO。

大动物剂量
没有大动物剂量的报道。

管制信息
无可用的管制信息。

潜在残留风险低。

RCI 分类：4。

异维 A 酸（Isotretinoin）
商品名及其他名称：Accutane、Absorica。
功能分类：皮肤病药物。

药理学和作用机制
异维 A 酸是一种稳定角化的药物。异维 A 酸使皮脂腺体减小，抑制皮脂腺的活性并减少皮脂分泌。在动物中的使用主要来自经验用药。没有设对照组的临床研究或功效试验可证明其临床有效性。

适应证和临床应用
在人中主要用于治疗痤疮。在动物中被用于治疗皮脂腺炎。

注意事项
不良反应和副作用
尽管实验性研究已经证明该药物可以引起局灶性钙化（如在心肌和血管中），但尚未报道针对动物的不良反应和副作用。
禁忌证和预防措施
异维 A 酸禁用于怀孕的动物，因其导致胎儿异常。

药物相互作用
没有药物相互作用的报道。

使用说明
在兽医学中的应用仅限于有限的临床经验和从人医报告中的推断。价格昂贵限制了其在兽医学中的使用。在人体内分布受限，可能无兽医可用的信息。

患病动物的监测和实验室检测
动物使用无须进行监测。

制剂与规格
异维 A 酸有 10 mg、20 mg 和 40 mg 的胶囊。无法获得兽用胶囊。

稳定性和贮藏
存放在密闭容器中，并在室温下避光保存。

小动物剂量
犬
1 ~ 3 mg/(kg·d)［最大推荐剂量为 3 ~ 4 mg/(kg·d)，PO］。

大动物剂量
没有大动物剂量的报道。

管制信息
禁用于拟食用动物。

苯氧丙酚胺（异克舒令）(Isoxsuprine)
商品名及其他名称： Vasodilan 和通用品牌。
功能分类： 血管扩张药。

药理学和作用机制
苯氧丙酚胺的作用机制尚未确定。有研究显示其有 β_2-激动剂的作用（其实验证据并不支持）或通过增加一氧化氮的浓度来发挥作用。它还可能抑制钙依赖机制。它可使马趾部的血管松弛。

适应证和临床应用
苯氧丙酚胺可用于马的舟状骨病和其他足部疾病（如蹄叶炎）。即使已用了很多年，但这些适应证的疗效仍不确定。没有在其他动物中使用的报道。

注意事项

不良反应和副作用

低血压是主要的副作用。它可降低动脉压力。在马中的副作用还可能包括在物体上擦鼻子、过度兴奋、出汗、心动过速和坐立不安。

禁忌证和预防措施

请勿在低血压或脱水的动物中使用。

药物相互作用

没有药物相互作用的报道。

使用说明

用于马时，通常与其他血管扩张药和抗炎药一起使用。尚不清楚它是否能与其他药物协同作用。

患病动物的监测和实验室检测

监测治疗动物的心率。

制剂与规格

苯氧丙酚胺有 10 mg 和 20 mg 的片剂。

稳定性和贮藏

存放在密闭容器中，并在室温下避光保存。尽管用于马的苯氧丙酚胺是复合制剂，但尚未评估复合制剂的稳定性。

小动物剂量

没有小动物剂量的报道。

大动物剂量

马

舟状骨疾病和蹄叶炎：0.6 mg/kg，q12 h，PO，持续 6 ~ 14 周。在一些给药方案中，如果 0.6 mg/kg，q12 h 在 3 周内仍未改善马的状况，则剂量应加倍。

管制信息

无可用的管制信息。

伊曲康唑（Itraconazole）

商品名及其他名称： Sporanox、Itrafungol（在欧洲可用于猫）。
功能分类： 抗真菌药。

药理学和作用机制

伊曲康唑属于氮杂茂（三唑）类抗真菌药和真菌抑制剂。伊曲康唑抑制真菌细胞膜中麦角固醇的合成。它对皮肤癣菌和系统性真菌（如芽生菌、组织胞浆菌和球孢子菌）有积极的抗菌作用。它对这些真菌的作用比酮康唑更强。伊曲康唑可渗入皮脂和角质层中，治疗后 3 ~ 4 周可在皮肤中检测到。

在犬和猫的应用经验表明它可以口服吸收，并且已经确定了治疗全身性真菌感染和皮肤癣菌的给药剂量。马对口服溶液的吸收率比胶囊更好（65% vs. 12%）。该溶液的半衰期为 11 h。批准的制剂在犬中的吸收峰值为 3 h，最终半衰期约为 7 h。犬的峰值浓度约为 1.4 μg/mL。人标签通用型但非复合型制剂在犬中产生相似的浓度。在猫中，口服溶液比口服胶囊的吸收量高约 5 倍。在猫中吸收后，半衰期约为 20 h，并且可以隔天服用。

适应证和临床应用

伊曲康唑用于治疗皮肤癣菌和全身性真菌感染，如芽生菌、组织胞浆菌和球孢子菌。已显示它对治疗马拉色菌性皮炎有效，但剂量低于其他感染（请参阅剂量部分）。尽管已将其用于治疗由曲霉菌引起的感染，但疗效不如其他抗真菌药物（如伏立康唑或两性霉素 B）好。伊曲康唑通常作为猫皮肤癣菌感染的首选药物。

注意事项

不良反应和副作用

伊曲康唑比酮康唑有更好的耐受性。酮康唑抑制激素合成，并可以降低动物中皮质醇、睾酮和其他激素的浓度。但是，伊曲康唑对这些酶几乎没有影响，并且不会产生内分泌效应。然而，给予伊曲康唑，尤其是高剂量用药，可能会出现呕吐和肝毒性。10% ~ 15% 的犬会出现肝酶水平升高。伊曲康唑用于犬还可产生皮肤病变，包括血管炎、无菌性化脓性皮肤病变和溃疡性皮肤病变。在猫中高剂量用药会引起呕吐和厌食。

禁忌证和预防措施

与食物一起口服吸收最佳。复合制剂与专有制剂没有生物等效性，应避免用于动物。伊曲康唑谨慎用于任何有肝脏疾病症状的动物。在怀孕的动物中谨慎使用。在实验动物中使用高剂量时，会引起胎儿异常。

药物相互作用

抗酸药物［质子泵抑制剂（PPI）或 H_2-受体阻滞剂］会降低伊曲康唑的口服吸收。伊曲康唑是细胞色素酶 P450 的抑制剂。由于 P450 酶的抑制可能引起药物相互作用。细胞色素酶 P450 的抑制范围没有酮康唑高，但对一些治疗指数低的药物可能很重要（请参阅附录 H）。

使用说明

除使用口服溶液外，与食物一起服用吸收最好。剂量是基于伊曲康唑用于治疗犬的芽生菌病的研究［中位剂量为 5.5 mg/(kg·d)］。低剂量可用于治疗猫和犬的皮肤癣菌和犬马拉色菌性皮炎。马的用药剂量以特定的药代动力学研究为基础。其他用途或剂量是基于经验或从人的文献中推断而来。

通常，使用口服制剂。然而，如果需要则可以静脉内给药。如果使用 IV 溶液，输注时间需在 30 min 以上。

患病动物的监测和实验室检测

监测肝酶浓度。如果监测血浆／血清药物浓度，则最低浓度（即将在下一次给药之前）应在 0.5 ～ 1 μg/mL 范围内。

制剂与规格

伊曲康唑有 100 mg 的胶囊和 10 mg/mL 的口服液制剂。

用于猫的 Itrafungol 是 10 mg/mL 的口服液（欧洲有售）。注射剂（如果有）为 10 mg/mL，以 25 mL 安瓿瓶（250 mg）的形式提供。

稳定性和贮藏

伊曲康唑基本不溶于水，但可溶于乙醇。如果不按照制造商的原始制剂（胶囊和溶液）保存，药物不稳定且可能失效。复合制剂高度不稳定且不溶。复方伊曲康唑悬浮液和胶囊的口服吸收性差或几乎无法检测到，不建议使用。口服商业制剂（环糊精中）pH 约为 2.0，须保持该 pH，以确保吸收最佳。不要冻结。10 mg/mL 注射溶液可以用生理盐水（不能用葡萄糖溶液或乳酸林格液）复溶（稀释），复溶后可以在 2 ～ 8℃或室温下最长保存 48 h。不要与其他药物混合。

小动物剂量

犬

2.5 mg/kg，q12 h 或 5 mg/kg，q24 h，PO。对于难治病例，请使用 10 mg/kg，

q12 h，PO 来增加血药浓度。

　　皮肤癣菌：3 mg/(kg·d)，PO，用 15 d。

　　隐球菌病：5 mg/kg，q12 h，PO。

　　马拉色菌性皮炎：5 mg/kg，q24 h，2 d，PO，每周重复一次，用 3 周。

猫

　　5 mg/kg，PO，每天一次。或者 50 mg（总剂量），每天一次；或者每只猫 100 mg，隔天一次。

　　皮肤癣菌：1.5 ~ 3 mg/kg（最高 5 mg/kg），q24 h，PO，用 15 d（一些猫需要额外使用 15 d）。

　　5 ~ 10 mg/kg，q24 h，PO，用 7 d，然后用 1 周停 1 周交替用药。

大动物剂量
马

　　5 mg/(kg·d)（2.5 mg/kg，q12 h），PO。在马中，口服胶囊吸收不良且效果不一致。使用口服溶液（Sporanox）口服吸收最佳。

管制信息
无可用的管制信息。

伊维菌素（Ivermectin）

商品名及其他名称： 犬心保（Heartgard）、害获灭（Ivomec）、Eqvalan liquid、Equmectrin、IverEase、Zimecterin、Privermectin、Ultramectin、Ivercide、Ivercare 和 Ivermax。Acarexx 是猫的一种局部用药。

功能分类： 抗寄生虫药。

药理学和作用机制

　　阿维菌素类（类似伊维菌素的药物）和米尔贝霉素类（米尔贝霉素和莫昔克丁）是大环内酯类药物，它们具有相似之处，包括作用机制。这些药物通过增强寄生虫中谷氨酸门控的氯离子通道，对寄生虫具有神经毒性。氯离子的渗透性增加和神经细胞的超极化可导致寄生虫的瘫痪和死亡。这些药物还可以增强其他氯离子通道的功能，包括 γ-氨基丁酸（GABA）门控通道。哺乳动物通常不受影响，因为它们缺乏谷氨酸门控的氯离子通道，并且与其他哺乳动物氯离子通道的亲和力较低。由于这些药物通常不能穿透血-脑屏障，所以哺乳动物 CNS 中的 GABA 门控通道不受影响。伊维菌素积极作用于肠道寄生虫、螨虫、蝇蛆、心丝虫的微丝蚴和发育中的幼虫。

长期使用伊维菌素还可产生杀灭心丝虫成虫的作用。伊维菌素对吸虫或绦虫没有作用。

在犬中 SQ 注射后半衰期很长（100 ~ 145 h），而且吸收很慢。

适应证和临床应用

伊维菌素用于治疗和控制马的大型圆线虫（成虫）（寻常类圆线虫、无齿圆线虫和原线科三齿属的线虫）、小型圆线虫（成虫和第四期幼虫）（盅口线虫、杯环属的线虫）、蛲虫（成虫和第四期幼虫）（马蛲虫）、大型线虫（成虫）（马副蛔虫）、毛圆线虫（成虫）（艾氏毛圆线虫）、大口的胃线虫（成虫）（蝇柔线虫）、颈部线虫（微丝蚴）（盘尾丝虫）和胃蝇蛆（马胃蝇）。在牛中，它用于胃肠道线虫（成虫和第四期幼虫）（柏氏血矛线虫、奥斯特线虫）（包括抑制的幼虫）、竖琴奥斯特线虫、艾氏毛圆线虫、蛇形毛圆线虫、节状古柏线虫、匙形古柏线虫、点状古柏线虫、食道口线虫、鞍肛细颈线虫（仅成虫）、钝刺细颈线虫（仅成虫）、牛仰口线虫、肺线虫（成虫和第四阶段幼虫）（胎生网尾线虫）、蛆（寄生阶段）（牛皮蝇、纹皮蝇）、吸吮虱（牛颚虱、牛血虱、蓝牛虱）和螨虫（疥疮）（绵羊痒螨和牛疥螨）。

在猪中，它被用于胃肠道线虫（成虫和第四阶段幼虫）{大型线虫，猪蛔虫；红色胃线虫，红色猪圆线虫；结节性线虫，食道口线虫属的虫种；蛲虫，兰氏类圆线虫（仅成虫）；胃线虫幼虫 [蛲虫，兰氏类圆线虫（胃幼虫期）]}、肺线虫 [后圆线虫属的虫种（仅成虫）]、虱子（猪血虱）、螨虫（猪变种疥螨）。

在小动物（犬和猫）中，它用于预防（低剂量）心丝虫或以较高剂量治疗外部寄生虫（螨虫）和肠道寄生虫。预防动物心丝虫的好处是可以杀死年轻幼虫、壮年幼虫，以及未成熟或幼年成虫和成年丝虫。伊维菌素是杀成虫治疗后杀微丝蚴有效的药物。美国心丝虫协会推荐在杀成虫剂治疗之前 2 ~ 3 个月治疗心丝虫阳性的犬。这使不成熟的虫体达到完全成熟状态，对美拉索明（melarsomine）更敏感，并且可以防止新的感染。以预防剂量长期用药时，伊维菌素还可以减少心丝虫成虫的数量。为了获得最佳的杀心丝虫成虫效果，通常与口服多西环素 [10 mg/(kg · d)] 一起使用几个月。可有效治疗蠕形螨的感染，但需要的剂量比其他适应证都要高。

注意事项
不良反应和副作用
高剂量用药和在伊维菌素能穿透血-脑屏障的品种中用药可能会发生毒性。敏感的品种包括柯利犬、澳大利亚牧羊犬、英国古代牧羊犬、长毛惠比特犬和喜乐蒂牧羊犬。有神经毒性，症状包括过度流涎、精神沉郁、共济失调、视力障碍、昏迷和死亡。特定的品种对伊维菌素敏感是因为编码膜泵 P- 糖蛋白（P-gp）的MDR 基因（ABCB1，以前称为 MDR1 基因）发生突变。这种突变影响血 - 脑屏障的外排泵。因此，伊维菌素可以在易感动物的脑中蓄积。在正常动物中，高剂量用药也可能产生类似的中毒。大多数不敏感的犬可以耐受 100 ~ 400 μg/kg 的剂量。但是敏感品种犬（有 ABCB1 突变的犬）在剂量为 150 ~ 340 μg/kg 时可能表现出毒性。在高剂量用药的犬中也观察到了视网膜病变。在受影响的动物中，可能突然发生失明 / 瞳孔散大，不过停药后犬会恢复。伊维菌素 400 μg/kg 的剂量在暹罗幼猫中产生了神经毒性，而剂量低至 300 μg/kg 对幼猫亦是可致死的。在马中，由于药物对微丝蚴的作用，不良反应可能包括瘙痒。

禁忌证和预防措施

请勿用于小于 6 周龄的动物。高微丝蚴血症的动物可能出现高剂量用药时的不良反应。如果犬对伊维菌素敏感（请参考前文列出的品种），则它们也可能对此类其他药物（阿维菌素）敏感。已获批的治疗体内寄生虫或预防心丝虫的伊维菌素临床剂量对于怀孕动物是安全的。高剂量治疗蠕形螨病时，怀孕期间的安全性尚不清楚，但尚无致畸作用的报道。在最敏感的实验动物（小鼠）中，致畸作用的最低剂量为 400 μg/kg。携带 ABCB1（MDR）突变基因的犬也可能对其他药物（如洛哌丁胺、米贝尔霉素、莫昔克丁和抗癌药）敏感。伊维菌素可通过奶排出。

药物相互作用

请勿与可能增加伊维菌素血-脑屏障渗透性的药物一起使用。这些药物包括酮康唑、伊曲康唑、环孢素和钙通道阻滞剂。

使用说明

伊维菌素被广泛用于治疗动物的内部和外部寄生虫。根据所治疗的物种和寄生虫种类不同，剂量方案也不同。预防心丝虫使用最低剂量，其他寄生虫治疗需要更高的剂量。预防心丝虫和局部用药产品仅批准用于小动物。对于其他适应证，大动物的注射产品通常经 PO、IM 或 SQ 用于小动物。禁止静脉内给药。猪只限在颈部注射。因为一些犬可能对伊维菌素敏感，所以之前未接受过伊维菌素治疗的犬以及需要大剂量（如治疗蠕形螨病）给药治疗时，可从小剂量（50 ~ 100 μg/kg）开始，之后以 50 ~ 100 μg/(kg·d)的增量增加至所需剂量。在增加剂量的过程中观察犬 CNS 毒性的症状（共济失调、震颤、镇定）。一旦达到维持剂量（300 ~ 600 μg/kg，PO），则应每天给药一次，直到连续两次每月皮肤刮片检查结果为阴性后再用 4 周。

制剂的标签外应用治疗犬时，水性制剂比丙烯基的制剂适口性更好。

患病动物的监测和实验室检测

在小动物中，给药之前要监测微丝蚴病。对于其他寄生虫感染，需用粪便检查或皮肤刮片检查确认治疗成功。

制剂与规格

伊维菌素有 1%（10 mg/mL）、2%（20 mg/mL）和 0.27%（2.7 mg/mL）的注射剂；10 mg/mL 的口服溶液；0.8 mg/mL 的口服绵羊浸湿剂；18.7 mg/mL 的口服糊剂；68 μg、136 μg 和 272 μg 的片剂及 55 mg 和 165 mg 的猫用片剂。治疗猫耳螨的制剂是一种 0.01% 水溶性局部用产品，装在包有铝箔袋的安瓿中。

稳定性和贮藏

存放在密闭容器中，并在室温下避光保存。尚未评估复合制剂的稳定性。

小动物剂量

犬

预防心丝虫：6 μg/kg，q30 d，PO。

杀成虫治疗之前：进行杀成虫治疗之前按预防剂量服用 3 个月。

杀微丝蚴：50 μg/kg，PO，杀成虫治疗后用 2 周。

杀心丝虫成虫：以预防剂量的伊维菌素与多西环素联合给药，每天 10 mg/kg，周期性用药（一次 4 周），持续数月。

心丝虫杀成虫剂量：200 ～ 400 μg/kg（0.2 ～ 0.4 mg/kg），IM、SQ 或 PO。

蠕形螨病的治疗：从 100 μg/(kg·d)（0.1 mg/kg）开始口服，之后每天增加 100 μg/kg，增加到 600 μg/(kg·d)（0.6 mg/kg），持续使用 60 ～ 120 d（皮肤刮片检查阴性确认治疗成功）。

犬疥螨和姬螯螨的治疗：200 ～ 400 μg/kg，q7 d，PO 或 q14 d，SQ，持续用药 4 ～ 6 周。

猫

预防心丝虫：24 μg/kg，q30 d，PO。

外寄生虫治疗：200 ～ 400 μg/kg（0.2 ～ 0.4 mg/kg），IM、SQ 或 PO，每 7 d 一次，或者根据皮肤刮片和临床检查的需要调整。

体内寄生虫的治疗：200 ～ 400 μg/kg（0.2 ～ 0.4 mg/kg），SQ 或 PO，每周一次。

局部用药：每耳 0.5 mL（0.1 mg/mL）用于治疗耳螨。

大动物剂量

马

200 μg/kg（0.2 mg/kg），IM，口服糊剂或口服溶液。给药一次，或者根据需要作为全面驱虫计划的一部分。

犊牛

缓释丸剂：单剂量为 5.7 ~ 13.8 mg/kg，持效时间为 135 d。

牛和山羊

注射剂：单剂量为 200 μg/kg（0.2 mg/kg），SQ。

猪

单剂量 300 μg（0.3 mg）/kg，SQ。

羊

注射剂：单剂量为 200 μg（0.2 mg）/kg，SQ。

200 μg/kg，PO。

管制信息

肉用猪的停药时间：SQ 注射的停药时间为 18 d。

肉用牛和犊牛的停药时间：SQ 注射的停药时间为 35 d 或缓释推注的停药时间为 180 d。局部用药（泼洒）的停药时间为 48 d。

由于尚未确定产奶用动物的停药时间，因此，请勿在繁殖年龄的雌性产奶用牛中使用。

绵羊的停药时间：11 d。

山羊的停药时间：11 ~ 14 d（肉）和 6 ~ 9 h（奶）。山羊进行 SQ 给药后，肉用山羊的停药时间为 35 h，奶用山羊的停药时间为 40 h。

伊维菌素 + 吡喹酮（Ivermectin + Praziquantel）

商品名及其他名称：Equimax。

功能分类：抗寄生虫药。

药理学和作用机制

伊维菌素 + 吡喹酮用于治疗和控制马的绦虫、大型圆线虫（包括寻常圆线虫、无齿圆线虫、马圆线虫）和小型圆线虫、蛲虫、蛔虫、毛圆线虫、胃蝇蛆、蝇蛆、柔线虫属线虫和其他寄生虫。

适应证和临床应用

伊维菌素的特性见"伊维菌素"部分的描述。添加吡喹酮的制剂增加了抗虫谱。

K

注意事项

不良反应和副作用

高剂量用药可能会有毒性。伊维菌素对怀孕的动物几乎是安全的。

禁忌证和预防措施

伊维菌素用于繁殖、怀孕和泌乳的动物无副作用。

药物相互作用

谨慎与影响血 - 脑屏障渗透性的其他药物一起使用。

使用说明

该药物的使用与单独使用伊维菌素和吡喹酮相似。

患病动物的监测和实验室检测

检查粪便样本中的寄生虫，以监测其有效性。

制剂与规格

有伊维菌素 + 吡喹酮糊剂，成分为 1.87% 伊维菌素和 14.03% 吡喹酮。

稳定性和贮藏

存放在密闭容器中，并在室温下避光保存。

小动物剂量

没有小动物可用的剂量。

大动物剂量

马

200 µg/kg 伊维菌素和 1 mg/kg 吡喹酮，PO。

管制信息

在拟食用动物中无停药时间（标签外使用）。

硫酸卡那霉素（Kanamycin Sulfate）

商品名及其他名称： Kantrim。

功能分类： 抗菌药。

药理学和作用机制

硫酸卡那霉素属于氨基糖苷类抗生素、杀菌剂。与其他氨基糖苷类相似，卡那霉素通过结合 30S 核糖体而抑制细菌蛋白合成。卡那霉素具有广谱的抗菌活性，包括葡萄球菌和革兰氏阴性菌。抗链球菌和厌氧菌的活性较弱。庆大霉素或阿米卡星对大多数细菌有抗菌活性，卡那霉素则没有。

适应证和临床应用

卡那霉素是一种用于治疗革兰氏阴性菌感染的广谱抗生素。它的活性不如庆大霉素、阿米卡星或妥布霉素。因此，使用卡那霉素与该类的其他药物相比几乎没有优势。卡那霉素在动物中的使用频率已大大减少，庆大霉素和阿米卡星在动物中的使用更为频繁。

注意事项

不良反应和副作用

肾毒性是最具剂量限制的毒性。应确保患病动物在治疗期间具有足够的体液和电解质平衡。耳毒性和前庭毒性也有可能发生。

禁忌证和预防措施

请勿在患有肾脏疾病的动物中使用。禁用于脱水的动物。

药物相互作用

与麻醉药一起使用时，高剂量用药可能会发生神经肌肉阻滞。请勿在安瓿或注射器中将卡那霉素与其他抗生素混合。袢性利尿剂（如呋塞米）会增强耳毒性和肾毒性。

使用说明

卡那霉素不如其他氨基糖苷类药物活跃。对于严重的感染，请考虑使用庆大霉素或阿米卡星。

患病动物的监测和实验室检测

药敏试验：敏感菌的 CLSI 最低抑菌浓度（MIC）耐药折点为 ≤16 μg/mL。监测血尿素氮（BUN）、肌酐浓度和尿液以发现肾毒性的证据。

制剂与规格

卡那霉素有 200 mg/mL 和 500 mg/mL 的注射剂。

稳定性和贮藏

存放在密闭容器中，并在室温下避光保存。它可溶于水且在复合制剂中不稳定。不要与其他药物混合。不要冻结。

小动物剂量
犬和猫
10 mg/kg，q12 h，IV 或 IM。
20 mg/kg，q24 h，IV 或 IM。

大动物剂量
马
10 mg/kg，q24 h，IV。

管制信息
避免在食品生产用动物中使用。牛可能需要更长的停药时间（长达 18 个月）。

高岭土和果胶（Kaolin and Pectin）

商品名及其他名称： 仅通用品牌。
功能分类： 止泻药。

K

药理学和作用机制
高岭土和果胶是复合止泻药。高岭土是铝硅酸盐的一种形式，果胶是从柑橘类果皮中提取的碳水化合物。该产品在腹泻治疗中用作缓和剂和吸附剂。高岭土 - 果胶的作用被认为与结合胃肠道中的细菌毒素（内毒素和肠毒素）有关。然而，实验研究显示高岭土 - 果胶对大肠杆菌肠毒素的结合无效，且临床研究显示高岭土 - 果胶并未获益。该产品可能会改变大便的稠度，但不会减少体液或电解质的流失，也不会缩短病程。大多数现代 Kao-Pectate 制剂都含有水杨酸盐作为有效成分之一。

适应证和临床应用
高岭土和果胶组合可用于急性腹泻的对症治疗。尽管缺乏有效的临床证据，但一些兽医还是将此药物用于短期治疗。含有水杨酸盐（8.68 mg/mL）的商品化制剂可能有抗炎作用，用以减弱由细菌引起的分泌性腹泻。

注意事项
不良反应和副作用
副作用不常见。RS 配方中的水杨酸盐含量为 8.7 mg/mL，超强配方中的含量为 16 mg/mL。由于一些动物可能对水杨酸盐敏感，所以在给药之前应考虑到制剂中含有该成分。

禁忌证和预防措施

在动物中无特定禁忌证。

药物相互作用

没有药物相互作用的报道。但是，高岭土可能会阻止其他药物的吸收。在口服其他药物 30 min 之后口服高岭土 – 果胶，以避免药物相互作用。

使用说明

高岭土 – 果胶可能不会改变腹泻的病程，但可能会改变粪便的性状。

患病动物的监测和实验室检测

不用特殊监测。

制剂与规格

在产品 Kao-Pectate（之前有 12 oz 口服悬浮液）中不再有高岭土 – 果胶。Kao-Pectate 的所有制剂都包含碱式水杨酸铋。Kao-Pectate 中含有水杨酸（8.68 mg/mL）。

有各种通用名称的高岭土-果胶的动物用制剂，包装在 1.1365 L（1 夸脱）和 4.5460 L（1 gal）的容器中，其中每 30 mL（1 oz）制剂包含 5.8 g 高岭土和 0.139 g 果胶。

稳定性和贮藏

存放在密闭容器中，并在室温下避光保存。

小动物剂量
犬和猫

1 ~ 2 mL/kg，q2 ~ 6 h，PO。

大动物剂量
马和牛

180 ~ 300 mL，q2 ~ 3 h，PO。

小牛和马驹

90 ~ 120 mL，q2 ~ 3 h，PO。

管制信息

食品生产用动物中残留风险很小。不需要停药时间。

盐酸氯胺酮（Ketamine Hydrochloride）

商品名及其他名称： Ketalar、Ketavet 和 Vetalar。
功能分类： 麻醉药。

药理学和作用机制

盐酸氯胺酮是一种麻醉药。确切的作用机制尚不清楚，但是大多数证据支持其作用为中枢作用性分离麻醉药。氯胺酮有轻微的镇痛作用，并通过其作为 N-甲基 -D-天冬氨酸（N-methyl-D-aspartate，NMDA）受体的非竞争性拮抗剂来调节疼痛。氯胺酮是等浓度的两个异构体（R-氯胺酮和 S-氯胺酮）组成的。S-氯胺酮更加活跃，而且消除速度更快。氯胺酮在大多数动物中迅速代谢（在犬的半衰期为 60 ~ 90 min），但其代谢产物（去甲氯胺酮）可能会产生更长时间的 NMDA 拮抗作用。

适应证和临床应用

氯胺酮用于短时间的麻醉规程。持效时间通常为 30 min 或更短。氯胺酮通过对 NMDA 受体的作用有一些镇痛药特性，并作为其他镇痛药物的辅助药物，通常与阿片类药物一起使用，有时以 CRI 的形式给药。氯胺酮通常与其他麻醉药和镇定药联合使用，如苯二氮䓬类（地西泮）、丙泊酚、阿片类药物（氢吗啡酮）或 α_2-激动剂（美托咪定、右美托咪定和甲苯噻嗪）。这样联合用药具有协同作用，且能降低每种药物的使用剂量。联合用药的一个例子是 MLK，它是吗啡（或芬太尼）、利多卡因和氯胺酮（请参阅剂量部分）或马"三滴法"，其中将氯胺酮与甲苯噻嗪和愈创甘油醚混合（详见剂量部分）。

尽管通常在癫痫患病动物中的使用是禁忌，但因其对 NMDA 受体的作用，已用于治疗顽固的癫痫持续状态。

注意事项
不良反应和副作用

氯胺酮 IM 注射会导致疼痛（溶液的 pH 为 3.5）。震颤、肌肉痉挛和惊厥性抽搐已有报道。在犬中高剂量使用时更常见的副作用有自发性运动、流涎和体温升高。氯胺酮增加交感神经紧张性致使心率和血压升高。与其他麻醉药相比，氯胺酮可增加心输出量。在动物中使用氯胺酮后会表现流涎、瞳孔散大和反流增多，可通过麻醉前给予阿托品减少这些情况发生。一些动物可能会出现呼吸暂停，应进行供氧。

禁忌证和预防措施

请勿用于头部受伤的动物，因为它可能使脑脊液（CSF）压力升高。如果动物患有青光眼（眼压升高），请慎用该药。请勿用于易抽搐的动物（尽管一些抽搐动物已用氯胺酮治疗成功）。单独用于马时，氯胺酮会引起马的过度兴奋和无意识的肌肉运动。在马中使用氯胺酮时需预先使用镇定药（如 α_2- 激动剂）。

药物相互作用

氯胺酮盐酸盐在酸性 pH 下保持稳定性和溶解性。如果与碱性溶液混合会导致不稳定或沉淀。

使用说明

氯胺酮通常与其他麻醉药和麻醉辅助药一起联合使用，如甲苯噻嗪、右美托咪定、美托咪定、乙酰丙嗪、阿片类药物、丙泊酚、利多卡因和苯二氮䓬类（如地西泮）。CRI 可用于维持麻醉和镇痛状态（输注剂量请参阅剂量部分）。静脉注射剂量通常小于 IM 剂量。在猫中可以将氯胺酮喷入口腔（10 mg/kg），产生与 IM 注射类似的效果。给予氯胺酮的动物眼睑不闭合，需使用人工泪液以防止角膜损伤。

患病动物的监测和实验室检测

监测氯胺酮麻醉的患病动物的心率和呼吸。尽管通常不监测氯胺酮的血浆浓度，但是 0.22 ~ 0.37 μg/mL 的浓度与猫的镇痛特性相关，而 0.1 ~ 0.2 μg/mL 与人的镇痛特性相关。

制剂与规格

氯胺酮有 100 mg/mL 的注射液剂。

稳定性和贮藏

存放在密闭容器中，并在室温下避光保存。氯胺酮溶于水和乙醇。在注射前将盐酸氯胺酮快速与注射器中的其他药物混合可顺利给药，这些药物包括 α_2- 受体激动剂、丙泊酚、愈创甘油醚、苯二氮䓬类和乙酰丙嗪。氯胺酮与丙泊酚在同一注射器中以 1∶1 的比例混合并静脉内给药。

小动物剂量

对于所有动物：IV 用较低剂量，IM 用较高剂量。

犬

5.5 ~ 22 mg/kg，IV 或 IM（通常，与 IM 相比，IV 使用较低的剂量范围）。建议先使用辅助镇定药或镇静药。

围手术期使用的 CRI：负荷剂量 0.3 ~ 0.5 mg/kg，IV，随后 0.3 ~

0.6 mg/(kg · h)［5 ~ 10 µg/(kg · min)］维持，术后使用 0.12 mg/(kg · h)（18 h）。如果需要，术中给药速率可以增加到 1 mg/(kg · h)。以 0.3 ~ 0.6 mg/(kg · h) 的速度给药，请将 0.6 mL（60 mg）氯胺酮与 1 L 液体混合并以 5 ~ 10 mL/(kg · h) 的速度输注。

CRI 进行轻度镇静：1 ~ 2 mg/(kg · h)，可与其他镇定药联合使用。

吗啡 / 利多卡因 / 氯胺酮（MLK）的联合应用：混合液含 100 mg/mL 氯胺酮（1.6 mL/500 mL 液体）+20 mg/mL 利多卡因（30 mL/500 mL 液体）和 15 mg/mL 吗啡（1.6 mL/500 mL 液体），并以吗啡 0.24 mg/(kg · h)，利多卡因 3 mg/(kg · h) 和氯胺酮 0.6 mg/(kg · h) 的输注速度输入，作为围手术期 CRI 的镇痛给药方案。

猫

2 ~ 25 mg/kg，IV 或 IM（通常，与 IM 相比，IV 使用较低的剂量范围）。注意：氯胺酮用于猫时，建议在给药之前或同时给镇定药，如提前给乙酰丙嗪（0.1 mg/kg）或苯二氮䓬类药物或与氯胺酮混合于同一注射器内给药。用同一注射器混合时，即混即用（猫也可以将药物喷入口腔内，可产生与 IM，10 mg/kg 相似的效果）。

短时间操作：3 ~ 5 mg/kg 氯胺酮 +25 µg/kg 右美托咪定，混合在一起并 IM 给药（也可以包括阿片类药物）。

氯胺酮与丙泊酚在同一注射器中以 1 ∶ 1 的比例混合，即 2 mg/kg 氯胺酮和 2 mg/kg 丙泊酚混合后 IV 给药，然后以 10 mg/(kg · h)，CRI（两种药物合用）。

CRI：负荷剂量为 0.3 ~ 0.5 mg/kg，IV，随后为 0.3 ~ 0.6 mg/(kg · h)［5 ~ 10 µg/(kg · min)］维持。如果需要，给药剂量可以增加到 1 mg/(kg · h)［15 µg/(kg · min)］，或与其他药物（如阿片类药物）联合用药时降低到 2 ~ 5 µg/(kg · min)。

大动物剂量

马、牛、绵羊和猪

2 mg/kg，IV（在马中，预先给镇定药）。

1.1 mg/kg 的氯胺酮与 0.5 mg/kg 的甲苯噻嗪混合在同一注射器中 IV 给药。

CRI：负荷剂量为 0.6 mg/kg，IV，随后的 CRI 剂量为 0.4 ~ 0.8 mg/(kg · h)，如果需要可增加至 1.2 mg/(kg · h)。准备用于镇痛的 CRI 溶液，需将 30 mL 氯胺酮添加到 1 L 液体中（3 mg/mL），对于一般体型的马来说以 125 mL/h 的速度 IV 给药持续 8 h。

马"三滴法"由 500 mg 赛拉嗪和 2000 mg 氯胺酮组成，加到 1 L 含 5% 愈创甘油醚的葡萄糖溶液中。诱导麻醉药量为 1.1 mL/kg，然后以每小时 2.4 mL/kg 的速度进行维持麻醉。

10 mg/kg，IM 通常与其他药物联合（如赛拉嗪）使用。

马驹抽搐的治疗：0.02 mg/(kg·min)，CRI。

管制信息

标签外使用：肉用动物的停药时间至少为 3 d，产奶用动物的停药时间至少为 48 h。

Schedule Ⅲ类管制药物

RCI 分类：2。

酮康唑（Ketoconazole）

商品名及其他名称： Nizoral。

功能分类： 抗真菌药。

药理学和作用机制

酮康唑为氮杂茂（咪唑）类抗真菌药。酮康唑的作用机制与其他唑类抗真菌药物类似（伊曲康唑和氟康唑）。它抑制真菌中的 P450 酶，并抑制真菌细胞膜中麦角固醇的合成。抑真菌作用。它对皮肤癣菌和多种全身性真菌有抗真菌活性，如组织胞浆菌、芽生菌、球孢子菌和马拉色菌。其他氮杂茂类抗真菌药包括伏立康唑、伊曲康唑、泊沙康唑和氟康唑。

适应证和临床应用

酮康唑用于治疗犬、猫和一些稀有动物的皮肤癣菌和全身性真菌，如芽生菌、组织胞浆菌和球孢子菌。它也可有效治疗马拉色菌皮炎。它对曲霉菌的活性不好。酮康唑不用于马是因为口服吸收效果较差，除非与高酸性载体一起服用。在犬中，它对细胞色素 P450 酶作用强，且抑制许多药物的代谢。这一特性常用于降低环孢素的剂量（酮康唑剂量为 5 ~ 10 mg/kg）。酮康唑也可通过抑制类固醇 P450 的生物合成被用作犬肾上腺皮质功能亢进（犬库欣综合征）的治疗。

注意事项
不良反应和副作用
动物中的副作用包括剂量相关的呕吐（最常见）、腹泻、肝脏损伤和在犬中罕见的血小板减少症。肝酶升高为常见的副作用。酮康唑抑制激素合成，并可以降低动物中皮质醇、睾酮和其他激素的浓度。酮康唑可能会使一些动物的毛发颜色变浅。它与犬的白内障形成有关。

禁忌证和预防措施

禁用于怀孕的动物。在实验动物中高剂量使用时引起胚胎毒性和胎儿异常。有些对怀孕的影响可能是由于酮康唑抑制雌激素的合成。

药物相互作用

酮康唑是肝脏和肠道细胞色素 P450 酶和 P- 糖蛋白的强效抑制剂，并会抑制其他药物（抗惊厥药、环孢素、华法林和西沙必利）的代谢。酮康唑与伊维菌素一起使用时应格外谨慎。这种联合可能会降低伊维菌素的清除率并增强血 - 脑屏障的渗透性而产生伊维菌素毒性。

使用说明

口服吸收依赖胃内的酸度。请勿与抗分泌或抗酸药物一起使用。由于内分泌的作用，酮康唑已被用于短期治疗肾上腺皮质功能亢进。因此，许多专家认为酮康唑不是长期有效治疗犬库欣综合征的一种方法。

患病动物的监测和实验室检测

监测肝酶［丙氨酸转氨酶（ALT）、碱性磷酸酶（ALP）］作为毒性的证据。酮康唑会降低血清中的皮质醇水平。

制剂与规格

酮康唑有 200 mg 的片剂和 100 mg/mL 的口服悬浮液（加拿大）制剂。

稳定性和贮藏

存放在密闭容器中，并在室温下避光保存。酮康唑几乎不溶于水，但溶于乙醇。当将酮康唑与有糖浆和调味剂的片剂临时混合时，可稳定 60 d。但是，酮康唑需要酸度才能溶解，并且这些制剂可能不被吸收。如果在碱性环境中混合，则可能会产生沉淀。

小动物剂量

犬

10 ~ 15 mg/kg，q8 ~ 12 h，PO。

马拉色菌感染：5 mg/kg，q24 h，PO，每 3 周 1 次。

肾上腺皮质功能亢进：最初以 5 mg/kg，q12 h 开始，在 7 d 后增加到 12 ~ 15 mg/kg，q12 h，PO。

猫

5 ~ 10 mg/kg，q8 ~ 12 h，PO。

大动物剂量
马

吸收不良。氟康唑、伊曲康唑或伏立康唑吸收更完全。

管制信息

不确定食品生产用动物的停药时间。

酮洛芬（Ketoprofen）

商品名及其他名称：Orudis-KT（人用 OTC 片剂）、Ketofen（兽用注射剂）和 Anafen（美国境外）。

功能分类：NSAID。

药理学和作用机制

和其他 NSAID 相似，酮洛芬通过抑制前列腺素的合成而产生镇痛和抗炎作用。被 NSAID 抑制的酶是环氧合酶（COX）。COX 存在两种异构体：COX-1 和 COX-2。COX-1 主要负责前列腺素的合成，对维持健康的胃肠道、肾脏功能、血小板功能和其他正常生理功能很重要。COX-2 被诱导并负责合成前列腺素，而前列腺素是疼痛、炎症和发热的重要介质。但是，已知在某些情况下，COX-1 和 COX-2 的作用会有些交叉，并且 COX-2 的活性对于某些生物学作用很重要。酮洛芬是 COX-1 和 COX-2 的非选择性抑制剂。尚缺乏证据证明其具有抑制脂氧合酶的能力。

适应证和临床应用

酮洛芬是一种 NSAID，用于治疗中度疼痛和炎症。它在大多数动物中的半衰期少于 2 h，但持效时间可长达 24 h。酮洛芬在美国未被批准用于小动物，但在其他国家和地区被批准用于犬和猫。注射给药用于急性治疗，片剂则用于长期治疗。在犬和猫中，可有效治疗发热。酮洛芬用于马的肌肉骨骼炎症和疼痛、腹部疼痛和其他炎症情况。酮洛芬也已用于牛、山羊、绵羊和猪。它对牛乳腺炎相关的发热、疼痛和炎症有效。在加拿大已获批用于牛，但在美国还未获批。

注意事项

不良反应和副作用

所有 NSAID 都具有相似的胃肠道毒性副作用。最常见的副作用是呕吐。在一些动物中可能出现胃肠道溃疡。连续 5 d 给酮洛芬治疗的犬未出现严重的副作用，但应避免治疗更长时间。连续 30 d（每天 0.25 mg/kg）给酮洛芬治疗的犬诱发了幽门病灶和粪便潜血。在一项研究中，马使用酮洛芬比使用苯基丁氮酮（保泰松）或氟尼辛葡甲胺时发生的溃疡少。如果在手术之前或之后给予酮洛芬，可能会发生出血问题。

禁忌证和预防措施

禁用于易出现胃肠道溃疡的动物。请勿与皮质类固醇等其他致溃疡药物一起使用。请勿使用酮洛芬的缓释制剂。

药物相互作用

禁止与其他 NSAID 或皮质类固醇一起使用。皮质类固醇已被证明会加剧胃肠道副作用。某些 NSAID 可能会干扰利尿剂和血管紧张素转换酶（ACE）抑制剂的作用。

K

使用说明

尽管美国尚未批准将本药用于小动物，但酮洛芬在其他国家和地区已获批用于小动物。根据那些已经批准使用的国家和地区所列出的剂量使用。本药在美国是人用非处方药，如果用于小动物，则需用大动物的注射制剂或人的口服 OTC 片剂。

患病动物的监测和实验室检测

监测患病动物是否有胃肠道中毒迹象（呕吐和腹泻）。在长期治疗期间监测肾脏功能。

制剂与规格

酮洛芬有 12.5 mg 的片剂（OTC），25 mg、50 mg、75 mg（人用制剂）和马的 100 mg/mL 的注射剂。美国以外地区有 10 mg/mL 的制剂。

稳定性和贮藏

存放在密闭容器中，并在室温下避光保存。酮洛芬不溶于水，但可溶于乙醇。口服复合制剂的稳定性尚未评估。

小动物剂量

犬和猫

1 mg/kg，q24 h，PO，最多用 5 d。初始剂量注射给药可高达 2 mg/kg，

SQ、IM 或 IV。

大动物剂量
马

2.2 ~ 3.3 mg/(kg·d)，IV 或 IM。

猪

3 mg/(kg·d)，PO、IV 或 IM。

牛和小反刍动物

3 mg/(kg·d)，IV 或 IM，最多用 3 d。

管制信息
在美国为标签外使用：剂量为 3.3 mg/kg，q24 h，IM 或 IV 时，肉用动物的停药时间至少为 7 d，奶用动物的停药时间为 24 ~ 48 h。但是，在其他国家停药时间较短（如加拿大）。

肉猪和肉牛的停药时间为 1 d。

RCI 分类：4。

酮咯酸氨丁三醇（Ketorolac Tromethamine）
商品名及其他名称：Toradol。
功能分类：NSAID。

药理学和作用机制
酮咯酸是一种 NSAID，是杂芳基（杂环）乙酸的衍生物。与其他 NSAID 一样，酮咯酸通过抑制前列腺素的合成而产生镇痛和抗炎作用。NSAID 抑制的酶是 COX。COX 存在两种异构体：COX-1 和 COX-2。COX-1 主要负责前列腺素的合成，对维持健康的胃肠道、肾脏功能、血小板功能和其他正常生理功能很重要。COX-2 被诱导并负责合成前列腺素，而前列腺素是疼痛、炎症和发热的重要介质。但是，已知在某些情况下，COX-1 和 COX-2 的作用会有些交叉，并且 COX-2 的活性对于某些生物学作用很重要。酮咯酸是 COX 的非选择性抑制剂。有证据表明，酮咯酸也可能会影响中枢的阿片受体以产生镇痛作用，但它并不直接与阿片受体结合。在一些人的研究中，它与吗啡的功效相当。已有犬的药代动力学研究，但其他物种中没有。在犬中，它的半衰期约为 4.5 h 或 10 h（基于不同的研究），分布体积为 0.3 ~ 1 L/kg 或 > 1 L/kg（研究中蛋白质结合率为 99% 时的分布体积）。

适应证和临床应用

酮咯酸很少用于兽医学中。关于兽医安全性和有效性的数据很少。它偶尔用于治疗犬的疼痛和炎症。最常见的是用于治疗与犬手术相关的疼痛。

注意事项

不良反应和副作用

和其他 NSAID 相似，它可能导致胃肠道溃疡和肾脏缺血。如果使用酮咯酸的频率高于每 8 h 一次，则可能会导致胃肠道病灶。

禁忌证和预防措施

请勿使用超过两剂。禁用于易出现胃肠道溃疡的动物。请勿与皮质类固醇等其他致溃疡药物一起使用。

药物相互作用

禁止与其他 NSAID 或皮质类固醇一起使用。皮质类固醇已被证明会加剧胃肠道副作用。一些 NSAID 可能会干扰利尿剂和 ACE 抑制剂的作用。

K

使用说明

在犬中进行了有限的临床研究。但是，一些患病动物短期使用可能有效。不建议长期使用。

患病动物的监测和实验室检测

监测胃肠道溃疡的迹象。虽然一般不监测血药浓度，但认为镇痛范围血药浓度为 0.1 ~ 0.3 μg/mL。

制剂与规格

酮咯酸有 10 mg 的片剂和 15 mg/mL、30 mg/mL 的 10% 酒精注射剂。

稳定性和贮藏

存放在密闭的容器中，避光和防潮室温存放。酮咯酸氨丁三醇溶于水，微溶于乙醇。口服复合制剂的稳定性尚未评估。

小动物剂量

犬

0.5 mg/kg，q8 ~ 12 h，PO、IM 或 IV。

猫

没有确定安全剂量。

大动物剂量

没有大动物剂量的报道。

管制信息

不确定食品生产用动物的停药时间。

乳酸林格液（Lactated Ringer's Solution）

商品名及其他名称： LRS。

功能分类： 补液治疗。

药理学和作用机制

乳酸林格液是一种用作静脉内注射补充体液的溶液。乳酸林格液包含均衡的电解质和碱性缓冲剂，并包含 28 mEq/L 的乳酸。

适应证和临床应用

乳酸林格液适用于补充体液或者维持液体治疗。它也被用作 IV 药物 CRI 的载体。当动物无法使用 IV 途径输注时，也可通过皮下、骨内（在骨髓腔中）和腹膜内（IP）给药。它含有的乳酸是一种可代谢的碱性物质，但它不能像碳酸氢盐一样迅速纠正酸中毒。重度酸中毒的动物血清乳酸水平可能已经很高了。

> **注意事项**
>
> **不良反应和副作用**
>
> 无明显的不良反应。
>
> **禁忌证和预防措施**
>
> 使用 IV 补液时应认真监护患病动物。
>
> **药物相互作用**
>
> 乳酸林格液的 pH 为 6 ~ 7.5。请勿在此溶液中添加该 pH 环境下不稳定的药物。乳酸林格液含有钙。请勿在该溶液中添加可能与钙结合（螯合）的药物。

使用说明

液体的需要量取决于动物的需求量（补充 vs. 维持）。休克治疗时应在前 30 min 输注已算出的需求剂量的一半，随后以每 15 min，10 mL/kg 的增量输注，然后进行 CRI。对于严重的酸血症，请考虑用碳酸氢盐溶液代替乳酸盐溶液进行补液。先前在麻醉期间犬和猫的输液速率是 10 mL/(kg·h)，IV，但目前已推荐猫的输液速率降低至 3 mL/(kg·h)，犬的输液速率降低至 5 mL/(kg·h)。有关维持速率的计算，请参阅"剂量"部分。

患病动物的监测和实验室检测

监测患病动物的水合状态和电解质平衡（尤其是钾、氯和钠）状况。快速补液时监测患病动物的肺水肿征象。

制剂与规格

乳酸林格液有 250 mL、500 mL 和 1000 mL 的包装袋。

稳定性和贮藏

存放在密闭容器中。如果容器被刺破或转移到另一个容器，则不能保证无菌性。

小动物剂量

犬和猫

中度脱水：15 ～ 30 mL/(kg·h)，IV。

严重脱水：50 mL/(kg·h)，IV。

维持速率：

　猫：2 ～ 3 mL/(kg·h)。

　犬：2 ～ 6 mL/(kg·h)。

维持量（每天）：55 ～ 65 mL/(kg·d)，IV、SQ 或 IP［2.5 mL/(kg·h)］。

麻醉期间：猫 IV 的初始速率为 3 mL/(kg·h)，犬 IV 的初始速率为 5 mL/(kg·h)。如果需要补充丢失体液，则初始速率增加至 10 mL/(kg·h)，IV。

休克治疗：90 mL/kg，IV（用于犬）和 60 ～ 70 mL/kg，IV（用于猫）。

大动物剂量

牛、马和猪

维持量：40 ～ 50 mL/(kg·d)，IV。

中度脱水：15 ～ 30 mL/(kg·h)，IV。

严重脱水：50 mL/(kg·h)，IV。

犊牛和马驹

中度脱水：45 mL/kg，IV 速率为 30 ～ 40 mL/(kg·h)。

严重脱水：80 ～ 90 mL/kg，IV 速率为 30 ～ 40 mL/(kg·h)。在严重的情况下，可以迅速给予 80 mL/(kg·h)。

管制信息

用于拟食用动物无有害残留风险，无停药时间的建议。

乳果糖（Lactulose）

商品名及其他名称： Chronulac 和通用品牌。
功能分类： 轻泻药 / 通便剂。

药理学和作用机制

乳果糖是一种轻泻药。乳果糖是包含1分子果糖和1分子半乳糖的双糖。乳果糖通过结肠中的渗透作用产生通便作用。它是一种不吸收的糖，口服给药后通过渗透作用将水保留在肠道中。乳果糖也将降低肠腔内的 pH。

适应证和临床应用

口服乳果糖可治疗高氨血症（肝性脑病），因为它可以通过降低结肠的 pH 来降低血氨浓度，因此，结肠中的氨不容易被吸收。乳果糖口服也可以产生缓泻作用来治疗便秘。

注意事项

不良反应和副作用

过量使用可能会导致体液和电解质丢失。

禁忌证和预防措施

在患有糖尿病的动物中谨慎使用乳果糖，因为它含有乳糖和半乳糖。

药物相互作用

没有关于动物药物相互作用的报道。

使用说明

在兽药方面尚无药物功效的临床研究。除列举的使用剂量外，已有使用 20 ～ 30 mL/kg 的 30% 溶液对猫进行留置灌肠的用法。

患病动物的监测和实验室检测

用于治疗肝性脑病时，请监测患病动物的肝脏状态。

制剂与规格

乳果糖有 10 g/15 mL 的液体溶液（3.3 g/5 mL）可用。

稳定性和贮藏

存放在密闭容器中，并在室温下避光保存。易溶于水。溶液可能变黑但不影响稳定性。避免冷冻。

小动物剂量

犬

便秘：1 mL/4.5 kg，q8 h（至生效），PO。

肝性脑病：0.5 mL/kg，q8 h，PO。

猫

便秘：1 mL/4.5 kg，q8 h（至生效），PO。

肝性脑病：每只 2.5 ~ 5 mL，q8 h，PO。

大动物剂量

马和牛

0.25 ~ 0.5 mL/(kg·d)，PO。

管制信息

用于拟食用动物的有害残留风险很低，无停药时间的建议。

来氟米特（Leflunomide）

商品名及其他名称： 爱若华和通用品牌。

功能分类： 免疫抑制剂。

药理学和作用机制

来氟米特是一种异噁唑类免疫抑制剂。来氟米特的原型药物没有活性，但它会转化为活性代谢物 A77 1726（也称为 M1 和特立氟胺），以此可抑制 T 细胞和 B 细胞增殖，并发挥临床免疫抑制作用。该酶对于嘧啶的从头合成很重要，这对于活化和刺激淋巴细胞的功能非常关键。它还可能通过抑制促炎细胞因子而产生抗炎作用。

口服吸收后，来氟米特的血浆水平低或无法检测。治疗效果是由代谢产物 M1 的免疫抑制作用产生的。如果进行监测，则应聚焦于代谢产物浓度的测量。在人中，代谢产物 M1 的半衰期非常长，大约为 2 周。但在实验犬中进行的研究表明，M1 的半衰期仅为 21 ~ 25 h，峰值浓度远低于人。在人体内较长的半衰期需要很多天才能累积到稳态水平，而从峰值水平降下来也需要很多天。在人中，通常会给负荷剂量。然而，由于在犬中的半衰期较短，不需要给予负荷剂量，并且约在 5 d 达到稳态浓度。在猫中，半衰期为 60 h，口服可完全吸收。

适应证和临床应用

该药物主要用于人的类风湿性关节炎。它已替代其他药物（如硫唑嘌吟或霉酚酸酯）被用于犬的多种免疫介导性疾病中，包括重症肌无力、伊凡症候群（Evan syndrome）、免疫介导性溶血性贫血和血小板减少症，以及多发性肌炎 / 多发性关节炎。尚无功效方面严格的临床研究，但在传闻的观察结果或不严格的回顾性研究中报道其有效。在一个病例报告中描述到，大多数患有免疫介导性多发性关节炎的犬对 3 ~ 4 mg/kg，每天 1 次的治疗产生阳性反应。

注意事项

不良反应和副作用

犬最常见的副作用是食欲减退和腹泻。胃肠道的副作用在高剂量用药时更常见，因此许多临床医生从低剂量开始用药，然后逐渐增加到更高剂量。还观察到有轻度的贫血和嗜睡的副作用。尽管很少见，但 > 4 mg/kg 的剂量可能会导致白细胞减少症，建议定期进行全血细胞计数（CBC）检查监测患病动物的状况。在猫中最常见的副作用是间歇性呕吐，表现是轻度和短暂的。

禁忌证和预防措施

禁用于怀孕动物。该药对正在发育的胎儿有毒性。

药物相互作用

没有关于动物药物相互作用的报道。

使用说明

来氟米特最常用于犬免疫抑制的治疗中，当患犬在其他药物治疗中失败或其他药物难以治疗时，考虑使用来氟米特治疗。当前使用的是用外推法和在一些个人经验报道中得来的剂量方案。大多数兽医从每天 4 mg/kg 开始，然后随着患病动物的治疗反应降低剂量。犬的药代动力学研究显示，每天 4 mg/kg 的剂量可能不会产生被认为具有治疗作用的药物水平。因此，在没有治疗反应的患病动物中应考虑使用更高剂量的药物。

患病动物的监测和实验室检测

监测治疗动物的 CBC 和血小板计数。据报道，治疗会产生贫血的结果。如果进行血液监测，则可采集血浆样本并测量其中 M1 的水平。在冷冻的状况下，这种代谢产物在血清中稳定长达 5 个月。如果药物浓度在 12 h 大于 20 μg/mL（波谷）则被认为是有效的。

制剂与规格

来氟米特有 5 mg、10 mg 和 20 mg 的片剂。

稳定性和贮藏
存放在密闭容器中，并在室温下避光保存。

小动物剂量
犬
每天 4 mg/kg，通常以 q12 h，2 mg/kg 的给药方式分开用药，逐渐减少至 2 mg/kg，q24 h，PO。诱导期后，剂量可以减少 25% 的增量，直到患病动物稳定或疾病消退为止。一些患病动物可能需要更高的起始剂量。

猫
每天 2 mg/kg，用 2 d，PO，然后 2 mg/kg，q48 h，PO。

大动物剂量
没有可用的大动物剂量。

管制信息
不确定食品生产用动物的停药时间。

亚叶酸钙（Leucovorin Calcium）

商品名及其他名称： Wellcovorin 和通用品牌，又称甲酰四氢叶酸钙。
功能分类： 解毒剂。

药理学和作用机制
甲酰四氢叶酸是叶酸的还原形式，可转化成活性叶酸衍生物用于嘌呤和胸腺嘧啶的合成。

适应证和临床应用
在动物中，很少使用亚叶酸。它可用作叶酸拮抗剂的解毒剂。在人中，主要用作叶酸拮抗剂（氨甲蝶呤）过量的解救和氨甲蝶呤不良反应的治疗，但也可以考虑用于乙胺嘧啶和甲氧苄啶引起的反应。

注意事项
不良反应和副作用
没有动物方面不良反应的报道，但是有人用发生过敏反应的报道。

禁忌证和预防措施
没有关于动物的禁忌证的报道。

药物相互作用
甲酰四氢叶酸会干扰甲氧苄啶和乙胺嘧啶的作用。

使用说明

在兽医学中尚无临床研究的报道。尽管甲酰四氢叶酸可以预防动物体内甲氧苄啶的毒性，但不能预防动物体内磺胺类药物引起的毒性反应。

患病动物的监测和实验室检测

如果该药物用于治疗叶酸拮抗剂过量，需监测 CBC。

制剂与规格

甲酰四氢叶酸有 5 mg、10 mg、15 mg 和 25 mg 的片剂，以及 3 mg/mL 和 5 mg/mL 的注射剂。

稳定性和贮藏

存放在密闭容器中，并在室温下避光保存。它可溶于水，但不溶于乙醇。复溶的溶液在室温或冷藏时可稳定 7 d。

小动物剂量

犬和猫

用于氨甲蝶呤解毒：3 mg/m^2，IV、IM 或 PO。
用作乙胺嘧啶中毒的解毒剂：1 mg/kg，q24 h，PO。

大动物剂量

没有大动物剂量的报道。但是，如果怀疑马发生乙胺嘧啶中毒，则可以考虑使用列出的小动物的剂量。

管制信息

不确定食品生产用动物的停药时间。

盐酸左旋咪唑（Levamisole Hydrochloride）

商品名及其他名称：左旋甲醚、驱虫净、Tramisol 和 Ergamisol。
功能分类：抗寄生虫。

药理学和作用机制

左旋咪唑是咪唑并噻唑类的抗寄生虫药。它通过神经肌肉毒性清除多种寄生虫。左旋咪唑在动物中有免疫修复作用，但对免疫系统的作用机制尚不清楚。它可能激活和刺激 T 细胞的增殖；增强单核细胞活化；刺激巨噬细胞，包括吞噬作用和趋化作用。它可能会增加中性粒细胞的活动性。但是，它对中性粒细胞或免疫细胞没有细胞毒性。

适应证和临床应用

它用于治疗牛和绵羊的各种线虫，包括胃线虫（血矛线虫、毛圆线虫和奥斯特线虫）、肠线虫（毛圆线虫、古柏线虫、细颈线虫、仰口线虫、食道口线虫和夏伯特线虫）和肺线虫（网尾线虫）。它用于治疗猪的线虫，如大型线虫（猪蛔虫）、结节性线虫（食道口线虫）、肠道蛲虫（兰氏类圆线虫）和肺线虫（后圆线虫）。左旋咪唑已用于治疗犬的体内寄生虫和用作杀微丝蚴药。大环内酯类药物（如米尔贝霉素肟或伊维菌素）被认为是首选的心丝虫杀微丝蚴药物。左旋咪唑在人中用作免疫刺激剂，以辅助治疗结直肠癌（癌症）和恶性黑色素瘤。左旋咪唑在动物中也可用作免疫刺激剂，但缺乏功效报告。

注意事项

不良反应和副作用

左旋咪唑可能产生胆碱能毒性。一些犬会出现呕吐。注射剂可在注射部位引起肿胀。在人中用作免疫刺激剂时，会引起口炎、粒细胞缺乏症和血小板减少症。

禁忌证和预防措施

在心丝虫微丝蚴载虫量高的动物中谨慎使用。微丝蚴的高杀伤率可能导致不良反应。本药对繁殖能力无不良反应，对怀孕无影响。在大鼠和兔子中使用180 mg/kg 的剂量没有发现致畸或胚胎毒性的证据。在人中滥用左旋咪唑，通常与可卡因混合以增强其作用，产生更强的 CNS 刺激，或作为标记化合物添加。当人以这种形式应用时，一些个体会发生粒细胞缺乏症。左旋咪唑可能会转化为氨苯恶唑啉，这是一种马的 CNS 刺激物，具有苯丙胺的特性，可能会影响马的行为表现。

药物相互作用

请勿与噻吩嘧啶一起使用，因为它们的毒性机理相同。

使用说明

在心丝虫阳性患犬中，左旋咪唑可以杀灭心丝虫的雌性成虫。它也被用作免疫刺激剂，但是，尚无关于其功效的临床报告。由于注射部位有污染的可能性，需给每只动物使用干净的针头并清洁注射部位。

患病动物的监测和实验室检测

由于存在微丝蚴高载虫量的副反应风险，在治疗前监测微丝蚴状况。

制剂与规格

左旋咪唑有 0.184 g 的小丸剂；2.19 g 的大丸剂；9 g、11.7 g 和 18.15 g

的小袋包装；136.5 mg/mL 和 182 mg/mL 的注射剂（磷酸左旋咪唑）；50 mg 的片剂。在美国也可以购买到用于牛和绵羊的 46.8 g 大袋包装和用于猪的 18.15 g 的瓶装制剂。

稳定性和贮藏

存放在密闭容器中，并在室温下避光保存。尚未评估复合制剂的稳定性。

小动物剂量
犬
体内寄生虫：5 ~ 8 mg/kg，PO，用 1 次（最高为 10 mg/kg，PO，用 2 d）。

钩虫：10 mg/(kg·d)，用 2 d。

杀微丝蚴药物：10 mg/kg，q24 h，PO，用 6 ~ 10 d（建议使用大环内酯类药物代替）。

免疫刺激剂：0.5 ~ 2 mg/kg，PO，每周 3 次（人免疫刺激剂每 8 h 使用 1 次，用 3 d）。

猫
体内寄生虫：4.4 mg/kg，PO，用 1 次。

肺线虫：20 ~ 40 mg/kg，q48 h，PO，用 5 次。

大动物剂量
牛和羊
8 mg/kg，PO，用 1 次，或者每 200 ~ 340 kg（450 ~ 750 lb）口服一个 2.19 g 的大丸剂。

左旋咪唑注射（牛用）：8 mg/kg，SQ，颈中部注射 1 次，或者每 45 kg（100 lb）约 2 mL。

猪
在饮用水中投药 8 mg/kg。

管制信息
肉牛的停药时间：2 d（PO）和 7 d（SQ）。

肉用绵羊的停药时间：3 d。

肉猪的停药时间：3 d。

马：有报道显示左旋咪唑可以在马体内转化为氨苯恶唑啉，这是一种 CNS 刺激物，是赛马中的禁用药物。

左乙拉西坦（Levetiracetam）

商品名及其他名称： 开普兰。

功能分类： 抗惊厥药。

药理学和作用机制

左乙拉西坦为抗惊厥药。作用机制尚不确定，但不涉及抑制性神经递质。它抑制神经元的爆发性放电，而不会影响正常的神经元兴奋。它不经过肝脏代谢，但可能通过不包含细胞色素 P450 酶的代谢途径代谢。消除取决于肾脏清除率。

适应证和临床应用

左乙拉西坦已用于治疗犬的抽搐，尤其是其他抗惊厥药难治的病例。当患犬用苯巴比妥和溴化物难以治疗时，考虑将左乙拉西坦作为一种添加治疗药物。通常联合其他抗惊厥药一起使用。作为苯巴比妥和溴化物的添加治疗药物，临床疗效尚不确定。在犬中，口服吸收为 100%，半衰期为 3 ~ 4 h，分布体积为 0.4 ~ 0.5 L/kg。左乙拉西坦已用于治疗抽搐性疾病，猫用剂量为 20 mg/kg，q8 h，发现对有些病例是有效的。在猫中，口服吸收率也是 100%，半衰期为 3 h，分布体积与犬类似。

注意事项

不良反应和副作用

报道了人有虚弱、嗜睡和头晕的副作用。在动物中，除了偶尔的嗜睡和食欲降低外，很少见其他的副作用。猫口服给药可产生过度流涎。

禁忌证和预防措施

没有已知的禁忌证。

药物相互作用

通常，与抑制或诱导细胞色素 P450 酶的药物之间不存在直接的相互作用。但是，在犬和人的研究中已经证实苯巴比妥可以提高左乙拉西坦的清除率。例如，当犬同时使用苯巴比妥时，左乙拉西坦的半衰期更短且清除更快。相互作用的机制尚不清楚，但是当左乙拉西坦与苯巴比妥一起使用时，可能需要更高的剂量或进行更仔细的监测。与其他抗惊厥药同时使用的相互作用尚未见报道。

使用说明

药物能迅速、完全地吸收，且吸收不受饲喂的影响。有注射剂可用，但在兽医学中不经常使用。但是，注射液以 20 mg/kg，IV 推注给药，在紧急情况下可增量至最大剂量 60 mg/kg。左乙拉西坦通常每 8 h 给药一次以维持有效浓度。如果与苯巴比妥一起给药可能需要更高的剂量，因为苯巴比妥会显著增加犬对左乙拉西坦的清除率。缓释（XR）片剂的作用可能更长，并且犬每 12 h 可以给药一次。

患病动物的监测和实验室检测

监测抽搐发作频率。目前，常规实验室尚无针对血清的临床监测测试。但是，一些实验室具有此功能。人的治疗性血浆 / 血清浓度范围为 10 ~ 40 μg/mL。

制剂与规格

左乙拉西坦有 250 mg、500 mg、750 mg 和 1000 mg 的片剂。缓释制剂有 500 mg、750 mg 和 1000 mg 的片剂。口服溶液为 100 mg/mL，还有 100 mg/mL 和 500 mg/mL 的注射剂。

稳定性和贮藏

存放在密闭容器中，并在室温下避光保存。尚未评估复合制剂的稳定性。它可溶于水，可以在口服给药之前与其他食品、糖浆或调味料混合，即混即用。

小动物剂量
犬

20 mg/kg，q8 h，PO。同时进行苯巴比妥治疗可能需要更频繁或更高剂量的给药。

口服缓释片剂：30 mg/kg，q12 h，PO。

静脉注射使用（紧急情况）：20 mg/kg，IV 推注，必要时重复，最高可达 60 mg/kg。注射的药效持效时间约为 3 h。

直肠给药：40 mg/kg 直肠给药（100 mg/mL 溶液）在实验犬中产生有效浓度。但是，在大多数犬中因体积太大而无法操作。

猫

20 mg/kg，q8 h，PO。

大动物剂量
马

30 mg/kg，IV，用于短期治疗或 30 mg/kg，q24 h，PO。

管制信息

无可用的管制信息。

左旋多巴胺（Levodopa）
商品名及其他名称： Larodopa、L-dopa。
功能分类： 多巴胺激动剂。

药理学和作用机制
多巴胺全身给药时不会穿过血 - 脑屏障。但是，左旋多巴胺更容易通过载体介导过程穿过血 - 脑屏障，之后转化为多巴胺。多巴胺用于神经退行性疾病中刺激 CNS 的多巴胺受体。

适应证和临床应用
在人用左旋多巴胺治疗帕金森病，并与卡比多巴（一种外周脱羧酶抑制剂）和恩他卡朋（一种甲基转移酶抑制剂）联合使用增强治疗效果。在动物中，它已被用于治疗肝性脑病。

注意事项
不良反应和副作用
尚无动物中副作用的报道。在人中报道的副作用有头晕、精神改变、排尿困难和低血压。
禁忌证和预防措施
没有动物应用的特定禁忌证。
药物相互作用
抗多巴胺药物会有干扰作用。此类药物包括甲氧氯普胺、吩噻嗪类药物（如乙酰丙嗪）和利培酮。

使用说明
在兽医学中尚无临床研究的报道。应用和剂量已从人应用中推断得来。每个患病动物需滴定给药剂量。

患病动物的监测和实验室检测
不需要特定的监测。

制剂与规格
左旋多巴胺有 100 mg、250 mg 和 500 mg 的片剂或胶囊。

稳定性和贮藏
存放在密闭容器中，并在室温下避光保存。左旋多巴胺微溶于水，易溶于酸性溶液。暴露于空气中会被迅速氧化，制剂变黑即表明被氧化。临时制备的可注射液，发现可保持 96 h 稳定。

小动物剂量
犬和猫
肝性脑病：起始 6.8 mg/kg，PO，然后 1.4 mg/kg，q6 h，PO。

大动物剂量
没有大动物剂量的报道。

管制信息
没有管制信息可用于拟食用动物。由于残留风险低，因此无停药时间的建议。

左甲状腺素钠（Levothyroxine Sodium）

商品名及其他名称：T_4、L- 甲状腺素、索洛辛、Levocrine、Thyro-Tabs、Synthroid、ThyroMed。Leventa 和马用粉剂，包括 Equisyn-T_4、Levo-Powder、甲状腺粉和 Thyro-L。

功能分类：激素。

药理学和作用机制
左甲状腺素钠为甲状腺激素。左甲状腺素用作治疗甲状腺功能减退患病动物的替代疗法。左甲状腺素是 T_4，在大多数患病动物体内会转化为有活性的 T_3。动物的需求量和药代动力学各不相同，并且根据甲状腺素的监测来调整剂量。左甲状腺素在犬体内的半衰期约为 20 h。口服溶液的半衰期约为 12 h，峰值出现在 5 h。

适应证和临床应用
左甲状腺素用于患有甲状腺激素缺乏症（甲状腺功能减退）的动物的替代疗法。它已在许多物种中使用，包括犬、猫和马。尽管已建议将其用于治疗犬的 von Willebrand 病，但临床研究未能显示出用左甲状腺素治疗（0.04 mg/kg）对凝血因子、出血时间或 von Willebrand 因子的作用。

静脉注射左甲状腺素钠（4 ~ 5 μg/kg，IV）可用于甲状腺功能减退患犬伴发的黏液性水肿性昏迷的急性治疗。

注意事项

不良反应和副作用

高剂量可能会产生甲状腺素中毒症，但这并不常见。IV 治疗潜在的副作用包括心律失常或肺炎。

禁忌证和预防措施

没有关于小动物的特定禁忌证的报道。从一个品牌转换为另一个品牌时，建议通过跟进测试以确保该品牌可等效治疗。

药物相互作用

接受皮质类固醇治疗的患病动物可能会降低 T$_4$ 转化为活性 T$_3$ 的能力。对其他健康的动物给予左甲状腺素时，以下药物可能会降低甲状腺素的浓度：NSAID、磺胺类药物和苯巴比妥，尽管一些犬的结果在临床上可能并不明显。即使尚未在动物中报道，但在人中给雌激素会增加正在接受甲状腺素补充剂的患病动物的甲状腺结合球蛋白，并可能降低甲状腺素（T$_4$）的活性形式。监测这些患病动物的 T$_4$ 水平，并在必要时增加甲状腺素的剂量。进食可能降低药物的口服吸收。

使用说明

甲状腺素补充剂应通过确诊测试指导用药，并进行用药后监测以调整剂量。对犬的研究显示，索洛辛和 Synthroid 两个品牌的药物等效，但是口服溶液（Leventa）的吸收量比口服片剂高 150% ~ 200%，因此，从口服片剂转换为口服溶液时应考虑调整用药剂量。对于片剂，生物利用度仅为 37%（平均）。使用液体制剂（Leventa）时，请使用特定设计的剂量注射器。剂量部分列出的犬用片剂起始剂量（22 μg/kg，q12 h）对一些犬来说可能不够高，建议监测激素水平以适当调整剂量。在使用人的制剂时，最好告知药剂师犬用剂量远高于人用剂量。

患病动物的监测和实验室检测

监测血清 T$_4$ 浓度以指导治疗。正常的甲状腺素（T$_4$）基线水平为 20 ~ 55 nmol/L（1.5 ~ 4.3 μg/dL）。注射促甲状腺激素释放激素（Thyrotropin-releasing hormone，TRH）会导致 T$_4$ 至少升高 1.5 倍。为了监测治疗中给药后的适当性，一些人认为最有价值的样品是在下一次预定剂量（波谷浓度）正要给药之前采集。或者，一些临床医生在服药后 4 ~ 6 h 采集血样获取浓度峰值，T$_4$ 应该在 30 ~ 60 nmol/L（2.3 ~ 4.6 μg/dL）。如果服用口服溶液，浓度峰值出现在服药后 2 ~ 2.5 h。马浓度峰值出现在服药后 1 ~ 2 h。

制剂与规格

左甲状腺素的制剂规格范围为 0.025 ~ 0.8 mg 的片剂（以 0.1 mg 为增

量间隔）、0.1 ~ 0.8 mg 的咀嚼片、1.0 mg/mL 犬用口服溶液及马用口服粉剂［每453.6 g（1 lb）口服粉剂含 1 g 甲状腺素］。请注意，用于动物的左甲状腺素产品未经 FDA 批准，因此，不可能建立各种产品的生物等效性。不要假定所有的左甲状腺素产品都是生物等效的，并且会产生相同的反应。从一个品牌转换为另一个品牌时，建议进行跟踪测试以确保药物有相同的反应。

稳定性和贮藏

左甲状腺素本质上是不稳定的，并且受热、光和湿度的影响很大。存放在密闭容器中，并在室温下避光保存。甲状腺素仅微溶于水或乙醇，pH < 2 或 pH > 8 时更易溶。它在一些复合制剂中不稳定。但是，如果立即给药，可以将其添加到食品中。粉剂可以每天与水混合并添加到马的谷物中给药。将药物先与乙醇混合，再与糖浆混合，室温下稳定 15 d 和冷藏稳定 47 d。但是，其他复合制剂仅可稳定 15 d（冷藏）或 11 d（室温）。因此，复合制剂的使用应尽可能限制为 10 ~ 15 d 的存储时间。

口服溶液（Leventa）冷藏的保存期限为 18 个月，但打开后可在室温避光保存 2 个月，冷藏保存 6 个月。

小动物剂量
犬

一种剂量是 18 ~ 22 μg/kg（0.018 ~ 0.022 mg/kg），q12 h，PO（通过监测调整剂量），另一种剂量是 0.5 mg/m^2。

液体（1 mg/mL）：20 μg/kg，PO，q24 h，但调整后剂量范围可能为 12 ~ 42 μg/kg，q24 h。

IV 急性治疗：4 ~ 5 μg/kg，IV，给药一次或根据需要每 12 h 给药。

猫

每天 10 ~ 20 μg/kg（0.01 ~ 0.02 mg/kg），PO（通过监测调整剂量）。

大动物剂量
马

10 ~ 60 μg/kg（0.01 ~ 0.06 mg/kg），q24 h 或 5 ~ 30 μg/kg（0.005 ~ 0.03 mg/kg），q12 h，PO。当马用口服粉剂给药时，1 水平茶匙含有 12 mg 的左甲状腺素（T$_4$），1 汤匙含有 36 mg 的左甲状腺素（T$_4$）。这种粉剂与每日量的谷物混合（如每天将 4 水平茶匙粉剂与 30 mL 水混合并添加到燕麦中）。

患垂体中间部功能障碍（PPID）的马：0.1 mg/(kg·d)（每匹马 48 mg）。

管制信息

没有管制信息可用于拟食用动物。由于残留风险低，无停药时间的建议

第4版

桑德斯兽药手册

Saunders Handbook of Veterinary Drugs: Small and Large Animal, Fourth Edition

下册

主编 ［美］马克·G. 帕皮奇（Mark G. Papich）

主译 袁占奎

山东科学技术出版社

·济南·

目　录

盐酸利多卡因（Lidocaine Hydrochloride）

商品名及其他名称: Xylocaine 和通用品牌。
功能分类: 局部麻醉药、抗心律失常。

药理学和作用机制

　　盐酸利多卡因为局部麻醉药。利多卡因通过钠通道阻滞抑制神经传导。Ⅰ级抗心律失常。在不影响传导的情况下，减缓 0 相去极化。全身给药后，利多卡因代谢为去乙基利多卡因（monoethylglycinexylidide，MEGX），也具有抗心律失常特性。在全身给药之后，利多卡因也具有镇痛药特性。在 IV 输注期间，它可能会减弱疼痛反应。马输注利多卡因减少了术后肠梗阻的发生，可能是通过直接作用即抑制疼痛刺激或通过对中性粒细胞的抗炎作用而发挥作用的。在胃扩张扭转（gastric dilatation volvulus，GDV）引起胃肠道受损的患犬中，利多卡因通过降低缺血性再灌注损伤和炎性反应的严重程度来改善苏醒。

　　犬和猫体内的药代动力学相似。但是，猫的心脏敏感性更强。在马中，半衰期从 40 ~ 80 min 不等，清除率很高，但变化很大。在犬中，半衰期约为 1 h，清除率较高 $[30 ~ 40 \text{ mL/(kg·min)}]$。在猫中，药代动力学与犬不同的是半衰期更长，清除速度更慢，因此，猫比犬更易发生副作用。在牛中，半衰期约为 1 h。

适应证和临床应用

　　利多卡因通常用作局部麻醉药，并用于室性心律失常的急性治疗。利多卡因应谨慎用于治疗室上性心律失常，因为它可能会增加心脏传导。利多卡因也用于疼痛管理。在动物中 CRI 给药，尤其是在肠道或胃手术后加快术后患病动物的苏醒（请参阅"机制"部分）。利多卡因已与其他镇痛药联合使用，可能具有协同作用，并且可以减少每种单一药物的使用剂量。联合用药的一个示例是 MLK，即吗啡（或芬太尼）、利多卡因和氯胺酮（配方请参阅剂量部分）。利多卡因仅在一定基础上用于治疗其他药物难以治疗的抽搐。在马中，已通过研究证实利多卡因 CRI 可能有助于恢复肠道运动，并用于治疗肠道梗阻。

　　利多卡因已作为透皮贴剂应用于动物。该贴片（为人设计）浓度为 5%，主要用于神经性疼痛（带状疱疹后神经痛）。这种贴剂也已应用于犬和猫中的某些状况，并有一些成功的传闻。对贴片的吸收较低（小于 5%），远低于毒性作用的阈值。

注意事项

不良反应和副作用

高剂量会引起 CNS 作用（震颤、痉挛和抽搐）和呕吐，但利多卡因诱导的抽搐风险较低。利多卡因可以产生心律失常，但对异常心脏组织的影响要比正常组织大。在猫静脉注射利多卡因曾导致死亡。在猫麻醉状况下，给予利多卡因会导致心输出量下降、心血管功能抑制、并降低氧气向组织的输送。利多卡因在猫中还产生了高铁血红蛋白血症和溶血。马使用静脉注射和 CRI 输注利多卡因曾导致肌束震颤、快速眨眼、焦虑、共济失调、虚弱和抽搐。

禁忌证和预防措施

猫更易发生副作用，应使用较低的剂量。猫对利多卡因贴片的吸收仅为 6.3%，且预计不会出现问题。肝脏血流减少的动物（如处于麻醉状态的动物）中，清除率可能会降低。猫恒定速率输注的速率低于犬。

药物相互作用

盐酸利多卡因作为酸性溶液保持溶解性。尽管与碱性溶液的短期混合可能不会影响稳定性（在给药之前即混即用），但在碱性溶液中储存会形成沉淀。如果与碱化溶液混合，应立即使用。

使用说明

当用于局部浸润麻醉时，许多制剂都含有肾上腺素用以延长注射位点的活性。避免在心律失常的患病动物中使用含有肾上腺素的制剂。请注意，人制剂中可能含有肾上腺素，但兽医制剂中却不含肾上腺素。为了增加 pH、加快起效速度、并减弱注射引起的疼痛，可以将 1 mEq 碳酸氢钠添加到 10 mL 利多卡因中（混合后立即使用）。为马准备输注溶液时，请将 10 g 的 2% 利多卡因与 3 L 乳酸林格液（0.33% 的溶液）混合。

患病动物的监测和实验室检测

监测神经毒性的迹象（如精神沉郁、肌肉抽动和抽搐）。在动物的治疗过程中用 ECG 监测心率和心律。

制剂与规格

利多卡因有 5 mg/mL、10 mg/mL、15 mg/mL 和 20 mg/mL 的注射剂。

稳定性和贮藏

存放在密闭容器中，并在室温下避光保存。已制备好的局部制剂，发现其稳定了数周。

小动物剂量
犬

抗心律失常：2 ～ 4 mg/kg，IV（最大剂量为 8 mg/kg，超过 10 min）。

抗心律失常：25 ～ 75 μg/(kg·min)，IV，CRI。

抗心律失常：6 mg/kg，q1.5 h，IM。

硬膜外：4.4 mg/kg 的 2% 溶液。

辅助控制与手术相关的疼痛和炎症：2 mg/kg，IV 推注，然后 0.05 mg/(kg·min)，CRI，用药 24 h（添加到患病动物的液体中）。

吗啡 / 利多卡因 / 氯胺酮（MLK）的联合：以 100 mg/mL 氯胺酮（每 500 mL 液体 1.6 mL）、20 mg/mL 利多卡因（每 500 mL 液体 30 mL）和 15 mg/mL 吗啡（每 500 mL 液体 1.6 mL）混合液体，并以吗啡 0.24 mg/(kg·h)，利多卡因 3 mg/(kg·h) 和氯胺酮 0.6 mg/(kg·h) 的速率输注，作为围手术期镇痛的 CRI 给药。

猫

抗心律失常：最初以 0.1 ～ 0.4 mg/kg 开始，如果无反应，则缓慢增加至 0.25 ～ 0.75 mg/kg，IV。

抗心律失常：负荷剂量为 0.5 ～ 1 mg/kg，IV，然后以 10 ～ 20 μg/(kg·min) [0.6 ～ 1.2 mg/(kg·h)]，IV，CRI。

硬膜外：4.4 mg/kg 的 2% 溶液。

大动物剂量
马

抗心律失常：0.25 ～ 0.5 mg/kg，q5 ～ 15 min，IV，总计 1.5 mg/kg，然后 CRI 为 0.05 mg/(kg·min) [50 μg/(kg·min)]。

术后肠梗阻：1.3 mg/kg，IV 推注 15 min 以上，然后进行 0.05 mg/(kg·min) [50 μg/(kg·min)]，CRI。

镇痛：2 mg/kg，IV，然后 50 μg/(kg·min)，CRI。

管制信息

标签外使用的停药时间：肉用动物为 1 d，产奶用动物为 24 h。

马：比赛前的间隙大约为 2.5 d。

RCI 分类：2。

盐酸林可霉素、盐酸林可霉素一水合物（Lincomycin Hydrochloride, Lincomycin Hydrochloride Monohydrate）

商品名及其他名称： Lincocin 和 Lincomix。

功能分类： 抗菌药。

药理学和作用机制

盐酸林可霉素和盐酸林可霉素一水合物是林可酰胺类抗生素。林可霉素的作用机制与克林霉素类似。作用机制也与大环内酯类药物相似，例如红霉素，这些药物之间可能存在交叉耐药性。像其他相关药物一样，林可霉素的作用位点是 50S 核糖体亚基。通过抑制这种核糖体可减少蛋白质的合成。在大多数细菌中，它具有抑菌作用。抗菌谱主要包括革兰氏阳性菌和非典型细菌（如支原体）。

适应证和临床应用

林可霉素具有革兰氏阳性抗菌谱，并且对其他感染的作用有限。在小动物中，它可以用于由易感革兰氏阳性菌引起的脓皮病和其他软组织感染。它还对支原体、丹毒丝菌和钩端螺旋体有抗菌活性。在猪和鸟中，它主要用于治疗由支原体引起的感染。它也可以添加到猪饲料和水中，用来防控猪痢疾短螺旋体引起的猪痢疾。尽管已在牛和绵羊中 IM 注射治疗化脓性关节炎、喉脓肿和乳腺炎，但目前不推荐这种治疗方法。与林可霉素相比，克林霉素对厌氧菌的抗菌活性更好。在犬和猫中，由于可用性，克林霉素比林可霉素更经常使用。

注意事项

不良反应和副作用

副作用不常见。林可霉素在动物中会引起呕吐和腹泻。反刍动物口服给药可以引起严重的甚至致命的肠炎。

禁忌证和预防措施

请勿给啮齿动物、马、反刍动物或兔子进行口服给药。反刍动物和马的口服给药可能导致严重的肠炎。

药物相互作用

没有关于动物药物相互作用的报道。

使用说明

林可霉素和克林霉素的作用非常相似，因此，可以用克林霉素代替林可霉素。

患病动物的监测和实验室检测

药敏试验：敏感生物的 CLSI 耐药折点 ≤ 0.25 μg/mL，其他生物的耐药折点 ≤ 0.5 μg/mL。

制剂与规格

林可霉素有 100 mg、200 mg 和 500 mg 的片剂；400 mg/g 的粉剂；16 g/40 g 的可溶性粉剂；10 g/0.453 kg（1 lb）、20 g/0.453 kg（1 lb）、50 g/0.453 kg（1 lb）的预混料制剂；50 mg/mL 的糖浆；25 mg/mL、100 mg/mL 和 300 mg/ mL 的注射剂。

稳定性和贮藏

存放在密闭容器中，并在室温下避光保存。尚未评估复合制剂的稳定性。

小动物剂量

犬和猫

15 ~ 25 mg/kg，q12 h，PO。

脓皮病：10 mg/kg，q12 h，PO。

大动物剂量

猪

猪痢疾：每加仑［加仑（gal）为我国非法定计量单位，1 加仑（gal）≈ 3.785 L。］饮用水添加 250 mg 药物，如果作为 5 ~ 10 d 的唯一饮用水来源，则用量约为 8.4 mg/(kg·d)。

支原体感染：11 mg/kg，q24 h，IM 或 11 mg/kg，q12 h，IM。

牛

化脓性关节炎、乳腺炎和脓肿：5 mg/kg，q24 h，IM，用 5 ~ 7 d。

顽固性感染：10 mg/kg，q12 h，IM。

羊

化脓性关节炎：5 mg/kg，q24 h，IM，用 3 ~ 5 d。

管制信息

猪的停药时间：根据使用的产品和给药方式的不同，停药时间可能为 0 d、1 d、2 d 或 6 d（对于大多数产品，口服给药停药时间为 6 d，IM 给药停药时间为 2 d）。标签外应用于牛时，FARAD 建议剂量为 5 mg/kg，使用时肉牛的停药时间为 7 d，产奶用牛的停药时间为 96 h。

利奈唑胺（Linezolid）

商品名及其他名称： Zyvox、Zyvoxam（加拿大）和通用品牌。
功能分类： 抗菌药。

药理学和作用机制

利奈唑胺是恶唑烷酮类抗生素（合成药物）。泰地唑胺（Sivextro）是一种相关药物，但尚未在动物中使用。利奈唑胺是有独特作用机制的抑菌药物。它通过结合 50S 亚基上 23S 核糖体 RNA 上的位点来抑制蛋白质合成。这样可以阻止 70S 核糖体单位的形成，从而抑制蛋白质的合成。利奈唑胺可以很好地进入细胞内和细胞外液。尿液内的药物浓度足以抑制尿路的病原体。犬口服吸收几乎为 100%，犬的半衰期比人的短一些。利奈唑胺不经过肝脏 P450 途径代谢，并且总清除率的 1/3 依赖于肾脏。

适应证和临床应用

利奈唑胺具有抗链球菌和葡萄球菌的活性，可用于治疗已对其他药物产生抗药性的感染，特别是对 β- 内酰胺类抗生素（青霉素、氨苄西林衍生物和头孢菌素类）有抗药性的感染。林可霉素不适用于革兰氏阴性菌的感染。利奈唑胺用于治疗耐甲氧西林和耐苯唑西林的葡萄球菌菌株［如耐甲氧西林金黄色葡萄球菌（MRSA）和耐甲氧西林伪中间葡萄球菌（MRSP）］和耐药性肠球菌的感染。利奈唑胺的成本很高，因此不用于常规感染。

注意事项

不良反应和副作用

副作用包括腹泻和恶心。偶尔在用药人群中观察到贫血和白细胞减少。治疗 2 周后骨髓抑制的风险最为明显。较长的疗程应进行定期的 CBC 测量。

禁忌证和预防措施

没有禁忌证的报道。

药物相互作用

利奈唑胺是 A 型单胺氧化酶抑制剂（MAOI）。可能与 5- 羟色胺再摄取抑制剂（如氟西汀和司来吉兰）发生相互作用，从而产生 5- 羟色胺综合征。与肾上腺素能药物［如苯丙醇胺（PPA）］一起给药时也可能发生相互作用。但是，这种相互作用还没有动物方面的报道。利奈唑胺预期不会影响其他药物的代谢。利福平可能会降低利奈唑胺的血浆浓度。静脉注射制剂与 IV 管线中的其他药物在物理上不相容。如果与其他药物一起静脉注射，需先冲洗给药管路。

使用说明

利奈唑胺保留在对其他药物产生抗药性的感染时（如肠球菌或 MRS）使用。

患病动物的监测和实验室检测

药物的选择要根据药敏试验的监测进行。CLSI 列出对于葡萄球菌的敏感性耐药折点 ≤ 4.0 μg/mL，对于肠球菌的敏感性耐药折点 ≤ 2.0 μg/mL。理想的血浆药物浓度为 2 ~ 7 μg/mL。

制剂与规格

利奈唑胺有 400 mg 和 600 mg 的片剂、20 mg/mL 口服悬浮粉剂和 2 mg/mL 的注射剂。

稳定性和贮藏

存放在密闭容器中，并在室温下避光保存。请勿与其他药物混合使用。在室温下复溶后，口服悬浮液可以稳定 21 d。

小动物剂量

犬和猫

10 mg/kg，q12 h，PO 或 IV（对于严重的感染，每 8 h 使用一次；对于不威胁生命的感染，每 12 h 使用一次）。

大动物剂量

没有可用的大动物剂量。

管制信息

不确定食品生产用动物的停药时间。

碘塞罗宁钠（Liothyronine Sodium）

商品名及其他名称： 三碘甲状腺原氨酸钠。

功能分类： 激素。

药理学和作用机制

碘塞罗宁钠为甲状腺素补充剂。碘塞罗宁相当于 T_3。T_3 比 T_4 更具活性，但通常在动物体内 T_4 会转化为 T_3 的活性形式。

适应证和临床应用

碘塞罗宁与左甲状腺素（T_4）的适应证类似，除了使用活性 T_3 时不适用碘塞罗宁。也可用于那些将 T_4 转化为活性 T_3 失败的病例。在多数病例中，优先使用左甲状腺素而不是碘塞罗宁。

注意事项

不良反应和副作用

尚无副作用的报道。

禁忌证和预防措施

没有禁忌证的报道。

药物相互作用

没有关于动物药物相互作用的报道。

使用说明

根据监测患病动物的 T_3 浓度调整碘塞罗宁的剂量。很少需要单独给 T_3 治疗甲状腺功能减退。在大多数患病动物中应使用含有 T_4 的药物（如左甲状腺素）。碘塞罗宁已用作猫的诊断测试。

患病动物的监测和实验室检测

监测血清 T_3 的浓度。用于猫的 T_3 抑制测试。

制剂与规格

碘塞罗宁有 5 μg、25 μg 和 50 μg 的片剂。

稳定性和贮藏

存放在密闭容器中，并在室温下避光保存。尚未评估复合制剂的稳定性。

小动物剂量

犬和猫

4.4 μg/kg，q8 h，PO。

猫的 T_3 抑制测试：采集治疗前 T_4 和 T_3 的检测样品，然后 25 μg，q8 h，在最后一次给药后采集用药后 T_3 和 T_4 的样品。

大动物剂量

没有可用的大动物剂量。

管制信息

不确定食品生产用动物的停药时间。

赖诺普利（Lisinopril）

商品名及其他名称： Prinivil 和 Zestril。
功能分类： 血管扩张药、血管紧张素转换酶（ACE）抑制剂。

药理学和作用机制

和其他 ACE 抑制剂相似，赖诺普利抑制血管紧张素Ⅰ向血管紧张素Ⅱ的转化。血管紧张素Ⅱ是一种有效的血管收缩剂，还将刺激交感神经兴奋、肾性高血压和醛固酮的合成。醛固酮引起水和钠潴留的能力会导致充血。与其他 ACE 抑制剂一样，赖诺普利将引起血管扩张并减弱醛固酮诱导的充血。赖诺普利还通过增加某些血管扩张激酶和前列腺素的浓度来促进血管扩张。和其他 ACE 抑制剂相似，赖诺普利可以降低肾性高血压并改善肾脏灌注，降低肾小球压力和改善一些患病动物的肾脏疾病。

适应证和临床应用

与其他 ACE 抑制剂一样，赖诺普利用于治疗高血压和充血性心力衰竭（CHF）。依那普利和贝那普利在动物中更常用。其他用途可能包括原发性高血压。赖诺普利还可以用于治疗动物中某些形式的肾脏疾病。在肾小球过滤压力较高时，赖诺普利可能会使患有这类肾脏疾病的部分患病动物的病情得到改善，但尚未确定其对生存时间的影响。

注意事项
不良反应和副作用
与其他 ACE 抑制剂一样，它可能在一些患病动物中引起氮质血症。认真监测接受高剂量利尿剂治疗的患病动物。
禁忌证和预防措施
怀孕动物停用 ACE 抑制剂，因其可穿过胎盘并可以导致胚胎畸形和胎儿的死亡。
药物相互作用
与其他降压药和利尿剂联合使用时需谨慎。NSAID 可能会减弱血管扩张作用。

使用说明

尚无在动物中使用赖诺普利进行临床研究的报道。剂量和临床应用是从人的研究或者有限的动物使用的个人经验推断而来的。

患病动物的监测和实验室检测

仔细监测患病动物避免发生低血压。对于所有 ACE 抑制剂的使用者，在开始治疗后 3 ~ 7 d 应监测电解质和肾功能，之后定期进行监测。

制剂与规格
赖诺普利有 2.5 mg、5 mg、10 mg、20 mg 和 40 mg 的片剂。

稳定性和贮藏
存放在密闭容器中，并在室温下避光保存。赖诺普利已与糖浆混合口服给药，发现其在室温或冷藏室中可保持稳定 30 d。

小动物剂量
犬
0.5 mg/kg，q24 h，PO。
猫
未确定剂量。

大动物剂量
没有可用的大动物剂量。

管制信息
不确定食品生产用动物的停药时间。

碳酸锂（Lithium Carbonate）
商品名及其他名称： Lithotabs。
功能分类： 免疫刺激剂。

药理学和作用机制
碳酸锂刺激粒细胞生成并提升动物体内的中性粒细胞池。本药也影响 CNS，因为它影响 CNS 神经递质的平衡。

适应证和临床应用
碳酸锂在人中用于治疗抑郁，尚未用于动物的这方面疾病。它已被实验性地用于增加癌症治疗后中性粒细胞的数量，并预防由抗癌药引起的细胞毒性。

注意事项
不良反应和副作用
副作用包括肾性尿崩症、流涎、嗜睡和抽搐。在人中的副作用还包括心血管问题、困倦和腹泻。

禁忌证和预防措施

不推荐用于猫。

药物相互作用

没有药物相互作用的报道。

使用说明

在动物中使用很少见，几乎没有剂量信息。

患病动物的监测和实验室检测

监测中性粒细胞数量。

制剂与规格

碳酸锂有 150 mg、300 mg 和 600 mg 的胶囊；300 mg 的片剂和 300 mg/ 5 mL 的糖浆。

稳定性和贮藏

存放在密闭容器中，并在室温下避光保存。尚未评估复合制剂的稳定性。

小动物剂量

犬

10 mg/kg，q12 h，PO。

猫

不推荐使用。

大动物剂量

没有可用的大动物剂量。

管制信息

不确定食品生产用动物的停药时间。

洛莫司汀（Lomustine）

商品名及其他名称： CeeNU 和 CCNU。

功能分类： 抗癌药。

药理学和作用机制

洛莫司汀是抗癌药。它是两种亚硝基脲中的一种：洛莫司汀（1-2-

氯乙基 -3- 环己基 -1- 氯乙基亚硝基脲），简称 CCNU，而卡莫司汀（1,3- 双 -2-氯乙基 -1- 亚硝基脲），简称 BCNU。两种亚硝基脲都自然代谢为烷基化物和碳水化合物。洛莫司汀将亚硝基脲的氯乙基转移至 DNA 上的 O-6 甲基鸟嘌呤上。这会导致 DNA 的链间和链内交联，从而使 DNA 合成失活和细胞死亡。因此，双功能链间交联是亚硝基脲细胞毒性的原因。该药物的高亲脂性使得其口服易吸收且膜渗透性高。由于口服吸收率较高，洛莫司汀可作为口服片剂有效地给药。吸收后，洛莫司汀代谢为抗肿瘤代谢物。药物原型和代谢物均为脂溶性。洛莫司汀渗透进入 CNS 由血浆 / 脑脊液（CSF）的药物浓度比率决定，该比率为 1 ∶ 3。

适应证和临床应用

洛莫司汀（CCNU）用于治疗犬和猫的 CNS 肿瘤（脑肿瘤）、圆形细胞肿瘤、肥大细胞瘤、肉瘤和淋巴瘤，偶尔被用于治疗其他癌症。洛莫司汀比卡莫司汀更常用。猫对本药的耐受性很好。每只猫约 10 mg 的剂量，每 3 周 1 次，产生的骨髓抑制作用最小。

注意事项

不良反应和副作用

骨髓的副作用最严重。在人中使用洛莫司汀时骨髓毒性最低谷延迟，恢复缓慢，长达 4 ~ 6 周，但犬一般在给药后 6 ~ 7 d 出现骨髓作用的最低谷。犬的最大耐受剂量为 90 mg/m^2。在较高剂量（100 mg/m^2）时有骨髓抑制的报道。也有洛莫司汀给药的累积效应造成血小板减少症的报道。如果在犬中观察到严重的中性粒细胞减少，请将剂量降低至 40 ~ 50 mg/m^2。

在猫中，中性粒细胞减少症是治疗中最大的剂量限制性副作用。也可能出现血小板减少症。猫与人相似，其骨髓毒性最低谷发生在用药 3 ~ 4 周。亚硝基脲对快速分裂的黏膜细胞也有毒性。

人使用亚硝基脲也可以导致肺部纤维化和肝毒性。肝毒性可能是延迟反应。人使用卡莫司汀（BCNU）导致的肝脏损伤率比使用洛莫司汀要高。在犬中观察到的洛莫司汀对肝脏的损伤是不可逆的。

禁忌证和预防措施

在小动物中使用需考虑骨髓副作用的风险。

药物相互作用

谨慎与可能导致骨髓抑制的任何药物联合使用。

使用说明

亚硝基脲类药物用于治疗 CNS 肿瘤和其他癌症。在小动物中的给药方案和人的不同，人用可高达 $150 \sim 200\ mg/m^2$。如果可能，口服治疗时应空腹给药。

患病动物的监测和实验室检测

监测治疗患病动物的 CBC 和肝酶。

制剂与规格

洛莫司汀有 10 mg、40 mg 和 100 mg 的胶囊。

稳定性和贮藏

存放在密闭容器中，并在室温下避光保存。

小动物剂量

犬

每 4 周，$70 \sim 90\ mg/m^2$，PO。

淋巴瘤：每 4 周，$60\ mg/m^2$，治疗 4 次。

脑肿瘤：每 6 ~ 8 周，$60 \sim 80\ mg/m^2$，PO。

如果需要考虑犬肝脏损伤，则使用较低且安全的剂量 $40\ mg/m^2$。

猫

每 3 ~ 6 周，$50 \sim 60\ mg/m^2$，PO。或者，每 3 ~ 6 周，每只 10 ~ 20 mg。

大动物剂量

没有大动物剂量的报道。

管制信息

禁用于食品生产用动物。

盐酸洛哌丁胺（Loperamide Hydrochloride）

商品名及其他名称： 易蒙停和通用品牌。

功能分类： 镇痛药、阿片类药物。

药理学和作用机制

盐酸洛哌丁胺为阿片类激动剂。和其他阿片类药物相似，洛哌丁胺作用于胃肠道的 μ- 受体。本药减弱了肠道的蠕动收缩并促进了分节运动（整体的便秘效应），也增加了胃肠道括约肌的张力。阿片类药物除了影响肠道的运动能力外，还有抗分泌作用，并刺激液体、电解质和葡萄糖的吸收。它们对分泌性腹泻的作用可能与抑制钙离子内流和降低钙调蛋白的活性有关。洛哌丁胺的作用仅限于肠道。因其不穿过血－脑屏障，对 CNS 没有作用。

适应证和临床应用

洛哌丁胺用于急性非特异性腹泻的对症治疗。犬和猫口服给药。不建议长期使用，因为它可能会导致便秘。已将其用于大动物，但不建议这样做。

注意事项

不良反应和副作用

洛哌丁胺反复使用会导致严重的便秘。在一些在 ABCB1 基因（以前称为 MDR 基因）突变的犬中，它们的血-脑屏障中缺乏 P-糖蛋白。在这些易感动物中，洛哌丁胺会穿过血-脑屏障并引起深度镇定。纳洛酮可以逆转这种情况。最易感的犬包括柯利品种的犬、澳大利亚牧羊犬、英国古代牧羊犬、长毛惠比特犬和喜乐蒂牧羊犬。

禁忌证和预防措施

小型犬和柯利品系的犬发生副作用的风险可能更高。

药物相互作用

请勿与可能充当 MDR1（P-糖蛋白）膜抑制剂的药物一起使用，例如，酮康唑（其他抑制剂在附录 I 中列出）。这些抑制剂可能会增加血-脑屏障的渗透性并引起精神沉郁。

使用说明

使用剂量主要根据经验或人剂量的外推法获得。尚未在动物中进行临床研究。

患病动物的监测和实验室检测

不需要特定的监测。

制剂与规格

洛哌丁胺有 2 mg 的片剂、2 mg 的胶囊和 0.2 mg/mL 的口服溶液（OTC）。

稳定性和贮藏

存放在密闭容器中，并在室温下避光保存。洛哌丁胺仅在低 pH 环境下微溶于水。尚未评估复合制剂的稳定性。

小动物剂量

犬

0.12 mg/kg，q8 ~ 12 h，PO。

猫

0.08 ~ 0.16 mg/kg，q12 h，PO。

大动物剂量

没有大动物剂量的报道。如果用于马或反刍动物可能会引起与肠道运动力降低相关的问题。

管制信息

不确定食品生产用动物的停药时间。

RCI 分类：4。

劳拉西泮（Lorazepam）

商品名及其他名称：Ativan 和通用品牌。

功能分类：抗惊厥药。

药理学和作用机制

劳拉西泮是苯二氮䓬类药物。重要的 CNS 抑制剂，作用类似于地西泮。作用机制似乎是通过增强 CNS 中 γ-氨基丁酸（GABA）受体介导性作用来实现的。在动物中，劳拉西泮不经过广泛的肝脏代谢，但在排泄之前会发生葡萄糖醛酸化。在犬中，劳拉西泮的半衰期为 0.9 h，全身清除率比地西泮的一半低。口服吸收为 60%。因此，口服制剂有些情况下可能适用于犬。

适应证和临床应用

劳拉西泮作为苯二氮䓬类药物，可以考虑用于动物的焦虑性疾病，但尚未像其他药物（如地西泮、阿普唑仑或咪达唑仑）一样普遍使用。劳拉西泮还可以有效治疗抽搐，但在动物中不像其他抗惊厥药那样常用。在对照研究中，它在犬中与抗惊厥药地西泮一样有效。

注意事项

不良反应和副作用

镇定是最常见的副作用。劳拉西泮可导致多食。有些动物可能会经历反常的兴奋。长期用药可能会产生依赖性，如果停药会发生停药综合征。

禁忌证和预防措施

猫口服另一种苯二氮䓬类药物地西泮曾引起特异性的肝损伤，但由于劳拉西泮的代谢途径不同，所以它不可能引起这种损伤。

药物相互作用

与有镇定作用的其他药物谨慎使用。请勿与丁丙诺啡混合。

使用说明

根据经验确定使用剂量。尽管预期会产生类似于其他苯二氮䓬类药物的作用，但尚未在兽药中进行临床试验。IV 时，使用前需与 0.9% 生理盐水或 5% 葡萄糖溶液用 50/50 的比例稀释。

患病动物的监测和实验室检测

不需要特定的监测。

制剂与规格

劳拉西泮有 0.5 mg、1 mg 和 2 mg 的片剂，以及 2 mg/mL 和 4 mg/mL 的注射剂。

稳定性和贮藏

劳拉西泮几乎不溶于水。它可微溶于一些输注溶液中（如在 5% 葡萄糖溶液中为 0.054 mg/mL）。如果溶液颜色变深，则应丢弃。

小动物剂量
犬

0.05 mg/kg，q12 h，PO。

抽搐：0.2 mg/kg，IV。如有必要在控制抽搐时每隔 3 ~ 4 h 重复用药 1 次或 0.2 mg/kg 推注，然后 0.2 ~ 0.4 mg/(kg·h)，IV，CRI。

猫

0.05 mg/kg，q12 ~ 24 h，PO。

大动物剂量

没有大动物剂量的报道。

管制信息

禁用于拟食用动物。

Schedule IV 类管制药物。

RCI 分类：2。

氯沙坦（Losartan）

商品名及其他名称： Cozaar。

功能分类： 血管扩张药。

药理学和作用机制

氯沙坦是血管扩张药、血管紧张素受体阻滞剂（ARB）。氯沙坦对 AT1 受体有高亲和力和选择性。其作用与 ACE 抑制剂相似，不同之处在于它直接阻滞受体，而不是抑制血管紧张素 II 的合成。ARB 的优点是诱导高钾血症的可能性较小，并且人更容易耐受。氯沙坦和其他 ARB 药物已用于不能耐受 ACE 抑制剂的人群。

在人中，氯沙坦代谢为活性羧酸代谢物（E-3174），其活性是药物原型的 10 ~ 40 倍，并且半衰期比其原型药物更长，被认为是产生大部分临床作用的成分。在犬中，原型药物的口服吸收低（23% ~ 33%），半衰期短（1.8 ~ 2.5 h），清除率高，产生的活性持效时间短。犬不会形成 E-3174 代谢物，而 E-3174 代谢物在人起治疗作用。由于存在这种差异，犬可能需要比人更高的药物剂量才能产生治疗作用。

适应证和临床应用

在犬中，报道称氯沙坦不会转化为活性代谢产物，因此，它在犬体内几乎没有活性。但是，一种相关的药物厄贝沙坦（30 mg/kg，q12 h）已显示出阻滞血管紧张素 II 受体的作用。替米沙坦的半衰期更长，亲脂性更高，可能对犬更有效。

注意事项

不良反应和副作用

在动物中没有不良反应的报道。在人中可能会发生低血压。

禁忌证和预防措施

没有针对动物的特定禁忌证的报道。请勿在怀孕动物中使用。

药物相互作用

联合使用 ARB 和 ACE 抑制剂可能会增加肾损伤的风险。

使用说明

在犬中，氯沙坦不会转化为活性代谢物。因此，它几乎没有生物活性（*J Pharmacol Exp Ther*，268：1199-1205，1999），并且需要高剂量才能产生临床作用。建议考虑使用厄贝沙坦代替，剂量为 30 mg/kg，q12 h，PO。

患病动物的监测和实验室检测

监测治疗动物的血压。

制剂与规格

氯沙坦有 25 mg、50 mg 和 100 mg 的片剂。

稳定性和贮藏

存放在密闭容器中，并在室温下避光保存。尚未评估复合制剂的稳定性。

小动物剂量

犬

氮质血症患犬每天 0.125 mg/kg，非氮质血症患犬每天 0.5 mg/kg。

猫

未确定剂量。

大动物剂量

没有大动物剂量的报道。

管制信息

禁用于拟食用动物。

RCI 分类：3。

氯芬奴隆（Lufenuron）

商品名及其他名称：Program。

功能分类：抗寄生虫。

药理学和作用机制

氯芬奴隆是抗寄生虫药。氯芬奴隆是苯甲酰脲类杀虫剂。此类杀虫剂先前用在水果上减少昆虫的损害。氯芬奴隆（Program）已用于预防犬和猫的跳蚤感染，因为它抑制了几丁质的合成。这一用途中犬的使用剂量为每 30 d 给予 10 mg/kg，而猫的使用剂量为每 30 d 给予 30 mg/kg。它也可以抑制一些真菌的细胞膜，因为它会抑制那些含有几丁质和其他复杂多糖的真菌的细胞壁。由于对真菌细胞膜的这种特性，人们对氯芬奴隆用于治疗小型动物的皮肤癣菌很感兴趣。然而，疗效的证实一直存在争议。严格控制的研究在治疗动物皮肤癣菌上没有确证疗效一致。

适应证和临床应用

氯芬奴隆可以通过阻止卵的孵化来控制跳蚤的侵扰。它已用作跳蚤防控的一部分，经常与其他杀成蚤的药物一起使用。在小动物的制剂中氯芬奴隆与米尔贝霉素联合使用，更多细节请参见"米尔贝霉素"部分。有用氯芬奴隆治疗小动物的皮肤癣菌感染的临床报告，尤其是猫，80 ~ 100 mg/kg的高剂量口服。但是，支持这种用法的人已经减少，皮肤科医生对它的疗效提出了质疑，并观察到高的复发率。马口服氯芬奴隆不吸收，故其对治疗真菌感染无效。氯芬奴隆在体外对烟曲霉菌或粗球孢子菌没有任何作用。

注意事项
不良反应和副作用
有关详细信息，请参阅"氯芬奴隆"或"米尔贝霉素"部分。
禁忌证和预防措施
没有关于动物的禁忌证的报道。一些动物可能对米尔贝霉素过敏，更多细节见"米尔贝霉素"部分。
药物相互作用
除可能与米尔贝霉素有关的药物相互作用外，没有针对动物的药物相互作用的报道。

使用说明
氯芬奴隆是一种高亲脂性药物，随餐给药吸收最好。如果猫是自由获取食物的，先禁食，并保持到刚要口服氯芬奴隆之前准备进食。动物每30 d 使用一次氯芬奴隆来控制跳蚤发育。

患病动物的监测和实验室检测
不需要特定的监测。

制剂与规格
氯芬奴隆有 45 mg、90 mg、135 mg、204.9 mg 和 409.8 mg 的片剂，以及每包 135 mg 和 270 mg 的悬浮液。

稳定性和贮藏
存放在密闭容器中，并在室温下避光保存。尚未评估复合制剂的稳定性。

小动物剂量
犬
跳蚤控制: 10 mg/kg，q30 d，PO。
皮肤癣菌: 80 mg/kg，每 2 周 1 次，PO (疗效存在疑问)。

猫

跳蚤控制：30 mg/kg，q30 d，PO 或 10 mg/kg，SQ，每 6 个月 1 次。

皮肤癣菌：80 mg/kg、100 mg/kg，PO 是猫代养所中治疗猫的最低剂量。在第一个 2 周后，以此剂量重复给药，而对于可能再次暴露的动物，可能需要每月给药 1 次（功效存在疑问）。

大动物剂量

马

没有效果。

管制信息

不确定食品生产用动物的停药时间。

氯芬奴隆米尔贝霉素肟（Lufenuron Milbemycin Oxime）

商品名及其他名称：前哨片和风味片。

功能分类：抗寄生虫。

药理学和作用机制

氯芬奴隆米尔贝霉素肟是两种抗寄生虫药的联合。有关详细信息请参阅"氯芬奴隆"或"米尔贝霉素"的部分。

适应证和临床应用

氯芬奴隆 + 米尔贝霉素用于预防跳蚤、心丝虫、线虫、钩虫和鞭虫。

注意事项

不良反应和副作用

在用于跳蚤防控或皮肤癣菌治疗中的剂量安全系数很高。尚无副作用的报道。氯芬奴隆在怀孕动物和年幼动物中相对安全。

禁忌证和预防措施

没有关于动物的禁忌证的报道。

药物相互作用

没有关于动物药物相互作用的报道。

使用说明

有关详细信息请参阅"氯芬奴隆"或"米尔贝霉素"部分。

患病动物的监测和实验室检测

在开始用米尔贝霉素治疗之前，监测犬体内心丝虫的状况。

制剂与规格

米尔贝霉素/氯芬奴隆比如下：2.3/46 mg 的片剂和 5.75/115 mg、11.5/230 mg、23/460 mg 的风味片。

稳定性和贮藏

存放在密闭容器中，并在室温下避光保存。尚未评估复合制剂的稳定性。

小动物剂量

犬

根据片剂大小和产品标签中列出的重量范围，每 30 d 给药一片。
每种片剂均针对犬的体型大小配制。

猫

没有剂量报告。

大动物剂量

没有大动物剂量的报道。

管制信息

不确定食品生产用动物的停药时间。

赖氨酸（L-赖氨酸）[Lysine（L-Lysine）]

商品名及其他名称： Enisyl-F。
功能分类： 抗病毒药。

药理学和作用机制

赖氨酸是一种治疗猫疱疹病毒 1 型（feline herpes virus 1，FHV-1）的氨基酸补充剂。它通过拮抗精氨酸的生长促进作用而发挥作用，精氨酸是 FHV-1 的必需氨基酸。

适应证和临床应用

赖氨酸是治疗猫 FHV-1 的营养补充剂。它旨在减少感染猫的病毒脱落，并可能改善与 FHV 相关的一些临床症状。但是，治疗猫上呼吸道感染的疗效尚存疑问。猫舍环境下的研究显示猫日粮中添加赖氨酸不能控制上呼吸道或眼部的感染，并且实际上导致了一些感染的严重程度增高。因此，猫病毒性感染的常规使用需要重新评估。

注意事项

不良反应和副作用

在猫中没有副作用的报道。

禁忌证和预防措施

没有禁忌证的报道。

药物相互作用

没有关于动物药物相互作用的报道。

使用说明

L-赖氨酸一水合物可以粉剂形式提供，并与少量食物混合。

患病动物的监测和实验室检测

在治疗期间监测患病动物的 CBC。

制剂与规格

糊剂（Enisyl-F）分装在注射器中，其中注射器上的每个标记代表 1 mL（250 mg/mL）。在猫中还可以通过计量泵向食物中添加，此类制剂包括：100 g 粉剂（与食品混合）、5 oz（147.85 mL）口服凝胶（Viralys）、600 mL口服糊剂和调味食品。

稳定性和贮藏

存放在密闭容器中，并在室温下避光保存。

小动物剂量

猫

每只 400 mg/d，PO，猫粮中每日补充。

糊剂：成年猫为 1 ~ 2 mL，小猫为 1 mL。

大动物剂量

没有大动物剂量的报道。

管制信息

无可用的管制信息。由于残留风险低，无停药时间的建议。

柠檬酸镁（Magnesium Citrate）

商品名及其他名称： Citroma、CitroNesia 和 Citro-Mag（加拿大）。

功能分类： 轻泻药 / 通便剂。

药理学和作用机制

柠檬酸镁为盐类泻药。通过渗透作用使水进入小肠而发挥作用。液体蓄积发生扩张从而促进肠道排空。

适应证和临床应用

便秘及一些特定操作需提前排空肠道时口服柠檬酸镁。它也用于摄入毒物时促进肠道清空，有快速的通便作用。Pronefra 制剂（含碳酸钙的联合中）用作肾脏疾病患病动物的磷结合剂。

注意事项

不良反应和副作用

尚无动物方面副作用的报道。但是，过量使用会导致液体和电解质丢失。

禁忌证和预防措施

肾功能不全的患病动物可能发生镁的蓄积。含镁的导泻剂可降低环丙沙星和其他氟喹诺酮类药物的口服吸收。

药物相互作用

没有关于动物药物相互作用的报道。但是，它可能会增加某些药物口服给药的清除率。

使用说明

柠檬酸镁通常用于手术或诊断程序之前排空肠道。使用剂量是根据经验从其他物种中推断得出的。起效快速。

患病动物的监测和实验室检测

不需要特定的监测。但是，如果进行重复治疗或高剂量给药，应监测患病动物的镁浓度。

制剂与规格

柠檬酸镁有 6% 的口服悬浮液可用。Pronefra 制剂也可以作为碳酸钙盐和碳酸镁盐。它是一种口服糖浆，可以作为猫和犬中的磷结合剂使用。Pronefra 是一种具有禽肝风味的可口的悬浮液。

稳定性和贮藏
存放在密闭容器中，并在室温下避光保存。

小动物剂量
犬和猫

2 ~ 4 mL/(kg·d)，PO。Pronefra 产品（含碳酸钙的复合制剂），每天 2 次，在用餐时给药。每只猫 1 mL 或每只犬 1 mL，每天 2 次，PO。最好在用餐时间给药。

大动物剂量
马和牛

2 ~ 4 mL/kg，PO，用 1 次。

管制信息
无可用的管制信息。由于残留风险低，无停药时间的建议。

氢氧化镁（Magnesium Hydroxide）
商品名及其他名称： 镁乳、Carmilax、Magnalax。
功能分类： 轻泻药 / 通便剂。

药理学和作用机制
氢氧化镁为盐类泻药。氢氧化镁的作用是通过渗透作用使水进入小肠而发挥作用。液体蓄积发生扩张从而促进肠道排空。

适应证和临床应用
氢氧化镁用于便秘和某些特定操作之前排空肠道。它通常用在手术或诊断程序之前排空肠道。起效迅速。氢氧化镁还可以用作口服抗酸剂，以中和胃酸。在大动物中，它用作抗酸剂和温和的导泻剂。在牛中，单剂量约 1 g/kg 口服会明显增加瘤胃的 pH 并降低瘤胃的微生物活性。

注意事项

不良反应和副作用
尚无动物方面副作用的报道。但是，过量使用会导致液体和电解质丢失。

禁忌证和预防措施
肾功能不全的患病动物可能发生镁的蓄积。

药物相互作用
含镁的导泻剂可以降低环丙沙星和其他氟喹诺酮类药物的口服吸收。

使用说明

仅患病动物水合状态良好时给药。

患病动物的监测和实验室检测

长期使用需监测电解质。

制剂与规格

氢氧化镁有 400 mg/5 mL 的口服溶液可用或每茶匙含镁 400 mg（镁乳）的 OTC 可用。也有牛和绵羊用的 27 g 或 90 g 的氢氧化镁大药丸，以及 310 ～ 360 g/0.453 kg（1 lb）（约 745 g/kg）的粉剂。作为粉剂，0.453 kg（1 lb）粉剂相当于 1 gal 的镁乳制剂，3 个 27 g 的大药丸等于 1.1365 L（1 夸脱）的镁乳制剂。

稳定性和贮藏

存放在密闭容器中，并在室温下避光保存。

小动物剂量
犬

抗酸剂：每只 5 ～ 10 mL，q4 ～ 6 h，PO。

泻药：每只 15 ～ 50 mL，q24 h，PO。

猫

抗酸剂：每只 5 ～ 10 mL，q4 ～ 6 h，PO。

泻药：每只 2 ～ 6 mL，q24 h。

大动物剂量
羊和牛

1 g/kg，PO 或每 27 kg（60 lb）口服 1 粒大药丸，用药 1 次（成年牛 3 ～ 4 粒大药丸）。

粉剂的用法是将 0.453 kg（1 lb）粉末与 1 gal 的水混合，并每 45 kg 体重使用 500 mL 的混合液体（每 100 lb 体重服用 500 mL 的药液）。产品 Polyox 的用法是体重不足 225 kg 的动物给予 180 mL 的剂量，体重超过 225 kg 的动物给予 360 mL 的剂量。

管制信息

拟食用动物的停药时间：12 ～ 24 h（产奶用动物），具体取决于所用的产品和制剂类型。

M

硫酸镁（Magnesium Sulfate）

商品名及其他名称：泻盐。

功能分类：轻泻药/通便剂、抗心律失常。

药理学和作用机制

硫酸镁为盐类泻药、抗心律失常药，用于治疗镁缺乏症。口服时，硫酸镁可以通过渗透作用使水分进入小肠发挥作用。液体蓄积发生扩张从而促进肠道排空。硫酸镁静脉内给药用于镁缺乏症患病动物，并可以用作抗心律失常药。用作抗心律失常药时，它可以作为顽固性心律失常治疗中镁的来源，因为在低镁血症的动物中镁是 Na+/K+ ATP 酶的辅助因子。它还可能阻滞钙离子通道。

适应证和临床应用

硫酸镁用于治疗便秘和一些特定操作前肠道的排空。硫酸镁注射液用于治疗镁缺乏症和重症患病动物的顽固性心律失常（也可使用氯化镁）。剂量为 1 ~ 2 mEq/kg 的硫酸镁产生的血浆浓度为 8.5 ~ 12.2 mEq/L，可以增加心率、收缩力和心输出量。

硫酸镁用于治疗马的室性心动过速，这种心动过速对其他药物治疗无反应。硫酸镁用于治疗牛的低镁血症，尤其是奶牛。

注意事项

不良反应和副作用

高剂量可能导致肌肉无力和呼吸麻痹。镁治疗期间的轻度中毒症状包括呕吐、腹泻、低血压和虚弱。重复给药伴发过量使用会导致体液和电解质丢失。治疗心律失常时，其安全给药剂量为 0.1 ~ 0.2 mEq/kg。剂量高于 1.0 mmol/kg（2.0 mEq/kg）时，血流动力学参数可能会恶化。

禁忌证和预防措施

肾功能不全的患病动物可能发生镁的蓄积。

药物相互作用

硫酸镁可以添加到含氯化钠（0.9%）、葡萄糖（5%）的溶液和无菌注射用水中。请勿与含钙离子、碳酸氢根和乳酸的溶液混合。与镁盐溶液不相容。含镁的导泻剂可降低环丙沙星和其他氟喹诺酮类药物的口服吸收。硫酸镁与碱性溶液不相容。某些金属离子（如钙）可能形成不溶性硫酸盐。

使用说明

用作泻药时，在手术或诊断程序之前使用硫酸镁可以起到快速排空肠道的作用。起效迅速。用于牛（低镁血症）时可以先 IV 给予初始剂量，然后 SQ 给药以产生持续作用。监测动物的低钙血症，这能与低镁血症同时发生。

患病动物的监测和实验室检测

用 IV 硫酸镁治疗镁缺乏症或心律失常时，在输注期间监测 ECG 并观察心动过缓、QT 间隔延长和 QRS 综合波变宽。在治疗过程中监测镁、钾、钠、氯和钙的浓度。动物正常的镁浓度为 1.32 ~ 2.46 mEq/L。许多牛也有低钙血症。

制剂与规格

硫酸镁有固体晶体形式的通用制剂。注射制剂为 12.5% ~ 50%。IV 使用时需用氯化钠溶液（0.9%）、5% 葡萄糖或无菌注射用水将浓度稀释至 20% 以下。用于牛静脉注射和皮下注射的溶液浓度通常为 1.5 ~ 4 g/L。

稳定性和贮藏

晶体盐储存于干燥的容器中保持稳定。注射液储存在密闭的小瓶中，室温下避光保存。

小动物剂量

犬

1 ~ 2 mEq/(kg·d)，PO，相当于 0.5 ~ 1.0 mmol/kg，PO（或每只 8 ~ 25 g，q24 h，PO）。

猫

每只 2 ~ 5 g，q24 h，PO。

犬和猫

镁缺乏症或心律失常时静脉注射剂量：0.2 ~ 0.3 mEq/kg（0.1 ~ 0.15 mmol/kg），IV，速率为 0.12 mEq/(kg·min)［0.06 mmol/(kg·min)］。

CRI 用于治疗心律失常或持续性镁缺乏症：0.2 ~ 1.0 mEq/(kg·d)，［0.1 ~ 0.5 mmol/(kg·d)］，IV。

在液体治疗期间使用：0.75 ~ 1 mEq/(kg·d) 用于补液治疗。

大动物剂量

牛

每头牛 2 ~ 3 g，IV，超过 10 min 以上。随后每头牛 200 ~ 400 mL 25% 的硫酸镁，SQ，作为补充，即每头牛补充 50 ~ 100 g。

马

每匹马 1 g，q12 ~ 24 h，PO 或 2 ~ 4 mg/kg，IV。室性心动过速，可以静脉内输注 1 g/min，最高至 25 g。

管制信息

无可用的管制信息。由于残留风险低，无停药时间的建议。

甘露醇（Mannitol）
商品名及其他名称：Osmitrol。
功能分类：利尿剂。

药理学和作用机制

甘露醇是高渗性利尿剂。甘露醇是天然存在于水果和蔬菜中的糖类。甘露醇作为一种渗透性利尿剂，可经肾小球自由滤过，但不会被肾小管重吸收。因此，尿液的渗透压增高。渗透作用抑制了液体从肾小管的重吸收，这产生了利钠作用和强效利尿作用。氯化钠和溶解性物质的重吸收也受到抑制。与其他利尿剂相比，甘露醇产生的利尿作用更强，这会导致患病动物潜在的体液过度丢失。IV 给药后，甘露醇会增加血浆渗透压，从而将液体从组织吸引到血浆，这有助于治疗组织水肿。它可降低颅内压从而治疗脑水肿。甘露醇也可以用作抗青光眼药，因为在静脉给药时，它可以降低眼压。

适应证和临床应用

甘露醇经静脉给药用于治疗脑水肿、急性青光眼和与组织水肿相关的疾病状况。甘露醇也已用于促进某些毒素经尿排泄和肾功能衰竭时无尿或少尿的管理。

注意事项
不良反应和副作用

甘露醇有很强的利尿作用，并可能导致明显的体液丢失和电解质失衡。给药速率过快可能会使细胞外容积过度膨胀。

禁忌证和预防措施

禁用于脱水的患病动物。当怀疑颅内出血时要谨慎使用，因为它可能会增加出血（在处理颅内出血时，这种作用仍存在争议）。

药物相互作用

请勿与输血同时使用。如果同时输血，则必须在每升甘露醇中添加氯化钠（20 mEq/L）。甘露醇可能会增加某些药物的肾脏清除率。

使用说明
仅用于可以监测体液和电解质平衡的动物。

患病动物的监测和实验室检测
监测治疗动物的水合状态和电解质平衡。治疗急性青光眼时应监测眼压。

制剂与规格
甘露醇有 5%、10%、15%、20% 和 25% 的注射液。25% 的溶液相当于小瓶中 4 mL 溶液中含 1 g 甘露醇。

稳定性和贮藏
打开过的溶液,丢弃未使用的部分。如果将溶液冷却,则可能形成晶体。

小动物剂量
犬

利尿剂:1 g/kg 的 5% ~ 25% 溶液,IV,维持尿流量。

液体扩充:0.5 ~ 2 g/kg,IV 或 0.1 g/(kg·h)。

青光眼或 CNS 水肿:0.25 ~ 2 g/kg 的 15% ~ 25% 溶液,超过 30 ~ 60 min,IV(必要时 6 h 重复给药)。

猫

液体扩充:按 0.5 ~ 0.8 g/kg,IV,超过 5 min 输入,然后按 1 mg/(kg·min),CRI。

大动物剂量
0.25 ~ 1 g/kg(20% 溶液),IV,超过 1 h。

马驹:0.25 ~ 1 g/kg 的 20% 溶液,IV,超过 15 ~ 20 min。

管制信息
无可用的管制信息。由于残留风险低,无停药时间的建议。

麻保沙星(Marbofloxacin)

商品名及其他名称: Zeniquin 和 Marbocyl(欧洲名称)。
功能分类: 抗菌药。

药理学和作用机制
麻保沙星为氟喹诺酮类抗菌药。麻保沙星通过抑制细菌中 DNA 促旋酶的作用而抑制 DNA 和 RNA 的合成。麻保沙星是一种广谱活性的杀菌剂。易感的细菌包括葡萄球菌、大肠杆菌、奇异变形杆菌、肺炎克雷伯菌和巴氏杆菌。铜绿假单胞菌中等敏感，且需要更高的浓度。一些 MRS 也可能对氟喹诺酮类药物耐药。麻保沙星对链球菌和厌氧菌的活性较弱。

适应证和临床应用

与其他氟喹诺酮类药物一样，麻保沙星用于治疗各种易感细菌。麻保沙星在美国批准用于犬和猫，在美国以外的地区也用于其他物种。用麻保沙星治疗的感染包括皮肤和软组织感染、骨骼感染、尿路感染（UTI）、肺炎和细胞内生物引起的感染。麻保沙星对某些血液传播的病原体有效，例如，猫血巴尔通体的感染需使用 2.75 mg/kg 的剂量，q24 h，PO，用药 14 d。麻保沙星也用于治疗马的易感性细菌引起的感染。在犬中，半衰期为 7 ~ 9 h，但在某些研究中它的半衰期更长。在马中，不同研究的半衰期不同，为 4.7 ~ 7.6 h。这些物种中的分布体积为 1.2 ~ 2 L/kg。在小动物中口服吸收接近 100%，在马中，口服吸收约为 60%。在牛中，犊牛的半衰期为 5 ~ 9 h，在反刍动物中的半衰期为 4 ~ 7 h。在瘤胃前期的犊牛中，口服吸收约为 100%。在母猪体内的半衰期为 8 ~ 10 h，口服吸收为 80%。在幼猪中半衰期为 13 h。在犊牛中用于治疗呼吸道感染［奶牛呼吸系统疾病（BRD）］，以 2 mg/kg 的剂量，用 3 ~ 5 d 或以 8 ~ 10 mg/kg 的剂量一次给药（见"管制信息"）。在母猪中用于治疗乳腺炎 – 子宫炎 – 无乳（MMA）综合征。在猪中，使用 2 mg/kg 或更高的剂量达到猪呼吸系统疾病（SRD）病原体的治疗目的。

注意事项

不良反应和副作用

高浓度可能导致 CNS 毒性。与其他氟喹诺酮类药物一样，高剂量可能会引起恶心、呕吐和腹泻。当麻醉的患病动物静脉注射时不会改变心血管的参数。所有的氟喹诺酮类药物都可能在幼年动物中引起关节病。犬在 4 ~ 28 周龄时最敏感。大型且快速生长的犬最易感。麻保沙星用上限剂量的 2 倍时，可以导致 4 ~ 5 月龄的犬发生关节损伤。8 月龄的猫在剂量为 17 mg/kg 和 28 mg/kg 时用药 42 d 可以观察到关节软骨损伤。尚无麻保沙星发生此反应的临床报道，制造商的毒性研究显示它不会造成猫的眼睛病灶或视力问题。在 17 mg/kg 和 28 mg/kg 的剂量下（剂量上限的 3 倍和 5 倍），它不会产生眼睛病变。马口服麻保沙星未产生胃肠道副作用。

禁忌证和预防措施

由于软骨受伤的风险，避免在幼小动物中使用。在易发生抽搐的动物中谨慎使用。

药物相互作用

如果同时使用氟喹诺酮类药物，可能会增加茶碱的浓度。与二价和三价阳离子，例如，含有铝（如硫糖铝）、铁和钙的产品，共同给药可能会降低麻保沙星的吸收。请勿在溶液或小瓶中与铝、钙、铁或锌混合，因为可能会发生螯合。麻保沙星可以与其他抗生素和麻醉药一起使用，证明无药物相互作用。

使用说明

在批准的低范围标签剂量内，麻保沙星对大多数易感细菌有活性。在批准的剂量范围内，最低抑菌浓度（MIC）值越高的生物体需要的剂量越高。欧洲公开的剂量低于美国批准的剂量，但是没有证据表明这会影响疗效。例如，在欧洲的研究中成功治疗脓皮病的剂量为 2.0 mg/kg，每天一次；但在美国最低剂量是 2.75 mg/kg，每天一次。

患病动物的监测和实验室检测

药敏试验：CLSI 列出的犬和猫敏感生物的耐药折点为 ≤ 1.0 μg/mL。如果使用其他氟喹诺酮类药物来测试对麻保沙星的敏感性，结果将相似。但是，麻保沙星的抗铜绿假单胞菌活性略高于其他兽用喹诺酮类药物。

制剂与规格

麻保沙星有 25 mg、50 mg、100 mg 和 200 mg 的片剂。可注射的麻保沙星（Marbocyl 10%，100 mg/mL）已在其他国家 / 地区获得批准，但在美国未获批准。欧洲的配方是 Forcyl，为 16% 溶液，IM 或 IV 用。

稳定性和贮藏

存放在密闭容器中，并在室温下避光保存。请勿与可能与喹诺酮类螯合的成分（如铁或钙）混合。

小动物剂量
犬
2.75 ～ 5.5 mg/kg，PO，每天 1 次。
猫
2.75 ～ 5.5 mg/kg，PO，每天 1 次。

大动物剂量
马

2 mg/kg，IV 或 PO，每天 1 次，用于治疗易感的革兰氏阴性菌（美国无可用的 IV 制剂）。由于马口服吸收较低，小动物剂量 2 mg/kg 可能不足以治疗导致马感染的其他细菌，包括革兰氏阳性球菌。但是，尚未测试更高的剂量。

犊牛

2 mg/kg，IV、SC 或 IM，每天 1 次，颈部注射，用 3 ~ 5 d 或 8 ~ 10 mg/kg，IM 一次。

猪

2 mg/kg，IM（颈部），每天 1 次，用 3 ~ 5 d，或一次 8 mg/kg。

管制信息

在美国，禁止在拟食用动物中使用麻保沙星。在美国没有停药时间规定，因为食品生产用动物禁用该药物，标签外对食用动物使用氟喹诺酮类药物是违法的。除美国以外的国家，停药时间已确定：2 mg/kg 用量时肉用动物的停药时间为 6 d，而 8 mg/kg 用量时肉用动物的停药时间为 3 d。2 mg/kg 用量时产奶用动物的停药时间为 36 h，8 mg/kg 用量时产奶用动物的停药时间为 72 h。猪的停药时间为 4 d。

柠檬酸马罗匹坦（Maropitant Citrate）

商品名及其他名称： Cerenia。

功能分类： 镇吐药。

药理学和作用机制

马罗匹坦是一种镇吐药，与人用药物阿瑞匹坦（Emend）属于同一类。这些药物通过阻滞 NK1 受体（也称为 P 物质）而用作镇吐药。NK1 是一种从呕吐中枢激发呕吐的神经递质。它对其他 NK 受体（NK2 和 NK3）的亲和力较小。尽管 NK1 受体还参与其他生理活动和行为反应，但在控制呕吐的剂量使用时，没有出现与其他受体阻滞相关的副作用。马罗匹坦可以抑制由其他神经递质（如乙酰胆碱、组胺、多巴胺和 5-羟色胺）介导的中枢和外周来源激发的呕吐。NK1 受体也参与痛感的传递（通过 P 物质），该受体的阻滞剂有辅助治疗疼痛的潜能。

在犬中，SQ 给药后大约 45 min 达到峰值浓度。半衰期为 4 ~ 8 h，具体取决于给药剂量。当剂量高于 2 mg/kg 时，清除率降低，半衰期增加，即出现了剂量依赖性药代动力学。由于非线性的药代动力学，重复给药可能会出现药物的蓄积。犬按 2 mg/kg 给药时口服吸收为 24%，按 8 mg/kg 给药时口服吸收为 37%。药代动力学不受饲喂的影响。在猫体内的清除率比犬低得多，半衰期比犬的长，为 13 ~ 17 h。猫 SQ 后几乎完全吸收，而口服吸收 50%。

适应证和临床应用

马罗匹坦被批准用作犬的镇吐药，抑制中枢和外周原因引发的呕吐。它对以下状况的呕吐有效：化疗、胃肠道疾病、毒素、肾脏疾病、前庭刺激（晕动病）和通过化学感受器触发区（CRTZ）的循环刺激导致的呕吐。SQ 注射后迅速起效，注射后 45 min 达到峰值浓度，持效时间为 24 h。马罗匹坦也被批准用于猫，并且已安全有效地用于治疗猫多种来源的呕吐，例如，晕动病和催吐药物的刺激，持效时间为 24 h。

NK1 受体的阻滞剂有作为某些疼痛（如内脏疼痛）辅助治疗的潜能。实验研究已经显示有镇痛作用，但是目前尚无临床研究来证明马罗匹坦的镇痛效果。

注意事项

不良反应和副作用

马罗匹坦 SQ 注射时可能会引起轻微的疼痛或刺激。已经认识到疼痛是由制剂的改变引起的，注射储存在室温下的注射液可能发生疼痛或刺激。马罗匹坦的环糊精包合物可在低温下保存，并且在冷冻时制剂更稳定、更完整。因此，如果在使用前将注射用马罗匹坦储存在冰箱中，就可以减少与注射疼痛相关的不良反应。在临床前和临床试验中已经对马罗匹坦进行了安全性研究。在实验犬中，给予标签剂量的 3 倍和 5 倍用量是安全的。在试验中观察到的副作用包括过度流涎和肌肉震颤。猫对高剂量（10 倍）的耐受性良好，以 5 mg/kg 的剂量连续使用 15 d 是安全的。

禁忌证和预防措施

重复给药后存在蓄积，高剂量时清除率降低。因此，之前的标签中指出连续给药的时间不得超过 5 d，并且在开始另一疗程之前需要有 2 d 的清除期。但是，后续研究和新修订的标签中显示以 8 mg/kg 的剂量连续给药 14 d 是安全的，并且标签还说明在 7 月龄或以上的犬可以使用至症状缓解为止。在治疗长期的呕吐时，兽医应尽可能找出所有潜在的疾病，而不是依靠马罗匹坦控制临床症状。马罗匹坦的作用和药代动力学不受肾脏疾病的影响。

药物相互作用

需用一根 IV 管线单剂给药，且如果与碱化溶液混合可能会观察到沉淀。马罗匹坦是 NK1 抑制剂。其他 NK 受体受到的影响较小。由于独特的作用机制，尚未确定药物相互作用。马罗匹坦已与其他药物一起安全使用，包括麻醉药和抗癌药。马罗匹坦与蛋白高度结合，但尚不清楚是否与其他药物存在蛋白结合方面的干扰作用。

M

使用说明

犬的临床试验已经概述了使用马罗匹坦的恰当方案。它对多种原因引起的犬呕吐均有效。如果在阿片类药物给药之前至少 30 min 服用马罗匹坦，可以更有效地预防阿片类药物诱导的呕吐，要预防恶心则建议提前 60 min 给药。马罗匹坦也被批准用于预防猫的呕吐。它对多种原因引起的呕吐有效，包括晕动病和催吐药物的刺激。无论何种原因，猫的有效剂量均为 1 mg/kg。

患病动物的监测和实验室检测

监测可能成为呕吐原因的临床症状和疾病。安全使用马罗匹坦不需要其他特定的监测和检测。

制剂与规格

马罗匹坦有 16 mg、24 mg、60 mg 或 160 mg 的片剂和 10 mg/mL 的注射液。

稳定性和贮藏

存放在密闭的容器中，避光保存。注射制剂可以储存在室温下和冰箱中，但是如前所述，如果将制剂储存在冰箱中，则可以降低注射的疼痛。首次使用 28 d 后丢弃小瓶。

小动物剂量

犬

1 mg/kg，SQ 或 2 mg/kg，PO，每天 1 次，2 ~ 7 月龄的犬中最多服用 5 d，7 月龄以上的犬可用至疾病缓解为止。

晕动病：8 mg/kg，PO，每天一次，最多连续用 2 d。

预防阿片类药物引起的呕吐：麻醉程序之前 2 ~ 4 mg/kg，PO。

猫

1 mg/kg，IV、SQ 或 PO，每天一次［对于所有原因的呕吐（包括晕动病）用量相同］。

减少肾脏疾病引起的呕吐和恶心：每只猫每天 4 mg，PO。

大动物剂量

尚未确定大动物剂量。

管制信息

没有适用于食用动物的管制信息。没有确定的停药时间，不建议用于食品生产用动物。

甲磺酸马赛替尼（Masitinib Mesylate）

商品名及其他名称： Kinavet-CA1（美国）、Masivet（欧洲）。

功能分类： 抗癌药。

药理学和作用机制

马赛替尼是一种主要用于肥大细胞瘤的抗肿瘤药，且可能作用于其他肿瘤。马赛替尼是一种靶向作用于 c-Kit 途径的酪氨酸激酶抑制剂（tyrosine kinase inhibitor，TKI）。它更加特异性地抑制调节肥大细胞瘤增殖的干细胞因子。它通过破坏干细胞因子、肥大细胞 c-Kit 途径对肥大细胞发挥直接的抗增殖作用。在有限的研究中发现它对犬特应性皮炎也有效。也有证据表明，马赛替尼可将耐药性癌细胞的多药耐药性（MDR）恢复为正常状态。这种机制降低了体外犬癌细胞对多柔比星的耐药性，但在临床研究中尚未得到证实。

对于犬异位性皮炎，每天的剂量为 12.5 mg/kg。它的效果中等。这种有效性预示着肥大细胞可能参与特应性皮炎的发病机理。

适应证和临床应用

马赛替尼用于治疗犬的肥大细胞瘤。它适用于治疗犬的 II 级或 III 级不可切除的皮肤型肥大细胞瘤。

> **注意事项**
>
> **不良反应和副作用**
>
> 犬的副作用可能包括胃肠道紊乱和可逆的蛋白质损失。猫特别容易发生呕吐、腹泻（最常见）、蛋白尿和中性粒细胞减少症。
>
> **禁忌证和预防措施**
>
> 没有禁忌证的报道。
>
> **药物相互作用**
>
> 没有药物相互作用的报道。

使用说明

使用马赛替尼的临床试验结果主要涉及肥大细胞瘤。肿瘤学家正在研究这种药物的其他用途。

患病动物的监测和实验室检测

由于存在蛋白质丢失的风险，在治疗期间应定期监测血清蛋白质和尿蛋白。

制剂与规格

马赛替尼有 50 mg 和 150 mg 的片剂。

稳定性和贮藏

存放在密闭的容器中，并在室温下避光保存。片剂包被有涂层，请勿破坏或压碎。

小动物剂量

犬

肥大细胞瘤 12.5 mg/kg，PO，每天 1 次。异位性皮炎每天 12.5 mg/kg，PO。

猫

每只猫每天或每 2 天 50 mg 的剂量，大多数猫可耐受 4 周，但尚未在临床应用。

大动物剂量

没有大动物剂量的报道。

管制信息

禁用于食品生产用动物。

MCT 油（MCT Oil）

商品名及其他名称：中链甘油三酯（Medium-chain triglycerides，MCT）油。
功能分类：营养补充剂。

药理学和作用机制

MCT 油可补充动物体内的甘油三酯。

适应证和临床应用

MCT 油用于治疗淋巴管扩张症，并作为肠内营养的配方成分。

注意事项

不良反应和副作用

兽药中无副作用的报道。一些患病动物可能会发生腹泻。

禁忌证和预防措施

没有禁忌证的报道。

药物相互作用

没有药物相互作用的报道。

使用说明

使用 MCT 油进行临床试验的结果尚无报道。许多肠内营养的配方均含有 MCT 油（许多聚合物制剂）。

患病动物的监测和实验室检测

不需要特定的监测。

制剂与规格

MCT 油可作为口服溶液使用。

稳定性和贮藏

存放在密闭的容器中，并在室温下避光保存。请勿保存在塑料容器中。可以与果汁或食品混合后给药。

小动物剂量

每天在食物中添加 1 ~ 2 mL/kg。

大动物剂量

没有大动物剂量的报道。

管制信息

无可用的管制信息。由于残留风险低，无停药时间的建议。

M

甲苯达唑（Mebendazole）

商品名及其他名称: Telmintic、Telmin、Vermox（人用制剂）和通用品牌。
功能分类: 抗寄生虫。

药理学和作用机制

甲苯达唑是苯并咪唑类抗寄生虫药。和其他苯并咪唑类药物相似，甲苯达唑可使寄生虫的微管变性，并且不可逆地阻滞寄生虫对葡萄糖的摄入。抑制葡萄糖的摄入会导致寄生虫体内存储的能量耗尽，最终导致死亡。但是，药物对哺乳动物的葡萄糖代谢没有影响。

适应证和临床应用

甲苯达唑用于治疗马的寄生虫感染，包括大型线虫（马副蛔虫）、大型圆线虫（无齿圆线虫、马圆线虫和寻常圆线虫）、小型圆线虫及成熟和未成熟的蛲虫［第四幼虫期蛲虫（马蛲虫）］。甲苯达唑用于治疗犬的线虫（犬弓首蛔虫）、钩虫（犬钩虫和狭头刺口钩虫）、鞭虫（狐毛首线虫）和绦虫

（豆状带绦虫）的感染。

注意事项

不良反应和副作用

副作用非常罕见。甲苯达唑偶尔会导致犬发生呕吐和腹泻。一些报道中显示犬可以发生特异性肝脏反应。

禁忌证和预防措施

没有禁忌证的报道。

药物相互作用

没有关于动物药物相互作用的报道。

使用说明

马用的粉剂可以直接洒在马的谷物上，也可以溶解在 1 L 的水中通过胃管进行给药。用于犬时可以直接添加到食物中。

患病动物的监测和实验室检测

不需要特定的监测。

制剂与规格

甲苯达唑有 40 mg/g 或 166.7 mg/g 的粉剂、200 mg/g 的马用糊剂、33.3 mg/mL 的溶液和 100 mg 的咀嚼片（人用制剂）。马用驱虫配方中含有 83.3 mg 甲苯达唑 +375 mg 敌百虫或 100 mg 甲苯达唑 +454 mg 敌百虫。复合剂（Telmin）是 33 mg/mL 液态悬浮液。

稳定性和贮藏

存放在密闭容器中，并在室温下避光保存。尚未评估复合制剂的稳定性。

小动物剂量

犬

22 mg/kg（与食物混合），q24 h，用 3 d。可能需在 3 周内重复给药。

大动物剂量

马

8.8 mg/kg，PO。

管制信息

禁用于拟食用的马。

不确定食品生产用动物的停药时间。

美克洛嗪（Meclizine）

商品名及其他名称：Antivert、Bonine、Meclozine（英国名称）和通用品牌。
功能分类：镇吐药、抗组胺药。

药理学和作用机制

美克洛嗪为镇吐药、抗组胺药。和其他抗组胺药相似，它可以阻滞组胺对 H1 受体的作用。然而，它也具有中枢抗胆碱作用，这可能是它有中枢性止吐特性的原因。

适应证和临床应用

美克洛嗪用于治疗呕吐。它可能会抑制化学感受器触发区（CRTZ）。它也用于治疗晕动病。在动物中的使用主要来自经验用药。没有严格控制的临床研究或功效试验记载临床效果。经常使用其他已证明有效的药物（如马罗匹坦）代替美克洛嗪治疗呕吐。

注意事项
不良反应和副作用
尚无动物方面副作用的报道。抗胆碱能（类阿托品）作用可能引起副作用。
禁忌证和预防措施
在患有胃肠道梗阻或青光眼的动物中谨慎使用。
药物相互作用
没有关于动物药物相互作用的报道。

使用说明

尚无在动物中临床研究结果的报道。在动物中的使用是基于人的经验或在动物中的个人经验。

患病动物的监测和实验室检测
不需要特定的监测。

制剂与规格
美克洛嗪有 12.5 mg、25 mg 和 50 mg 的片剂。

稳定性和贮藏

存放在密闭容器中，并在室温下避光保存。尚未评估复合制剂的稳定性。

小动物剂量

犬

每只 25 mg，q24 h，PO（用于晕动病需在旅行前 1 h 服用）。

猫

每只 12.5 mg，q24 h，PO（用于晕动病需在旅行前 1 h 服用）。

大动物剂量

没有大动物剂量的报道。

管制信息

不确定食品生产用动物的停药时间。

甲氯芬那酸钠、甲氯芬那酸（Meclofenamate Sodium, Meclofenamic Acid）

商品名及其他名称：阿奎尔和甲氯芬。

功能分类：NSAID。

药理学和作用机制

甲氯芬那酸酯也被称为甲氯芬那酸，与托芬那酸有关，托芬那酸在一些国家已获批用于动物。甲氯芬那酸酯和其他 NSAID 通过抑制前列腺素的合成而产生镇痛和抗炎作用。NSAID 抑制的酶是环氧合酶（cyclo-oxygenase enzyme，COX）。COX 存在两种异构体：COX-1 和 COX-2。COX-1 主要负责前列腺素的合成，对维持健康的胃肠道功能、肾脏功能、血小板功能和其他正常功能很重要。COX-2 是诱导产生的，并负责合成前列腺素，而前列腺素是疼痛、炎症和发热的重要介质。但是，这些属性可能会有一些交叉。甲氯芬那酸是一种平衡的 COX-1/COX-2 抑制剂。

适应证和临床应用

甲氯芬那酸酯用于治疗动物疼痛和炎症。最常用于肌肉骨骼炎症。由于可用性的下降和其他药物的普及，甲氯芬那酸酯在动物中的使用有所减少。

注意事项

不良反应和副作用

尚无动物方面副作用的报道，但可能出现其他 NSAID 常见的副作用。这些副作用通常实质上是胃肠道的（如胃炎、胃溃疡）。

禁忌证和预防措施

禁用于易患胃肠道溃疡的动物。请勿与皮质类固醇等其他致溃疡药物一起使用。最初批准的动物标签显示使用持效时间限于 5 ~ 7 d。

药物相互作用

和其他 NSAID 相似，与皮质类固醇一起使用时会增强致溃疡作用。与其他 NSAID 一样，甲氯芬那酸可能会干扰利尿剂（如呋塞米）和 ACE 抑制剂的作用。

使用说明

大部分使用甲氯芬那酸酯的经验都来自马。商业制剂在美国不再销售给动物。随餐给药。

患病动物的监测和实验室检测

使用过程中监测胃肠道溃疡的迹象。

M

制剂与规格

甲氯芬那酸酯有 50 mg 和 100 mg 的胶囊（几乎不再市售）、10 mg 和 20 mg 的片剂（犬用制剂）和马用的颗粒剂（5% 甲氯芬那酸）。

稳定性和贮藏

存放在密闭容器中，并在室温下避光保存。尚未评估复合制剂的稳定性。

小动物剂量

犬

1.1 mg/(kg · d)，PO，最多用 5 d。

大动物剂量

马

2.2 mg/kg，q24 h，PO。

管制信息

不确定食品生产用动物的停药时间。

RCI 分类：4。

盐酸美托咪定（Medetomidine Hydrochloride）

商品名及其他名称： Domitor。

功能分类： 镇痛药、α_2-激动剂。

注意： 在大多数国家，市场上的美托咪定已停产，并且此产品不再用。它已被右美托咪定（Dexdomitor）取代，后者由有活性的 D-异构体组成。

药理学和作用机制

盐酸美托咪定为 α_2-肾上腺素激动剂。α_2-激动剂可减少神经元中神经递质的释放。美托咪定是含有 50% 右美托咪定和 50% 左美托咪定的外消旋混合物。右美托咪定是混合物中的活性对映异构体（D-异构体），因此右美托咪定的效力（单位以 mg/mg 计）是美托咪定的 2 倍，且二者具有相同的药理活性和同等的镇痛和镇定作用。目前提出的机制是 α_2-激动剂与突触前 α_2-受体（负反馈受体）结合从而减少神经递质的传输。结果是减弱了交感神经的传出、镇痛、镇定和麻醉。其他这类药物还包括甲苯噻嗪、地托咪定和可乐定。受体结合研究显示 α_2-肾上腺素受体 /α_1-肾上腺素受体对美托咪定的选择性是甲苯噻嗪的 1000 倍以上。

适应证和临床应用

由于效力和可用性，在大多数小动物的适应证中右美托咪定已取代了美托咪定。与其他 α_2-激动剂一样，美托咪定用作镇定、麻醉的辅助药物和镇痛药。低剂量的作用持效时间为 0.5 ~ 1.5 h，高剂量的作用持效时间长达 3 h。与甲苯噻嗪相比，美托咪定对犬的镇定和镇痛作用比甲苯噻嗪更好。许多麻醉师建议将美托咪定和氯胺酮、美托咪定和布托啡诺，或美托咪定和氢吗啡酮联合用于犬的镇定和短时间手术（外科操作）。美托咪定与阿片类药物（布托啡诺或氢吗啡酮）的联合使用产生的镇定时间和理想程度比单独使用美托咪定更好。它已用于动物进行皮内皮肤测试的镇定，而不会影响结果。

注意事项

不良反应和副作用

在小动物中，呕吐是最常见的急性副作用。α_2-激动剂可以减少交感神经的传出神经。可能会抑制心血管系统。1.5 μg/(kg·h) 的恒定速率输注导致犬心率下降和窦性心律失常。剂量低至 1 μg/kg 的 IV 可使心输出量降低至静息值的 40% 以下。美托咪定最初会引起心动过缓和高血压，但是心动过缓通常不需要抗胆碱能药物（如阿托品）的干预。如果观察到不良反应，则用阿替美唑逆转。如果没有阿替美唑，育亨宾也可以逆转美托咪定的作用。

禁忌证和预防措施

在患有心脏病的动物中谨慎使用。已有心脏病的老年动物禁忌使用。甲苯噻嗪在怀孕的动物中引起问题，使用其他 α_2-激动剂也应考虑这些问题。在怀孕的动物中谨慎使用，因为它可能会介导分娩。此外，它可能会降低怀孕后期向胎儿的氧气输送。

药物相互作用

请勿与可能导致心脏抑制的其他药物一起使用。请勿在小瓶或注射器中与其他麻醉药混合使用，除了剂量部分已列出的药物。阿替美唑逆转的剂量为 25 ~ 300 μg/kg，IM。与阿片类镇痛药一起使用时大大增强了 CNS 的抑制，因此，如果与阿片类药物一起给药，则应考虑降低剂量。

使用说明

美托咪定、右美托咪定和地托咪定比甲苯噻嗪对 α_2-受体更具特异性。右美托咪定的效力是美托咪定的 2 倍。因此，在未咨询剂量建议的情况下，不得互换使用这些药物。α_2-激动剂可以用于镇定、镇痛和小手术操作。许多兽医使用的剂量远低于标签上列出的剂量。例如，有时短时间镇定和镇痛，尤其是与其他药物（如阿片类药物）联合使用时降低剂量。用阿替美唑逆转的剂量为 25 ~ 300 μg/kg（与使用的美托咪定体积相等），IM。

患病动物的监测和实验室检测

在麻醉期间监测生命体征。可能的话在麻醉期间监测心率、血压和 ECG。

制剂与规格

美托咪定有 1.0 mg/mL 的注射剂可用。该商品在许多国家已经停产，并由右美托咪定取代。

稳定性和贮藏

存放在密闭容器中，并在室温下避光保存。尚未评估复合制剂的稳定性。

小动物剂量

犬

750 μg/m^2，IV 或 1000 μg/m^2，IM。IV 剂量相当于 18 ~ 71 μg/kg，IV。较低剂量通常用于短时间镇定和镇痛，剂量为 5 ~ 15 μg/kg（0.005 ~

0.015 mg/kg），IV、IM 或 SQ。当涉及剧烈疼痛时，剂量可增加至 60 μg/kg。将 20 μg/kg 美托咪定与布托啡诺（0.2 mg/kg）、氢吗啡酮（0.1 mg/kg）或氯胺酮联合用于短时间的操作。

CRI：IV 的负荷剂量为 1 μg/kg，然后是 0.0015 mg/(kg·h)［1.5 μg/(kg·h)］。CRI 可能会对心血管系统产生不良影响，应密切监测。

猫

750 μg/m²，IV 或 1000 μg/m²，IM。IV 剂量相当于 18 ~ 71 μg/kg，IV。短时间镇定和镇痛使用较低剂量范围（如 10 ~ 20 μg/kg），而更剧烈的疼痛使用较高剂量（最高 80 μg/kg）。美托咪定可以 IM 或 IV 给药。

与氯胺酮的联合：将 5 mg/kg 氯胺酮 +5 μg/kg 美托咪定混合在一个注射器中并进行 IM 给药。

大动物剂量
羊羔

30 μg/kg（0.03 mg/kg），IV。

马

10 μg/kg，IM，作为诱导麻醉前的镇定药。一些马可能需要 4 μg/kg，IV 的额外剂量。马还可以联合使用愈创甘油醚（5% 溶液）和氯胺酮（2.2 mg/kg）。

管制信息
不确定食品生产用动物的停药时间。
RCI 分类：3。

醋酸甲羟孕酮（Medroxyprogesterone Acetate）

商品名及其他名称：Depo-Provera（注射剂）、Provera（片剂）和 Cycrin（片剂）。
功能分类：激素。

药理学和作用机制
醋酸甲羟孕酮为孕激素。甲羟孕酮是乙酰氧孕酮的衍生物。醋酸甲羟孕酮替代体内的孕酮，并将模仿孕酮的激素作用。在 Depo-Provera 配方中，单次注射可以产生长效作用。

适应证和临床应用
醋酸甲羟孕酮用于替代动物体内的孕酮。大多数情况下用它进行孕激素治疗，以控制发情周期。它也用于某些行为和皮肤性疾病的管理（如猫的喷尿行为和脱毛症）。但是，不鼓励用于动物行为问题的治疗，因为复发率和激素相关副作用的发病率很高。它被用来阻止马的发情。

注意事项

不良反应和副作用

副作用包括多食症、多饮、肾上腺抑制（猫）、糖尿病风险增加、子宫积脓、腹泻，以及肿瘤的风险增加。猫单次注射醋酸甲羟孕酮产生了猫乳腺纤维上皮增生。

禁忌证和预防措施

禁用于糖尿病风险高的动物。它增加了人的血栓栓塞风险。请勿在怀孕的动物中使用。

药物相互作用

尚无药物相互作用的报道。但是，已知诱导肝脏 P450 酶的药物（请参阅附录 G）会增加甲羟孕酮的清除率。

使用说明

不同的疾病给药的间隔不同。间隔时间可能是每周 1 次到每月 1 次。

动物的临床研究主要研究了生殖系统的用途及其对行为的影响。醋酸甲羟孕酮的副作用比醋酸甲地孕酮少。

患病动物的监测和实验室检测

它可能会增加血清胆固醇和某些肝酶的浓度。

制剂与规格

甲羟孕酮有 150 mg/mL 和 400 mg/mL 的悬浮液注射剂，2.5 mg、5 mg 和 10 mg 的片剂。

稳定性和贮藏

存放在密闭容器中，并在室温下避光保存。尚未评估复合制剂的稳定性。

小动物剂量
犬和猫

1.1 ~ 2.2 mg/kg，IM，q7 d。

行为问题：根据需要每只犬 5 mg，每天 1 次。

前列腺疾病（犬）：3 ~ 5 mg/kg，IM 或 SQ，每 3 ~ 4 周 1 次。

大动物剂量

马

阻止发情期：每匹马 250 ~ 500 mg，IM。

管制信息

没有停药时间，因为该药物禁用于食品生产用动物。

醋酸甲地孕酮（Megestrol Acetate）

商品名及其他名称：Ovaban、Megace。

功能分类：激素。

药理学和作用机制

醋酸甲地孕酮为孕激素。醋酸甲地孕酮模拟动物体内孕酮的作用。

适应证和临床应用

醋酸甲地孕酮用于动物的孕酮激素治疗控制发情周期，如推迟发情周期。它也用在雌性犬中缓减假孕。它也用于某些行为和皮肤性疾病的管理（如猫的喷尿行为和脱毛症）。但是，不鼓励用于动物行为问题的治疗，因为复发率和激素相关副作用的发病率很高。

醋酸甲地孕酮被用来阻止马的发情，而且每匹马使用 10 ~ 20 mg/d 的剂量使用时，效果并不理想。

注意事项

不良反应和副作用

副作用包括多食症、多饮、肾上腺抑制（猫）、糖尿病风险增加、子宫积脓、腹泻，以及肿瘤风险增加。

禁忌证和预防措施

禁用于患糖尿病的动物或有患糖尿病风险的动物。请勿在怀孕的动物中使用。请勿连续治疗两次以上。请勿在第一个发情周期之前或期间使用。请勿在有生殖系统疾病或乳腺肿瘤的情况下使用。如果停止治疗后 30 d 内开始发情期，则应避免交配。

药物相互作用

没有关于动物药物相互作用的报道。但是，已知诱导肝脏 P450 酶的药物（请参阅附录 G）会增加甲羟孕酮的清除率。

使用说明

在动物的临床研究主要研究了生殖系统的用途及其对行为的影响。醋酸甲羟孕酮的副作用比醋酸甲地孕酮少。用于发情前期治疗时剂量为 2.2 mg/kg，PO，8 d。对于乏情期的治疗剂量为每天服用 0.55 mg/kg，用 32 d。片剂可以整个给药，也可以将其压碎并与食物混合。由于发情前期的犬会接受雄性，所以一旦开始治疗应将动物圈禁 3 ～ 8 d 或直到出血停止。

患病动物的监测和实验室检测

由于存在糖尿病的风险，请在治疗期间定期监测血糖浓度。建议使用阴道涂片检查确认检测到发情前期。

制剂与规格

醋酸甲地孕酮有 5 mg 和 20 mg 的片剂（动物用制剂），以及 20 mg 和 40 mg 的片剂（人用制剂）。

稳定性和贮藏

存放在密闭容器中，并在室温下避光保存。尚未评估复合制剂的稳定性。

小动物剂量
犬
发情前期：2 mg/kg，q24 h，PO，用 8 d（发情前期的伊始）。

乏情期：0.5 mg/kg，q24 h，PO，用 32 d。

行为问题的处理：2 ～ 4 mg/kg，q24 h，用 8 d（减少维持剂量）。

猫
皮肤病治疗或喷尿行为：每只 2.5 ～ 5 mg，q24 h，PO，持续 1 周，然后以每只猫 5 mg 的剂量每周给药 1 ～ 2 次。

抑制发情期：每只每天 5 mg，用 3 d，然后每周 1 次 2.5 ～ 5 mg，持续 10 周。

大动物剂量
马
抑制发情期：0.5 mg/kg，q24 h，PO。

管制信息
没有停药时间，因为该药物禁用于食品生产用动物。

盐酸美拉索明（Melarsomine Dihydrochloride）

商品名及其他名称： Immiticide。
功能分类： 抗寄生虫。

药理学和作用机制

盐酸美拉索明是有机砷化合物。砷通过改变葡萄糖的摄取和代谢消除心丝虫。美拉索明取代了较老的砷化物，如硫乙胂胺（Caparsolate）。

适应证和临床应用

美拉索明用于心丝虫杀成虫治疗。正确的给药方式请参见"使用说明"。美拉索明对消除犬的心丝虫非常有效。猫的有效率仅为36%。通常猫不用治疗，因为它是一种自限性疾病，仅给予支持治疗（皮质类固醇、支气管扩张剂和镇吐药）。

注意事项

不良反应和副作用

美拉索明给药治疗7～20 d后可能导致肺血栓栓塞、厌食（13%发病率）、注射部位反应（32%发生肌炎）、嗜睡或精神沉郁（15%发病率）。它会导致肝酶升高。高剂量（3倍剂量）会导致肺部炎症和死亡。如果给予高剂量，二巯丙醇（3 mg/kg，IM）可用作解毒剂。为预防杀成虫治疗的不良反应，许多兽医会给予泼尼松龙或泼尼松，第1周剂量为0.5 mg/kg，q12 h，第2周为0.5 mg/kg，q24 h，然后每隔1 d用0.5 mg/kg，用1～2周。也有证据显示多西环素（每天10 mg/kg或20 mg/kg，PO）可能会减弱美拉索明治疗时的肺部反应。

禁忌证和预防措施

在心丝虫高载虫量的动物中谨慎使用。尤其对于4级（非常严重）心丝虫病的犬禁忌使用。

药物相互作用

没有关于动物药物相互作用的报道。给予泼尼松龙不会影响美拉索明的效果。

使用说明

根据心丝虫疾病的严重程度确定剂量方案。仔细遵循产品说明书，正确给药。在开始治疗之前，还要评估患病动物以确定心丝虫病的级别（1～4

级）。1 级和 2 级不严重；3 级严重；4 级最严重。因此，手术前禁止使用杀成虫剂治疗。对于高载虫量的动物，甚至包括 1 级和 2 级患病动物，一些心脏病专家建议使用三段剂量方案。三段剂量方案包括单剂量 2.5 mg/kg，IM 注射，以减少初始载虫量，然后在至少 1 个月后（2 个月或 3 个月也可以接受）给予另外两次剂量，两次给药需间隔 24 h。或者，提前给予预防剂量的大环内酯（如伊维菌素或相关药物）与多西环素 30 d，然后第 60 天给予第一个美拉索明注射剂量，第 90 天给予第二次美拉索明的注射剂量。通过操作前后洗手或佩戴手套来避免人的暴露。在杀成虫治疗期间，犬应严格限制运动。更多给药方案的详细信息，请访问美国心丝虫协会的网站（http://www.heartwormsociety.org/ ）。

患病动物的监测和实验室检测

治疗后监测心丝虫的状态和微丝蚴。仔细监测接受治疗的患病动物出现的肺部血栓栓塞的征象。

制剂与规格

美拉索明有 25 mg/mL 的注射剂。

稳定性和贮藏

复溶后溶液 24 h 有效。请勿冷冻准备好的溶液。

小动物剂量

犬

通过深部 IM 给药。

1 ~ 2 级：2.5 mg/(kg·d)，连续用 2 d。这些患犬可用的更多替代方案，请参阅"使用说明"部分。

3 级：第一次 2.5 mg/kg，然后在 1 个月内再用两次，间隔 24 h。

猫

不推荐使用。

大动物剂量

没有大动物剂量的报道。

管制信息

没有停药时间，因为该药物禁用于食品生产用动物。

美洛昔康（Meloxicam）

商品名及其他名称：Metacam、OroCAM、Loxicom（动物用制剂）、Mobic（人用制剂）、Metacam 悬浮液（欧洲的马匹制剂）和 Mobicox（加拿大的人用制剂）。

功能分类：抗炎。

药理学和作用机制

美洛昔康是一种 NSAID。与其他 NSAID 一样，美洛昔康通过抑制前列腺素的合成而发挥镇痛和抗炎作用。被 NSAID 抑制的酶是 COX。COX 存在两种异构体：COX-1 和 COX-2。COX-1 主要负责前列腺素的合成，对维持健康的胃肠道功能、肾脏功能、血小板功能和其他正常功能很重要。COX-2 是诱导产生的，并负责合成前列腺素，而前列腺素是疼痛、炎症和发热的重要介质。但是，众所周知，COX-1 和 COX-2 的作用有些交叉，并且 COX-2 的活性对于某些生物学作用很重要。与旧的 NSAID 相比，美洛昔康对 COX-1 的作用相对较少，但尚不清楚 COX-1 或 COX-2 的特异性是否与效力或安全性相关。美洛昔康在犬中的半衰期为 23 ~ 24 h，在犊牛中的半衰期为 30 ~ 40 h，在马中的半衰期为 8.5 h（范围为 5 ~ 14.5 h）。在实验性猫中的半衰期为 15 h，但在更大猫群的药代动力学研究中，半衰期为 26 h，分布体积为 0.24 L/kg。美洛昔康与蛋白质高度结合。与食物一起给药时，犬口服几乎是完全吸收的。马口服吸收 85% ~ 98%，受饲喂的影响不明显。反刍犊牛口服吸收为 100%，半衰期为 20 ~ 43 h，山羊和绵羊的半衰期分别为 79% 和 72%。

适应证和临床应用

美洛昔康用于降低疼痛、炎症和发热。它已用于犬和猫的疼痛和炎症的急性和慢性治疗。最常见的一种用途是治疗骨关节炎，但也已经用于与手术相关的疼痛。犬已确定了急性和长期安全性与有效性。在犬的研究中显示，高的剂量（最高 0.5 mg/kg）比低的剂量更有效，但也与高发的胃肠道副作用有关。在猫中的使用仅限于低剂量的短期或长期使用。在猫中，与布托啡诺相比，美洛昔康在治疗与手术相关的疼痛方面更有优越性、更有效。也已证实可治疗猫急性发热反应。美洛昔康对猪的乳腺炎 - 子宫炎 - 无乳（MMA）综合征有效。在马中，美洛昔康可以有效治疗与手术相关的疼痛和炎症。马以每天 0.6 mg/kg 的剂量长时间（6 周）用药的耐受性良好，并产生治疗范围内的血浆药物浓度。美洛昔康在欧洲国家已注册用于马、猪和牛。在这些国家 / 地区，批准的用途是急性呼吸系统疾病、腹泻和急性乳腺炎的辅助治疗。它也有效地减少了牛去角手术相关的不适感。标签外美洛昔康也可以应用于很多野外动物和动物园动物的疼痛和炎症治疗，包括爬行动物和鸟类。

注意事项

不良反应和副作用

主要的副作用是胃肠道的副作用，包括呕吐、腹泻和溃疡。由于美洛昔康似乎相对少作用于 COX-1，因此，副作用预计会比其他选择性不高的 NSAID 少，但并无严格的临床试验证实。一些 NSAID 已显示有肾损伤的不良反应，特别是在脱水动物或预先存在肾脏疾病的动物中。报道中剂量是 0.3 ~ 0.5 mg/kg 或更高时会造成犬的肾损伤。当犬的给药剂量略高于注册剂量时会观察到胃肠道溃疡。在猫的报道中高剂量（5 倍剂量）用药时出现呕吐和其他胃肠道问题。猫以 0.3 mg/(kg·d) 的剂量重复（9 d）用药，可观察到胃肠道黏膜发炎和溃疡。剂量为 0.05 mg/kg 用于猫时其血小板凝集没有改变。已经在猫中观察到肾损伤，特别是高剂量重复给药或低剂量用药给脱水的猫。然而，没有证据表明水合状态良好却患有肾脏疾病的猫更加依赖于肾脏前列腺素来维持肾的灌注。因此，如果水合状态维持良好，则这些猫可以给予低剂量的美洛昔康。马在推荐剂量 0.6 mg/kg 给药时，耐受性良好，但马在高剂量（推荐剂量的 3 ~ 5 倍）给药时会出现蛋白质下降、胃肠道损伤和肾损伤。

禁忌证和预防措施

先前存在胃肠道问题或肾脏问题的犬和猫发生 NSAID 副作用的风险更大。但是，已患肾脏疾病的猫以每天 0.02 mg/kg 的剂量长期使用美洛昔康未导致肾脏疾病的发展。怀孕动物的安全性尚不清楚，但尚无副作用的报道。制造商不建议给猫注射使用第二剂美洛昔康。美洛昔康的口服溶液含有木糖醇。木糖醇是一种人造的甜味剂，对犬有毒性，剂量超过 0.1 g/kg 会产生低血糖和肝损伤。使用批准剂量的美洛昔康口服溶液，木糖醇含量不可能超过有毒水平，但是人们在添加其他也含有木糖醇的药物时应谨慎。

药物相互作用

请勿与其他 NSAID 或皮质类固醇一起用药。皮质类固醇会加重胃肠道的副作用。某些 NSAID 可能会干扰利尿剂和 ACE 抑制剂的作用。

使用说明

可以将液体药物添加到食物中进行给药。当使用兽用液体制剂时，规格为 1.5 mg/mL 的悬浮液滴瓶设计为每滴 0.05 mg 或每磅体重用一滴（每千克体重用两滴）。使用产品随附的定量注射器时，请遵守制造商的说明。一些兽医将人通用片剂用于马和犬。人用制剂与动物用制剂的吸收程度相同。但是，将人用口服片剂用于犬时应谨慎。人用片剂的剂量（7.5 mg）远远大于犬的最高剂量。

在美国，只批准了 0.3 mg/kg 这一单剂量用于猫。然而，其他国家已批准猫可以 0.05 mg/kg，q24 h 的剂量长期口服使用，且患有肾脏疾病的老年猫以低剂量 0.01 ~ 0.03 mg/kg，q24 h 使用是安全的。

患病动物的监测和实验室检测

监测胃肠道症状以获取腹泻、胃肠道出血或溃疡的证据。由于存在肾损伤的风险，在治疗期间应定期监测肾参数［耗水量、血尿素氮（BUN）、肌酐和尿比重］。

制剂与规格

美洛昔康有 0.5 mg/mL（每滴 0.02 mg）口服悬浮液、1.5 mg/mL（每滴 0.05 mg）口服悬浮液、0.5%（5 mg/mL）注射剂，以及 7.5 mg 和 15 mg 的片剂（人用制剂）。使用 Promist 技术制成的一种穿透口腔黏膜的喷雾剂可用。喷雾剂有 3 种型号：每次喷雾 0.25 mg、0.5 mg 和 1.075 mg。

在欧洲，有犬用的 1.0 mg/kg 和 2.5 mg/kg 的片剂，马用的 15 mg/mL 口服悬浮液和 50 mg/g 的口服糊剂。在欧洲有 20 mg/mL 用于大动物的注射液。

稳定性和贮藏

美洛昔康有 3 种配比方式，与水 1 ： 1 混合为浓度 0.25 mg/mL 的溶液，与 1% 甲基纤维素凝胶 1 ： 1 混合为浓度 0.5 mg/mL 的复合物，与简单糖浆或风味悬浮剂 1 ： 1 混合为浓度 1.0 mg/mL 的悬浮液。这些配方的制剂在室温或冷藏时可稳定 28 d。

小动物剂量

犬

初始负荷剂量为 0.2 mg/kg，PO、SQ 或 IV，然后 0.1 mg/kg，q24 h，PO、SQ 或 IV。

口服透黏膜喷雾剂（生物等效于口服悬浮液）：每天一次向犬的口腔喷洒 0.1 mg/kg。

猫

0.05 mg/kg，q24 h，PO，如果需要长期治疗，应降低剂量。长期治疗口服的剂量应降低至 0.03 mg/kg，q24 h 或 0.05 mg/kg，q48 h，再降至 0.05 mg/kg，q72 h。

急性状况可以单剂量给药 0.15 mg/kg，SQ（美国 FDA 批准单剂量最高至 0.3 mg/kg，SQ）。

大动物剂量

猪

0.4 mg/kg，IM，可以在 24 h 内重复用药。

牛

0.5 mg/kg，q24 h，IV、IM 或 SQ。

绵羊和小反刍动物

1 mg/kg，单剂量，IV、IM、SQ 或 PO。

马

0.6 mg/kg，q24 h，IV 或 PO。在小于 7 周龄的马驹中由于清除速度更快，频率可能会增加至 0.6 mg/kg，q12 h。

管制信息

赛马尿检的推荐停药时间为 3 d。牛的推荐停药时间：用于屠宰的牛停药时间为 8 ~ 20 d（取决于不同的研究和不同的国家 / 地区），通常用于屠宰的牛的停药时间为 20 d。产奶用牛的停药时间为 3.5 ~ 6 d，具体取决于不同的研究和所批准的国家 / 地区。

RCI 分类：3。

M

美法仑（Melphalan）

商品名及其他名称：苯丙氨酸氮芥。

功能分类：抗癌药。

药理学和作用机制

美法仑是一种抗癌药。美法仑是烷化剂，其作用类似于环磷酰胺。它使 DNA 中碱基对烷基化并产生细胞毒性作用。

适应证和临床应用

美法仑不像其他烷化剂那样频繁用作抗癌药。在动物中，它用于治疗多发性骨髓瘤和特定的癌。

注意事项

不良反应和副作用

副作用与它的抗癌作用有关。美法仑引起骨髓抑制。

禁忌证和预防措施

禁用于有骨髓抑制的动物。

药物相互作用

尚无关于动物的药物相互作用的报道。它已与其他抗癌用药方案一起使用。

使用说明
更多剂量的信息请参考特定的抗癌用药方案。

患病动物的监测和实验室检测
监测 CBC 获得骨髓毒性的证据。

制剂与规格
美法仑有 2 mg 的片剂和 50 mg 的小瓶注射剂。

稳定性和贮藏
存放在密闭容器中，并在室温下避光保存。美法仑不溶于水，但可以溶于乙醇。复溶后会快速分解并可能发生沉淀。复溶后 1 h 内使用。当制成口服的复合制剂使用时，它不稳定并快速分解（在 24 h 中损失 80%）。

小动物剂量
犬
1.5 mg/m^2（或 0.1 ~ 0.2 mg/kg），q24 h，PO，用 7 ~ 10 d（每 3 周重复 1 次）或 7 mg/m^2，q24 h，PO，用 5 d。每 21 d 重复此循环。

注射剂尚未在动物中使用，但人在多发性骨髓瘤时每 2 周用药 16 mg/m^2，超过 15 ~ 20 min，IV。

大动物剂量
没有大动物剂量的报道。

管制信息
不确定食品生产用动物的停药时间。由于该药物是抗癌药，禁用于拟食用动物。

盐酸哌替啶（Meperidine Hydrochloride）
商品名及其他名称： Demerol、度冷丁（欧洲名称）。
功能分类： 镇痛药、阿片类药物。

药理学和作用机制
哌替啶是一种合成的阿片类激动剂，主要作用于 μ 阿片受体。在欧洲被称为度冷丁（pethidine）。它的作用与吗啡相似，效力大约为吗啡的 1/7。IM 注射 75 mg 或口服 300 mg 哌替啶与 10 mg 吗啡的效力相似。小动物对哌替啶的清除速度很快，且作用时间短。

适应证和临床应用

哌替啶已用于短时间镇定，通常与其他镇定药 / 麻醉药一起使用。它用作短效的镇痛药，通常不超过 2 h，常常更短。因此，其用于治疗疼痛的用途尚未普及，并被其他阿片类药物替代。与其他阿片类药物相比，哌替啶可能会产生较少的胃肠道运动问题。哌替啶在人医中的使用已减少，因为已观察到了代谢产物蓄积的毒性作用。

注意事项

不良反应和副作用

和所有阿片类药物相似，一些副作用是可以预见且不可避免的。副作用包括镇定、尿潴留、便秘和心动过缓。高剂量用药会发生呼吸系统的抑制。长期给药会产生耐受性和依赖性。在人中，重复给药可能会导致代谢产物蓄积产生毒性。去甲哌替啶是代谢物之一，会因重复给药而蓄积，因为它的半衰期比哌替啶长得多。代谢物的蓄积引起兴奋作用，可能与血清素特性有关。在动物的临床使用中尚无类似反应的报道（其他注意事项请参阅"药物相互作用"部分）。

禁忌证和预防措施

哌替啶是 Schedule Ⅱ 类管制药物。猫比其他物种对兴奋性更敏感，尽管它们对哌替啶的耐受性相对较好。避免重复给药，因为代谢产物的蓄积可能是有毒的。

药物相互作用

哌替啶不应与司来吉兰等单胺氧化酶抑制剂（MAOI）一起使用。哌替啶及其代谢物可能抑制 5- 羟色胺的再摄取并导致 5- 羟色胺过量效应，尤其是与其他产生类似作用的药物联合使用，例如，选择性 5- 羟色胺再摄取抑制剂（SSRI，如氟西汀）、三环类抗抑郁药（TCA，如氯米帕明）或其他镇痛药（如曲马多）。

使用说明

尽管尚未在动物中进行过比较的临床研究，但哌替啶可能在短时间内有效，但尚未用于长时间的疼痛管理。

患病动物的监测和实验室检测

监测患病动物的心率和呼吸。尽管由阿片类药物引起的心动过缓很少需要治疗，但必要时可以给予阿托品。如果发生严重的呼吸抑制，则可使用纳洛酮逆转阿片类药物的作用。

制剂与规格

哌替啶有 50 mg 和 100 mg 的片剂；10 mg/mL 的糖浆；25 mg/mL、50 mg/mL、75 mg/mL 和 100 mg/mL 的注射剂。

稳定性和贮藏

存放在密闭容器中，并在室温下避光保存。易溶于水。与 0.9% 生理盐水或 5% 葡萄糖混合，效力或稳定性可保持 28 d。它在糖浆制剂中稳定。防止冷冻。

小动物剂量
犬
5 ~ 10 mg/kg，IV 或 IM，每 2 ~ 3 h 给药 1 次（或根据需要）。
猫
3 ~ 5 mg/kg，IV 或 IM，每 2 ~ 4 h 给药 1 次（或根据需要）。

大动物剂量
没有大动物剂量的报道。

管制信息
Schedule II 类管制药物。
不确定食品生产用动物的停药时间。
RCI 分类：1。

甲哌卡因（Mepivacaine）
商品名及其他名称： 卡波卡因 -V。
功能分类： 局部麻醉药。

药理学和作用机制

甲哌卡因是酰胺类局部麻醉药。它通过阻滞钠通道抑制神经传导。与丁哌卡因相比，它具有中等的效力和持效时间。与利多卡因相比，它的作用时间更长，但效力相同。

适应证和临床应用

甲哌卡因用作局部浸润硬膜外镇痛 / 麻醉的局部麻醉药。

注意事项

不良反应和副作用

副作用在局部浸润中很少见。全身吸收的高剂量可以引起神经系统症状（震颤和抽搐）。硬膜外给药后，高剂量可能导致呼吸麻痹。甲哌卡因对组织的刺激作用比利多卡因小。

禁忌证和预防措施

没有关于动物的禁忌证的报道。

药物相互作用

没有药物相互作用的报道。

使用说明

对于硬膜外使用，总剂量不得超过 8 mg/kg。硬膜外镇痛的持效时间为 2.5 ~ 3 h。

患病动物的监测和实验室检测

不需要特定的监测。

制剂与规格

甲哌卡因有 2%（20 mg/mL）的注射剂可用。

M

稳定性和贮藏

存放在密闭容器中，并在室温下避光保存。尚未评估复合制剂的稳定性。

小动物剂量

犬和猫

局部浸润剂量因部位而异。通常使用 2% 溶液 0.5 ~ 3 mL。

硬膜外：每 30S 注射 0.5 mL 的 2% 溶液，直到反射消失。

大动物剂量

马

关节内：150 mg（7.5 mL）注入马的关节。其他剂量用于局部浸润，根据需要，所用剂量不同。

管制信息

无可用的管制信息。由于局部浸润时残留风险低，无停药时间的建议。马比赛前的间隙约为 2 d。

RCI 分类：2。

巯基嘌呤（Mercaptopurine）

商品名及其他名称： Purinethol。

功能分类： 抗癌药。

药理学和作用机制

巯基嘌呤是一种抗癌药。抑制癌细胞中嘌呤合成的抗代谢药。它有细胞周期特异性，并作用于细胞分裂的 S 期。

适应证和临床应用

巯基嘌呤可用于多种癌症，包括白血病和淋巴瘤。相关药物是硫唑嘌呤。硫唑嘌呤用药后代谢为 6- 巯基嘌呤，进一步代谢为细胞毒性产物。

注意事项

不良反应和副作用

可能导致许多抗癌治疗常见的副作用（其中许多是不可避免的），包括骨髓抑制和贫血。

禁忌证和预防措施

请勿在硫唑嘌呤过敏的动物中使用。禁用于猫。

药物相互作用

没有药物相互作用的报道。它已与其他抗癌用药方案一起使用。

使用说明

请参考特定的抗癌治疗方案以了解具体用药规则。

患病动物的监测和实验室检测

监测 CBC 以获得骨髓毒性的证据。

制剂与规格

巯基嘌呤有 50 mg 的片剂。

稳定性和贮藏

存放在密闭容器中，并在室温下避光保存。如果与碱性溶液混合，则易于氧化。溶液的 pH 应低于 8。如果与糖浆等口服载体剂混合使用，它可以稳定 14 d。

小动物剂量

犬

50 mg/m^2，q24 h，PO。

猫

禁忌。

大动物剂量

没有大动物剂量的报道。

管制信息

不确定食品生产用动物的停药时间。由于该药物是抗癌药，禁用于拟食用动物。

美罗培南（Meropenem）

商品名及其他名称：Merrem。

功能分类：抗菌药。

药理学和作用机制

美罗培南是碳青霉烯类的 β-内酰胺类抗生素（也称为青霉烯），具有与亚胺培南相关的广谱活性。对细胞壁的作用类似于其他 β- 内酰胺类药物，是通过与弱化或干扰细胞壁形成的 PBP 相结合而发挥作用。碳青霉烯类药物与特定的 PBP-1 结合，与其他 β-内酰胺类相比可以使细菌细胞壁裂解更快。这使得杀菌活性更大，抗生素后效应更长。碳青霉烯类具有广谱活性，并且是所有抗生素中最活跃的。抗菌谱包括革兰氏阴性杆菌，包括肠杆菌科和铜绿假单胞菌。除耐甲氧西林葡萄球菌外，它还对大多数革兰氏阳性菌有活性。它对肠球菌无效。美罗培南是所有 β-内酰胺类药物中最活跃的，对需氧和厌氧的革兰氏阳性菌和革兰氏阴性菌均有活性。其他相关的碳青霉烯类药物是多立培南、亚胺培南和厄他培南。

适应证和临床应用

美罗培南主要用于由对其他药物抗药的细菌引起的抗药性感染。它对于治疗由铜绿假单胞菌、大肠杆菌和肺炎克雷伯菌引起的抗药性感染特别有价值。美罗培南对某些细菌的活性略高于亚胺培南。

注意事项

不良反应和副作用

碳青霉烯类药物与其他 β-内酰胺类抗生素具有类似的风险，但副作用很少。美罗培南引起的抽搐不如亚胺培南常见。皮下注射可能在注射部位引起轻微脱毛。

禁忌证和预防措施

复溶后可能会出现一些淡黄色的变色。轻微变色不会影响效力。但是，较深的琥珀色或变为棕色可以表示氧化和效力下降。

药物相互作用

请勿在小瓶或注射器中与其他抗生素混合。

使用说明

动物剂量是以药代动力学研究为依据的，而非功效试验。美罗培南比亚胺培南更易溶，可以进行大剂量推注而不需要经液体溶液给药。在犬身上 SQ 美罗培南并没有发生组织反应的证据。

患病动物的监测和实验室检测

药敏试验：敏感生物的 CLSI 耐药折点为 ≤ 1 μg/mL。对亚胺培南的敏感性可以用作美罗培南的标志物。

制剂与规格

美罗培南有 500 mg 或 1 g 的小瓶剂型，复溶为 50 mg/mL 注射用。用氯化钠溶液、林格液或乳酸林格液。

稳定性和贮藏

存放在制造商的原始瓶中保持稳定。在高温和碱性状况下，药物可能会水解为美罗培南酸。在室温下 IV 溶液可稳定 12 h。但是，复溶后稳定性的研究显示，如果以 50 mg/mL 的浓度冷藏，美罗培南稳定长达 25 d。可能会发生淡黄色的变色，而不丧失效力。如果小瓶中形成颗粒，则丢弃。

小动物剂量
犬

8.5 mg/kg，SQ，q12 h 或 24 mg/kg，IV，q12 h。

UTI：8 mg/kg，q12 h，SQ。

对于由铜绿假单胞菌或其他可能有较高 MIC 值（如 MIC 为 1.0 μg/mL）的生物引起的感染，剂量为 12 mg/kg，q8 h，SQ 或 25 mg/kg，q8 h，IV。

猫

10 mg/kg，IM、SC 或 IV，q12 h。

大动物剂量

没有大动物剂量的报道。但是，在马驹中建议使用与小动物相似的剂量。

管制信息

不确定食品生产用动物的停药时间。

美沙拉嗪（Mesalazine）

商品名及其他名称: 5- 氨基水杨酸、Asacol、Mesasal、Pentasa 和 Mesalazine。
功能分类: 止泻药。

药理学和作用机制

美沙拉嗪也被称为 5-氨基水杨酸。它是柳氮磺胺吡啶的活性成分，通常用于治疗结肠炎（更多信息请参见"柳氮磺胺吡啶"和"奥沙拉嗪"）。美沙拉嗪的作用尚不清楚，但似乎可以抑制肠道花生四烯酸的代谢。它同时抑制 COX 和脂氧合酶介导的黏膜炎症。全身吸收少，大部分作用是局部的。

4 种美沙拉嗪制剂的应用如下。

（1）Asacol。Asacol 是一种包被了丙烯酸基树脂的片剂。该树脂在 pH 为 7.0 时溶解，并设计其在结肠中释放 5- 氨基水杨酸。

（2）Mesasal。Mesasal 是一种包被有丙烯酸基树脂的片剂，该树脂在 pH > 6.0 时溶解。它的设计是在回肠末端和结肠中释放 5- 氨基水杨酸，约 35% 的水杨酸盐被全身吸收。在人中的使用剂量为 1 ~ 1.5 g/d。

（3）奥沙拉嗪钠（Dipentum）。奥沙拉嗪是偶氮键连接的两个 5-氨基水杨酸分子的二聚体，由结肠中细菌消化后释放 5-氨基水杨酸。它用于不能耐受柳氮磺胺吡啶的人。该化合物中仅有 2% 水杨酸盐被全身吸收。人用该制剂最常见的副作用是水样腹泻。

（4）Pentasa。Pentasa 含有乙基纤维素包被的美沙拉嗪微粒，该微粒将 5- 氨基水杨酸逐渐释放到小肠和大肠中，与 pH 无关。

适应证和临床应用

美沙拉嗪用于治疗动物的炎性肠病（IBD），包括结肠炎。最常使用柳氮磺胺吡啶，但是，特别是在一些对磺胺类药物过敏的动物中，适用美沙拉嗪。在动物中的使用主要来自经验用药。没有严格控制的临床研究或功效试验记载临床效果。

注意事项

不良反应和副作用

单独的美沙拉嗪在动物中无相关副作用。与柳氮磺胺吡啶相关的副作用是由磺胺成分引起的（更多信息参见"柳氮磺胺吡啶"）。

禁忌证和预防措施

可能发生药物相互作用，但尚未有动物中的报道，这可能是因为全身获得的药物水平较低。如果美沙拉嗪吸收得足够多，可能会干扰硫嘌呤甲基转移酶（thiopurine methyltransferase，TPMT），增加硫唑嘌呤毒性的风险。

药物相互作用

没有关于动物药物相互作用的报道。奥美拉唑使肠道 pH 升高可能会增加美沙拉嗪的吸收。

使用说明

美沙拉嗪通常替代柳氮磺胺吡啶用于不能耐受磺胺类药物的动物。

患病动物的监测和实验室检测

不需要特定的监测。

制剂与规格

美沙拉嗪有 400 mg 的片剂和 250 mg 的胶囊。缓释片剂为 400 mg（Asacol）和 1.2 g（薄膜包衣的 Lialda 片剂）。控释胶囊为 250 mg 和 500 mg（乙基纤维素包被的 Pentasa）。

稳定性和贮藏

存放在密闭容器中，并在室温下避光保存。微溶于水和乙醇。避免与空气接触并防湿。暴露在空气中可能会变暗。请勿压碎包衣的片剂。

小动物剂量

尚未确定兽用剂量。人的常用剂量为 400 ~ 500 mg，q6 ~ 8 h，PO，并且以此推断动物的剂量（如 5 ~ 10 mg/kg，q8 h，PO）。

大动物剂量

没有大动物剂量的报道。

管制信息

无可用的管制信息。由于残留风险低，无停药时间的建议。RCI 分类：5。

硫酸间羟异丙肾上腺素（Metaproterenol Sulfate）

商品名及其他名称： Alupent、Metaprel 和 Orciprenaline Sulphate。

功能分类： 支气管扩张剂、β-激动剂。

药理学和作用机制

硫酸间羟异丙肾上腺素是 β2-肾上腺素激动剂、支气管扩张剂。和其他

β$_2$-激动剂相似，该药可以刺激 β$_2$-受体，激活腺苷酸环化酶并使支气管平滑肌松弛。它还可能会抑制炎性介质的释放，尤其是从肥大细胞中的释放。在兽医物种中尚未对药代动力学进行很好的研究。人口服给药可以很好地吸收，但是动物口服吸收的信息并不完整。

适应证和临床应用

间羟异丙肾上腺素在动物中用于松弛支气管平滑肌治疗支气管炎、阻塞性肺病、炎症引起的气道阻塞和其他气道疾病。它适用于患有可逆性支气管收缩的动物，如患支气管哮喘的猫。在动物中的使用主要来自经验用药。没有严格控制的临床研究或功效试验记载临床效果。

注意事项

不良反应和副作用

高剂量的间羟异丙肾上腺素会导致 β-肾上腺素刺激过度（心动过速和震颤）。高剂量用药或敏感个体会出现心律失常。β-激动剂会抑制分娩动物的子宫收缩。

禁忌证和预防措施

在患有心脏病的动物中谨慎使用。

药物相互作用

请勿与单胺氧化酶抑制剂（MAOI）一起使用。与其他引起动物心律失常的药物谨慎共用。如果在 60 ~ 90 min 内使用，可将其与色甘酸钠混合用于雾化。它与地塞米松联合使用并不会失去稳定性。

M

使用说明

尚无在动物中临床研究结果的报道。在动物中的使用（和剂量）是根据人用的经验或动物方面的个人经验而来的。β$_2$- 激动剂也已用于人的延迟分娩（抑制子宫收缩）。

患病动物的监测和实验室检测

监测治疗过程中动物的心率和心律。

制剂与规格

间羟异丙肾上腺素有 10 mg 和 20 mg 的片剂、5 mg/mL 的糖浆和吸入剂。

稳定性和贮藏

存放在密闭容器中，并在室温下避光保存。避免暴露在空气和潮湿环境中。请勿冷冻。如果配方变成深色，请勿使用。

小动物剂量

犬和猫

0.325 ～ 0.65 mg/kg，q4 ～ 6 h，PO。

大动物剂量

没有大动物剂量的报道。在大动物中没有口服吸收的证据。

管制信息

禁用于食品生产用动物。禁止将其他 β- 激动剂（盐酸克仑特罗）用于食用动物。

RCI 分类：3。

二甲双胍（Metformin）

商品名及其他名称：格华止。

功能分类：降血糖药。

药理学和作用机制

二甲双胍是一种口服降血糖药，用于治疗非胰岛素依赖型糖尿病（人的 2 型糖尿病）。二甲双胍用于降低肝脏葡萄糖的产生，减少肠道葡萄糖的吸收并通过增加外周细胞葡萄糖的摄入和利用来提高胰岛素的敏感性。它属于糖尿病口服药物中的双胍类。二甲双胍对胰腺 β 细胞没有直接作用，但它通过减少肝脏葡萄糖的产生和提高葡萄糖的外周利用率来降低血糖（如在肌肉中）。因此，它降低了胰岛素的要求，而没有任何直接效应来增加胰岛素的分泌。它可能会增加组织上的胰岛素受体。在治疗剂量下，二甲双胍不会引起低血糖。在猫中的半衰期为 2.75 h。

适应证和临床应用

二甲双胍用于治疗人的 2 型糖尿病。它已用于磺酰脲类药物无效的患者。现已用于治疗猫的糖尿病。但是，以每只 50 mg，q12 h，PO 治疗患猫时，患猫表现出明显的副作用，并且在治疗的猫中仅有 1/5 起效。猫更常用磺酰脲类药物。磺酰脲类药物包括格列吡嗪（Glucotrol）和优降糖（DiaBeta，Micronase）。糖尿病患犬对口服降糖药物产生反应很小。已经考虑将其用于治疗马和矮种马胰岛素抵抗，但是马体内的生物利用度与人相比非常低，因此，二甲双胍口服生物利用度较差而不推荐使用。

注意事项

不良反应和副作用

二甲双胍已导致猫有嗜睡、食欲废绝、呕吐和体重减轻的副作用。不常使用，所以未记录其他副作用。然而，它还引起了一些人患者的乳酸性酸中毒，这也是严重的副作用。二甲双胍还通过影响维生素 B_{12} 的吸收导致巨幼细胞贫血。

禁忌证和预防措施

二甲双胍由肾脏清除，因此，肾功能衰竭患者需要调整剂量。

药物相互作用

与可能影响血糖控制的药物一起使用时需谨慎，如糖皮质激素。

使用说明

猫的使用剂量是根据药代动力学研究发布的，该研究表明，猫的口服吸收为 35% ~ 70%。根据每 12 h 给药一次推荐剂量，确定其半衰期为 11.5 h。

患病动物的监测和实验室检测

认真监测血糖。剂量应根据血糖监测进行调整。有些动物可能需要注射胰岛素来控制高血糖。

制剂与规格

二甲双胍有 500 mg 和 850 mg 的片剂。

稳定性和贮藏

如果保持原始制剂方可稳定。

小动物剂量

猫

每只 25 mg 或 50 mg，q12 h，PO（5 ~ 10 mg/kg，q12 h）（功效有限）。

大动物剂量

由于马体内的清除率高且生物利用度差（4% ~ 7%），不推荐使用。

管制信息

禁用于拟食用动物。

M

盐酸美沙酮（Methadone Hydrochloride）

商品名及其他名称： Dolophine、Methadose 和通用品牌。

功能分类： 镇痛药、阿片类药物。

药理学和作用机制

盐酸美沙酮是阿片类激动剂、镇痛药。美沙酮的作用是与神经上的 μ-阿片受体和 κ-阿片受体结合，从而抑制与疼痛刺激（如 P 物质）传递有关的神经递质的释放。美沙酮也可能拮抗 N- 甲基 -D- 天冬氨酸（N-methyl-D-aspartate，NMDA）受体，这可能有助于发挥镇痛作用，降低 CNS 的不良反应且抑制耐受性。美沙酮以两种形式存在：左美沙酮和右美沙酮。左美沙酮在一些国家 / 地区有售，对阿片受体有更高的亲和力，且 2.5 mg/mL 的溶液与 0.125 mg/mL 芬哌酰胺（一种抗胆碱药）可以联合使用。动物使用的其他阿片类药物包括吗啡、氢吗啡酮、可待因、羟吗啡酮、哌替啶和芬太尼。

已经在马、猫和犬体内进行了药代动力学研究。在所有研究的物种中，口服吸收太低或经口给药吸收率变化不定。马胃内给药的吸收率为 30%，比经口给药的吸收高 3 倍（可能在马的口腔黏膜吸收）。所有物种的半衰期都很短。在马中，半衰期为 1 ~ 2 h。在犬中，半衰期为 2 ~ 4 h，清除率为 30 mL/(kg·min)。

适应证和临床应用

兽医学上大多数记载美沙酮的有效性和安全性的用途都是根据个人经验、少量有效性研究和一些药代动力学研究而获得的。但是，欧洲有一种经过批准的制剂，是由对照研究支持其有效性的。

美沙酮适用于短时间镇痛、镇定和麻醉的辅助药物。它与大多数麻醉药兼容，可以用作多模式镇痛 / 麻醉途径的一部分。给予美沙酮可能会降低其他麻醉药和镇痛药的剂量要求。犬口服的剂量不能全身吸收。犬的口腔黏膜（颊）给药是不切实际的，但是可以考虑猫的口腔黏膜给药（吸收44%）。猫的镇痛持效时间为 2 ~ 4 h，可长达 6 ~ 8 h。

注意事项

不良反应和副作用

和所有阿片类药物相似，美沙酮的副作用是可预见而不可避免的。但是，一些在其他阿片类药物使用中出现的副作用，如兴奋和烦躁不安，在犬和猫中使用美沙酮时并不常见。给予美沙酮的副作用可能包括镇定、呕吐、便秘、尿潴留和心动过缓。由于体温调节的改变，犬可能会发生气喘。给予美沙酮尚未观察到像一些阿片类药物引发的兴奋和烦躁不安的副作用。犬 IV 给药产生的烦躁不安和兴奋比其他阿片类药物要少。马 IV 给药不会出现行为改变、镇定、运动增加或肠道运动性降低。马口服剂量最高为 0.4 mg/kg，不会产生不良反应。

禁忌证和预防措施

美沙酮是 Schedule Ⅱ 类管制药物。猫对兴奋的敏感性可能高于其他物种，但对美沙酮尚未检查到。

药物相互作用

氯霉素，可能还有其他药物会降低犬体内美沙酮的清除率，并增加美沙酮的血浆浓度。

使用说明

犬口服不吸收。马的有效剂量尚未确定，但口服剂量为 0.1 ~ 0.4 mg/kg 时无副作用，而且产生的药物浓度在有效范围内。

患病动物的监测和实验室检测

监测患病动物的心率和呼吸。尽管由阿片类药物引起的心动过缓很少需要治疗，但必要时可以给予阿托品。如果发生严重的呼吸抑制，则可使用纳洛酮逆转阿片类药物的作用。尽管通常不监测药物的血浆浓度，但对人有治疗作用的浓度范围是 33 ~ 60 ng/mL。

制剂与规格

美沙酮有 1 mg/mL 和 2 mg/mL 的口服溶液；5 mg、10 mg 和 40 mg 的片剂；10 mg/mL 的注射液。在某些欧洲国家 / 地区有许可的用于猫的美沙酮制剂。

稳定性和贮藏

存放在密闭容器中，并在室温下避光保存。易溶于水和乙醇。如果 pH 高于 6，它可能会从溶液中沉淀出来。它已与果汁和糖浆混合成口服混合物，并能保持稳定至少 14 d。

小动物剂量

犬

0.1 ~ 0.5 mg/kg，IV 或 0.5 ~ 2.2 mg/kg，q3 ~ 4 h，SQ 或 IM。

猫

0.3 ~ 0.6 mg/kg，q3 ~ 4 h，IV、SQ 或 IM。猫的耐受剂量高达 0.6 mg/kg，

IM，活性时间为 4 h。

口腔黏膜给药约为 IV 剂量的 2 倍，因其吸收小于 50%。

大动物剂量

马

0.15 mg/kg，IV 或口服 q6 ~ 8 h。

管制信息

禁用于拟食用动物。

Schedule Ⅱ类管制药物。

RCI 分类：1。

醋甲唑胺（Methazolamide）

商品名及其他名称：甲氮酰胺。

功能分类：利尿剂。

药理学和作用机制

醋甲唑胺是一种碳酸酐酶抑制剂。与其他碳酸酐酶抑制剂一样，醋甲唑胺通过酶抑制肾近曲小管中碳酸氢盐的摄入，从而产生利尿作用。该作用导致尿液中丢失碳酸氢盐而具有利尿作用。碳酸酐酶抑制剂的作用导致碳酸氢盐从尿液丢失、碱化尿液和水分丢失。与其他碳酸酐酶抑制剂一样，醋甲唑胺也会通过脉络丛降低脑脊液（CSF）的生成，并通过减少眼睫状体的碳酸氢盐分泌来降低眼内液体的生成。这种对房水生成的作用可降低眼压。

适应证和临床应用

醋甲唑胺很少再用作利尿剂。可以使用更有效的利尿剂，如髓袢利尿剂（呋塞米）。与其他碳酸酐酶抑制剂一样，醋甲唑胺主要用于降低青光眼动物的眼压。该药物在犬中的持效时间相对较短，可能需要更频繁地给药才能维持低眼压。醋甲唑胺比乙酰唑胺更常用于此目的，因为它更有效且更容易获得。但是，与碳酸酐酶抑制剂相比，其他治疗方案更常用于治疗青光眼。与其他碳酸酐酶抑制剂一样，醋甲唑胺有时用于一些尿路结石的管理以产生更多的碱性尿液。

注意事项

不良反应和副作用

醋甲唑胺可能在一些患病动物中发生低钾血症。和其他碳酸酐酶抑制剂相似,它会造成明显的碳酸氢盐丢失,如果重复给药应给患病动物补充碳酸氢盐。

禁忌证和预防措施

酸血症患病动物禁用。慎用于对磺胺类药物过敏的动物。禁用于肝性脑病患病动物。

药物相互作用

与可能导致代谢性酸中毒的其他治疗方法一起使用时需谨慎。

使用说明

醋甲唑胺可以与其他治疗青光眼的药物一起使用,例如,局部降眼压药物,并可以用于产生碱性尿液以防止某些结石形成。但是,在动物中的使用主要来自经验。没有严格控制的临床研究或功效试验记载临床效果。

患病动物的监测和实验室检测

监测治疗患病动物的眼压。如果用于产生碱性尿液,则需监测尿液的pH。如果多次给药,需监测电解质和酸碱平衡状态。

制剂与规格

醋甲唑胺有 25 mg 和 50 mg 的片剂。

稳定性和贮藏

存放在密闭容器中,并在室温下避光保存。尚未评估复合制剂的稳定性。

小动物剂量

犬和猫

2 ~ 3 mg/kg,q8 ~ 12 h,PO。将剂量增加到最大剂量 4 ~ 6 mg/kg 似乎没有任何好处,但是更频繁地给药(每 8 h)可能是有益的。

大动物剂量

没有大动物剂量的报道。

管制信息

不确定食品生产用动物的停药时间。

RCI 分类:4。

乌洛托品（Methenamine）

商品名及其他名称： 乌洛托品马尿酸盐：Hiprex 和 Urex；扁桃酸乌洛托品：扁桃酰胺和通用品牌。

功能分类： 抗菌药。

药理学和作用机制

乌洛托品是尿液抗菌剂。在尿液的酸性环境中乌洛托品水解为甲醛和氨，产生抗菌/抗真菌作用。尿液 pH 为 5.5 或更低时作用最佳。如果能达到合适的 pH，它对广泛的细菌有活性，并且不会产生抗药性。它对产生碱性尿液 pH 的变形杆菌效果差。因为不是全身性吸收，所以它对于全身性感染无效。药物快速吸收并经 0.5 ~ 1.5 h 在尿液中产生峰值作用，半衰期为 3 ~ 6 h。

适应证和临床应用

乌洛托品用作尿液抗菌剂。缺乏严格控制的临床试验证明其有效性。但是，该药已被用于预防动物的下泌尿道感染的复发。对治疗持续感染可能不太有效。尿液的低 pH 对于药物转化为甲醛至关重要。

注意事项

不良反应和副作用

尽管膀胱中形成甲醛可能对人有刺激性，但仍需要高剂量用药（每天大于 8 g）。在动物中没有副作用的报道。

禁忌证和预防措施

高剂量可能会刺激膀胱黏膜。请勿与磺胺类药物一起使用，因为它可能会形成甲醛-磺胺复合物。请勿对肾功能障碍的患病动物使用扁桃酸盐制剂。

药物相互作用

请勿服用可能导致碱性尿液的药物。乌洛托品常与尿液酸化剂一起使用，因此，酸性尿液会降低氟喹诺酮类和氨基糖苷类抗生素的活性。乌洛托品在尿液中可以与磺胺类药物结合产生拮抗作用。片剂应用肠溶衣包被以防止胃酸水解，并在胃空虚时给药。

使用说明

在动物中尚无临床研究结果的报道。在动物中的使用是根据人的使用经验或在动物中的个人经验而来的。尿液必须为酸性时，乌洛托品方可转化为甲醛（定期检测尿液 pH）。pH < 5.5 为最佳。补充抗坏血酸或氯化铵以降低 pH。

患病动物的监测和实验室检测
不需要特定的监测。尿液分析监测或细菌培养以指导 UTI 的治疗。

制剂与规格
马尿酸乌洛托品有 0.6 g 和 1 g 的片剂。不再售卖扁桃酸乌洛托品（先前的制剂与规格包括 1 g 的片剂、可制成口服溶液的颗粒剂，以及 50 mg/mL 和 100 mg/mL 的口服悬浮液）。

稳定性和贮藏
存放在密闭容器中，并在室温下避光保存。乌洛托品溶于水和乙醇。在酸性环境中，它会水解形成甲醛和氨。当与某些食物和悬浮液混合时在物理上是不相容的。

小动物剂量
犬
马尿酸乌洛托品：每只 500 mg，q12 h，PO。
扁桃酸乌洛托品（如果有）：10 ~ 20 mg/kg，q8 ~ 12 h，PO。
猫
马尿酸乌洛托品：每只 250 mg，q12 h，PO。
扁桃酸乌洛托品（如果有）：10 ~ 20 mg/kg，q8 ~ 12 h，PO。

大动物剂量
没有大动物剂量的报道。由于大动物的尿液更偏碱性，在大动物中使用可能无效。

管制信息
无可用的管制信息。由于残留风险低，无停药时间的建议。

甲巯咪唑（Methimazole）
商品名及其他名称：Tapazole、Felimazole、Thiamazole 和通用品牌。
功能分类：抗甲状腺药。

药理学和作用机制
甲巯咪唑是一种抗甲状腺药。作用是充当甲状腺过氧化物酶（thyroid peroxidase，TPO）的底物，对 TPO 进行抑制并减少碘与酪氨酸分子的结合，减少甲状腺素（T$_4$）和三碘甲状腺原氨酸（T$_3$）的形成。甲巯咪唑抑制单碘和二碘残基偶联形成 T$_4$ 和 T$_3$。甲巯咪唑不会抑制预先形成的甲状腺激素释放。它不会影响已经在循环中的或甲状腺腺体中现存的甲状腺激素，也不会抑制外周 T$_4$ 到 T$_3$ 的转化。用甲巯咪唑治疗甲亢患猫时，血清 T$_4$ 通常需要 2 ~ 4 周才能达到正常范围。卡比马唑是欧洲使用的类似药物，在动物体内转化为甲巯咪唑。甲巯咪唑也可能有免疫抑制作用。治疗可能会降低抗促甲状腺素受体抗体。甲巯咪唑在甲亢患猫体内的半衰期为2.3 ~ 3.1 h，在正常猫体内的半衰期为 4.7 h。猫的口服吸收较高（93%）。

适应证和临床应用

甲巯咪唑用于治疗动物的甲状腺功能亢进，尤其是猫的甲状腺功能亢进。有足够的证据证明猫按照推荐剂量给药的效果。在猫中首选甲巯咪唑而不是丙硫氧嘧啶，因为甲巯咪唑的副作用发生率较低。有证据支持猫每天给药 2 次比每天 1 次更有效。甲巯咪唑已配制成用于猫皮肤吸收透皮凝胶［例如，与普鲁尼克透皮凝胶（Pluronic Organicgel，PLO）联合或以脂性载体为基础的制剂］。这些制剂在复方药房有售。已发表的数据显示经皮给药的甲巯咪唑不如口服给药起效快或效果好，但在许多猫中可以有效降低T$_4$ 浓度。每只猫经皮给药 5 mg/kg 时对猫来说浓度可能不足，但每只猫给药 10 mg 更有效。已使用的另一种口服药物是卡比马唑，它可转换为活性药物甲巯咪唑。这样可能会产生较少的胃肠道问题。但是，在美国使用卡比马唑的经验有限（更多详细信息，请参见"卡比马唑"）。

注意事项
不良反应和副作用

在猫中，胃肠道问题最常见，可能包括厌食和呕吐。大多数由甲巯咪唑引起的副作用与剂量有关，可以通过降低剂量来减少副作用。已观察到猫会出现多发性关节炎，还有头部和面部脱毛、结垢及结硬痂，这可能是过敏反应的一种表现。猫可能发生狼疮样反应，如血管炎和骨髓改变。在猫治疗 1 ~ 3 个月后可出现血小板计数异常和血细胞计数低。异常出血可能与血小板减少有关，但在猫中进行的测试并未证明出血时间（凝血酶原时间和活化部分凝血活酶时间）延长。用甲巯咪唑透皮凝胶剂给药时的胃肠道副作用比口服片剂给药时少。甲巯咪唑治疗可能会导致某些猫出现甲状腺功能减退和肾功能衰竭。持续治疗需监测肾功能。

禁忌证和预防措施

禁用于有血小板减少症或出血问题的动物。其他药物（如 β-受体阻滞剂）

可以与甲巯咪唑一起安全地使用。警示宠物主人，甲巯咪唑透皮剂可以通过人皮肤吸收。如果动物对丙硫氧嘧啶有不良反应，也可能对甲巯咪唑有交叉敏感性。甲巯咪唑引起胎儿畸形，因此，禁用于怀孕的动物。

药物相互作用
动物使用中没有药物相互作用的报道。

使用说明

　　根据对甲亢患猫的临床研究和猫药物赞助商提供的信息将药物应用于猫。在大多数情况下，甲巯咪唑取代了用于猫的丙硫氧嘧啶。通过监测血浆中的甲状腺素（T_4）浓度来调节维持剂量。由于它不会抑制已形成的甲状腺素的释放，因此，可能需要 2 ～ 4 周方可达到最大效果。一项评估给药频率的研究发现，5 mg/kg，q12 h，PO 比 5 mg/kg，q24 h，PO 更有效。

　　猫的透皮凝胶使用：甲巯咪唑还可以通过复方药房制备为透皮凝胶。如果配制成透皮凝胶剂，推荐的最终浓度为 5 mg/0.1 mL，用于猫的耳郭内。也有用脂质载体制备的透皮产品。透皮凝胶可能不如口服片剂有效。功效可能是由猫舔舐抓挠耳郭的爪部上的药物引起的。尽管甲巯咪唑透皮剂可能是某些猫长期用药安全有效的替代方法，但是经治疗的猫甲状腺浓度存在很大差异，并且可能难以将 T_4 始终保持在参考范围内。每只猫每天一次 5 mg 的透皮剂似乎与每只猫每天两次 2.5 mg 的用量一样有效。

患病动物的监测和实验室检测

　　监测血清 T_4 水平。治疗第一个月后重新检查 T_4 水平。无论是在给药前或给药间隔期间测量浓度，都不会影响 T_4 的浓度。甲巯咪唑治疗稳定后，每次服用甲巯咪唑后可抑制 T_3 和 T_4 24 h。因此，猫口服甲巯咪唑后采血的时间对于评估治疗反应似乎并不是一个重要因素。猫的甲状腺刺激激素浓度也可以用于检测治疗效果［猫促甲状腺激素（TSH）与犬 TSH 的同源性为 96%］。在第一个 30 d 的治疗期内每周或每 14 d 监测猫的 CBC 和血小板计数。由于担心某些猫的肾脏疾病风险增加，因此，需要对肾脏功能进行监测。在治疗前和治疗过程中监测肝酶。一些有甲状腺功能亢进的患猫肝酶也升高。甲巯咪唑可能会影响甲状腺闪烁显像的检测。治疗后，TSH 可能会刺激组织增强甲状腺腺体对 99 mTcO4 的摄入。

制剂与规格

　　甲巯咪唑有 2.5 mg、5 mg 的包衣片（兽用），以及 5 mg 和 10 mg 的片剂（人用）。在美国，尚无批准用于猫的透皮制剂。

稳定性和贮藏

如果保持其原始配方，甲巯咪唑是稳定的。但是，如果为猫制成复合制剂，则效力和稳定性可能会降低。复合透皮凝胶可确保效力 2 周。

小动物剂量

猫

每只 2.5 mg，q12 h，PO，用 7 ~ 14 d，然后根据需要将剂量调整为每只 5 ~ 10 mg，q12 h，PO。监测 T_4 浓度并相应调整剂量。

透皮剂量：每只猫每天透皮两次 2.5 mg 或每只猫每天 1 次 5 mg。每个耳郭 1 剂，并在操作时佩戴手套。如果每只猫每天 5 mg 无效，则每只猫每天 10 mg 的剂量可能会改善反应。

大动物剂量

没有大动物剂量的报道。

管制信息

不确定食品生产用动物的停药时间。该药物禁止用于拟食用动物。

美索巴莫（Methocarbamol）

商品名及其他名称： Robaxin-V。
功能分类： 肌肉松弛剂。

药理学和作用机制

美索巴莫是骨骼肌肉松弛剂。美索巴莫可抑制多突触反射导致肌肉松弛。

适应证和临床应用

美索巴莫用于治疗骨骼肌痉挛和肌肉张力增加。它也已用于治疗与肌肉痉挛加剧或肌炎有关的疼痛。如果用于治疗破伤风，建议使用剂量部分所列出的高剂量。然而，在动物中缺乏有效性的证据。对于某些适应证（如肌肉痉挛），美索巴莫已被其他肌肉松弛剂［如邻甲苯海拉明（Norflex）］取代。在马中，半衰期仅为 60 ~ 90 min，可能需要频繁地给药才能有效。

注意事项
不良反应和副作用
美索巴莫可能引起 CNS 的抑制和镇定。美索巴莫给药后可以观察到流涎过度、呕吐、虚弱和共济失调。通常副作用持效时间短。

禁忌证和预防措施

与其他抑制 CNS 的药物共用需谨慎。

药物相互作用

没有关于动物药物相互作用的报道。

使用说明

尚无在动物中临床研究结果的报道。在动物中的使用（和剂量）是根据在人用的经验或动物方面的个人经验而来的。

患病动物的监测和实验室检测

不需要特定的监测。

制剂与规格

美索巴莫有 500 mg 和 750 mg 的片剂，以及 100 mg/mL 的注射剂。

稳定性和贮藏

存放在密闭容器中，并在室温下避光保存。尚未评估复合制剂的稳定性。

小动物剂量

犬和猫

第 1 天 44 mg/kg，q8 h，PO 或 IV，然后 22 ~ 44 mg/kg，q8 h，PO。严重的状况用量高达 130 mg/kg。

大动物剂量

11 ~ 22 mg/kg，q8 h，IV 或更频繁（如果需要）。在马中已用过较高剂量 30 mg/kg，IV 和 50 ~ 100 mg/kg，PO，但更可能产生轻度至中度的精神沉郁。

管制信息

不确定食品生产用动物的停药时间。

RCI 分类：4。

美索比妥钠（Methohexital Sodium）

商品名及其他名称： Brevital。

功能分类： 巴比妥类麻醉药。

药理学和作用机制

美索比妥钠是巴比妥类麻醉药。美索比妥是一种超短效的氧巴比妥酸盐。美索比妥的效力是硫喷妥钠的 2 倍，但对 CNS 的兴奋作用发生率更高。麻醉由 CNS 的抑制产生，没有镇痛作用。麻醉作用通过药物在体内重新分布而终止。

适应证和临床应用

美索比妥用作动物的 IV 麻醉药，可以大剂量推注或 CRI 形式给药。经常在输注美索比妥之前使用其他麻醉辅助剂，如镇静药。

注意事项

不良反应和副作用

副作用与药物的麻醉作用有关。严重的副作用是由呼吸系统和心血管抑制引起的。

禁忌证和预防措施

过量可能由快速或重复注射引起。避免外渗到血管外。

药物相互作用

没有关于动物药物相互作用的报道。

使用说明

治疗指数低。仅在可以监测心血管和呼吸功能的患病动物中使用。美索比妥通常与其他麻醉辅助药物一起使用。

患病动物的监测和实验室检测

监测巴比妥类药物麻醉的患病动物的心率和呼吸。

制剂与规格

美索比妥有 0.5 g、2.5 g 和 5 g 的小瓶装注射剂。

稳定性和贮藏

存放在密闭容器中，并在室温下避光保存。尚未评估复合制剂的稳定性。

小动物剂量

犬和猫

3 ~ 6 mg/kg，IV（缓慢注射至起效）。犬曾用剂量高达 15 mg/kg，IV，给药 30 s 以上。

CRI：0.25 mg/(kg·min)，输注 30 min，然后 0.125 mg/(kg·min) 输注。

大动物剂量

马

5 mg/kg，IV（至生效）。

猪

5 ~ 8 mg/kg，IV（至生效）。

管制信息

不确定食品生产用动物的停药时间。

Schedule Ⅲ 类管制药物。

RCI 分类：2。

氨甲蝶呤（Methotrexate）

商品名及其他名称： MTX、Mexate、Folex、Rheumatrex 和通用品牌。

功能分类： 抗癌药。

M

药理学和作用机制

氨甲蝶呤是一种抗癌药。药物是通过抗代谢机制起作用。氨甲蝶呤的结构与叶酸相似，并且氨甲蝶呤结合并抑制二氢叶酸还原酶（dihydrofolate reductase，DHFR）。DHFR 是嘌呤合成所必需的还原酶。叶酸的还原形式［四氢叶酸（FH4）］是生化反应（尤其是 DNA、RNA 和蛋白质合成）的重要辅酶。

适应证和临床应用

氨甲蝶呤用于治疗各种癌、白血病和淋巴瘤。氨甲蝶呤也常用于治疗人的自身免疫性疾病，如类风湿性关节炎。在动物中的使用主要来自经验用药。没有严格控制的临床研究或功效试验记载临床效果。

> **注意事项**
> **不良反应和副作用**
> 在动物中重要的副作用是厌食、恶心、骨髓抑制和呕吐。抗癌药会引起可

预见的（有时是不可避免的）副作用，包括骨髓抑制、白细胞减少和免疫抑制。人用氨甲蝶呤的治疗已有肝毒性的报道，但在兽医学中尚无记录。通常人用的剂量比兽用的剂量更高。在人中，全身毒性风险很高，因此，经常使用亚叶酸钙（四氢叶酸）进行拯救治疗（也称为钙叶酸/甲酰四氢叶酸钙）。使用亚叶酸钙拯救疗法是因为它是氨甲蝶呤对 DHFR 酶作用的拮抗剂。一种方法是根据血浆氨甲蝶呤的浓度，犬用亚叶酸钙的剂量范围是每 6 h 25 ~ 200 mg/m^2。另一种方法是亚叶酸钙的给药剂量与氨甲蝶呤剂量相等。

禁忌证和预防措施

禁用于怀孕动物。本药已用来诱导流产。

药物相互作用

与 NSAID 同时使用可能会使氨甲蝶呤毒性更严重。请勿与青霉素类、氟喹诺酮类、乙胺嘧啶、甲氧苄啶、磺胺类药物或其他可能影响叶酸合成的药物一起使用。

使用说明

在动物中的使用以实验研究为基础。可用的临床信息有限。请参考具体的抗癌方案获取准确的剂量和治疗方案。

患病动物的监测和实验室检测

监测 CBC 以获得骨髓毒性的证据。

制剂与规格

氨甲蝶呤有 2.5 mg 的片剂、2.5 mg/mL 和 25 mg/mL 的注射剂。

稳定性和贮藏

存放在密闭容器中，并在室温下避光保存。尚未评估复合制剂的稳定性。

小动物剂量

犬和猫

2.5 ~ 5 mg/m^2，q48 h，PO（剂量取决于特定的癌症方案）。

每周 0.3 ~ 0.5 mg/kg，IV。

猫

0.8 mg/kg，IV，每 2 ~ 3 周一次。

大动物剂量

没有大动物剂量的报道。

管制信息

不确定食品生产用动物的停药时间。由于该药物是抗癌药，禁用于拟食用动物。

RCI 分类：4。

甲氧明（Methoxamine）

商品名及其他名称：凡索昔。

功能分类：血管加压药。

药理学和作用机制

甲氧明为 α_1-肾上腺素激动剂。甲氧明会刺激血管平滑肌上的 α_1-受体使血管床产生血管收缩。

适应证和临床应用

甲氧明主要用于需要重症监护的患病动物或在麻醉期间用于增加外周抵抗力和血压的患病动物。这种药物在兽医学上的应用经验很少。

> **注意事项**
>
> **不良反应和副作用**
>
> 副作用与 α_1-受体的过度刺激（外周血管收缩延长）有关。可能发生反射性心动过缓。
>
> **禁忌证和预防措施**
>
> 在患有心脏病的动物中谨慎使用。
>
> **药物相互作用**
>
> 请勿与司来吉兰等 MAOI 一起使用。

使用说明

甲氧明起效快，持效时间短。

患病动物的监测和实验室检测

监测治疗患病动物的心率和血压。

制剂与规格

甲氧明在美国市场上不再售卖。一些制剂已经成为复合制剂。之前有 20 mg/mL 的注射剂可用。

稳定性和贮藏

存放在密闭容器中，并在室温下避光保存。尚未评估复合制剂的稳定性。

小动物剂量

犬和猫

200 ~ 250 μg/kg（0.2 ~ 0.25 mg/kg），IM 或 40 ~ 80 μg/kg，IV，根据需要重复给药。

大动物剂量

牛和马

100 ~ 200 μg/kg（0.1 ~ 0.2 mg/kg），IM，用药 1 次或根据需要给药。

管制信息

无可用的管制信息。由于残留风险低，因此，无停药时间的建议。

甲氧氟烷（Methoxyflurane）

商品名及其他名称： Metofane。
功能分类： 麻醉药、吸入式。

药理学和作用机制

甲氧氟烷是一种吸入式麻醉药。和其他吸入式麻醉药相似，作用机制尚不确定。它们产生广泛的 CNS 抑制。吸入式麻醉药在血液中的溶解度、效力以及诱导和苏醒的速率各不相同。血液 / 气体分配系数低的药物与快速的诱导和苏醒速率最相关。

适应证和临床应用

甲氧氟烷通常不用作吸入式麻醉药，在过去的 10 年中使用量有所下降，并已被其他药物取代。

注意事项

不良反应和副作用

副作用与麻醉效应（如心血管和呼吸系统抑制）有关。据报道甲氧氟烷会引起动物肝脏损伤。

禁忌证和预防措施

在患有心脏病的动物中谨慎使用。

药物相互作用

在一些国家的标签建议中指出，请勿对接受甲氧氟烷麻醉的动物使用氟尼辛。

使用说明
使用吸入式麻醉药需要认真监护。剂量取决于麻醉的深度。

患病动物的监测和实验室检测
监测吸入式麻醉患病动物的心率和呼吸。监测肝酶。

制剂与规格
目前无法通过商业渠道获得甲氧氟烷。该药以前是 118 mL（4 oz）瓶装吸入制剂。

稳定性和贮藏
存放在密闭容器中，并在室温下避光保存。

小动物剂量
诱导麻醉：3%。
维持麻醉：0.5% ～ 1.5%。

大动物剂量
最低肺泡有效浓度（MAC）值为 0.2% ～ 0.3%。

管制信息
没有确定拟食用动物的停药时间。清除很快，建议缩短停药时间。

M

0.1% 亚甲蓝（Methylene Blue 0.1%）
商品名及其他名称：新亚甲蓝和通用品牌。
功能分类：解毒剂。

药理学和作用机制
亚甲蓝作为还原剂，可将高铁血红蛋白还原为血红蛋白。亚甲蓝在红细胞中将高铁血红蛋白转化为血红蛋白的作用特别重要。在存在烟酰胺腺嘌呤二核苷酸磷酸（nicotinamide adenine dinucleotide phosphate，NADPH）还原酶的情况下，通过与还原型 NADPH 结合，可将其在体内还原为无色亚甲蓝。然后，无色亚甲蓝转移一个电子将高铁血红蛋白还原为血红蛋白。高铁血红蛋白是血红蛋白氧化损伤的结果，亚甲蓝用作中毒的解毒剂。高铁血红蛋白血症的动物中毒的来源包括反刍动物的硝酸盐、亚硝酸盐或氯酸盐暴露；猫（有时是犬）的对乙酰氨基酚和萘（樟脑丸）暴露；以及猫的局部麻醉药暴露，如苯佐卡因。对于猫对乙酰氨基酚的毒性，乙酰半胱氨酸可能提供更好的反应。

适应证和临床应用

亚甲蓝用于治疗由氯酸盐和硝酸盐中毒引起的高铁血红蛋白血症。它还用于治疗氰化物中毒。

注意事项

不良反应和副作用

在猫和犬中，用亚甲蓝治疗高铁血红蛋白血症可能导致红细胞的氧化损伤，包括 Heinz 小体，从而限制了可用于治疗的剂量。按照这里列出的剂量，它是安全的。亚甲蓝治疗的猫有 Heinz 小体的增多但不产生贫血。

禁忌证和预防措施

所列剂量可能会产生一些红细胞氧化损伤（Heinz 小体和其他形态改变）通常是亚临床的，但重复或更高剂量给药会增加红细胞损伤和随后贫血的风险。谨慎用于猫。

药物相互作用

亚甲蓝是可逆的单胺氧化酶抑制剂（MAOI）。如果与影响 5-羟色胺能机制或增加 5-羟色胺的药物一起给药，可导致 5-羟色胺综合征（肌肉抽搐、出汗、体温升高、寒战）。

使用说明

治疗猫的对乙酰氨基酚中毒，乙酰半胱氨酸的反应最佳，但亚甲蓝也有帮助。

患病动物的监测和实验室检测

监测亚甲蓝治疗患病动物的 CBC。监测黏膜颜色（高铁血红蛋白血症使血液和黏膜变成巧克力色）。

制剂与规格

没有全身使用的兽用亚甲蓝商品。人产品（1% 溶液，10 mg/mL）可能适合某些物种使用，但大动物的治疗可能需要复合制剂。

稳定性和贮藏

存放在密闭容器中，并在室温下避光保存。

小动物剂量

犬和猫

1.5 mg/kg，IV，1 次，缓慢。

大动物剂量
牛、山羊、绵羊

4 ~ 10 mg/kg 根据需要 IV。该剂量的亚甲蓝应在 15 min 之内给药。初始剂量后,可重复使用较低剂量察看临床反应。如果需要,可以每 6 ~ 8 h 重复较高剂量给药。高剂量用于严重中毒(15 ~ 20 mg/kg)。

管制信息
牛的停药时间(肉):14 d。
牛的停药时间(奶):4 d。

溴化甲基纳曲酮(Methylnaltrexone Bromide)
商品名及其他名称: Relistor。
功能分类: 蠕动促进剂、肠道兴奋剂。

药理学和作用机制

甲基纳曲酮是纳曲酮的改性季铵盐形式,具有阿片拮抗剂的特性。由于它是改良过的纳曲酮并带电荷,因此,不会穿过血 - 脑屏障,也没有中枢作用的阿片抑制作用,但会拮抗肠道中的外周 μ-受体,以使术后肠梗阻恢复动力。由于疼痛或给予阿片类药物,肠道中阿片 μ-受体通常抑制肠道运动。与甲基纳曲酮有关且用于类似目的的另一种药物是爱维莫潘(Entereg)。尚未在大多数动物物种中进行研究,但在马中,其半衰期短,为 47 min,分布体积为 0.24 L/kg。

适应证和临床应用

在这几种情况下,甲基纳曲酮批准用于人恢复肠道动力,即手术后、给予阿片类药物之后或由刺激肠道中的阿片 μ-受体导致紊乱(如严重的疼痛)。在动物中的使用有限,并且主要来自经验应用。仅有的研究是在马中使用甲基纳曲酮后增加了粪便的重量,并阻止了吗啡对胃肠道运动的影响。但是,研究所用的剂量(0.75 mg/kg)不能完全拮抗吗啡的作用。

> ### 注意事项
> #### 不良反应和副作用
> 仅报道了在人中的副作用,包括腹部疼痛和腹泻。尽管它是一种阿片拮抗剂,但尚未触发暴发性疼痛。

M

禁忌证和预防措施
肠梗阻时请勿使用。
药物相互作用
没有关于动物药物相互作用的报道。

使用说明
在动物中的使用主要是实验性的，并且在临床实践中受到限制。

患病动物的监测和实验室检测
不需要特定的监测。

制剂与规格
甲基纳曲酮仅有注射剂可用。有 12 mg 的小瓶（0.6 mL）制剂，相当于每个小瓶 20 mg/mL。

稳定性和贮藏
存放在密闭容器中，并在室温下避光保存。

小动物剂量
犬和猫
0.15 mg/kg，SQ，q24 h 或 q48 h 注射 1 次。

大动物剂量
马
0.75 mg/kg，IV，q12 h，每 4 d 使用 1 次。

管制信息
在食品生产用动物上无停药时间信息。

甲泼尼龙（Methylprednisolone）
商品名及其他名称：甲泼尼龙：Medrol；醋酸甲泼尼龙：Depo-Medrol；甲泼尼龙琥珀酸钠：Solu-Medrol。
功能分类：皮质类固醇。

药理学和作用机制
甲泼尼龙是一种皮质类固醇类抗炎药。抗炎作用很复杂，但主要通过抑制炎性细胞的聚集和炎性介质的表达起作用。与泼尼松龙相比，甲泼尼龙的效力高 1.25 倍。

适应证和临床应用

醋酸甲泼尼龙是甲泼尼龙的长效制剂。它从 IM 部位缓慢吸收，在一些动物体内产生糖皮质激素，作用 3 ~ 4 周。醋酸甲泼尼龙用于病灶内治疗、关节内治疗和炎性疾病。甲泼尼龙琥珀酸钠是一种水溶性制剂，在急性治疗时需要大剂量 IV 才能快速起效。它用于治疗休克和 CNS 创伤。甲泼尼龙口服片剂用于需要短期至长期使用中效皮质类固醇治疗的动物中。甲泼尼龙片剂的适应证与泼尼松龙或泼尼松片剂相似，不同之处在于甲泼尼龙的效力更高一点。治疗的疾病包括皮炎、免疫介导性疾病、肠道疾病，以及神经和肌肉骨骼疾病。尽管高剂量已用于治疗脊髓创伤，但这种用途对动物的益处尚有疑问。在大动物中，醋酸甲泼尼龙用于治疗肌肉骨骼系统（关节内）的炎症状态。

注意事项

不良反应和副作用

皮质类固醇类药物的副作用很多，包括多食症、多饮 / 多尿和 HPA 轴抑制。但是，制造商指出甲泼尼龙引起的多尿 / 多饮比泼尼松龙少。副作用包括胃肠道溃疡、肝病、糖尿病、高脂血症、甲状腺激素降低、蛋白质合成减少、伤口愈合延迟和免疫抑制。给予高剂量甲泼尼龙琥珀酸（如 30 mg/kg）的犬发生胃肠道出血的风险很高。可以发生免疫抑制导致的继发性感染，包括蠕形螨病、弓形虫病、真菌感染和 UTI。注射甲泼尼龙可能会激活某些猫体内潜伏的猫疱疹病毒 1 型（feline herpes virus 1，FHV1）感染。注射醋酸甲泼尼龙的猫会引起注射位点脱毛。在马中，额外的副作用可能包含蹄叶炎风险（尽管与诱导蹄叶炎的直接联系存在争议）。猫给予醋酸甲泼尼龙导致体积膨胀，这是继发于高血糖体液转移的结果。随着醋酸甲泼尼龙的给药，这种作用增加了猫发生充血性心力衰竭（CHF）的风险。

禁忌证和预防措施

在易于发生溃疡和感染的患病动物或有伤口愈合需求的动物中谨慎使用。在糖尿病动物、肾脏疾病动物或怀孕动物中谨慎使用。由于血容量的增加谨慎用于猫，尤其是有 CHF 风险的猫。

药物相互作用

和其他皮质类固醇药物相似，如果甲泼尼龙与 NSAID 一起使用，则胃肠道溃疡的风险会增加。

使用说明

甲泼尼龙的使用类似于其他皮质类固醇药物。考虑药效差异来调整剂量。因为一次注射后糖皮质激素效应将持续几天至数周，所以醋酸甲泼尼龙的使用需要认真评估。甲泼尼龙琥珀酸钠在动物中的临床研究结果尚无报道。

患病动物的监测和实验室检测

在治疗期间监测肝酶、血糖和肾功能。监测患病动物继发性感染的症状。进行促肾上腺皮质激素（ACTH）刺激测试以监测肾上腺的功能。用醋酸甲泼尼龙治疗时，应监测猫的糖尿病和心脏病。

制剂与规格

甲泼尼龙有 1 mg、2 mg、4 mg、8 mg、18 mg 和 32 mg 的片剂。
醋酸甲泼尼龙有 20 mg/mL 和 40 mg/mL 的悬浮液用于注射。
甲泼尼龙琥珀酸钠有 125 mg、500 mg、1 g 和 2 g 的小瓶注射剂。

稳定性和贮藏

存放在密闭容器中，并在室温下避光保存。甲泼尼龙不溶于水，微溶于乙醇。醋酸甲泼尼龙微溶于水。甲泼尼龙琥珀酸钠易溶于水。复溶的甲泼尼龙琥珀酸钠应在室温下 48 h 内使用。随着存储时间的延长会发生分解。可以将其在 –20℃冷冻 4 周，没有效力损失。

小动物剂量

犬

甲泼尼龙：0.22 ~ 0.44 mg/kg，q12 ~ 24 h，PO。
醋酸甲泼尼龙：1 mg/kg（或每只 20 ~ 40 mg），IM，q1 ~ 3 周。
甲泼尼龙琥珀酸钠（用于紧急情况）：30 mg/kg，IV，然后在 2 ~ 6 h 中重复 15 mg/kg，IV。替代或抗炎治疗：0.25 ~ 0.5 mg/(kg·d)。

猫

甲泼尼龙：0.22 ~ 0.44 mg/kg，q12 ~ 24 h，PO。
醋酸甲泼尼龙：每只 10 ~ 20 mg，IM，q1 ~ 3 周。
甲泼尼龙琥珀酸钠（用于紧急情况）：30 mg/kg，IV，然后在 2 ~ 6 h 中重复 15 mg/kg，IV。替代或抗炎治疗：0.25 ~ 0.5 mg/(kg·d)。

大动物剂量

马

单次肌内注射总量 200 mg。
关节内剂量：总剂量为 40 ~ 240 mg，使用无菌操作方法注入关节腔的平均剂量为 120 mg。

管制信息

马每个关节用量 200 mg，在第 18 天时仍可以检测到。对于食品生产用动物，没有确定的停药时间。

RCI 分类：4。

甲睾酮（Methyltestosterone）

商品名及其他名称：Android 和通用品牌。
功能分类：激素、合成代谢药。

药理学和作用机制
甲睾酮为合成代谢雄激素剂。注射甲睾酮将模仿睾酮的作用。

适应证和临床应用
甲睾酮用于合成代谢作用或睾酮替代疗法（雄激素缺乏症）。睾酮已用于刺激红细胞生成。使用的其他类似药物包括环戊丙酸睾酮和丙酸睾酮。

> **注意事项**
> **不良反应和副作用**
> 副作用是由睾酮的过度雄激素作用引起的。雄犬可能发生前列腺增生。雌犬可能发生雄性化。肝病更常见于口服甲基化睾酮制剂。
> **禁忌证和预防措施**
> 禁用于怀孕动物。
> **药物相互作用**
> 没有关于动物药物相互作用的报道。

使用说明
尚未在兽医学的临床研究中评估睾酮雄激素的使用。临床的使用主要基于实验证据或在人中的使用经验。

患病动物的监测和实验室检测
监测治疗期间的肝酶和临床症状作为胆汁淤积和肝毒性的证据。

制剂与规格
甲睾酮有 10 mg 和 25 mg 的片剂。

稳定性和贮藏

存放在密闭容器中,并在室温下避光保存。尚未评估复合制剂的稳定性。

小动物剂量

犬

每只 5 ~ 25 mg, q24 ~ 48 h, PO。

猫

每只 2.5 ~ 5 mg, q24 ~ 48 h, PO。

大动物剂量

没有大动物剂量的报道。

管制信息

禁用于拟食用动物。

Schedule Ⅲ类管制药物。

RCI 分类: 4。

盐酸甲氧氯普胺 (Metoclopramide Hydrochloride)

商品名及其他名称: Reglan、Maxolon。

功能分类: 镇吐药。

药理学和作用机制

盐酸甲氧氯普胺是促动力药、镇吐药。甲氧氯普胺刺激上胃肠道的运动,是中枢性镇吐药。甲氧氯普胺的作用机制尚未完全了解。已提出的机制是刺激胃肠道的 5-HT$_4$(5-羟色胺)受体或增加乙酰胆碱的释放,可能是通过结合前机制实现的。与其他更有效的调节动力的药物相比,5-HT$_4$受体的亲和力低。它抑制多巴胺诱导的胃松弛,从而增强胃平滑肌的胆碱能反应,继而增加运动能力。它还会增加下食管括约肌的张力。甲氧氯普胺的中枢作用是抑制 CRTZ 中的多巴胺,CRTZ 负责止吐效应。止吐作用是通过它的抗多巴胺(D$_2$)作用实现的。在犬中的半衰期少于 1 ~ 2 h,对食管括约肌的作用仅持续 30 ~ 60 min。

适应证和临床应用

甲氧氯普胺主要用于胃轻瘫和呕吐的治疗。对于患有胃扩张的犬无效。对于减少犬的胃食管反流或增加胃排空并不是十分有效。对犬的主要作用似乎是通过其止吐特性实现的(呕吐中心的多巴胺拮抗作用)。由于该药物瞬时增加催乳素分泌,因此,有意将其用于治疗动物无乳症,但效果不确定。

它已用于治疗马的术后肠梗阻，但副作用限制了它的使用。在反刍动物中无效。甲氧氯普胺还用于治疗人打嗝和泌乳不足。

> **注意事项**
>
> **不良反应和副作用**
>
> 副作用主要与中枢的多巴胺受体阻滞有关。副作用与报道的其他作用于中枢 D_2-受体拮抗剂（如吩噻嗪）类似。在马中常见不良副作用，并限制了治疗性应用。马的副作用包括行为改变、兴奋和腹部不适。IV 引起的兴奋可能很严重。犊牛的剂量为 > 0.1 mg/kg 时，会产生神经效应。
>
> **禁忌证和预防措施**
>
> 禁用于癫痫的患病动物或由胃肠道梗阻引起的疾病。谨慎用于马，因为可能会发生危险的行为改变。人在怀孕的前 3 个月使用是安全的。
>
> **药物相互作用**
>
> 与副交感神经阻滞药（类阿托品）一起给药时疗效会降低。

使用说明

动物中严格控制的临床研究结果尚无报道。在动物中使用（和剂量）基础主要源于动物的研究、在人中的经验或在动物中的个人经验。大多数应用是以一般性的止吐为目的，但是在癌症化学治疗（化疗）期间已使用高达 2 mg/kg 的剂量预防呕吐（较高的剂量可能产生抗 5- 羟色胺效应）。在马中的推荐剂量使肠道运动性有所增加，但对大肠的作用很小。甲氧氯普胺对犊牛的瘤胃动力影响不大。

患病动物的监测和实验室检测

监测治疗引起的行为障碍迹象，尤其是在使用 IV 给药时。

制剂与规格

甲氧氯普胺有 5 mg 和 10 mg 的片剂、1 mg/mL 的口服溶液，以及 5 mg/mL 的注射剂，分别有 2 mL、10 mL 和 30 mL 的小瓶包装。

稳定性和贮藏

存放在密闭容器中，并在室温下避光保存。尚未评估复合制剂的稳定性。与其他药物溶液混合时不相容。请勿冷冻。如果没有避光保存，稳定性低于 24 h。该溶液的 pH 为 4 ~ 5，并且在 pH 2 ~ 9 内是稳定的。存储在塑料注射器中的单剂量药物在冰箱内冷藏可稳定 90 d，在室温下可稳定 60 d。

小动物剂量
犬和猫

0.2 ~ 0.5 mg/kg，q6 ~ 8 h，IV、IM 或 PO。

CRI：给予 0.4 mg/kg 的负荷剂量，然后给予 0.3 mg/(kg·h)。在顽固性病例中，CRI 剂量可增加至 1.0 mg/(kg·h)。对于癌症化疗的止吐治疗，所用剂量最高为 q 24 h，2 mg/kg。

大动物剂量
马

向 IV 液体中添加甲氧氯普胺［0.125 ~ 0.25 mg/(kg·h)］，以减少马的术后肠梗阻。

犊牛和牛

不推荐使用，因为它不适合做反刍动物的促动力药。牛的剂量为 0.1 mg/kg，IV 时，它不会增加皱胃的排空。更高剂量（0.3 mg/kg）时会发生不良反应。

管制信息
不确定食品生产用动物的停药时间。

RCI 分类：4。

酒石酸美托洛尔（Metoprolol Tartrate）
商品名及其他名称： Lopressor。
功能分类： β - 阻滞剂。

药理学和作用机制

酒石酸美托洛尔是 β_1-肾上腺素阻滞剂。美托洛尔与普萘洛尔具有相似的性质，不同之处在于美托洛尔对 β_1-受体具有特异性，对 β_2-受体的作用较小。美托洛尔是一种亲脂性 β-受体阻滞剂，依靠肝清除。亲脂性 β-受体阻滞剂（如美托洛尔）会经历高的首过清除率，这会降低口服的生物利用度，并导致患病动物间血浆浓度和效果的高度差异。可以用于动物的其他 β_1-受体阻滞剂包括阿替洛尔。

适应证和临床应用

美托洛尔用于控制快速性心律失常和控制肾上腺素刺激的反应。β-受体阻滞剂有效降低了心率。美托洛尔用于动物重要的是控制心室率，降低 AV 和 SA 结的传导，并改善舒张期功能。它已用于动物的快速性心律失常、肥厚型心肌病（hypertrophic cardiomyopathy，HCM）、心房颤动和其他心脏疾病。在动物中的使用主要来自经验用药。没有严格控制的临床研究或功效试验记载临床效果。

注意事项

不良反应和副作用

副作用主要由过度的心血管抑制（正性肌力作用降低）引起。美托洛尔可能会引起 AV 阻滞。

禁忌证和预防措施

在容易出现支气管收缩的动物中谨慎使用。

药物相互作用

亲脂性 β-受体阻滞剂（如美托洛尔）经肝脏代谢，并且易与影响肝脏代谢酶的药物相互作用。如果与地高辛一起使用，可能会增强 AV 结传导阻滞。

使用说明

尚无在动物中临床研究结果的报道。在动物中的使用（和剂量）是根据在人的使用经验或在动物的个人经验而来的。

M

患病动物的监测和实验室检测

在治疗过程中监测心率和心律。

制剂与规格

美托洛尔有 50 mg 和 100 mg 的片剂，以及 1 mg/mL 的注射剂。

稳定性和贮藏

存放在密闭容器中，并在室温下避光保存。酒石酸美托洛尔溶于水和乙醇。避免片剂受潮和冷冻。悬浮液已制成糖浆和其他调味剂，在储存 60 d 后仍保持稳定。

小动物剂量

犬

每只 5 ~ 50 mg（0.5 ~ 1 mg/kg），q8 h，PO。

猫

每只 2 ~ 15 mg，q8 h，PO。

大动物剂量

没有大动物剂量的报道。

管制信息

不确定食品生产用动物的停药时间。

RCI 分类：3。

甲硝唑、苯甲酸甲硝唑（Metronidazole, Metronidazole Benzoate）

商品名及其他名称： Flagyl 和通用品牌。

功能分类： 抗菌、抗寄生虫。

药理学和作用机制

甲硝唑、苯甲酸甲硝唑是抗菌和抗原虫药物。它是第二代硝基咪唑，其活性是通过原虫和细菌内代谢产生游离硝基。甲硝唑通过与细胞内代谢物发生反应来破坏生物体中的 DNA。它特异性作用于厌氧性细菌和原虫。罕见耐药性。该药对某些原虫有活性，包括毛滴虫、贾第鞭毛虫和肠道原虫性寄生虫。它在体外对厌氧细菌和螺杆菌有抗菌活性。甲硝唑在动物中口服几乎完全吸收（马为 75% ~ 100%，犬为 60% ~ 100%）。马的直肠给药吸收为 30%。在马中的半衰期为 2 ~ 4 h，在马驹中的半衰期为 9 ~ 12 h，在犬中的半衰期为 4 ~ 5 h。苯甲酸甲硝唑是用于猫的制剂，改善适口性。这种形式的口服吸收（基础量为 2.4 mg/kg）为 64%，半衰期为 5 h。

适应证和临床应用

甲硝唑适用于治疗由肠道原虫（如贾第鞭毛虫、毛滴虫和肠阿米巴原虫）引起的腹泻和其他肠道问题。它可以用于治疗小型动物和马的多种厌氧性感染。在马中常见的用途包括治疗由梭状芽孢杆菌和脆弱拟杆菌引起的感染。甲硝唑已用于动物肠道免疫调节，并用于治疗动物炎性肠病，但其免疫调节作用或免疫抑制作用缺乏直接的证据。苯甲酸甲硝唑是甲硝唑的一种酯类前体药物，因为它适口性更好而用于猫。

注意事项

不良反应和副作用

最严重的副作用是由对 CNS 的毒性引起的。高剂量可引起嗜睡、CNS 抑制、共济失调、震颤、抽搐、呕吐和虚弱。动物中甲硝唑引起的大多数 CNS 毒性都是高剂量 [> 60 mg/(kg·d)] 时发生的。CNS 症状与 γ-氨基丁酸（GABA）作用的抑制有关，并且对苯二氮䓬类的治疗有反应（地西泮为 0.4 mg/kg, q8 h, 用

3 d）。在马中的副作用包括周围神经病变、肝病和食欲减退，高剂量时更可能发生。在马驹体内的半衰期更长，比成年马更容易发生副作用。和其他硝基咪唑类药物相似，它在细胞中有致突变的潜力，但这种作用的临床意义尚不确定。和其他硝基咪唑相似，它有苦味，可引起呕吐和厌食。苯甲酸甲硝唑已在一些猫中安全地使用，以 25 mg/kg，q12 h，用 7 d。但是，由于苯甲酸盐是苯甲酸的衍生物，因此，请注意猫的苯甲酸盐效应。苯甲酸对猫有毒，并引起共济失调、失明、呼吸系统疾病和其他 CNS 疾病。虽然存在这种担忧，但估计猫的苯甲酸中毒剂量需要每天 500 mg/kg。尽管如此，猫出现任何 CNS 或其他毒性迹象都应立即停用苯甲酸甲硝唑。

禁忌证和预防措施

采用推荐剂量的动物中尚未证实存在胎儿异常的现象，但在怀孕期间应谨慎使用。

药物相互作用

与其他硝基咪唑类药物相似，它可以通过抑制药物代谢增强华法林和环孢素的作用。

使用说明

甲硝唑是厌氧菌感染最常用的药物之一。尽管它对贾第鞭毛虫病有效，但用于治疗贾第鞭毛虫的其他药物包括阿苯达唑、芬苯达唑和奎纳克林。中枢神经系统毒性是需要关注的，且与剂量有关。在任何物种中，最大剂量应为每天 50 ~ 65 mg/kg。甲硝唑适口性差，能产生金属味。在猫中，服用被压碎或破损的片剂，适口性差尤其是个问题。苯甲酸甲硝唑口味淡，耐受性更好。苯甲酸甲硝唑在美国没有商品售卖。但是，它可以从复方药房获得。将盐酸甲硝唑盐的剂量转换为苯甲酸甲硝唑的剂量需要 1.6 倍的系数。苯甲酸甲硝唑含 62% 的甲硝唑，20 mg/kg 的苯甲酸甲硝唑可以提供 12.4 mg/kg 的甲硝唑。

马口服甲硝唑几乎完全吸收，不受饲喂模式的影响（如有或没有食物，以及随干草或精饲料饲喂的吸收率相似）。但是，从马的直肠给药吸收较低。

甲硝唑请勿直接注射，因其酸性太高。有关混合说明，请参见"稳定性和贮藏"部分。

患病动物的监测和实验室检测

监测神经性副作用。厌氧菌的最低抑菌浓度（MIC）通常为 2 ~ 4 μg/mL 或更低。CLSI 耐药折点 ≤ 8 μg/mL。

制剂与规格

甲硝唑有 250 mg 和 500 mg 的片剂、375 mg 的胶囊、50 mg/mL 的悬浮液和 5 mg/mL 的注射剂。

苯甲酸甲硝唑制剂在美国不可用，但已有兽用复方制剂。苯甲酸甲硝唑含 62% 的甲硝唑。它已在 Oral-Plus 和 Ora-Sweet（药物辅料）中配制为浓度为 16 mg/mL 的制剂。

稳定性和贮藏

基础甲硝唑微溶于水。苯甲酸酯的形式几乎是不溶的，盐酸盐形式可溶于水。甲硝唑被压碎并与某些调味剂混合以掩盖其本身的味道。当与某些糖浆或水混合时（此处列出者除外），会在 28 d 内发生分解。用 Ora-Plus 或 Ora-Sweet 等载体制备的苯甲酸甲硝唑酯可稳定 90 d。基础甲硝唑（来自片剂）与这些载体混合，发现可稳定 90 d。

复溶后，盐酸甲硝唑对于直接注射而言酸性太高（pH 0.5 ~ 2）。5 mg/mL 注射液需进一步用 100 mL（0.9% 生理盐水、5% 葡萄糖或林格溶液）溶液稀释，并用每 500 mg 5 mEq 的碳酸氢钠中和至 pH 为 6 ~ 7。复溶的注射剂可稳定 96 h，但稀释后的溶液应在 24 h 后丢弃。

小动物剂量
犬
厌氧菌：15 mg/kg，q12 h 或 12 mg/kg，q8 h，PO。

厌氧菌：15 mg/kg，IV，稀释后缓慢输注。

贾第鞭毛虫：12 ~ 15 mg/kg，q12 h，PO，用 8 d。

猫
厌氧菌：10 ~ 25 mg/kg，q24 h，PO。

贾第鞭毛虫：17 mg/kg（每只猫 1/3 片），q24 h，用 8 d。

苯甲酸甲硝唑（用于治疗贾第鞭毛虫）：25 mg/kg，PO，q12 h，用 7 d。苯甲酸甲硝唑含 62% 甲硝唑，因此，20 mg/kg 的苯甲酸甲硝唑可提供 12.4 mg/kg 的甲硝唑。

大动物剂量
马
厌氧菌和原虫感染的治疗：10 mg/kg，q12 h，PO。注意：一些临床医生使用了更高的剂量（高达 15 ~ 20 mg/kg，q6 h），但在这些剂量下更可能发生副作用。

马驹：10 ~ 15 mg/kg，IV 或 PO，q12 h。

牛

毛滴虫病的治疗（公牛）：75 mg/kg，q12 h，IV，三剂。

管制信息

禁用于食品生产用动物。禁止将硝基咪唑类药物用于拟食用动物。经过治疗的牛宰杀后不能食用。

美西律（Mexiletine）

商品名及其他名称： 脉律定。
功能分类： 抗心律失常。

药理学和作用机制

美西律是一种抗心律失常药。美西律是 IB 类抗心律失常药物。作用机制是阻滞快速钠通道和抑制去极化的 0 相位。由于利多卡因不能通过口服吸收，犬需要口服给药时使用美西律。它与利多卡因的作用机制类似。约 90% 被人体吸收而没有明显的首过效应。尽管尚未进行研究，但推测在犬体内也能吸收良好。

美西律的另一用途是治疗慢性疼痛。它用于治疗由糖尿病性神经病变和神经损伤引起的疼痛，其剂量低于抗心律失常剂量。

适应证和临床应用

美西律已用于治疗室性心律失常。尽管利多卡因是医院常用的 I 类抗心律失常注射药物，但是需要长期口服药物治疗时，美西律通常是首选。

在犬中的使用剂量来自经验使用和根据人医的推断。它常与索他洛尔或阿替洛尔（分别为 II 类和 III 类抗心律失常药）联合使用，因为联合使用可能具有更好的电生理作用。它还可能在动作电位期抵消索他洛尔的副作用。

注意事项

不良反应和副作用

在犬中最常见的副作用是胃肠道问题。高剂量可能导致兴奋和震颤。美西律在某些动物中可能致心律失常。在人中，相关药物（氟卡尼和恩卡尼）有致心律失常的作用，并与过量死亡率相关。

禁忌证和预防措施

在患有肝病的动物中谨慎使用。

> **药物相互作用**
> 索他洛尔会增加美西律的血浆药物浓度。

使用说明

临床研究结果尚无报道。在动物中的使用（和剂量）基于在人中的使用经验、实验犬的研究或在动物中使用的个人经验。与食物一起给药减少胃肠道问题。

患病动物的监测和实验室检测

使用期间监测 ECG。有效血浆药物浓度为 0.75 ~ 2.0 μg/mL（从人推算而来）。

制剂与规格

美西律有 150 mg、200 mg 和 250 mg 的胶囊。

稳定性和贮藏

存放在密闭容器中，并在室温下避光保存。易溶于水和乙醇。

小动物剂量

犬

6 ~ 10 mg/kg，q8 ~ 12 h，PO。

神经损伤引起的慢性疼痛：4 ~ 10 mg/kg，PO，q8 h。

猫

没有确定安全剂量。

大动物剂量

没有大动物剂量的报道。

管制信息

不确定食品生产用动物的停药时间。

RCI 分类：4。

米勃龙（Mibolerone）

商品名及其他名称： Cheque Drops。
功能分类： 激素。

药理学和作用机制

米勃龙是雄激素类固醇。米勃龙将模拟体内的雄激素。

适应证和临床应用
米勃龙用于抑制动物的发情。主要的适应证是阻止成年母犬发情。

注意事项

不良反应和副作用

许多母犬用药后表现出阴蒂增大或有分泌物。

禁忌证和预防措施

禁用于贝灵顿㹴犬。禁用于怀孕动物。禁用于肛周腺瘤或癌。禁用于猫。米勃龙已被滥用作健身药物。因此，向动物主人发放药物时应格外注意。

药物相互作用

没有药物相互作用的报道。

使用说明
通常在发情期前 30 d 开始治疗。根据需要继续治疗，但是建议使用不超过 2 年。请勿在母犬第一个发情期之前使用米勃龙。它不用于主要以繁殖为目的的动物。

患病动物的监测和实验室检测
如果长期使用，请定期监测肝酶。

制剂与规格
米勃龙已被制造商停产。但是，它可以从其他一些渠道获得。最初，它以 100 µg/mL 的口服溶液形式提供。

稳定性和贮藏
存放在密闭容器中，并在室温下避光保存。尚未评估复合制剂的稳定性。

小动物剂量
犬

2.6 ~ 5 µg/(kg · d)，PO。

母犬体重 0.45 ~ 11.3 kg：30 µg/d，PO。

母犬体重 11.8 ~ 22.7 kg：60 µg/d，PO。

母犬体重 23 ~ 45.3 kg：120 µg/d，PO。

母犬体重超过 45.8 kg：180 µg/d，PO。

猫

未确定安全剂量。

大动物剂量

没有大动物剂量的报道。

管制信息

禁用于食品生产用动物。

盐酸咪达唑仑（Midazolam Hydrochloride）

商品名及其他名称： Versed。
功能分类： 抗惊厥药、镇定药。

药理学和作用机制

盐酸咪达唑仑为苯二氮䓬类药物。中枢作用的 CNS 抑制剂。与其他苯二氮䓬类药物一样，咪达唑仑与特定的 GABA 结合位点结合。它可能会修饰 GABA 结合位点，并增加 GABA 对神经细胞的作用。咪达唑仑的镇定作用可能归因于 GABA 通路的增强，该通路可以调节 CNS 中单胺类神经递质的释放。苯二氮䓬类可以通过抑制某些脊髓途径或直接抑制运动神经和肌肉功能来充当肌肉松弛剂。已经研究了犬和马体内的药代动力学。在犬中，半衰期是可变的（1 ~ 2 h），具有很高的清除率 [10 ~ 27 mL/(kg·min)]。犬的口服吸收与 IM 给药（50% ~ 90%）不同，但与直肠给药相比可忽略不计。在犬中，代谢产物可忽略不计。IM 时犬的血浆峰值浓度为 7 ~ 8 min。在 0.05 mg/kg，IV 时马的终末半衰期为 2 ~ 5.8 h，在 0.1 mg/kg，IV 时终末半衰期为 3.2 ~ 15 h。马的清除率约为 10 mL/(kg·min)。

适应证和临床应用

咪达唑仑用作一种麻醉辅助药物，经常与其他麻醉药一起使用。它与地西泮有相似的适应证，且由于它是水溶性的，咪达唑仑可以在水性介质中给药，并且与该类其他药物相比可以肌肉内给药（如地西泮之类的药物不是水溶性的）。它已与其他水溶性麻醉药在同一注射器中混合（如氯胺酮和 α_2-激动剂）并静脉内给药。在马中，它已与氯胺酮和甲苯噻嗪在同一溶液中给药。

在动物中，它也已作为抗惊厥药、肌肉松弛剂和镇定药使用。在马驹中，它已被用于治疗新生儿抽搐（请参阅"剂量"方案）。

注意事项

不良反应和副作用

静脉注射咪达唑仑会导致严重的心肺抑制。有些动物可能会经历反常的兴奋。长期用药可能会发生依赖性，如果停药会发生停药综合征。马在 IV 给药之后会引起共济失调、摇摆、煽动和短暂的虚弱。如果发生严重的不良反应，请考虑使用拮抗剂（氟马西尼）。

禁忌证和预防措施

静脉给药时要谨慎使用，尤其是与阿片类药物一起使用时。

药物相互作用

与地西泮相比，它是水溶性的，并且与液体溶液更兼容。它已与多种麻醉药、镇定药、麻醉前用药和抗惊厥药安全联合使用。但是，咪达唑仑通过 P450 酶在肝脏中代谢，可能会被某些药物抑制（请参阅附录 H）。例如，酮康唑会抑制犬体内咪达唑仑的清除。

使用说明

尽管咪达唑仑已在一些动物的麻醉方案中有报道，但尚未进行临床试验。与其他苯二氮䓬类不同，咪达唑仑可以肌内注射。

M

患病动物的监测和实验室检测

可以分析血浆或血清样品中苯二氮䓬类的浓度。血浆浓度在 100 ~ 250 ng/mL 范围内被认为是人的治疗范围。其他参考文献引用了 150 ~ 300 ng/mL 作为参考范围。但是，在许多兽医实验室中没有现成的监测检测。分析人样品的实验室可能会对苯二氮䓬类进行非特异性测试。这些测试中苯二氮䓬代谢物之间可能存在交叉反应。

制剂与规格

咪达唑仑有 5 mg/mL 的注射剂可用。

稳定性和贮藏

存放在密闭容器中，并在室温下避光保存。咪达唑仑在水中的溶解度取决于 pH。在较低的 pH（pH < 4）时，它变得更易溶。如果在混合后立即给药，则可与其他水溶性麻醉药短时间混合使用。咪达唑仑和盐酸氯胺酮在同一注射器中混合时是兼容的。

小动物剂量

犬

0.1 ~ 0.25 mg/kg，IV 或 IM。

0.1 ～ 0.3 mg/(kg·h)，IV 输注。

癫痫持续状态：0.1 ～ 0.2 mg/kg，IV 推注。

猫

镇定：0.05 mg/kg，IV。

诱导麻醉：0.3 ～ 0.6 mg/kg，IV 联合 3 mg/kg 氯胺酮（可以根据需要补充 1 ～ 2 mg/kg 的氯胺酮）。

大动物剂量

猪

最高 0.5 mg/kg，IM，通常与氯胺酮联合使用。

马

马驹的新生儿抽搐：0.1 ～ 0.2 mg/kg（每匹马驹 5 ～ 10 mg），IV，给药 15 ～ 20 min 或 IM，然后 3 mg/h，IV（2 ～ 6 mL/h），CRI 用以控制抽搐。通过将 10 mL（5 mg/mL）咪达唑仑添加到 100 mL 生理盐水中制成 0.5 mg/mL 的溶液来制备输注溶液。

马的麻醉辅助药物：0.1 mg/kg，IV，与氯胺酮（2.2 mg/kg）或其他麻醉药（如甲苯噻嗪）一起给药。

管制信息

不确定食品生产用动物的停药时间。

Schedule Ⅳ类管制药物。

RCI 分类：2。

米尔贝霉素肟（Milbemycin Oxime）

商品名及其他名称： Interceptor、Interceptor Flavor Tabs、Safeheart。
米尔贝霉素也是氯芬奴隆米尔贝霉素肟中的一种成分。它与 Trifexis 中的多杀菌素结合。
功能分类： 抗寄生虫。

药理学和作用机制

米尔贝霉素肟是抗寄生虫药。阿维菌素（类似伊维菌素的药物）和米尔贝霉素（米尔贝霉素和莫昔克丁）是大环内酯类药物，具有相似之处，包括作用机制在内。这些药物通过增强寄生虫体内谷氨酸门控的氯离子通道，对寄生虫产生神经毒性。氯离子的渗透性增加和神经细胞的超极化引起寄生虫的瘫痪和死亡。这些药物还可以增强其他氯离子通道的功能，包括由 GABA 控制的通道。哺乳动物通常不受到影响，是因为它们缺乏谷氨酸门控的氯离子通道，并且与其他哺乳动物氯离子通道的亲和力较低。由于这些药物通常不穿透血 - 脑屏障，因此，哺乳动物 CNS 中 GABA 门控通道不受影响。米尔贝霉素对肠道寄生虫、螨虫、蝇蛆、心丝虫微丝蚴和发育中的幼虫有活性。米尔贝霉素对吸虫或绦虫没有作用。

适应证和临床应用

米尔贝霉素被用作心丝虫的预防剂、杀螨剂和杀微丝蚴剂。它还用于控制钩虫、线虫和鞭虫的感染。它已与控制跳蚤的药物联合使用（请参阅氯芬奴隆米尔贝霉素肟）。已用高剂量治疗犬的蠕形螨感染（请参阅剂量部分）。

> #### 注意事项
>
> #### 不良反应和副作用
>
> 在 5 mg/kg 的剂量时，大多数犬耐受性良好（是心丝虫剂量的 10 倍）。当剂量为 10 mg/kg（是心丝虫剂量的 20 倍）时，它会在一些犬中引起精神沉郁、共济失调和流涎。高剂量会产生毒性，在一些米尔贝霉素可以穿过血 - 脑屏障的品种中剂量低至每天 1.5 mg/kg 也会产生毒性。敏感的品种包括柯利犬、澳大利亚牧羊犬、英国古代牧羊犬、长毛惠比特犬和喜乐蒂牧羊犬。毒性是神经毒性，症状包括精神沉郁、共济失调、视力障碍、昏迷和死亡。在某些品种中，编码膜 P- 糖蛋白泵的 MDR 基因（ABCB1 基因）发生突变，因此，对米尔贝霉素敏感。这种突变影响血 - 脑屏障的外排泵。因此，米尔贝霉素可以在易感动物的大脑中积聚。在正常动物中高剂量也可能产生类似的毒性。但是，预防心丝虫的剂量不可能产生这种作用。高剂量用于治疗蠕形螨的感染，一些犬可能会发生腹泻。
>
> #### 禁忌证和预防措施
>
> 禁用于对伊维菌素或此类其他药物敏感的犬（请参阅之前的品种列表）。从交配到断奶前 1 周每天给药 3 次进行治疗，在怀孕的母犬、胎儿或幼犬中没有任何副作用。在幼犬出生前或刚出生不久后一次性给予月剂量的 3 倍未引起副作用。米尔贝霉素通过乳汁排泄。幼犬以常规剂量的 19 倍给予米尔贝霉素出现副作用，但症状出现短暂，仅 24 ~ 48 h。
>
> 猫通常耐受性良好。用高剂量（1 ~ 2 mg/kg）治疗猫的蠕形螨病，可以观察到一些呕吐和腹泻，但神经症状很少。
>
> #### 药物相互作用
>
> 请勿与可能增加血 - 脑屏障渗透性的药物一起使用。此类药物包括 P- 糖蛋

白抑制剂,例如,酮康唑、环孢素、奎尼丁和一些大环内酯类抗生素(P-糖蛋白抑制剂列表请参见附录Ⅰ)。

使用说明

剂量因所治疗的寄生虫而异。治疗蠕形螨病每日需要的剂量要高于预防心丝虫的剂量。对于蠕形螨病使用的治疗方案是每天 1 mg/kg 直到临床治愈,然后每周 3 mg/kg 达到寄生虫学意义上的治愈。治疗时间可能很长,因为临床治愈可能需要 4 个月,寄生虫学上的治愈可能需要 8 个月。

患病动物的监测和实验室检测

在开始用米尔贝霉素治疗之前,监测犬体内心丝虫的状况。

制剂与规格

米尔贝霉素有 2.3 mg、5.75 mg、11.5 mg 和 23 mg 的片剂。在其他联合产品中也含有它(如 Trifexis 中的多杀菌素)。

稳定性和贮藏

存放在密闭容器中,并在室温下避光保存。尚未评估复合制剂的稳定性。

小动物剂量

犬

预防心丝虫和控制体内寄生虫: 0.5 mg/kg, q30 d, PO。

蠕形螨病: 2 mg/kg, q24 h, PO, 用 60 ~ 120 d, 或者每天 1 mg/kg 直至观察到临床治愈,然后每周 1 次 3 mg/kg,直至观察到寄生虫学上的治愈(刮片阴性)。

猪疥螨: 每周 2 mg/kg, PO, 用 3 ~ 5 周。

姬螯螨病: 每周 2 mg/kg, PO。

猫

心丝虫和体内寄生虫的防控: 2 mg/kg, q30 d, PO。

猫的蠕形螨病: 1 ~ 2 mg/kg, q24 h, PO。

大动物剂量

没有大动物剂量的报道。

管制信息

不确定食品生产用动物的停药时间。

矿物油（Mineral Oil）

商品名及其他名称： 通用品牌。
功能分类： 轻泻药 / 通便剂。

药理学和作用机制

矿物油是润肠通便的润滑剂。矿物油会增加粪便中的水分含量，并作为肠道内容物的润滑剂。

适应证和临床应用

口服矿物油（通过马的胃管）增强粪便的通过以治疗嵌塞和便秘。

注意事项

不良反应和副作用

尚无副作用的报道。长期使用可能会降低脂溶性维生素的吸收。

禁忌证和预防措施

通过胃管给药时要小心。意外进入肺会产生致命反应。

药物相互作用

没有药物相互作用的报道。长期使用可能抑制脂溶性维生素的吸收。

M

使用说明

使用是经验性的。没有临床结果的报道。

患病动物的监测和实验室检测

不需要特定的监测。

制剂与规格

矿物油是一种可以口服的溶液。

稳定性和贮藏

存放在密闭容器中，并在室温下避光保存。

小动物剂量

犬

每只 10 ～ 50 mL，q12 h，PO。

猫

每只 10 ～ 25 mL，q12 h，PO。

大动物剂量

马和牛

根据需要，每匹马或每头牛口服 500 ~ 1000 mL［0.5683 L（1品脱）~ 1.1365 L（1夸脱）］。每个成年马或牛最多口服 2 ~ 4 L（一般通过胃管给药）。

羊和猪

根据需要，500 ~ 1000 mL，PO。

管制信息

无可用的管制信息。由于残留风险低，无停药时间的建议。

盐酸米诺环素（Minocycline Hydrochloride）

商品名及其他名称： 美满霉素、Solodyn。
功能分类： 抗菌药。

药理学和作用机制

盐酸米诺环素为四环素类抗生素。和其他四环素类药物相似，米诺环素的作用机制是与核糖体的30S亚基结合并抑制蛋白质的合成。通常具有抑菌作用。它有广谱的抗菌活性，包括革兰氏阳性和革兰氏阴性细菌，一些原虫、立克次体和埃立克体。葡萄球菌和革兰氏阴性杆菌的耐药性可能是常见的，耐甲氧西林葡萄球菌株有些可能对多西环素不敏感但对米诺环素敏感。抗性由称为 tet 的基因介导。例如，tet（M）可阻止四环素类与核糖体结合并赋予对所有四环素类的抗性。tet（K）通过阻止进入细菌介导耐药性，并赋予对其他四环素类（而非米诺环素）的耐药性。

米诺环素还可能有一些抗炎性特性，可能对关节疾病有益。它与多西环素的药代动力学特征相似，但结合蛋白较少。马每 12 h 口服 4 mg/kg 的米诺环素产生的浓度峰值为0.6 μg/mL，半衰期约为 13 h；在 IV 给药2.2 mg/kg后，半衰期为 7.7 h。犬和猫口服后的半衰期分别为 4.1 h 和 6.3 h。犬和猫口服的吸收率分别为 50% 和 63%。

适应证和临床应用

米诺环素用于适合四环素类药物治疗的动物的细菌感染。它可能对立克次体和埃立克体感染有效。临床用途类似于多西环素。它可以替代多西环素治疗心丝虫阳性的犬，因为它有抗沃尔巴克氏体（Wolbachia）的活性。

注意事项

不良反应和副作用

给予米诺环素最常见的副作用是胃肠道问题，主要是呕吐和恶心。随着剂量增加，胃肠道反应更可能发生。另外，它在实验动物中安全使用并没有副作用。由于任何口服四环素将导致肠道菌群的改变，会增加某些动物的腹泻风险。快速IV与人的不良反应有关，但是给犬、马和猫静脉给药时，未观察到不良反应。

禁忌证和预防措施

没有针对动物特殊注意事项的报道。

药物相互作用

没有关于动物药物相互作用的报道。口服吸收可能会受到含阳离子（如钙、铝、铁和镁）的口服产品的影响。

使用说明

由于其他四环素类药物的缺乏或多西环素的高消费，米诺环素在犬、猫和马的治疗中受到越来越多的关注。犬不随食物给药是因为口服吸收更高。如果可能的话，在犬进食前至少 30 min 给予米诺环素。

患病动物的监测和实验室检测

药敏试验：敏感生物的 CLSI 耐药折点为 ≤ 0.5 μg/mL。四环素已被用作测试此类药物对其他敏感性的标记，如多西环素、米诺环素和土霉素。如果分离物对四环素敏感，那么它对米诺环素也敏感。

制剂与规格

米诺环素有 50 mg、75 mg 和 100 mg 的片剂和胶囊，以及 10 mg/mL 的风味口服悬浮液。用于注射的小瓶制剂应复溶为 5 mL，然后稀释成 500 ~ 1000 mL 进行 IV 输注。溶液可以在室温下储存 24 h。

稳定性和贮藏

存放在密闭容器中，并在室温下避光保存。请勿与其他药物混合使用。

小动物剂量

犬

在大多数犬中，5 mg/kg，q12 h，PO 就足够了。对于 MIC 值较高者需每天给予 2 次 10 mg/kg，且较高的剂量更可能发生呕吐。

如果使用 IV 给药，则剂量减少至口服剂量的一半。

猫

8.8 mg/kg（或每只猫 50 mg），PO，每天一次。

大动物剂量

马

4 mg/kg，PO，q12 h 或 2.2 mg/kg，q12 h，IV。

管制信息

不确定食品生产用动物的停药时间。

米氮平（Mirtazapine）

商品名及其他名称： 瑞美隆。

功能分类： 镇吐药。

药理学和作用机制

米氮平用作动物的镇吐药，但在人中它也具有抗抑郁和抗焦虑活性。最常用作猫的食欲刺激剂而不是镇吐药。止吐作用是通过阻滞血清素（5-HT$_3$、5-HT$_2$ 和 5-HT$_1$）受体及对 α_2-受体的拮抗作用实现的。由于它对 3 种血清素受体具有活性，它的选择性不如昂丹司琼和其他影响 5-HT$_3$ 受体的相关药物。突触前 α_2-拮抗作用增加了去甲肾上腺素能和血清素能的传递。血清素 5-HT$_2$ 和 5-HT$_3$ 受体是突触后的阻滞。食欲刺激作用最可能是通过 5-HT$_3$ 拮抗剂特性发挥的。猫高剂量（每只猫 3.75 mg）给药后半衰期为 15 h，低剂量（每只猫 1.9 mg）给药后半衰期为 9 ~ 10 h。慢性肾脏疾病的患猫体内半衰期较长（15 h），因此，需要减少这些猫的给药间隔（参见"剂量"部分）。

适应证和临床应用

米氮平主要用作猫的止吐剂和食欲兴奋剂。尽管犬中也有一些应用，但主要是个人经验。动物给予其他镇吐药（如马罗匹坦）后，减小了米氮平的用量。猫以每 48 h 每只猫 1.9 mg 的剂量给予米氮平，3 周内增加了猫的食欲、活动性和肾脏疾病患猫的体重。

注意事项

不良反应和副作用

观察到猫的副作用包括抽搐和其他异常行为。尽管该药物通过血清素能机制起作用，但 5-羟色胺综合征发生的风险较低。高剂量用于猫时可以观察到的副作用有共济失调、坐立不安、呕吐、嘶叫和心血管的影响。在人中有镇定和体重增加的报道。已经报道有一些抗组胺作用，但在人中观察到的镇定作用在动物中并不常见。如果过量或发生副作用，赛庚啶（5-羟色胺拮抗剂）可被视为拮抗剂。

禁忌证和预防措施

在动物中没有已知的禁忌证。

药物相互作用

没有关于动物药物相互作用的报道。但是，避免与选择性5-羟色胺再摄取抑制剂（SSRI）和 MAOI（如司来吉兰）一起使用。

使用说明

剂量和建议主要以猫慢性肾脏疾病的临床应用为基础。其他用途是基于个人经验，没有充分记录。

患病动物的监测和实验室检测

不需要特定的监测。

制剂与规格

米氮平有 15 mg、30 mg 和 45 mg 的片剂。这些规格中还有一种可快速崩解的片剂，在宠物的口腔中很容易溶解。

M

稳定性和贮藏

存放在密闭容器中，并在室温下避光保存。尚未评估复合制剂的稳定性。

小动物剂量

犬

0.5 mg/kg，q24 h，PO。通常每天每只犬的口服剂量范围为 3.75 ～ 7.5 mg。

猫

每只 1.9 mg，PO。每只猫每天口服的剂量范围为 3.75 ～ 7.5 mg（15 mg 片剂的 1/4 ～ 1/2）。在健康的猫中可以每天给药一次。患有慢性肾脏疾病的猫给药间隔延长至 q48 h。

大动物剂量

没有可用的大动物剂量。

管制信息

没有食品生产用动物可用的停药时间信息。

米索前列醇（Misoprostol）

商品名及其他名称： Cytotec。

功能分类： 抗溃疡药。

药理学和作用机制

米索前列醇是合成的前列腺素。它是一种合成的前列腺素 E_1（prostaglandin E_1，PGE_1）类似物，对胃肠道黏膜有细胞保护作用。它已在犬和人的应用中显示可以减少 NSAID（如阿司匹林）引起的胃肠道黏膜损伤。在犬的研究中显示米索前列醇不能有效降低皮质类固醇引起的副作用。米索前列醇还具有抗炎作用，已被用于治疗犬的瘙痒症。

适应证和临床应用

米索前列醇与 NSAID 并用时，用以降低胃肠道溃疡的风险。已经用阿司匹林的试验确定了该适应证的功效，但在动物中未用其他 NSAID 进行试验。没有证据表明它降低了其他药物（如皮质类固醇）引起的胃肠道出血症状。临床试验还显示米索前列醇治疗异位性皮炎引起的人的瘙痒症有效，尽管疗效比其他药物差。

注意事项

不良反应和副作用

副作用是由前列腺素的作用引起的。最常见的副作用是胃肠道不适、呕吐和腹泻。

禁忌证和预防措施

禁用于怀孕的动物，可能会导致流产。女性应谨慎处理这种药物，因为它会诱发流产。

药物相互作用

没有关于动物药物相互作用的报道。

使用说明

剂量和建议的根据是使用米索前列醇预防阿司匹林引起的胃肠道黏膜损伤的临床试验。

患病动物的监测和实验室检测

不需要特定的监测。

制剂与规格

米索前列醇有 0.1 mg（100 μg）和 0.2 mg（200 μg）的片剂。

稳定性和贮藏

存放在密闭容器中，并在室温下避光保存。尚未评估复合制剂的稳定性。

小动物剂量

犬

2 ~ 5 μg/kg，q12 h，PO。

特异性皮炎：5 μg/kg，q8 h，PO。

猫

剂量尚未确定。

大动物剂量

马

5 μg/kg，q8 h，PO。但是，大动物可能不接受胃肠道的副作用。

管制信息

禁用于食品生产用动物。

RCI 分类：4。

M

米托坦（Mitotane）

商品名及其他名称： Lysodren 和 op'-DDD。

功能分类： 抗肾上腺素剂。

药理学和作用机制

米托坦是一种细胞毒类药物。它与肾上腺蛋白结合，然后转化为反应性代谢物，这会破坏肾上腺皮质的束状带和网状带的细胞。肾上腺细胞的破坏是相对特定的，其破坏可能是完全的，也可能是部分的，取决于使用的剂量。如果仅破坏部分肾上腺皮质细胞，则需要重复给药或维持剂量抑制高皮质醇血症。

米托坦是一种高度亲脂性药物。没有食物时吸收差，但与食物或油一起服用时口服吸收会增强。

适应证和临床应用

米托坦主要用于治疗垂体依赖性肾上腺皮质功能亢进（pituitary-dependent hyperadrenocorticism，PDH）（库欣病）。它也已用于治疗肾上腺肿瘤。初始治疗给予负荷剂量，然后使用每周维持剂量。抑制犬皮质醇的其他药物包括酮康唑、司来吉兰和曲洛司坦。将米托坦与曲洛司坦的治疗各自进行了比较，结果表明，尽管作用机制不同，但 PDH 患犬的生存时间相似。

注意事项

不良反应和副作用

副作用（特别是在诱导期），包括嗜睡、虚弱、厌食、共济失调、精神沉郁和呕吐。如果观察到肝病的症状请停药。25% ～ 30% 的犬可能发生副作用。可以使用皮质类固醇补充剂（如氢化可的松或泼尼松龙）使副作用最小化 [泼尼松剂量 0.25 mg/(kg·d)]。治疗后一些犬的醛固酮分泌可能减少。

可能会观察到一些犬的不良神经症状，包括共济失调、顶头（head pressing）和失明。对 CNS 的影响是由于肾上腺皮质受到抑制和皮质醇缺乏反馈导致垂体增大的结果，丧失反馈控制刺激了促肾上腺皮质激素释放激素（corticotropin releasing hormone，CRH）和促肾上腺皮质激素（ACTH）分泌。

禁忌证和预防措施

除非有能力监测皮质醇血清的反应，最好是在 ACTH 刺激之后测定，否则不要给动物服用。

药物相互作用

没有关于动物药物相互作用的报道。

使用说明

剂量和频率通常以患病动物的反应为依据。通常，犬的诱导期持续 5 ～ 14 d。在诱导期间，监控耗水量、食欲和行为。初始治疗期间常见副作用。伴随食物给药会增加口服吸收。维持剂量应根据定期皮质醇测定和 ACTH 刺激试验进行调整。在 PDH 患病动物的诱导治疗期间，有时会给予 0.25 mg/kg 的泼尼松龙替代治疗。曲洛司坦（一种批准用于犬的药物）也用来替代用于犬的米托坦，且当犬对米托坦无反应或耐受时应考虑使用曲洛司坦。猫通常对米托坦治疗无反应。

患病动物的监测和实验室检测

监测诱导阶段的耗水量和食欲。监测 ACTH 反应测试以调整使用剂量。定期监测电解质，以筛选可能由肾上腺破坏（医源性肾上腺皮质功能减退）引起的高钾血症。

制剂与规格
米托坦有 500 mg 的片剂。

稳定性和贮藏
存放在密闭容器中，并在室温下避光保存。米托坦在水溶液中不稳定，在某些复合制剂中可能会失去效力。

小动物剂量
犬
PDH：50 mg/(kg·d)（分剂量），PO，用 5 ~ 14 d，然后每周 50 ~ 70 mg/kg，PO。

肾上腺肿瘤：50 ~ 75 mg/(kg·d)，用 10 d，然后每周 75 ~ 100 mg/kg，PO。

大动物剂量
没有大动物剂量的报道。

管制信息
禁用于食品生产用动物。

M

盐酸米托蒽醌（Mitoxantrone Hydrochloride）
商品名及其他名称： Novantrone。
功能分类： 抗癌药。

药理学和作用机制
米托蒽醌是一种抗癌药，其作用类似于多柔比星。和多柔比星相似，它的作用是插入 DNA 碱基之间，破坏肿瘤细胞中的 DNA 和 RNA 合成。米托蒽醌可能会影响肿瘤细胞膜。

适应证和临床应用
米托蒽醌可以用于动物的抗癌用药方案中，治疗白血病、淋巴瘤和癌。

注意事项
不良反应和副作用
与所有抗癌药一样，某些副作用是可预测且不可避免的，并且与该药物的作用有关。米托蒽醌会有骨髓抑制、呕吐、厌食和胃肠道不适的副作用，但其心脏毒性可能比多柔比星的小。

> **禁忌证和预防措施**
> 禁用于有骨髓抑制的动物。
> **药物相互作用**
> 没有关于动物药物相互作用的报道。

使用说明

米托蒽醌的恰当使用通常遵循特定的抗癌方案。列出的剂量是根据著名肿瘤学家的意见得出的，且请咨询特定的给药方案以免偏离这些建议。

患病动物的监测和实验室检测

监测 CBC 以寻找骨髓毒性的证据。

制剂与规格

米托蒽醌有 2 mg/mL 的注射剂。

稳定性和贮藏

存放在密闭容器中，并在室温下避光保存。

小动物剂量

犬

5 ～ 5.5 mg/m^2，IV，每 21 d 一次，如果犬耐受良好，则高达 6 mg/m^2。

猫

6 ～ 6.5 mg/m^2，IV，每 21 d 一次。

大动物剂量

没有大动物剂量的报道。

管制信息

不确定食品生产用动物的停药时间。由于该药物是抗癌药，禁用于拟食用动物。

米瑞他匹（Mitratapide）

商品名及其他名称： Yarvitan。
功能分类： 减肥药。

药理学和作用机制

米瑞他匹用于犬减轻体重。它与另一种用于犬肥胖的药物有关：地洛他派（Slentrol）。米瑞他匹是微粒体甘油三酸酯转运蛋白（MTP）的抑制剂。这种酶的抑制降低了肠道上皮细胞加工甘油三酯的能力。这些甘油三酯在肠道细胞中蓄积向 CNS 发送信号以抑制食欲。对犬肠道细胞的作用降低了与餐后血清甘油三酯、磷脂和胆固醇相关的膳食脂类的摄取。可以肉眼和组织病理学上观察到肠细胞内甘油三酯的蓄积。食欲降低导致体重减轻，而不是减少膳食内的脂类。它不产生直接的中枢性作用。口服米瑞他匹的生物利用度为 16% ~ 21%，高分布体积为 5 L/kg。它与蛋白质高度结合（99%）。米瑞他匹的血浆半衰期为 6.3 h，各种代谢物的血浆半衰期更长（9.8 h、11.7 h、44.7 h），其中一些代谢物是有活性的。

适应证和临床应用

米瑞他匹用于肥胖犬的体重管理。在治疗方案中体重相对有中等程度（治疗前体重的 6% ~ 7%）的减轻。在没有制订厂商概述的适当方案的情况下不得使用。应该在整个体重管理项目中使用该药物，其中还包括适当的膳食改变。在用于治疗超重或肥胖之前，请排除其他疾病，例如，甲状腺功能减退或肾上腺皮质功能亢进。目前，米瑞他匹在欧洲已获得批准，但尚未在美国获得批准。禁用于猫。

M

注意事项

不良反应和副作用

食欲减退是药物的一种作用方式。呕吐也可能作为与药物作用机制有关的常发生的副作用。恶心和腹泻也可能发生。这些症状未必需要停药，而且随着时间的推移它们可能会消失。但是，如果呕吐和恶心持续存在，则可能需要评估和调整剂量。伴随食物给药可能会减少呕吐。预期也会有肝酶的变化。可能发生与治疗相关的血清白蛋白、球蛋白、总蛋白、钙和碱性磷酸酶（ALP）的降低，而丙氨酸转氨酶（ALT）升高。也可以观察到高钾血症。这些变化的严重程度与剂量成正比。持续治疗后，这些变化可能会恢复正常。脂溶性维生素 A 和脂溶性维生素 E 的吸收可能降低。这些维生素吸收的降低没有临床意义。

禁忌证和预防措施

禁用于猫。禁用于有肝病的犬。禁用于怀孕和哺乳期间或年龄小于 18 个月的年轻犬。人禁止服用这种药物。

药物相互作用

没有药物相互作用的报道。它与 NSAID 和 ACE 抑制剂同时用药是安全的。

使用说明

为了正确使用该药物，必须遵循特定的方案（请参阅"剂量"部分）。如果不能维持饮食的减少且不限制饮食，则动物在停止治疗后将恢复体重。

为了避免这种反弹的体重增加，在该产品治疗结束后，继续使用维持方案饲喂很重要。随食物给药。与高脂肪含量的饮食相比，低脂肪饮食的犬食欲抑制作用较小。

患病动物的监测和实验室检测

监测患病动物的体重。监测血液生化指标以查看肝酶的升高及白蛋白和电解质的降低。

制剂与规格

米瑞他匹有 5 mg/mL 的口服溶液。

稳定性和贮藏

存放在密闭容器中，并在室温下避光保存。打开后，保质期为 3 个月。请勿冷藏。

小动物剂量

犬

0.63 mg/kg，每天一次（每 8 kg 体重用 1 mL 产品）。该剂量服用两个 21 d 的周期，两个周期停药间隔为 14 d。在治疗过程中给动物称重很重要。在第 1 天和第 35 天（即每个治疗期开始时）给犬称重。在第一期 21 d 治疗期间，不改变食物的量。之后，根据普通宠物食品或低热量（日粮）宠物食品的维持能量需求调整食物量。停止治疗后可以继续使用较低剂量的药物。

猫

禁用。

大动物剂量

没有大动物剂量的报道。

管制信息

不确定食品生产用动物的停药时间。该药物禁用于拟食用动物。

硫酸吗啡（Morphine Sulfate）

商品名及其他名称：通用品牌、MS Contin 缓释片、Oramorph SR 缓释片和通用品牌缓释片。

功能分类：镇痛药、阿片类药物。

药理学和作用机制

硫酸吗啡是阿片类激动剂、镇痛药，是其他阿片类激动剂的原型。吗

啡的作用是与神经 μ-阿片受体和 κ-阿片受体结合，并抑制参与疼痛刺激传递的神经递质（如 P 物质）的释放。吗啡还可能抑制某些炎性介质的释放。CNS 效应和兴奋性与大脑中的 μ-受体效应有关。动物中使用的其他阿片类药物和类阿片药物包括氢吗啡酮、可待因、羟吗啡酮、哌替啶和芬太尼。已经在大多数物种中研究了药代动力学。在马中，半衰期短（1.5 ~ 3 h），清除率高［30 ~ 35 mL/(kg·min)］。在猫中，半衰期为 76 min（IV）和 93 min（IM）。在猫中的清除率为 24 mL/(kg·min)。在犬中，半衰期也很短（1.2 h），清除率很高［60 mL/(kg·min)］。犬口服吗啡制剂的生物利用度较差，可能无效。

适应证和临床应用

吗啡适用于短期镇痛、镇定，以及作为麻醉的辅助药物。它与大多数麻醉药兼容，可以用作多模式镇痛 / 麻醉途径的一部分。给予吗啡可能会降低其他麻醉药和镇痛药所需的剂量。吗啡已在动物中用于治疗肺水肿。据推测，这种作用归因于动物的血管舒张和前负荷减小。尽管在犬中已使用了口服吗啡（定期和持续释放），但其吸收较差且不一致。治疗犬严重的疼痛不应依赖口服制剂。吗啡口服给药尚未在猫中进行研究。在猫中能使用注射剂，但通常要比犬的剂量低，以防兴奋。在马中很少单独使用吗啡或不与其他镇定药合用，因为马在镇痛所需的剂量下可能会发生不良行为和心血管效应。马使用剂量为 0.3 ~ 0.6 mg/kg 时，自发运动明显增多、产生兴奋性、胃肠道运动性降低；剂量为 1.0 mg/kg 时产生急腹痛；2.4 mg/kg 时发生严重的共济失调和倒地；使用低剂量 0.1 ~ 0.2 mg/kg 时不会产生急腹痛、兴奋或胃肠道副作用，但该剂量不足以产生镇痛作用。

注意事项

不良反应和副作用

和所有阿片类药物相似，吗啡的副作用是可预见且不可避免的。吗啡给药的副作用包括镇定、呕吐、便秘、尿潴留和心动过缓。由于体温调节的改变，犬可能会发生气喘。吗啡给药会引起组胺的释放，但这在使用其他阿片类药物时发生的可能性较小。在某些动物中会发生兴奋性，且在猫和马中更常见。高剂量用药会发生呼吸系统的抑制。与其他阿片类药物一样，预期心率会略有下降。在多数病例中，不必使用抗胆碱能药物（如阿托品）来治疗这种下降，但应该对其进行监测。长期给药会产生耐受性和依赖性。在马中，给药剂量为 0.5 mg/kg 时可引起肠梗阻、便秘和 CNS 刺激（扒地和溜蹄走）。马在快速 IV 给阿片类药物会发生不良甚至危险的行为，马也会发生肌肉抽搐、肌束震颤和出汗。如果用于马，则应给予麻醉前用药乙酰丙嗪或 α_2- 激动剂。

禁忌证和预防措施

吗啡是 Schedule II 类管制药物。猫和马比其他物种对兴奋性更敏感。

药物相互作用

和其他阿片类药物相似，它将增强引起 CNS 抑制的其他药物的作用。

使用说明

吗啡的作用取决于给药剂量。低剂量（0.1 ~ 0.25 mg/kg）产生轻度镇痛。高剂量（最高 1 mg/kg）产生更强的镇痛作用和镇定。通常，吗啡可 IM、IV 或 SQ 给药。吗啡也可以使用 CRI，并且下文引用的剂量可以产生治疗范围内的吗啡浓度。口服吗啡有缓释制剂可用，但口服剂量可能变化很大且不一致。硬膜外给药已用于手术操作。联合方案包括 MMK，即吗啡（0.2 mg/kg）+ 美托咪定 60 μg/kg（或右美托咪定）+ 氯胺酮（5 mg/kg），全部混合在一个注射器中，肌肉内给药可产生短时间（约 120 min）的镇痛和麻醉作用。另一种混合物是 MLK，它是由吗啡（或芬太尼）、利多卡因和氯胺酮组成的（请参阅"剂量"部分）。

患病动物的监测和实验室检测

监测患病动物的心率和呼吸。尽管由阿片类药物引起的心动过缓很少需要治疗，但如有必要，可以给予阿托品。如果发生严重的呼吸抑制，则可使用纳洛酮逆转阿片类药物的作用。

制剂与规格

吗啡有 1 mg/mL、2 mg/mL、4 mg/mL、5 mg/mL、8 mg/mL、10 mg/mL、15 mg/mL、25 mg/mL 和 50 mg/mL 的注射剂（最常见的为 15 mg/mL）；15 mg 和 30 mg 的片剂；15 mg、30 mg、60 mg、100 mg 和 200 mg 的缓释片剂（MS Contin，Oramorph SR 或通用品牌）。五水合吗啡（Avinza）有 60 mg 的胶囊。

稳定性和贮藏

存放在密闭容器中，并在室温下避光保存。硫酸吗啡微溶于水，可溶于乙醇。在 pH < 4 时更稳定。如果与高 pH 的溶媒混合，会发生氧化，从而使制剂变黑（棕黄色）。可以将溶液重新包装在塑料注射器中，并保持稳定 70 d。如果与氯化钠（0.9%）混合用于硬膜外注射，则可稳定 14 周。防止冷冻。

小动物剂量
犬

镇痛：0.5 mg/kg，q2 h，IV 或 IM。但是，也曾使用 0.1 ~ 1 mg/kg 的剂量范围，IV、IM 或 SQ，q4 h（剂量根据需要逐步增加）。

CRI：IV 的负荷剂量为 0.2 mg/kg，随后为 0.1 mg/(kg·h)。更加严重的疼痛，负荷剂量可以增加到 0.3 mg/kg，然后用 0.17 mg/(kg·h) 的剂量。在实验犬中曾使用的负荷剂量高达 0.6 mg/kg，然后为 0.34 mg/kg，IV。

口服剂量：不应使用常规药片。缓释片剂的使用剂量为每只犬 15 mg 或 30 mg，q8 ~ 12 h，PO，但研究表明，犬对这些片剂的吸收不一致，且吸收不良。

硬膜外：0.1 mg/kg。

MLK 的联合：混合为 100 mg/mL 的氯胺酮（每 500 mL 液体加 1.6 mL）+ 20 mg/mL 的利多卡因（每 500 mL 液体加 30 mL）和 15 mg/mL 的吗啡（每 500 mL 液体加 1.6 mL），以吗啡 0.24 mg/(kg·h)、利多卡因 3 mg/(kg·h) 和氯胺酮 0.6 mg/(kg·h) 的速率输注，作为围手术期镇痛的 CRI 给药。

猫

镇痛：0.1 ~ 0.2 mg/kg，IM、IV 或 SQ，q3 ~ 6 h（或根据需要）。

CRI：负荷剂量为 0.2 mg/kg，IV，然后是 0.05 ~ 0.1 mg/(kg·h)，IV。

硬膜外：0.1 mg/kg 盐水稀释至 0.3 mL/kg。

大动物剂量
马

对于轻度化学保定，请使用 0.3 ~ 0.5 mg/kg，IV；对于更严重的疼痛，请使用 0.5 ~ 1 mg/kg，IV 或 IM。缓慢 IV 给药。吗啡可能导致马的兴奋性，建议先使用 α$_2$-激动剂或其他镇定药。

关节内（使用无防腐剂的溶液）：0.05 mg/kg，首先从初始浓度为 20 mg/mL 的溶液开始，然后在生理盐水中稀释至 5 mg/mL，并按每 100 kg 体重每关节 1 mL 的剂量给药。

反刍动物

在反刍动物中使用吗啡的好处是有争议的。但是，0.05 ~ 0.1 mg/kg，IV 和最高 0.4 mg/kg，IV，已用于疼痛治疗和围手术期。

管制信息
Schedule Ⅱ类管制药物。
避免用于拟食用动物。
RCI 分类：1。

莫昔克丁（Moxidectin）

商品名及其他名称：ProHeart（犬）、Coraxis、Quest（马）和 Cydectin（奶牛和绵羊）。

功能分类：抗寄生虫。

药理学和作用机制

莫昔克丁是米尔贝霉素类的抗寄生虫药。阿维菌素（类似伊维菌素的药物）和米尔贝霉素（米尔贝霉素和莫昔克丁）是大环内酯类药物，具有相似之处，包括作用机制在内。与伊维菌素相比，莫昔克丁的亲脂性高 100 倍。这些药物通过增强寄生虫体内谷氨酸门控的氯离子通道，对寄生虫产生神经毒性。对氯离子的渗透性增加和神经细胞的超极化引起寄生虫的瘫痪和死亡。这些药物还可以增强其他氯离子通道的功能，包括由 GABA 门控的通道，但是 GABA 介导的机制对于寄生虫可能并不重要。哺乳动物通常不受到影响，是因为它们缺乏谷氨酸门控的氯离子通道，并且与其他哺乳动物氯离子通道的亲和力较低。由于这些药物通常不穿透血 - 脑屏障，因此，哺乳动物 CNS 中 GABA 门控通道不受影响。莫昔克丁对肠道寄生虫、螨虫、蝇蛆、心丝虫微丝蚴和发育中的幼虫有活性。莫昔克丁对吸虫或绦虫没有作用。一种马的制剂还包含吡喹酮，用来控制其他寄生虫。

适应证和临床应用

莫昔克丁用于预防犬的心丝虫（犬恶丝虫）感染。它也可以用于治疗和控制犬的钩虫、狭头钩刺线虫、犬弓首蛔虫、狮弓蛔虫、犬鞭虫（狐毛尾线虫）。莫昔克丁也已用于治疗犬的蠕形螨感染。它用于预防猫的犬恶丝虫引起的心丝虫病，治疗和控制肠道线虫（猫弓首蛔虫）和钩虫（管形钩虫）。它可用于治疗马的多种寄生虫，包括大型圆线虫（寻常圆线虫成虫和 L4/L5 的动脉发育期、无齿圆线虫成虫和组织内发育期、对短尾三齿线虫成虫和锯齿三齿线虫成虫）、小型圆线虫（盅口线虫成虫、杯环线虫、杯冠线虫、冠环线虫和盅口辐首线虫）。它也可用于治疗小型圆线虫，包括幼虫在内。它用于治疗蛔虫，包括马副蛔虫（成虫和 L4 期幼虫）、蛲虫［马蛲虫（成虫和 L4 幼虫）］、毛圆线虫（艾氏毛圆线虫成虫）、大口胃线虫（绳柔线虫成虫）和马胃蝇蛆（马肠胃蝇第二和第三期幼虫和鼻胃蝇第三期幼虫）。一次用药还可以抑制圆线虫产卵 84 d。某些马的制剂也包含吡喹酮。这会增加抗虫谱，从而包含其他肠道寄生虫，如绦虫。

莫昔克丁注射剂用于治疗牛的肠道线虫（奥氏奥斯特线虫成虫和受抑制的第四期幼虫）、柏氏血矛线虫成虫，艾氏毛圆线虫成虫、蛇形毛圆线虫

M

第四期幼虫、节状古柏线虫成虫、匙形古柏线虫成虫和第四期幼虫、茹拉巴德古柏线虫成虫和第四期幼虫、结节食道口线虫成虫和第四期幼虫、毛首线虫成虫、肺线虫（胎生网尾线虫成虫和第四期幼虫）、蛆（牛皮蝇和纹皮蝇）、螨虫［绵羊痒螨（普通痒螨牛变种）］和虱子（牦颚虱和牛虱子）。一次注射将保护牛42 d不被胎生网尾线虫和结节食道口线虫再次感染，35 d不被柏氏血矛线虫再次感染，14 d不被奥氏奥斯特线虫和艾氏毛圆线虫再次感染。口服溶液制剂用于治疗和控制绵羊多种寄生虫的成虫和L4期幼虫，包括捻转血矛线虫、环纹背带线虫、三叉背带线虫、艾氏毛圆线虫、蛇形毛圆线虫、透明毛圆线虫、短古柏线虫、节状古柏线虫、哥伦比亚肠结节虫、山羊肠结节虫、巴氏细颈线虫、尖刺细颈线虫和钝刺细颈线虫。

注意事项

不良反应和副作用

毒性是谷氨酸门控的氯离子通道和GABA通道增强导致膜超极化的结果。高剂量用药和莫昔克丁穿透血-脑屏障的品种可能会发生毒性。敏感的品种可能包括柯利犬、澳大利亚牧羊犬、英国古代牧羊犬、长毛惠比特犬和喜乐蒂牧羊犬。毒性是神经毒性，体征包括精神沉郁、共济失调、视力障碍、昏迷和死亡。特定品种对莫昔克丁敏感，这是因为编码膜泵P-糖蛋白的ABCB1基因发生突变。这种突变影响血-脑屏障的外排泵。使用高剂量的莫昔克丁治疗犬的蠕形螨病时可能会发生副作用。这些副作用包括嗜睡、食欲减退、呕吐和SQ注射部位的病变。高剂量用药的犬更有可能产生毒性。每月1次以标签剂量的5倍（15 μg/kg）在对伊维菌素敏感的柯利犬中安全地给予莫昔克丁。但是，以单剂量90 μg/kg（标签剂量的30倍）给予敏感的柯利犬，有1/6的犬会发生共济失调、嗜睡和流涎。以30 μg/kg、60 μg/kg和90 μg/kg的剂量用于对伊维菌素敏感的柯利犬（标签剂量的10倍、20倍和30倍），未观察到副作用。尽管如此，在对先前列出的敏感品种给予莫昔克丁时还需谨慎。由于担心6个月的可注射制剂（ProHeart 6）对犬产生的不良反应和死亡，该产品暂时停产。通过重新配制产品解决了安全问题，该产品现已上市。莫昔克丁标签剂量的3倍用于马是安全的。然而，已经有年轻马治疗后（小于6个月）发生副作用（共济失调、精神沉郁和嗜睡）或虚弱的报道。在马中报道的其他副作用包括镇定、虚弱、心动过缓、呼吸困难、昏迷和抽搐。

动物的神经毒性引发的抽搐可以用地西泮、巴比妥类药物或丙泊酚治疗。

禁忌证和预防措施

禁用于小于2月龄的犬。犬长效制剂ProHeart 6暂时中止，且在重新配制后引入。尽管"不良反应和副作用"部分列出了安全的边缘，但在对伊维菌素敏感的品种使用高剂量莫昔克丁时，仍应谨慎。受影响的品种可能包括柯利犬、澳大利亚牧羊犬、英国牧羊犬、长毛惠比特犬和喜乐蒂牧羊犬。不建议对不足 6 月龄的马驹进行给药。请勿将泼洒制剂用于小动物。在怀孕和哺乳期间，它已在母猫和幼猫中安全使用。

药物相互作用

请勿与可能增加伊维菌素穿透血 - 脑屏障的药物一起使用。这类药物包括酮康唑、伊曲康唑、环孢素和钙通道阻滞剂（请参阅附录 I）。

使用说明

如果考虑将牛或马的制剂用于小型动物，则应谨慎使用。由于这些制剂是高度浓缩的，可能会导致药物过量中毒。

患病动物的监测和实验室检测

开始治疗前应检查动物的心丝虫状况。

制剂与规格

莫昔克丁有 30 μg、68 μg 和 136 μg 的犬用片剂；20 mg/mL 的马用口服凝胶；5 mg/mL 的牛用泼洒剂；1 mg/mL 的绵羊用口服溶液；10 mg/mL 的牛用注射剂和 Quest 2% 马用凝胶（20 mg/mL）。马用的 Quest Plus 凝胶含 20 mg/mL（2%）的莫昔克丁 +125 mg 吡喹酮（12.5%）。为期 6 个月的可注射制剂（ProHeart 6）由两个独立的小瓶组成：一个包含 10% 莫昔克丁微球，另一个包含制成莫昔克丁微球的载体。制成的缓释悬浮液每毫升包含 3.4 mg 的莫昔克丁。犬用的 2.5%（25 mg/mL）Advantage Multi 制剂包含 25% 吡虫啉。猫用的 1%（10 mg/mL）Advantage Multi 制剂包含 10% 吡虫啉。

稳定性和贮藏

存放在密闭容器中，并在室温下避光保存。尚未评估复合制剂的稳定性。

小动物剂量

犬

心丝虫预防：3 μg/kg，PO，q30 d。每月心丝虫（犬恶丝虫）预防（Advantage Multi）的局部用药 2.5 mg/kg。

心丝虫预防（长效注射剂）：单剂量 0.17 mg/kg（170 μg/kg），SQ。

体内寄生虫控制：25 ~ 300 μg/kg。

猪疥螨：200 ~ 250 μg/kg（0.2 ~ 0.25 mg/kg），PO 或 SQ，每周 1 次，用 3 ~ 6 周。

蠕形螨病：200 μg/kg，SQ，每周或每隔 1 周使用 1 ~ 4 剂，或者，更高剂量 400 μg/(kg·d)，PO。高剂量用于顽固性蠕形螨病例，剂量为 500 μg/(kg·d) [0.5 mg/(kg·d)]，PO，持续 21 ~ 23 周，或者 0.5 ~ 1.0 mg/kg，SQ，q72 h，持续 21 ~ 22 周。蠕形螨病的治疗时间是不同的。直到获得两次蠕形螨皮肤刮片检查阴性方可停止治疗。

猫

Advantage Multi 局部使用预防心丝虫即每 30 d 局部使用 1 mg/kg 莫昔克丁。

大动物剂量

马

胃肠道寄生虫：0.4 mg/kg，PO，避免在幼小的马、小型矮种马或虚弱的马中使用。

牛

0.2 mg/kg，SQ，1 次。

肠道寄生虫、肺线虫、螨虫、蛆和虱子：局部治疗（泼洒）0.5 mg/kg [0.23 mg/0.453 kg（1 lb）或 45 mL 每 454 kg（1000 lb）]。从鬐甲处到尾尖沿体中线局部泼洒。避免接触人皮肤和其他动物。

羊

口服 1 mg/mL 的口服溶液，1 mL/5 kg [每 11 lb 1 mL 或 0.2 mg/kg]。

管制信息

禁用于拟食用的马匹。

牛的停药时间（肉）：21 d。

绵羊的停药时间（肉）：7 d。

山羊的停药时间（肉）：14 d。

尚未确定牛奶保留时间。请勿在繁殖年龄的雌性奶牛中使用。禁用于给人供应羊奶的雌性绵羊。请勿在小肉牛中使用。

莫西沙星（Moxifloxacin）

商品名及其他名称：Avelox。
功能分类：抗菌药。

药理学和作用机制

莫西沙星是氟喹诺酮类抗菌药。与其他喹诺酮类药物一样，莫西沙星抑制 DNA 促旋酶，并阻止细菌细胞的 DNA 和 RNA 合成。莫西沙星具有广泛的杀菌活性。它的化学结构与旧的兽用氟喹诺酮类药物（8-甲氧基取代）略有不同。这种修饰的结果是，新一代药物（如莫西沙星）对革兰氏阳性菌和厌氧菌的活性高于兽用的氟喹诺酮类（恩诺沙星、奥比沙星和麻保沙星）。已批准的有相似抗菌谱的兽药是普多沙星。在某些适应证中，可用普多沙星代替莫西沙星用于动物。

适应证和临床应用

莫西沙星虽然是一种人用药，但已用于小型动物，治疗其他药物难治的感染，包括皮肤感染、肺炎和软组织感染。抗菌谱可能包括对其他喹诺酮类耐药的革兰氏阳性球菌和厌氧菌。由于初次使用，首选其他兽用氟喹诺酮类药物（恩诺沙星、奥比沙星和麻保沙星），莫西沙星不常用。在小动物中应用的数据稀少，治疗方案主要是从人标签推断而来的。在马的给药剂量为 5.8 mg/(kg·d)，用 3 d。尽管马的药代动力学是有利的，但它有导致腹泻的风险。

注意事项

不良反应和副作用

高浓度可能引起 CNS 毒性，尤其是在患有肾脏疾病的动物中。莫西沙星偶尔引起呕吐。所有的氟喹诺酮类药物都可能在幼年动物中引起关节病。犬在 4~28 周龄时最敏感。大型且快速生长的犬最易感。高剂量莫西沙星会引起马的腹泻，不建议常规使用。高剂量莫西沙星引起剂量相关性的 Q-T 间期延长。观察到动物这种状况的临床结果尚不清楚。

禁忌证和预防措施

由于软骨受伤的风险，避免在幼小动物中使用。在易发生抽搐的动物中谨慎使用。有腹泻的风险，因而避免用于马、啮齿动物和兔子。

药物相互作用

如果同时使用氟喹诺酮类药物，可能会增加茶碱的浓度。与二价和三价阳离子［如含有铝（如硫糖铝）、铁和钙的产品］共同给药可能会降低麻保沙星的吸收。请勿在溶液或小瓶中与铝、钙、铁或锌混合，因为可能会发生螯合。

使用说明

剂量以达到高于 MIC 值的足够血浆浓度所需的血浆浓度为基础。尚未在犬或猫中进行效果研究。

患病动物的监测和实验室检测

药敏试验：敏感生物的 CLSI 耐药折点 ≤ 1.0 μg/mL。肠杆菌科最敏感的革兰氏阴性菌的 MIC 值 ≤ 0.1 μg/mL。

制剂与规格
莫西沙星有 400 mg 的片剂。

稳定性和贮藏
存放在密闭容器中，并在室温下避光保存。请勿与含有离子的产品（铁、铝、镁和钙）混合使用。

小动物剂量
犬和猫
10 mg/kg，q24 h，PO。

大动物剂量
马
5.8 mg/kg，q24 h，用 3 d，但可以引起腹泻，长期使用可能会有风险。

管制信息
没有停药时间，因为该药物禁用于食品生产用动物。

霉酚酸酯（Mycophenolate Mofetil）
商品名及其他名称： CellCept。
功能分类： 免疫抑制剂。

药理学和作用机制
霉酚酸酯是代谢为霉酚酸（mycophenolic acid，MPA）的酯前体药物。它用于抑制移植后的免疫力和免疫介导性疾病的治疗。霉酚酸酯代谢成 MPA 后，会抑制肌苷单磷酸脱氢酶（inosine monophosphate dehydrogenase，IMPDH），它是免疫细胞，尤其是激活的淋巴细胞中嘌呤从头合成的重要酶。T-淋巴细胞和 B-淋巴细胞极其依赖嘌呤核苷酸的从头合成。因此，它可有效抑制 T-细胞和 B-细胞的增殖，并减少 B-细胞抗体的合成。在人中，它用作硫唑嘌呤的替代品，并主要用于接受肝或肾移植的患者的免疫抑制，但仍在探索其他用途。它通常与糖皮质激素/环孢素一起联合使用。在犬中的半衰期仅为 45 min，但代谢物的半衰期更长，为 2.2 ~ 4.6 h，某些犬的代谢物半衰期长达 8 h。

适应证和临床应用
霉酚酸酯用于治疗动物的免疫介导性疾病。在其他药物（如硫唑嘌呤、苯丁酸氮芥或糖皮质激素）无法单独缓解免疫介导性疾病时，通常将其用作兽药（主要是犬和猫）。霉酚酸酯已在有限的基础上用于治疗犬的某些免疫介导性疾病，例如，再生障碍性贫血、免疫介导性溶血性贫血和自身免疫性皮肤疾病。这些疾病的治疗反应基于个人经验，并且是多变的。在犬中，活性代谢产物（MPA）的浓度变化很大，这可能解释了在犬中观察到的多变结果。神经科医生已将其用于治疗重症肌无力，但一项临床报告表明该疗法无效。根据霉酚酸酯在犬中的药代动力学研究，其清除速度很快（半衰期少于1 h），这可能需要频繁给药才能成功地治疗。对于PF的治疗，剂量为22 ~ 39 mg/(kg·d)，分为3次给药。它具有良好的耐受性，但8只犬中仅有3只犬完成了研究并得到了改善。硫唑嘌呤更常用作免疫抑制剂。在猫中的使用很有限，并且仅基于少量病例研究或个人经验报道。它已用于猫的一些免疫介导性疾病，疗效不确定。

注意事项

不良反应和副作用

在犬中，胃肠道问题（腹泻、体重减轻、厌食和呕吐）是报道中最常见的副作用，这可能是由直接作用于肠道黏膜引起的。在10 mg/kg的低剂量时，它可能无效，但随着剂量增加至30 mg/kg时胃肠道的不良反应更常见（恶心、腹泻、体重减轻）。猫在10 mg/kg，PO，q12 h的给药方案时耐受性良好。

禁忌证和预防措施

霉酚酸酯是一种免疫抑制药物。接受霉酚酸酯治疗的患者更容易发生感染。

药物相互作用

已经报道了一些影响人口服生物利用度的药物相互作用（如抗生素、环孢素、抗酸药），但是在动物中尚未认识到这些药物相互作用。它经常与皮质类固醇一起使用。

使用说明

霉酚酸酯用于某些不能耐受其他免疫抑制药物（如硫唑嘌呤或环磷酰胺）的患者。它已与皮质类固醇和环孢素联合应用。

患病动物的监测和实验室检测

监测患病动物发生感染的症状。给予免疫抑制药物时应定期监测CBC。

制剂与规格

霉酚酸酯有250 mg和500 mg的胶囊。

稳定性和贮藏

存放在密闭容器中，并在室温下避光保存。微溶于水。在低 pH（＜4）时更稳定。它可以用糖浆制备悬浮液用于调味，保持稳定 121 d。

小动物剂量

犬

10 mg/kg，q8 h，PO 或 20 mg/kg，q8 ～ 12 h，PO（随着剂量增加，副作用更常见）。

猫

10 mg/kg，q12 h，PO。

大动物剂量

没有大动物剂量的报道。

管制信息

没有停药时间，因为该药物禁用于食品生产用动物。

盐酸纳洛酮（Naloxone Hydrochloride）

商品名及其他名称：Narcan 和 Trexonil。
功能分类：阿片拮抗剂。

药理学和作用机制

盐酸纳洛酮是阿片拮抗剂。纳洛酮竞争性与阿片受体结合，并从这些受体上取代阿片类药物，从而起到逆转作用。纳洛酮能够拮抗所有阿片受体。

适应证和临床应用

纳洛酮用于逆转阿片激动剂对受体的作用。纳洛酮用于逆转过量或中毒。它可逆转吗啡、羟吗啡酮、布托啡诺、氢吗啡酮和其他阿片类药物的作用。由于丁丙诺啡是一种部分激动剂，因此，对丁丙诺啡的逆转效果较差。当使用纳洛酮逆转阿片类药物的作用时，可以逐步滴定以达到最佳的逆转用量。

完全逆转的剂量通常为 0.04 mg/kg（40 μg/kg），但可能不需要如此高的剂量，通常建议使用较小的剂量（产生部分逆转）。低剂量（完全逆转阿片制剂所需剂量的 1/5）已被用于治疗阿片类药物引起的副作用，如呕吐、恶心和烦躁不安（这种使用被称为微剂量）。用于野生动物的制剂（曲克西尼）是更浓缩的，用于逆转野生动物的镇静作用。纳洛酮对行为改善（如抑制强迫症）可能有一些暂时的好处，但这种作用是短期的。例如，它可以暂时减少马的咬槽行为，但持效时间较短。

注意事项

不良反应和副作用

在人中报道了心动过速和高血压。动物中阿片类药物的逆转可能导致严重的反应，包括高血压、兴奋、疼痛、心动过速和心律失常。对于这些反应，通常建议不要完全逆转，除非威胁生命时需要完全逆转。

禁忌证和预防措施

由于内源性阿片类药物的阻滞，对正在经历疼痛的动物给药将引发极端反应。

药物相互作用

纳洛酮会逆转其他阿片类药物的作用。

使用说明

给药可能必须根据每个患病动物的反应进行个性化设置。纳洛酮在动物体内的作用持效时间很短（60 min），可能必须重复给药。从最低剂量开始，增加剂量以达到效果。与逆转纯激动剂的药物相比，可能需要更高的剂量来逆转混合激动剂/拮抗剂（如布托啡诺或丁丙诺啡）。低剂量可用于减轻动物由阿片类药物引起的烦躁不安。该用途从 0.04 mg/mL 的溶液开始，并用每 30 s 增加 1 mL 的增量给药，直到嘶叫或烦躁不安的症状停止。为此目的，可给 0.01 mg/kg，IV，不会失去镇痛药作用。1 mL（0.4 mg）纳洛酮的剂量将逆转 1.5 mg 羟吗啡酮、15 mg 吗啡、100 mg 哌替啶和 0.4 mg 芬太尼的作用。

患病动物的监测和实验室检测

纳洛酮用于逆转阿片类镇痛药的作用。当某些动物的阿片类药物作用被逆转时，可能会发生严重的反应。在某些患病动物中可能会导致血压变化、心动过速和不适。

制剂与规格

纳洛酮有 0.4 mg/mL 或 1 mg/mL 的带防腐剂的小瓶装注射剂，有不带防腐剂的 0.02 mg（20 μg）/mL，0.4 mg/mL 或 1 mg/mL 的注射剂，以及 50 mg/mL 的曲克西尼。

稳定性和贮藏

静脉使用时可以用其他液体稀释。IV 输注时可以将其添加到 0.9% 氯化钠溶液或 5% 葡萄糖溶液中。将 2 mg 纳洛酮和 500 mL 的液体混合配制为 4 μg/mL 的溶液。稀释后应在 24 h 内使用。请勿与其他碱性药物或溶液混合。存放在密闭容器中，并在室温下避光保存。

小动物剂量
犬和猫
0.01 ~ 0.04 mg/kg，IV、IM 或 SQ，根据需要逆转阿片类药物的作用。

低剂量可部分逆转烦躁不安的反应：根据需要每 30 秒给药 1 mL（0.04 mg/mL 溶液）。

大动物剂量
马
0.02 ~ 0.04 mg/kg，IV（作用持效时间仅为 20 min）。

管制信息
没有确定停药时间。预期纳洛酮给药后会快速清除。由于残留风险低，建议的停药时间短（24 ~ 48 h）。

RCI 分类：3。

纳曲酮（Naltrexone）

商品名及其他名称：Trexan、Vivitrol。

功能分类：阿片拮抗剂。

N

药理学和作用机制
纳曲酮为阿片拮抗剂。纳曲酮竞争性结合阿片受体，从这些受体上取代阿片类药物，从而发挥逆转作用。它能够拮抗所有阿片受体。它的作用与纳洛酮相似，只是它的作用时间更长，并且可以口服。一种不具有中枢作用的相关药物是甲基纳曲酮（用于治疗肠梗阻）。在人中，有一种微球配制的长效注射剂，在单次注射后作用可持续 1 个月。长效形式尚未在动物中使用。

适应证和临床应用
纳曲酮用于治疗人的阿片类药物依赖性和酗酒。在动物中，一些强迫症被认为是由内源性阿片类介导的。它已成功用于治疗某些强迫性行为障碍，如犬的追尾、犬舔舐性肉芽肿和马的咬槽癖，对这些疾病的效果都是短暂的。

> **注意事项**
>
> **不良反应和副作用**
>
> 尚无动物方面副作用的报道。在人中，它可能会引起阿片类药物的戒断症状。
>
> **禁忌证和预防措施**
>
> 请勿给予疼痛中的动物，否则可能引起严重的反应。
>
> **药物相互作用**
>
> 纳曲酮会逆转其他阿片类药物的作用。

使用说明

对于治疗急性的阿片类药物中毒，请改用纳洛酮，因为它可以注射且更快起效。有纳曲酮治疗动物强迫症（犬的强迫症障碍）的报道。复发率可能很高。

患病动物的监测和实验室检测

监测治疗动物的心率。

制剂与规格

纳曲酮为 50 mg 的片剂。Vivitrol 是一种人用的包被微球制剂，注射可以产生长效作用（每月注射 1 次）以治疗药物依赖。一个 4 mL 小瓶注射剂中包含 380 mg 微球，用于 IM。

稳定性和贮藏

存放在密闭容器中，并在室温下避光保存。纳曲酮可溶于水。它已与果汁和糖浆混合以掩盖苦味，并且在 60 ~ 90 d 内保持稳定。

小动物剂量
犬

行为问题：2.2 mg/kg，q12 h，PO。

大动物剂量
马

咬槽癖：0.04 mg/kg，IV 或 SQ（由于注射制剂不可用，因此，本适应证必须使用复合制剂）。效果持效时间为 1 ~ 7 h。

逆转阿片类药物：每只动物 100 mg，IV 或 SQ（由于注射制剂不可用，因此，本适应证必须使用复合制剂）。

管制信息

不确定食品生产用动物的停药时间。用阿片类药物捕获并给予纳曲酮逆转的野生动物，建议停药时间为 45 d。

RCI 分类：3。

癸酸诺龙（Nandrolone Decanoate）

商品名及其他名称： Deca-Durabolin。
功能分类： 激素、合成代谢药。

药理学和作用机制

癸酸诺龙是合成代谢类固醇。诺龙是一种睾酮的衍生物，用作合成代谢药。合成代谢药旨在使合成代谢作用最大化，同时最小化雄激素的作用。

适应证和临床应用

合成代谢药已用于逆转分解代谢的状况，促进体重增加，使动物的肌肉发达和刺激红细胞生成。在动物中报道合成代谢类固醇的疗效没有差异。

注意事项

不良反应和副作用

合成代谢类固醇的副作用可归因于这些类固醇的药理作用。雄性化效应增加是常见的。在人中，某些肿瘤的发病率升高。一些 17α- 甲基化的口服合成代谢类固醇（羟甲烯龙、司坦唑醇和氧雄龙）与肝毒性有关。

禁忌证和预防措施

肝病患病动物慎用。请勿在怀孕的动物中使用。

药物相互作用

没有药物相互作用的报道。

使用说明

尚无在动物中临床研究结果的报道。动物中诺龙的使用（和剂量）基于在人中的使用经验或在动物中使用的个人经验。

患病动物的监测和实验室检测

监测已治疗患病动物的肝酶。

制剂与规格

癸酸诺龙有 50 mg/mL、100 mg/mL 和 200 mg/mL 的注射剂。

稳定性和贮藏

存放在密闭容器中，并在室温下避光保存。尚未评估复合制剂的稳定性。

小动物剂量

犬

每周 1 ~ 1.5 mg/kg，IM。

猫

每周 1 mg/kg，IM。

大动物剂量

马

1 mg/kg，每 4 周，IM。

管制信息

Schedule Ⅲ类管制药物。

禁用于拟食用动物。

RCI 分类：4。

萘普生（Naproxen）

商品名及其他名称： Naprosyn、Naxen 和 Aleve（萘普生钠）。
功能分类： NSAID。

药理学和作用机制

萘普生和其他 NSAID 均通过抑制前列腺素的合成产生镇痛和抗炎作用。NSAID 抑制的酶是环氧合酶（COX）。COX 存在两种异构体：COX-1 和 COX-2。COX-1 主要负责前列腺素的合成，对维持健康的胃肠道功能、肾脏功能、血小板功能和其他正常功能很重要。COX-2 是诱导产生的，并负责合成前列腺素，而前列腺素是疼痛、炎症和发热的重要介质。然而，这些异构体产生的介质功能是重叠的。萘普生是 COX-1 和 COX-2 的非选择性抑制剂。萘普生在犬和马中的药代动力学与人完全不同。在人中的半衰期为 12 ~ 15 h，而在犬中的半衰期为 35 ~ 74 h，而在马中的半衰期仅为 4 ~ 8 h，这会引起犬的中毒，而在马中的作用持效时间又很短暂。

适应证和临床应用

萘普生已批准用于人，并广泛用于治疗骨关节炎。它已被用于治疗肌肉骨骼疾病，如犬和马的肌炎和骨关节炎。没有上市的动物用制剂。由于马和犬的这些适应证已有 FDA 批准的治疗药物，因此，萘普生的使用有所减少。

注意事项

不良反应和副作用

萘普生是一种强效的 NSAID。胃肠道毒性的副作用对所有 NSAID 都是常见的。萘普生用于犬会产生严重的溃疡,因为犬的清除速度比人或马的清除速度慢许多倍。重复给药也可能引起肾缺血导致肾损伤。

禁忌证和预防措施

谨慎使用为人设计的 OTC 制剂,因为片剂大小比犬的安全剂量大得多。因此,请警告没有事先咨询兽医给犬用药的宠物主人。人的剂量不适用于犬。禁用于易发生胃肠道溃疡的动物。请勿与其他致溃疡药一起使用,如皮质类固醇。

药物相互作用

请勿与其他 NSAID 或皮质类固醇一起用药。已证明联合使用皮质类固醇会加剧胃肠道副作用。一些 NSAID 可能会干扰利尿剂和 ACE 抑制剂的作用。

使用说明

尚无在动物中临床研究结果的报道。在动物中的使用(和剂量)以实验动物的药代动力学研究为基础。

患病动物的监测和实验室检测

监测胃肠道溃疡的症状。

制剂与规格

萘普生有 220 mg 的片剂(OTC)(220 mg 萘普生钠的剂量相当于 200 mg 萘普生)。它还有 25 mg/mL 的口服悬浮液和 250 mg、375 mg、500 mg 的片剂(处方药)。

稳定性和贮藏

存放在密闭容器中,并在室温下避光保存。萘普生在低 pH 下几乎不溶于水,但在高 pH 下水溶性会增加。它可溶于乙醇。

小动物剂量

犬

最初用 5 mg/kg,然后用 2 mg/kg,q48 h,PO。

大动物剂量

马

10 mg/kg,q12 h,PO。

管制信息

不确定食品生产用动物的停药时间。

RCI 分类：4。

N- 丁基东莨菪碱溴化物（丁溴东莨菪碱）

[N-Butylscopolammonium Bromide（Butylscopolamine Bromide）]

商品名及其他名称： Buscopan。

功能分类： 抗痉挛药。

药理学和作用机制

N- 丁基东莨菪碱溴化物是抗痉挛、抗毒蕈碱、抗胆碱能药。这是一种源自颠茄碱的季铵化合物。和其他抗毒蕈碱药物相似，丁基莨菪胺会阻滞胆碱能受体并产生副交感神经作用。它会影响全身的胆碱能受体，但胃肠道作用更常见。它通过阻滞副交感神经的受体，有效抑制胃肠道的分泌和运动。它的半衰期短（15 ~ 25 min），作用持效时间短。

适应证和临床应用

丁溴东莨菪碱适用于治疗马的痉挛性急腹痛、气绞痛和肠道嵌塞相关的疼痛。它也可以用于松弛直肠并降低肠道紧张力，便于诊断性直肠触诊。由于通过抗胆碱能机制松弛平滑肌的作用，它可以短时间有效治疗（通常是单次注射）马的反复性气道阻塞（RAO）。

> **注意事项**
>
> **不良反应和副作用**
>
> 抗胆碱能药物的不良反应与其阻滞乙酰胆碱受体有关，并产生全身性副交感神经反应。如此类药物所预期的那样，动物会出现心率升高、分泌减少、黏膜干燥、胃肠道运动降低和瞳孔扩张。在目标动物安全性研究中，对马使用批准剂量的 1 倍、3 倍和 5 倍，最高为 10 倍，观察到了先前描述的临床症状。然而，尸检并没有发现高剂量用药时 CBC、生化参数异常或病变。
>
> **禁忌证和预防措施**
>
> N- 丁基东莨菪碱溴化物会降低肠道的运动性。在担心肠道运动减弱的状况下谨慎使用。

药物相互作用

N- 丁基东莨菪碱溴化物是一种抗胆碱能药，因此，与产生胆碱能反应为目的的任何其他药物（如甲氧氯普胺）产生拮抗作用。

使用说明

经验仅限于治疗马的痉挛性急腹痛、气绞痛和肠道嵌塞。没有其他动物的使用经验。

患病动物的监测和实验室检测

监测治疗过程中马肠道的运动（肠音和粪便排出量）。监测治疗动物的心率。

制剂与规格

N- 丁基东莨菪碱有 20 mg/mL 的溶液。

稳定性和贮藏

存放在密闭容器中，并在室温下避光保存。

小动物剂量

没有小动物剂量的报道。

大动物剂量

马

0.3 mg/kg，单剂量缓慢 IV（1.5 mL/100 kg）。

管制信息

禁用于拟食用动物。

新霉素（Neomycin）

商品名及其他名称: Biosol。

功能分类: 抗菌药。

药理学和作用机制

新霉素是氨基糖苷类抗生素。其作用是通过结合 30S 核糖体来抑制细菌蛋白的合成。除了抗链球菌和厌氧菌以外，它具有广谱的杀菌活性。新霉素不同于其他氨基糖苷类药物，因为它只能局部或口服给药。口服后全身吸收极少。

适应证和临床应用

新霉素仅局部制剂可用。通常联合其他抗生素（三重抗生素）配制在软膏中用于治疗局部浅表感染。它也可以用于治疗局部（口服）肠道感染（大肠杆菌病）。它不会被全身吸收，所以口服给药会产生局部作用。

注意事项

不良反应和副作用

尽管口服吸收很少，不可能发生全身性副作用，但已在幼年动物（犊牛）中证明口服有一些会吸收。治疗引起的肠道菌群改变可能导致腹泻。

禁忌证和预防措施

在患有肾脏疾病的动物中谨慎使用。如果由于黏膜完整性被破坏而发生口服吸收，吸收可能发生于肠道。使用时间不超过 14 d。新霉素已与水混合并注射，但强烈建议不要这样做。

药物相互作用

给药前新霉素不应与其他药物混合。其他药物可能会结合并失活。

使用说明

治疗腹泻的功效值得怀疑，尤其是非特定性腹泻。

患病动物的监测和实验室检测

监测腹泻的症状。如果被全身充分吸收，可能会导致肾损伤，因此，长期使用需监测血尿素氮（BUN）和肌酐水平。

制剂与规格

新霉素有 500 mg 的丸剂、50 mg/mL（相当于 35 mg/mL 的新霉素基团）和 200 mg/mL（相当于 140 mg/mL 的新霉素基团）的口服溶液，以及 325 mg 的可溶性粉剂［相当于每盎司（28.41 mL）20.3 g 新霉素基团］。

稳定性和贮藏

可以将其添加到饮用水或牛奶中。请勿添加到其他体液补充剂中。每天准备新鲜的溶液。它易溶于水，微溶于乙醇。水溶液在很大 pH 范围内稳定，在 pH 为 7 时具有最佳稳定性。存放在密闭容器中，并在室温下避光保存。

小动物剂量

犬和猫

10 ~ 20 mg/kg，q6 ~ 12 h，PO。

大动物剂量

犊牛、绵羊、山羊、猪

22 mg/(kg·d)，PO。

管制信息

屠宰停药时间：牛，1 d；绵羊，2 d；猪和山羊，3 d。口服给药可能会在拟食用动物中造成残留，因此禁用于小肉牛。

新斯的明（Neostigmine）

商品名及其他名称： Prostigmin、Stiglyn、溴化新斯的明和甲基硫酸新斯的明。
功能分类： 抗胆碱酯酶。

药理学和作用机制

新斯的明是一种胆碱酯酶抑制剂。抗胆碱酯酶药和抗重症肌无力药。该药物抑制将乙酰胆碱代谢成无活性产物的酶。因此，它延长了乙酰胆碱在突触中的作用。毒扁豆碱与新斯的明或溴吡斯的明之间的主要区别在于，毒扁豆碱可穿过血-脑屏障，而其他的则不会。

适应证和临床应用

新斯的明被用作抗胆碱中毒的解毒剂。它还用作重症肌无力的治疗，神经肌肉阻滞的治疗（解毒剂）和肠梗阻的治疗。它能增加膀胱平滑肌的张力，也已用作尿潴留的治疗，如术后患者中观察到的潴留。在反刍动物中，它已用来刺激瘤胃和肠道运动。其也已用来刺激马的胃肠道运动，但结果好坏参半。它可能会增加肠道的运动性并增加粪便的排出量，但可能不会加快胃的排空。

注意事项

不良反应和副作用

副作用是由胆碱酯酶抑制产生的胆碱能作用引起的。这些作用在胃肠道中可以表现为腹泻和分泌增加。其他副作用可能包括瞳孔缩小、心动过缓、肌肉抽搐或虚弱及支气管和输尿管的缩窄。副作用可以使用抗胆碱能药物（如阿托品）治疗。溴吡斯的明的相关副作用可能比新斯的明少。

禁忌证和预防措施

请勿在尿路梗阻、肠梗阻、哮喘或支气管狭窄、肺炎和心律失常时使用。不建议给马使用，因为它可能会增强马腹部的不适。禁用于对溴化物敏感的患病

N

动物。如果患病动物正接受溴化物（如 KBr）治疗抽搐，则给予该制剂可能会导致溴化物过量。

药物相互作用

请勿与其他胆碱能药物一起使用。抗胆碱能药物（阿托品和格隆溴铵）将阻滞本药物的作用。

使用说明

新斯的明主要用于治疗中毒。对于抗胆碱酯酶药物的常规全身使用，溴吡斯的明的副作用可能更少。使用新斯的明时，根据疗效观察，给药的频率可能会增加。

患病动物的监测和实验室检测

监测胃肠道症状、心率和心律。

制剂与规格

溴化新斯的明有 15 mg 的片剂，甲基硫酸新斯的明有 0.25 mg/mL、0.5 mg/mL 和 1 mg/mL 的注射剂。

稳定性和贮藏

存放在密闭容器中，并在室温下避光保存。

小动物剂量

犬和猫

2 mg/(kg·d)，PO，分次服用。

抗重症肌无力治疗：根据需要 10 μg/kg，IM 或 SQ。

神经肌肉阻滞的解毒剂：40 μg/kg，IM 或 SQ。

辅助诊断重症肌无力：40 μg/kg，IM 或 20 μg/kg，IV。

大动物剂量

当用作神经肌肉阻滞药物（胆碱酯酶抑制剂）的治疗时，给药的频率由临床反应决定。

马

0.02 ~ 0.04 mg/kg（20 ~ 40 μg/kg），IV 或 SQ。它可以通过 CRI 以 0.008 mg/(kg·h) 的剂量给药。

牛

22 μg/kg（0.022 mg/kg），SQ。

羊

22 ~ 33 μg/kg（0.022 ~ 0.033 mg/kg），SQ。

猪

44 ~ 66 μg/kg（0.044 ~ 0.066 mg/kg），IM。

反刍动物

刺激瘤胃动力：0.02 mg/kg，IM 或 SQ。

管制信息

不确定食品生产用动物的停药时间。当用于刺激瘤胃运动时，没有停药时间。

RCI 分类：3。

烟酰胺（Niacinamide）

商品名及其他名称：尼克酰胺和维生素 B_3。
功能分类：抗炎药。

药理学和作用机制

烟酰胺是一种免疫抑制剂。主要用于治疗皮肤疾病，如犬的盘状红斑狼疮和红斑型天疱疮。作用机制尚不完全清楚。烟酰胺可能有一些抗炎作用，如抑制炎性细胞。烟酸和烟酰胺也可以用于治疗维生素 B_3 缺乏症。请勿将烟酸与烟酰胺混淆。烟酸通过肠道细菌转化为活性形式的烟酰胺。

烟酸在人中用作脂性调节化合物，可降低循环血液中的甘油三酯和降低低密度脂蛋白（low-density lipoproteins，LDL）。在人中，烟酸的主要治疗用途是治疗血脂异常。

适应证和临床应用

烟酰胺已用于治疗小动物的免疫介导性皮肤疾病。对于皮肤病，通常与四环素一起使用。它也已用于治疗维生素 B_3 缺乏症。在动物中的使用主要来自一些临床报告和经验性使用。

注意事项
不良反应和副作用

副作用包括呕吐、厌食、嗜睡和腹泻，但不常见。使用烟酸治疗人的血脂异常时，副作用较为常见，包括皮肤发红。烟酸的发红反应被认为是通过皮肤前列腺素的诱导和与前列腺素相关受体的激活而发生的。当被激活时，烟酸受体通过增加皮肤中前列腺素的合成和血管扩张性前列腺素受体的激活而起作用。烟酸在人中也与肝损伤有关。

禁忌证和预防措施

没有关于动物的禁忌证的报道。

药物相互作用

没有药物相互作用的报道。

使用说明

为了治疗天疱疮性皮肤病，通常与四环素一起给药。

患病动物的监测和实验室检测

在治疗期间定期监测血液的 CBC。

制剂与规格

烟酰胺有 50 mg、100 mg、125 mg、250 mg 和 500 mg 的片剂（OTC）和 100 mg/mL 的注射剂。

稳定性和贮藏

存放在密闭容器中，并在室温下避光保存。

小动物剂量

犬

500 mg 烟酰胺，q8 h，PO，再加上 500 mg 四环素。该剂量大约以 10 kg 的犬为基础。最终逐渐降低剂量至 q12 h，然后降低至 q24 h。对于 < 10 kg 的犬，应从每种药物 250 mg 开始。

大动物剂量

没有大动物剂量的报道。

管制信息

无可用的管制信息。由于残留风险低，无停药时间的建议。

硝苯地平（Nifedipine）

商品名及其他名称： Adalat、Procardia。

功能分类： 钙通道阻滞剂、血管扩张药。

药理学和作用机制

硝苯地平是二氢吡啶类的钙通道阻滞剂、血管扩张药。其作用类似于其他钙通道阻滞剂，例如，氨氯地平。它们阻滞电压依赖性钙进入平滑肌细胞。二氢吡啶类药物对血管平滑肌的特异性比心脏组织更高。因此，它们对心脏传导的作用小于地尔硫草。

适应证和临床应用

硝苯地平用于平滑肌松弛和诱导血管扩张。它适用于全身性高血压的治疗。氨氯地平的使用经验更多，因此硝苯地平很少在动物中使用。硝苯地平在动物中的应用主要来自经验性应用。没有严格控制的临床研究或功效试验记载临床效果。

注意事项

不良反应和副作用

兽医学中尚无副作用的报道。最常见的副作用是低血压。

禁忌证和预防措施

禁用于低血压的患病动物。硝苯地平在怀孕的实验动物中可能有致畸性／对胚胎的毒性。避免在怀孕的动物中使用。

药物相互作用

请勿与已知的抑制药物代谢酶的药物一起使用（如酮康唑）。硝苯地平可能会受到抑制膜多药耐药性泵（也称为 P-糖蛋白）的药物的干扰，可能会产生毒性。可能影响 P-糖蛋白的药物，请参见附录 I。

N

使用说明

硝苯地平在兽医学中的使用有限。其他钙通道阻滞剂（如地尔硫草）被用于控制心律。氨氯地平更常用于控制全身性高血压。

患病动物的监测和实验室检测

在治疗期间监测血压。

制剂与规格

硝苯地平有 10 mg、20 mg 的胶囊，以及 30 mg、60 mg 和 90 mg 的缓释片剂。

稳定性和贮藏

存放在密闭容器中，并在室温下避光保存。如果暴露在光线下，会快速分解。硝苯地平在临时溶液中不稳定。如果与溶液混合，应立即使用。

小动物剂量

尚未确定剂量。人的剂量为每次 10 mg，每天 3 次，并以 10 mg 为增量递增。

大动物剂量
没有大动物剂量的报道。

管制信息
不确定食品生产用动物的停药时间。

RCI 分类: 4。

硝唑尼特（Nitazoxanide）

商品名及其他名称: Navigator（马用制剂）、Alinia（人用制剂）。
功能分类: 抗原虫。

药理学和作用机制
硝唑尼特为抗原虫药。它是硝基噻唑水杨酰胺的一种衍生物。它的抗原虫作用机制尚不清楚,但可能与丙酮酸-铁氧还蛋白氧化还原酶（pyruvate–ferredoxin oxidoreductase, PFOR）依赖性的电子转移反应的抑制有关,而这一反应对厌氧菌和原虫的能量代谢必不可少。已证明其对多种原虫有活性,包括微小隐孢子虫、贾第鞭毛虫、等孢球虫和肠阿米巴。它还有抗肠道蠕虫的活性,如蛔虫、钩虫、鞭虫和绦虫。它也可能对某些厌氧菌有活性,包括螺杆菌。活性代谢产物之一是替唑尼特。

适应证和临床应用
硝唑尼特制成马用 Navigator® 糊剂（32% 糊剂）用于治疗马原虫性脑脊髓炎（EPM）。但由于副作用常见,并且包括使用推荐剂量时产生致命性小肠结肠炎,赞助商自愿撤回。人的制剂仍然可用。它在其他动物物种中被有限使用,但有一种被批准用于人的形式用于治疗原虫感染,如微小隐孢子虫和贾第鞭毛虫。犬和猫中仅限用于肠道的原虫性感染,但没有疗效和安全性的报道和记录。它已成功治疗了人由隐孢子虫引起的肠道感染（每次 500 mg, q12 h, 持续用 3 d）。没有将其用于治疗动物隐孢子虫的报道。

> **注意事项**
> **不良反应和副作用**
> 硝唑尼特可能破坏正常的肠道菌群,导致对某些动物给药,产生了腹泻。
> **禁忌证和预防措施**
> 没有已知的禁忌证。
> **药物相互作用**
> 没有已知的药物相互作用。

使用说明

硝唑尼特已被用于治疗马的 EPM，但马的产品已退出市场。在小动物中的应用是从在人的使用中推断得出的。

患病动物的监测和实验室检测

在治疗腹泻患病动物时，监测电解质和粪便样本。

制剂与规格

硝唑尼特有 0.32 mg/mL 的马口服糊剂，但赞助商已将其撤出市场。人用制剂是口服的粉剂。将 100 mg 的粉剂与 48 mL 的水混合。

稳定性和贮藏

如果以制造商的原始配方存储，则稳定。人的口服溶液混合后可保持稳定 7 d。

小动物剂量

尚无可用的小动物剂量说明。但是，每只动物每 12 h 可以使用的剂量为 100 mg，持续用药 3 d。

大动物剂量
马

第 1 ~ 5 天剂量为 25 mg/kg，q24 h，PO，然后在第 6 ~ 28 天剂量为 50 mg/kg，q24 h，PO（由于严重的副作用，制造商将马的产品撤出市场）。

管制信息

禁用于拟食用动物。

烯啶虫胺（Nitenpyram）

商品名及其他名称: Capstar。
功能分类: 抗寄生虫。

药理学和作用机制

烯啶虫胺是用于治疗跳蚤的抗寄生虫药。它将快速杀死跳蚤的成虫。烯啶虫胺是来自合成的杀虫剂类，称为新烟碱类。本药与吡虫啉有关，并且具有相同的作用机制，有抑制突触后烟碱型乙酰胆碱受体产生钠离子流入的作用。烯啶虫胺口服给药可以完全吸收，在犬和猫中的半衰期分别为 2.8 h 和 7.7 h。口服吸收后，烯啶虫胺会快速杀死跳蚤成虫，且最快给药后

30 min 即可观察到效果，犬的有效率为 98.6%，猫的有效率为 98.4%。

适应证和临床应用

烯啶虫胺用于杀死犬和猫的跳蚤。其可产生快速杀灭作用，跳蚤在给药的 1 h 内被杀死。它经常与其他可预防跳蚤侵扰的药物一起使用，作为全面跳蚤控制计划的一部分。

注意事项

不良反应和副作用

尚无不良反应的报道。在犬和猫中进行了高达 10 倍剂量的给药研究，证明是安全的。即使在 8 周龄的幼小动物中也可以耐受。给药后不久可能会发生一些短暂的瘙痒，这与最初杀灭跳蚤相吻合。

禁忌证和预防措施

体重 < 1 kg（2 lb）的犬或猫、年龄小于 4 周的猫或犬禁用。

药物相互作用

尚无药物相互作用的报道。与氯芬奴隆和米尔贝霉素一起使用是安全的。

使用说明

烯啶虫胺通常与氯芬奴隆一起用于杀死跳蚤成虫，并防止跳蚤卵孵化。进食或不进食都可以给药。

患病动物的监测和实验室检测

不需要特定监测。

制剂与规格

烯啶虫胺有 11.4 mg 或 57 mg 的片剂。

稳定性和贮藏

存放在密闭容器中，并在室温下避光保存。

小动物剂量

根据需要，1 mg/kg，q24 h，PO，可以杀死跳蚤。

大动物剂量

没有大动物剂量的报道。

管制信息

不确定食品生产用动物的停药时间。

呋喃妥因（Nitrofurantoin）

商品名及其他名称： Macrodantin、Furalan、Furatoin、呋喃坦啶和通用品牌。
功能分类： 抗菌药。

药理学和作用机制

呋喃妥因是抗菌药，且是泌尿道抗菌药。仅在尿液中达到治疗浓度。在人的尿液中，浓度可达到 200 μg/mL，但几乎无法检测到血浆浓度。在尿液中，呋喃妥因被细菌的黄素蛋白还原，反应性代谢产物与细菌的核糖体结合并抑制细菌中参与 DNA 和 RNA 合成的酶。抗菌谱包括大肠杆菌、葡萄球菌和肠球菌。尽管变形杆菌和铜绿假单胞菌有固有的抗药性，但细菌中的抗药性却很罕见。已经在实验动物和人中研究了药代动力学。粗晶形式吸收缓慢，不太可能引起胃不适。微晶形式在小肠迅速吸收。尚不确定犬的口服吸收。

适应证和临床应用

呋喃妥因一直是人们短期治疗尿路感染（UTI）的重要药物。在动物中的使用不常见，但在某些 UTI 病例中可以考虑使用。建议使用粗晶型药物以减少胃肠道的不适，并延长疗效。尽管呋喃妥因可以口服治疗或预防 UTI，但它对其他感染的浓度却不够高。尽管它已用于动物的 UTI，但在动物中的使用主要来自经验应用或在人中的使用经验。没有严格控制的临床研究或功效试验记载其在兽医学中的临床效果。已经进行了体外微生物学研究，证明其有广谱的抗菌活性，包括对其他抗菌药有耐药性的细菌。

注意事项

不良反应和副作用

副作用包括恶心、呕吐和腹泻。呋喃妥因将尿液颜色变成铁锈黄棕色。在人中已经有呼吸系统问题（肺炎）和周围神经病变的报道。人的多发性神经病是由脱髓鞘引起的，在长期用药或肾功能不全的患者中更常见。尚无动物呼吸道问题的报道，但在犬中已观察到神经病，如果存在肾脏功能障碍，则风险可能更高。

禁忌证和预防措施

怀孕期间禁用，尤其是在足月期间，因其可能导致新生儿溶血性贫血。新生儿禁用。请勿依赖呋喃妥因治疗全身性感染、肾或前列腺的感染。它仅对下泌尿道感染有效。

药物相互作用

不要使用可能碱化尿液的药物，因其可能降低呋喃妥因的有效性。

使用说明

存在两种剂量形式。微晶可快速完全吸收。粗晶的吸收速度较慢，但对胃肠道的刺激较小。尿液在酸性 pH 时发挥最大作用。与食物一起给药增加吸收。

患病动物的监测和实验室检测

监测尿液培养 / 尿液分析结果。微生物敏感性测试可能会高估针对某些细菌的真实活性。

制剂与规格

呋喃妥因大晶型和通用品牌有 25 mg、50 mg、100 mg 的胶囊（粗晶）和 Furalan、Furatoin 胶囊，而通用品牌有 50 mg 和 100 mg 的片剂（微晶）。呋喃坦啶有 5 mg/mL 的口服悬浮液。

稳定性和贮藏

存放在密闭容器中，并在室温下避光保存。呋喃妥因在浓度小于 1 mg/mL 时微溶于水和乙醇。如果遇到不锈钢或铝以外的金属会分解。

小动物剂量
犬和猫

10 mg/(kg·d)，每天分 4 次治疗。然后在夜间 1 mg/kg，PO。
粗晶配方：2 ~ 3 mg/kg，q8 h，PO，夜间 1 次，1 ~ 2 mg/kg。

大动物剂量
马

2 mg/kg，q8 h，PO。

管制信息

禁用于拟食用动物。

硝酸甘油（Nitroglycerin）

商品名及其他名称： Nitrol、Nitro-bid、Nitrostat。
功能分类： 血管扩张药。

药理学和作用机制

硝酸甘油为硝酸盐、硝基血管扩张药。与其他硝基血管扩张药相似，它通过一氧化氮的生成松弛血管平滑肌（尤其是静脉）。硝酸盐血管扩张药是亚硝酸异戊酯。它们被代谢为无机亚硝酸盐和脱硝代谢物。亚硝酸盐、有机硝酸盐和亚硝基化合物均起活化鸟苷酸环化酶的作用，而鸟苷酸环化酶又在血管平滑肌中产生环鸟苷酸（cyclic guanosine monophosphate，cGMP），并使平滑肌松弛。一氧化氮也被称为内皮细胞源性血管舒张因子（endothelium-derived relaxing factor，EDRF）。

产生一氧化氮的化合物也可能有助于降低与 NSAID 相关的胃副作用。2 min 以内达到血浆浓度，但在动物中的半衰期短（只有 1 ~ 3 min），有较高的首过效应（即口服给药不吸收）。

适应证和临床应用

与其他硝基血管扩张药相似，硝酸甘油主要用于心力衰竭或肺水肿，减少前负荷或降低肺动脉高压。硝酸盐可松弛动脉和静脉中的平滑肌，但临床上通常将它们用作降前负荷药。当用作降前负荷药时，它们可以减少心肌对 O_2 的需求（减少心脏的工作负荷）。由于这种作用，它们通常用于治疗人患者的心绞痛（由心血管疾病引起的胸部疼痛）。

在动物中的使用主要来自个人经验和在人中的使用经验。没有严格控制的临床研究或功效试验记载临床效果。在马中，硝酸甘油已用于蹄叶炎治疗，以改善蹄部血流。但是，在实验中这种疗法对马无效，并且不会增加蹄部的血流。

注意事项

不良反应和副作用

最显著的副作用是低血压。亚硝酸盐的蓄积可以导致高铁血红蛋白血症的发生，但这个问题罕见。

禁忌证和预防措施

低血压患病动物禁用。警告：宠物主人禁止不戴手套涂药膏。

药物相互作用

没有关于动物药物相互作用的报道。

使用说明

长期重复使用会产生耐受性。耐受性可能是由一氧化氮形成时所需的巯基逐步消耗引起的。如果间歇用药而不是连续用药，则疗效会得到改善，因为间歇用药可使巯基有时间再生。最佳间歇用药方案是在 1 d 中有 8 h 或更多的无硝酸盐间期。硝酸甘油具有较高的首过效应，口服有效性差。使用软膏时，25.4 mm（1 in）软膏约为 15 mg。

通常将其涂抹在毛发稀少，且患病动物舔舐不到的区域 / 部位（如耳郭）。

患病动物的监测和实验室检测

在治疗期间监测患病动物的血压。

制剂与规格

硝酸甘油有 0.5 mg/mL、0.8 mg/mL、1 mg/mL、5 mg/mL 和 10 mg/mL 的注射剂；2% 的软膏；0.3 mg、0.4 mg 和 0.6 mg 的舌下片剂、经舌喷雾和透皮系统（0.2 mg/h 的贴剂）。

稳定性和贮藏

存放在密闭容器中，并在室温下避光保存。硝酸甘油片剂对热和光非常敏感，应保存在密闭的玻璃瓶中。

小动物剂量

犬

根据需要局部使用 4 ~ 12 mg（最高 15 mg）。犬每 6 h 使用 3.75 ~ 11.25 mg 的 2% 软膏。

猫

每 4 ~ 6 h 局部使用 2 ~ 4 mg，或通常为 1.875 ~ 3.75 mg。

大动物剂量

马

治疗蹄叶炎：在马蹄上方的皮肤上涂抹 2% 的药膏（疗效可疑）。

管制信息

禁用于拟食用动物。

RCI 分类：3。

硝普钠 [Nitroprusside (Sodium Nitroprusside)]

商品名及其他名称： Nitropress。

功能分类： 血管扩张药。

药理学和作用机制

硝普钠是硝酸盐血管扩张药。和其他硝基血管扩张药相似，它通过产生的一氧化氮松弛血管平滑肌（尤其是静脉）。一氧化氮在平滑肌中刺激鸟苷酸环化酶产生 GMP，主要作用是松弛血管平滑肌。硝普钠仅用作 IV 输注，在给药期间应认真监护患病动物。硝普钠起效快速（几乎立即起效），并且在 IV 停药后作用时间仅持续数分钟。

适应证和临床应用

硝普钠用于急性管理肺水肿和其他高血压状况。硝普钠只能 IV 给药，并通过监测全身性血压认真地调整剂量。测定调整将动脉血压维持在 70 mmHg。在动物中使用时主要来自经验使用和在人中的使用经验。没有严格控制的临床研究或功效试验记载临床效果。

注意事项

不良反应和副作用

治疗期间可能会出现严重的低血压。在治疗过程中会发生反射性心动过速。在硝普钠治疗期间会通过代谢产生氰化物，尤其是在高速输注时 [$> 5\ \mu g/(kg \cdot min)$]。高速输注时 [$> 10\ \mu g/(kg \cdot min)$] 可能会发生抽搐，这是氰化物中毒的症状。人已使用硫代硫酸钠预防氰化物中毒。可能发生高铁血红蛋白血症，必要时用亚甲蓝治疗。

禁忌证和预防措施

低血压或脱水的患病动物禁用。

药物相互作用

没有关于动物药物相互作用的报道。

使用说明

硝普钠通过 IV 给药。静脉注射液应使用 5% 葡萄糖溶液（如将 20 ~ 50 mg 硝普钠加入 250 mL 的 5% 葡萄糖中配制成浓度为 80 ~ 200 μg/mL 的溶液进行输注）。避光保存。如果发现颜色变化，则丢弃溶液。每个患病动物都应认真滴定剂量。

患病动物的监测和实验室检测

在给药期间，仔细监测血压。治疗期间，请勿让血压低于 70 mmHg。监测心率，因为在输注期间可能会发生反射性心动过速。

制剂与规格

硝普钠有 50 mg 的小瓶注射剂，浓度为 10 mg/mL 和 25 mg/mL。

稳定性和贮藏

与某些液体不兼容。IV 需用 5% 葡萄糖溶液稀释。在给药期间应避光并覆盖输注的溶液。硝普钠在碱性溶液中或见光后会迅速分解。

小动物剂量

犬和猫

1 ~ 5 μg/(kg·min)，IV，最高计量为 10 μg/(kg·min)。通常，从 2 μg/(kg·min) 开始，然后逐渐以 1 μg/(kg·min) 的剂量增加，直到达到所需的血压。

大动物剂量

没有大动物剂量的报道。

管制信息

不确定食品生产用动物的停药时间。

尼扎替丁（Nizatidine）

商品名及其他名称：Axid。

功能分类：抗溃疡药。

药理学和作用机制

尼扎替丁是组胺 H_2-受体阻滞剂。它阻滞组胺刺激胃壁细胞，从而减少胃酸的分泌。其效力是西咪替丁的 4 ~ 10 倍。尼扎替丁和雷尼替丁也已显示出通过抗胆碱酯酶活性，刺激胃排空和结肠运动的作用。

适应证和临床应用

和其他 H_2-受体阻滞剂相似，尼扎替丁也可以用于治疗胃溃疡和胃炎。这些药物抑制胃酸分泌，也已用于预防 NSAID 引起的溃疡，但这一用途的效果尚未证实。在动物中的使用主要来自经验使用和在人中的使用经验。没有严格控制的临床研究或功效试验记载临床效果。在动物中法莫替丁或雷尼替丁通常用作 H_2-受体阻滞剂，或奥美拉唑用作质子泵抑制剂（PPI）。

注意事项

不良反应和副作用

尚无尼扎替丁对动物产生副作用的报道。

禁忌证和预防措施

没有关于动物的禁忌证的报道。

药物相互作用

没有关于动物药物相互作用的报道。

使用说明

尚无在动物中临床研究结果的报道。在动物中的使用（和剂量）是根据人用的经验或动物方面的个人经验而来的。动物中尼扎替丁不如其他相关药物（如雷尼替丁或法莫替丁）常用。

患病动物的监测和实验室检测

不需要特定的监测。

制剂与规格

尼扎替丁有 150 mg 和 300 mg 的胶囊及 15 mg/mL 的口服溶液。

稳定性和贮藏

存放在密闭容器中，并在室温下避光保存。尼扎替丁微溶于水。与果汁和糖浆混合口服给药，可稳定 48 h。避免与氢氧化铝（Maalox）液体混合。

小动物剂量
犬

2.5 ~ 5.0 mg/kg，q24 h，PO。

大动物剂量

没有大动物剂量的报道。

管制信息

不确定食品生产用动物的停药时间。

RCI 分类：5。

诺氟沙星（Norfloxacin）

商品名及其他名称： Noroxin。
功能分类： 抗菌药。

药理学和作用机制

诺氟沙星是氟喹诺酮类抗菌药。诺氟沙星通过抑制细菌中 DNA 促旋酶的作用，从而抑制 DNA 和 RNA 合成。它有广谱的杀菌活性。敏感的细菌包括葡萄球菌、大肠杆菌、变形杆菌、克雷伯菌和巴氏杆菌。铜绿假单胞菌是中度敏感的。但是，诺氟沙星的活性不如氟喹诺酮类药物中的其他药物。

适应证和临床应用

诺氟沙星已被其他兽用氟喹诺酮类药物取代，因为它们具有更好的药代动力学和更广的抗菌谱。但是，诺氟沙星已被用于治疗多种感染，包括呼吸道、泌尿道、皮肤和软组织的感染。

注意事项

不良反应和副作用

高浓度的诺氟沙星可能会导致 CNS 毒性，尤其是肾功能衰竭的动物。高剂量诺氟沙星可能引起一些动物恶心、呕吐和腹泻。所有的氟喹诺酮类药物都可能在幼年动物中引起关节病。犬在 4～28 周龄时最敏感。大型且快速生长的犬最易感。

禁忌证和预防措施

由于有软骨受伤的风险，应避免在幼小动物中使用。在易发生抽搐的动物中谨慎使用。如果同时使用诺氟沙星和茶碱，可能会增加茶碱的浓度。与二价和三价阳离子共同服用可能会降低吸收，如含有铝的产品（如硫糖铝）。

药物相互作用

没有关于动物药物相互作用的报道。但是，与其他喹诺酮类药物一样，与二价和三价阳离子共同服用可能会降低吸收，如含铝（如硫糖铝）、铁和钙的产品。请勿在溶液或小瓶中与铝、钙、铁或锌混合，因为可能会发生螯合。

使用说明

在动物中的使用（和剂量）基于在实验动物的药代动力学研究、在人中的经验或在动物中的个人经验。

患病动物的监测和实验室检测

药敏试验：敏感生物 CLSI 的耐药折点 ≤ 4 μg/mL。

制剂与规格

诺氟沙星有 400 mg 的片剂。

稳定性和贮藏

存放在密闭容器中，并在室温下避光保存。

小动物剂量

犬和猫

22 mg/kg，q12 h，PO。

大动物剂量

没有大动物剂量的报道。

管制信息

禁用于拟食用动物。

马来酸奥拉替尼（Oclacitinib Maleate）

商品名及其他名称: 爱波克。
功能分类: 抗炎、止痒。

药理学和作用机制

奥拉替尼是一种 Janus 激酶（Janus kinase，JAK）抑制剂，用于控制犬的过敏性皮炎和异位性皮炎相关的瘙痒症。奥拉替尼有独特的作用机制，抑制促炎性细胞因子。它抑制犬体内依赖 JAK 酶参与瘙痒症的细胞因子。它抑制 JAK1 酶的活性优于 JAK2 或 JAK3，其选择性是 JAK2 的 1.8 倍，是 JAK3 的 9.9 倍。这种优先活性很重要，因为 JAK2 参与造血作用，高剂量的奥拉替尼会抑制造血作用。对于异位性和过敏性皮炎治疗重要的是奥拉替尼抑制瘙痒症患犬细胞因子 IL-31 的功能，并降低 IL-31 诱导的瘙痒。它还可能会抑制其他可能参与变态反应的促炎性细胞因子的功能，例如，IL-2、IL-4、IL-6 和 IL-13。

在犬异位性皮炎的研究中，由宠物主人和兽医评估的有效性分别为 66% 和 49%，在过敏性皮炎的研究中有效性为 67%。这一结果明显优于安慰剂。奥拉替尼在犬中还显示出与泼尼松龙同等有效，两种治疗的起效时间均低至 4 h。

奥拉替尼可以快速吸收（89% 的生物利用度），并在不到 1 h 内达到峰值，在给药后迅速产生作用。快速起效使其与目前用于治疗该疾病的其他一些产品有所区别。在吸收之后，犬的半衰期为 3 ~ 5 h。药代动力学不受饲喂或犬品种的影响。主要的清除途径是肝脏，少量经肾脏和胆道消除。

适应证和临床应用

奥拉替尼适用于控制过敏性皮炎相关的瘙痒症和控制至少 12 月龄的犬的异位性皮炎。

在猫中的应用：在猫的临床使用中不仅仅限于一些单独的病例报告。剂量为 0.4 ~ 0.6 mg/kg，每天给药 2 次，持续用药 14 d，然后在少量猫中逐渐减少到每天 1 次，已产生了很好的效果。在某些实验猫中的检查剂量约为 0.5 mg/kg，q12 h。奥拉替尼和其他 JAK 抑制剂在治疗猫的哮喘和过敏性皮炎方面可能有潜在的联合作用，但需要进一步的研究来确定临床上的应用。

注意事项

不良反应和副作用

在实地研究期间，不良反应发生率较低（腹泻为 2.3% ~ 4.6%，呕吐为 2.3% ~ 3.9%），与安慰剂没有差异，且通常在首次给药后即可缓解。在临床研究的 283 只犬中，呕吐的发生率为 9.2%，腹泻的发生率为 6%。与安慰剂组相比，治疗组犬的白细胞和血清球蛋白降低。在现场试验中曾有单独的蠕形螨病、脓皮病、肺炎和肥大细胞瘤或其他肿瘤病例，但尚不清楚它们是否与本药物有关。

与每天给药 1 次相比，连续每天给药 2 次，预期可能会有更多的副作用。在每天给药 2 次的 60 d 里，血红蛋白、血细胞比容和网织红细胞计数呈轻度的剂量依赖性降低，白细胞的淋巴细胞亚群、嗜酸性粒细胞亚群和嗜碱性粒细胞亚群降低。高剂量可潜在地削弱针对肿瘤的免疫监控，因此，应避免使用高剂量。

禁忌证和预防措施

尚未评估繁殖动物或怀孕期间用药的安全性。制造商警告禁止在年龄小于 12 月龄的犬或严重感染的犬中用奥拉替尼。奥拉替尼可能会增加包括蠕形螨病在内的感染的易感性，并加剧肿瘤的状况。

疫苗接种：奥拉替尼给药 1 次意味着有 3 次的治疗剂量，在疫苗空白（未接种疫苗）的 16 周龄幼犬中对灭活的狂犬疫苗、改良犬瘟热病毒活疫苗和改良犬细小病毒活疫苗会产生充分的免疫反应。大约 80% 的犬对犬副流感病毒有足够的反应。

药物相互作用

皮肤科医生已经将奥拉替尼与其他药物（如皮质类固醇、环孢素和其他全身性药物）一起使用，是安全的，但是制造商警告说，尚未评估与这些药物一起使用的安全性。奥拉替尼对犬细胞色素 P450 酶的抑制极低，抑制浓度比治疗剂量产生的峰值浓度高 50 倍。

患病动物监测

不需要特定的监测。如果以每天 2 次的安排给药，用药时间超出制造商的推荐时长，则请定期监测全血细胞计数（CBC），以评估对骨髓的影响。

使用说明

奥拉替尼仅适用于犬，尚未在其他动物中确定安全剂量。请勿用于人。根据赞助商的说明进行给药。在每天 2 次给药的初始诱导期后，应减少至每天给药 1 次，以降低副作用的风险。根据制造商的信息，最初建议剂量为 0.4 ~ 0.6 mg，每天 2 次，长期使用。但是，长期每天 2 次的剂量存在安全性问题，由于在高剂量（每天 3 次和 5 次）治疗组中观察到免疫抑制而担忧，包括由细菌性肺炎和蠕形螨引起的感染。

制剂与规格

奥拉替尼有 3.6 mg、5.4 mg 或 16 mg 的片剂。请勿使用复合制剂，因为尚未评估其稳定性和效力。

稳定性和贮藏

储存在制造商推荐的容器中，20 ~ 25℃的室温下存放。pH 会影响溶解度。在 pH 为 4 时溶解度较低，在 pH 为 5.5 时几乎完全不溶解。

小动物剂量
犬

最初的 14 d，每天 2 次，每次 0.5 mg/kg（0.4 ~ 0.6 mg/kg，含或不含食物），然后逐渐减少至每天给药 1 次。

猫

尚未确定猫的剂量。

大动物剂量

没有确定大动物的剂量。

管制信息

无可用的管制信息。请勿将奥拉替尼用于拟食用动物。

奥沙拉嗪钠（Olsalazine Sodium）

商品名及其他名称： Dipentum。
功能分类： 止泻药。

药理学和作用机制

抗炎药由偶氮键连接的两个氨基水杨酸分子组成。每个成分在结肠中经细菌的酶作用而释放。释放的药物也称为美沙拉嗪（美沙拉嗪见单独条目）。美沙拉嗪还是柳氮磺胺吡啶的活性成分，通常用于治疗结肠炎。美沙拉嗪的作用尚不清楚，但似乎可以抑制肠中花生四烯酸的代谢。它同时抑制环氧合酶和脂氧合酶介导的黏膜炎症。全身性吸收很少，大多数作用认为是局部的。奥沙拉嗪与柳氮磺胺吡啶有相似的作用，但不含磺胺组分。美沙拉嗪的其他制剂包括 Asacol、Mesasal 和 Pentasa。其他的是包衣片剂，目的在于活性成分在肠道中释放。

适应证和临床应用

和其他形式的美沙拉嗪相似，奥沙拉嗪也用于治疗动物的炎性肠病，包括动物结肠炎在内。在小动物中，最常使用柳氮磺胺吡啶，但是，在某些动物中可能适用奥沙拉嗪。在动物中的使用主要来自经验使用和在人中的使用经验。没有严格控制的临床研究或功效试验记载临床效果。

注意事项

不良反应和副作用

没有动物方面副作用的报道。

禁忌证和预防措施

对水杨酸盐化合物敏感的患病动物禁用。

药物相互作用

没有关于动物药物相互作用的报道。

使用说明

奥沙拉嗪用于不能耐受柳氮磺胺吡啶的患病动物。

患病动物的监测和实验室检测

不需要特定的监测。

制剂与规格

奥沙拉嗪有 500 mg 的片剂。

稳定性和贮藏

存放在密闭容器中，并在室温下避光保存。

小动物剂量

尚未确定剂量，但已使用 5 ~ 10 mg/kg, q8 h（通常人剂量为每天 2 次，每次 500 mg）。

大动物剂量

没有大动物剂量的报道。

管制信息

不确定食品生产用动物的停药时间。

RCI 分类：4。

奥美拉唑（Omeprazole）

商品名及其他名称：Prilosec（以前称为 Losec，人用制剂）、Zegerid（人用制剂）、GastroGard 和 UlcerGard（马用制剂）、Peptizole 和 Gastrozol（马用制剂，美国以外的国家）。

功能分类：抗溃疡药。

药理学和作用机制

奥美拉唑是一种质子泵抑制剂（PPI）。奥美拉唑通过抑制 K^+/H^+ 泵（钾泵）来抑制胃酸的分泌。奥美拉唑比大多数现有的抗分泌药物更有效且作用时间更长。其他 PPI 类药物包括泮托拉唑（Protonix）、兰索拉唑（Prevacid）和雷贝拉唑（Aciphex）。它们都通过类似的机制起作用，并且同样有效。与抗生素一起使用时，PPI 还具有一定的抑制胃螺杆菌的作用。奥美拉唑在胃的酸性环境中分解。如果与食物一起服用，口服吸收会降低。制剂的设计防止胃酸降解（如添加缓冲液或肠溶衣）以改善口服吸收。一些人制剂也含有碳酸氢盐。马口服给药时最高血清浓度发生在 45～60 min，有效酸抑制时间在 1～2 h 之内。马口服给药的半衰期为 70～100 min 不等，具体取决于配方的不同。药代动力学和酸抑制已在犬和猫中进行了研究，在剂量部分，提供了有效的酸抑制的剂量。等效药物是艾司奥美拉唑（Nexium），它是奥美拉唑的 S- 异构体（活性异构体）。预期在等效的剂量上有相同的功效。

适应证和临床应用

与其他 PPI 药物一样，奥美拉唑用于治疗和预防消化道的溃疡。它已用于犬、猫和稀有动物，但大多数动物的功效数据都是在马身上产生的，其中已证明奥美拉唑可以有效治疗和预防胃溃疡。在马驹中，4 mg/kg，q24 h 的剂量可抑制胃酸分泌 22 h。相比之下，雷尼替丁以 6.6 mg/kg 的剂量抑制胃酸最长至 8 h。在马中进行的研究显示，奥美拉唑比雷尼替丁治疗胃溃疡更有效。对于马的溃疡治疗，美国批准的标签治疗剂量是 4 mg/kg，每天口服 1 次。但是，有证据表明，每天 1 mg/kg 的剂量同样有效。通常治疗马的鳞状溃疡比腺体溃疡的反应更好。可在 14 d 内观察到效果，但在停药后观察到复发。

在美国，马的制剂（GastroGard 和 UlcerGard）是缓冲制剂。在某些国家有可用于马的肠溶制剂（Gastrozol）。当与环境改变结合时，两种制剂均可以促进马胃溃疡的愈合。当 GastroGard 和 Gastrozol 按照标签剂量给药时，GastroGard 单次给药后产生的血浆奥美拉唑浓度明显高于 Gastrozol。

在犬中以 1 mg/kg，q24 h，PO，奥美拉唑与泮托拉唑（1 mg/kg）和法莫替丁（0.5 mg/kg，q12 h）一样有效，可保持胃 pH > 3。要完全抑制胃酸分泌可能需要重复剂量给药（2 ~ 5 剂）。在犬和猫中，由于作用持效时间长，PPI 类药物可能比其他药物（如组胺 H_2-受体阻滞剂）更有效。马的制剂（稍后列出）和分馏片剂用于猫时在抑制胃酸分泌方面同样有效，并且作用优于 H_2-受体阻滞剂（法莫替丁）。在犬的一项类似研究中，每天服用 1 次奥美拉唑片剂或马的糊剂的酸抑制效果优于每天服用 2 次法莫替丁。

与其他 PPI 药物一样，奥美拉唑可能对预防 NSAID 诱导的溃疡有效。奥美拉唑也已与其他药物（抗生素）一起联合用于治疗动物的螺杆菌感染。

注意事项

不良反应和副作用

仅有的关于犬的副作用是一些病例发生腹泻。然而，尚无动物方面副作用的报道。但是，人们对长期用于治疗高胃泌素血症时感到担忧。马可以耐受 20 mg/kg，q24 h，持续用药 91 d；40 mg/kg，q24 h，PO，持续用给药 21 d。犬和猫也能耐受剂量部分所列的给药方案。由于胃酸长期的抑制，梭状芽孢杆菌的过度生长已成为长期使用的一个问题，但这一问题在动物临床中的重要性尚未确定。人长期使用 PPI 类药物与一定的髋部骨折风险有关，这是由于钙的口服吸收降低和破骨细胞的骨吸收增加所致。这一问题在动物中尚无报道。

禁忌证和预防措施

人用制剂（Zegerid）之一是一种需要与水混合口服给药的小包制剂。该制剂含有木糖醇，如果犬以高剂量给药或与其他含有木糖醇的药物一起服用，可能会中毒。

药物相互作用

尽管奥美拉唑与动物的药物相互作用无关，但 PPI 类药物可能对一些药物代谢酶（CYP450 酶）产生抑制作用。在人体内奥美拉唑可以抑制氯吡格雷代谢为活性代谢物，但是这种抑制在犬的研究中没有得到证实，在马或猫中也没有研究。奥美拉唑可能会抑制其他药物的代谢，但尚未在家畜中进行研究。由于胃酸的抑制作用，请勿与依赖胃酸吸收的药物（如酮康唑和伊曲康唑）一起使用。在人中，PPI 与 NSAID 一起使用时可能会增加肠道损伤的风险，但这尚未在动物中进行研究。

使用说明

奥美拉唑是此类药物在动物中最常用的。其他 PPI 类药物包括泮托拉唑（Protonix）、兰索拉唑（Prevacid）和雷贝拉唑（Aciphex）。在兽医学中没有其他这类产品使用经验的报道。在人中使用，它们都被认为同等有效。泮托拉唑和雷贝拉唑的优势在于它们的片剂可以压碎给药。

在马中可用的制剂包括 GastroGard 和 UlcerGard，它们是缓冲制剂，可以增强口服吸收。Gastrozol 是在澳大利亚有售的马肠溶衣制剂（比较请参见"适应证和临床应用"部分）。已在马中进行了直肠给药的研究，但产生的反应低且不一致。由于没有可用的小动物制剂，已将人用形式用于犬和猫，并将马用制剂在油中稀释至 40 mg/mL 用于小动物。初步研究表明，马用制剂给犬口服是有效的。

患病动物的监测和实验室检测

奥美拉唑和 PPI 类药物通常是安全的。建议不用常规测试来监测副作用。如果要测量胃泌素浓度，则奥美拉唑治疗需要停药 7 d，否则奥美拉唑治疗会使血清胃泌素浓度显著增加。

制剂与规格

奥美拉唑有 20 mg 的胶囊（人用制剂）和马用糊剂 GastroGard。OTC 马用糊剂是 UlcerGard。马用糊剂在缓冲制剂中的浓度为 370 mg/g 的糊剂，可防止胃内降解。Gastrozol 是一种可以在澳大利亚购买的马用糊剂中的肠溶衣制剂，但在美国未获批准。人的口服制剂（Zegerid）有 40 mg 或 20 mg 的胶囊，含 1100 mg 的碳酸氢钠。Zegerid 也有 40 mg 或 20 mg 的单剂量粉剂小包，与 1680 mg 的碳酸氢钠制成口服悬浮液。

复合制剂：复合制剂必须按 FDA 完成的配方生产。在马上，使用非 FDA 制剂的复合产品没有产生治疗效果。下文讨论了犬和猫的复合制剂。

稳定性和贮藏

奥美拉唑应保持制造商的原始配方（胶囊或糊剂），以期最佳的稳定性和有效性。在 pH=11 时稳定，但在 pH < 7.8 时迅速分解。没有可用的小动物制剂，并且已将人用制剂或马用制剂用于小动物。因为马用制剂浓度很高，所以需在玉米油中稀释后用于小动物。通过将批准的马口服糊剂以 1 : 9 的比例与油制成悬浮液，将其稀释至 10 mg/mL 和 40 mg/mL，并在可控的低温（7℃）环境下避光保存。该制剂可稳定 6 个月。静脉注射的奥美拉唑用无菌注射用水稀释并用于实验马，但这些制剂尚未商业销售。对马的口服复合制剂进行了研究，显示这些制剂的药效很低。

小动物剂量

犬

每只 20 mg，q24 h，PO 或 1 ～ 2 mg/kg，q24 h，PO。

猫

1 mg/kg，q24 h，PO。

大动物剂量

马

治疗溃疡：4 mg/kg，PO，q24 h，持续使用 4 周。有证据表明，每天 1 ～ 2 mg/kg 与更高剂量的治疗同样有效。根据某些国家 / 地区批准的制剂（Gastrozol），标签剂量 1 mg/kg 是有效的。

预防溃疡：1 ～ 2 mg/kg，q24 h，PO（在马的研究中 1 mg/kg 对预防溃疡有效）。

静脉注射的应用（如果有可用制剂）：负荷剂量为 1 mg/kg，随后每天 0.5 mg/kg，持续使用 14 ～ 28 d。

反刍动物

口服吸收可能不足以达到有效治疗。

管制信息

不适用于食品生产用动物。反刍动物的口服吸收尚不确定。不确定食品生产用动物的停药时间。

RCI 分类：5。

盐酸昂丹司琼（Ondansetron Hydrochloride）

商品名及其他名称： Zofran。

功能分类： 镇吐药。

药理学和作用机制

昂丹司琼是一种 5- 羟色胺拮抗剂类的镇吐药。和其他此类药物相似，昂丹司琼通过抑制 3 型血清素（5-HT$_3$）受体发挥作用。它在化疗期间作为镇吐药有效，是通过阻滞催吐刺激释放的 5- 羟色胺而产生效果。在化疗期间或消化道损伤后，从消化道释放出 5-HT 可能会刺激中枢而呕吐。这种刺激可以通过这类药物阻滞。这些药物也已用于治疗其他类型的呕吐，如胃肠炎、胰腺炎和炎性肠病引起的呕吐。猫口服给药的吸收率为 32%，皮下给药可吸收 75%。静脉给药时猫的半衰期为 1.8 h，口服给药时半衰期为 1.2 h，皮下给药的半衰期更长（3.2 h）。犬口服给药的生物利用度很低（< 10%），半衰期短，为 30 min，这引发了关于犬使用昂丹司琼的临床有效性的疑问。

用于镇吐药治疗的其他 5- 羟色胺拮抗剂包括格拉司琼、昂丹司琼、多拉司琼、阿扎司琼和托烷司琼。

适应证和临床应用

和其他 5- 羟色胺拮抗剂相似，昂丹司琼也可用于预防呕吐。它对源自消化道损伤引起的各种呕吐是有效的。还可以有效预防药物化疗（抗癌药和右美托咪定）引起的呕吐。在动物中，昂丹司琼可用的功效信息很有限，但肿瘤学家已发现它对管理化疗动物的呕吐是有效的。

注意事项

不良反应和副作用

尚无昂丹司琼在动物中出现副作用的报道。这些药物对其他 5-HT 受体几乎没有亲和力。由于同时使用抗癌药会产生一些严重的副作用，因此，可能难以将其与昂丹司琼的副作用区分开。

禁忌证和预防措施

在动物中尚未确定重要的禁忌证。由于它是通过代谢消除的，在肾损伤的动物中可能不需要调整剂量。

药物相互作用

如果通过 IV 留置针注入，与其他药物（如甲氧氯普胺）混合时则可能产生沉淀。尚未报道动物的其他药物相互作用。

使用说明

昂丹司琼已用于犬和猫。根据药代动力学研究，口服或 IV 给药 0.5 mg/kg 的剂量可能不能维持有效浓度，但由于皮下给药半衰期较长，可能更适合通过该途径给药。由于犬口服后有较高的首过代谢和吸收较低（不到 10%）且半衰期短，这引出了对推荐剂量有效性的疑问，且该疑问并未经过疗效测试。格拉司琼是昂丹司琼的类似药物，已替代昂丹司琼用于相似的目的。

患病动物的监测和实验室检测

监测呕吐患病动物的消化道症状。

制剂与规格

昂丹司琼有 4 mg、8 mg 的片剂；4 mg/5 mL 的风味糖浆和 2 mg/mL 的注射剂。

稳定性和贮藏

存放在密闭容器中，并在室温下避光保存。昂丹司琼可溶于水。溶液是稳定的，但 pH 应 < 6，以防止沉淀。口服制剂已与糖浆、果汁和其他口服载体（如 Ora-Sweet）混合在一起给药。只要保持较低的 pH，可稳定 42 d。

小动物剂量
犬
在给予抗癌药前 30 min，IV，0.5 ~ 1 mg/kg。来自其他原因的呕吐：0.1 ~ 0.2 mg/kg，缓慢 IV，并 q6 ~ 12 h 重复给药。如果此剂量最初无效，则可以增加至 0.5 mg/kg。这些剂量也可以口服给药，但犬口服吸收较低（< 10%），可能会影响疗效。

猫
已用的剂量与犬相似，或用 0.5 mg/kg，q12 h，SQ、IV 或 PO。常用的剂量是每只猫 2 mg（半片），PO。

大动物剂量
尚无可用的信息。

管制信息
尚无可用的管制信息。由于残留风险低，无停药时间的建议。

奥比沙星（Orbifloxacin）
商品名及其他名称： Orbax。
功能分类： 抗菌药。

药理学和作用机制
奥比沙星是氟喹诺酮类抗菌药，其通过抑制细菌内的 DNA 促旋酶而抑制 DNA 和 RNA 的合成。它是有广谱活性的杀菌剂。抗菌谱包括葡萄球菌、革兰氏阴性杆菌和一些假单胞菌种。在犬中，半衰期为 5.6 h，在猫中，半衰期为 5.5 h。在两个物种中口服吸收均接近 100%。但是，口服悬浮液的吸收没有片剂高（请参阅"使用说明"部分）。在马中，半衰期为 5 h，口服吸收为 68%。

适应证和临床应用
奥比沙星被批准用于犬和猫。与其他氟喹诺酮类药物相似，它用于治疗各种物种的易感菌的感染。治疗的感染包括犬和猫的皮肤感染、软组织感染和尿路感染（urinary tract infection，UTI），以及马的软组织感染。

注意事项

不良反应和副作用

高浓度的奥比沙星可能导致 CNS 的毒性，尤其是患有肾脏疾病的动物。高剂量用药也可能会引起恶心、呕吐和腹泻。所有的氟喹诺酮类药物都可能在年轻动物中引起关节病。犬在 4 ~ 28 周龄时最敏感。大型快速生长的犬最容易受到感染。已有在猫中使用某些喹诺酮类药物（萘啶酸和恩诺沙星）发生失明的报道，但奥比沙星在剂量高达 15 mg/kg（高于批准的标签剂量）时，没有产生这种副作用。

禁忌证和预防措施

由于有软骨受损的风险，应避免用于年轻动物。在易发生抽搐的动物中谨慎使用。

药物相互作用

如果同时使用，氟喹诺酮类可能会增加茶碱的浓度。与二价和三价阳离子同时给药可能会降低吸收，如含有铝（如硫糖铝）、铁和钙的产品。请勿在溶液或小瓶中与铝、钙、铁或锌混合，因为可能会发生螯合。

使用说明

在批准的标签剂量下，奥比沙星对大多数易感菌有活性。在批准的剂量范围内，最低抑菌浓度（MIC）值越高的细菌需要越高的剂量。猫口服奥比沙星悬浮液和口服奥比沙星片剂没有生物等效性。以 mg/kg 计，口服悬浮液所提供的奥比沙星血浆水平比口服片剂的低，且变化更大。猫口服奥比沙星悬浮液的剂量为按 7.5 mg/kg 体重每天给药 1 次，而片剂的剂量可以更低。口服悬浮液是用一种离子交换剂在药物到达胃内之前掩盖药物的味道，目的在于改善适口性。

患病动物的监测和实验室检测

药敏试验：敏感生物的 CLSI 耐药折点为 ≤ 1 μg/mL。在一些情况下可以使用其他氟喹诺酮类药物来评估对此氟喹诺酮药物的易感性。但是，其他药物对铜绿假单胞菌的 MIC 值可能较低。

制剂与规格

奥比沙星有 5.7 mg、22.7 mg 和 68 mg 的片剂。口服悬浮液（麦芽风味）为 30 mg/mL。

稳定性和贮藏

存放在密闭容器中，并在室温下避光保存。奥比沙星微溶于水。它已与各种糖浆、调味料和载体剂混合，并在室温下可稳定 7 d。请勿与含有铝、钙或铁的载体剂混合使用，因为这可能会通过螯合降低口服吸收。

小动物剂量
犬和猫

片剂：2.5 ～ 7.5 mg/kg，q24 h，PO。
猫的悬浮液：7.5 mg/kg（1 mL/kg），q24 h，PO。
犬的悬浮液：2.5 ～ 7.5 mg/kg，q24 h，PO。

大动物剂量
马

5 mg/kg，q24 h，PO。

管制信息

请勿将未标识用途的氟喹诺酮类药物用于食品生产用动物。禁止将奥比沙星用于拟食用动物。

奥美普林 + 磺胺二甲氧嘧啶（Ormetoprim+ Sulfadimethoxine）

商品名及其他名称：Primor。
功能分类：抗菌药。

药理学和作用机制

奥美普林与磺胺二甲氧嘧啶组合用作抗菌药。这个组合是一种协同作用的联合，类似于甲氧苄啶和磺胺的组合。奥美普林抑制细菌的二氢叶酸还原酶，磺胺与对氨基苯甲酸（paraaminobenzoic acid，PABA）在核酸合成中竞争。根据不同的细菌，它可以产生杀菌和抑菌两种活性。它具有广泛的抗菌谱，包括常见的革兰氏阳性菌和革兰氏阴性菌。它也对某些球虫有效。

适应证和临床应用

奥美普林与磺胺二甲氧嘧啶组合用于治疗小动物中由易感生物体引起的多种细菌感染，包括犬和猫的肺炎、皮肤感染、软组织感染和 UTI。在马中，可以口服治疗易感性革兰氏阳性菌（放线菌、链球菌属和葡萄球菌）引起的感染，但革兰氏阴性菌感染可能需要更高的剂量。

注意事项

不良反应和副作用

磺胺类药物相关的副作用包括过敏反应、Ⅱ型和Ⅲ型超敏反应、关节病、贫血、血小板减少症、肝病、甲状腺功能减退（长期治疗）、干燥性角膜结膜炎和皮肤反应。犬可能比其他动物对磺胺类药物更敏感，因为犬缺乏将磺胺类药物乙酰化为代谢产物的能力。其他更具毒性的代谢产物可能会持续存在。奥美普林与犬的一些 CNS 作用相关，包括行为改变、焦虑、肌肉震颤和抽搐。当将 IV 剂量用于实验马（IV 制剂不可商购）时，观察到了神经系统反应，如震颤和肌束震颤。

禁忌证和预防措施

对磺胺类药物敏感的动物禁用。

药物相互作用

磺胺类药物可能与其他药物相互作用，包括华法林、乌洛托品和依托度酸。它们可能会增强氨甲蝶呤和乙胺嘧啶引起的副作用。

使用说明

所列剂量基于制造商的建议。对照试验已证明每天 1 次治疗脓皮病的功效。

患病动物的监测和实验室检测

长期使用要监测泪液的产生。药敏测试尚未确定奥美普林 / 磺胺二甲氧嘧啶组合的耐药折点范围。使用甲氧苄啶 / 磺胺甲噁唑组合的测试作为对奥美普林 / 磺胺二甲氧嘧啶组合易感性的指南。敏感生物的 CLSI 耐药折点为 ≤ 2/38 μg/mL（甲氧苄啶 + 磺胺）。

制剂与规格

奥美普林 / 磺胺二甲氧嘧啶联合有 120 mg、240 mg、600 mg 和 1200 mg 的片剂，磺胺二甲氧嘧啶∶奥美普林的比例为 5∶1。

稳定性和贮藏

存放在密闭容器中，并在室温下避光保存。

小动物剂量

犬

第 1 天为 55 mg/kg，然后 27.5 mg/kg，q24 h，PO。剂量可分为每天 2 次给药（所有剂量均以奥美普林和磺胺二甲氧嘧啶的总毫克量为基础）。

猫

尽管制造商未报告剂量，但已使用了与犬相似的剂量。

大动物剂量

马

负荷剂量为 55 mg/kg（复方药物），然后为 27.5 mg/kg（复方药物），q24 h，PO。

管制信息

不确定食品生产用动物的停药时间。反刍动物的口服吸收情况尚不确定。

苯唑西林钠（Oxacillin Sodium）

商品名及其他名称： Prostaphlin 和通用品牌。
功能分类： 抗菌药。

药理学和作用机制

苯唑西林钠是一种 β- 内酰胺类抗生素。和其他 β- 内酰胺类抗生素相似，苯唑西林与青霉素结合蛋白（PBP）结合干扰或削弱细胞壁的形成。与 PBP 结合后，细胞壁变弱或发生裂解。和其他 β-内酰胺类药物相似，这种药物以时间依赖性的方式起作用（即在剂量间隔期间药物浓度维持在 MIC 之上会更有效）。苯唑西林的抗菌谱有限，主要包括革兰氏阳性菌。常见耐药性，尤其是肠革兰氏阴性杆菌。葡萄球菌易感，因为苯唑西林对葡萄球菌产生的细菌性 β-内酰胺酶有抗性。动物中可用的药物动力学数据有限。由于半衰期短且口服吸收低，在动物中的使用受到限制。

苯唑西林在治疗上没有价值，但被用作检测葡萄球菌中 mec-A 介导对 PBP2a 耐药的标志物。耐甲氧西林葡萄球菌（如 MRSA 或 MRSP）通常用苯唑西林的耐药折点来鉴定（请参阅"患病动物的监测和实验室检测"部分）。

适应证和临床应用

苯唑西林在小动物中的应用有限，用于治疗由革兰氏阳性菌引起的软组织感染。在犬中最常用于脓皮病。由于药代动力学信息对口服给药剂量的指导有限，以及其他药物（如口服头孢菌素类、阿莫西林 - 克拉维酸联合）的可获得性增加，苯唑西林的使用减少。

注意事项

不良反应和副作用

最常见的青霉素类药物的副作用是药物过敏引起的。这种副作用的范围包括给药后的急性过敏反应或其他途径给药引起的其他过敏反应的症状。口服给药时可能发生腹泻，尤其是高剂量用药时。

禁忌证和预防措施

对青霉素类药物过敏的动物慎用。

药物相互作用

没有药物相互作用的报道。食物抑制药物的口服吸收。

使用说明

使用剂量基于经验或从人的研究中得出的推断。没有针对犬或猫的临床功效研究。如果可能，请空腹给药。

患病动物的监测和实验室检测

细菌培养和药敏试验：CLSI 限定的由 mec-A 介导的抗药性金黄色葡萄球菌的耐药折点为 MIC ≥ 4 μg/mL，药敏圈 ≤ 10 mm。所有其他包括假单胞菌（如 MRSP）在内的有 mec-A 介导的抗药性葡萄球菌的扩散盘 ≤ 17 mm 且 MIC ≥ 0.5 μg/mL。如果葡萄球菌对苯唑西林有抗药性，则无论其敏感性结果如何，都应将其解读为对所有头孢菌素类和青霉素类药物有抗药性。苯唑西林耐药性通常被认为等同于甲氧西林耐药性。因此，耐奥沙西林的葡萄球菌也称为 MRSA 或 MRSP。

制剂与规格

苯唑西林有 250 mg 和 500 mg 的胶囊，以及 50 mg/mL 的口服溶液。

稳定性和贮藏

存放在密闭容器中，并在室温下避光保存。苯唑西林可溶于水和酒精。复溶的口服溶液在室温下可稳定 3 d，在冰箱中可稳定 14 d。

小动物剂量

犬和猫

22 ~ 40 mg/kg，q8 h，PO。

大动物剂量

没有大动物剂量的报道。大动物的口服吸收尚未确定。

管制信息

不确定食品生产用动物的停药时间。反刍动物的口服吸收情况尚不确定。

奥沙西泮（Oxazepam）

商品名及其他名称: Serax。
功能分类: 抗惊厥药。

药理学和作用机制

奥沙西泮是苯二氮䓬类药物。它是一种中枢作用的 CNS 抑制剂，作用类似于地西泮。它的作用机制似乎是通过增强 CNS 中 γ-氨基丁酸（GABA）受受体介导的效应来发挥作用的。奥沙西泮是地西泮代谢的活性产物之一。与地西泮相比，奥沙西泮在动物中不会被肝脏广泛代谢，但在排泄之前会被葡糖醛酸化。在犬中，奥沙西泮的半衰期为 5 ~ 6 h，但这些值是来自前体药物地西泮的给药。奥沙西泮直接与葡萄糖醛酸结合而清除，不产生其他中间代谢产物，然而地西泮和其他苯二氮䓬类药物可能产生其他中间活性代谢产物。

适应证和临床应用

奥沙西泮用于镇定和刺激食欲。刺激食欲作用已被使用，特别是在其他原发疾病导致食欲减退的猫中应用。作为猫的食欲刺激剂，奥沙西泮比地西泮更有效。作为苯二氮䓬类，奥沙西泮也可以考虑用于动物的行为问题和焦虑疾病，但尚未像其他药物一样普遍使用。

注意事项

不良反应和副作用

镇定是最常见的副作用。奥沙西泮也可能引起多食症。有些动物可能会经历反常的兴奋。慢性给药时如果停药，可能会产生依赖和停药综合征。

禁忌证和预防措施

另一种苯二氮䓬类药物——地西泮，口服给药引起了严重的特异性肝损伤。尽管没有奥沙西泮对肝脏损伤的报道，但奥沙西泮作为地西泮的代谢产物是否存在同样的问题尚不清楚。

药物相互作用

与可能导致镇定的其他药物一起使用需谨慎。

使用说明

使用剂量基于经验。尽管人们普遍认为奥沙西泮会增加猫的食欲，但尚未在兽医学中进行临床试验。

患病动物的监测和实验室检测

可以分析血浆或血清样品中苯二氮䓬类的浓度。血浆浓度范围在 100 ~ 250 ng/mL 内被认为是人的治疗范围。其他参考文献引用的范围为 150 ~ 300 ng/mL。但是，在许多兽医实验室中，没有现成的用于监测的检测方法。分析人的样品的实验室可能会对苯二氮䓬类进行非特异性测试。通过这些测定，苯二氮䓬类代谢物之间可能存在交叉反应。

制剂与规格

奥沙西泮有 10 mg、15 mg 和 30 mg 的胶囊，以及 15 mg 和 30 mg 的片剂。

稳定性和贮藏

如果以制造商的原始配方存储，则稳定。尽管奥沙西泮的复合剂已被兽医应用，但复合产品的效力和稳定性尚未进行评估。

小动物剂量
猫

行为异常：0.2 ~ 0.5 mg/kg，q12 ~ 24 h，PO 或每只 1 ~ 2 mg，q12 h，PO。

食欲刺激剂：每只 2.5 mg，PO。最大效应的剂量为 1 mg/kg，但剂量低至 0.1 mg/kg 便可起效。

犬

行为异常或镇定：0.2 ~ 1.0 mg/kg，q12 ~ 24 h，PO。对于一些适应证已允许 q6 h。

大动物剂量

没有大动物剂量的报道。

管制信息

禁用于拟食用动物。

Schedule Ⅳ 类管制药物。

RCI 分类：2。

奥芬达唑（Oxfendazole）

商品名及其他名称： Benzelmin、Synanthic。
功能分类： 抗寄生虫。

药理学和作用机制

奥芬达唑属于苯并咪唑类抗寄生虫药。和其他苯并咪唑药物相似，它会使寄生虫的微管变性，并且不可逆地阻滞寄生虫对葡萄糖的摄入。抑制葡萄糖摄入会使寄生虫的能量储备耗尽，最终导致死亡。但是，对哺乳动物的葡萄糖代谢没有影响。它用于治疗动物的肠道寄生虫。

适应证和临床应用

奥芬达唑用于治疗马的大型线虫（马副蛔虫）、成熟和不成熟的蛲虫（马蛲虫）、大型圆线虫（无齿圆线虫、寻常圆线虫和马圆线虫）和小型圆线虫。芬达唑被用于治疗牛的肺线虫（胎生网尾线虫）、胃蠕虫［螺旋纹蠕虫（捻转血矛线虫和柏氏血矛线虫的成虫）］、小型胃蠕虫（艾氏毛圆线虫的成虫）、棕色胃蠕虫（奥氏奥斯特线虫）、肠蠕虫、结节性蠕虫（结节食道口线虫的成虫）、钩虫（牛仰口线虫的成虫）、小型肠蠕虫（匙形古柏线虫、节状古柏线虫和麦克马斯特古柏线虫）和绦虫（贝氏莫尼茨绦虫的成虫）。

注意事项

不良反应和副作用

不良反应很少见。

禁忌证和预防措施

禁用于生病或虚弱的马和繁殖年龄的雌性奶牛。

药物相互作用

没有药物相互作用的报道。

使用说明

在马中，给药时通过与悬浮液混合并口服（如经胃管灌腹）或将其与颗粒食物混合后口服给药。牛用剂量注射器口服给药或瘤胃注射器瘤胃内给药。马在 6 ~ 8 周或牛在 4 ~ 6 周时可以重复治疗。

患病动物的监测和实验室检测

不需要特定的监测。

制剂与规格

奥芬达唑有 90.6 mg/mL 或 225 mg/mL 的悬浮液（牛）、185 mg/g 的糊剂（牛）、0.375 g/g 的糊剂（马）、90.6 mg/mL 的悬浮液（马）和 6.49% 的颗粒剂（马）。

稳定性和贮藏

存放在密闭容器中，并在室温下避光保存。口服混合药剂后，24 h 后丢弃未使用的部分。使用前请充分混合，不要冷冻悬浮液，并避免过度加热。

小动物剂量
犬和猫

尚未确定剂量。

大动物剂量
马

10 mg/kg，PO。

牛

4.5 mg/kg，PO。

管制信息

在产奶用牛中禁用。

牛屠宰的停药时间：服用悬浮液停药时间为 7 d，服用糊剂停药时间为 11 d。

奥苯达唑（Oxibendazole）

商品名及其他名称： Anthelcide EQ。

功能分类： 抗寄生虫。

药理学和作用机制

奥苯达唑属于苯并咪唑类抗寄生虫药。和其他苯并咪唑药物相似，它会使寄生虫的微管变性，并且不可逆地阻滞寄生虫对葡萄糖的摄入。抑制葡萄糖摄入会引起寄生虫的能量储备耗尽，最终导致死亡。但是，对哺乳动物的葡萄糖代谢没有影响。它用于治疗动物的肠道寄生虫。

适应证和临床应用

奥苯达唑用于治疗马大型圆线虫（无齿圆线虫、马圆线虫和寻常圆线虫）、小型圆线虫（杯冠属、杯环属、盅口属、三齿属、双冠属和盅口辐首属）、大型线虫、蛲虫（马蛲虫）的各个幼虫阶段和线虫（韦氏类圆线虫）。

犬的制剂可能包含枸橼酸乙胺嗪和奥苯达唑，用于预防犬恶丝虫（心丝虫病）和犬钩口线虫（钩虫感染），并治疗狐毛尾线虫（鞭虫感染）和肠道犬弓首蛔虫（蛔虫感染）。

注意事项

不良反应和副作用

不良反应很少见。犬有时会发生呕吐和恶心。

禁忌证和预防措施

请勿用于可能有心丝虫的犬。

药物相互作用

没有药物相互作用的报道。

使用说明

通过 1 ~ 2 L（3 ~ 4 品脱）水与悬浮液混合并对马口服给药（如通过胃管）。或者，将粉剂与谷物定量混合或使用糊剂给药。如果马再次感染，则应在 6 ~ 8 周内重复给药。对犬来说，药物可以每天与食物混合给药。

患病动物的监测和实验室检测

不需要特定的监测。

制剂与规格

奥苯达唑有 10% 的悬浮液制剂；22.7% 的糊剂；60 mg、120 mg 和 180 mg 的枸橼酸乙胺嗪分别复合 45 mg、91 mg 和 136 mg 的奥苯达唑片剂。

稳定性和贮藏

存放在密闭容器中，并在室温下避光保存。使用前请充分混合，不要冷冻悬浮液，并避免过度加热。

小动物剂量

犬

5 mg/kg 奥苯达唑（与 6.6 mg/kg 的乙胺嗪合用），q24 h，PO。

猫

未确定剂量。

大动物剂量

马

10 mg/kg，PO。

线虫：15 mg/kg，PO，1 次。如有必要，请在 6 ~ 8 周内重复用药。

管制信息
没有确定停药时间。
不确定食品生产用动物的停药时间。

胆茶碱（Oxtriphylline）

商品名及其他名称： Choledyl-SA。
功能分类： 支气管扩张剂。

药理学和作用机制
胆茶碱为甲基黄嘌呤支气管扩张剂。吸收后释放游离的茶碱。作用机制尚不清楚，但可能与环磷酸腺苷（cAMP）水平升高或腺苷拮抗作用有关。认为有抗炎和支气管扩张作用。

适应证和临床应用
胆茶碱与茶碱应用的呼吸道状况类似。适用于可逆性支气管狭窄的患病动物，如患气道疾病的犬。胆茶碱的使用已大大减少，并且在大多数情况下使用茶碱更方便、更优先。尚无大动物应用的报道。

注意事项
不良反应和副作用
副作用包括恶心、呕吐和腹泻。高剂量时可能出现心动过速、兴奋、震颤和抽搐。心血管和 CNS 的副作用在犬中发生的频率似乎比在人中少。
禁忌证和预防措施
一些患病动物可能有更高的副作用风险。此类患病动物可能包括患有心脏病的动物、易患心律失常的动物及有抽搐风险的动物。
药物相互作用
会抑制 P450 细胞色素酶的药物可能会增加本药物的浓度并引起毒性。有关 P450 抑制剂的药物列表，请参阅附录 H。

使用说明
一些制剂（Theocron）含有胆茶碱和愈创甘油醚。服用缓释片剂时，请勿压碎它。茶碱可能更容易获得，可以代替胆茶碱。

患病动物的监测和实验室检测

长期治疗建议监测治疗药物浓度。解读茶碱浓度用于指导治疗。通常，10 ~ 20 μg/mL 被认为是治疗性的。

制剂与规格

胆茶碱有 400 mg 和 600 mg 的片剂（加拿大有口服溶液和糖浆，但美国没有）。

稳定性和贮藏

存放在密闭容器中，并在室温下避光保存。

小动物剂量

犬

47 mg/kg（相当于 30 mg/kg 茶碱），q12 h，PO。

大动物剂量

没有大动物剂量的报道。反刍动物的口服吸收情况尚不确定。

管制信息

不确定食品生产用动物的停药时间。

盐酸奥昔布宁（Oxybutynin Chloride）

商品名及其他名称： Ditropan。
功能分类： 抗胆碱能药。

药理学和作用机制

盐酸奥昔布宁是一种抗胆碱能药。奥昔布宁通过阻滞毒蕈碱受体而产生抗胆碱作用。它会产生普遍的抗胆碱作用，但主要作用是在膀胱上。它通过阻滞乙酰胆碱的作用来抑制平滑肌的痉挛。它不阻滞骨骼肌、自主神经节或血管上的受体。在人中使用的一种相关药物是托特罗定（Detrol）。

适应证和临床应用

盐酸奥昔布宁主要用于增加膀胱容量和减少尿路痉挛。它用于治疗人的尿失禁，但在动物中不常用。

注意事项
不良反应和副作用
副作用与抗胆碱作用有关（阿托品样作用），但与其他抗胆碱能药物相比副作用的发生频率较低。常规使用中可能会产生便秘、口干和黏膜干燥。如果用药过量，请给予毒扁豆碱进行治疗。

禁忌证和预防措施

在患有心脏病或肠道运动降低的动物中谨慎使用。在患有青光眼的动物中谨慎使用。

药物相互作用

奥昔布宁将增强其他抗毒蕈碱药物的作用。

使用说明

动物中临床研究的结果尚无报道。在动物中的使用（和剂量）基于在人中的使用经验或在动物中的个人经验。尽管它会增加尿潴留，但可能在治疗动物因括约肌张力降低而导致的尿失禁时无效。

患病动物的监测和实验室检测

不需要特定的监测。

制剂与规格

奥昔布宁有 5 mg 的片剂和 1 mg/mL 的口服糖浆。

稳定性和贮藏

存放在密闭容器中，并在室温下避光保存。奥昔布宁可溶于水和乙醇。

小动物剂量

犬

0.2 mg/kg，q12 h，PO，对于较大的犬，每只 5 mg，q6 ~ 8 h，PO。

大动物剂量

没有大动物剂量的报道。

管制信息

不确定食品生产用动物的停药时间。反刍动物的口服吸收情况尚不确定。

羟甲烯龙（Oxymetholone）

商品名及其他名称： Anadrol。

功能分类： 激素、合成代谢药。

药理学和作用机制

羟甲烯龙为合成代谢类固醇。羟甲烯龙是睾酮的衍生物。合成代谢药物以最大程度地发挥合成代谢作用为目的，同时使雄激素作用最小化。合成代谢药物已用于逆转分解代谢的状况、增加体重、使动物肌肉发达和刺激红细胞生成。其他合成代谢药物包括宝丹酮、诺龙、司坦唑醇和甲睾酮。

适应证和临床应用

合成代谢药物已用于逆转分解代谢的状况、增加体重、使动物肌肉发达和刺激红细胞生成。尽管在动物中使用了其他合成代谢的药物（甲睾酮和司坦唑醇），但在动物中发现合成代谢类固醇的功效没有差异。

注意事项

不良反应和副作用

来自合成代谢类固醇的副作用是这些类固醇的药理作用导致的。雄性化效应增多是常见的。在人中已经报道了一些肿瘤的发病率增加。17α-甲基化的口服合成代谢类固醇（羟甲烯龙、司坦唑醇和氧雄龙）与肝毒性有关。

禁忌证和预防措施

禁用于怀孕的动物。

药物相互作用

没有药物相互作用的报道。

使用说明

动物中临床研究的结果尚无报道。在动物中的使用（和剂量）基于在人中的使用经验或在动物中使用的个人经验。

患病动物的监测和实验室检测

监测肝酶以获取胆汁淤积和肝毒性的证据。

制剂与规格

羟甲烯龙有 50 mg 的片剂。

稳定性和贮藏

存放在密闭容器中，并在室温下避光保存。

小动物剂量

犬和猫

$1 \sim 5 \, mg/(kg \cdot d)$，PO。

大动物剂量

没有大动物剂量的报道。

管制信息

羟甲烯龙是一种 Schedule Ⅲ类管制药物。

禁用于拟食用动物。

RCI 分类：4。

盐酸羟吗啡酮（Oxymorphone Hydrochloride）

商品名及其他名称： Numorphan。

功能分类： 镇痛药、阿片类药物。

药理学和作用机制

盐酸羟吗啡酮为阿片类激动剂和镇痛药。作用与吗啡相似，只是羟吗啡酮的效力是吗啡的 10 ~ 15 倍。作用是与神经上的 μ-阿片受体和 κ-阿片受体结合，并抑制参与疼痛刺激（如 P 物质）传递的神经递质的释放。中枢镇定和兴奋效应与大脑中的 μ-受体效应有关。动物中使用的其他阿片类药物包括氢吗啡酮、可待因、吗啡、哌替啶和芬太尼。在犬中，半衰期为 0.8 h（IV）和 1 h（SQ），清除率很高［ > 50 mL/(kg·min)］。在猫中，半衰期为 1.7 h，清除率为 26 mL/(kg·min)。在动物中的有效浓度尚未确定，但在人中的有效浓度为 2.5 ~ 4.5 ng/mL。

适应证和临床应用

羟吗啡酮适用于短时间镇痛、镇定和作为麻醉的辅助药物。它与大多数麻醉药兼容，可以用作多模式镇痛／麻醉方法的一部分。尽管 FDA 已经批准羟吗啡酮用于犬，但其他阿片类药物更常用，如氢吗啡酮和吗啡。给予羟吗啡酮可能会降低其他麻醉药和镇痛药所用的剂量。在犬中的药效持效时间很短（2 ~ 4 h）。口服制剂仅在人体中吸收 10%，请勿用它治疗犬的剧烈疼痛。

注意事项

不良反应和副作用

和所有阿片类药物相似，羟吗啡酮的副作用是可预见和不可避免的。使用阿片类药物的副作用包括镇定、呕吐、便秘、尿潴留和心动过缓。由于体温调节的改变，犬可能会出现气喘。已知吗啡用药会有组胺的释放，这在羟吗啡酮上发生的可能性较小。在一些动物中会发生兴奋，且在猫和马中更常见。高剂量用药会发生呼吸抑制。与其他阿片类药物一样，预计心率会略有下降。在大多数情况下，不必使用抗胆碱能药物（如阿托品）治疗，但是应该对其进行监控。长期给药会产生耐受性和依赖性。快速 IV 给予阿片类药物时，马会出现不良的甚至是危险的行为反应。马应该接受麻醉前乙酰丙嗪或 α_2- 激动剂的用药。

禁忌证和预防措施

羟吗啡酮是 Schedule Ⅱ 类管制药物。猫和马对阿片类药物可能更敏感。

药物相互作用

和其他阿片类药物相似，它将增强其他 CNS 抑制药物的作用。

使用说明

有证据表明，羟吗啡酮可能比吗啡的心血管效应更少。羟吗啡酮硬膜外给药比吗啡更快速地全身吸收。羟吗啡酮可以与乙酰丙嗪和其他镇定药一起使用，它们共同产生协同作用。

患病动物的监测和实验室检测

监控患病动物的心率和呼吸。尽管由阿片类药物引起的心动过缓很少需要治疗，但必要时可以给予阿托品。如果发生严重的呼吸抑制，则可以使用纳洛酮逆转阿片类药物的作用。

制剂与规格

羟吗啡酮有 1.5 mg/mL 和 1 mg/mL 的注射剂。有 5 mg 和 10 mg 的片剂，但动物不吸收。

稳定性和贮藏

溶液的 pH 为 2.7 ~ 4.5。羟吗啡酮与大多数液体兼容。存放在密闭容器中，并在室温下避光保存。

小动物剂量

犬和猫

镇痛：0.1 ~ 0.2 mg/kg，IV、SQ 或 IM（根据需要），0.05 ~ 0.1 mg/kg，q1 ~ 2 h，重复给药。0.25 mg/kg，SQ，q6 h 的剂量可用于病情较轻的疼痛。

麻醉前：0.025 ~ 0.05 mg/kg，IM 或 SQ。

镇定：0.05 ~ 0.2 mg/kg（有或没有乙酰丙嗪），IM 或 SQ。

猫：0.03 mg/kg，IV 推注，然后 q2 h，0.02 mg/kg 或 CRI，负荷剂量为 5 μg/kg，然后以 5 μg/(kg·h) 的剂量输注。

大动物剂量

没有大动物剂量的报道。

管制信息
Schedule Ⅱ类管制药物。
RCI 分类：1。

土霉素（Oxytetracycline）

商品名及其他名称：Terramycin、Terramycin 可溶性粉剂、Terramycin 冲剂片、Bio-Mycin、Oxy-Tet、Oxybiotic Oxy 500 和 Oxy 1000。长效制剂包括 Liquamycin-LA 200 和 Bio-Mycin 200。

功能分类：抗菌药。

药理学和作用机制

土霉素为四环素类抗生素。四环素类的作用机制是结合核糖体的 30S 亚基并抑制蛋白质合成。土霉素通常有抑菌作用。它有广谱活性，包括革兰氏阳性菌和革兰氏阴性菌、一些原虫、立克次体和埃立克体。抗菌谱还包括衣原体、螺旋体、支原体、L 型细菌和一些原虫（疟原虫和肠阿米巴原虫）。耐药性常见于肠杆菌科（如大肠杆菌）的革兰氏阴性菌中。土霉素已有多种制剂用于控制注射剂的释放速率。载体包括聚乙二醇、丙二醇、聚维酮或吡咯烷。尽管有口服制剂，但口服吸收较差。例如，犬口服 44 mg/kg 时的吸收变化很大，且吸收太少而无法产生治疗效果。猪的口服吸收仅为 4%（而金霉素为 13%）。大多数的药代动力学研究都是用可注射的土霉素进行的。牛 IM 后半衰期约为 21 h，最大血药浓度（C_{MAX}）为 5.6 μg/mL。在马中，半衰期（Ⅳ）为 10 ~ 13 h。在猪中，半衰期（Ⅳ）为 4 ~ 6 h。

适应证和临床应用

土霉素用于治疗呼吸道（肺炎）、泌尿道、软组织和皮肤的感染。它用于广谱的细菌引起的感染，除了常见的耐药性肠源革兰氏阴性杆菌和葡萄球菌导致的感染。最常见的用途之一是用于治疗牛的多杀性巴氏杆菌、溶血性曼氏杆菌和睡眠嗜组织菌（以前称为睡眠嗜血杆菌）引起的奶牛呼吸系统疾病（BRD）。四环素类已用于治疗猪的萎缩性鼻炎、肺炎巴氏杆菌病和支原体感染。在小动物中，多西环素而非土霉素用于治疗立克次体和埃立克体。土霉素已用于治疗由马泰勒虫引起的马梨形虫病，但对驽巴贝斯虫无效。土霉素还用于治疗由新立克次体引起的马的波托马克热，以及呼吸道和软组织的感染。在新生马驹中，高剂量的土霉素用于矫正腿成角畸形。剂量高达 50 ~ 70 mg/kg，Ⅳ，q48 h。这种作用可能是年轻动物的肌腱黏弹性下降所导致的。由于这会导致肌腱或韧带松弛，可以矫正年轻马驹的腿成角畸形。

> ## 注意事项
> ### 不良反应和副作用
> 高剂量使用四环素类药物可能导致肾小管坏死，但在推荐剂量下很少见。四环素类药物可以影响年轻的骨骼和牙齿形成（请注意，在以上引用的年轻马驹治疗研究中，未观察到副作用）。它们与猫的药物热有关。高剂量用药可能在易感个体中发生肝毒性。马服用土霉素与急腹痛和腹泻相关联。
>
> ### 禁忌证和预防措施
> 在年轻的动物中请谨慎使用，因为可能会使牙齿变色。避免在牛的每个部位 IM 的体积大于 10 mL，而猪则避免大于 5 mL。
>
> ### 药物相互作用
> 四环素类与含有钙的化合物结合，可降低口服吸收。请勿与含有铁、钙、铝或镁的溶液混合使用。

使用说明

口服剂型用于大动物。长效剂型的应用尚未在小动物中进行研究。在小动物中使用四环素类药物主要是多西环素或米诺环素。对于大动物，既有常规制剂又有长效制剂。长效制剂含有延长注射位点药物吸收的黏性辅剂。其中一种辅剂是 2- 吡咯烷酮。使用长效制剂时，长效特性仅用于 IM 给药，不用于 IV 给药。长效产品与常规可注射产品进行比较时，长效产品通常允许更长的剂量间隔。然而，当将两种制剂以等效剂量给予猪时，血浆浓度的持效时间没有差异。

患病动物的监测和实验室检测

药敏试验：敏感的牛呼吸道病原体的 CLSI 耐药折点为 ≤ 2 μg/mL，而猪呼吸道病原体的 CLSI 耐药折点为 ≤ 0.5 μg/mL。对于其他微生物，链球菌的耐药折点为 ≤ 2 μg/mL，其他微生物为 ≤ 4 μg/mL。四环素可用作检测此类药物对易感性的标志物，如多西环素和米诺环素。

制剂与规格

土霉素有 250 mg 的片剂；500 mg 的丸剂；100 mg/mL 和 200 mg/mL 的注射剂；25 g/453 g（25 g/Ib）、166 g/453 g（166 g/Ib）和 450 g/453 g（450 g/Ib）的粉剂。长效制剂有 200 mg/mL 的注射剂。盐酸土霉素可溶性粉剂可添加到家禽、牛和猪的饮水中给药。土霉素可以作为牛、家禽、鱼和猪的饲料添加剂。

稳定性和贮藏

存放在密闭容器中,并在室温下避光保存。如果在注射之前将溶液稀释,不立即使用,则应丢弃。溶液可能会稍微变黑,但不会失去效力。

小动物剂量
犬和猫

7.5 ~ 10.0 mg/kg, q12 h, IV 或 20 mg/kg, q12 h, PO。

大动物剂量
马

治疗埃立克体病(由新立克次体引起的波托马克热)和其他感染:10 mg/kg, q24 h, IM 或 IV(缓慢)(IM 会在注射部位引起疼痛和副反应)。

治疗马梨形虫病:5 ~ 6 mg/kg, IV, q24 h, 持续用 7 d。

马驹

治疗弯曲性四肢骨畸形:44 mg/kg, 最高 70 mg/kg(每个马驹 2 ~ 3 g),两次剂量间隔 24 h。

犊牛

11 mg/(kg·d), PO。

治疗肺炎:11 mg/kg, q12 h, PO。

牛

治疗无形体病、肠炎、肺炎和其他感染:11 mg/kg, q12 h, IV。

长效制剂:单剂量 20 mg/kg, IM。

猪

6.6 ~ 11.0 mg/kg, 最高 10 ~ 20 mg/kg, q24 h, IM 或 20 mg/kg, q48 h, IM。

管制信息

肉牛和肉用猪的停药时间:7 d(口服片剂)。对于口服可溶性粉剂来说,牛和猪的停药时间从一种产品到另一种产品的差异很大。通常,它们用作肉类时至少需要 5 d 的停药时间,且请参考特定产品标签上的停药时间。

牛使用注射剂的停药时间:18 ~ 22 d, 取决于产品。

牛使用长效制剂的停药时间:28 d。

产奶用牛的停药时间:剂量为 20 mg/kg 时停药时间为 96 h。

牛子宫内给药的停药时间:产奶用牛为 7 d, 肉牛为 28 d。牛乳房内给药的停药时间:产奶用牛为 6 d, 肉牛为 28 d。

猪的停药时间:取决于不同的产品,一般为 28 d, 最长可达 42 d。

催产素（Oxytocin）

商品名及其他名称：Pitocin、Syntocinon（鼻用溶液）和通用品牌。
功能分类：引产。

药理学和作用机制

催产素通过对特定催产素受体的作用刺激子宫肌收缩。当在黄体溶解期间给药时，它会刺激前列腺素 F 受体（PGF$_2$）-α 分泌并中断黄体溶解。在黄体溶解之前给药时，它不会诱导 PGF$_2$-α 并中断黄体溶解，同时延长黄体的功能。

适应证和临床应用

催产素用于诱导或维持怀孕动物正常的镇痛和分娩过程。在外科手术中，它用于剖宫产术后促进子宫复旧并抵抗大量血液内流到子宫内。在大动物中，催产素用于增强子宫收缩并刺激泌乳。如果乳房处于适当的生理状态，它将使乳腺的平滑肌细胞收缩促使乳汁下降。它还用于分娩后胎盘的排出。但是，对于胎盘滞留的功效尚存疑问，一些专家认为胎盘滞留时除给予催产素外还应使用雌激素。催产素不会增加牛奶的产量，但是它会刺激收缩致使乳汁喷出。在黄体溶解之前（马排卵后第 10 d 之前）给予催产素可延长黄体功能，并抑制母马的发情行为。

注意事项

不良反应和副作用

如果谨慎使用，副作用并不常见。但是，在使用期间需要认真监测分娩过程。

禁忌证和预防措施

除非诱导分娩，否则请勿用于怀孕动物。除非宫颈完全松弛，否则请勿用药。如果胎儿出现异常情况，请勿使用。

药物相互作用

β- 肾上腺素激动剂将抑制分娩的诱导。

使用说明

催产素用于诱导分娩。在人中，通过注射、恒速 IV 输注或鼻内溶液进行催产素给药。

患病动物的监测和实验室检测

应密切监测正常的分娩进程和胎儿窘迫。

制剂与规格

催产素有 10 U/mL、20 U/mL 的注射剂和 40 U/mL 的鼻溶液。

稳定性和贮藏

存放在密闭容器中，并在室温下避光保存。

小动物剂量

犬

每只 5 ~ 20 U，IM 或 SQ（原发性子宫收缩无力需要每 30 min 重复 1 次）。注意：制造商的标签列出了每只犬用的剂量更高，为 5 ~ 30 U。

猫

每只 2.5 ~ 3.0 U，IM 或 IV。每 30 ~ 60 min 最多重复给药 3 次（最大剂量为每只 3 U）。

大动物剂量

注意：以下剂量全部以每头（匹）动物而不是每千克体重为基础，专家提供的一些剂量可能与批准的标签剂量不同。

牛

刺激子宫收缩：30 U，IM，必要时在 30 min 内重复给药（制造商列出了每头母牛 100 U 的剂量）。

胎衣滞留：母牛分娩后立即给予 20 U，IM，并在 2 ~ 4 h 内重复进行。

泌乳反射：每头牛 10 ~ 20 U，IV 或 IM。

母马

刺激子宫收缩：20 U，IM（制造商列出的剂量每匹母马为 100 U）。

胎衣滞留：30 ~ 40 U，IM，每间隔 60 ~ 90 min，或者将 80 ~ 100 U 加入 500 mL 生理盐水，IV。

抑制母马的发情期行为：排卵 7 ~ 14 d 后，每匹母马 60 U，IM，每天 1 ~ 2 次。

小反刍动物和母猪

5 ~ 10 U，IM（制造商列出的剂量为每头 30 ~ 50 U）。

管制信息

没有停药时间的报道。由于残留风险低，给药后快速清除，建议停药时间为 24 h。

紫杉醇（Paclitaxel）

商品名及其他名称：Paccal Vet-CA1（动物用制剂）、Abraxane 和 Taxol（人用制剂）。

功能分类：抗癌药、抗肿瘤药。

药理学和作用机制

紫杉醇是一种用于犬的某些肿瘤的抗癌药。它是一种来自西方紫杉的天然产物，是从欧洲紫衫中通过半合成过程获得的。紫杉醇属于紫杉烷类药物，是癌症治疗中微管蛋白的活性药物。

还有用紫杉醇半合成的药物多西紫杉醇。这些药物不同于长春新碱和长春花碱。它们结合在微管蛋白上的不同位点上，促进而不是抑制有丝分裂过程中纺锤体的形成。有丝分裂过程中纺锤体的形成异常，并破坏细胞周期的有丝分裂期。这些药物促进微管蛋白二聚体产生的微管装配，并通过阻止解聚作用稳定微管。这种稳定性导致微管网络正常动态重组的抑制，这对于重要的间期和有丝分裂细胞的功能至关重要。这些药物可能在细胞周期的其他部分具有活性，因为它们会诱导整个细胞周期内微管的异常，并在有丝分裂期间诱导出多个微管星射体。

在犬中的药代动力学研究表明，一些犬的最终半衰期可能长达 12 h，并且分布容积高。

适应证和临床应用

紫杉醇和相关药物多西紫杉醇作为化疗方案的一部分用于人多种癌症的治疗（如乳腺癌）。紫杉醇已用于犬的乳腺癌和鳞状细胞癌及其他肿瘤。紫杉醇也已用于犬的肥大细胞瘤。

注意事项

不良反应和副作用

人用制剂含有 Cremophor EL（聚氧乙烯蓖麻油）作为载体，会在犬中引起严重的类过敏反应，需避免用于犬。兽用中犬的副作用主要与骨髓抑制有关。最严重的白细胞减少症通常发生在给药后的 5～7 d 中。也可能发生血小板减少症、呕吐和便秘。与其他许多抗癌药一样，呕吐、腹泻和恶心都是常见的。

请勿在怀孕、泌乳或打算用于繁殖的犬中使用。紫杉醇是一种致畸物，可影响雌性和雄性的繁殖能力。在大鼠中的实验室研究中表明繁殖能力下降、胚胎毒性、致畸性和母畜的毒性作用。

禁忌证和预防措施

由于紫杉醇是一种抗癌药，在动物中使用时应采取标准的预防措施。这些预防措施包括遵循制造商关于安全处理小瓶和注射器及处置输液用品的建议。

请勿在怀孕、泌乳或打算用于繁殖的犬中使用。紫杉醇是一种致畸物，可影响雌性和雄性的繁殖能力。

药物相互作用

犬中尚无已知的药物相互作用的报道。但是，紫杉醇通过细胞色素 P450 同工酶代谢，是一种 P-糖蛋白底物。因此，当给予抑制这些系统的其他药物时可能发生相互作用，或犬在 P-糖蛋白缺乏症时可能发生相互作用。由于大多数抗癌药通常与其他药物一起使用，因此，可能会出现多种药物引起的并发症。

使用说明

制造商提供了有关安全给药的详细说明。动物用制剂的粉剂在使用前需要复溶。用乳酸林格液复溶后，每毫升溶液中含 1 mg 紫杉醇。用手轻轻旋转小瓶 20 ~ 30 s。将小瓶避光放置 3 ~ 5 min，轻轻地缓慢旋转 / 翻转小瓶，直到粉末完全溶解。请勿摇动，否则会产生泡沫。如果产生泡沫，请让溶液静置几分钟。即使所有泡沫尚未消散，复溶过程仍可继续。如果存在未溶解的产品，则应将小瓶放在摇床上，并在避光的情况下旋转最多 15 min。溶液应透明，黄绿色，无可见沉淀。如果观察到沉淀或变色（橙红色），则应丢弃溶液。确定溶液适合注射后，将适当量的溶液倒入一个空的无菌醋酸乙烯乙酯（ethyl vinyl acetate，EVA）输液袋中。在 EVA 输液袋中的产品也要避光。复溶后的产品应立即使用。适当剂量应在 15 ~ 30 min 内静脉输注。与其他输液器的兼容性不确定。

患病动物的监测和实验室检测

最严重的副作用是骨髓抑制。监测全血细胞计数（CBC）以确定是否需要调整剂量，从而防止严重的中性粒细胞减少。如果犬出现严重的中性粒细胞减少症（每微升 < 2000 细胞）或同时发生严重的感染，请停药。

由于短暂的消化道黏膜细胞毒性，紫杉醇可以引起消化道的不良反应。认真监测患病动物的呕吐、腹泻和脱水状况。根据临床指示提供支持性护理。

制剂与规格

人用制剂在 Cremophor EL（聚氧乙烯蓖麻油）中配制。该载体与犬的明显的类过敏反应有关，应避免使用。相反，优选不含该载体的动物用制剂（Paccal Vet-CA1）。动物用制剂是 60 mg 小瓶包装，可复溶为 1 mg/mL。

紫杉醇具有高度亲脂性，几乎不溶于水。动物用制剂由胶束纳米颗粒组成，适合水性给药。

稳定性和贮藏

将未打开的药瓶避光存放在冰箱中。打开并复溶后，请立即使用复溶后的产品，因为它不含防腐剂。根据制造商的说明复溶后，每毫升溶液含有 1 mg 紫杉醇。在整个制备过程中都应避光。根据制造商的建议，粉末应为黄绿色至黄色。如果变色，则丢弃小瓶。让小瓶在室温下避光放置 20 ~ 30 min。室内温度不得超过 25℃（77 ℉）。

小动物剂量

犬

150 mg/m²，IV，超过 15 ~ 30 min，每 3 周 1 次，最多 4 剂（剂量范围为 130 ~ 150 mg/m²）。如果发生不良反应，则降低剂量并以 10 mg/m² 的增量逐渐增加或延迟给药时间。

猫

尚未确定剂量，但有个人经验表明可以在猫中安全使用。

大动物剂量

没有大动物剂量的报道。

管制信息

由于紫杉醇是一种抗癌药，禁用于食品生产用动物。

帕米磷酸二钠（Pamidronate Disodium）

商品名及其他名称： Aredia。
功能分类： 抗高钙血症。

药理学和作用机制

帕米磷酸二钠为双磷酸盐药。此类药物包括帕米磷酸、依替磷酸、替鲁磷酸和焦磷酸盐。这些药物的特征是有一个生发性双磷酸盐键，这会减慢羟基磷灰石晶体的形成和溶解。该药物的临床使用在于其抑制骨吸收的能力。它们通过抑制破骨细胞活性、诱导破骨细胞凋亡、减缓骨吸收并降低骨质疏松率来减少骨转换。骨吸收的抑制是通过甲羟戊酸途径的抑制进行的。帕米磷酸与其他双磷酸盐一样，不会被肝脏代谢。它主要由动物的肾脏消除，并选择性地长时间保留在骨骼中。

适应证和临床应用

帕米磷酸与其他双磷酸盐药物一样，用于治疗人的骨质疏松症和恶性高钙血症。在动物中，帕米磷酸用于降低高钙血症状况时的钙，如癌症和维生素 D 中毒。它有助于管理肿瘤并发症和与病理性骨吸收有关的疼痛。它还可以缓解患病动物病理性骨病的疼痛，降低糖皮质激素诱导的骨质疏松症。在犬中进行的实验表明，它可以有效治疗维生素 D_3 中毒，但不能阻止肾功能下降。在犬中治疗高钙血症后，作用持效时间为 11 d 至 9 周（中位数为 8.5 周）。一些双磷酸盐（参阅"替鲁磷酸盐"和"氯磷酸盐"）已批准用于治疗由舟状骨病引起的马的骨疼痛。

注意事项

不良反应和副作用

已观察到发热、关节疼痛和肌痛，但没有发现严重的副作用。但是，在动物中不常使用，以至于不足以确认更广泛的副作用。犬的一项研究报道动物的食物摄入量略有下降。在人中，已有 IV 给药后发生急性肾坏死的报道。由于帕米磷酸是通过犬的肾脏消除的，所以可能发生剂量依赖性肾脏疾病，并且剂量超过 3 mg/kg 时 IV 更有可能发生肾损伤的风险。在人中，担心使用双磷酸盐会产生骨骼的过度矿化和硬化，这可能导致骨折风险更大。但是，这种作用在动物中尚无报道。

禁忌证和预防措施

尽管剂量方案中列出了 SQ 给药方式，但首选 IV 途径。请勿用于患有肾脏疾病的动物，并在给药之前确保动物水合状况良好。请勿用于可能患有低钙血症相关疾病的动物。

药物相互作用

请勿与含有钙的溶液（如乳酸林格液）混合。

使用说明

IV 时，在液体溶液（0.9% 生理盐水）中稀释，超过 2 h 给药（用 250 mL 液体稀释 30 mg 帕米磷酸）。每 7 d 可重复输注 1 次。尽管一些兽医的应用说明列出了 SQ 途径给药，但不建议这样做，推荐 IV 是首选途径。

患病动物的监测和实验室检测

监测血清钙和磷。帕米磷酸治疗维生素 D 中毒可能导致肾功能降低。监测治疗动物的尿素氮、肌酐、尿比重和食物摄入量。

制剂与规格

帕米磷酸有 30 mg、60 mg 和 90 mg 的瓶装注射剂，以及一次性注射用的 1 mg/mL 的小瓶注射剂。

稳定性和贮藏

存放在密闭容器中，并在室温下避光保存。瓶装制剂可用液体溶液稀释（如 250 mL 的 0.9% 氯化钠），超过 2 h 或长达 24 h 输注。稀释的溶液在室温下可稳定 24 h。

小动物剂量

犬

治疗高钙血症：1 ~ 2 mg/kg，IV 或 SQ。

治疗恶性溶骨病：1 ~ 2 mg/kg，IV，每次 IV 2 h，q28 d。

治疗维生素 D_3 中毒：暴露于毒素后进行 2 次治疗，剂量为 1.3 ~ 2.0 mg/kg，IV 或 SQ。

猫

治疗高钙血症：1.0 ~ 1.5 mg/kg，IV。

大动物剂量

没有大动物剂量的报道。

管制信息

不确定食品生产用动物的停药时间。

胰脂酶（Pancrelipase）

商品名及其他名称：Viokase、Pancrezyme、Cotazym、Creon、Pancoate、Pancrease 和 Ultrase。

功能分类：胰酶。

药理学和作用机制

胰脂酶为胰酶。胰脂酶提供脂肪酶、淀粉酶和蛋白酶。胰脂肪酶是从猪的胰腺中获得的酶（脂肪酶、淀粉酶和蛋白酶）的混合物。这些酶增强了十二指肠上部和空肠中脂肪、蛋白质和淀粉的消化。它们在碱性环境中更有活性。有包衣的和未包衣的片剂。未包衣的片剂生物利用度不高，因为可能会在胃酸中发生降解。每毫克包含 24 U 脂肪酶、100 U 淀粉酶和 100 U 蛋白酶活性。

适应证和临床应用

胰脂酶用于治疗胰腺外分泌功能障碍。它提供了消化缺少的酶。它应该在饲喂前服用。它在胃酸中失活，应与抑制胃酸的药物［如 H_2-受体阻滞剂或质子泵抑制剂（PPI）］一起服用，以提高活性。

注意事项

不良反应和副作用

有给予片剂后导致口腔出血的报道。片剂含有强效的酶，与黏膜接触可能会导致病变和黏膜溃疡。确保药片没有滞留在食管中，否则可能会腐蚀食管。警告动物主人如果他们操作药片给药，应避免手和黏膜接触药片（如与眼接触）。

禁忌证和预防措施

肠溶片可能不如将粉末与食物混合有效。

药物相互作用

如果同时使用抗酸剂，氢氧化镁和碳酸钙可能会降低有效性。

使用说明

在饲喂前约 20 min 时，将胰酶与食物混合。获得成功的结果后，剂量可以逐渐降低以确定最小有效剂量。如果与抗酸药（H_2-受体阻滞剂、PPI、碳酸氢盐或某些抗酸剂）一起使用，胰腺酶会更有效。如果使用缓释胶囊（颗粒剂），请勿压碎。不同品牌的药物有不同的活性。如果从一个品牌换到另一个品牌，并非所有产品都会产生相同的治疗效果。

患病动物的监测和实验室检测

不需要特定的监测。

制剂与规格

胰脂酶的成分含量为每 0.7 g 中含脂肪酶 16 800 U、蛋白酶 70 000 U 和淀粉酶 70 000 U。有胶囊和片剂两种形式。例如，Viokase 粉剂每 0.7 g 粉末各成分含量为 16 000 U/70 000 U/70 000 U（脂肪酶/蛋白酶/淀粉酶）。片剂的各成分含量范围从每片 8000 U /30 000 U /30 000 U（脂肪酶/蛋白酶/淀粉酶）到 11 000 U /30 000 U /30 000 U（脂肪酶/蛋白酶/淀粉酶）。缓释胶囊（Creon）每个胶囊各成分（脂肪酶/蛋白酶/淀粉酶）含量为 6000 U/19 000 U/30 000 U，或 12 000 U/38 000 U/60 000 U，或 24 000 U/76 000 U/120 000 U。

稳定性和贮藏
存放在密闭容器中，并在室温下避光保存。在酸性环境中会被灭活。

小动物剂量
犬
在饲喂前 20 min，每 20 kg 体重动物用 2 茶匙（tsp）粉末与食物混合，或每 0.45 kg 食物混合 1 ~ 3 茶匙药物。胶囊中的颗粒剂可以打开并撒在食物上（每只犬每餐约给予 1 个胶囊）。

猫
每只猫用半茶匙药物与食物混合。

大动物剂量
没有大动物剂量的报道。

管制信息
由于残留风险低，用药后清除迅速，没有建议的停药时间。

泮库溴铵（Pancuronium Bromide）
商品名及其他名称： Pavulon。
功能分类： 肌肉松弛剂。

药理学和作用机制
泮库溴铵为神经肌肉阻滞剂（非去极化）。与该类其他药物一样，泮库溴铵在神经肌肉终板上与乙酰胆碱竞争产生麻痹。感觉神经不受影响。

适应证和临床应用
泮库溴铵是用于麻醉期间或机械通气时的麻痹剂。它主要用于麻醉期间，或需要抑制肌肉收缩的其他状况。由于它作用时间更长，有时可以替代阿曲库铵。

注意事项
不良反应和副作用
泮库溴铵会产生呼吸抑制和麻痹。神经肌肉阻滞药对镇痛无影响。
禁忌证和预防措施
除非可以提供机械通气支持，否则请勿用于患病动物中。
药物相互作用
某些药物可能会增强该药物的作用（如氨基糖苷类），不应同时使用。

使用说明

仅在可能仔细控制呼吸的情况下使用。可能需要个性化剂量以获得最佳效果。请勿与碱性溶液或乳酸林格液混合。

患病动物的监测和实验室检测

使用过程中监测患病动物的呼吸频率、心率和心律。如果可能，在麻醉期间监测动物的氧合状态。

制剂与规格

泮库溴铵有 1 mg/mL 和 2 mg/mL 的注射剂。

稳定性和贮藏

存放在密闭容器中，并在室温下避光保存。

小动物剂量

犬和猫

0.1 mg/kg，IV 或以 0.01 mg/kg 开始并每 30 min 额外增加 0.01 mg/kg 的剂量。

CRI：0.1 mg/kg，IV，然后 2 μg/(kg·min) 输注。

大动物剂量

没有大动物剂量的报道。

管制信息

不确定食品生产用动物的停药时间。

RCI 分类：2。

P

泮托拉唑（Pantoprazole）

商品名及其他名称：Protonix。
功能分类：抗溃疡药。

药理学和作用机制

泮托拉唑是 PPI 类药物。泮托拉唑通过抑制 K^+/H^+ 泵抑制胃酸的分泌。与其他 PPI 药物一样，泮托拉唑有强效和长效作用。酸抑制在动物中可能持续 > 24 h。其他口服 PPI 类药物（如奥美拉唑）已用于动物。泮托拉唑是第一个可以通过 IV 给药的 PPI。给药后 24 h 可抑制胃酸分泌。

适应证和临床应用

泮托拉唑用于治疗和预防消化道的溃疡。其他 PPI 类药物包括奥美拉唑、兰索拉唑（Prevacid）和雷贝拉唑（AcipHex）。所有 PPI 类药物都通过类似的机制起作用，并有同等效果。因此，在动物中使用奥美拉唑的经验要多于该类药物中的其他药物。泮托拉唑（1 mg/kg），IV 给药时可以维持犬的胃内 pH > 3。当首选 IV 药物进行治疗时，泮托拉唑是 IV 制剂中唯一的一种常用制剂。

注意事项

不良反应和副作用

尚无在动物中副作用的报道。但是，在人医中存在长期用药导致高胃泌素血症的担忧。由于胃酸的长期抑制，梭状芽孢杆菌的过度生长已成为长期使用的一个问题，但这一问题在动物临床中的重要性尚未确定。

禁忌证和预防措施

没有已知的禁忌证。

药物相互作用

请勿将 IV 溶液与其他药物混合。请勿给予依赖胃酸吸收的药物（如酮康唑、伊曲康唑、铁补充剂）。PPI 可能对某些药物代谢酶（CYP450 酶）产生抑制，尽管在人中由抑制酶引起的药物相互作用风险较低。将 PPI 与 NSAID 一起使用可能会增加人的肠道损伤的风险，但是在动物中尚未进行研究。

使用说明

对于治疗消化道溃疡，每天给药 1 次，持续用 7 ~ 10 d。对于分泌胃泌素的肿瘤，使用更高剂量（1 mg/kg），每天 2 次。其他 PPI 类药物包括奥美拉唑（Prilosec）、兰索拉唑（Prevacid）和雷贝拉唑（AcipHex）。它们都通过类似的机制起作用，并且同样有效。主要区别在于泮托拉唑是一种 IV 给药制剂，并且可以与补液溶液混合。IV 使用时将 40 mg 的瓶装药与 10 mL 生理盐水混合，然后进一步用生理盐水、乳酸林格液或 5% 葡萄糖溶液稀释至 0.4 mg/mL。IV 输注给药至少 15 min 以上。

患病动物的监测和实验室检测

不需要特定的监测。治疗溃疡时，监测血细胞比容或 CBC 以检测出血。监测呕吐和腹泻的症状。

制剂与规格

泮托拉唑有 40 mg 小瓶供 IV 使用（稀释至 4 mg/mL）及 20 mg 和 40 mg 的缓释片剂。也有用于口服悬浮液的颗粒剂（40 mg），在人中与苹果汁或苹果酱混合服用。

稳定性和贮藏

存放在密闭容器中，并在室温下避光保存。请勿冷冻复溶的溶液。稀释后用于 IV，可稳定 12 h。

小动物剂量
犬和猫

0.5 ~ 0.6 mg/kg，PO，q24 h。

静脉注射给药（24 h）：0.5 ~ 1 mg/kg，IV 输注，超过 24 h 给药。该剂量可在 2 min 或 15 min 内输注（见下文）。

静脉注射给药（2 min 或 15 min）：首先冲洗 IV 管线。通过 5% 葡萄糖注射液、0.9% 氯化钠注射液或乳酸林格注射液的 IV 管线一起注射泮托拉唑。对于 2 min 的输注，将 40 mg 粉末与 10 mL 的 0.9% 氯化钠注射液混合，最终浓度为 4 mg/mL。以 1 mg/kg 剂量超过 2 min 注入。对于 15 min 的输注，将 40 mg 的小瓶装药剂与 10 mL 的 0.9% 氯化钠注射液混合。然后，将该溶液与 100 mL 的 5% 葡萄糖注射液、0.9% 氯化钠注射液或乳酸林格注射液混合至总体积为 110 mL，最终浓度约为 0.4 mg/mL。最终剂量（1 mg/kg）超过 15 min 给药。

大动物剂量

没有大动物剂量的报道。剂量是从在人的应用中推断出来的（0.5 mg/kg，q24 h，IV），并且先前列出的小动物的输注方案也已使用过。

管制信息

不确定食品生产用动物的停药时间。

RCI 分类：5。

P

复方樟脑酊（Paregoric）

商品名及其他名称： Corrective mixture。
功能分类： 止泻药。

药理学和作用机制

复方樟脑酊（阿片酊）是用于治疗腹泻的过时产品。复方樟脑酊每 5 mL 药剂中含有 2 mg 吗啡。它的作用是通过刺激肠道 μ- 阿片受体引起肠道蠕动减弱。

适应证和临床应用

复方樟脑酊会通过阿片类效应减轻腹泻的症状，但其使用有些过时。

注意事项

不良反应和副作用

和所有阿片类药物相似，副作用是可预见且不可避免的。副作用可能包括镇定、便秘和心动过缓。高剂量会发生呼吸抑制。长期给药会产生耐受性和依赖性。

禁忌证和预防措施

含有鸦片，可能被人滥用。在马和反刍动物中谨慎使用，因为肠道活力可能降低。

药物相互作用

没有关于动物药物相互作用的报道。

使用说明

复方樟脑酊的使用已被更特定的产品（如洛哌丁胺或地芬诺酯）取代。

患病动物的监测和实验室检测

不需要特定的监测。

制剂与规格

每 5 mL 的复方樟脑酊中含有 2 mg 吗啡。

稳定性和贮藏

存放在密闭容器中，并在室温下避光保存。

小动物剂量

犬和猫

0.05 ~ 0.06 mg/kg，q12 h，PO。

大动物剂量

没有大动物剂量的报道。

管制信息

Schedule III类管制药物。

不确定食品生产用动物的停药时间。

硫酸巴龙霉素（Paromomycin Sulfate）

商品名及其他名称： Humatin。
功能分类： 抗寄生虫。

药理学和作用机制

硫酸巴龙霉素为氨基糖苷类的抗生素药物。巴龙霉素的作用机制与其他氨基糖苷类药物相似：它抑制核糖体 30S 亚基，并随后抑制细菌的蛋白合成。活性范围类似于其他氨基糖苷类药物。然而，由于巴龙霉素是口服给药，通常不会全身性吸收，其活性仅限于肠道病原体。

适应证和临床应用

巴龙霉素的使用仅限于肠道感染。它不被全身吸收，因此，禁用于肠外感染。巴龙霉素已用于治疗肠道感染，如隐孢子虫病。应用是基于在动物中有限的数据和从人的应用推断出来的。动物的功效尚未在对照研究中进行测试。

注意事项

不良反应和副作用

巴龙霉素用于猫时与肾功能衰竭和失明有关。尽管预期的全身吸收不多，但高剂量用于猫的肠道微生物时仍存在问题。

禁忌证和预防措施

当该药物用于肠道疾病导致的肠功能减退的动物时，建议需格外谨慎，因为可能发生全身性吸收增加。

药物相互作用

没有关于动物药物相互作用的报道。

使用说明

在猫中以 125 ~ 165 mg/kg，q12 h，PO，持续用 5 ~ 7 d。但在兽医文献中，有报道称这些剂量已对猫产生毒性，包括肾损伤。建议使用较低剂量以避免毒性，并认真监测患病动物的肾脏参数。当肠道黏膜的完整性削弱（如可能发生腹泻）时，不鼓励使用巴龙霉素。

患病动物的监测和实验室检测

在治疗过程中监测患病动物的肾脏功能，如尿比重、血清肌酐和血尿素氮（BUN）。

制剂与规格

巴龙霉素有 250 mg 的胶囊。

稳定性和贮藏

存放在密闭容器中，并在室温下避光保存。

小动物剂量

猫

剂量为 125 ～ 165 mg/kg，q12 h，PO，持续用 7 d。但是，当使用如此高的剂量时，建议谨慎。在可能有毒性风险的动物中，应考虑使用较低的剂量（见犬剂量）。

犬

犬的剂量是从人医中推算得出的，剂量为 10 mg/kg，q8 h，PO，持续用 5 ～ 10 d。

大动物剂量

没有大动物剂量的报道。

管制信息

不确定食品生产用动物的停药时间。尽管在很大程度上不被全身吸收，但预计肾脏中的浓度可能会持续存在，从而延长了屠宰的停药时间。

帕罗西汀（Paroxetine）

商品名及其他名称： Paxil。
功能分类： 行为矫正。

药理学和作用机制

帕罗西汀是抗抑郁药。与该类的其他药物一样，帕罗西汀是一种选择性 5-羟色胺再摄取抑制剂（SSRI）。它的作用类似于氟西汀（Reconcile、Prozac）。它的作用机制似乎是通过 5-羟色胺再摄取的选择性抑制和下调 5-HT1 受体实现的。SSRI 药物在 5-羟色胺再摄取抑制方面的选择性高于三环类抗抑郁药（TCA）。

适应证和临床应用

与其他 SSRI 药物一样，帕罗西汀也可用于治疗行为障碍，如强迫症（犬强迫症疾病）、焦虑和支配性攻击行为。它对减少猫的喷尿行为有效。由于药片太小，一些兽医发现它在猫和小型犬中容易给药。

注意事项

不良反应和副作用

一些作用类似于氟西汀，但某些动物对帕罗西汀的耐受性更好。在犬和猫中观察到的副作用包括便秘和食欲减退。高剂量用药时猫的食欲减退更常见。

禁忌证和预防措施

在患有心脏病的动物中慎用。怀孕动物禁用。如果在怀孕早期使用，则有胎儿畸形的风险。

药物相互作用

请勿与司来吉兰等单胺氧化酶抑制剂（MAOI）一起使用。请勿与其他行为矫正药物一起使用，如其他 SSRI 或 TCA。

使用说明

剂量推荐是经验性的。帕罗西汀已用于类似于用氟西汀（Prozac、Reconcile）治疗的疾病。与咀嚼片或其他药物的胶囊剂相比，药片小更便于猫管理者给药。帕罗西汀已在一些动物中引起便秘，为了避免出现问题，兽医可能会在治疗的第 1 周给猫服用泻药。

患病动物的监测和实验室检测

在动物中使用相对安全，因此，只监测行为的改变。

制剂与规格

帕罗西汀有 10 mg、20 mg、30 mg 和 40 mg 的片剂和 2 mg/mL 的口服悬浮液。

稳定性和贮藏

如果以制造商的原始配方存储，则稳定。尽管已将帕罗西汀复合用于兽医学中，但尚未对复合产品的效力和稳定性进行评估。

小动物剂量

犬

0.5 mg/(kg·d)，PO。对于某些强迫症，剂量应增加至 1 mg/kg，q24 h，PO。

猫

每只猫每天口服 10 mg 片剂的 1/8 ~ 1/4（约 0.5 mg/kg，q24 h）。对于猫的喷尿行为，有些猫对隔日治疗即有反应。

大动物剂量
没有大动物剂量的报道。

管制信息
禁用于拟食用动物。

RCI 分类：2。

青霉胺（Penicillamine）
商品名及其他名称： Cuprimine、Depen。
功能分类： 解毒剂。

药理学和作用机制
青霉胺也被称为 3-巯基缬氨酸。它是铅、铜、铁和汞的螯合剂。当用于治疗铜中毒时，它有助于细胞中的铜溶解，使其从尿中更快地排泄。经治疗的动物尿中铜的排泄增加。已经用作螯合剂的其他药物包括四硫代钼酸盐、曲恩汀和锌。青霉胺还有抗炎特性。它抑制胶原蛋白的交联，从而使其更易于酶的降解。这种抗纤维化的特性可能是其用于治疗动物肝炎时有积极效应的原因，但这一适应证的功效仍受质疑。

适应证和临床应用
青霉胺已用于治疗人的类风湿性关节炎。在动物中的主要用途是治疗铜中毒和与铜蓄积相关的肝炎。动物铜蓄积性肝病的治疗时间可能需要 2 ~ 4 个月。它也已用于治疗胱氨酸结石。尽管它可以抑制肝病患病动物中胶原蛋白的交联并降低纤维化，但在临床患病动物中这种效果令人失望。没有明确的证据表明在该适应证的有效性。

最近，青霉胺在动物中的使用变得昂贵，并且正在研究其他的替代品。如果有可用制剂，可以考虑另一种铜螯合剂——曲恩汀（盐酸三乙烯四胺）。犬已使用的曲恩汀剂量为 10 ~ 15 mg/kg，q12 h，PO。

注意事项
不良反应和副作用
最常见的副作用是厌食和呕吐。已经报道了在人中的副作用包括过敏反应、皮肤反应、粒细胞缺乏症和贫血。它也产生了蛋白尿和血尿，在猫中还引起中性粒细胞减少。治疗犬的肝病时已观察到皮质类固醇性肝病。因此，它可能在肝中产生类固醇样效应。

禁忌证和预防措施

怀孕动物禁用。在过敏动物中,青霉素和青霉胺之间似乎几乎没有交叉反应。

药物相互作用

没有关于动物药物相互作用的报道。

使用说明

空腹给药（饲喂前至少 30 ~ 60 min）。

患病动物的监测和实验室检测

在治疗过程中监测肝脏的生化参数。如果用于治疗中毒,应监测金属浓度。

制剂与规格

青霉胺有 125 mg 和 250 mg 的胶囊及 250 mg 的片剂。

稳定性和贮藏

存放在密闭容器中,并在室温下避光保存。青霉胺溶于水。口服青霉胺悬浮液制剂已与糖浆和调味剂联合使用,可稳定 5 周。

小动物剂量
犬和猫

10 ~ 15 mg/kg, q12 h, PO, 最好在饲喂前 30 min 服用。

杜宾犬: 每只犬 250 mg, q12 h, PO。

大动物剂量
马和牛

10 ~ 15 mg/kg, q12 h, PO。

管制信息

牛的停药时间: 肉用为 21 d, 产奶用为 3 d。

青霉素 G（Penicillin G）

商品名及其他名称: 青霉素 G 钾或钠、苄星青霉素 G（Benza-Pen）、青霉素 G、普鲁卡因和通用青霉素 V（Pen-Vee）。

功能分类: 抗菌药。

药理学和作用机制

青霉素 G 为 β-内酰胺类抗生素,也被称为青霉素。其作用类似于其他青霉素类药物。它结合青霉素结合蛋白（PBP）来削弱或引起细胞壁溶解。青霉素 G 有时间依赖性杀菌作用。当药物浓度保持在最低抑菌浓度（MIC）值以上时，可观察到杀菌作用增强。青霉素 G 的抗菌谱仅限于革兰氏阳性菌、厌氧菌和一些高度易感的革兰氏阴性菌（如巴氏杆菌）。几乎所有肠杆菌科的细菌和产生 β-内酰胺酶的葡萄球菌会有耐药性。在大多数动物体内，青霉素钠或青霉素钾的半衰期为 1 h 或更短。然而，肌肉内给予相同剂量的普鲁卡因青霉素可能会延长有效浓度，且半衰期为 20 ~ 24 h，因为该药物从注射部位的吸收缓慢。

青霉素 G 制剂被设计用于控制注射位点的吸收。制剂包括如下几种。

青霉素 G 钠或钾（结晶青霉素）是水溶性的，可以静脉内或肌内给药。也可以将其与液体混合 IV 给药。

苄星青霉素 G 是不溶于水的，可作为悬浮液。它从注射位点缓慢吸收，产生的青霉素浓度低但时间长（几天）。商用的所有苄星青霉素 G 的形式都是与普鲁卡因青霉素 G 联合配制的（比例 1 : 1）。

普鲁卡因青霉素 G 是一种难溶性悬浮液，用于肌内注射或皮下给药。它吸收缓慢，注射后浓度维持 12 ~ 24 h。

与其他青霉素衍生物相比，青霉素 V（口服青霉素）的吸收率不高，并且抗菌谱较窄。

适应证和临床应用

青霉素 G 通过静脉注射（青霉素钾或钠）或肌内注射（普鲁卡因或普鲁卡因 / 苄星青霉素 G）给药。青霉素 G 用于治疗引起呼吸道感染、脓肿和尿路感染（UTI）的革兰氏阳性球菌。许多葡萄球菌由于 β-内酰胺酶的合成而有耐药性。链球菌通常易感。其他易感微生物包括革兰氏阳性杆菌和厌氧菌。大多数革兰氏阴性杆菌，尤其是肠源性细菌，都有耐药性。一些革兰氏阴性的呼吸道病原体敏感，如多杀性巴氏杆菌和溶血性曼海姆菌。

治疗动物中尿液的青霉素浓度至少比血浆浓度高 100 倍，因此，一些泌尿病原体可能更易感染。

注意事项
不良反应和副作用

通常青霉素 G 可以很好地耐受。可能发生过敏反应。口服给药常出现腹泻。IM 或 SQ 可能会发生疼痛和组织反应。普鲁卡因青霉素 G 的制剂含有不同量的游离普鲁卡因（取决于配方）。某些马注射后，制剂中的游离普鲁卡因可能引起 CNS 反应。大剂量的青霉素钠 IV 可以降低钾的浓度。

禁忌证和预防措施

对青霉素类药物过敏的动物慎用。避免每个注射点的注射量大于 30 mL。给予长效苄星青霉素 G 会增加食品生产用动物体内残留的风险。

药物相互作用

没有关于动物药物相互作用的报道。

使用说明

注射剂标签上列出的批准剂量已过时，不能反映当前临床青霉素的使用剂量。不建议将苄星青霉素 G 用于大多数感染，因为其浓度太低而无法达到治疗的药物浓度。一种可能的例外是链球菌感染的治疗。由于组织损伤和食用动物残留的问题，避免 SQ 注射普鲁卡因青霉素 G。空腹给药青霉素 V，以获得最大的吸收。

患病动物的监测和实验室检测

药敏试验：CLSI 针对敏感的马病原体（马链球菌和葡萄球菌）的耐药折点为 ≤ 0.5 µg/mL。引起奶牛呼吸系统疾病（BRD）的牛分离株的耐药折点为 ≤ 0.25 µg/mL。从人中分离出来的敏感生物（肠球菌）的 CLSI 耐药折点为 ≤ 8 µg/mL，葡萄球菌和链球菌为 ≤ 0.12 µg/mL。

制剂与规格

青霉素 G 钾有 5 000 000 ~ 20 000 000 U 的小瓶制剂。苄星青霉素 G 有 150 000 U/mL 的制剂，通常与 150 000 U/mL 的普鲁卡因青霉素 G 悬浮液联合使用。不建议使用苄星青霉素产品。普鲁卡因青霉素 G 有 300 000 U/mL 的悬浮液制剂。青霉素是为数不多仍然以 U 而不是以 mg 或 µg 为单位进行测量的抗生素之一。1 U 青霉素代表 0.6 µg 青霉素钠的比活性。因此，1 mg 青霉素钠代表 1667 U 的青霉素。在一些参考文献中，使用了 1000 U/mg 的近似换算。

青霉素 V 有 250 mg 和 500 mg 的片剂（250 mg 等于 400 000 U）。

稳定性和贮藏

青霉素 G 钠和钾的形式在室温下效力可保持 72 h，但建议冷藏。如果冷藏可稳定 7 d，而保存 14 d 仍保留有 90% 的效力。青霉素钾和青霉素钠易溶于水。1 g 青霉素将溶于 250 mL 的水中（4 mg/mL）。高 pH（pH > 8）、强酸或氧化剂会加快青霉素溶液的降解和失活。

小动物剂量

青霉素 G 钾或钠：20 000 ~ 40 000 U/kg，q6 ~ 8 h，IV 或 IM。

普鲁卡因青霉素 G：20 000 ～ 40 000 U/kg，q12 ～ 24 h，IM。

青霉素 V：10 mg/kg，q8 h，PO。

大动物剂量

牛和羊

普鲁卡因青霉素 G：22 000 ～ 66 000 U/kg，q24 h，IM。不建议皮下注射。

青霉素 G 钠或钾：20 000 U/kg，IM 或 IV，q6 h。

猪

普鲁卡因青霉素 G：15 000 ～ 25 000 U/kg，q24 h，IM。

马

青霉素钠或青霉素钾：20 000 ～ 24 000 U/kg，q6 ～ 8 h，IV（顽固性病例使用的剂量高达 44 000 U/kg，q6 h）。

普鲁卡因青霉素 G：20 000 ～ 24 000 U/kg，q24 h，IM。

青霉素 G 钾：20 000 ～ 24 000 U/kg，q12 h，IM。

管制信息

马：注射普鲁卡因青霉素可能导致赛前普鲁卡因测试阳性，注射后测试阳性长达 30 d。

牛以标签剂量 6000 ～ 7000 U/kg 给予苄星青霉素：肉牛停药时间为 30 d（在加拿大，停药时间为 14 d）。

牛标签剂量 6000 ～ 7000 U/kg 给予普鲁卡因青霉素：肉牛停药时间为 10 d，产奶用牛停药时间为 4 d，绵羊的停药时间为 9 d，猪的停药时间为 7 d。

猪以 15 000 U/kg 的剂量给予普鲁卡因青霉素 G 的停药时间为 8 d。

牛以 21 000 U/kg 的剂量给予普鲁卡因青霉素 G：肉牛停药时间为 10 d，产奶用牛停药时间为 96 h。

普鲁卡因青霉素 G 剂量为 60 000 U/kg：牛停药时间为 21 d，猪停药时间为 15 d。

RCI 分类：青霉素未分类，普鲁卡因的分类为 3。

五聚淀粉（Pentastarch）

商品名及其他名称：Pentaspan。

功能分类：体液补充剂。

药理学和作用机制

五聚淀粉是一种合成的胶体容积扩充剂，用于维持动物循环休克时的血容量。它是从羟乙基淀粉制备的，并由支链淀粉衍生而来。羟乙基淀粉有两种制剂：七淀粉和五聚淀粉。七淀粉（6%）的平均分子量为450 000，胶体液渗透压为32.7。五聚淀粉（10%）的平均分子量为280 000，胶体液渗透压为40。由于七淀粉的复合分子量比五聚淀粉更大，所以它更易保留在脉管系统中并防止血管内容量丢失和组织水肿。给药后五聚淀粉将保留在脉管系统中，并防止血管容量丢失和组织水肿。使用的其他胶体是葡聚糖（右旋糖酐40和右旋糖酐70）。七淀粉和右旋糖酐将在其他部分中讨论。

适应证和临床应用

五聚淀粉主要用于治疗急性血容量不足和休克。在急性情况下静脉内给药。五聚淀粉的有效容积扩充持效时间为12～48 h。五聚淀粉和七淀粉的使用情况相似，但不常使用。

注意事项

不良反应和副作用

在兽医学中的使用有限，因此，尚无副作用的报道。但是，它可能引起过敏反应和高渗性肾功能不全。可能出现血凝异常，但很罕见，比七淀粉的可能性小。

禁忌证和预防措施

没有关于动物禁忌证的报道。

药物相互作用

五聚淀粉与大多数补液溶液兼容。

使用说明

五聚淀粉用于重症监护状况，并通过CRI输注。五聚淀粉比右旋糖酐更有效并且副作用更少。由于分子量较低，输注可以比七淀粉更快。

患病动物的监测和实验室检测

在给药期间监测患病动物的水合状态和血压。

制剂与规格

五聚淀粉有10%的注射液。

稳定性和贮藏

五聚淀粉在原始包装中保持稳定。与大多数补液设备兼容。

小动物剂量
犬
CRI：10 ~ 25 mL/(kg·d)，IV。
猫
CRI：5 ~ 10 mL/(kg·d)，IV。

大动物剂量
马
8 ~ 15 mL/kg 或按 CRI 0.5 ~ 1 mL/(kg·h)，IV 输注。
没有报道其他大动物的剂量。

管制信息
无可用的管制信息。

喷他佐辛（Pentazocine）
商品名及其他名称： Talwin-V。
功能分类： 镇痛药、阿片类药物。

药理学和作用机制
喷他佐辛为合成的阿片类镇痛药。喷他佐辛的作用是它作为 μ-阿片受体的部分激动剂和 κ-受体激动剂的结果。镇定和镇痛作用大部分被认为是由 κ-受体的作用产生的。喷他佐辛可能会逆转部分 μ-受体激动剂的效应。它的作用与丁丙诺啡或布托啡诺相似，但功效较低。

适应证和临床应用
喷他佐辛主要用于马的镇定和镇痛。然而，由于可以获得疗效更好的其他阿片类药物，喷他佐辛的使用已减少。

注意事项
不良反应和副作用
副作用与其他阿片类镇痛药相似，包括便秘、肠梗阻、呕吐和心动过缓。镇痛药剂量用药时常见副作用为镇定。高剂量用药时会发生呼吸抑制。在一些敏感的个体和某些物种（如马）中可能会产生烦躁的作用。
禁忌证和预防措施
喷他佐辛是 Schedule Ⅳ类管制药物。

药物相互作用

喷他佐辛可能会增强其他镇定药物的作用，如 α_2-受体激动剂。喷他佐辛可能会干扰其他药物对 μ-阿片受体的作用，如吗啡或芬太尼。

使用说明

喷他佐辛是混合的激动剂/拮抗剂。疼痛控制的疗效相对弱或较弱，应考虑使用其他阿片类药物进行更好的疼痛管理。

患病动物的监测和实验室检测

监测患病动物的心率和呼吸。尽管由阿片类药物引起的心动过缓很少需要治疗，但必要时可以给予阿托品。如果发生严重的呼吸抑制，则可使用纳洛酮逆转阿片类药物的作用。

制剂与规格

喷他佐辛有 30 mg/mL 的注射剂（可获得性有限）。

稳定性和贮藏

存放在密闭容器中，并在室温下避光保存。

小动物剂量

犬

1.65 ~ 3.3 mg/kg，q4 h，IM 或根据需要调整剂量。

猫

2.2 ~ 3.3 mg/kg，q4 h，IM、IV、SQ 或根据需要调整剂量。

大动物剂量

马

每匹马 200 ~ 400 mg，IV。

管制信息

Schedule IV类管制药物。

不确定食品生产用动物的停药时间。

RCI 分类：3。

戊巴比妥钠（Pentobarbital Sodium）

商品名及其他名称： Nembutal 和通用品牌。

功能分类： 巴比妥类麻醉药。

药理学和作用机制

戊巴比妥钠为短效巴比妥类麻醉药，其作用是通过 CNS 的非选择性抑制产生的。作用持效时间可能是 3 ~ 4 h。

适应证和临床应用

戊巴比妥通常用作 IV 麻醉药。它也可以用于治疗动物癫痫持续状态时控制抽搐。在一些情况下，诱导动物安乐死的混合药物中含有戊巴比妥。

注意事项

不良反应和副作用

副作用与麻醉作用有关。常见心脏抑制和呼吸抑制。

禁忌证和预防措施

快速 IV 给药可能会致命。注射后应仔细监测呼吸频率，因为可能会发生呼吸抑制。

药物相互作用

戊巴比妥将增强其他麻醉药的镇定和心肺抑制作用。戊巴比妥易受到其他诱导或抑制细胞色素 P450 代谢酶的药物的影响（请参阅附录 G 和 H）。

使用说明

戊巴比妥的治疗指数较窄。静脉给药时，先注射一半剂量，然后逐渐将计算出的剩余剂量注入直至达到麻醉效果。

大多数安乐死溶液均含有戊巴比妥作为活性成分。通常还包括促进安乐死的其他成分，如肌肉松弛剂和具有心脏致命作用的药物（如 0.05% 依地酸二钠）。在大多数安乐死溶液中戊巴比妥的浓度为 390 mg/mL，致命剂量为每 10 lb 体重用药 1 mL，相当于每 4.5 kg 体重用 1 mL 或 87 mg/kg，IV。

患病动物的监测和实验室检测

在麻醉期间监测生命体征，尤其是心率和心律及呼吸情况。

制剂与规格

戊巴比妥有 50 mg/mL 和 65 mg/mL 的注射液（含丙二醇）。某些供应商的供货情况不一致，但目前可从兽医经销商处获得。一些制造商由于反对将其用于执行死刑时的致命性注射剂而停止生产。

稳定性和贮藏

存放在密闭容器中，并在室温下避光保存，溶液的 pH 为 9.0 ～ 10.5，可能会影响其他并用药物的稳定性。如果与很多盐酸基团的药物或 pH 低的药物联合使用，则会发生沉淀。如果使用戊巴比妥对动物实施安乐死，即使到处理尸体时戊巴比妥也是稳定的。

小动物剂量
犬和猫

全身麻醉：25 ～ 30 mg/kg，IV，至起效。

CRI：2 ～ 15 mg/kg，IV，至起效，随后剂量为 0.2 ～ 1.0 mg/(kg·h)。

癫痫持续状态：2 ～ 6 mg/kg，IV（可能需要 15 ～ 20 min 才能发挥全部作用）。

安乐死：请参阅"使用说明"部分。

大动物剂量
牛

站立镇定：1 ～ 2 mg/kg，IV。

牛、绵羊和山羊

全身麻醉：20 ～ 30 mg/kg，IV，至起效。

管制信息

如果使用安乐死药物，则不应将其尸体饲喂给其他动物或用作食物。不确定食品生产用动物的停药时间。

Schedule Ⅱ 类管制药物。

RCI 分类：2。

P

己酮可可碱（Pentoxifylline）

商品名及其他名称：Trental、oxpentifylline 和通用品牌。

功能分类：抗炎药。

药理学和作用机制

己酮可可碱是甲基黄嘌呤类生物碱。己酮可可碱主要用作人的流变剂（增加通过狭窄血管的血流）。用马的红细胞而非中性粒细胞也证实了有改善流变的效果。作为 PDE 抑制剂（PDE 4 抑制剂），它也产生抗炎作用。它可能通过抑制细胞因子合成产生抗炎作用。己酮可可碱抑制炎性细胞因子的合成，例如，IL-1β、IL-2、IL-6 和肿瘤坏死因子（tumor necrosis factor, TNF）α，并可能抑制淋巴细胞活化。实验犬以 20 mg/kg, q8 h 的剂量用了 30 d，结果显示它不能抑制急性的超敏反应，但能显著抑制超敏反应的后期。

在马中的半衰期仅为 23 min，而口服吸收为 45%，但多变且不一致。己酮可可碱在犬的肝脏中广泛代谢，口服给药后全身利用率为 50%，且变化很大还不一致。在其他研究中口服吸收仅为 20% ~ 30%，且消除半衰期短（少于 1 h）。动物体内可产生七种代谢产物，其中一些有生物活性。

适应证和临床应用

动物中大部分己酮可可碱的使用（包括剂量）是基于个人经验。己酮可可碱用于犬的某些皮肤病、血管炎、接触性过敏、异位性皮炎、家族性犬皮肌炎、增加皮瓣的存活、增强放射损伤的愈合及多形性红斑。己酮可可碱用于马的多种状况，主要是抑制炎性细胞因子或增加血液灌注。此类状况包括肠道缺血、急腹痛、败血症、蹄叶炎和舟状骨病。然而，尚未显示出治疗这些疾病的效果。如果与 NSAID（如氟尼辛）联合使用，可能会改善败血症的疗效。

注意事项

不良反应和副作用

己酮可可碱可能引起与其他甲基黄嘌呤类药物类似的副作用，如恶心、呕吐和腹泻。在人中有恶心、呕吐、头晕和头痛的报道。在犬中有呕吐的报道。在猫中给药时压碎的药片味道不佳。如果使用压碎的片剂，血浆浓度的增加将比使用完整片剂的更快，从而导致头痛、恶心和呕吐的可能。在马中，IV 给药已引起肌肉震颤、心率增加和出汗。

禁忌证和预防措施

尚无报道。在猫中给药时压碎的药片味道不佳。

药物相互作用

没有药物相互作用的报道。但是，作为甲基黄嘌呤类药物，与细胞色素 P450 抑制剂同时给药可能引起不良反应（参阅附录 H）。

使用说明

尽管已报道了犬和马的药代动力学研究，但动物临床研究的结果仍然有限。根据药代动力学研究显示，在犬中的半衰期短，提倡使用比剂量部分所列剂量更高的剂量。如在犬中最有效剂量可能高达 30 mg/kg, q8 ~ 12 h。皮肤病学的适应证使用了每 12 h 的方案，但是在某些患病动物中可以考虑每 8 h 的频率给药以获得最佳反应。

患病动物的监测和实验室检测
不需要特定的监测。

制剂与规格
己酮可可碱为 400 mg 的片剂。IV 溶液为 50 mg/mL。

稳定性和贮藏
存放在密闭容器中，并在室温下避光保存。水溶性仅为 77 mg/mL。口服混悬剂可能稳定长达 90 d，且会发生沉降，需要在口服给药之前重新悬浮（摇动）。

小动物剂量
犬
皮肤科用途：10 mg/kg，q12 h，PO，最高为 15 mg/kg，q8 h，PO。
治疗家族性犬皮肌炎：25 mg/kg，q12 h，PO。
其他用途：对大多数动物而言，10 ~ 15 mg/kg，q8 h，PO，或每只 400 mg。
猫
每只猫用 400 mg 片剂的 1/4（100 mg），q8 h ~ 12 h，PO。

大动物剂量
马
8.5 mg/kg，q8 h，IV 或 10 mg/kg，q8 h，PO（口服吸收不可预测）。
治疗呼吸系统疾病（气道阻塞）：36 mg/kg，q12 h，PO。

管制信息
不确定食品生产用动物的停药时间。
RCI 分类：4。

P

培高利特、甲磺酸培高利特（Pergolide, Pergolide Mesylate）
商品名及其他名称： Prascend（马的配方）、Permax。
功能分类： 多巴胺激动剂。

药理学和作用机制
培高利特被用于治疗马的垂体中间部功能障碍（PPID），有时也称为

"马库欣综合征"。培高利特是一种多巴胺激动剂，可刺激突触后多巴胺受体（D1 和 D2 受体）。它是一种合成的麦角衍生物。在患 PPID 马中，培高利特会刺激多巴胺受体，从而导致促肾上腺皮质激素（ACTH）、黑色素细胞刺激激素（melanocytestimulating Hormone，MSH）和其他促黑色素皮质激素肽的释放减少。它能在多巴胺缺乏的状况下刺激多巴胺受体，而与突触前多巴胺储存的状态无关。可能有类似作用的其他药物是司来吉兰、阿扑吗啡和麦角乙脲（以前称为麦角乙胺）。在马中，半衰期为 5.9 h，而且口服给药可以迅速吸收。

适应证和临床应用

培高利特已用于人的多巴胺缺乏性神经退行性疾病，如帕金森病，其中培高利特与左旋多巴或卡比多巴一起使用。但是，市场上没有可用于人的培高利特产品，并且由于报道了与培高利特有关的心脏瓣膜损伤，所以在人中的使用减少。它也已用于动物的多巴胺缺乏状态。人们认为，由于 ACTH 释放的多巴胺拮抗作用丧失，马和一些大犬会发展为肾上腺皮质功能亢进（库欣综合征）——垂体依赖性肾上腺皮质功能亢进（PDH）。它已成功用于治疗马的 PPID（马库欣综合征），并已控制该病的时间超过 2 年。大多数患有 PPID 的马有垂体中间部的增生或腺瘤。这种腺瘤会导致多巴胺缺乏，并产生过量的 ACTH。给予多巴胺激动剂的作用是抑制 ACTH 从垂体的释放，进而将皮质醇水平恢复至正常状态。培高利特给药对犬或其他动物的益处尚未确定。由于产生了副作用，培高利特不用于治疗犬的 PDH。

药代动力学是多变的，制造商列出了 5.9 h 的半衰期。但其他报告的半衰期为 27 h。马的一项 IV 研究中，半衰期为 5.6 h，平均明显口服清除率（CL/F）为 1204 mL/(kg·h)，平均明显分布体积（V/F）为（3082±1354）mL/kg。

注意事项

不良反应和副作用

培高利特批准用于马，并经过安全性评估。在现场试验中发生的食欲减退通常是短暂的。在一些马中已观察到体重减轻、嗜睡和行为改变。由于一些马给予培高利特可能降低了食欲，因此，这些马匹在开始全剂量治疗的前 2 d 以较低的剂量（剂量的一半）开始治疗。由于有证据表明，该药物激活 2b-5-羟色胺受体（5-HT$_{2b}$）与一种独特的纤维化性瓣膜病有关，因此，培高利特被撤出了人药物市场。在动物中未观察到这些副作用。培高利特抑制催乳素的分泌，并会增加生长激素的分泌。它可能抑制泌乳。中枢神经系统的影响可能包括共济失调和运动障碍。在马中的副作用包括厌食、腹泻和急腹痛。尚未证明培高利特（理论上是血管收缩药）会使蹄叶炎恶化。犬用剂量为100 μg/kg时,会产生显著的副反应,包括呕吐、震颤、厌食、坐立不安和腹泻。

禁忌证和预防措施

与溴隐亭不同,培高利特可用于怀孕动物,但孕妇或泌乳妇女应避免接触。如果片剂是破碎的或压碎的,则培高利特片剂的碎片可能会引起眼睛刺激、刺激性气味或头痛。给马准备片剂给药时,避免人体和皮肤的接触。

药物相互作用

培高利特可能与氟哌利多和吩噻嗪（如乙酰丙嗪）相互作用,并且会加剧司来吉兰的作用。不要与单胺氧化酶抑制剂（MOAI）一起使用。

使用说明

在马中的使用通常是成熟的,以列出的低剂量开始使用4～6周,逐渐增加剂量直至达到理想的结果。根据临床反应和地塞米松抑制试验或ACTH测量来调整剂量。当培高利特与赛庚啶同时使用可能会获得更好的疗效,但通常均为单独使用。在治疗马时,考虑在饲料中添加镁和铬。

患病动物的监测和实验室检测

在马中,监测到的临床反应是水消耗、毛发脱落和蹄叶炎的证据。通过监测动物的ACTH水平以记录垂体功能来调整马的剂量。马的内源性ACTH浓度超过27～50 pcg/mL被认为是异常的。进行地塞米松抑制试验来监测马的治疗。请参考本书中"地塞米松"部分的步骤进行这项测试。如果观察到给药过量的症状,则将剂量降低一半,持续用3～5 d,然后以每2周2 μg/kg的增量缓慢增加,直到观察到理想的效果为止。

制剂与规格

培高利特有用于马的1 mg的片剂。请勿使用复合制剂,因为已证明这些化合物在14 d后会降解。光照和温暖的温度会加速降解。制剂中的颜色变化是发生降解的一个指征。

稳定性和贮藏

存放在密闭容器中,避光保存。复合制剂的稳定性受限,不建议使用复合制剂。

小动物剂量

尚未确定剂量,但已从在人中的使用中推断出来,即从每天1 μg/kg（0.001 mg/kg）,PO开始,并每次逐渐增加2 μg/kg,直到观察到所需的效果为止。

大动物剂量

马

起始剂量：0.002 mg/kg（2 μg/kg），q24 h，PO（500 kg 的马用 1 mg/d）。在开始剂量后，可根据需要调整剂量（如以 1 μg/kg 的增量递增）直到起效，每天最高可达 4 μg/kg，尽管在一些马中曾使用过每天 10 μg/kg 的剂量。

管制信息

禁用于拟食用动物。

苯巴比妥、苯巴比妥钠（Phenobarbital, Phenobarbital Sodium）

商品名及其他名称：Luminal、Phenobarbitone 和通用品牌。
功能分类：抗惊厥药。

药理学和作用机制

苯巴比妥对 CNS 的作用与其他巴比妥类药物相似。但是，苯巴比妥将产生抗惊厥作用，而没有其他巴比妥类药物明显的副作用。作为抗惊厥药，它可以通过 γ- 氨基丁酸（GABA）介导的通道增加氯化物电导来稳定神经元。已经在几种动物物种中进行了药代动力学研究。在大多数动物中口服吸收高。犬给药后的半衰期为 37 ~ 75 h，且在某些研究中更长。在马中，半衰期约为 20 h，而在猫中，半衰期为 35 ~ 56 h。在所有物种中，由于可自动诱导肝脏代谢，多次给药后半衰期可能会缩短。

适应证和临床应用

苯巴比妥广泛用于治疗犬、猫、马和稀有动物的抽搐性疾病，如特发性癫痫。苯巴比妥已用于治疗马驹的围产期脑病相关的抽搐。苯巴比妥也被用作镇定药。苯巴比妥已经有效地治疗了由颌下唾液腺增大引起的犬的涎腺病。

注意事项

不良反应和副作用

大多数副作用与剂量有关。苯巴比妥可以导致多食症、镇定、共济失调和嗜睡。初始治疗后，一些耐受性发展为副作用。常见肝酶升高（特别是碱性磷酸酶），但可能并不总是与肝的病理学相关。但是，也有一些犬肝毒性的报道，高剂量时更可能发生。中性粒细胞减少症、贫血和血小板减少症与犬的苯巴比妥治疗有关。这些反应很可能是特异性的，如果停用苯巴比妥，便可能恢复。苯巴比妥和溴化钾联合用药可以增加犬胰腺炎的风险。在犬中，表面坏死性皮炎与苯巴比妥给药相关，而没有并发肝的病理学变化。受影响的犬血清苯巴比妥浓度可能很高。

禁忌证和预防措施

在患肝病的动物中谨慎使用。苯巴比妥可能会诱导自身的代谢，从而缩短半衰期。因此，长期给药可能降低血浆浓度，导致剂量需求增加。怀孕动物的抽搐发作频率可能增加，因此可能需要增加剂量。

药物相互作用

苯巴比妥是诱导肝脏微粒体代谢酶的最有效的药物之一。因此，同时给药的许多药物的浓度较低（也许是亚治疗），是因为清除的速度更快了。受影响的药物可能包括茶碱、地高辛、皮质类固醇、麻醉药和其他可能是 P450 酶底物的药物。苯巴比妥将缩短左乙拉西坦（Keppra）在犬中的半衰期，这可能需要更高剂量或更频繁地给予左乙拉西坦。苯巴比妥的给药可能会降低甲状腺素（T_4）的总浓度，但促甲状腺激素（TSH）和 T_3 的浓度不受影响。溶液为碱性（pH 为 9~11），因此，避免与酸性溶液或在碱性 pH 下不稳定的药物混合使用。

使用说明

根据血液中苯巴比妥的水平调整剂量。如果同时使用溴化物（溴化钠或钾），则可以降低苯巴比妥的使用剂量。

透皮给药已在猫中进行了检验。如果以高剂量（9 mg/kg，q12 h）使用 PLO 凝胶或 Lipoderm 透皮制剂，则可达到治疗浓度。但是，建议进行监测，因为这些猫体内的苯巴比妥血清浓度变化非常大。

患病动物的监测和实验室检测

通过监测血清/血浆的苯巴比妥浓度仔细调整给药剂量。在剂量间隔内的任何时间采集样品，因为采样的时间点并不严格。如果要储存试管，请避免使用血浆分离设备（这些设备会导致浓度假性降低）。犬的治疗范围被认为是 15~40 μg/mL（65~180 mmol/L）。如果犬也同时接受溴化物的治疗，则苯巴比妥浓度在 10~36 μg/mL 范围内被认为有治疗作用。

要将 mmol/L 转换为 μg/mL，请使用倍增系数 0.232。要将 μg/mL 转换为 mmol/L，请乘 4.3。

报道中猫的治疗效果最佳范围为 23~28 μg/mL（99~120 mmol/L）或 15~45 μg/mL，在另一项研究中为 28~31 μg/mL。在马中的治疗效果最佳范围是 15~20 μg/mL（65~86 mmol/L）。

由于存在肝病的风险，接受苯巴比妥治疗的动物应定期监测肝酶。但是，在没有肝病理学变化的情况下，可能会发生某些肝酶升高（尤其是 ALP 升高）。可能需要其他肝脏测试才能排除肝毒性。肝酶通常在停药后 1 ~ 5 周恢复到基线水平。苯巴比妥可增加血清甘油三酯浓度，因为乳糜微粒从血液中清除延迟且脂蛋白脂肪酶的活性降低。定期监测接受苯巴比妥治疗的动物的 CBC，因为有中性粒细胞减少、贫血和血小板减少的风险。苯巴比妥的用药将降低其他药物的浓度。苯巴比妥不会干扰犬的 ACTH 刺激试验或低剂量的地塞米松抑制试验。它会降低犬的甲状腺素（T_4）和游离 T_4 的浓度，但不会降低 T_3 和 TSH 浓度。

制剂与规格

苯巴比妥有 15 mg、30 mg、60 mg 和 100 mg 的片剂；30 mg/mL、60 mg/mL、65 mg/mL 和 130 mg/mL 的注射剂；4 mg/mL 的口服溶液。由于口服制剂有苦味和酒精成分，已将其与其他载体复合给患病动物服用。为了制备该制剂，将 10 片 60 mg 片剂（总计 600 mg）压碎，并以 1：1 的比例与 60 mL 的 Ora-Plus 和 Ora-Sweet 混合为最终浓度 10 mg/mL 的口服溶液。该制剂储存于琥珀色塑料瓶内，室温下可保持稳定 115 d。苯巴比妥已与经皮制剂复合用于猫，但尚未对其长期稳定性进行评估。

稳定性和贮藏

存放在密闭容器中，并在室温下避光保存。苯巴比妥微溶于水（100 mg/mL），但苯巴比妥钠更易溶于水（1 g/mL）。在水中制备的溶液为碱性 pH（9 ~ 11）。在较低的 pH 时可能会发生沉淀（避免与酸性糖浆或调味剂混合）。它在水溶液中易水解。但是，如果用丙二醇制备，则可以稳定 56 周。"制剂与规格"部分介绍了复合制剂的稳定性。

小动物剂量

犬

2 ~ 8 mg/kg，q12 h，PO。

癫痫持续状态：以 10 ~ 20 mg/kg，IV 的增量给药直至起效。

猫

2 ~ 4 mg/kg，q12 h，PO。

癫痫持续状态：以 10 ~ 20 mg/kg，IV 的增量给药直至起效。

大动物剂量

马

12 mg/kg，q24 h，PO。请注意在一些马中进行过初始治疗后，可能需要更高剂量的用药 12 mg/kg，q12 h。

5 ~ 20 mg/kg，IV（可以在氯化钠溶液中稀释），超过 30 min 给药。

马驹：2 ~ 5 mg/kg，IV，超过 20 min 缓慢给药。从低剂量开始，并监测效果。

管制信息
不确定食品生产用动物的停药时间。

Schedule Ⅳ类管制药物。

RCI 分类：2。

盐酸苯氧苄胺（Phenoxybenzamine Hydrochloride）
商品名及其他名称： Dibenzyline。
功能分类： 血管扩张药。

药理学和作用机制
盐酸苯氧苄胺是一种 α_1-肾上腺素拮抗剂。苯氧苄胺结合并拮抗平滑肌上的 α_1-受体，引起松弛。它倾向于与肾上腺素受体形成永久性共价键，从而产生长效作用。它是非选择性 α-受体（α_1 和 α_2）拮抗剂。它同时影响 α_{1a}-受体和 α_{1b}-受体，是一种强力的长效血管扩张药。

适应证和临床应用
苯氧苄胺主要用于治疗外周血管收缩。在一些动物中，它已用来松弛尿道平滑肌。尿道平滑肌由 α_1 肾上腺素受体支配。该特性已用于治疗猫尿道阻塞后的尿道痉挛，尽管有一项研究发现猫用哌唑嗪更有效。苯氧苄胺已实验性用于松弛马的血管平滑肌以治疗蹄叶炎。但这并不是常见的临床应用。

注意事项
不良反应和副作用
苯氧苄胺会导致动物持续性低血压。过度低血压的体征可能包括快速的心率、虚弱和晕厥。

禁忌证和预防措施
在心血管损伤的动物中小心使用。请勿用于脱水的动物。在心输出量低的动物中小心使用。

药物相互作用
苯氧苄胺是强效的 α-肾上腺素拮抗剂。它将与作用于 α-受体的其他药物竞争。它会引起血管舒张，与可能引起血管舒张或心脏抑制的药物一起使用应谨慎。

使用说明

动物中临床研究的结果尚无报道。在动物中的使用（和剂量）是基于在人中的使用经验或在动物中有限的使用经验。

患病动物的监测和实验室检测

苯氧苄胺可以显著降低血压。如果可能，在治疗期间监测患病动物的血压和心率。

制剂与规格

苯氧苄胺有 10 mg 的胶囊。通过复配药房可制备猫用的小片剂。

稳定性和贮藏

苯氧苄胺仅微溶于水，但溶于丙二醇和乙醇。它在水溶液中不稳定，并会迅速降解。因此，它在某些复合制剂中可能不稳定。存放在密闭容器中，并在室温下避光保存。

小动物剂量

犬

0.25 mg/kg，q8 ~ 12 h 或 0.5 mg/kg，q24 h，PO。

用于嗜铬细胞瘤的术前治疗：术前给药 2 周以稳定血压，剂量为 0.6 mg/kg，q12 h［范围为 1 ~ 2 mg/(kg·d)］。

猫

每只 2.5 mg，q8 ~ 12 h 或 0.5 mg/kg，q12 h，PO（已使用高达 0.5 mg/kg 的剂量 IV 来松弛尿道平滑肌）。

大动物剂量

马

1 mg/kg，q24 h，IV 或 0.7 mg/kg，q6 h，PO。

管制信息

不确定食品生产用动物的停药时间。

RCI 分类：3。

甲磺酸酚妥拉明（Phentolamine Mesylate）

商品名及其他名称： Regitine、Rogitine（加拿大）。
功能分类： 血管扩张药。

药理学和作用机制

甲磺酸酚妥拉明是非选择性 α-肾上腺素阻滞剂、血管扩张药。酚妥拉明可阻滞平滑肌上的 α_1-受体和 α_2-受体。

适应证和临床应用

酚妥拉明是一种强效的血管扩张药，主要用于治疗急性高血压。在高血压急诊中最有用。

注意事项

不良反应和副作用

酚妥拉明高剂量用药可能会引起过度低血压或在脱水的动物中导致心动过速。

禁忌证和预防措施

在心血管损伤的动物中小心使用。请勿用于脱水的动物。在心输出量低的动物中小心使用。

药物相互作用

酚妥拉明是一种 α-肾上腺素拮抗剂。它将与作用于 α-受体的其他药物竞争。它会引起血管舒张，与可能引起血管舒张或心脏抑制的药物一起使用应谨慎。

P

使用说明

动物中临床研究的结果尚无报道。在动物中的使用（和剂量）基于在人中的使用经验或在动物中的个人经验。每个患病动物的滴定剂量可以产生所需的血管舒张作用。

患病动物的监测和实验室检测

酚妥拉明可以显著降低血压。如果可能，在治疗期间监测患病动物的血压和心率。

制剂与规格

酚妥拉明有 5 mg 的小瓶装注射剂可用，但在美国可能仅有散装粉剂可用，必须将其配制成溶液。

稳定性和贮藏

存放在密闭容器中，并在室温下避光保存。

小动物剂量

犬和猫

0.02 ~ 0.1 mg/kg，IV。

大动物剂量

没有大动物剂量的报道。

管制信息

不确定食品生产用动物的停药时间。

RCI 分类：3。

苯基丁氮酮（保泰松）（Phenylbutazone）

商品名及其他名称：Butazolidin、PBZ 和通用品牌。

功能分类：NSAID。

药理学和作用机制

苯基丁氮酮和其他 NSAID 通过抑制前列腺素的合成而产生镇痛和抗炎作用。NSAID 抑制的酶是环氧合酶（COX）。COX 存在两种异构体：COX-1 和 COX-2。COX-1 主要负责前列腺素的合成，对维持健康的消化道功能、肾脏功能、血小板功能和其他正常功能很重要。COX-2 被诱导并负责合成前列腺素，而前列腺素是疼痛、炎症和发热的重要介质。但是，在某些已知情况下，COX-1 和 COX-2 的作用会有些交叉，并且 COX-2 的活性对于某些生物学作用很重要。使用体外测定法，苯基丁氮酮是 COX-1 和 COX-2 的非选择性抑制剂。它在牛中的半衰期为 36 ~ 65 d，在马中，半衰期为 5 h，在犬中，半衰期为 4 ~ 6 h。

适应证和临床应用

许多马病专家认为，使用苯基丁氮酮是治疗马骨关节炎最有效的方法。苯基丁氮酮的主要用途是用于马的肌肉骨骼疼痛和炎症、关节炎、软组织损伤和比赛损伤。它在犬和马中均获批使用。单次给药之后，马体内的作用持效时间约为 24 h。苯基丁氮酮已获批准用于犬（欧洲也批准用于猫），然而，由于其他药物的可获得性，在小动物中的使用不常见。

注意事项

不良反应和副作用

尽管已有马副作用的记载，但是经过 30 年的经验，大多数马的临床医生已经观察到苯基丁氮酮具有良好的安全性。早期研究证实的常见副作用可能被夸大了，因为这些研究是在矮种马中进行的，这个品种比赛马敏感。同样，驮马似乎对副作用更敏感。

马的副作用之一是消化道溃疡。随着剂量的增加及正在进行高强度训练的动物中，胃溃疡的可能性更大。马也可能发生右背侧结肠炎和低蛋白血症，尤其是在高剂量用药时。

苯基丁氮酮与肾损伤有关。在脱水或有肾脏损伤的马中，苯基丁氮酮可以引起缺血和肾乳头坏死。在实验马中，苯基丁氮酮（4.4 mg/kg，q12 h 用 14 d）降低关节软骨中蛋白聚糖的合成。但是，在临床使用中关节软骨的这种影响尚未见记录。

苯基丁氮酮很少在人中使用，因为它引起了骨髓抑制，包括再生障碍性贫血。在动物中也观察到了这种作用。

通常犬对苯基丁氮酮有良好的耐受性，但猫尚无这方面的资料。在这些动物中的副作用可能是消化道毒性，如胃炎和胃溃疡。

禁忌证和预防措施

注射剂请勿进行肌内注射。请勿用于易发生消化道溃疡的动物或患有肾脏疾病且可能会脱水的动物。请勿与其他致溃疡药物一起使用，如皮质类固醇。

药物相互作用

由于存在消化道损伤的风险，与其他 NSAID 或皮质类固醇一起使用应谨慎。已证明皮质类固醇会加重消化道的副作用。苯基丁氮酮在一些马匹中已与氟尼辛葡甲胺一起联合应用（NSAID "叠加"），但该联合可能会增加低白蛋白血症和血清总蛋白降低的风险。在马中，苯基丁氮酮会干扰呋塞米的作用。一些 NSAID 也可能会干扰血管紧张素转换酶（ACE）抑制剂的作用。

P

使用说明

剂量主要基于制造商的建议和临床经验。尽管每天马的给药范围为 4.4 ~ 8.8 mg/kg，但研究并未显示出更高剂量的优势，每天 8.8 mg/kg 的高剂量更可能导致消化道损伤、低白蛋白血症和中性粒细胞减少症。通常，马的安全起始剂量为 4.4 mg/kg，q12 h，IV 或 PO，持续用 2 ~ 3 d。然后剂量应逐渐减少至 2.2 ~ 3.3 mg/kg，q12 h，PO。与单独使用苯基丁氮酮相比，将其他 NSAID（如氟尼辛）与苯基丁氮酮联合使用（称为"堆积"）可以改善跛行和其他肌肉骨骼问题治疗的反应。但是，必须权衡这种做法与增加消化道损伤的风险。

患病动物的监测和实验室检测
长期使用需监测 CBC 获知骨髓毒性的迹象。

制剂与规格
苯基丁氮酮有 100 mg、200 mg、400 mg 和 1 g 的片剂（大丸剂）；马的口服糊剂；200 mg/mL（20%）的注射液。

稳定性和贮藏
存放在密闭容器中，并在室温下避光保存。苯基丁氮酮不溶于水，勿将其与水性载体混合。

小动物剂量
犬
15 ~ 22 mg/kg，q8 ~ 12 h［44 mg/(kg·d)，最高剂量每只 800 mg］，PO 或 IV。

猫
6 ~ 8 mg/kg，q12 h，IV 或 PO。

大动物剂量
马
4.4 ~ 8.8 mg/(kg·d)（通常每匹马为 2 ~ 4 g），PO。通常，前 2 ~ 3 d 按照 q12 h，4.4 mg/kg 的剂量给药，然后逐渐减少至 2.2 mg/kg，q12 h。建议使用最高剂量不超过 48 ~ 96 h。

注射：2.2 ~ 4.4 mg/(kg·d)，用 48 ~ 96 h。仅进行静脉注射，因为 IM 注射会引起组织刺激。

牛
17 ~ 25 mg/kg 负荷剂量，然后 2.5 ~ 5.0 mg/kg，q24 h 或 10 ~ 14 mg/kg，q48 h，PO 或 IV（请参阅牛的"管制信息"）。

猪
4 mg/kg，q24 h，IV。

管制信息
禁止在年龄小于 20 个月的雌性奶牛中使用苯基丁氮酮。拟食用动物的其他停药时间尚未确定。然而，建议猪的停药时间为 15 d，牛（口服或 IV）的停药时间为 40 ~ 50 d，如果牛为肌内给药，建议停药时间延长到 55 d。

马的残留信息：尽管在宰杀马中，作为食物可能会出现苯基丁氮酮的残留，但对人健康的风险非常低。一些专家并不认为这是公共卫生问题。

盐酸去氧肾上腺素（Phenylephrine Hydrochloride）

商品名及其他名称： Neo-Synephrine。
功能分类： 血管加压药。

药理学和作用机制

盐酸去氧肾上腺素为 α_1-肾上腺素受体激动剂。去氧肾上腺素会刺激 α_1-受体并引起平滑肌收缩，主要作用于血管平滑肌，引起血管收缩。它可以局部使用（如黏膜）以收缩浅表血管。

适应证和临床应用

去氧肾上腺素主要用于重症患病动物或麻醉期间增加外周血管阻力和升高血压。去氧肾上腺素也常用作局部血管收缩剂（用作鼻抗充血剂或眼科用药）。它已用于治疗马的肾脾嵌压，由于它引起的血管收缩作用可能使脾脏收缩。虽然马的这种治疗产生严重并发症的发生率低，但这个过程可能发生与去氧肾上腺素相关的出血。

注意事项

不良反应和副作用

副作用与 α_1-受体的过于刺激（持续的外周血管收缩）有关。可能发生反射性心动过缓。长时间局部使用可能导致组织炎症。用于治疗马的肾脾嵌压时，可能会导致出血性休克。

禁忌证和预防措施

心血管功能受损的动物禁用。去氧肾上腺素会引起血管收缩并升高血压。

药物相互作用

去氧肾上腺素会增强其他 α_1-激动剂的作用。与 α_2-激动剂一起使用时需谨慎，如地托咪定、右美托咪定或甲苯噻嗪。

使用说明

去氧肾上腺素起效快，持效时间短。

患病动物的监测和实验室检测

静脉给药时，需监测血压和心率。

制剂与规格

去氧肾上腺素有 10 mg/mL 的注射剂、1% 的鼻溶液、2.5% 和 10% 的眼药水。

稳定性和贮藏

去氧肾上腺素可溶于水，可混合在 IV 溶液中，也可溶于乙醇。它易被氧化，在一些溶液（尤其是碱性溶液）中会变成较深的颜色。丢弃变成深色的制剂。存放在密闭容器中，并在室温下避光保存。

小动物剂量

犬和猫

根据需要选择 10 μg/kg（0.01 mg/kg），q15 min，IV 或 0.1 mg/kg，q15 min，IM 或 SQ。

CRI：10 μg/kg（0.01 mg/kg），IV，然后 3 μg/(kg·min)，IV。

大动物剂量

马

在 500 mL 的 0.9% 生理盐水溶液中稀释 10 ~ 20 mg，并超过 10 ~ 15 min 输注。治疗肾脾嵌压存在争议。

管制信息

不确定食品生产用动物的停药时间。

RCI 分类：3。

盐酸苯丙醇胺（Phenylpropanolamine Hydrochloride）

商品名及其他名称： PPA、Proin、UriCon 和 Propalin（动物用制剂）。

功能分类： 肾上腺素激动剂。

药理学和作用机制

盐酸苯丙醇胺为肾上腺素激动剂、拟交感神经药。苯丙醇胺（PPA）非选择性地充当 α-肾上腺素受体和 β-肾上腺素受体的激动剂。这些受体遍布整个机体，如括约肌、血管、平滑肌和心脏。PPA 最有意义的作用是对血管平滑肌（血管收缩）和尿道平滑肌（尿道张力加强）的作用。在犬中的半衰期为 4 ~ 7 h。但是，在一些动物中，持效时间可能至少为 8 ~ 12 h，最长为 24 h。较长的给药间隔可能会阻止 α-受体的一些下调。

适应证和临床应用

PPA 已被用作减充血药、温和的支气管扩张剂，并增加了尿道括约肌的张力。伪麻黄碱和麻黄碱是有类似 α-受体和 β-受体作用的相关药物。在动物中最常见的用途是治疗尿失禁。这种作用的机制似乎是通过刺激括约肌的受体实现的。它也已用于治疗犬的阴茎异常勃起（持续性勃起）。滥用的潜在性和副作用限制了在人医中常规用作减充血药和食欲抑制剂的作用。大多数人用制剂已从市场上撤出，唯一容易获得的形式是市售的兽药制剂。

注意事项

不良反应和副作用

副作用是肾上腺素（α 和 β）受体的过度刺激导致的。副作用包括心动过速（或心动过缓）、心脏的影响、CNS 兴奋、坐立不安和食欲抑制。有报道称 PPA 引起了人的副作用，特别是它已导致了血压问题和中风风险增加。这种担忧也应该适用于动物，但是动物中还没有关于这些问题的具体报道。在暴露于高剂量（偶然摄入）的动物中，会产生躁动、呕吐、瞳孔散大、震颤、气喘和心血管效应。意外暴露的患病动物进行支持治疗护理预后良好。

禁忌证和预防措施

在患有心血管疾病的任何动物中谨慎使用。PPA 已被人们滥用，并用作消遣性药物。

药物相互作用

PPA 和其他拟交感神经药物可以导致血管收缩加重和心率的改变。谨慎与其他血管活性药物和 α₂-受体激动剂一起使用，如右美托咪定和甲苯噻嗪。谨慎与可能会降低抽搐发作阈值的其他药物一起使用。将吸入式麻醉药与 PPA 一起使用可能会增加心血管副作用的风险。请勿与三环类抗抑郁药（TCA）或单胺氧化酶抑制剂（MAOI）一起使用。然而，在犬中的研究表明，尽管司来吉兰是一种 MAOI，但它可以与 PPA 一起安全使用。

使用说明

尽管在大多数病例中，给药频率为每 8 ～ 12 h，但有证据表明，在犬中以剂量 1.5 mg/kg，q24 h 的间隔用药也同样有效。在一些动物中，伪麻黄碱已成功替代了 PPA。

患病动物的监测和实验室检测

监测接受治疗动物的心率和血压。患有尿失禁的动物应定期检查是否存在 UTI。

制剂与规格

PPA 有 25 mg、50 mg 和 75 mg 的风味片剂；25 mg 香草味液体；50 mg 刻痕片剂（兽药）。人用制剂 15 mg、25 mg、30 mg 和 50 mg 的片剂已停产。

稳定性和贮藏

尚未评估复合制剂的稳定性和效力。

小动物剂量

犬

1 mg/kg，q8 h，PO。必要时，将剂量增加至 1.5 ~ 2.0 mg/kg，q8 h，PO。在一些动物中，有可能将频率降低至 q12 h 或 q24 h，PO。

猫

尚未确定剂量。已使用 1 mg/kg，q12 h，PO 的剂量（从犬的使用推断而来），并已根据需要调整剂量。

大动物剂量

没有可用的大动物剂量。

管制信息

由于存在滥用的潜在性和心血管的副作用，美国目前没有市售的人用制剂。

RCI 分类：3。

苯妥英、苯妥英钠（Phenytoin, Phenytoin Sodium）

商品名及其他名称： Dilantin。

功能分类： 抗惊厥药、抗心律失常。

药理学和作用机制

苯妥英、苯妥英钠为抗惊厥药。通过阻滞钠离子通道而抑制神经传导。苯妥英也归类为 I 类抗心律失常药物。在心脏组织中，苯妥英会增加触发室性心律失常的阈值。它还会降低传导速度，并且不会像利多卡因那样缩短不应期。

适应证和临床应用

苯妥英通常用作人的抗惊厥药，但对犬无效，也不用于猫。在犬中，消除如此之快，以至于剂量是不实际的。苯妥英用于治疗马的室性心律失常、控制肌强直、横纹肌溶解症，高钾血症性周期性瘫痪和痉挛跛。

注意事项

不良反应和副作用

副作用包括镇定、牙龈增生、皮肤反应和 CNS 毒性。在马中，使用高剂量时已观察到卧倒和兴奋现象。马表现镇定可能是血浆浓度高的最初征兆。监测马的血浆浓度可以预防副作用。

禁忌证和预防措施

怀孕动物禁用。

药物相互作用

苯妥英与经肝脏代谢的药物有相互作用。苯妥英是一种强力的细胞色素 P450 酶诱导剂。当与细胞色素 P450 抑制剂一起使用时，苯妥英的血药水平可能会升高。

使用说明

因为在犬中半衰期短且疗效差，在使用苯妥英之前其他抗惊厥药用作首选药物。尽管用于猫存在安全性问题，且几乎没有应用的记载，但有传闻在某些猫的神经系统疾病中成功使用苯妥英。

患病动物的监测和实验室检测

可以进行治疗药物监测，但是，尚未确定犬和猫的治疗浓度。马的有效血浆浓度为 5 ~ 20 μg/mL（平均 8.8 μg/mL）。治疗目标是马的药物浓度达到 5 μg/mL 以上。

制剂与规格

苯妥英有 25 mg/mL 的口服悬浮液、30 mg 和 100 mg 的胶囊（钠盐）、50 mg/mL 的注射剂（钠盐）和 50 mg 的咀嚼片。

稳定性和贮藏

在室温下避光保存。苯妥英钠会吸收血二氧化碳，必须保存在密闭的容器中。苯妥英基本不溶于水，但苯妥英钠的溶解度为 15 mg/mL。它可溶于乙醇和丙二醇。苯妥英的 pH 为 10 ~ 12，可能与酸性溶液不相容。如果在较低 pH 下与溶液混合，溶液中可能会产生沉淀。防止冷冻。

小动物剂量

犬

抗惊厥药：20 ~ 35 mg/kg，q8 h。

抗心律失常：30 mg/kg，q8 h，PO 或 10 mg/kg，IV，超过 5 min。

猫

尚未确定猫的安全有效剂量。

大动物剂量

马

初始剂量为 20 mg/kg，q12 h，PO，用 4 剂，随后为 10 ～ 15 mg/kg，q12 h，PO。马可以单次 IV 7.5 ～ 8.8 mg/kg 的剂量，然后口服维持剂量。

管制信息

不确定食品生产用动物的停药时间。

RCI 分类：4。

毒扁豆碱（Physostigmine）

商品名及其他名称：Antilirium。

功能分类：抗胆碱酯酶药。

药理学和作用机制

毒扁豆碱为胆碱酯酶抑制剂、抗胆碱酯酶药物。该药物抑制分解乙酰胆碱的酶。因此，它延长了乙酰胆碱在突触中的作用。毒扁豆碱与新斯的明或溴吡斯的明之间的主要区别在于，毒扁豆碱可穿过血 - 脑屏障，而其他两种药物则不会。

适应证和临床应用

毒扁豆碱被用作抗胆碱能药物中毒的解毒剂和神经肌肉阻滞的治疗剂（解毒剂）。通过增加膀胱平滑肌的张力，它也已用作肠梗阻和尿潴留（如术后尿潴留）的治疗。

注意事项

不良反应和副作用

副作用是由胆碱酯酶抑制产生的胆碱能作用引起的。这些作用在消化道中表现为腹泻和分泌物增加。其他副作用可能包括瞳孔缩小、心动过缓、肌肉抽搐或虚弱及支气管和输尿管的收缩。可以使用抗胆碱能药物（如阿托品）治疗副作用。

禁忌证和预防措施

请勿与胆碱酯类（如氨甲酰甲胆碱）一起使用。

药物相互作用

请勿与产生胆碱能作用的其他药物合用。

使用说明

毒扁豆碱主要用于治疗中毒。如果需要长期或常规全身性使用抗胆碱酯酶药物，请使用新斯的明和溴吡斯的明，因为它们的副作用较少。在使用时根据效果的观察可能增加给药的频率。

患病动物的监测和实验室检测

监测心率、心律和消化道症状。

制剂与规格

毒扁豆碱有 1 mg/mL 的注射剂。

稳定性和贮藏

存放在密闭容器中，并在室温下避光保存。

小动物剂量

犬和猫

0.02 mg/kg，q12 h，IV。

大动物剂量

没有大动物剂量的报道。

管制信息

不确定食品生产用动物的停药时间。

RCI 分类：3。

P

叶绿醌（Phytonadione）

商品名及其他名称：AquaMephyton、Mephyton、Veta-K_1、维生素 K_1、植物甲萘醌和 Phytomenadione。

功能分类：维生素。

药理学和作用机制

叶绿醌为维生素 K 补充剂。叶绿醌和 Phytomenadione 是一种合成的脂溶性维生素 K_1（Phytomenadione 是英国人对植物甲萘醌的拼写）。甲萘氢醌是维生素 K_4，它是由维生素 K_3（甲萘醌）在体内转化的一种水溶性衍生物。

维生素 K_1 是一种脂溶性维生素，用于治疗由抗凝剂中毒（华法林或其他灭鼠剂）引起的凝血异常。这些抗凝血剂消耗了体内的维生素 K，而维生素 K 对于凝血因子的合成是必需的。给予维生素 K 的各种制剂可用于逆转抗凝剂的毒性作用。

适应证和临床应用

叶绿醌用于治疗由抗凝剂中毒（华法林或其他灭鼠剂）引起的凝血异常。在大动物中，它用于治疗甜苜蓿中毒。

> **注意事项**
>
> **不良反应和副作用**
>
> 在人中，快速 IV 后观察到罕见的类超敏反应。症状类似过敏性休克。在动物中也观察到了这些症状。为避免过敏反应，请勿静脉内给药。
>
> **禁忌证和预防措施**
>
> 建议准确诊断，排除引起出血的其他原因。其他形式的维生素 K 可能没有维生素 K_1 的作用快速。因此，请考虑使用特定的制剂（配方）。为避免过敏反应，请勿静脉内给药。
>
> **药物相互作用**
>
> 没有药物相互作用的报道。

使用说明

如果确定了特定的灭鼠剂，请咨询毒物控制中心以获取具体解毒方案。用维生素 K_1 进行中毒的急性治疗，因为它有更高的生物利用度。与食物一起给药以增强口服吸收。如果使用注射给药，可以将其稀释于 5% 葡萄糖或 0.9% 生理盐水中，但不能稀释在其他溶液中。首选的注射途径是 SQ，但也可以使用 IM。尽管维生素 K_1 的兽用标签列出了 IV 给药的途径，但这些标签尚未获得 FDA 的批准。因此，避免维生素 K_1 的 IV 给药。

患病动物的监测和实验室检测

监测患病动物的出血时间对于维生素 K_1 制剂的准确给药至关重要。当治疗长效灭鼠剂中毒时，建议定期监测出血时间。

制剂与规格

叶绿醌有 5 mg 的片剂（Mephyton）和 25 mg 的胶囊（Veta-K1）。

叶绿醌（AquaMephyton）有浓度为 2 mg/mL 或 10 mg/mL 的注射剂。

稳定性和贮藏

存放在密闭容器中，在室温下避光保存。叶绿醌基本不溶于水。但是，它溶于油，且微溶于乙醇。请勿与水性溶液混合。如果混合作为悬浮液口服使用，则在制备后应尽快给药。请勿冷冻。

小动物剂量
犬和猫
治疗短效灭鼠剂中毒：1 mg/(kg·d)，持续用药 10 ~ 14 d，SQ 或 PO。

治疗长效灭鼠剂中毒：2.5 ~ 5.0 mg/(kg·d)，持续用药 3 ~ 4 周，IM、SQ 或 PO。

鸟类
2.5 ~ 5.0 mg/kg，q24 h。

大动物剂量
牛、犊牛、马、绵羊和山羊
0.5 ~ 2.5 mg/kg，SQ 或 IM。

管制信息
不确定食品生产用动物的停药时间。预测产奶用动物和肉用动物的停药时间将很短。

匹莫苯丹（Pimobendan）

商品名及其他名称：Vetmedin。
功能分类：心脏收缩剂。

药理学和作用机制
匹莫苯丹既是一种正性肌力药，又是一种血管扩张药。通过 PDE Ⅲ 的抑制产生血管扩张作用。PDE Ⅲ 是降解环磷酸腺苷（cAMP）的酶。因此，其作用是增加细胞内 cAMP 浓度。肺循环中可能存在一些 PDE V 的抑制。匹莫苯丹的正性肌力作用是因其作为钙敏化剂而非 PDE 的抑制。通过作为钙敏化剂，它可以增加收缩性蛋白和肌钙蛋白 C 的相互作用，并作为正性肌力剂。它对心力衰竭的益处是由正性肌力作用和血管扩张特性共同引起的。其他有益的作用可能包括抗炎活性、压力感受器敏感性增加、心肌松弛增加和血小板聚集减少。心血管效应在给药后 1 h 发生，并持续 8 ~ 12 h。匹莫苯丹在酸性环境中吸收最佳。胃内 pH 的波动状况和伴随食物给药可能会导致口服吸收不一致。

匹莫苯丹在猫中产生的血液浓度比在犬中高得多，其体内的半衰期几乎是犬的 3 倍。匹莫苯丹被代谢（去甲基化）为去甲基匹莫苯丹（DMP），这是一种活性代谢物，对 PDE Ⅲ 活性的作用更大。匹莫苯丹和 DMP 都是钙敏化剂，但猫对 DMP 的反应比犬差。

适应证和临床应用

匹莫苯丹适用于治疗犬的充血性心力衰竭（CHF）。它已用于犬的瓣膜功能障碍或心肌病。在犬由瓣膜病引起的心力衰竭中，它会降低心率、减小左心室和左心房的腔径，并降低前负荷和利钠肽浓度。许多心脏病专家认为它是犬扩张型心肌病一种基本的初始治疗药物。当用于犬的治疗时，它可以改善心力衰竭的症状并增加存活率。在犬的使用过程中，可与利尿剂（呋塞米）、螺内酯和 ACE 抑制剂一起使用。同时使用 ACE 抑制剂和利尿剂治疗的犬，使用匹莫苯丹的治疗组比安慰剂组有显著的改善作用。匹莫苯丹对治疗杜宾犬隐性（无症状）的扩张型心肌病也可能是有帮助的，它可以延迟临床症状的发作、提高生存率和总体预后结果。

尚不推荐在猫的肥厚型心肌病使用正性肌力药物，如匹莫苯丹。但是，它作为猫扩张型心肌病相关的心力衰竭治疗方案中的一部分，与患猫临床症状的改善和生存时间更长相关，其治疗方案中可能包括其他药物（如呋塞米）。当以每只 1.25 mg，q12 h（0.25 mg/kg）的剂量给药时，其耐受性良好。

注意事项

不良反应和副作用

匹莫苯丹有致心律失常的潜在性，但是这种作用（如心房颤动或心室心律失常）很少见，主要见于患有严重心脏病的动物。犬用剂量为 0.25 ~ 0.5 mg/kg 时，匹莫苯丹不会激活肾素 - 血管紧张素 - 醛固酮系统（RAAS），但如果将呋塞米加入治疗，则可能会激活 RAAS。在治疗剂量下，对血小板凝集的影响可忽略不计。

禁忌证和预防措施

在易患心律失常的动物中谨慎使用。请勿在梗阻性心肌病或流出道固定梗阻的动物中使用。复合制剂在犬中无法获得相同的吸收率。口服吸收在临界 pH 时会增强，而一些复合的制剂可能缺乏药物辅料才能达到这种效果。

药物相互作用

谨慎与其他 PDE 抑制剂一起使用，如茶碱、己酮可可碱、西地那非（伟哥）及相关药物。西地那非是 PDE V 抑制剂，茶碱是 PDE IV 抑制剂。除非在酸性环境中，否则匹莫苯丹是不溶的，并且难以将匹莫苯丹混合到溶液中。

使用说明

请遵循标签使用说明。使用前评估动物心力衰竭的阶段。考虑随着心脏病严重程度的增加，给动物添加其他药物，如 ACE 抑制剂、螺内酯、呋塞米和地高辛。如果呋塞米与匹莫苯丹同时使用，请考虑添加 ACE 抑制剂（如依那普利、贝那普利）或醛固酮拮抗剂（如螺内酯）用以抑制 RAAS 的激活。

患病动物的监测和实验室检测
在治疗期间监测患病动物的心率和心律。

制剂与规格
匹莫苯丹有 1.25 mg、2.5 mg 和 5 mg 的咀嚼片。在欧洲，匹莫苯丹有 2.5 mg 和 5 mg 的胶囊。

稳定性和贮藏
存放在密闭容器中，并在室温下避光保存。酸性 pH 状况对制剂的稳定性和确保不分解很重要。

小动物剂量
犬
0.25 ~ 0.3 mg/kg，q12 h，PO。
猫
每只 1.25 mg，q12 h，PO（0.1 ~ 0.3 mg/kg，q12 h）。

大动物剂量
没有大动物剂量的报道。

管制信息
禁用于拟食用动物。

哌拉西林钠和他唑巴坦（Piperacillin Sodium and Tazobactam）

商品名及其他名称： Zosyn 和通用品牌。也称为"Pip-Taz"。
功能分类： 抗菌药、β-内酰胺类。

药理学和作用机制
哌拉西林钠和他唑巴坦为酰脲类青霉素中的 β-内酰胺类抗生素。和其他 β-内酰胺类相似，哌拉西林会结合 PBP，从而削弱或干扰细胞壁形成。与 PBP 结合后，细胞壁变弱或发生裂解。和其他 β-内酰胺类相似，该药物以时间依赖性的方式起作用（即在剂量间隔内药物浓度保持在 MIC 值以上会更有效）。与其他 β-内酰胺类抗生素相比，哌拉西林对铜绿假单胞菌具有良好的活性。它对链球菌也有很好的活性，但对耐甲氧西林葡萄球菌没有活性。哌拉西林在动物中的半衰期很短，必须注射（通常为 IV）给药，这限制了它的用途。他唑巴坦是一种 β-内酰胺酶抑制剂。当在与哌拉西林联合一起给药时，增加了抗菌谱，使其包括产生 β-内酰胺酶的革兰氏阴性菌和革兰氏阳性菌。

适应证和临床应用

哌拉西林与氨苄西林的活性相似，但它可以扩展用于许多对氨苄西林有耐药性的微生物，如铜绿假单胞菌和其他革兰氏阴性杆菌。它与氨基糖苷类药物（如庆大霉素或阿米卡星）一起给药时，会增强对某些革兰氏阴性菌的体外抗菌活性。他唑巴坦的添加进一步增加了抗菌谱，包括产生 β-内酰胺酶的菌株。

哌拉西林钠和他唑巴坦的用途包括败血症、UTI、皮肤、软组织、呼吸感染，以及腹腔内感染。目标微生物包括肠杆菌科的细菌（大肠杆菌、肺炎克雷伯菌）和铜绿假单胞菌。

在兽医学中，其他青霉素-β-内酰胺酶抑制剂组合包括氨苄西林和舒巴坦（Unasyn）及替卡西林和克拉维酸。

但是，氨苄西林和舒巴坦覆盖的抗菌谱通常不包括遇到的许多革兰氏阴性菌。曾经在兽医学中流行的抗生素注射剂替卡西林和克拉维酸已经不可用。因此，哌拉西林和他唑巴坦是青霉素-β-内酰胺酶抑制剂组合的合理替代品，可供动物医院内使用。犬的药代动力学数据表明，半衰期为 0.55 h，分布体积为 0.27 L/kg，清除率为 5.79 mL/(kg·min)。犬的蛋白质结合率为 18%。

注意事项

不良反应和副作用

对青霉素过敏是最常见的副作用。大剂量用药可抑制血小板功能。

禁忌证和预防措施

请勿用于青霉素药物过敏的患病动物。高剂量会增加患病动物的钠负荷。

药物相互作用

请勿在小瓶或注射器中混入其他药物。

使用说明

Zosyn 是哌拉西林与他唑巴坦（β-内酰胺酶抑制剂）的联合制剂，扩大

的抗菌谱包括产生 β- 内酰胺酶的葡萄球菌和革兰氏阴性菌。替卡西林和克拉维酸有相似的抗菌谱，但已经不可用。哌拉西林和他唑巴坦对革兰氏阴性菌的抗菌活性比氨苄西林和舒巴坦更为活跃。

患病动物的监测和实验室检测

药敏试验：敏感生物的 CLSI 耐药折点 ≤ 8 μg/mL（哌拉西林和他唑巴坦）。

制剂与规格

哌拉西林和他唑巴坦的比例通常为 8 ∶ 1。可用的小瓶包装包含 2 g 哌拉西林和 0.25 g 他唑巴坦、3 g 哌拉西林和 0.375 g 他唑巴坦或 4 g 哌拉西林和 0.5 g 他唑巴坦。将小瓶制剂用无菌水、0.9% 生理盐水或 5% 葡萄糖溶液复溶，并进一步稀释至 IV 输液所需的体积。

稳定性和贮藏

复溶的溶液应在 24 h 内或冷藏时 7 d 内使用。

小动物剂量
犬和猫

50 mg/kg，q6 h，IV 或 IM。或者，可以注射 4 mg/kg（推注）的负荷剂量，然后以 3.2 mg/(kg · h)，CRI。

大动物剂量

没有报道大动物的剂量，但是在马中采用与替卡西林 - 克拉维酸相似的剂量可能会达到相同的目标。

管制信息

不确定食品生产用动物的停药时间。但是，由于迅速消除，因此预估其停药时间将与其他 β- 内酰胺类（如氨苄西林）的时间相似。

P

哌嗪（Piperazine）

商品名及其他名称：Pipa-Tab 和通用品牌。
功能分类：抗寄生虫。

药理学和作用机制

哌嗪属于抗寄生虫化合物。哌嗪通过选择性拮抗 GABA 受体在寄生虫体内产生神经肌肉阻滞作用，导致氯通道打开、寄生虫膜超极化和虫体麻痹。功效主要限于线虫。在马中，它可有效对抗小圆线虫和线虫。

适应证和临床应用

哌嗪是一种常见的抗寄生虫药，可以很容易获得，甚至是 OTC。它主要用于治疗动物的线虫（蛔虫）感染。

注意事项

不良反应和副作用

哌嗪在所有物种中都是非常安全的，但是会导致共济失调、肌肉震颤和行为改变。

禁忌证和预防措施

在动物中没有禁忌证。它可能适用于所有年龄段。

药物相互作用

没有关于动物药物相互作用的报道。

使用说明

哌嗪是一种广泛使用的抗寄生虫药物，具有广泛的安全范围。它可以与其他抗寄生虫药联合使用。

患病动物的监测和实验室检测

不用特殊监测。

制剂与规格

哌嗪有 860 mg 的粉剂；140 mg 的胶囊；50 mg 和 250 mg 的片剂；128 mg/mL、160 mg/mL、170 mg/mL、340 mg/mL、510 mg/mL 和 800 mg/mL 的口服溶液。

稳定性和贮藏

存放在密闭容器中，并在室温下避光保存。

小动物剂量

犬和猫

44 ~ 66 mg/kg，PO，1 次。

大动物剂量

马和猪

110 mg/kg，PO，放在饮用水中给药，作为唯一水源。

口服溶液（马）：每 45 kg 体重口服 17% 的哌嗪溶液 30 mL（1 oz）。

管制信息

不确定食品生产用动物的停药时间。

吡罗昔康（Piroxicam）

商品名及其他名称: Feldene 和通用品牌。
功能分类: NSAID。

药理学和作用机制

吡罗昔康是昔康类的 NSAID。临床效果与其他 NSAID 相似（请参见"美洛昔康"）。这些药物通过抑制前列腺素的合成而具有镇痛和抗炎作用。NSAID 抑制的酶是 COX。COX 存在两种异构体：COX-1 和 COX-2。COX-1主要负责前列腺素的合成，对维持健康的消化道功能、肾脏功能、血小板功能和其他正常功能起重要作用。COX-2 被诱导并负责合成前列腺素，而前列腺素是疼痛、炎症和发热的重要介质。但是，众所周知，COX-1 和 COX-2 的作用有些交叉，并且 COX-2 的活性对于某些生物学作用很重要。吡罗昔康的体外试验显示其对 COX-2 的选择性比对 COX-1 的选择性高。在动物中，不确定 COX-1 或 COX-2 的特异性是否与功效或安全性有关。吡罗昔康还可能有一定的抗肿瘤或肿瘤预防作用，并已用于一些抗癌方案。吡罗昔康在犬中的半衰期比其他 NSAID 长，半衰期为 35 ~ 40 h，口服吸收率接近 100%。其他物种的半衰期较短，在猫中的半衰期为 13 h，口服吸收率平均为 89%，在马中的半衰期为 3 ~ 4 h。

适应证和临床应用

吡罗昔康主要用于治疗与关节炎和其他肌肉骨骼疾病相关的疼痛和炎症。在这些情况下，吡罗昔康的使用没有已批准的其他 NSAID 多。在犬和猫中的另一个用途是作为治疗癌症的辅助药物。这一用途是以其有治疗或抑制某些肿瘤活性的报道为依据的，这些肿瘤包括膀胱的移行细胞癌、鳞状细胞癌和乳腺癌（这种作用并非吡罗昔康独有，因为其他 NSAID 也可能有抗肿瘤特性）。吡罗昔康已与顺铂一起联合用于治疗犬（0.3 mg/kg）的口腔恶性黑色素瘤和口腔鳞状细胞癌。

注意事项
不良反应和副作用

吡罗昔康的清除很慢。犬以 0.3 mg/kg, q24 h 的剂量口服时观察到不良反应，应考虑给药间隔为 48 h。副作用主要是消化道毒性（如胃溃疡）。肾毒性也是一种风险，尤其是在容易发生脱水或有肾功能损伤的动物中。中毒性表皮坏死溶解症在一些犬中已有报道。

在猫的某些长期管理的癌症中，治疗初期可能会出现呕吐。猫长期治疗未见相关的血液学、肾脏或肝脏的毒性。

禁忌证和预防措施

在犬中谨慎使用，如果每天服用 1 次，半衰期较长可能会增加消化道溃疡的风险。对于大多数犬来说人用制剂的含量太高，为避免过量应重新配制。应警告宠物主人，药物过量可能会导致消化道溃疡。禁用于易患消化道溃疡的动物。禁用于怀孕的动物。在患有易发生脱水的肾脏疾病的动物中谨慎使用，或与其他可能损伤肾脏的药物（如顺铂）一起使用时需谨慎。

药物相互作用

请勿与其他 NSAID 或皮质类固醇一起使用。已证明皮质类固醇会加重消化道的副作用。一些 NSAID 可能会干扰利尿剂和 ACE 抑制剂的作用。

使用说明

大多数给药剂量经验是从吡罗昔康治疗犬的膀胱移行细胞癌的研究中积累的。如果与米索前列醇一起使用，一些犬对预期的消化道毒性耐受性更高。吡罗昔康也已用于治疗犬的鳞状细胞癌。

患病动物的监测和实验室检测

吡罗昔康有诱导消化道溃疡的潜力。监测呕吐、出血和嗜睡的症状。如果怀疑有出血，请监测患病动物的血细胞比容或 CBC。监测治疗动物的肾脏功能。

制剂与规格

吡罗昔康有 10 mg 的胶囊。

稳定性和贮藏

曝光会导致光降解。吡罗昔康仅微溶于水。它可溶于碱性溶液和某些有机溶剂。为小动物配制的复合制剂仅可稳定 48 h。尽管没有市售的 IV 制剂，但已通过将纯粉末与 0.1 N NaOH 混合制备了 2 mg/mL 的溶液，并且发现将其保存在玻璃小瓶内避光冷藏是稳定的。

小动物剂量
犬
0.3 mg/kg，q48 h，PO。

治疗癌症：犬还可以耐受 0.3 mg/kg，q24 h，PO。

猫

0.3 mg/kg，q24 h，PO。常用剂量为每只 1 mg，q24 h，PO。

大动物剂量

没有足够的证据用来推荐大动物的剂量。马已用的单剂量 0.2 mg/kg，PO，没有发生任何副作用。

管制信息

不确定食品生产用动物的停药时间。

RCI 分类：4。

普卡霉素（Plicamycin）

商品名及其他名称： Mithracin、Mithramycin。

功能分类： 抗癌药。

药理学和作用机制

普卡霉素的作用是将存在的二价阳离子和 DNA 复合，从而抑制 DNA 和 RNA 的合成。它可以降低血清钙，并可能直接作用于破骨细胞，从而降低血清钙。

适应证和临床应用

普卡霉素用于癌症的治疗和高钙血症的治疗。在动物中的使用主要来自经验用药。没有严格控制的临床研究或功效试验记载临床效果。

P

注意事项

不良反应和副作用

尚无动物中副作用的报道。在人中，已经报道有低钙血症和消化道毒性。普卡霉素可以引起出血问题。

禁忌证和预防措施

请勿与可能增加出血风险的药物（如 NSAID、肝素或抗凝血剂）一起使用。

药物相互作用

没有药物相互作用的报道。

使用说明

动物中临床研究的结果尚无报道。在动物中的使用（和剂量）基于在人中的使用经验或在动物中的个人经验。

患病动物的监测和实验室检测
监测血清钙浓度。

制剂与规格
普卡霉素有 2.5 mg 的小瓶注射剂且稀释后为 0.5 mg/mL。

稳定性和贮藏
存放在密闭容器中，并在室温下避光保存。

小动物剂量
犬和猫
抗高钙血症：25 μg/(kg·d)，IV（缓慢输注），超过 4 h。

抗肿瘤药（犬）：25 ~ 30 μg/(kg·d)，IV（缓慢输注），用 8 ~ 10 d。

大动物剂量
没有大动物剂量的报道。

管制信息
不确定食品生产用动物的停药时间。由于该药物是抗癌药，因此，禁用于拟食用动物。

聚乙二醇电解质溶液（Polyethylene Glycol Electrolyte Solution）

商品名及其他名称： GoLYTELY、PEG、Colyte 和 Co-Lav。

功能分类： 轻泻药 / 通便剂。

药理学和作用机制
聚乙二醇电解质溶液属于盐类泻剂，是一种不可吸收的化合物，可通过渗透作用增加肠管内的水分分泌。这些等渗液体通过肠道时没有被吸收。口服给药产生明显的导泻作用。

适应证和临床应用
聚乙二醇电解质溶液是一种导泻剂，主要用于在进行内窥镜和手术操作前排空肠道和清洁肠道。口服给药后将引起快速的渗透性导泻作用。它能有效清洁肠道，但需要大量使用方可起效。在一些人患者中，如果将其与另一种泻药（如比沙可啶）联合使用，则可以少量使用。

注意事项

不良反应和副作用

高剂量或长时间使用时常见水分和电解质丢失。大量使用可能会引起恶心。

禁忌证和预防措施

请勿用于脱水的动物，因为它可能导致液体和电解质丢失。不适用于长期应用。

药物相互作用

没有特定的药物相互作用。

使用说明

用于手术或诊断程序之前的肠道排空。需要大量使用。对于人患者，如果与比沙可啶一起服用（1 ~ 4 片），操作前 2 h 仅可使用一半体积的药物。该联合用药称为 HalfLytely。

患病动物的监测和实验室检测

如果重复给药则需监测电解质。

制剂与规格

聚乙二醇电解质溶液是口服溶液。制剂包含 PEG 3350、氯化钠、氯化钾、碳酸氢钠和硫酸钠。

稳定性和贮藏

存放在密闭容器中，并在室温下避光保存。

小动物剂量

犬和猫

25 mL/kg，PO，2 ~ 4 h 后重复。

大动物剂量

马和牛

经胃管给药：一次 500 mL ~ 4 L，PO。

管制信息

不需要停药时间。

P

硫酸多黏菌素 B（Polymyxin B Sulfate）

商品名及其他名称：通用品牌。

功能分类：抗菌药。

药理学和作用机制

硫酸多黏菌素 B 属于抗生素和抗菌药。多黏菌素 B 来自一组多肽抗生素。多黏菌素是碱性表面活性阳离子去污剂，可与细胞膜中的磷脂相互作用。它们能够穿透细菌的细胞膜并破坏细胞膜结构。该作用随后诱导细胞内的通透性改变而导致细胞死亡，从而赋予多黏菌素杀菌性能。多黏菌素 B 能够作为螯合剂以 1：1 的比例结合内毒素的脂质 A 部分，从而中和脂多糖（lipopolysaccharide，LPS）。

多黏菌素的环状构象中包含 7 个氨基酸，分子量超过 1000。其他多黏菌素已被命名为多黏菌素 A、多黏菌素 B、多黏菌素 C、多黏菌素 D、多黏菌素 E 和多黏菌素 M，但仅多黏菌素 B 和多黏菌素 E 以其硫酸盐形式用于临床上。硫酸多黏菌素 B 是多黏菌素 B1 和多黏菌素 B2 的混合物。多黏菌素 E 更常称为黏菌素，也普遍用于一些对其他药物有耐药性的感染。多黏菌素 B 的酸度系数（pKa）范围为 8 ~ 9，来源于多黏芽孢杆菌。它在许多局部制剂中均可用，通常认为用于"三联抗生素"的制剂中。硫酸多黏菌素 B 的注射制剂是两种形式的硫酸盐：多黏菌素 B1 和多黏菌素 B2。多黏菌素 B 的制剂含量不低于 6000 U/mg（作为无水基部）。多黏菌素口服时不会从消化道吸收，但在肠外给药时会被迅速吸收，有 70% ~ 90% 的血浆蛋白结合力。

适应证和临床应用

用于注射的多黏菌素 B 为粉剂形式，适合制备无菌溶液，用于 IM、IV 滴注、硬膜内给药或眼科使用。多黏菌素 B 最常作为局部药膏给药进行感染管理。它是用于局部使用的"三联抗生素"软膏的成分之一。系统来说，多黏菌素已被用于治疗对其他药物有抗性的感染。可能对其他药物产生抗药性的细菌（如铜绿假单胞菌和不动杆菌），只能用黏菌素和多黏菌素等药物治疗。多黏菌素 B 用于治疗人的 UTI、脑膜炎和败血症。没有严格控制的临床研究或功效试验来记录在动物中治疗细菌感染的临床有效性。多黏菌素已用于兽医学（尤其是马）中，因为它能与血液中的细菌内毒素的脂质 A 部分结合，并防止细菌性败血症，从而不产生肾损伤。每 8 h 输注 1000 ~ 10 000 U/kg（常用剂量为 6000 U/kg，相当于 1 mg/kg）已证明该药物可安全有效地治疗马的内毒素血症。该作用是由多黏菌素 B 的阳离子部分结合内毒素脂质 A 部分的阴离子实现的。这有效地使内毒素失活,从而阻止了大多数革兰氏阴性菌内毒素的副作用。这种作用也已在猫内毒素血症的实验模型中得以证明,在该模型中,它在体内有抗内毒素作用。

注意事项

不良反应和副作用

肌内注射会导致疼痛。因其能与磷脂膜结合并引起损伤,最严重的不良反应是由肾损伤引起的。肾损伤是剂量依赖性的副作用,由膜渗透性增加及阳离子、阴离子和水的内流导致肾细胞肿胀。但是,以已用于治疗内毒素血症的剂量(6000 U/kg,IV,q8 h)并未引起马的肾损伤。在用于治疗马细菌性内毒素血症的剂量下,尚未观察到肾损伤。然而,更高剂量(18 000 ~ 36 000 U/kg)或更长时间的治疗方案用药时,肾损伤的风险会增加。可能发生过敏反应。给猫静脉注射高剂量(3 mg/kg 或更高)时,会产生呼吸抑制。

禁忌证和预防措施

如果可以的话,谨慎用于肾脏疾病的患病动物。接受多黏菌素 B 治疗的动物应给予足够的液体支持,以维持水合和肾脏灌注。

药物相互作用

谨慎与其他有潜在肾毒性的药物一起使用,如氨基糖苷类。由于存在呼吸抑制的风险,请勿与箭毒样肌肉松弛药和其他神经毒性药物一起使用。在出现脓液、含有酸性磷脂的组织中及存在阴离子去污剂的情况下,多黏菌素的抗菌活性降低。

P

使用说明

在兽医学的使用主要限于局部使用及在马中用于治疗内毒素血症。剂量和方案是从实验研究中得出的。给药途径为局部 IM、IV 输注、硬膜内给药或眼科应用。

患病动物的监测和实验室检测

监测患病动物的水合和电解质状态。监测肾参数(如肌酐和 BUN)以获取肾脏疾病的证据。

制剂与规格

多黏菌素 B 有 500 000 U 的小瓶包装。在一些剂量方案中,剂量以 mg 列出而不是 U 列出。1 mg 多黏菌素 B 基团相当于 10 000 U 的多黏菌素 B,每微克纯多黏菌素 B 基团相当于 10 U 的多黏菌素 B。

稳定性和贮藏

室温 20 ~ 25 ℃（68 ~ 77 ℉）下保存，避光。多黏菌素 B 溶于水制成 0.5% 的 pH 为 5 ~ 7.5 的溶液。硫酸多黏菌素 B 的水溶液如果冷藏，则可储存长达 12 个月，且效力不会显著降低。请勿与强酸或强碱溶液混合。它与钙盐或镁盐不兼容。

小动物剂量

犬和猫

抗菌：15 000 ~ 25 000 U/kg，q12 h，IV。制备溶液时，请将 500 000 U 多黏菌素 B 与 300 ~ 500 mL 的 5% 葡萄糖溶液混合用于 CRI。

抗菌：30 000 U/(kg·d)，IM。制备溶液时，请将 500 000 U 多黏菌素 B 混入 2 mL 无菌水中用于注射，或与 2 mL 氯化钠注射液或 1% 盐酸普鲁卡因溶液混合。

抗内毒素：以 1 mg/kg 的剂量稀释于 10 mL 的 0.9% 生理盐水溶液中，作为 IV 输注溶液。

硬膜内给药（治疗脑膜炎）：在 10 mL 氯化钠中混合 500 000 U 多黏菌素 B（50 000 U/mL）。每天 1 次硬膜内给药 20 000 U，然后继续给药每隔 1 d 给药 25 000 U。

大动物剂量

马（内毒素血症）

1000 ~ 10 000 U/kg（通常为 6000 U/kg，相当于 1 mg/kg），q8 h。如果持续存在败血症，可能需要重复治疗。可以将输注液混合在 1 L 生理盐水溶液中，输注 15 min 以上，每 8 h 一次，进行 5 次治疗。

管制信息

牛：牛乳房内给药时，产奶用牛停药时间为 7 d，肉用牛停药时间为 2 d。尚未报道其他食品生产用动物的停药时间。

多硫酸糖胺聚糖（Polysulfated Glycosaminoglycan，PSGAG）

商品名及其他名称： Adequan Canine、Adequan IA 和 Adequan IM。
功能分类： 抗关节炎药。

药理学和作用机制

多硫酸糖胺聚糖提供类似于健康关节正常成分的大分子量化合物。具有软骨保护作用，并抑制可能降解关节软骨的酶，如金属蛋白酶。它可能有助于上调糖胺聚糖和胶原蛋白的合成，并减少炎性介质（如 PGE_2）。

适应证和临床应用

给犬和马注射 PSGAG 治疗或预防退行性关节病。关节内注射是有效的，而在一些动物中肌内注射剂量可能太低而没有效果。

注意事项

不良反应和副作用

副作用非常罕见。可能发生过敏反应。PSGAG 有类似肝素的作用，并可能在一些动物中引起出血问题，但临床上尚未观察到。

禁忌证和预防措施

关节内注射应使用无菌技术操作。在接受肝素治疗的动物中谨慎使用。

药物相互作用

没有关于动物药物相互作用的报道。

使用说明

剂量来自经验性证据、实验研究和临床研究。尽管对急性关节炎有效，但对慢性关节炎可能不那么有效。有时将其与阿米卡星（125 mg）联合用于马的关节内，以防止感染。

患病动物的监测和实验室检测

治疗后观察注射的关节是否有感染迹象。

制剂与规格

多硫酸糖胺聚糖有 100 mg/mL 的 5 mL 小瓶注射剂，100 mg/mL 的制剂用于马 IM 给药，250 mg/mL 的制剂用于马的关节内给药。

稳定性和贮藏

存放在密闭容器中，并在室温下避光保存。

小动物剂量

犬

4.4 mg/kg，IM，每周 2 次，最多 4 周。

大动物剂量

马

500 mg，IM，每 4 d 一次，用 28 d，或每关节 250 mg，每周一次，用 5 周。

管制信息

不需要停药时间。

帕托珠利（Ponazuril）

商品名及其他名称： Marquis。

功能分类： 抗原虫。

药理学和作用机制

帕托珠利（也称为妥曲珠利砜）为抗原虫药、抗球虫药，是家禽抗原虫药物妥曲珠利的代谢产物。帕托珠利是一种三嗪类药物，其作用是抑制原虫的酶系统 / 减少嘧啶的合成。它对顶复门原虫有特异性，因其会攻击原虫的顶质体细胞器。该作用作为抗原虫药产生的特定作用，不会影响其他生物。马的口服吸收能力较强。在马中的半衰期数据存在争议，不同的研究报告其半衰期有 1.6 d、2.5 d 和 4.5 d。在牛中的半衰期为 2.4 h，在猪中的半衰期为 5.6 d。马需要每天给药，持续 1 周，以达到稳态浓度。人们认为防治由神经肉孢子虫引起的感染需要达到 100 ng/mL 的水平。

适应证和临床应用

母体药物妥曲珠利已用于原虫治疗，如等孢球虫属、双球虫、刚地弓形虫、神经肉孢子虫和艾美尔球虫。帕托珠利在马中的半衰期很长，脑脊液（CSF）中的浓度为血清浓度的 3.5% ~ 4%，但足以抑制原虫。帕托珠利特别批准可用于治疗由神经肉孢子虫引起的马原虫性脑脊髓炎（EPM）。在 EPM 患马的临床研究中，以 5 mg/kg 或 10 mg/kg 的剂量治疗 28 d，101 匹马中有 62% 治疗成功。帕托珠利在其他动物中的应用信息有限，但有一些用于猫弓形虫病治疗和其他物种的原虫治疗的传闻。它已用于治疗由等孢球虫引起的仔猪腹泻。

注意事项

不良反应和副作用

帕托珠利具有高度特异性，并且在批准的剂量下使用相对安全。在马中以 50 mg/kg（建议剂量的 10 倍）的剂量给药产生的副作用很小。血清分析中的变化最小，高剂量可能会导致软性粪便。

禁忌证和预防措施

在没有更多安全性信息前，避免用于怀孕或繁殖期的母马。

药物相互作用
没有药物相互作用的报道。

使用说明

在马中的应用以临床研究为基础，药物赞助商进行了马的现场试验及药代动力学研究。在一项马的试验中，每天 5 mg/kg 或 10 mg/kg 用药，28 d 后 62% 的马得以改善。尽管报道 28 d 后治疗成功，但一些动物可能需要更长的治疗时间才能解决感染并防止复发。帕托珠利在其他动物中的使用有限，其他物种所列的剂量（请参阅"剂量"部分）主要基于个人经验报道。

患病动物的监测和实验室检测

在接受 EPM 治疗的马中，治疗期间监测神经系统状态。测量了治疗马的 CSF 中免疫球蛋白 G（immunoglobulin G，IgG）和白蛋白的含量，以监测治疗情况，但这可能并不意味着临床治愈。

制剂与规格

帕托珠利有 15%（150 mg/mL）马用口服糊剂。

稳定性和贮藏

存放在密闭容器中，并在室温下避光保存。

小动物剂量
猫
治疗弓形虫病：20 mg/kg，PO，q24 h。

小猫（弓形虫病）：50 mg/kg，PO，用 1 次或 20 mg/kg，PO，每天 1 次，持续用 2 d。

犬
10 mg/kg，PO，q12 h。

大动物剂量
马
治疗 EPM：5 mg/kg，q24 h，PO，持续用 28 d。最初（第 1 天）使用 15 mg/kg 的负荷剂量，随后每天服用维持剂量，持续用 28 d。

猪
5 mg/kg，PO，用于治疗猪等孢球虫。

管制信息

建议猪的停药时间为 33 d。未确定其他食品生产用动物的停药时间。

泊沙康唑（Posaconazole）

商品名及其他名称： Noxafil。

功能分类： 抗真菌药。

药理学和作用机制

泊沙康唑是一种相对较新的氮杂茂类抗真菌药，结构和活性类似于伊曲康唑。抗真菌作用类似于其他氮杂茂类药物，即抑制真菌细胞膜中麦角固醇的合成并产生抑菌活性。它对皮肤癣菌、荚膜组织胞浆菌、皮肤芽孢杆菌、粗球孢子菌和新型隐球菌有活性。与其他氮杂茂类相比，活性的差异是针对其他真菌的额外活性。抗菌谱包括镰刀菌属和毛霉菌目（以前称为接合菌），如毛霉菌（*Mucor*）和根霉菌（*Rhizopus*）。泊沙康唑对许多临床上重要真菌的活性比其他抗真菌药高。许多菌株测试显示它比伊曲康唑和氟康唑更有活性，比两性霉素 B 更有活性。它对氟康唑耐药的念珠菌菌株、皮肤癣菌和其他机会性真菌有活性，并且比氟康唑或伊曲康唑对曲霉菌的效力更强。与其他抗真菌药的特性相比，它具有更高的安全范围、更少的药物相互作用和更窄的毒性。

在犬中，口服悬浮液的半衰期为 24 h，而缓释片剂的半衰期为 41.7 h。IV 给药后半衰期为 29 h，分布体积为 3.3 L/kg。口服悬浮的吸收率为 26%，但口服缓释片剂的吸收率更高，峰值浓度更高。与其他物种一样，犬的血浆蛋白结合率 > 99%。在一小群猫中的研究表明，口服给药后在猫中的半衰期约为 40 h，口服生物利用度为 16%。

适应证和临床应用

泊沙康唑的使用仅限于少数病例报道和个人经验。它已用于治疗其他药物难治的猫真菌感染，如曲霉菌病和毛霉菌感染。它用于人的侵入性真菌感染，包括由曲霉菌和念珠菌引起的真菌感染。它也对皮肤癣菌、荚膜组织胞浆菌、皮肤芽孢杆菌、粗球孢子菌和新型隐球菌有活性。与其他氮杂茂类药物相比，它的优势在于对镰刀菌属和毛霉菌目（以前称为接合菌）的活性，如毛霉菌和根霉菌。唯一可以全身使用的制剂是人产品，目前价格高昂，不鼓励常规使用。

注意事项

不良反应和副作用

使用相对较少，并且没有关于临床应用的所有副作用的信息。已观察到人有与其他氮杂茂类抗真菌药相似的副作用：头痛、腹泻、恶心和肝酶升高，但有些适应证的安全性可能优于其他氮杂茂类。在毒性研究中，犬可以耐受 30 mg/(kg·d) 的剂量治疗 1 年，没有任何临床症状。然而，该剂量用药在组织学上观察到一些神经元空泡化。怀孕期间请勿使用，因其抑制类固醇的生成。

禁忌证和预防措施
没有关于动物的禁忌证和预防措施的报道。

药物相互作用
降低胃酸的药物（PPI、H_2-阻滞剂）会减少泊沙康唑的口服吸收。与其他氮杂茂类抗真菌药一样，泊沙康唑是细胞色素 P450 酶（CYP3A4）的强力抑制剂，并且经这些酶代谢的其他药物的浓度可能会增加。

使用说明
在动物中的使用主要基于一些独立的病例报告（主要是猫）和在人中的应用推断。推荐剂量基于犬和猫的药代动力学研究。没有关于动物临床研究的报道。伴随食物给药会增强口服吸收，因此，随少量进食而给药。在不适合口服治疗的患病动物中，注射剂可以作为负荷剂量给药，但注射剂非常昂贵。

患病动物的监测和实验室检测
监测治疗期间动物的肝酶。尽管通常不测量血浆浓度，但对于轻度感染而言，低谷浓度高于 0.5 ~ 0.7 μg/mL；对于严重侵入性感染而言，低谷浓度高于 1 μg/mL，方有疗效。

制剂与规格
泊沙康唑有 40 mg/mL 口服悬浮液、100 mg 缓释片剂和 18 mg/mL 注射剂。

稳定性和贮藏
存放在密闭容器中，并在室温下避光保存。

小动物剂量
犬
口服悬浮液：10 mg/kg，PO，q24 h。
口服缓释片剂：5 mg/kg，PO，q48 h。

猫
对于轻度感染或预防性使用，先给予悬浮液 15 mg/kg，PO，然后每 48 h 给予 8 mg/kg，PO。对于更严重的侵入性真菌感染，口服负荷剂量为 30 mg/kg，然后每隔 1 d 给予 15 mg/kg，PO。

大动物剂量
没有大动物剂量的报道。

管制信息
无可用的管制信息。

氯化钾（Potassium Chloride）
商品名及其他名称： 通用品牌。
功能分类： 钾补充剂。

药理学和作用机制
氯化钾用作钾补充剂。钾用于治疗低钾血症。1.9 g 氯化钾的剂量相当于 1 g 钾。1 g 氯化钾相当于 14 mEq 钾。其他钾补充剂包括葡萄糖酸钾、乙酸钾、碳酸氢钾和柠檬酸钾。

适应证和临床应用
钾补充剂可用于治疗低钾血症。低钾血症可能发生在某些疾病或使用利尿剂后。低钾血症也可能发生在 β_2-肾上腺素激动剂过量时。在大多数患病动物中，氯化钾是低钾血症的首选补充剂。它比其他补充剂更好吸收，且氯离子可能是有益的，因为某些患病动物也可能发生低氯血症。

注意事项
不良反应和副作用
高浓度钾产生的毒性可能是危险的。高钾血症可以导致心血管毒性（心动过缓和停搏）和肌肉虚弱。口服钾补充剂会引起恶心和胃刺激。
禁忌证和预防措施
IV 的速率请勿超过 0.5 mEq/(kg·h)。在患有肾脏疾病的动物中谨慎使用。如果存在代谢性酸中毒和高氯血症，请勿使用氯化钾，用其他钾补充剂替代。由于存在高钾血症的风险，IV 应谨慎。使用洋地黄治疗的患病动物谨慎使用钾。请勿与青霉素钾或溴化钾一起使用（改为使用这些药物的钠盐）。
药物相互作用
钾补充剂与以下药物之间可能发生相互作用：地高辛、噻嗪类利尿剂、螺内酯、两性霉素 B、皮质类固醇、青霉素、ACE 抑制剂和通便剂。

使用说明

1 g 氯化钾可提供 13.41 mEq 的钾。通常将其添加到液体治疗方案中。当输液补充钾时，给药速率不要超过 0.5 mEq/(kg・h)。

患病动物的监测和实验室检测

监测血清钾水平。监测可能发生心律失常的患病动物的 ECG。正常血钾浓度为 4.0 ~ 5.5 mEq/L（犬）和 4.3 ~ 6.0 mEq/L（猫）。

制剂与规格

氯化钾的注射剂浓度不同（通常为 2 mEq/mL）。口服悬浮液和口服溶液中的钾含量为每包 10 ~ 20 mEq。1 g 氯化钾含有 14 mEq 钾离子。

稳定性和贮藏

存放在密闭容器中，并在室温下避光保存。氯化钾易溶于水。

小动物剂量

犬和猫

补充：根据血清钾的情况，0.5 mEq 钾 /(kg・d) 或添加 10 ~ 40 mEq 钾至 500 mL 的液体中给药。

急性治疗低钾血症：0.5 mEq 钾 /(kg・h)。

大动物剂量

牛和马

在每升 IV 液体中补充 20 ~ 40 mEq 钾。IV 的速率请勿超过 0.5 mEq/(kg・h)。

管制信息

不需要停药时间。

柠檬酸钾（Potassium Citrate）

商品名及其他名称：通用品牌、Urocit-K。

功能分类：碱化剂。

药理学和作用机制

柠檬酸钾（$K_3C_6H_5O_7$）使尿液碱化，并可能增加尿液的柠檬酸。柠檬酸和碱性尿液排泄增加可能会减少尿液的草酸钙结晶。钙的尿排泄也降减少。其他钾补充剂包括葡萄糖酸钾、乙酸钾、碳酸氢钾和氯化钾。

适应证和临床应用

柠檬酸钾用于预防草酸钙尿石症和肾小管酸中毒。在犬中，给予 150 mg/kg（柠檬酸钾），q12 h，PO 后，尿液 pH 没有明显升高，但尿液的草酸钙浓度却降低了。

注意事项

不良反应和副作用

高浓度钾产生的毒性可能是危险的。高钾血症可导致心血管毒性（心动过缓和停搏）和肌肉虚弱。口服钾补充剂会引起恶心和胃刺激。

禁忌证和预防措施

在患有肾脏疾病的动物中谨慎使用。请勿与青霉素钾或溴化钾一起使用。

药物相互作用

没有关于动物药物相互作用的报道。

使用说明

1 g 柠檬酸钾可提供 9.26 mEq 的钾。随餐给药。

患病动物的监测和实验室检测

监测血清钾水平。正常血钾浓度为 4.0 ~ 5.5 mEq/L（犬）和 4.3 ~ 6.0 mEq/L（猫）。监测可能易发生心律失常的患病动物的 ECG。

制剂与规格

柠檬酸钾有 5 mEq 和 10 mEq 的片剂。一些制剂与氯化钾联合。柠檬酸钾已有缓释片剂。

稳定性和贮藏

存放在密闭容器中，并在室温下避光保存。

小动物剂量

犬和猫

每天 2.2 mEq/100 kcal 热量，PO 或每天 0.5 mEq/kg，PO。在某些动物中已安全使用了较高剂量（1000 mg 柠檬酸钾 =9.26 mEq 钾）。

大动物剂量

没有大动物剂量的报道。

管制信息

不需要停药时间。

葡萄糖酸钾（Potassium Gluconate）

商品名及其他名称： Kaon、Tumil-K 和通用品牌。
功能分类： 钾补充剂。

药理学和作用机制

葡萄糖酸钾用作钾补充剂，用于治疗低钾血症。葡萄糖酸钾以无水形式和一水合物形式存在。6 g 无水葡萄糖酸钾相当于 1 g 钾，6.45 g 一水合葡萄糖酸钾相当于 1 g 钾。1 g 葡萄糖酸钾等于 4.27 mEq 的钾。其他钾补充剂包括氯化钾、乙酸钾、碳酸氢钾和柠檬酸钾。

适应证和临床应用

葡萄糖酸钾用于治疗低钾血症和肾小管酸中毒。钾补充剂可用于治疗低钾血症。低钾血症可能发生于某些疾病或使用利尿剂后。在大多数患病动物中，氯化钾是低钾血症的首选补充剂。

注意事项

不良反应和副作用

高浓度钾产生的毒性可能是危险的。高钾血症可导致心血管毒性（心动过缓和停搏）和肌肉虚弱。口服钾补充剂会引起恶心和胃刺激。

禁忌证和预防措施

在患有肾脏疾病的动物中谨慎使用。

药物相互作用

没有关于动物药物相互作用的报道。

使用说明

1 g 葡萄糖酸钾可提供 4.27 mEq 的钾。

患病动物的监测和实验室检测

监测血清钾水平。正常血钾浓度为 4.0 ~ 5.5 mEq/L（犬）和 4.3 ~ 6.0 mEq/L（猫）。监测可能易发生心律失常的患病动物的 ECG。

制剂与规格

葡萄糖酸钾有 2 mEq 片剂（相当于 500 mg 葡萄糖酸钾）。
Kaon elixir 是 20 mEq 钾 /15 mL 钾制剂（含有 4.68 g 葡萄糖酸钾）。

稳定性和贮藏

存放在密闭容器中，并在室温下避光保存。葡萄糖酸钾可溶于水。

小动物剂量

犬

0.5 mEq/kg，q12 ~ 24 h，PO。

猫

2 ~ 8 mEq/d，每天 2 次，PO。

大动物剂量

没有大动物剂量的报道。

管制信息

不需要停药时间。

碘化钾（Potassium Iodide）

商品名及其他名称： Quadrinal。
功能分类： 抗真菌、祛痰药。

药理学和作用机制

碘化钾用作碘补充剂。它也具有一定的抗菌特性，但确切的机制尚不确定。抗菌活性已用于辅助治疗接合菌病、霉菌病和真菌性肉芽肿。碘化物对甲状腺功能也很重要，已用于治疗一些甲状腺疾病。碘化钾也可能刺激呼吸道，并已被用作祛痰药。

适应证和临床应用

碘化钾已用于治疗真菌性肉芽肿病和与接合菌相关的感染。在小动物中已用于孢子丝菌病。由于尚未确定功效，对动物的抗真菌治疗存在疑问。由于它可能会增加呼吸道分泌物，被用作祛痰药，但尚未确定疗效。碘化物已用于治疗人的甲状腺功能亢进，但这一用途对于猫的有效性尚不确定。碘化钾还用于紧急辐射状况时（意外暴露于放射线）保护甲状腺的放射损伤，或放射性碘的追踪给药。

二氢碘酸乙二胺是另一种碘化物来源，用作牛的营养性碘来源。碘化钠也被使用，特别是在大动物中。更多的信息请参"碘化钠"和"碘化物"部分。

注意事项

不良反应和副作用

高剂量会产生碘中毒的症状，包括流泪、黏膜刺激、眼睑的肿胀、咳嗽、毛发干燥不洁和脱毛。碘化钾有苦味，可引起恶心和流涎。碘化钾给药与猫的心肌病相关。它的使用可能导致马的流产或马驹的四肢骨畸形。

禁忌证和预防措施

请勿用于马驹或怀孕动物（可能发生流产）。请勿静脉内给药。

药物相互作用

没有已知的药物相互作用。

使用说明

在动物中的临床应用主要是经验性的。列出的剂量和适应证尚未经过临床试验的测试。对于这些适应证，应该考虑其他更可靠的药物作为替代品。

患病动物的监测和实验室检测

不需要特定的监测。

制剂与规格

碘化物以 1 g/mL 的碘化钾饱和溶液（SSKI）或 65 mg/mL 的溶液给药。它也可以与食物一起以 10% 碘化钾 /5% 碘溶液的形式给药。饱和溶液（1 g/mL）每滴含碘 38 mg。10% 的碘化钾溶液（10%）每滴含 6.3 mg 碘。也有 145 mg 碘的片剂。

稳定性和贮藏

存放在密闭容器中，在室温下避光保存。请勿冷冻溶液。无机碘化钾在光、热和过度潮湿的环境中不稳定。

小动物剂量

犬和猫

真菌感染：以 5 mg/kg，q8 h，PO 开始，并逐渐增加至 25 mg/kg，q8 h，PO。

辐射暴露后的紧急治疗：2 mg/(kg·d)，PO。

祛痰药：5 mg/kg，q8 h，PO。

大动物剂量

牛

10 ~ 15 g/d（成年牛），PO，持续用药 30 ~ 60 d。

5 ～ 10 g/d（犊牛），PO，持续用药 30 ～ 60 d。

饲料补充剂和其他适应证：有关碘化物剂量请参阅"碘化物"部分，有关其他剂量请参阅"碘化钠"部分。

马

每天 10 ～ 40 mg/kg（使用无机碘化钾）。

10 ～ 15 g/d（成年马），PO，持续用药 30 ～ 60 d。

5 ～ 10 g/d（马驹），PO，持续用药 30 ～ 60 d。

有关碘化物剂量请参阅"碘化物"部分，有关其他剂量请参阅"碘化钠"部分。

管制信息

无可用的管制信息。由于残留风险低，无停药时间的建议。

磷酸钾（Potassium Phosphate）

商品名及其他名称： K-Phos、Neutra-Phos-K 和通用品牌。

功能分类： 磷酸盐补充剂。

药理学和作用机制

磷酸钾用作磷补充剂，用于治疗与糖尿病酮症酸中毒相关的严重低磷血症。它还会酸化尿液。

适应证和临床应用

磷酸钾已用于减少易发生尿钙结石患病动物中钙的尿液排泄，并促进尿液酸化。请勿将该药用作钾补充剂。在大多数患病动物中，氯化钾是低钾血症的首选补充剂。

注意事项

不良反应和副作用

IV 给药可能导致低钙血症。

禁忌证和预防措施

在患有肾脏疾病的动物中谨慎使用。

药物相互作用

没有关于动物药物相互作用的报道。

使用说明
磷酸钾在动物中的用途主要是用作尿液酸化剂或治疗低磷血症。

患病动物的监测和实验室检测
监测治疗动物的钙、钾和磷水平。

制剂与规格
磷酸钾目前尚无可用的片剂［之前是 500 mg 含有 114 mg（3.7 mmol）磷］。口服溶液可由浓缩粉末与水混合制成后口服给药。

还有每毫升含 224 mg 磷酸二氢钾和 236 mg 磷酸氢二钾［3 mmol（93 mg）磷］的注射剂。

稳定性和贮藏
存放在密闭容器中，在室温下避光保存。

小动物剂量
犬和猫
0.03 ~ 0.12 mmol/(kg·h)，IV，用于急性治疗。

0.1 mmol/(kg·d)，IV，每日补充。

4 mg/kg 磷（约 0.1 mmol/kg），PO，每天最多 4 次。

大动物剂量
没有大动物剂量的报道。

管制信息
不需要停药时间。

P

普多沙星（Pradofloxacin）
商品名及其他名称： Veraflox。
功能分类： 抗菌药。

药理学和作用机制
普多沙星是氟喹诺酮类抗菌药，属于新一代（第三代）氟喹诺酮类药物。这种新一代的氟喹诺酮类是在 C-8 位置被取代，具有更广谱的优势，包括厌氧菌和革兰氏阳性球菌。抗菌谱的差异主要是由对革兰氏阳性菌的 DNA 促旋酶活性增加引起的，而不是抗拓扑异构酶 IV 的活性引起的，后者是旧喹诺酮类（如恩诺沙星、环丙沙星、麻保沙星和奥比沙星）针对革兰氏阳性菌的靶点。这些更新的氟喹诺酮类药物还包括人用的加替沙星、吉米沙星和莫西沙星。易感性数据表明，普多沙星对来自犬和猫分离的细菌（包括大肠杆菌、葡萄球菌和厌氧菌）比其他氟喹诺酮类药物的活性更高。普多沙星在美国已获准用于猫，但在欧洲和加拿大已批准犬和猫均可用。

普多沙星在犬中几乎 100% 吸收，清除半衰期约为 7 h。猫片剂口服吸收为 70%，但口服悬浮液吸收较低。在猫中的半衰期为 7 ~ 9 h。在猫和犬中血浆蛋白结合率分别为 30% 和 35%。

适应证和临床应用

普多沙星已经在犬和猫中进行了评估，其功效研究已在研究摘要和临床报告中发表，其中已用于治疗犬和猫的皮肤和软组织感染、口腔感染（牙周治疗）、猫的呼吸道感染和 UTI。口服 3 mg/kg 剂量对犬的 UTI 有效，而 3 mg/kg 或 5 mg/kg 的剂量对犬的脓皮病有效。以 5 mg/kg 的剂量口服 2.5% 的悬浮液对猫的 UTI 有效。它已用于有效治疗猫衣原体或支原体引起的感染（5 mg/kg，q12 h，PO，持续用 28 d），效果与多西环素一样。它已用于治疗由支原体、鲍特菌、链球菌或葡萄球菌引起的猫鼻炎，每天 1 次，剂量为 5 mg/kg，共 7 剂。它已有效（每天 5 mg/kg）用于治疗由猫血巴尔通体引起的猫血液感染。

注意事项

不良反应和副作用

美国批准用于猫的安全性研究已完成，在欧洲批准用于犬和猫的安全性研究也已完成。猫对该药物与其他已批准的氟喹诺酮类药物不同，耐受性更好且无副作用。美国进行的猫的现场试验表明，最常见的副作用是腹泻或稀便。猫用高于标签剂量 6 倍的剂量没有引起眼部问题。高剂量的普多沙星已引起犬和猫的骨髓抑制，但在批准的剂量的临床使用中尚无报道。

禁忌证和预防措施

无禁忌证或注意事项信息。因为它与其他氟喹诺酮类药物相似，所以谨慎用于年轻犬，因其更易造成关节软骨的损伤。尚不清楚犬和猫怀孕期间用药的风险，但大剂量普多沙星在大鼠中可诱发眼畸形。

药物相互作用

没有关于动物药物相互作用的报道。

使用说明

除临床应用部分中列出的应用外，普多沙星还可以用于犬和猫中的多种感染，其适应证与其他氟喹诺酮类药物相似。

患病动物的监测和实验室检测

犬和猫的敏感生物的 CLSI 耐药折点均 ≤ 0.25 μg/mL。

制剂与规格

美国和欧洲的口服悬浮液制剂含有 2.5% 的普多沙星，在欧洲有 15 mg、60 mg 和 120 mg 片剂。

稳定性和贮藏

存放在密闭容器中，在室温下避光保存。

小动物剂量

犬

3 ~ 5 mg/kg，q24 h，PO。

猫

片剂：3 ~ 5 mg/kg，q24 h，PO。

口服悬浮液：5.0 ~ 7.5 mg/kg，q24 h，PO。

大动物剂量

没有大动物剂量的报道。

管制信息

不确定食品生产用动物的停药时间。禁止用于食品生产用动物。禁止将氟喹诺酮类药物标签外使用于食品生产用动物。

P

氯解磷定（Pralidoxime Chloride）

商品名及其他名称：2-PAM、Protopam chloride。

功能分类：解毒剂。

药理学和作用机制

氯解磷定是一种肟类药物，可辅助阿托品治疗中毒。有机磷酸酯中毒导致胆碱酶失活和乙酰胆碱过量蓄积。氯解磷定通过促进去磷酸化来重新激活乙酰胆碱酯酶。氯解磷定 IM 给药吸收良好，但不能穿过血 - 脑屏障。吸收后半衰期短，需要重复给药。

适应证和临床应用

氯解磷定用于治疗有机磷中毒。确认有机磷中毒后立即给药。它还被用于治疗其他抗胆碱酯酶药物过量，如新斯的明、溴吡斯的明和依酚氯铵。

注意事项

不良反应和副作用

IM 会导致疼痛。快速 IV 可能会结合钙并引起肌肉痉挛。快速注射还可能导致心脏和呼吸系统问题。在怀孕期间使用可能会产生致畸作用。

禁忌证和预防措施

请勿快速静脉内给药，否则可能导致呼吸抑制和其他问题。

药物相互作用

没有药物相互作用的报道。但是，在治疗有机磷酸盐中毒时应避免使用其他药物。这些药物包括氨基糖苷类、巴比妥类、吩噻嗪镇静药（乙酰丙嗪）和神经肌肉阻滞药物。

使用说明

IV 给药之前在葡萄糖溶液中稀释制剂。慢速 IV 给药。使用氯解磷定时应给予阿托品（0.1 mg/kg）。从有机磷酸盐中毒中恢复（苏醒）可能需要 48 h。治疗中毒时，请咨询毒药控制中心以获取精确的指导。

患病动物的监测和实验室检测

监测有机磷酸盐中毒的症状，以确定是否需要重复给药。监测心率、心律和呼吸率。可以监测血液样本中的胆碱酯酶活性，以确认有机磷酸盐中毒（咨询当地诊断实验室）。

制剂与规格

氯解磷定有 1 g 小瓶制剂，复溶于 20 mL 的无菌水（50 mg/mL 注射剂）中。溶液的 pH 为 3.5 ~ 4.5。

稳定性和贮藏

将粉剂室温下避光保存。复溶后的溶液应避光储存在 25℃以下。复溶后 3 h 丢弃溶液。

小动物剂量

20 ~ 50 mg/kg，IM 或 IV，q8 ~ 12 h，1 次（初始剂量缓慢）。用葡萄糖溶液稀释，然后缓慢 IV 注入。

大动物剂量

牛、绵羊和猪

20 ~ 50 mg/kg，q8 h，IM（以 10% 的溶液形式给药）、通过缓慢 IV 输注或根据需要。可以通过监测临床症状评估给药频率。

管制信息

牛和猪的停药时间（标签外）：产奶用为 6 d，肉用为 28 d。

吡喹酮（Praziquantel）

商品名及其他名称： Droncit、Drontal（和非班太尔联合）。
功能分类： 抗寄生虫。

药理学和作用机制

吡喹酮用作抗寄生虫药。对寄生虫的作用与神经肌肉毒性和麻痹有关，是通过改变钙的通透性实现的。

适应证和临床应用

吡喹酮被广泛用于治疗由绦虫［犬复孔绦虫（*Dipylidium caninum*）、豆状带绦虫和细粒棘球绦虫］引起的肠道感染，以及清除和控制犬多房棘球绦虫。它用于去除猫的绦虫［犬复孔绦虫和巨颈带绦虫（*Taenia taeniaeformis*）］，也用于治疗马的绦虫［叶状裸头绦虫（*Anoplocephala perfoliata*）］。

注意事项

不良反应和副作用

高剂量引发呕吐。已经报道了厌食和短暂性腹泻。吡喹酮用于怀孕动物和哺乳期间是安全的。

禁忌证和预防措施

避免在不足 6 周龄的猫中和 4 周龄的犬中使用。吡喹酮在怀孕期是安全的。

药物相互作用

没有关于动物药物相互作用的报道。

P

使用说明

吡喹酮是治疗绦虫的最常用药物之一。它有广泛的安全范围。有一些吡喹酮的复合制剂（如吡喹酮和非班太尔的联合，伊维菌素和吡喹酮的联合，莫昔克丁和吡喹酮的联合）。

患病动物的监测和实验室检测

不需要特定的监测。

制剂与规格

吡喹酮有 23 mg 和 34 mg 的片剂及 56.8 mg/mL 的注射剂。可用的复合制剂有 13.6 mg 吡喹酮和 54.3 mg 噻嘧啶、18.2 mg 吡喹酮和 72.6 mg 噻嘧啶或 27.2 mg 吡喹酮和 108.6 mg 噻嘧啶。吡喹酮还有糊剂和凝胶剂，糊剂和凝胶剂也可联合其他药物（如伊维菌素、莫昔克丁、非班太尔）用于马。

稳定性和贮藏

存放在密闭容器中，在室温下避光保存。

小动物剂量
犬

< 6.8 kg：7.5 mg/kg，PO，用药 1 次。

> 6.8 kg：5 mg/kg，PO，用药 1 次。

< 2.3 kg：7.5 mg/kg，IM 或 SQ，用药 1 次。

2.7 ~ 4.5 kg：6.3 mg/kg，IM 或 SQ，用药 1 次。

> 5 kg：5 mg/kg，IM 或 SQ，用药 1 次。

并殖吸虫（肺蠕虫）：23 mg/kg，PO，q8 h，持续用药 3 d。

猫（所有剂量均为用药 1 次）

< 1.8 kg：每只 11.4 mg，PO。

1.8 ~ 2.2 kg：每只 11.4 mg，SQ 或 IM。

2.3 ~ 4.5 kg：每只 22.7 mg，SQ 或 IM.

2.3 ~ 5 kg：每只 23 mg，PO。

> 5 kg：每只 34.5 mg，PO 或 34.1 mg，SQ 或 IM。

大动物剂量
马

1.5 ~ 2.5 mg/kg，PO。

管制信息

不确定食品生产用动物的停药时间。

哌唑嗪（Prazosin）

商品名及其他名称：Minipress。

功能分类：血管扩张药。

药理学和作用机制

哌唑嗪为 α_1-肾上腺素阻滞剂，是一种血管扩张药，是 α_1-肾上腺素受体的选择性阻滞剂，但对 α_{1a} 或 α_{1b} 没有选择性。它的作用类似于苯氧苄胺，但它导致心动过速的概率比非选择性 α- 拮抗剂药物小。哌唑嗪可以降低动脉和静脉血管平滑肌的张力，使平滑肌松弛，尤其是血管系统。哌唑嗪用作血管扩张药并松弛平滑肌（有时是尿道肌）。α_{1b} 肾上腺素受体调节血管紧张度，而 α_{1a} 肾上腺素受体调节尿道平滑肌紧张度。对于特定的尿道平滑肌松弛，药物坦索罗辛（Flomax）和西洛多辛（Rapaflo）比 α_{1a} 受体更具特异性。

适应证和临床应用

哌唑嗪已用于治疗人的血管舒张和管理对其他药物无反应的高血压。在兽医学中使用哌唑嗪产生平衡的血管舒张作用的范围有限。没有确定功效和剂量的对照研究，适应证源于个人经验和从人医的推断。该药已用于尿道阻塞的猫，以改善尿液流出。经验有限，但有证据显示与苯氧苄胺相比，使用哌唑嗪的患病动物尿道阻塞复发率更低（每只 0.5 mg，PO，q8 h）。哌唑嗪也实验性用于马改善蹄叶炎治疗中的趾部灌注。长期给药并不常见，因为长期使用可能会产生耐受性。

注意事项

不良反应和副作用

高剂量用药会引起血管扩张和低血压。

禁忌证和预防措施

在心脏功能损伤的动物中谨慎使用。它可能降低血压并降低心输出量。

药物相互作用

没有关于动物药物相互作用的报道，但与其他血管扩张药联合使用可能会严重降低血压。

使用说明

根据患病动物的个体需要滴定剂量。关于动物临床研究的结果尚未见报道。因此，在动物中的使用（和剂量）是基于在人中的使用经验或在动物中使用的个人经验。

患病动物的监测和实验室检测

监测低血压和反射性心动过速。

制剂与规格

哌唑嗪有 1 mg、2 mg 和 5 mg 的胶囊。

稳定性和贮藏

存放在密闭容器中，在室温下避光保存。

小动物剂量

犬和猫

每只犬 0.5 ～ 2.0 mg 或每只猫 0.25 ～ 1.0 mg（0.07 mg/kg 或约每 15 kg 用 1 mg），q8 ～ 12 h，PO。

患尿道阻塞的猫：每只 0.5 mg，q8 h，PO。

大动物剂量

没有大动物剂量的报道。

管制信息

不确定食品生产用动物的停药时间。

RCI 分类：3。

泼尼松龙琥珀酸钠（Prednisolone Sodium Succinate）

商品名及其他名称： Solu-Delta-Cortef。

功能分类： 皮质类固醇。

药理学和作用机制

泼尼松龙琥珀酸钠与泼尼松龙相似，不同之处在于，泼尼松龙琥珀酸钠是一种水溶性制剂，适用于需要高剂量 IV 快速生效的急性治疗。

适应证和临床应用

泼尼松龙琥珀酸钠的用途与其他形式的泼尼松龙相似，不同之处在于本药物用于需要注射后迅速反应时，尤其是高剂量需求时。甲泼尼龙琥珀酸钠（Solu-Medrol）也已用于类似的适应证。用途包括治疗免疫介导性疾病（如天疱疮和溶血性贫血）、脊髓创伤和肾上腺皮质功能障碍。大动物的用途包括治疗炎性疾病和治疗马的反复性气道阻塞（RAO）。皮质类固醇已用于治疗牛的酮症。不推荐使用泼尼松龙来治疗休克、蛇咬伤和头部创伤，因为缺乏疗效验证且副作用的风险高。

注意事项

不良反应和副作用

单次给药未见副作用。但是，重复使用可能会产生其他副作用。皮质类固醇的副作用很多，包括多食症、多饮/多尿和 HPA 轴抑制。副作用包括消化道溃疡、腹泻、类固醇性肝病、糖尿病、高脂血症、甲状腺激素降低、蛋白质合成降低、伤口愈合延迟及免疫抑制。犬的多尿症比猫的常见，并且对于猫没有增加钙的排泄或含钙的结石。使用高剂量的泼尼松龙琥珀酸钠有消化道出血的风险。除先前列出的副作用外，马蹄叶炎的风险可能也会增加，尽管文献记载的这一副作用存在争议。

禁忌证和预防措施

在有消化道溃疡、出血或感染风险的患病动物中，或在需要生长或康复的动物中谨慎使用。对于患有肾脏疾病的患病动物，请谨慎使用泼尼松龙琥珀酸钠，因其可能引起氮质血症。在怀孕动物中谨慎使用，因为在实验室啮齿类动物中已有胎儿异常的报道。

药物相互作用

皮质类固醇与 NSAID 联合给药会增加消化道损伤的风险。请勿将泼尼松龙琥珀酸钠与含有钙的溶液混合。

使用说明

泼尼松龙的剂量根据潜在疾病的严重程度使用。通常急性治疗使用高剂量的泼尼松龙琥珀酸钠。

患病动物的监测和实验室检测

在治疗期间监测肝酶、血糖和肾功能。监测患病动物继发性感染的体征。进行 ACTH 刺激试验以监测肾上腺的功能。皮质类固醇可使肝酶（尤其是碱性磷酸酶）升高，而不会诱导肝脏病理学变化。泼尼松龙可使白细胞计数增加而淋巴细胞计数减少，还可使血清白蛋白、葡萄糖、甘油三酯和胆固醇升高。皮质类固醇的给药可能会降低甲状腺激素向其活性形式的转化。高剂量的泼尼松龙和泼尼松用药持续数周可能会在一些犬中产生明显的蛋白尿和肾小球变化。

制剂与规格

泼尼松龙琥珀酸钠有 100 mg 和 500 mg 的小瓶注射剂（10 mg/mL、20 mg/mL 和 50 mg/mL）。对于某些适应证，已取代了甲泼尼龙琥珀酸钠（Solu-Medrol）。

稳定性和贮藏

存放在密闭容器中，在室温下避光保存。泼尼松龙琥珀酸钠复溶后应立即使用。请勿冷冻。如果溶液变浑浊，请勿静脉注射。

小动物剂量
犬和猫

治疗休克（该应用的有效性有争议）：15 ~ 30 mg/kg，IV（在 4 ~ 6 h 中重复）。

CNS 创伤：15 ~ 30 mg/kg，IV，逐渐减小至 1 ~ 2 mg/kg，q12 h。

抗炎：1 mg/(kg·d)，IV。

替代治疗：0.25 ~ 0.5 mg/(kg·d)，IV。

落叶型天疱疮的间歇治疗（脉冲治疗）：10 mg/kg，IV。

大动物剂量
马

0.5 ~ 1.0 mg/kg，q12 ~ 24 h，IM 或 IV，静脉注射剂量应在 30 s 以上缓慢给药。

治疗休克：尽管治疗休克的效果尚不确定，但推荐剂量为 15 ~ 30 mg/kg，IV。在 4 ~ 6 h 中重复。

管制信息
不确定食品生产用动物的停药时间。

RCI 分类：4。

泼尼松龙、醋酸泼尼松龙（Prednisolone, Prednisolone Acetate）

商品名及其他名称： Delta-Cortef、PrednisTab 和通用品牌。

功能分类： 皮质类固醇。

药理学和作用机制
泼尼松龙和醋酸泼尼松龙为糖皮质激素抗炎药物。抗炎性的作用很复杂，但是泼尼松龙通过与细胞糖皮质激素受体结合，抑制炎性细胞聚集并抑制炎性介质的表达。泼尼松龙的效力约为皮质醇的 4 倍，但效力仅为地塞米松的 1/7。泼尼松龙可以作为基础用药（通常是片剂）或作为醋酸盐注射剂的形式用于肌肉内或关节内给药。

适应证和临床应用
与其他皮质类固醇一样，泼尼松龙用于治疗多种炎性和免疫介导性疾病。随附的"剂量"部分列出了替代治疗、抗炎性治疗和免疫抑制治疗的剂量范围。大动物的用途包括治疗炎性疾病，尤其是肌肉骨骼疾病。泼尼松龙已用于治疗马的反复性气道阻塞［RAO，以前称为慢性阻塞性肺病（COPD）］。皮质类固醇已用于治疗牛的酮症。泼尼松龙和阿利马嗪制剂（Temaril-P）已有效治疗犬的瘙痒症（更多详细信息请参阅"阿利马嗪"）。

注意事项

不良反应和副作用

　　皮质类固醇的副作用很多，包括多食症、多饮/多尿、行为改变和HPA轴抑制。副作用包括消化道溃疡、类固醇性肝病、糖尿病、高脂血症、甲状腺激素减少、蛋白质合成减少、伤口愈合延迟、糖尿病风险增加和免疫抑制。免疫抑制可以发生继发感染，包括蠕形螨病、弓形虫病、真菌感染和UTI。除先前列出的副作用外，马可能有蹄叶炎风险的增加，尽管这种副作用的文献记载一直存在争议。

禁忌证和预防措施

　　在有消化道溃疡、出血或感染风险的患病动物中，或在需要生长或康复的动物中谨慎使用。患肾脏疾病的动物慎用泼尼松龙，因其可能引起氮质血症。在怀孕动物中谨慎使用泼尼松龙，因为在实验室啮齿类动物中已有胎儿异常的报道。请勿静脉内使用醋酸泼尼松龙。在某些物种（尤其是马和猫）中，泼尼松龙（活性形式）是口服治疗的首选药物，而不是泼尼松。

药物相互作用

　　皮质类固醇与NSAID联合给药会增加消化道损伤的风险。皮质类固醇可能抑制 T_4 甲状腺激素转化为活性形式 T_3。

使用说明

　　泼尼松龙的剂量范围很宽，并取决于潜在疾病的严重程度。长期治疗的剂量最终可能会逐渐减少至 0.5 mg/kg，q48 h，PO。

患病动物的监测和实验室检测

　　在治疗期间监测肝酶、血糖、肾功能和患病动物继发性感染的体征。进行 ACTH 刺激试验以监测肾上腺的功能。皮质类固醇可以使肝酶（尤其是碱性磷酸酶）升高，而不会诱导肝脏病理学变化。泼尼松可以使白细胞计数增加并减少淋巴细胞计数，还可以使血清白蛋白、葡萄糖、甘油三酯和胆固醇升高。皮质类固醇给药可能会降低甲状腺激素向活性形式的转化。高剂量的泼尼松龙和泼尼松用药持续数周可能会在一些犬中产生明显的蛋白尿和肾小球变化。

制剂与规格

　　泼尼松龙有 5 mg 和 20 mg 的片剂、3 mg/mL 的糖浆和 25 mg/mL 的醋酸盐悬浮液注射剂（在加拿大为 10 mg/mL 和 50 mg/mL）。泼尼松龙也可以用于与阿利马嗪（Temaril-P）联合（更多信息请参见"阿利马嗪"）。在人中有泼尼松龙磷酸钠口腔崩解片（orally disintegrating tablet，ODT）。这些片剂的型号为 5 mg、10 mg、15 mg 和 30 mg。

稳定性和贮藏

存放在密闭容器中，在室温下避光保存。泼尼松龙微溶于水，但更溶于乙醇。如果先用乙醇稀释，则可以将其掺入口服溶液制剂中，有 90 d 良好的稳定性。醋酸泼尼松龙不溶于水。请勿冷冻。

小动物剂量

犬

抗炎：起始剂量为 0.5 ~ 1.0 mg/kg，q12 ~ 24 h，IV、IM 或 PO，然后逐渐减至 0.3 ~ 0.5 mg/kg，q48 h。

免疫抑制剂：起始剂量为 2.2 ~ 6.6 mg/(kg·d)，IV、IM 或 PO，然后逐渐减至 2 ~ 4 mg/kg，q48 h。初始剂量很少需要超过每天 4 mg/kg。

神经系统疾病（类固醇反应）：从 2 mg/kg，q12 h，PO，开始用药 2 d，然后逐渐递减至 1 mg/kg，再逐渐递减至 0.5 mg/kg，最终降至每隔 1 d 用药 0.5 mg/kg。

替代治疗：0.2 ~ 0.3 mg/(kg·d)，PO。

治疗癌症（如 COAP 方案）：40 mg/m^2，q24 h，持续用药 7 d，然后每隔 1 d 用药 20 mg/m^2，PO。

猫

与犬相同，但在许多情况下所需剂量是犬剂量的 2 倍。

大动物剂量

马

醋酸泼尼松龙悬浮液：总剂量 100 ~ 200 mg，IM。

泼尼松龙片剂：0.5 ~ 1.0 mg/kg，q12 ~ 24 h，PO。逐渐降低剂量以进行长期治疗。

牛

治疗酮症：总剂量 100 ~ 200 mg，IM。

管制信息

牛用醋酸泼尼松龙的停药时间：肉用为 5 d，产奶用为 72 d（加拿大）。食品生产用动物在美国没有确定的停药时间。

RCI 分类：4。

泼尼松（Prednisone）

商品名及其他名称： Deltasone、Meticorten 和通用品牌。
功能分类： 皮质类固醇。

药理学和作用机制

泼尼松为糖皮质激素抗炎药物。泼尼松的作用来源于泼尼松龙。给药后，泼尼松转化为泼尼松龙。抗炎作用很复杂，但是泼尼松龙通过与细胞的糖皮质激素受体结合，抑制炎性细胞聚集并抑制炎性介质的表达。泼尼松龙的效力约为皮质醇的 4 倍，但效力仅为地塞米松的 1/7。犬对泼尼松的吸收很好并转化为活性药物。但是，在马和猫中使用泼尼松会导致体内泼尼松龙（活性药物）水平较低，这是因为泼尼松的吸收差或因为泼尼松转化为泼尼松龙的能力不足。

适应证和临床应用

与其他皮质类固醇一样，泼尼松可用于治疗多种炎性和免疫介导性疾病。在猫中使用泼尼松可能会导致治疗失败，首选泼尼松龙（活性药物）。有证据表明，泼尼松在猫体内难以转化为泼尼松龙或泼尼松的吸收较差，应改用泼尼松龙或其他活性药物替代（如曲安西龙）。引用了几种大动物的剂量（类似于泼尼松龙），但是，由于马体内的活性较差，不建议使用。

P

注意事项

不良反应和副作用

皮质类固醇的副作用很多，包括多食症、多饮 / 多尿、行为改变和 HPA 轴抑制，还包括消化道溃疡、腹泻、肝病、糖尿病、高脂血症、甲状腺激素降低、蛋白质合成降低、伤口愈合延迟和免疫抑制。免疫抑制可以发生继发感染，包括蠕形螨病、弓形虫病、真菌感染和 UTI。

禁忌证和预防措施

在有消化道溃疡、出血或感染风险的患病动物中，或在需要生长或康复的动物中谨慎使用。在患肾脏疾病的动物中慎用泼尼松，因其可能导致氮质血症。在怀孕的动物中谨慎使用泼尼松，因为在实验室啮齿类动物中已有胎儿异常的报道。

药物相互作用

皮质类固醇与 NSAID 联合给药会增加消化道损伤的风险。

使用说明

泼尼松龙和泼尼松可以在犬中互换使用。但是，猫和马可能会有泼尼松转化为活性泼尼松龙的问题或泼尼松的口服吸收问题，应改用泼尼松龙替代（或在猫中可以使用甲泼尼龙或曲安西龙）。对于泼尼松龙，根据潜在疾病的严重程度，剂量可以在很宽的范围内变化。有关每种情况的给药剂量范围，请参考"剂量"部分。

患病动物的监测和实验室检测

在治疗期间监测肝酶、血糖、肾功能和患病动物继发性感染的体征。进行 ACTH 刺激试验以监测肾上腺的功能。皮质类固醇可以使肝酶（尤其是碱性磷酸酶）升高，而不会诱导肝脏病理学变化。皮质类固醇给药可能会降低甲状腺激素向活性形式的转化。但是，在接受抗炎性泼尼松剂量的犬体内总 T_4 浓度可能会降低，但游离 T_4（fT_4）不会降低。

制剂与规格

泼尼松有 1 mg、2.5 mg、5 mg、10 mg、20 mg、25 mg 和 50 mg 的片剂；1 mg/mL 的糖浆（在 5% 的酒精中制成）；1 mg/mL 的口服溶液（含 5% 的酒精），以及用于注射的 10 mg/mL 和 40 mg/mL 泼尼松悬浮液（Meticorten，可获得性有限）。

稳定性和贮藏

存放在密闭容器中，在室温下避光保存。泼尼松微溶于水，可溶于乙醇。泼尼松的制备方法是先溶于乙醇，然后与糖浆和调味剂混合。没有损失发生，但是常见在水性介质中结晶。泼尼松片剂压碎并与糖浆和其他调味剂混合，可储存 60 d，发现其与人的片剂具有相同的生物利用度。

小动物剂量

犬

抗炎：起始剂量为 0.5 ~ 1.0 mg/kg，q12 ~ 24 h，IV、IM 或 PO，然后逐渐减至 0.3 ~ 0.5 mg/kg，q48 h。

免疫抑制剂：起始剂量为 2.2 ~ 6.6 mg/(kg·d)，IV、IM 或 PO，然后逐渐减至 2 ~ 4 mg/kg，q48 h。初始剂量很少需要超过每天 4 mg/kg。

替代治疗：0.2 ~ 0.3 mg/(kg·d)，PO。

神经系统疾病（类固醇反应）：从 2 mg/kg，q12 h，PO，开始用药 2 d，然后逐渐递减至 1 mg/kg，再逐渐递减至 0.5 mg/kg，最终降至每隔 1 d 用药 0.5 mg/kg。

治疗癌症（如 COAP 方案）：40 mg/m², q24 h，持续用药 7 d，然后每

隔 1 d 用药 20 mg/m², PO。

猫

不建议用于猫,因为泼尼松不能形成活性代谢物。但是,如果尝试使用,将需要使用比犬的剂量更高的剂量。

大动物剂量

马

泼尼松悬浮液(Meticorten)(标签剂量):每匹马 100 ~ 400 mg(0.22 ~ 0.88 mg/kg)作为单剂量 IM,每 3 ~ 4 d 重复 1 次。没有列出马的口服剂量,因为通过口服治疗无法产生有效的泼尼松龙浓度。

管制信息

不确定食品生产用动物的停药时间。

RCI 分类:4。

普瑞巴林(Pregabalin)

商品名及其他名称: Lyrica。

功能分类: 镇痛药、抗惊厥药。

药理学和作用机制

普瑞巴林为镇痛药和抗惊厥药,其作用类似于加巴喷丁,但后者是神经递质 GABA 抑制剂的类似物。与加巴喷丁一样,普瑞巴林不是 GABA 受体的激动剂或拮抗剂。抗惊厥作用是通过神经元中钙通道的抑制发生的。普瑞巴林抑制神经元上 N- 型电压依赖性钙通道的 α-2-δ 亚基。通过抑制,它可以减少从突触前神经元释放神经递质(特别是兴奋性氨基酸)所需的钙流入。阻滞钙通道对正常的神经元影响不大,但可以抑制参与抽搐活动和某些形式的疼痛激活的神经元。在人中普瑞巴林比加巴喷丁口服吸收更好且半衰期更长。普瑞巴林依赖于肾脏排泄,可能比加巴喷丁的范围更大。

与加巴喷丁的半衰期 3 ~ 4 h 相比,在犬中普瑞巴林的半衰期约为 7 h,并且在给药后 11 h 仍高于估计的有效水平。犬口服吸收为 98%。猫口服 4 mg/kg 后,血浆浓度高于评估的有效血浆浓度时间超过 12 h,而半衰期为 10 h。在马中的口服吸收低(16%),半衰期为 8 h,4 mg/kg 的口服剂量产生的血浆浓度与人的治疗范围相同。

适应证和临床应用

在人中,普瑞巴林广泛用于治疗与糖尿病、带状疱疹后神经痛和纤维肌痛症相关的神经性疼痛综合征。普瑞巴林也用作抗惊厥药。作为动物的镇痛药，它已用于治疗对 NSAID 或阿片类药物没反应的神经性疼痛。普瑞巴林可以与那些药物联合使用。当用于治疗癫痫时，普瑞巴林与苯巴比妥和溴化钾联合应用可以降低顽固性患病动物抽搐发作的频率。因此，当其他药物难以控制抽搐时，需考虑与其他抗惊厥药一起联合使用。对于治疗疼痛，治疗方案主要来自个人经验或从人医推断而来。

在马中可以产生对人有效的治疗浓度，但尚未研究其安全性和有效性。

注意事项

不良反应和副作用

据报道，剂量高达 3 ~ 4 mg/kg 时，可能发生的副作用包括镇定和共济失调。随着犬用剂量的增加，更可能发生镇定。在人中，已经发生突然中断治疗的停药综合征，但在动物中尚无报道。

禁忌证和预防措施

没有已知的禁忌证。普瑞巴林与加巴喷丁一样，从尿液中排泄，预期肝病或药物代谢相互作用不会影响药代动力学。蛋白质结合力低。在人中，已与其他抗惊厥药和麻醉药一起使用，而未产生药代动力学上的药物相互作用。

药物相互作用

没有报道影响普瑞巴林药代动力学的药物相互作用。

使用说明

普瑞巴林可以与食物或不与食物一起服用。普瑞巴林在一些动物中已与其他药物一起使用，如苯巴比妥和溴化物。普瑞巴林也已用于治疗神经性疼痛综合征，可与 NSAID 和阿片类药物一起使用。

患病动物的监测和实验室检测

不需要特定的监测。血浆浓度的常规测量尚不广泛，但是人的治疗浓度（2.8 ~ 8.2 μg/mL）已被用作指南。在一些犬的治疗期间可能会观察到肝酶的轻度升高。

制剂与规格

普瑞巴林有 25 mg、50 mg、75 mg、100 mg、150 mg、200 mg、225 mg和 300 mg 的胶囊和 20 mg/mL 的口服溶液。

稳定性和贮藏

存放在密闭容器中，避光和防潮。尚未评估复合制剂的稳定性。

小动物剂量
犬
抗惊厥剂量：2 mg/kg，q8 h，PO。从低剂量开始，逐渐增加至最大耐受剂量 3 ~ 4 mg/kg，PO。

神经性疼痛：从 4 mg/kg，q12 h，PO 开始，并根据需要逐渐增加剂量。
猫
抗惊厥剂量或神经性疼痛剂量：从 2 mg/kg，q12 h，PO 开始，然后增加至 4 mg/kg，q12 h，PO。

大动物剂量
马
4 mg/kg，PO，q8 h。

管制信息
Schedule V 类管制药物。

没有规定食品生产用动物的停药时间。

扑米酮（Primidone）
商品名及其他名称：Mylepsin、Neurosyn 和 Mysoline（加拿大）。
功能分类：抗惊厥药。

药理学和作用机制
扑米酮为抗惊厥药，可转化为苯乙基丙二酰胺（phenylethylmalonamide，PEMA）和苯巴比妥，两者均有抗惊厥活性，但大部分活性（85%）可能是由苯巴比妥产生的。苯巴比妥可以增强 GABA 介导的氯通道的抑制作用。药理学的更多信息请参阅本书中有关"苯巴比妥"的部分。

适应证和临床应用
扑米酮用于治疗动物的抽搐性疾病，包括癫痫。扑米酮的作用主要是由于活性代谢物苯巴比妥的存在而产生的。尽管一些单用苯巴比妥难治的癫痫患病动物有可能对扑米酮有更好的反应，但此类病例的数量很少。扑米酮已获准用于犬，但由于倾向于使用苯巴比妥、溴化物或其他抗惊厥药而使扑米酮的使用减少。

注意事项
不良反应和副作用
由于扑米酮转化为苯巴比妥，副作用与苯巴比妥相同。扑米酮与犬的特异性肝毒性相关。尽管一些标签告诫了猫的使用，但一项实验性猫的研究确定以推荐剂量使用是安全的。

禁忌证和预防措施
与其他抗惊厥药相比，使用扑米酮的肝毒性风险可能更高。患有肝病的动物应避免使用扑米酮。

药物相互作用
扑米酮转化为苯巴比妥，苯巴比妥是诱导肝脏微粒体代谢酶最有效的药物之一。因此，同时给药的许多药物的浓度较低（也许是亚治疗），是因为清除的速度更快了。受影响的药物可能包括茶碱、地高辛、皮质类固醇、麻醉药和其他以细胞色素 P450 酶为底物的药物。

使用说明
推荐与苯巴比妥的应用建议相似。在监测扑米酮的治疗时，应测量苯巴比妥的血浆浓度以评估抗惊厥作用。患病动物从扑米酮治疗转变为苯巴比妥治疗时，换算如下：60 mg 苯巴比妥约为 250 mg 的扑米酮。

患病动物的监测和实验室检测
应通过监测血清 / 血浆苯巴比妥浓度仔细调整剂量。在剂量间隔内的任何时间采集样品，因为采样的时间点并不严格。如果要存放样品试管，请避免使用血浆分离装置。犬的治疗范围被认为是 15 ~ 40 μg/mL（65 ~ 180 mmol/L）。猫治疗效果的最佳范围是 23 ~ 28 μg/mL。用胆汁酸测定值监测肝功能。

制剂与规格
扑米酮有 50 mg 和 250 mg 的片剂。

稳定性和贮藏
存放在密闭容器中，在室温下避光保存。尚未评估复合制剂的稳定性。

小动物剂量
犬和猫
初始剂量为 8 ~ 10 mg/kg，q8 ~ 12 h，PO，然后通过监测将其调整为 10 ~ 15 mg/kg，q8 h。

大动物剂量
没有大动物剂量的报道。

管制信息
不确定食品生产用动物的停药时间。

RCI 分类：3。

盐酸普鲁卡因胺（Procainamide Hydrochloride）
商品名及其他名称： Pronestyl 和通用品牌。
功能分类： 抗心律失常。

药理学和作用机制
盐酸普鲁卡因胺为 I 类抗心律失常药物。与其他 I 类抗心律失常药物（类似于奎尼丁）一样，普鲁卡因胺通过阻滞钠通道而抑制心脏细胞的钠内流。它会抑制心脏的自主性和折返性心律失常，主要是心室。普鲁卡因胺在人体内代谢为 n- 正乙酰普鲁卡因胺（n-acetylprocainamide，NAPA），可产生其他抗心律失常的作用（Ⅲ类药物：钾通道阻滞作用）。但是，犬不会形成这种代谢物，因为无法将某些药物乙酰化。

适应证和临床应用
普鲁卡因胺用于小动物，以抑制心室异位搏动并治疗室性心律失常。在诱导了心律失常的实验犬的研究中已证明其功效，但临床的使用主要依赖于传闻经验。普鲁卡因胺主要在急性治疗期间使用，可以通过注射或片剂给药。很少用于长期治疗。普鲁卡因胺已偶尔用于马，以抑制室性心律失常。市场上普鲁卡因胺的供应已减少，并且其他抗心律失常药物的使用降低了普鲁卡因胺的使用。

注意事项
不良反应和副作用
副作用包括心律失常、心脏抑制、心动过速和低血压。普鲁卡因胺在人中会产生超敏反应（狼疮样反应），但在动物中尚无报道。
禁忌证和预防措施
普鲁卡因胺可以抑制心脏并产生抗心律失常药物的致心律失常作用。在接受地高辛治疗的动物中谨慎使用，因为它可能会增强心律失常。
药物相互作用
抑制细胞色素 P450 酶的药物（如西咪替丁）可能会增加普鲁卡因胺的浓度。

使用说明

由于犬不会产生活性代谢产物 NAPA，控制某些心律失常时，犬用剂量可能高于人用剂量。没有证据表明缓释口服制剂在动物中可以产生更长持效时间的血药浓度。

患病动物的监测和实验室检测

在长期治疗期间监测血浆浓度。实验性犬的有效血浆浓度为 20 μg/mL。但是，在一些参考文献中，低至 8 ~ 10 μg/mL 的浓度被认为是有效的。在人体内监测代谢物 NAPA 的浓度，但犬体内不会产生这种代谢物。应监测治疗动物的 ECG。

制剂与规格

普鲁卡因胺有 250 mg、375 mg 和 500 mg 的片剂或胶囊，以及 100 mg/mL 和 500 mg/mL 的注射剂。但是，由于人医中倾向于使用其他替代药物而减少了普鲁卡因胺的使用，因此，许多人制剂不再可用。

稳定性和贮藏

存放在密闭容器中，在室温下避光保存。普鲁卡因胺可溶于水。储存后，溶液可能会变黄但不会失去效力。较深的颜色表示氧化。将可注射小瓶存放在冰箱中防止氧化。复合产品的口服 pH 应为 4 ~ 6 稳定性最大。糖浆和调味剂中复合的口服产品可能稳定 60 d 或以上，但应将其保存在冰箱中。

小动物剂量

犬

10 ~ 30 mg/kg，q6 h，PO，最大剂量为 40 mg/kg。

8 ~ 20 mg/kg，IV 或 IM。

CRI：初始负荷剂量为 10 mg/kg，随后以 20 μg/(kg·min)，IV，CRI，如果需要治疗顽固性心律失常，可将 CRI 速率提高到 25 ~ 50 μg/(kg·min)。

猫

3 ~ 8 mg/kg，q6 ~ 8 h，IM 或 PO。

CRI：1 ~ 2 mg/kg，缓慢 IV，然后 10 ~ 20 μg/(kg·min)，IV。

大动物剂量

马

25 ~ 35 mg/kg，q8 h，PO。

最大剂量为 20 μg/kg，IV。

管制信息

不确定食品生产用动物的停药时间。

乙二磺酸丙氯拉嗪、马来酸丙氯拉嗪（Prochlorperazine Edisylate，Prochlorperazine Maleate）

商品名及其他名称： Compazine。

功能分类： 镇吐药、吩噻嗪。

药理学和作用机制

丙氯拉嗪为吩噻嗪类药物，作用于中枢的多巴胺（D2）拮抗剂。丙氯拉嗪与其他吩噻嗪类镇吐药（如氯丙嗪）有关。丙氯拉嗪可抑制 CNS 中的多巴胺活性，从而产生镇定并防止呕吐。镇吐药的作用也可能与 α_2 和毒蕈碱的阻滞作用有关。丙氯拉嗪有两种盐制剂：乙二磺酸丙氯拉嗪和马来酸丙氯拉嗪。它们在治疗上是等效的。其他吩噻嗪类药物包括氯丙嗪、奋乃静、普马嗪、三氟拉嗪和三氟丙嗪。

适应证和临床应用

丙氯拉嗪用于镇定、镇静和止吐，也可以用于治疗人的精神分裂症和非精神病性焦虑。在动物中的使用主要来自个人经验和在人中的使用经验。没有严格控制的临床研究或功效试验记载临床效果。

注意事项

不良反应和副作用

丙氯拉嗪可引起镇定和其他吩噻嗪类药物的副作用。在一些个体中，丙氯拉嗪还会产生锥体外副作用（无意识的肌肉运动）。由于有 α- 受体阻滞的特性，它可能会产生血管舒张和低血压。

禁忌证和预防措施

与其他吩噻嗪类药物相似，丙氯拉嗪在一些 CNS 疾病中是禁用的。它可能降低易感动物的抽搐发作阈值。

药物相互作用

丙氯拉嗪可能会增强其他镇定药的作用。

使用说明

丙氯拉嗪主要用作动物的镇吐药。没有临床试验，剂量主要基于外推和个人经验。

患病动物监控和实验室检测

不需要特定的监测。

制剂与规格

丙氯拉嗪有 5 mg、10 mg 和 25 mg 的片剂（马来酸丙氯拉嗪）；1 mg/mL 的口服溶液和 5 mg/mL 的注射剂（乙二磺酸丙氯拉嗪）。

稳定性和贮藏

存放在密闭容器中，在室温下避光保存。丙氯拉嗪微溶于水，溶于乙醇。但是，马来酸酯形式不溶于水。乙二磺酸丙氯拉嗪可与液体混合，如注射用水。一些变为黄色可能不会影响效力。但是，如果在小瓶中有乳白色沉淀，请勿使用。

小动物剂量

犬和猫

0.1 ～ 0.5 mg/kg，q6 ～ 8 h，IM、IV 或 SQ。

0.15 ～ 0.35 mg/kg，q6 ～ 8 h，PO。

大动物剂量

没有大动物剂量的报道。

管制信息

不确定食品生产用动物的停药时间。

乙二磺酸丙氯拉嗪和异丙碘铵、马来酸丙氯拉嗪和异丙碘铵（Prochlorperazine Edisylate and Isopropamide Iodide, Prochlorperazine Maleate and Isopropamide Iodide）

商品名及其他名称： Darbazine。

功能分类： 镇吐药、止泻药。

药理学和作用机制

该药为联合产品。该联合将乙二磺酸丙氯拉嗪盐（可注射形式）或马来酸丙氯拉嗪（口服形式）与异丙酰胺（异丙碘铵）联合使用。氯丙嗪是作用于中枢的多巴胺拮抗剂（镇吐药），异丙酰胺是一种抗胆碱药（阿托品样作用）。

适应证和临床应用

丙氯拉嗪是用于控制呕吐的一种吩噻嗪，异丙酰胺是一种抗胆碱能药，可降低肠道活力和消化道的分泌。它的使用不是常见的，因为该制剂的可获得性降低且缺乏功效的验证。

注意事项

不良反应和副作用

副作用是由每种成分的副作用一起造成的。丙氯拉嗪产生吩噻嗪样作用，在丙氯拉嗪部分中有更全面的描述。异丙酰胺的副作用可能是抗胆碱能（抗毒蕈碱）刺激过度引起的，包括肠梗阻、尿潴留、心动过速、口干燥症（口腔干燥）和行为改变。用毒扁豆碱治疗过量。

禁忌证和预防措施

请勿将抗毒蕈碱药物用于胃轻瘫动物，在腹泻动物中谨慎使用。

药物相互作用

异丙酰胺会干扰胆碱能药或促进动力药物（如甲氧氯普胺）的作用。丙氯拉嗪会增强其他镇定药的作用。

使用说明

在患有肠道疾病的动物中应谨慎使用此联合制剂，尤其是考虑重复用药时。该联合制剂可能导致肠梗阻。

患病动物的监测和实验室检测

不需要特定的监测。

制剂与规格

乙二磺酸丙氯拉嗪 + 异丙碘铵有含 3.33 mg 丙氯拉嗪和 1.67 mg 异丙酰胺的胶囊制剂，马来酸丙氯拉嗪 + 异丙碘铵有每毫升含 4 mg 丙氯拉嗪和 0.28 mg 异丙酰胺的注射剂。

稳定性和贮藏

存放在密闭容器中，在室温下避光保存。尚未评估复合制剂的稳定性。

小动物剂量

猫

0.14 ~ 0.2 mL/kg，q12 h，SQ。

犬

0.14 ~ 0.2 mL/kg，q12 h，SQ。

2 ~ 7 kg 体重：1 粒胶囊，q12 h，PO。

7 ~ 13 kg 体重：1 ~ 2 粒胶囊，q12 h，PO。

大动物剂量

没有大动物剂量的报道。不建议使用，因为异丙酰胺可能会降低消化道的运动性。

管制信息
不确定食品生产用动物的停药时间。

RCI 分类: 2。

盐酸异丙嗪（Promethazine Hydrochloride）
商品名及其他名称: Phenergan。
功能分类: 镇吐药、吩噻嗪。

药理学和作用机制
吩噻嗪具有很强的抗组胺作用。异丙嗪应用最多的是其止吐作用，是通过抗组胺受体的作用或阻滞与呕吐相关的多巴胺受体的作用而实现的。

适应证和临床应用
异丙嗪用于治疗过敏（抗组胺作用），并用作镇吐药（晕动病）。尚未确定治疗动物过敏的功效。动物的其他用途来源于个人经验和在人中的应用经验。没有严格控制的临床研究或功效试验记载临床效果。

注意事项
不良反应和副作用
异丙嗪有产生吩噻嗪作用的风险，如镇定和其他由其他吩噻嗪类引起的副作用。在一些个体中，抗毒蕈碱特性也可能产生抗胆碱能作用。
禁忌证和预防措施
异丙嗪可能产生抗毒蕈碱的副作用，但这些尚未在动物的临床使用中报道过。
药物相互作用
没有关于动物药物相互作用的报道。

使用说明
动物中临床研究的结果尚无报道。因此，在动物中的使用（和剂量）是基于在人中的使用经验或在动物中的个人经验。

患病动物的监测和实验室检测
不需要特定的监测。

制剂与规格

异丙嗪有 6.25 mg/5 mL 和 25 mg/5 mL 的糖浆；12.5 mg、25 mg 和 50 mg 的片剂；25 mg/mL 和 50 mg/mL 的注射剂。

稳定性和贮藏

盐酸异丙嗪可溶于水。如果被氧化，将变为蓝色，应该丢弃。该药对光敏感，应避光保存。

小动物剂量
犬和猫

0.2 ～ 0.4 mg/kg，q6 ～ 8 h，IV、IM、PO，最大剂量为 1 mg/kg。

大动物剂量

没有大动物剂量的报道。

管制信息

不确定食品生产用动物的停药时间。

RCI 分类：3。

溴丙胺太林（Propantheline Bromide）

商品名及其他名称：Pro-Banthine。

功能分类：止泻药。

药理学和作用机制

溴丙胺太林为抗胆碱能药（抗毒蕈碱药）。溴丙胺太林阻滞乙酰胆碱受体，产生副交感神经作用（阿托品样作用）。它会产生全身副交感神经作用，包括消化道分泌和运动减弱。

适应证和临床应用

溴丙胺太林用于减弱平滑肌的收缩和消化道的分泌。通过抗胆碱能作用，被用于治疗迷走神经介导的心血管作用，如心动过缓和心脏传导阻滞。在动物中的使用主要源于经验使用和在人中的使用经验。没有严格控制的临床研究或功效试验记载临床效果。由于溴丙胺太林将大大降低消化道的运动力，因此，应谨慎权衡其副作用的潜力。

> **注意事项**
> **不良反应和副作用**
> 副作用是抗胆碱能（抗毒蕈碱）作用过度导致的，包括肠梗阻、尿潴留、

心动过速、口干燥症（口腔干燥）和行为改变。用毒扁豆碱治疗过量。

禁忌证和预防措施

请勿在肠道运动性降低的动物中使用。在患有心脏病的动物中谨慎使用，因其可能会增加心率。请勿在患有青光眼的动物中使用。

药物相互作用

丙胺太林会干扰胆碱能药物或促进动力的药物（如甲氧氯普胺）。正在接受溴化物（如溴化钾）治疗癫痫的动物，应考虑该制剂中溴化物的浓度。

使用说明

尚未在动物的临床试验中评估过丙胺太林，但在需要抗胆碱能作用的情况下，丙胺太林通常是口服治疗的首选药物。

患病动物的监测和实验室检测

不需要特定的监测。

制剂与规格

丙胺太林有 7.5 mg 和 15 mg 的片剂。

稳定性和贮藏

存放在密闭容器中，在室温下避光保存。

小动物剂量

犬和猫

0.25 ~ 0.5 mg/kg，q8 ~ 12 h，PO。

大动物剂量

没有大动物剂量的报道。由于对消化道运动性的副作用而不鼓励使用。

管制信息

不确定食品生产用动物的停药时间。

RCI 分类：4。

盐酸丙酰丙嗪（Propiopromazine Hydrochloride）

商品名及其他名称：Tranvet。

功能分类：镇吐药、吩噻嗪。

药理学和作用机制

丙酰丙嗪是一种有抗组胺作用的吩噻嗪，与其他全身性吩噻嗪类药物有相似的作用。丙酰丙嗪主要用于止吐和镇定作用，可通过抗组胺受体或阻滞多巴胺受体发挥作用。该药物曾经被注册为人使用，但目前唯一可用的制剂是兽药形式。相关药物是丙酰马嗪。

适应证和临床应用

丙酰丙嗪具有止吐和镇定作用，可以通过抗组胺药或阻滞多巴胺受体发挥作用。丙酰丙嗪还具有镇定和镇静作用，并已用于猫和犬以便于处理不易相处的、兴奋的或难以控制的动物。丙酰丙嗪也用作麻醉前用药。批准的使用标签显示"犬给药以用作镇静药为目的。它可用于处理不易相处的、兴奋的或难以控制的犬，以及控制犬窝内过多的吠叫、晕车和严重的皮炎。它也适用于在小型外科手术及常规检查、实验室检查操作和诊断操作之前使用"。尽管有此标签，但其中一些适应证已过时，并且有更好的治疗方法来管理这些状况。

注意事项

不良反应和副作用

吩噻嗪可以导致镇定是常见的副作用。丙酰丙嗪在某些个体中产生锥体外副作用。

禁忌证和预防措施

丙酰丙嗪可能会通过 α- 肾上腺素阻滞作用降低血压。

药物相互作用

请勿与其他吩噻嗪类药物、有机磷酸酯或普鲁卡因一起使用。

P

使用说明

尽管在产品标签中列出了适应证，但动物临床研究的结果尚未报道。在动物中的使用（和剂量）源于在动物中的个人经验和产品标签。

患病动物的监测和实验室检测

不需要特定的监测。

制剂与规格

丙酰丙嗪已有 20 mg 的咀嚼片和 5 mg/mL 或 10 mg/mL 的注射剂。相似的人药物（如丙酰丙嗪）已经停产。

稳定性和贮藏

存放在密闭容器中，在室温下避光保存。

小动物剂量

犬和猫

1.1 ~ 4.4 mg/kg，q12 ~ 24 h，PO。

0.1 ~ 1.1 mg/kg，IV 或 IM（可注射剂量范围取决于所需镇定的水平）。

大动物剂量

没有大动物剂量的报道。不建议用于马和反刍动物中，因其可能会使消化道活力下降。

管制信息

不确定食品生产用动物的停药时间。

丙泊酚（Propofol）

商品名及其他名称：Rapinovet、PropoFlo、PropoFlo 28、PropoFlo Plus（动物用制剂）和 Diprivan（人用制剂）。

功能分类：麻醉药。

药理学和作用机制

丙泊酚为麻醉药。作用机制尚不确定，但可能通过与巴比妥类药物类似的机制产生作用。因此，它通过对 GABA 受体的作用而产生 CNS 的抑制。丙泊酚减少了 GABA 与其受体的分离，从而增加了氯通道的传导、突触后细胞膜的超极化及突触后神经元的抑制。这在动物中会引起麻醉作用。丙泊酚产生短效（10 min）的麻醉作用，而且苏醒快速且平稳。最初的配方在丙泊酚中包含蓖麻油，而其他制剂中则包含大豆油、甘油和纯化的卵磷脂。最新配方在中链和长链甘油三酯的混合乳液中包含 1% 的丙泊酚，可以产生更好的包封和更低浓度的游离丙泊酚。

适应证和临床应用

丙泊酚是一种短效注射麻醉药。它可用作诱导剂，随后吸入氟烷或异氟烷。与其他药物相比，丙泊酚的优势是平稳快速的苏醒。它可以与乙酰丙嗪、地西泮、α_2- 受体激动剂（如右美托咪定）、布托啡诺和吸入式麻醉药一起使用。丙泊酚的其他用途是治疗癫痫持续状态。它已安全有效地用于短期诱导麻醉和手术操作。这也适用于需要重复进行麻醉给药的犬和猫的操作程序中，不产生副作用。

注意事项

不良反应和副作用

呼吸暂停和呼吸抑制是最常见的副作用，当增加剂量时可能性更大。丙泊酚可以诱导剂量依赖性心血管抑制，但心脏不良事件的严重程度通常较低。但是，丙泊酚可以诱导血管舒张，可以通过 IV 补充液体使该作用最小化。丙泊酚会导致自发性肌肉运动（划桨、震颤、肌肉僵硬）、气喘、眼球震颤、流涎和某些动物的舌头缩回（发病率 3% ~ 7%）。较不常见的不良反应包括苏醒期间呕吐和疼痛。在人中会发生注射疼痛，但在犬中不常见。注射疼痛是由配方中的游离丙泊酚引起的，而更新的制剂有所减弱。酚类药物（如丙泊酚）可能会导致猫血红蛋白的氧化损伤，这是因为猫红细胞中可氧化的巯基基团浓度较高，从而导致 Heinz 体形成和高铁血红蛋白血症。但是，这不是常规临床使用所遇到的一致问题，并且在猫中进行重复的麻醉用药是安全的。一些制剂可能包含 2% 的苯甲醇（20 mg/mL），可在某些动物中会产生血液学异常。但是，与其他制剂相比，该成分不会在猫中引起额外的副作用或问题。

在马中单独使用时，可能会引起兴奋、肌强直及苏醒期间的问题。因此，在马中建议使用其他镇定药。

禁忌证和预防措施

丙泊酚用于诱导麻醉时可能引起呼吸暂停、组织缺氧和发绀。应该随时供氧来预防副作用。请勿用于低血压动物。当用丙泊酚镇定动物进行皮内皮肤测试时，可能会产生更多的阳性反应。丙泊酚不应单独用于马的麻醉——与其他镇定药或麻醉前用药联合使用。

药物相互作用

丙泊酚可以安全地与其他几种麻醉药和辅助药物一起使用。已将其与硫喷妥钠（2.5%）以 1 : 1 的比例混合不会失去效力。丙泊酚已与阿托品、格隆溴铵、乙酰丙嗪、甲苯噻嗪、羟吗啡酮、氟烷和异氟烷一起使用，未观察到任何相互作用。

P

使用说明

使用前请摇匀。给药使用严格的无菌操作方法。丙泊酚可以用 5% 葡萄糖、乳酸林格液和 0.9% 生理盐水稀释，但浓度不得低于 2 mg/mL。渗透到大脑的延迟时间约为 3 min，因此，在注射期间会有 CNS 的延迟作用。当与其他药物（乙酰丙嗪、巴比妥类药物、阿片类药物等）一起使用，应降低给药剂量，因为麻醉前用药和其他镇定药会大大降低丙泊酚的剂量要求。与麻醉前用药和其他镇定药一起使用时，猫的用药剂量减少

16% ~ 20%，犬的用药剂量减少 20% ~ 30%。1 ：1 硫喷妥钠（2.5%）和丙泊酚的混合物可用于犬并能平稳诱导。

患病动物的监测和实验室检测

使用丙泊酚麻醉期间，监测呼吸频率和特征。

制剂与规格

人用的丙泊酚制剂是 1%（10 mg/mL）20 mL 的注射剂。

动物用制剂有多种剂量小瓶，每毫升含 10 mg 丙泊酚。丙泊酚仅微溶于水，因此被制成白色水包油型乳液。它还包含大豆油（100 mg/mL）、甘油（22.5 mg/mL）、卵磷脂（12 mg/mL）和油酸（0.6 mg/mL）的制剂，并用氢氧化钠调节 pH。丙泊酚乳液是等渗的，pH 为 6.0 ~ 9.0。注意：名为 PropoClear 的犬和猫用乳液（不含脂类）配方与不良反应有关，已从市场上撤出。

稳定性和贮藏

使用前请摇匀。原始制剂在无防腐剂的安瓿中存放，必须在 6 h 内丢弃。使用操作要认真，防止制剂的微生物污染。更新的制剂含有防腐剂，打开小瓶后保质期为 28 d（PropoFlo 28 和 PropoFlo Plus）。丙泊酚与硫喷妥钠的 1 ：1 混合物在物理和化学上均相容。因此，除非已知相容性，否则请勿与其他药物混合。丙泊酚的 pH 为 7 ~ 8.5。避光存放在 4 ~ 22℃下。请勿冷冻。

小动物剂量
犬

6.6 mg/kg，IV，超过 30 s 缓慢推注。如有必要，插管时可给予 0.5 ~ 1 mg/kg 的额外剂量。尽管通常诱导所需的剂量范围是 5 ~ 7 mg/kg，IV，但大多数诱导可用 3.7（±1.5）mg/kg。如果麻醉前使用 α_2- 受体激动剂（如右美托咪定）或其他麻醉前药物，请将剂量降低 20% ~ 30%（如可以使用 3 mg/kg 的较低剂量）。初始诱导后，可以使用 1 ~ 3 mg/kg，IV 的维持剂量。

CRI：5 mg/kg 缓慢 IV，然后 100 ~ 400 μg/(kg·min)［或 6 ~ 24 mg/(kg·h)］。

癫痫持续状态：1 ~ 6 mg/kg，IV（至起效），然后 CRI 为 0.1 ~ 0.6 mg/(kg·min)。

猫

麻醉诱导：4 ~ 8 mg/kg，缓慢 IV 初始剂量后，可以根据需要以 1 ~ 3 mg/kg 的增量 IV 给药。如果使用其他麻醉前用药和镇定药，请减少 16% ~ 24%。如果与咪达唑仑联合使用，则列出的丙泊酚剂量需要减少多达 25%。

CRI：6 mg/kg 缓慢 IV，然后 200 ~ 300 μg/(kg・min)，IV。对于短时间操作，30 min 的方案总剂量为 15 mg/kg。

猫的氯胺酮 CRI 输注：0.025 mg/(kg・min)+ 氯胺酮 23 ~ 46 μg/(kg・min)。

短时间手术：10 mg/kg，IV，超过 1 min 输注（麻醉持效时间 10 ~ 20 min）。

大动物剂量
马

2 mg/kg，IV 推注。在给予丙泊酚前给予愈创甘油醚（90 mg/kg，IV），以防止发生兴奋和肌强直及苏醒期间的其他问题。

小型反刍动物

4 mg/kg，IV。

猪

2 ~ 5 mg/kg，IV。

管制信息

不确定食品生产用动物的停药时间。

RCI 分类：2。

盐酸普萘洛尔（Propranolol Hydrochloride）
商品名及其他名称： 心得安、通用品牌。
功能分类： β - 阻滞剂。

P

药理学和作用机制

盐酸普萘洛尔为 β- 肾上腺素阻滞剂、非选择性阻滞 β_1- 肾上腺素受体和 β_2- 肾上腺素受体、Ⅱ类抗心律失常药。普萘洛尔是一种亲脂性 β- 受体阻滞剂，依靠肝清除。亲脂性 β- 受体阻滞剂（如普萘洛尔）的首过清除率较高，这会降低口服的生物利用度，并导致患病动物之间血浆浓度和作用的高度差异。肝血流削弱时，药物浓度可能更高。

适应证和临床应用

普萘洛尔主要用于降低心率、减弱心脏传导、控制快速性心律失常和降低血压。普萘洛尔对控制肾上腺素刺激的反应有效。β- 受体阻滞剂（如普萘洛尔）是降低心率最有效的药物。

注意事项

不良反应和副作用

副作用与心脏的 β_1- 阻滞作用有关。普萘洛尔可引起心脏抑制，并降低心输出量。β_2- 阻滞作用可引起支气管收缩并减少胰岛素分泌。如果不希望有 β_2- 阻滞剂的作用，请转换为更特异性的 β_1- 阻滞剂（请参阅下面的"使用说明"）。β- 受体阻滞剂可引起虚弱和疲劳，这表明需要减少剂量。

禁忌证和预防措施

请勿用于心脏储备低、心动过缓或收缩功能不良的动物。在患有呼吸系统疾病的动物中谨慎使用，β_2- 阻滞剂的作用可引起支气管收缩。甲亢的猫清除率可能降低，且增加了中毒风险。

药物相互作用

亲脂性 β- 受体阻滞剂（如普萘洛尔）依靠肝脏清除。这些药物会与影响肝血流且干扰肝酶的药物有相互作用。肝血流降低会降低普萘洛尔的清除率。

使用说明

通常，剂量是根据患病动物的反应进行滴定的。从低剂量开始，逐渐增加至所需的效果。清除依赖于肝脏血流，在肝脏灌注受损的动物中谨慎使用。在患有甲状腺功能亢进的猫中，考虑减少剂量以预防副作用。与其他猫相比，患有甲状腺功能亢进的猫可能有清除率下降或口服吸收增加。普萘洛尔是一种非特异性 β- 受体阻滞剂。如果需要更具体的阻滞剂（即特异性针对 β_1- 受体），请考虑阿替洛尔或美托洛尔，它们在本书的其他部分中列出。

患病动物的监测和实验室检测

监测治疗期间的心率。监测容易出现支气管狭窄的患病动物的呼吸功能。

制剂与规格

普萘洛尔有 10 mg、20 mg、40 mg、60 mg 和 80 mg 的片剂；1 mg/mL 的注射剂；4 mg/mL 和 8 mg/mL 的口服溶液。

稳定性和贮藏

存放在密闭容器中，在室温下避光保存。普萘洛尔溶于水和乙醇。用各种糖浆和调味剂制得的悬浮液可稳定使用 4 个月，但可能会发生一些沉淀（在给药之前摇匀）。制剂的 pH 应保持在 2.8 ~ 4.0 最稳定。在碱性溶液中会分解。

小动物剂量
犬

20 ~ 60 μg/kg 在 5 ~ 10 min 内 IV 滴定（滴定剂量至起效）。

0.2 ~ 1.0 mg/kg，q8 h，PO（滴定剂量至起效）。

猫

0.4 ~ 1.2 mg/kg（每只 2.5 ~ 5.0 mg），q8 h，PO。

大动物剂量
马

0.1 mg/kg，缓慢 IV。如有必要，6 ~ 8 h 重复。如果低剂量无效，则使用 0.5 mg/kg 并逐渐 IV 增加至 2 mg/kg，直到预期反应。

0.4 ~ 0.8 mg/kg，q8 h，PO。

管制信息
不确定食品生产用动物的停药时间。

RCI 分类：3。

丙硫氧嘧啶（Propylthiouracil）
商品名及其他名称： 丙基 - 甲状腺素、PTU 和通用品牌。
功能分类： 抗甲状腺。

药理学和作用机制
丙硫氧嘧啶为抗甲状腺药，可抑制甲状腺激素的合成，即干扰 T_4 到 T_3 的转换。

适应证和临床应用
丙硫氧嘧啶已用于治疗猫的甲状腺功能亢进。由于存在副作用，大多数猫使用的丙硫氧嘧啶已被甲巯咪唑或卡比马唑取代。丙硫氧嘧啶在动物中仅存的适应证是治疗急性"甲状腺危象"，因其会迅速抑制 T_3 向 T_4 的转化，而甲巯咪唑则不能。

注意事项
不良反应和副作用

用于猫的副作用包括肝病、溶血性贫血、血小板减少症和免疫介导性疾病的其他症状。如果观察到这些迹象，应将药物改为另一种抗甲状腺药。

> **禁忌证和预防措施**
> 请勿用于血小板计数低或有出血问题的猫。
> **药物相互作用**
> 没有关于动物药物相互作用的报道。

使用说明

由于其副作用频繁，避免使用丙硫氧嘧啶。其他药物也可以替代，如甲巯咪唑或卡比马唑。

患病动物的监测和实验室检测

监测 CBC 以寻找血液学异常的证据，监测 T$_4$ 水平以评估治疗效果。

制剂与规格

丙硫氧嘧啶有 50 mg 和 100 mg 的片剂。

稳定性和贮藏

存放在密闭容器中，在室温下避光保存。丙硫氧嘧啶微溶于水，溶于乙醇。

小动物剂量
猫

11 mg/kg，q12 h，PO。

大动物剂量

没有大动物剂量的报道。

管制信息

不确定食品生产用动物的停药时间。

前列腺素 F$_2$-α（Prostaglandin F$_2$ Alpha）

商品名及其他名称： Lutalyse、地诺前列素和 PGF$_2$-α。
功能分类： 前列腺素。

药理学和作用机制

前列腺素 F$_2$（PGF$_2$）-α（也称为地诺前列素）模拟动物内源性 PGF$_2$-α 的作用，诱导黄体溶解，并终止妊娠。也称为地诺前列素。合成型药物称为氯前列醇（更多信息请参阅本书的"氯前列醇"部分），通常用于动物。

适应证和临床应用

PGF$_2$-α 已用于治疗动物的开放性子宫积脓。在牛中，地诺前列素已用于治疗慢性子宫内膜炎。在小动物中诱导流产的用途受到质疑，通常使用其他药物代替。例如，合成的 PGF$_2$-α 类似物（如氯前列醇）更有效，且副作用更少。但是，在大动物中，地诺前列素用于诱导孕期前 100 d 内的流产。通过引起黄体溶解而用于牛和马的同期发情。在母猪临产的 3 d 内给予地诺前列素时，可用于诱导分娩。

注意事项

不良反应和副作用

PGF$_2$-α 引起平滑肌张力增加，导致腹泻、腹部不适、支气管收缩和血压升高。在小动物中，其他副作用包括呕吐。诱导流产可能会导致胎盘滞留。

禁忌证和预防措施

请勿静脉内给药。PGF$_2$-α 可诱导怀孕动物的流产。操作这种药物时要小心。孕妇禁止操作该药物，因其可通过完整的皮肤吸收。患有呼吸系统疾病的人也禁止操作地诺前列素，因为通过皮肤吸收的药物可能会导致支气管狭窄。

药物相互作用

根据标签，地诺前列素不应与 NSAID 一起使用，因为这些药物可以抑制前列腺素的合成。但是，NSAID 不影响该产品给药后 PGF$_2$-α 的浓度。同时使用催产素时，应谨慎使用，因为存在子宫破裂的风险。

使用说明

治疗子宫积脓时应认真监护。

患病动物的监测和实验室检测

治疗后监测发情期的症状。

制剂与规格

PGF$_2$-α 有 5 mg/mL 的注射剂。

稳定性和贮藏

存放在密闭容器中，在室温下避光保存。PGF$_2$-α 的存储应避免与人的皮肤接触。

小动物剂量

犬

子宫积脓：0.1 ~ 0.2 mg/kg，SQ，每天 1 次，持续用药 5 d。

终止妊娠：0.1 ~ 0.25 mg/kg，q8 ~ 12 h，SC 或 0.1 mg/kg，q8 h，SC，持续用药 2 d，然后增加至 0.2 mg/kg，q8 h，SC，直至流产完成。

猫

子宫积脓：0.1 ~ 0.25 mg/kg，SQ，每天 1 次，持续用药 5 d。

终止妊娠：0.5 ~ 1.0 mg/kg，IM，注射 2 次。

大动物剂量
牛

终止妊娠：总剂量为 25 mg，IM，1 次。

同期发情：25 mg，IM，1 次或 2 次，间隔 10 ~ 12 d。

子宫积脓：25 mg，IM，1 次。

马

同期发情：1 mg/45 kg，IM 或 1 ~ 2 mL，IM，1 次。治疗后，母马应在 2 ~ 4 d 内返回发情期，并排卵 8 ~ 12 d。

猪

分娩诱导：10 mg，IM，1 次。分娩发生在 30 h 内。

管制信息

肉用动物或产奶用动物不需要停药时间。

盐酸伪麻黄碱（Pseudoephedrine Hydrochloride）

商品名及其他名称： Sudafed 和通用品牌。

功能分类： 肾上腺素激动剂。

药理学和作用机制

盐酸伪麻黄碱肾上腺素激动剂。伪麻黄碱是拟交感神经药。它非选择性地充当 α- 肾上腺素受体和 β- 肾上腺素受体的激动剂。这些受体遍布整个机体，如括约肌、血管、平滑肌和心脏。伪麻黄碱产生与麻黄碱和 PPA 相似的作用。但是，与麻黄碱相比，它可能对 CNS 的作用较小。

适应证和临床应用

伪麻黄碱已被用作减充血药，温和的支气管扩张剂，并能增加尿道括约肌的张力。伪麻黄碱、苯丙醇胺和麻黄碱具有相似的 α- 受体和 β- 受体的作用。在动物中最常用的是治疗尿失禁。这种作用的机制似乎是通过刺激括约肌的受体实现的。它已用作人的减充血药。但是，由于伪麻黄碱很容易用于生产苯甲醇胺，除非通过处方可使用，在人药物中的可获得性已经下降。大部分用于人的 OTC 药物和联合产品均已取缔。对于动物来说，苯丙醇胺会产生类似的效果，可以被取代。

注意事项
不良反应和副作用
副作用是由肾上腺素效应导致的。这些包括兴奋、快速的心率、血压增加和心律失常。

禁忌证和预防措施
伪麻黄碱可能引起某些与苯丙醇胺相似的作用。心血管疾病患病动物慎用。与单胺氧化酶抑制剂（MAOI）一起使用应谨慎。β- 激动剂（如伪麻黄碱）可能会升高血糖。伪麻黄碱已在秘密实验室中用于非法制造脱氧麻黄碱。因此，伪麻黄碱的可获得性在大多数州都受到限制。

药物相互作用
与其他拟交感神经药物一样，伪麻黄碱预期可以增强其他 α- 受体激动剂和 β-受体激动剂的作用。它可能导致血管收缩增强及心率改变。谨慎与其他血管活性药物一起使用。谨慎与可能会降低抽搐发作阈值的其他药物一起使用。使用吸入式麻醉药可能会增加心血管风险。请勿与三环类抗抑郁药（TCA）或单胺氧化酶抑制剂（MAOI）一起使用。

使用说明
尽管尚未进行临床试验比较，但可以相信伪麻黄碱的作用和功效类似于麻黄碱和苯丙醇胺。

患病动物的监测和实验室检测
监测患病动物的心率。如有可能，监测可能易患心血管疾病的患病动物的血压和 ECG。

制剂与规格
伪麻黄碱有 30 mg 和 60 mg 的片剂、120 mg 的胶囊和 6 mg/mL 的糖浆，但由于上述原因，人制剂的可获得性下降（某些联合制剂含有其他成分，如镇咳药或抗组胺药）。

稳定性和贮藏
存放在密闭容器中，在室温下避光保存。伪麻黄碱可溶于水和乙醇。将复合制剂保持在低 pH 下，以保持最大的稳定性。防止冷冻。

小动物剂量

犬

0.2 ~ 0.4 mg/kg（或每只 15 ~ 60 mg），q8 ~ 12 h，PO。

大动物剂量

没有大动物剂量的报道。

管制信息

由于人的滥用，该药的许多形式现在是 Schedule V 类管制药物。

不确定食品生产用动物的停药时间。

RCI 分类：3。

洋车前草（Psyllium）

商品名及其他名称： Metamucil 和通用品牌。

功能分类： 轻泻药 / 通便剂。

药理学和作用机制

洋车前草为缓泻剂。洋车前草的作用是吸收水分并膨胀，以增加粪便的体积和水分含量，从而促进正常的蠕动和肠管运动。洋车前草还可能具有抗脂血症的作用。

适应证和临床应用

口服洋车前草用于治疗便秘和肠管排泄。还用于治疗马的砂砾性急腹痛，但尚未显示出该适应证的有效性。

注意事项

不良反应和副作用

尚无在动物中出现副作用的报道。过量使用或液体摄入不足的患病动物可能发生肠道嵌塞。马可能难以通过胃管进行给药，因为与水混合时它易形成凝胶。

禁忌证和预防措施

没有关于动物禁忌证的报道。

药物相互作用

没有关于动物药物相互作用的报道。

使用说明

动物中临床研究的结果尚无报道。在动物中的使用（和剂量）源于在人中的使用经验或在动物中的个人经验。

患病动物的监测和实验室检测
洋车前草可能会降低血清胆固醇水平。

制剂与规格
洋车前草为粉剂，通常为每茶匙 3.4 g。

稳定性和贮藏
存放在密闭容器中，在室温下避光保存。

小动物剂量
犬和猫
每只 5 ~ 10 kg，用 1 茶匙（每餐添加）。

大动物剂量
马
通过胃管或添加到饲料中，每天高达 1000 mg/kg。

管制信息
无需停药时间。

双羟萘酸噻嘧啶、酒石酸噻嘧啶（Pyrantel Pamoate, Pyrantel Tartrate）

商品名及其他名称： Nemex、Strongid、Priex、Pyran 和 Pyr-A-Pam。
功能分类： 抗寄生虫。

药理学和作用机制
双羟萘酸噻嘧啶、酒石酸噻嘧啶为抗寄生虫药。噻嘧啶属于四氢嘧啶类药物。此类中的其他产品包括甲噻嘧啶。噻嘧啶的作用是通过阻滞乙酰胆碱受体和其他位点来干扰神经节神经传递。这就导致了寄生虫麻痹。麻痹的蠕虫通过肠道蠕动从肠腔中排出。尽管单胃动物中存在一些吸收，但是噻嘧啶的水溶性差，在反刍动物中不被全身吸收。大多数活动仅限于肠腔内。

适应证和临床应用
噻嘧啶用于治疗肠道线虫。在马中，用于治疗和预防线虫，包括蛲虫（马蛲虫）、大型线虫（马蛔虫）、大型圆线虫（无齿圆线虫、马圆线虫和寻常圆线虫）及小型圆线虫。将其添加到含药饲料中可用于控制线虫，包括蛲虫（马蛲虫）、大型线虫（马蛔虫）、大型圆线虫（无齿圆线虫、寻常圆线虫和三齿圆线虫）和小型圆线虫。在猪中，该药被用于预防大型线虫（猪蛔虫）和预防结节虫（食道口线虫）。在犬和猫中，该药被它用于治疗线虫，包括钩虫（钩口线虫）和蛔虫（猫弓首蛔虫、犬弓首蛔虫和狮弓蛔虫）。有证据表明，噻嘧啶对某些绦虫的控制有效，但通常用其他药治疗绦虫。

注意事项

不良反应和副作用

没有副作用的报道。

禁忌证和预防措施

在动物中没有禁忌证。噻嘧啶可能适用于所有年龄段及泌乳和怀孕的动物。

药物相互作用

与左旋咪唑并用时，易发生中枢神经系统毒性，但在动物临床使用中尚无报道。

使用说明

使用前请摇匀悬浮液。所列剂量为单剂量，但可以作为寄生虫管理程序一部分重复用药。每日饲料中可添加较低剂量药物进行寄生虫的预防。

患病动物的监测和实验室检测

监测粪便样本中是否存在肠道寄生虫。

制剂与规格

噻嘧啶有含量为 171 mg/mL、180 mg/mL 和 226 mg/mL（基团）的糊剂；22.7 mg 和 113.5 mg（基团）的片剂；2.27 mg/mL、4.54 mg/mL 和 50 mg/mL（基团）的悬浮液。马用糊剂为 19.31%。也有 10.6 g/kg、12.6 g/kg 和 21.1 g/kg 的药丸用于药物饲料。

双羟萘酸噻嘧啶是一种盐，包含 34.7% 的噻嘧啶基团。剂量以噻嘧啶基团的量为基础。酒石酸噻嘧啶含有 57.9% 的噻嘧啶基团。许多制剂含有其他抗寄生虫药物（如吡喹酮）。例如，制剂含有 13.6 mg 吡喹酮和 54.3 mg 噻嘧啶，或 18.2 mg 吡喹酮和 72.6 mg 噻嘧啶，或 27.2 mg 吡喹酮和 108.6 mg 噻嘧啶。

稳定性和贮藏

存放在密闭容器中，在室温下避光保存。防止冷冻。

小动物剂量

犬

5 mg/kg，PO，1 次，7 ~ 10 d 后重复。

猫

20 mg/kg，PO，1 次。

可以与食物混合给药。

大动物剂量

马

线虫：6.6 mg/kg，PO。

绦虫：13.2 mg/kg。

药用饲料：单剂量为 12.5 mg/kg 或预防剂量为 2.6 mg/(kg·d)。

猪

饲料中给药 1 次的剂量为 22 mg/kg。

管制信息

猪：在美国，停药时间为 1 d；在加拿大，停药时间为 7 d。

其他物种的停药时间尚未确定。

溴吡斯的明（Pyridostigmine Bromide）

商品名及其他名称：Mestinon、Regonol。

功能分类：抗胆碱酯酶、抗重症肌无力。

药理学和作用机制

溴吡斯的明为胆碱酯酶抑制剂和抗重症肌无力药。该药物抑制分解乙酰胆碱的酶。因此，它延长了乙酰胆碱在突触中的作用。毒扁豆碱与新斯的明或溴吡斯的明之间的主要区别在于，毒扁豆碱可以穿过血 - 脑屏障，而新斯的明或溴吡斯的明则不会。与新斯的明相比，溴吡斯的明的持效时间更长。

适应证和临床应用

溴吡斯的明被用作抗胆碱能药物中毒的解毒剂和神经肌肉阻滞的治疗剂（解毒剂），也可以用于治疗重症肌无力、肠梗阻，并通过增加膀胱平滑肌的张力来治疗尿潴留（如手术后）。最常见的用途是溴吡斯的明作为重症肌无力的首选药物，比新斯的明更受欢迎。

注意事项

不良反应和副作用

副作用是由胆碱酯酶抑制产生的胆碱能作用引起的。这些作用在消化道中表现为腹泻和分泌物增加。其他副作用可能包括瞳孔缩小、心动过缓、肌肉抽搐或虚弱及支气管和输尿管的收缩。与新斯的明相比，溴吡斯的明相关的副作用更少，但溴吡斯的明的作用可能持效时间更长。如果观察到副作用，请用抗胆碱能药物治疗，如 0.125 mg 硫酸莨菪碱，也可以使用阿托品。

禁忌证和预防措施

请勿在以下状况中使用：尿路梗阻、肠梗阻、哮喘或支气管收缩、肺炎和心律失常。对溴过敏的患病动物禁用。正在接受溴化物（KBr）治疗抽搐的任何患病动物中，考虑溴化物的剂量。

药物相互作用

正在接受溴化物（如溴化钾）治疗癫痫的动物，应考虑该制剂中溴化物的浓度（溴化钠可以用作替代品）。

使用说明

溴吡斯的明被用于治疗重症肌无力。新斯的明和溴吡斯的明的副作用比毒扁豆碱的副作用小。在使用时根据效果的观察可能增加给药的频率。给药后，在 15 ～ 30 min 内可观察到溴吡斯的明的效果。作用持效时间为 3 ～ 4 h。

患病动物的监测和实验室检测

监测消化道效果、心率和心律。

制剂与规格

溴吡斯的明有 12 mg/mL 的口服糖浆、60 mg 的片剂（划痕片）和 5 mg/mL 的注射剂。

稳定性和贮藏

存放在密闭容器中，在室温下避光保存。溴吡斯的明可溶于水。储存在酸性溶液中，在碱性载体中可能分解。

小动物剂量

犬

抗重症肌无力：0.02 ～ 0.04 mg/kg，q2 h，IV 或 0.5 ～ 3.0 mg/kg，q8 ～ 12 h，PO。

肌肉阻滞的解毒剂：0.15 ～ 0.3 mg/kg，根据需要 IM 或 IV。

猫

0.1 ~ 0.25 mg/kg，q24 h，PO。CRI：0.01 ~ 0.03 mg/(kg·h)，IV。

大动物剂量

没有大动物剂量的报道。

管制信息

不确定食品生产用动物的停药时间。

RCI 分类：3。

乙胺嘧啶（Pyrimethamine）

商品名及其他名称： Daraprim。

功能分类： 抗菌药。

药理学和作用机制

乙胺嘧啶为抗菌和抗原虫药物。乙胺嘧啶阻滞二氢叶酸还原酶，该酶抑制还原叶酸和核酸的合成。乙胺嘧啶的活性对原虫比细菌更具特异性。乙胺嘧啶通常与磺胺联合使用产生协同作用。

适应证和临床应用

乙胺嘧啶用于治疗动物的原虫性感染。它最常与磺胺联合使用，单独制剂或复合制剂。更多信息参阅本书中的"乙胺嘧啶和磺胺嘧啶"部分。

注意事项

不良反应和副作用

当乙胺嘧啶和磺胺联合使用时，存在叶酸性贫血的风险。在现场试验中，在 12% 治疗的马中观察到了这一点。叶酸或亚叶酸（最好是亚叶酸）已补充用以预防贫血，但这种治疗的益处尚不清楚。骨髓抑制通常在停止治疗后缓解。口服给药后可能发生腹泻。

禁忌证和预防措施

在怀孕动物中慎用。

药物相互作用

没有关于动物药物相互作用的报道。但是，乙胺嘧啶与甲氧苄啶/磺胺类药物的联合应用将增强骨髓毒性。

使用说明

乙胺嘧啶可以单独使用，也可以与磺胺类药物联合使用（更多详细信息参阅本书中的"乙胺嘧啶和磺胺嘧啶"部分）。

患病动物的监测和实验室检测

定期监测接受治疗动物的 CBC。

制剂与规格

乙胺嘧啶有 25 mg 的片剂。

稳定性和贮藏

存放在密闭容器中，在室温下避光保存。乙胺嘧啶难溶于水，但易溶于乙醇。片剂压碎制成糖浆和其他调味剂的临时悬浮液。这些制剂可稳定 7 d，最高可达 90 d，具体取决于配方。

小动物剂量

犬

1 mg/kg，q24 h，PO，持续用药 14 ~ 21 d（犬新孢子虫用 5 d）。

猫

0.5 ~ 1.0 mg/kg，q24 h，PO，持续用药 14 ~ 28 d。

大动物剂量

马

神经肉孢子虫引起的 EPM：1 mg/kg，q24 h，PO，与磺胺联合使用（详见"乙胺嘧啶和磺胺嘧啶"部分）。

管制信息

不确定食品生产用动物的停药时间。

乙胺嘧啶和磺胺嘧啶（Pyrimethamine and Sulfadiazine）

商品名及其他名称： ReBalance。

功能分类： 抗原虫。

药理学和作用机制

乙胺嘧啶和磺胺嘧啶为抗菌和抗原虫药物，与磺胺联合。乙胺嘧啶阻滞二氢叶酸还原酶，该酶抑制还原叶酸和核酸的合成。乙胺嘧啶的活性对原虫比细菌更具特异性。磺胺嘧啶为细菌和原虫合成二氢叶酸提供假的 PABA 底物。联合使用有协同抗原虫作用。

适应证和临床应用

乙胺嘧啶+磺胺嘧啶用于治疗马的马原虫性脑脊髓炎（EPM）。尽管尚未批准将马的制剂用于治疗其他动物，但已用于治疗小动物的弓形虫、新孢子虫和肉孢子虫引起的原虫性感染。

注意事项

不良反应和副作用

高剂量用于马时已观察到血球计数减少，但没有贫血证据。尽管可能发生贫血，但在停药后会缓解。叶酸或亚叶酸已被补充预防贫血，但是这种治疗的益处尚不清楚。由于该联合含有磺胺，因此，可能有磺胺的副作用。磺胺类药物的使用已记录了多个副作用。这些包括过敏反应、Ⅱ型和Ⅲ型超敏反应、关节病、贫血、血小板减少、肝病、甲状腺功能减退（长期用药）、干燥性角膜结膜炎和皮肤反应。犬可能比其他动物对磺胺类药物更敏感，因为犬缺乏将磺胺类药物乙酰化为代谢产物的能力。

禁忌证和预防措施

请勿用于可能有贫血倾向、无法监测CBC有磺胺类药物过敏史的动物。

药物相互作用

没有关于动物药物相互作用的报道。但是，乙胺嘧啶与甲氧苄啶/磺胺类药物的联合应用将增强骨髓毒性。

使用说明

乙胺嘧啶或磺胺嘧啶主要用于治疗马的原虫性感染。但是，有个人经验表明乙胺嘧啶+磺胺嘧啶可能适用于治疗小动物的一些原虫（如弓形虫、新孢子虫或肉孢子虫）的感染。

患病动物的监测和实验室检测

定期监测接受治疗动物的CBC。治疗动物至少每月进行1次CBC检查。

制剂与规格

乙胺嘧啶+磺胺嘧啶有马用的口服悬浮液，每毫升含250 mg磺胺嘧啶和12.5 mg乙胺嘧啶。

稳定性和贮藏

存放在密闭容器中，在室温下避光保存。请勿冷冻。

小动物剂量

犬和猫

1 mg/kg 乙胺嘧啶和 20 mg/kg 磺胺嘧啶，PO，每天 1 次（相当于每 4 kg 体重用 0.33 mL 的马用制剂）。

大动物剂量

神经肉孢子虫引起的 EPM：1 mg/kg 乙胺嘧啶，20 mg/kg 磺胺嘧啶，q24 h，PO［每 49.9 kg（110 lb）为 4 mL］。在马中的治疗持效时间从 90 ~ 270 d 不等。

管制信息

禁用于拟食用动物。

盐酸奎纳克林（Quinacrine Hydrochloride）

商品名及其他名称： Atabrine（在美国不再可用）。

功能分类： 抗寄生虫。

药理学和作用机制

奎纳克林是一种过时的抗疟疾药。它抑制寄生虫的核酸合成。

适应证和临床应用

奎纳克林偶尔用于治疗原虫（贾第鞭毛虫），但其他药物（如甲硝唑和替硝唑）使用得更频繁。尽管奎纳克林不再市售，但是兽医可通过复方药房获得了奎纳克林。

注意事项

不良反应和副作用

副作用很常见。口服给药后发生呕吐。

禁忌证和预防措施

没有关于动物的禁忌证报道。

药物相互作用

没有关于动物药物相互作用的报道。

使用说明

所列剂量用于治疗贾第鞭毛虫病。没有对其他生物作用的报道。

患病动物的监测和实验室检测

不需要特定的监测。

制剂与规格

奎纳克林有 100 mg 的片剂。在美国可能不再销售奎纳克林，但可以从某些药房获得复合制剂。

稳定性和贮藏

存放在密闭的容器中，在室温下避光保存。尚未评估复合制剂的稳定性。

小动物剂量

犬

6.6 mg/kg，q12 h，PO，持续用药 5 d。

猫

11 mg/kg，q24 h，PO，持续用药 5 d。

大动物剂量

没有大动物剂量的报道。

管制信息

不确定食品生产用动物的停药时间。

奎尼丁、硫酸奎尼丁（Quinidine，Quinidine Sulfate）

商品名及其他名称： 葡萄糖酸奎尼丁：Duraquin；奎尼丁聚半乳糖醛酸盐：Cardioquin；硫酸奎尼丁：Cin-Quin 和 Quinora。

功能分类： 抗心律失常。

Q

药理学和作用机制

奎尼丁、硫酸奎尼丁为抗心律失常药，属于 I 类抗心律失常药物。与其他 I 类抗心律失常药物一样，其作用是通过阻滞钠离子通道而抑制钠的内流。因此，它抑制心脏的 0 期动作电位，并减少异位心律失常灶。

适应证和临床应用

奎尼丁用于治疗室性心律失常，偶尔将心房颤动转换为窦性心律。在小动物中很少使用，因为可以使用其他更有效、更安全的替代药物。如犬的口服替代品是美西律。在马和牛中，奎尼丁已成为治疗心房颤动的首选药物。但是，由于在马中频繁的副作用及商业化奎尼丁的可获得性降低，因此，考虑了其他替代品。替代品包括地尔硫䓬和电击复律。

> **注意事项**
>
> **不良反应和副作用**
>
> 奎尼丁的副作用比普鲁卡因胺更常见，包括恶心、呕吐、低血压和心动过速（由于迷走神经阻滞效应）。在牛中，通过 IV 给药，常见副作用（如低血压和快速性心律失常）。在马中常见的副作用，包括低血压、消化道问题和室上性心动过速。可能发生心源性猝死，但在马中并不常见。
>
> **禁忌证和预防措施**
>
> 奎尼丁可能会增加心率。在患有心脏病的动物中谨慎使用。
>
> **药物相互作用**
>
> 众所周知，奎尼丁是一种多药耐药性（ABCB1，也称为 MDR1）膜泵（P-糖蛋白）抑制剂。它将干扰膜通道并增加某些并用药物的浓度。与地高辛并用可能会增加地高辛的浓度。有关潜在的 P-糖蛋白底物的列表，请参见附录 J。

使用说明

奎尼丁在牛体内有快速的清除率（半衰期为 2.25 h），需要频繁给药。在马中通常通过胃管口服给药。由于市售可获得性下降和频繁的副作用，奎尼丁不像其他 I 类抗心律失常药物那样普遍使用。如果使用奎尼丁，请计算每种制剂中奎尼丁基团的剂量：324 mg 葡萄糖酸奎尼丁有 202 mg 奎尼丁基团；275 mg 的奎尼丁聚半乳糖醛酸盐有 167 mg 的奎尼丁基团；300 mg 的硫酸奎尼丁有 250 mg 的奎尼丁基团。

患病动物的监测和实验室检测

奎尼丁有降血压和迷走神经松弛作用。监测患病动物的 ECG，以监测心律失常和血压。

制剂与规格

在某些国家/地区，奎尼丁已经停产，并且可能很难获得。较老的制剂包括葡萄糖酸奎尼丁 324 mg 的片剂、80 mg/mL 的注射剂、奎尼丁聚半乳糖醛酸盐 275 mg 的片剂，硫酸奎尼丁有 100 mg、200 mg 和 300 mg 的片剂；200 mg 和 300 mg 的胶囊剂；200 mg/mL 的注射剂。

稳定性和贮藏

存放在密闭容器中，在室温下避光保存。奎尼丁微溶于水。奎尼丁盐类暴露在光下可能会变成深色，且不应使用。奎尼丁与糖浆（如 Ora-Sweet）复合用于口服，可稳定 60 d。

小动物剂量
犬

葡萄糖酸奎尼丁：6 ~ 20 mg/kg，q6 h，IM 或 6 ~ 20 mg/kg，q6 ~ 8 h，PO（基团）。

奎尼丁聚半乳糖醛酸盐：6 ~ 20 mg/kg，q6 h，PO（基团）。

硫酸奎尼丁：6 ~ 20 mg/kg，q6 ~ 8 h，PO（基团）或 5 ~ 10 mg/kg，q6 h，IV。

大动物剂量
牛

治疗心房颤动：牛口服奎尼丁吸收差，必须 IV 给药。负荷剂量为 49 mg/kg（超过 4 h 内给药），然后以 42 mg/kg，IV，维持剂量。或用 40 mg/kg 的剂量稀释于 4 L 的液体，用 1 L/h 的速度缓慢输注，直至颤动转变。

马

治疗心房颤动（通常使用胃管口服）：第 1 次治疗每 450 kg（每 1000 lb）体重给药 5 g，此后每 2 h 每 450 kg 体重给药 10 g，直至达到窦性心率。每 10 ~ 15 min，IV，剂量为 1 ~ 1.5 mg/kg，总剂量为 10 mg/kg 或直至转变为窦性心率。

管制信息

不确定食品生产用动物的停药时间。由于清除快速，可以使用较短的停药时间。

RCI 分类：4。

R

消旋蛋氨酸（Racemethionine）

商品名及其他名称： Methio-Form、通用品牌，人用制剂 Pedameth、Uracid、通用品牌。

功能分类： 酸化剂。

药理学和作用机制

消旋蛋氨酸为尿酸化剂。蛋氨酸可降低尿液 pH。通过恢复肝脏的谷胱甘肽浓度，消旋蛋氨酸还被用于防止人的对乙酰氨基酚过量。

适应证和临床应用

该药被用作尿酸化剂。在人中使用，也可用于治疗尿失禁引起的皮炎（减少尿氨）。

注意事项

不良反应和副作用

尚未报道副作用。

禁忌证和预防措施

患有代谢性酸中毒的动物、幼年猫、患肝病的动物禁用。

药物相互作用

没有关于动物药物相互作用的报道。

使用说明

对乙酰氨基酚毒性已被乙酰半胱氨酸取代。

患病动物的监测和实验室检测

如果用于治疗中毒，则需要监测 CBC 和肝酶。

制剂与规格

消旋蛋氨酸有 500 mg 的片剂、75 mg/5 mL 的儿科口服溶液，200 mg 的胶囊和粉剂添加到动物食品中。

稳定性和贮藏

存放在密闭容器中，在室温下避光保存。

小动物剂量

犬

150 ~ 300 mg/(kg·d)，PO。

猫

每只 1.0 ~ 1.5 g，PO（每天添加到食物中）。

大动物剂量

没有大动物剂量的报道。

管制信息

不确定食品生产用动物的停药时间。

雷米普利（Ramipril）

商品名及其他名称： Vasotop。
功能分类： 血管扩张药、ACE 抑制剂。

药理学和作用机制

雷米普利是一种血管紧张素转换酶（ACE）抑制剂。和其他 ACE 抑制剂相似，雷米普利抑制血管紧张素 I 向血管紧张素 II 的转化。血管紧张素 II 是有效的血管收缩剂，可刺激交感神经兴奋，肾性高血压和醛固酮的合成。醛固酮引起水钠潴留的能力会引起充血。与其他 ACE 抑制剂一样，雷米普利会引起血管舒张并降低醛固酮诱导的充血。ACE 抑制剂还通过增加某些血管舒张激肽和前列腺素类的浓度来促进血管舒张。有证据表明，当用于治疗由心肌病或瓣膜疾病引起的心脏病的犬时，具有心脏保护作用。

适应证和临床应用

雷米普利用于治疗高血压和充血性心力衰竭（CHF）。在动物中，尚未像其他 ACE 抑制剂（如依那普利或贝那普利）那样进行很多研究，但是预计雷米普利具有类似的药效学作用。因为没有 ACE 抑制剂被证明优于其他抑制剂，所以在犬和猫中没有理由使用雷米普利代替依那普利或贝那普利。雷米普利主要用于犬。该药也被安全地用于控制猫的高血压，但尚未有效治疗肥厚型心肌病。

注意事项

不良反应和副作用

雷米普利没有像此类的其他药物那样经常被使用，尚未报道潜在的副作用。在对犬进行的临床研究中，雷米普利具有良好的耐受性。

禁忌证和预防措施

在实验犬上的研究中表明，当犬肾功能受损时，无须调整剂量。但是，与任何 ACE 抑制剂一样，应仔细监测患病动物是否患有肾功能障碍或肾小球滤过率（GFR）降低，而这可能会因 ACE 抑制剂治疗而受损。在怀孕动物中禁用 ACE 抑制剂，因其会穿过胎盘并引起胎儿畸形和死亡。

药物相互作用

与其他降压药和利尿剂一起时谨慎使用。NSAID 可能会降低血管舒张作用。

R

使用说明

已证明雷米普利治疗犬的扩张型心肌病具有临床疗效。可以同时使用其他药物来治疗心力衰竭。接受雷米普利治疗的犬，还可以使用匹莫苯丹、地高辛 / 呋塞米。

患病动物的监测和实验室检测

仔细监测患病动物以避免低血压。对于所有 ACE 抑制剂，在开始治疗后 3 ~ 7 d 及之后定期监测电解质和肾功能。

制剂与规格

雷米普利有 1.25 mg、2.5 mg、5 mg 和 10 mg 的胶囊。

稳定性和贮藏

存放在密闭容器中，在室温下避光保存。

小动物剂量

犬

0.125 ~ 0.25 mg/(kg·d)，每天最大量不超过 0.5 mg/kg。

猫

0.125 mg/kg，q24 h，PO。

大动物剂量

没有大动物剂量的报道。

管制信息

不确定食品生产用动物的停药时间。

盐酸雷尼替丁（Ranitidine Hydrochloride）

商品名及其他名称： Zantac。

功能分类： 抗溃疡药。

药理学和作用机制

盐酸雷尼替丁为 H_2- 拮抗剂（H_2- 阻滞剂）。和其他 H_2- 阻滞剂相似，雷尼替丁抑制组胺对胃壁细胞的刺激，从而降低胃酸分泌。雷尼替丁会增加胃 pH。它的作用时间更长，效力比西咪替丁强 4 ~ 10 倍。雷尼替丁的半衰期比西咪替丁长，可以降低雷尼替丁的给药频率。在马中，IV 和口服给药后的半衰期分别为 2.8 h 和 1.4 h。在马中的口服吸收为 27%。犬口服和 IV 给药，半衰期分别为 2.3 h 和 2.2 h，口服吸收为 95%。相比之下，西咪替丁在犬中的半衰期为 1.4 h。调整剂量时，盐酸雷尼替丁相当于 81% 的雷尼替丁。

适应证和临床应用

雷尼替丁用于治疗溃疡和胃炎。它不会像质子泵抑制剂（PPI，如奥美拉唑）那样产生持续增加胃 pH 的效果。持续抑制胃酸分泌以治愈和预防溃疡，在犬、猫和马中优选 PPI（如奥美拉唑）。在犬中，维持胃 pH 在预防溃疡范围内的剂量，可能需要比临床使用更高的剂量。在马驹中采用雷尼替丁（6.6 mg/kg，PO）可以抑制酸分泌 6 h，但在 4 mg/kg 下，奥美拉唑抑制酸分泌 22 h。在动物中，雷尼替丁已被用于预防 NSAID 诱导的溃疡，尽管尚未证明其疗效。在马中，雷尼替丁没有改善 NSAID 诱导的溃疡愈合，其效果不如奥美拉唑。雷尼替丁可以通过抗胆碱酯酶作用刺激胃排空和结肠蠕动。在马中，该药对胃排空的影响很小。

注意事项

不良反应和副作用

通常仅在肾脏清除率降低的情况下才能看到副作用。在人中，高剂量可能会出现 CNS 症状。雷尼替丁对内分泌功能和药物相互作用的影响可能小于西咪替丁。

禁忌证和预防措施

与西咪替丁相比，雷尼替丁与药物的相互作用可能更少，因为雷尼替丁不抑制细胞色素 P450 酶。

药物相互作用

雷尼替丁和其他 H_2- 受体阻滞剂阻滞胃酸的分泌。因此，它们会干扰依赖酸度的药物的口服吸收，如酮康唑、伊曲康唑和铁补充剂。与西咪替丁不同，雷尼替丁不抑制微粒体 P450 酶。

R

使用说明

犬的药代动力学信息建议，雷尼替丁的给药频率比西咪替丁少，以实现胃酸分泌的连续抑制。但是，在犬和猫中，雷尼替丁对胃酸分泌的抑制效力可能比以前认为的要差。在马和马驹中的应用基于实验研究和药代动力学数据，效果不如奥美拉唑。

患病动物的监测和实验室检测

不用特殊监测。

制剂与规格

雷尼替丁有 75 mg、150 mg 和 300 mg 的片剂；150 mg 和 300 mg 的胶囊；

25 mg/mL 的注射剂。某些制剂是 OTC。

稳定性和贮藏

存放在密闭容器中，在室温下避光保存。盐酸雷尼替丁可溶于水。片剂可以压碎，与水和糖浆混合，可稳定 7 d。防止冷冻。

小动物剂量

犬

2 mg/kg，q8 h，IV 或 PO。

猫

2.5 mg/kg，q12 h，IV 或 3.5 mg/kg，q12 h，PO。

大动物剂量

马

2.2 ~ 6.6 mg/kg，q6 ~ 8 h，PO。较高的剂量（6.6 mg/kg）在抑制胃酸方面更有效。

2 mg/kg，q6 ~ 8 h，IV。

犊牛

吃奶犊牛：50 mg/kg，q8 h，PO。

管制信息

不确定食品生产用动物的停药时间。

RCI 分类：5。

盐酸瑞芬太尼（Remifentanil Hydrochloride）

商品名及其他名称： Ultiva。

功能分类： 麻醉药、镇痛药、阿片类药物。

药理学和作用机制

瑞芬太尼是一种阿片类药物，其效力和活性与芬太尼相似。与芬太尼一样，瑞芬太尼主要对阿片受体具有活性。瑞芬太尼与其他阿片类药物的区别在于它具有超短的作用。快速起效和尖峰效应及短暂的持效时间归因于其独特的属性。血液和组织酯酶水解丙酸甲酯会迅速代谢瑞芬太尼。因此，在血液中它可以被快速代谢，不依赖于肝脏代谢，并且可以安全地用于患肝脏或肾脏疾病的动物。它还可以在 pH 7.3 下以 17.9 : 1 的高辛醇：水分配系数快速递送到组织中。但是，即使长时间 IV 输注，也不会积聚在组织或血液中。由于快速的代谢和血浆与组织之间的快速平衡，瑞芬太尼在 IV

注射后会快速起效。在犬中的半衰期为 3 ~ 6 min，并且不会随着剂量的增加而变化。苏醒迅速（5 ~ 10 min 之内），当使用 CRI 时，改变输注速率后 5 ~ 10 min 内可以达到新的稳态浓度。由于组织的快速平衡，可以通过改变连续输注速率或通过进行 IV 单次给药轻松将其滴定至所需的麻醉 / 镇痛深度。

适应证和临床应用

瑞芬太尼用于诱导和维持麻醉，通常与其他药物联合使用。由于其快速的代谢和半衰期短，应 CRI 给药，以维持平衡麻醉药效果。它可以与其他药物一起使用，包括吸入式麻醉药、丙泊酚、α_2-受体激动剂、镇定药和镇静药。由于它不需要肝脏代谢或肾清除，能安全地用于患有肝病或肾脏疾病的动物。瑞芬太尼在犬中的应用仅限于少数研究和病例报告。已从人的剂量推断出动物的剂量 [在人中的起始剂量为 0.1 μg/(kg·min)，CRI]。瑞芬太尼已安全用于猫，在很宽的剂量范围 [0.06 ~ 16.0 μg/(kg·min)]，IV，均不影响异氟烷的最低肺泡有效浓度（MAC）。

注意事项
不良反应和副作用
与其他阿片类和阿片类药物相似，瑞芬太尼也有副作用，这是由于与阿片类受体的结合。这些影响包括降低心率和镇定。在人中，当速率大于 0.2 μg/(kg·min) 时，就会出现呼吸抑制。在猫中，瑞芬太尼在高输注率 [> 8 μg/(kg·min)] 下会引起焦虑。由于药物在血浆和组织中的快速代谢，当停止输注时，副作用会迅速消失。瑞芬太尼的阿片活性可被纳洛酮等阿片拮抗剂拮抗。

禁忌证和预防措施
瑞芬太尼会增强其他麻醉药的作用。在对阿片类药物敏感的动物中慎用。它仅用于 IV。不要通过硬膜外、膜内、皮内、IM 或 SQ 途径给药。

药物相互作用
其他麻醉药与瑞芬太尼一起使用时会增强效力。与瑞芬太尼合用时，可使用低剂量的其他麻醉药。

使用说明
静脉注射进行 CRI。单次给药可以在 CRI 开始之前进行。

患病动物的监测和实验室检测
在麻醉期间监测患病动物。监测 ECG、心率和呼吸情况。

制剂与规格

瑞芬太尼有 1 mg/mL 的溶液和 1 mg、2 mg 或 5 mg 的小瓶装。每毫克瑞芬太尼加入 1 mL 稀释剂，以产生 1 mg/mL 的溶液。该溶液可以进一步稀释以用于 IV，以达到 20 μg/mL、25 μg/mL、50 μg/mL 或 250 μg/mL 的浓度。

稳定性和贮藏

该小瓶装是冻干粉剂，必须在使用前重新配制。将注射用粉剂存放在冰箱 2 ~ 8℃（36 ~ 46℉）或室温下［低于 26℃（78℉）］。盐酸瑞芬太尼的酸度系数（pKa）为 7.07，但重新配制的溶液的 pH 为 2.5 ~ 3.5。与其他药物或溶液联合使用时，应考虑溶液的 pH。瑞芬太尼与灭菌水、乳酸林格液、5% 葡萄糖、0.9% 氯化钠和 0.45% 氯化钠相容。一旦溶解，在室温下可稳定 24 h。也可以与含丙泊酚的溶液混合。由于血浆酯酶的存在，因此，不应与血液制品一起混合。因此，不建议在输注的血液中 IV 给药。

小动物剂量
犬

CRI：0.2 μg/(kg·min)，最多 1 μg/(kg·min)。可以调整输注速率以达到所需的效果，但是在麻醉犬时要达到期望的效果，0.3 μg/(kg·min) 是最佳的选择，而更高的速率不会增加效果。

猫

2.5 μg/kg 推注，然后以 0.2 ~ 0.24 μg/(kg·min)，CRI（类似的输注速率已用于犬）。

大动物剂量

没有大动物剂量的报道。

管制信息

Schedule Ⅱ 类管制药物。

不确定食品生产用动物的停药时间。

核黄素（维生素 B₂）[Riboflavin(Vitamin B₂)]

商品名及其他名称：维生素 B₂。

功能分类：维生素。

药理学和作用机制

核黄素（维生素 B₂）为维生素 B₂ 补充剂。硫胺素通常是注射用复合维生素 B 水溶液的成分。这些制剂中，有 5′ 磷酸钠核黄素。复合维生素 B 通常包含硫胺素（B$_1$）、核黄素、烟酰胺和维生素 B$_{12}$。

适应证和临床应用
核黄素用作维生素 B$_2$ 补充剂。通常用于维生素 B$_2$ 缺乏的患病动物。

注意事项
不良反应和副作用
不良反应和副作用很少，因为水溶性维生素很容易排出体外。核黄素可能使尿液变色。

禁忌证和预防措施
如果注射液中含有硫胺素（维生素 B$_{12}$），不要快速 IV 给药，因为这可能会引起过敏反应。

药物相互作用
没有关于动物药物相互作用的报道。

使用说明
在饮食非常平衡的动物中没有必要添加。

患病动物的监测和实验室检测
不用特殊监测。

制剂与规格
核黄素有 10 ~ 250 mg 各种规格的片剂。核黄素最常与其他维生素一起作为注射用复合维生素 B 水溶液的成分（2 mg/mL 和 5 mg/mL 核黄素）。

稳定性和贮藏
存放在密闭容器中，在室温下避光保存。

小动物剂量
犬
10 ~ 20 mg/d，PO。
每只 1 ~ 4 mg，q24 h，SQ。
猫
5 ~ 10 mg/d，PO。
每只 1 ~ 2 mg，q24 h，SQ。

大动物剂量
羔羊
2 ~ 4 mg，q24 h，IM 或 SQ。

犊牛和马驹

6 ~ 10 mg, q24 h, IM 或 SQ。

牛和马

20 ~ 40 mg, q24 h, IM 或 SQ。

羊和猪

10 ~ 20 mg, q24 h, IM 或 SQ。

管制信息

由于用于拟食用动物有害残留风险较低，无停药时间的建议。

利福平（Rifampin）

商品名及其他名称： Rifadin、Rimactane 和 Rifampicin。
功能分类： 抗菌药。

药理学和作用机制

利福平为抗菌药。利福平的作用是抑制细菌 RNA 的合成。利福平是一种衍生自利福霉素 B 的半合成抗生素，可产生利福平（在美国和加拿大的名称），在欧洲叫作 Rifampicin。利福平对革兰氏阳性菌（葡萄球菌）、分枝杆菌、嗜血杆菌、奈瑟菌和衣原体具有高活性。但对革兰氏阴性菌的活性有限，因其更容易穿透革兰氏阳性生物体的细胞壁。利福平具有高度脂溶性，具有进入细胞的特征，在白细胞内浓度高，可抑制细胞内细菌。这是治疗细胞内生物（布鲁氏菌、分枝杆菌、红球菌、衣原体）和慢性肉芽肿疾病的治疗优势。利福平进入微生物细胞，并与微生物的 DNA 依赖性 RNA 聚合酶的 β 亚基形成稳定的复合物。这种结合通过防止链起始而导致无效酶和 RNA 合成抑制。出现耐药性是通过 DNA 依赖性 RNA 聚合酶的 β 亚基氨基酸序列的单个突变而发生。在人、犬、犊牛、马和马驹中口服给药后，利福平被胃肠道迅速吸收。成年马的药代动力学显示利福平快速口服吸收，半衰期为 5 ~ 7 h，分布体积为 0.7 L/kg，但在马驹中的半衰期较长，约为18 h。在犬中的半衰期约为 8 h。

适应证和临床应用

利福平在人中主要用于治疗结核病。在兽医学中，利福平已用于治疗易感的革兰氏阳性菌和细胞内细菌，包括葡萄球菌物种（包括耐甲氧西林的菌株）、链球菌、马红球菌、假结核棒状杆菌、拟杆菌属、梭状芽孢杆菌属、奈瑟菌属和李斯特菌属的多数菌株。革兰氏阴性菌不会受到典型剂量的影响。在小动物中，最常见的用途是治疗葡萄球菌感染，特别是耐甲氧西林菌株。可能会产生细菌（如葡萄球菌属）之间的抗药性，但这种情况通常不常见，因此，不应阻止其在动物中的使用。利福平最常见的用途之一是治疗马红球菌感染。这种治疗经常与红霉素、阿奇霉素或克拉霉素联合使用。利福平也可能具有抗细菌生物膜的活性。但是，报告不足以确认临床治疗生物膜细菌的有效性。

注意事项

不良反应和副作用

在人中，有超敏反应和流感样症状的报道。高剂量（10 mg/kg 及更高）给药时，肝毒性在犬中更为常见。可以观察到肝酶升高。一项研究表明，副作用发生占治疗犬的 16%（呕吐、厌食症、腹泻），以及 27% 的肝酶可逆性升高。在治疗犬时，建议临床医生定期检查肝酶和胆红素。如果发生升高，应停止使用利福平，并且多数动物有望恢复。在接受治疗的患病动物中，尿液的颜色将变成橙色至橙红色。它还会使唾液、泪、粪便、巩膜和黏膜褪色为橙红色。变色不是病态，是正常的现象。利福平的味道差，在一些动物中可能很难给药。胰腺炎与使用利福平有关，但在犬或猫中没有充分的记录。

禁忌证和预防措施

在有胰腺炎风险的动物中慎用。由于存在肝炎的危险，请谨慎使用可能具有肝毒性的任何其他药物（如磺胺类药物、抗抽搐药和对乙酰氨基酚）。在怀孕的动物中禁用。

药物相互作用

可能有多种药物相互作用。利福平是细胞色素 P450 肝酶的有效诱导剂。在人中，细胞色素 P450 酶活性的升高可能持续 4 d，但 8 d 可恢复到基线。该作用的持效时间在动物中未知。当与利福平一起给药时，由于快速代谢而水平降低的药物包括巴比妥类药物、氯霉素、孕激素类、洋地黄、华法林、糖皮质激素（泼尼松龙），以及可能与利福平同时给药的许多其他药物。利福平还是膜外排泵（P-糖蛋白）的诱导剂，可能导致其他药物的口服吸收降低。

使用说明

当利福平与大环内酯类抗生素联合用于马驹时，在马中记录了很多临床检验。选择剂量时，10 mg/kg，PO，足以治疗成年马的易感革兰氏阳性感染。小动物的使用（和剂量）源于经验，主要使用利福平用于治疗耐甲氧西林葡萄球菌感染的犬。通常建议在小动物中与其他药物联合使用，以减少耐药性的出现。但是，没有证据表明在治疗由葡萄球菌引起的感染时，这是有必要的，并且在这些情况下利福平可用作单药治疗。尽可能空腹服用。

患病动物的监测和实验室检测

药敏试验：CLSI 耐药折点是 ≤ 1.0 μg/mL。革兰氏阳性生物的 MIC 值通常为 0.1 μg/mL，而革兰氏阴性生物的最低抑菌浓度（MIC）范围为 8 ~ 32 μg/mL。由于在犬中存在肝损伤的风险，建议定期（如每 10 ~ 14 d）检查肝酶和血清胆红素，以监测肝损伤。

制剂与规格

利福平有 150 mg 和 300 mg 的胶囊，以及 600 mg Rifadin IV 注射液。

稳定性和贮藏

存放在密闭容器中，在室温下避光保存。利福平微溶于水和乙醇。在酸性 pH 下更易溶解。应在溶液中加入酸（如抗坏血酸），以防止氧化并提高溶解度。利福平与糖浆和调味剂进行混合口服给药，可稳定 4 ~ 6 周。通过向 600 mg 小瓶中添加 10 mL 生理盐水进行混合（60 mg/mL），制备成注射液。可以注入 0.9% 生理盐水或 5% 葡萄糖溶液。复溶的注射液稳定 24 h。

小动物剂量
犬和猫

5 mg/kg，q12 h，PO 或 10 mg/kg，q24 h，PO。

大动物剂量
马

10 mg/kg，q24 h，PO。

治疗马驹红球菌：5 mg/kg，q12 h，PO，与红霉素联合使用（25 mg/kg，q8 h，PO）。

牛

20 mg/kg，q24 h，PO。

管制信息

避免给食品生产用动物给药。不确定食品生产用动物的停药时间。

林格液（Ringer's Solution）

商品名及其他名称：通用品牌。

功能分类：体液补充剂。

药理学和作用机制

林格液用于液体替代的静脉注射溶液。林格液包含 147 mEq/L 钠

4 mEq/L 钾、155 mEq/L 氯化物和 4 mEq/L 钙。

适应证和临床应用

林格液可用作液体替代剂和维持剂。它具有平衡的电解质浓度，但不含任何碱（有关含碱的溶液，请参阅"乳酸林格液"）。

注意事项

不良反应和副作用

林格液被认为是酸化溶液，因为随着时间的延长，氯离子会增加肾脏的碳酸氢盐排泄。高速输注时会发生液体过载。

禁忌证和预防措施

液体流速不能超过 80 mL/(kg·h)。需考虑补充钾，因为这种液体不能满足维持钾的需求。

药物相互作用

林格液中含有钙，不要与可能与钙结合的药物混合。

使用说明

在 IV 液体时，请仔细监测速率和电解质浓度。根据碱缺失的计算，如有必要，向液体中添加碳酸氢盐。

液体输液速度：正常维持速度为 40 ~ 65 mL/(kg·d)［2 ~ 2.5 mL/(kg·h)］。对于替代液体，请使用以下公式计算：

需要的升数（L）= 脱水百分比（%）× 体重（kg）

患病动物的监测和实验室检测

注入高剂量时，监测肺压力。在治疗期间监测电解质平衡，尤其是钾。

制剂与规格

林格液有 250 mL、500 mL 和 1000 mL 的袋装。

稳定性和贮藏

存放在密闭容器中，在室温下避光保存。

小动物剂量

犬和猫

55 ~ 65 mL/(kg·d)［2.5 mL/(kg·h)］, IV、SQ 或 IP（腹膜内）进行维持。

中度脱水：15 ~ 30 mL/(kg·h)，IV。

严重脱水：50 mL/(kg·h)，IV。

大动物剂量

大动物

40 ~ 50 mL/(kg·d)，IV、SQ 或 IP 用于维持。

中度脱水：15 ~ 30 mL/(kg·h)，IV。

严重的脱水：50 mL/(kg·h)，IV。

犊牛

中度脱水：以 30 ~ 40 mL/(kg·h) 的速率给 45 mL/kg。

严重脱水：如果需要，以 30 ~ 40 mL/(kg·h) 的速率或 80 mL/(kg·h) 的速率给 80 ~ 90 mL/kg。

管制信息

由于用于拟食用动物有害残留风险低，无停药时间的建议。

罗贝考昔（Robenacoxib）

商品名及其他名称：Onsior（动物用制剂）。

功能分类：抗炎药。

药理学和作用机制

罗贝考昔是 NSAID。与其他此类药物相似，罗贝考昔通过抑制前列腺素类的合成而具有镇痛和抗炎作用。被 NSAID 抑制的酶是环氧合酶（COX）。COX 存在两种异构体：COX-1 和 COX-2。COX-1 主要负责前列腺素的合成，这对于维持健康的胃肠道、肾功能、血小板功能和其他正常功能非常重要。COX-2 被诱导并负责合成前列腺素，而前列腺素是疼痛、炎症和发热的重要介质。但是，众所周知，COX-1 和 COX-2 的作用有些交叉，而 COX-2 的活性对于某些生物学作用很重要。与较早的非选择性 NSAID 相比，使用体外测定法，罗贝考昔对 COX-2 的选择性更高，但尚不清楚 COX-1 或 COX-2 的特异性是否与功效或安全性相关。罗贝考昔在犬和猫中的半衰期都很短，但组织浓度持续的时间更长，这可以解释尽管半衰期很短，但每天 1 次给药还是有疗效。在犬中的半衰期为 0.6 ~ 1.1 h，在猫中的半衰期为 1.49 h、1.87 h、0.84 h 和 0.78 h（取决于研究）。根据研究，在犬中的分布体积为 0.24 L/kg，在猫中的分布体积为 0.13 L/kg 和 0.19 L/kg。在犬中，口服吸收为 84%（空腹）或 62%（随餐），在猫中，口服吸收为 49%（空腹）和 10%（随餐）。蛋白结合在犬和猫中分别为 98% 和 99.9%。因此，饲喂极大地影响了口服吸收。因此，建议在猫中不用随食物服用，以使口服吸收最大化。

适应证和临床应用

罗贝考昔用于减少疼痛、炎症和发烧。FDA 批准的猫剂量为每天口服 1 mg/kg，最多 3 d，以治疗与手术和其他状况相关的疼痛。在欧洲也被批准用于治疗犬和猫与肌肉骨骼疾病相关的急性疼痛和炎症。除美国，片剂被批准用于治疗与慢性骨关节炎相关的疼痛和炎症。还有可注射液用于治疗与手术相关的疼痛和炎症。

尚未对大动物使用罗贝考昔进行过研究。

注意事项

不良反应和副作用

主要的副作用是在胃肠道，包括呕吐、腹泻和溃疡。在现场试验中，与罗贝考昔有关的最常见的副作用是猫和犬的胃肠道不良事件（呕吐、软粪），在犬中，长期口服治疗后，肝酶活性可能会增加，但不一定与肝脏病理有关。注射用的溶液（美国没有）可能会引起注射时的疼痛，大概是因为溶液中的辅料。

由于罗贝考昔似乎具有相对的 COX-2 特异性，且半衰期较短，副作用预计会比其他 NSAID 小。但是，与任何其他此类药物一样，兽医应考虑产生 NSAID 诱导的副作用的潜在可能性。对于某些 NSAID，包括那些有 COX-2 选择性的药物，已显示出肾损伤，特别是在脱水的动物中或之前就存在肾脏疾病的动物中。

在猫的安全性研究中，即使比批准的治疗时间更长和剂量更高，罗贝考昔仍具有良好的耐受性。

禁忌证和预防措施

在先前存在消化道问题或肾脏疾病的犬和猫，出现 NSAID 副作用的风险可能更高。目前尚不了解在怀孕动物中使用的安全性，但尚未报道副作用。

药物相互作用

禁止与其他 NSAID 或皮质类固醇一起使用。皮质类固醇已经被证明会加重胃肠道的副作用。一些 NSAID 可能会干扰利尿剂和 ACE 抑制剂的作用。

使用说明

口服片剂在美国可以每天服用 1 次，最多 3 d，在欧洲可以服用 6 d。一些猫接受药物治疗的时间更长，而且没有不良事件。在犬中可以根据需要的用药时间进行治疗。建议剂量为 1 mg/(kg·d)，但实际剂量范围为 1 ~ 2 mg/kg（犬）或 1 ~ 2.4 mg/kg（猫）。

在有注射剂的国家/地区，手术开始前 30 min 在猫或犬中皮下注射 2 mg/kg。手术后，可再继续使用 2 d。

在猫中，随食物给药大大降低了口服吸收，建议空腹给药或只进食日常需要量的 1/3（少量）。

患病动物的监测和实验室检测

监测胃肠道症状，观察是否有腹泻、消化道出血或溃疡。由于存在肾损伤的风险，在治疗期间应定期监测肾参数［水消耗量、血尿素氮（BUN）、肌酐和尿比重］。在各个国家批准使用之前，已经对犬和猫进行了安全性评估。在安全性研究中，年轻健康的猫耐受 10 mg/kg，q12 h，42 d。

制剂与规格

各国之间剂型的可用性会有所不同。在美国，只有给猫使用的片剂。在欧洲国家，有猫的 6 mg 片剂；犬的 5 mg、10 mg、20 mg 和 40 mg 的片剂及 20 mg/mL 的注射液。

稳定性和贮藏

防止过热，存放在干燥环境下。尚未评估复合制剂的稳定性。

小动物剂量
犬
1 ~ 2 mg/kg，q24 h，PO。
猫
1.0 ~ 2.4 mg/kg，PO，每天 1 次。

大动物剂量
没有大动物剂量的报道。

管制信息
无法提供用于食品生产用动物的停药时间或管制信息。

盐酸罗米非定（Romifidine Hydrochloride）
商品名及其他名称：Sedivet。
功能分类：镇痛药、α₂- 激动剂。

药理学和作用机制

盐酸罗米非定为 α₂- 肾上腺素激动剂。α₂- 激动剂可以减少神经递质从神经元释放。拟议的机制是它们可以通过与突触前 α₂- 受体（负反馈受体）结合来降低传递。其结果是减少了交感神经输出、镇痛、镇定和麻醉。罗米非定在结构上类似于可乐定。此类的其他药物包括甲苯噻嗪、地托咪定右美托咪定和美托咪定。与甲苯噻嗪相比，美托咪定、右美托咪定、罗米非定和地托咪定对 α_2-受体的特异性更高。罗米非定在马中已经进行的研究比其他动物更多。在马中，80 μg/kg 下的半衰期为 2.3 h，高清除率为 25 ~ 38 mL/(kg·min)。

罗米非定 2 min 起效，持效时间为 1.0 ~ 1.5 h。

适应证和临床应用

与其他 α_2-激动剂一样，罗米非定用作镇定药、麻醉药辅助药物和镇痛。罗米非定产生的镇定作用持效时间最长，其次是地托咪定、美托咪定和甲苯噻嗪。80 μg/kg 罗米非定 IV 等效于 1 mg/kg 甲苯噻嗪 IV 和 20 μg/kg 地托咪定 IV。罗米非定的使用主要局限于马，它用作镇定药和镇痛药以便于操控、临床检查、临床操作和小手术操作，并在全身麻醉诱导前用作麻醉前用药。

注意事项

不良反应和副作用

与其他 α_2-激动剂一样，罗米非定会降低交感神经输出。常见心动过缓，可能会发生心血管抑制。心脏的影响包括窦房传导阻滞、I 度和 II 度 AV 阻滞、心动过缓和窦性心律失常。在马中，其产生的作用与其他 α_2-激动剂相似，包括共济失调、头部下垂、出汗和心动过缓。常见面部水肿，尤其是高剂量时。即使在实验马中采取高剂量（高达 600 μg/kg），也没有死亡。

禁忌证和预防措施

与其他 α_2-激动剂一样，罗米非定在患心脏病的动物中应该慎用。在先前存在心脏病的年纪较大的动物中可能会禁忌使用。甲苯噻嗪会导致怀孕的动物出现问题，其他 α_2-激动剂也应考虑这个问题。在怀孕的动物中慎用，因其可能会导致流产。此外，罗米非定可能会减少妊娠后期向胎儿的氧输送。如果用药过量，可用阿替美唑或育亨宾逆转。

药物相互作用

请勿与可能导致心脏抑制的其他药物一起使用。罗米非定可与地西泮或氯胺酮一起用于马。请勿在小瓶或注射器中混入其他麻醉药。阿片类镇痛药的使用将大大增强 CNS 的抑制。如果与阿片类药物一起使用，可以考虑降低剂量。

R

使用说明

与其他 α_2-激动剂一样，罗米非定可以与氯胺酮或苯二氮䓬类一起使用。可以使用 α_2-拮抗剂（如阿替美唑或育亨宾）将其逆转。马用罗米非定的剂量范围很大，比较了 40 μg/kg 和 120 μg/kg，IV（80 μg/kg 是常用剂量），表明镇定、心脏效应和镇痛都是剂量依赖性作用。剂量为 80 μg/kg 时，强镇定在马中持续 45 ~ 60 min。剂量越高镇定越深。每种剂量至少产生 60 min 的作用，而观察到的在某些剂量可产生 180 min 的作用。剂量较高时，持续 180 min 的可能性更大。

患病动物的监测和实验室检测
在麻醉期间监测生命体征、心率、血压和 ECG。

制剂与规格
罗米非定有 1% 注射剂（10 mg/mL）。

稳定性和贮藏
存放在密闭容器中，在室温下避光保存。

小动物剂量
犬和猫
未确定小动物的剂量。

大动物剂量
马
镇定和镇痛：40 ~ 120 μg/kg，IV。
麻醉前用药：100 μg/kg，IV。

管制信息
禁用于拟食用动物。

罗硝唑（Ronidazole）
商品名及其他名称：通用品牌。
功能分类：抗菌药、抗寄生虫。

药理学和作用机制
罗硝唑为抗菌和抗原虫药物。它是一种硝基咪唑，其活性通过原虫和细菌体内代谢影响游离硝基自由基的生成。罗硝唑通过与细胞内代谢产物的反应破坏生物体的 DNA。其对厌氧菌和原虫有特异性作用。与其他硝基咪唑类一样，罗硝唑对某些原虫具有活性，包括毛滴虫和贾第鞭毛虫，以及肠道原生动物寄生虫。在猫中口服给药后，被迅速完全吸收。在猫中的半衰期约为 10 h。

适应证和临床应用
罗硝唑目前不是 FDA 批准的药物，但已被用于猫，治疗肠道原生动物寄生虫。目前尚无治疗其他生物的研究。对于猫胎儿三毛滴虫肠道感染的治疗，以 30 mg/kg 的剂量每天口服 2 次，用 2 周。但是，每天 2 次给药更有可能产生 CNS 反应，并且药代动力学数据表明，每天 1 次 30 mg/kg 可能同样有效。尚未确定长期疗效，但暂时缓解了猫胎儿三毛滴虫肠道感染的症状。

注意事项

不良反应和副作用

与其他硝基咪唑类相似，多数严重的副作用是由对 CNS 的毒性引起的。高剂量可能引起嗜睡、CNS 沉郁、共济失调、震颤、感觉异常、抽搐、呕吐和虚弱。CNS 症状与 γ- 氨基丁酸（GABA）作用的抑制有关，对苯二氮䓬类（地西泮）有反应。犬显示神经毒性的剂量为 50 ~ 200 mg/kg（抽搐、震颤、共济失调）。在猫中避免剂量超过每天 60 mg/kg。与其他硝基咪唑类一样，罗硝唑具有产生细胞内诱变性变化的潜力，但尚未在体内试验得到证实。与其他硝基咪唑类一样，其苦味会引起呕吐和厌食症。

禁忌证和预防措施

使用推荐剂量尚未发现胎儿异常，但在怀孕期间慎用。

药物相互作用

和其他硝基咪唑类相似，罗硝唑可以通过抑制药物代谢增强华法林和环孢素的作用。

使用说明

罗硝唑目前不是市售药物，而是在复合药房用散装粉剂制备而成。

患病动物的监测和实验室检测

监测神经性副作用。

制剂与规格

没有可用的制剂，罗硝唑由散装化学品复合而成。IV 制剂是通过将罗硝唑纯粉末溶解在 5% 葡萄糖（D5W）中，浓度为 3.2 mg/mL。该制剂已安全地用于研究动物。

稳定性和贮藏

存放在密闭容器中，在室温下避光保存。尚未评估复合制剂的稳定性。

小动物剂量

犬

没有剂量的报道。

猫

30 mg/kg，q24 h，PO，用 2 周。早期临床研究以 30 mg/kg，q12 h，但每天 2 次给药更有可能产生 CNS 毒性，间隔 24 h 可能同样有效。

大动物剂量

没有大动物剂量的报道。

管制信息

食品生产用动物、拟食用动物禁用。禁止将用药的牛屠宰食用。

S- 腺苷蛋氨酸（SAMe）[S-Adenosylmethionine（SAMe）]
商品名及其他名称： Denosyl、Denamarin 和 SAMe。
功能分类： 营养补充剂。

药理学和作用机制

S- 腺苷蛋氨酸为营养补充剂。S- 腺苷蛋氨酸通常缩写为 SAMe，是自然发现的，由蛋氨酸和 ATP 形成。根据在兽医学中的独立报道，SAMe 与对乙酰氨基酚诱导的人类肝毒性的改善有关，并对一些影响肝脏的疾病有益。它是由甲基转移酶催化的甲基供体，也是脱硫反应的底物，脱甲基的 SAMe 被代谢为谷胱甘肽。GSH 可以结合某些药物代谢产物来增强排泄。猫和犬的 GSH 含量较低，SAMe 可能有助于恢复已中毒动物的 GSH，在有肝病的动物中也可能有同样的作用。SAMe 是神经递质代谢的甲基供体，用于合成生物单胺（CNS 神经递质，如 5- 羟色胺、多巴胺和去甲肾上腺素）。在犬中，口服给药后的半衰期约为 2 h。

适应证和临床应用

SAMe 已被用作膳食补充剂，以支持患有肝病的动物。它可能有助于恢复肝脏 GSH 浓度不足的动物。它也被用于治疗由对乙酰氨基酚和其他产生肝毒性氧化药物损伤的药物中毒引起的肝损伤。另一种膳食补充剂水飞蓟素（参见本书"水飞蓟素"部分），也被称为水飞蓟和水飞蓟宾，具有肝脏抗氧化性能，并已与 SAMe 联合用于治疗犬和猫（Denamarin）。通过对神经递质合成的影响，SAMe 已用于改善犬的认知功能。在年龄大于 8 岁的犬，与安慰剂相比，SAMe [18 mg/(kg·d)] 改善了与年龄相关的精神损伤。它已被用于治疗犬的关节炎，但尚无研究证明其有效性。

注意事项

不良反应和副作用

SAMe 可能会产生一种自限性的短暂性胃不适。没有其他副作用的报道。

禁忌证和预防措施

没有关于动物的禁忌证的报道。

药物相互作用

SAMe 与三环类抗抑郁药（TCA）的反应已被报道，尽管其机制尚不清楚。在实验动物中，服用氯丙咪嗪会引起血清素综合征。

使用说明

SAMe 是膳食补充剂，不用处方即可获得（OTC）。制剂的效力可能有所不同。随餐时降低吸收。饲喂前 30 min 到 1 h 给药。为确保进入猫的胃，在喂药后要给饮水。涂层片剂（如 Denosyl）可以保护活性成分免于储存期间受潮和胃酸的破坏。请勿破坏片剂或破坏涂层。

患病动物的监测和实验室检测

监测正在治疗中毒的动物的肝酶。

制剂与规格

SAMe 是广泛可获得的 OTC 片剂和粉剂。Denosyl 品牌有 90 mg、225 mg 和 425 mg 的片剂。兽医制剂（如 Denamarin）也可能包含水飞蓟素（水飞蓟宾）和维生素 E。

稳定性和贮藏

存放在密闭容器中，在室温下避光保存。请勿破坏片剂的涂层。

小动物剂量

犬

每天 20 mg/kg, PO 或 90 mg（小型犬）, 225 mg（中型犬）和 425 mg（大型犬）。

猫

每只 90 mg/d, PO，最大体重 5 kg。

大动物剂量

没有大动物剂量的报道。

管制信息

由于用于拟食用动物有害残留风险较低，无停药时间的建议。

赛拉菌素（Selamectin）

商品名及其他名称: Revolution。

功能分类: 抗寄生虫药。

药理学和作用机制

赛拉菌素为抗寄生虫药，用于犬和猫心丝虫预防中杀微丝蚴治疗。赛拉菌素是一种半合成阿维菌素。阿维菌素（类阿维菌素类药物）和米尔贝霉素（米尔贝霉素、多拉克丁和莫昔克丁）是大环内酯。阿维菌素和大环内酯具有相似之处，包括作用机制。这些药物通过增强寄生虫中谷氨酸门控的氯离子通道，对寄生虫具有神经毒性。寄生虫的瘫痪和死亡是由对氯离子的渗透性增加和神经细胞的超极化引起的。这些药物还可以增强其他氯通道的功能，包括被 γ- 氨基丁酸（GABA）封闭的通道。哺乳动物通常不受影响，因为它们缺乏谷氨酸门控的氯通道，并且与其他哺乳动物氯通道的亲和力较低。因为这些药物通常不会穿透血 - 脑屏障，所以哺乳动物 CNS 的 GABA 门控通道不会受到影响。在局部涂抹之后，赛拉菌素对皮脂腺和皮肤具有高度的亲和力。赛拉菌素在犬中的终末半衰期为 11 d，在猫中的终末半衰期为 8 d。

适应证和临床应用

赛拉菌素被批准用于预防心丝虫，控制跳蚤、螨虫和犬身上的蜱虫、钩虫和猫身上的蛔虫。赛拉菌素还可以用于治疗疥螨，有时比伊维菌素更受欢迎。

注意事项

不良反应和副作用

在大约 1% 的接受治疗的猫中，观察到短暂的局部脱毛，有或无炎症。其他副作用包括恶心、嗜睡、流涎、呼吸急促和肌肉震颤。

禁忌证和预防措施

6 周以下的犬和 8 周以下的猫禁用。

药物相互作用

没有关于动物药物相互作用的报道。

使用说明

如产品标签所示，将其应用于犬和猫的皮肤。

患病动物的监测和实验室检测
监测动物的心丝虫情况。

制剂与规格
赛拉菌素有 60 mg/mL 和 120 mg/mL 的透皮溶液。

稳定性和贮藏
存放在密闭容器中，在室温下避光保存。

小动物剂量
犬和猫
预防心丝虫：每 30 d 局部应用 6 ~ 12 mg/kg。

其他寄生虫：可以将与预防心丝虫相同的剂量用于预防耳螨虫和治疗跳蚤。在猫中，首选剂量为每 30 d，6 mg/kg。

治疗疥螨：6 ~ 12 mg/kg，2 次，相距 30 d（但是，许多皮肤科医生以 2 ~ 3 周的间隔给药）。

大动物剂量
没有大动物剂量的报道。

管制信息
不确定食品生产用动物的停药时间。

盐酸司来吉兰（Selegiline Hydrochloride）
商品名及其他名称： Anipryl（也称 deprenyl 和 l-deprenyl）、Eldepryl（人用制剂）、Emsam 透皮贴剂。
功能分类： 多巴胺激动剂。

药理学和作用机制
盐酸司来吉兰为多巴胺激动剂。司来吉兰已经有许多名称。盐酸司来吉兰是 USP 的正式药物名称，但多数临床医生知道其较旧的名称 l-deprenyl（l-deprenyl 与它的立体异构体 d-deprenyl 区别开）。相关药物是雷沙吉兰。司来吉兰已用于治疗人的帕金森病，偶尔用于治疗 Alzheimer 病，商品名为 Eldepryl（尚未确定在 Alzheimer 病的疗效）。

兽医制剂被批准用于治疗犬的库欣病和犬认知功能障碍。司来吉兰的作用是抑制 B 型单胺氧化酶（MAO）（以及在更高剂量时抑制其他 MAO）。提出的作用机制是抑制 CNS 中的多巴胺代谢。垂体依赖性肾上腺皮质功能亢进（PDH）的作用可能是通过增加大脑中的多巴胺水平，降低 ACTH 的释放，导致皮质醇水平降低。继发性效应与苯乙胺代谢的抑制有关（在实验动物中，苯乙胺产生类似于苯丙胺的作用）。两种活性代谢产物是 L- 苯丙胺和 L- 甲基苯丙胺，但尚不清楚它们对药理作用的影响程度。在马中，苯丙胺样代谢产物的代谢较低。

适应证和临床应用

在犬中，司来吉兰被批准用于控制 PDH（库欣病）的临床症状，并治疗老年犬的认知功能障碍。但是，对库欣病的疗效可能不如其他药物（如米托坦或曲洛司坦）好。司来吉兰的作用可能仅限于由脑垂体中间部病灶引起的 PDH，对于其他形式的 PDH 可能无效（犬 PDH 的多数病例具有远端部病灶）。采用 1.0 mg/kg 每天 1 次的剂量，可能会改善患 PDH 犬的某些临床症状，但不降低皮质醇水平。对于年龄较大的犬的认知功能障碍（痴呆），司来吉兰治疗可抑制 B 型 MAO，并增加脑内多巴胺浓度，这可以恢复多巴胺和平衡，并可能改善认知能力。已将其用于一些患与年龄相关的行为问题的老年猫，但尚无猫临床结果的报道，其剂量基于有限的个人经验。在马中口服给药似乎不会产生任何临床效果。

注意事项

不良反应和副作用

副作用在犬上很少见，但包括呕吐、腹泻、多动症和不安行为。在实验动物身上可以产生类似安非他命的迹象。在犬中使用大剂量，观察到过度活跃行为（剂量 > 3 mg/kg），包括流涎、喘气、重复运动、体重下降和活动水平的变化。剂量为每匹马 30 mg，IV 或 PO，没有行为影响。

两种活性代谢产物是 L- 苯丙胺和 L- 甲基苯丙胺。尽管在犬中苯丙胺的浓度增加，但是它们的浓度不足以产生副作用。但是，高剂量（> 3 mg/kg）可能会产生行为性改变。L- 异构体代谢产物的活性不如 D 型，与其他苯丙胺类药物相比，研究还不支持司来吉兰可能存在类似安非他命的滥用和依赖性的潜力。

禁忌证和预防措施

不适用于肾上腺肿瘤。与其他药物一起要慎用（请参见下面的"药物相互作用"）。

药物相互作用

请勿与其他单胺氧化酶抑制剂（MAOI）、TCA（如氯米帕明和阿米替林）或选择性 5- 羟色胺再摄取抑制剂（SSRI，如氟西汀）、哌替啶、多巴酚丁胺或双甲脒一起使用。谨慎与交感神经胺和其他可能产生相互作用的药物一起使用，如利奈唑胺和曲马多。但是，一项临床研究表明，当司来吉兰与苯丙醇胺一起联合使用时，在犬中没有副作用。

使用说明

滴定调整剂量至生效。从低剂量开始，逐渐增加，直至观察到临床效果。尚未评估人用透皮贴剂在动物中的应用。

患病动物的监测和实验室检测

不需要特定的监护。血清皮质醇检测对评估疗效没有价值。

制剂与规格

司来吉兰在动物中有 2 mg、5 mg、10 mg、15 mg 和 30 mg 的片剂，在人中有 5 mg 的片剂或胶囊，20 cm^2、30 cm^2 和 40 cm^2 的透皮贴剂（EmSam）。

稳定性和贮藏

如果保持制造商的原始配方，则很稳定。

小动物剂量
犬

从 1 mg/kg，q24 h，PO 开始。如果 2 个月内无反应，则增加剂量至最大 2 mg/kg，q24 h，PO。

猫

0.25 ~ 0.5 mg/kg，q12 h，PO。在一些猫中，每天 1 次可能足以治疗。

大动物剂量

没有大动物剂量的报道。初步研究以每匹马 30 mg，PO 或 IV 的剂量给药，未观察到对行为或自主活动的影响。

管制信息

禁用于拟食用动物。

RCI 分类：2。

番泻叶（Senna）

商品名及其他名称：Senokot。

功能分类：轻泻药 / 通便剂。

药理学和作用机制

番泻叶为泻药。番泻叶通过局部刺激或与肠道黏膜接触而起作用。

适应证和临床应用
番泻叶适用于治疗便秘。

注意事项
不良反应和副作用
尚未在动物中报道过副作用。然而，过大的剂量可能会导致液体和电解质的损失。

禁忌证和预防措施
不适用于有胃肠道梗阻的动物。脱水的动物禁用。

药物相互作用
没有关于动物药物相互作用的报道。

使用说明
在兽医学中尚未确定剂量和适应证。使用仅源于个人经验。

患病动物的监测和实验室检测
不用特殊监测。

制剂与规格
番泻叶有颗粒剂浓缩液或糖浆。

稳定性和贮藏
存放在密闭容器中，在室温下避光保存。

小动物剂量
犬
糖浆：每只每小时 5 ～ 10 mL，PO。
颗粒剂：每只每小时 1/2 ～ 1 茶匙（1 茶匙 =5 mL），PO。
猫
糖浆：每只 5 mL，q24 h。
颗粒剂：每只 1/2 茶匙，q24 h（随餐）。

大动物剂量
没有大动物剂量的报道。

管制信息
由于用于拟食用动物有害残留风险低，无停药时间的建议。

七氟烷（Sevoflurane）

商品名及其他名称：Ultane。
功能分类：麻醉药。

药理学和作用机制

七氟烷为吸入式麻醉药。与其他吸入式麻醉药相似，作用机制尚不确定。七氟烷可使 CNS 产生广泛性可逆性抑制。吸入式麻醉药在血液中的溶解度、效力及诱导和苏醒的速率各不相同。血液/气体分配系数低的患病动物与最快的诱导和苏醒相关。七氟烷的蒸气压为 160 mmHg（20℃下），血液/气体分配系数为 0.65，脂肪/血液系数为 48。七氟烷在许多方面与异氟烷相似，不同之处在于七氟烷的溶解度较低，从而导致诱导时间和苏醒时间更短。

适应证和临床应用

七氟烷用作吸入式麻醉药。与使用异氟烷相比，七氟烷并无任何明显优势，而且它比异氟烷贵。在猫、犬和马中，最低肺泡有效浓度（MAC）值分别为 2.58%、2.36% 和 2.31%。与其他吸入式麻醉药一样，七氟烷可以与麻醉前用药、阿片类药物、α_2- 激动剂和镇静药一起使用。

注意事项
不良反应和副作用

副作用与麻醉作用有关（如心血管和呼吸抑制）。七氟烷可以产生氟离子和化合物 A 的副产物，对肾脏有毒。

禁忌证和预防措施
除非有足够的设备来监测患病动物，否则不要使用。

药物相互作用
没有关于动物药物相互作用的报道。

使用说明
使用吸入式麻醉药需要仔细监测，剂量由麻醉深度决定。

患病动物的监测和实验室检测
使用过程中应仔细监测患病动物的心率、心律及呼吸频率。

制剂与规格
七氟烷有 100 mL 的瓶装。

稳定性和贮藏

七氟烷易挥发，只能存放在批准的容器中。

小动物剂量

诱导麻醉：8%；维持麻醉：3% ~ 6%。

大动物剂量

马

MAC 值：2.31。

管制信息

不确定用于拟食用动物的停药时间。清除很快，建议停药时间短。

枸橼酸西地那非（Sildenafil Citrate）

商品名及其他名称：Viagra、Revatio。
功能分类：血管扩张药。

药理学和作用机制

西地那非是磷酸二酯酶 V（phosphodiesterase V，PDE V）特异性血管扩张药。西地那非和类似药物通过抑制 PDE V 分解来增加环状 GMP。PDE-V 有两个重要位置：①肺的血管平滑肌；②海绵体。第二种作用产生了所需的临床效果，从而引起了在人医中的普及。对肺血管平滑肌的作用会导致患肺动脉高压动物肺血管床的血管舒张。用于此作用的其他药物是他达拉非（Cialis），剂量在犬中为 1 ~ 2 mg/kg，q12 h，PO。

适应证和临床应用

西地那非和相关药物被用于人，通过对海绵体的作用来治疗勃起功能障碍。在兽医学中尚未探讨这种作用。在兽医学中的使用仅限于肺动脉高血压的治疗。在犬中，西地那非对肺高血压的患病动物有改善作用。

注意事项

不良反应和副作用

在犬的腹股沟区可能观察到皮肤肿胀。除此之外，在犬中的临床使用中没有副作用的报道。潜在的效果归因于血管舒张作用。如果使用大剂量或其他血管扩张药，特别是那些增加 cGMP 水平的药物，可能会发生低血压。

禁忌证和预防措施

与其他血管扩张药物联合使用时要谨慎。

药物相互作用

没有关于动物药物相互作用的报道，但在人用药中，与其他血管扩张药（如 α- 阻滞剂和硝酸盐）一起使用时需要注意。

使用说明

在兽医学中的使用是基于对犬肺动脉高血压的研究。剂量和临床的使用基于这些有限的报道。

患病动物的监测和实验室检测

不用特殊监测，但要监测处于心血管系统并发症风险中的患病动物的心血管功能（血压和心率）。

制剂与规格

西地那非有 20 mg、25 mg、50 mg 和 100 mg 的片剂。

稳定性和贮藏

存放在密闭容器中，在室温下避光保存。

小动物剂量

犬

2 mg/kg，q12 h，PO。剂量间隔可以在 8 ~ 24 h，并且已经在某些犬中服用了高达 3 mg/kg 的剂量。

猫

1 mg/kg，q8 h，PO。

大动物剂量

没有大动物剂量的报道。

管制信息

不确定用于拟食用动物的停药时间。

S

水飞蓟素（Silymarin）

商品名及其他名称：水飞蓟宾、Marin、milk thistle 和通用品牌。
功能分类：肝脏保护剂。

药理学和作用机制

水飞蓟素含有水飞蓟宾，是最有活性的成分。它也被称为奶蓟草，是水飞蓟素的来源。水飞蓟素是抗肝毒性黄酮木脂素（源自植物水飞蓟）的混合物。水飞蓟素有3种被认为是黄酮木脂素的组成：水飞蓟宁、水飞蓟亭和水飞蓟宾（主要成分，也称为 silymarin 和 silibinin）。水飞蓟素已用于治疗人的多种肝脏疾病。水飞蓟素的作用机制被认为是同时抑制脂性膜过氧化和 GSH 氧化的抗氧化剂。实验数据支持水飞蓟素作为抗氧化剂和自由基清除剂的保肝作用。

在动物中的药代动力学研究有限。一种产品（Marin）与磷脂酰胆碱复合，可以增加生物利用度。联合产品包含维生素 E［α-生育酚水溶液，$10 \sim 100$ IU/(kg·d)］，也因其抗氧化作用而受到提倡。

水飞蓟素的药代动力学已在犬、猫和马中进行研究。在猫中口服给药后，半衰期为 3.2 h（±1.74），口服吸收低（如在猫中口服吸收为 7%）。但是，胆汁浓度远高于血清水平，这可能表明在肝脏的浓度更高。在马中，随餐口服吸收极低（0.6%），使用鼻胃管给药时，口服吸收为 2.9%。

适应证和临床应用

水飞蓟素已用于治疗人和动物的肝病，包括肝毒性反应。它被用于四氯化碳、蘑菇、砷和对乙酰氨基酚引起的肝毒性药物损伤的动物，起到肝保护作用。也推荐用于患肝病的犬、猫和马，但尚无很好的临床研究证明这种用途的有效性。一项研究表明，水飞蓟素和 SAMe 一起使用可降低肿瘤患犬与化疗相关的肝酶升高。在人中的研究结果各异，在犬、猫和马中的研究也很有限。

在猫中，水飞蓟素可以提供抗氧化活性。水飞蓟素被用作犬和猫肝病的补充治疗。但是，没有关于水飞蓟素的口服吸收、正确剂量或功效的具体信息。水飞蓟素可以与 SAMe 一起使用。有制剂同时包含了水飞蓟素和SAMe（Denamarin）。

给马服用时，水飞蓟素产生的抗氧化能力很小。

注意事项

不良反应和副作用

没有特定的副作用的报道。

禁忌证和预防措施

没有关于动物的禁忌证的报道。

药物相互作用

没有药物相互作用的报道。

使用说明

SAMe、水飞蓟素和维生素 E 被视为膳食添加剂，因此，不受 FDA 的管制。产品都是 OTC，有各种类型，纯度和效力可能存在很大差异。

患病动物的监测和实验室检测

监测正在治疗中毒的动物的肝酶。

制剂与规格

水飞蓟素片剂是可广泛使用的 OTC。商业兽医制剂（Marin）是一种用于犬和猫的磷脂酰胆碱复合物片剂，还包含锌和维生素 E。Denamarin 包含水飞蓟素和 SAMe。

稳定性和贮藏

存放在密闭容器中，在室温下避光保存。

小动物剂量

犬和猫

5 ~ 15 mg/kg，PO，每天 1 次。一些资料建议每天的剂量应至少为 30 mg/kg，PO。

大动物剂量

马

没有关于大动物的临床有效剂量的报道。在 6.5 mg/kg、13 mg/kg 和 26 mg/kg，q12 h 的剂量下，持续用药 7 d，仅观察到较小的抗氧化作用。

管制信息

由于用于拟食用动物有害残留风险低，无停药时间的建议。

碳酸氢钠（Sodium Bicarbonate）

商品名及其他名称： Baking soda、soda mint、Citrocarbonate 和 Arm & Hammer 纯小苏打。

功能分类： 碱化剂。

药理学和作用机制

碳酸氢钠为碱化剂、抗酸剂。它会增加血浆和尿中碳酸氢盐的浓度。1 g 碳酸氢钠等于 12 mEq 钠和碳酸氢根离子，3.65 g 碳酸氢钠等于 1 g 钠。

适应证和临床应用

碳酸氢钠是一种典型的碱化溶液。它是最常用的碱化溶液，用于全身性酸中毒的 IV 治疗和治疗严重的高钾血症。当添加到液体治疗中时，目标是将 PaCO$_2$ 维持在 37 ~ 43 mmHg。碳酸氢钠也被用来碱化尿液。

注意事项

不良反应和副作用

副作用已归因于碱化活性。过度用药可能会发生低钾血症。可能会发生高渗、高钠血症、矛盾性 CNS 和细胞内酸中毒。

禁忌证和预防措施

患低血钙（低钙血症）的动物（可能会加剧手足搐搦），因呕吐而导致氯过度丢失的动物，患有碱中毒的动物禁用。使用碳酸氢钠可能增加高钠血症、矛盾性 CNS 酸中毒和高渗性的风险。

药物相互作用

碳酸氢钠不能与需要酸性介质保持稳定性和溶解性的药物混合。这样的药物可能包括含盐酸（HCl）盐的溶液。当与 IV 溶液混合时，请勿与含有钙的溶液混合（可能会产生螯合）。口服时，可能会发生相互作用，减少其他药物的吸收（部分清单包括抗胆碱能药、酮康唑、氟喹诺酮类和四环素类）。

使用说明

用于全身性酸中毒时，应根据血气测量结果或对酸中毒的评估调整剂量。以下等式可用于估计需求：

所需碳酸氢盐（mEq）= 体重（kg）× 碱缺失（mEq/L）× 0.3

最初，将 25% ~ 50% 的计算剂量 IV，超过 20 ~ 30 min。在犊牛或新生儿中，使用的系数是 0.5 而不是 0.3。注意：1.4% 溶液 =0.17 mEq/mL，每升提供 13 g 碳酸氢盐。8.5% 溶液 =1 mEq/mL 的碳酸氢钠。一茶匙小苏打约为 2 g 碳酸氢钠。12 mEq 碳酸氢盐相当于 1 g 的碳酸氢钠。在用于心脏复苏时，由于存在高渗、高钠血症和矛盾性 CNS 酸中毒的风险，应谨慎。

患病动物的监测和实验室检测

监测酸碱状态。

制剂与规格

碳酸氢钠有 325 mg、520 mg 和 650 mg 的片剂。每茶匙（3.9 g）枸橼碳酸盐中，有 780 mg 碳酸氢钠和 1.82 g 枸橼酸钠。还有各种浓度的注射剂 4.2% 是 0.5 mEq/mL（11.5 mg/mL 钠）和 8.4% 是 1 mEq/mL（23 mg/mL 钠）。

稳定性和贮藏

在室温下存放在密闭容器中。碱性溶液，pH 为 7.0 ~ 8.5。请勿与酸性溶液混合。碳酸氢钠是水溶液。如果暴露在空气中，可能会分解为碱性更强的碳酸钠。

小动物剂量
犬和猫

代谢性酸中毒：0.5 ~ 1.0 mEq/kg，IV。

肾衰竭：10 mg/kg，q8 ~ 12 h，PO。

尿液的碱化：50 mg/kg，q8 ~ 12 h，PO。

抗酸剂：2 ~ 5 g 混于水，PO。

CPR：1 mEq/kg，每隔 10 min 添加 0.5 mEq/kg。

大动物剂量

代谢性酸中毒：0.5 ~ 1.0 mEq/kg，缓慢 IV。其他剂量应根据碱缺失计算。口服剂量有所不同。成年大动物（马和牛）可以口服 10 ~ 12 g 碳酸氢钠，犊牛、马驹和猪口服 2 ~ 5 g 碳酸氢钠。

管制信息

由于用于拟食用动物有害残留风险低，无停药时间的建议。

0.9% 氯化钠（Sodium Chloride 0.9%）

商品名及其他名称：生理盐水、通用品牌。

功能分类：体液补充剂。

药理学和作用机制

氯化钠用于 IV 输注，作为替代液体。它不适合用作维持液。氯化钠（0.9%）包含 154 mEq/L 钠和 154 mEq/L 氯。与其他液体解决方案的比较，请参见附录 K。

S

适应证和临床应用

氯化钠用于 IV 体液补充。但是，它不是平衡的电解质溶液，因此，不应用于维持。它还经常用作通过 CRI 提供 IV 给药的载体。

注意事项
不良反应和副作用

0.9% 氯化钠不是一种平衡的电解质溶液。长期输液可能导致电解质失衡。

生理盐水溶液不是平衡溶液，它可能会导致酸血症，因为它会增加肾脏对碳酸氢盐的消除。长期使用可能导致低钾血症。

禁忌证和预防措施

不要超过 80 mL/(kg·h) 的最大剂量率。该溶液不能用于维持电解质平衡。

药物相互作用

没有关于动物药物相互作用的报道。

使用说明

在静脉输液时，请仔细监测速率和电解质浓度。

输液速度如下

替代液体：计算所需升数 = 脱水（%）× 体重（kg）

或

需要的毫升数 = 脱水（%）× 体重（kg）×1000

根据碱缺失的计算，如有必要，向液体中添加碳酸氢盐。

患病动物的监测和实验室检测

监测水合状态和血清电解质，尤其是钾。

制剂与规格

0.9% 氯化钠有 500 mL 和 1000 mL 的注射液。

稳定性和贮藏

在室温下存放在密闭容器中。

小动物剂量

犬和猫

维持（无缺失）：1.5 ~ 2.5 mL/(kg·h)（注意：这不是平衡维持溶液）。

中度脱水：15 ~ 30 mL/(kg·h)，IV。

严重脱水：50 mL/(kg·h)，IV。

大动物剂量

40 ~ 50 mL/(kg·d)，IV、IP 或 SQ 维持。

中度脱水：15 ~ 30 mL/(kg·h)，IV。

严重脱水：50 mL/(kg·h)，IV。

犊牛

中度脱水：以 30 ~ 40 mL/(kg·h) 的速率给 45 mL/kg。

严重脱水：以 30 ~ 40 mL/(kg·h) 的速率给 80 ~ 90 mL/kg 或必要时最

快达到 80 mL/(kg·h) 的速率。

管制信息
由于用于拟食用动物有害残留风险低，无停药时间的建议。

7.2% 氯化钠（Sodium Chloride 7.2%）
商品名及其他名称： Hypertonic saline solution、HSS。
功能分类： 体液补充剂。

药理学和作用机制
浓缩的氯化钠用于急性治疗低血容量。高渗盐水引起血浆容量快速扩充，并可能改善微血管血流。高渗盐水溶液渗透压 2566 mOsm/L，含 1232 mEq/L 钠和 1232 mEq/L 氯。

适应证和临床应用
高渗盐水用于治疗动物的低血容量性休克。其受益持效时间是短暂的。与胶体液联合（如右旋糖酐 70）可能会有好处。在犬中以 4 mL/kg，IV 输注 5 min，可有效治疗败血性休克。

> **注意事项**
> **不良反应和副作用**
> 7.2% 氯化钠不是一个平衡的电解质溶液。长期输液可能导致电解质失衡。
> **禁忌证和预防措施**
> 高钠血症和肾功能不全的动物禁用。
> **药物相互作用**
> 没有关于动物药物相互作用的报道。

S

使用说明
高渗盐水用于短期输注，以快速替代血管容量。

患病动物的监测和实验室检测
监测被治疗动物的血细胞比容和血压。

制剂与规格
7.2% 氯化钠输注溶液。

稳定性和贮藏
在室温下存放在密闭容器中。

小动物剂量
犬和猫

7.2% 溶液：3 ~ 8 mL/kg，IV［给药的速率不应超过 1 mL/(kg·min)］。

大动物剂量
7.2% 溶液：4 ~ 8 mL/kg，IV，速率为 1 mL/(kg·min)。

管制信息
由于用于拟食用动物有害残留风险低，无停药时间的建议。

碘化钠（20%）[Sodium Iodide（20%）]
商品名及其他名称： Iodopen 和通用品牌。
功能分类： 碘补充剂。

药理学和作用机制
碘化钠用于治疗碘缺乏。

适应证和临床应用
碘化钠用于治疗真菌感染，优于碘化钾。它已用于治疗细菌、放线菌和真菌感染，主要用于马和牛。在牛中，已用于治疗放线菌病（块状颌）和放线杆菌病（木舌和坏死性口炎）。在小动物中，它被用于治疗孢子丝菌病。尚未明确在这些适应证中的功效。有关使用和可获得制剂的其他信息，请参阅有关"碘化物"和"碘化钾"的部分。

注意事项
不良反应和副作用

高剂量碘化钠可以产生碘中毒症状，包括流泪、黏膜刺激、眼睑肿胀、咳嗽、毛发干燥和邋遢及脱毛。碘化钾味道苦，能引起恶心和流涎。

禁忌证和预防措施

妊娠的动物禁用，因其可能导致流产。

药物相互作用

没有药物相互作用的报道。

使用说明

对于牛的治疗，通过 IV 缓慢给药。注意不要注入血管外，否则会引起组织坏死。在动物中的临床应用主要是凭经验。列出的剂量和适应证尚未经过临床试验的检验。对于这些适应证，应考虑用其他更可靠的药物来替代。

患病动物的监测和实验室检测

不用特殊监测。

制剂与规格

碘化钠有 20 g/100 mL（20%）的注射剂，并且每毫升注射剂含 100 μg 元素碘（118 μg 碘化钠）。

稳定性和贮藏

存放在密闭容器中，在室温下避光保存。

小动物剂量

犬和猫

参考碘化钾的口服剂量。

大动物剂量

马

每天 125 mL 的 20% 溶液 IV，持续用药 3 d，然后每天每匹马 30 g 注射，持续用药 30 d。

牛

67 mg/kg（每 100 lb 用 15 mL），缓慢 IV，并每周重复 1 次。

管制信息

由于用于拟食用动物有害残留风险低，无停药时间的建议。

S

盐酸索他洛尔（Sotalol Hydrochloride）

商品名及其他名称： Betapace。

功能分类： β - 阻滞剂、抗心律失常。

药理学和作用机制

盐酸索他洛尔为非特异性 β- 受体（β_1 和 β_2）肾上腺素阻滞剂（Ⅱ类抗心律失常）。作用类似于普萘洛尔（1/3 效力）。但是，其有益作用可能更多是由其他抗心律失常作用引起的。除了作为Ⅱ类抗心律失常药物外，索他洛尔可能具有某些Ⅲ类（钾通道阻滞）活性。Ⅲ类活动通过降低延迟整流电流的钾传导来延长不应期。索他洛尔是水溶性β-阻滞剂，与其他β-阻滞剂相比，其对肝脏清除的依赖性较少。血浆水平和清除的个体差异预计低于其他β阻滞剂。

适应证和临床应用

索他洛尔适用于控制顽固性室性心律失常和顽固性心房颤动。尽管索他洛尔通常用于小动物，尤其是犬，但其使用和剂量主要基于个人和临床经验。

注意事项

不良反应和副作用

目前还没有在动物中产生副作用的报道，预计和普萘洛尔类似。和许多抗心律失常药物相似，索他洛尔可能有一些致心律失常活性。负性肌力作用可能引起一些心肌收缩力差的动物的担忧。

禁忌证和预防措施

对心力衰竭或AV传导阻滞患病动物和在心脏储备较低的动物中慎用。

药物相互作用

与其他可能会降低心脏收缩或心率的药物一起使用时，需谨慎。

使用说明

低剂量时会发生β-阻滞作用。高剂量时会发生Ⅲ类抗心律失常作用。在人用药中，索他洛尔可能是比其他药物更有效的控制心律失常维持剂。

患病动物的监测和实验室检测

监测治疗期间的心率。

制剂与规格

索他洛尔有80 mg、120 mg、160 mg和240 mg的片剂。

稳定性和贮藏

存放在密闭容器中，在室温下避光保存。索他洛尔溶于水和乙醇。它与糖浆和调味剂混合处理后，可稳定保存12周，但应将其保存在冰箱中。

小动物剂量

犬

1～2 mg/kg，q12 h，PO（对于大中型品种的犬，从每只40 mg，q12 h开始，如果无响应，则增加到80 mg）。

猫

1 ～ 2 mg/kg，q12 h，PO。也可以每只 10 ～ 20 mg，q12 h。

大动物剂量

没有大动物剂量的报道。

管制信息

不确定食品生产用动物的停药时间。

RCI 分类：3。

大观霉素、盐酸大观霉素五水合物（Spectinomycin, Spectinomycin Dihydrochloride Pentahydrate）

商品名及其他名称： Spectam、Spectogard、Prospec 和 Adspec。

功能分类： 抗生素、氨基环醇。

药理学和作用机制

大观霉素是一种氨基环醇抗生素，与氨基糖苷具有相似特征。但不同的是，大观霉素不含氨基糖或糖苷键。它具有广谱活性和高度水溶性，很容易混合在水溶液中。与氨基糖苷类相似，大观霉素通过 30S 核糖体靶标抑制蛋白质合成。大观霉素是一种广谱药物，对革兰氏阳性菌、某些革兰氏阴性菌和支原体具有活性，但厌氧菌活性很小。大观霉素口服不吸收，但可以放在饮用水中给药来治疗肠炎，或者通过注射来治疗其他感染。注射后，在动物中的半衰期为 1 ～ 2 h。

适应证和临床应用

大观霉素对某些革兰氏阴性菌具有体外活性，并且也已口服用于治疗大肠杆菌引起的细菌肠炎和作为注射剂来治疗呼吸系统感染。大观霉素已用于治疗牛的巴氏杆菌、曼海姆菌和睡眠嗜组织菌（以前称为睡眠嗜血杆菌）引起的呼吸系统感染。大观霉素也具有抗支原体活性。它已被用于犬，但并不常用。大观霉素已被原药生产商撤回，并且可能无商品在售。

S

注意事项

不良反应和副作用

在牛中，注射部位可能发生病变。

禁忌证和预防措施

用于饮用水的粉剂不应与注射用水或生理盐水配制进行静脉注射。这种溶液产生了严重的肺水肿和死亡。

药物相互作用

没有药物相互作用的报道。

使用说明
牛的注射部位应该选择在颈部肌肉进行。

患病动物的监测和实验室检测
无须特殊的监测。

制剂与规格
大观霉素有口服溶液、可添加到饮用水中的粉剂和用于牛的注射剂。大观霉素注射剂被药品生产商中止了，可能无法获得。以前有硫酸大观霉素 100 mg/mL 溶液（Adspec）。林可霉素 - 大观霉素合剂每毫升含 50 mg 林可霉素和 100 mg 大观霉素（Linco-Spectam）。用于家禽的制剂包括 500 mg/g 的水溶性粉剂。

稳定性和贮藏
存放在室温下。防止冻结。尚未评估复合制剂的稳定性。

小动物剂量
犬
22 mg/kg，q12 h，PO，持续用药 4 d。

5.5 ~ 11.0 mg/kg，q12 h，IM，持续用药 4 d。

大动物剂量
猪
6.6 ~ 22.0 mg/kg，q12 ~ 24 h，IM 或每头猪 50 ~ 100 mg，PO。
牛
10 ~ 15 mg/kg，q24 h，SQ（在颈部），持续用药 3 ~ 5 d。

管制信息
肉用牛停药时间：11 d。注射部位的肉变色可能持续 15 d。

肉用猪的停药时间：21 d。剂量为 20 mg/kg 时，停药时间为 30 d。

要屠宰的犊牛、20 月龄及以上的奶牛禁用。尚未确定弃奶时间。

多杀菌素（Spinosad）

商品名及其他名称： Comfortis、Trifexis（with milbemycin）。
功能分类： 抗寄生虫药。

药理学和作用机制

多杀菌素是 Spinosyns 类杀虫剂的一种。它们类似于四环素大环内酯类，但不是抗菌药。多杀菌素是 Spinosyn A 和 Spinosyn D 的合剂，来自细菌（刺糖多孢菌）。多杀菌素对跳蚤的作用是激活烟碱乙酰胆碱受体，而不是其他烟碱受体或 GABA 受体。用多杀菌素杀昆虫的作用是通过肌肉收缩和运动神经神经元震颤、麻痹和跳蚤死亡。由于对烟碱乙酰胆碱受体的敏感性不同，它不影响哺乳动物。

适应证和临床应用

多杀菌素被用作每月治疗跳蚤。给药后，多杀菌素可在 30 min 内杀死跳蚤，并在 4 h 内完全杀死。在有跳蚤数量很多的区域进行治疗的最初 2 周后，功效可能会下降，如果每 2 周用 1 次，则在某些犬中治疗跳蚤的效果可能会好于每月 1 次。

多杀菌素加米尔贝霉素适用于预防心丝虫病（犬恶丝虫）和杀死跳蚤（猫蚤），以及控制钩虫成虫（犬钩虫）、蛔虫成虫（犬弓首蛔虫和狮弓蛔虫）和鞭虫成虫（犬鞭虫）感染，主要在犬中和 8 周龄及以上、体重大于或等于 2.5 kg 的幼犬中。

注意事项

不良反应和副作用

安全性研究表明，大剂量给药（100 mg/kg，每天 1 次，持续用药 10 d），除呕吐和肝酶轻度升高外，没有产生任何严重的副作用。给具有多药耐药性（MDR）基因突变（P-糖蛋白缺陷）的柯利犬口服多杀菌素（300 mg/kg）并未引起中毒迹象。常规使用可观察到偶尔呕吐（关于呕吐后给药请参阅"使用说明"部分）。

在猫中，最常见的不良事件是呕吐。

禁忌证和预防措施

多杀菌素可以与心丝虫预防剂（包括伊维菌素）一起安全使用，但不能与高剂量伊维菌素一起治疗蠕形螨。在怀孕和哺乳的动物中慎用。对怀孕犬的安全性研究已报道了一些幼犬的副作用。也已经报道了使用多杀菌素的母犬引起幼犬的副作用。

S

药物相互作用

当两种药物一起给药时，多杀菌素显著增加了伊维菌素浓度。提出的药物相互作用是由 P- 糖蛋白膜运载体抑制引起的，这可能会增加伊维菌素引起副作用的风险。多杀菌素已与其他药物一起安全使用，包括预防心丝虫病。

使用说明

应将多杀菌素与食物一起服用以获取最大吸收。如果在给药的 1 h 内出现呕吐，请再用 1 次全剂量重新服用。如果错过剂量，则随餐给予 Comfortis 咀嚼片，并恢复每月给药时间表。可在一年中的任何季节开始使用多杀菌素治疗，最好在跳蚤出现之前开始。也可以整年使用。

尽管在美国未批准用于猫（但有些国家已批准），但多杀菌素已被每月 1 次安全地用于跳蚤控制。

患病动物的监测和实验室检测

不用特殊监测。

制剂与规格

多杀菌素有 5 种可咀嚼片，包含 140 mg、270 mg、560 mg、810 mg 或 1620 mg。

多杀菌素 + 米尔贝霉素咀嚼片含 140 mg 多杀菌素和 2.3 mg 米尔贝霉素肟；270 mg 多杀菌素和 4.5 mg 米尔贝霉素肟；560 mg 多杀菌素和 9.3 mg 米尔贝霉素肟；810 mg 多杀菌素和 13.5 mg 米尔贝霉素肟及 1620 mg 多杀菌素和 27 mg 米尔贝霉素肟。

稳定性和贮藏

将吸塑包装存放在室温下。

小动物剂量

犬

30 mg/kg（13.5 mg/lb），PO，每月 1 次。

猫

50 ~ 100 mg/kg，PO，每月 1 次（某些国家 / 地区批准的猫的剂量为 50 mg/kg，每月 1 次）。

大动物剂量

没有大动物剂量的报道。

管制信息

不确定食品生产用动物的停药时间。

螺内酯（Spironolactone）

商品名及其他名称： Aldactone、Prilactone（欧洲）。
功能分类： 利尿剂。

药理学和作用机制

螺内酯为保钾利尿剂。螺内酯的作用是通过竞争性抑制醛固酮的作用来干扰远端肾小管钠重吸收。醛固酮介导水和钠的潴留。螺内酯直接与醛固酮受体结合，但是在常规剂量下，螺内酯不会阻滞其他类固醇受体的作用。它被更恰当地称为醛固酮拮抗剂，而不是利尿剂，因为它不会产生明显的利尿作用。因为醛固酮可能直接影响心脏肌肉细胞和血管内皮细胞的重塑，所以螺内酯可能通过减弱醛固酮诱导的心肌重塑和心肌纤维化而起作用。产生了较小的抗雄激素作用，因此，相关药物依普利酮（Inspra）已被用于人，与醛固酮相比，它产生的抗雄激素作用较小。但是，与人相比，在犬中的内分泌作用和抗雄激素作用并不是很大的问题，而螺内酯仍是此类中的首选药物。

在犬中，口服吸收为50%，但随餐服用时会增加到80%～90%。在目前推荐的犬的剂量（2 mg/kg）下，螺内酯会产生约88%的醛固酮抑制。

适应证和临床应用

螺内酯用于治疗由心力衰竭引起的高血压和充血。在欧洲，Prilactone已被批准用于犬的标准治疗，用于治疗由瓣膜疾病引起的充血性心力衰竭（其他治疗方法包括匹莫苯丹、地高辛和呋塞米）。螺内酯也可以与血管紧张素转换酶（ACE）抑制剂一起使用，以达到治疗心力衰竭动物的协同作用。在传统的心脏治疗中添加螺内酯可显著降低患有瓣膜病犬的心脏发病率和死亡率风险。提议的螺内酯治疗的益处是通过醛固酮拮抗作用，可用于抑制利尿剂（如呋塞米）或某些产生充血的疾病引起的肾素-血管紧张素-醛固酮系统（RAAS）活化。螺内酯也已用于治疗肝硬化，因为它会抑制过量的醛固酮引起的腹水。对患肥厚型心肌病的猫的治疗并无益处（有关猫的更多信息，另请参阅"不良反应和副作用"部分）。

注意事项

不良反应和副作用

螺内酯可以使部分患病动物产生高钾血症。高剂量和长期使用可能会产生一些类固醇样的作用。使用螺内酯的猫有面部皮炎的报道，这可能会限制在这些动物的临床使用。这些反应的机制未知。在人中，用螺内酯进行治疗已与抗雄激素作用相关，如男性乳房发育、多毛症和阳痿。在动物中的使用尚无抗雄激素作用的报道，只是在某些雄性犬中已观察到前列腺萎缩。

禁忌证和预防措施

脱水的患病动物禁用。NSAID可能会干扰作用。避免同时使用高钾的添加剂。患胃溃疡或易患胃肠道疾病（如胃炎或腹泻）的动物禁用。

药物相互作用

螺内酯通常与ACE抑制剂（如依那普利）一起使用。它与ACE抑制剂协同作用，通常不会产生不利的钾浓度变化。但是，在一些动物中，用螺内酯和ACE抑制剂双重治疗可能会增加肾损伤的风险，并可能增加高钾血症的风险，因此，建议进行相应的监测。与其他可能增加钾浓度的药物（如甲氧苄啶和NSAID）一起使用时要谨慎。其他心脏治疗已安全地使用螺内酯，如匹莫苯丹、地高辛和呋塞米。

使用说明

螺内酯通常与其他药物一起用于治疗充血性心力衰竭（如ACE抑制剂、正性肌力药物、血管扩张药）。

患病动物的监测和实验室检测

与ACE抑制剂（如马来酸依那普利）一起使用时监测血清钾浓度。螺内酯可能会导致地高辛分析的结果略有假阳性。

制剂与规格

螺内酯有25 mg、50 mg和100 mg的片剂。片剂可以很容易地分开。在欧洲，有一种批准的可用于动物的制剂。在美国，使用人的制剂。

稳定性和贮藏

存放在密闭容器中，在室温下避光保存。螺内酯不溶于水，但在乙醇中溶解性稍强。它是一种混合在糖浆中的口服悬浮液（首先与乙醇混合后），可稳定90 ~ 160 d。

小动物剂量
犬
2 ~ 4 mg/(kg·d)（或 1 ~ 2 mg/kg, q12 h), PO。在犬中，以 2 mg/(kg·d) 开始，并逐渐增加，不超过 4 mg/(kg·d)。在欧洲，犬的批准剂量为每天 2 mg/kg。
猫
在猫中的使用有争议，因为螺内酯可能造成皮炎，并且疗效令人怀疑。但是，某些状况的剂量范围为 2 ~ 4 mg/(kg·d)（或 1 ~ 2 mg/kg, q12 h), PO。

大动物剂量
没有大动物剂量的报道。

管制信息
不确定食品生产用动物的停药时间。
RCI 分类: 4。

司坦唑醇（Stanozolol）
商品名及其他名称: Winstrol-V。
功能分类: 激素、合成代谢药。

药理学和作用机制
司坦唑醇为合成代谢类固醇，是睾酮的衍生物。合成药物旨在最大限度地发挥合成代谢作用，同时最大限度地减少雄激素作用。其他合成代谢性药物包括宝丹酮、诺龙、羟甲烯龙和甲睾酮。

适应证和临床应用
合成代谢药物（如司坦唑醇）已用于逆转分解代谢状况、增加体重、增加动物的肌肉和刺激红细胞生成。用于训练期间的马。司坦唑醇已用于患慢性肾脏疾病的动物，并且有一些证据表明，在患肾脏疾病的犬中使用司坦唑醇，可改善氮平衡。用于猫会引起中毒。

> #### 注意事项
> **不良反应和副作用**
> 来自合成代谢类固醇的副作用可以归因于这些类固醇的雄激素作用。常见雄性效应的增加。据报道，一些肿瘤在人体内的发病率有所增加。一些 17-α- 甲基化口服合成代谢性类固醇（羟甲烯龙、司坦唑醇和氧雄龙）与肝毒性有关。已证明，在患肾脏疾病的猫中用司坦唑醇会造成肝酶持续增加和肝脏中毒。

禁忌证和预防措施

患肾脏疾病的猫和妊娠动物禁用。有其他先前存在的疾病（如肝衰竭）的犬慎用。与其他合成代谢的类固醇相似，司坦唑醇极有可能在人中滥用。该药物被人滥用以增强运动表现。

药物相互作用

没有关于动物药物相互作用的报道。

使用说明

对于许多适应证，在动物中的使用（和剂量）是基于在人中的应用经验或在动物中的个人经验。

患病动物的监测和实验室检测

监测肝酶治疗期间肝脏损伤（胆汁淤积）的迹象。

制剂与规格

司坦唑醇有 50 mg/mL 的注射用灭菌悬浮液和 2 mg 的片剂。但是，兽医注射制剂的可用性有限。商业形式已经从市场上消失，但是一些复合来源仍然存在。

稳定性和贮藏

存放在密闭容器中，在室温下避光保存。尚未评估复合制剂的稳定性。

小动物剂量
犬

每只 2 mg（或 1 ~ 4 mg），q12 h，PO。

每只每周 25 ~ 50 mg，IM。

猫

每只 1 mg，q12 h，PO。

每只每周 25 mg，IM（慎用于猫）。

大动物剂量
马

0.55 mg/kg（每 1000 lb 5 mL），IM，每周 1 次，最多 4 周。

管制信息

Schedule Ⅲ类管制药物。

食品生产用动物禁用。

RCI 分类：4。

链佐星（Streptozocin）

商品名及其他名称：链脲佐菌素、Zanosar。
功能分类：降血糖药。

药理学和作用机制

链佐星（也称为链脲霉素）是一种对胰腺 β 细胞具有特定作用的药物。由于胰腺 β 细胞具有高浓度的葡萄糖转运载体 2（glucose transporter 2，GLUT2），链佐星对这些细胞有选择性毒性。链佐星是一种亚硝基脲烷基化剂，由于与葡萄糖结构相似，可以被选择性摄取到胰腺 β 细胞中。它能导致正常动物患上糖尿病，但在动物中主要用于治疗胰岛素瘤。在人中，偶尔被用作细胞毒性药物来治疗其他肿瘤（如淋巴瘤、肉瘤），但尚未在动物中报道这些用途。链佐星在动物中的半衰期很快，但代谢产物可能活跃。

适应证和临床应用

在动物中，链佐星主要用于治疗分泌胰岛素的肿瘤（胰岛素瘤）。它已被用于实验动物，以创建糖尿病模型。

注意事项

不良反应和副作用

在接受治疗的动物中，糖尿病是可以预见的。在人中，主要的副作用是肾小管坏死引起的肾损伤。据报道，当剂量超过 700 mg/m^2 时，犬的肾脏会受到损害。其他副作用包括呕吐、恶心和腹泻。胃肠道毒性立即发生或在 4 h 内给药，但通常在 24 h 内解决。据报道，犬肝酶升高和肝损伤，然而肝毒性似乎是可逆的。骨髓抑制在动物中很少见。静脉注射可以导致局部静脉炎。

禁忌证和预防措施

链佐星可导致治疗动物患糖尿病。此外，在静脉给药后可能会有胰岛素的突然释放，IV 葡萄糖应该用于治疗急性低血糖。监测动物有无肾、肝损伤的迹象。怀孕的动物禁用。

药物相互作用

没有针对动物的具体药物相互作用的报道，然而，与其他肾毒性、肝毒性或骨髓毒性药物一起使用会加重毒性。

S

使用说明

液体利尿剂可以降低链佐星引起的肾中毒风险。应在给药前静脉输液

（如 0.9% 生理盐水）利尿。由于常见呕吐，所以每次输注都应使用镇吐药。治疗每 3 周持续 1 次，直到出现肿瘤复发的迹象或中毒中止了继续治疗。在使用前，通过向小瓶中加入 9.5 mL 的 5% 葡萄糖或 0.9% 生理盐水来重新配制。所得溶液为 100 mg/mL。进一步用 5% 葡萄糖或 0.9% 生理盐水稀释，进行 IV。

患病动物的监测和实验室检测

监测用药动物的血清葡萄糖。监测血清肌酐、尿素氮和肝酶，以获得肝毒性和肾损伤的证据。尽管骨髓毒性不常见，但是在每次治疗前都要监测全血细胞计数（CBC）。

制剂与规格

链佐星有 1 g 瓶装注射剂。

稳定性和贮藏

将小瓶存放在 2 ~ 8℃。溶解后在室温下 12 h 内使用。制剂中还含有柠檬酸。如果颜色从浅黄色变为深棕色，表示降解，则禁止使用。

小动物剂量

犬

500 mg/m^2，IV 超过 2 h，每 3 周 1 次（与生理盐水一起使用）。

猫

没有安全剂量的报道。

大动物剂量

没有大动物剂量的报道。

管制信息

食品生产用动物禁用。

二巯丁二酸（Succimer）

商品名及其他名称： Chemet。

功能分类： 解毒剂。

药理学和作用机制

二巯丁二酸为螯合剂。二巯丁二酸螯合铅和其他重金属，如汞和砷并加速其从体内的清除。二巯丁二酸是二巯丙醇（British anti-Lewisite BAL）类似物。

适应证和临床应用

二巯丁二酸用于治疗金属中毒，主要是铅中毒。用于铅中毒的其他螯合剂包括 EDTA 钙、BAL 和青霉胺。EDTA 钙通常是初始治疗的首选药物。与其他螯合剂相比，二巯丁二酸的优势在于其胃肠道副作用更少，耐受性更好，并且无肾毒性。它也不会结合其他矿物质，如铜、锌、钙和铁。

注意事项

不良反应和副作用

在犬上没有副作用的报道。然而，猫肾损伤与琥珀酸缔合物治疗有关。

禁忌证和预防措施

没有关于动物的禁忌证的报道。

药物相互作用

没有关于动物药物相互作用的报道。

使用说明

引用的剂量源于在犬中的研究。在猫中，二巯丁二酸的使用以 10 mg/kg，q8 h，PO，持续用药 2 周。

患病动物的监测和实验室检测

在治疗期间监测患病动物的血铅水平。在猫的治疗过程中监测肾功能，因为肾衰竭与二巯丁二酸用药相关。

制剂与规格

二巯丁二酸有 100 mg 的胶囊。

稳定性和贮藏

存放在密闭容器中，在室温下避光保存。尚未评估复合制剂的稳定性。

小动物剂量

犬

10 mg/kg，q8 h，PO，持续用药 5 d，然后 10 mg/kg，q12 h，PO，2 周以上。二巯丁二酸也经直肠给药用于治疗呕吐的犬。

猫

10 mg/kg，q8 h，PO，持续 2 周。

大动物剂量

没有大动物剂量的报道。

管制信息

不确定食品生产用动物的停药时间。

硫糖铝（Sucralfate）

商品名及其他名称： Carafate、Sulcrate（加拿大）。
功能分类： 抗溃疡药。

药理学和作用机制

硫糖铝为胃黏膜保护剂、抗溃疡药。硫糖铝在胃内分解，形成蔗糖八硫酸盐和氢氧化铝。蔗糖八硫酸盐聚合成黏稠的黏性物质，通过与溃疡黏膜结合产生保护作用。它对带负电荷的受伤组织具有亲和力。通过防止氢离子的逆向扩散保护黏膜，并使胃蛋白酶失活和吸收胆汁酸。有证据表明，硫糖铝可以作为细胞保护剂（通过增加前列腺素合成），但是不能确定这与犬和猫的临床作用有关。

适应证和临床应用

硫糖铝用于预防和治疗胃溃疡。然而，尽管有马的实验证据，但几乎没有证据显示临床应用可以防止 NSAID 引起的溃疡。硫糖铝口服给药，可以保护溃疡组织并促进愈合。硫糖铝的剂量方案基于人的剂量推断。

注意事项

不良反应和副作用

因为硫糖铝不被吸收，所以实际上没有副作用。硫糖铝在人体中最常见的副作用是便秘。

禁忌证和预防措施

没有关于动物的禁忌证的报道。使用完整的片剂可能无效（请参阅"使用说明"）。

药物相互作用

硫糖铝可能会减少其他通过与铝螯合而口服的药物的吸收（如氟喹诺酮类和四环素类）。在硫糖铝给药前至少 30 min 到 2 h 内给药。如果与其他药物（抗生素）混合，可能发生失活。

使用说明

建议的剂量主要基于经验。没有临床研究来证明在动物中使用硫糖铝的功效。硫糖铝可以与 2 型组胺抑制剂（H_2-阻滞剂，如西咪替丁）同时给药而不会引起相互作用。有证据表明，当给予动物完整的硫糖铝片剂时，它们可能不会在胃中溶解，并完整地通过肠道。因此，建议在给药前粉碎片剂并与悬浮液混合。

患病动物的监测和实验室检测
不用特殊监测。

制剂与规格
硫糖铝有 1 g 的片剂和 200 mg/mL 的口服悬浮液。

稳定性和贮藏
存放在密闭容器中，在室温下避光保存。硫糖铝不溶于水，除非暴露在强酸或强碱条件下。可以将片剂压碎并混合在水中至 200 mg/mL 的浓度，然后储存在冰箱中，可保存 14 d。使用前请摇晃此悬浮液。

小动物剂量
犬
0.5 ~ 1.0 g，q8 ~ 12 h，PO。
猫
0.25 g（1/4 片剂），q8 ~ 12 h，PO。

大动物剂量
马驹
1 g，q8 h，PO。

管制信息
由于用于拟食用动物有害残留风险低，无停药时间的建议。

枸橼酸舒芬太尼（Sufentanil Citrate）

商品名及其他名称： Sufenta。
功能分类： 镇痛药、阿片类药物。

药理学和作用机制
枸橼酸舒芬太尼为阿片类激动剂。芬太尼衍生物的作用是通过 μ- 阿片受体。舒芬太尼的效力是芬太尼的 5 ~ 7 倍，而一些研究表明，它的效力是芬太尼的 10 倍。13 ~ 20 μg 的舒芬太尼产生的镇痛作用等于 10 mg 的吗啡。

适应证和临床应用

与其他阿片类衍生物相似，舒芬太尼也用于镇定、全身麻醉和镇痛。它可以用作平衡全身麻醉方案的一部分，与其他药物一起使用，也可以作为对动物插管并输氧的主要药物。舒芬太尼起效迅速，苏醒迅速。它不会积聚在组织中。因此，麻醉后苏醒很快。也可以通过硬膜外途径给药。与其他阿片类药物相比，舒芬太尼的使用仅限于动物。

注意事项

不良反应和副作用

副作用类似于吗啡。与所有的阿片类药物相似，副作用是可以预见的，也是不可避免的。副作用包括镇定、便秘和心动过缓。高剂量会引发呼吸抑制。

禁忌证和预防措施

在有呼吸系统疾病的动物中慎用。因为其效力比吗啡和其他阿片类药物高，所以要仔细计算剂量。

药物相互作用

与其他阿片类药物相似，舒芬太尼可以增强其他镇定药和麻醉药的作用。

使用说明

当用于麻醉时，通常会在动物中使用乙酰丙嗪或苯二氮䓬类药物作为麻醉前用药。

患病动物的监测和实验室检测

监控患病动物的心率和呼吸。尽管由阿片类引起的心动过缓很少需要治疗，但必要时可给予阿托品。如果发生严重的呼吸抑制，可使用纳洛酮逆转阿片类药物。

制剂与规格

舒芬太尼有 1 mL、2 mL 和 5 mL 的 50 μg/mL 注射安瓿装。

稳定性和贮藏

存放在密闭容器中，在室温下避光保存。尚未评估复合制剂的稳定性。舒芬太尼是 Schedule II 类管制药物，应存放在上锁的柜子中。

小动物剂量

犬和猫

2 μg/kg，IV（0.002 mg/kg），最大剂量为 5 μg/kg（0.005 mg/kg）。

大动物剂量
没有大动物剂量的报道。

管制信息
Schedule Ⅱ类管制药物。
未获批准用于拟食用动物。停药时间尚未确定。
RCI 分类：1。

磺胺氯哒嗪（Sulfachlorpyridazine）
商品名及其他名称： Vetisulid。
功能分类： 抗菌药。

药理学和作用机制
磺胺氯哒嗪为磺胺类抗菌药。磺胺类药物与氨基苯甲酸（paraaminobenzoic acid，PABA）在细菌内竞争合成二氢叶酸的酶。它与甲氧苄啶具有协同作用。有抑菌作用。与其他磺胺类药物一样，它具有广谱活性，包括革兰氏阳性菌、革兰氏阴性菌和某些原虫。但是，当单独使用时，常见耐药性。

适应证和临床应用
磺胺氯哒嗪用作广谱抗菌剂，治疗或预防由易感生物引起的感染。治疗的感染可能包括肺炎、肠道感染（尤其是球虫）、软组织感染和尿路感染（UTI），但常见耐药性。尚未报告磺胺氯哒嗪在小动物中的使用。它主要用于猪和牛。但是，其他药物可能同样有效。

注意事项
不良反应和副作用
与磺胺类药物相关的副作用（主要发生在犬身上）包括过敏反应、Ⅱ型和Ⅲ型过敏、肝毒性、甲状腺功能减退（需要长期治疗）、干燥性角膜结膜炎和皮肤反应。
禁忌证和预防措施
对磺胺类药物敏感的动物禁用。
药物相互作用
据报道，在小动物中使用磺胺有几种相互作用（见"磺胺"部分）。然而，这些相互作用与它在牛和猪中的使用没有关系。

使用说明

磺胺氯哒嗪常用于治疗猪和犊牛的肠炎。

患病动物的监测和实验室检测

已知磺胺类药物在治疗 6 周后可以降低犬的甲状腺素（T_4）浓度。药敏试验：敏感生物的 CLSI 耐药折点为 ≤ 256 µg/mL。一种磺胺可以用作对其他磺胺类药物易感性的标记。根据 CLSI 的说法，对磺胺类药物的药敏试验只能用于解释尿液细菌分离物。

制剂与规格

磺胺氯哒嗪有 2 g 的丸剂和 200 mg/mL 的注射剂。

稳定性和贮藏

存放在密闭容器中，在室温下避光保存。尚未评估复合制剂的稳定性。

小动物剂量

没有报道犬和猫的剂量。

大动物剂量

牛

33 ~ 50 mg/kg，q12 h，PO 或 IV。

猪

22 ~ 39 mg/kg，q12 h，PO 或 44 ~ 77 mg/(kg·d)，PO，放于饮用水中。

管制信息

禁止在超过 20 月龄的泌乳牛中采取磺胺类药物的标签外使用。

肉牛的停药时间：7 d。

肉用猪的停药时间：4 d。

磺胺嘧啶（Sulfadiazine）

商品名及其他名称：通用品牌、与甲氧苄啶合用，如 Tribrissen 和 Equisul-SDT。

功能分类：抗菌药。

药理学和作用机制

磺胺嘧啶为磺胺类抗菌药。磺胺类药物与 PABA 竞争细菌内合成二氢叶酸的酶。它与甲氧苄啶具有协同作用和抑菌作用。与其他磺胺类药物相似，它具有广谱活性，包括革兰氏阳性菌、革兰氏阴性菌和某些原虫。但是，当单独使用时，常见耐药性。

适应证和临床应用

磺胺嘧啶偶尔单独使用。但是，对许多感染的疗效尚未确定。多数常与甲氧苄啶一起用于治疗各种感染，包括 UTI 和皮肤感染（有关更完整的描述，请参阅本书"甲氧苄啶+磺胺类药物"部分）。

注意事项

不良反应和副作用

与磺胺类药物相关的副作用包括过敏反应、Ⅱ型和Ⅲ型超敏反应、关节病、贫血、血小板减少症、肝病、甲状腺功能减退（长期治疗）、干燥性角膜结膜炎和皮肤反应。犬对磺胺类药物可能比其他动物更敏感，因为犬缺乏将磺胺类药物乙酰化为代谢产物的能力。其他毒性更大的代谢产物可能会持续存在。

禁忌证和预防措施

对磺胺类药物过敏的动物禁用。杜宾犬可能比其他犬品种对磺胺类药物的反应更为敏感，在该品种中慎用。

药物相互作用

磺胺类药物可能与其他药物相互作用，包括华法林、乌洛托品、氨苯砜和依托度酸。它们可能增强由氨甲蝶呤和乙胺嘧啶引起的副作用。磺胺类药物将增加环孢素的代谢，导致血浆浓度降低。乌洛托品代谢为甲醛，可能与磺胺类药物形成络合物并沉淀。接受地托咪定的马服用磺胺类药物可能会出现心律失常。仅针对 IV 形式的甲氧苄啶+磺胺类药物列出了此注意事项。

使用说明

通常，磺胺类药物与甲氧苄啶或奥美普林的比例为 5 : 1，而磺胺类药物很少单独用于小动物和马。没有临床证据表明一种磺胺与另一种磺胺的毒性或功效有差异。

患病动物的监测和实验室检测

已知磺胺类药物在治疗 6 周后可以降低犬的甲状腺素（T_4）浓度。药敏试验：敏感生物的 CLSI 耐药折点为 ≤ 256 μg/mL。一种磺胺可以用作对其他磺胺类药物易感性的标记。根据 CLSI 的说法，对磺胺类药物的药敏试验只能用于解释尿液细菌分离物。

制剂与规格

磺胺嘧啶可用 500 mg 的片剂。有关这些制剂与规格的信息，请参阅"甲

"氧苄啶 + 磺胺嘧啶"部分。

稳定性和贮藏

存放在密闭容器中，在室温下避光保存。尚未评估复合制剂的稳定性。

小动物剂量

犬和猫

100 mg/kg，IV、PO（负荷剂量），然后是 50 mg/kg，q12 h，IV 或 PO（另请参阅"甲氧苄啶"）。

大动物剂量

对于马，请参阅"甲氧苄啶"合剂的剂量。

管制信息

禁止在超过 20 月龄的泌乳牛中采取磺胺类药物的标签外使用。没有停药时间。

磺胺二甲氧嗪（Sulfadimethoxine）

商品名及其他名称： Albon、Bactrovet 和通用品牌。

功能分类： 抗菌药。

药理学和作用机制

磺胺二甲氧嗪为磺胺类抗菌药。磺胺类药物与 PABA 竞争细菌内合成二氢叶酸的酶。它与甲氧苄啶具有协同作用和抑菌作用。与其他磺胺类药物一样，它具有广谱活性，包括革兰氏阳性菌、革兰氏阴性菌和某些原虫。但是，当单独使用时，常见耐药性。

适应证和临床应用

磺胺二甲氧嗪用作广谱抗菌剂，用于治疗或预防由易感生物引起的感染。治疗的感染可能包括肺炎、肠道感染（尤其是球虫）、软组织感染和UTI。但是，除非与奥美普林联合使用，否则耐药性常见。

注意事项

不良反应和副作用

与磺胺类药物相关的副作用包括过敏反应、Ⅱ 型和Ⅲ型超敏反应、关节病、贫血、血小板减少症、肝病、甲状腺功能减退（长期治疗）、干燥性角膜结膜炎和皮肤反应。犬对磺胺类药物可能比其他动物更敏感，因为犬缺乏将磺胺类药物乙酰化为代谢产物的能力。其他毒性更大的代谢产物可能会持续存在。

禁忌证和预防措施

对磺胺类药物过敏的动物禁用。杜宾犬可能比其他犬品种对磺胺类药物的反应更为敏感，在该品种中慎用。

药物相互作用

磺胺类药物可能与其他药物相互作用，包括华法林、乌洛托品、氨苯砜和依托度酸。它们可能增强由氨甲蝶呤和乙胺嘧啶引起的副作用。磺胺类药物将增加环孢素的代谢，导致血浆浓度降低。乌洛托品代谢为甲醛，可能与磺胺类药物形成络合物并沉淀。接受地托咪定的马服用磺胺类药物可能会出现心律失常。仅针对 IV 形式的甲氧苄啶 – 磺胺类药物列出了此注意事项。

使用说明

通常，磺胺类药物与甲氧苄啶或奥美普林的比例为 5 ∶ 1，而磺胺类药物很少单独用于小动物和马。没有临床证据表明一种磺胺比另一种磺胺的毒性或功效有差异。磺胺二甲氧嗪已与奥美普林联合使用。

患病动物的监测和实验室检测

已知磺胺类药物在治疗 6 周后可以降低犬的甲状腺素（T_4）浓度。药敏试验：敏感生物的 CLSI 耐药折点为 ≤ 256 μg/mL。一种磺胺可以用作对其他磺胺类药物易感性的标记。根据 CLSI 的说法，对磺胺类药物的药敏试验只能用于解释尿液细菌分离物。

制剂与规格

磺胺二甲氧嗪有 125 mg、250 mg 和 500 mg 的片剂；400 mg/mL 的注射剂；50 mg/mL 的悬浮液。

稳定性和贮藏

存放在密闭容器中，在室温下避光保存。尚未评估复合制剂的稳定性。

小动物剂量

犬和猫

55 mg/kg，PO（负荷剂量），然后 27.5 mg/kg，q12 h，PO（有关含奥美普林的联合剂量，请参阅"奥美普林 + 磺胺二甲氧嘧啶"部分）。

大动物剂量

牛

治疗肺炎和其他感染：初始剂量为 55 mg/kg，随后为 27 mg/kg，q24 h，

PO，持续用 5 d。

缓释丸剂（Albon-SR）：单剂量 137.5 mg/kg，PO。

管制信息
肉牛的停药时间：7 d。

产奶用牛的停药时间：60 h。

缓释单次给药的停药时间：21 d。

禁止在超过 20 月龄的泌乳牛中采取磺胺类药物的标签外使用。目前，磺胺二甲氧嗪是唯一一种在泌乳牛中获得批准适应证的磺胺。

磺胺二甲嘧啶（Sulfamethazine）
商品名及其他名称：Sulmet 和通用品牌。

功能分类：抗菌药。

药理学和作用机制
磺胺二甲嘧啶为磺胺类抗菌药。磺胺类药物与 PABA 竞争细菌内合成二氢叶酸的酶。它与甲氧苄啶具有协同作用。有抑菌作用。与其他磺胺类药物相似，它具有广谱活性，包括革兰氏阳性菌、革兰氏阴性菌和某些原虫。但是，当单独使用时，常见耐药性。

适应证和临床应用
磺胺二甲嘧啶用作广谱抗菌剂，用于治疗或预防由易感生物体引起的感染。治疗的感染可能包括肺炎、肠道感染（尤其是球虫）、软组织感染和 UTI。但是，常见耐药性。

注意事项
不良反应和副作用
与磺胺类药物相关的副作用包括过敏反应、Ⅱ型和Ⅲ型超敏反应、关节病、贫血、血小板减少症、肝病、甲状腺功能减退（长期治疗）、干燥性角膜结膜炎和皮肤反应。犬可能比其他动物对磺胺类药物更为敏感，因为犬缺乏将磺胺类药物乙酰化为代谢产物的能力。其他毒性更大的代谢产物可能会持续存在。

禁忌证和预防措施
对磺胺类药物敏感的动物禁用。杜宾犬可能比其他犬品种对磺胺类药物的反应更为敏感，在该品种中慎用。

> **药物相互作用**
>
> 磺胺类药物可能与其他药物相互作用，包括华法林、乌洛托品、氨苯砜和依托度酸。它们可能增强由氨甲蝶呤和乙胺嘧啶引起的副作用。磺胺类药物将增加环孢素的代谢，导致血浆浓度降低。乌洛托品代谢为甲醛，可能与磺胺类药物形成络合物并沉淀。接受地托咪定的马服用磺胺类药物可能会出现心律失常。仅针对 IV 形式的甲氧苄啶 - 磺胺类药物列出了此预防措施。

使用说明

通常，磺胺类药物与甲氧苄啶或奥美普林的比例为 5 : 1，而磺胺类药物很少单独用于具有其他先前存在疾病（如肝衰竭）的小动物和马。没有临床证据表明一种磺胺比另一种磺胺的毒性或功效有差异。

患病动物的监测和实验室检测

已知磺胺类药物在治疗 6 周后可以降低犬的甲状腺素（T_4）浓度。药敏试验：敏感生物的 CLSI 耐药折点为 ≤ 256 μg/mL。一种磺胺类药物可以用作对其他磺胺类药物易感性的标记。根据 CLSI 的说法，对磺胺类药物的药敏试验只能用于解释尿液细菌分离物。

制剂与规格

磺胺二甲嘧啶有 30 g 的丸剂。

稳定性和贮藏

存放在密闭容器中，在室温下避光保存。尚未评估复合制剂的稳定性。

小动物剂量

犬和猫

100 mg/kg，PO（负荷剂量），然后为 50 mg/kg，q12 h，PO。

大动物剂量

牛

治疗肺炎和其他感染：初始剂量为 220 mg/kg，然后为 110 mg/kg，q24 h，PO。

使用可溶性粉剂作为淋水或饮用水：初始剂量为 237 mg/kg，然后为 119 mg/kg，q24 h，PO。

缓释丸剂：单剂量为 350 ~ 400 mg/kg，PO。

猪

使用可溶性粉剂作为淋水或饮用水：初始剂量为 237 mg/kg，然后为

S

119 mg/kg，q24 h，PO。

管制信息

禁止在超过 20 月龄的泌乳牛中采取磺胺类药物的标签外使用。

肉牛的停药时间：10 d 或 11 d。

肉牛的停药时间（可溶性粉剂）：10 d。

肉用猪的停药时间（可溶性粉剂）：15 d。

肉牛的停药时间（缓释丸剂）：8 ~ 18 d，取决于产品。

磺胺甲噁唑（Sulfamethoxazole）

商品名及其他名称：Gantanol。

功能分类：抗菌药。

注意：该药物已经停产，不再可用。有关药理学、作用机制和临床使用的信息，请查阅本书的早期版本。

磺胺喹沙啉（Sulfaquinoxaline）

商品名及其他名称：Sulfa-Nox。

功能分类：抗菌药。

药理学和作用机制

磺胺喹沙啉为磺胺类抗菌药。磺胺类药物与 PABA 竞争细菌内合成二氢叶酸的酶。它与甲氧苄啶具有协同作用和抑菌作用。和其他磺胺类药物相似，它具有广谱活性，包括革兰氏阳性菌、革兰氏阴性菌和某些原虫。但是，当单独使用时，常见耐药性。

适应证和临床应用

磺胺喹沙啉用作广谱抗菌剂，用于治疗或预防由易感生物引起的感染。治疗的感染可能包括肺炎、肠道感染（尤其是球虫）、软组织感染和 UTI。但是，常见耐药性。

注意事项

不良反应和副作用

与磺胺类药物相关的副作用包括过敏反应、Ⅱ型和Ⅲ型超敏反应、关节病、贫血、血小板减少症、肝病、甲状腺功能减退（长期治疗）、干燥性角膜结膜炎和皮肤反应。犬可能比其他动物对磺胺类药物更为敏感，因为犬缺乏将磺胺类药物乙酰化为代谢产物的能力。其他毒性更大的代谢产物可能会持续存在。

禁忌证和预防措施

对磺胺类药物敏感的动物禁用。混合水时，避免与皮肤或黏膜接触。

药物相互作用

磺胺类药物可能与其他药物相互作用，包括华法林、乌洛托品、氨苯砜和依托度酸。它们可能增强由氨甲蝶呤和乙胺嘧啶引起的副作用。磺胺类药物将增加环孢素的代谢，导致血浆浓度降低。乌洛托品代谢为甲醛，可能与磺胺类药物形成络合物并沉淀。接受地托咪定的马服用磺胺类药物后可能会出现心律失常。仅针对 IV 形式的甲氧苄啶 + 磺胺类药物列出了此预防措施。

使用说明

将磺胺喹沙啉混于饮用水中。每天制作新溶液。磺胺喹沙啉的最常见的用途是治疗球虫引起的犊牛、绵羊和家禽肠炎。

患病动物的监测和实验室检测

已知磺胺类药物在治疗 6 周后可以降低犬的甲状腺素（T_4）浓度。药敏试验：敏感生物的 CLSI 耐药折点为 ≤ 256 μg/mL。一种磺胺可以用作对其他磺胺类药物易感性的标记。根据 CLSI 的说法，对磺胺类药物的药敏试验只能用于解释尿液细菌分离物。

制剂与规格

磺胺喹沙啉有 34.4 mg/mL、128.5 mg/mL、192 mg/mL、200 mg/mL、286.2 mg/mL 和 340 mg/mL 的溶液。

稳定性和贮藏

存放在密闭容器中，在室温下避光保存。尚未评估复合制剂的稳定性。

小动物剂量

尚未报道犬和猫的剂量。

大动物剂量

犊牛

13.2 mg/(kg·d)，PO（通常放在饮用水中作为 0.015% 的溶液，持续给药 5 d）。

管制信息

禁止在超过 20 月龄的泌乳牛中采取磺胺类药物的标签外使用。

牛的停药时间：10 d。

绵羊的停药时间：10 d。

家禽的停药时间：10 d。

兔的停药时间：10 d。

柳氮磺胺吡啶（Sulfasalazine）

商品名及其他名称： Azulfidine、Salazopyrin（加拿大）。

功能分类： 抗菌药。

药理学和作用机制

柳氮磺胺吡啶为磺胺类药物与抗炎药物合剂。柳氮磺胺吡啶的作用很小，而水杨酸（甲磺胺）则具有抗炎作用（有关其用法的更多信息，请参见"美沙拉嗪"部分）。当水杨酸和磺酰胺磺胺吡啶联合用药时，水杨酸被结肠细菌释放，产生抗炎作用。抗炎作用被认为是通过抗前列腺素作用、抗白三烯活性或两者兼有。

适应证和临床应用

柳氮磺胺吡啶用于小动物，用于治疗特发性结肠炎和其他炎性肠道疾病。当饮食治疗不成功时，它通常是首选的治疗药物。虽然柳氮磺胺吡啶已常用于小动物，但在动物中的使用主要还是靠经验。没有控制良好的临床研究或功效试验表明其临床有效性。在本书的"美沙拉嗪"部分，有关于临床应用的更多信息。

注意事项

不良反应和副作用

副作用全部归因于磺胺组分。副作用与磺胺类药物相关，包括过敏反应、II型和III型超敏反应、甲状腺功能减退（长期用药）、干燥性角膜结膜炎和皮肤反应。在接受柳氮磺胺吡啶慢性治疗的犬有干燥性角膜结膜炎的报道。在猫中，水杨酸盐的吸收量似乎很小，因此，水杨酸盐引起猫的副作用可能性不大。

禁忌证和预防措施

对磺胺类药物敏感的动物禁用。可能存在药物相互作用，但尚未在动物中有报道，这可能是因为全身性药物浓度较低。美沙拉嗪可能会干扰硫嘌呤甲基转移酶，因此，会增加硫唑嘌呤毒性的风险。

药物相互作用

磺胺类药物可能与其他药物相互作用，包括华法林、乌洛托品、氨苯砜和依托度酸。它们可能增强由氨甲蝶呤和乙胺嘧啶引起的副作用。磺胺类药物将增加环孢素的代谢，导致血浆浓度降低。乌洛托品代谢为甲醛，可能与磺胺类药物形成络合物并沉淀。

使用说明

通常用于治疗特发性结肠炎，经常与饮食治疗一起联合使用。在对磺胺类药物敏感的动物中，考虑其他形式的美沙拉嗪（更多信息，请参见"美沙拉嗪"部分）。

患病动物的监测和实验室检测

监测接受慢性治疗的犬的泪液分泌。

制剂与规格

柳氮磺胺吡啶有 500 mg 的片剂，并且已被混合为适用于较小动物的口服悬浮液。

稳定性和贮藏

存放在密闭容器中，在室温下避光保存。尚未评估复合制剂的稳定性。

小动物剂量

犬

10 ~ 30 mg/kg，q8 ~ 12 h，PO。

猫

20 mg/kg，q12 h，PO。

大动物剂量

没有大动物剂量的报道。

管制信息

禁止在超过 20 月龄的泌乳牛中采取磺胺类药物的标签外使用。

RCI 分类：4。

S

他克莫司（Tacrolimus）

商品名及其他名称：Protopic、FK506。

功能分类：免疫抑制剂。

药理学和作用机制

他克莫司是从链霉菌属分离出来的微生物产物。它与细胞内受体结合，然后与钙调神经磷酸酶结合，并抑制刺激神经因子 NFAT 的钙调神经磷酸酶途径。尽管细胞受体不同，但其作用类似于环孢素（两种药物均为钙调磷酸酶抑制剂）。通过抑制 NFAT 的作用，他克莫司降低了炎性细胞因子的合成。特别是，白细胞介素 -2（interleukin-2，IL-2）的合成受到抑制，这导致降低了 T- 淋巴细胞的活化。它的效力是环孢素的 10 ~ 100 倍。他克莫司抑制肥大细胞和嗜碱性粒细胞介质的释放，降低炎性介质的表达。

适应证和临床应用

他克莫司用作免疫抑制剂，用于治疗自身免疫性疾病，预防器官移植排斥和治疗异位性皮炎。在动物中最常使用外用制剂。它已外用（软膏）于患异位性皮炎的局部区域或需要局部免疫抑制治疗的犬的皮肤区域（如鼻梁）。在用环孢素全身治疗病灶消退的一些病例中，单个的皮肤病灶可以用他克莫司软膏局部治疗。由于药代动力学变化很大，预防猫肾移植排斥的应用有限。相关药物吡美莫司也已局部使用。

注意事项

不良反应和副作用

最初局部涂抹可能有轻微烧灼感或瘙痒感。这些反应轻微，并随着皮肤愈合而减少。全身给药可使犬出现胃肠道症状，包括腹泻、肠道不适、呕吐、肠套叠和肠道损伤。局部应用他克莫司可以使系统吸收最小化。

禁忌证和预防措施

他克莫司是一种有效的免疫抑制剂。在容易感染的动物中慎用。宠物主人在给宠物用药时应该注意避免皮肤接触。

药物相互作用

局部给药未发现药物相互作用。

使用说明

没有犬的全身安全剂量的报道。多数为局部外用。他克莫司可以局部用于免疫介导性皮肤病灶（如鼻梁），也可用于接受全身性泼尼松龙治疗的肛周瘘。

患病动物的监测和实验室检测

局部使用时不用特殊监测。

可用制剂与规格

他克莫司有 0.1% 和 0.03% 的 30 g、60 g 和 100 g 的局部用软膏。

稳定性和贮藏

如果以制造商的原始配方储存，则药膏稳定。他克莫司的复合制剂可以从药剂师处获得，但是尚未评估这些制剂的稳定性和效力。它实际上不溶于水。当制备悬浮液时，可稳定数周。

小动物剂量
犬和猫

将局部药膏（0.1%）涂在皮肤的局部病灶上。在犬中每天使用 2 次。对于治疗肛周瘘，每天使用 2 次。

大动物剂量

没有大动物剂量的报道。

管制信息

禁用于拟食用动物。

马来酸替加色罗（Tegaserod Maleate）

商品名及其他名称： Zelnorm。
功能分类： 胃肠道刺激剂。

注意：2007 年，替加色罗已从美国市场撤出，仅通过制造商的限制性分销计划提供给医生。但从 2008 年 4 月开始，替加色罗不再通过限制性分销计划提供，因此，美国 FDA 已决定向医生提供替加色罗，以应对危及生命或需要住院的紧急情况。

因此，该药物不再供兽医使用。有关替加色罗的药理学、用法和剂量的信息，请查阅本书的早期版本。

枸橼酸他莫昔芬（Tamoxifen Citrate）

商品名及其他名称： Nolvadex。
功能分类： 抗雌激素。

药理学和作用机制

枸橼酸他莫昔芬为非类固醇类雌激素受体阻滞剂。他莫昔芬具有弱雌激素作用，还会增加促性腺激素释放激素（gonadotropin-releasing hormone，GnRH）的释放。

适应证和临床应用

他莫昔芬用作某些肿瘤（尤其是雌激素反应性肿瘤）的辅助治疗。在动物中的最常见用途辅助治疗乳腺肿瘤。在女性中，它已被用于通过刺激下丘脑释放 GnRH 来诱导排卵。

注意事项

不良反应和副作用

在动物上的不良反应尚未被完全记录在案。然而，据报道，在人中，他莫昔芬会增加肿瘤疼痛。

禁忌证和预防措施

怀孕的动物禁用。

药物相互作用

他莫昔芬是一种有效的细胞色素 P450 酶抑制剂。它可能与细胞色素 P450 底物的其他药物相互作用。

使用说明

他莫昔芬通常与其他抗癌药方案一起使用。

患病动物的监测和实验室检测

不用特殊监测。

制剂与规格

他莫昔芬有 10 mg 和 20 mg 的片剂。

稳定性和贮藏

存放在密闭容器中，在室温下避光保存。

小动物剂量

尚未确定剂量，但已从人用剂量推断出来。人的剂量为 10 mg，q12 h，PO（约 0.14 mg/kg，q12 h）。

大动物剂量

没有大动物剂量的报道。

管制信息

禁用于拟食用动物。

牛磺酸（Taurine）

商品名及其他名称：通用品牌。
功能分类：营养补充剂。

药理学和作用机制

牛磺酸为营养补充剂，被认为是对猫至关重要的天然氨基酸。缺乏牛磺酸可能引起动物失明和心脏病。牛磺酸可能具有一定的心脏肌力效应。

适应证和临床应用

牛磺酸被用于预防和治疗由牛磺酸缺乏引起的眼病和心脏病（扩张型心肌病）。虽然目前的商品粮含有足够量的牛磺酸，但患心脏病的犬和猫会进行补充。

注意事项

不良反应和副作用

尚未报道副作用。

禁忌证和预防措施

没有关于动物禁忌证的报道。

药物相互作用

没有关于动物药物相互作用的报道。

使用说明

在使用均衡日粮的动物中，不需要例行补充牛磺酸。但是，在患有与牛磺酸缺乏相关的疾病的动物可能需要补充。

患病动物的监测和实验室检测

一些实验室可以检测牛磺酸浓度。在犬和猫中的正常血浆水平为 60 ~ 120 nmol/mL 或全血水平为 200 ~ 350 nmol/mL。血浆水平低于 40 nmol/mL 和全血水平低于 150 nmol/mL 被认为缺乏。

制剂与规格

牛磺酸有粉剂或在一些日粮中添加。请咨询复合药房以了解可用性。

稳定性和贮藏

存放在密闭容器中，在室温下避光保存。

T

小动物剂量

犬

每只 500 mg，q12 h，PO。

猫

每只 250 mg，q12 h，PO。

大动物剂量

没有大动物剂量的报道。

管制信息

由于用于拟食用动物有害残留风险低，无停药时间的建议。

替米沙坦（Telmisartan）

商品名及其他名称： Micardis。

功能分类： 血管扩张药。

药理学和作用机制

替米沙坦为血管扩张药、血管紧张素受体阻滞剂（ARB）。它对 AT1 受体有很高的亲和力和选择性。其作用类似于血管紧张素转换酶（ACE）抑制剂，只是它直接阻滞受体，而不是抑制血管紧张素 II 的合成。ARB 的优势在于，它不太可能诱发高钾血症，并且在人中的耐受性更好。替米沙坦和其他 ARB 已被用于不能耐受 ACE 抑制剂的人。

在犬中，替米沙坦的半衰期更长，并且比其他 ARB 的亲脂性更高（半衰期高达 15 h），可以在犬中每天给药 1 次。

适应证和临床应用

在犬中，替米沙坦和其他 ARB 的临床经验有限。通常首先使用 ACE 抑制剂（如依那普利、贝那普利）。但是，在试验犬中，替米沙坦（1 mg/kg）比依那普利更有效。如果有必要直接阻滞血管紧张素受体，替米沙坦和其他此类药物适用。相关药物厄贝沙坦（30 mg/kg，q12 h）也已显示在犬中可阻滞血管紧张素 II 受体。另一种 ARB 氯沙坦已被用于犬，但效力较低，因为它主要依赖于犬无法产生的活性代谢产物（更多信息请参见本书"氯沙坦"部分）。没有良好的对照临床试验来测试替米沙坦或其他 ARB 药物在犬中的有效性。使用基于对实验动物的研究和个人经验。

注意事项

不良反应和副作用

在动物中没有不良反应的报告。对人来说，可能会发生低血压。

禁忌证和预防措施

没有关于动物的特殊禁忌证的报道。怀孕的动物禁用。

药物相互作用

联合使用 ARB 和 ACE 抑制剂，由于双重阻滞，可能增加肾损伤的风险。这可能与低血压、高钾血症和肾功能改变的风险增加有关。

使用说明

在犬中，替米沙坦比氯沙坦更具活性，必须将其转化为活性代谢产物。替米沙坦具有比此类其他药物更长的半衰期。

患病动物的监测和实验室检测

监测患病动物的血压。

制剂与规格

氯沙坦有 20 mg、40 mg 和 80 mg 的片剂。

稳定性和贮藏

存放在密闭容器中，在室温下避光保存。尚未评估复合制剂的稳定性。

小动物剂量

犬

起始剂量为 1 mg/kg，每天 1 次，PO。如果需要，则增加到 3 mg/kg，每天 1 次，如果需要，还可以增加到每天 2 次。

猫

尚未确定剂量。

大动物剂量

没有大动物剂量的报道。

管制信息

禁用于拟食用动物。

RCI 分类: 3。

替泊沙林（Tepoxalin）

商品名及其他名称： Zubrin。
功能分类： 抗炎药。

注意： 尽管替泊沙林仍然是 FDA 批准的药物，但制造商已自愿从美国兽医市场撤回了替泊沙林。包括有关药理学、适应证和剂量的信息仍记载如下，以备将来可能重返市场时使用。

药理学和作用机制

替泊沙林是一种 NSAID。与此类的其他药物相似，替泊沙林它通过抑制前列腺素类的合成而产生镇痛和抗炎作用。但是，替泊沙林还抑制脂氧合酶的作用，以减少犬炎性白三烯的合成。通过抑制前列腺素类和白三烯，在犬中产生了双重作用。使用体外测定法，替泊沙林对 COX-1 比 COX-2 更有选择性。对于 COX-1 或 COX-2 的特异性是否与功效或安全性相关，尚无定论。替泊沙林在犬、猫和马中给药后转化为活性代谢产物。在犬中，替泊沙林的半衰期为 2 h，酸性代谢物的半衰期为 13 h。替泊沙林与蛋白质高度结合。在犬饲喂中增加口服吸收。

适应证和临床应用

替泊沙林已用于治疗犬的急性和慢性疼痛和炎症。最常见的用途之一是治疗骨关节炎，但它也用于治疗与手术相关的疼痛。有证据表明，替泊沙林在减少犬的关节内炎症和控制关节内 PGE2 合成方面比卡洛芬或美洛昔康更有效。由于替泊沙林的双重作用，已进行了治疗犬和猫炎性状况的研究。迄今为止，有关利用替泊沙林双重抑制治疗其他炎症疾病（如眼部炎症、呼吸疾病或皮炎）的有益效果的研究已有不同结果。对于眼部炎症，替泊沙林比其他药物更有效，但对皮炎仅部分有效，对呼吸疾病无效。尚无用于大动物的报道。

注意事项

不良反应和副作用

与 NSAID 相关的最常见的副作用是消化道问题，其中包括呕吐、腹泻、恶心、溃疡和胃肠道糜烂。对犬的急性和长期安全性、有效性已经确定。在现场试验中，呕吐是最常报道的副作用。在对犬进行的研究中，它们的耐受性分别是标签剂量的 10 倍和 30 倍。对健康的犬进行了肾作用和出血研究。这些研究未显示替泊沙林对出血时间或肾功能有不利影响。然而，对于某些 NSAID，已显示出肾毒性，尤其在脱水动物或具有肾脏疾病的动物中。尚未进行猫的毒性研究，但对一小组猫给单剂量 10 mg/kg 不会产生副作用。

禁忌证和预防措施

在先前存在胃肠道问题或肾脏疾病的犬和猫中出现 NSAID 副作用的风险可能更高。目前尚不了解在怀孕期使用的安全性，但尚未报道副作用。

药物相互作用

禁止与其他 NSAID 或皮质类固醇一起使用。皮质类固醇已被证明会加剧胃肠道副作用。一些 NSAID 可能会干扰利尿剂 ACE 抑制剂的作用。但是，在犬的实验性研究中，替泊沙林与 ACE 抑制剂联合使用不会产生不利的肾影响。

使用说明

快速溶解的片剂可以与食物一起或不与食物一起给药。在一些动物中，将药物放在动物的舌头上之前先将片剂弄湿是有帮助的。猫的长期研究尚未完成，仅单剂量研究报道，剂量为 10 mg/kg 不会产生副作用。

患病动物的监测和实验室检测

监测胃肠道症状以获取腹泻、胃肠道出血或溃疡的证据。由于肾损伤的风险，在治疗期间定期检查肾指标［耗水量、血尿素氮（BUN）、肌酐和尿比重］。

制剂与规格

替泊沙林以前有 30 mg、50 mg、100 mg 和 200 mg 的片剂（快速溶解）。

稳定性和贮藏

存放在密闭容器中，在室温下避光保存。如果保持制造商的原始包装，保质期则为 2 年。

小动物剂量

犬

10 mg/kg，q24 h，PO。最初以 20 mg/kg 开始使用是安全的，因为它具有很大的安全范围，可以使用 10 ～ 20 mg/kg。

猫

猫单次耐受 10 mg/kg，但长期安全性尚未评估。

大动物剂量

没有大动物剂量的报道。

管制信息

禁用于食品生产用动物。

盐酸特比萘芬（Terbinafine Hydrochloride）

商品名及其他名称：Lamisil。
功能分类：抗真菌药。

药理学和作用机制

特比萘芬属于烯丙胺类抗真菌药。它通过靶向真菌性角鲨烯环氧酶（squalene epoxidase，SE）作用于麦角固醇的生物合成。SE 是一种膜结合的酶，并参与将角鲨烯转化为角鲨烯 2，3- 环氧化物，随后将其转化为羊毛固醇和麦角固醇。特比萘芬对真菌的 SE 有选择性。

特比萘芬对酵母菌和广泛的皮肤癣菌有活性，其最低抑菌浓度（MIC）为 0.01 μg/mL 或更小。对毛癣菌、小孢子菌和曲霉菌均有杀菌作用。特比萘芬还对皮炎芽生菌、新型隐球菌、申克孢子丝菌、荚膜组织胞浆菌、念珠菌和厚皮马拉色菌具有活性。可能还有一些抗原虫（如弓形虫）活性。尽管此处列出了体外活性，但相对于在动物中的其他更传统的治疗而言，这些感染的临床反应数据不足以推荐特比萘芬。

基于体外抗皮肤癣菌测试，特比萘芬具有活性。

大多数动物的口服生物利用度很高，范围从猫的 31% 到犬的 46% 以上不等。在犬和猫中的半衰期分别为 8.6 h 和 8.1 h。与犬相比，马的口服吸收低，因此，不建议对马进行口服治疗。由于特比萘芬具有亲脂性，在组织中可以获得高浓度，如角质层、毛囊、富含皮脂的皮肤和趾甲。在人中治疗 12 d 后，角质层的浓度超过血浆的 75 倍。在猫中每天用 30 ~ 40 mg/kg 治疗 14 d 停药后，在毛发中的浓度可持续 5 周。

适应证和临床应用

特比萘芬适用于治疗犬、猫、鸟类和一些异宠的皮肤真菌感染。对于动物的皮肤癣菌，起效所需的剂量比人要高得多。尽管在动物中有使用特比萘芬的经验（主要用于皮肤癣菌），但没有证据表明特比萘芬比其他口服抗真菌药更有效。在犬中，当以 30 mg/kg，PO，每天 1 次或每周 2 次至少持续用药 3 周时，可有效治疗马拉色菌皮炎。但是，即使临床有所改善，这种治疗也不足以治愈，只能部分缓解。在猫中，经过 14 d 的治疗后仍会在毛发中持续长达 5 周，但在某些猫群体（如收容猫）中对皮肤真菌感染并非一直有效。特比萘芬对马感染的治疗尚未成功，可能是因为吸收较差。

注意事项

不良反应和副作用

最常见的副作用是呕吐。其他还包括恶心和厌食，已经在犬身上观察到。某些动物的肝酶可能升高。肝毒性是可能的，但还没有在动物中使用的报道。在一些接受治疗的猫身上观察到面部瘙痒。在人中，已报道过持续的味觉障碍、胃肠道问题和头痛。

禁忌证和预防措施

没有关于动物的禁忌证的报道。

药物相互作用

没有关于动物药物相互作用的报道。

使用说明

与在人中使用的剂量相比，犬和猫的治疗需要更高的剂量。尽管特比萘芬对许多真菌具有体外活性，并且犬和猫具有良好的药代动力学，但在一些动物中的临床结果并非总能治愈。

患病动物的监测和实验室检测

不用特殊监测。

制剂与规格

特比萘芬有 250 mg 的片剂、1% 局部溶液和 1% 局部乳膏。

稳定性和贮藏

存放在密闭容器中，在室温下避光保存。特比萘芬微溶于水和酒精。当用粉碎的片剂载体（Ora-Sweet）制备悬浮液时，可稳定 42 d。

小动物剂量

犬

30 ~ 40 mg/kg，q24 h，PO（随餐），2 ~ 3 周。

猫

30 ~ 40 mg/(kg·d)，PO，至少 2 周。小型猫用 1/4 片（62.5 mg），中等大小猫用 1/2 片（125 mg），大型猫用 1 片（250 mg），均每天给药 1 次。

大动物剂量

没有关于大动物的有效剂量的报道。特比萘芬对马无效。

管制信息

不确定食品生产用动物的停药时间。

硫酸特布他林（Terbutaline Sulfate）

商品名及其他名称： Brethine、Bricanyl。

功能分类： 支气管扩张剂、β-激动剂。

药理学和作用机制

硫酸特布他林为 β_2-肾上腺素激动剂、支气管扩张剂，可刺激 β_2-受体放松支气管平滑肌。特布他林比诸如异丙肾上腺素的药物更具 β_2 特异性。其他 β_2 特异性药物包括沙丁胺醇和奥西那林。除了可以使支气管平滑肌松弛和缓解支气管痉挛的 β_2 效应外，β_2-激动剂还可以抑制炎性介质释放，特别是从肥大细胞中释放。

适应证和临床应用

与其他 β_2-激动剂一样，特布他林适用于具有可逆性支气管收缩作用的动物，如具有支气管哮喘的猫。它也被用于缓解支气管狭窄的犬和患有支气管炎和其他气道疾病的动物。在马中短期注射给药，以缓解与反复性气道阻塞（RAO）相关的支气管狭窄。在动物中的使用主要来自经验用药和在人中的使用经验。没有控制良好的临床研究或功效试验可证明临床的有效性。沙丁胺醇注射剂可以用作特布他林注射剂的替代品（单次给药 4 μg/kg，根据需要可调整至最多 8 μg/kg）。特布他林不被马口服吸收，对马口服给药起不到有效的治疗效果。克仑特罗通常是马的首选药物。

注意事项

不良反应和副作用

特布他林造成的高剂量的过度 β-肾上腺素刺激会导致心动过速和肌肉震颤。高剂量可能会产生心律失常。在怀孕动物中，所有的 β_2-激动剂在怀孕末期会抑制子宫收缩。高剂量的 β_2-激动剂可以导致低钾血症，因为它们刺激 Na^+-K^+-ATP 酶，并增加细胞内 K^+，同时降低血清 K^+ 并产生高血糖。治疗包括注射 KCl 补充剂，速率为 0.5 mEq/(kg·h)。

禁忌证和预防措施

对患有心脏病的动物，特别是可能对快速性心律失常易感的动物，要谨慎使用。除非是为了延迟子宫收缩，否则不要在怀孕末期使用。

药物相互作用

与其他可能刺激心脏和引起心动过速的药物一起使用时要谨慎。

使用说明

可以 PO、IM 或 SQ 给药。特布他林（和其他 β₂- 激动剂）也已用于人的延迟分娩（在人中剂量为 2.5 mg，q6 h，PO）。用于缓解动物的支气管狭窄的其他 β₂- 激动剂包括沙丁胺醇和沙美特罗。患有急性支气管收缩的动物也可以从皮质类固醇治疗和氧气治疗中受益。重复服用 SQ 剂量时应谨慎。人在 4 h 内的最大 SQ 剂量为每次 500 μg。

患病动物的监测和实验室检测

监测治疗过程中动物的心率。如果给予高剂量，则监测钾浓度。

制剂与规格

特布他林有 2.5 mg、5 mg 的片剂和 1 mg 的小瓶，浓度为 1 mg/mL，注射剂 1 mL。

稳定性和贮藏

存放在密闭容器中，在室温下避光保存。硫酸特布他林可溶于水。溶液可能会降解。观察颜色变化，如果溶液变成深色，则丢弃。将片剂放入糖浆中制备悬浮液，可保持稳定 55 d。

小动物剂量
犬

每只 1.25 ~ 5.0 mg，q8 h，PO。

3 ~ 5 μg/kg（0.003 ~ 0.005 mg/kg），SQ，通常作为单剂量紧急处理。如有必要，可重复 4 ~ 6 h。

猫

0.1 mg/kg，q8 h，PO。

每只 0.625 mg（2.5 mg 片剂的 1/4），q12 h，PO。

5 ~ 10 μg/kg（0.005 ~ 0.01 mg/kg），q4 h，SQ 或 IM。SQ 的最常见剂量为每只 0.05 mg（相当于每只 0.05 mL）。

大动物剂量
马

口服不吸收。使用 IV 治疗慢性 RAO：2 ~ 5 μg/kg，q6 ~ 8 h，IV；或根据需要。

管制信息

特布他林具有与克仑特罗相似的特性，因此拟食用动物禁用。
RCI 分类：3。

睾酮（Testosterone）

商品名及其他名称： 环戊丙酸睾酮：Andro-Cyp、Andronate、Depo-Testosterone、通用品牌；丙酸睾酮：Testex、Malogen（加拿大）。
功能分类： 激素。

药理学和作用机制

可获得的注射用睾酮酯有两种形式：环戊丙酸睾酮和丙酸睾酮。睾酮酯用于补充睾酮缺乏的动物。它还会产生合成代谢作用。肌内注射睾酮酯可避免口服给药产生的首过效应。酯类油剂 IM 注射吸收速度较慢。然后将酯水解为游离的睾酮。具有更特异的合成代谢活性的其他药物包括宝丹酮、羟甲烯龙、诺龙、司坦唑醇和甲睾酮。

适应证和临床应用

合成代谢药物已用于逆转分解代谢状况、增加体重、增加动物的肌肉和刺激促红细胞生成。睾酮和其他合成代谢药物也被滥用于人，以增强运动能力。

> ### 注意事项
> **不良反应和副作用**
> 副作用是由于睾酮的过度雄激素作用引起的。公犬可能出现前列腺增生。雄性化可以发生在母犬身上。肝病在口服甲基化睾酮制剂中比注射制剂更常见。服用过量睾丸素补充剂的男性有心血管风险。
> **禁忌证和预防措施**
> 肝病患病动物慎用。处于怀孕期的动物禁用。这种药物有可能被人用于合成代谢。
> **药物相互作用**
> 没有关于动物药物相互作用的报道。

使用说明

睾酮雄激素的使用在兽药临床研究中尚未评估。使用主要基于实验证据或在人中的使用经验。

患病动物的监测和实验室检测

定期监测用药动物的肝酶。

制剂与规格

环戊丙酸睾酮酯有 100 mg/mL 和 200 mg/mL 的注射剂。丙酸睾酮酯有 100 mg/mL 的注射剂。

稳定性和贮藏

睾酮不溶于水，但可溶于油和乙醇。保存时应注意避光、防热和防冻。当与油混合时，可稳定 60 d。

小动物剂量

犬和猫

环戊丙酸睾酮酯：1 ~ 2 mg/kg，q2 ~ 4 周，IM。

丙酸睾酮酯：0.5 ~ 1 mg/kg，2 ~ 3 次 / 周，IM。

大动物剂量

没有可用的大动物制剂，除犊牛外。拟食用动物禁用。

管制信息

Schedule Ⅲ 类管制药物。

RCI 分类：4。

四环素、盐酸四环素（Tetracycline, Tetracycline Hydrochloride）

商品名及其他名称：Panmycin、Duramycin powder 和 Achromycin V。

功能分类：抗菌药。

药理学和作用机制

四环素、盐酸四环素为四环素类抗生素。四环素类的作用机制是结合 30S 核糖体亚基和抑制蛋白质合成。作用有时间依赖性，对一些细菌具有抑菌作用。与其他四环素类一样，四环素具有广谱活性，包括细菌、某些原虫、立克次体和埃立克体。常见耐药性。用于动物的四环素类药物（土霉素、多西环素）均具有相似的活性。但是，米诺霉素可能对某些葡萄球菌菌株具有更好的活性（有关更多详细信息，请参见"米诺霉素"部分）。替加环素是一种新的四环素，对那些对其他药物有耐药性的细菌的活性增强。但是，没有在动物中使用的报道。

适应证和临床应用

四环素类用于治疗多种感染，包括软组织感染、肺炎和尿路感染（UTI）。四环素并不常用于治疗动物，因为剂量形式很少（局部用药除外），而其他衍生物则更常用于治疗动物，包括土霉素、米诺霉素和多西环素。有关临床使用和适应证的更完整信息，请查阅本书包含这些药物的章节。

> **注意事项**
>
> **不良反应和副作用**
>
> 高剂量的四环素一般会引起肾小管坏死。四环素可以影响幼小动物的骨骼和牙齿的形成。它们与猫的药物热有关。高剂量可以引起易感个体的肝毒性。口服会导致一些动物腹泻。
>
> **禁忌证和预防措施**
>
> 年幼的动物禁用，因为四环素会影响骨骼和牙齿的形成。
>
> **药物相互作用**
>
> 四环素与含有钙的化合物结合，减少口服吸收。不要与含有铁、钙、铝或镁的溶液混合。

使用说明

在小动物中进行了药代动力学和实验研究，但未进行临床研究。四环素类在小动物中的使用已主要由多西环素或米诺霉素代替。在牛、猪和其他大动物中，最常使用的四环素类是土霉素，通过饲料或水给药，也可以注射。在马中最常见口服的四环素是多西环素或米诺霉素。

患病动物的监测和实验室检测

四环素可以作为该类代表，对金霉素、多西环素、米诺霉素和土霉素的敏感性进行测试。对四环素敏感的生物也被视为对其他四环素类敏感。但是，对四环素具有中等敏感度或耐药的某些生物可能对多西环素敏感或对米诺霉素敏感或两者均敏感。药敏试验敏感生物（链球菌）的 CLSI 耐药折点为 $\leq 2\ \mu g/mL$，其他生物为 $\leq 4\ \mu g/mL$。但是，根据所达到的血浆浓度，动物应使用 $1\mu g/mL$ 或更少。在测试犬的葡萄球菌属时，易感菌株的耐药折点为 $\leq 0.25\ \mu g/mL$。当使用四环素测试来自牛的土霉素病原体的敏感性时，对于易感细菌使用的耐药折点为 $\leq 2\ \mu g/mL$。当使用四环素测试猪的土霉素病原体的敏感性时，对于易感细菌使用的耐药折点为 $\leq 0.5\ \mu g/mL$。

制剂与规格

四环素有 250 mg 和 500 mg 的胶囊、500 mg 的犊牛丸剂、100 mg/mL 的

口服悬浮液及 25 g/453 g（lb）和 324 g/453 g（lb）的粉剂。

稳定性和贮藏

存放在密闭容器中，在室温下避光保存。四环素的水溶性差。但是，盐酸四环素的溶解度更高（100 mg/mL）。盐酸四环素溶液的 pH 约为 2.0。如果保持在碱性 pH 下，它将分解。盐酸四环素不稳定，以四环素碱为悬浮液制备复合制剂更好。四环素暴露在光线下会变暗。防止冷冻。

小动物剂量
犬和猫
15 ~ 20 mg/kg，q8 h，PO。

4.4 ~ 11.0 mg/kg，q8 h，IV 或 IM。

立克次体性感染（犬）：22 mg/kg，q8 h，PO，持续用药 14 d。

大动物剂量
犊牛和猪
治疗肠炎和肺炎：11 mg/kg，q12 h 或 22 mg/kg，每天 1 次，放在饮水中或作为丸剂。当放在饮水中给药时，其剂量实际上可能因动物的饮水情况而异。

管制信息
牛和猪的停药时间：口服粉剂时，肉用为 5 d，当用作牛子宫内单次给药时，肉用为 18 d，产奶用为 72 h；当使用口服片剂进行宫内治疗时，根据产品的不同，为 12 d、14 d 和 24 d（请检查各个产品的标签）。

西尼铵氯苯磺酸（Thenium Closylate）
商品名及其他名称：Canopar。
功能分类：抗寄生虫药。

T

药理学和作用机制
西尼铵氯苯磺酸抗寄生虫药。西尼铵是一种抗寄生虫药，对钩虫具有特定作用。

适应证和临床应用
西尼铵氯苯磺酸用于治疗犬钩虫和狭头弯口线虫（钩虫）的成虫。

注意事项

不良反应和副作用

西尼铵口服后偶尔会引起呕吐。

禁忌证和预防措施

没有关于动物的禁忌证的报道。

药物相互作用

没有关于动物药物相互作用的报道。

使用说明

如果包衣破损，片剂会很苦。

患病动物的监测和实验室检测

监测粪便样本中是否有寄生虫证据。

制剂与规格

西尼铵有 500 mg 的片剂（兽医制剂）。

稳定性和贮藏

存放在密闭容器中，在室温下避光保存。

小动物剂量

体重 > 4.5 kg 的犬：500 mg，PO，1 次，2 ~ 3 周后重复。

体重 2.5 ~ 4.5 kg 的犬：250 mg（1/2 片），每天 2 次，PO，用药 1 d，2 ~ 3 周后重复。

大动物剂量

没有大动物剂量的报道。

管制信息

禁用于拟食用动物。

茶碱（Theophylline）

商品名及其他名称：很多通用品牌、茶碱缓释剂。

功能分类：支气管扩张剂。

药理学和作用机制

茶碱为甲基黄嘌呤支气管扩张剂，是非选择性磷酸二酯酶（phospho

diesterase，PDE）抑制剂。PDE 是将环磷酸腺苷（cAMP）转化为非活性形式的酶。cAMP 或腺苷拮抗作用可能产生治疗效果。似乎同时存在抗炎作用和支气管扩张作用。缓释制剂用于降低给药的频率。在犬、猫和马中口服茶碱吸收良好，生物利用度超过 90%。在吸收之后，茶碱在犬、猫和马中的半衰期分别为 5～6 h、14～18 h 和 12～15 h。某些口服制剂包含氨茶碱，而茶碱是氨茶碱的活性成分。

适应证和临床应用

茶碱用于治疗猫、犬和马的炎性气道疾病。在动物中的使用主要来自经验、一些实验模型和在人中的使用经验。没有严格控制的临床研究或功效试验记载临床效果。茶碱已被用于控制可逆性气道收缩的临床症状，如在猫哮喘中所见。在犬中，用途包括治疗气管塌陷、支气管炎和其他气道疾病。在马中，茶碱可缓解 RAO 的症状，但 IV 剂量可能会引起副作用。在马中，该病经常使用其他药物（如克仑特罗、沙丁胺醇）。茶碱对治疗牛的呼吸系统疾病无效。在犬和猫中使用人的缓释片剂和胶囊，犬每天 2 次，猫每天 1 次，获得了有效的血液浓度。

已经检查了其他甲基黄嘌呤类药物用于治疗犬和猫的气道疾病，但是这些药物在美国不易获得或广泛使用。这些药物包括丙戊茶碱，该药物是某些国家 / 地区认可的兽医药物（Karsivan 或 Vivitonin），在犬中可使用 50 mg 的片剂，3～5 mg/kg，q12 h，PO（猫剂量为 5 mg/kg）。丙戊茶碱对猫支气管病有效。在犬中，批准用于治疗老年犬认知功能障碍（嗜睡、冷漠、僵硬的步态、食欲减退等）。

注意事项
不良反应和副作用
茶碱的副作用包括恶心、呕吐和腹泻。高剂量时，可能发生心动过速、兴奋、震颤和抽搐。患有心血管系统和中枢神经系统（CNS）副作用的犬似乎比人少。过量的茶碱可能导致低钾血症。

禁忌证和预防措施
对于患有心血管系统疾病或抽搐疾病的动物，应谨慎用药。在人中的研究结论是使用甲基黄嘌呤会增加易感动物抽搐的风险。

药物相互作用
谨慎使用其他 PDE 抑制剂，如己酮可可碱、西地那非（Viagra）和匹莫苯丹。许多药物会抑制茶碱的代谢，从而潜在性地增加其浓度。这些药物包括西咪替丁、红霉素、氟喹诺酮类和普萘洛尔。有些药物会通过增加代谢来降低浓度。这样的药物包括苯巴比妥和利福平。

使用说明

调整剂量以维持治疗性血液水平。较旧的缓释制剂和长效制剂不再可用。药代动力学研究已经确定了人用的片剂和胶囊用于犬和猫的剂量。这些制剂通过口服给药产生了最一致的血浆浓度。

患病动物的监测和实验室检测

应监测接受慢性治疗的患病动物的茶碱血浆浓度，将血浆浓度维持在 10 ~ 20 μg/mL。定期监测接受慢性治疗的患病动物的血浆浓度。鼓励进行峰谷浓度测量。

制剂与规格

茶碱有 100 mg、125 mg、200 mg、250 mg 和 300 mg 的片剂；27 mg/5 mL（5.3 mg/mL）的口服溶液或酏剂，含 5% 葡萄糖的注射剂。缓释茶碱有 100 mg、200 mg、300 mg、400 mg、450 mg 和 600 mg 的片剂。但是，不同规格的缓释制剂的可用性可能会有所不同。

稳定性和贮藏

存放在密闭容器中，在室温下避光保存。茶碱微溶于水（8 mg/mL）。茶碱已经与某些口服液体混合，并且发现如果在混合后不久使用，则是稳定的。在犬和猫中使用缓释片剂或胶囊时，请勿破坏制剂上的涂层。

小动物剂量
犬
茶碱：9 mg/kg，q6 ~ 8 h，PO（速释制剂）。
茶碱缓释剂：10 mg/kg，q12 h，PO。
猫
4 mg/kg，q8 ~ 12 h，PO（速释制剂）。
茶碱缓释剂：片剂 20 mg/kg（每只 100 mg），q24 h，PO，或用缓释胶囊 25 mg/kg（每只 125 mg），q24 h，PO。在猫中长期使用时，此间隔可能会增加到 q48 h。

大动物剂量
治疗马 RAO：5 mg/kg，q12 h，PO。

尽管茶碱已在马中进行静脉注射，但这种给药方式导致了短暂性兴奋和躁动。缓慢 IV 给药。

用作牛的支气管扩张剂：20 mg/kg，q12 h，PO。当治疗继发于病毒感染的疾病时，将频率降低为 q24 h。

管制信息

停药时间尚未确定。

RCI 分类：3。

噻苯达唑（Thiabendazole）

商品名及其他名称： Omnizole、Equizole、TBZ 和 Thibenzole。

功能分类： 抗寄生虫药。

药理学和作用机制

噻苯达唑为苯并咪唑抗寄生虫药。与其他苯并咪唑类相似，噻苯达唑会导致寄生虫微管变性，并不可逆地阻止寄生虫的葡萄糖吸收。葡萄糖吸收的抑制导致寄生虫的能量存储耗尽，最终导致死亡。

适应证和临床应用

商品化噻苯达唑的可用性受到限制。在马中，已用于控制大型和小型圆线虫、粪线虫、圆线虫属、盅口属和杯尾属蛲虫及相关的喷泉口属、食道齿属、盂口属和尖尾线虫属。在反刍动物中，已被用于治疗绵羊和山羊的胃肠道蛔虫感染（血矛线虫、毛圆线虫、奥斯特线虫、古柏线虫、细颈线虫、仰口线虫、粪类圆线虫、夏伯特线虫、结节线虫、蛇形毛圆线虫和艾氏毛圆线虫）。

注意事项

不良反应和副作用

副作用不常见。

禁忌证和预防措施

没有关于动物禁忌证的报道。

药物相互作用

没有关于动物药物相互作用的报道。

使用说明

噻苯达唑通常用于马和牛。在小动物中的经验有限。

患病动物的监测和实验室检测

监测粪便样本中肠道寄生虫的证据。

T

制剂与规格

噻苯达唑有口服给药的糊剂、颗粒和溶液，以及用于饲料的预混料。一些制剂不再市售。

稳定性和贮藏

存放在密闭容器中，在室温下避光保存。

小动物剂量
犬

50 mg/kg，q24 h，持续用药 3 d，1 个月后重复。

治疗呼吸道寄生虫：30 ~ 70 mg/kg，q12 h，PO。
猫

粪类圆线虫属：125 mg/kg，q24 h，持续用药 3 d。

大动物剂量
马

44 mg/kg，PO（单剂量）。
绵羊和山羊

44 mg/kg，PO（单剂量），对于某些感染最高可达 67 mg/kg，PO。
牛

67 mg/kg，PO（单剂量），对更严重的感染最高可达 111 mg/kg，PO。
猪（小猪）

67 ~ 90 mg/kg，PO。

管制信息

产奶用动物的停药时间：96 h。

肉用绵羊和肉用山羊的停药时间：30 d。

肉牛的停药时间：3 d。

肉用猪的停药时间：30 d。

硫肿胺钠（Thiacetarsamide Sodium）

商品名及其他名称：Caparsolate。

功能分类：抗寄生虫药。

注意：对犬和猫的心丝虫感染不再推荐使用硫肿胺钠。建议改用美拉索明二盐酸盐（杀螨剂）治疗成年心丝虫。在此处简要列出了有关硫肿胺的药理学和临床使用信息，在有些国家仍可获得并用于治疗心丝虫感染。

药理学和作用机制

硫胂胺钠为有机砷化物，对寄生虫（如成年心丝虫）有毒性。

适应证和临床应用

硫胂胺用于治疗成年心丝虫感染。美国心丝虫协会不再建议将硫胂胺用作杀心丝虫成虫药。硫胂胺在猫中的效果不如犬，而不良反应的发生率更高。在犬中，美拉索明被认为更安全，已代替硫胂胺钠来进行常规治疗。

注意事项

不良反应和副作用

副作用很常见，特别是厌食、呕吐和肝损伤。药物杀灭心丝虫可能导致肺血栓栓塞症。

禁忌证和预防措施

除非能仔细监测，否则不建议在猫中使用。猫比犬更不容易受到砷中毒的影响，但它们更容易发生肺血栓栓塞。如果治疗猫，应该密切观察 3 ~ 4 周。

药物相互作用

没有关于动物药物相互作用的报道。

使用说明

硫胂胺通过 2 d 内 4 次注射给药，但是，如果观察到严重的副作用，请停止用药。外渗可导致皮肤脱落。如果可能的话，建议用美拉索明代替硫胂胺治疗心丝虫病。

患病动物的监测和实验室检测

监测肾和肝脏功能。

制剂与规格

硫胂胺有 10 mg/mL 的注射剂。不再有商品化硫胂胺供应，其可用性不确定。

稳定性和贮藏

存放在密闭容器中，在室温下避光保存。

小动物剂量

犬

2.2 mg/kg，IV，每天 2 次，持续用药 2 d。

猫

不建议使用，除非可以严密监测。剂量为 2.2 mg/kg，每天 2 次，IV，持续用药 2 d。

大动物剂量
没有大动物剂量的报道。

管制信息
禁用于拟食用动物。

盐酸硫胺素（Thiamine Hydrochloride）

商品名及其他名称：维生素 B_1、Bewon 和通用品牌。

功能分类：维生素。

药理学和作用机制
维生素 B_1 用于治疗维生素缺乏。复合维生素 B 通常包含硫胺素（B_1）、核黄素、烟酰胺和维生素 B_{12}。

适应证和临床应用
硫胺素用于提供维生素 B_1 补充或治疗维生素 B_1 缺乏。

注意事项
不良反应和副作用

由于水溶性维生素容易排泄，所以副作用很少。

禁忌证和预防措施

给药时要非常缓慢 IV。快速静脉注射会引起过敏性反应。

药物相互作用

当盐酸硫胺素与碱化溶液混合时，可能会产生不相容。

使用说明
维生素 B 添加剂通常联合其他 B 族维生素一起作为复合维生素 B 溶液使用。

患病动物的监测和实验室检测
不用特殊监测。

制剂与规格
维生素 B_1 有 250 μg/5 mL 的酏剂、5 ~ 500 mg 的片剂、100 mg/mL 和 500 mg/mL 的注射剂。

注射用复合维生素 B 水溶液通常包含 12.5 mg/mL 维生素 B_1。

稳定性和贮藏
储存在室温下密闭的避光容器中。当与其他溶液（如液体）混合使用时，可能会无法相容。

小动物剂量
犬
每只 10 ~ 100 mg/d，PO。
每只 12.5 ~ 50.0 mg/d，IM 或 SQ。
猫
每只 5 ~ 30 mg/d，PO，最大剂量为每只 50 mg/d。
每只 12.5 ~ 25.0 mg/d，IM 或 SQ。

大动物剂量
所有剂量均以每只动物为基础。
羔羊
12.5 ~ 25.0 mg/d，IM。
羊和猪
65 ~ 125 mg/d，IM。
犊牛和马驹
37.5 ~ 65.0 mg/d，IM。
牛和马
125 ~ 250 mg/d，IM。

管制信息
拟食用动物的停药时间：0 d。

硫鸟嘌呤（Thioguanine）
商品名及其他名称： 通用品牌。
功能分类： 抗癌药。

药理学和作用机制
硫鸟嘌呤为抗癌药，是嘌呤类似物类型的抗代谢药。硫鸟嘌呤抑制癌细胞内的 DNA 合成。

适应证和临床应用

硫鸟嘌呤用于某些抗癌方案。在动物中不常用。在动物中的使用主要来自个人经验和在人中的使用经验。没有严格控制的临床研究或功效试验记载临床效果。

注意事项

不良反应和副作用

与任何抗癌药一样，副作用也是可以预料的。硫鸟嘌呤的副作用可能与巯基嘌呤的副作用相似。常见的有免疫抑制和白细胞减少。

禁忌证和预防措施

禁用于骨髓抑制的患病动物。

药物相互作用

没有关于动物药物相互作用的报道。

使用说明

硫鸟嘌呤可与其他药物联合使用以治疗癌症。

患病动物的监测和实验室检测

监测全血细胞计数（CBC），以筛选骨髓毒性的证据。

制剂与规格

硫鸟嘌呤有 40 mg 的片剂。

稳定性和贮藏

存放在密闭容器中，在室温下避光保存。

小动物剂量

犬

40 mg/m^2，q24 h，PO。

猫

25 mg/m^2，q24 h，PO，持续用药 1 ~ 5 d，然后每 30 d 重复 1 次。

大动物剂量

没有大动物剂量的报道。

管制信息

不确定食品生产用动物的停药时间。由于该药物是抗癌药，拟食用动物禁用。

硫喷妥钠（Thiopental Sodium）

商品名及其他名称： Pentothal，之前使用的名称是 Thiopentone。
功能分类： 麻醉药、巴比妥酸盐。

药理学和作用机制

硫喷妥钠为超短效巴比妥酸盐。麻醉由 CNS 抑制产生，无镇痛作用。硫喷妥钠的作用类似于其他巴比妥酸盐。它是 γ- 氨基丁酸（GABA）受体激动剂，可增强抑制神经传递。它增加了 GABA 与其受体的结合（抑制神经递质），从而增加了跨膜氯传导，导致突触后细胞膜的超极化和突触后神经元的抑制。麻醉通过在体内的重新分布而终止。

适应证和临床应用

硫喷妥钠是兽医学中最常用的巴比妥酸盐注射剂。它主要用于诱导麻醉或短期麻醉（10 ~ 15 min 的操作）。它会产生快速、平稳且通常无兴奋的诱导期。它可以与其他麻醉辅助剂如镇静药和镇定药一起使用（如 α_2- 激动剂、吩噻嗪和阿片类药物）。

注意事项

不良反应和副作用

最常见的影响是短暂性呼吸暂停和呼吸抑制。其他副作用与药物的麻醉作用有关。硫喷妥钠可以引起心血管抑制，每搏输出量轻度下降，心输出量或血压变化不大。麻醉前用药将降低心血管事件的风险。在诱导期间补充氧气也将减少心血管事件。过量是由快速或反复注射引起的。避免静脉外渗。

禁忌证和预防措施

呼吸系统或心脏疾病患病动物慎用。除非有能力监测和维持呼吸，否则不要使用。

药物相互作用

硫喷妥钠与其他麻醉药兼容。然而，使用其他镇定药和麻醉药会降低硫喷妥钠的剂量。硫喷妥钠与丙泊酚以 1 : 1 的比例混合而不丧失效力。这种 1 : 1 的 2.5% 硫喷妥纳与丙泊酚的混合物已被用于犬的诱导麻醉。

使用说明

治疗指数低。仅适用于有可能监测心血管和呼吸功能的患病动物。硫喷妥钠通常与其他麻醉辅助剂一起使用。

患病动物的监测和实验室检测

使用硫喷妥钠麻醉时，在麻醉期间监测心血管和呼吸功能。

制剂与规格

硫喷妥钠有 250 mg ~ 10 g 的小瓶（与灭菌稀释剂混合至所需浓度）。浓度可能有所不同，但通常小动物使用 2.5% 溶液，大动物使用 2.5% 或 5% 溶液。

稳定性和贮藏

正确制备的硫喷妥钠具有化学稳定性，冷藏后可以抵抗细菌性生长长达 4 周。硫喷妥钠的 pH 为 10 ~ 11，不应与酸性溶液混合。如果与其他药物混合，碱度可能会影响其稳定性。丙泊酚已与硫喷妥钠以 1 ∶ 1 混合使用，并且如果及时使用，它们在物理和化学上都是兼容的。

小动物剂量

犬

10 ~ 25 mg/kg，IV（至起效）。

猫

5 ~ 10 mg/kg，IV（至起效）。

大动物剂量

牛

诱导麻醉：6 ~ 12 mg/kg，IV（至起效）。

猪

10 ~ 20 mg/kg，IV（至起效）。

管制信息

标签外使用：确定肉用动物的停药时间至少 1 d，产奶用动物的停药时间至少 24 h。

肉用猪的停药时间：0 d。

Schedule Ⅲ类管制药物。

RCI 分类：2。

噻替哌（Thiotepa）

商品名及其他名称：Thioplex 和通用品牌。

功能分类：抗癌药。

药理学和作用机制

噻替哌为抗癌药，是氮芥类（类似于环磷酰胺）烷基化剂。

适应证和临床应用

噻替哌用于各种肿瘤，尤其是恶性积液。最常见的给药模式是病变内或局部使用（如膀胱内）。对于膀胱癌，将 30 mg 稀释在 30 mL 蒸馏水中，然后每周 1 次直接注入膀胱。

注意事项
不良反应和副作用
副作用类似于其他抗癌药和烷基化药物（其中许多是不可避免的）。骨髓抑制是最常见的效果。

禁忌证和预防措施
骨髓抑制的动物禁用。

药物相互作用
没有关于动物药物相互作用的报道。

使用说明

有关用药指导应查阅特定的癌症化疗方案。噻替哌通常直接通过体腔内给药。

患病动物的监测和实验室检测
监测 CBC 以获得骨髓抑制的证据。

制剂与规格
噻替哌有 15 mg 的注射剂（通常溶液为 10 mg/mL）。

稳定性和贮藏
存放在密闭容器中，并在室温下避光保存。混合溶液时，向每个小瓶中加入 1.5 mL 灭菌用水。如果冷藏，此溶液稳定 5 d。溶液可能澄清至略微不透明，但如果出现混浊或沉淀，请丢弃小瓶。

小动物剂量
犬和猫
$0.2 \sim 0.5$ mg/m^2，每周 1 次或每天 1 次，持续用药 $5 \sim 10$ d，IM，腔内注射或肿瘤内注射。

大动物剂量
没有大动物剂量的报道。

管制信息
不确定食品生产用动物的停药时间。由于该药物是抗癌药，拟食用动物禁用。

促甲状腺释放激素（Thyroid-Releasing Hormone，TRH）
商品名及其他名称： TRH、Protirelin、Thyrel。
功能分类： 激素、甲状腺。

药理学和作用机制
当 T_4 不升高但疑似甲状腺功能亢进时，使用 TRH 检测甲状腺功能亢进。TRH 是一种合成三肽，被认为与下丘脑天然产生的促甲状腺释放激素在结构上相同。

适应证和临床应用
TRH 已用于诊断测试。有关甲状腺功能减退的信息，请参见"促甲状腺激素"中的诊断性检查。没有特定的治疗用途。

注意事项
不良反应和副作用
没有特定的副作用报道。可能有过敏反应。
禁忌证和预防措施
没有关于动物禁忌证的报道。
药物相互作用
没有关于动物药物相互作用的报道。

使用说明
用于诊断目的。

患病动物的监测和实验室检测
监测甲状腺浓度。测试给药后 4 h 收集 TRH 后 T_4 样本。

制剂与规格
Thyrel TRH（Protirelin）有 1 mL 的安瓿瓶。每个安瓿中含有 500 μg 的普罗瑞林，但目前很难获得。

稳定性和贮藏
存放在密闭容器中，在室温下避光保存。

小动物剂量
收集基础 T_4，然后 0.1 mg/kg，IV。在 4 h 收集 TRH 后 T_4 样本。

大动物剂量

在马中（库欣综合征），为了测试 PPID，IV 给 1 mg 合成 TRH，并收集样本。最佳采样时间是 0 min 和 30 min。

管制信息

由于用于拟食用动物有害残留风险低，无停药时间的建议。

促甲状腺激素（Thyrotropin）

商品名及其他名称： Thytropar、Thyrogen 和 TSH。
功能分类： 激素、甲状腺。

药理学和作用机制

促甲状腺激素（TSH）用于诊断性检查，它刺激甲状腺激素的正常分泌。可用的制剂包括 Thyrogen（注射用 TSHα），它是通过重组 DNA 技术生产的人 TSH 的纯化重组形式。较旧的形式 Thytropar 很难获得。TSHα 的氨基酸序列与人的垂体 TSH 相同。TSH 活性不是物种特异的，人用产品可用于动物。

重组人促甲状腺激素（Recombinant human thyrotropin，rhTSH）已用于甲状腺功能减退的诊断。

适应证和临床应用

TSH 用于刺激甲状腺激素的分泌，以进行诊断性检查。由于 TSH 的可用性有限及人用形式费用高昂，很少执行此测试。奶牛促甲状腺激素已被使用于犬，但过敏样反应和安全隐患导致不再使用。rhTSH 可以 IV 给药，导致在 4 h 和 6 h 时总 T_4（TT_4）增加。

注意事项

不良反应和副作用

不良反应很少。在人中，过敏反应已经发生。

禁忌证和预防措施

没有关于动物的禁忌证的报道。

药物相互作用

没有关于动物药物相互作用的报道。

T

使用说明

要制备溶液，请将 2 mL 氯化钠添加到 10 U 的小瓶中。请咨询测试实验室以获取有关甲状腺测试的特定指导。

如果患病动物已经接受了甲状腺素补充剂，请在测试前停止治疗 6 ~ 8 周。

患病动物的监测和实验室检测

IV 注射后，在 4 h 或 6 h 收集 TSH 后样本（最佳 6 h）。有关犬测试的完整信息，请参见"剂量"部分。

制剂与规格

rhTSH 也称为 TSHα 或 Thyrogen，有 1.1 mg 的小瓶，含 TSHα。用 1.2 mL 灭菌用水溶解，TSHα 的浓度为 0.9 mg/mL（请参阅"剂量"部分，了解制备犬剂量的具体说明）。溶解的溶液 pH 约为 7。其他形式（Thytropar）很难获得。奶牛促甲状腺激素在犬中引起反应，不再可用。

稳定性和贮藏

存放在密闭容器中，在室温下避光保存。溶解后的溶液在 2 ~ 8℃下保持 2 周的效力，在 4℃下保持 4 周的效力，如果冷冻（−20℃）则保持 12 周的效力。

小动物剂量
犬

每只 50 ~ 150 μg，注射。

犬的诊断性检查用 6 mL 灭菌用水溶解 1 个小瓶（1.1 mg），并分成 12 等份。抽入 0.5 mL 塑料胰岛素注射器内并存放在冷冻室。每次给药时，解冻注射器和每只犬 IV 1 个注射器的药量。所使用的剂量范围是每只 75 ~ 150 μg。据报道剂量较高具有更好的辨别力。注射后，在注射（最佳 6 h）后的 4 h 或 6 h 测量甲状腺激素（T_4）。TSH 后反应应该至少在基础值之上 1.9 μg/dL。通常，2.5 ~ 3.1 μg/dL 的反应与甲状腺功能亢进一致，< 1.6 μg/dL 表示甲状腺功能减退，并且，1.6 ~ 2.5 μg/mL 是中间范围，可能需要进行后续测试。

大动物剂量

没有大动物剂量的报道。

管制信息

由于用于拟食用动物有害残留风险低，无停药时间的建议。

替卡西林钠（Ticarcillin Disodium）
商品名及其他名称： Ticar、Ticillin。
功能分类： 抗菌药。

注意：替卡西林的制剂已从人医市场撤出，包括含克拉维酸的制剂。仍存在批准用于马的兽医制剂，但可用性可能有限。

药理学和作用机制
替卡西林钠为 β- 内酰胺类抗生素。和其他 β- 内酰胺相似，替卡西林结合青霉素结合蛋白（PBP），削弱或干扰细胞壁的合成。与 PBP 结合后，细胞壁变弱或发生裂解，和其他 β- 内酰胺类相似，该药物有时间依赖性，这表明当在剂量间隔内将药物浓度保持在 MIC 值以上时，它更有效。替卡西林的作用类似于氨苄西林 / 阿莫西林，抗菌谱类似于羧苄西林。它主要用于革兰氏阴性感染，尤其是假单胞菌引起的感染。

适应证和临床应用
替卡西林已被用于动物，以治疗各种感染，包括肺炎、软组织感染和骨骼感染。它具有与氨苄西林相似的活性，但扩展到包括许多其他对氨苄西林有抗性的生物，如铜绿假单胞菌和其他革兰氏阴性杆菌。当与氨基糖苷一起给药时，其活性增强。在动物中的使用主要来自经验和药代动力学 - 药效学信息。在多数动物 IV 给药，IM 给药可能会很疼。替卡西林还被注入马子宫以治疗子宫炎。

注意事项
不良反应和副作用
副作用不常见。可能有过敏反应。高剂量可以导致癫痫发作和血小板功能下降。
禁忌证和预防措施
对青霉素过敏的动物要谨慎使用。
药物相互作用
不要将氨基糖苷在同一注射器或小瓶中混合使用。

使用说明
替卡西林可以与克拉维酸联合使用（有关更多详细信息，请参阅"替卡西林 + 克拉维酸"）。替卡西林与氨基糖苷类（如阿米卡星和庆大霉素）具有协同作用，并且经常联合使用。可使用利多卡因（1%）溶解，以减轻

IM 注射引起的疼痛（请参阅"制剂与规格"部分）。

患病动物的监测和实验室检测
药敏试验：敏感生物的 CLSI 耐药折点在假单胞菌为 ≤ 64 μg/mL，在革兰氏阴性肠道生物为 ≤ 16 μg/mL。

制剂与规格
注意：商品化制剂的可用性可能受限。替卡西林有 3 g 的小瓶。在 3 g 的小瓶中混入 6 mL 灭菌用水、氯化钠或 1% 盐酸利多卡因溶液（不含肾上腺素），最终浓度为 384.6 mg/mL。也已使用替卡西林＋克拉维酸，但生产商已自愿将商业形式从市场上撤回（有关更多信息，请参见下一部分）。

稳定性和贮藏
将注射用粉剂储存在原始小瓶中，在室温下避光保存。溶解后立即使用。如果用氯化钠或 5% 葡萄糖溶解进行 IV 给药，则在室温下可稳定达 72 h，如果冷藏可稳定 14 d。用乳酸林格液制备的溶液在室温下稳定达 48 h，冷藏后稳定 14 d。如果将稀释的 IV 溶液冷冻，则它们稳定可达 30 d，但融化后应在 24 h 内使用。不要重新冻结解冻的溶液。

小动物剂量
犬和猫
33 ~ 50 mg/kg，q4 ~ 6 h，IV 或 IM。

大动物剂量
马
44 mg/kg，q6 ~ 8 h，IV 或 IM。
替卡西林也已用于马的子宫内灌注，12.4 mg/kg，稀释在 60 ~ 100 mL 生理盐水中。

管制信息
停药时间尚未确定。但是，排泄类似于其他 β- 内酰胺类抗生素，如氨苄西林。停药时间遵循氨苄西林的准则。

替卡西林＋克拉维酸钾（Ticarcillin + Clavulanate Potassium）
商品名及其他名称：Timentin。
功能分类：抗菌药。

注意：制造商已自愿从美国市场撤回了替卡西林＋克拉维酸。它是

FDA 批准的产品，但已不再销售。包括有关药理学、适应证和剂量的信息罗列如下，以备将来返回市场时使用。如果另一种可注射的青霉素 β- 内酰胺酶抑制剂适用于患病动物，哌拉西林和他唑巴坦的联合是合理的替代物。有关药理学和临床使用的更多信息，请参阅"哌拉西林钠和他唑巴坦"部分。

药理学和作用机制

作用和抗菌谱与替卡西林相同，只是添加了克拉维酸来抑制细菌 β- 内酰胺酶，并增加抗菌谱。但是，与单独使用替卡西林相比，克拉维酸不会增加抗假单胞菌的活性。

适应证和临床应用

替卡西林 + 克拉维酸已被用于动物，用来治疗各种感染，包括肺炎、软组织感染和骨骼感染。替卡西林具有与氨苄西林相似的活性，但已扩展到包括许多其他对氨苄西林有抗药性的生物，如铜绿假单胞菌和其他革兰氏阴性杆菌。当与克拉维酸联合使用时，对某些革兰氏阴性菌和葡萄球菌菌株的活性得到改善。但是，耐甲氧西林葡萄球菌对替卡西林耐药。与氨基糖苷类药物联合使用可增强对铜绿假单胞菌的活性。在动物中的使用主要来自经验和药代动力学 – 药效学信息。在多数动物中静脉注射给药，IM 给药可能会很疼。

注意事项

不良反应和副作用

副作用不常见。可能有过敏反应。高剂量可以导致癫痫发作和血小板功能下降。

禁忌证和预防措施

对青霉素过敏的动物要谨慎使用。

药物相互作用

不要将氨基糖苷在同一注射器或小瓶混合使用。

使用说明

替卡西林与氨基糖苷类（如阿米卡星和庆大霉素）具有协同作用，并且经常联合使用。可使用利多卡因（1%）进行溶解，以减少 IM 注射引起的疼痛。

患病动物的监测和实验室检测

药敏试验：敏感生物的 CLSI 耐药折点在假单胞菌为 ≤ 64/2 μg/mL，在

革兰氏阴性杆菌为 ≤ 16/2 μg/mL（"/"区分替卡西林和克拉维酸浓度）。

制剂与规格

注意：最近该产品的制剂尚未在市场上销售。替卡西林 + 克拉维酸通常有每瓶 3 g 的注射剂。每个 3 g 小瓶包含替卡西林（以二钠计）和 0.1 g 克拉维酸（以钾计）。每克还包含 4.75 mEq 钠和 0.15 mEq 钾。

稳定性和贮藏

将原始瓶在室温下保存。溶解的溶液在室温下稳定 6 h，如果冷藏则稳定 72 h。用乳酸林格液或氯化钠制备的 IV 稀释溶液（10 ~ 100 mg/mL）在室温下稳定达 24 h，如果冷藏则高达 4 d，如果冷冻则高达 30 d。用 5% 葡萄糖稀释至 10 ~ 100 mg/mL 的 IV 溶液在室温下最多可存储 24 h，如果冷藏则最多可存储 3 d，如果冷冻则最多可存储 7 d。当使用冷冻溶液时，请在室温或冰箱中解冻，但不要通过使用浸入水浴或微波炉来加速解冻。解冻后的溶液在室温下稳定 24 h，如果冷藏则稳定 7 d。不要重新冻结解冻的溶液。

小动物剂量
犬和猫
根据替卡西林的剂量 33 ~ 50 mg/kg，q4 ~ 6 h，IV 或 IM。

大动物剂量
马
44 mg/kg，q6 ~ 8 h，IV 或 IM（替卡西林成分）。

替卡西林 + 克拉维酸也已用于马宫腔内注射，12.4 mg/kg 替卡西林和 0.4 mg/kg 克拉维酸，溶解在 60 ~ 100 mL 盐水中。

管制信息

停药时间尚未确定。但是，排泄类似于其他 β- 内酰胺类抗生素，如氨苄西林。停药时间遵循氨苄西林的准则。

泰地罗新（Tildipirosin）
商品名及其他名称： Zuprevo。
功能分类： 抗菌药、大环内酯。

药理学和作用机制
泰地罗新是大环内酯类抗菌药。它是具有 3 个带电氮原子（托拉霉素也具有 3 个带电氮原子）的 16 元环（替米考星也为 16 元环分子）大环内酯类抗生素。与其他大环内酯类相似，它通过结合核糖体 50S 亚基（特别是 50S 亚基内的 23S rRNA）来抑制细菌蛋白质合成。结合后，泰地罗新与核糖体 RNA（rRNA）和与肽基转移酶相邻的核糖体蛋白相互作用。因此，与其他大环内酯类一样，它通过阻止形成中的多肽的延长和释放来抑制蛋白合成。泰地罗新的活性范围仅限于导致牛和猪的呼吸系统疾病的革兰氏阳性菌和某些革兰氏阴性菌（如溶血性曼海姆菌、支原体、多杀性巴氏杆菌、胸膜肺炎放线杆菌、支气管败血性鲍特菌和副猪嗜血杆菌）。大肠杆菌和铜绿假单胞菌具有抗药性。一些葡萄球菌和链球菌可能易感。

有证据表明，对溶血性曼海姆菌、牛多杀性巴氏杆菌、睡眠嗜组织菌、副猪嗜血杆菌和胸膜肺炎放线杆菌具有杀菌活性，对支气管败血性鲍特菌具有抑菌活性。

在牛中的药代动力学显示半衰期较长（平均 204 h，或 8.5 d 血浆半衰期），标签剂量下的峰值浓度为 0.64 μg/mL，在牛中注射的生物利用度为 79%。和多数大环内酯类抗生素相似，分布体积很大，而在牛中的分布体积为 49 L/kg。牛的肺浓度是血浆药物的 150 倍以上，半衰期为 10 d。支气管液体浓度约为血浆药物浓度的 40 倍，半衰期为 11 d。

在猪中 IM 注射 4 mg/kg 后，血浆半衰期为 106 h（4.4 d），峰值浓度为 0.9 μg/mL。猪的肺浓度约为血浆浓度的 80 倍，半衰期为 6.8 d。注射后 5 d 时，支气管液体浓度比血浆药物浓度高 680 倍。

与其他大环内酯类一样，泰地罗新发挥了治疗益处，而这不仅可以通过抗菌活性来解释。和阿奇霉素相似，泰地罗新可能具有多灶性免疫调节作用，可能有助于呼吸感染和其他疾病的治疗反应。其他有益作用的产生可能是由于中性粒细胞的脱粒和凋亡增加及炎性细胞因子的产生被抑制。它还可以通过增强巨噬细胞功能来帮助清除感染。

适应证和临床应用

泰地罗新已被批准用于治疗和控制／预防与溶血性曼海姆菌、牛多杀性巴氏杆菌和睡眠嗜组织菌相关的牛 BRD，在一些欧洲国家用于治疗与胸膜肺炎放线杆菌、多杀性疟原虫、牛多杀性巴氏杆菌、支气管败血性鲍特菌、支气管败血病和副猪嗜血杆菌。尚无用于治疗呼吸系统疾病的其他动物的报道。

在牛中使用的其他长效大环内酯类抗生素包括替米考星、托拉霉素和加米霉素。

注意事项

不良反应和副作用

尚未观察到严重的全身性不良反应。在牛中，泰地罗新注射可能导致注射部位肿胀和炎症，这可能是严重的。注射后，食用组织的肿胀和可见病灶可以持续至少 35 d。

考虑泰地罗新和替米考星（均为 16 元大环内酯类）之间的结构相似性，因此进行了犬的心脏毒性研究。在 10 mg/kg，IM 时没有作用，而在 20 mg/kg 时可改变脉搏压力。在一项犬的口服剂量研究中，单次（300 mg/kg 体重）或重复（每天 150 mg/kg 或 200 mg/kg，2 d，每天 200 mg/kg，7 d）之后，没有 ECG 改变。

禁忌证和预防措施

除法规限制（见下文）外，未报告任何具体的禁忌证。

药物相互作用

没有药物相互作用的报道。大环内酯类抗生素可能会干扰细胞色素 P450 酶的活性，但尚未对泰地罗新进行过研究。酸性环境下的抗菌活性降低。

使用说明

在牛中，于颈部 SQ 注射单次给药。每个部位注射不超过 10 mL。在猪中（经批准的国家）单次 IM 注射。

患病动物的监测和实验室检测

敏感生物的 CLSI 耐药折点为 ≤ 4.0 μg/mL。

制剂与规格

泰地罗新有 180 mg/mL（18%）用于牛的注射液，在某些欧洲国家，有 40 mg/mL 溶液可用于猪的注射。

稳定性和贮藏

存放在密闭容器中，在室温下避光保存。

小动物剂量

没有确定小动物剂量。

大动物剂量

牛

4 mg/kg（相当于 1 mL/100 lb），SQ（颈部），单次注射。

猪

4 mg/kg（相当于 1 mL/10 kg），IM，单次注射。

马

马没有可用的剂量信息。

管制信息

没有建立产奶用动物的停药时间。请勿在 20 月龄或更大的雌性奶牛中使用。请勿用于小犊牛。

肉牛的停药时间：21 d。

肉用猪的停药时间：7 d。

替来他明和唑拉西泮（Tiletamine and Zolazepam）

商品名及其他名称：Telazol、Zoletil。

功能分类：麻醉药。

药理学和作用机制

替来他明和唑拉西泮为麻醉药。它是替来他明（与氯胺酮具有类似作用的分离麻醉药）和唑拉西泮（与地西泮具有类似作用的苯二氮䓬类）的联合。替来他明 + 唑拉西泮产生短期麻醉（30 min）。在猫中，唑拉西泮的持效时间将比替来他明长。在犬中，替来他明的持效时间将比唑拉西泮长。因此，在猫中的麻醉似乎比在犬中更顺畅。

适应证和临床应用

替来他明 + 唑拉西泮用于动物的短期麻醉。对于更长的操作，应使用其他药物。

注意事项

不良反应和副作用

替来他明 + 唑拉西泮有很大的安全范围，对猫比对犬更安全。副作用包括过量流涎（可能与阿托品拮抗）、苏醒不稳定和肌肉抽搐。除非眼药水涂在眼睛上，否则角膜可能会干燥。当给雪貂注射时，已观察到不良反应。

禁忌证和预防措施

低剂量不能为手术提供足够的麻醉。患胰腺疾病的动物禁用。

药物相互作用

没有关于动物药物相互作用的报道。

使用说明
深层 IM 注射给药。

患病动物的监测和实验室检测
在麻醉期间监测心率和心律。由于存在低体温风险，请监测体温。

制剂与规格
替来他明 + 唑拉西泮有每毫升含每种成分 50 mg 的制剂（总计 100 mg/mL）。

稳定性和贮藏
存放在密闭容器中，在室温下避光保存。

小动物剂量
犬
小型手术的初始 IM 剂量为 6.6 ~ 10 mg/kg。

短期麻醉：10 ~ 13 mg/kg，IM。

猫
较小的操作用 10 ~ 12 mg/kg，IM，而手术的剂量为 14 ~ 16 mg/kg，IM。

剂量基于每种成分的总毫克数。

大动物剂量
没有大动物剂量的报道。

管制信息
无可用的管制信息。

Schedule Ⅲ 类管制药物。

磷酸替米考星（Tilmicosin Phosphate）
商品名及其他名称： Micotil、Pulmotil AC（用于水）、替米考星预混剂。

功能分类： 抗菌药。

药理学和作用机制
磷酸替米考星为大环内酯类抗生素。替米考星是具有两个带电荷氮原子的 16 元大环内酯结构（泰地罗新也是 16 元大环内酯）。和其他大环内酯类相似，它通过结合核糖体 50S 亚基（特别是 50S 亚基内的 23S rRNA）来抑制细菌蛋白质合成。结合后，泰地罗新与邻近肽基转移酶的 rRNA 和核糖体蛋白相互作用。从而与其他大环内酯类一样，它通过阻止发育中的多肽的延长和释放来抑制蛋白质合成。替米考星的抗菌谱主要限于革兰氏阳性有氧细菌、支原体，以及呼吸系统病原体，如多杀性巴氏杆菌、溶血性曼海姆菌和睡眠嗜组织菌（以前称为睡眠嗜血杆菌）。

在牛中，替米考星 IV 给药的半衰期为 28 h，SQ 后半衰期为 31 h。分布体积为 28 L/kg。

与其他大环内酯类相似，替米考星具有治疗益处，而不仅仅是抗菌活性可以解释。抗炎作用可能包括与替米考星治疗相关的肺内炎性介质的白细胞释放减少。替米考星也可能会减少肺泡巨噬细胞内前列腺素合成。其他有益作用的产生可能是由于中性粒细胞的脱粒和凋亡增加及炎性细胞因子的产生被抑制。它还可以通过增强巨噬细胞功能来帮助清除感染。

适应证和临床应用

替米考星对呼吸道病原体的活性可有效预防和治疗 BRD 和与溶血性曼海姆菌有关的绵羊呼吸系统疾病（ovine respiratory disease，ORD）。由于半衰期长，一次注射的持效时间至少为 72 h。当用于控制进入饲养场的 BRD 犊牛时，在到达饲养场时使用替米考星降低了 BRD 的发病率。可将替米考星添加到牛饲料中，在至少有 10% 的动物被诊断为活性 BRD 的肉牛和非泌乳奶牛中控制与溶血性曼海姆菌、多杀性巴氏杆菌和睡眠嗜组织菌相关的 BRD。

替米考星（Pulmotil）被用于猪的饲料和水中，以控制与胸膜肺炎放线杆菌、多杀性巴氏杆菌和副猪嗜血杆菌有关的 SRD。

用于牛的其他长效大环内酯类抗生素包括加米霉素、泰地罗新和托拉霉素。

注意事项

不良反应和副作用

替米考星可能对某些动物具有心脏毒性。由于心脏毒性，给猪注射会致死。心脏的作用是提高心率和降低收缩力。但是，替米考星作为猪的预混料很安全。在犬中，替米考星注射剂已引起心脏中毒，可能由钙通道阻滞引起，使用钙可以逆转。在山羊中，注射量大于 10 mg/kg，IM 或 SQ 会引起毒性。在马中，替米考星 IM 或 SQ > 10 mg/kg 均可以导致中毒。在任何物种中均禁止静脉注射。在人中，意外注射后必须迅速采取措施，避免致命的反应。治疗包括 β- 肾上腺素能激动剂（如多巴酚丁胺）和支持治疗。

禁忌证和预防措施

替米考星在奶中的高浓度可达 42 d。泌乳牛和山羊禁用。禁止马或其他马匹接触含有替米考星的饲料。在任何动物中均禁止 IV 注射，否则会导致死亡。处理替米考星的人应注意，以防止意外注射。在人中，已有注射引起的致命性心脏反应的报道。意外注射给人需要立即治疗。

药物相互作用

服用普萘洛尔等受体阻滞剂会加剧心脏副作用。多巴酚丁胺和钙可以抵消心脏的影响。

使用说明

SQ 给药。如果操作者不小心将药物注射给自己，请立即就医。严重的心脏毒性已经发生于某些动物物种。替米考星还可以添加到猪的饲料和饮用水中。

患病动物的监测和实验室检测

敏感性信息：奶牛呼吸道病原体的 CLSI 耐药折点为 ≤ 8 µg/mL，而 SRD 病原体为 ≤ 16 µg/mL。用其他大环内酯类的耐药折点可能会确定对替米考星敏感或耐药的细菌。

制剂与规格

替米考星有 300 mg/mL 的注射剂（Micotil）和 200 g/kg（90.7 g/lb）的预混剂（Pulmotil）。与水混合给猪，每毫升水用 250 mg 替米考星。

稳定性和贮藏

存放在密闭容器中，在室温下避光保存。

小动物剂量

不建议用于小动物。

大动物剂量

牛

10 mg/kg，SQ，单剂量。避免 IV 或 IM 给药。

添加到饲料中：每克饲料添加 568 ~ 757 g 替米考星，可提供 12.5 mg/k 体重，持续用药 14 d。

羊

10 mg/kg，SQ，单剂量。

山羊

禁用。

马

禁用。未建立安全性。

猪

肺炎：每吨饲料添加 181 ~ 383 g 替米考星。从疾病暴发时开始，连续饲喂 21 d。

饮用水：添加替米考星 200 mg/L（200 ppm），持续用药 5 d。

管制信息

肉牛停药时间：28 d。没有为产奶用牛建立停药时间。如果对泌乳母牛进行乳房内注射，则应弃奶至少 82 d。

肉用猪的停药时间：7 d。

肉用羊的停药时间：28 d。

替鲁磷酸钠（Tiludronate Disodium）

商品名及其他名称：Tildren（兽医用制剂）、Skelid（人用制剂）。
功能分类：抗高钙血症。

药理学和作用机制

替鲁磷酸钠为双磷酸盐药。此类药物还包括帕米磷酸盐、依替磷酸盐和焦磷酸盐。这些药物的特征是生发双磷酸盐键。它们的临床使用在于其抑制骨吸收的能力。这些药物减少骨转换是通过抑制破骨细胞活性，诱导破骨细胞凋亡，延迟骨吸收和降低骨质疏松速度。骨吸收的抑制是通过甲羟戊酸途径的抑制。根据结构，双磷酸盐分为含氮的和无氮的，含氮药物更有效。替鲁磷酸盐是一种非氮酶化合物。它还可能具有某些抗炎特性。在马中，替鲁磷酸盐的血浆半衰期为 3 ~ 7 h，但骨骼水平可以保留数月。

适应证和临床应用

替鲁磷酸盐已获得欧洲国家的许可，并获得美国批准，可用于治疗与马舟状骨综合征相关的骨疼痛。其他双磷酸盐药物也用于治疗患有骨质疏松和恶性高钙血症的人。在马中，替鲁磷酸盐用于治疗由舟状骨病引起的掌足疼痛。它还可用于治疗远端跗关节骨关节炎（飞节内肿）。和此类的其他药物相似，它有助于管理与病理性骨吸收相关的并发症。它还可以为患有理性骨病的患病动物进行镇痛。另一种双磷酸盐是氯磷酸盐（Osphos），也被批准用于治疗马舟状骨病。

在马中进行的功效研究表明，以 0.1 mg/kg 的剂量给药 10 d（总剂量为 1.0 mg），可有效治疗舟状骨病和远端跗关节骨关节炎。治疗慢性跛行的有益作用尚不确定。

注意事项

不良反应和副作用

替鲁磷酸盐的反应仅在马中有报道。静脉输注后，可以观察到心率加快和一过性低钙血症。30% ~ 45% 的马在 IV 替鲁磷酸盐后出现绞痛症状，应该进行监测。然而，在马中观察到的绞痛症状却平静地解决了。这两种影响都不明显。在人中，人们担心它可能导致过度的矿化和骨质硬化，这可能导致骨折的风险更大。然而，这种效应还没有在动物身上报道过。没有对骨密度的不良影响的报道。

禁忌证和预防措施

患肾脏疾病的马禁用。制造商警告说，NSAID 与替鲁磷酸盐同时使用可能增加肾损伤的风险。在与低钙血症相关的状况中小心使用。不建议对正在生长的年幼动物使用双磷酸盐。怀孕的母马禁用，因为其在怀孕期间的安全性尚未得到评估。

药物相互作用

请勿与含有钙的溶液（如乳酸林格液）混合。不要与 NSAID 合用（见上文）。如果同时使用抗酸剂、氢氧化镁和碳酸钙可能会降低效果。

使用说明

使用前，请确保马水合充足，以避免肾损伤。对于 IV 输注，请稀释溶剂并缓慢输注 90 min 以上。IV 给药后观察马 4 h，看是否有绞痛症状。

患病动物的监测和实验室检测

监测用药动物的血清钙、磷、尿素氮、肌酐、尿比重和食物摄入量。

制剂与规格

替鲁磷酸盐有 50 mg 小瓶装用于注射，可以用 10 mL 的稀释剂重新配制

稳定性和贮藏

存放在密闭容器中，在室温下避光保存。

小动物剂量

尚未确定犬或猫的剂量。

大动物剂量
马

1 mg/kg，以 0.1 mg/(kg·d) 的剂量 IV，持续用药 10 d，或 1 mg/kg，IV，单次输注 1 次。IV 输注 1 L 的 0.9% 盐水，超过 30 ~ 60 min。

管制信息
不确定食品生产用动物的停药时间。

替硝唑（Tinidazole）
商品名及其他名称： Tindamax。
功能分类： 抗原虫药。

药理学和作用机制
替硝唑为抗原虫药，作用类似于甲硝唑。这是第二代硝基咪唑，其活性涉及通过原虫中发生的代谢产生游离硝基自由基。它可以作用于毛滴虫、贾第鞭毛虫和肠道原生动物寄生虫。它还具有针对厌氧菌和螺杆菌的体外活性。在马中，半衰期约为 5.5 h；在猫中，半衰期为 8.5 h；在犬中，半衰期 4.5 h。在犬、猫和马中口服吸收约为 100%。

适应证和临床应用
替硝唑用于治疗由肠道原虫引起的腹泻和其他肠道问题，如贾第鞭毛虫、毛滴虫和阿米巴原虫。替硝唑还具有抗许多厌氧菌的活性，在小动物和马中可用作甲硝唑的替代品，用于治疗多种厌氧菌感染。

注意事项
不良反应和副作用

替硝唑具有与甲硝唑类似的作用。高剂量会引起神经系统问题，包括共济失调、震颤、眼球震颤和抽搐。CNS 症状与 γ- 氨基丁酸（GABA）作用的抑制有关，对苯二氮䓬类（地西泮）有反应。与其他硝基咪唑类一样，它具有产生细胞内诱变性变化的潜力，但尚未在体内试验得到证实。与其他硝基咪唑类一样，它的苦味会引起呕吐和厌食症。但是，苦味不像甲硝唑那样差。

禁忌证和预防措施

易抽搐、已知对甲硝唑敏感、怀孕的动物禁用。

药物相互作用

与其他硝基咪唑类相似，它可以通过抑制药物代谢增强华法林和环孢素的作用。

使用说明

与食物一起给予口服剂量，以最大程度减少令人不快的味道和减轻恶心。

患病动物的监测和实验室检测

不用特殊监测。多数厌氧菌的 MIC 值低于 2 µg/mL。

制剂与规格

替硝唑有 250 mg 和 500 mg 的片剂。

稳定性和贮藏

片剂被压碎并与调味品混合，以改善适口性。这些悬浮液稳定 7 d。

小动物剂量

犬

15 mg/kg，q12 h，PO。

猫

15 mg/kg，q24 h，PO。治疗的持效时间将取决于治疗的目的，贾第鞭毛虫（5 d）或其他厌氧菌感染（长于 5 d）。

大动物剂量

马

10 ～ 15 mg/kg，q12 h，PO。

管制信息

禁用于食品生产用动物。禁止将硝基咪唑类用于拟食用动物。

硫酸妥布霉素（Tobramycin Sulfate）

商品名及其他名称： Nebcin、Tobi（人用雾化产品）。
功能分类： 抗菌药。

药理学和作用机制

硫酸妥布霉素为氨基糖苷类抗菌药。与其他氨基糖苷类相似，妥布霉素具有杀菌作用。它与细菌中的 30S 核糖体亚基结合，抑制蛋白质合成，导致细胞死亡。它的抗菌作用具有浓度依赖性。妥布霉素对肺炎克雷伯菌和大肠杆菌具有与庆大霉素相似的活性（MIC 相同范围）。妥布霉素通常比庆大霉素对铜绿假单胞菌更有效。通常，如果生物对妥布霉素敏感，它会对阿米卡星敏感。动物的妥布霉素药代动力学表明其清除率和分布与其他氨基糖苷类相似。在马中的半衰期为 4.6 h，分布体积为 0.18 L/kg。

适应证和临床应用

　　和其他氨基糖苷类相似，妥布霉素用于治疗由革兰氏阴性菌引起的严重全身性感染。它通常与 β- 内酰胺抗生素同时给药以产生协同作用。治疗的感染包括肺炎、软组织感染和败血症。和许多标签外的动物抗生素相似，在动物中的使用主要来自经验及药代动力学 – 药效学信息。妥布霉素也已被局部使用。它已用于呼吸感染的雾化溶液中。对于雾化，有一种独特的配方用于人（Tobi），不含防腐剂，在囊性纤维化患病动物治疗气道内铜绿假单胞菌引起的感染。通过这种途径进行给药后，妥布霉素仍主要集中在呼吸道上，并且血浆或血清中的浓度非常低，不太可能引起毒性。

注意事项

不良反应和副作用

　　肾毒性是最具剂量限制的毒性。确保患病动物在治疗期间具有足够的体液和电解质平衡。耳毒性和前庭毒性也有可能。

禁忌证和预防措施

　　与麻醉药一起使用时，可能发生神经肌肉阻滞。请勿在安瓿瓶或注射器中与其他抗生素混合。

药物相互作用

　　请勿与其他药物混合。它与其他抗生素不相容，很快就会失活。

使用说明

　　静脉注射或肌内注射。已在体外证实了与 β- 内酰胺类抗生素的协同作用，但尚不清楚是否能转化为临床作用。对于呼吸道感染的雾化治疗，尚未确定动物的剂量指南。在人（包括小儿患者）中使用时，每天 2 次给药 300 mg 妥布霉素（总剂量），持续用药 28 d。用于雾化的溶液（不含防腐剂的单个包装）称为 Tobi，但它比可注射制剂昂贵。妥布霉素注射剂已被替代，它含有可能引起支气管痉挛的防腐剂。用稀释后的妥布霉素加生理盐水 3 mL，雾化前给沙丁胺醇，以减少支气管痉挛。

患病动物的监测和实验室检测

　　药敏试验：敏感生物的 CLSI 耐药折点为 ≤ 4 μg/mL。监测 BUN、肌酐和尿液，看是否有肾毒性的证据。可以监测血液浓度以检测全身清除问题。每天 1 次监护患病动物的谷浓度时，谷浓度应低于检测限。或者，在给药后测量在 1 h 和 2 ~ 4 h 下采集的样品的半衰期。清除率应大于 1.0 mL/(kg·min)，半衰期应小于 2 h。

制剂与规格

妥布霉素有 40 mg/mL 的注射剂。雾化溶液（Tobi）为 60 mg/mL，5 mL 安瓿瓶包装。

稳定性和贮藏

存放在密闭容器中，在室温下避光保存。将粉剂储存在室温下。溶解后的溶液在室温下稳定 24 h，冷藏稳定 96 h。不要使用变色的溶液。稀释的硫酸妥布霉素液体可冷冻，并稳定 30 d。有复合眼科溶液，稳定 90 d。请勿在小瓶或注射器中与其他抗生素混合，尤其是 β- 内酰胺类药物（青霉素和头孢菌素类），因为可能会导致失活。

小动物剂量
犬

9 ~ 14 mg/kg，q24 h，SQ、IM 或 IV。

雾化治疗有时用于小动物（有关雾化治疗的详细信息，请参见"使用说明"部分）。

猫

5 ~ 8 mg/kg，q24 h，SQ、IM 或 IV。

大动物剂量
马

4 mg/kg 将达到多数细菌的目标浓度，但要在 4 μg/mL 的耐药折点达到细菌的目标，则需要 7.2 mg/kg 的剂量。这些剂量可以每天 1 次 IV 或 IM 给药。

管制信息

请勿用于拟食用动物或食品生产用动物。

此类的其他药物需要 18 个月的标签外停药时间。

盐酸妥卡尼（Tocainide Hydrochloride）

商品名及其他名称: Tonocard。

功能分类: 抗心律失常。

药理学和作用机制

妥卡尼是 Ib 类抗心律失常药物。和利多卡因等其他 I 类药物相似，它阻滞钠通道心脏组织并抑制 0 期去极化，以抑制自发性去极化。

适应证和临床应用

妥卡尼是用于治疗和控制室性心律失常的口服替代品。在兽医学中不常用。在动物中的使用主要来自个人经验和在人中的使用经验。没有严格控制的临床研究或功效试验记载临床效果。

注意事项

不良反应和副作用

在犬中，有厌食症和胃肠道毒性的报道。也可能出现心律失常、呕吐和共济失调（在一项研究中，35% 的犬表现出胃肠道副作用）。

禁忌证和预防措施

对服用 β- 阻滞剂的动物慎用。心脏阻滞的患病动物禁用。

药物相互作用

没有关于动物药物相互作用的报道。

使用说明

在动物中使用妥卡尼的经验有限。但是，临床研究证明了疗效。

患病动物的监测和实验室检测

治疗浓度为 6 ~ 10 μg/mL。

制剂与规格

妥卡尼有 400 mg 和 600 mg 的片剂。

稳定性和贮藏

存放在密闭容器中，在室温下避光保存。

小动物剂量

犬

15 ~ 20 mg/kg，q8 h，PO。

猫

尚未确定剂量。

大动物剂量

没有大动物剂量的报道。

管制信息

无可用的管制信息。

RCI 分类：4。

磷酸妥拉尼布（Toceranib Phosphate）

商品名及其他名称: Palladia。
功能分类: 抗癌药。

药理学和作用机制

磷酸妥拉尼布为抗癌药。用于治疗犬的 II 级或 III 级皮肤肥大细胞瘤。妥拉尼布（Palladia）是一种受体酪氨酸激酶（receptor tyrosine kinase，RTK）抑制剂，可杀死肿瘤细胞并降低肿瘤的血液供应。抗血管生成特性是通过抑制 RTK 活性［也称为血管内皮生长因子（vascular endothelial growth factor，VEGF）］。妥拉尼布的作用是产生限制肿瘤生长的抗血管生成和抗增殖特性。妥拉尼布还会显著降低患癌症犬的调节性 T-细胞（Treg），这可能会增强免疫监测。

犬使用妥拉尼布后，它被广泛分配（VD > 20 L/kg），半衰期为 16 ～ 17 h。它具有良好的口服吸收（77%）和高蛋白结合（91% ～ 93%）。饲喂不会影响口服吸收。高浓度出现在胆汁、肝和粪便中，表明它主要被代谢清除，尿液排出的药物很少（肾清除率约为 7%）。有其他药物用于犬同样的适应证，但作用机制有所不同的是马赛替尼（KinavetCA1，Masivet）（有关更多详细信息，请参见"马赛替尼"部分）。

适应证和临床应用

妥拉尼布是被批准用于犬的抗癌药。已经建立了用于 II 级或 III 级皮肤肥大细胞瘤的临床研究。许多犬也使用糖皮质激素（泼尼松龙）治疗。尽管已批准将其用于犬的肥大细胞瘤，但一些临床医生已将其用于治疗腺癌、黑色素瘤、乳腺癌、软组织肉瘤和肛门腺癌。但是，尚未确定这些适应证的疗效。没有报道来证明在猫中使用的疗效或安全性。

注意事项

不良反应和副作用

患肥大细胞瘤的犬经常有与肿瘤和治疗相关的胃肠道问题。因此，许多犬同时使用抗组胺药和抑制胃酸的药物（如 H_2- 阻滞剂或质子泵抑制剂）。最常见副作用是腹泻、食欲不振、跛行、体重减轻及血便。不应在怀孕期间进行给药。

禁忌证和预防措施

由于不良事件的频率，不应每天给药。操作该药物的人，尤其是孕妇，应获得有关该药物副作用的正确操作指导。

药物相互作用

没有关于动物药物相互作用的报道。代谢主要通过黄素单加氧酶（flavin monooxygenase，FMO），通常不涉及药物相互作用。目前尚不清楚妥拉尼布是否负责涉及细胞色素 P450 系统的药物相互作用。

使用说明

妥拉尼布被批准用于犬的皮肤肥大细胞瘤。临床可用于其他肿瘤，但尚未确定其用于其他用途的功效。如果在给予初始剂量时就出现副作用，则可以考虑使用较低剂量（如 2.5 mg/kg）。

患病动物的监测和实验室检测

不用特殊监测。如果可以进行检测，则 48 h 的目标血浆药物浓度为 40 ng/mL 或更高。

制剂与规格

妥拉尼布有 10 mg、15 mg 和 50 mg 的片剂，它们已涂膜，不应分开使用。

稳定性和贮藏

存放在密闭容器中，在室温下避光保存。妥拉尼布仅在低 pH 下可溶（pH < 3）。如果被混合在溶液中，它将在较高的 pH 下沉淀。

小动物剂量

犬

3.25 mg/kg，PO，隔日用药。药物肿瘤学家可能建议将剂量降低至每剂 2.5 ~ 3.0 mg/kg，并按每周 3 d 的时间表进行治疗（如周一、周三、周五）。最小有效剂量为 2.2 mg/kg，隔日给药。如果发生不良反应，请中断药物治疗（最多 2 周），并以较低剂量恢复治疗。

猫

尚未确定剂量。

大动物剂量

没有大动物剂量的报道。

管制信息

禁用于食品生产用动物。

T

托曲珠利（Toltrazuril）

商品名及其他名称： Baycox。

功能分类： 抗原虫药。

药理学和作用机制

托曲珠利为抗原虫药、抗球虫药。它是一种三嗪酮，对等孢球虫和球虫病、弓形虫和艾美球虫有效。托曲珠利是另一种药物帕托珠利的衍生物，也用于同一种状况。在经治疗的马的血清和脑脊液（CSF）中发现托曲珠利砜（帕托珠利）。有关更多详细信息，请参见本书的"帕托珠利"部分。

适应证和临床应用

托曲珠利已被用作治疗由神经肉孢子虫引起的马原虫性脑脊髓炎（EPM）。但是，建议使用批准的药物帕托珠利（Marquis）治疗马。在猫中治疗弓形虫病的经验有限。

注意事项

不良反应和副作用

根据生产商的说法，在马中给予 50 mg/kg（推荐剂量的 5 倍和 10 倍）会产生轻微的副作用。血清分析的变化很小。

禁忌证和预防措施

没有关于动物禁忌证的报道。

药物相互作用

没有关于动物药物相互作用的报道。

使用说明

尽管托曲珠利已用于马，但首选使用批准的药物——帕托珠利。

患病动物的监测和实验室检测

不用特殊监测。

制剂与规格

目前在美国还没有用于马的商品化托曲珠利。在其他国家有用于家禽的悬浮液，在经 FDA 批准后已进口到美国。

稳定性和贮藏

存放在密闭容器中，在室温下避光保存。尚未评估复合制剂的稳定性。

小动物剂量
猫
治疗弓形虫病：5 ~ 10 mg/kg，q24 h，PO，持续用药 2 d。

大动物剂量
马
神经肉孢子虫引起的 EPM：5 ~ 10 mg/kg（对于多数马为 7.5 mg/kg），q24 h，PO，至少持续用药 30 d。

管制信息
无可用的管制信息。

盐酸曲马多（Tramadol Hydrochloride）

商品名及其他名称：Ultram、通用品牌、Tramadon（美国之外）和 Altadol（美国之外）。

功能分类：镇痛药。

药理学和作用机制
盐酸曲马多为镇痛药。曲马多是具有复杂作用机制的外消旋混合物（R & S）。它具有一定的 μ- 阿片类受体作用，但这种作用是可待因的 1/10，是吗啡的 1/6000。曲马多还抑制去甲肾上腺素和 5- 羟色胺（5 HT）的再摄取，并对 α₂- 肾上腺素受体疼痛途径产生继发性效应。一种异构体对 5- 羟色胺再摄取具有更大的影响，并且对 μ- 阿片类受体具有更大的亲和力。另一种异构体对去甲肾上腺素的重吸收更有效，对抑制 5- 羟色胺的重吸收活性较低。综上所述，曲马多的作用可以通过 5- 羟色胺再摄取的抑制，对 α₂- 受体的作用及对阿片 μ- 受体的轻度活性来解释，但是每种机制对治疗动物的疼痛的贡献尚未确定。曲马多有多达 11 种代谢产物。一种代谢物（O- 去甲基曲马多，也称为 M1）可能具有比母体药物更大的阿片类作用（如比曲马多大 200 ~ 300 倍的阿片类作用），但仍低于吗啡。在动物中产生足够量的这种代谢物，某些镇痛药作用可能归因于活性代谢物的阿片类介导作用。尚未证明其他代谢产物具有活跃的镇痛活性。

曲马多和代谢产物的药代动力学已被广泛研究，包括犬、马和猫。各种研究之间的药代动力学不一致，在物种内部和物种之间的研究中，清除率、口服吸收和代谢与活性代谢物之间存在差异。多数研究认为，在犬中的活性代谢物（M1）是次要代谢物，镇痛作用很小（如果有的话）。在多数研

T

究中，此代谢物的浓度太低而无法定量或不存在，可能对镇痛药的影响不大。曲马多在犬中的半衰期为 1.0 ~ 2.7 h，而口服吸收高达 65%，但可变。在猫中的半衰期为 3 ~ 4 h，它们产生的活性代谢物（M1）的浓度比在其他动物更高和更稳定，这可能是由于清除代谢物的能力不同所致。在猫中，活性代谢物浓度与曲马多浓度平行。马仅产生低水平或无法检测到的活性代谢物。在马中，口服吸收的变化很大，范围为 3% ~ 64%，但是在多数研究中，这一比例一直很低。在马中的半衰期变化也很大，在 9 项研究中范围从 2 ~ 10 h 不等。多数研究表明，在马中的半衰期很短，仅为 2 ~ 2.5 h。

具有与曲马多相似的结构和活性的药物是他喷他多（Nucynta）。他喷他多用于人的中度疼痛（50 ~ 200 mg，q4 ~ 6 h），但尚未报道其在动物中的应用。

适应证和临床应用

曲马多已被用作人、犬、猫、马和其他物种（如兔、山羊）的镇痛药。在需要治疗轻度至中度疼痛的患病动物中，可以替代纯阿片类镇痛药和 NSAID。在人中，曲马多被认为是轻度镇痛药，但与动物相比，曲马多的药代动力学不同。在人中的临床影响不能延伸给动物。在动物中的研究（包括临床和实验研究）结果各不相同，并不一致，无法证明其作为镇痛药的有效性。这些研究对剂量、途径和疼痛刺激进行了评估。有一些关于治疗择期手术有关的疼痛的镇痛证据，但当使用疼痛实验模型时，尚无证据表明其具有抗伤害感受的作用。当测试用于治疗犬的骨关节炎时，疗效较差或仅产生了轻微的益处。当测试治疗犬骨科手术的疼痛时，其结果不一致，一些研究显示无益，而其他研究显示获益甚微。在犬中重复给药会增加清除率，使慢性治疗的效果不如短期治疗。一些已证明疗效的研究使用的是可注射制剂（2 ~ 4 mg/kg）而不是口服形式，但是北美没有可注射制剂。与 NSAID 或其他镇痛药（如氯胺酮或 α_2- 激动剂）一起使用时，它可能更有效。在马、犬和猫中，曲马多还可以通过硬膜外途径（用盐水稀释）给药（1 ~ 2 mg/kg）。尽管在这些研究中已记录了一些镇痛药，但其作用和药代动力学与其他肠外给药途径相似，并且假定曲马多在硬膜外给药后会迅速分布全身。

猫比其他动物物种产生更多的活性阿片类代谢产物（O- 去甲基曲马多）。曲马多给药可能在猫中产生阿片类作用，而有限的临床试验表明有些疗效。在马中的疗效一直是可变的。它可能会产生短暂的镇痛，但在马之间存在显著差异。当测试治疗马蹄叶炎时，仅以 5 mg/kg 的剂量单独使用时效果有限。

注意事项

不良反应和副作用

在猫中，可能会观察到一些呕吐、行为改变、兴奋和散瞳症状，这与剂量有关。还可在猫中观察到快感和烦躁。在马中，可能会出现短期（20～40 min）焦虑、点头、肠鸣音减弱、发抖、肌束挛缩、心动过速、出汗和共济失调。快速 IV 注射后在马中的影响最突出，如果超过 10 min 缓慢注射，则在马中的影响会最小化。在犬中，副作用很少见。已经观察到一些镇定，这与剂量有关。在犬中的心血管系统或胃肠道问题最少。在犬中给很高剂量可能会引发抽搐。如果发生副作用，它们只会被纳洛酮部分拮抗。

禁忌证和预防措施

谨慎与其他具有 CNS 抑制作用的药物一起使用，如阿片类、α_2- 激动剂或 5- 羟色胺摄取抑制剂（如抗抑郁药和行为矫正药物）。曲马多可能会增强它们的作用。可以通过尿液消除代谢产物。慎用于患肾脏疾病或抽搐性疾病的动物。

药物相互作用

在动物中没有药物相互作用的报道。但是，由于来自曲马多的多种作用（5- 羟色胺再摄取抑制、肾上腺素效应和阿片效应），可能与通过类似机制起作用的其他药物发生相互作用。当与其他 5- 羟色胺再摄取抑制剂一起使用时，血清素综合征在理论上是可能的，但在动物中尚未报道这种相互作用。它已与 NSAID 一起安全使用。它已与吸入式麻醉药一起使用，没有任何不良药物相互作用的症状。

使用说明

剂量信息基于犬、猫和马的实验研究及一些临床研究。在多数动物中，口服速释片剂通过整片给药或压碎与媒介物混合给药。在某些国家，有 IV、IM、SQ 和硬膜外注射制剂。在人中，已使用曲马多缓释片剂，但在犬中这些片剂吸收延迟和同等剂量（mg/kg）的血浆水平比人低 5 倍。因此，用于人的缓释片剂在犬和猫中产生的效果不相等。

患病动物的监测和实验室检测

不用特殊监测。曲马多并非常规测量，但据报道有效浓度为曲马多 200～400 ng/mL，活性代谢物（M1）20～40 ng/mL。

制剂与规格

曲马多有 50 mg 的速释片剂；100 mg、200 mg 或 300 mg 的缓释片剂。在美国，无注射剂。但是，在欧洲和其他国家 / 地区，注射剂为 50 mg/mL，可以将其进一步在 0.9% 盐水溶液中稀释为 IV 溶液。曲马多的复合制剂已由灭菌水制备，浓度为 10 mg/mL。如果保存在避光的冰箱中，则此溶液最多可稳定保存 1 年。

稳定性和贮藏

存放在密闭容器中，在室温下避光保存。曲马多是水溶性的。当与水性介质混合一起使用时，它可以保持效力并稳定数周。但是，尚未评估可能包含调味剂和其他赋形剂的复合制剂的稳定性。

小动物剂量
犬
5 mg/kg，q6 ~ 8 h，PO。如果有注射剂，4 mg/kg，q6 ~ 8 h，IV。
猫
从 2 mg/kg 开始，并增加到 4 mg/kg，q8 ~ 12 h，PO。当有可注射形式时，也应以 2 mg/kg，IV 和 2 ~ 4 mg/kg，SQ，q8 h 的剂量注射。

大动物剂量
马
2 mg/kg，IV（缓慢）和 4 ~ 5 mg/kg，PO。在马中的最佳给药间隔尚不清楚，但是由于半衰期短，每 6 h 可能是合适的，在有良好反应的患病动物中扩大到每 12 h。在马中不要超过 2 mg/kg，IV 或 5 mg/kg，PO。

管制信息

2015 年，曲马多成了由 DEA 控制的药品。现在，它是 Schedule IV 类管制药物。

不建议用于食品生产用动物，但在多数动物中的半衰期较短，并且在食品生产用动物中不需要延长停药时间。

RCI 分类：2。

群多普利（Trandolapril）

商品名及其他名称： Mavik。
功能分类： 血管扩张药、ACE 抑制剂。

药理学和作用机制

与其他 ACE 抑制剂相似，群多普利抑制血管紧张素 I 向血管紧张素 II 的转化。血管紧张素 II 是有效的血管收缩剂，可引起交感神经刺激、肾脏高血压和醛固酮的合成。醛固酮引起水钠潴留的能力会引起充血。和其他

ACE 抑制剂相似，群多普利会引起血管舒张并降低醛固酮诱导的充血，但 ACE 抑制剂也通过增加某些血管舒张激肽和前列腺素的浓度来促进血管舒张。给药后，群多普利转换为活性群多普利拉。

适应证和临床应用

与其他 ACE 抑制剂一样，群多普利用于治疗高血压和充血性心力衰竭（CHF）的管理。与其他 ACE 抑制剂（如依那普利或贝那普利）相比，它在兽医学中不常用，其使用来自个人经验。

注意事项

不良反应和副作用

群多普利可能在某些患病动物中引起氮质血症，仔细监测接受高剂量利尿剂的患病动物。当使用利尿剂（呋塞米）时，肾素 - 血管紧张素 - 醛固酮系统（RAAS）可能被激活。

禁忌证和预防措施

与其他降压药和利尿剂谨慎使用。NSAID 可能会降低血管舒张作用。在怀孕的动物中要停用 ACE 抑制剂，它们穿过了胎盘，并导致胎儿畸形和胎儿死亡。

药物相互作用

与其他降压药和利尿剂谨慎使用。NSAID 可能会降低血管舒张作用。

使用说明

尚未广泛用于患病动物。多数经验是从人的使用中推算出来的。

患病动物的监测和实验室检测

仔细监测患病动物以避免低血压。对于所有 ACE 抑制剂，在开始治疗后 3 ~ 7 d 及之后定期监测电解质和肾功能。

制剂与规格

群多普利有 1 mg、2 mg 和 4 mg 的片剂。

稳定性和贮藏

存放在密闭容器中，在室温下避光保存。尚未评估复合制剂的稳定性。

小动物剂量

在犬中的剂量尚未确定。在人中的剂量从每人 1 mg/d 开始，然后增加到 2 ~ 4 mg/d。

大动物剂量

没有大动物剂量的报道。

管制信息

无可用的管制信息。

盐酸曲唑酮（Trazodone Hydrochloride）

商品名及其他名称： Desyrel 和通用品牌。
功能分类： 抗焦虑药、行为矫正。

药理学和作用机制

曲唑酮是抗焦虑药。它是三唑吡啶类衍生物，属于中枢性药物的苯基哌嗪类。它可作为血清素 2A（5-HT2A）受体拮抗剂和（弱）选择性 5- 羟色胺再摄取抑制剂（SSRI），对多巴胺作用极弱。它还具有非特异性镇定作用，可用作镇定药和催眠药。它具有活性代谢产物，也可能对血清素 1 受体产生影响。作为抗抑郁药和抗焦虑药的作用似乎不同于 TCA 和 SSRI。在人中它被高度代谢，但在动物中的代谢和药代动力学未被很好地理解。在人中的半衰期为 6 ~ 9 h。在犬中的半衰期是 2.8 h，口服吸收为 85%。在犬中，与食物一起给药时，它在 7 h 达到峰值，但变化很大。在猫中进行的初步研究显示，似乎口服吸收良好，并且具有足够长的半衰期，可用于治疗焦虑和行为问题。

适应证和临床应用

在犬中,曲唑酮已用于触发焦虑的事件,如去看兽医、分离焦虑症、雷暴、噪音恐惧症、乘汽车旅行及其他恐惧症和一般的焦虑事件。尽管曲唑酮有助于缓解这些情况的焦虑,但它起效会延迟,并且无法预测。为了优化效果,应在预期的焦虑诱导事件发生前约 1 h 服用。它也已用于镇静焦虑的犬,以限制手术后的活动,以促进限制的耐受性。

在猫中已用于临时镇静,并用于促进可能产生焦虑的事件,如帮助猫的运输。

注意事项

不良反应和副作用

尽管使用受到限制,但曲唑酮已用于犬,而没有严重副作用的报道。最常见的作用是在较高剂量下的镇定,这并不总是不希望发生的事件。它已经以

7 ~ 10 mg/kg, q8 ~ 12 h 的剂量安全地用于一些犬, 达 28 d。它的抗胆碱作用可能比 TCA 少。它没有产生不利的心脏作用或抽搐活性。当 IV 注射给犬时, 副作用的可能性更大, 包括攻击行为、行为改变和心动过速。

每只猫 100 mg 的临床研究未产生任何副作用, 如厌食症、呕吐、腹泻、共济失调、震颤、反常兴奋或行为抑制。在任何猫中均未观察到实验室检查异常或体格检查变化。

禁忌证和预防措施

由于曲唑酮对 5- 羟色胺的代谢、再摄取和受体有影响, 因此, 应谨慎与其他影响 5- 羟色胺的药物一起使用。在犬中尚未观察到血清素综合征效应, 但应谨慎使用 SSRI (氟西汀、帕罗西汀)、TCA (氯米帕明)、曲马多和单胺氧化酶抵制剂 (司来吉兰) 等药物。在犬中禁止 IV 注射。

药物相互作用

曲唑酮被细胞色素 P450 酶高度代谢。通过与其他药物合用可以抑制或诱导此类酶。尽管尚无关于犬的特定药物相互作用的报道, 但对接受已知会影响细胞色素 P450 酶的其他药物的动物给药时应谨慎。

使用说明

在犬中从低剂量 (约 5 mg/kg) 开始, 然后根据需要逐渐增加剂量。在犬中, 起始剂量通常为每只犬 25 mg 或 50 mg (取决于犬的大小), 每天 1 次或 2 次, 然后逐渐增加。与其他行为矫正药物 (如 SSRI 和三环类抗抑郁药) 相比, 曲唑酮起效更快。它可以在引起动物焦虑的预期事件发生前 1 h 使用, 如雷暴、大声喧闹、乘车或拜访兽医。它可以与苯二氮䓬类药物一起给药。

在猫中, 每只猫的最高剂量为 100 mg。给予猫时, 可能与食物一起混合以便给药。在猫中给药后, 会产生明显的镇定并降低活性。峰值镇定发生在 2 h 和 2.5 h 之间。

T

患病动物的监测和实验室检测

不用特殊监测。

制剂与规格

曲唑酮有 50 mg、100 mg、150 mg 和 300 mg 的片剂。

稳定性和贮藏

存放在密闭容器中, 在室温下避光保存。

小动物剂量

犬

根据需要 5 mg/kg，PO，但通常 q8 ~ 24 h，在可能触发焦虑的预期事件发生前 1 h 给药。犬的典型剂量为 7 mg/kg，q12 h。或者，为避免破坏片剂，每天给每只犬 25 mg 或 50 mg（取决于犬的大小），然后逐渐增加至每天每只犬最大值 600 mg。

猫

每只 50 ~ 100 mg，PO（峰值效应发生在 2 ~ 2.5 h 后）。

大动物剂量

没有确定大动物的剂量。

管制信息

不确定食品生产用动物的停药时间。

醋酸曲安奈德、己曲安奈德、双乙酸呋曲安奈德（Triamcinolone Acetonide, Triamcinolone Hexacetonide, Triamcinolone Diacetate）

商品名及其他名称：Vetalog、Triamtabs、Aristocort 和通用品牌。
功能分类：皮质类固醇。

药理学和作用机制

醋酸曲安奈德、己曲安奈德、双乙酸呋曲安奈德为糖皮质激素类抗炎药。抗炎作用很复杂，但主要是通过炎性细胞的抑制和炎性介质表达的抑制来实现的。关于曲安奈德的效力存在分歧。多数人的参考文献表明曲安奈德的效力约等于甲泼尼龙（大约是皮质醇的 5 倍和泼尼松龙的 1.25 倍）。但是，许多兽医皮肤科医生建议效力比泼尼松龙强 6 ~ 10 倍，或大约等于地塞米松。因此，列出的猫剂量反映了这种较高的效力。醋酸曲安奈德通常用于局部治疗或产生持续浓度。它是一种可注射的悬浮液，可从 IM 或病灶内注射部位缓慢吸收。

适应证和临床应用

与其他糖皮质激素一样，曲安奈德用于治疗动物的炎性和免疫介导性疾病。它的用途与泼尼松龙相似，在猫中可以替代泼尼松龙。长效注射剂（醋酸曲安奈德）被用于肿瘤的病灶内治疗，与醋酸甲泼尼龙的目的类似。在大动物中的用途包括治疗炎性状况和马的反复性气道阻塞〔RAO，以前称为慢性阻塞性肺病（COPD）〕。曲安奈德也被用于马的关节内注射，治疗关节炎。

注意事项

不良反应和副作用

皮质类固醇的副作用很多，包括多食症、多饮/多尿和HPA轴抑制。副作用包括胃肠道溃疡、肝病、糖尿病、高脂血症、甲状腺激素减少、蛋白质合成减少、伤口愈合受损和免疫抑制。当醋酸曲安奈德用于眼部注射时，存在一些担忧，即注射部位可能会出现肉芽肿。在马中，副作用包括蹄叶炎风险增加，尽管这种作用的证据一直存在争议。

禁忌证和预防措施

在易于发生溃疡或感染的患病动物或需要伤口愈合的动物中谨慎使用。在患糖尿病或肾衰竭的动物或怀孕的动物中慎用。

药物相互作用

与NSAID一起慎用，因为它可能会增强胃肠道毒性。

使用说明

与其他糖皮质激素（如泼尼松龙）相似，曲安奈德可以根据所治疗疾病的严重程度进行多种剂量的给药。注意：猫可能需要比犬更高的剂量（有时是犬的2倍）。

患病动物的监测和实验室检测

在治疗期间监测肝酶、血糖和肾功能。监测患病动物继发感染的迹象。进行促肾上腺皮质激素（ACTH）刺激测试以监测肾上腺功能。

制剂与规格

Vetalog（兽医制剂）有0.5 mg和1.5 mg的片剂。曲安奈德的人用制剂有1 mg、2 mg、4 mg、8 mg和16 mg的片剂，但许多片剂尺寸已经停产。

己曲安奈德有20 mg/mL的悬浮液。

双乙酸呋曲安奈德有25 mg/mL的悬浮液。

醋酸曲安奈德有10 mg/mL或40 mg/mL的悬浮液（人药物）或2 mg/mL和6 mg/mL的悬浮液（兽药）。

稳定性和贮藏

存放在密闭容器中，在室温下避光保存。尚未评估复合制剂的稳定性。

小动物剂量

犬

对于抗炎治疗，从每天以 0.1 ~ 0.2 mg/kg，PO 开始，然后逐渐减小到隔天 0.1 mg/kg。最终，可以用 0.03 ~ 0.055 mg/kg，q48 h，PO，控制某些状况［制造商建议剂量为 0.11 ~ 0.22 mg/(kg·d)］。

猫

对于抗炎性治疗，请从每天 0.2 mg/kg，PO 开始。隔天逐渐减小至 0.1 mg/kg 的剂量［每只猫 0.5 mg（1 片片剂）是常见的剂量］。可以使用 0.05 mg/kg，q48 h 的低剂量来控制某些猫。

免疫介导性疾病（犬和猫）：曲安奈德片剂剂量为 0.2 ~ 0.6 mg/(kg·d)，维持剂量为 0.1 ~ 0.2 mg/kg，q48 h，PO。

醋酸曲安奈德：0.1 ~ 0.2 mg/kg，IM 或 SQ，7 ~ 10 d 后重复。

病灶内：每厘米直径的肿瘤 1.2 ~ 1.8 mg 或每 2 周 1 mg。

大动物剂量

马

0.5 ~ 1 mg/kg，q12 ~ 24 h，PO。

醋酸曲安奈德悬浮液：0.022 ~ 0.044 mg/kg，单剂量 IM。

RAO：单剂量 0.09 mg/kg，IM。

关节内：总剂量为 6 ~ 18 mg（通常为 9 ~ 12 mg）。如有必要 4 ~ 13 d 后重复。

牛

诱导分娩：0.016 mg/kg，IM，在用地塞米松诱导分娩前 1 周用药。

管制信息

无可用的管制信息。

RCI 分类：4。

氨苯蝶啶（Triamterene）

商品名及其他名称： Dyrenium。

功能分类： 利尿剂。

药理学和作用机制

氨苯蝶啶为保钾利尿剂。氨苯蝶啶与螺内酯具有相似的作用，除了螺内酯对醛固酮具有竞争性抑制作用外，氨苯蝶啶没有。

适应证和临床应用

氨苯蝶啶在兽医学中很少使用。为了治疗充血性疾病,更常使用螺内酯。氨苯蝶啶在动物中的使用来自个人经验和在人中的使用经验。没有严格控制的临床研究或功效试验记载临床效果。

注意事项

不良反应和副作用

在一些患病动物中,氨苯蝶啶可以产生高钾血症。

禁忌证和预防措施

禁用于脱水的患病动物。NSAID 可能会干扰其作用。避免服用钾含量高的补充剂。

药物相互作用

没有针对动物的特定药物相互作用的报道。但是,与其他可能含有钾或导致钾潴留的药物一起使用时要谨慎。这些药物包括甲氧苄啶。

使用说明

氨苯蝶啶几乎没有临床经验。没有令人信服的证据表明氨苯蝶啶比螺内酯更有效。

患病动物的监测和实验室检测

监测水合状态、血清钾水平和肾功能。

制剂与规格

氨苯蝶啶有 50 mg 和 100 mg 的胶囊。

稳定性和贮藏

存放在密闭容器中,在室温下避光保存。尚未评估复合制剂的稳定性。

小动物剂量

犬和猫

1 ~ 2 mg/kg,q12 h,PO。

大动物剂量

没有大动物剂量的报道。

管制信息

无可用的管制信息。

RCI 分类: 4。

盐酸曲恩汀（Trientine Hydrochloride）

商品名及其他名称：Syprine。

功能分类：解毒剂。

药理学和作用机制

盐酸曲恩汀为螯合剂。曲恩汀螯合铜以提高其尿液清除率。它可能比青霉胺更有效。

适应证和临床应用

当动物无法耐受青霉胺时，用曲恩汀螯合铜。在动物中的使用主要来自经验用药和在人中的使用经验。与青霉胺相比，它可能产生较少的胃肠道问题。

注意事项

不良反应和副作用

尚未在动物中报道过副作用。

禁忌证和预防措施

禁用于怀孕的动物，它可能是致畸的。

药物相互作用

没有关于动物药物相互作用的报道。

使用说明

曲恩汀仅用于不能耐受青霉胺的患病动物。

患病动物的监测和实验室检测

监测治疗患病动物的铜水平。

制剂与规格

曲恩汀有 250 mg 的胶囊。

稳定性和贮藏

存放在密闭容器中，在室温下避光保存。尚未评估复合制剂的稳定性。

小动物剂量

犬

饲喂前 10 ~ 15 mg/kg，q12 h，PO，1 ~ 2 h。

大动物剂量
没有大动物剂量的报道。

管制信息
无可用的管制信息。

盐酸三氟拉嗪（Trifluoperazine Hydrochloride）
商品名及其他名称： Stelazine。
功能分类： 镇吐药、吩噻嗪。

药理学和作用机制
盐酸三氟拉嗪为吩噻嗪类药物。与其他吩噻嗪一样，作用于中枢的多巴胺（D2）拮抗剂，抑制 CNS 的多巴胺活性，以产生镇定并防止呕吐。其他吩噻嗪包括乙酰丙嗪、氯丙嗪、奋乃静、丙氯拉嗪、丙嗪和丙酰丙嗪。

适应证和临床应用
三氟拉嗪可用于治疗焦虑，产生镇定和用作镇吐药。但它比其他某些吩噻嗪的镇定药弱。在人中用于治疗精神病性疾病。在动物中的使用主要来自经验和在人中的使用经验。

> #### 注意事项
> **不良反应和副作用**
> 在动物中尚未有副作用的报道，但预计与其他吩噻嗪类似。吩噻嗪类药物可以降低易感动物的抽搐发作阈值，尽管对乙酰丙嗪的这一点存在争议。在一些人中，它们还可以作为一种常见的副作用引起镇定和锥体外副作用（不随意的肌肉运动）。
>
> **禁忌证和预防措施**
> 低血压患病动物慎用。
>
> **药物相互作用**
> 没有关于动物药物相互作用的报道。然而，这些药物可能受到细胞色素 P450 药物相互作用。

使用说明
尚未报道在动物中的临床研究结果。在动物中的使用（和剂量）是基于个人经验。

患病动物的监测和实验室检测

不用特殊监测。

制剂与规格

三氟拉嗪有 10 mg/mL 的口服溶液；1 mg、2 mg、5 mg 和 10 mg 的片剂；2 mg/mL 的注射剂。

稳定性和贮藏

存放在密闭容器中，在室温下避光保存。三氟拉嗪可溶于水及微溶于乙醇。如果暴露在空气或光线下，它会迅速被氧化。

小动物剂量

犬和猫

0.03 mg/kg，q12 h，IM。

大动物剂量

没有大动物剂量的报道。

管制信息

无可用的管制信息。

RCI 分类：2。

盐酸三氟丙嗪（Triflupromazine Hydrochloride）

商品名及其他名称： Vesprin、fluopromazine（曾用名）。

功能分类： 镇吐药、吩噻嗪。

药理学和作用机制

盐酸三氟丙嗪为吩噻嗪类药物，作用于中枢的多巴胺（D_2）拮抗剂。三氟丙嗪可以抑制 CNS 中的多巴胺活性，产生镇定并防止呕吐。与其他吩噻嗪类相比，三氟丙嗪可能具有更强的抗毒蕈碱活性。其他吩噻嗪包括乙酰丙嗪、氯丙嗪、奋乃静、丙氯拉嗪、丙嗪和丙酰丙嗪。

适应证和临床应用

三氟丙嗪用于产生镇定和作为镇吐药。在人中用于治疗精神病性疾病。在动物中的使用主要来自个人经验和在人中的使用经验。关于动物使用的信息很少。

注意事项

不良反应和副作用

在动物中尚未有副作用的报道，但预计与其他吩噻嗪类似。吩噻嗪可降低易感动物的抽搐发作阈值。在一些人中，它们还可以作为一种常见的副作用引起镇定和锥体外副作用（不随意的肌肉运动）。

禁忌证和预防措施

低血压患病动物慎用。

药物相互作用

没有关于动物药物相互作用的报道。然而，这些药物可能受到细胞色素P450 药物相互作用。

使用说明

尚未报道在动物中的临床研究结果。在动物中的使用（和剂量）是基于在人中的经验或在动物中的个人经验。

患病动物的监测和实验室检测

不用特殊监测。

制剂与规格

三氟丙嗪有 10 mg/mL 和 20 mg/mL 的注射剂。

稳定性和贮藏

存放在密闭容器中，在室温下避光保存。尚未评估复合制剂的稳定性。

小动物剂量

犬和猫

0.1 ～ 0.3 mg/kg，q8 ～ 12 h，IM。

大动物剂量

没有大动物剂量的报道。

管制信息

无可用的管制信息。

RCI 分类: 2。

T

曲洛司坦（Trilostane）

商品名及其他名称： Modrenal、Vetoryl。
功能分类： 肾上腺抑制剂。

药理学和作用机制

曲洛司坦抑制犬皮质醇的合成。它是 3-β- 羟基类固醇脱氢酶的竞争性抑制剂，将干扰肾上腺皮质分泌皮质醇的步骤。皮质醇的抑制是剂量依赖性和可逆的。与破坏肾上腺细胞的米托坦相比，曲洛司坦会短暂降低皮质醇。受曲洛司坦影响的酶还参与醛固酮、皮质酮和雄烯二酮的合成。它还会影响孕烯醇酮转化为孕酮。通常，球状带不受曲洛司坦作用的影响。但是，在一些犬中醛固酮的生成可能会受影响。因此，其他激素也可能因曲洛司坦治疗而降低。

适应证和临床应用

曲洛司坦用于治疗犬高皮质醇血症（肾上腺皮质功能亢进）（库欣病）。口服剂量后大约 2 h 出现曲洛司坦的峰值浓度。开始用曲洛司坦治疗后，皮质醇浓度将在 7 ~ 10 d 时降低。据报道，70% ~ 80%PDH 患犬的多尿、多饮和多食得到改善。已将米托坦与曲洛司坦进行了比较，结果表明，尽管每种药物通过不同的机制起作用，但在 PDH 患犬中产生相似的存活时间。其他用于治疗犬库欣病的药物包括米托坦（Lysodren）、司来吉兰（Anipryl）和酮康唑——所有药物均通过不同的机制起作用。在多数 X 型脱毛的犬（博美犬和贵宾犬）中治疗已经有效 [9 ~ 12 mg/(kg·d)，PO]。

曲洛司坦在猫中也有效，尚无副作用的报道。曲洛司坦能减轻肾上腺皮质功能亢进猫的临床症状，并可以改善糖尿病的调控，这通常在这些猫中同时发现。

在马中，已被用于治疗 PPID（马库欣病），并且初步证据表明，曲洛司坦以 1 mg/(kg·d)，PO 的剂量可以产生一些益处（改善临床症状、减少蹄叶炎、降低皮质醇）。

注意事项
不良反应和副作用

在一些犬中，可以观察到短暂的嗜睡、厌食或呕吐，这可能是皮质醇过度抑制引起的。如果出现过度的皮质醇抑制，可以给犬口服泼尼松龙 / 泼尼松，2 h 内就会好转。当曲洛司坦再次使用时，剂量应该减少。糖皮质激素、盐皮质激素缺乏或肾上腺坏死的发生与使用曲洛司坦有关。曲洛司坦可以降低一些犬的醛固酮，因此，脱水、虚弱、低钠血症和高钾血症是可能的，并且可能在一些对盐皮质激素抑制敏感的犬身上观察到。

虽然曲洛司坦的影响通常是短暂的和可逆的，但一些犬已经出现不可逆的肾上腺坏死。必须对这些犬进行管理，因为它们的肾上腺素过低。

禁忌证和预防措施

曲洛司坦可能会降低肾上腺皮质激素的合成。在低钾浓度的动物中谨慎使用。患肾脏疾病或肝病的动物、计划用来繁殖的动物禁用。

药物相互作用

如果要使用醛固酮拮抗剂，如螺内酯，则应谨慎使用。如果使用 ACE 抑制剂，有高钾血症的风险。

使用说明

通过监测皮质醇浓度，根据需要调整剂量。曲洛司坦是一种速效药物，约 4 h 达到峰值，并持续 8 ~ 10 h。如果可能，请与食物一起给药。多数犬的控制可通过起始剂量 2 ~ 3 mg/kg，每天 1 次（制造商推荐范围为 3 ~ 6 mg/kg，每天 1 次）。但是，在某些犬中不会发生 24 h 皮质醇抑制，因此，在不能充分控制的患病动物中，为了改善临床控制，考虑每天 2 次给药。每天 2 次使用时，可以使用 0.5 ~ 1.0 mg/kg，q12 h，PO 的起始剂量，并逐渐增加至 1.5 ~ 3.0 mg/kg，q12 h，PO。在一些犬中可能需要每天给药 3 次。在猫中，可以考虑每天 1 次给药，但是许多猫可以通过每天 2 次给药更好地控制。如果猫还每天 2 次接受胰岛素，则还应每天 2 次给予曲洛司坦，以配合胰岛素治疗。

患病动物的监测和实验室检测

在开始治疗后 10 ~ 14 d 开始监测治疗动物的皮质醇浓度，然后大约每 3 个月监测 1 次。治疗期间还应监测临床症状，如患病动物的口渴、排尿习惯、食欲和皮肤状况。基线血清皮质醇（优选在曲洛司坦给药后 4 ~ 6 h 收集）可用于监测曲洛司坦治疗的有效性。理想的目标范围是 1.3 ~ 2.9 μg/dL（35 ~ 80 nmol/L），或≤治疗前基线皮质醇浓度的 50%。

如果需要进一步评估，请使用 ACTH 刺激试验。在曲洛司坦给药后 4 ~ 6 h 检测曲洛司坦峰值浓度（或者某些内分泌学家建议在曲洛司坦给药后 2 ~ 4 h 检测）。ACTH 刺激后，皮质醇浓度为 1.45 ~ 5.4 μg/dL（40 ~ 150 nmol/L）被认为是足够的。如果皮质醇太低，考虑降低剂量；如果皮质醇太高，则考虑增加剂量。监测治疗犬的钠和钾浓度。如有必要，

T

由于醛固酮抑制，请补充钾。不推荐使用内源性 ACTH 的测量来测试对曲洛司坦的反应。

制剂与规格

美国和欧洲批准的兽医制剂包括 10 mg、30 mg、60 mg 和 120 mg 的胶囊。

稳定性和贮藏

存放在密闭容器中，在室温下避光保存。尚未评估复合制剂的稳定性。

小动物剂量

犬

3 ~ 6 mg/kg，q24 h，PO。在许多犬中可用较低剂量 1.5 ~ 3 mg/kg，q12 h，PO 控制。

根据皮质醇测量值调整剂量。

与小型犬（< 15 kg）相比，大型犬（> 30 kg）可能需要更低的剂量。以下剂量表基于犬的体重。

4.5 ~ 10 kg：30 mg，q24 h，PO。

10 ~ 20 kg：60 mg，q24 h，PO。

20 ~ 40 kg：120 mg，q24 h，PO。

40 ~ 60 kg：180 mg，q24 h，PO。

治疗 X 型脱毛犬：9 ~ 12 mg/(kg·d)，PO。

猫

3 ~ 6 mg/kg，q24 h，PO，然后根据需要逐渐增加到 10 mg/kg，q24 h。

在某些猫中，每天 2 次给药，可以更好地控制。这些猫，从 3 mg/kg，q12 h，PO 开始，然后根据需要重新评估并增加剂量至 5 mg/kg，q12 h，PO。

大动物剂量

马

0.4 ~ 1 mg/(kg·d)，PO（添加到饲料中）。

管制信息

食品生产用动物禁用。

酒石酸异丁嗪和异丁嗪－泼尼松龙（Trimeprazine Tartrate and Trimeprazine-Prednisolone）

商品名及其他名称: Temaril、Panectyl（加拿大）、阿利马嗪和Temaril-P（泼尼松龙）。

功能分类: 镇吐药、吩噻嗪。

药理学和作用机制

酒石酸异丁嗪和异丁嗪-泼尼松龙是具有抗组胺活性的吩噻嗪类药物。它具有与其他抗组胺药相似的作用，但也产生与其他吩噻嗪相似的镇定。

适应证和临床应用

异丁嗪单独使用或与糖皮质激素一起联合使用来治疗炎性和过敏性问题。最常见与泼尼松龙一起治疗犬瘙痒症。它也已用于治疗晕动病，并被批准在犬中联合泼尼松龙作为镇咳药。联合泼尼松龙的Temaril-P也被批准用于治疗动物的瘙痒症。治疗作用归因于异丁嗪的抗组胺和镇定作用及泼尼松龙的抗炎作用。这种联合对瘙痒症可能比单独的泼尼松龙更有效。

注意事项

不良反应和副作用

副作用归因于抗组胺和吩噻嗪的作用。最常见的是镇定，但也可能出现共济失调和行为改变。

禁忌证和预防措施

吩噻嗪类药物可以潜在降低敏感动物的抽搐发作阈值，但在动物中未见乙酰丙嗪和异丁嗪的报道。

药物相互作用

没有关于动物药物相互作用的报道。

使用说明

有证据表明，异丁嗪与泼尼松龙联合治疗瘙痒症更有效。联合产品为Temaril-P，其中包含异丁嗪和泼尼松龙。

患病动物的监测和实验室检测

不用特殊监测。

制剂与规格

异丁嗪有2.5 mg/5 mL的糖浆和2.5 mg的片剂。

Temaril-P 为片剂,其中包含 5 mg 异丁嗪 +2 mg 泼尼松龙。胶囊含 3.75 mg 异丁嗪 +1 mg 泼尼松龙及 7.5 mg 异丁嗪 +2 mg 泼尼松龙。

稳定性和贮藏
存放在密闭容器中,在室温下避光保存。

小动物剂量
犬和猫
0.5 mg/kg,q12 h,PO。

泼尼松龙 + 异丁嗪:每天以 0.5 mg/kg 泼尼松龙 +1.25 mg/kg 异丁嗪开始。逐渐减少至 0.3 mg/kg 泼尼松龙 +0.75 mg/kg 异丁嗪,每天 1 次或隔日 1 次,PO。

等效片剂: < 4.5 kg 犬 1/2 片、5 ~ 9 kg 犬 1 片、10 ~ 18 kg 犬 2 片、以及 > 20 kg 犬 3 片。所有剂量开始于每天 2 次,最终逐渐减少到每天 1 次,隔天 1 次。

大动物剂量
没有大动物剂量的报道。

管制信息
无可用的管制信息。
RCI 分类: 4。

曲美苄胺(Trimethobenzamide)
商品名及其他名称: Tigan。
功能分类: 镇吐药。

药理学和作用机制
曲美苄胺为止吐药,抑制化学感受器触发区(CRTZ)引发的呕吐。

适应证和临床应用
曲美苄胺用于止吐治疗,尤其是当 CRTZ(如受化疗药物影响)引起呕吐时。在动物中的使用主要来自个人经验和在人中的使用经验。没有严格控制的临床研究或功效试验记载临床效果。其他镇吐药(如马罗匹坦)更常用于犬和猫。

注意事项

不良反应和副作用

在动物中没有副作用的报道。

禁忌证和预防措施

在猫中不推荐。

药物相互作用

没有关于动物药物相互作用的报道。

使用说明

作为镇吐药的功效在动物中尚未报道。

患病动物的监测和实验室检测

不用特殊监测。

制剂与规格

曲美苄胺有 100 mg/mL 的注射剂和 100 mg 和 250 mg 的胶囊。

稳定性和贮藏

存放在密闭容器中，在室温下避光保存。

小动物剂量

犬

3 mg/kg，q8 h，IM 或 PO。

猫

不建议。

大动物剂量

没有大动物剂量的报道。

管制信息

由于用于拟食用动物有害残留风险低，无停药时间的建议。

T

甲氧苄啶 + 磺胺嘧啶（Trimethoprim Sulfadiazine）

商品名及其他名称： Tribrissen、Uniprim、Tucoprim、Equisul-SDT 和 Di-Trim。

功能分类： 抗菌药。

药理学和作用机制

甲氧苄啶 + 磺胺类药物结合了甲氧苄啶和磺胺的抗菌作用。该活性归因于它们抑制细菌叶酸代谢方面的协同作用。磺胺类药物是二氢叶酸合成的竞争性抑制剂。甲氧苄啶抑制二氢叶酸还原酶。当联合使用时，它们对敏感细菌的感染（革兰氏阴性和革兰氏阳性）具有广谱活性。甲氧苄啶 + 磺胺嘧啶仅作为兽医制剂提供，甲氧苄啶 + 磺胺甲噁唑是人医制剂。关于甲氧苄啶 + 磺胺嘧啶与甲氧苄啶 + 磺胺甲噁唑之间功效的差异，尚无已发表的报道。磺胺甲噁唑和磺胺嘧啶之间的主要差异在于磺胺甲噁唑代谢更广泛，而磺胺嘧啶在某些患病动物中可能获得更高的活性尿液浓度。物种和给药途径之间的药代动力学有所不同。多数动物中甲氧苄啶的清除比磺胺成分更快。联合用药以 1 ∶ 5 的比例（甲氧苄啶与磺胺）给药，但给药后的比例变化很大，为 1 ∶ 20 或更低。对于抗菌效果，建议使用 1 ∶ 20 的比例为最佳，但尚未在动物中进行该比例的临床研究。

在马中，甲氧苄啶的平均半衰期为 3 h，磺胺嘧啶的平均半衰期为 7.8 h。

适应证和临床应用

甲氧苄啶 + 磺胺嘧啶用于治疗犬、猫、马和一些异宠的各种感染。联合制剂对易感细菌性感染（革兰氏阴性和革兰氏阳性）具有疗效，包括呼吸道感染、软组织感染和皮肤感染、伤口、脓肿和泌尿生殖器感染。在马中，联合制剂已用于呼吸道感染、关节感染、腹部感染、前列腺感染、软组织感染和 CNS 感染。在马中被批准用于治疗由马链球菌引起的呼吸道感染，持续用药 10 d。联合制剂有时也用于由原虫引起的感染（如球虫和弓形虫感染）。联合制剂尚未成功治疗脓肿中的感染或厌氧菌引起的感染，可能是由于与坏死组织中物质的相互作用。

注意事项

不良反应和副作用

在马中，甲氧苄啶 + 磺胺类药物口服给药可能与腹泻相关。在马中观察到的其他影响包括特发性神经系统反应，包括行为改变、步态异常和感觉异常。停用药物后，这些效果很快得到改善。在犬中，磺胺类药物相关的副作用包括过敏反应、Ⅱ型和Ⅲ型超敏反应、关节病、贫血、血小板减少症、肝病、干燥性角膜结膜炎和皮肤反应。犬对磺胺类药物可能比其他动物更敏感，因为犬缺乏将磺胺类药物乙酰化为代谢产物的能力，一些动物体内可能会积累更多的有毒代谢物。请查阅本手册的其他部分，以了解磺胺类药物对个别药物产生的副作用的其他描述。在犬中治疗后，甲氧苄啶 + 磺胺类药物可能会降低甲状腺激素。治疗 2 周后，对甲状腺功能的作用最为明显，但可逆。

禁忌证和预防措施

对磺胺类药物敏感的动物禁用。杜宾犬可能比其他犬品种对磺胺类药物的反应更为敏感。在该品种禁用。如果在马中发生腹泻，请停止治疗。

怀孕注意事项：当收益大于对胎儿的风险时，用于怀孕的母马是合理的。在怀孕期间使用增强的磺胺类药物与叶酸缺乏引起的先天性异常风险增加有关。在人中，磺胺类药物暴露于新生儿（通过胎盘和乳汁）会引起高胆红素血症诱导的神经毒性。但是，该综合征尚未在动物中被描述。

药物相互作用

磺胺类药物可能与其他药物相互作用，包括华法林、乌洛托品、氨苯砜和依托度酸。它们可能增强由氨甲蝶呤和乙胺嘧啶引起的副作用。磺胺类药物将增加环孢素的代谢，导致血浆浓度降低。乌洛托品代谢为甲醛，可能与磺胺类药物形成络合物并沉淀。在使用地托咪定的马服用磺胺类药物可能会出现心律失常。仅在 IV 形式的甲氧苄啶＋磺胺类药物列出了此预防措施。

使用说明

所列剂量为联合组成，30 mg/kg=5 mg/kg 甲氧苄啶和 25 mg 磺胺。有证据表明，30 mg/(kg·d) 对脓皮病有效。对于其他感染，建议 30 mg/kg，每天 2 次。反刍动物口服甲氧苄啶不吸收。

患病动物的监测和实验室检测

培养和药敏测试：所有敏感性测试均基于甲氧苄啶：磺胺的比例为 1：19。敏感生物的 CLSI 耐药折点为 ≤ 2/38 μg/mL。对于链球菌，耐药折点为 ≤ 2/38 μg/mL。列出的值是甲氧苄啶/磺胺的浓度比。甲氧苄啶＋磺胺类药物可能会影响甲状腺激素的监测。在犬中，甲氧苄啶＋磺胺嘧啶可能引起功能性甲状腺功能减退，并降低总 T_4 浓度。甲氧苄啶＋磺胺甲噁唑在 30 mg/kg，q12 h 和 15 mg/kg，q12 h 时降低甲状腺功能。甲氧苄啶＋磺胺嘧啶在 15 mg/kg，q12 h 下连用 4 周未影响甲状腺功能。甲氧苄啶＋磺胺类药物对犬的甲状腺功能作用是可逆的。在马中，甲氧苄啶＋磺胺嘧啶不会影响甲状腺功能的测定。

制剂与规格

甲氧苄啶＋磺胺嘧啶有 30 mg、120 mg、240 mg、480 mg 和 960 mg 的片剂（所有制剂的磺胺嘧啶与甲氧苄啶的比例为 5：1）。最近，片剂变得越来越少。有马的口腔膏和悬浮液（333 mg 磺胺嘧啶 +67 mg 甲氧苄啶）。马用粉剂，每克包含 67 mg 甲氧苄啶和 333 mg 磺胺嘧啶。也有马的 48% 注射用悬浮液，但可注射制剂的可用性却有所下降。

稳定性和贮藏

存放在密闭容器中，在室温下避光保存。尚未评估复合制剂的稳定性。

小动物剂量
犬和猫
所列剂量为合并的磺胺嘧啶 + 甲氧苄啶。

15 mg/kg，q12 h，PO 或 30 mg/kg，q12 ~ 24 h，PO。

弓形虫：30 mg/kg，q12 h，PO。

大动物剂量
马
口服悬浮液批准的标签剂量是 24 mg/kg（20 mg/kg 磺胺嘧啶 +4 mg/kg 甲氧苄啶），每天 2 次，持续用药 10 d。通常，对于多数治疗，剂量范围为 25 ~ 30 mg/kg（约 25 mg 磺胺嘧啶 +15 mg 甲氧苄啶），q12 h，PO。

牛
尚未确定剂量。反刍动物口服甲氧苄啶不吸收，但犊牛可以吸收。甲氧苄啶 + 磺胺多辛也被牛吸收（16 mg/kg 联合药物，q24 h，IV 或 IM），但美国尚无此药。

管制信息
无停药时间。禁止在泌乳牛中使用标签外的磺胺类药物。拟食用马禁用。

甲氧苄啶 + 磺胺甲噁唑（Trimethoprim+Sulfamethoxazole）
商品名及其他名称：Bactrim、Septra 和通用品牌。
功能分类：抗菌药。

药理学和作用机制
甲氧苄啶 + 磺胺类药物结合了甲氧苄啶和磺胺的抗菌作用。该活性归因于它们抑制细菌叶酸代谢方面的协同作用。磺胺类药物是二氢叶酸合成的竞争性抑制剂。甲氧苄啶抑制二氢叶酸还原酶。当联合使用时，它对易感细菌性感染（革兰氏阴性和革兰氏阳性）具有广谱活性。甲氧苄啶已与磺胺嘧啶和磺胺甲噁唑联合使用。甲氧苄啶 + 磺胺嘧啶仅作为兽医制剂提供，甲氧苄啶 + 磺胺甲噁唑是人医制剂。关于甲氧苄啶 + 磺胺嘧啶与甲氧苄啶 + 磺胺甲噁唑之间功效的差异，尚无已发表的报道。磺胺甲噁唑和磺胺嘧啶之间的原发性区别在于磺胺甲噁唑代谢更广泛。在某些患病动物中磺胺嘧啶可能有更高的活性尿液浓度。联合用药以 1 : 5 的比例（甲氧苄啶与磺胺）给药，但给药后的比例变化很大，为 1 : 20 或更低。对于抗菌效果，建议使用 1 : 20 的比例为最佳，但尚未在动物中进行该比例的临床研究。

适应证和临床应用

甲氧苄啶 + 磺胺甲噁唑用于治疗犬、猫、马和一些异宠的各种感染。甲氧苄啶 + 磺胺甲噁唑用于治疗 UTI、皮肤和软组织感染、前列腺感染、肺炎和 CNS 感染。在马中，它们已用于治疗呼吸道感染、关节感染、腹部感染、软组织感染和 CNS 感染。联合用药尚未成功治疗脓肿中的感染或厌氧菌引起的感染。联合也偶尔用于由原虫引起的感染（如球虫和弓形虫感染）。

注意事项

不良反应和副作用

在马中，甲氧苄啶 + 磺胺类药物口服给药可能与腹泻相关。在马中观察到的其他影响包括特发性神经系统反应，包括行为改变、步态异常和感觉异常。停用药物后，这些作用很快得到改善。在犬中，磺胺类药物相关的副作用包括过敏反应、Ⅱ 型和 Ⅲ 型超敏反应、关节病、贫血、血小板减少症、肝病、干燥性角膜结膜炎和皮肤反应。犬可能比其他动物对磺胺类药物更为敏感，因为犬缺乏将磺胺类药物乙酰化为代谢产物的能力及更高毒性代谢产物的浓度更高。对于个别药物，列出了来自磺胺类药物的更多不利反应的描述。在犬中治疗后，甲氧苄啶 + 磺胺类药物可能会降低甲状腺激素。治疗 2 周后，对甲状腺功能的作用最为明显，但可逆。

禁忌证和预防措施

对磺胺类药物敏感的动物禁用。杜宾犬可能比其他犬品种对磺胺类药物的反应更为敏感。在该品种中慎用。注射剂中含有苯甲醇，在小型患病动物中可能引起反应。注射剂应稀释后缓慢静脉注射。

药物相互作用

磺胺类药物可能与其他药物相互作用，包括华法林、乌洛托品、氨苯砜和依托度酸。它们可能增强由氨甲蝶呤和乙胺嘧啶引起的副作用。磺胺类药物将增加环孢素的代谢，导致血浆浓度降低。乌洛托品代谢为甲醛，可能与磺胺类药物形成络合物并沉淀。接受地托咪定的马服用磺胺类药物可能会出现心律失常。仅在 IV 形式的甲氧苄啶 + 磺胺类药物列出了此预防措施。

T

使用说明

所列剂量为联合组成的剂量 30 mg/kg（5 mg/kg 甲氧苄啶和 25 mg 磺胺）。有证据表明，30 mg/(kg·d) 对脓皮病有效，对于其他感染，建议每天 2 次 30 mg/kg。使用注射剂时，每个 5 mL 小瓶均应用 75 ~ 125 mL 的 5% 葡萄糖稀释。稀释后的制剂应超过 60 min 通过 IV 输注给药。

患病动物的监测和实验室检测

培养和药敏测试：所有敏感性测试均基于甲氧苄啶：磺胺的比例为 1：19。敏感生物的 CLSI 耐药折点为 ≤ 2/38 μg/mL。对于链球菌，耐药折点为 ≤ 2/38 μg/mL。列出的值是甲氧苄啶 + 磺胺的浓度比。在犬中，甲氧苄啶 + 磺胺嘧啶可能引起功能性甲状腺功能减退，并降低总 T_4 浓度。甲氧苄啶 + 磺胺甲噁唑在 30 mg/kg，q12 h 和 15 mg/kg，q12 h，可以降低甲状腺功能。甲氧苄啶 + 磺胺嘧啶在 15 mg/kg，q12 h 下连用 4 周未影响甲状腺功能。甲氧苄啶 + 磺胺类药物对犬的甲状腺功能作用是可逆的。在马中，甲氧苄啶 + 磺胺嘧啶不会影响甲状腺功能的测定。

制剂与规格

甲氧苄啶 + 磺胺甲噁唑有 480 mg 和 960 mg 的片剂及 240 mg/5 mL 的口服悬浮液（所有制剂的磺胺甲噁唑与甲氧苄啶比例为 5：1）。

作为注射剂，5 mL 小瓶中每毫升有 80 mg 磺胺甲噁唑和 16 mg 甲氧苄啶。

稳定性和贮藏

存放在密闭容器中，在室温下避光保存。可注射的制剂应该在室温下保存，不要冷藏。可注射制剂包含 0.3% 氢氧化钠。

小动物剂量

犬和猫

所列剂量为合并的磺胺嘧啶 + 甲氧苄啶。

15 mg/kg，q12 h，PO 或 30 mg/kg，q12 ~ 24 h，PO。

30 mg/kg，q12 h，IV（有关 IV 制剂的制备，请参见"使用说明"部分）。

大动物剂量

马

30 mg/kg（25 mg 磺胺嘧啶 +5 mg 甲氧苄啶），q12 h，PO，用于急性治疗。对于某些感染，以 30 mg/kg，q24 h，进行治疗可能就足够了。

牛

没有确定剂量。反刍动物口服甲氧苄啶不吸收，但犊牛会吸收。甲氧苄啶 + 磺胺多辛已被用于牛（16 mg/kg 联合药物，q24 h，IV 或 IM），但其国尚无此药物。

管制信息

禁止在泌乳牛中使用标签外的磺胺类药物。拟食用马禁用。甲氧苄啶 + 磺胺多辛的停药时间（加拿大）：肉用动物为 10 d，产奶用动物为 96 h。

枸橼酸曲吡那敏和盐酸曲吡那敏（Tripelennamine Citrate and Tripelennamine Hydrochloride）

商品名及其他名称： Pelamine、Histanin 和 PBZ。
功能分类： 抗组胺药。

药理学和作用机制

枸橼酸曲吡那敏和盐酸曲吡那敏为抗组胺药（H_1- 阻滞剂）。与其他抗组胺药相似，曲吡那敏通过阻滞组胺 1 型受体（H_1）起作用并抑制组胺引起的炎性反应。H_1- 阻滞剂已用于控制犬和猫瘙痒症及皮肤炎症，但在犬中的成功率并不高。更常用的抗组胺药包括氯马斯汀、氯苯那敏、苯海拉明、西替利嗪和羟嗪。

适应证和临床应用

曲吡那敏用于预防犬和猫过敏反应及瘙痒症治疗。在大动物中，盐酸曲吡那敏用于治疗蹄叶炎、过敏、昆虫叮咬、肺水肿和马的荨麻疹。在牛中，用于治疗荨麻疹和过敏反应。在动物中的使用主要来自个人经验和在人中的使用经验。治疗瘙痒症的成功率很低。除了用于治疗过敏反应的抗组胺作用外，这些药物还可以在动物中的呕吐中心、前庭中心和控制呕吐的其他中心抑制组胺的作用。

注意事项

不良反应和副作用

镇定是最常见的副作用。抗毒蕈碱作用（类似阿托品的作用）也很常见。这一类的成员（乙醇胺）比其他抗组胺药有更大的抗毒蕈碱作用。可能会出现胃肠道不良反应，如肠梗阻和胃排空减少。

禁忌证和预防措施

没有关于动物的禁忌证的报道。

药物相互作用

没有关于动物药物相互作用的报道。

T

使用说明

没有使用兽医药物的临床报告，也没有证据表明它比此类的其他药物更有效。

患病动物的监测和实验室检测

不用特殊监测。

制剂与规格

曲吡那敏有 25 mg 和 50 mg 的片剂、20 mg/mL 的注射剂（通用）、5 mg/mL 的酏剂口服溶液。盐酸曲吡那敏（Histanin）有 25 mg/mL 的注射剂。

稳定性和贮藏

存放在密闭容器中，在室温下避光保存。

小动物剂量

犬和猫

剂量没有明确确定。它已被列为 1 mg/kg，q12 h，PO。在人中，剂量为 1.25 mg/kg，q4 ~ 6 h，PO。盐酸曲吡那敏注射剂每 5 kg 体重 0.25 mL。

大动物剂量

猪、牛和马

q6 ~ 12 h，1 mg/kg，IM。相当于每 250 kg 为 10 mL 或每 25 kg 体重 1 mL。

管制信息

停药时间：肉用猪和肉牛为 48 h，产奶用动物为 48 h。

RCI 分类：3。

托拉霉素（Tulathromycin）

商品名及其他名称： Draxxin、Draxxin 25。

功能分类： 抗菌药、大环内酯类。

药理学和作用机制

托拉霉素为大环内酯类药物的抗菌剂。它是一个 15 元大环内酯结构（加米霉素也是一个 16 元分子），被认为是有 3 个带电氮原子的三酰胺大环内酯。托拉霉素源自氮杂内酯大环内酯类，如阿奇霉素。与其他大环内酯类一样，它通过与核糖体 50S 亚基结合来抑制细菌蛋白质合成。它被认为具有抑菌作用，但可能在体外具有杀菌特性。由于带正电荷的分子，它可能比其他大环内酯类抗生素更容易穿透革兰氏阴性菌。托拉霉素的活动范围仅限于导致牛和猪的呼吸系统疾病的革兰氏阳性菌和某些革兰氏阴性菌（如溶血性曼海姆菌、支原体和多杀性巴氏杆菌）。半衰期很长，猪和牛的血浆半衰期分别为 80 ~ 90 h，牛和猪的组织半衰期分别为 8 d 和 6 d，这延长了感染部位的药物浓度。分布体积超过 10 L/kg。注射剂的吸收在牛和猪中超过 80%。

与其他大环内酯类一样，托拉霉素发挥治疗益处不仅通过抗菌活性来解释。与阿奇霉素相似，托拉霉素可能具有多种免疫调节作用，可能对呼吸道感染和其他疾病都有治疗反应。其他有益作用的产生可能是由于中性粒细胞的脱粒和凋亡增加和炎性细胞因子的产生被抑制。它还可以通过增强巨噬细胞功能来帮助清除感染。

适应证和临床应用

在牛中，托拉霉素用于治疗溶血性曼海姆菌、多杀性巴氏杆菌和睡眠嗜组织菌（以前称为睡眠嗜血杆菌）引起的 BRD。它也可以有效治疗牛支原体引起的感染。当用于高风险犊牛时，它也被用来预防由这些病原体引起的感染。它也可以用于治疗与坏死梭杆菌和利氏卟啉单胞菌有关的紫癫（趾间坏死杆菌病）。单一剂量已有效治疗奶牛传染性角结膜炎（牛莫拉氏菌）。

在猪中，已被用于控制和治疗与胸膜肺炎放线杆菌、多杀性巴氏杆菌、支气管败血性鲍特菌、猪肺炎支原体和副猪嗜血杆菌有关的 SRD。在马驹中（标签外使用），托拉霉素已用于治疗肺脓肿。

在牛中使用的其他长效大环内酯类抗生素包括替米考星、泰地罗新和加米霉素。

注意事项
不良反应和副作用

除了在实验动物中使用高剂量外，没有观察到严重的副作用。注射部位的反应可能发生在一些注射部位肿胀或刺激的动物身上。高剂量（5 倍剂量）在一些动物中可能造成心肌损伤。然而，大多数动物都能耐受 10 倍标签剂量而没有毒性。在接受治疗的马驹（IM，每周 1 次）中，大约有 1/3 的马驹出现了自限性腹泻和注射部位反应（IM）。

通常不给犬服用，但在对犬进行的毒性试验中，除非使用大剂量，否则不会产生明显的毒性。即使在高剂量下，药物对犬的心率、呼吸率、体温、血压或 ECG 参数也没有影响。

T

禁忌证和预防措施

在牛中，不要给 20 个月以上的奶牛服用。对于牛，每个注射部位不要注射超过 10 mL。在猪中，每个注射部位不要注射超过 2.5 mL。

药物相互作用

没有药物相互作用的报道。然而，大环内酯类抗生素已知抑制一些细胞色素 P450 酶。

使用说明

在牛中，在颈部 SQ 单次给药。在猪中，在颈部单次 IM 给药。

患病动物的监测和实验室检测

敏感生物的 CLSI 耐药折点为 ≤ 16.0 μg/mL。对于药敏测试，还可以使用红霉素作为指导。

制剂与规格

托拉霉素有 25 mg/mL 和 100 mg/mL 的注射液。

稳定性和贮藏

存放在密闭容器中，在室温下避光保存。

小动物剂量

没有确定小动物剂量。

大动物剂量

牛

2.5 mg/kg，SQ（颈部）作为单次注射［对于 100 mg/mL 的溶液，每 4.5 kg（100 lb）为 1.1 mL］。

猪

2.5 mg/kg，IM（颈部），单次注射。

马驹

2.5 mg/kg，IM，每周 1 次。

管制信息

没有建立产奶用动物的停药时间。

禁止在 20 月龄或更大的奶牛中使用。犊牛禁用。

肉牛停药时间：使用 Draxxin 100 mg/mL 时为 18 d，当使用 25 mg/mL 时停药时间为 22 d。

肉用猪的停药时间：5 d。

泰乐菌素（Tylosin）

商品名及其他名称： Tylocine、Tylan 和酒石酸泰乐菌素。
功能分类： 抗菌药、大环内酯类。

药理学和作用机制

泰乐菌素是一种 16 元大环内酯类化合物，已批准用于猪、牛、犬和家禽的多种感染的治疗（请参见下面的"适应证"）。它被配制为酒石酸泰乐菌素或磷酸泰乐菌素。与其他大环内酯类抗生素相似，泰乐菌素通过与 50S 核糖体结合并抑制蛋白质合成来抑制细菌。活动范围主要限于革兰氏阳性有氧细菌。梭菌和弯曲杆菌通常很敏感。抗菌谱还包括引起 BRD 的细菌。大肠杆菌和沙门菌具有抗药性。在猪中，细胞内劳森菌敏感。

适应证和临床应用

在牛中，泰乐菌素用于治疗由溶血性曼海姆菌、多杀性巴氏杆菌和睡眠嗜组织菌（以前称为睡眠嗜血杆菌）引起的 BRD。它用于由坏死梭杆菌或产黑色素拟杆菌引起的牛趾间坏死杆菌病。在猪中，用于治疗由猪支原体引起的猪关节炎、由巴氏杆菌引起的猪肺炎、由猪红斑丹毒丝菌引起的猪丹毒、与猪痢疾小蛇菌（密螺旋体属）有关的猪痢疾，以及细胞内劳森菌引起的增生性肠病。对于治疗猪，还应将其添加到饲料（类型 A 药用饲料制品）或饮用水中。在小动物中，用于革兰氏阳性软组织和皮肤感染。但是，在犬中最常见用于治疗腹泻，称为抗生素反应性腹泻，但对其他治疗没有反应。腹泻的病因学尚不清楚，但可能是由梭状芽孢杆菌或弯曲杆菌引起的。对于这种用途，通常每天将多数粉末状制剂（猪制剂）添加到食品中进行维持。

注意事项

不良反应和副作用

泰乐菌素可能导致一些动物腹泻。然而，口服治疗犬结肠炎已经安全实施了数月。在猪身上观察到皮肤反应。马口服给药是致命的。

禁忌证和预防措施

对啮齿动物或兔子禁止口服给药。雪貂禁用。避免快速 IV 给药。在单个注射点不得超过 10 mL。

药物相互作用

虽然其他大环内酯类药物与细胞色素 P450 酶的抑制有关，但没有关于动物药物相互作用的报道。

T

使用说明

泰乐菌素用于猪和牛，用于控制"适应证"部分列出的疾病。除肠道疾病外，很少在小动物中用于其他用途。已将粉状制剂（酒石酸泰乐菌素）加入食品中，以控制犬的结肠炎症状。在加拿大，片剂被批准用于治疗结肠炎。

患病动物的监测和实验室检测

不用特殊监测。

制剂与规格

可用的泰乐菌素可溶性粉剂为 100 g/453 g（1 lb），或每茶匙约 3 g（泰乐菌素 -100 类型 A 药用预混料）。1 g 酒石酸泰乐菌素等于泰乐菌素基质 800 μg。也有 50 mg/mL 和 200 mg/mL 的注射剂（含丙二醇）。

稳定性和贮藏

存放在密闭容器中，在室温下避光保存。

小动物剂量

犬

7 ~ 15 mg/kg，q12 ~ 24 h，PO。

8 ~ 11 mg/kg，q12 h，IM。

结肠炎：12 ~ 20 mg/kg，q8 h，随餐，如果有反应，则将间隔增加为 q12 h，最后间隔增加至 q24 h（对于 20 kg 的犬，20 mg/kg 约为 1/8 茶匙磷酸泰乐菌素或 Tylan）。

猫

7 ~ 15 mg/kg，q12 ~ 24 h，PO。

8 ~ 11 mg/kg，q12 h，IM。

大动物剂量

猪

治疗关节炎、丹毒和猪痢疾：8.8 mg/kg，q12 h，IM。

药物饲料剂量为 22 ~ 220 g/kg（预混料的剂量），具体剂量取决于具体产品。查阅包装信息。

牛

治疗爪部皮炎和肺炎：17.6 mg/kg，q24 h，IM。

管制信息

肉用猪的停药时间：14 d。

肉牛的停药时间：21 d。

禁用于泌乳牛。

尿促卵泡素（Urofollitropin）

商品名及其他名称： Metrodin、FSH 和 Fertinex。
功能分类： 激素。

药理学和作用机制

尿促卵泡素含有促卵泡激素（FSH）并刺激排卵。在人中，它与人绒毛膜促性腺激素（hCG）合用，以刺激排卵。

适应证和临床应用

虽然尿促卵泡素在人中与 hCG 合用以刺激排卵，但其在动物中的使用并不常见。

注意事项

不良反应和副作用

在动物中还没有副作用的报道。在人中，血栓栓塞、严重卵巢过度刺激综合征、卵巢肿大、卵巢囊肿已报道。

禁忌证和预防措施

禁用于怀孕的动物。

药物相互作用

没有关于动物药物相互作用的报道。

使用说明

尚未报道在动物中的临床研究结果。在动物中的使用源于人类使用经验的推断。

患病动物的监测和实验室检测

在治疗过程中应监测雌激素 / 孕酮的情况。

制剂与规格

注射用尿促卵泡素每瓶 75 U。

稳定性和贮藏

存放在密闭容器中，在室温下避光保存。

小动物剂量

剂量尚未确定。然而，通常人的剂量为 75 U/d，IM，持续用药 7 d。对于额外的 7 d，可将其增加到 150 U/d，IM。

大动物剂量

剂量尚未确定。然而，通常人的剂量为 75 U/d，IM，持续用药 7 d。对于额外的 7 d，可将其增加到 150 U/d，IM。

管制信息

预计其在用于拟食用动物中的残留风险很低，因此，无停药时间的建议。

熊二醇、熊去氧胆酸（Ursodiol, Ursodeoxycholic Acid）

商品名及其他名称：Actigall、Urso。
功能分类：轻泻药 / 通便剂、利胆药。

药理学和作用机制

熊二醇为亲水性胆汁酸。熊二醇具有抗胆固醇和利胆作用。熊二醇是熊去氧胆酸的简称。这是一种天然的水溶性胆汁酸。与其他胆汁酸相似，熊二醇可用作利胆剂，并增加胆汁流量。在犬中，它可能会改变循环中的胆汁酸，取代更具疏水性的胆汁酸或增强其在肝脏和胆汁中的分泌。通过调节胆汁的胆盐组成以利于亲水性更强的胆盐，对胆道管上皮细胞的损伤，如内源性胆汁酸的细胞毒性，比疏水性胆盐的可能性更小。有证据表明，对于治疗急性肝损伤，熊二醇可能具有抗氧化特性。

适应证和临床应用

熊二醇用于治疗肝病。它用于治疗原发性胆汁性肝硬化、胆汁淤积性肝病和慢性肝病。虽然有实验证据表明它对犬有益，但尚无良好控制的临床试验证明其有效性。在人中，它已被用作泻药，预防或治疗胆结石。它也已用于治疗慢性便秘，因为它可能会增加粪便的含水量，并刺激结肠蠕动。

注意事项

不良反应和副作用

粪便松散和瘙痒症是在人中最常见的问题。在动物中，熊二醇可能导致腹泻。1 ~ 2 周后逐渐增加剂量可减少副作用。

禁忌证和预防措施

没有关于动物的禁忌证的报道。

药物相互作用

在动物中还没有发现药物相互作用。在人中，熊二醇会干扰一些降胆固醇药物。

使用说明

尚未报道在动物中的临床研究结果。在动物中的使用（和剂量）是基于在人中的使用经验或在动物中的个人经验。在人中的最佳剂量为 13 ～ 15 mg/(kg·d)，PO。每天 1 ～ 2 次的服用效果相当于每天 3 ～ 4 次。吃饭时给药。

患病动物的监测和实验室检测

在治疗过程中应监测胆汁酸和肝酶以监测疗效。

制剂与规格

熊二醇有 300 mg 的胶囊和 250 mg 或 500 mg 的片剂。

稳定性和贮藏

存放在密闭容器中，在室温下避光保存。通过载体制备悬浮液，用于口服，发现可稳定 35 ～ 60 d。

小动物剂量

犬和猫

10 ～ 15 mg/kg，q24 h，PO，患有肝病的动物应服用 15 mg/kg。

大动物剂量

尚无适合大动物的推荐剂量。

管制信息

由于其在用于拟食用动物中的残留风险很低，无停药时间的建议。

伐昔洛韦（Valacyclovir）

商品名及其他名称： Valtrex。

功能分类： 抗病毒药。

药理学和作用机制

伐昔洛韦为抗病毒药。它是通过酯与氨基酸（L- 缬氨酸）复合的阿昔洛韦。因此，伐昔洛韦是转化为活性阿昔洛韦的前药。阿昔洛韦对疱疹病毒有抗病毒活性。该作用与对胸苷激酶（thymidine kinase，TK）的亲和力有关。一旦转化为阿昔洛韦，它就会被 TK 磷酸化为单磷酸形式。单磷酸阿昔洛韦在被疱疹病毒感染的细胞中积聚，并被鸟苷酸环化酶转化为二磷酸阿昔洛韦，然后转化为三磷酸形式，三磷酸阿昔洛韦是病毒 DNA 聚合酶的抑制剂。这终止了病毒酶的活性。但是，由于 TK 或 DNA 聚合酶的改

V

变，某些病毒种类可能会产生抗药性。在马疱疹病毒（equine herpes virus，EHV）的各种毒株之间，活性也存在差异。有些毒株比其他毒株更易感。它对猫疱疹病毒的活性较弱，不建议用于此病毒的治疗。

口服伐昔洛韦后，口服吸收为26%或高达48%（取决于研究），峰值浓度为 4.2 µg/mL（20 mg/kg）或 5.26 µg/mL（26.6 mg/kg）。

此类的其他药物包括喷昔洛韦和泛昔洛韦，有关信息请参见本书相关部分。

适应证和临床应用

伐昔洛韦是一种由阿昔洛韦转化而成的抗病毒药，可以用于与阿昔洛韦类似的适应证，但具有更好、更一致的口服吸收。伐昔洛韦用于治疗人各种形式的疱疹病毒感染。在动物中的使用有限，但也已用于治疗 EHV 感染。

由于阿昔洛韦的口服吸收不足，在马中应口服给药。阿昔洛韦在体外能抑制 EHV-1 的复制，而伐昔洛韦已用于口服治疗 EHV-1。

抗猫疱疹病毒的活性差，会产生副作用，因此，不建议用于猫。

注意事项

不良反应和副作用

在人中最严重的副作用是急性肾功能不全。缓慢的 IV 输注和适当的水合可以预防这种情况。在对马进行的有限研究中未发现副作用。在猫中，观察到明显的副作用，包括骨髓抑制、肾和肝损伤，包括致命的肝和肾坏死。

禁忌证和预防措施

猫和肾功能不全的动物禁用。

药物相互作用

请勿与其他肾毒性药物一起使用。

使用说明

"剂量"部分列出的剂量基于药代动力学研究，以达到最佳的血浆药物浓度。它们不是基于临床疗效研究。马口服给药不受饲喂的影响。

患病动物的监测和实验室检测

使用过程中监测血尿素氮（BUN）和肌酐。在马中，剂量应维持血浆浓度高于 0.3 µg/mL。

制剂与规格

伐昔洛韦有 500 mg 和 1 g 的片剂。

稳定性和贮藏

将片剂存放在密闭容器中，在室温下避光保存。

小动物剂量

犬

尚未确定剂量。

猫

禁用于猫。

大动物剂量

马

27 mg/kg，口服负荷剂量，q8 h，持续用药 2 d。随后维持剂量为 18 mg/kg，PO，q12 h，持续用药 7 ~ 14 d。

管制信息

由于具有致突变性，不应将其用于拟食用动物。

丙戊酸、丙戊酸钠（Valproic Acid, Valproate Sodium）

商品名及其他名称：Depakene（丙戊酸）、Depakote（双丙戊酸钠）和 Epival（加拿大）。

功能分类：抗惊厥药。

药理学和作用机制

丙戊酸和丙戊酸钠为抗惊厥药。作用尚不明确，但丙戊酸可能会增加 CNS 中 γ- 氨基丁酸（GABA）的浓度。丙戊酸和丙戊酸钠均可使用。双丙戊酸钠由丙戊酸和丙戊酸钠组成。等量口服双丙戊酸钠和丙戊酸可产生等量的丙戊酸离子。

适应证和临床应用

丙戊酸通常与苯巴比妥联合使用，以治疗动物的难治性癫痫。大多数用于犬，有限的疗效研究已有报道。丙戊酸在动物中的使用有所减少，因为已经确定了用于治疗难治性癫痫的其他抗惊厥药,如加巴喷丁、普瑞巴林、坐尼沙胺和左乙拉西坦。

V

注意事项

不良反应和副作用

在动物中尚无副作用的报道，但在人中有肝衰竭的报道。在一些动物身上可以看到镇定作用。

禁忌证和预防措施

禁用于怀孕的动物。在人中有出生缺陷的报道。

药物相互作用

丙戊酸钠如果与抑制血小板的药物一起使用，可能会引起出血。

使用说明

该药物通常作为添加剂与苯巴比妥一起使用。为人设计的控释型药物在犬中的口服吸收曲线与人的不同。

患病动物的监测和实验室检测

可进行治疗药物监测，但是，针对犬和猫的治疗浓度尚未确定，应使用 50 ~ 100 μg/mL（理想谷浓度）的人用剂量范围。浓度大于 100 μg/mL 与副作用有关。

制剂与规格

丙戊酸速释制剂有 250 mg 的胶囊和 50 mg/mL 的糖浆。丙戊酸和双丙戊酸钠的缓释制剂有 125 mg、250 mg 和 500 mg 的片剂或胶囊。丙戊酸钠（Depacon）有 100 mg/mL 的注射剂。

稳定性和贮藏

存放在密闭容器中，并在室温下避光保存。丙戊酸微溶于水，但丙戊酸钠可溶于水。已经制备了临时乳剂，其与糖浆的吸收相当。

小动物剂量

犬

每只犬 50 ~ 250 mg（取决于体型大小），q8 h，PO。

缓释制剂从每只 250 mg，q12 h，PO 开始，并根据需要增加到每只 500 mg，q12 h。

如果犬也接受苯巴比妥，则应使用更高剂量。

猫

剂量未确定。

大动物剂量

没有大动物剂量的报道。

管制信息

无可用的管制信息。

万古霉素（Vancomycin）

商品名及其他名称： Vancocin、Vancoled。

功能分类： 抗菌药。

药理学和作用机制

万古霉素为抗菌药，是一种糖肽类抗生素，源于一种真菌，东方拟无枝酸菌（旧称东方诺卡氏菌）。万古霉素对多数微生物具有杀菌作用，对肠球菌具有抑菌作用。它通过结合细胞壁前体的 D- 丙氨酰 -D- 丙氨酸部分，并干扰细菌细胞壁来抑制细胞壁。杀菌作用是通过激活细菌细胞壁的自溶素来实现的。万古霉素的抗菌谱很窄，包括链球菌、肠球菌和葡萄球菌。万古霉素治疗的葡萄球菌菌株称为耐甲氧西林葡萄球菌［如耐甲氧西林金黄色葡萄球菌（MRSA）或耐甲氧西林伪中间葡萄球菌（MRSP）］。革兰氏阴性菌对万古霉素具有抗性。

与万古霉素相关的人用新药有达巴万星（Dalvance）、奥利万星（Orbactiv）和特拉万星（Vibativ）。这些药物属于脂糖肽类。奥利万星和达巴万星之所以独特，是因为它们在人中的半衰期非常长，有 10 ~ 14 d，并且每 7 ~ 14 d 可以给药 1 次。目前，这些新药非常昂贵，尚未进行动物临床试验。

适应证和临床应用

万古霉素用于葡萄球菌或肠球菌动物的耐药株。它是人中常用的注射用药物，用于治疗耐甲氧西林葡萄球菌属及具有耐药性的肠球菌属。然而，由于动物不方便给药，并且某些国家对动物的使用有所限制，很少用于动物。但是，如果没有其他选择，它对于治疗对其他抗生素有耐药性的肠球菌或葡萄球菌是有价值的。它通过口服给药用于由梭状芽孢杆菌引起的腹泻患病动物，但这种用途尚未在动物中探索过。有时，它被用于马的局部浸润，如局部肢体灌注。食品生产用动物禁用。

V

注意事项

不良反应和副作用

尚未有动物出现副作用的报道，但其使用仅限于少数动物，而且尚未发现所有可能的副作用。对人的副作用包括中性粒细胞减少症、肾损伤和组胺释放。快速 IV 注射更有可能引起反应，尤其是与组胺释放相关的反应。肾损伤可能与当今使用的制剂无关，因为这是一种主要由较旧的、纯度较低的制剂引起的反应。

禁忌证和预防措施

不要快速静脉注射给药。如果通过其他路径（IM、SQ）注入，将导致疼痛。通过缓慢输注给药避免急性不良反应。

药物相互作用

请勿在输液中与其他药物混合使用，已确定许多药物不相容。不相容的药物包括 β- 内酰胺类抗生素、氟喹诺酮类、氨基糖苷类、大环内酯类、丙泊酚、抗惊厥药、皮质类固醇和呋塞米。它与碱性溶液不相容。

使用说明

万古霉素必须 IV 给药，但在人中也有很少的病例使用腹膜内给药（口服给药仅限于肠道感染）。万古霉素很少在马中全身使用。通过局部肢体灌注对马进行局部给药已用于局部关节或骨骼的感染。

剂量来自每个物种的药代动力学研究。在犬中，为使血浆浓度维持在 10 ~ 30 μg/mL 的建议范围内，建议剂量为 15 mg/kg，q8 h，IV（此剂量实际上分别产生大约 40 μg/mL 和 5 μg/mL 的峰和谷，但因为其在犬中的半衰期短，所以这是最方便的剂量）。该剂量应超过 30 ~ 60 min 缓慢注入，或以大约 10 mg/min 的速率注入。总给药剂量可在 0.9% 盐水或 5% 葡萄糖溶液中稀释，但不能在碱性溶液中稀释。

患病动物的监测和实验室检测

建议监测谷血浆浓度，以确保适当剂量。保持谷浓度高于 10 μg/mL。CLSI 的药敏试验指南列出了敏感生物的耐药折点分别为：肠球菌 ≤ 4 μg/mL，链球菌 ≤ 1 μg/mL，葡萄球菌 ≤ 2 μg/mL。

制剂与规格

万古霉素有 500 mg、1 g、5 g 和 10 g 的注射用小瓶。

稳定性和贮藏

如果在输液中与其他药物一起混合使用，其稳定性可能会受到损害。存放在密闭容器中，在室温下避光保存。它可溶于水和乙醇。用灭菌水复溶后，可将其进一步用 5% 葡萄糖或盐水稀释。溶液可能会呈深色。复溶后，它能在室温或冰箱中稳定 14 d。高达 83 g/L 的浓缩溶液在 37℃下稳定 72 h。一些眼科合成制剂不稳定，pH 低，对眼睛有刺激性。

小动物剂量

犬

15 mg/kg，q6 ~ 8 h，IV 输注。

CRI：负荷剂量为 3.5 mg/kg，随后 CRI 1.5 mg/(kg·h)，混合在 5% 葡萄糖溶液中。

猫

12 ~ 15 mg/kg，q8 h，IV 输注。

大动物剂量

马

4.3 ~ 7.5 mg/kg，q8 h，IV，输注超过 1 h。

局部肢体灌注：注入 300 mg，在 0.5% 溶液中稀释。

管制信息

禁用于拟食用动物。FDA 已禁止在食品生产用动物中使用糖肽类，因为有产生抗糖肽细菌的风险。

升压素（Vasopressin）

商品名及其他名称：精氨酸升压素（Arginine vasopressin，AVP）、ADH、Pitressin。

功能分类：激素。

药理学和作用机制

升压素为抗利尿激素（antidiuretic hormone，ADH）。升压素模拟 ADH 对肾小管受体的作用。ADH 允许重吸收肾小管中的水。如果没有 ADH，则会排出更多稀释的尿液（有关其他制剂和使用，请参见"去氨升压素"部分）。升压素还通过激活 V1 血管受体而具有强效的血管升压素活性。V1 血管受体在血管平滑肌上呈高密度，而肾收集导管上的 V2 受体负责增加水的重吸收。由于血管升压作用，它已被用于治疗血管舒张性休克。在输注过程中，它会迅速增加平均动脉压。相关药物即特利升压素对血管 V1 受体更具特异性。

适应证和临床应用

升压素用于治疗由中枢性尿崩症引起的多尿。对于肾脏疾病引起的多尿无效。去氨升压素是治疗动物糖尿病尿崩症时更常用的首选制剂（详见本书"去氨升压素"部分）。升压素除了用于液体疗法外，还用于通过 CRI

来治疗血管舒张性休克。在由心源性机制或血管舒张性休克引起的休克中，治疗方案视紧急情况下使用的血管加压药而异。有些治疗方案仍然依靠儿茶酚胺类（如去甲肾上腺素）的血管收缩特性（通过 α_1- 肾上腺素受体），而有些治疗方案则提倡使用血管升压素。兽医中没有临床试验能证明一种疗法优于另一种疗法。

注意事项

不良反应和副作用

目前尚无在动物中使用的副作用的报告。在人中，有过敏反应和血压升高的报告。

禁忌证和预防措施

没有关于动物禁忌证的报道。

药物相互作用

没有关于动物药物相互作用的报道。

使用说明

通过 IV 给药时，用 0.9% 生理盐水稀释并滴定剂量即可。对于抗利尿剂的使用，应根据所监测的饮水量和尿量来调整剂量。

患病动物的监测和实验室检测

输液时监测血压，保持收缩压为 100 ~ 120 mmHg，尿液输出为 0.5 ~ 1.5 mL/(kg·h)。滴定输液速度以达到理想的压力响应。当用于抗利尿作用时，应监测饮水量、尿量和尿比重。

制剂与规格

升压素有 20 U/mL（水）溶液。

稳定性和贮藏

存放在密闭容器中，在室温下避光保存。

小动物剂量

犬和猫

抗利尿剂：10 U，IV 或 IM。

血管升压药（休克）：0.01 ~ 0.04 U/min。不要超过 0.04 U/min［0.5 ~ 5 MU/(kg·min)］。

CPR：0.8 U/kg，IV，CPR 时可重复给药。

大动物剂量

没有大动物剂量的报道。

管制信息

由于用于拟食用动物有害残留风险低，无停药时间的建议。

盐酸维拉帕米（Verapamil Hydrochloride）

商品名及其他名称: Calan、Isoptin。
功能分类: 钙通道阻滞剂。

药理学和作用机制

盐酸维拉帕米为非二氢吡啶类钙通道阻滞剂。维拉帕米通过阻滞电压依赖性慢通道来阻止钙进入细胞。它会产生血管舒张、负性变时和负性肌力作用。

适应证和临床应用

维拉帕米已用于控制室上性心律失常。由于副作用，维拉帕米的使用有所减少，它实际上已成为过时的药物。用于动物时此类药物通常首选地尔硫草。

注意事项

不良反应和副作用

副作用包括低血压、心脏抑制、心动过缓和房室传导阻滞。它可能在某些患病动物中引起厌食。IV 给药，维拉帕米曾导致一些患病动物心脏骤停。

禁忌证和预防措施

失代偿性充血性心力衰竭（CHF）或晚期心脏传导阻滞患病动物禁用。猫对它的耐受性不好。

药物相互作用

与其他钙通道阻滞剂相似，维拉帕米会与干扰多药耐药性（MDR）膜泵（P-糖蛋白）和细胞色素 P450 酶的药物相互作用（可能引起干扰的药物列表见附录 H 和 I）。

V

使用说明

维拉帕米的口服制剂不能充分吸收（活性立体异构体），无法产生足够的效果。对于心力衰竭的患病动物，地尔硫草优于维拉帕米，因为其心肌抑制较少。

患病动物的监测和实验室检测

在治疗期间监测心率和节律。

制剂与规格

维拉帕米有 40 mg、80 mg 和 120 mg 的片剂及 2.5 mg/mL 的注射剂。

稳定性和贮藏

存放在密闭容器中，在室温下避光保存。维拉帕米可溶于水。水溶液稳定 3 个月。在 pH 3 ~ 6 时具最大稳定性。它可以与输液混合，并且是兼容的。已经制备了用于口服给药的悬浮液，可稳定 60 d。

小动物剂量

犬

0.05 mg/kg，q10 ~ 30 min，IV（最大累积剂量为 0.15 mg/kg）。尚未确定口服剂量。

猫

不推荐。

大动物剂量

没有大动物剂量的报道。

管制信息

禁用于拟食用动物。

RCI 分类：4。

硫酸长春花碱（Vinblastine Sulfate）

商品名及其他名称：Velban。

功能分类：抗癌药。

药理学和作用机制

硫酸长春花碱为抗癌药。长春花碱与长春新碱一样，属于长春花生物碱类抗癌药。硫酸长春花碱是一种生物碱的盐类，来源于长春花属植物（也称为长春花）。由于长春花生物碱对细胞中的微管蛋白具有亲和力，被称为纺锤体毒物。微管蛋白是有丝分裂期间形成负责染色体迁移的微管的蛋白质。长春花生物碱阻滞细胞微管的聚合，因此阻止了有丝分裂进入中期（m 阶段特异性）。

适应证和临床应用

长春花碱用于各种肿瘤的化疗方案。最常见的用途之一是用于犬肥大细胞瘤。从长春新碱到长春花碱似乎没有交叉耐药性。长春花碱已用于淋巴网状内皮细胞瘤，也用于犬移行细胞癌和其他肿瘤。不要像偶尔使用长春新碱那样使用长春花碱来增加血小板数量（长春花碱实际上可能导致血小板减少症）。

注意事项

不良反应和副作用

最大剂量限制效应是骨髓抑制，中性粒细胞减少的最低点发生在给药后 1 周，恢复发生在 2 周。胃肠道毒性是第二重要的影响，但它是温和的。长春花碱不像长春新碱那样引起神经病变。如果在静脉外注射，会导致组织坏死。

禁忌证和预防措施

如果发生血管周围注射，建议立即用液体冲洗。

药物相互作用

没有关于动物药物相互作用的报道。

使用说明

长春花碱可以与其他抗癌药一起使用，也可以与泼尼松龙联合使用治疗肥大细胞瘤。通过缓慢 IV 输注或快速 IV 推注，最常见剂量为每 7 ~ 14 d，$2\ mg/m^2$。但是，为提高肥大细胞瘤的反应率，有证据表明，剂量强度应增加至每 2 周 1 次，$3.5\ mg/m^2$，IV。该剂量产生的毒性更大，但疗效更高。

患病动物的监测和实验室检测

治疗期间监测 CBC。

制剂与规格

长春花碱有 1 mg/mL 的注射剂。

稳定性和贮藏

存放在密闭容器中，在室温下避光保存。

小动物剂量

犬和猫

$2\ mg/m^2$，IV（缓慢输注），每周 1 次（有关更高剂量，请参见"使用说明"）。

大动物剂量

没有大动物剂量的报道。

V

管制信息

不确定食品生产用动物的停药时间。由于该药物是抗癌药，拟食用动物禁用。

硫酸长春新碱（Vincristine Sulfate）

商品名及其他名称： Oncovin、Vincasar 和通用品牌。

功能分类： 抗癌药。

药理学和作用机制

长春新碱与长春花碱一样，属于长春花生物碱类抗癌药。长春新碱来源于长春花属植物（也称为长春花）。由于长春花生物碱对细胞中的微管蛋白具有亲和力，因此，被称为纺锤体毒素。微管蛋白是有丝分裂期间形成负责染色体迁移的微管的蛋白质。长春花生物碱阻滞细胞微管的聚合，因此，阻止了有丝分裂进入中期（m- 阶段特异性）。长春新碱对血小板的微管蛋白具有亲和力。对于血小板减少症，长春新碱会增加血小板生成，增加巨核细胞的分裂并减少血小板破坏。它还可以减少巨噬细胞对血小板的破坏。

适应证和临床应用

长春新碱用于联合化疗方案。它包括在几种抗癌化疗方案中，通常与皮质类固醇、烷化剂和其他药物一起使用。它已被兽医用于治疗淋巴网状肿瘤、传染性性病肿瘤（transmissible venereal tumors，TVT）、猫乳腺肿瘤和其他实体瘤。它是几个联合方案的组成部分，也可以用作某些肿瘤的单一药物。

注意事项

不良反应和副作用

长春新碱的耐受性一般良好。它的骨髓抑制作用不如其他抗癌药。周围神经病变曾有报道，但很少见。会发生便秘。长春新碱刺激组织，给药时避免静脉外渗。如果意外在静脉外注射，应及时采取行动以避免严重的组织损伤。

禁忌证和预防措施

如果发生血管周围注射，建议立即用液体冲洗该区域，以减少组织损伤。在处理长春新碱时，药房和医院工作人员应采取适当预防措施，防止与人接触。有 ABCB-1 突变（P- 糖蛋白缺乏）的犬可能会增加毒性的风险。

药物相互作用

没有明显的药物相互作用。

使用说明

长春新碱用于各种肿瘤的癌症化疗方案。例如，在 COAP 方案（环磷酰胺、硫酸长春新碱、天冬酰胺酶和泼尼松龙的缩写）中，硫酸长春新碱的成分是长春新碱。长春新碱还能增加功能性循环血小板的数量，并用于血小板减少症。当用于治疗免疫介导性血小板减少症（immune-mediated thrombocytopenia，ITP）、时，可以与皮质类固醇（如泼尼松，浓度为 2 mg/kg）一起给药，以使功能性血小板快速增加。这种疗法（与仅使用泼尼松相比）缩短了患 ITP 犬的住院时间。

患病动物的监测和实验室检测

如果用于增加血小板数量，则在治疗期间监测血小板。

制剂与规格

长春新碱有 1 mg/mL 的注射剂。

稳定性和贮藏

保存在注射瓶中。不要与其他药物在小瓶中混合。

小动物剂量
犬和猫

抗肿瘤：$0.5 \sim 0.75$ mg/m^2，IV（或 $0.025 \sim 0.05$ mg/kg），每周 1 次。
血小板减少症：0.02 mg/kg，IV，每周 1 次（联合泼尼松龙）。

大动物剂量

没有大动物剂量的报道。

管制信息

不确定食品生产用动物的停药时间。由于该药物是抗癌药，拟食用动物禁用。

维生素 A（Vitamin A）

商品名及其他名称：视黄醇、Aquasol-A、维生素 AD、维生素 A 和 D。
功能分类：维生素。

药理学和作用机制

维生素 A 为维生素 A 补充剂。其他情况下使用的类似物也可参见异维A 酸（Accutane）。

适应证和临床应用

维生素 A 用作患缺乏症动物的补充剂。

注意事项

不良反应和副作用

过量服用会引起骨或关节疼痛和皮炎。维生素 A 过多的其他症状包括大出血、精神错乱、腹泻和皮肤脱落。

禁忌证和预防措施

维生素 A 过多可由长期服用高剂量的维生素 A 引起。造成毒性所需的剂量可高达 10 000 U/(kg·d)。

药物相互作用

没有关于动物药物相互作用的报道。

使用说明

维生素 A 的剂量可以表示为 U、视黄醇当量 (retinol equivalent，RE) 或 μg。1RE 等于 1 μg 视黄醇。1RE 维生素 A 等于 3.33 U 视黄醇。要将维生素 A 的单位 U 换算为 μg，请乘以 0.3。要将维生素 A 的单位 μg 换算为 U，请除以 0.3(如 5000 U 维生素 A =1500 μg 维生素 A)。1 U 维生素 A 等于 0.6 μg β- 胡萝卜素。

患病动物的监测和实验室检测

如果使用高剂量，应监测毒性症状。

制剂与规格

每 0.1 mL 口服溶液中有 5000 U (1500 RE) 的维生素 A，以及 10 000 U、25 000 U 和 50 000 U 的片剂。这些片剂的剂量分别为 3000 RE、7500 RE 和 15 000 RE。兽用注射剂通常包含维生素 D。这些组合含有 100 000 U /mL、200 000 U/mL、500 000 U/mL。

稳定性和贮藏

在室温下避光保存。维生素 A 和其他脂溶性维生素相似，不溶于水，但可溶于油。维生素 A 易被氧化，应存放在密闭容器中。

小动物剂量

犬和猫

625 ~ 800 U/kg，q24 h，PO。

大动物剂量

所有剂量均按动物列出，可在 2 ~ 3 个月内重复使用。

犊牛

500 000 ~ 1 000 000 U，IM。

羊和猪

500 000 ~ 1 000 000 U，IM。

牛

1 000 000 ~ 2 000 000 U，IM。

管制信息

由于用于拟食用动物有害残留风险低，因此，无停药时间的建议。

维生素 E（Vitamin E）

商品名及其他名称: 生育酚、α - 生育酚、Aquasol E 和通用品牌。
功能分类: 维生素。

药理学和作用机制

维生素 E 也被称为 α- 生育酚。它是一种脂溶性维生素，被认为是抗氧化剂。维生素 E 也以 D-α- 生育酚（维生素 E 的天然来源）的形式存在于溶液中。它通常是口服膳食添加剂中使用的 ω- 脂肪酸制剂的一种成分。

适应证和临床应用

维生素 E 用作补充剂和用于治疗某些免疫介导性皮肤病和肝胆疾病。维生素 E 已被用作犬盘状狼疮的口服治疗，然而，对于许多皮肤疾病的疗效却受到质疑。维生素 E 通常包含在与其他膳食添加剂（如鱼油）的混合物中。

注意事项

不良反应和副作用

高剂量时，维生素 E 会引起凝血障碍。已知引起凝血功能障碍的剂量为人体每天 1000 U〔15 U/(kg·d)〕。凝血障碍是由维生素 K 依赖性凝血因子的减少引起的。

禁忌证和预防措施

有凝血障碍的动物慎用。

药物相互作用

维生素 E 可能与抗凝剂相互作用。可能会加剧华法林的抗凝作用。

V

使用说明

维生素 E 已被提议将用于治疗多种人疾病，但缺乏动物中相关疗效的证据。在动物中，它用作各种疾病的辅助抗氧化剂治疗。

如果产品标记为 DL-α- 生育酚，则换算为维生素 E 时，将 U 乘 0.9 即可算出 mg。在将 mg 换算为 U 时，除以 0.9。

如果产品标记为 D-α- 生育酚，则在换算为维生素 E 时，将 U 乘 0.67 即可算出 mg。在将 mg 换算为 U 时，除以 0.67。例如，1 U 的维生素 E 相当于 0.67 mg 的 D-α- 生育酚或 0.9 mg DL-α- 生育酚。

患病动物的监测和实验室检测

应监测使用高剂量治疗的动物的出血情况。

制剂与规格

维生素 E 有胶囊、片剂和口服溶液（如 1000 U/ 胶囊）。兽医用可注射制剂也可能含有维生素 A 和维生素 D 或硒。通常可注射制剂含有 300 U/mL。维生素 E 也以 D-α- 生育酚（维生素 E 的天然来源）的形式存在于溶液中。它通常也是 ω 脂肪酸（鱼油）制剂的一种成分。

稳定性和贮藏

维生素 E 和其他脂溶性维生素一样，不溶于水，但可溶于油。存放在密闭容器中，在室温下避光保存。

小动物剂量

犬和猫

100 ~ 400 U，q12 h，PO（作为 α- 生育酚）。

免疫介导性皮肤疾病：400 ~ 600 U，q12 h，PO。

盘状红斑狼疮（犬）：200 ~ 400 U，q12 h，PO。

肝病：10 ~ 15 U/(kg·d)，PO。

大动物剂量

所有剂量均按动物列出，可在 2 ~ 3 个月内重复使用。

犊牛

1200 ~ 1800 U，IM。

牛

2400 ~ 3000 U，IM。

羊和猪

1200 ~ 1800 U，IM。

管制信息

由于用于拟食用动物有害残留风险低，无停药时间的建议。

维生素 K（Vitamin K）

商品名及其他名称：Aquamephyton（注射剂）、Mephyton（片剂）、Veta-K$_1$（胶囊）、Veda-K$_1$（口服和注射）、维生素 K、叶绿醌和植物甲萘醌。

功能分类：维生素。

药理学和作用机制

维生素 K 是用于合成肝脏中凝血因子（因子 Ⅱ、Ⅶ、Ⅸ 和 Ⅹ）的辅助因子。维生素 K$_1$ 也被称为植物甲萘醌和叶绿醌。维生素 K$_2$ 也被称为甲基萘醌（menaquinone）。维生素 K$_3$ 被称为甲萘醌（menadione）。维生素 K$_3$ 是一种合成类似物，并不等同于维生素 K$_1$。不建议将维生素 K$_3$ 用于临床。含脂肪的食物可以更好地吸收维生素 K$_1$。有关其他信息，请参见本书"叶绿醌"部分。

适应证和临床应用

维生素 K$_1$ 是一种脂溶性维生素，用于治疗由抗凝中毒（华法林或其他灭鼠剂）引起的血凝异常。抗凝剂会消耗体内的维生素 K，而维生素 K 是合成凝血因子的必需物。大动物中，用于治疗甜三叶草中毒。

注意事项

不良反应和副作用

在人中，在快速 IV 输注后观察到一种罕见的类过敏反应。这种反应可能是由药物载体聚山梨酯 80 的反应释放组胺引起的。症状类似过敏性休克。在动物身上也可以观察到这些迹象。为避免过敏反应，请不要静脉给药。IM 注射的反应，如血肿，可发生在凝血障碍的动物。

禁忌证和预防措施

建议准确诊断，排除出血的其他原因。其他形式的维生素 K 可能没有维生素 K$_1$ 那么快，因此考虑使用特定的制剂。为避免过敏反应，请不要静脉给药。

药物相互作用

一些药物，如头孢菌素，可能降低维生素 K 依赖性凝血因子。

使用说明

如果确定了特定的灭鼠剂，请咨询中毒控制中心以制定特定的方案。

维生素 K_1 用于急性治疗，因为它具有更高的生物利用度。与食物一起服用以增强吸收。维生素 K 和植物甲萘醌是维生素 K_1 的脂溶性的合成形式。甲萘氢醌是维生素 K_4，这是一种水溶性衍生物，在体内被转换为维生素 K_3（甲萘醌）。

注射液可以用 5% 葡萄糖或 0.9% 盐水稀释，但不能用其他溶液稀释。尽管维生素 K_1 的兽医标签列出了可以 IV 给药，但这些标签尚未获得 FDA 的批准。因此，请避免使用维生素 K_1 的 IV 给药。首选的途径是皮下注射，但也可以使用肌内注射。治疗第二代灭鼠剂中毒时，可能需要 6 周的治疗，因为第二代灭鼠剂的半衰期很长。

患病动物的监测和实验室检测
监测患病动物的凝血时间对于准确给药维生素 K_1 制剂至关重要。在治疗长效灭鼠剂中毒时，应定期监测凝血时间。

制剂与规格
维生素 K 有 2 mg/mL 或 10 mg/mL 的注射剂。维生素 K 有 5 mg 的片剂。维生素 K_1 有 25 mg 的胶囊。叶绿醌（aquamephyton）有 2 mg/mL 或 10 mg/mL 的注射剂。

稳定性和贮藏
维生素 K 和其他脂溶性维生素相似，不溶于水，但可溶于油。存放在密闭容器中，在室温下避光保存。

小动物剂量
犬和猫
短效灭鼠剂：1 mg/(kg·d)，IM、SQ 或 PO，持续 10 ~ 14 d。

长效灭鼠剂：2.5 ~ 5.0 mg/(kg·d)，IM、SQ 或 PO，持续 3 ~ 4 周，最长 6 周。

鸟类
2.5 ~ 5.0 mg/kg，q24 h，SC、IM 或 PO，持续 14 ~ 28 d。

大动物剂量
牛、犊牛、马、绵羊和山羊
0.5 ~ 2.5 mg/kg，SQ 或 IM。

管制信息
肉用动物或产奶用动物不需要停药时间。

伏立康唑（Voriconazole）

商品名及其他名称： Vfend。

功能分类： 抗真菌药。

药理学和作用机制

伏立康唑为氮杂茂类（三唑类）抗真菌药、第二代三唑类抗真菌药。与目前其他可用的氮杂茂类和三唑类抗真菌药相似，伏立康唑能抑制真菌细胞色素 P450 依赖性 14α- 甾醇去甲基化酶，该酶对于真菌细胞壁中麦角固醇的形成至关重要。伏立康唑的结构类似于氟康唑，但是，它更加活跃和有效。伏立康唑对皮肤癣菌和全身性真菌（如芽生菌、组织胞浆菌和球孢子菌）具有活性，它还具有抗酵母菌活性，如念珠菌和马拉色菌。伏立康唑对曲霉菌和镰刀菌的活性比其他同类药物更强。伏立康唑比氟康唑更亲脂，比伊曲康唑或酮康唑更易溶于水，与中间蛋白结合。这些特性提供了良好的口服生物利用度和组织分布。药代动力学可能是剂量依赖性的，并且在动物之间是可变的。在犬中进行的实验研究表明，口服给药后，该药物吸收迅速而完全。

已经研究了犬、猫和马的药代动力学。口服吸收高于此类的多数其他药物。在马中，伏立康唑被吸收了 92%，半衰期为 13 h。在猫中，口服半衰期比 IV 半衰期要长得多，通过对猫重复给药而产生蓄积。IV 半衰期为 12.4 h，分布容积为 1.3 h。在猫中的口服半衰期为 43 h，剂量量为 4 ~ 6 mg/kg，峰值为 2.3 μg/mL。猫口服片剂和口服悬浮液的吸收效果相同。由于半衰期不同，猫口服给药产生的血液浓度要比静脉给药途径高（2.6 倍）。在犬中，按 6 mg/kg 口服给药之后，半衰期为 3.1 h（±0.8 h），峰值浓度为 3 μg/mL。重复给药后，犬的代谢可能被诱导，从而产生较短的半衰期。

适应证和临床应用

伏立康唑已被用于治疗皮肤癣菌和全身性真菌，如芽生菌、组织胞浆菌和球孢子菌。它已被用于治疗由曲霉菌和镰刀菌引起的感染。在人中，治疗曲霉菌的疗效优于其他口服抗真菌药，与两性霉素 B 相当。在兽医学中，多数使用是根据经验或从在人中的使用推断出来的。在马中的临床经验是 2 mg/kg，PO，q24 h。但是研究表明，4 mg/kg，q24 h，PO 或 3 mg/kg，12 h，PO，可以为包括曲霉菌在内的易感真菌产生足够的血浆浓度和组织浓度［泪膜、脑脊液（CSF）、尿液、肺上皮衬液和滑液］它还被用于局部治疗马的眼部真菌感染（q4 h，IV 1% 溶液）。伏立康唑也被用于鸟类，以控制由曲霉菌引起的感染。

注意事项

不良反应和副作用

伏立康唑通过一种未知机制与猫在 10 mg/kg 剂量下的神经毒性相联系。一些用治疗剂量的猫出现 CNS 症状，停药后症状消失。这些反应在用伏立康唑治疗过的其他动物（犬、马、鸟类）中未见报道。猫也会有厌食、共济失调、轻瘫、心律失常和低钾血症的症状。在一项较低剂量（4 ~ 6 mg/kg）的研究中，它的耐受性通常好得多，但瞳孔缩小和过度进食是对猫的常见影响。

尽管在多数物种中对伏立康唑的耐受性普遍优于酮康唑，但在某些犬中可见肝酶增加、神经系统副作用和食欲减退。高剂量时更容易发生呕吐和肝毒性。在人中，短暂的眼部问题（视力模糊、畏光）也已有报道。

禁忌证和预防措施

10 mg/kg 的剂量已引起猫神经系统问题。每隔 1 d 2 ~ 3 mg/kg 的较低剂量给药，如果重复给药，可能是安全的，但尚未对猫进行长期安全性评估。谨慎用于任何有肝病症状的动物和怀孕的动物。对实验动物高剂量给药，此类药物会引起胎儿畸形。在患肾脏疾病的动物中使用口服制剂，而不是 IV 制剂。

药物相互作用

伏立康唑是一种细胞色素 P450 酶抑制剂。由于 P450 酶的抑制，可能会导致药物相互作用。但是，这种抑制作用不会像酮康唑那样显著。

使用说明

伏立康唑的剂量基于动物实验研究。在动物中的某些用途是基于经验或从人医文献的推断。静脉注射时，10 mg/mL 溶液应进一步用液体稀释至 > 5 mg/mL 浓度，然后缓慢注入。静脉注射液应立即使用或在冰箱中存放的时间不超过 24 h。可以与乳酸林格液、5% 葡萄糖或 0.9% 氯化钠配伍，不要将 IV 溶液与血液制品或浓缩电解质混合。

患病动物的监测和实验室检测

应监测肝酶浓度。易感真菌的最低抑菌浓度值通常 > 0.5 μg/mL。尽管未进行常规监测，但建议谷药物浓度 > 1 μg/mL。为避免不良反应，请勿超过峰值 > 4 ~ 6 μg/mL。

制剂与规格

伏立康唑有 50 mg 和 200 mg 薄膜包衣的片剂，40 mg/mL 的口服混悬剂和 200 mg（10 mg/mL）的注射剂。IV 溶液需要复溶至 10 mg/mL，然后稀释至 5 mg/mL 或以下进行 CRI [3 mg/(kg·h)，1 ~ 2 h]。已经为动物制备了多种复合形式：通过将压碎的片剂（200 mg）与 20 mL 水和 60 mL 的

Ora-Plus 混合制成 2.5 mg/mL 的悬浮液。混合后，该悬浮液会保持原始强度 17 d。还可以通过将 2 片 200 mg 片剂压碎成粉末，与 10 mL 悬浮液和调味剂（Ora-Plus/Ora-Sweet，比例为 1 : 1）混合，制备出复合混合物。最终制剂为 40 mg/mL，在室温或冰箱中可稳定 30 d。用于马时，将压碎的片剂与 30 mL 的玉米糖浆一起混合，并通过注射器口服。

稳定性和贮藏

存放在密闭容器中，在室温下避光保存。如果混合后立即使用，则复合制剂可能稳定且有效。有关复合制剂的稳定性信息，请参见"制剂与规格"部分。混合后立即使用 IV 制剂，或在冰箱中存放不超过 24 h。请勿将 IV 溶液与浓缩电解质或血液制品混合使用。

小动物剂量

犬

5 ~ 6 mg/kg，q12 h，PO（未调查重复剂量对犬的安全性）。

猫

负荷剂量为每只 25 mg（范围为 4.2 ~ 4.6 mg/kg），PO，然后每隔 1 d 用 12.5 mg（2 ~ 2.3 mg/kg）。重复给药后可能会出现积蓄，应观察多次给药后副作用的症状。

鸟类

10 mg/kg，q12 h，PO，将粉剂或压碎的片剂与水混合制成液体混悬剂给药（0.5 mg/mL）。

大动物剂量

马

2 ~ 4 mg/kg，q24 h 或 3 mg/kg，q12 h，PO。

1.5 mg/kg，q24 h，IV。

管制信息

无可用的管制信息。

华法林纳（Warfarin Sodium）

商品名及其他名称：Coumadin 和通用品牌。

功能分类：抗凝剂。

W

药理学和作用机制

华法林纳为抗凝剂。华法林会消耗维生素 K，后者负责凝血因子的生成。

华法林在其他动物中的半衰期为 36 ~ 42 h（在猫中半衰期为 20 ~ 30 h）。

适应证和临床应用

在小动物中，华法林纳已用于治疗高凝疾病和预防血栓。在马中，华法林已被用于治疗舟状骨病，尽管这种用法不再流行。在小动物中华法林的使用已经减少，因为它需要监测以优化剂量，并且因为没有临床试验显示其对高凝状态动物有效。

注意事项

不良反应和副作用

副作用可归因于凝血减少。自发性出血可导致失血、腹腔积血、关节积血、消化道出血、鼻出血及外伤或手术引起的大量出血。

禁忌证和预防措施

易出血的动物禁用。谨慎与其他已知会干扰凝血的药物或抗血小板药物（如阿司匹林或氯吡格雷）一起使用。

药物相互作用

多种药物和某些食物可能会影响华法林的作用。其中一些可能会增强华法林作用的药物包括阿司匹林、氯霉素、保泰松、酮康唑和西咪替丁。与其他与蛋白质高度结合的药物一起给药时可能会产生药物相互作用，但此类反应在动物中的记录很少。甲氧苄啶磺胺类药物和甲硝唑也可能存在药物相互作用。不要使用某些头孢菌素药物［尤其是那些使用 N- 甲硫基四唑（NMTT）的药物］，因为头孢菌素类可能通过抗维生素 K 依赖性机制诱导出血。

使用说明

动物对华法林的反应可能存在很大差异。药代动力学研究已尝试将血浆药代动力学与临床反应凝血酶原时间（PT）相关联。但是，这种相关性很难证明。在一个患病动物中产生有效延长 PT 的特定剂量和血浆浓度可能在另一个患病动物中无效。由于反应的差异，应监测经治疗动物的凝血时间来调整剂量。为快速起效，考虑每天 2 次，每只猫每次负荷剂量为 6 mg。猫的初始剂量范围为 0.06 ~ 0.09 mg/kg（每天每只猫 0.25 ~ 0.5 mg）。分割药片用于治疗时，最好将整个药片压碎成粉末，然后从粉末中平均分配剂量。将药片切成两半或四等份时，药片中华法林的分布可能不均匀，药片的某些部分可能比其他部分含量更高。

患病动物的监测和实验室检测

应监测凝血时间来调整剂量。最佳剂量是高度个体化的。监测华法林治疗的最佳方法是使用一级 PT。PT 报告以秒为单位，记录为患病动物的 PT 与实验室的平均正常 PT 的比率，作为国际标准化比值（international normalized ratio, INR）。INR 是监测 PT 最可靠的方法。在动物中，调整剂量，将 PT 维持在正常的 1.5 ~ 2 倍（或 INR 为 2 ~ 3）。

制剂与规格
华法林有 1 mg、2 mg、2.5 mg、4 mg、5 mg、7.5 mg 和 10 mg 的片剂。

稳定性和贮藏
华法林可溶于水且对光敏感，应使用密闭容器包装。溶液应 pH > 8，以保持溶解度。一些片剂的药物分布不均，因此，分割药片可能导致剂量不均。

小动物剂量
犬
0.1 ~ 0.2 mg/kg，q24 h，PO。因为在观察到最大作用之前有滞后时间，所以第 1 个 2 ~ 4 d 从 q12 h 开始用药。

猫
从每只每天 0.25 ~ 0.5 mg 开始，然后根据出血时间评估调整剂量。

大动物剂量
马
0.02 mg/kg，q24 h，PO［每 450 kg（1000 lb）体重用 9 mg］。按此剂量的 20% 逐渐增加，直到达到 PT 出血时间增加 2 ~ 4 s。在剂量变化之间留出 7 d 时间。

管制信息
禁用于拟食用动物。
RCI 分类：5。

盐酸甲苯噻嗪（Xylazine Hydrochloride）
商品名及其他名称：Rompun 和通用品牌。
功能分类：α_2- 肾上腺素激动剂、镇痛剂、镇定药。

W

药理学和作用机制
盐酸甲苯噻嗪为 α_2- 肾上腺素激动剂。α_2- 激动剂可以减少神经递质从神经元释放。它们通过与突触前 α_2- 受体（负反馈受体）结合来减少传递。

结果减少了交感神经输出、镇痛、镇定和麻醉。此类的其他药物包括美托咪定、右美托咪定、罗米非定、地托米定和可乐定。甲苯噻嗪不如该组中其他药物那样特异。受体结合研究表明，对于美托咪定，α_2-肾上腺素受体/α_1-肾上腺素受体选择性为 1620，对于甲苯噻嗪选择性为 160。

适应证和临床应用

甲苯噻嗪用于马、犬、猫、牛和异宠的短期镇定、麻醉和镇痛。和其他 α_2-激动剂相似，它用作麻醉辅助药物和镇痛药。效果持效时间约为 30 min。与甲苯噻嗪相比，右美托咪定和美托咪定在犬中可产生更好的镇定和镇痛效果。罗米非定产生镇定效果的持效时间最长，其次是地托咪定、美托咪定和甲苯噻嗪。

注意事项
不良反应和副作用

在小动物中，呕吐是最常见的急性反应，猫比犬更明显。甲苯噻嗪产生镇定和共济失调。与其他 α_2-激动剂一样，甲苯噻嗪会降低交感神经输出。心血管抑制可能会发生。心脏的影响包括窦房传导阻滞、Ⅰ度和Ⅱ度 AV 阻滞、心动过缓和窦性心律失常。在反刍动物中，使用甲苯噻嗪可能会降低胃肠道蠕动，并引起腹胀、流涎和反流。请注意，牛、绵羊和山羊对甲苯噻嗪的敏感性比其他动物高，因此，需要降低剂量。在马中，役用马比纯种马和阿拉伯马对该作用更敏感。和其他 α_2-激动剂相似，甲苯噻嗪会产生短暂的高血糖症，这可能会增加尿流。

禁忌证和预防措施

反刍动物对甲苯噻嗪的敏感性比其他物种高得多，与其他动物相比，必须使用更低的剂量。在怀孕的动物中慎用。在母牛怀孕期间，甲苯噻嗪会损害子宫的血流，并可能减少胎儿的氧气输送，尤其是怀孕晚期。用甲苯噻嗪镇定怀孕母牛时要谨慎。它也可能诱发分娩。在伴有心脏病的患病动物中慎用。由于心脏抑制，通常不应将其与镇静药（如吩噻嗪）一起使用。

药物相互作用

与阿片类镇痛药一起使用将大大增强 CNS 的抑制。如果与阿片类药物一起使用，可以考虑降低剂量。不要与可以导致严重心脏抑制的其他药物联合使用。

使用说明

甲苯噻嗪通常与其他药物（如氯胺酮或布托啡诺）一起联合使用。它与愈创甘油醚和氯胺酮结合为马"三滴"联合用药（请参阅"剂量"部分）。

在动物中的麻醉前用药中不需要用阿托品。对于大动物，如果需要定而不躺卧，请使用剂量范围的下限。如果副作用严重到需要逆转，则用 α₂- 拮抗剂（如育亨宾、妥拉唑林或阿替美唑）逆转甲苯噻嗪的作用。当不可能 IV 注射时，也可以在马中进行骨内给甲苯噻嗪。它在骨内途径中的生物利用度与 IV 相同。

患病动物的监测和实验室检测
使用甲苯噻嗪需监测麻醉期间的心率和心律。它可能导致动物血糖升高。

制剂与规格
甲苯噻嗪有 20 mg/mL 和 100 mg/mL 的注射剂。

稳定性和贮藏
存放在密闭容器中，在室温下避光保存。

小动物剂量
犬
1.1 mg/kg，IV。
2.2 mg/kg，IM。
短期治疗疼痛：0.1 ~ 0.5 mg/kg，IM、IV 或 SQ。
猫
1.1 mg/kg，IM。
催吐剂量：0.4 ~ 0.5 mg/kg，IM 或 IV。
短期治疗疼痛：0.1 ~ 0.5 mg/kg，IM、IV 或 SQ。

大动物剂量
马
1 ~ 2 mg/kg，IM。
常规化学保定：0.5 ~ 1.0 mg/kg，IV 推注（IV 剂量也可以在骨内给药，有相同的生物利用度）。
0.5 ~ 1.1 mg/kg，IV，然后（如果需要）0.72 mg/(kg·h)，CRI。
对于肠绞痛疼痛：0.3 ~ 0.5 mg/kg，IV（150 ~ 250 mg，IV 适用于平均体型的马）。
出于麻醉的目的，有时将其与其他药物（如氯胺酮和愈创甘油醚）在马中"三滴"联合组合中使用。该组合由 500 mg 甲苯噻嗪和 2 g 氯胺酮组成，加入 1 L 的含 5% 愈创甘油醚的葡萄糖溶液中。以 1.1 mL/kg 的速率进行诱导给药，随后 2 ~ 4 mL/(kg·h) 维持给药。苏醒通常需要 25 ~ 30 min 或给 0.125 mg/kg 育亨宾，以加速苏醒。

猪

0.5 ~ 3.0 mg/kg，IM［在猪中要联合其他药物一起使用（如 2 mg/kg 甲苯噻嗪 +10 mg/kg 氯胺酮，IM 给药）］。单靠甲苯噻嗪是不可靠的。

牛

0.1 ~ 0.2 mg/kg，IM。

0.03 ~ 0.1 mg/kg，IV。

羊

0.1 ~ 0.3 mg/kg，IM。

0.05 ~ 0.1 mg/kg，IV。

山羊

0.05 ~ 0.5 mg/kg，IM。

0.01 ~ 0.5 mg/kg，IV。

管制信息

牛的停药时间：在 0.016 ~ 0.1 mg/kg 的剂量下，肉牛为 5 d，产奶用牛为 72 h。在 0.05 ~ 0.3 mg/kg 的剂量下，肉牛为 10 d，产奶用牛为 120 h。加拿大将其列为肉牛 3 d，产奶用牛为 8 h，而英国将其列为肉牛 14 d 和产奶用牛 48 h（如果将育亨宾用作逆转剂，则肉牛的停药时间为 7 d，产奶用牛的停药时间为 72 h）。

RCI 分类：3。

育亨宾（Yohimbine）

商品名及其他名称：Yobine。

功能分类：α_2- 肾上腺素拮抗剂。

药理学和作用机制

育亨宾为 α_2- 肾上腺素拮抗剂。它来源于几种植物源（树皮、根和其他植物），并且非选择性拮抗 α- 肾上腺素受体。它能拮抗其他刺激 α_2- 受体的药物的作用。高剂量时，它可以作为其他受体（如 α_1、多巴胺和 5- 羟色胺受体）的激动剂。α_2- 激动剂对血压、心输出量和肠道蠕动有深远的影响，以及它们众所周知的镇定和镇痛特性。必要时，α_2- 拮抗剂（如育亨宾）可以逆转这些作用。

在马中，当剂量为 0.12 mg/kg 时，其半衰期约为 4.4 h，分布体积为 3.2 L/kg。

适应证和临床应用

育亨宾主要用于逆转甲苯噻嗪或地托咪定的作用。阿替美唑是另一种更具特异性的 α_2-拮抗剂，因此，小动物首选以逆转右美托咪定或美托咪定。阿替美唑对于 α_2 受体更具特异性。在马中，妥拉林也已用于逆转甲苯噻嗪的作用。

注意事项

不良反应和副作用

育亨宾可以在马中产生各种反应。一些马表现出兴奋、抬头、肌肉震颤及对刺激的过度反应。与阿替美唑或妥拉林相比，育亨宾可能导致更多的瞬态兴奋。它可以导致马的心血管问题，如心率增加。

高剂量会引起震颤和抽搐。如果单独使用（不建议），则会导致各种不良影响。

禁忌证和预防措施

当给药逆转 α_2-激动剂时，在治疗期间应仔细监测心率和心律。使用 α_2-拮抗剂（如育亨宾）作为单一药物治疗马的任何疾病均无治疗依据。

药物相互作用

地托咪定会增加血浆浓度并降低育亨宾的清除率。除 α_2-激动剂的拮抗作用外，没有其他相互作用的报道。

使用说明

逆转由 α_2-激动剂引起的镇定和麻醉症状。在临床中，由于 α_2-激动剂的药物浓度可能会随时间大大降低，可能没有必要提供全剂量的育亨宾（或其他 α_2-拮抗剂），因为全剂量可能会诱发兴奋和其他不良影响。相反，可以先采用育亨宾推荐剂量的 1/3，然后（如有必要）间隔 5 ~ 10 min 给予相同剂量。

患病动物的监测和实验室检测

在使用育亨宾期间应监测心率和心律。

制剂与规格

育亨宾有 2 mg/mL 的注射剂。

稳定性和贮藏

存放在密闭容器中，在室温下避光保存。

Y

小动物剂量
犬和猫
0.11 mg/kg，IV。

0.25 ～ 0.5 mg/kg，SQ 或 IM。

大动物剂量
马
0.125 mg/kg，IV（逆转甲苯噻嗪）。

0.2 mg/kg，IV（逆转地托咪定）。

关于逆转的注意最初可能不需要全剂量。有关更多详细信息，请参阅"使用说明"。

牛和绵羊
逆转甲苯噻嗪或美托咪定 0.125 ～ 0.2 mg/kg，IV。

管制信息
食品生产用动物的停药时间：肉用动物至少为 7 d，产奶用动物为 72 h。RCI 分类：2。

齐多夫定（Zidovudine）

商品名及其他名称：Retrovir。

功能分类：抗病毒药。

药理学和作用机制
齐多夫定（也称为叠氮胸苷或 AZT）为抗病毒药，抑制病毒逆转录酶防止病毒 RNA 转化为 DNA。此类的其他药物包括拉米夫定、地达诺新和扎西他滨。

适应证和临床应用
在人中，AZT 用于治疗 HIV（AIDS）。在动物中，它已被实验性用于治疗猫的猫白血病病毒（FeLV）和猫免疫缺陷病毒（FIV）感染。在猫中 25 mg/kg，q12 h，IV 或 PO，产生的药物浓度在抑制病毒的有效范围内。对于实验性 FeLV 感染的猫，它能有效改善临床症状。但是，对于自然感染的猫该药效果不佳，因此，使用其治疗猫的此种疾病令人失望。对于某些猫来说它对 FIV 的作用可能比对 FeLV 更有用，并且可以改善生活质量、降低病毒载量、改善 FIV 猫的临床症状。

注意事项

不良反应和副作用

在治疗后的动物中观察到贫血和白细胞减少。副作用在高剂量的猫身上更为常见。齐多夫定不常用于动物，因此，尚未有全面的潜在副作用的报道。

禁忌证和预防措施

没有关于动物禁忌证的报道。

药物相互作用

没有关于动物药物相互作用的报道。

使用说明

目前，使用 AZT 治疗动物病毒疾病的经验在很大程度上是实验性的或个人经验。这种药物可能在某些患 FIV 的猫有用，并可能预防持续性 FeLV，但缺乏疗效的文献记载。

患病动物的监测和实验室检测

监测接受治疗的猫的红细胞压积（PCV），并监测全血细胞计数（CBC）。最初应每周 1 次，在猫中稳定后每月 1 次。

制剂与规格

AZT 有 10 mg/mL 的糖浆和 10 mg/mL 的注射剂。该糖浆已被重新配制为猫用胶囊。

稳定性和贮藏

存放在密闭容器中，在室温下避光保存。

小动物剂量

猫

5 ~ 10 mg/kg，PO 或 SQ，q12 h。如果 SQ 给药，请先用生理盐水稀释，以避免注射部位刺激。

大动物剂量

没有大动物剂量的报道。

管制信息

禁用于拟食用动物。

Z

盐酸齐帕特罗（Zilpaterol Hydrochloride）

商品名及其他名称： Zilmax。

功能分类： β-肾上腺素激动剂。

药理学和作用机制

齐帕特罗是一种合成的β-受体肾上腺素激动剂。它在某些作用上类似于其他β-激动剂，产生类似于去甲肾上腺素的作用。齐帕特罗作为生长促进剂添加到牛饲料中，以提高饲料效率。齐帕特罗与其他β-肾上腺素激动剂一样，可刺激肌肉中的β$_2$-肾上腺素受体，并促进肌肉增加和脂肪减少。随后，如果以批准的浓度饲喂牛，齐帕特罗可以提高饲料效率并改善肌肉增重。临床研究表明，它显著增加了肌肉量和单个肌肉的横截面积。

适应证和临床应用

给牛饲喂齐帕特罗（A型含药饲料），以提高增重和肌肉量。已在美国和其他国家/地区批准用于此用途。

注意事项

不良反应和副作用

与其他β-肾上腺素激动剂相似，齐帕特罗可以产生与高剂量受体刺激增加有关的心血管系统问题。

禁忌证和预防措施

已观察到马出现过严重的副作用（如心动过速、震颤和肌肉收缩）。齐帕特罗不宜用于马，应采取预防措施，以确保马不会意外接触经齐帕特罗处理过的牛饲料。

由于β-肾上腺素激动剂（如克仑特罗）在人中被滥用，其目的是促进肌肉增加和脂肪减少，因此，齐帕特罗也有可能以同样的方式被滥用。

标签应包含以下信息：①禁止马或其他马匹接触含有齐帕特罗的饲料；②不得用于繁殖的动物；③禁用于犊牛。

药物相互作用

同时使用其他肾上腺素药物的动物慎用。

使用说明

齐帕特罗用于在最后20～40 d饲养期间提高圈养屠宰牛的增重率，提高饲料利用率和胴体瘦肉率。应将其作为最后20～40 d的唯一日粮连续饲喂。

患病动物的监测和实验室检测
不用特殊监测。

制剂与规格
A 型含药制剂，含 21.77 g/453 g 盐酸齐帕特罗。

稳定性和贮藏
存放在密闭容器中，在室温下避光保存。

小动物剂量
小动物剂量未确定。小动物没有明确的用途。

大动物剂量
禁用于马。
牛剂量：每 1 t 饲料 6.8 g，每天每头提供 60 ~ 90 mg 盐酸齐帕特罗。

管制信息
屠宰牛的停药时间：3 d。
用于马的 RCI 分类：3。

锌（Zinc）

商品名及其他名称： Zinc。
功能分类： 营养补充剂。

药理学和作用机制
锌是 200 多种金属酶中的重要基本元素。它对核酸、细胞膜和蛋白质合成很重要。此外，它对生长、组织修复和细胞分裂也很重要。锌作为螯合剂，可与铁竞争抑制纤维化和胶原蛋白形成。它诱导肠道黏膜细胞产生金属硫蛋白，该蛋白会结合日粮中的铜并防止摄取到肝脏。这些益处在实验动物中和患有肝病的人身上都有体现。其用途之一是治疗肝硬化。锌还可以作为抗氧化剂，以防止膜破坏。

适应证和临床应用
锌已被用于治疗锌缺乏性疾病，例如，那些引起皮肤病问题的相关疾病。锌也用作治疗肝病的抗纤维化药。锌的另一个用途是作为动物的螯合剂。最常见的是将锌用作铜尿剂，可降低患有肝病的动物体内的铜浓度，通常与其他药物（如青霉胺）联合使用。用于治疗铜肝病时，其作用缓慢，可能需要长达 3 个月的时间才能完全发挥作用。

Z

注意事项

不良反应和副作用

最常见的副作用是胃肠道问题，包括恶心和呕吐。高剂量时可以观察到溶血和贫血。

禁忌证和预防措施

如果使用 IV（如硫酸锌），副作用更可能发生，因为通常口服吸收更有限。

药物相互作用

四环素、铁、铜、植酸盐（存在于麸皮和谷物中）和青霉胺会影响口服吸收。

使用说明

空腹时给药，以改善口服吸收，但胃内有少量食物经常可以防止与治疗有关的恶心。考虑各种形式时，葡萄糖酸盐形式可能比硫酸盐或乙酸盐形式更好地被耐受。

患病动物的监测和实验室检测

应至少每月监测 1 次血锌浓度，以防止高浓度锌引起溶血。血锌浓度理想情况下应为 200 ~ 500 μg/dL。高于 800 μg/dL 的浓度被认为是有毒的，但是治疗铜肝病需要高于 200 μg/dL 的浓度。

制剂与规格

锌有几种形式，包括硫酸锌（23% 锌）、葡萄糖酸锌（14% 锌）和醋酸锌（35% 锌）。葡萄糖酸锌有 1.4 ~ 52 mg 的片剂（10 mg 葡萄糖酸锌 = 1.4 mg 微量元素锌）。硫酸锌有含 25 mg 和 50 mg 锌的胶囊（110 mg 硫酸锌 = 25 mg 锌）。硫酸锌也有含 15 mg、25 mg、45 mg 和 50 mg 微量元素锌的片剂（66 mg 硫酸锌 =15 mg 微量元素锌）。注射用硫酸锌有 50 mg/mL（每毫升含 20.2 mg 微量元素锌）的溶液，用于 IV。

稳定性和贮藏

存放在密闭容器中，在室温下避光保存。

小动物剂量

犬和猫

根据所测血锌浓度来调整剂量。

患肝病的犬：每只犬 100 mg 锌，q12 h，PO，或每天 3 mg/kg 葡萄糖酸锌或每天 2 mg/kg 硫酸锌，PO（考虑治疗时加入维生素 E）。

补锌：每只动物 1 mg/kg 葡萄糖锌或硫酸锌，每天 3 次，PO，或每天 1.5 ~ 3 mg（微量元素锌）醋酸锌。

皮肤科用途：每天 10 mg/kg（硫酸锌或葡萄糖酸锌）。

静脉注射锌：每天缓慢 IV 输注 50 μg/kg 锌。

大动物剂量

没有具体剂量的报道。推断小动物所需的剂量（大约需要 1 mg/kg 锌，每天 3 次，PO），并通过监测锌浓度来调整剂量。

管制信息

由于用于拟食用动物有害残留风险低，无停药时间的建议。

唑来磷酸盐（Zoledronate）

商品名及其他名称：Zometa、唑来磷酸。

功能分类：抗高钙血症。

药理学和作用机制

唑来磷酸盐是唑来磷酸（Zometa），为双磷酸盐药。此类的其他药物包括帕米磷酸盐、依替磷酸盐、替鲁磷酸盐、氯磷酸盐和阿仑磷酸盐。这些药物属于以生发性氨基双磷酸盐键为特征的一类。它们减慢了羟基磷灰石晶体的形成和溶解。这些药物根据是否含有氮基进行分类。唑来磷酸盐是一种含氮的双磷酸盐，其碳单元上的羟基与氮基相反，这会导致代谢缓慢和代谢不良，对骨表面具有高亲和力。它们的临床使用在于其抑制骨吸收的能力。骨吸收的抑制是通过甲羟戊酸途径的抑制。这些药物减少骨转换是通过抑制破骨细胞活性、诱导破骨细胞凋亡、延迟骨吸收和降低骨质疏松速度。在犬中，输注后半衰期约为 2.2 h，分布体积为 0.28 L/kg。

适应证和临床应用

与其他双磷酸盐类药物相似，唑来磷酸盐也可以用于治疗顽固性高钙血症、骨质疏松和恶性高钙血症。在动物中，双磷酸盐有助于管理与病理性骨吸收相关的肿瘤并发症和疼痛。它们还可以缓解病理性骨病患病动物的疼痛。其他用途包括管理骨质疏松和骨骼转移。它已被用于类似帕米磷酸盐的医疗方案，但其优点是 IV 输注 15 min 而不是帕米磷酸盐的 2 ~ 4 h。在马中，通过 IV 输注用于治疗骨痛和与骨脆性相关的疾病。在马中 IV 给药后，血浆半衰期为 2.2 h，但在骨骼中的存留时间更长。双磷酸盐获准用于治疗马的舟状骨病和其他骨病，包括替鲁磷酸盐和氯磷酸盐。这些马用药物更多的有关信息，请参见本书的相关部分。

Z

注意事项

不良反应和副作用

唑来磷酸盐可能比帕米磷酸盐更安全。在人中，观察到发热、关节疼痛和肌痛，但除此之外没有发现严重的副作用。在动物中的使用还不够普遍，不足以确定更广泛的副作用。在人中，有人担心使用双磷酸盐会导致骨骼过度矿化和硬化，这可能导致更大的骨折风险。然而，这种效应还没有在动物身上报道过。

禁忌证和预防措施

在怀孕期间禁用。

药物相互作用

不要与钙或其他含有二价阳离子的输液溶液混合，如乳酸林格液。唑来磷酸盐应该作为单独的静脉输液与其他药物分开使用。

使用说明

唑来磷酸盐可用于 IV 输注。用 0.9% 生理盐水或 5% 葡萄糖溶液稀释，用于 IV。如果稀释后不立即使用，则应冷藏溶液，然后在给药前将冷藏的溶液复温至室温。稀释、冷藏和给药结束之间的总时间不得超过 24 h。

用于马时，应在给药之前监测肌酐、血尿素氮（BUN）和钙，以确保患病动物安全。建议在日粮中补充钙。

患病动物的监测和实验室检测

监测血清钙、磷、BUN、肌酐、尿比重和食物摄入量。

制剂与规格

唑来磷酸盐有 4 mg/5 mL 注射用小瓶装。

稳定性和贮藏

将小瓶在室温下存放。小瓶可以在液体溶液中稀释。储存和稳定性信息列在"使用说明"的部分。

小动物剂量

犬

0.2 ~ 0.25 mg/kg，IV，超过 15 min 输注，在 100 mL 的 0.9% 生理盐水（大型犬）或 50 mL 的 0.9% 生理盐水（小型犬）中稀释。该剂量可以每 28 d 给药 1 次。

对于骨质疏松：每只 5 mg，每 1 ~ 2 年，IV。

与癌症相关的高钙血症：每只 4 mg，每 7 d 输注。

多灶性骨髓瘤：每只 4 mg，每 3 ~ 4 周输注。

猫

0.2 mg/kg，IV，稀释成体积为 25 mL 的溶液，超过 15 min 输注，每 21 ~ 28 d 一次。

大动物剂量
马

0.075 mg/kg。将每剂量溶解在 50 mL 的 11.3 mg/mL 柠檬酸盐溶液中，然后与 500 mL 溶液（400 mL 生理盐水和 100 mL 甘露醇）混合。通过 IV 给马用药，超过 15 ~ 30 min 输注。其他双磷酸盐也获准用于马，包括替鲁磷酸盐和氯磷酸盐。

管制信息
不确定食品生产用动物的停药时间。

唑吡坦（Zolpidem）

商品名及其他名称：安必恩、Edluar、Intermezzo、Zolpimist。
功能分类：镇定药。

药理学和作用机制

唑吡坦是非苯二氮䓬类镇定药。在人中，唑吡坦的作用类似于苯二氮䓬类，并用作镇定药和助眠剂。

与苯二氮䓬类一样，唑吡坦增强了抑制性神经递质 γ- 氨基丁酸（GABA）的作用。但是，唑吡坦不会引起肌肉松弛或产生抗惊厥特性。苯二氮䓬类作用于 GABAA 和 GABAB 受体。GABAA 有 ω-1、ω-2 和 ω-3 受体。苯二氮䓬类作用于所有受体，但唑吡坦和其他被称为 Z- 药物的药物仅作用于 ω-1 受体，产生镇定作用。

适应证和临床应用

唑吡坦用作人的镇定药和助眠剂。但是，该特性尚未在动物中见到。

注意事项
不良反应和副作用
在犬中，唑吡坦产生的副作用包括发声、不安、焦虑、烦躁、愤怒反应、兴奋、肌肉痉挛和反射亢进。
禁忌证和预防措施
由于观察到的不良反应，不推荐给犬使用。

Z

> **药物相互作用**
> 避免与其他镇定药、行为矫正药物或降低药物代谢的药物一起使用。

使用说明
尚未为患病动物建立临床应用。

患病动物的监测和实验室检测
不建议对动物进行监测。

制剂与规格
唑吡坦有 5 mg 或 10 mg 的片剂。

稳定性和贮藏
存放在密闭容器中，在室温下避光保存。尚未评估复合制剂的稳定性。

小动物剂量
犬
0.5 mg 或 0.15 mg/kg，1 次。
猫
尚未确定猫的剂量方案。

大动物剂量
没有大动物剂量的报道。

管制信息
无可用的管制信息。
Schedule IV 类管制药物。

唑尼沙胺（Zonisamide）
商品名及其他名称： Zonegran。
功能分类： 抗惊厥药。

药理学和作用机制
唑尼沙胺为抗惊厥药。作用机制尚不明确，但它可能会增强抑制性神经递质 GABA 的作用，或可能通过改变钠和钙电导来稳定细胞膜，并抑制癫痫病灶的抽搐扩散。据报道，一项研究中犬的半衰期约为 15 h，另一项研究中则为 16 h（血浆）至 57 h（红细胞）。在猫中，半衰期比犬长（33 h）。

适应证和临床应用

当使用其他药物无效时，唑尼沙胺可用于治疗犬的难治性抽搐。在实验诱导的抽搐犬和约 50% 难治性癫痫的犬中有效。唑尼沙胺已与其他抗惊厥药（如苯巴比妥和溴化钾）一起用作添加剂。

注意事项

不良反应和副作用

在建议的临床剂量下，除个别病例报告外，没有犬的副作用报道。肝损伤是可能的，犬应该在治疗期间监测。唑尼沙胺是一种磺胺类药物，对磺胺类药物敏感的犬对唑尼沙胺产生反应的风险更高。不良反应包括嗜睡、共济失调和呕吐。与其他抗惊厥药相似，可能出现共济失调、镇定和 CNS 改变。在安全性研究中，比格犬接受 75 mg/(kg·d) 治疗 1 年，副作用最小。在猫中，副作用包括轻微的胃肠道问题、镇定和共济失调。

禁忌证和预防措施

由于唑尼沙胺在结构上类似于磺胺类药物，在对这些药物敏感的动物身上使用时要谨慎（有关副作用的详细信息，请参阅本书中的"磺胺"部分）。

药物相互作用

若与苯巴比妥同时服用，唑尼沙胺的半衰期更短，可能需要更高的剂量。唑尼沙胺有望增强其他 CNS 抑制剂和抗惊厥药。

使用说明

在动物中使用唑尼沙胺的大多数经验，是在患有难治性癫痫的犬中进行的初步工作。尽管低剂量可能会产生人们所报道的治疗范围内的血浆浓度，但是当与苯巴比妥一起给药时，由于药物代谢增加，药物浓度可能会降低。在同时接受苯巴比妥的犬中，唑尼沙胺的半衰期较短。这些观察结果表明，与单一疗法相比，苯巴比妥的联合治疗可能需要更高的剂量。长期治疗可能会出现一些耐受性，会在 2 ~ 3 个月后降低疗效。

患病动物的监测和实验室检测

动物的有效血浆浓度建议为 10 ~ 40 μg/mL。

制剂与规格

唑尼沙胺有 25 mg、50 mg 和 100 mg 的胶囊。

稳定性和贮藏

存放在密闭容器中，在室温下避光保存。尚未评估复合制剂的稳定性。

Z

小动物剂量
犬
从 5 mg/kg，q12 h，PO 开始，然后根据需要逐渐增加以控制癫痫发作。
当加入苯巴比妥治疗时，10 mg/kg，q12 h，PO。
猫
尚未确定剂量方案，但实验猫的使用剂量为 10 mg/kg。

大动物剂量
没有大动物剂量的报道。

管制信息
无可用的管制信息。
RCI 分类：3。

附录 A　给药剂师的信息

可能对宠物有害的药物、赋形剂或食物

药物、赋形剂、食物	宠物	毒性	参考文献
对乙酰氨基酚	犬、猫	肝毒性（犬）和红细胞氧化损伤（猫）	Campbell A, Chapman M. *Handbook of Poisoning in Dogs and Cats*, Blackwell Science, Malden, MA, 2000: 31, 205.
乙醇	犬、猫、鸟	CNS 毒性	Osweiler G, Carson T, Buck W, Van Gelder G. *Clinical and Diagnostic Veterinary Toxicology* 3rd ed. Kendall/Hunt, Dubuque, IA, 1976: 388.
牛油果	鸟	肺淤血；肝脏、肾脏、胰腺、皮肤和前胃的非化脓性炎症	La Bonde J. Avian toxicology. In Proceedings of the 2006 Association of Avian Veterinarians Meeting.
苯佐卡因	猫	红细胞氧化损伤、溶血性贫血	Harvey J. Toxic hemolytic ane- mias. In Proceedings of the American College of Internal Medicine Meeting 2006.
甘菊	猫	呕吐、腹泻、沉郁、嗜睡、鼻衄	
巧克力	犬、鸟	心血管和 CNS 刺激	Campbell A, Chapman M. *Handbook of Poisoning in Dogs and Cats*, Blackwell Science, Malden, MA, 2000: 106.
雌激素	犬	骨髓抑制	Campbell A, Chapman M. *Handbook of Poisoning in Dogs and Cats*, Blackwell Science, Malden, MA, 2000: 245.
乙二醇（二甘醇，乙二醇）	犬、猫	CNS 毒性、肾毒性	Campbell A, Chapman M. *Handbook of Poisoning in Dogs and Cats*, Blackwell Science, Malden, MA, 2000: 22, 127.
脂肪、油腻食物	犬	增加胰腺炎的风险	
大蒜 / 洋葱	犬、猫	溶血性贫血	Warman SM. Dietary intoxica-tions. In Proceedings of the British Small Animal Veteri- nary Congress, 2007.
葡萄 / 葡萄干	犬	肾毒性	Warman SM. Dietary intoxications. In Proceedings of the British Small Animal Veterinary Congress, 2007.
夏威夷果仁	犬	神经毒性	Warman SM. Dietary intoxications. In Proceedings of the British Small Animal Veterinary Congress, 2007.

续表

药物、赋形剂、食物	宠物	毒性	参考文献
大环内酯类抗生素，口服	马、兔	腹泻、肠炎、疝痛	Papich MG. Antimicrobial therapy for gastrointestinal diseases. *Veterinary Clinics of North America: Equine Practice* 2003 Dec;19(3):645–63(Review).
亚甲蓝	猫	红细胞氧化损伤、溶血性贫血	Harvey J. Toxic hemolytic anemias. In Proceedings of the American College of Internal Medicine Meeting 2006.
人用 NSAID（萘普生，布洛芬）	犬、猫	胃肠道溃疡和穿孔、肾毒性	Campbell A, Chapman M.*Handbook of Poisoning in Dogs and Cats*, Blackwell Science, Malden, MA, 2000: 148,192.
薄荷油	猫	肝毒性	Wismer T. Toxicology of household products. In Proceedings of the International Veterinary Emergency and Critical Care Symposium, 2007.
二氯苯醚菊酯	猫	神经肌肉和 CNS 毒性	Campbell A, Chapman M. *Handbook of Poisoning in Dogs and Cats*, Blackwell Science, Malden, MA, 2000: 238.
非那吡啶	猫	肝毒性和红细胞氧化损伤	Harvey J. Toxic hemolytic anemias. In Proceedings of the American College of Internal Medicine Meeting 2006.
磷酸灌肠剂	猫	严重低钙血症	Wismer T.ASPCA Poison Control Center
伪麻黄碱	犬、猫	心血管和 CNS 刺激	Plumlee K. Poisons in the medicine cabinet. In Proceedings of the Western Veterinary Conference, 2004.
生面团酵母	犬	酒精中毒、胃扩张和扭转	Warman SM.Dietary intoxications.In Proceedings of the British Small Animal Veterinary Congress, 2007.
盐	犬、猫	高钠血症、CNS 毒性	Campbell A, Chapman M. *Handbook of Poisoning in Dogs and Cats*,Blackwell Science, Malden, MA, 2000: p42.
烟草制品	犬、猫	肌无力、抽搐、精神沉郁、心动过速、浅呼吸、晕倒、昏迷、心脏骤停	Plumlee K. Household poisons. In Proceedings of the Western Veterinary Conference, 2004.
木糖醇	犬、鸟	严重的低血糖症和肝细胞坏死	Wismer T.Hepatic toxins and the emergent patient. In Proceedings of the International Veterinary Emergency and Critical Care Symposium, 2006.

注：此表是在北卡罗来纳州立大学注册药剂师 Gigi Davidson 帮助下创建的。

附录 B　处方书写参考

需要包括

兽医名

诊所地址

诊所电话

药品管理局编号 #（如果写的是管控物质）

日期

处方药（Rx）

- 药物名：印刷体商品全名或化学名——永远不能用缩写。
- 剂型：片剂、胶囊、混悬液、其他。
- 单位：mg、g、μg 等或浓度（mg/mL）。应尽可能使用公制单位。
- 总量：可用 #10 表示 10 片，60 mL 表示体积。
- Sig（拉丁文，表示在药方签上标注的信息）应包括如下信息：剂量（针对单个病例）、给药方式、用药频率、疗程、注意事项或用药目的。
- 旧包装允许续药次数：注明法律允许的续药次数。
- 注明：是否允许换用同类药物。
- 兽医签字。

主人信息

需要包括

- 动物名
- 动物年龄或出生日期
- 主人名（或监护人）
- 主人地址
- 主人电话

避免处方常见笔误

- 尽可能使用公制单位：例如，用克（g）表示固体药物用量，用毫升（mL）表示液体药物用量。
- 表示单位时使用"每"代替斜线"/"，因为后者容易被误读为数字"1"。
- 写"单位"一词时避免使用简写"u"，因为后者容易被误读为数字"0""4"或者单位"微"。
- 用"每天 1 次"代替"sid"，因为后者容易被误读为"5/d"或"5 剂每日"（注意："sid"并非为药剂师所普遍识别的简写方式）。
- 用"每天 3 次"代替"tid"，用"每天 4 次"代替"qid"。
- 用"隔日 1 次"代替"qod"。
- 避免使用易致误解的简写——譬如 qd、qid 和 qod 三者之间极易造成混淆。

  写数字时：

  不要省略小数点前的 0（比如写"0.5 mL"时不要省略为".5 mL"）。

  整数后不要再写".0"（比如写"3"的时候不要写成"3.0"）。

  将数字完整写在括号里以避免遭改动。

  不确定的时候，务必避免缩写、简写。

附录 C　混合配方：如何发现不相容或不稳定

液态

　　颜色改变（如琥珀色变为暗褐色）。
　　有微生物生长迹象。
　　出现云雾状、絮状或形成薄膜。
　　分层（如油和水、乳剂）。
　　形成沉淀、凝结、晶体。
　　在容器内侧出现液滴或成雾。
　　产生气体或气味。
　　容器膨胀。

固态

　　有臭味（硫黄或醋味）。
　　粉末过多或碎裂。
　　片剂有裂纹或碎片。
　　片剂或胶囊膨大。

"经验法则"

　　禁止将需要复溶的药物在小瓶中互相混合，禁止将其他药物加入小瓶中。
　　禁止将非水载体药物（如丙二醇）用 IV 溶液混合。
　　禁止将盐酸盐或药物与缓冲剂（柠檬酸盐、碳酸氢盐、磷酸盐）混合。
　　含水配方的混合药物使用期限（超过该日期混合配方不能再用）为 14 d（冷藏），非水液体为 6 个月，其他配方为 60 d。如果有关于稳定性的可靠科学信息，可以超过这里列出的时间。
　　只要可能，混合配方应该用 FDA 许可的配方制备。
　　混合配方的浓度应该保持在配方标准浓度的 ±10%（即 90% ~ 110%）。

附录 D　管控物质表：美国和加拿大

药物实例	美国[*]
海洛因、麦角酸二乙基酰胺（LSD）、龙舌兰、大麻、麦司卡林	Schedule Ⅰ类管制药物 • 滥用可能性高 • 暂无可接受的医药用途 • 未发现兽药用途
吗啡和吗啡衍生物和合成阿片类。在兽医学中使用的药物包括吗啡、哌替啶、埃托啡、氢可酮、氢吗啡酮、羟吗啡酮、可待因（一些剂型）、氢可酮和戊巴比妥	Schedule Ⅱ类管制药物 • 滥用可能性高，可能造成严重生理或心理依赖 • 目前在严格管控下可用作医药用途 • 仅紧急情况下可经电话向药房购买，但必须尽快补交书面处方 • 禁止向旧包装内续存药品
在兽医学中使用的药物包括合成类固醇（司坦唑醇、羟甲烯龙、睾酮、甲睾酮、去氢睾酮、群勃龙）、巴比妥类（硫戊比妥、硫喷妥钠）、阿片类（一些剂型的丁丙诺啡和可待因）、氯胺酮和衍生物（氯胺酮和替来他明唑拉西泮）	Schedule Ⅲ类管制药物 • 遭滥用的可能性低于Ⅰ级和Ⅱ级管制药品/物质；可能造成有限的生理或心理依赖 • 目前可用作医药用途 • 允许经电话向药房购买 • 经兽医许可后可有限制地向旧包装内续存药品
在兽医学中使用的药物包括阿片类（布托啡诺和喷他佐辛）、苯二氮䓬类（地西泮、奥沙西泮、咪达唑仑、氯硝西泮、氯氮和阿普唑仑）和苯巴比妥	Schedule Ⅳ类管制药物 • 遭滥用的可能性与Ⅲ级管制药品/物质类似；可能造成有限的生理或心理依赖 • 目前可用作医药用途 • 允许经电话向药房购买 • 经兽医许可后可有限制地向旧包装内续存药品
可待因用作镇咳药和一些阿片类用作止泻剂（如地芬诺酯），2014年新增曲马多	Schedule Ⅴ类管制药物 • 遭滥用的可能性很低；可能造成极有限的生理或心理依赖 • 目前可用作医药用途 • 经兽医决定是否向旧包装内续存药品 • 其中部分含有少量Ⅴ级管制物质的药物（如镇咳药物）可开架销售

[*] 完整的美国名单可以在 www.justice.gov/dea/pubs/scheduling.html 找到。

药物实例	加拿大
镇静剂，如巴比妥类和衍生物（司可巴比妥）、硫喷妥盐（硫喷妥钠）和合成类固醇	食品药品管理规定（FDR）G 类药品 • 管制药品 • 可能遭滥用 • 特定情形下可经口头和书面处方开具 • 仅可在有医疗需要时开具 • 仅在病情需要时进行特定次数的旧包装续药 • 必须保留记录 •（视病情需要）可在紧急情况下使用
安非他命	FDR G 类药品 • 指定管制药品 • 仅用于 FDR 指定疾病
苯二氮䓬类镇静药，如地西泮和劳拉西泮	适用苯二氮卓类管理规定及其他指定药品管理规定 • 可能遭滥用 • 特定情形下可经口头和书面处方开具 • 仅可在有医疗需要时开具 • 仅在病情需要时进行特定次数的旧包装续药 • 必须保留记录 •（视病情需要）可在紧急情况下使用
阿片类：海洛因、吗啡、可待因（一些剂型）和镇痛药，如喷他佐辛和芬太尼	适用麻醉药品管理规定 • 滥用可能性高 • 特定情形下经书面处方开具 † • 必须保存阿片类药物处方文件记录 •（限制单方药量）禁止旧包装续药 • 海洛因和美沙酮需遵循相应的特别管制规定
LSD、麦司卡林（龙舌兰）、骆驼蓬碱、羟色胺和裸盖菇素（迷幻蘑菇）	FDR J 类药品 • "严格管制药品" • 滥用可能性高 • 无医疗用途 • 药用目的而生产的大麻不在 FDR 监管范围内

　　† 部分阿片类药物可经口头处方开具（如泰诺 2 号、泰诺 3 号，这两种药品均含有阿片制剂），但不包括有效成分仅为阿片类物质或除阿片类物质外仅含一种其他成分的药物。

附录 E　在小动物中常见的抗感染药物

感染部位	首选药物	替代药物
皮肤：脓皮症和其他皮肤感染	阿莫西林＋克拉维酸、头孢菌素[†]、克林霉素	甲氧苄啶＋磺胺[‡]、氟喹诺酮[*]、林可霉素、多西环素或米诺环素
泌尿道	头孢菌素[†]、阿莫西林＋氨苄西林、阿莫西林＋克拉维酸	甲氧苄啶＋磺胺[‡]、氟喹诺酮[*]、四环素
呼吸道	阿莫西林＋克拉维酸、氟喹诺酮[*]＋头孢菌素[†]	大环内酯类（阿奇霉素）、氨基糖苷类（阿米卡星、庆大霉素）、多西环素或米诺环素、克林霉素、甲氧苄啶＋磺胺[‡]、氯霉素超广谱头孢菌素[§]
败血症[¶]	阿莫西林＋克拉维酸、头孢菌素[†]、氟喹诺酮、氨基糖苷类	超广谱头孢菌素[§]、哌拉西林＋三唑巴坦、碳青霉烯
骨和关节	头孢菌素[†]、阿莫西林＋克拉维酸	甲氧苄啶＋磺胺[‡]、克林霉素、超广谱头孢菌素[§]、氟喹诺酮[*]
细胞内病原体	多西环素或米诺环素、氟喹诺酮[*]	阿奇霉素、克林霉素

　　[*]氟喹诺酮类包括恩诺沙星、马波沙星、奥比沙星或普多沙星（在美国普多沙星未批准用于犬）。

　　[†]头孢菌素包括头孢氨苄、头孢泊肟酯、头孢羟氨苄或头孢维星。

　　[‡]甲氧苄啶复合磺胺包括甲氧苄啶复合磺胺嘧啶、甲氧苄啶复合磺胺甲噁唑或奥美普林复合磺胺地托辛。

　　[§]超广谱头孢菌素包括第二代或第三代药物（如头孢他啶、头孢西丁、头孢噻肟）。

　　[¶]急性发热性败血症中经常复合用药。这种复合用药可包括 β-内酰胺类加氨基糖苷类或氟喹诺酮加阿莫西林＋克拉维酸。

附录 F　用于马细菌性病原菌的抗生素

	病原菌	药物选择	替代选择
革兰氏阳性菌	马红球菌	红霉素 ± 利福平、阿奇霉素	克拉霉素
	链球菌属	青霉素 G、氨苄西林、头孢噻呋、甲氧苄啶 – 磺胺嘧啶	红霉素、氯霉素
	金黄色葡萄球菌	甲氧苄啶 + 磺胺	恩诺沙星、奥比沙星、氯霉素、庆大霉素
革兰氏阴性菌	大肠杆菌	庆大霉素、阿米卡星	头孢噻呋、恩诺沙星、奥比沙星、马波沙星、甲氧苄啶 + 磺胺
	肺炎克雷伯菌	庆大霉素、阿米卡星	头孢噻呋、恩诺沙星、奥比沙星、马波沙星、甲氧苄啶 + 磺胺
	肠杆菌属	庆大霉素、阿米卡星	头孢噻呋、恩诺沙星、甲氧苄啶 + 磺胺
	铜绿假单胞菌	庆大霉素、阿米卡星、哌拉西林 + 三唑巴坦	恩诺沙星、马波沙星、头孢吡肟、头孢他啶
	巴斯德菌属	氨苄西林、头孢噻呋、甲氧苄啶 + 磺胺	恩诺沙星、奥比沙星、马波沙星、氯霉素、四环素
	放线杆菌属	氨苄西林、青霉素、甲氧苄啶 + 磺胺	恩诺沙星、阿米卡星、庆大霉素、头孢噻呋
厌氧菌	梭状芽胞杆菌、梭菌、消化链球菌、拟杆菌属	甲硝唑、青霉素 G	氯霉素或头孢西丁（注射用）
其他	胞内劳森氏菌	土霉素、多西环素（多西环素，仅口服）	氯霉素、红霉素、克拉霉素、阿奇霉素
	埃立克体	土霉素、多西环素（多西环素，仅口服）	氯霉素
	新立克次体属（波托马克热）	土霉素、多西环素（多西环素，仅口服）	

附录 G　可诱导细胞色素 P450 酶的药物

- 乙醇
- 氯化烃类
- 地西泮（安定）
- 苯海拉明
- 雌激素
- 灰黄霉素
- 戊巴比妥
- 苯巴比妥
- 苯基丁氮酮
- 苯妥英（Dilantin）
- 孕激素
- 利福平
- 金丝桃

附录 H 可抑制细胞色素 P450 酶的药物

- 胺碘酮
- 氯霉素
- 西咪替丁
- 西沙必利
- 克拉霉素
- 环磷酰胺
- 地尔硫䓬
- 红霉素
- 非氨酯
- 氟喹诺酮
- 干扰素（疫苗）
- 伊曲康唑
- 酮康唑
- 奥美拉唑
- 有机磷酸酯类
- 苯基丁氮酮
- 奎尼丁
- 四环素
- 维拉帕米
- 伏立康唑

附录 I 可抑制 ABCB1（以前称为 MDR1）编码的 P- 糖蛋白膜转运物的药物

- 溴隐亭
- 卡维地洛
- 氯丙嗪
- 环孢素
- 地尔硫䓬
- 红霉素
- 氟西汀
- 葡萄汁
- 伊曲康唑
- 酮康唑
- 美沙酮
- 帕罗西汀
- 喷他佐辛
- 奎尼丁
- 多杀菌素
- 金丝桃
- 他莫昔芬
- 维拉帕米

参考文献

Mealey K. L.Adverse drug reactions in veterinary patients associated with drug transporters[M]. *Veterinary Clinics of North America: Small Animal Practice*.2013; 43:1067-1078.

Mealey K. L, Fidel J.P-glycoprotein mediated drug interactions in animals and humans with cancer[J]. *Journal of Veterinary Internal Medicine* 2015; 29:1-6.

附录 J　可作为 ABCB1（以前被称为 MDR1）编码的 P- 糖蛋白膜转运物替代物的药物

- 乙酰丙嗪
- 醛固酮
- 阿米替林
- 布托啡诺
- 皮质醇
- 环孢素
- 地塞米松
- 地高辛
- 地尔硫䓬
- 多拉克丁
- 多柔比星
- 多西环素
- 红霉素
- 伊曲康唑
- 伊维菌素
- 酮康唑
- 左氧氟沙星
- 洛哌丁胺
- 甲泼尼龙
- 米尔贝霉素
- 吗啡
- 莫昔克丁
- 昂丹司琼
- 吩噻嗪类
- 塞拉菌素
- 他克莫司
- 特非那定
- 四环素
- 维拉帕米
- 长春花碱
- 长春新碱

参考文献

Mealey K. L, Adverse drug reactions in veterinary patients associated with drug transporters[M]. *Veterinary Clinics of North America: Small Animal Practice.* 2013; 43:1067-1078.

Mealey K. L, Fidel J.P-glycoprotein mediated drug interactions in animals and humans with cancer[J]. *Journal of Veterinary Internal Medicine* 2015;29:1-6.

附录 K　溶液成分

溶液类型	Na⁺ (mEq/L)	K⁺ (mEq/L)	Cl⁻ (mEq/L)	Ca²⁺ (mEq/L)	Mg²⁺ (mEq/L)	缓冲剂 (mEq/L)	渗透压 (mOsm/L)	pH
林格液（复方氯化钠溶液）	147	4	156	4	0	0	310	5～7.5
乳酸林格液	131	5.4	111	2	0	29(乳酸盐)	280.6	6～7.5
0.9% 氯化钠	154	0	154	0	0	0	308	4～5
5% 葡萄糖	0	0	0	0	0	0	252	4～6.5
2.5% 葡萄糖 /0.45% 氯化钠	77	0	77	0	0	0	280	4.5
Plasma-Lyte	140	5	98	0	3	27(醋酸盐)、23（葡萄糖酸盐）	294	4～6.5
右旋糖酐 6% 和 0.9% 氯化钠	154	0	154	0	0	0	310	3.0～7.0
羟乙基淀粉	154	0	154	0	0	0	309	5.5
五聚淀粉	154	0	154	0	0	0	326	5.0
聚戊二醛血红蛋白（氧合蛋白）							300	7.8
Normosol-R	140	5	98	0	3	27(醋酸盐)、23（葡萄糖酸盐）	294	6.6

附录 L 食品动物中禁止使用的药品及其他化合物

序号	药品及其他化合物名称
1	酒石酸锑钾（Antimony potassium tartrate）
2	β - 兴奋剂（β-agonists) 类及其盐、酯
3	汞制剂：氯化亚汞（甘汞）（Calomel）、醋酸汞（Mercurous acetate）、硝酸亚汞（Mercurous nitrate）、吡啶基醋酸汞（Pyridyl mercurous acetate）
4	毒杀芬（氯化烯）（Camahechlor）
5	卡巴氧（Carbadox）及其盐、酯
6	呋喃丹（克百威）（Carbofuran）
7	氯霉素（Chloramphenicol）及其盐、酯
8	杀虫脒（克死螨）（Chlordimeform）
9	氨苯砜（Dapsone）
10	硝基呋喃类：呋喃西林（Furacilinum）、呋喃妥因（Furadantin）、呋喃它酮（Furaltadone）、呋喃唑酮（Furazolidone）、呋喃苯烯酸钠（Nifurstyrenate sodium）
11	林丹（Lindane）
12	孔雀石绿（Malachite green）
13	类固醇激素：醋酸美仑孕酮(Melengestrol Acetate)、甲睾酮(Methyltestosterone)、群勃龙（去甲雄三烯醇酮）（Trenbolone）、玉米赤霉醇（Zeranal）
14	安眠酮（Methaqualone）
15	硝呋烯腙（Nitrovin）
16	五氯酚酸钠（Pentachlorophenol sodium）
17	硝基咪唑类：洛硝达唑（Ronidazole）、替硝唑（Tinidazole）
18	硝基酚钠（Sodium nitrophenolate）
19	己二烯雌酚（Dienoestrol）、己烯雌酚（Diethylstilbestrol）、己烷雌酚（Hexoestrol）及其盐、酯
20	锥虫砷胺（Tryparsamile）
21	万古霉素（Vancomycin）及其盐、酯

附录 M　禁用于食品生产用动物的药物

下列药物对公共卫生有风险，因此禁用于食品生产用动物。

- 氯霉素
- 克仑特罗
- 己烯雌酚（DES）
- 甲硝咪唑
- 呋喃唑酮
- 呋喃西林（以及其他硝基呋喃类）
- 氟喹诺酮类（标签外使用）
- 头孢菌素类（不包括在牛、猪、鸡或火鸡中使用的头孢匹林）：①出于疾病预防目的；②以未经批准的剂量、时长或给药途径；③未被批准使用的物种和动物用途
- 糖肽抗生素（万古霉素）
- 异丙硝唑（和其他硝基咪唑类）
- 苯基丁氮酮：禁用于年龄小于 20 月龄的雌性奶牛
- 磺胺类药物：禁用于泌乳期奶牛 *
- 批准用于治疗或预防 A 型流感的金刚烷和神经氨酸酶抑制剂类药物：禁用于鸡、火鸡和鸭

磺胺二甲氧嘧啶、磺溴嘧啶和磺胺乙氧基吡嗪，被批准用于一些饲料中。

附录 N　溶液相容性

静脉用药物	D2 1/2W	D5W	D10W	D5/1/4NS	D5/1/2NS	D5NS	NS	1/2NS	R	LR	D5R	D5LR	右旋糖酐 6%/D5W/NS	Fruc 10%/W/NS	转化糖 10%/W/NS	乳酸钠 1/6 M
乙酰唑胺	C	C	C	C	C	C	C	C	C	C	C	C	C	C	C	C
阿昔洛韦		C	C	C	C	C	C	C	C	C	C				C	C
氨茶碱	C	C	C	C	C	C	C	C	C	C	C		C	C		
氯化铵		C				C	C						C	C		
阿米卡星		C			C		C			C		C				
两性霉素 B		C	C							C		C				
氨必西林		C					C									
抗坏血酸	C	C	C	C	C	C	C	C	C	C	C	C	C	C	C	C
氯化钙		C	C	C	C	C	C	C	C	C	C	C				
葡萄糖酸钙		C	C	C	C	C	C									C
头孢唑林钠		C	C	C	C	C	C	C	C	C		C	C	W		
头孢噻肟钠		C	C	C	C		C	C	C	C					W	
头孢替坦		C							C	C						
头孢西丁钠															W	
头孢他啶					C		C	C	C	C	C	C	C			C
西咪替丁		C	C	C	C	C	C	C	C	C	C	C			W	C
环丙沙星		C	C	C	C	C	C	C	C	C		C			W	
克林霉素		C			C	C	C	C	C	C	C					
环孢素		C														
地塞米松		C			C	C	C									

静脉用药物	D2 1/2W	D5W	D10W	D5/1/4NS	D5/1/2NS	D5NS	NS	1/2NS	R	LR	D5R	D5LR	右旋糖酐 6%/D5W/NS	Fruc 10%/W/NS	转化糖 10%/W/NS	乳酸钠 1/6 M
盐酸多巴酚丁胺		C	C		C	C	C			C		C				C
盐酸多巴胺		C	C		C	C	C	C		C		C				C
多西环素		C		C			C		C						W	
肾上腺素	C	C	C	C	C	C	C		C	C	C	C	C	C	C	C
法莫替丁		C	C			C	C		C	C	C					
芬太尼		C					C		C	C	C					
呋塞米		C				C	C		C	C		C				C
庆大霉素		C	C		C	C	C	C	C	C	C	C				C
肝素钠	C	C		C	C	C	C	C	C	C	C	C	C	C	C	C
磷酸氢化可的松		C					C	C	C	C	C	C				
氢化可的松琥珀酸钠	C	C	C	C	C	C	C		C	C	C	C	C	C	C	C
盐酸氢吗啡酮		C	C		C	C	C		C	C	C	C	C	W		
亚胺培南-西拉他丁		C[4]	C[4]	C[4]	C[4]	C[4]	C[10]		C		C	C				
胰岛素(速效)		C[P]		C	C	C	C[P]		C	C	C	C	C		C	
异丙肾上腺素	C	C[P]		C	C	C	C[P]		C	C	C	C	C	C	C	
卡那霉素		C	C	C	C	C	C		C							

续表

静脉用药物	D2 1/2W	D5W	D10W	D5/1/4NS	D5/1/2NS	D5NS	NS	1/2NS	R	LR	D5R	D5LR	右旋糖酐 6%/D5W/NS	Fruc 10%/W/NS	转化糖 10%/W/NS	乳酸钠 1/6 M
利多卡因		C^P			C	C^P	C	C	C	C	C	C				
硫酸镁		C	C		C	C	C	C	C	C	C	C				
盐酸哌替啶	C	C	C	C	C	C	C	C		C	C	C	C	C	W	C
美罗培南		C^1	C^1	C^1		C^1	C^4	C^4	C^4	C^4	C	C^1				
盐酸甲氧氯普胺		C	C		C		C		C	C						
吗啡	C	C	C	C	C	C	C	C	C	C	C	C	C	C	C	C
多种维生素		C	C			C	C	C	C	C	C	C		W		C
硝酸甘油		C			C	C	C	C				C				
去甲肾上腺素		C^P				C^P	C^P	C		C						
盐酸昂丹司琼		C	C		C	C	C	C	C	C		C				
苯唑西林钠		C	C			C	C	C	C	C		C				
洋率溴铵		C	C		C	C	C	C	C	C		C				
青霉素 G, K	C	C	C	C	C	C	C	C	C	C	C	C	C	C	C	
戊巴比妥钠	C	C	C	C	C	C	C	C	C	C	C	C	C	C	C	C
哌拉西林 + 三唑巴坦		C			C	C	C	C	C	C			NS			
氯化钾	C	C	C	C	C	C	C	C	C	C	C	C	C	C	C	C
磷酸钾	C	C	C	C	C	C	C	C	C	C	C	C	C	C	C	C
丙氯拉嗪	C	C	C	C	C	C	C	C	C	C	C	C	C	C	C	C

续表

静脉用药物	D2 1/2W	D5W	D10W	D5/1/4NS	D5/1/2NS	D5NS	NS	1/2NS	R	LR	D5R	D5LR	右旋糖酐 6%/D5W/NS	Fruc 10%/W/NS	转化糖 10%/W/NS	乳酸钠 1/6 M
普萘洛尔		C^P					C	C	C							
雷尼替丁		C	C				C	C	C							
碳酸氢钠	C	C	C	C	C	C	C	C	C							C
氯化钠	C	C	C	C	C	C	C	C	C	C	C	C		C	C	C
硫胺素	C	C	C	C	C	C	C	C	C	C	C	C		C	C	C
硫喷妥钠	C	C		C	C	C^6	C	C	C	C	C	C	C			C
替卡西林		C				C	C			C			C			
妥布霉素		C	C		C	C	C									
华法林		C			C	C	C					C				
齐多夫定		C^P					C									

注：C，相容；W，仅在水中相容；NS，仅在生理盐水中相容；含数字角标的 C 表示溶液相容和稳定的时间；C^P 表明推荐的稀释液，无正式信息。

缩写：D2 1/2W 表示 2.5% 葡萄糖溶液；D5W 表示 5% 葡萄糖溶液；D10W 表示 10% 葡萄糖溶液；D5/1/4NS 表示 5% 葡萄糖在 1/4 浓度（25%）生理盐水中；D5/1/2NS 表示 5% 葡萄糖在 1/2 浓度生理盐水中；D5NS 表示 5% 葡萄糖在生理盐水中；NS 表示生理盐水（0.9% 氯化钠）；1/2NS 表示 1/2 浓度（50%）生理盐水；R 表示林格液；LR 表示乳酸林格液；D5R 表示 5% 葡萄糖在林格液中；D5LR 表示 5% 葡萄糖在乳酸林格液中；右旋糖酐 6%/D5W/NS 表示 6% 右旋糖酐在 5% 葡萄糖和生理盐水中；Fruc 10%/W/NS 表示 10% 果糖在生理盐水中；转化糖 10%/W/NS 表示 10% 转化糖和生理盐水；乳酸钠 1/6 M 表示 1/6 摩尔乳酸钠。

附录 O　注射器兼容性

	阿托品	丁丙诺啡	布托啡诺	氯丙嗪	西咪替丁	可待因	地西泮	茶苯海明	苯海拉明	芬太尼	格隆溴铵	乳酸氯氟哌啶醇	肝素	羟嗪	哌替啶	甲氧氯普胺	咪达唑仑	吗啡	喷他佐辛	戊巴比妥	丙氯拉嗪	异丙嗪	雷尼替丁
阿托品	*		C	C	C			C	C	C	C		C	C	C	C	C	C	C	C	C	C	C
丁丙诺啡		*																					
布托啡诺	C		*	C	C			I	C	C				C	C	C	C	C	C		C	C	I
氯丙嗪	C		C	*	I			I	C	C			I	C	C	C	C	C	C		C	C	C
西咪替丁	C	*	C	I	*	*		I	C	C			C	C	C	C	C	C	C		C	C	I
可待因						*	*			C					C								
地西泮							*						I		I								I
茶苯海明	C		I	I	I			*	C	C	*		I	C	C	C	C	C	I	C	I	C	C
苯海拉明	C		C	C	C			C	*	C	C		I	C	C	C	C	C	I	C	I	C	C
芬太尼	C	C	C	C	C			C	C	*				C	C	C	C	C	C		C	C	C
格隆溴铵	C							I	C		*		C	C	C	C	C	I	C		I	I	I
乳酸氯氟哌啶醇								*				*											
肝素	C			I			I	I			C		*	I	I	C	C	I		I	I	C	I
羟嗪	C		I	I	C			I	I	C	C			*	C	C	C	C	C	C	C	C	C
哌替啶	C		C	C	C	C		C	C	C	C		I	C	*	C	C	C	C	I	C	C	I
甲氧氯普胺	C		C	C	C			C	C	C	C		C	C	C	*	C	C	C	C	C	C	C
咪达唑仑	C	C	C	C	C			I	C	C	C		I	C	C	C	*	C	I	I	C	I	I
吗啡	C		C	C	C			C	C	C	C		C	C	C	C	C	*	C		C	C	C
喷他佐辛	C		C	C	C			C	C	C	I		C	C	C	C	I	C	*	I	C	C	C
戊巴比妥	C		C	C	C			I	I		C		I	C	I	*	I		I	*	I	I	C
丙氯拉嗪	C		C	C	C			C	C	C	I		I	C	C	C	C	C	C	I	*	C	C
异丙嗪	C		C	C	C			I	I	C	I		I	C	C	C	I	C	C	I	C	*	C
雷尼替丁	C		C	I	I		I	C	C	C	I		C	C	C	C	I	C	C	I	C	C	*

资料来源：Trissel LA: Handbook on injectable drugs, ed 11, American Society of Health–System Pharmacists, Inc. The syringe compatibility table provides physical compatibility information only for drugs mixed in a syringe. Therapeutic incompatibilities are not represented, therefore, professional judgment should be … C is compatible; I is incompatible; * no entry, no documented information.

附录 P　按汉语拼音顺序排列的药物列表

附录 Q　根据功能和治疗分类的药物列表

药物分类	药物名	商品名
酸化剂	消旋蛋氨酸	Uroeze、Methio-Form 和通用品牌。人用制剂包括 Pedameth、Uracid 和通用品牌
	氯化铵	通用品牌
肾上腺抑制剂	曲洛司坦	Modrenal、Vetoryl
肾上腺素激动剂	盐酸麻黄碱	通用品牌
	肾上腺素	Adrenaline、通用品牌
	甲磺酸非诺多泮	Corlopam
	盐酸苯丙醇胺	Dexatrim、Propagest、PPA 和其他一些人用的非处方药（OTC）及现在已经退市的品牌。动物用制剂虽然未经 FDA 批准，但以 Proin-ppa、UriCon 和 Propalin 的片剂和糖浆销售
	盐酸伪麻黄碱	Sudafed
抗肾上腺素剂	米托坦	Lysodren、op-DDD
碱化剂	柠檬酸钾	通用品牌、Urocit-K
	碳酸氢钠	Baking soda、soda mint、Citrocarbonate、Arm & Hammer 纯小苏打
α_2-受体拮抗剂	盐酸阿替美唑	Antisedan
	育亨宾	Yobine
镇痛药	对乙酰氨基酚	泰诺、通用品牌
	金刚烷胺	Symmetrel
	加巴喷丁	Neurontin
	普瑞巴林	Lyrica
	盐酸曲马多	Ultram、通用品牌
阿片类镇痛药	重酒石酸氢可酮	Hycodan
	氢吗啡酮	Dilaudid、Hydrostat、通用品牌
	对乙酰氨基酚 + 可待因	泰诺与可待因和许多通用品牌
	盐酸丁丙诺啡	Buprenex、Vetergesic（英国配方）
	酒石酸布托啡诺	Torbutrol、Torbugesic
	枸橼酸芬太尼	Sublimaze
	芬太尼透皮剂	Recuvyra、多瑞吉
	盐酸哌替啶	Demerol
	盐酸美沙酮	Dolophine、Methadose
	硫酸吗啡	MS Contin 缓释片、Oramorph SR 缓释片和通用品牌

续表

药物分类	药物名	商品名
阿片类镇痛药	盐酸羟吗啡酮	Numorphan
	喷他佐辛	Talwin-V
	盐酸瑞芬太尼	Ultiva
	枸橼酸舒芬太尼	Sufenta
阿片类镇痛药、镇咳药	酒石酸布托啡诺	Torbutrol、Torbugesic
	可待因	磷酸可待因、硫酸可待因
	重酒石酸氢可酮	Hycodan
镇痛药、非甾体抗炎药（Nonsteroidal anti-inflammatory drug，NSAID）	阿司匹林	ASA、乙酰水杨酸、Bufferin、Ascriptin 和许多通用品牌
	卡洛芬	Rimadyl、Zinecarp（欧洲）
	地拉考昔	Deramaxx
	依托度酸	EtoGesic（动物用制剂）、Lodine（人用制剂）
	非罗考昔	Previcox
	氟尼辛葡甲胺	Banamine 和通用品牌
	布洛芬	Motrin、Advil、Nuprin
	吲哚美辛	Indocin
	酮洛芬	Orudis-KT（人用 OTC 片剂）、Ketofen（动物用注射剂）、Anafen（美国境外）
	酮咯酸氨丁三醇	Toradol
	甲氯芬那酸钠、甲氯芬那酸	阿奎尔和甲氯芬
	美洛昔康	Metacam（动物用制剂）、Mobic（人用制剂）、Metacam 悬浮液（欧洲的马用制剂）
	萘普生	Naprosyn、Naxen、Aleve（萘普生钠）
	苯基丁氮酮	Butazolidin、PBZ 和通用品牌
	吡罗昔康	Feldene 和通用品牌
	罗贝考昔	Onsior
	替泊沙林	Zubrin
麻醉药	阿法沙龙	Alfaxan
	盐酸氯胺酮	Ketalar、Ketavet 和 Vetalar
麻醉药	丙泊酚	Rapinovet、PropoFlo（动物用制剂）和 Diprivan（人用制剂）
	替来他明和唑拉西泮	Telazol、Zoletil
麻醉药辅助药物、镇定药、α_2-受体激动剂	盐酸地托咪定	Dormosedan
	盐酸右美托咪定	Dexdomitor
	盐酸美托咪定	Domitor
	盐酸罗米非定	Sedivet
	盐酸甲苯噻嗪	Rompun 和通用品牌

药物分类	药物名	商品名
巴比妥类麻醉药	美索比妥钠	Brevital
	戊巴比妥钠	Nembutal 和通用品牌
	硫喷妥钠	Pentothal
吸入式麻醉药	恩氟烷	Ethrane
	氟烷	Fluothane
	异氟烷	Aerrane
	甲氧氟烷	Metofane
	七氟烷	Ultane
抗酸剂	氢氧化铝和碳酸铝	氢氧化铝凝胶（Amphogel）、碳酸铝凝胶（Basalgel）
抗心律失常药	盐酸胺碘酮	Cordarone
	卡维地洛	Coreg
	丙吡胺	Norpace（在加拿大为 Rythmodan）
	盐酸利多卡因	Xylocaine
	美西律	脉律定
	盐酸普鲁卡因胺	Pronestyl
	奎尼丁、硫酸奎尼丁	葡萄糖酸奎尼丁：Duraquin 奎尼丁聚半乳糖醛酸盐：Cardioquin 硫酸奎尼丁：Cin-Quin 和 Quinora
	盐酸妥卡尼	Tonocard
抗心律失常药、钙通道阻滞剂	盐酸地尔硫䓬	Cardizem
	盐酸维拉帕米	Calan、Isoptin
抗关节炎药	多硫酸糖胺聚糖	Adequan Canine、Adequan IA 和 Adequan IM
	硫酸软骨素	Cosequin、Glyco-Flex 和其他品牌
	葡萄糖胺硫酸软骨素	Cosequin、Glyco-Flex 和通用品牌
抗菌药	氯霉素	氯霉素棕榈酸酯、Chloromycetin
	氯法齐明	Lamprene
	氨苯砜	通用品牌
	氟苯尼考	Nuflor
	磷霉素氨丁三醇	Monurol
	异烟肼	异烟酸酰肼
	利奈唑胺	Zyvox
	乌洛托品	乌洛托品马尿酸盐：Hiprex 和 Urex；扁桃酸乌洛托品：扁桃酰胺和通用品牌
	呋喃妥因	Macrodantin、Furalan、Furatoin、呋喃坦啶和通用品牌
	硫酸多黏菌素 B	通用品牌
	乙胺嘧啶	Daraprim
	利福平	Rifadin、Rifampicin

药物分类	药物名	商品名
氨基糖苷类抗菌药	阿米卡星	Amiglyde-V（动物用制剂）、Amikin（人用制剂）和通用品牌
	硫酸庆大霉素	Gentocin
	新霉素	Biosol
	硫酸卡那霉素	Kantrim
	硫酸妥布霉素	Nebcin
林可酰胺类抗菌药	盐酸林可霉素、盐酸林可霉素一水合物	Lincocin 和 Lincomix
	盐酸克林霉素	Antirobe、ClinDrops、Clintabs、Clinsol、通用品牌（动物用制剂）、Cleocin（人用制剂），注射剂：磷酸克林霉素
大环内酯类抗菌药	阿奇霉素	Zithromax
	克拉霉素	Biaxin 和通用品牌
	红霉素	Gallimycin-100、Gallimycin-200、Erythro-100 和通用品牌
	加米霉素	Zactran
	泰地罗新	Zuprevo
	磷酸替米考星	Micotil、Pulmotil Ac、替米考星预混剂
	托拉霉素	Draxxin、Draxxin 25
	泰乐菌素	Tylocine、Tylan 和酒石酸泰乐菌素
抗菌药、强效磺胺	奥美普林 + 磺胺二甲氧嘧啶	Primor
	甲氧苄啶 + 磺胺嘧啶	Tribrissen、Uniprim、Tucoprim、Di-Trim 和其他
	甲氧苄啶 + 磺胺甲噁唑	Bactrim、Septra 和通用品牌
抗菌药、止泻剂	柳氮磺胺吡啶	Azulfidine、Salazopyrin（加拿大）
抗菌药、抗寄生虫药	甲硝唑、苯甲酸甲硝唑	Flagyl 和通用品牌
	盐酸甲硝唑	
	罗硝唑	Flagyl 和通用品牌
β-内酰胺类抗菌药	阿莫西林	阿莫西林：Amoxi-Tabs、Amoxi-Drops、Amoxi-Inject、Robamox-V、Biomox 和其他品牌。Amoxil、Trimox、Wymox、Polymox（人用制剂）和阿莫西林三水合物
	阿莫西林 + 克拉维酸钾	Clavamox（动物用制剂）、Augmentin（人用制剂）

续表

药物分类	药物名	商品名
β-内酰胺类抗菌药	氨苄西林、氨苄西林钠	人用制剂包括 Omnipen、Principen、Totacillin 和 Polycillin。注射制剂包括 Omnipen-N、Polycillin-N、Totacillin-N。动物用制剂包括 Amp-Equine 和氨苄西林三水合物（Polyflex）
	头孢克洛	Ceclor
	头孢羟氨苄	动物用制剂：Cefa-Tabs、Cefa-Drops；人用制剂：Duricef 和通用品牌
	头孢唑林钠	Ancef、Kefzol 和通用品牌
	头孢地尼	Omnicef
	头孢吡肟	Maxipime
	头孢克肟	Suprax
	头孢替坦二钠	Cefotan
	头孢维星	Convenia
	头孢西丁钠	Mefoxin
	头孢泊肟酯	Simplicef(动物用制剂)、Vantin(人用制剂)
	硫酸头孢喹肟	Cobactan、Cephaguard
	头孢他啶	Fortaz、Ceptaz、Tazicef 和 Tazidime
	头孢噻呋晶体	Excede
	盐酸头孢噻呋	Excenel
	头孢噻呋钠	Naxcel
	头孢氨苄	Keflex 和通用品牌
	氯唑西林钠	Cloxapen、Orbenin、Tegopen
	多立培南	Doribax
	厄他培南	Invanz
	亚胺培南 - 西拉他丁	Primaxin
	苯唑西林钠	Prostaphlin 和通用品牌
	青霉素 G	青霉素 G 钾或钠：许多品牌 苄星青霉素 G：Benza-Pen 和其他名字 青霉素 G、普鲁卡因：通用青霉素 V（Pen-Vee）
	哌拉西林钠	Pipracil
	哌拉西林钠和他唑巴坦	Zosyn
	替卡西林 + 克拉维酸钾	Timentin
	替卡西林钠	Ticar、Ticillin
	氨苄西林 + 舒巴坦	Unasyn

药物分类	药物名	商品名
β-内酰胺类抗菌药	羧苄西林	羧苄西林：Geopen、Pyopen，卡茚西林：Geocillin
	头孢噻肟钠	Claforan
	双氯西林钠	Dynapen
	美罗培南	Merrem
氟喹诺酮类抗菌药	盐酸环丙沙星	Cipro 和通用品牌
	甲磺酸达氟沙星	Advocin
	盐酸二氟沙星	Dicural
	恩诺沙星	Baytril
	麻保沙星	Zeniquin、Marbocyl
	莫西沙星	Avelox
	诺氟沙星	Noroxin
	奥比沙星	Orbax
	普多沙星	Veraflox
糖肽类抗菌药	万古霉素	Vancocin、Vancoled
磺胺类抗菌药	磺胺氯哒嗪	Vetisulid
	磺胺嘧啶	与甲氧苄啶合用，如 Tribrissen
	磺胺二甲氧嗪	Albon、Bactrovet 和通用品牌
	磺胺二甲嘧啶	很多品牌（如 Sulmet）
	磺胺甲噁唑	Gantanol
	磺胺喹沙啉	Sulfa-Nox
四环素类抗菌药	金霉素	通用品牌、anaplasmosis block、金黄色素可溶粉、金黄色素片、金黄色素可溶牛犊片、牛犊 Scour Bolus、铁霉素
	盐酸多西环素	Vibramycin、Monodox、Doxy Caps 和通用品牌
	盐酸米诺环素	美满霉素
	土霉素	Terramycin、Terramycin 可溶性粉剂、Terramycin 冲剂片、Bio-Mycin、Oxy-Tet、Oxybiotic Oxy 500 和 Oxy 1000。长效制剂包括 Liquamycin-LA 200 和 Bio-Mycin 200
	四环素、盐酸四环素	Panmycin、Duramycin powder、Achromycin V
氨基环醇类抗生素	大观霉素、盐酸大观霉素五水合物	Spectam、Spectogard、Prospec 和 Adspec

续表

药物分类	药物名	商品名
抗癌药	天冬酰胺酶（L-天冬酰胺酶）	Elspar、天冬酰胺酶
	硫酸博来霉素	Blenoxane
	白消安	Myleran
	卡铂	Paraplatin
	苯丁酸氮芥	Leukeran
	顺铂	Platinol
	环磷酰胺	Cytoxan、Neosar、CTX
	阿糖胞苷	Cytosar、Ara-C、cytosine arabinoside
	达卡巴嗪	DTIC
	盐酸多柔比星	Adriamycin
	氟尿嘧啶	5-氟尿嘧啶、Adrucil
	羟基脲	Droxia、Hydrea（加拿大）
	洛莫司汀	CeeNu、CCNU
	甲磺酸马赛替尼	Kinavet-CA1
	美法仑	苯丙氨酸氮芥
	巯基嘌呤	Purinethol
	氨甲蝶呤	MTX、Mexate、Folex、Rheumatrex 和通用品牌
	盐酸米托蒽醌	Novantrone
	紫杉醇	Paccal Vet-CA1
	普卡霉素	Mithracin、Mithramycin
	链佐星	链脲佐菌素、Zanosar
	硫鸟嘌呤	通用品牌
	噻替哌	Thioplex 和通用品牌
	磷酸妥拉尼布	Palladia
	硫酸长春花碱	Velban
	硫酸长春新碱	Oncovin、Vincasar
抗胆碱能药	硫酸阿托品	通用品牌
	格隆溴铵	Robinul-V
	莨菪碱	Levsin
	盐酸奥昔布宁	Ditropan
	氨基戊酰胺	Centrine
抗胆碱酯酶药	溴吡斯的明	Mestinon、Regonol
	毒扁豆碱	Antilirium
	新斯的明	Prostigmin、Stiglyn、溴化新斯的明、甲基硫酸新斯的明

药物分类	药物名	商品名
抗凝剂	达肝素	Fragmin、LMWH
	双嘧达莫	Persantine、Aggrenox
	依诺肝素	Lovenox、LMWH
	肝素钠	Liquaemin、Hepalean（加拿大）
	华法林钠	Coumadin 和通用品牌
抗惊厥药	溴化物	溴化钾、钠溴化物
	氯硝西泮	Klonopin 和通用品牌
	二钾氯氮草	Tranxene
	非氨酯	Felbatol
	左乙拉西坦	开普兰
	劳拉西泮	Ativan
	盐酸咪达唑仑	Versed
	奥沙西泮	Serax
	苯巴比妥、苯巴比妥钠	Luminal、Phenobarbitone 和通用品牌
	苯妥英、苯妥英钠	Dilantin
	扑米酮	Mylepsin、Neurosyn、Mysoline（加拿大）
	丙戊酸、丙戊酸钠	Depakene（丙戊酸）、Depakote（双丙戊酸钠）和 Epival（加拿大）
	唑尼沙胺	Zonegran
抗惊厥药、镇痛药	加巴喷丁	Neurontin 和通用品牌
	普瑞巴林	Lyrica
抗惊厥药、镇定药	地西泮	Valium 和通用品牌
	盐酸咪达唑仑	Versed
止泻药	碱式水杨酸铋	Pepto-Bismol
	地芬诺酯	Lomotil
	高岭土和果胶	KaoPectate
	盐酸洛哌丁胺	易蒙停和通用品牌
	美沙拉嗪	Asacol、Mesasal、Pentasa 和 Mesalazine
	奥沙拉嗪钠	Dipentum
	复方樟脑酊	Corrective mixture
	溴丙胺太林	Pro-Banthine
	柳氮磺胺吡啶	Azulfidine
解毒剂	活性炭	Acta-Char、Charcodote、Liqui-Char、ToxiBan
	甲磺酸去铁胺	Desferal

药物分类	药物名	商品名
解毒剂	二巯丙醇	British anti-lewisite（BAL）油剂
	依地酸钙二钠	钙丙二酸二钠、乙二胺四乙酸钙二钠
	氟马西尼	Romazicon
	甲吡唑	4- 甲基吡唑、Antizol-Vet 和 Antizol（人用制剂）
	亚叶酸钙	Wellcovorin 和通用品牌
	0.1% 亚甲蓝	通用品牌、新亚甲蓝
	青霉胺	Cuprimine、Depen
解毒剂	氯解磷定	2-PAM、Protopam chloride
	二巯丁二酸	Chemet
	盐酸曲恩汀	Syprine
镇吐药	阿瑞匹坦	Emend
	甲磺酸多拉司琼	Anzemet
	屈大麻酚	Marinol
	盐酸格拉司琼	Kytril
	柠檬酸马罗匹坦	Cerenia
	美克洛嗪	Antivert、Bonine、Meclozine（英国名称）
	米氮平	瑞美隆
	盐酸昂丹司琼	Zofran
	曲美苄胺	Tigan 和其他品牌
镇吐药、止泻药	乙二磺酸丙氯拉嗪和异丙碘铵、马来酸丙氯拉嗪和异丙碘铵	Darbazine
吩噻嗪类镇吐药	氯丙嗪	Thorazine、Largactil
	乙二磺酸丙氯拉嗪、马来酸丙氯拉嗪	Compazine
	盐酸三氟拉嗪	Stelazine
	盐酸三氟丙嗪	Vesprin、fluopromazine（曾用名）
	酒石酸异丁嗪和异丁嗪 - 泼尼松龙	Temaril、Panectyl（加拿大）、Temaril-P（泼尼松龙）
	盐酸异丙嗪	Phenergan
抗组胺药	盐酸丙酰丙嗪	Tranvet、Largon
镇吐药、促动力药	盐酸甲氧氯普胺	Reglan、Maxolon
抗雌激素药	枸橼酸他莫昔芬	Nolvadex
抗真菌药	两性霉素 B	Fungizone（传统配方）和脂质体形式、ABCD、Abelcet、AmBisome

续表

药物分类	药物名	商品名
抗真菌药	恩康唑	Imaverol、Clinafarm-EC
	氟康唑	Diflucan 和通用品牌
	氟胞嘧啶	Ancobon
	灰黄霉素	微型：Fulvicin U/F、Grisactin 和 Grifulvin；超微型：Fulvicin P/G 和 Gris-PEG
	伊曲康唑	Sporanox、Itrafungol（在欧洲用于猫）
	酮康唑	Nizoral
	泊沙康唑	Noxafil
	盐酸特比萘芬	Lamisil
	伏立康唑	Vfend
抗真菌药、祛痰药	碘化钾	Quadrinal
抗组胺药	盐酸西替利嗪	Zyrtec
	马来酸氯苯那敏	Chlor-Trimeton、Phenetron 和其他
	富马酸氯马斯汀	Tavist、Contac 12 hr allergy 和通用品牌
	盐酸赛庚啶	Periactin
	茶苯海明	Dramamine（加拿大的 Gravol）
	盐酸苯海拉明	Benadryl
	羟嗪	Atarax
	枸橼酸曲吡那敏	Pelamine、PBZ
抗高钙血症药	阿仑磷酸盐	Fosamax
	氯磷酸盐	OSPHOS
	羟乙磷酸钠	Didronel
	帕米磷酸二钠	Aredia
	替鲁磷酸钠	Tildren、Skelid
	唑来磷酸盐	Zometa
抗糖尿病药	二甲双胍	格华止
	格列吡嗪	Glucotrol
	优降糖	DiaBeta、Micronase、Glynase 和 Glibenclamide（英国名称）
抗高血脂药	吉非罗齐	Lopid
	马来酸奥拉替尼	爱波克
抗炎药、止痒药	别嘌呤醇	Lopurin、Zyloprim、Allopur（欧洲）
抗炎药	秋水仙碱	通用品牌
	二甲基亚砜	DMSO、Domoso
	己酮可可碱	Trental、oxpentifylline
	烟酰胺	尼克酰胺和维生素 B_3

药物分类	药物名	商品名
抗炎药、皮质类固醇	布地奈德	Entocort
	倍他米松	Celestone、倍他米松乙酸盐、倍他米松苯甲酸盐
抗炎药、皮质类固醇	去氧皮质酮新戊酸酯	Percorten-V、DOCP 和 DOCA pivalate
	地塞米松	聚乙二醇中的 Azium 溶液、DexaJect、Dexavet、Decadron、Dexasone 和通用品牌
	地塞米松磷酸钠	钠磷酸盐：Dexaject SP、Dexavet、Dexasone、Decadron 和通用品牌片剂
	氟美松	Flucort
	氢化可的松	氢化可的松：Cortef 和通用品牌；氢化可的松琥珀酸钠：Solu-Cortef
	醋酸异氟泼尼松	Predef 2X
	甲泼尼龙	甲泼尼龙：Medrol；醋酸甲泼尼龙：Depo-Medrol；甲泼尼龙琥珀酸钠：Solu-Medrol
	泼尼松龙琥珀酸钠	Solu-Delta-Cortef
	泼尼松龙、醋酸泼尼松龙	Delta-Cortef、PrednisTab 和通用品牌
	泼尼松	Deltasone 和通用品牌、Meticorten 注射剂
	醋酸曲安奈德、己曲安奈德、双乙酸呋曲安奈德	Vetalog、Triamtabs、Aristocort、Vetalog
抗重症肌无力药	依酚氯铵	Tensilon 和通用品牌
	溴吡斯的明	Mestinon、Regonol
	毒扁豆碱	Antilirium
	新斯的明	Prostigmin、Stiglyn
减肥药	地洛他派	Slentrol
	米瑞他匹	Yarvitan
抗寄生虫药	阿苯达唑	Valbazen
	阿福拉纳	NexGard
	阿米曲士	Mitaban
	氨丙啉	Amprol、Corid
	盐酸丁萘脒	Scolaban
	敌敌畏	Task、Dichlorovos、Atgard、DDVP、Verdisol、Equigard
	枸橼酸乙胺嗪	乙胺嗪、Filaribits、杀线虫剂
	碘二噻宁	Dizan

续表

药物分类	药物名	商品名
抗寄生虫药	多拉克丁	Dectomax
	依西太尔	Cestex
	非班太尔	Rintal、Vercom
	芬苯达唑	Panacur 和 Safe-Guard
	呋喃唑酮	Furoxone
	伊维菌素	犬心保（Heartgard）、害获灭（Ivomec）、Eqvalan liquid、Equmectrin、IverEase、Zimecterin、Privermectin、Ultramectin、Ivercide、Ivercare 和 Ivermax
	伊维菌素 + 吡喹酮	Equimax
	盐酸左旋咪唑	左旋甲醚、驱虫净、Tramisol 和 Ergamisol
	氯芬奴隆	Program
	氯芬奴隆米尔贝霉素肟	前哨片和风味片
	甲苯达唑	Telmintic、Telmin、Vermox（人用制剂）
	盐酸美拉索明	Immiticide
	氰氟虫腙	ProMeris
	米尔贝霉素肟	Interceptor、Interceptor Flavor Tabs、Safeheart。米尔贝霉素也是 Sentinel 中的一种成分
	莫昔克丁	ProHeart（犬）、Quest（马）、Cydectin（奶牛和绵羊）
	烯啶虫胺	Capstar
	奥芬达唑	Benzelmin、Synanthic
	奥苯达唑	Anthelcide EQ
	硫酸巴龙霉素	Humatin
	哌嗪	Pipa-Tab 和通用品牌
	吡喹酮	Droncit、Drontal（和非班太尔联合）
	双羟萘酸噻嘧啶、酒石酸噻嘧啶	Nemex、Strongid、Priex、Pyran、Pyr-A-Pam
	盐酸奎纳克林	Atabrine（在美国不再可用）
	赛拉菌素	Revolution
	多杀菌素	Comfortis
	西尼铵氯苯磺酸	Canopar
	噻苯达唑	Omnizole、Equizole、TBZ 和 Thibenzole
	硫胂胺钠	Caparsolate
抗血小板药	氯吡格雷	Plavix
抗原虫药	阿托伐醌	Mepron
	地克珠利	Clincox

药物分类	药物名	商品名
抗原虫药	盐酸双咪苯脲	Imizol
	硝唑尼特	Navigator（马用制剂）、Alinia（人用制剂）
	帕托珠利	Marquis
	乙胺嘧啶和磺胺嘧啶	ReBalance
	替硝唑	Tindamax
	托曲珠利	Baycox
抗痉挛药	溴化 N- 正丁基东莨菪碱（丁溴东莨菪碱）	Buscopan
抗甲状腺药	卡比马唑	Neomercazole
	碘苯丙酸、碘番酸	通用品牌、Calcium ipodate
	甲巯咪唑	Tapazole
	丙硫氧嘧啶	通用品牌、丙基—甲状腺素、PTU
镇咳药	重酒石酸氢可酮	Hycodan
	右美沙芬	Benylin 和其他
抗溃疡药	米索前列醇	Cytotec
	硫糖铝	Carafate、Sulcrate（加拿大）
抗溃疡药、H_2-受体阻滞剂	盐酸西咪替丁	Tagamet（OTC 和处方药）
	法莫替丁	Pepcid
	尼扎替丁	Axid
	盐酸雷尼替丁	Zantac
抗溃疡药、质子泵抑制剂（Proton pump inhibitor，PPI）	埃索美拉唑	Nexium
	奥美拉唑	Prilosec（以前称为 Losec，人用制剂）、GastroGard 和 UlcerGard（马用制剂）
	泮托拉唑	Protonix
抗病毒药	阿昔洛韦	Zovirax
	泛昔洛韦	Famvir
	赖氨酸（L- 赖氨酸）	Enisyl-F
	伐昔洛韦	Valtrex
	齐多夫定	Retrovir
抗病毒药、镇痛药	金刚烷胺	Symmetrel
行为矫正药	盐酸丁螺环酮	BuSpar
	盐酸曲唑酮	Desyrel
	多塞平	Sinequan
行为矫正药、三环类抗抑郁药（tricyclic antidepressant，TCA）	盐酸阿米替林	Elavil 和通用品牌
	盐酸氯米帕明	Clomicalm（动物用制剂）、氯丙咪嗪（人用制剂）
	盐酸丙咪嗪	Tofranil

续表

药物分类	药物名	商品名
行为矫正药、选择性 5-羟色胺再摄取抑制剂	盐酸氟西汀	Prozac
	帕罗西汀	Paxil
β-受体激动剂	盐酸异丙肾上腺素	Isuprel 和盐酸异丙肾上腺素
β-受体阻滞剂	阿替洛尔	Tenormin
	富马酸比索洛尔	Zebeta
	盐酸艾司洛尔	Brevibloc
	酒石酸美托洛尔	Lopressor
	盐酸普萘洛尔	心得安、通用品牌
	盐酸索他洛尔	Betapace
支气管扩张剂	氨茶碱	通用品牌
	胆茶碱	Choledyl-SA
	茶碱	很多通用品牌和茶碱缓释剂，实验室：Theo-Dur、Slo-bid、Gyrocaps
支气管扩张剂、β-受体激动剂	硫酸沙丁胺醇	Proventil、Ventolin，在美国以外也称为 Salbutamol。Torpex Equine Inhaler
	克仑特罗	Ventipulmin
	氟地松丙酸	Flovent、Advair
	硫酸间羟异丙肾上腺素	Alupent、Metaprel 和 Orciprenaline Sulphate
	硫酸特布他林	Brethine、Bricanyl
	盐酸齐帕特罗	Zilmax
钙补充剂	骨化三醇	Rocaltrol、Calcijex
	碳酸钙	许多可用的品牌：Titralac、Calci-mix、Liqui-cal、Maalox、Tums
	氯化钙	通用品牌
	柠檬酸钙	柠檬醛（OTC）
钙补充剂	葡萄糖酸钙和硼葡萄糖酸钙	Kalcinate、AmVet、Cal-Nate 和通用品牌
	乳酸钙	通用品牌
心脏收缩剂	洋地黄毒苷	Crystodigin
	地高辛	Lanoxin、Cardoxin
	盐酸多巴酚丁胺	Dobutrex
心脏收缩剂、血管舒张药	匹莫苯丹	Vetmedin
心脏收缩剂、β-受体激动剂	盐酸多巴胺	Intropin

药物分类	药物名	商品名
胆碱能药	氯化氨甲酰甲胆碱	Urecholine
皮质类固醇、替代激素	氟氢可的松醋酸盐	Florinef
皮肤用药	异维 A 酸	Accutane
利尿剂	乙酰唑胺	Diamox
	氯噻嗪	Diuril
	双氯非那胺	Daranide
	呋塞米	Lasix
	氢氯噻嗪	HydroDiuril 和通用品牌
	甘露醇	Osmitrol
	醋甲唑胺	醋甲唑胺
	螺内酯	Aldactone
	氨苯蝶啶	Dyrenium
利尿剂、缓泻剂	甘油	通用品牌
多巴胺激动剂	甲磺酸溴隐亭	Parlodel
	左旋多巴胺	Larodopa、L-dopa
	培高利特、甲磺酸培高利特	Permax
	盐酸司来吉兰	Anipryl（也称为 deprenyl 和 l- deprenyl）、Eldepryl（人用制剂）
催吐剂	盐酸阿扑吗啡	通用品牌
	吐根	吐根和吐根糖浆
祛痰药、肌肉松弛剂	愈创甘油醚	甘油愈创木脂、愈创甘油醚、Gecolate、Guailaxin、Glycotuss、Hytuss、Glytuss、Fenesin、Humibid LA
体液补充剂	右旋糖酐	Dextran 70、Gentran-70
	葡萄糖溶液	D5W
	羟乙基淀粉	HES、Tetrastarch、Hespan
	乳酸林格液	LRS 和其他名字
	五聚淀粉	Pentaspan
	林格液	通用品牌
	0.9% 氯化钠	生理盐水、通用品牌
	7.2% 氯化钠	Hypertonic saline、HSS
肝脏保护剂	S- 腺苷蛋氨酸	Denosyl、SAMe
	水飞蓟素	水飞蓟宾、Marin、milk thistle

药物分类	药物名	商品名
激素	集落刺激因子：沙莫司亭和非格司亭	Leukine、Neupogen
	促皮质素	Acthar
	替可沙肽	Cortrosyn、合成 ACTH、Tetracosactrin、Tetracosactide
	达那唑	Danocrine
	醋酸去氨升压素	DDAVP
	己烯雌酚	DES
	阿法依泊汀（红细胞生成素）	Epogen、epoetin alfa、"EPO"（r-HuEPO）、erythropoietin
	阿法达贝泊汀	Aranesp
	雌二醇环戊丙酸酯	ECP、Depo-Estradiol
	雌三醇	Incurin
	盐酸戈那瑞林、四水二乙酸戈那瑞林	Factrel、Fertagyl、Cystorelin、Fertilin、OvaCyst、GnRh、LHRH
	绒毛膜促性腺激素	Profasi、Pregnyl、A.P.L.
	生长激素	Somatrem 和 Somatropin。商品名包括 Protropin、Humatrope、Nutropin
	胰岛素	中效胰岛素、长效胰岛素、速效胰岛素、NPH 胰岛素、鱼精蛋白锌胰岛素（Protamine-zinc insulin，PZI）、优泌灵［Humulin（人用胰岛素）］、猪胰岛素锌悬浮液［Vetsulin（动物用）］、PZI Vet（动物用 PZI）
	左甲状腺素钠	T_4、索洛辛、Thyro-Tabs、Synthroid、ThyroMed。Leventa 和马粉，包括 Equisyn-T_4、Levo-Powder、甲状腺粉、Thyro-L
激素	碘塞罗宁钠	三碘甲状腺原氨酸钠
	醋酸甲羟孕酮	Depo-Provera（注射剂）、Provera（片剂）、Cycrin（片剂）
	醋酸甲地孕酮	Ovaban、Megace
	米勃龙	Cheque Drops
	睾酮	环戊丙酸睾酮：Andro-Cyp、Andronate、Depo-Testosterone 和其他品牌；丙酸睾酮：Testex、Malogen（加拿大）
	尿促卵泡素	Metrodin、FSH、Fertinex
	升压素	Pitressin
激素拮抗剂	非那雄胺	Proscar

药物分类	药物名	商品名
激素、合成代谢药	宝丹酮十一烯酸酯	Equipoise
	甲睾酮	Android
	癸酸诺龙	Deca-Durabolin
	羟甲烯龙	Anadrol
	司坦唑醇	Winstrol-V
激素，孕激素	烯丙孕素	Regu-Mate、Matrix
	醋酸甲地孕酮	Ovaban、Megace
激素，甲状腺激素	促甲状腺释放激素	TRH
	促甲状腺激素	Thytropar、Thyrogen、TSH
激素，引产	催产素	Pitocin、Syntocinon（鼻用溶液）和通用品牌
免疫刺激剂	干扰素	Virbagen Omega
	碳酸锂	Lithotabs
免疫抑制剂	金诺芬	Ridaura
	金硫葡糖	Solganal
	硫唑嘌呤	Imuran
	环孢素	Atopica（动物用制剂）、Neoral（人用制剂）、Sandimmune、Optimmune（眼科）、Gengraf 和通用品牌。环孢素的另一个名字是环孢素 A。
	硫代苹果酸金钠	Myochrysine
	来氟米特	爱若华
	霉酚酸酯	CellCept
	他克莫司	Protopic，也称为 FK506
碘补充剂	碘化物	碘化钾
	碘化钠（20%）	Iodopen
缓泻剂	比沙可啶	Dulcolax
	鼠李皮	Nature's Remedy 和通用品牌
	蓖麻油	通用品牌
	多库酯	多库酯钙：Surfak、Doxidan；多库酯钠：DSS、Colace、Doxan，以及很多可用的 OTC 品牌
	乳果糖	Chronulac
	柠檬酸镁	Citroma、CitroNesia 和 Citro-Mag（加拿大）
	氢氧化镁	镁乳、Carmilax、Magnalax
	矿物油	通用品牌
	聚乙二醇电解质溶液	GoLYTELY、PEG、Colyte、Co-Lav

药物分类	药物名	商品名
缓泻剂	洋车前草	Metamucil 和通用品牌
	番泻叶	Senokot
	熊二醇、熊去氧胆酸	Actigall、Ursodeoxycholic acid
缓泻剂、抗心律失常药	硫酸镁	泻盐
局部麻醉药	盐酸丁哌卡因	Marcaine 和通用品牌
	甲哌卡因	卡波卡因 -V
局部麻醉药、抗心律失常药	盐酸利多卡因	Xylocaine
黏液溶解剂、解毒剂	乙酰半胱氨酸	Mucomyst、Acetadote
肌肉松弛剂	苯磺酸阿曲库铵	Tracrium
	丹曲林钠	Dantrium
	美索巴莫	Robaxin-V
	泮库溴铵	Pavulon
营养补充剂	硫酸亚铁	Ferospace 和通用品牌（OTC）
	右旋糖酐铁、蔗糖铁	AmTech Iron dextran、Ferrodex、HemaJect
	MCT 油	MCT oil（很多来源）、中链甘油三酯
	牛磺酸	通用品牌
	锌	Zinc（多种形式）
阿片拮抗剂	盐酸纳洛酮	Narcan、Trexonil
	纳曲酮	Trexan
胰酶	胰脂酶	Viokase、Pancrezyme、Cotazym、Creon、Pancoate、Pancrease 和 Ultrase
钾补充剂	氯化钾	通用品牌
	葡萄糖酸钾	Kaon、Tumil-K 和通用品牌
	磷酸钾	K-Phos、Neutra-Phos-K 和通用品牌
促动力药	西沙必利	Propulsid（加拿大）
	多潘立酮	Motilium、Equidone 凝胶
	溴化甲基纳曲酮	Relistor
	盐酸甲氧氯普胺	Reglan
	马来酸替加色罗	Zelnorm
前列腺素	氯前列醇钠	Estrumate、estroPLAN
	地诺前列素氨丁三醇	Lutalyse、地诺前列素、Prostin F_2-α、ProstaMate、Prostaglandin F_2-α、PGF_2-α
	前列腺素 $F_2\alpha$	Lutalyse、地诺前列素、PGF_2-α

续表

药物分类	药物名	商品名
呼吸兴奋剂	盐酸多沙普仑	Dopram
镇定药	唑吡坦	安必恩
苯二氮䓬类镇静药	阿普唑仑	Xanax、Niravam
吩噻嗪类镇静药	马来酸乙酰丙嗪	ACE、AceproJect、Aceprotabs、Atravet、PromAce，有时称为乙酰丙嗪
血管扩张药	盐酸肼屈嗪	Apresoline
	厄贝沙坦	Avapro
	硝酸异山梨酯、单硝酸异山梨酯	硝酸异山梨酯：Isordil、Isorbid、Sorbitrate；单硝酸异山梨酯：Monoket
	苯氧丙酚胺（异克舒令）	Vasodilan 和通用品牌
	硝酸甘油	Nitrol、Nitro-bid、Nitrostat
	硝普钠(硝普酸钠）	Nitropress
	盐酸苯氧苄胺	Dibenzyline
	甲磺酸酚妥拉明	Regitine、Rogitine（加拿大）
	哌唑嗪	Minipress
	枸橼酸西地那非	Viagra
血管扩张药、血管紧张素转换酶（angiotensin-converting enzyme，ACE）抑制剂	盐酸贝那普利	Lotensin（人用制剂）、Fortekor（动物用制剂）
	卡托普利	Capoten
	马来酸依那普利	Enacard（动物用制剂）、Vasotec（人用制剂）
	赖诺普利	Prinivil 和 Zestril
	雷米普利	Vasotop
	群多普利	Mavik
血管扩张药、血管紧张素受体阻滞剂	氯沙坦	Cozaar
	替米沙坦	Micardis
血管扩张药、钙通道阻滞剂	苯磺酸氨氯地平	Norvasc
	硝苯地平	Adalat、Procardia
血管加压药	升压素	精氨酸升压素、Pitressin
	甲氧明	凡索昔
	盐酸去氧肾上腺素	Neo-Synephrine
维生素	抗坏血酸	维生素 C、维生素 C 钠。有很多品牌名称
	维生素 B_{12}	钴胺素
	二氢速甾醇	Hytakerol、DHT

药物分类	药物名	商品名
维生素	麦角钙化醇	Calciferol、Drisdol
	叶绿醌	AquaMephyton（注射剂）、Mephyton（片剂）、Veta-K1（胶囊）、维生素 K_1、植物甲萘醌和 Phytomenadione
	核黄素	维生素 B_2
	盐酸硫胺素	维生素 B_1、Bewon 和通用品牌
	维生素 A	视黄醇、Aquasol-A、维生素 AD、维生素 A 和 D
	维生素 E	生育酚、α - 生育酚、Aquasol E 和通用品牌
	维生素 K	Aquamephyton（注射剂）、Mephyton（片剂）、Veta-K$_1$（胶囊）、Veda-K$_1$（口服和注射）、维生素 K_1、叶绿醌和植物甲萘醌

单位转换信息

度量衡

SI 词头及对应因数

$d = 10^{-1}$
$c = 10^{-2}$
$m = 10^{-3}$
$\mu = 10^{-6}$
$n = 10^{-9}$
$p = 10^{-12}$

温标换算

$$1\,℃ = \frac{5}{9}\,(\,1\,℉ - 32\,)$$

$$1\,℉ = \frac{9}{5}\,(\,1\,℃ + 32\,)$$

当量百分比

0.1%溶液每毫升含 1 mg 溶质。
1%溶液每毫升含 10 mg 溶质。
10%溶液每毫升含 100 mg 溶质。

毫当量转换

1 mEq Na = 23 mg Na = 58.5 mg NaCl
1 g Na = 2.54 g NaCl = 43.48 mEq Na
1 g NaCl = 0.39 g Na = 17.09 mEq Na
1 mEq K = 39 mg K = 74.5 mg KCl
1 g K = 1.91 g KCl = 25.64 mEq K
1 g KCl = 0.52 g K = 13.42 mEq K
1 mEq Ca = 20 mg Ca
1 g Ca = 50 mEq Ca
1 mEq Mg = 0.12 g $MgSO_4 \cdot 7H_2O$
1 g Mg = 10.14 g $MgSO_4 \cdot 7\,H_2O$ =82 mEq Mg
10 mmol P_i = 0.31 g P_i = 0.95 g PO_4
1 g P_i = 3.06 g PO_4 = 32 mmol P_i

非法定计量单位与 SI 单位换算

本积单位换算

茶匙 = 5 mL
汤匙 = 15 mL
液量盎司 = 30 mL
品脱 = 473 mL
夸脱 = 946 mL

距离单位换算

in = 25.4 mm = 2.54 cm=0.025 m
m = 100 cm=1000 mm=39.4 in

重量单位换算

1 mg = 0.017 grain
1 grain = 64.8 mg
1 g = 0.035 oz
1 oz = 28.35 g
1 kg = 2.2 lb
1 lb = 0.45 kg

重量和体积：公制

重量

1 kg = 1000 g
1 mg = 0.001 g
1 mcg = 0.001 mg

体积

1 mL = 0.001 L

英制重量

1 oz = 437.5 grains
1 lb = 16 oz = 7000 grains

公制和英制的等量转换

重量转换

公制	英制
1 mg	1/64.8 grain
64.8 mg	1 grain
324 mg	5 grains
1 g	15.432 grains
31.103 g	1 oz（480 grains）

体积转换

公制	英制
1.00 mL	16.23 minims
3.69 mL	1 液量（60 minims）
29.57 mL	1 液量盎司（480 minims）
473.16 mL	1 品脱（7680 minims）
946.33 mL	1 夸脱（15 360 minims）

体重换算

千克、磅和体表面积的换算

体重 （kg）	体重 （lb）	体表面积 （m²）	体重 （kg）	体重 （lb）	体表面积 （m²）
1	2.2	0.1	36	79.37	1.11
2	4.41	0.16	37	81.57	1.13
3	6.61	0.21	38	83.77	1.15
4	8.82	0.26	39	85.98	1.17
5	11.02	0.3	40	88.18	1.19
6	13.23	0.33	41	90.39	1.21
7	15.43	0.37	42	92.59	1.22
8	17.64	0.41	43	94.8	1.24
9	19.84	0.44	44	97	1.26
10	22.05	0.47	45	99.21	1.28
11	24.25	0.5	46	101.41	1.3
12	26.46	0.53	47	103.62	1.32
13	28.66	0.56	48	105.82	1.34
14	30.86	0.59	49	108.03	1.36
15	33.07	0.62	50	110.23	1.38
16	35.27	0.64	51	112.43	1.39
17	37.48	0.67	52	114.64	1.41
18	39.68	0.7	53	116.84	1.43
19	41.89	0.72	54	119.05	1.45
20	44.09	0.75	55	121.25	1.47
21	46.3	0.77	56	123.46	1.48
22	48.5	0.8	57	125.66	1.5
23	50.71	0.82	58	127.87	1.52
24	52.91	0.84	59	130.07	1.54
25	55.12	0.87	60	132.28	1.55
26	57.32	0.89	61	134.48	1.57
27	59.52	0.91	62	136.69	1.59
28	61.73	0.93	63	138.89	1.61
29	63.93	0.96	64	141.09	1.62
30	66.14	0.98	65	143.3	1.64
31	68.34	1	66	145.5	1.66
32	70.55	1.02	67	147.71	1.67
33	72.75	1.04	68	149.91	1.69
34	74.96	1.06	69	152.12	1.71
35	77.16	1.08	70	154.32	1.72